統計物理学
ハンドブック

―熱平衡から非平衡まで―

鈴木増雄
豊田　正
香取眞理
飯高敏晃
羽田野直道
訳

朝倉書店

Equilibrium and Non-Equilibrium Statistical Thermodynamics
by Michel Le Bellac, Fabrice Mortessagne and G. George Batrouni

Copyright © M. Le Bellac, F. Mortessagne and G. G. Batrouni 2004

PUBLISHED BY THE PRESS SYNDICATE OF THE UNIVERSITY OF CAMBRIDGE
The Pitt Building, Trumpington Street, Cambridge, United Kingdom

All Rights Reserved. Authorized translation from
the English language edition published by Cambridge University Press

訳者まえがき

　統計物理学は，物理の分野はいうにおよばず，いまや化学，生物物理学，さらには経済物理学の分野に至るまでその応用範囲はきわめて広くなりつつある．また最近は，量子群などの新しい数学の発展にも，統計物理学の研究成果が大きい影響を与えている．このようにさまざまな分野の研究者に統計物理学が利用されつつある現代において，それを必要に応じて手っ取り早く理解し応用できるようになる本があれば便利である．本書は以下に述べる理由でこの要請に応えられるものであると確信している．

　本書の特徴の第一は，原著の著者達が統計力学を専門とする研究者ではないことである．むしろ，著者達は素粒子論などのほかの理論物理学の分野で統計力学を応用する立場にあり，物理学全般にわたり造詣が深く，統計物理学だけでも百冊以上の本を参考にして本書の原著を書き上げている．その結果，統計力学の研究者の場合と異なり，特定のトピックスに思い入れが強くて偏ったりすることもなく，統計物理学の全分野（カオス，複雑系を除いた分野）をカバーしており，全体として内容のバランスがとれている．また，説明の仕方は数理的にわかりやすく論理的に筋が通っている．特に基本的事項に関しては，いくとおりもの説明を与えるなどの工夫をして丁寧な解説がなされている．さらに，各項目の区分けが比較的細かく，それぞれ短く簡潔に解説されており，ハンドブック的構成になっている．内容がきわめて豊富であり，それを一冊でカバーする工夫として，基本課題と研究課題が章ごとに多数掲載されており，結果のみまとめられている項目も多い．そこに取り上げられている内容は，素粒子や宇宙物理に関する話題まで含まれていてきわめて対象が広く現代的である．

　本書を訳出するにあたっては，意訳をして，日本語としてわかりやすくし，また，著者の思い違いと考えられる数式の誤りなどは，適宜訂正した．さらに，原著の説明に飛躍があってわかりにくい箇所は，その都度訳文中に詳しい説明を補って追加した．1, 2, 5章は豊田が担当し，3, 6章，付録は飯高，4, 7章は羽田野，8, 9章は香取がそれぞれ担当した．鈴木は全体を通して文体や用語の統一をはかりながら，訳文全体の推敲を行った．また，必要に応じて訳者注を付け加えた（4, 7章では担当者が行った部分が多い）．さらに，補章「相転移の統計力学と数理」を執筆した．

　この本の訳出作業に際して，量子モンテカルロ法の最近の発展に関しては川島直輝氏に，全般にわたっては，朝倉書店編集部に大変お世話になった．ここに厚くお礼申し上げたい．

　2007年5月

鈴　木　増　雄

まえがき

　この本は，平衡および非平衡の現代熱統計力学において基本的であると一般に考えられているトピックスを大学院レベルでそれだけでわかるように解説したものである．

　本文においては，巨視的（すなわち熱力学的）視点と微視的（すなわち統計力学的）視点にバランスのよい架け橋が与えられている．前半では，平衡熱力学と統計力学が扱われている．カノニカル集団，グランドカノニカル集団および量子統計のような標準的なもののほかに，対称性の破れ，臨界現象および繰り込み群の詳しい説明も与えられている．さらには，数値計算の方法への導入も行われており，おもなモンテカルロ法が種々の問題を用いて例示的に解説され議論されている．後半では，非平衡現象が扱われている．まず，流体力学を重要な例として巨視的な方法が説明されている．運動論的理論は，ボルツマン―ローレンツ模型やボルツマン方程式の解析を通して徹底した取り扱いがされている．本書の結びとして，線形応答，射影法，およびランジュバン方程式とフォッカー―プランク方程式のような非平衡の一般的方法が，数値的なシミュレーションまで含めて解説されている．本書の特徴の一つは，多数の問題が収録されていることである．すなわち，それらは71個の基本問題と47個の研究課題からなる．後者は，学生にとってはより手間のかかる挑戦的な課題であり，その中のいくつかはミニ研究テーマとして用いてもよいかもしれない．本書はまた大学院生や研究者にも興味あるものとなるだろう．

　Michel Le Bellac は Ecole Normale Supérieure を卒業し，1965年に Université Paris-Orsay で物理の Ph.D を取得した．彼は1967年にニースで物理学の教授になった．彼はまた CERN の理論部で3年間過ごした．彼は，素粒子論にいろいろと貢献してきた．最近はクオーク―グルオンプラズマの理論を研究している．彼は英語とフランス語の本を数冊出版している．

　Fabrice Mortessagne は1995年 Université Denis Diderot of Paris において高エネルギー物理学で博士号を取得し，それから Université de Nice-Sophia Antipolis で准教授になった．彼は，カオス系における波動伝播の半古典論を発展させた．「複雑媒質における波動伝播」研究グループの創立者の一人であった．1998年彼は，理論的研究活動から，カオス的光ファイバーやマイクロ波ビリアード（散乱）の波動カオス実験にまで手を広げた．

　G. George Batrouni は1983年 University of California at Berkeley において素粒子理論物理学で Ph.D を取得し，それから Cornell University でポストドクトラル研究員となった．1986年 Boston University に移り，その後，Lawrence Livermore National

Laboratory に移った.彼は，1996 年 Université de Nice-Sophia Antipolis の教授となった.彼は，Norwegian University of Science and Technology からオンサーガメダルを授与された.彼は，場の量子論や多体問題に対する数値シミュレーションの方法の発展と，量子相転移の研究や破壊のメゾスコピックモデルの研究とに重要な貢献をした.

目 次

1. 熱 統 計 ……………………………………………………… 1
  1.1 熱力学的平衡 ……………………………………………… 1
  1.2 エントロピー最大の要請 ………………………………… 8
  1.3 熱力学的ポテンシャル …………………………………… 20
  1.4 安定性条件 ………………………………………………… 24
  1.5 熱力学第三法則 …………………………………………… 28
  1.6 基 本 課 題 ………………………………………………… 31
  1.7 研 究 課 題 ………………………………………………… 34
  1.8 さらに進んで学習するために …………………………… 41

2. 統計的エントロピーとボルツマン分布 ……………………… 42
  2.1 量子論的記述 ……………………………………………… 42
  2.2 古典的記述 ………………………………………………… 49
  2.3 統計的エントロピー ……………………………………… 53
  2.4 ボルツマン分布 …………………………………………… 57
  2.5 再び熱力学について ……………………………………… 63
  2.6 不可逆性とエントロピー増加 …………………………… 71
  2.7 基 本 課 題 ………………………………………………… 78
  2.8 さらに進んで学習するために …………………………… 85

3. カノニカル集団とグランドカノニカル集団：応用例 ……… 86
  3.1 カノニカル集団の簡単な例 ……………………………… 86
  3.2 古典統計力学 ……………………………………………… 103
  3.3 量子振動子と量子回転子 ………………………………… 110
  3.4 理想気体から液体へ ……………………………………… 114
  3.5 化学ポテンシャル ………………………………………… 121
  3.6 グランドカノニカル集団 ………………………………… 131
  3.7 基 本 課 題 ………………………………………………… 136
  3.8 研 究 課 題 ………………………………………………… 140
  3.9 さらに進んで学習するために …………………………… 155

4. 臨界現象 ･･･ 156
- 4.1 イジング模型, 再び ･･････････････････････････････････････ 158
- 4.2 平均場理論 ･･ 174
- 4.3 ランダウ理論 ･･ 183
- 4.4 繰り込み群の一般論 ･･････････････････････････････････････ 197
- 4.5 繰り込み群の例 ･･ 219
- 4.6 基本課題 ･･･ 233
- 4.7 さらに進んで学習するために ･･････････････････････････････ 244

5. 量子統計 ･･･ 246
- 5.1 ボース–アインシュタイン分布とフェルミ–ディラック分布 ･･･････ 246
- 5.2 理想フェルミ気体 ･･････････････････････････････････････ 252
- 5.3 黒体輻射 ･･ 261
- 5.4 デバイ模型 ･･ 266
- 5.5 粒子数が固定された理想ボース気体 ････････････････････････ 275
- 5.6 基本課題 ･･･ 286
- 5.7 研究課題 ･･･ 290
- 5.8 さらに進んで学習するために ･･････････････････････････････ 306

6. 不可逆過程：巨視的理論 ････････････････････････････････ 308
- 6.1 流束, アフィニティ, 輸送係数 ･･････････････････････････････ 308
- 6.2 例 ･･･ 320
- 6.3 単純流体の流体力学 ････････････････････････････････････ 324
- 6.4 基本課題 ･･･ 333
- 6.5 研究課題 ･･･ 335
- 6.6 さらに進んで学習するために ･･････････････････････････････ 341

7. 数値シミュレーション ･･････････････････････････････････ 342
- 7.1 マルコフ鎖, 収束性および詳細つり合い ････････････････････ 342
- 7.2 古典系のモンテカルロ ･･････････････････････････････････ 345
- 7.3 臨界緩和とクラスターアルゴリズム ････････････････････････ 351
- 7.4 量子モンテカルロ：ボゾン ･･････････････････････････････ 356
- 7.5 量子モンテカルロ：フェルミオン ･･････････････････････････ 368
- 7.6 有限サイズスケーリング ･･･････････････････････････････ 372
- 7.7 乱数発生法 ･･ 376
- 7.8 基本課題 ･･･ 378
- 7.9 研究課題 ･･･ 379

7.10 さらに進んで学習するために	409

8. 不可逆過程：運動論 … 410
- 8.1 概論と輸送係数の近似計算 … 410
- 8.2 ボルツマン–ローレンツ模型 … 420
- 8.3 ボルツマン方程式 … 431
- 8.4 ボルツマン方程式からの輸送係数の計算 … 442
- 8.5 基本課題 … 450
- 8.6 研究課題 … 452
- 8.7 さらに進んで学習するために … 474

9. 非平衡統計力学のトピックス … 476
- 9.1 線形応答：古典論 … 477
- 9.2 線形応答：量子理論 … 488
- 9.3 射影法と記憶効果 … 497
- 9.4 ランジュバン方程式 … 508
- 9.5 フォッカー–プランク方程式 … 513
- 9.6 数値積分 … 519
- 9.7 基本課題 … 522
- 9.8 研究課題 … 533
- 9.9 さらに進んで学習するために … 545

A. 付録 … 546
- A.1 ルジャンドル変換 … 546
- A.2 ラグランジュ未定乗数 … 548
- A.3 トレース，テンソル積 … 549
- A.4 対称性 … 551
- A.5 役に立つ積分 … 556
- A.6 汎関数微分 … 559
- A.7 単位と物理定数 … 562

B. 訳者補章：相転移の統計力学と数理 … 563
- B.1 相転移の一般的特徴 … 563
- B.2 拡張された平均場近似列とコヒーレント異常法（CAM） … 565
- B.3 厳密解の方法と手順の分離[a] … 566
- B.4 トポロジカル相互作用法 (TIM)[v,w] … 570
- B.5 局所的摂動と臨界現象 … 571

B.6	相関等式と相関関数の漸近形	572
B.7	臨界現象の共形場理論とビラソロ代数	574
B.8	有限サイズスケーリング則と非平衡緩和法	575
B.9	今後の問題	575

文　献 ……………………………………………………………… 576

訳者追加文献 ……………………………………………………… 581

索　引 ……………………………………………………………… 583

1

熱 統 計

　この第1章の目標は，熱力学を第2章以下で論ずる統計的アプローチに最も直接的につながるような形式，すなわち H. カレンによる定式化を用いて展開することである．たとえばケルヴィンによる「熱浴から熱を取り出し，それをすべて仕事に変えることだけを行うような変換は存在しない」という第二法則から出発してエントロピーを導入するかわりに，カレンは原則としてエントロピー関数の存在とその基本的性質，すなわちエントロピー最大の原理を仮定する．このような定式化によって（ある程度の抽象化という代償をはらってではあるが）熱力学の基盤に関する簡明な議論ができることになり，われわれが第2章で導入する統計力学的エントロピーとの直接的な対比が可能となるという利点が出てくる．一つの章で熱力学の網羅的な解説を与えることは明らかに不可能であって，より詳細な内容を学ぶには熱力学の古典的教科書を参考にしてほしい．

1.1 熱力学的平衡

1.1.1 微視的および巨視的記述

　熱統計力学の目的は $N \approx 10^{23}$ 程度の粒子数[*1]からなる巨視的な系のふるまいを記述することである．そのような巨視的な系の例は容器に閉じ込められた常温常圧下の1モルの気体である[*2]．この気体を構成するのは絶え間なく運動し，ほかの分子や壁と衝突し続ける 6×10^{23} 個の分子[*3]である．第2章で正当化されるように，第1近似ではこれらの分子は古典的に扱ってよい．それゆえ，時刻 $t=0$ における分子の初期位置および初速度（あるいは運動量）が与えられた場合，気体の時間的発展は時間のどのような関数で表されるか，というよく知られた古典力学的の設問が立てられる．例として，初期密度分布が均一でない場合に気体がどのような時間発展により均一な密度分布をもつ

[*1] 適切な注意のもとでメゾスコピック系，すなわち微視的と巨視的の間の中間的な系（たとえば $1\,\mu\mathrm{m}$ のオーダー）に熱力学を適用することは可能である．

[*2] 温度と圧力の概念の定義はまだ与えていないが，ここでこれらの語を用いることは読者にとって問題ないであろう．

[*3] 気体の場合には，一般的な「粒子」という語ではなく，「分子」という語を用いることにする．

平衡に到達するのか考えてみよう．分子間および分子と壁の間に作用する力がわかれば，ニュートン方程式を解いて粒子の位置 $\vec{r}_i(t), i = 1, ..., N$, と運動量 $\vec{p}_i(t)$ を $t = 0$ における位置座標と運動量の関数として表せるから，得られる位相軌道から密度分布 $n(\vec{r}, t)$ の時間発展を導くことができるはずである．仮にそのような戦略が原理的には可能としても，それが失敗することは容易に推察できる．たとえば分子の初期座標を 100 万分の 1 秒に 1 個の座標という速さで印刷しても，すべてを印刷するのに要する時間は宇宙年齢のオーダーになるからである．運動方程式を数値的に解くにも，それはわれわれが想像しうる最速のコンピュータをはるかに超える能力を必要とするであろうし，たとえ遠い将来といえども無理であろう．このような計算は分子動力学とよばれ，現時点では最大数百万個の粒子について計算が行われている．量子力学的問題ではさらに絶望的である．シュレーディンガー方程式を解くことは対応する古典的運動方程式を解く場合よりも桁外れに複雑である．

　しかしながら，少なくとも原理的にはわれわれが考える物理系は微視的な記述を可能としていることを忘れるべきではない．それは古典力学では粒子の位置座標と運動量であり，量子力学では系の波動関数である．このような情報が与えられているとき，この物理系には**微視的配位**あるいは**微視的状態**がその属性として与えられているという．実際にはこの微視的記述はあまりにも詳細すぎる．たとえば，上述した気体の密度分布 $n(\vec{r}, t)$ の時間発展を調べることを考えてみよう．この密度分布を定義するためには，まず点 $\vec{r}$ のまわりの微小体積 ΔV を考え，時刻 t を中心とする時間間隔 Δt におけるこの微小体積内の気体分子の平均個数を（少なくとも原理的には）数えなければならない．ΔV が微視的，たとえば 1 辺の長さが $1 \, \mu m$ 程度としても平均分子数は 10^7 程度となるであろう．われわれが知りたいのは ΔV の中にある分子数の平均値だけであって，個々の分子の運動ではない．巨視的記述では典型的な微視的尺度よりもはるかに大きな空間的時間的スケールに関して空間的時間的平均操作をすることが必要である．$1 \, \mu m$ とか $1 \, \mu s$ という空間時間スケールを原子の特徴的な微視的スケール $0.1 \, nm$ および $1 \, fs$ と比べるべきである．この平均操作で意味のある役割を演じるのは，ある条件を満たすような微視的座標で構成される少数の組み合わせであり，個々の微視的座標そのものではない．たとえば，密度分布 $n(\vec{r}, t)$ を計算するには時刻 t に点 $\vec{r}$ のまわりの体積 ΔV にあるすべての分子を数える必要があり，それは数学的には

$$n(\vec{r}, t) = \frac{1}{\Delta V} \int_{\Delta V} d^3 r \sum_{i=1}^{N} \delta(\vec{r} - \vec{r}_i(t)) \tag{1.1}$$

で与えられる．この式は，微視的座標 $\vec{r}_i(t)$ に関して特定の組み合わせを選択することにより，**巨視的変数**とよばれる量を定義する一つの例である．微視的座標の組み合わせが巨視的変数を与えるもう一つの例として，エネルギーについて以下に述べよう（方程式 (1.2)）．

　微視的アプローチで巨視的な系を扱うのは困難であるから，記述の方法を変えて，試

料に直接関連する分子数，エネルギー，電気双極子モーメントあるいは磁気双極子モーメントなどの大域的な巨視的変数を基本量としてとりあげる．巨視的変数，より正確にはそれらの密度（分子数密度，エネルギー密度，など）によって**巨視的状態**が定義される．巨視的変数の時間発展は決定論的方程式によって与えられる．弾性体に関するニュートンの方程式，液体に関するオイラーの方程式，電気的あるいは磁気的物質に関するマクスウェル方程式などがある．しかしながら，このような純粋に力学的な記述は不十分である．それは，一つの巨視的状態は非常に多くの異なる微視的状態に対応しているからである．それゆえ，平均操作で消去された微視的自由度について忘れてしまうことはできない．巨視的なアプローチの過程で一時的に無視したこれらの微視的自由度に関して確率論的な記述を用いることにしよう．この方法によって巨視的描像を完成させる際に必要となるエントロピーの概念が導かれる．この確率論的なアプローチは第 2 章で議論する．ほかの巨視的変数と異なり，**エントロピーは微視的変数の組み合わせではなく**ほかの巨視的変数と比べて特異な役割を演じるのである．

以下では熱力学的記述に限定し，巨視的変数とエントロピーについて考察する．

1.1.2 壁

熱力学で特に重要な巨視的変数はエネルギーであり，それはさまざまな形態をとりうる．ポテンシャルから導かれる保存力だけを考えた力学系では，運動エネルギーとポテンシャルエネルギーの和である力学的エネルギーは保存する．周囲からのすべての影響を遮断された力学系，すなわち**孤立系**ではエネルギーは保存される，つまり時間に依存しない．数学的には，このエネルギーは

$$E = \sum_{i=1}^{N} \frac{\vec{p}_i^{\,2}}{2m} + \frac{1}{2} \sum_{i \neq j} U(\vec{r}_i - \vec{r}_j) \tag{1.2}$$

と書かれる．表式を簡単にするため，粒子はすべて同等で質量は m，i 番目の粒子の運動量と位置座標をそれぞれ $\vec{p}_i$, $\vec{r}_i$ とした．U は 2 個の粒子間のポテンシャルエネルギーである．さらに粒子は内部構造をもたないと仮定する．式 (1.2) は孤立系の古典的および量子力学的ハミルトニアン $\mathcal{H}$ を与える．量子力学的な場合には $\vec{p}_i$ と $\vec{r}_i$ は粒子 i に関する正準共役な運動量と位置の演算子である．系が孤立系でないときは力学的エネルギーを系に供給することができる．たとえばバネを押し縮めればバネはエネルギーを得て，それを弾性的ポテンシャルエネルギーの形で蓄える．この圧縮過程で，力の作用点は**仕事**の形でエネルギーが系に与えられるように移動する．同様に気体の場合にもピストンを用いて圧縮することによりエネルギーを供給することができる．前者の場合はバネの長さ，後者の場合は気体の体積が測定可能な変化を示し，それらは**外部変数**[*4)] とよばれる．しかしながら，われわれは物体にエネルギーを移動させるにはほかに多くの方法が

[*4)] 外部変数とは，体積，外的電場，外的磁場などのように実験的に直接制御可能な量である．

あることを経験的に知っている．土木作業員ならコンクリートにドリルで穴をあけることでドリルの刃にエネルギーが移動することを知っているだろう．ドリルの刃は摩擦によって熱くなり，よく知られてはいるが熱力学的には不正確ないい方をすると（脚注 10 を見よ），ドリルのモーターによって供給される力学的エネルギーの一部が「熱に変換される」ことになる．ドリルの刃を暑い夏の日に太陽光のもとに置いておけば同じ結果が得られるだろう．これは「電磁エネルギーを熱に変換する」ことになる．また，ドリルの刃を熱湯に入れる，つまり熱的接触によっても同じ結果を得ることができるだろう．後者の場合，ドリルの刃および水の外部変数に観測可能な変化はない（2.5.1 項を見よ）．このエネルギーの交換に関与しているのは微視的自由度だけである．ドリルの刃が熱せられることは，その構成原子が平衡位置のまわりにより大きな振幅で振動することに対応し，それに付随する水の冷却は水分子の平均速度の減少に対応する[*5]．**熱という形でのエネルギーの移動は系の外部変数も環境媒体の配位も変化しないことで特徴づけられる**．この熱移動は伝導（ドリルの刃は水と接触している）あるいは放射（太陽とドリルの刃との間の）によって生じる．

まとめると，系はエネルギーを熱の形で，あるいは仕事の形で受け取ることができる．仕事を供給する巨視的力学機械に関する変数（質量，作用する力，など）についてはよくわかっているから，仕事の形で供給されるエネルギーは，少なくとも原理的には力学的な考察に基づいて測定可能である[*6]．外部変数と環境媒体の配位のいずれか，あるいは両者を変化させることにより，系は仕事を得ることができる．しかしながら，熱の形でのエネルギー交換をなくさないかぎり，ある物体が受け取るエネルギーの量をエネルギー保存則に基づいて正確に決めることはできない．熱交換をなくすことは熱を遮断するような壁，つまり**断熱壁**によって系を熱的に孤立させることによって可能である．他方，**透熱壁**は熱の移動を許す．逆に，どのような力学的機器によっても侵入不可能な**剛体壁**を用いること[*7]により仕事の形でのエネルギー移動をなくすことができる．異なる形態でのエネルギーの移動を制御できるような壁の存在を考えることによって，少なくとも理論的には（というのは壁は決して完全に剛体的あるいは断熱的ではありえないから）熱力学的記述が可能となる．

孤立系とは環境（外界）と，いかなる形でもエネルギーを交換することができない系である．それは完全に断熱的，剛体的，そしていかなる分子も電場も磁場も侵入できない壁によって外界と遮断されている系である．

[*5] 議論を簡明にするため，分子のポテンシャルエネルギーに起因する複雑な問題を無視する．
[*6] この視点に立てば，電気機器によって供給されるエネルギーは仕事とみなされる．それは電圧計や電流計による電気的測定によって決定できるからである．
[*7] 厳密にいうならば，力学系に関しては電気的あるいは磁気的などによるエネルギー移動も不可能とする必要がある．

1.1.3 仕事,熱,内部エネルギー

これまでに定義した概念をより定量的に発展させよう.まず,仕事の二つの異なる供給方法について本質的な区別をする必要がある.考えを明確にするため,位置 x_A と x_B の間(図 1.1(a))を変位とするピストンによって気体を圧縮することにより行われる仕事を考察しよう.ピストンの位置は座標 x で与えられる.外力の x 成分とピストンの位置をすべての時刻において完全に制御できるならば,仕事 $W_{A\to B}$ は仕事の無限小要素 $\text{d}W$ を x_A から x_B まで積分することによって計算できる.

$$\text{d}W = F(x)\,\text{d}x$$
$$W_{A\to B} = \int_{x_A}^{x_B} \text{d}x\, F(x) \tag{1.3}$$

気体を圧縮してゆくとき,この**準静的変化**を実現する実験では,外部変数 x と力 $F(x)$ は完全に制御できる.この重要な考えは 1.2.2 項で一般的に定義する.仕事の供給が準静的ではない場合は研究課題 1.7.1 で学ぶ.おもりを載せたピストンによって,鉛直方向に立てられたシリンダーの内部に気体が閉じ込められている場合,おもりが突然除かれると気体は膨張し,ピストンは数回の振動ののち新しい平衡位置に達する.ピストンとシリンダーの間の摩擦を無視すれば,気体になされる仕事は $-P_{\text{ext}}\Delta V$ である.ここでは P_{ext} は外部圧力であり ΔV は体積の変化である.膨張の過程でこの体積変化は制御されない.非準静的変化のもう一つの例は図 1.1(b) に示されている.この系は外部と断熱壁で隔離されているが,モーターが撹拌扇を回転することにより粘性によって熱が生じる.仕事の形で供給されるこのエネルギーはモーターの特性から計算できる[*8].こ

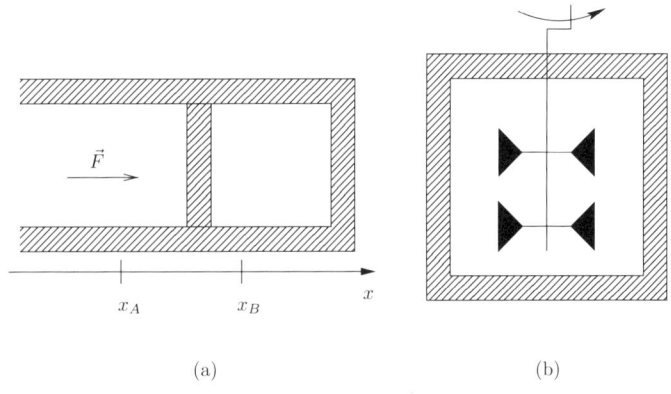

図 1.1 仕事を供給する二つの方法.(a) 気体の圧縮.(b) ジュールの実験.

[*8] このジュールによる実験のより現代的な方法では抵抗値のわかっている電気抵抗を液体の中に沈め,その両端に決められた電圧をかける.こうすれば「熱に変換された」電気的エネルギーを決めることができる.

れらの二つの非準静的な仕事の移動は非常に異なるように見えるが一つの共通点をもつ．最初の例では，最終状態の温度は，変化が準静的であった場合の温度よりも高い．2番目の例のように粘性による力が温度上昇の原因となっているからである．非準静的になされた仕事のもう一つの例は，先に述べた加熱されたドリルの刃の場合である．

ここで系の状態間のエネルギー移動について調べよう．A と B を二つの任意の状態とすれば，それぞれの状態のエネルギーは原理的には，たとえば式 (1.2) によって，よく定義された量である．この量は熱力学では**内部エネルギー**とよばれ E と書かれる．われわれはエネルギーの差 $E_B - E_A$ だけに物理的意味があることを先験的に知っており，われわれのねらいはこのエネルギー差が実験的に測定可能であることを示すことである．移動したエネルギーは，それが仕事の形をとっていようとも熱の形であっても，正の値も負の値もとりうる数量であることに注意しよう．

力学的機器によってなされる仕事は測定可能であるから，仕事を供給するだけで系の状態を A から B まで変化させることが可能ならば，その仕事が正であれ負であれ，E_A を基準エネルギーとして E_B を決定することができる．そのような変化が可能であるかどうかを検証するために次のような経験的事実から考えはじめよう．状態 A から状態 B までの変化，あるいは状態 B から状態 A までの変化を，系に仕事を供給することだけが唯一の効果であるような過程で実現することが可能とする．この条件のもとでは二つの変化のうちどちらだけが許される．この主張は次のように正当化される．もし状態 A と状態 B が同じ体積で，さらに $E_B > E_A$ とするならば，図 1.1(b) で示されているのと同様な機構によって，状態 A から状態 B への変化が可能である．このような変化は $E_B < E_A$ ならば不可能である[*9]．もし，A と B の体積が異なるなら，断熱圧縮あるいは断熱膨張を用いて $A \to A'$ と変化させ体積が $V_{A'} = V_B$ となるようにすることができる．もし $E_{A'} < E_B$ ならば，エネルギーが E_B であるような終状態に到達させることができる．まとめると，変化 $A \to B$ （$B \to A$）の過程で測定可能な仕事を系に与えることにより $E_B - E_A$（$E_A - E_B$）を決定することができる．

もし変化 $A \to B$ が任意の方法で行われた場合，つまり仕事と熱の両者に関する出入りがある場合でも巨視的力学パラメータで決定される仕事 $W_{A \to B}$ は制御できるから，すでに決められているエネルギー差 $(E_B - E_A)$ を用いてこの過程で供給される熱の量を知ることができる．

$$Q_{A \to B} = (E_B - E_A) - W_{A \to B} \tag{1.4}$$

このエネルギー保存を表す方程式が熱力学第一法則を与える．これは微分の形で

$$đQ = dE - đW \tag{1.5}$$

のように書かれることも多い．内部エネルギーの増加 $E_{A \to B} = E_B - E_A$ と異なり，仕

[*9] この後で話が出てくるが，$E_B > E_A$ は B の温度 T_B が A の温度 T_A よりも高いことを意味する．すなわち，ある物質を仕事だけによって冷却することは不可能である．

事 $W_{A\to B}$ と熱 $Q_{A\to B}$ は初期状態と終状態によって決めることはできず，途中の変化過程に依存する[*10]．すなわち，dE と異なり無限小量 $\dbar W$ と $\dbar Q$ は微分ではない．これは力学との類推で直観的に理解することができる．もし力 $\vec{F}$ に対して $\vec{\nabla}\times\vec{F}\neq 0$ であるならば，点 A から B の間になされる仕事

$$W_{A\to B} = \int_A^B \vec{F}\cdot d\vec{l}$$

は点 A と B だけによっては決まらず積分経路に依存し，その無限小の仕事を微分として与える関数は存在しない．

1.1.4 熱平衡の定義

話を簡単にするため，ここでの考察は電磁的に遮蔽された理想的な系に限定し，より複雑な場合については参考文献にゆずる．これは理論を制約するものではなく，議論を簡明にするための便宜的なものである．たとえば空間的に均一でない密度のような任意の初期状態にある孤立系を考えよう．**経験によれば，十分時間が経過すれば系は平衡状態へと時間的に発展してゆく．平衡状態とは時間にも過去の履歴にも依存しない状態である**．平衡状態は系の状態を記述する巨視的変数と外部変数によって特徴づけられる．それらは体積 V，エネルギー E，それぞれの種類の分子の数 $N^{(1)},...,N^{(r)}$ である．

平衡状態への接近を特徴づける時間は**緩和時間**とよばれる．緩和時間は数マイクロ秒のように短い場合もあれば数千年という長い場合もある．それゆえ，平衡状態に達したかどうかを実際に決めることは簡単ではない．多くの場合，平均寿命が非常に長い準安定状態に達するだけである．そのような状態は時間に依存しないように見えるだけで，実際には過去の履歴に依存する．よく知られた例はヒステリシスである．磁化されていない磁性物質に磁場を加えることにより磁化させた場合，磁場を取り除いても磁化は消えずに残る．磁化 M を磁場の関数としてみたとき，その変化は図 1.2 にあるヒステリシスサイクルを示す．この図で破線は初期磁化が零の場合である．明らかに安定な状態にある磁石をわれわれが手に入れたとしても，その磁性状態はこのように過去の履歴に依存する．さらに，磁場とは反対方向に磁化される状態になることも可能であり，それは明らかに準安定状態である．別のよく知られた例は多様な準安定結晶の存在である．たとえばグラファイトは常圧常温下の標準的な条件下では安定な炭素の結晶であるがダイヤモンドは準安定である．これら以外にも例は数多くある．ガラス，合金，記憶物質などである．これらの場合，もし誤って系が平衡にあると仮定してしまうと実験と矛盾することになる．

非常に長い緩和時間に関係してくる困難があることを銘記しつつ，**平衡状態の存在をわれわれの最初の要請としよう**．すなわち，孤立系は十分に長い時間のあと，過去の履

[*10] それゆえ，熱あるいは仕事の概念を系それ自身に帰すことはできない．熱および仕事の概念は**エネルギー交換の異なる二つの形態である．つまり，熱と仕事は「移動中のエネルギー」である**．

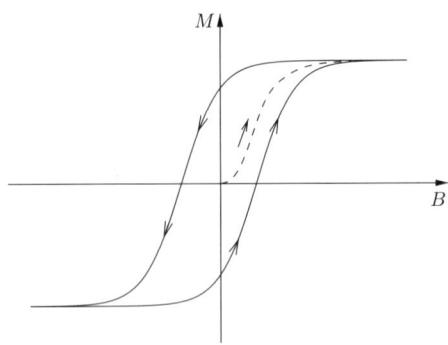

図 1.2 外場の中に置かれた磁性体のヒステリシスサイクル

歴に依存せず，体積 V，エネルギー E，各種分子の個数 $N^{(i)}$ といった系固有の性質によって特徴づけられる平衡状態に到達すると仮定する．以下の多くの議論では，1 種類の N 個の分子からなる系に限定し，さらに，たとえば密度が均一であるような，一様な平衡状態に限ることにする．E, V, および N のような量は **示量性** とよばれる．平衡状態にある二つの同等な部分系を合体させた場合，これらのエネルギー，体積，および分子数はそれぞれ倍になるからである．

1.2 エントロピー最大の要請

1.2.1 内部拘束条件

序章で強調したように，本書ではエントロピー関数の存在を要請する．その正確な定義のためには次の簡単な例で示すような **内部拘束条件** の考えを導入する必要がある．ピストンによって二つの部分系 (1) と (2) に分けられている孤立系を考えよう (図1.3)．エネルギー E，体積 V，そして全分子数 N に対する壁あるいはピストンからの影響は，表面効果であり無視できると仮定する．それゆえ，E, V, N は二つの部分系それぞれのエネルギー，体積，分子数の和である．

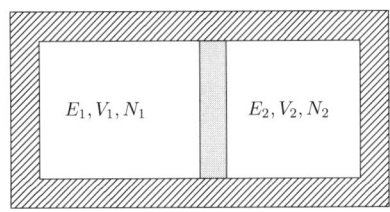

図 1.3 二つの「部分系」に分割された孤立系

$$E = E_1 + E_2 \qquad V = V_1 + V_2 \qquad N = N_1 + N_2 \tag{1.6}$$

- ピストンが固定されているならば，それは部分系間の仕事という形でのエネルギーの自由な移動を禁止する拘束条件を与える．
- ピストンが断熱的であるならば，それは部分系間の熱という形でのエネルギーの自由な移動を禁止する拘束条件を与える．
- ピストンが分子の通過を許さない（不浸透性の壁）ならば，それは部分系間の粒子の流れを禁止する拘束条件を与える．

ピストンを可動，あるいは透熱的，あるいは粒子通過可能（浸透性の壁）にすることによりこれらの拘束条件を解除できる．もちろん，一度に2個以上の拘束条件を解除することも可能である．

まず，ピストンは固定，断熱的，不透壁であり，各部分系は別々に平衡状態にある，という初期状態を考える．そのような初期状態の一つないし複数の拘束条件を解除して新しい平衡状態に系が到達するのを待つ．系はどのような平衡状態になるだろうか？ この問題に対する答はエントロピー最大の原理によって与えられる．

1.2.2 エントロピー最大の原理

われわれは以下の命題を要請する．これらの要請は通常の「熱力学第二法則」と同等である．

(i) 平衡状態にある任意の系に対して，正の値をもつ微分可能なエントロピー関数 $S(E, V, N^{(1)}, ..., N^{(r)})$ が存在する[*11]．一般に，この関数は，V と N が固定されたとき E の増加関数である[*12]．

(ii) M 個の部分系からなる系に関して，S は加法的あるいは示量的である．すなわち全エントロピー S_{tot} は部分系のエントロピーの和である．

$$S_{\text{tot}} = \sum_{m=1}^{M} S(E_m, V_m, N_m^{(1)}, \ldots, N_m^{(r)}) \tag{1.7}$$

(iii) 大域的に孤立した系が，初期状態として，それぞれが平衡状態にある部分系に内部拘束条件により分割されていたとしよう．もし，一つあるいは複数の拘束条件を解除するならば，系が再び平衡状態に到達したときの最終エントロピーは初期エントロピーより大きいか等しいかのいずれかである．新しい $(E_m, V_m, N_m^{(i)})$ は，エントロピーが変化しないかあるいは増加するような値のみをとる．すなわち，孤立系のエントロピーは減少することはできない．

この**先験的**エントロピーは平衡状態にある系についてのみ定義されていることに注意す

[*11] 読者は S が同時に外部パラメータ V と巨視的変数 E および N の関数であることに注意されたい．
[*12] 例外については研究課題 3.8.2 を見よ．

べきである．系が平衡状態から遠く離れているとき，一般にエントロピーを一意的に定義することはできない．しかしながら，系が大域的には平衡状態にない場合でも，互いに弱い相互作用を及ぼしあい，ほぼ平衡状態にあるような部分系に分割することが可能ならば，式 (1.7) によって系の大域的エントロピーを定義することは可能である．第 6 章で詳しく見るように，この方法により局所的には平衡状態にあるが大域的には平衡状態にない系のエントロピーを定義することができる．これは実際に応用するときには非常に重要である．たとえば，流体力学はすべて局所的平衡の概念に基づいている．

ここで，すでに 1.1.3 項で言及した**準静的過程**の概念を導入しよう．変化 $A \to B$ において，考察している系が平衡状態に限りなく近い状態に留まっているならば，その変化は準静的過程であるという．準静的過程では，過程の各ステップごとに系の平衡状態が再度確立されるのを待たなければならない．それゆえ準静的過程は無限に遅くなければならない．明らかに，準静的過程とは理想化された概念である．現実の変化は真に準静的ではありえない．完全に断熱的あるいは剛体的な壁と同じく，準静的過程は熱力学における正確な論理を構成するための理論的道具である．実際には，変化過程に要する時間が，平衡状態を再び達成するまでの時間よりもはるかに長い場合には準静的過程と考える．準静的過程では系は平衡状態に無限に近いため，各瞬間ごとに系のエントロピーを定義することができる．このように定義された孤立系のエントロピーは**先験的**に時間に依存し，時間の増加関数である．

以上で述べた原理から導かれる本質的な結果の一つとして，エントロピーがその変数の凹関数であることを得る．関数 $f(x)$ が凹関数であるとは，任意の x_1 と x_2 に関して

$$f\left(\frac{x_1+x_2}{2}\right) \geq \frac{f(x_1)+f(x_2)}{2} \tag{1.8}$$

が成立することである（図 1.4）[†1]．もし凹関数が 2 階微分可能ならば，その 2 階微分係

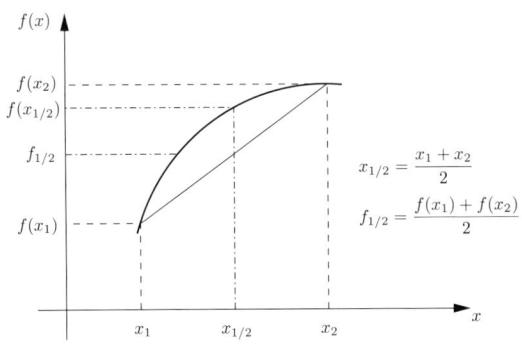

図 **1.4** 凹関数の性質

[†1] たとえば岩波数学辞典（第 3 版）に凹関数の定義が与えられている．(訳者注)

数は負か零のいずれかである：$f''(x) \leq 0$. 凸関数に関しては $f''(x) \geq 0$ である．

エントロピーの凹関数的性質：一様な系ではエントロピーは示量性変数 (E, V, N) の凹関数である．

実際，エントロピーがエネルギーの値 E の近傍で局所的に完全な凸関数であるとすれば
$$2S(E) < S(E - \Delta E) + S(E + \Delta E)$$
が成立する．エントロピーの加法性から $2S(E) = S(2E)$ である．それゆえ，エネルギーに関して系が不均質となるような拘束条件を課することによりエントロピーが増加することになる．そうすると，エントロピー最大の原理は不均質な平衡状態へ導くことになり，最初の仮定に矛盾することになる．このようなふるまいは相転移の徴候である（3.5.2 項を見よ）．ここで用いた不等式には等号がない（狭義の不等式）が，等号を含む不等式の場合は後に論ずる．多変数への一般化は 1.4.1 項で与える．

1.2.3 示強性変数：温度，圧力，化学ポテンシャル

ここでエントロピー $S(E, V, N^{(1)}, ..., N^{(r)})$ から出発して温度 T, 圧力 P, 化学ポテンシャル μ を定義する．これらの定義が直観的な概念に対応することは後で述べる．

$$\text{温度} \quad T \qquad \left.\frac{\partial S}{\partial E}\right|_{V, N^{(i)}} = \frac{1}{T} \tag{1.9}$$

$$\text{圧力} \quad P \qquad \left.\frac{\partial S}{\partial V}\right|_{E, N^{(i)}} = \frac{P}{T} \tag{1.10}$$

$$\text{化学ポテンシャル} \quad \mu^{(i)} \qquad \left.\frac{\partial S}{\partial N^{(i)}}\right|_{E, V, N^{(j \neq i)}} = -\frac{\mu^{(i)}}{T} \tag{1.11}$$

変数 T, P および μ^i は**示強性変数**とよばれる．たとえば，すべての示量性変数の値を 2 倍にしても温度，圧力および化学ポテンシャルは変化しないことはそれらの定義から明らかである．他方，T, P および μ^i を一定に保ちつつ系の大きさを 2 倍にすれば，示量性変数，E, V および $N^{(i)}$ の値は 2 倍になる．

温度：熱平衡

これまでに定義した温度を用いて熱平衡の概念に到達できることをまず示そう．ここで図 1.3 に描かれている系を再び用いる．断熱的かつ分子を通さないピストンは初期状態では固定されており，二つの隔室（部分系）は分離され平衡状態にある．ピストンが粒子を通さないことを仮定し記号を簡略化するため，それぞれの部分系のエントロピー関数 $S_1(E_1, V_1)$ および $S_2(E_2, V_2)$ を

$$S_1(E_1, V_1) = S(E_1, V_1, N_1^{(1)}, ..., N_1^{(r)})$$
$$S_2(E_2, V_2) = S(E_2, V_2, N_2^{(1)}, ..., N_2^{(r)})$$

と定義する．ここでピストンを透熱的にすれば，エントロピー最大に対応して系は新しい平衡状態に達する．この新しい平衡状態近傍におけるいかなる無限小変分も極値条件 $dS = 0$ を満たさねばならない．ただし S は全エントロピーであり

$$dS = \left.\frac{\partial S_1}{\partial E_1}\right|_{V_1} dE_1 + \left.\frac{\partial S_2}{\partial E_2}\right|_{V_2} dE_2 = 0 \tag{1.12}$$

である．エネルギー保存条件 $E_1 + E_2 = E =$ 一定 は $dE_1 = -dE_2$ を意味するから，上式 (1.12) と定義 (1.9) により最終温度 T_1 および T_2 は等しくなる．すなわち $T_1 = T_2$ である．もしエネルギーが熱の形で自由に流れることが許されるならば，最終的な平衡状態は二つの部分系の温度が等しくなることに対応する．これが熱平衡である．

次に，エネルギーが高温室から低温室へ流れることを示そう．図 1.5 は二つの部分系 ($1/T_1$ と $1/T_2$) の $\partial S/\partial E$ を E の関数として表している．$S(E)$ は凹関数であるから，2 本の曲線 $\partial S_1/\partial E_1$ と $\partial S_2/\partial E_2$ は，それぞれ E_1 および E_2 に関して減少関数である．初期温度に関しては $1/T_1' > 1/T_2'$，すなわち $T_1' < T_2'$ を仮定した．これは初期状態では隔室 (1) が隔室 (2) より低温であることを意味する．隔室 (1) の終状態のエネルギーが，その初期エネルギーより小さい ($E_1 < E_1'$)，つまり $T_1 < T_1'$ と仮定しよう．エネルギー保存により $E_2 > E_2'$ であるから $T_2 > T_2'$ となる．それゆえ，終状態は同じ温度にはなりえないし，エントロピー最大の原理を満たさない．等温度になることが可能なのは $E_1 > E_1'$ かつ $E_2 < E_2'$ の場合，つまりエネルギーが高温側から低温側に流れる場合だけである．この性質は温度と熱に関するわれわれの直観的な理解と一致するものである．

ここまでは $\partial^2 S/\partial E^2$ が負であること，つまり $\partial S/\partial E$ が狭義の減少関数であることを仮定してきた．図 1.6 に示すように $S(E)$ が線形部分をもつような E の範囲で

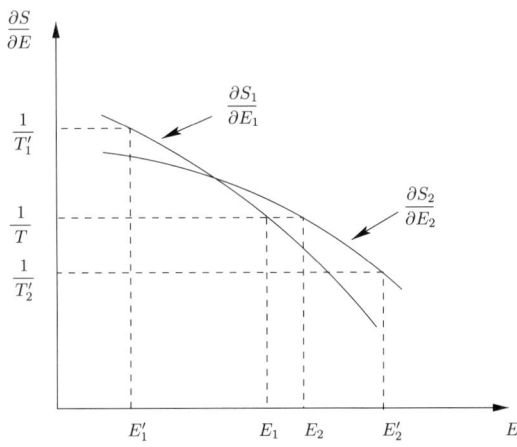

図 **1.5** エネルギーが高温側から低温側へ移動することを示すグラフ

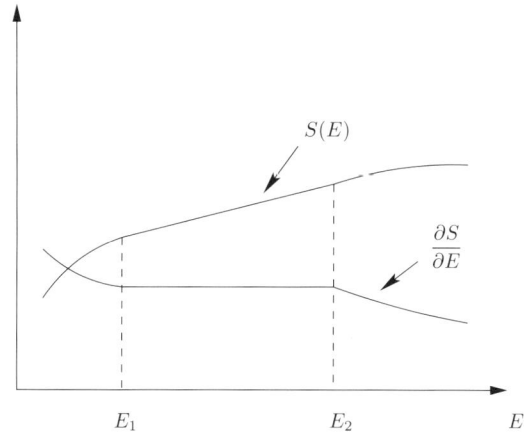

図 1.6 相転移がある場合のエントロピーとその微分係数

$\partial^2 S/\partial E^2 = 0$ となる場合は起こりうる．これはエネルギーの移動が温度の変化をもたらさないことを意味する．このような状況は相転移現象で生じる．氷と水の混合系に熱を与えれば，温度は変化せずに氷が融けてゆく．このような場合，系はもはや均一ではなく，系を記述するには温度以外に各部分の相を指定しなければならない．

圧力：力学的平衡

ここで再び図 1.3 に示してある状況から考えはじめよう．ただしピストンは透熱的かつ可動とする．ひとたび平衡が達成されれば，エネルギーと体積の小さな変化に対するエントロピーの変分 dS は消えるはずである．

$$dS = \left(\left.\frac{\partial S_1}{\partial E_1}\right|_{V_1} dE_1 + \left.\frac{\partial S_2}{\partial E_2}\right|_{V_2} dE_2\right) + \left(\left.\frac{\partial S_1}{\partial V_1}\right|_{E_1} dV_1 + \left.\frac{\partial S_2}{\partial V_2}\right|_{E_2} dV_2\right) = 0$$

エネルギー保存，$E_1 + E_2 = E = $ 一定，と体積保存，$V_1 + V_2 = V = $ 一定，および定義 (1.9) と (1.10) から次式が得られる．

$$dS = \left(\frac{1}{T_1} - \frac{1}{T_2}\right) dE_1 + \left(\frac{P_1}{T_1} - \frac{P_2}{T_2}\right) dV_1 = 0 \tag{1.13}$$

エネルギーと体積の変化は dE と dV に関して 1 次のオーダーでは互いに独立であるから（脚注 13 参照），エントロピーの極値条件 $dS = 0$ より熱平衡 $T_1 = T_2 = T$，および力学的平衡 $P_1 = P_2 = P$ が得られる．通常の圧力の概念と $(\partial S/\partial V)_E$ の関係は，この後すぐに与える．

ピストンが可動かつ断熱的である場合とピストンが固定され透熱性をもつ場合とは対称的な関係にはなっていないことに読者は気づくであろう．体積の変化はエネルギーの移動を生じさせるが，固定されたピストンは体積の相互変化を許さないからである．ピ

ストンが可動であるが透熱的ではない場合，もし摩擦がなければピストンは振動を続けるだろう．もしピストンとシリンダーの摩擦，および二つの流体の粘性を考慮するならば，それぞれの隔室は粘性と摩擦によって決定される二つの異なる温度をもつ定常状態になる．

式 (1.13) に戻り，温度が $T_1 = T_2 = T$ であり，圧力 P_1 が P_2 よりわずかだけ大きい平衡状態近傍における変化を考えれば，dV_1 はエントロピーを増加させるような変化 ($dS \geq 0$) でなければならないから $dV_1 > 0$ である．すなわち，初期の圧力が大きい隔室の体積が増加する[*13]．

化学ポテンシャル：粒子数（あるいは分子数）のつり合い

最後に，ピストンが透熱的で固定されており，種類 (i) の分子に関しては通過を許す場合（半透壁）を考えよう．一般的表記 $S(E_m, V_m, N_m^{(1)}, ..., N_m^{(r)})$ を導入し，再びエントロピー最大の原理

$$dS = \left(\left.\frac{\partial S}{\partial E_1}\right|_{V_1, N_1^{(i)}} dE_1 + \left.\frac{\partial S}{\partial E_2}\right|_{V_2, N_2^{(i)}} dE_2\right)$$
$$+ \left(\left.\frac{\partial S}{\partial N_1^{(i)}}\right|_{E_1, V_1, N_1^{(j \neq i)}} dN_1^{(i)} + \left.\frac{\partial S}{\partial N_2^{(i)}}\right|_{E_2, V_2, N_2^{(j \neq i)}} dN_2^{(i)}\right) = 0$$

を用いる．エネルギー保存と，第 (i) 種分子の分子数保存より $dE_1 = -dE_2$ と $dN_1^{(i)} = -dN_2^{(i)}$ が得られる．さらに，定義 (1.9) と (1.11) を用いて

$$dS = \left(\frac{1}{T_1} - \frac{1}{T_2}\right) dE_1 - \left(\frac{\mu_1^{(i)}}{T_1} - \frac{\mu_2^{(i)}}{T_2}\right) dN_1^{(i)} = 0 \tag{1.14}$$

が得られる．よってエントロピーが停留値をとるということは，平衡では 2 種の分子の化学ポテンシャルが等しいことを意味する．つまり平衡では二つの部分系間の分子の移動はなくなる．歴史的な理由で「化学ポテンシャル」という用語が用いられるが，これは適切ではない．この例で明らかなようにその定義に化学反応は関係していないからである．以上の考察を系に含まれる全種類の分子に一般化することは容易である．その場合の安定性条件は[*14]

$$\mu_1^{(1)} = \mu_2^{(1)}, ..., \mu_1^{(i)} = \mu_2^{(i)}, ..., \mu_1^{(r)} = \mu_2^{(r)}$$

で与えられる．圧力の場合の議論と同様にして，化学ポテンシャルの大きい隔室の粒子数が減少することを示すことができる．

[*13] 注意深い読者は最終平衡温度は T とわずかだけ異なることに気づくだろう．しかしながら，研究課題 1.7.2 におけるファン・デル・ワールス気体の場合の計算で示されているように，この温度の変化は $(dV_1)^2$ のオーダーであり dE_1 についても同じである．一方，有限の変化に関してはエネルギーと体積は独立なパラメータではない．

[*14] ここでは部分系が接触しあうとき化学反応は起こらないと仮定している．この問題は第 3 章で議論する．

状態方程式

$N^{(i)}$ が一定であると仮定すれば，T と P の定義 (1.9) と (1.10) から E と V の関数 f_T と f_P を

$$\frac{1}{T} = \left.\frac{\partial S}{\partial E}\right|_V = f_T(E,V) \qquad \frac{P}{T} = \left.\frac{\partial S}{\partial V}\right|_E = f_P(E,V)$$

として定義することができる．均一な系では f_T は E に関する狭義の減少関数であるから，固定された V に関して E を T の関数 $E = g(T,V)$ として決定できる．これを圧力に関する式に代入して

$$P = T f_P(g(T,V),V) = h(T,V) \tag{1.15}$$

が得られる．この関係 $P = h(T,V)$ は均一な系に関する**状態方程式**である．最もよく知られているのは**理想気体**の状態方程式であり，それは次の三つの形で書かれる．

$$\boxed{P = \frac{RT}{V} = \frac{\mathcal{N}kT}{V} = nkT} \tag{1.16}$$

この方程式は 1 モルの気体に関するものであり，R は気体定数，$\mathcal{N}$ はアヴォガドロ数，$k = R/\mathcal{N}$ はボルツマン定数，そして $n = \mathcal{N}/V$ は分子数密度である．

1.2.4　準静的過程および可逆過程

1 種類の分子だけからなる系を考え，定義 (1.9)–(1.11) を用いれば

$$dS = \frac{1}{T}dE + \frac{P}{T}dV - \frac{\mu}{T}dN \tag{1.17}$$

あるいは

$$\boxed{T\,dS = dE + P\,dV - \mu\,dN} \tag{1.18}$$

と書くことができる．この式は「エントロピー変数に関するいわゆる TdS 方程式」であり，基本的な関数が $S(E,V,N)$ であることを示している．しかし，S は E の増加関数であるから，それらの間の関係は一対一でありエネルギー関数 $E(S,V,N)$ を求めることができる．それゆえ，この TdS 方程式は同等な式

$$\boxed{dE = T\,dS - P\,dV + \mu\,dN} \tag{1.19}$$

として書くことができる．これは「エネルギー変数に関する TdS 方程式」である．$dV = 0$（ピストン固定）かつ $dN = 0$（粒子移動なし）の場合にはエネルギーは熱の形で移動するから $dE = TdS = đQ$ となる．

ここで次の重要な注意をしておく．エントロピー関数の存在は平衡状態あるいは限りなく平衡状態に近い状態を前提としており，さらに TdS 方程式は準静的過程に関してのみ先験的に成立することを強調してきた．特に方程式 $đQ = TdS$ もまた準静的過程

に関してのみ成立する．同様に，式 (1.3) によって与えられる力学的仕事についても再考してみよう．もしピストンの面積が A ならば，力は $F = P_\text{ext} A$ で与えられる．ただし，P_ext は気体が及ぼす外部圧力である（もし力が外部圧力によるならば）．準静的過程では，外部圧力 P_ext は内部圧力 P に限りなく近い．それゆえ

$$đW = F\,dx = P_\text{ext} A\,dx = -P\,dV \tag{1.20}$$

となる．負号は気体を圧縮することによって仕事を与えるからである．$dx > 0$ は $dV < 0$ に対応する（図1.1(a)）．$đW$ を与える最初の二つの等式は一般に成立するが，最後の等式は準静的過程でのみ成立する．というのは気体の圧力 P は平衡状態でのみ定義されるからである（研究課題 1.7.1 を見よ）．実際，式 (1.5) と比べることにより $(-\partial E/\partial V)_{S,N}$ および $T(\partial S/\partial V)_{E,N}$ は圧力であることがわかる[†2]．

ここで再度，(N が一定の場合）エネルギー保存あるいは第一法則，$dE = đQ + đW$，は常に成立することを強調しておこう．一方，式 $dE = TdS + đW$ はエントロピーの概念，つまり「第二法則」に依存するため，それが成立するのは準静的過程についてだけである．そのような過程では $đW$ は系の内部変数の関数として表すことができ，外部環境には依存しない．熱力学の問題を解く際，まず，その問題に適した TdS 方程式を書き下すのがよい．

最後に**可逆変化**の概念を導入しよう．定義により，準静的過程は全エントロピーが一定という条件下では可逆である．一般に，孤立系に関して1個ないし複数の内部拘束条件を解除することはエントロピーを増加させる．すなわち $S_\text{終} > S_\text{初}$ である．これらの解除した拘束条件を再度課しても系を初期状態に戻すことはできない．それゆえ変化は**不可逆**である．厳密に孤立した系では時間発展はある特定の方向に自発的に生じ，エントロピーが最大値に達するまで続く．他方，可逆変化に関しては，系の内部拘束条件を，最初に変化させたときと同じ方法で適切に変化させることにより初期状態に戻すことができる．これが「可逆変化」の意味である．すなわち双方向への変化が可能ということである．外部操作の方法を用いて，拘束条件にわずかな変化を与えることにより可逆変化の意味を確定することができる．たとえば，図 1.3 の一つの隔室の圧力をわずかに増やす（あるいはエネルギーを与える）ことにより，ピストンの変位のもつ物理的意味を変えることができる[*15]．変化が準静的であり，熱の形でエネルギーのやりとりをしないならば，その変化は可逆である．実際，変化が準静的であるから熱の形で行われるすべてのエネルギー交換は $đQ = TdS$ と書かれ，$đQ = 0$ であるから $dS = 0$ となる．すでに，孤立系のいかなる変化もエントロピーの変化 $\Delta S > 0$ を生じさせることを見てき

[†2] 同じことであるが，式 (1.18) で $dS = dN = 0$ とおけば，$(-\partial E/\partial V)_{S,N} = P$ となり，$dE = dN = 0$ とおけば，$T(\partial S/\partial V)_{E,N} = P$ となる．(訳者注)

[*15] もし温度が $T - dT$，比熱が C である系が熱の形でのエネルギー $đQ = CdT$ を温度 T の熱浴から吸収するならば，系のエントロピーの変化は $(dT)^2$ のオーダーであることに注意しよう．(すなわち，それは $C(dT)^2/T^2$ である．訳者注)

た．他方，孤立系のいくつかの部分系では，ほかの部分系における S の増加によって相殺されることにより，エントロピーの減少が起こりうる．

準静的であるが可逆ではない例をあげておくことは有用である．図 1.7 の例を考えよう．二つの隔室は異なる温度にあり，壁はほぼ断熱的（熱は非常にゆっくり移動する）であって，それぞれの隔室は限りなく平衡状態に近いとする．この系のエントロピーは定義されており，時間とともに増加する（2.6 節）．第 6 章で学ぶように，温度は壁の位置に依存するがすべての点で定義されているから壁は局所的平衡状態にあり，エントロピー生成は壁で生じる．

無限小変換は必ずしも準静的ではないことを心に留めておくことは有用である．図 1.8 の例では容器とピストンは断熱的と仮定されていて，まずピストンが動くことが許され，距離 dx だけ動いたところで停められる．気体は理想気体と仮定すれば 1 モルあたりのエントロピーの変化は $dS = RdV/V$ である（研究課題 1.7.1 を見よ）．変化は断熱的であり，もし準静的ならば可逆である．しかし $dS \geq 0$ であるから可逆ではありえない．ピストンの急な運動はその周辺に乱流を生じさせ，変化はもはや平衡状態の近傍で起こるとはいえなくなる．エントロピー生成は粘性摩擦によって生じ，それは気体を平衡状態へと向かわせるのである．図 1.9 の例では隔室は断熱的である．右側の隔室は初期状態では真空であり，気体（理想気体と仮定）は無限に小さい穴からその中へ入り込んで

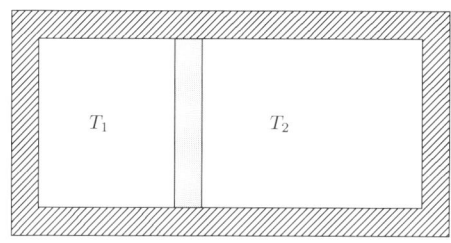

図 **1.7** 可逆的ではない準静的過程の例：ほとんど断熱的な隔壁で分けられた二つの隔室

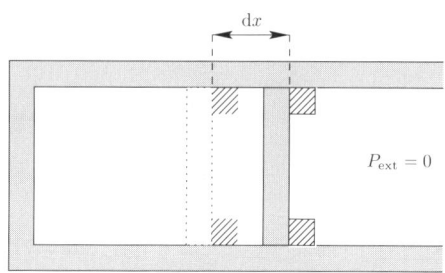

図 **1.8** 準静的ではない無限小過程の例

18   1. 熱 統 計

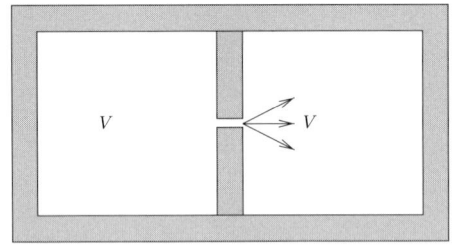

図 1.9 無限小の速さであるが準静的ではない過程

ゆく．平衡状態では二つの隔室は気体で充満し，それらの隔室が同等であるなら 1 モルあたりのエントロピー変化は $\Delta S = R \ln 2$ である．この変化の速さは無限小であるが，平衡状態の連続として生起しているのではない．研究課題 1.7.1 では可逆および非可逆断熱過程の詳しい比較検討を行う．

1.2.5 最大仕事と熱機関

熱力学の通常の理論展開では熱機関が中心的な役割を演じている．それぞれの温度が T_1, T_2 である 2 個の熱源[*16)]に接触している機関 $\mathcal{X}$ が外部に仕事を供給している場合を考えよう（図 1.10(a)）．ただし $T_1 > T_2$ とする．まず，ここでの主要な結果である**最大仕事の定理**を導く．$\mathcal{X}$ は温度 T にある熱源 $\mathcal{S}$ からエネルギー[*17)] Q を受け取るものと

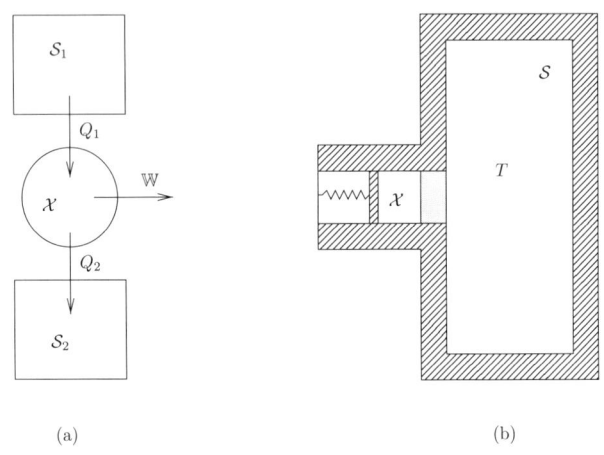

図 1.10 (a) 熱機関．(b) 最大仕事の定理に関する説明図．

[*16)] 熱源とはエネルギーを熱の形でのみ交換することが許されている系である．
[*17)] 符号には注意すべきである．熱源は熱量 $-Q$ を受け取り，系は仕事量 $\mathbb{W} = -W$ を受け取る．

1.2 エントロピー最大の要請

する．熱源 $\mathcal{S}$ は十分大きく，Q は全エネルギーに比べて限りなく小さいため，熱源の温度は変化しないと仮定する（図 1.10(b)）．熱源が受ける変化は準静的であり，そのエントロピー変化は $-Q/T$ である．このような熱源は**熱浴**とよばれる．系 $\mathcal{X}$ は図 1.10(b) で描かれているバネの変化で表されるような仕事 $\mathbb{W}$ を外部に与える．このバネは純粋に力学的であり，エントロピーには寄与しない．合成系 $[\mathcal{X}+\mathcal{S}]$ は熱的に孤立しているが，$\mathcal{X}$ を $\mathcal{S}$ から隔てている壁は両者が熱的接触を行っているときにのみ透熱的とする．この熱的接触と外部になした仕事のために $\mathcal{X}$ は一つの平衡状態から別の平衡状態へ移り，この変化によりエネルギーは ΔE だけ，エントロピーは ΔS だけ変化する．エネルギー保存は**供給された仕事** $\mathbb{W}$ に関して次式を与える

$$\mathbb{W} = -\Delta E + Q$$

Q が最大値をとれば仕事 $\mathbb{W}$ は最大値をとる．しかしこの孤立系 $[\mathcal{X}+\mathcal{S}]$ にエントロピー最大の原理を適用するならば

$$\Delta S_{\text{全}} = \Delta S - \frac{Q}{T} \geq 0$$

が得られる．これから**最大仕事の定理**

$$\boxed{\mathbb{W} \leq T\Delta S - \Delta E} \tag{1.21}$$

が導かれる．最大仕事は変化が可逆なとき得られ，その場合 $\Delta S_{\text{全}} = 0$ である．

機関 $\mathcal{X}$ はサイクルとして機能する．すなわち周期的に同じ状態に戻る．1 回のサイクルで $\mathcal{X}$ によって供給された仕事[*18]を $\mathbb{W}$，高温熱浴から $\mathcal{X}$ に与えられた熱を Q_1，低温熱浴に $\mathcal{X}$ が与えた熱を Q_2 としよう．このサイクル過程で $\mathcal{X}$ は連続して次々に低温熱浴と高温熱浴に接触する．最大仕事を得るためには，1 サイクルの間に生じる変化は可逆でなければならない．二つの熱浴のエントロピー変化はそれぞれ $-Q_1/T_1$ と Q_2/T_2 である．$\mathcal{X}$ はサイクルの終わりには初期状態に戻るから，$\mathcal{X}$ のエントロピーは変化しない．それゆえ

$$-\frac{Q_1}{T_1} + \frac{Q_2}{T_2} = 0$$

となる．エネルギー保存により，1 サイクルの間になされる仕事は $Q_1 - Q_2$ に等しく

$$\mathbb{W} = Q_1 - Q_2 = Q_1\left(1 - \frac{T_2}{T_1}\right) \tag{1.22}$$

が得られる．これから通常の形式での第二法則を導こう．すなわち，もし $T_1 = T_2$ ならば仕事はなされず，1 個の熱浴からサイクル変化よって仕事を得ることはできない．熱機関の熱効率 η は Q_1 の仕事に変換された部分比 $\mathbb{W}/Q_1$ によって定義される．与えられ

[*18] 「供給された仕事（あるいは熱）」とは仕事（あるいは熱）の形で供給されたエネルギーを意味することにする．

た温度 T_1 と T_2 に対してこの効率は熱機関が可逆運転をするとき最大値をとり，それは式 (1.22) から

$$\eta = 1 - \frac{T_2}{T_1} \tag{1.23}$$

で与えられる．エントロピーは定数因子の任意性を残して定義できる．すなわち，λ をすべての系に関して同一の定数として，S を λS でおきかえても基本的な極値条件は保持される．この変換に対して，定義 (1.9) から $T \to T/\lambda$ となる．λ は，水の3重点の温度がケルヴィン（K）で 273.16 になるように決定される．エネルギーはジュール（J）で測られるからエントロピーは $\mathrm{J\,K}^{-1}$ で測ることができる．摂氏温度 $\mathcal{T}$ は $\mathcal{T} = T - 273.15$ で定義される．

1.3 熱力学的ポテンシャル

1.3.1 熱力学的ポテンシャルとマシュー関数

ここでは N が一定であると仮定すれば，エネルギー E は S と V の関数である．熱力学では変数変換を頻繁に行う．たとえば，エントロピーと体積のかわりに温度と圧力を用いたほうが便利なことがある．これらの変数変換は熱力学ポテンシャルとマシュー関数によって実行される．それらは，それぞれエネルギーとエントロピーのルジャンドル変換（A.1 節）である．エネルギーから出発してエントロピーの関数から温度の関数へ変換しよう．式 (1.19) から

$$\left.\frac{\partial E}{\partial S}\right|_V = T$$

である．E の S に関するルジャンドル変換 F は

$$F(T, V) = E - TS \qquad \left.\frac{\partial F}{\partial T}\right|_V = -S, \qquad \left.\frac{\partial F}{\partial V}\right|_T = -P \tag{1.24}$$

で与えられる．この関数 F は**自由エネルギー**とよばれ，E から F に変換することにより，エントロピーのかわりに温度を変数とすることができる．ほかの二つの熱力学ポテンシャルは，エネルギーを体積に関してルジャンドル変換して得られる**エンタルピー** $\overline{H}$

$$\overline{H}(S, P) = E + PV \qquad \left.\frac{\partial \overline{H}}{\partial S}\right|_P = T, \qquad \left.\frac{\partial \overline{H}}{\partial P}\right|_S = V \tag{1.25}$$

と，さらなるルジャンドル変換によって得られる**ギブス自由エネルギー**

$$G(T, P) = E - TS + PV \qquad \left.\frac{\partial G}{\partial T}\right|_P = -S, \qquad \left.\frac{\partial G}{\partial P}\right|_T = V \tag{1.26}$$

である．これらの関数の存在条件から得られる重要な結果がマクスウェルの関係式である．実際，等式

$$\frac{\partial^2 F}{\partial T \partial V} = \frac{\partial^2 F}{\partial V \partial T}$$

と式 (1.24) から

$$\left.\frac{\partial S}{\partial V}\right|_T = \left.\frac{\partial P}{\partial T}\right|_V \tag{1.27}$$

が得られる．ギブス自由エネルギーについても同様な考察により

$$\left.\frac{\partial S}{\partial P}\right|_T = -\left.\frac{\partial V}{\partial T}\right|_P \tag{1.28}$$

を得ることができる．エネルギーに関するルジャンドル変換のかわりに，エントロピーのルジャンドル変換を行えばマシュー関数が得られる．たとえば，式 (1.17) から

$$\left.\frac{\partial S}{\partial E}\right|_V = \frac{1}{T}$$

であり，マシュー関数 Φ_1 はエネルギーに関するルジャンドル変換を行うことにより得られる．

$$\begin{aligned}\Phi_1\left(\frac{1}{T}, V\right) &= S - \frac{E}{T} = -\frac{1}{T}F \\ \left.\frac{\partial \Phi_1}{\partial 1/T}\right|_V &= -E \quad \left.\frac{\partial \Phi_1}{\partial V}\right|_{1/T} = \frac{P}{T}\end{aligned} \tag{1.29}$$

ほかの二つのマシュー関数[†3]を導くことは読者にとって容易であろう（基本課題 1.6.1）．

熱力学の歴史上の理由により，変数 T が $1/T$ よりも一般に用いられ，またエネルギーの微分形式 (1.19) がエントロピーの微分形式 (1.17) よりも好まれ，さらに F が Φ_1 よりも好まれる．しかし，エントロピーは力学的変数である E および V とは異なる性質を有するから，エントロピー表現のほうがより自然であろう．後で述べる統計力学では自然な変数は $1/T$ であり，Φ_1 は分配関数の対数（の k 倍）である．このあと，エントロピーの微分形式は非平衡状態にも用いられることを学ぶ．

1.3.2 比　　熱

系の 1 個あるいは複数の熱力学変数 y を固定して，準静的過程で熱 $\mathrm{d}Q$ を系に与えることを考えよう．もし温度の増加が $\mathrm{d}T$ であるなら，y を一定としたときの**比熱**（あるいは熱容量）C_y は比

$$C_y = \left.\frac{\mathrm{d}Q}{\mathrm{d}T}\right|_y = T\left.\frac{\partial S}{\partial T}\right|_y \tag{1.30}$$

[†3] すなわち，プランク関数とクラマース関数．(訳者注)

で与えられる．準静的過程を仮定しているので TdS を đQ に代入することは許される．古典的な例は定積比熱 C_V

$$C_V = \left.\frac{đQ}{dT}\right|_V = T\left.\frac{\partial S}{\partial T}\right|_V = \left.\frac{\partial E}{\partial T}\right|_V \tag{1.31}$$

と定圧比熱 C_P

$$C_P = \left.\frac{đQ}{dT}\right|_P = T\left.\frac{\partial S}{\partial T}\right|_P = \left.\frac{\partial \overline{H}}{\partial T}\right|_P \tag{1.32}$$

である．この最後の式に現れたのはエネルギーではなくエンタルピー $\overline{H}$ である．

ここで定積比熱と定圧比熱とを結びつける有用な関係式を導く古典的な計算を示そう．示強性変数として次の3個の変数を定義するのが便利である．

定圧熱膨張係数
$$\alpha = \frac{1}{V}\left.\frac{\partial V}{\partial T}\right|_P \tag{1.33}$$

等温圧縮率
$$\kappa_T = -\frac{1}{V}\left.\frac{\partial V}{\partial P}\right|_T \tag{1.34}$$

断熱圧縮率
$$\kappa_S = -\frac{1}{V}\left.\frac{\partial V}{\partial P}\right|_S \tag{1.35}$$

まず偏微分に関する次の関係式が必要である．2変数関数 $z(x,y)$ とその微分に関して

$$dz = \left.\frac{\partial z}{\partial x}\right|_y dx + \left.\frac{\partial z}{\partial y}\right|_x dy$$

であるから，$z = $ 一定 すなわち $dz = 0$ なる曲面上に限定すれば

$$\left.\frac{\partial z}{\partial x}\right|_y dx = -\left.\frac{\partial z}{\partial y}\right|_x dy$$

となる．これをさらに3変数 (x,y,z) の巡回置換の形で書くのは容易である．

$$\left.\frac{\partial x}{\partial y}\right|_z \left.\frac{\partial y}{\partial z}\right|_x \left.\frac{\partial z}{\partial x}\right|_y = -1 \tag{1.36}$$

この関係を変数 (T,P,V) に用いて

$$\left.\frac{\partial T}{\partial P}\right|_V \left.\frac{\partial P}{\partial V}\right|_T \left.\frac{\partial V}{\partial T}\right|_P = -1 \tag{1.37}$$

が得られる．さて，TdS を変数 (T,P) で表した

$$TdS = C_P dT + T\left.\frac{\partial S}{\partial P}\right|_T dP = C_P dT - T\left.\frac{\partial V}{\partial T}\right|_V dP = C_P dT - TV\alpha dP$$

からはじめよう．ここで，最初にマクスウェルの関係式 (1.28) を用い，次に α の定義 (1.33) を用いた．この式で変数を (T, P) から (T, V) へ変換することにより

$$T\frac{\partial S}{\partial T}\bigg|_V = C_P - TV\alpha \frac{\partial P}{\partial T}\bigg|_V = C_P - TV\alpha \frac{\alpha}{\kappa_T}$$

が得られる．2 番目の等式は，式 (1.37) を用いて $(\partial P/\partial T)_V$ を計算することにより導かれる．最終的な結果は $C_P - C_V$ の古典的な関係式である．

$$\boxed{C_P - C_V = \frac{TV\alpha^2}{\kappa_T}} \tag{1.38}$$

もう一つの関係式は（基礎問題 1.6.3）

$$\boxed{\frac{C_P}{C_V} = \frac{\kappa_T}{\kappa_S}} \tag{1.39}$$

である．

1.3.3 ギブス–デュエム関係式

ここでは粒子数 N が変化しうる場合を考えよう．すべての示量性変数に因子 λ を乗ずるスケール変換をすれば

$$E \to \lambda E \qquad V \to \lambda V \qquad N \to \lambda N$$

であり，エントロピーもまた示量性であるから $S \to \lambda S$ とスケール変換され，その結果

$$\lambda S = S(\lambda E, \lambda V, \lambda N)$$

となる．この式を λ で微分して式 (1.17) を用い，さらに $\lambda = 1$ とおけば

$$S = \frac{E}{T} + \frac{PV}{T} - \frac{\mu N}{T}$$

が得られる．これから μN が式 (1.26) で与えられたギブス自由エネルギー G であることがわかる．

$$\mu N = E - TS + PV = G \tag{1.40}$$

ギブス自由エネルギーの微分は式 (1.26) あるいは (1.40) を用いることにより，次の 2 通りに書くことができる．

$$dG = -SdT + VdP + \mu dN = \mu dN + Nd\mu$$

これから「ギブス–デュエム関係式」が得られる．

$$\boxed{N\,d\mu + S\,dT - V\,dP = 0} \tag{1.41}$$

この関係式を等温過程，すなわち $dT=0$ の場合に応用してみよう．粒子数密度を $n=N/V$ で定義すればギブス–デュエム関係式から

$$\left.\frac{\partial P}{\partial \mu}\right|_T = n$$

が得られる．そこで，等温圧縮率 κ_T の定義 (1.34) と $v=V/N=1/n$ を用いて $(\partial\mu/\partial n)_T$ を計算すると

$$\frac{1}{\kappa_T} = -v\left.\frac{\partial P}{\partial v}\right|_T = n\left.\frac{\partial P}{\partial n}\right|_T = n\left.\frac{\partial P}{\partial \mu}\right|_T\left.\frac{\partial \mu}{\partial n}\right|_T = n^2\left.\frac{\partial \mu}{\partial n}\right|_T$$

となるから

$$\left.\frac{\partial \mu}{\partial n}\right|_T = \frac{1}{n^2\kappa_T} \tag{1.42}$$

が導かれる．

1.4 安定性条件

1.4.1 エントロピーの凹関数性とエネルギーの凸関数性

ここでは 1.2.2 項で 1 変数の場合について考察したエントロピーの凹関数性を多変数の場合に一般化する．煩雑さを避けるためにエネルギー E と体積 V の 2 変数に限定するが，より多くの変数への一般化は簡単である．平衡状態にある均一な孤立系のエネルギーと体積が，それぞれ $2E$ と $2V$ であるとき，そのエントロピーが $S(2E,2V)$ で与えられるとする．この系をエネルギーが $(E\pm\Delta E)$，体積が $(V\pm\Delta V)$ であるような二つの部分系に分割し，エントロピーは局所的に凸関数であると仮定する．すなわち

$$S(E+\Delta E, V+\Delta V) + S(E-\Delta E, V-\Delta V) > 2S(E,V) = S(2E,2V)$$

この場合，内部拘束条件を課することは（$\Delta E/E = \Delta V/V$ でなければ）系を不均一にしエントロピーを増加させることになる．その結果，エントロピー最大の原理は不均一な平衡状態へと導くことになり，最初の仮定に矛盾することになる．ゆえにエントロピーが凹関数でなければならないという条件

$$S(E+\Delta E, V+\Delta V) + S(E-\Delta E, V-\Delta V) \leq 2S(E,V) \tag{1.43}$$

が得られる．この不等式はまた

$$\boxed{(\Delta S)_{(E,V)} \leq 0} \tag{1.44}$$

という形に書くことができ，これは次のように解釈できる．E と V が一定に保たれているとき，内部拘束条件はエントロピーを減少させることだけを可能とする．$S(E\pm\Delta E, V\pm\Delta V)$

を微小な ΔE と ΔV に関してテイラー展開すれば

$$S(E \pm \Delta E, V \pm \Delta V) \simeq S(E,V) \pm \Delta E \frac{\partial S}{\partial E} \pm \Delta V \frac{\partial S}{\partial V} + \frac{1}{2}(\Delta E)^2 \frac{\partial^2 S}{\partial E^2}$$
$$+ \frac{1}{2}(\Delta V)^2 \frac{\partial^2 S}{\partial V^2} + \Delta E \Delta V \frac{\partial^2 S}{\partial E \partial V}$$

となる.この展開を式 (1.43) に代入することにより,次の不等式を得る.

$$(\Delta E)^2 \frac{\partial^2 S}{\partial E^2} + (\Delta V)^2 \frac{\partial^2 S}{\partial V^2} + 2\Delta E \, \Delta V \frac{\partial^2 S}{\partial E \, \partial V} \leq 0 \tag{1.45}$$

エントロピーの凹関数条件はエネルギーの凸関数条件に変換することができる.エネルギーが E,体積が V であるような孤立系を平衡状態にある二つの部分系に分割することを考えよう.すなわち

$$E = E_1 + E_2 \qquad V = V_1 + V_2$$

とする.次に内部拘束条件として

$$E_1 \to E_1 + \Delta E \qquad E_2 \to E_2 - \Delta E$$

および

$$V_1 \to V_1 + \Delta V \qquad V_2 \to V_2 - \Delta V$$

を適用すれば,エントロピー最大の原理より

$$S(E_1 + \Delta E, V_1 + \Delta V) + S(E_2 - \Delta E, V_2 - \Delta V) \leq S(E,V)$$

が得られる.S はエネルギーの増加関数であるから,次の条件を満たすようなエネルギー $\tilde{E} \leq E$ が存在する.

$$S(E_1 + \Delta E, V_1 + \Delta V) + S(E_2 - \Delta E, V_2 - \Delta V) = S(\tilde{E}, V)$$

エントロピー一定の条件のもとでは,内部拘束条件はエネルギーを増加させる変化のみを可能にする:$E_1 + E_2 = E \geq \tilde{E}$.それゆえ式 (1.44) と同じくエネルギーに関しても

$$\boxed{(\Delta E)_{(S,V)} \geq 0} \tag{1.46}$$

が成立し,これはエネルギーが S と V の凸関数であることを示している.この結果の別の導出は基本課題 1.6.2 で紹介する.

1.4.2 安定性条件とその結果

エネルギーに関する凸関数条件は (1.45) と同様な式に導く.エントロピーの凹関数条件からエネルギーの凸関数条件へ移る際には不等式の意味が変わるだけである.

$$(\Delta S)^2 \frac{\partial^2 E}{\partial S^2} + (\Delta V)^2 \frac{\partial^2 E}{\partial V^2} + 2\Delta S \Delta V \frac{\partial^2 E}{\partial S \partial V} \geq 0 \tag{1.47}$$

この条件は E の 2 階微分係数を要素とする 2 行 2 列の対称行列 $\mathcal{E}$ を用いて表すことができる.

$$\mathcal{E} = \begin{pmatrix} \frac{\partial^2 E}{\partial S^2} & \frac{\partial^2 E}{\partial S \partial V} \\ \frac{\partial^2 E}{\partial V \partial S} & \frac{\partial^2 E}{\partial V^2} \end{pmatrix} = \begin{pmatrix} E''_{SS} & E''_{SV} \\ E''_{VS} & E''_{VV} \end{pmatrix} \tag{1.48}$$

さらに 2 成分ベクトル $x = (\Delta S, \Delta V)$ とその転置ベクトル x^T を導入すれば, 式 (1.47) は $x^T \mathcal{E} x \geq 0$ となり, これは行列 $\mathcal{E}$ が非負値 (半正値) でなければならないことを意味する. $N \times N$ 行列 A_{ij} が対称であり[*19] (それゆえ対角化可能), 成分が $x_i, i = 1, ..., N$ である任意のベクトル x に対して

$$x^T A x = \sum_{i,j=1}^{N} x_i A_{ij} x_j \geq 0 \tag{1.49}$$

が成立するならば, 行列 A は非負値 (半正値) であると定義する. 行列の非負値条件は固有値によって表すことができる. ある行列が非負値 (半正値) であるための必要十分条件は, そのすべての固有値 λ_i が非負, $\lambda_i \geq 0$, であることである. 正値 (正定値) 行列の場合は式 (1.49) が等号を含まない不等式となる. 実際, 対称行列 A を $A = R^T \Lambda R$ によって対角化することができる. ここで Λ は対角行列であり, R は直交行列, $R^T = R^{-1}$, である. 非負値条件 (1.49) は

$$y^T \Lambda y = \sum_{i=1}^{N} \lambda_i y_i^2 \geq 0$$

となる. ただし N 成分ベクトル y は $y = Rx$ と定義した. これは明らかに $\lambda_i \geq 0$ を意味する. ここで 2×2 行列

$$\begin{pmatrix} a & b \\ b & c \end{pmatrix} \tag{1.50}$$

の場合に戻ろう. 簡単な計算によって非負値条件を得ることができる. 2 個の固有値が非負値であるためには $a + c \geq 0$ かつ $ac - b^2 \geq 0$ でなければならない. これは $a \geq 0$ と $c \geq 0$ が別々に成立することを意味する. 非正値行列の場合は $ac - b^2 \geq 0$ であるが $a \leq 0$ かつ $c \leq 0$ となる.

安定性条件の解析は熱力学ポテンシャルを用いることによって最も容易に行うことができる. ルジャンドル変換は凹関数条件を凸関数条件に変える (A.1 節) から

[*19] 実数行列には対称性の条件が必要だが, 複素ベクトル空間では正値行列は自動的にエルミートであり対角化可能である.

$\overline{H}$	E に関して凸関数	P に関して凹関数
F	T に関して凹関数	V に関して凸関数
G	T に関して凹関数	P に関して凹関数

となる．幾何学的には曲面 $z = f(x, y)$ の曲率 K は

$$K = \frac{f''_{xx} f''_{yy} - (f''_{xy})^2}{(1 + f'^2_x + f'^2_y)^2} \tag{1.51}$$

で与えられるから，図 1.11 に示してあるように，E, S, G はそれぞれの変数に関して正の曲率をもつ曲面（球面的な曲面）を与える関数であり，$\overline{H}$ と F はそれぞれの変数に関して負の曲率をもつ曲面（鞍型の曲面）を与える関数である．

安定性条件はギブス自由エネルギーから導くのが最も簡単である．G は T および P に関して凹関数であるから[20]，2階微分係数 G''_{TT}, G''_{TP}, G''_{PP} で構成される行列は非正値でなければならない．それゆえ

$$G''_{TT} = -\left.\frac{\partial S}{\partial T}\right|_P = -\frac{C_P}{T} \leq 0 \Rightarrow C_P \geq 0$$

$$G''_{PP} = \left.\frac{\partial V}{\partial P}\right|_T = -V\kappa_T \leq 0 \Rightarrow \kappa_T \geq 0$$

が得られる．ここで κ_T は式 (1.34) で定義された等温圧縮率である．最後の条件は

$$G''_{TT} G''_{PP} - (G''_{PT})^2 \geq 0$$

と書くことができる．式 (1.33) で定義された定圧膨張係数 α に関して $G''_{PT} = (\partial V/\partial T)_P = \alpha V$ であることを用いれば，上記の条件は

$$C_P - \frac{\alpha^2 V T}{\kappa_T} \geq 0$$

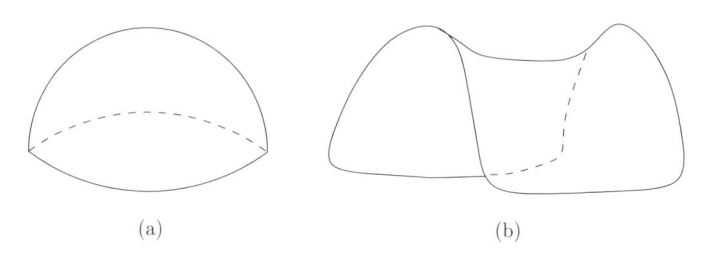

図 1.11 (a) 正の曲率をもつ曲面と (b) 負の曲率をもつ曲面

---

[20] A.1.2 項で G が T および P 関して凹関数であることを示す．

となる．この結果と式 (1.38) から $C_V \geq 0$ が導かれる．まとめると，二つの安定性条件は

$$\boxed{C_V \geq 0 \qquad \kappa_T \geq 0} \tag{1.52}$$

となる．式 (1.38)，(1.39) を考慮すれば，安定性条件 (1.52) は $C_P \geq C_V \geq 0$ と $\kappa_T \geq \kappa_S \geq 0$ を与えることがわかる．条件 $C_V \geq 0$ はエントロピーが凹関数であることから直接導かれるが，κ_T に関する条件を S から直接導くことはより困難である．直観的には膨張係数 α が正でなければならないように思えるかもしれないが（温度上昇は通常は収縮ではなく膨張を生じさせる），安定性条件はこの係数にいかなる制限も課してはいないことに注意すべきである．実際，α が負になることもある．

1.5 熱力学第三法則

1.5.1 第三法則の内容

「第三法則」は根源的に低温に関連している．第三法則を述べる前に，さまざまな実験技術[*21]により到達できる温度のオーダーを示す．

ポンプ冷却 ^{4}He	1 K
^{3}He–^{4}He 混合系	10 mK
^{3}He 圧縮（研究課題 5.7.6）	2 mK
電子スピン消磁法（研究課題 1.7.7）	3 mK
核スピン消磁法	10 μK
原子気体のボース–アインシュタイン凝縮（研究課題 5.7.5）	1 nK

レーザー冷却は nK 温度を実現しているが，熱平衡状態ではなく有効温度である．原子のボース–アインシュタイン凝縮体は準平衡に対応しており，ほかの系を冷却するために用いることはできない．

熱力学第三法則により零温度でのエントロピーの値を決めることができる．すなわち「温度が零に近づくにしたがい，エントロピーも零に近づく」．より正確には，体積 V の系のエントロピー $S(V)$ に関して[*22]

$$\lim_{T \to 0} \lim_{V \to \infty} \frac{1}{V} S(V) = 0 \tag{1.53}$$

[*21] 核スピン消磁法による冷却は 0.3 nK を達成できるが，これはスピン格子系の温度である．このスピン格子系の温度は通常の温度と非常に異なった性質をもち負の値もとりうる．研究課題 3.8.2 を参照．

[*22] 零温度でも零にならないエントロピーをもつ系のモデルは可能である．2 次元三角格子上の反強磁性イジング模型は零温度でサイトあたり $0.338 k$ のエントロピーをもつことは以前から知られている [120]．この零点エントロピーは同じ格子上の量子ハイゼンベルク模型では消える．しかしカゴメ格子上では再び零点エントロピーが現れる [93]．

である. 式 (1.53) における V に関する極限は**熱力学的極限**であり, 示強性の量は有限に保たれる.

現在の低温技術は mK スケールまでの冷却を可能にしている. そのような温度では核スピンによる残留エントロピーが残り $1\,\mu$K 以下でのみ消失する. しかし, よく知られているように ^{3}He の場合は例外である (研究課題 5.7.6). 温度が 1 mK よりも極端に低くなければ, 核スピンによる単位体積あたりのエントロピーを S_0 とおいて, 式 (1.53) を

$$\lim_{T\to 0}\lim_{V\to\infty}\frac{1}{V}S(V)=S_0 \tag{1.54}$$

のように表した第三法則で置き換えることができる. ここで S_0 は系の化学組成や圧力, 相, 結晶構造などに依存しない基準エントロピーである. 核スピン系はそれらのパラメータに影響されないからである. 第三法則は量子物理学に起源をもつ. 第 5 章で量子統計力学の計算に基づいてその正しさを証明する.

1.5.2 準安定状態への応用

二つの結晶構造 (a) と (b) で存在しうる系を考えよう. 一つは安定であり, ほかの一つは準安定であるが非常に長い寿命をもつため通常の方程式が適用可能とする. 構造 (a) は $T<T_c$ で安定であり, 構造 (b) は $T>T_c$ で安定とする. この T_c を相転移温度とよぶ. この相転移は潜熱 L をともなう.

$$\frac{L}{T_c}=S^{(b)}(T_c)-S^{(a)}(T_c) \tag{1.55}$$

右辺の $S^{(a)}$ と $S^{(b)}$ は温度 T における結晶構造 (a) と結晶構造 (b) のエントロピーである. 変数 y を一定に保つような準静的経路に沿って温度を変化させることにより, $S^{(a)}$ と $S^{(b)}$ を $C_y^{(a)}$ と $C_y^{(b)}$ の関数として求めることができる. ただし $C_y^{(a)}$ と $C_y^{(b)}$ は式 (1.31) で定義された y 一定での比熱である.

$$S^{(a)}(T_c)=S_0+\int_0^{T_c}\mathrm{d}T\,\frac{C_y^{(a)}(T)}{T} \tag{1.56}$$

$$S^{(b)}(T_c)=S_0+\int_0^{T_c}\mathrm{d}T\,\frac{C_y^{(b)}(T)}{T} \tag{1.57}$$

ここで S_0 は結晶構造に依存しないため上記 2 式で等しいという点が重要である. それゆえ, 潜熱 (1.55) を測定するか, あるいは比熱を測定し式 (1.56) と (1.57) の差を計算するか, のいずれかの方法で差 $S^{(b)}(T_c)-S^{(a)}(T_c)$ を求めることが可能である. これらの 2 方法が同一の結果を与えることが第三法則の一つの証明になる. 古典的な例は灰色スズと白色スズである. 灰色スズは半導体で $T<T_c=292\,\mathrm{K}$ で安定であり, 白色スズは金属で $T>T_c$ で安定である. 実験による $S^{(b)}(T_c)-S^{(a)}(T_c)$ の測定値を式 (1.55) に用いて $7.7\,\mathrm{J\,K^{-1}}$ が得られ, 一方, 式 (1.56) と (1.57) の差から $7.2\,\mathrm{J\,K^{-1}}$ が得られる. 実験における不確定要素を考慮するならば, この一致は満足できるものである.

1.5.3 低温での比熱のふるまい

第三法則は $T \to 0$ での比熱のふるまいを制限する．まず $S(T, P)$ あるいは $S(T, V)$ の表式

$$S(T; P, V) - S_0 = \int_0^T dT' \frac{C_{P,V}(T')}{T'} \tag{1.58}$$

から出発し，圧力一定あるいは体積一定という条件での準静的経路に沿って考えよう．式 (1.58) における積分は $T' \to 0$ で収束しなければならない（でなければエントロピーは無限大になる）から，C_P と C_V は $T' \to 0$ で零になる[*23]はずである．

$$T \to 0 \quad \text{で} \quad C_P, C_V \to 0 \tag{1.59}$$

さらに式 (1.33) で定義された定圧熱膨張係数 α と $(\partial P/\partial T)_V$ も消える．

$$\alpha = \frac{1}{V}\left.\frac{\partial V}{\partial T}\right|_P \to 0 \qquad \left.\frac{\partial P}{\partial T}\right|_V \to 0 \tag{1.60}$$

例として (1.60) の最初の関係式を示そう．マクスウェルの関係式 (1.28) から出発し，二つの異なる圧力，P_1 および P_2 に関して S を T の関数としてプロットしたのが図 1.12 である．S を表す 2 本の曲線は $T = 0$ で S_0 を通過するから $\Delta S \to 0$ である．一方，$\Delta P = P_2 - P_1$ は有限であるから，結果として $\Delta S/\Delta P \to 0$ である．より形式的には次のように示すことができる．マクスウェルの関係 (1.28) を T に関して微分することにより

$$\left.\frac{\partial^2 V}{\partial T^2}\right|_P = -\frac{\partial}{\partial T}\left[\left.\frac{\partial S}{\partial P}\right|_T\right]_P = -\frac{\partial}{\partial P}\left[\frac{C_P}{T}\right]_T$$

が得られる．一方，

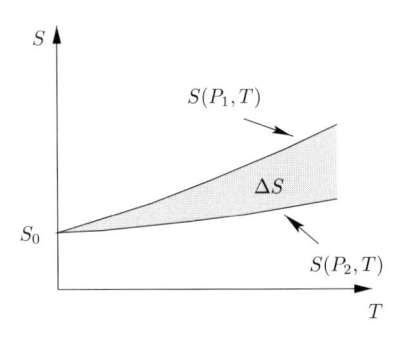

図 **1.12** 二つの異なる圧力の下でのエントロピーの絶対零度近くにおけるふるまい

[*23] この議論ではエントロピーが零温度で有限の値をとることだけを仮定する．

$$\left.\frac{\partial V}{\partial T}\right|_P = -\left.\frac{\partial S}{\partial P}\right|_T = -\frac{\partial}{\partial P}\left[S_0 + \int_0^T dT' \frac{C_P(T')}{T'}\right]_T$$

である.ここで S_0 は P に依存しない定数であることが重要で,このことと $(\partial^2 V/\partial T^2)_P$ に関する上の公式より

$$\left.\frac{\partial V}{\partial T}\right|_P = -\int_0^T dT' \frac{1}{T'}\left.\frac{\partial C_P}{\partial P}\right|_T = \int_0^T dT' \left.\frac{\partial^2 V}{\partial T'^2}\right|_P = \left.\frac{\partial V}{\partial T}\right|_P - \left.\frac{\partial V}{\partial T}\right|_P^{T=0}$$

が導かれる.マクスウェルの関係 (1.27) を用いた同様な計算によって,$(\partial P/\partial T)_V$ に関する結果も導くことができる.

C_P のふるまいに関する仮定を追加することにより,$C_P - C_V$ に関するさらなる結果を得ることができる.C_P が T に関して

$$T \to 0 \quad \text{で} \quad C_P \simeq T^x f(P)$$

なるべき乗則を満たすと仮定する.ただし $x > 0$ かつ $f(P) > 0$ とする.これから

$$\alpha V = \left.\frac{\partial V}{\partial T}\right|_P = -\int_0^T dT' T'^{x-1} f'(P) = -\frac{1}{x} f'(P) T^x$$

が得られ,この結果から $T \to 0$ のとき $\alpha V/C_P$ は P だけの関数であることがわかる.

$$\lim_{T \to 0} \frac{\alpha V}{C_P} = -\frac{f'(P)}{x f(P)} = g(P)$$

$T \to 0$ に対して κ_T が有限であることに注意し,式 (1.38) を用いることにより,上の結果より,$C_P - C_V$ は個々の C_P および C_V よりも急激に減少することがわかる.

$$T \to 0 \quad \text{で} \quad \frac{C_P - C_V}{C_P} \sim \alpha T$$

1.6 基本課題

1.6.1 マシュー関数

1. 次のマシュー関数[†4]を構成せよ.

$$\Phi_1\left(\frac{1}{T}, V, N\right) \qquad \Phi_2\left(\frac{1}{T}, \frac{P}{T}, N\right) \qquad \Phi_3\left(\frac{1}{T}, V, \frac{\mu}{T}\right)$$

2. 〔応用〕エネルギーが温度だけの関数であるような系に関して,体積は P/T だけの関数 $V = V(P/T)$ であることを示し,その直接的な結果が(研究課題 1.7.1 も

[†4] 2 番目の関数はプランク関数,3 番目の関数はクラマース関数とよばれる.(訳者注)

参照)
$$\left.\frac{\partial P}{\partial T}\right|_V = \frac{P}{T} \tag{1.61}$$
であることを証明せよ．また，定圧比熱と定積比熱との差が P/T だけに依存することを示せ．

$$C_P - C_V = -\left(\frac{P}{T}\right)^2 V'\left(\frac{P}{T}\right)$$

1.6.2 平衡状態での内部変数

体積と粒子数が固定された系を考える．系を表す変数は全エネルギー E あるいは全エントロピー S と 1 個の内部変数 y とする．たとえば図 1.3 の系では，y は隔壁の位置あるいは 2 個の隔室へのエネルギー配分比でもよい．平衡状態では，与えられた E に対して y の値はエントロピー最大の条件によって決定される．

$$\left.\frac{\partial S}{\partial y}\right|_E = 0 \qquad \left.\frac{\partial^2 S}{\partial y^2}\right|_E \leq 0 \tag{1.62}$$

すでに 1.4.1 項で，E が固定された場合のエントロピー最大の条件は，エントロピーが固定された場合のエネルギー最小の条件となることを知った．この結果を別の方法で次のように示すことができる．すなわち，式 (1.62) が

$$\left.\frac{\partial E}{\partial y}\right|_S = 0 \qquad \left.\frac{\partial^2 E}{\partial y^2}\right|_S \geq 0 \tag{1.63}$$

を意味し，これが式 (1.47) と等しいことを示せばよい．

1. 次の式

$$\left.\frac{\partial S}{\partial y}\right|_E = -\left.\frac{\partial E}{\partial y}\right|_S \left.\frac{\partial S}{\partial E}\right|_y \tag{1.64}$$

を導き，さらに式 (1.63) が成立することを示せ．

2. 図 1.3 で二つの隔室は異なる温度，圧力をもち，ピストンは断熱的であるが可動とする．このとき，エントロピー最大の条件ではピストンの平衡位置を決定できないことを示せ．

3. 液体ヘリウム 4 は，温度 2 K 以下では，通常の流体と粘性なしに非常に狭い隙間を流れるエントロピー零の超流体との混合と考えられる（詳しくは研究課題 8.6.6 を参照）．図 1.13 に示してある装置で，一定体積をもつ 2 個の容器をつなぐ細管は超流体だけが通過可能とする．このとき，エネルギー最小の条件を用いて，2 個の容器の化学ポテンシャルは等しいが，温度と圧力に関しては等しくなる必要はないことを示せ．2 個の容器の圧力差および温度差を，それぞれ ΔP および ΔT とするならば

$$\frac{\Delta P}{\Delta T} = \frac{S}{V}$$

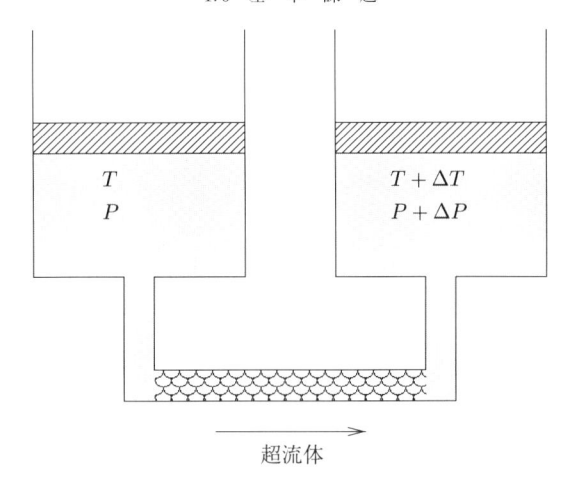

図 **1.13** 細孔栓を通って流れる超流体

が成立することを示せ．この結果は，正常流体が移動できない場合，超流体が圧力差と温度差のバランスを保つ作用をすることを表している．

1.6.3 熱力学的係数の間の関係
次の関係式を導出せよ．
$$\frac{\kappa_S}{\kappa_T} = \frac{C_V}{C_P} \tag{1.65}$$

1.6.4 2個の系の接触
質量が m，比熱が C であるまったく同等な2個の銅の塊 A と B を考えよう．それぞれの温度は T_A および T_B であり，$T_A \leq T_B$ とする．比熱 C は温度に依存せず，塊の体積は一定とする．全体として断熱的な環境の中で A と B を接触させた場合，次の問いに答えよ．

1. それぞれの塊の内部エネルギーの変化，全エネルギーの変化，および最終的な温度を求めよ．
2. それぞれの塊のエントロピーの変化と全エントロピーの変化を求めよ．
3. 2個の塊を熱浴として用いて熱機関を作る場合，得ることのできる最大の仕事を求めよ．その場合の2個のかたまりの最終温度も求めよ．

1.6.5 安定性条件
1. 次の関係式を N が一定の場合に導出せよ．

$$\left.\frac{\partial \mu}{\partial V}\right|_T = \frac{V}{N}\left.\frac{\partial P}{\partial V}\right|_T$$

$$\left.\frac{\partial T}{\partial V}\right|_S = -\frac{T}{C_V}\left.\frac{\partial P}{\partial V}\right|_V$$

2. ある実験家が，次のような性質

(i) $\left.\dfrac{\partial P}{\partial V}\right|_T < 0$ (ii) $\left.\dfrac{\partial P}{\partial T}\right|_V > 0$ (iii) $\left.\dfrac{\partial \mu}{\partial V}\right|_T < 0$ (iv) $\left.\dfrac{\partial T}{\partial V}\right|_S > 0$

をもつ物質を発見したとしよう．これらの関係式の中で安定性条件を満たすものはどれか？ これらの関係式相互の整合性はどうか？

1.6.6 流体の状態方程式

次の性質をもつ流体を考える．

(i) 温度が T_0 に固定されているとき，体積 V_0 から V への等温膨張の過程でこの流体が外界にする仕事 $\mathbb{W}$ は次式で与えられる．

$$\mathbb{W} = RT_0 \ln \frac{V}{V_0}$$

(ii) この流体のエントロピーは次式で与えられる（a は正の定数）．

$$S(T, V) = R\left(\frac{V_0}{V}\right)\left(\frac{T}{T_0}\right)^a$$

この流体の状態方程式を求めよ．

1.7 研 究 課 題

1.7.1 理想気体の可逆および不可逆自由膨張

理想気体の最も一般的な定義は次のように与えられる．

(i) 一定温度のもとで内部エネルギー E は体積に依存しない．
(ii) PV は温度だけの関数である：$PV = \phi(T)$.

1. $\phi(T)$ が T の線形関数であることを示せ：$\phi(T) = aT$.
2. 1 mol の気体を考え，比熱は温度に依存せず

$$C_V = \frac{l}{2}R \qquad l = 3, 5, \ldots$$

のように書けると仮定する．ここで $C_P - C_V = R$ であることに注意せよ．また

$\gamma = C_P/C_V$ とする．初期温度が T_0，初期体積が V_0 であるとき，エントロピー $S(V,T)$ を R, l および $S(V_0, T_0)$ の関数として計算せよ．次に P_0 と T_0 を初期条件として同じ計算をせよ．

3. 可逆断熱膨張ではエントロピーが一定であることを用いて $PV^\gamma = $ 一定，あるいは $TP^{(1-\gamma)/\gamma} = $ 一定，となることを示せ．

4. 初期状態が (P_i, T_i, V_i) である 1 mol の気体を可逆断熱膨張によって状態 (P_f, T_f, V_f) まで変化させる．ただし $P_f < P_i$ とする．この T_f を計算し，気体に対してなされた仕事は $W = C_V(T_f - T_i)$ であることを示せ．

5. 1 mol の気体が，質量 m のおもりを載せたピストンで圧縮されており，初期圧力が

$$P_i = P_f + \frac{mg}{A}$$

で与えられている．ただし，P_f は大気圧であり A はピストンの面積である（図 1.14）．気体は熱的に完全に孤立しており，ピストンの摩擦はないものとする．おもりが瞬時に除かれたとき，最終温度 T_f' を T_i, P_i/P_f および γ の関数として求めよ．また T_f/T_i と T_f'/T_i のグラフを P_f/P_i の関数として $0 \leq P_f/P_i \leq 1$ の領域に関して描け．

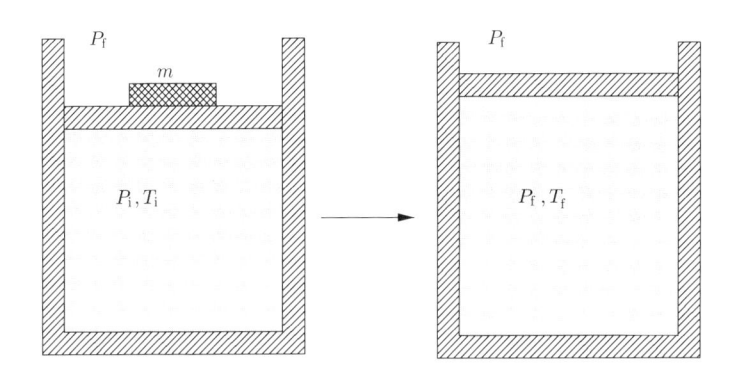

図 1.14 気体の圧縮と膨張

6. 計算せずに $T_f' > T_f$ となることを予想できただろうか？ 上の問題 4. と問題 5. で述べた膨張のどちらが外界に対してより大きな仕事ができるだろうか？ 問題 5 でおもりを再びピストンに載せた場合の最終温度と最終体積は T_f'' と V_f'' であった．T_f'', V_f'' を T_i, V_i と比較せよ．

7. 図 1.8 の実験で（理想）気体が容器に入れられており，圧力は P, 温度は T であり容器は真空中に置かれているとする．ピストンの動きを自由にし，気体が dV だけ膨張することを許したとき，最終温度およびエントロピーの増加を求めよ．この

変化は無限小であるが準静的でないことを示せ.
8. 図 1.9 で，初期状態として理想気体が左の断熱的な隔室に入れられている場合を考える．中央の隔壁に非常に小さい穴を開けた場合の最終温度を求めよ．この変化は限りなく遅いが準静的ではないことを示せ．

1.7.2 ファン・デル・ワールス状態方程式
状態方程式が
$$\left(P + \frac{a}{v^2}\right)(v - b) = kT \tag{1.66}$$
で与えられる気体を考えよう．ここで v は比容積 $v = V/N$ である．これは「ファン・デル・ワールス気体」の状態方程式である．この方程式は，理想気体近似では無視された分子間相互作用（長距離での引力，短距離での斥力）の効果を含むように経験的に導かれたものである[*24)].

1. 項 a/v^2 および b の物理的意味を考えよ．どのような極限でファン・デル・ワールス方程式は理想気体の状態方程式になるか？
2. 気体分子 1 個あたりの内部エネルギーとエントロピーをそれぞれ，$\check{\epsilon}(T,v)$ と $\check{s}(T,v)$ とする．1 分子あたりの定圧比熱 c_v は温度のみに依存することを示せ．温度が T_0 であるような巨視的状態に関してモル体積 v_0 あたりの内部エネルギーとエントロピーが与えられているとして，$\check{\epsilon}(T,v)$ と $\check{s}(T,v)$ を計算せよ．計算に現れる積分を遂行する必要はない．
3. この状態方程式から，c_v は温度に依存しないことが推測される．次の式が成立することを示せ．
$$\begin{aligned}\check{\epsilon}(T,v) &= c_v T - \frac{a}{v} + 一定 \\ \check{s}(T,v) &= c_v \ln T + k \ln(v-b) + 一定\end{aligned} \tag{1.67}$$
4. 断熱準静的過程に関して次式が成立することを示せ．
$$T(v-b)^{\gamma - 1} = 一定$$
$$\left(P + \frac{a}{v^2}\right)(v-b)^\gamma = 一定$$
ただし，$\gamma = (c_v + k)/c_v$ である．
5. この気体が研究課題 1.7.1 の問題 8 のように真空で断熱膨張を行うとき，この気体の温度変化の符号を決定せよ．初期状態（最終状態）は T_1, v_1 (T_2, v_2) で与えられるとせよ．
6. 図 1.3 の例を考え，それぞれの隔室には 1/2 mol のファン・デル・ワールス気体が入っていると仮定する．さらに，二つの隔室の温度は同じであり，初期体積は V_1

---
*24) ファン・デル・ワールス方程式は決して厳密なものではないことを強調しておく．

と $2V - V_1$ であると仮定する．もし透熱性のピストンは動くことが許される（可動）と仮定すれば終状態の温度はどれだけか？

1.7.3 固体の状態方程式
よく使われる現象論的な固体の状態方程式は

$$E = Ae^{b(V-V_0)^2} S^{4/3} e^{S/3R} = f(V)g(S) \tag{1.68}$$

である．ここで A, b と V_0 は正の定数，R は理想気体定数，E は内部エネルギー，S はエントロピー，V は体積である．

1. この状態方程式は熱力学の第三法則を満たすことを示せ．
2. 低温において定積比熱 C_V は T^3 に比例すること（デバイの法則），さらに高温では $3R$ に近づくこと（デュロン–プティの法則）を示せ．
3. 圧力 P を計算せよ．V_0 の物理的解釈を述べよ．$P = 0$ のとき，定圧熱膨張係数はどのようにふるまうか述べよ．そのふるまいは理にかなったものだろうか？
4. 関係式

$$\left.\frac{\partial S}{\partial V}\right|_T = -\frac{f'(V)g'(S)}{f(V)g''(S)}$$

を導き，定圧熱膨張係数が次のように書けることを証明せよ．

$$\left.\frac{\partial V}{\partial T}\right|_P = C_V \frac{f'(V)g''(S)}{(f'(V))^2(g'(S))^2 - f(V)f''(V)g(S)g''(S)} \tag{1.69}$$

1.7.4 棒の比熱
自然長が L_0 の棒を考えよう．この棒が長さ L に伸ばされたときの張力 τ は

$$\tau = aT^2(L - L_0)$$

で与えられると仮定する．ただし，L_0 と a は温度に依存しない．エントロピーを S として，この棒の長さを一定としたときの比熱を

$$C_L \cong T\left.\frac{S}{T}\right|_L$$

と定義する．棒の長さが自然長のときには C_L は

$$C_L(L_0, T) = bT$$

で与えられる．ただし b は定数である．

1. 棒の内部エネルギーの微分 dE とエントロピーの微分 dS を変数 (T, L) で表せ．
2. 任意の長さ L について比熱 $C_L(L, T)$ を計算せよ．

3. 長さが L_0 のときの棒の温度を T_0 とする．エントロピー $S(L,T)$ を $S(L_0,T_0)$ で表せ．
4. 棒の初期状態での長さが L_i，温度が T_i のとき，外力を加えて断熱的かつ可逆的に長さを L_f にした場合の最終温度 T_f を求め，棒を伸ばすことにより温度が下がることを証明せよ．ただし $L_\mathrm{f} > L_\mathrm{i}$ とする．
5. 張力が一定の場合の比熱 $C_\tau(T,L)$ を計算せよ．張力を一定にして熱した場合，棒がどのようになるか述べよ．

1.7.5 石鹸膜の表面張力

石鹸水の膜が長方形の針金枠 ABCD の 4 辺に張られている場合を考える（図 1.15）．針金 AD は長さ l であり，BC に対して平行のまま図のように動くことができる．AD が静止しているとき，AD に作用している力 $\vec{f}$ の方向は x の正の方向であり，その大きさは σl である．ただし σ は表面張力である．

1. この問題の TdS 方程式を書け．
2. 長さが一定のときの比熱を

$$C_x = T \left.\frac{\partial S}{\partial T}\right|_x$$

と定義する．エネルギー E の変数 (T,x) に関する偏微分を，表面張力 σ の偏微分と C_x と T の関数として表せ．
3. $T = 300$ K 付近の広い温度領域で，石鹸水の表面張力は T に関して線形に変化し

$$\sigma = \sigma_0(1 - a(T - T_0)) \tag{1.70}$$

と表される．ここで σ_0, a, T_0 は定数で，$\sigma_0 = 8\times 10^{-2}\,\mathrm{N\,m^{-1}}$, $a = 1.5\times 10^{-3}\,\mathrm{K^{-1}}$, $T_0 = 273.16\,\mathrm{K}$ である．
　この石鹸水の膜を**準静的**かつ**等温**で dx だけ引っ張るとき，これにともなう内部エネルギーの増加 dE を求めよ．温度を一定に保つためには，エネルギーを熱の形で膜に与えなければならないことを証明せよ．
4. σ が式 (1.70) に従うとき，C_x は膜の長さに依存しないことを証明せよ．

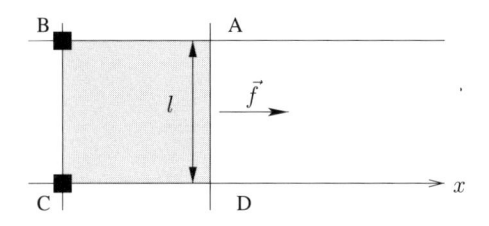

図 1.15 1 辺を動かすことが可能な長方形の枠に張られた石鹸膜

5. 膜の面積を A として,「等温縮小」係数を

$$\kappa_T = -\frac{l}{A}\frac{\partial x}{\partial f}\bigg|_T \qquad (1.71)$$

として定義することができる.$(\partial f/\partial x)_T$ のふるまいを調べることにより,κ_T について何がいえるか?

6. 考えている温度範囲では C_x は一定と仮定し,石鹸水の膜を**準静的**かつ**断熱的**に dx だけ引き伸ばしたときの温度の増加をもとめよ.ただし,初期温度は $T = 300\,\text{K}$ とする.石鹸水の膜の成分を水と考え,水の比熱から C_x を計算することにより,C_x の値としては十分正しいものが得られると仮定せよ.膜厚は $e = 10^{-3}\,\text{cm}$,$x = 2\,\text{cm}$,さらに水の比熱は $C = 4185\,\text{J}\,\text{kg}^{-1}\,\text{K}^{-1}$ とせよ.

1.7.6 ジュール–トムソン過程

ジュール膨張の過程では,固定された体積内に閉じ込められていた気体が外的環境(外界)と熱を交換することなく自由に膨張する.この問題では,最初に体積 V_1 の隔室に閉じ込められていた温度 T_1,圧力 P_1 の気体が,体積 V_2 で一定圧力 P_2 ($P_2 < P_1$) の別の隔室の中へ膨張するジュール–トムソン膨張を考える.二つの隔室は熱的に遮断されており,圧力差を保つ細孔栓でつながれている.細孔栓を通過する気体の単位時間あたりの流量は一定と仮定する.この断熱的(しかし準静的ではない)膨張で気体が流入する隔室における温度は T_2 となる.この温度変化の符号を求めよう.

1. この膨張過程でエンタルピー $\overline{H}$ が一定であることを示せ.
2. ジュール–トムソン膨張で理想気体の温度を下げることは可能だろうか?

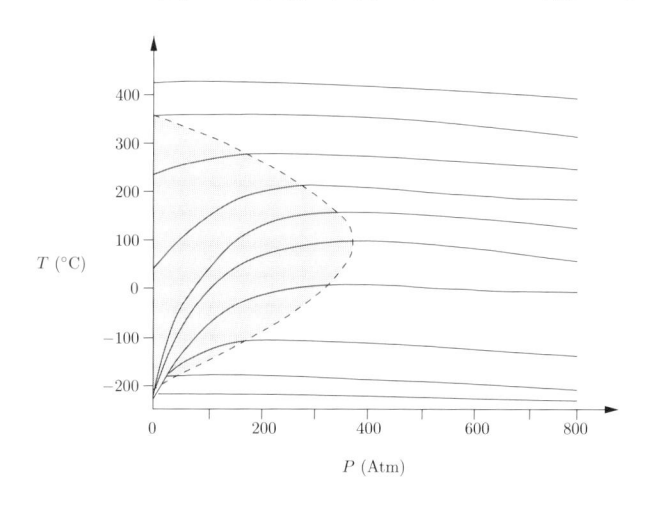

図 **1.16** (T, P) 平面での等エンタルピー曲線

3. $\mu_{\mathrm{JT}} \cong (\partial T/\partial P)_{\overline{H}}$ はジュール–トムソン係数とよばれる. μ_{JT} を V, T, C_P および α で表せ. 理想気体の場合の μ_{JT} の値が, 問2に対する解答を裏づけることを示せ.
4. 図1.16 は気体窒素の等エンタルピー曲線($\overline{H} =$ 一定)を (T, P) 面で描いたものである. このグラフについて論ぜよ. 破線は何を表しているのか? 気体窒素をジュール–トムソン膨張で冷却することが可能な最大温度を求めよ.

1.7.7 常磁性塩の断熱消磁

固体常磁性塩が一様な静磁場のもとにおかれると, 零でない巨視的磁化 $\mathcal{M}$ を生じる. 磁場 B の無限小増加 dB は内部エネルギーの変化 $\mathrm{d}W = -\mathcal{M}dB$ を仕事の形で生じさせる. $\mathcal{M}$ と単位体積あたり帯磁率 χ との次の関係式

$$\chi = \frac{1}{V}\frac{\partial \mathcal{M}}{\partial B}$$

から $\mathcal{M}$ を定義する. ここで V は固体の体積である. さらに χ は

$$\chi = \frac{1}{V}\frac{\mathcal{M}}{B}$$

で与えられると仮定する. 1K以下の低温を実現するために用いられた最初の方法の一つが常磁性結晶(常磁性塩ともよばれる)の断熱消磁法であり, その原理は次のようである. 初期状態で温度 T_{i} の熱浴と熱平衡にある常磁性物質の系に磁場 B_{i} を加える. この過程で仕事の交換がなされるが, 熱浴は系の温度を T_{i} に保つ. 次にこの常磁性物質を熱的に遮蔽し, 磁場を断熱的かつ準静的に大きさが B_{f} になるように減少させる(通常 $B_{\mathrm{f}} = 0$)ことにより, 初期温度より低い最終温度を得る.

1. この冷却過程と同様な力学的方法(気体, ピストンなど)を述べよ. 計算は不要.
2. 断熱消磁にともなう温度変化を表すため, 係数 $\mu_{\mathrm{D}} = (\partial T/\partial B)_S$ を導入する. このとき

$$\mu_{\mathrm{D}} = -\frac{VTB}{C_B}\left.\frac{\partial \chi}{\partial T}\right|_B$$

となることを示せ. ただし, $C_B(T, B)$ は磁場を一定としたときの比熱である.
3. $C_B(T, B)$ および μ_{D} を計算するためには $\chi(T, B)$ と $C_B(T, 0)$ を知れば十分であることを示せ.
4. 断熱消磁が用いられる温度領域(結晶に依存する)では帯磁率はキュリーの法則 $\chi = a/T$ で与えられ, また零磁場での熱容量は $C_B(T, 0) = Vb/T^2$ で与えられると仮定してよい. ただし a と b は定数である. 断熱消磁後の最終温度 T_{f} を T_{i}, B_{i}, B_{f} の関数として求めよ.
5. T_{f} を次の条件で計算せよ: $T_{\mathrm{i}} = 2\,\mathrm{K}$, $B_{\mathrm{i}} = 0.71\,\mathrm{T}$, $B_{\mathrm{f}} = 0\,\mathrm{T}$, $a = 78.7\,\mathrm{J\,K\,T^{-2}}$, $b = 2.65\,\mathrm{J\,K}$.

6. 結晶中の原子は独立であると仮定すれば，問題に現れる特徴的なエネルギースケールに関する考察により $S = S(B/T)$ を導くことができる．この結果に基づいて，断熱消磁によって到達可能な最低温度を求めよ．このことから定数 b について何が結論できるか述べよ．

1.8 さらに進んで学習するために

1.1 節，1.2 節の議論は Callen の本 [24] で展開されている熱力学に拠っており，読者は同著から多くの有益な内容を学ぶことができよう．特に同著の第 1–8 章を勧める．Balian の本 [5] の第 5 章と第 6 章も有益であろう．これらに加えて熱力学の本は多数ある：Zemansky [124] は古典的名著である．Reif [109] の第 2–5 章，あるいは Schroeder [114] の第 1–5 章は強く勧めたい．後者には多くの多様な応用が紹介されている．長距離力に関して Balian [5]（6.6.5 項），Reif [109]（第 11 章）あるいは Mandl [87]（第 1 章）に議論されている．曲面の曲率を与える関係 (1.51) については，たとえば文献 [34] の第 2 章を見よ．冷却技術の主要な原理は Lounasmaa [82] で議論されている．同じ著者によるより最近の論文 [83] も見よ．零点エントロピーは Wannier [120]，Mila [93] で議論されている．また Ramirez ら [106] も参考にされたい．

2

統計的エントロピーとボルツマン分布

　本章の主要な目的は微視的記述から出発してエントロピーの表式を導くことである．まず量子力学における統計的混合状態の密度行列による記述から出発し，続いて確率分布の統計的エントロピー（情報エントロピー）と，それに密接に関連した量子統計混合状態のエントロピーを導入する．これにより平衡状態での密度演算子，すなわちボルツマン分布を導くことができ，さらに対応する統計的エントロピーを得ることができる．第1章の結果と比較することにより，平衡状態におけるボルツマン分布に対応する統計的エントロピーを熱力学的エントロピーとみなすことができる．本章の最後で不可逆性について議論する．

2.1 量子論的記述

2.1.1 量子力学における時間発展

　量子力学では，ある系の時刻 $t = t_0$ における状態に関する最も完全な記述はヒルベルト空間上の互いに可換なエルミート演算子[*1)] $\mathsf{A}_1, ..., \mathsf{A}_N$ の固有値 $a_1, ..., a_N$ で与えられる．これらの演算子は系の力学変数を表しており，それらの固有値は「観測量の最大の組」とよばれる．すなわち量子力学における状態は数学的にはヒルベルト空間の状態ベクトル $|\psi(t_0)\rangle = |a_1, ..., a_N\rangle$ で表され，$\mathsf{A}_i|\psi(t_0)\rangle = a_i|\psi(t_0)\rangle$ を満たす．この状態の時間発展はシュレーディンガー方程式

$$i\hbar \frac{d}{dt}|\psi(t)\rangle = \mathscr{H}(t)|\psi(t)\rangle \tag{2.1}$$

で与えられる．ここで $\mathscr{H}(t)$ はハミルトニアンである．孤立系では $\mathscr{H}$ は時間に依存しないが，もし系と外界との間に相互作用があればハミルトニアンは時間にあらわに依存しうる．時間依存性をもつ電場と系との相互作用がある場合などがその例である．方程式 (2.1) で与えられる状態の時間発展は時間発展演算子 $U(t, t_0)$ によって

$$|\psi(t)\rangle = U(t, t_0)|\psi(t_0)\rangle \tag{2.2}$$

[*1)] ハミルトニアンを除いて力学変数に対応する演算子には字体 $\mathsf{A}, \mathsf{B}, \mathsf{C}, ...$ を用いる．

と表され，この演算子は方程式

$$i\hbar \frac{d}{dt} U(t,t_0) = \mathscr{H}(t) U(t,t_0) \tag{2.3}$$

に従う．この時間発展演算子は $U^\dagger(t,t_0) = U^{-1}(t,t_0)$ という性質をもつユニタリー演算子であり，群の性質

$$U(t,t_0) = U(t,t_1) U(t_1,t_0)$$

をもつ．もし $\mathscr{H}$ が時間に依存しないなら

$$U(t,t_0) = \exp(-i\mathscr{H}(t-t_0)/\hbar) \tag{2.4}$$

である．系の量子論的時間発展に関する上記の表示方法は「シュレーディンガー描像」とよばれる．別の表示方法として「ハイゼンベルグ描像」とよばれる記述も可能で，その状態ベクトルは時間に依存せず，

$$|\psi_\mathrm{H}\rangle = U^{-1}(t,t_0)|\psi(t)\rangle = |\psi(t_0)\rangle \tag{2.5}$$

と書かれる．力学変数は

$$\mathsf{A}_\mathrm{H}(t) = U^{-1}(t,t_0) \mathsf{A}(t) U(t,t_0) \tag{2.6}$$

のように時間に依存する．一般性をもたせるため，式 (2.6) 右辺にある $\mathsf{A}(t)$ の時間依存性をあらわに書いたが，通常シュレーディンガー描像では力学変数は時間に依存しない．式 (2.6) を用いてハミルトニアンと $(\partial \mathsf{A}/\partial t)_\mathrm{H}$ をハイゼンベルグ描像で

$$\mathscr{H}_\mathrm{H}(t) = U^{-1}(t,t_0) \mathscr{H}(t) U(t,t_0) \qquad \left(\frac{\partial \mathsf{A}(t)}{\partial t}\right)_\mathrm{H} = U^{-1}(t,t_0) \frac{\partial \mathsf{A}(t)}{\partial t} U(t,t_0)$$

と定義することができる．式 (2.6) の微分形は

$$i\hbar \frac{d\mathsf{A}_H}{dt} = [\mathsf{A}_\mathrm{H}(t), \mathscr{H}_\mathrm{H}(t)] + i\hbar \left(\frac{\partial \mathsf{A}(t)}{\partial t}\right)_\mathrm{H} \tag{2.7}$$

であり，右辺最後の項はシュレーディンガー描像における演算子のあらわな時間依存性に対応する．シュレーディンガー描像で $\mathscr{H}$ が時間に依存しない場合には，$\mathscr{H}_\mathrm{H}(t) = \mathscr{H}$ もまた時間に依存しない．力学変数の期待値（より一般的には行列要素）は測定可能量であり[*2]，どの描像を採用するかには依存しない．

$$\langle \varphi(t) | \mathsf{A}(t) | \psi(t) \rangle = \langle \varphi_\mathrm{H} | \mathsf{A}_\mathrm{H}(t) | \psi_\mathrm{H} \rangle \tag{2.8}$$

実は，物理的状態とヒルベルト空間のベクトルとの間の対応は一対一ではない．$\mathrm{e}^{i\alpha}$ を位相因子とすれば，状態ベクトル $|\psi\rangle$ と $\mathrm{e}^{i\alpha}|\psi\rangle$ は同一の物理的状態に対応している．状

[*2] 行列要素の絶対値の 2 乗が直接的に測定可能な量である．

態ベクトル $|\psi\rangle$ のかわりに射影演算子 $\rho = |\psi\rangle\langle\psi|$ を定義して状態を記述することができる．これは位相因子には依存しない．期待値は

$$\langle A \rangle = \langle\psi|A|\psi\rangle = \mathrm{Tr}\, A\rho \tag{2.9}$$

で与えられる（式 (A.15) 参照）．

2.1.2 密度演算子とその時間発展

先に述べた量子状態の記述は系が完全に確定しているということを前提としている．このような系を**純粋状態**とよぶ．しかしこのような状況は一般的ではなく，むしろ，系が特定の状態にあるという確率だけが知られているという状況がきわめて多い．統計力学がまさしくその例である．射影演算子 $\rho = |\psi\rangle\langle\psi|$ で記述される純粋状態を再び考えてみよう．ヒルベルト空間の基底ベクトルを $|i\rangle$ とすれば，ベクトル $|\psi\rangle$ は

$$|\psi\rangle = \sum_i c_i |i\rangle$$

と分解でき，これから

$$\rho = \sum_{i,j} c_i c_j^* |i\rangle\langle j| \qquad \rho_{kl} = \langle k|\rho|l\rangle = c_k c_l^* \tag{2.10}$$

となる．ここで，系が状態 $|\psi_n\rangle$

$$|\psi_n\rangle = \sum_i c_i^{(n)} |i\rangle$$

に見いだされる確率 p_n だけがわかっているとしよう．ベクトル $|\psi_n\rangle$ は $|\langle\psi_n|\psi_n\rangle|^2 = 1$ と規格化されているが，異なる n に関して必ずしも直交していない．確率 p_n は条件 $p_n \geq 0$ および $\sum_n p_n = 1$ を満たさなければならない．このとき，系は**統計的混合状態**であるといい，**密度演算子** ρ を[*3]

$$\boxed{\rho = \sum_n |\psi_n\rangle p_n \langle\psi_n|} \tag{2.11}$$

で定義する．この定義は，先に純粋状態に関して与えられた定義を一般化したものであり，力学変数の期待値は

$$\boxed{\langle A \rangle = \sum_n p_n \langle\psi_n|A|\psi_n\rangle = \mathrm{Tr}\, A\rho} \tag{2.12}$$

と計算される．ρ の行列要素は $\rho_{kl} = \sum_n p_n c_k^{(n)} c_l^{(n)*}$ であり，定義 (2.11) から容易に導かれる ρ の基本的な性質は

[*3] 読者が密度演算子に慣れるために基本課題 2.7.1 を用意した．

(i) ρ はエルミートである：$\rho = \rho^\dagger$
(ii) ρ のトレースは 1 である：$\mathrm{Tr}\rho = \sum_n p_n = 1$
(iii) ρ は非負値演算子である：$\forall |\varphi\rangle$, $\langle\varphi|\rho|\varphi\rangle = \sum_n p_n |\langle\varphi|\psi_n\rangle|^2 \geq 0$
(iv) ρ が純粋状態を表しているための必要十分条件は $\rho^2 = \rho$ である．この場合，ρ は射影演算子である．

ここで密度行列の時間発展について考えよう．時刻 t_0 における密度行列が

$$\rho(t_0) = \sum_n |\psi_n(t_0)\rangle p_n \langle\psi_n(t_0)|$$

で与えられるならば，式 (2.2) から ρ は

$$\rho(t) = U(t,t_0)\rho(t_0)U^{-1}(t,t_0) \tag{2.13}$$

と書くことができ，また微分形では

$$\boxed{i\hbar\frac{\mathrm{d}\rho}{\mathrm{d}t} = [\mathscr{H}(t),\rho]} \tag{2.14}$$

を満たすことが導かれる．式 (2.6) と (2.13) を比較すれば演算子 U と U^{-1} の順序が異なることがわかる．同じく，微分形 (2.7) 右辺の交換子の符号は，方程式 (2.14) のそれとは逆である．当然のことながら，ハイゼンベルグ描像で密度演算子を用いることも可能である．式 (2.6) によれば力学変数は時間に依存するが，密度行列は時間に依存しない，すなわち $\rho(t_0) = \rho_\mathrm{H}$ である．時刻 t における力学変数 A の期待値を，式 (2.8) を一般化した二つの等しい表現で与えることができる．

$$\boxed{\langle \mathsf{A}\rangle(t) = \mathrm{Tr}\,\mathsf{A}(t)\rho(t) = \mathrm{Tr}\,\mathsf{A}_\mathrm{H}(t)\rho_\mathrm{H}} \tag{2.15}$$

以上の結果から，1.1 節の議論をより明確に述べることができる．ある巨視的系の状態が完全にわかっているとすれば，それを状態ベクトルとして与えることができ，その系に対応する微視的状態が存在すると主張できることになる．しかし 1.1 節で論じたように，それを完全に知ることは不可能であって，われわれにできるのは巨視的な量に関する情報を扱うことでしかない．それは少数の力学変数の期待値をわれわれに与えるのみである．この巨視的情報が巨視的状態を定義している．莫大な数の微視的状態がこの巨視的状態に対応するのであって，われわれが望みうる最良の情報は系が個々の微視的状態にある確率である．それゆえ，系は密度行列によって記述され，すべての問題は密度行列を決定することに帰着する．これが 2.4 節の主題である．

2.1.3 量子的位相空間

以下の議論ではエネルギー準位の数を求める方法が最も重要になる．簡単な場合として質量 m の量子力学的粒子が区間 $[0,L]$ に閉じ込められている場合のエネルギー準位か

らはじめよう．エネルギーを ε とする．シュレーディンガー方程式は

$$-\frac{\hbar^2}{2m}\frac{\mathrm{d}^2}{\mathrm{d}x^2}\psi(x) = \varepsilon\psi(x) \tag{2.16}$$

であり境界条件は $\psi(0) = \psi(L) = 0$ である．この解は整数 n によって識別される．

$$\psi_n(x) = A\sin(k_n x) \qquad k_n = \frac{\pi n}{L} \tag{2.17}$$

ここで，変換 $n \to -n$ は波動関数の符号を変えるだけであり，それは位相因子を乗ずることと同等であって同じ物理的状態を表すから，n は正の整数 $n \geq 1$ とすることができる．境界条件 $\psi(0) = \psi(L) = 0$ のかわりに，**周期的境界条件** $\psi(x) = \psi(x+L)$ を用いるほうが一般に便利であり，これは式 (2.16) の解を

$$\psi_n(x) = \frac{1}{\sqrt{L}}\mathrm{e}^{\mathrm{i}k_n x} \qquad k_n = \frac{2\pi n}{L} \tag{2.18}$$

の形に与える．ここで n は正および負の整数値をとる：$n \in \mathbb{Z}$ われわれに興味があるのは非常に大きな値の n であり，エネルギー準位の数え方は二つの境界条件に関して同じである．実際，n のとりうる値の数は倍になるが，各 k_n の間隔も倍の大きさになる．L は巨視的であるから準位間隔は非常に小さくなり，状態数を数える際に連続極限をとることができる．これを行うために**状態数密度** $D(k)$[*4)] を導入し，$D(k)\Delta k$ を区間 $[k, k+\Delta k]$ 内にある状態の数とする．n に関する区間 Δn ($\Delta n \gg 1$) に対応する Δk は

$$\Delta n = \frac{L}{2\pi}\Delta k = D(k)\Delta k \tag{2.19}$$

で与えられる．これから 1 次元 k 空間での状態数密度は $D(k) = L/2\pi$ であることがわかる．この結果は 3 次元の場合にも容易に拡張できる．直方体 (L_x, L_y, L_z) に閉じ込められている粒子の量子力学的波数ベクトル $\vec{k} = (k_x, k_y, k_z)$ は

$$\vec{k} = \left(\frac{2\pi n_x}{L_x}, \frac{2\pi n_y}{L_y}, \frac{2\pi n_z}{L_z}\right)$$

で与えられる．ここで (n_x, n_y, n_z) は整数の組である．状態数密度は

$$D(\vec{k}) = \frac{L_x}{2\pi}\frac{L_y}{2\pi}\frac{L_z}{2\pi} = \frac{V}{(2\pi)^3}$$

となる．ただし V は箱の体積である．これから $\mathrm{d}^3 k$ 内部にある状態数は[*5)]

[*4)] 記号の氾濫を避けるため，問題によっては異なる関数形となる場合も含めて状態数密度は常に D で表すことにする．

[*5)] この結果は任意の形状をもつ箱の場合にも成立する．箱を特徴づける長さを L とすれば，形状に依存する補正は $(kL)^{-1}$ 程度である．第 1 次の補正は表面項によるもので，固定端境界条件 (2.17) と周期的境界条件 (2.18) の差と同様である．このような表面項による効果は熱力学的極限では無視できる．

$$\boxed{D(\vec{k})\,\mathrm{d}^3 k = \frac{V}{(2\pi)^3}\,\mathrm{d}^3 k} \tag{2.20}$$

であることがわかる．波数ベクトル $\vec{k}$ のかわりに運動量 $\vec{p} = \hbar\vec{k}$ を用いれば，$\mathrm{d}^3 p$ にある状態数は

$$\boxed{D(\vec{p})\,\mathrm{d}^3 p = \frac{V}{h^3}\,\mathrm{d}^3 p} \tag{2.21}$$

である．式 (2.20) と (2.21) を導く際に非相対論的近似を用いていないことに注意しよう．これらの結果はすべての運動学的領域で成立する．

以上の議論で波数ベクトルあるいは運動量に関する状態数密度を求めることができた．そこで本節の冒頭で述べた**エネルギー準位密度**の問題，すなわち単位エネルギーあたりの準位数の決定に戻る．まず，エネルギーが ε 以下にある準位の数を $\Phi(\varepsilon)$ とする．非相対論的な分散関係 $p = \sqrt{2m\varepsilon}$ を用い，さらに p に関する和を連続的に近似して積分でおきかえれば

$$\Phi(\varepsilon) = \int_{p \le \sqrt{2m\varepsilon}} D(\vec{p})\mathrm{d}^3 p = \frac{V}{h^3}\int_{p \le \sqrt{2m\varepsilon}} \mathrm{d}^3 p = \frac{4\pi V}{h^3}\int_0^{\sqrt{2m\varepsilon}} p^2 \mathrm{d}p$$

が得られる．最後の積分を導く際に球面極座標を用いた．この積分は容易に計算できて

$$\Phi(\varepsilon) = \frac{4\pi V}{3h^3}(2m\varepsilon)^{3/2} = \frac{V}{6\pi^2 \hbar^3}(2m\varepsilon)^{3/2} \tag{2.22}$$

となる．エネルギー準位密度 $D(\varepsilon)$ は $\Phi(\varepsilon)$ を微分することによって得られる．

$$\boxed{D(\varepsilon) = \Phi'(\varepsilon) = \frac{Vm}{2\pi^2 \hbar^3}(2m\varepsilon)^{1/2}} \tag{2.23}$$

粒子が面積 S の長方形の領域に閉じ込められているような 2 次元空間の場合にはエネルギー準位密度は ε に依存しない（基本課題 2.7.2 を見よ）．

$$\boxed{D(\varepsilon) = \frac{Sm}{2\pi \hbar^2}} \tag{2.24}$$

2.1.4 単原子理想気体の (P, V, E) 関係式

単原子分子理想気体では分子の自由度は並進運動だけであり，内部エネルギーは個々の分子の運動エネルギーの和である．このような単原子分子理想気体の圧力 P，体積 V と内部エネルギー E の間の重要な関係式を導くことができる．この関係式は純粋に力学的考察から導かれるため，エントロピー的な考察とは無関係である．導出は古典的理想気体の場合にも量子的理想気体の場合にも，ともに成立する．ここでは非相対論的な場合について考える．エネルギー準位 ε_r は式 (2.17) から

$$\varepsilon_r = \frac{\hbar^2 \vec{k}^2}{2m} = \frac{\hbar^2 \pi^2}{2m}\left(\frac{n_x^2}{L_x^2} + \frac{n_y^2}{L_y^2} + \frac{n_z^2}{L_z^2}\right) \tag{2.25}$$

という形をもつことがわかる．平衡状態の等方性により，運動量各成分の微視的状態に関する平均値は等しくなるから

$$\frac{\langle n_x^2 \rangle}{L_x^2} = \frac{\langle n_y^2 \rangle}{L_y^2} = \frac{\langle n_z^2 \rangle}{L_z^2} = \frac{1}{3}\frac{2m}{\pi^2 \hbar^2}\langle \varepsilon_r \rangle \tag{2.26}$$

が成立する．式 (2.25) で与えられる ε_r を箱の 1 辺の長さ，たとえば L_x で微分すれば

$$\frac{\partial \varepsilon_r}{\partial L_x} = -\frac{2}{L_x}\frac{\hbar^2 \pi^2}{2m}\frac{n_x^2}{L_x^2}$$

となり，平均をとれば

$$\frac{\partial \langle \varepsilon_r \rangle}{\partial L_x} = -\frac{2}{3L_x}\langle \varepsilon_r \rangle \tag{2.27}$$

が得られる[*6]．ここで L_x を断熱的かつ準静的に変化させた場合，内部エネルギーの変化は供給された仕事に等しいから

$$dE = \mathchar'26\mkern-12mu dW = -PL_y L_z dL_x$$

である．分子数を N とすれば内部エネルギーは $E = N\langle \varepsilon_r \rangle$ である．式 (2.27) から

$$\frac{\partial E}{\partial L_x} = -\frac{2}{3L_x}E$$

であり，これを用いて

$$\boxed{PV = \frac{2}{3}E \quad (\text{非相対論的な場合})} \tag{2.28}$$

が得られる[*7]．超相対論的な場合には（c は光速）

$$\varepsilon_r = \hbar c|\vec{k}| = \hbar c \pi \left(\frac{n_x^2}{L_x^2} + \frac{n_y^2}{L_y^2} + \frac{n_z^2}{L_z^2}\right)^{1/2}$$

であって，同様に計算することができる．これを L_x に関して微分すれば

$$\frac{\partial \varepsilon_r}{\partial L_x} = -\frac{\hbar c \pi n_x^2}{L_x^3}\left(\frac{n_x^2}{L_x^2} + \frac{n_y^2}{L_y^2} + \frac{n_z^2}{L_z^2}\right)^{-1/2}$$

となる．系の等方性により

$$\frac{n_x^2}{L_x^2} \to \frac{1}{3}\left(\frac{n_x^2}{L_x^2} + \frac{n_y^2}{L_y^2} + \frac{n_z^2}{L_z^2}\right)$$

[*6] 式 (2.83) を見よ．ここで考えている場合については，ハミルトニアンの変化だけが内部エネルギーの変化に寄与する．

[*7] 動力学を用いればより簡単に式 (2.28) を導くことができるが，ここで述べた方法では古典的な概念が不要という利点がある．

としてよいから

$$\frac{\partial \langle \varepsilon_r \rangle}{\partial L_x} = -\frac{\hbar c \pi}{L_x} \frac{1}{3} \left\langle \left(\frac{n_x^2}{L_x^2} + \frac{n_y^2}{L_y^2} + \frac{n_z^2}{L_z^2} \right)^{1/2} \right\rangle = -\frac{1}{3 L_x} \langle \varepsilon_r \rangle$$

を得る．非相対論的な場合の因子 2/3 はここでは 1/3 となっている．これから

$$\boxed{PV = \frac{1}{3} E \quad (\text{超相対論的な場合})} \tag{2.29}$$

が導かれる．分子速度の大きさが光速に比べて非常に小さくもないし，同程度でもない中間的な場合には (P, V, E) の間に簡単な関係は成立せず，単に $E/3 \leq PV \leq 2E/3$ が結論できるだけである．

2.2 古典的記述

2.2.1 リウヴィルの定理

 解析力学では，**自由度** N の力学系は $2N$ 個の正準変数 q_i, $p_i (i = 1, \ldots, N)$ の関数である**ハミルトニアン** $\mathscr{H}(p_i, q_i)$ によって記述される．$\mathscr{H}$ が時間にあらわに依存することは可能であるが，孤立系ではハミルトニアンは時間に依存しない．系の自由度が 1 という簡単な場合には正準変数は (q, p) であり，通常は

$$\mathscr{H} = \frac{p^2}{2m} + U(q) \tag{2.30}$$

と書ける．ただし $U(q)$ はポテンシャルである．ここで $\dot{q}_i = dq_i/dt$, $\dot{p}_i = dp_i/dt$ と書けば正準運動方程式は

$$\frac{\partial \mathscr{H}}{\partial p_i} = \dot{q}_i \qquad \frac{\partial \mathscr{H}}{\partial q_i} = -\dot{p}_i \tag{2.31}$$

である．座標 (q_i, p_i) は**位相空間**を構成している．位相空間における軌道は初期条件 $q_i(0)$ と $p_i(0)$ により決定され，軌道はそれ自身と交わることはない．もし交われば，その交点を初期条件とすることにより運動方程式の解の一意性が損なわれるからである．**古典力学において微視的状態を定義することは，任意の時刻におけるすべての座標** $(q_i(t), p_i(t))$ **を与えることを意味する**．

 位相空間に関する解析力学の重要な結果はリウヴィルの定理である．ここでは 1 自由度の場合についてこの定理を証明し，一般化は読者に委ねよう．二つの時刻 t と $t + dt$ を考え，$q = q(t)$, $q' = q(t + dt)$, $p = p(t)$, $p' = (t + dt)$ を定義すれば

$$q' = q + \dot{q} dt = q + \frac{\partial \mathscr{H}}{\partial p} dt$$

$$p' = p + \dot{p} dt = p - \frac{\partial \mathscr{H}}{\partial q} dt$$

である．ヤコビアン $J(t) = \partial(q', p')/\partial(q, p)$ は

$$\frac{\partial(q', p')}{\partial(q, p)} = \begin{vmatrix} 1 + \frac{\partial^2 \mathscr{H}}{\partial p \partial q} \mathrm{d}t & + \frac{\partial^2 \mathscr{H}}{\partial p^2} \mathrm{d}t \\ -\frac{\partial^2 \mathscr{H}}{\partial q^2} \mathrm{d}t & 1 - \frac{\partial^2 \mathscr{H}}{\partial p \partial q} \mathrm{d}t \end{vmatrix} = 1 + \mathcal{O}(\mathrm{d}t)^2 \tag{2.32}$$

で与えられる．この式から，変換 $(q(0), p(0)) \to (q(t), p(t))$ は

$$\frac{\mathrm{d}J(t)}{\mathrm{d}t} = 0 \tag{2.33}$$

を満たし $J(t) = 1$ であることが結論される．これがリウヴィルの定理あるいは位相空間における面積の保存則

$$\mathrm{d}q(0)\mathrm{d}p(0) = \mathrm{d}q(t)\mathrm{d}p(t)$$

である．これを

$$\boxed{\mathrm{d}q \, \mathrm{d}p = \mathrm{d}q' \, \mathrm{d}p'} \tag{2.34}$$

と書く．N 個の粒子が 3 次元空間にある場合は，正準座標 $\vec{q}_i(t) \equiv \vec{r}_i(t)$ と正準運動量 $\vec{p}_i(t)$ は 3 次元ベクトルであり自由度は $3N$ である．この場合，リウヴィルの定理は

$$\mathrm{d}^3 r_1 \ldots \mathrm{d}^3 r_N \, \mathrm{d}^3 p_1 \ldots \mathrm{d}^3 p_N = \mathrm{d}^3 r_1' \ldots \mathrm{d}^3 r_N' \, \mathrm{d}^3 p_1' \ldots \mathrm{d}^3 p_N' \tag{2.35}$$

である．この不変性は位相空間における積分測度が

$$\mathrm{d}\Gamma = \mathcal{C} \prod_{i=1}^{N} \mathrm{d}^3 p_i \, \mathrm{d}^3 r_i \tag{2.36}$$

と書けることを示している．ここで $\mathcal{C}$ は古典力学では先験的な定数である．のちに，この定数が量子論を用いることによって決定されることを見るであろう．

2.2.2 位相空間における密度

ある古典系の時刻 $t = 0$ における位置が $\vec{r}_i = \vec{r}_i(t=0)$，運動量が $\vec{p}_i = \vec{p}_i(t=0)$ で与えられているとしよう．この古典系の時刻 $t = 0$ における微視的状態は座標 $\{\vec{r}_i, \vec{p}_i\}$ で定義される．巨視的拘束条件が与えられたとき，ある微視的状態が時刻 $t = 0$ に観測される確率は確率密度 $\rho(\vec{r}_i, \vec{p}_i, t=0) = \rho_0(\vec{r}_i, \vec{p}_i)$ により決定される．これは位相空間における確率密度であるから非負であり規格化されている．

$$\int \mathrm{d}\Gamma \, \rho_0(\vec{r}_i, \vec{p}_i) = \mathcal{C} \int \prod_{i=1}^{N} \mathrm{d}^3 p_i \, \mathrm{d}^3 r_i \, \rho_0(\vec{r}_i, \vec{p}_i) = 1 \tag{2.37}$$

確率密度 ρ は 2.1 節で述べた量子論における密度演算子 ρ に対応する．同じ記号を用いたのは対応関係を強調するためである．規格化条件 (2.37) は $\mathrm{Tr}\rho = 1$ に対応する．確率密度の時間発展を調べるために，まず記号 $x = \{\vec{p}_1, ..., \vec{p}_N; \vec{r}_1, ..., \vec{r}_N\}$ を定義する．時

2.2 古典的記述

刻が $t=0$ から t へ変化すると,正準変数は

$$\vec{p}_i \to \vec{p}_i(t) \qquad \vec{r}_i \to \vec{r}_i(t)$$

と変化する.ここで $\vec{p}_i(t)$ と $\vec{r}_i(t)$ は正準運動方程式 (2.31) を解くことによって得られる.先に定義した記号を用いて,これを

$$x \to y = \varphi_t(x) \tag{2.38}$$

と書く.これは逆関数を用いて $x = \varphi_t^{-1}(y) = \varphi_{-t}(y)$ と書くことができる.さらにリウヴィルの定理によれば,式 (2.36) で定義された測度に関して $\mathrm{d}x = \mathrm{d}y$ である.ここで $\mathcal{A}$ を古典的力学変数とする[*8].$\mathcal{A}$ は座標の関数であって,時間にはあらわに依存せず

$$\mathcal{A}(t=0) = \mathcal{A}(\vec{p}_i, \vec{r}_i) = \mathcal{A}(x) \qquad \mathcal{A}(t) = \mathcal{A}(\vec{p}_i(t), \vec{r}_i(t)) = \mathcal{A}(\varphi_t(x))$$

と書ける.時刻 $t = t_0$ における $\mathcal{A}$ の平均値は確率密度 ρ_0 を用いて

$$\langle \mathcal{A} \rangle(t=0) = \int \mathrm{d}x\, \rho_0(x) \mathcal{A}(x) \tag{2.39}$$

で与えられ,時刻 t では

$$\langle \mathcal{A} \rangle(t) = \int \mathrm{d}x\, \rho_0(x) \mathcal{A}(\varphi_t(x)) \tag{2.40}$$

で与えられる.式 (2.40) はハイゼンベルグ描像での期待値に対応する.すなわち,力学変数は時間に依存するが確率密度 ρ は時間に依存しない.古典力学では通常この表現形式が用いられる.シュレーディンガー描像に対応する古典力学の表現形式は変数変換 $x \to \varphi_t(x) = y$ とリウヴィルの定理

$$\langle \mathcal{A} \rangle(t) = \int \mathrm{d}y\, \rho_0(\varphi_{-t}(y)) \mathcal{A}(y) = \int \mathrm{d}x\, \rho(x(t), t) \mathcal{A}(x) \tag{2.41}$$

によって得られる.ここで確率密度 $\rho(x(t), t)$ は

$$\rho(x(t), t) = \rho_0(\varphi_{-t}(x)) \tag{2.42}$$

と書くことができる.式 (2.41) で位相空間の密度は時間に依存するが力学変数は時間に依存しない.このように古典力学における $\rho(x(t), t)$ はシュレーディンガー描像における密度演算子に対応する.

 最後に,確率密度 $\rho(x(t), t)$ の時間発展に関する法則を確率の保存から導こう.議論を簡単にするために自由度 1 の系を考え $x = (q, p)$ とする.確率の保存は

$$\rho(q(t+\mathrm{d}t), p(t+\mathrm{d}t), t+\mathrm{d}t)\mathrm{d}q'\mathrm{d}p' = \rho(q(t), p(t), t)\mathrm{d}q\mathrm{d}p$$

[*8] 混乱を避けるために,古典的力学変数を表す記号 $\mathcal{A}$ と量子力学における力学変数を表す記号 A とを区別する.

と表すことができる．ここで $q' = q(t+dt)$, $p' = p(t+dt)$ である．リウヴィルの定理から $dqdp = dq'dp'$ であり，$\rho(q(t+dt), p(t+dt), t+dt)$ を dt に関してテイラー展開することにより

$$\frac{\partial \rho}{\partial q}\dot{q} + \frac{\partial \rho}{\partial p}\dot{p} + \frac{\partial \rho}{\partial t} = 0$$

が得られる．このように，リウヴィルの定理と確率の保存は ρ の時間に関する全微分が零になることを意味する．すなわち ρ は位相空間の軌道に沿って一定である．一方，ρ の時間に関する偏微分は位相空間の 1 点で定義されている．以上の考察は N 個の粒子からなる系に一般化できて

$$\sum_{i,\alpha}\left(\frac{\partial \rho}{\partial q_{i,\alpha}}\dot{q}_{i,\alpha} + \frac{\partial \rho}{\partial p_{i,\alpha}}\dot{p}_{i,\alpha}\right) + \frac{\partial \rho}{\partial t} = \{\mathscr{H}, \rho\} + \frac{\partial \rho}{\partial t} = 0 \quad (2.43)$$

が得られる．ここで α はベクトル $\vec{q}_i(t)$ および $\vec{p}_i(t)$ の成分を表す添え字 $\alpha = (x,y,z)$ であり，$\{\mathcal{A}, \mathcal{B}\}$ は変数 $\mathcal{A}$ と $\mathcal{B}$ のポアソン括弧[*9]

$$\{\mathcal{A}, \mathcal{B}\} = \sum_{i,\alpha}\left(\frac{\partial \mathcal{A}}{\partial p_{i,\alpha}}\frac{\partial \mathcal{B}}{\partial q_{i,\alpha}} - \frac{\partial \mathcal{A}}{\partial q_{i,\alpha}}\frac{\partial \mathcal{B}}{\partial p_{i,\alpha}}\right) \quad (2.44)$$

である．一般に，力学変数があらわに時間に依存する場合には運動方程式は

$$\frac{d\mathcal{A}}{dt} = \{\mathscr{H}, \mathcal{A}\} + \frac{\partial \mathcal{A}}{\partial t} \quad (2.45)$$

と書ける．方程式 (2.43) と (2.45) におけるポアソン括弧の符号の違いは，シュレーディンガー描像における密度行列の時間発展を与える式 (2.14) とハイゼンベルグ描像での運動方程式 (2.7) における交換子積の符号の違いに対応する．もし ρ が $\mathscr{H}$ だけの関数ならば $\partial \rho / \partial t = 0$ となる．

量子力学的記述と古典力学的記述の比較を表 2.1 にまとめた．

表 2.1 古典的記述と量子的記述

	量子	古典
微視的状態	$\lvert \psi_n(t) \rangle$	$p_i(t), q_i(t)$
巨視的状態	$\rho(t)$	$\rho(p, q; t)$
確率法則	$\mathrm{Tr}\rho = \sum_n p_n = 1$	$\mathcal{C} \int dp\, dq\, \rho(p, q; t) = 1$
時間発展	$\frac{d\rho}{dt} = \frac{1}{i\hbar}[\mathscr{H}, \rho]$	$\frac{\partial \rho}{\partial t} = -\{\mathscr{H}, \rho\}$
平均値	$\mathrm{Tr}[\mathrm{A}\rho(t)]$	$\mathcal{C} \int dp\, dq\, \mathcal{A}(p, q; t)\rho(p, q; t)$

[*9] 文献によっては式 (2.44) の定義と符号が逆の場合があるので注意．たとえばゴールドシュタイン「古典力学」では符号は逆である．

2.3 統計的エントロピー

2.3.1 確率分布のエントロピー

平衡分布についての議論に入る前に**統計的エントロピー**（あるいは**情報エントロピー**[†1]）の概念を導入しておくことが必要である．まず確率分布に対するエントロピーの概念を定義し，さらに量子状態（あるいは，より正確には統計的量子混合状態）の統計的エントロピーを定義する．まず，可能な事象の集合を $\{e_m\}$ ($m = 1, ..., M$) とし，ある事象 e_m が起こる確率を P_m とする．ただし

$$P_m \geq 0 \qquad \sum_{m=1}^{M} P_m = 1$$

である．この確率分布を $\mathcal{P} = \{P_1, ..., P_M\}$ と書く．確率分布 $\mathcal{P}$ のエントロピーは

$$S[\mathcal{P}] = -\sum_{m=1}^{M} P_m \ln P_m \tag{2.46}$$

で定義される．ここで $\lim_{x \to 0} x \ln x = 0$ であるから $P_m = 0$ であるような事象は $S[\mathcal{P}]$ に寄与しないことに注意．次に二つの極限について述べる．

(i) 確率法則が事象の生起に関して完全な情報を与える場合，すなわちある 1 個の事象の確率が 1 の場合：たとえば $P_1 = 1, P_m = 0$ ($m \geq 2$) ならば $S[\mathcal{P}] = 0$．

(ii) 確率法則が事象の生起に関して最も不完全な情報を与える場合：すべての事象が確率 $P_m = 1/M$ ($\forall m$) ならば $S[\mathcal{P}] = \ln M$．

確率分布 $\mathcal{P}$ のエントロピーが大きければ大きいほど，確率法則における情報が少ないといえる．いいかえるならば，$S[\mathcal{P}]$ は事象の確率的性質に起因する情報の不足を表しているといえる．ここで $S[\mathcal{P}]$ のいくつかの性質をあげておこう．

- $0 \leq S[\mathcal{P}] \leq \ln M$

この性質を導くために，条件 $\sum_m P_m = 1$ のもとで $S[\mathcal{P}]$ の極値をラグランジュ未定乗数法を用いて求めよう（A.2 節）．ラグランジュ未定乗数を λ として $\tilde{S}[\mathcal{P}] = S[\mathcal{P}] - \lambda(\sum_m P_m - 1)$ を定義すれば $\tilde{S}[\mathcal{P}]$ の極値は

$$\frac{\partial \tilde{S}}{\partial P_m} = -[\ln P_m + 1 + \lambda] = 0$$

[†1] 情報エントロピーと情報理論の関係については訳者追加文献 a), α) を参照．(訳者注)

から得られ，すべての P_m を等しく $1/M$ とした場合が S の極値 $\ln M$ を与えることがわかる．これよりも小さい S の値は少なくとも一つ存在する（零）から，この値 $\ln M$ は最大値である．この最大値はすべての確率が等しいときにのみ実現される．

● 確率分布のエントロピーがもつ加法性

事象の集合 $\{e_m\}$ とは統計的に独立な別の事象の集合 $\{e'_{m'}\}$ があるとき，事象の集合 $\{e_m, e'_{m'}\}$ が観測される確率は $P_{m,m'} = P_m P'_{m'}$ である．結合確率を $\mathcal{P} \otimes \mathcal{P}'$ と書けば[*10]，簡単な計算により

$$S[\mathcal{P} \otimes \mathcal{P}'] = S[\mathcal{P}] + S[\mathcal{P}'] \tag{2.47}$$

であり，もし $\{e_m\}$ と $\{e'_{m'}\}$ が独立でなければ，一般に，

$$S[\mathcal{P} \otimes \mathcal{P}'] \leq S[\mathcal{P}] + S[\mathcal{P}'] \tag{2.48}$$

を導くことができる．等号が成立するのは $P_{m,m'} = P_m P'_{m'}$ の場合だけである（基本課題 2.7.5）．この不等式の右辺では $P_{m,m'}$ に含まれる相関に関する情報が欠けているため，定性的ではあるが，そのエントロピーが大きいと解釈できる．例として読者は完全相関 $(M = M')$ の場合には

$$P_{m,m'} = \frac{1}{M} \delta_{m,m'}$$

であり $S[P_{m,m'}] = S[P_m] = S[P'_{m'}]$ となることを確かめよ．

2.3.2 量子混合状態の統計的エントロピー

確率分布のエントロピーの定義をもとに量子混合状態に関する統計的エントロピーを定義することができる．統計的混合状態の密度演算子 (2.11) を ρ とすれば

$$\rho = \sum_n |\psi_n\rangle p_n \langle\psi_n| \tag{2.49}$$

である．ここでベクトル $|\psi_n\rangle$ は必ずしも直交する必要はないが，適当な基底を選んで ρ を対角化することは常に可能で[*11]

$$\rho = \sum_m |m\rangle P_m \langle m| \tag{2.50}$$

このように，ρ で記述される混合状態の統計的エントロピー $S_{\mathrm{st}}[\rho]$ を

$$\boxed{S_{\mathrm{st}}[\rho] = -k \sum_m P_m \ln P_m = -k \mathrm{Tr}\, \rho \ln \rho} \tag{2.51}$$

[*10] この記号は続いて述べる量子論の場合に用いる記号を真似て用いた．

[*11] 一般に $\mathrm{Tr}\, \rho \ln \rho \neq \sum_n p_n \ln p_n$ であるから対角化することの必要性は明らかであろう．2×2 行列で確かめるとよい．

で定義する.平衡状態において熱力学エントロピーが得られるようにすべく定数因子をボルツマン定数 k とした(2.5.2 項参照).純粋状態の統計的エントロピーは零であることに注意しよう:$S_{\rm st}[\rho] = 0$.

互いに相互作用のない 2 個の部分系からなる系を考えることにより,統計的エントロピーの加法性を導くことができる.これらの 2 個の部分系は壁によって分割されているが,その状態は同じヒルベルト空間に属する.たとえば,格子スピン系では第 1 近似ではスピン系は格子振動とは分離されている(研究課題 3.8.2).第 1 の部分系の状態が属するヒルベルト空間を $\mathcal{H}^{(a)}$ とし,第 2 の部分系の状態が属するヒルベルト空間を $\mathcal{H}^{(\alpha)}$ としよう.全ヒルベルト空間はテンソル積 $\mathcal{H} = \mathcal{H}^{(a)} \otimes \mathcal{H}^{(\alpha)}$ である.これらの 2 個の部分系の間には相互作用がないから,全密度演算子はそれぞれの密度演算子 $\rho^{(a)}$ と $\rho^{(\alpha)}$ のテンソル積である(式 (A.17) 参照).文字 a, b は $\mathcal{H}^{(a)}$ における密度演算子の要素を表し,文字 α, β は $\mathcal{H}^{(\alpha)}$ における密度演算子の要素を表すとするならば

$$\rho = \rho^{(a)} \otimes \rho^{(\alpha)} \qquad \rho_{a\alpha;b\beta} = \rho^{(a)}_{ab} \rho^{(\alpha)}_{\alpha\beta} \tag{2.52}$$

である.エントロピーの加法性を示すために $\rho^{(a)}$ と $\rho^{(\alpha)}$ を

$$\rho_{a\alpha;b\beta} = \rho^{(a)}_{aa} \rho^{(\alpha)}_{\alpha\alpha} \delta_{ab} \delta_{\alpha\beta}$$

のように対角形に書けば

$$\text{Tr}\rho \ln \rho = \sum_{a,\alpha} \rho^{(a)}_{aa} \rho^{(\alpha)}_{\alpha\alpha} \left(\ln \rho^{(a)}_{aa} + \ln \rho^{(\alpha)}_{\alpha\alpha} \right) = \text{Tr}\rho^{(a)} \ln \rho^{(a)} + \text{Tr}\rho^{(\alpha)} \ln \rho^{(\alpha)}$$

が得られる.これからただちに

$$S_{\rm st}[\rho] = S_{\rm st}[\rho^{(a)}] + S_{\rm st}[\rho^{(\alpha)}] \tag{2.53}$$

が導かれる.2 個の部分系が独立ではない場合には,2 個の部分系の 1 個に関してトレースをとることにより(**部分トレース**,式 (A.18) 参照),もう 1 個の部分系の密度行列を得ることができる[*12].たとえば

$$\rho^{(a)} = \text{Tr}_\alpha \rho \qquad \rho^{(a)}_{ab} = \sum_\alpha \rho_{a\alpha;b\alpha} \tag{2.54}$$

実際,もし A が $\mathsf{H}^{(a)}$ においてのみ作用する演算子,$\mathsf{A} = \mathsf{A}^{(a)} \otimes \mathbb{I}^{(\alpha)}$,であるならば

$$\langle \mathsf{A} \rangle = \text{Tr}\mathsf{A}\rho = \sum_{a,\alpha,b,\beta} A^{(a)}_{ab} \delta_{\alpha\beta} \rho_{b\beta;a\alpha} = \sum_{ab} A^{(a)}_{ab} \sum_\alpha \rho_{b\alpha;a\alpha} = \text{Tr}\mathsf{A}^{(a)} \rho^{(a)}$$

であり,これは確かに $\rho^{(a)}$ が部分系 (a) の密度演算子であることを示している.この

[*12] 部分トレースをとることは確率論において 2 個の変数をもつ分布関数の 1 個の変数に関して積分を実行することと同様である:$\rho^{(a)}(x) = \int dy \rho^{(a\alpha)}(x, y)$.テンソル積 (2.52) に対応する密度演算子は統計的に独立な 2 個の変数をもつ確率分布関数に対応する:$\rho^{(a\alpha)}(x, y) = \rho^{(a)}(x)\rho^{(\alpha)}(y)$.

$\rho^{(a)}$ は縮約密度演算子ともよばれる．部分系が独立な場合にはこの定義はもちろん，式 (2.52) と一致し（基本課題 2.7.5 を見よ）

$$S_{\text{st}}[\rho] \leq S_{\text{st}}[\rho^{(a)}] + S_{\text{st}}[\rho^{(\alpha)}] \tag{2.55}$$

である．これは確率分布に関するエントロピーの式 (2.48) に対応する．

ここで今後の議論に重要な一つの不等式について述べる．X と Y を正のエルミート演算子[*13]とするならば次の不等式が成立する[*14]．

$$\boxed{\operatorname{Tr} X \ln Y - \operatorname{Tr} X \ln X \leq \operatorname{Tr} Y - \operatorname{Tr} X} \tag{2.56}$$

等号が成立するのは $X = Y$ のときだけである．この不等式を証明するために，X は固有値が X_m であるような基底ベクトル $|m\rangle$ で対角化され，Y は固有値が Y_q であるような基底ベクトル $|q\rangle$ で対角されているとする．$X_m > 0$ かつ $Y_q > 0$ である．基底ベクトル $|m\rangle$ を用いて不等式 (2.56) の左辺のトレースを書けば

$$\sum_{m,q} X_m \langle m|q\rangle \ln Y_q \langle q|m\rangle - \sum_m X_m \ln X_m$$

となる．ここで $\sum_q |\langle m|q\rangle|^2 = 1$ を用いれば上の表式は

$$\sum_{m,q} |\langle m|q\rangle|^2 X_m \ln \frac{Y_q}{X_m}$$

となる．対数関数の凹関数的性質から $\ln x \leq x - 1$ であり，等号が成立するのは $x = 1$ のときのみである．$x = Y_q/X_m$ とおくことにより

$$\sum_{m,q} |\langle m|q\rangle|^2 X_m \ln \frac{Y_q}{X_m} \leq \sum_{m,q} |\langle m|q\rangle|^2 (Y_q - X_m) = \operatorname{Tr} Y - \operatorname{Tr} X$$

を得る．等式

$$|\langle m|q\rangle|^2 X_m \ln \frac{Y_q}{X_m} = |\langle m|q\rangle|^2 (Y_q - X_m)$$

は $X_m = Y_q$ あるいは $|\langle m|q\rangle|^2 = 0$ となるような (m,q) に関してのみ成立する．それゆえ，式 (2.56) において等号が成立するのは

$$|\langle m|q\rangle|^2 (Y_q - X_m) = 0 \qquad \forall (m,q)$$

のときであり，これから

$$\sum_{m,q} |m\rangle\langle m|q\rangle (Y_q - X_m)\langle q| = 0$$

が得られる．これは $Y = X$ を意味する．

[*13] この議論では 2 個の演算子が非負値であることを仮定する．結果は連続性によって 2 個の正値演算子に適用される．

[*14] 式 (2.56) は典型的な凸関数不等式であり，それは対数関数の凸関数的性質に由来する．

2.3.3 統計的エントロピーの時間発展

ここでは統計的エントロピーの時間発展を調べるが，そのためには $-k\mathrm{Tr}\rho\ln\rho$ の時間微分を計算することが必要となる．演算子の非可換性のため計算は若干複雑である．時間依存性をもつ演算子 A の関数 $f(\mathsf{A})$ の時間微分を計算するため，この関数をテイラー展開すれば

$$f(\mathsf{A}) = \sum_{n=0}^{\infty} \frac{1}{n!} f^{(n)}(0) \mathsf{A}^n$$

であり，A^n の微分は

$$\frac{\mathrm{d}}{\mathrm{d}t}\mathsf{A}^n = \frac{\mathrm{d}\mathsf{A}}{\mathrm{d}t}\mathsf{A}^{n-1} + \mathsf{A}\frac{\mathrm{d}\mathsf{A}}{\mathrm{d}t}\mathsf{A}^{n-2} + \cdots + \mathsf{A}^{n-1}\frac{\mathrm{d}\mathsf{A}}{\mathrm{d}t}$$

となる．一般に $\mathrm{d}\mathsf{A}/\mathrm{d}t$ は A と非可換であるから，通常の関数の場合のように各項をまとめて $n\mathsf{A}^{n-1}\mathrm{d}\mathsf{A}/\mathrm{d}t$ とすることはできない．しかし，この式のトレースをとればトレースの巡回不変性（式 (A.12) を見よ）により

$$\mathrm{Tr}\left(\frac{\mathrm{d}}{\mathrm{d}t}\mathsf{A}^n\right) = n\mathrm{Tr}\left(\mathsf{A}^{n-1}\frac{\mathrm{d}\mathsf{A}}{\mathrm{d}t}\right)$$

となるからテイラー展開の各項をまとめて

$$\mathrm{Tr}\left(\frac{\mathrm{d}}{\mathrm{d}t}f(\mathsf{A})\right) = \mathrm{Tr}\left(f'(\mathsf{A})\frac{\mathrm{d}\mathsf{A}}{\mathrm{d}t}\right) \tag{2.57}$$

が得られる．これは

$$\mathrm{d}(\mathrm{Tr}\,f(\mathsf{A})) = \mathrm{Tr}(f'(\mathsf{A})\mathrm{d}\mathsf{A}) \tag{2.58}$$

と書いてもよい．この結果を用いて統計的エントロピーの時間発展を調べる．$(x\ln x)' = \ln x + 1$ であることを考慮すれば

$$\frac{\mathrm{d}S_{\mathrm{st}}[\rho]}{\mathrm{d}t} = -k\mathrm{Tr}\ln\rho\frac{\mathrm{d}\rho}{\mathrm{d}t} \tag{2.59}$$

である．ここで $\mathrm{Tr}\rho = 1$ からただちに導かれる $\mathrm{Tr}\mathrm{d}\rho/\mathrm{d}t = 0$ を用いた．あらわな時間依存性をもつハミルトニアンの場合も含めて，時間発展がハミルトニアンによって与えられる場合には，式 (2.14) は

$$\frac{\mathrm{d}S_{\mathrm{st}}[\rho]}{\mathrm{d}t} = -\frac{k}{\mathrm{i}\hbar}\mathrm{Tr}\left(\ln\rho[\mathscr{H},\rho]\right) = +\frac{k}{\mathrm{i}\hbar}\mathrm{Tr}\left(\mathscr{H}[\ln\rho,\rho]\right) = 0 \tag{2.60}$$

を与える．すなわち，**時間発展がハミルトニアンによって与えられる場合には統計的エントロピーは保存される**．

2.4 ボルツマン分布

2.4.1 統計的エントロピー最大の要請

1.1.1 項で述べたアウトラインを思い出そう．莫大な数の微視的状態 $|m\rangle$ に対応する何個かの巨視的変数が存在して，それらの巨視的変数によって巨視的状態が記述されうる，

というのがわれわれの仮定である．そこで次のような基本的問題を考えよう．式 (2.50) で定義された密度演算子 ρ が巨視的拘束条件を満たすとき，そのような密度演算子 ρ を与える微視的状態の確率分布 $\{P_m\}$ は何か？ ここで巨視的拘束条件とは，測定あるいは制御可能な巨視的変数によって系に課される拘束条件である．直観的に考えると，そのような確率分布は最も偏らない確率分布，つまり利用可能な情報以外は何も含まない確率分布である．いかなる情報もない場合には答えは簡単で，可能な微視的状態を M としたとき $P_m = 1/M$ である．これは統計的エントロピーの可能な最大値 $k \ln M$ に対応する．これを部分的な情報がある場合に一般化しよう．巨視的状態がこの部分的情報を与えるのであり，それは二つの場合に分類される．

- あるデータの確定値が与えられている場合．たとえば，系のエネルギーが領域 $[E, E+\Delta E]$ にあるとしよう．ここで E は平均値ではなく確定値であり，ΔE は不確定さを示す量で，巨視的には非常に小さい $(\Delta E \ll E)$ が，微視的に非常に大きいとする．別のいい方をするならば，ΔE は平均エネルギー準位間隔に比べ非常に大きい．より定量的には，エネルギー準位密度を $D(E)$ としたとき $\Delta E \gg 1/D(E)$ である．このようなとき，状態の属するヒルベルト空間に対して制限を与えるミクロカノニカルな情報があるという．ここで述べた例では，可能な状態とは $\mathscr{H}$ の固有状態 $(\mathscr{H}|r\rangle = E_r|r\rangle)$ で条件

$$E \leq E_r \leq E + \Delta E \tag{2.61}$$

を満たすものである．ほかの拘束条件がなければ，偏りのない確率分布は $P_r = 1/M$ である．ただし，$M = D(E)\Delta E$ は式 (2.61) を満たすような状態の数である．すべての可能な状態は等しく起こりうる．それゆえ密度演算子は[*15]

$$\rho = \sum_r |r\rangle \frac{1}{M} \langle r| \qquad E \leq E_r \leq E + \Delta E \tag{2.62}$$

となり，これは $S_{\mathrm{st}} = k \ln M$ に対応する．この式 (2.62) で与えられる密度演算子は簡単な形をしているが，ミクロカノニカル集団は実際にはそれほど有用ではない．ここで用いられた条件に加えて，より自然な統計的拘束条件を課することが望ましい．

- 平均値，相関などの統計的データが与えられている場合．たとえば，エネルギーの平均値 E が与えられていれば，ρ に関する拘束条件は $\langle \mathscr{H} \rangle = \mathrm{Tr} \rho \mathscr{H} = E$ である．これらの拘束条件を使いやすい形に書くために次のような表記法を用いる．力学変数を表す演算子 A_i の平均値 A_i を

$$A_i \equiv \langle \mathsf{A}_i \rangle = \mathrm{Tr}\, \rho \mathsf{A}_i \tag{2.63}$$

と定義する．

[*15] 式 (2.62) において r はエネルギー固有値 E_r を与えるような固有状態のすべてに関する量子数の組であることは非常に重要である．それゆえエネルギー準位の縮退に起因する状態数は式 (2.62) で正しく考慮されている．

情報理論では偏りのない確率分布はエントロピーを最大にするように決定される．それゆえ，**平衡状態の統計力学における基本的要請として，統計的エントロピー最大の要請**を採用することは合理的であろう．

> **統計的エントロピー最大の要請**
> 巨視的拘束条件を満たすようなすべての密度演算子の中で，統計的エントロピー $S_{\text{st}}[\rho]$ を最大にするような密度演算子 ρ を選ばなければならない．すなわち，平衡状態にある巨視的状態は，このような密度演算子で表される．

より直観的な表現でいいかえるならば，与えられている情報のもとで最も乱雑な巨視的状態を選ぶのである．平衡状態を表す密度演算子は，巨視的拘束条件を満足するために必要な情報だけを含み，それ以上の情報は含まない．

2.4.2 平衡状態での分布

これからは拘束条件 (2.63) で定義されるカノニカル的な場合を考える．**カノニカル集団**[*16)]は，ハミルトニアン演算子 $\mathscr{H}$ とエネルギーの平均値 $E = \text{Tr}\rho\mathscr{H}$ が与えられた状況に対応する．さらに拘束条件を加えて，粒子数演算子 N とその平均値 $\langle \mathsf{N} \rangle = \text{Tr}\rho\mathsf{N}$ が与えられる場合は**グランドカノニカル集団**となる．これらの二つの集団が最もよく使われる．このような拘束条件のもとでエントロピーを最大にする密度演算子を求めるには，当然，ラグランジュの未定乗数法（A.2 節を見よ）を用いる．平均値として与えられた値 A_i に関する未定乗数を $-\lambda_i$ とし[*17)]，拘束条件 $\text{Tr}\rho = 1$ も加えて

$$\frac{1}{k}\tilde{S}_{\text{st}}[\rho] = -\text{Tr}\rho\ln\rho + \sum_i \lambda_i(\text{Tr}\rho\mathsf{A}_i - A_i) - \lambda_0(\text{Tr}\rho - 1)$$

を定義する．この $\tilde{S}_{\text{st}}$ の極値を与える密度行列を求めるために，まずこの式を微分して次式を得る．

$$\text{Tr}\left[d\rho(\ln\rho + 1 - \sum_i \lambda_i\mathsf{A}_i + \lambda_0)\right] = 0$$

任意の $d\rho$ に関して括弧の中は零となるべきであるから

$$\ln\rho = -\left(1 + \lambda_0 - \sum_i \lambda_i\mathsf{A}_i\right)$$

が得られる．ここで $(1 + \lambda_0)$ は $\text{Tr}\rho = 1$ となるように決めればよい．このようにして求められた密度行列を ρ_{B}（B はボルツマンを意味する）と書けば

[*16)] ギブスによる「集団（アンサンブル）の理論」は統計力学の基礎を構築する際に主要な歴史的役割を演じてきた．本書ではこの用語を用いるが，今後の議論に必要な場合を除き，その概念の詳細に関しては論じない．

[*17)] ここで負号をつけておくことは不自然に思えるかもしれないが，こうしておくとあとで式を書くのがはるかに楽になる．

$$\boxed{\rho_{\mathrm{B}} = \frac{1}{Z}\exp\left(\sum_i \lambda_i \mathsf{A}_i\right) \quad Z = \mathrm{Tr}\exp\left(\sum_i \lambda_i \mathsf{A}_i\right)} \tag{2.64}$$

であり，これは $\mathrm{Tr}\rho_{\mathrm{B}} = 1$ を満たす．この式によって**ボルツマン分布**（あるいはボルツマン-ギブス分布）を定義し，Z を**分配関数**とよぶ．ボルツマン分布の統計的エントロピーは

$$\begin{aligned} S_{\mathrm{B}} = S_{\mathrm{st}}[\rho_{\mathrm{B}}] &= -k(\mathrm{Tr}\,\rho_{\mathrm{B}}\ln\rho_{\mathrm{B}}) \\ &= k\ln Z - k\sum_i \lambda_i A_i \end{aligned} \tag{2.65}$$

であり，これは**ボルツマンエントロピー**ともよばれる[*18]．このエントロピーは計算の過程で明らかなように極値を与えるが，これが最大値を与えることを示そう．密度演算子 ρ が拘束条件 $\mathrm{Tr}\rho\mathsf{A}_i = A_i$ を満たすとすれば，式 (2.56) で $Y \to \rho_{\mathrm{B}}$，$X \to \rho$ と代入することにより

$$-\mathrm{Tr}\rho\ln\rho \leq -\mathrm{Tr}\rho\ln\rho_{\mathrm{B}} = \ln Z - \sum_i \lambda_i \mathrm{Tr}\rho\mathsf{A}_i$$
$$\leq \ln Z - \sum_i \lambda_i A_i$$

が得られ，これから

$$S_{\mathrm{st}}[\rho] \leq S_{\mathrm{st}}[\rho_{\mathrm{B}}] = S_{\mathrm{B}}$$

が結論される．ボルツマン分布は平衡状態での分布であり，拘束条件 (2.63) のもとで**統計的エントロピーを最大**にする．不等式 (2.56) によれば $\rho = \rho_{\mathrm{B}}$ のときにのみ，エントロピーが等しくなる．それゆえ，ここで論じた極値問題の解が存在すれば[*19]，それは唯一の解である．

2.4.3　ルジャンドル変換

演算子 A_i の平均値は分配関数をラグランジュ未定乗数 λ_i に関して微分することにより計算できる．公式 (2.58) を用いて

$$\begin{aligned} \frac{1}{Z}\frac{\partial}{\partial \lambda_j}\mathrm{Tr}\exp\left[\sum_i \lambda_i \mathsf{A}_i\right] &= \frac{1}{Z}\mathrm{Tr}\left(\mathsf{A}_j\exp\left[\sum_i \lambda_i \mathsf{A}_i\right]\right) \\ &= \mathrm{Tr}(\rho_{\mathrm{B}}\mathsf{A}_j) = A_j \end{aligned}$$

[*18)] 残念ながら著者によって S_{B} の命名は異なり，式 (8.110) で定義されるエントロピーを「ボルツマンエントロピー」とよぶ場合もある．
[*19)] 解が存在しない場合もありうる．たとえば E が基底状態エネルギーよりも低い場合．

あるいは

$$\boxed{A_j = \frac{\partial}{\partial \lambda_j} \ln Z[\lambda_i]} \tag{2.66}$$

と表される．式 (2.66) では分配関数がラグランジュ未定乗数 λ_i の関数であることが強調されている．ボルツマンエントロピーに関する式 (2.65) は

$$\frac{1}{k} S_\mathrm{B} = \ln Z - \sum_i \lambda_i \frac{\partial \ln Z}{\partial \lambda_i} \tag{2.67}$$

のように書くことができる．この式は S_B/k が $\ln Z$ のルジャンドル変換であり A_i の関数として表されることを示している．それゆえ

$$\mathrm{d} \ln Z = \sum_i A_i \, \mathrm{d}\lambda_i \tag{2.68a}$$

$$\mathrm{d}S_\mathrm{B} = -k \sum_i \lambda_i \, \mathrm{d}A_i \tag{2.68b}$$

と書くことができる[*20]．統計力学を用いて計算する際，分配関数を計算することが最も基本的であり，それからすべての熱力学的性質を導くことができる．一般に密度演算子それ自体を計算する必要が生じることはない．

ここで $\ln Z$ と S_B の凹凸関数的性質について調べよう．ここでは演算子 A_i は互いに可換であると仮定する．一般的な場合の証明は基本課題 2.7.8 で考える．もしすべての演算子 A_i が互いに可換であるならば，λ_i に関して 2 回微分して

$$\frac{\partial^2 Z}{\partial \lambda_i \partial \lambda_j} = \mathrm{Tr}\left[\mathsf{A}_i \mathsf{A}_j \exp\left(\sum_k \lambda_k \mathsf{A}_k\right)\right] = Z\langle \mathsf{A}_i \mathsf{A}_j \rangle \tag{2.69}$$

を得ることができて，さらに

$$\frac{1}{Z} \frac{\partial^2 Z}{\partial \lambda_i \partial \lambda_j} - \left(\frac{1}{Z}\frac{\partial Z}{\partial \lambda_i}\right)\left(\frac{1}{Z}\frac{\partial Z}{\partial \lambda_j}\right) = \frac{\partial^2 \ln Z}{\partial \lambda_i \partial \lambda_j} = \frac{\partial A_i}{\partial \lambda_j}$$

となる．これから

$$\frac{\partial^2 \ln Z}{\partial \lambda_i \, \partial \lambda_j} = \frac{\partial A_i}{\partial \lambda_j} = \langle (\mathsf{A}_i - A_i)(\mathsf{A}_j - A_j) \rangle = \langle \mathsf{A}_i \mathsf{A}_j \rangle - A_i A_j \tag{2.70}$$

が導かれる．この式は**揺動応答定理**とよばれる．$\langle (\mathsf{A}_i - A_i)(\mathsf{A}_j - A_j) \rangle$ は平均値 A_i および A_j からのゆらぎを表し ($i = j$ でもよい)，$\partial A_i/\partial \lambda_j$ は平均値 A_i のラグランジュ未定乗数 λ_j の変化に対する応答を表すからである．

以上の結果は次の非常に重要な非負値条件を与える．まず，演算子 B を $\mathsf{B} = \sum_k a_k(\mathsf{A}_k - A_k)$ として定義する．ただし a_k は実数である．このとき，式 (2.70) を用いて

[*20] 2.5 節で式 (2.68b) から $T\mathrm{d}S$ 方程式が導かれることを示す．

$$\sum_{i,j} a_i a_j \frac{\partial^2 \ln Z}{\partial \lambda_i \partial \lambda_j} = \langle \mathsf{B}^2 \rangle \geq 0 \tag{2.71}$$

を得ることができる．これは行列 $C_{ij} = \partial^2 \ln Z / \partial \lambda_i \partial \lambda_j$ が非負値であって，$\ln Z$ は λ_i の凸関数であり，そのルジャンドル変換 S_B は A_i の凹関数であることを意味する．これはまさしく第 1 章で定義された熱力学的エントロピーの場合と同じである．基本課題 2.7.8 では演算子 A_i が非可換の場合の揺動応答定理を扱い，その場合でも凹関数的性質が成立することを示す．

2.4.4 カノニカル集団およびグランドカノニカル集団

カノニカル集団とグランドカノニカル集団は次章で詳しく論じるが，ここではこれまでの議論を具体的に考察するためにこれらの集団を導入する．カノニカル集団では体積 V，分子数 N，ハミルトニアンの期待値 E（これは統計的な量である）が与えられていると仮定する．それゆえ，この場合は 1 個の演算子 $\mathsf{A}_1 = \mathscr{H}$ だけを考えればよく，便宜上ラグランジュ未定乗数を $\lambda_1 = -\beta$ と書く[*21)]．すぐあとで $\beta = 1/kT$ であることがわかる．この場合の分配関数は

$$\boxed{Z = \mathrm{Tr}\, \mathrm{e}^{-\beta \mathscr{H}}} \tag{2.72}$$

であり，密度演算子は[*22)]

$$\rho_B = \frac{1}{Z} \mathrm{e}^{-\beta \mathscr{H}} = \frac{1}{Z} \sum_r |r\rangle \mathrm{e}^{-\beta E_r} \langle r| \tag{2.73}$$

となる．ただし $\mathscr{H}|r\rangle = E_r|r\rangle$ である．もし，ここで考察の対象としている系が 2 個の独立な部分系からなるとすれば，全ハミルトニアンは個々のハミルトニアンの和であって，個々のハミルトニアン[*23)]は互いに可換である．すなわち

$$\mathscr{H} = \mathscr{H}^{(a)} + \mathscr{H}^{(\alpha)} \qquad [\mathscr{H}^{(a)}, \mathscr{H}^{(\alpha)}] = 0$$

すでに式 (2.52) で見てきたように，この系の全密度演算子は 2 個の部分系の密度演算子のテンソル積として与えられる．$\mathscr{H}$ を対角化する基底 $|l\rangle = |a\rangle \otimes |\alpha\rangle$ ($|m\rangle = |b\rangle \otimes |\beta\rangle$) を用いることにより分配関数は簡単に計算できる．

$$\langle l|\mathscr{H}|m\rangle = \left(\mathscr{H}^{(a)}_{ab} + \mathscr{H}^{(\alpha)}_{\alpha\beta}\right) \delta_{ab} \delta_{\alpha\beta}$$

$$\langle l|\mathrm{e}^{-\beta\mathscr{H}}|m\rangle = \mathrm{e}^{-\beta\mathscr{H}^{(a)}_{ab}} \mathrm{e}^{-\beta\mathscr{H}^{(\alpha)}_{\alpha\beta}} \delta_{ab} \delta_{\alpha\beta}$$

よって次式が成立する．

[*21)] 符号に注意！
[*22)] 記号が煩雑になるのを避けるため，ボルツマン密度演算子に異なる集団を区別する添え字はつけない．
[*23)] 厳密には $\mathscr{H}^{(a)} \otimes \mathbb{I}^{(\alpha)}$ および $\mathbb{I}^{(a)} \otimes \mathscr{H}^{(\alpha)}$ と書くべきである．ここで $\mathbb{I}^{(a)} (\mathbb{I}^{(\alpha)})$ はヒルベルト空間 $\mathscr{H}^{(a)} (\mathscr{H}^{(\alpha)})$ 上での単位演算子である．

$$Z = \mathrm{Tr}\, e^{-\beta \mathscr{H}} = \left(\sum_a e^{-\beta \mathscr{H}_{aa}^{(a)}}\right)\left(\sum_\alpha e^{-\beta \mathscr{H}_{\alpha\alpha}^{(\alpha)}}\right) = Z^{(a)} Z^{(\alpha)} \tag{2.74}$$

グランドカノニカル集団では2個の演算子，ハミルトニアン $\mathsf{A}_1 = \mathscr{H}$ と粒子数 $\mathsf{A}_2 = \mathsf{N}$, の平均値が与えられる．対応するラグランジュ未定乗数は，それぞれ $\lambda_1 = -\beta$ と $\lambda_2 = \alpha$ である．次節で α は化学ポテンシャル μ と $\alpha = \mu/kT$ という関係で結ばれることを示す．

大分配関数 $\mathcal{Q}$ は

$$\boxed{\mathcal{Q} = \mathrm{Tr}\, \exp(-\beta \mathscr{H} + \alpha \mathsf{N})} \tag{2.75}$$

であり，対応する密度行列は

$$\boxed{\rho_\mathrm{B} = \frac{1}{\mathcal{Q}} \exp(-\beta \mathscr{H} + \alpha \mathsf{N})} \tag{2.76}$$

である．

2.5 再び熱力学について

2.5.1 熱と仕事：第一法則

ここでは再び熱力学に戻り，前節で導いた統計的諸量を第1章で論じた熱力学的な量に対応させることを試みる．まず，熱浴 $\mathcal{R}$ と熱を交換し，同時に外的環境体と仕事のやりとりがあるような系 $\mathcal{A}$ について熱力学第一法則を考察する（図2.1）．この系と熱浴は外界から熱的に遮蔽されている．第1章で論じたときのように，少なくとも原理的には制御可能な外部パラメータ x_i によって仕事の形でのエネルギーの交換を表すことが可能である．この x_i の時間依存性は $\mathscr{H}(t) = \mathscr{H}(x_i(t))$ の形で系の時間依存性に寄与する．それゆえ，ここでは準静的過程のみを考える．たとえばジュールの実験のような非準静的過程はハミルトニアンによって記述できないからである．さらに，系と熱浴を隔

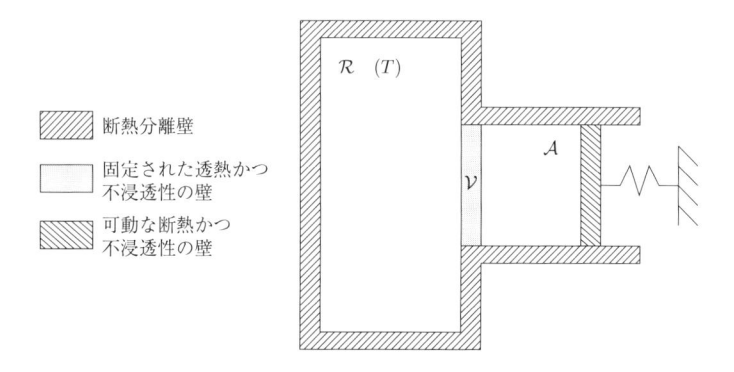

図 2.1 熱と仕事の授受，バネは外界との仕事の授受を表す．

てる壁は分子の透過を許さない不浸透性の壁であると仮定する．この系の平衡状態はハミルトニアン

$$\mathscr{H}_{\text{tot}} = \mathscr{H} + \mathscr{H}_{\mathcal{R}} + \mathcal{V} \tag{2.77}$$

によるカノニカル集団で表される．ここで $\mathscr{H}$ は系のハミルトニアン，$\mathscr{H}_{\mathcal{R}}$ は熱浴のハミルトニアン，$\mathcal{V}$ は系と熱浴の間の相互作用ハミルトニアンである．相互作用 $\mathcal{V}$ は表面効果であり，そのエネルギーおよびエントロピーへの寄与は無視できるが，系と熱浴の間に熱の交換を生じさせるためには $\mathcal{V}$ の存在は本質的である．もし $\mathcal{V} = 0$ ならば，系と熱浴とは独立である．

系と熱浴の複合体に関する密度演算子を ρ_{tot} とする．式 (2.14) と (2.77) から，ρ_{tot} の時間発展を与える方程式は

$$i\hbar \frac{d\rho_{\text{tot}}}{dt} = [\mathscr{H}, \rho_{\text{tot}}] + [\mathscr{H}_{\mathcal{R}}, \rho_{\text{tot}}] + [\mathcal{V}, \rho_{\text{tot}}] \tag{2.78}$$

である．系の密度演算子は熱浴の変数に関して ρ_{tot} の部分トレースをとることにより得られ，それを $\rho = \text{Tr}_{\mathcal{R}} \rho_{\text{tot}}$ と書く（式 (A.18) 参照）．熱浴の変数に関して式 (2.78) の部分トレースをとり，さらに式 (A.20) から

$$\text{Tr}_{\mathcal{R}}[\mathscr{H}_{\mathcal{R}}, \rho_{\text{tot}}] = 0$$

となることを用いれば ρ の時間発展を与える方程式は

$$i\hbar \frac{d\rho}{dt} = [\mathscr{H}, \rho] + \text{Tr}_{\mathcal{R}}[\mathcal{V}, \rho_{\text{tot}}] \tag{2.79}$$

となる．この方程式は閉じていない．つまり $d\rho/dt$ は系の変数だけに依存しているのではないため，時間発展は非ハミルトニアン的である．ρ の時間発展を方程式 (2.14) の形で与えるハミルトニアンは存在しない．

そこでエネルギー平均値の時間発展を与える方程式を，定義 $E = \text{Tr} \rho \mathscr{H}$（ここで Tr は系の変数に関するトレースである）を時間に関して微分することにより導こう．

$$\frac{dE}{dt} = \text{Tr}\left(\mathscr{H} \frac{d\rho}{dt}\right) + \text{Tr}\left(\rho \frac{d\mathscr{H}}{dt}\right) \tag{2.80}$$

この式の右辺第 1 項は系と熱浴との熱的接触による．実際，

$$\text{Tr}\left(\mathscr{H} \frac{d\rho}{dt}\right) = \frac{1}{i\hbar} \text{Tr}\left(\mathscr{H}[\mathscr{H}, \rho]\right) + \frac{1}{i\hbar} \text{Tr}\,\text{Tr}_{\mathcal{R}}\left(\mathscr{H}[\mathcal{V}, \rho_{\text{tot}}]\right)$$

$$= \frac{1}{i\hbar} \text{Tr}_{\text{tot}}\left(\rho_{\text{tot}}[\mathscr{H}, \mathcal{V}]\right) \tag{2.81}$$

と書くことができる（$\text{Tr}_{\text{tot}} \equiv \text{Tr}\,\text{Tr}_{\mathcal{R}}$）．この項は系と熱浴との相互作用 $\mathcal{V}$ に依存しており，系と熱浴との間の熱交換を表している．式 (2.80) の右辺第 2 項は仕事の形でのエネルギー交換を表しており，制御可能な外部パラメータ $x_i(t)$ によって

$$\mathrm{Tr}\left(\rho\,\frac{\mathrm{d}\mathscr{H}}{\mathrm{d}t}\right) = \sum_i \mathrm{Tr}\left(\rho\,\left.\frac{\partial\mathscr{H}}{\partial x_i}\right|_{x_j\neq i}\right)\frac{\mathrm{d}x_i}{\mathrm{d}t} \tag{2.82}$$

と書くことができる．

このように，式 (2.80) は熱力学第一法則の統計力学的解釈

$$\begin{aligned}dE &= \mathrm{d}(\mathrm{Tr}\,(\rho\mathscr{H})) = \mathrm{Tr}\,(\mathscr{H}\,\mathrm{d}\rho) + \mathrm{Tr}(\rho\,\mathrm{d}\mathscr{H}) \\ &= đQ + đW\end{aligned} \tag{2.83}$$

を与えている．熱と仕事に関して $đQ$ と $đW$ は

$$đQ = \mathrm{Tr}\,(\mathscr{H}\,\mathrm{d}\rho) \tag{2.84a}$$

$$đW = \mathrm{Tr}\,(\rho\,\mathrm{d}\mathscr{H}) \tag{2.84b}$$

と表される．式 (2.84a) はエネルギー交換を熱の形で解釈できることを示している．密度行列の変化，すなわちエネルギー準位の占拠を与える確率分布の変化という形でエネルギーの交換がなされているからである．この関係は任意の無限小変化について成立する．さらに，もし $\mathscr{H}$ が変化しないならば，有限の変化に関しても $\mathcal{Q} = \mathrm{Tr}(\mathscr{H}\Delta\rho)$ が成立する．他方，式 (2.84b) は仕事をハミルトニアンの変化という形で表しており，準静的過程においてのみ成立する．

2.5.2　エントロピーと温度：第二法則

まず，カノニカル集団におけるラグランジュ未定乗数 β の物理的な解釈を，$1/\beta$ が温度の尺度を定義することを示すことにより与えよう．カノニカル集団における二つの独立な系 (a) と (α) を考える．それぞれのエネルギー平均値とラグランジュ未定乗数は (E_a, β_a) と (E_α, β_α) である．この二つの系を熱的に接触させれば，全系の平均エネルギーは $E = E_a + E_\alpha$ となるであろう．このエネルギー平均値にはただ一つのラグランジュ未定乗数 β が対応する．拘束条件は全エネルギーに関してだけであり，個々の系のエネルギーには関与していない．熱平衡では二つの系のラグランジュ未定乗数は同じ値をとる．カノニカル集団については式 (2.66) で $\lambda_1 = -\beta$ とおけば

$$E = -\frac{\partial \ln Z}{\partial \beta}$$

である．ここで $\ln Z$ は β の凸関数であり（式 (2.71) 参照），この式はエネルギーが β の減少関数であることを意味している．1.2.3 項で述べた考え方によれば，より小さい β の値をもつ部分系からより大きい値をもつ部分系へのエネルギーの流れが生じるときにのみ二つの β の値が等しくなることが可能で，その場合の最終平衡状態での β は β_a と β_α の間の値をとる．つまり $1/\beta$ は温度の尺度を定義している．熱的に接触している二つの系は同じ温度をもつ平衡状態に到達するのであり，その過程で高温の側から低温の側へエネルギーが流入するのである．

次に β が $1/T$ に比例することを示さねばならない．それはボルツマンエントロピーと熱力学的エントロピーを比較することにより可能である．準静的過程においては，密度演算子は平衡状態ボルツマン密度演算子 (2.73) に限りなく近い．平衡近傍での変分 $\rho_B \to \rho_B + d\rho_B$ に対するボルツマンエントロピーの変化 dS_B は，式 (2.58) と $\mathrm{Tr}d\rho_B = 0$ を用いて

$$dS_B = -k\mathrm{Tr}(d\rho_B(\ln \rho_B + 1)) = k\mathrm{Tr}(d\rho_B[\ln Z + \beta \mathscr{H}]) = k\beta \mathrm{Tr}(\mathscr{H} d\rho_B)$$

と表すことができる．さらに式 (2.84a) を用いることにより

$$dS_B = k\beta \mathrm{d} Q \tag{2.85}$$

が得られる．一方，系の熱力学的温度を T とすれば，準静的過程に関して[*24)]

$$dS = \frac{\mathrm{d} Q}{T}$$

が成立するから，これらの 2 式によって dS_B と dS の間の関係

$$dS_B = k\beta T dS$$

が導かれ，結局

$$\frac{\partial S_B}{\partial \beta} = k\beta T \frac{\partial S}{\partial \beta}$$

および

$$\frac{\partial S_B}{\partial x_i} = k\beta T \frac{\partial S}{\partial x_i}$$

を得ることができる．さらに T が外部パラメータに依存しないことを用いれば

$$\frac{\partial^2 S_B}{\partial \beta \partial x_i} = k\beta T \frac{\partial^2 S}{\partial \beta \partial x_i}$$
$$= k\beta T \frac{\partial^2 S}{\partial \beta \partial x_i} + \frac{\partial (k\beta T)}{\partial \beta} \frac{\partial S}{\partial x_i}$$

となるから $k\beta T$ は定数であることがわかる．$k\beta T = 1$ となるような単位系を選ぶことは常に可能であるから，結局 $S_B - S$ は定数であることがわかる．実際，この定数は零である．第三法則によって $T = 0$ で S は消えること，また量子系は零温度では基底状態にありその統計的エントロピー S_B は零であることからこの結果は理解できよう[*25)]．まとめると，**巨視的拘束条件の制限内での微視的乱雑さの程度を表す量であるボルツマンエントロピーは熱力学的エントロピーと等しくなるのである．**

[*24)] 第 1 章で定義した記号を用いる．S は熱力学的エントロピーである．
[*25)] 第 1 章の脚注 22 で言及した縮退がある例外的な基底状態の場合は別である．

$\beta > 0$ あるいは同等であるが $T \geq 0$ であることに注意しよう．別の言葉でいうならば，そして一般論としていえることだが，エントロピーはエネルギーの増加関数である．実際，量子系のハミルトニアンは非有界であって $\operatorname{Tr}\exp(-\beta\mathscr{H})$ は $\beta > 0$ の場合にのみ定義される．唯一の可能な例外はヒルベルト空間が有限であるような量子系である．スピン系はその一例である．そのような場合には負の（スピン）温度が可能である（研究課題 3.8.2）．

2.5.3 混合エントロピー

前項で導いた熱力学的エントロピーとボルツマンエントロピー（統計的エントロピー）の関係は「エントロピーは常に熱と関連している」との考えに導くと思う読者がいるかもしれない．ここではカノニカル集団としての理想気体を例にとり，その考えは必ずしも正しくないことを示す．

まず N 個の原子からなる古典的な[*26] 単原子・理想気体の分配関数 Z_N を計算する．この気体のハミルトニアン $\mathscr{H}$ は個々の原子のハミルトニアン $\mathscr{H}_i$ の和であり

$$H = \sum_{i=1}^{N} H_i = \sum_{i=1}^{N} \frac{\vec{\mathsf{P}}_i^{\,2}}{2m} \tag{2.86}$$

と書ける．ここで $\vec{\mathsf{P}}_i$ は粒子 (i) のヒルベルト空間上での演算子である[*27]．すでに式 (2.74) で，もしハミルトニアンが二つの独立なハミルトニアンの和であるなら，分配関数はそれぞれのハミルトニアンに個別に対応する二つの分配関数の積となることを学んだ．それはただちに $Z_N = \zeta^N$ と一般化される．ただし ζ は1個の原子の分配関数である．このような単純な結果は原子間に相互作用がないときにのみ成立する．この ζ の計算は式 (2.72) におけるトレースを $\vec{\mathsf{P}}$ の固有状態 $|\vec{p}\rangle$ を基底として表すことにより簡単に実行できる．

$$\zeta = \sum_{\vec{p}} \langle \vec{p} | \exp\left(-\beta \frac{\vec{\mathsf{P}}^2}{2m}\right) | \vec{p} \rangle = \frac{V}{h^3} \int d^3 p \exp\left(-\frac{\beta \vec{p}^{\,2}}{2m}\right) = V \left(\frac{2\pi m}{\beta h^2}\right)^{3/2}$$

ここで2番目の等式を得るために式 (2.21) を用い，最後の等式を得るために式 (A.37) を用いた．これから理想気体の分配関数

$$Z_N = V^N \left(\frac{2\pi m}{\beta h^2}\right)^{3N/2}$$

が得られる．この結果は，粒子が同等であり区別できないことを考慮して修正する必要がある．そのためには $N!$ で割ることが自然であろう．2個の同等な分子の置換は気体

[*26] 気体は「古典的」であるが，気体を構成する粒子は量子力学的に扱う．統計的性質を古典的に扱うのである．この微妙な点は第5章でより正確に論ずる．
[*27] 脚注23で述べた簡略化された記号を用いる．

分子の配置を変えないからである*28). しかしながら古典力学では分子の性質を変えずに個々の分子に標識をつけることが可能であり，因子 $1/N!$ を厳密に正当化することはできない．番号つきの小さなビリヤード球を想像すればよい．第 5 章においてボース–アインシュタイン統計あるいはフェルミ–ディラック統計に従う量子気体の古典極限として古典気体を扱うことにより，この因子 $1/N!$ の物理的正当化が可能となる．その場合に因子 $1/N!$ が実際に導かれる．ボース–アインシュタイン統計あるいはフェルミ–ディラック統計に従う量子気体の古典極限は同一でありマクスウェル–ボルツマン分布とよばれる．その分布関数 Z_N の最終的な結果は

$$\boxed{Z_N = \frac{V^N}{N!}\left(\frac{2\pi m}{\beta h^2}\right)^{3N/2}} \tag{2.87}$$

である．ここで話のついでに，位相空間に関する準古典的なアプローチについて述べよう．式 (2.86) における運動量演算子を古典的なベクトルでおきかえることにより，(ほぼ) 完全に古典的なアプローチによって Z_N を計算することができる．

$$Z_N^{\text{class}} = \mathcal{C}\int\prod_{i=1}^N \mathrm{d}^3 r_i \mathrm{d}^3 p_i \exp\left(-\sum_i \frac{\vec{p}_i^2}{2m}\right)$$

ここで $\vec{r}_i$ と $\vec{p}_i$ は古典的力学変数であり，古典的位相空間の測度として式 (2.36) を用いた ($\int \mathrm{d}^3 r = V$)．ここに現れた定数 $\mathcal{C}$ は古典力学では決定できない．式 (2.87) と比較することにより，この定数は量子効果を含み

$$\mathcal{C} = \frac{1}{N! h^{3N}} \tag{2.88}$$

と表されることがわかる．このように，位相空間の正しく規格化された「古典力学的」測度は

$$\boxed{\mathrm{d}\Gamma = \frac{1}{N!}\prod_{i=1}^N \frac{\mathrm{d}^3 r_i \mathrm{d}^3 p_i}{h^3}} \tag{2.89}$$

で与えられる．以上が準古典的アプローチである．

分配関数が与えられれば，$\ln Z_N$ のルジャンドル変換 (2.67) において $\lambda_1 = -\beta$ とおくことによりエントロピーを直接求めることができる．

$$S = k\ln Z_N - k\beta \left.\frac{\partial \ln Z_N}{\partial \beta}\right|_V \tag{2.90a}$$

$$= kN\left[\ln\frac{V}{N} + \frac{3}{2}\ln\left(\frac{2\pi mkT}{h^2}\right) + \frac{5}{2}\right] \tag{2.90b}$$

ここで式 (2.90b) を導くためにスターリングの近似公式 $\ln N! \approx N\ln N - N$ を用いた．

---

*28) 式 (3.13) に関する議論を見よ．

2.5 再び熱力学について

式 (2.87) における係数 $1/N!$ はエントロピーが示量性となるために不可欠であることは重要である．この係数なしには式 (2.90b) において $\ln(V/N)$ のかわりに $\ln V$ が現れてしまい，その結果エントロピーは示量性ではなくなってしまう．

今度は図 2.2 に示すように，断熱的容器内の体積 V_1 と V_2 の二つの隔室に，2 種類の異なる古典的理想気体がそれぞれ閉じ込められている場合を考えよう．全体積は $V = V_1 + V_2$ である．それぞれの分子数は N_1 と N_2 であり ($N = N_1 + N_2$)，両者の圧力 P と温度 T は等しく，化学反応はないと仮定する．このような条件のもとで，エネルギーを与えることなく隔室間の分離壁を取り除くことを考えよう．初期状態の分配関数 $Z_N^{(\text{in})}$ は

$$Z_N^{(\text{in})}(T,V) = Z_{N_1}(T,V_1) Z_{N_2}(T,V_2)$$
$$= \frac{V_1^{N_1}}{N_1!} \left(\frac{2\pi m_1 kT}{h^2}\right)^{3N_1/2} \frac{V_2^{N_2}}{N_2!} \left(\frac{2\pi m_2 kT}{h^2}\right)^{3N_2/2} \quad (2.91)$$

であり，分離壁を取り除いたあとの終状態の分配関数 $Z_N^{(\text{fin})}$ は

$$Z_N^{(\text{fin})}(T,V) = Z_{N_1}(T,V) Z_{N_2}(T,V)$$
$$= \frac{V^{N_1}}{N_1!} \left(\frac{2\pi m_1 kT}{h^2}\right)^{3N_1/2} \frac{V^{N_2}}{N_2!} \left(\frac{2\pi m_2 kT}{h^2}\right)^{3N_2/2} \quad (2.92)$$

となる．式 (2.90a) の第 2 項はエントロピー S_{in} と S_{fin} に同じ寄与をしている[*29]．この結果，混合によるエントロピーの変化は

$$S_{\text{fin}} - S_{\text{in}} = k \ln \frac{Z_N^{(\text{fin})}}{Z_N^{(\text{in})}} = k \left[N_1 \ln \frac{V}{V_1} + N_2 \ln \frac{V}{V_2} \right] > 0 \quad (2.93)$$

で与えられることになる．このように 2 種類の気体を混合させるとエントロピーは増加する．混合されたあとでは，2 種類の気体が自発的にそれぞれの隔室に戻ることはありえないから，この過程が不可逆であることは明らかである．最終状態は初期状態に比べ

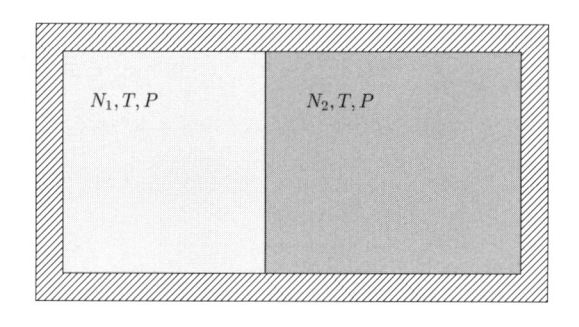

N_1, T, P | N_2, T, P

図 **2.2**　2 種類の気体の混合

[*29] この議論では式 (2.87) における項 $V^N/N!$ だけが意味をもつことに注意．

てより無秩序であり，このような無秩序性の増加に対応するエントロピーは**混合エントロピー**とよばれる．

もし 2 種類の気体が同種類ならば，初期状態と最終状態は同等であるから混合によってエントロピーは増加せず，最終状態に分離壁を挿入すれば初期状態に戻る．このことを示すのは簡単であり，しかもその計算の過程で式 (2.87) における因子 $1/N!$ の重要性が明らかになる．二つの同等な気体に関する $Z_N^{(\text{in})}$ は，式 (2.91) において $m_1 = m_2 = m$ とおき，$V_{1,2} = (N_{1,2}/N)V$ を用いて得ることができる．最終状態の分配関数は N 個の同種分子からなる理想気体の分配関数であり

$$Z_N^{(\text{fin})} = \frac{V^N}{N!}\left(\frac{2\pi mkT}{h^2}\right)^{3N/2} \neq \frac{V^N}{N_1!N_2!}\left(\frac{2\pi mkT}{h^2}\right)^{3N/2}$$

となる．ここで，式 (2.92) で $m_1 = m_2 = m$ とおいて得られる結果との違いを強調した．これによりエントロピーが変化しないこと，すなわち

$$S_{\text{fin}} - S_{\text{in}} = k\left[N_1 \ln \frac{N_1 V}{N V_1} + N_2 \ln \frac{N_2 V}{N V_2}\right] = 0$$

が証明される．

2.5.4 圧力と化学ポテンシャル

ここでは準静的過程において仕事の形で行われるエネルギー交換を計算する．平衡状態の分布はボルツマン分布であるから，式 (2.82) における密度行列として式 (2.73) を用いる．その結果，式 (2.84b) は[*30]

$$\mathchar'26\mkern-12mu dW = \text{Tr}[\rho_B \mathrm{d}\mathscr{H}] = \text{Tr}\left[\rho_B \sum_i \frac{\partial \mathscr{H}}{\partial x_i}\mathrm{d}x_i\right] = \sum_i X_i \mathrm{d}x_i \qquad (2.94)$$

となる．ただし，X_j は制御可能変数 x_j に対する平衡状態で計算された**共役変数**である．すなわち

$$X_j = \left\langle \frac{\partial \mathscr{H}}{\partial x_j} \right\rangle = \frac{1}{Z}\text{Tr}\left[\frac{\partial \mathscr{H}}{\partial x_j}e^{-\beta\mathscr{H}}\right] = -\frac{1}{\beta}\left.\frac{\partial \ln Z}{\partial x_j}\right|_{\beta, x_{i \neq j}} \qquad (2.95)$$

である．特に，圧力 P が $-V$ の共役変数になることは重要である．

$$\boxed{P = \frac{1}{\beta}\left.\frac{\partial \ln Z}{\partial V}\right|_{\beta, N}} \qquad (2.96)$$

次に図 2.1 で示したような物理系を考える．ただし熱浴 $\mathcal{R}$ と系 $\mathcal{A}$ とを分ける障壁 $\mathcal{V}$ は粒子の交換を許す透過壁とする (図 2.3)．確定値として与えられているのは系の体積だけであり，系の粒子数は平均値 $N = \text{Tr}(\rho_B \mathsf{N})$ としてのみ与えられている．同じく系の

[*30] ここで簡略した表記法を用いる． $\quad \frac{\partial \mathscr{H}}{\partial x_i} \equiv \left.\frac{\partial \mathscr{H}}{\partial x_i}\right|_{x_{j \neq i}}$

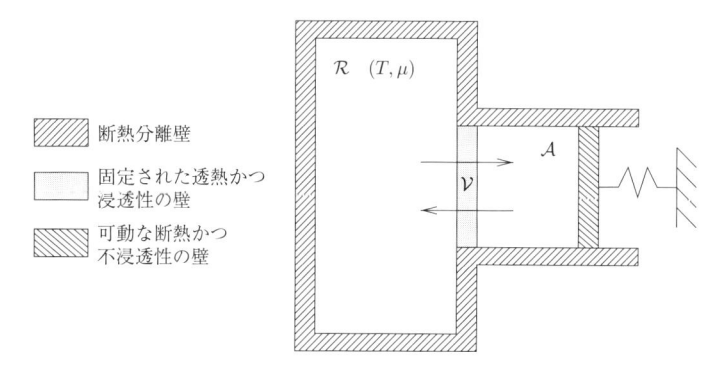

図 **2.3** 大正準集団で記述される場合

エネルギーも平均値としてのみ与えられている．この場合も，ボルツマンエントロピーの変化は

$$dS_B = -k\mathrm{Tr}(d\rho_B(\ln \rho_B + 1))$$

と表されるが，ここで ρ_B は式 (2.76) で与えられているグランドカノニカル集合での密度演算子であって

$$dS_B = k\beta\mathrm{Tr}(\mathcal{H}d\rho_B) - k\alpha\mathrm{Tr}(\mathsf{N}d\rho_B) = k\beta dE - k\alpha dN$$

となる．この結果を式 (1.18) と比べて，ボルツマンエントロピーと熱力学的エントロピーを一致させるためには

$$\boxed{\beta = \frac{1}{kT} \qquad \alpha = \frac{\mu}{kT}} \tag{2.97}$$

とすればよい．グランドカノニカル集団[*31)]では化学ポテンシャル（より正確には μ/T）に温度（実際には $1/T$）と同等な地位を与えているのである．

2.6 不可逆性とエントロピー増加

2.6.1 微視的可逆性と巨視的不可逆性

古典力学の運動方程式は時間反転に対して不変である．このことは直観的には，映画のフィルムを逆送りすることによって現れる映像の世界でのできごとは物理的に可能であることを意味する[*32)]．たとえば少数の分子の衝突過程を映画に撮影することが可能

[*31)] グランドカノニカル集団における熱力学は第 3 章で論ずる．
[*32)] 同じように，鏡に映る実験が物理的に可能ならば物理はパリティ変換に対して不変といえる．実際には $K^0 - \bar{K}^0$ で観測される時間反転対称性のわずかな破れがあるが，ここでの議論では無視してよい．

ならば，その映像だけからフィルムが順送りに映写されているか，あるいは逆送りに映写されているかを識別することは不可能である．数学的にいえば，古典力学の運動方程式は変換 $t \to -t$ に対して不変である[*33]．たとえば，時刻 $t=0$ から $t=\tau$ までの気体の分子の運動を追跡し，時刻 $t=\tau$ ですべての分子の速度を反転させるならば，時刻 $t=2\tau$ にはすべての分子は時刻 $t=0$ と同じ位置にあるが速度は反転している．つまり $\vec{r}_i(2T) = \vec{r}_i(0)$ かつ $\vec{v}_i(2T) = -\vec{v}_i(0)$ である（図 2.4）．これは**微視的可逆性**とよばれる．簡単な例として，質量 m の粒子が 1 次元的な力の場 $F(x)$ におかれ，ニュートンの運動方程式 $m\ddot{x}(t) = F(x(t))$ に従う場合を考えよう．ここで $y(t) = x(-t)$ とおけば運動方程式は

$$m\ddot{y}(t) = m\ddot{x}(-t) = F(x(-t)) = F(y(t)) \tag{2.98}$$

となる．すなわち，$y(t)$ は確かにニュートンの運動方程式の解になっており，$y(t)$ で記述される運動は物理的に可能である．この結果の要点は，ニュートンの運動方程式が時間に関して 2 階の微分方程式であることである．この例に対する反例は粘性液体中の振り子のような減衰調和振動子で与えられる．

$$m\ddot{x}(t) + \alpha \dot{x}(t) + m\omega_0^2 x(t) = 0 \tag{2.99}$$

この式で，ω_0 は振り子の自然振動数であり $\alpha\dot{x}(\alpha > 0)$ は粘性抵抗による力である．この方程式は時間に関して 1 階微分を含むため，$y(t)$ の満たすべき方程式

$$m\ddot{y}(t) - \alpha\dot{y}(t) + m\omega_0^2 y(t) = 0$$

は，振り子が粘性抵抗によって加速されるという物理的に許されない解を与えてしまう．もし先の議論のように時刻 τ で速度を反転させても，振り子は粘性によって減速されるため，時刻 2τ に初期位置には戻らない．しかし，この例は実は微視的可逆性と矛盾していない．9.3 節で論じるように，実際には粘性抵抗力は液体のもつ無数の自由度と振

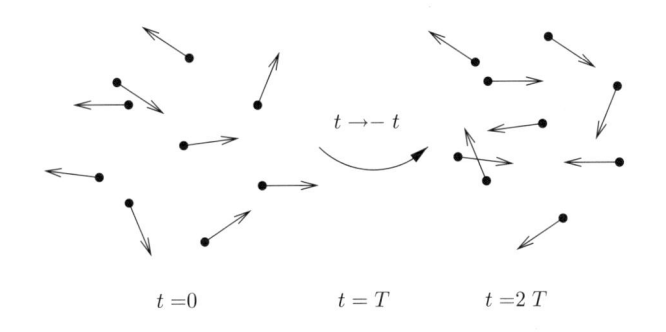

図 **2.4** 時間反転不変性

[*33]　シュレーディンガー方程式は時間に関して 1 階であり，その場合には時間反転演算子は反ユニタリーである．

り子との間の相互作用を表す有効力である．微視的可逆性が成立するのは**すべての自由度**に関する運動方程式を考えた場合である．古典物理学における不可逆運動方程式（拡散方程式，流体力学におけるナヴィエ–ストークス方程式，など）は二つの非常に異なる時間スケールの存在に基づいている（2.7.3 項参照）．それは微視的時間スケール τ^* と非常に長い巨視的時間スケール τ である（$\tau \gg \tau^*$）．減衰振り子の場合には τ^* は振り子と液体分子との衝突の時間間隔（1 回の衝突と続いて起こる衝突との間の時間）であり τ は巨視的時間 $\tau = m/\alpha$ である．

日常生活でのできごとを映画撮影したものを逆送りで見れば，微視的可逆性は成立していないことは容易にわかるであろう．粘性抵抗力は常に運動を減衰させ，決して加速することはない．しかし，エネルギー保存則だけでは液体分子が振り子の運動を減衰させるのではなく加速する可能性を排除できない．そのような運動が実現する可能性を禁ずるのは第二法則である．この法則が成り立たないとすれば，1 個の熱源から仕事を得ることが可能になるからである．日常生活は不可逆であり，エントロピーの増加を避けることはできない．秩序状態から無秩序状態へと進むのが自然の傾向であり，その逆はない．ここで残る問題は，微視的スケールで可逆な方程式から巨視的スケールで不可逆な方程式が導かれるのはなぜか，という「不可逆性のパラドックス」である．このパラドックスを理解するため，エントロピーの概念をさらに深く考察しよう[*34]．以下の議論は（これまでの議論と同じく）古典力学の理論的枠組み内で展開されるが，記述の簡明化のため量子力学的記号を用いる．

2.6.2 不可逆性の物理的基盤

これまで用いることのなかったミクロカノニカル集団の理論的枠組みは，不可逆性の直観的な議論には便利である．次節ではカノニカル集団の理論に戻る．エネルギー E_r が E と $E + \Delta E$ との間にあるような状態の数に関する（準）古典的近似は N 個の粒子に関して式 (2.89) で与えられ

$$\Omega(E) = \frac{1}{N! h^{3N}} \int_{E \leq E_r \leq E + \Delta E} \prod_{i=1}^{N} \mathrm{d}^3 r_i \, \mathrm{d}^3 p_i \tag{2.100}$$

である．N 個の自由粒子に関する位相空間体積 $\Omega(E)$ の表式は基本課題 2.7.9 で導く．エネルギーに関する拘束条件を満たすすべての状態が生起する確率は等しいから，この系の平衡状態でのエントロピーは $S(E) = k \ln \Omega(E)$ で与えられる．1.2.4 項の図 1.9 で論じた気体の不可逆膨張の例を再考しよう．初期には気体は容器の左側の隔室にあり，時刻 $t = 0$ に隔壁に小さな穴が穿たれ気体が右側の隔室へ漏れ込み，最終的には気体が全容器を満たすことになる．初期状態の位相空間体積と終状態の位相空間体積を，それぞれ Ω_in および Ω_fin としよう．希薄な気体の場合には比 $\Omega_\mathrm{fin}/\Omega_\mathrm{in}$ は体積比の N 乗に

[*34] ここで展開する議論はボルツマンによるものであり大多数の物理学者に受け入れられている．しかし，この見方に異論を唱え，不可逆性の起源をカオス的運動における確率分布の特異な時間発展に求めている研究者も多い．

等しい．もし二つの隔室の体積が等しければ $(V_{\text{fin}}/V_{\text{in}})^N = 2^N$ である（基本課題 2.7.9 を見よ）．相互作用がない場合は $\vec{r}_i$ と $\vec{p}_i$ に関する積分は分離されて空間座標に関する積分は V^N を与えるから，この最後の結果は自明といえる．最終状態で可能なすべての微視的配置（微視的状態）の中で，2^{-N} の程度の非常にわずかなものが，すべての分子が左側の隔室に残されているという状態に対応する．それゆえ，気体が初期の配置に戻る確率は 2^{-N} の程度であり非常に小さい．このように，生起確率が小さい可能性から大きい可能性に向かって時間発展が進むことにより不可逆性が現れる．われわれがピストンを用いて気体を左側の隔室に押し戻すことにより，エントロピーがより小さい状態を作り出すことができるが，この場合，気体のエントロピーは減少しても宇宙全体のエントロピーは増加し，やはり不可逆性が現れるのである．拘束条件を取り除いた直後に占められる位相空間の体積はすべての実現可能な体積よりもはるかに小さいことが，時間反転に関する非対称性をもたらすのである．

ボルツマンがこのような考えを提唱してから，いくつもの反論が出されてきた．その最初のものは**ポアンカレ回帰性**（ツェルメロのパラドックス）である．ポアンカレ回帰性とは，孤立系では十分長い時間が経過すれば，位相空間のすべての軌道はその出発点にいくらでも近い点を通過する，というものである．いまの例では分子は左側の隔室に集中してしまい，エントロピーは自発的に減少することになる．自由度が小さい系ではポアンカレ回帰性を確認することは容易である．しかし巨視的系ではポアンカレ回帰に必要な時間は e^N のオーダーで増加する．厳密な議論では，このようなポアンカレ回帰を避けるために熱力学的極限をとる．巨視的な系ではポアンカレ回帰に必要な時間は宇宙年齢の数倍になる．さらに有限系の場合でも，完全な孤立系はありえないという事実がそのようなポアンカレ回帰の実現を妨げていると思われる[*35]．

ロシュミットのパラドックスは微視的可逆性に基づいている．先に述べた例を考察しよう．もし時刻 τ にすべての分子の速度を反転させれば，時刻 2τ には，すべての分子は左側の隔室に戻るはずであり，それはエントロピーの自発的減少を引き起こす．このような実験は分子動力学を用いてコンピュータで行うことができ，実際に分子が左側の隔室に戻ることを確認できる．しかしながら，位相空間における軌道は初期条件に対してきわめて不安定であり，時刻 τ における位置と速度のほんのわずかな数値誤差がこの回帰効果を減少させ消滅させてしまうのである．実際この運動はカオス的であって，非常に近接した初期条件をもつ 2 本の軌道はきわめて急激に離れていく．確率が 2^{-N} であるような配置に向かって逆戻りするためには，きわめて正確に狙いを定めることが必要である[*36]．さらに，系の不完全な孤立化による周囲からの摂動を防ぐことはできな

[*35] 「系が完全には孤立していないことが不可逆性の起源である」という主張が往々にして文献に見られるが，それは正しくない．不可逆性の起源は，系が完全には孤立していないという事実には無関係である．

[*36] しかしながらスピンやプラズマに関して「エコー」実験とよばれる実験を行うことは可能である．これらの実験では「隠れた秩序」を再現させるために，準安定状態と非カオス的運動の存在が必要である．この「隠れた秩序」を関知しない観測者にとってはエントロピーは明らかに減少するのである．

い．それゆえ，たとえ近似的にでも数値実験の結果を実際の気体に適用することは不可能である．

以上に述べたことを整理して，不可逆性の統計力学的説明の根拠を列挙すると以下のようになる．
- 巨視的状態の確率を位相空間での占拠体積に関連づける確率論的根拠．
- 莫大な数（$\sim 10^{23}$）の自由度の存在．
- 拘束条件が解除されると，莫大な数の自由度のために，確率が限りなく小さい巨視的状態となるような初期状態の存在．
- カオス的運動の存在．それは定性的には重要ではないが，平衡状態にいかにして接近するかという点で定量的な役割を演じる．

2.6.3 情報の損失とエントロピー生成

本項の目的はボルツマン分布 (2.64) を時間依存性のある場合に一般化してエントロピーの時間発展を調べることである．ここでは再びカノニカル集団を用いる．すでに統計的エントロピー S_{st} を平衡状態における熱力学的エントロピー S と同一とみなすことができた．しかし平衡状態から離れた状況では，両者を同一と考えることはできない．統計的エントロピーは，密度演算子 ρ が平衡状態分布に対応するしないにかかわらず，$-k\mathrm{Tr}\rho\ln\rho$ で定義されるが，熱力学的エントロピーは平衡状態あるいはそのごく近傍においてのみ定義される．式 (2.60) において示したように孤立系では統計的エントロピーが時間に依存しないこと，そしてより一般的にはハミルトニアンで決定される時間発展に関して孤立系の統計的エントロピーが不変であることは，孤立系のエントロピー増加と矛盾するように思えるかもしれない．このパラドックスを解決するために，まず次のことを指摘しよう．同じ条件下で，密度演算子 $\rho(t)$ の時間発展は初期条件 $\rho(t=t_0)$ とハミルトニアン $\mathcal{H}(t)$ によって完全に決定される．これにより，熱力学的エントロピーの定義に入ってくるオブザーバブル $\mathbf{A}_i$ の任意の時刻における平均値 A_i を知ることができる．つまり

$$A_i(t) = \mathrm{Tr}\,\rho(t)\mathbf{A}_i \tag{2.101}$$

ここでオブザーバブル $\mathbf{A}_i$ はシュレーディンガー描像では時間に依存しないと仮定した．そこで，時刻 $t=\tau^{(\mathrm{in})}$ における平衡状態から時刻 $t=\tau^{(\mathrm{fin})}$ における平衡状態までの間の時間発展を調べよう．1.2.2 項の図 1.7 で与えた熱的接触の例で，仕事を系に供給することなく分離壁を透熱的に変えることを考えよう．この場合，二つの部分系にある分子は初期には相互作用していないが，最終的には相互作用するため，ハミルトニアンは時間に依存することになる．この時間依存相互作用を次のようなモデルでハミルトニアンの中に取り組むことができる．

$$\mathcal{V}(t) = \theta(t)(1-\mathrm{e}^{-t/\tau})\sum_{a,\alpha}U_{a\alpha}(\vec{r}_a - \vec{r}_\alpha)$$

ここで θ は $\theta(t) = 1\ (t>0)$, $\theta(t) = 0\ (t<0)$ と定義されたヘヴィサイド関数, U はポテンシャルエネルギー, τ は微視的状態を特徴づける時間(同一分子の衝突間隔を表す時間など)に比べて非常に長い時間, $\vec{r}_a$ と $\vec{r}_\alpha$ は異なる部分系での分子の位置座標である. 時間発展はハミルトニアンで与えられ, 式 (2.60) を考慮するならば統計的エントロピーは変化しないことがわかる.

$$S_{\text{st}}^{(\text{fin})} = S_{\text{st}}^{(\text{in})}$$

初期熱力学的エントロピーは初期統計的エントロピーと等しい.

$$S^{(\text{in})} \equiv S_{\text{B}}^{(\text{in})} = S_{\text{st}}^{(\text{in})} = -k\text{Tr}\rho_{\text{B}}^{(\text{in})}\ln\rho_{\text{B}}^{(\text{in})}$$

しかし, 最終熱力学的エントロピーは同じではありえない. それは新しい平衡状態によって定義される拘束条件を満たさねばならないからである.

$$A_i^{(\text{fin})} = \text{Tr}\left(\rho^{(\text{fin})}\mathsf{A}_i\right) = \text{Tr}\left(\rho_{\text{B}}^{(\text{fin})}\mathsf{A}_i\right)$$

定義から $\rho^{(\text{fin})}$ と $\rho_{\text{B}}^{(\text{fin})}$ は同じ平均値を与え, さらに最終的なボルツマン密度行列 $\rho_{\text{B}}^{(\text{fin})}$ は, その構成法から明らかなように観測量の平均値に課せられる拘束条件を満たすようなエントロピーを最大にしている. その結果

$$S^{(\text{in})} \equiv S_{\text{B}}^{(\text{in})} = S_{\text{st}}^{(\text{in})} = S_{\text{st}}^{(\text{fin})} \leq S_{\text{B}}^{(\text{fin})} \equiv S^{(\text{fin})} \qquad (2.102)$$

が得られる. すなわち, 統計的エントロピーは変化しないが熱力学的エントロピーは増加する. これは第 1 章で述べたエントロピー増大の仮定に合致する. 以上の簡明な証明の基礎となっているのは, エントロピーが平均値 A_i によって決定されるという仮定である. 単純な系では, これらの平均値とはエネルギーと粒子密度であり, それらはもちろん, 最終平衡状態では均一になる. 最終平衡状態では, これらの新しい平均値が確率密度 P_m を決定し, この確率密度が新しい統計的エントロピーを構成する際に用いられるのである (式 (2.51)). この新しい統計的エントロピーは新しい熱力学的 (ボルツマン) エントロピーと等しく, $S_{\text{st}}^{(\text{in})}$ とは異なる. ここで再び, 結果, 式 (2.102) の時間発展がハミルトニアンにのみ依存していることを強調しておこう. 初期エネルギーと最終エネルギーが等しい必要はなく, 唯一の拘束条件は熱の交換がないということだけである.

先の議論では二つの平衡状態の間の遷移過程で何が起こるかについては論じなかった. 一般に, 統計的エントロピーとは異なり, 系が二つの平衡状態の間を遷移する過程で非平衡状態にある場合には熱力学的エントロピーは定義されない. しかしながら, 平均値 $A_i(t)$ がわかっていれば, 時間に依存するラグランジュ未定乗数と分配関数を導入することにより式 (2.64) を

$$\rho_{\text{B}}(t) = \frac{1}{Z(t)}\exp\left(\sum_i \lambda_i(t)\mathsf{A}_i\right) \qquad Z(t) = \text{Tr}\exp\left(\sum_i \lambda_i(t)\mathsf{A}_i\right) \qquad (2.103)$$

2.6 不可逆性とエントロピー増加

のように一般化できる．すなわち拘束条件

$$\mathrm{Tr}\Bigl(\rho_\mathrm{B}(t)\mathsf{A}_i\Bigr) = A_i(t)$$

のもとで，$S_\mathrm{B}(t) = -k\mathrm{Tr}[\rho_\mathrm{B}(t)\ln\rho_\mathrm{B}(t)]$ を最大にするような密度演算子 $\rho_\mathrm{B}(t)$ を求めればよい．以上の議論を理解しやすくするため，次のような例を考えよう．ある容器が二つの隔室に分けられ，それぞれの隔室には赤色の液体と黄色の液体が入れられているとする．二つの隔室を隔てている隔壁が，乱流を生じさせることなく，透過性に切り替えられると，2 種の液体は拡散によりゆっくり混合しはじめる．ただし，隔壁面は x 軸に垂直とし化学反応はないものとする．各瞬間において赤色の液体の密度 $n_\mathrm{R}(x,t)$ と黄色の液体の密度 $n_\mathrm{Y}(x,t)$ は平均値 $A_i(t)$ の役割を演じる．この場合，添え字 i は R（あるいは Y）と x を意味する．これらの密度平均値を与える演算子を $\mathsf{n}_\mathrm{R}(x)$ および $\mathsf{n}_\mathrm{Y}(x)$ とすれば

$$n_\mathrm{R,Y}(x,t) = \mathrm{Tr}[\rho(t)\mathsf{n}_\mathrm{R,Y}(x)]$$

である．この過程は明らかに不可逆であって，混合した結果オレンジ色になった液体が再びもとの赤色と黄色の液体に分離することはない．時間発展はハミルトニアンによって決まり，統計的エントロピーは変化しないがボルツマンエントロピーは増加する．

密度演算子 ρ_B は時間発展の方程式 (2.14) を満たしていない．式 (2.103) に現れる演算子 A_i は関連する演算子（relevant operator）とよばれ，$A_i(t)$ は関連する変数（relevant variable），ボルツマンエントロピー $S_\mathrm{B}(t)$ は関連するエントロピー（relevant entropy）とよばれる．もし時刻 $t = t_0$ に密度演算子 $\rho(t_0)$ が $\rho_\mathrm{B}(t_0)$ と等しいならば，すなわち時刻 t_0 におけるすべての情報が時刻 t_0 における関連する変数の平均値 $A_i(t_0)$ に含まれているならば，先に述べた議論と同様にして $t_1 > t_0$ のとき $S_\mathrm{B}(t_1) \geq S_\mathrm{B}(t_0)$ となることを示すことができる．区間 $[t_0, t_1]$ において $S_\mathrm{B}(t)$ が一様に増加する保証はないが，平均値 $A_i(t)$ が $\dot{A}_i(t) = f(A_j(t))$ という自励型（あるいはマルコフ）微分方程式系[*37]に従うならば，$\mathrm{d}S_\mathrm{B}(t)/\mathrm{d}t \geq 0$ となることを示すことができる．一般に時間微分 $\dot{A}_i(t)$ は記憶効果[*38]を含む（9.3 節を見よ）．$\dot{A}_i(t)$ は時刻 t における A_j の値に依存するだけでなく，時間間隔 $[t_0, t]$ におけるすべての値に依存し，それらは関連のない変数のダイナミクスからの間接的な影響を表している．このような条件下では，時刻 t 以

[*37)] 一般に平均値の勾配に依存する偏微分方程式系．
[*38)] 1 変数の場合，記憶効果を含む簡単な（線形）方程式の例は

$$\dot{A}(t) = -\int_{t_0}^{t} \mathrm{d}t' K(t-t') A(t')$$

である．ここで記憶積分核 $K(t)$ は関連のない変数（irrelevant variables）のダイナミクスに依存する．短時間記憶近似では $K(t)$ が時間間隔 $0 \leq t \leq \tau^*$ においてのみ零でないと仮定する．τ^* は A_i の時間発展を表す特性的な時間 τ に比べて非常に小さい．この近似は自励型（あるいはマルコフ）微分方程式 $\dot{A}(t) = -cA(t)$ を与える．ただし $c = \int_0^\infty \mathrm{d}t K(t)$ である．このような自励型方程式を得ることができるのは微視的時間スケールと巨視的時間スケールの分離 $\tau^* \ll \tau$ を行ったからである．記憶効果のより詳細な議論は 9.3 節を見よ．

前にあった情報がボルツマンエントロピーの一時的減少を引き起こす可能性がある．残る問題は最適な関連する変数の選択である．十分な数の変数，特に保存則に従うすべての変数を選ぶことが望ましい．それが自励型微分方程式の系を得る最もよい方法である．この議論を局所平衡にある単純液体に関して第 8 章で解説する．その場合の関連する変数は粒子密度 $n(\vec{r},t)$，エネルギー密度 $\epsilon(\vec{r},t)$，運動量密度 $\vec{g}(\vec{r},t)$ であり，それらは流体力学の自励型偏微分方程式（6.3 節）に従う．局所平衡にない希薄気体に関しては関連する変数として分布関数 $f(\vec{r},\vec{p},t)$ に関するボルツマン理論（8.3 節）が正しい記述を与える．流体力学の方程式における密度は分布関数 $f(\vec{r},\vec{p},t)$[*39] を $\vec{p}$ に関して積分した量

$$n(\vec{r},t) = \int \mathrm{d}^3 p f(\vec{r},\vec{p},t) \qquad \epsilon(\vec{r},t) = \int \mathrm{d}^3 p \frac{p^2}{2m} f(\vec{r},\vec{p},t)$$

$$\vec{g}(\vec{r},t) = \int \mathrm{d}^3 p \vec{p} f(\vec{r},\vec{p},t)$$

として与えられるため，分布関数 $f(\vec{r},\vec{p},t)$ に関する自励型方程式であるボルツマン方程式のほうがより詳しい内容を含む．他方，流体力学における密度は局所平衡から離れると記憶効果により有効性が失われていく．局所平衡から離れた非希薄気体に関してはボルツマン理論は記憶効果を与える（より詳しくは 8.3.3 項を見よ）．

まとめると，密度演算子 $\rho(t)$ が演算子 ρ^{in} と同じ情報を含むためハミルトニアンによる時間発展に対して一定である S_{st} と，一般に時間に対して増加する S_{B} との違いを理解することが重要である．ハミルトニアンによる時間発展に関して，時刻 τ における状態に関する完全な情報があること，および微視的可逆性のゆえに，時刻 $t=0$ から $t=\tau$ までの時間発展のあと，時間を反転させて時刻 $t=2\tau$ に初期状態（運動量は $\vec{p} \to -\vec{p}$ と反転している）に戻る状況を考えることができる．しかし $\rho_{\mathrm{B}}(T)$ に含まれる情報は，限られた数の巨視的変数に含まれる平均値 $A_i(t)$ に関する情報によっているため異なる．このように莫大な量の情報が失われるのである．初期状態に戻るにはすべての平均値のみならず，すべての相関をも知る必要がある．時刻 $t=0$ と $t=\tau$ の間には入手可能な情報が観測不可能な自由度へと流失され，それが $S_{\mathrm{B}}(t)$ の増加となって現れるのである．時刻 $t=\tau$ において入手可能な情報は初期状態に戻るためには不十分である．

2.7 基 本 課 題

2.7.1 スピン 1/2 の密度演算子

2 準位量子系における密度演算子について調べよう．この系のヒルベルト空間は 2 次元であり最も簡単な量子系であるが，その応用範囲は広い．質量のあるスピン 1/2 粒子の分極，光子偏光，2 準位原子，などである．ここでは最もよく知られた応用例である

[*39] $f(\vec{r},\vec{p},t)\mathrm{d}^3 r \mathrm{d}^3 p$ は時刻 t に位相空間体積 $\mathrm{d}^3 r \mathrm{d}^3 p$ に含まれる粒子数である．

2.7 基本課題

スピン 1/2 系について調べ，基本的な考えと用語を明確にしよう．ヒルベルト空間の基底ベクトルを $|+\rangle$ と $|-\rangle$ とする．これらはスピンの z 成分に関する固有ベクトルと考えてよい．この基底ベクトルで表した 2×2 密度演算子を ρ とする．

1. この密度演算子は一般にエルミート行列

$$\rho = \begin{pmatrix} a & c \\ c^* & 1-a \end{pmatrix} \tag{2.104}$$

の形に書け，そのトレースは 1 である．ここで a は実数であり c は複素数である．ρ の非負値性（その固有値も非負値）は行列要素に条件

$$0 \le a(1-a) - |c|^2 \le \frac{1}{4} \tag{2.105}$$

を課すことを示せ．この密度演算子が純粋状態を表すための必要十分条件は $a(1-a) = |c|^2$ であることを示せ．規格化された状態ベクトル $|\psi\rangle = \alpha|+\rangle + \beta|-\rangle$（$|\alpha|^2 + |\beta|^2 = 1$）を与える密度行列の a と c を求めよ．

2. 密度演算子 ρ はベクトル $\vec{b}$ を用いて

$$\rho = \frac{1}{2}\begin{pmatrix} 1+b_z & b_x - \mathrm{i}b_y \\ b_x + \mathrm{i}b_y & 1-b_z \end{pmatrix} = \frac{1}{2}\left(1 + \vec{b}\cdot\vec{\sigma}\right) \tag{2.106}$$

と書けることを示せ．ただし $|\vec{b}|^2 \le 1$ とする．（この $\vec{b}$ はブロッホベクトルとよばれる．）式 (2.106) で $\vec{\sigma}$ はパウリ行列 σ_i を成分とするベクトル演算子

$$\sigma_x = \begin{pmatrix} 0 & 1 \\ 1 & 0 \end{pmatrix} \qquad \sigma_y = \begin{pmatrix} 0 & -i \\ i & 0 \end{pmatrix} \qquad \sigma_z = \begin{pmatrix} 1 & 0 \\ 0 & -1 \end{pmatrix}$$

である．純粋状態は $|\vec{b}|^2 = 1$ に対応することを示せ．$|\vec{b}| = 1$ の場合は完全偏極，$\vec{b} = 0$ は無偏極あるいは偏極零とよばれる．ベクトル $\vec{b}$ の物理的意味を明らかにするためスピン $\vec{S} = \frac{1}{2}\vec{\sigma}$ の平均値を計算しよう．ただし $\hbar = 1$ とする．公式

$$\sigma_i \sigma_j = \delta_{ij} + \mathrm{i}\varepsilon_{ijk}\sigma_k \tag{2.107}$$

を用いて

$$\mathrm{Tr}\left(\rho \frac{1}{2}\sigma_i\right) = \frac{1}{2}b_i \tag{2.108}$$

を示せ．すなわち $\vec{b}/2$ はスピンの平均値である．

3. スピンが一定磁場 $\vec{H}$ の中におかれているとき，ハミルトニアンは $\mathscr{H} = -\gamma \vec{S}\cdot\vec{H}$ で与えられる．ただし γ は磁気回転比である．電子の電荷を q，質量を m とすれば $\gamma \simeq q\hbar/m$ である．磁場 $\vec{H}$ が Oz 軸に平行，$\vec{H} = (0,0,H)$ と仮定し，式 (2.14) を用いて ρ の運動方程式を導き，ベクトル $\vec{b}$ が $\vec{H}$ のまわりに歳差運動を行うことを示し，その角振動数を求めよ．この結果を古典的な磁気モーメントの場合と比較せよ（式 (A.24)）．

4. 2個のスピン 1/2 をもつ粒子が結合し，全角運動量が零であるようなスピン 1 重項[*40]

$$\frac{1}{\sqrt{2}}(|+->-|-+>) \tag{2.109}$$

を形成している場合を考える．2 番目のスピンに関して部分トレースをとることにより 1 番目のスピンの密度行列を求めよ．どのような密度行列が得られるだろうか？全系の密度行列はテンソル積にはならないことを示せ．

2.7.2 空間の次元数と状態数密度

1. 質量 m のスピンのない粒子が d 次元空間の体積 L^d の領域内で運動している場合を考えよう．ここで $d=1,2,3$ である．次の三つの場合に関して状態数密度をそれぞれの d について計算せよ．
   (i) 非相対論的粒子，$\varepsilon = p^2/2m$
   (ii) 超相対論的粒子，$\varepsilon = pc$
   (iii) 全エネルギーが $\mathcal{E} = \sqrt{p^2c^2+m^2c^4}$ で与えられる相対論的粒子

2. 空間次元が $d=2$ の非相対論的粒子の場合，運動量の大きさが p より小さいか等しいような状態の数を与える関数 $\Phi(p)$ のグラフを描け．このグラフを用いて，状態数密度は波動関数に課せられる次の二つの境界条件には依存しないことを示せ．一つは周期的境界条件 $p_i = n_i(2\pi\hbar/L_i)$ $(n_i \in \mathbb{Z})$ であり，もう一つは固定端境界条件 $p_i = n_i(\pi\hbar/L_i)$ $(n_i \in \mathbb{N})$ である．

2.7.3 リウヴィルの定理と連続の方程式

この項では式 (2.43) が位相空間における連続の方程式にほかならないことを示す．これについては第 6 章で詳しく調べることになる．議論を簡明にするため，変数は p と q の二つだけとする．多変数への一般化は自明である．位相空間における速度 $\vec{v}$ の 2 成分は $v_p = \dot{p}$ および $v_q = \dot{q}$ であって，確率の保存は位相空間における連続の方程式

$$\frac{\partial \rho}{\partial t} + \vec{\nabla} \cdot (\rho \vec{v}) = 0 \tag{2.110}$$

で与えられる（式 (6.6) を見よ）．ここで 2 次元ベクトル $\vec{A} = (A_p, A_q)$ に対して

$$\vec{\nabla} \cdot \vec{A} = \frac{\partial A_p}{\partial p} + \frac{\partial A_q}{\partial q}$$

とした．このとき

$$\frac{\partial \dot{p}}{\partial p} + \frac{\partial \dot{q}}{\partial q} = 0 \tag{2.111}$$

[*40] このような状態は「エンタングルド状態」とよばれアインシュタイン–ポドロスキー–ローゼン（EPR）効果のような量子力学の基本的な問題の議論で重要な役割を演じる．

であることを示し、これから

$$\frac{\partial \rho}{\partial t} + \frac{\partial \rho}{\partial p}\dot{p} + \frac{\partial \rho}{\partial q}\dot{q} = \frac{\partial \rho}{\partial t} + \{\mathscr{H}, \rho\} = 0 \tag{2.112}$$

を導け.

2.7.4 細工をしたサイコロと統計的エントロピー

6個の面に1から6までの番号が刻印されたサイコロを考えよう. サイコロを非常に多くの回数振って得られた番号の平均値は4であった. 細工をされていない公正なサイコロであるなら平均値は3.5のはずである. もし, これ以外に何の情報もないとすれば, サイコロの各面が出る確率はどれだけか？

2.7.5 複合系のエントロピー

二つの相互作用しあう部分系 (a) と (α) からなる系がヒルベルト空間 $\mathcal{H}^{(a)} \otimes \mathcal{H}^{(\alpha)}$ 上で作用する密度演算子 ρ で表されているとしよう. 式 (2.54) で与えられる部分トレースを用いて二つの部分系 (a) と (α) の密度演算子 $\rho^{(a)}$ と $\rho^{(\alpha)}$ を定義する. このとき

$$\ln\left(\rho^{(a)} \otimes \rho^{(\alpha)}\right) = \ln\left(\rho^{(a)} \otimes \mathbb{I}^{(\alpha)}\right) + \ln\left(\mathbb{I}^{(a)} \otimes \rho^{(\alpha)}\right) \tag{2.113}$$

であることを示せ. ただし $\mathbb{I}^{(a)}$ と $\mathbb{I}^{(\alpha)}$ はそれぞれ空間 $\mathcal{H}^{(a)}$ および $\mathcal{H}^{(\alpha)}$ における恒等演算子である. さらに

$$\mathrm{Tr}\,\rho \ln\left(\rho^{(a)} \otimes \mathbb{I}^{(\alpha)}\right) = \mathrm{Tr}_a\,\rho^{(a)} \ln \rho^{(a)} \tag{2.114}$$

が成立することを示し不等式 (2.55) を導け.

〔ヒント〕 密度演算子 $\rho' = \rho^{(a)} \otimes \rho^{(\alpha)}$ を導入し式 (2.56) を用いよ. 不等式 (2.55) の意味を考えよ.

2.7.6 系と熱浴との熱交換

式 (2.81) は図 2.1 に与えられている装置における系と熱浴の間の熱交換を考えることにより得られたが, それは次のような形にも書けることを示せ.

$$\frac{\mathrm{d}Q}{\mathrm{d}t} = -\frac{1}{i\hbar}\mathrm{Tr}_{\mathrm{tot}}\left(\rho_{\mathrm{tot}}[\mathscr{H}_R, \mathcal{V}]\right) \tag{2.115}$$

この関係式の物理的意味を考えよ.

2.7.7 ガリレイ変換

平衡状態にある質量 M の系が実験室系 R に対して速度 u で運動している場合を考えよう. 議論を簡明にするため1次元の運動を考える. ハミルトニアン $\mathscr{H}$ と運動量 P の平均値が固定されているようなアンサンブルを考える. 系が静止しているような座標系

R' と座標系 R とでは密度演算子は等しいことを示せ．

$$\rho = \frac{1}{Z}\mathrm{e}^{-\beta\mathscr{H}+\lambda\mathsf{P}} = \frac{1}{Z'}\mathrm{e}^{-\beta'\mathscr{H}'} \tag{2.116}$$

この式で β', $\mathscr{H}'$, Z' は座標系 R' で測定された量であり λ は運動量 P に共役なラグランジュ未定乗数である．

式 (2.116) を用いて (i) $\beta = \beta'$, (ii) $\beta u = \lambda$, (iii) エントロピーは変化しないこと，(iv) 運動量の平均値は

$$\langle \mathsf{P} \rangle = \frac{\partial \ln Z}{\partial \lambda} = Mu \tag{2.117}$$

で与えられることを示せ．またエネルギー E' を E で表せ．

2.7.8 揺動応答定理

1. 演算子の基本的な恒等式： 演算子 A の指数関数は通常の数に対する場合と同じくテイラー展開

$$\mathrm{e}^{\mathsf{A}} = \sum_{0}^{\infty} \frac{1}{n!} \mathsf{A}^n$$

で定義する．しかし，数に関して成立する恒等式はもはや演算子には成立しないことに注意すべきである．たとえば，一般に二つの演算子 A と B について

$$\mathrm{e}^{\mathsf{A}}\mathrm{e}^{\mathsf{B}} \neq \mathrm{e}^{\mathsf{B}}\mathrm{e}^{\mathsf{A}} \qquad \mathrm{e}^{\mathsf{A}+\mathsf{B}} \neq \mathrm{e}^{\mathsf{A}}\mathrm{e}^{\mathsf{B}}$$

である．この 2 式で等号が成立するための十分条件は $[\mathsf{A},\mathsf{B}] = 0$ である．$\exp(\mathsf{A}+\mathsf{B})$ を計算するために演算子

$$K(x) = \mathrm{e}^{x(\mathsf{A}+\mathsf{B})}\mathrm{e}^{-x\mathsf{A}}$$

を考え，まず

$$\frac{\mathrm{d}K(x)}{\mathrm{d}x} = \mathrm{e}^{x(\mathsf{A}+\mathsf{B})}\mathsf{B}\mathrm{e}^{-x\mathsf{A}}$$

であることを示せ．これから次式を証明せよ．

$$\mathrm{e}^{\mathsf{A}+\mathsf{B}} = \mathrm{e}^{\mathsf{A}} + \int_0^1 \mathrm{d}x\, \mathrm{e}^{x(\mathsf{A}+\mathsf{B})}\,\mathsf{B}\,\mathrm{e}^{(1-x)\mathsf{A}} \tag{2.118}$$

応用として，$\lambda \to 0$ のとき

$$\mathrm{e}^{\mathsf{A}+\lambda\mathsf{B}} = \mathrm{e}^{\mathsf{A}} + \lambda \int_0^1 \mathrm{d}x\, \mathrm{e}^{x\mathsf{A}}\,\mathsf{B}\,\mathrm{e}^{(1-x)\mathsf{A}} + \mathcal{O}(\lambda^2) \tag{2.119}$$

と書けることを示せ．同じ近似を $\mathrm{Tr}\exp(\mathsf{A}+\lambda\mathsf{B})$ に用いてみよ．一般に

$$e^{A+\lambda B} = e^A e^{\lambda B} \simeq e^A(1+\lambda B)$$

は成立しないことに注意．しかし，この式のトレースをとったものは正しい！ 式 (2.118) を用いて，パラメータ λ に依存する A に関して

$$\frac{d}{d\lambda}e^{A(\lambda)} = \int_0^1 dx\, e^{xA(\lambda)}\frac{dA}{d\lambda}e^{(1-x)A(\lambda)} \tag{2.120}$$

が成立することを示し[†2]，これから $d(\text{Tr}[\exp A(\lambda)])/d\lambda$ に関する式 (2.57) を導け．

2. 密度演算子 ρ は一般式 (2.64) によって

$$\rho = \frac{1}{Z}\exp\left(\sum_k \lambda_k A_k\right)$$

と与えられているとする．記号 $A_i = \langle A_i \rangle$ を用いて揺動応答定理は一般に

$$C_{ij} = \frac{\partial A_i}{\partial \lambda_j} = \frac{\partial^2 \ln Z}{\partial \lambda_i \partial \lambda_j} = \int_0^1 dx\, \text{Tr}\left[(A_i - A_i)\rho^x(A_j - A_j)\rho^{(1-x)}\right] \tag{2.121}$$

と書けることを示せ．この式 (2.121) から C_{ij} が非負値行列であること，すなわち

$$\sum_{ij} a_i a_j C_{ij} \geq 0 \qquad \forall a_i$$

を示せ．これは $\ln Z$ が λ_i の凸関数であることを示している．

2.7.9 N 自由粒子の位相空間体積

N 個の質量 m の粒子からなる系の体積が V であり，エネルギーが E と $E + \Delta E$ の間にあるとき，式 (2.100) で定義された到達可能な準位の数 $\Omega(E)$ を計算せよ．まず，粒子の全エネルギーが E よりも小さい場合に到達可能な状態の数 $\Phi(E)$ を計算せよ．次元解析を用いて $\Phi(E)$ が

$$\Phi(E) = \frac{V^N}{N!h^N}\left(\frac{2mE}{N}\right)^{3N/2} C(N) \tag{2.122}$$

の形に書けることを示し，さらに無次元定数 $C(N)$ を決定せよ．

〔ヒント〕 準備として積分

$$I_n = \int dx_1...dx_n e^{-(x_1^2+\cdots+x_N^2)}$$

を極座標を用いて計算せよ．この結果を用いて n 次元空間における単位球の面積 S_n が

$$S_n = \frac{2\pi^{n/2}}{\Gamma(n/2)} \tag{2.123}$$

となることを示せ．

[†2] より一般的な関数についての微分に対しては「量子解析」という，演算子 A の関数 $f(A)$ を A で微分する一般論がある．詳しくは訳者追加文献 b) を参照．(訳者注)

2.7.10 混合のエントロピーと浸透圧

この問題では希釈溶液の性質を調べる[*41]. A タイプの分子 N_A 個からなる溶媒に B タイプの分子 N_B からなる溶質が溶けており $N_A \gg N_B \gg 1$ とする. このような希釈溶液では溶質分子間の相互作用は無視できるが, 溶質分子と溶媒分子との相互作用は無視できない.

1. 純粋な溶媒に 1 個の B 分子を加えたときのエントロピーの増加を δS とする. このとき

$$\delta S = k \ln N_A + \{N_A に依存しない項\}$$

であり, N_B 個の分子を加えたときには

$$\delta S = k N_B \ln \frac{e N_A}{N_B} + \{N_A に依存しない項\}$$

であることを示せ.

2. ここでは全ギブスポテンシャルの形を書き出す. **温度と圧力を一定に保って**, 純粋な溶媒に 1 個の B 分子を加えたときの G の変化 δG は

$$\delta G = \delta E - T\delta S + P\delta V$$

で与えられる. このとき

$$\delta G = f(T, P) - kT \ln N_A$$

と書けることを示せ.「溶媒+溶質」のギブスポテンシャルは次の形

$$G = N_A \mu_0(T, P) + N_B f(T, P) - N_B kT \ln \frac{e N_A}{N_B} \tag{2.124}$$

に表されることを証明せよ. ただし $\mu_0(T, P)$ は純粋な溶媒のギブスポテンシャルである. スケール変換 $N_A \to \lambda N_A$, $N_B \to \lambda N_B$ に対して G が示量性であることを示せ. 式 (2.124) から溶媒と溶質の化学ポテンシャル μ_A と μ_B を導け.

3. 分子 A を通すが分子 B は通さない半透膜によって二つの隔室に分割されている容器を考えよう. 左側の隔室には純粋な溶媒が入れてあり, 右側には溶質が入れてあるとする. 温度は一様である. 左側の隔室の圧力 P_0 と右側の隔室の圧力 P_1 との差は小さいと仮定すれば

$$P_1 - P_0 \simeq \frac{N_B kT}{V}$$

となることを示せ. ただし V は右側の隔室の体積である.

〔ヒント〕$(P_1 - P_0)$ に関して 1 次までテイラー展開すればよい. この圧力差は**浸透圧**とよばれる.

[*41] この問題は Schroeder[114] から着想を得た.

2.8 さらに進んで学習するために

量子力学の基礎および密度演算子に関するより詳しい議論は Cohen–Tannoudji ら [30]（第 3 章），Messiah [89]（第 7 章）を見よ．古典力学のハミルトニアンによる定式化については Goldstein [48]（第 7 章と第 8 章）および Landau and Lifschitz [69]（第 7 章）を見よ．2.4 節および 2.5 節の議論は Balian [5]（第 2 章と第 5 章）によっているが Balian [5] にはさらに多くの詳細な議論があり役に立つはずである．不可逆過程の問題に興味をもつ読者は Lebowitz [74,75] の 2 論文，Bricmont [20] あるいは Schwabl [115]（第 10 章）を勧める．あまりテクニカルでないアプローチとして Feynman [39]（第 5 章）あるいは Penrose [100]（第 7 章）の本がある．Kreuzer [67]（第 11 章）もよい．コンピュータシミュレーションについては Levesque and Verlet [79] がある．スピンエコー実験は Balian [5]（第 15 章）で議論されている．Ma [85]（第 24 章）も見よ．不可逆過程に関する異なる見方は Prigogine [104] に論じられている．2.6.3 項のさらに進んだ補遺として Rau and Müller [107] および Balian [6] を勧める．

3

カノニカル集団とグランドカノニカル集団：応用例

　本章ではカノニカル集団とグランドカノニカル集団のいくつかの重要な応用例について解説する．第5章で学ぶ量子統計の効果は無視できる状況の説明に専念しよう．系の基本構成要素間の相互作用が無視できるとき，これらの理論の適用は簡単である．二つの非常に重要な例は，理想気体（相互作用しない分子群）と常磁性（相互作用しないスピン群）であり，これらは3.1節の主題となる．その次の節では，高温においては多くの場合，半古典近似が使えて理論が簡単化されることを示す．重要な例は相互作用する古典気体における，マクスウェル速度分布と等分配則からのずれである．この結果は3.3節で二原子分子の比熱のふるまいを議論するために使われる．3.4節では，たとえば液体のように粒子間相互作用が無視できない場合を扱い，2体相関関数の概念を導入する．圧力とエネルギーがどのように2体相関関数に関連づけられるかを示し，2体相関関数が実験的にどのように測定できるかを記述する．3.5節では，化学ポテンシャルが相転移と化学反応の記述に果たす重要な役割を明らかにする．最後に3.6節では，グランドカノニカル集団の理論について，ゆらぎの議論やカノニカル集団との等価性の議論を含めて詳しく解説する．

3.1　カノニカル集団の簡単な例

3.1.1　平均値とゆらぎ

　前章では関連する演算子が1個（ハミルトニアン）だけ，したがってラグランジュ乗数も1個（$\lambda_1 = -\beta = -1/kT$）だけの平衡分布 (2.64) として，カノニカル集団を定義した．2.4.4項と2.5.4項のおもな結果を思い出そう．密度演算子 ρ_B と分配関数は次式で与えられる．

3.1 カノニカル集団の簡単な例

$$\rho_B = \frac{1}{Z}\,e^{-\beta\mathscr{H}} = \frac{1}{Z}\sum_r |r\rangle e^{-\beta E_r}\langle r| \tag{3.1a}$$

$$Z = \mathrm{Tr}\,e^{-\beta\mathscr{H}} = \sum_r e^{-\beta E_r} \tag{3.1b}$$

$$Z = \int dE\, D(E)\,e^{-\beta E} \tag{3.1c}$$

ただし，$\beta = (kT)^{-1}$，$\mathscr{H}|r\rangle = E_r|r\rangle$ であり，$D(E)$ は状態密度である．また読者は第 2 章の非常に重要な脚注 15 にも注意を向けられたい．

カノニカル集団では，われわれは一群の外部パラメータ[*1]$x = \{x_i\}$ の値が正確にわかっているものとする．これらの外部パラメータは系の外から制御可能なもので，たとえば体積，電場，磁場などである．ここで外部パラメータの果たす役割の正確な説明を試みよう．ハミルトニアンはxに依存する：$\mathscr{H} = \mathscr{H}(x)$ が，その平均値 $E(\beta,x)$ だけがわかっている．式 (2.66) によれば，外部パラメータをあらわに書き表すことにより，$E(\beta,x)$ は次のように書ける．

$$E(\beta,x) = -\left.\frac{\partial \ln Z}{\partial \beta}\right|_x \tag{3.2}$$

準静的過程において平衡分布 (3.1) と式 (2.95) の助けを借りれば，各外部パラメータ x_i に対する共役変数（共役力）X_i の平均値が得られる．

$$X_i = \left\langle \frac{\partial \mathscr{H}}{\partial x_i}\right\rangle = -\frac{1}{\beta}\left.\frac{\partial \ln Z}{\partial x_i}\right|_{\beta, x_{j\neq i}} \tag{3.3}$$

熱平衡状態にある巨視的量の計算には，Z ではなく $\ln Z$ が中心的役割を演じることに言及しておこう．分配関数の対数は，実際，カノニカル分布で記述される系に対する「よい」熱力学ポテンシャルである．つまり，Z は示量変数でないが，$\ln Z$ は示量変数である．本章では，ボルツマンエントロピーを熱力学的エントロピーと等しいとおくことにより（2.5.2 項参照），式 (2.67) を次式のように書くことができる．

$$\ln Z = \frac{S}{k} - \beta E \tag{3.4}$$

この式を使って共役力の寄与を加えれば式 (2.68b) が完成できる．式 (3.2) と (3.3) よりエントロピーの微分

$$\frac{dS}{k} = d\ln Z + d(\beta E) = -E\,d\beta - \beta\sum_i X_i\,dx_i + \beta\,dE + E\,d\beta$$

$$= \beta\,dE - \beta\sum_i X_i\,dx_i$$

[*1] 「外部パラメータ」という用語は，仕事の式 (2.94) に現れる量に使うことにする．粒子数 N は，カノニカル集団では一見外部パラメータのように見えるかもしれないが，われわれの定義を満たさない．

が得られるが，これはカノニカル集団での TdS 方程式の一般形を与える[*2]．

$$TdS = dE - \sum_i X_i \, dx_i \tag{3.5}$$

変数 β のかわりに T を使うときには，関連した熱力学ポテンシャルは自由エネルギー $F(T, x)$ で表される．

$$F = -\frac{1}{\beta} \ln Z \quad dF = -S \, dT + \sum_i X_i \, dx_i \tag{3.6}$$

共役力は，自由エネルギーを外部パラメータで微分すれば得られる．たとえば，外部パラメータとして $-V$ を考えれば圧力が得られる．

$$P = \frac{1}{\beta} \left. \frac{\partial \ln Z}{\partial V} \right|_{\beta, N} = - \left. \frac{\partial F}{\partial V} \right|_{T, N} \tag{3.7}$$

粒子数 N は外部パラメータとは考えないが，熱力学的定義 (1.11) と式 (3.6) を使えばカノニカル集団での化学ポテンシャルが計算できることは明らかである．

$$\mu = \left. \frac{\partial F}{\partial N} \right|_{T, V} = -\frac{1}{\beta} \left. \frac{\partial \ln Z}{\partial N} \right|_{\beta, V} \tag{3.8}$$

最後に，カノニカル集団でのゆらぎを研究しよう．揺動応答定理は次のように書ける．

$$\langle \mathcal{H}^2 \rangle - E^2 = \langle (\mathcal{H} - E)^2 \rangle = \left. \frac{\partial^2 \ln Z}{\partial \beta^2} \right|_x \tag{3.9}$$

式 (3.2) を使い，$\Delta \mathcal{H} = \mathcal{H} - E$ とおけば式 (3.9) は

$$\langle (\Delta \mathcal{H})^2 \rangle = - \left. \frac{\partial E}{\partial \beta} \right|_x = kT^2 C_x \geq 0 \tag{3.10}$$

となる．ただし，C_x は x を一定としたときの比熱（C_V の一般化）である．この式は C が正であることを証明する．このことは安定性に必要なことである（式 (1.58) 参照）．

式 (3.2) と (3.9) は $\ln Z$ を微分すると物理量のモーメントが生成されることを示している．しかしあわてて次のような一般化をしてはいけない[*3][†1]．

[*2] この式は，式 (3.4) からも得られる．このことは $\ln Z$ がエントロピーのエネルギーに関するルジャンドル変換であることを示す．つまり $\ln Z$ はマシュー関数である．

$$\ln Z \equiv \Phi_1'(\beta, x) = \frac{1}{k} \Phi_1(1/T, x) \quad d \ln Z = -E \, d\beta - \beta \sum_i X_i \, dx_i$$

ここで Φ_1 は式 (1.29) で定義されたマシュー関数である．基本課題 1.6.1 も参照．

[*3] 実際 $\ln Z$ は，$\mathcal{H}$ のキュムラントの母関数である（たとえば Ma [85] の第 12 章を参照）．

$$\langle \mathcal{H}^n \rangle_c = (-1)^n \frac{\partial^n \ln Z}{\partial \beta^n}$$

$n = 2$ と $n = 3$ のときのみ $\langle (\Delta \mathcal{H})^n \rangle = \langle \mathcal{H}^n \rangle_c$ となるのである．

[†1] 一般に Q の m 次のキュムラント $\langle Q^m \rangle_c$ はモーメント $\{\langle Q^n \rangle\}$ を用いて，$\ln \langle \exp(xQ) \rangle = \sum_{m=1}^{\infty} (x^m/m!) \langle Q^m \rangle_c$ によって定義される．たとえば，$\langle Q^2 \rangle_c = \langle Q^2 \rangle - \langle Q \rangle^2$，$\langle Q^3 \rangle_c = \langle Q^3 \rangle - 3 \langle Q^2 \rangle \langle Q \rangle + 2 \langle Q \rangle^3$ である．一般の $\langle Q^m \rangle_c$ のあらわな表式については，たとえば，文献 a) 参照．

$$\langle(\Delta\mathscr{H})^n\rangle \neq (-1)^n \frac{\partial^n \ln Z}{\partial \beta^n}\bigg|_x \qquad n > 3 \text{ に対して}$$

3.1.2 理想気体の分配関数と熱力学

カノニカル集団を用いると,第 2 章で導入された理想気体の概念を再検討し,その基本仮定を議論することができる. 2.1.3 項で見たように,単原子気体中の分子の量子状態は 3 個の整数の量子数 (n_x, n_y, n_z) により決定される. この量子数が波数ベクトル $\vec{k}$ (ただし $k_\alpha = (2\pi n_\alpha)/L_\alpha$) を与える. 理想気体近似では 1 分子あたりのエネルギー (すべて運動エネルギーである) は $\epsilon \sim E/N$ で与えられる. 準位 r の平均占有数*4) $\langle n_r \rangle$, すなわちエネルギー準位 r を占める分子の平均数は $N/\Phi(\epsilon)$ 程度の大きさである. $\Phi(\epsilon)$ はエネルギー ϵ 以下の準位の数であり,式 (2.22) で計算したものである. すなわち,第 1 近似として,分子はエネルギーが ε より小さい全準位に均等に分布していると仮定する. 式 (2.22) を使い,大きさが 1 程度の定数因子を無視すれば,次式が得られる.

$$\langle n_r \rangle \sim \frac{N}{\Phi(\varepsilon)} \sim \frac{V}{d^3} \frac{h^3}{V} \frac{1}{(2m\varepsilon)^{3/2}}$$

ここで $d \sim (V/N)^{1/3} = n^{-1/3}$ は平均分子間距離である. $h/(2m\epsilon)^{1/2}$ はエネルギー ε の分子のド・ブロイ波長であることに注意しよう. まもなく示す結果 $\epsilon \sim kT$ を先取りして,熱的波長 λ を次のように定義する.

$$\boxed{\lambda = \frac{h}{\sqrt{2\pi m kT}} = \sqrt{\frac{\beta h^2}{2\pi m}}} \tag{3.11}$$

ただし定数因子は以下の式が簡単になるように選んだ. よって,次のように書き換えられる.

$$\langle n_r \rangle \sim \left(\frac{\lambda}{d}\right)^3 \tag{3.12}$$

密度一定のまま $T \to \infty, \lambda \to 0$,そして $\langle n_r \rangle \to 0$ とすると,一つの準位が二つの分子に占められる確率は無視できる. したがって量子効果も無視できることが直観的にわかる. たとえば分子がフェルミ粒子の場合,この条件下ではパウリの排他律の効果は無視できるだろう. 波長 λ は分子の「量子的大きさ」の目安を与える. $\lambda \ll d$ ということは,各分子の波束が互いに重ならないことを意味する. 一般に統計力学では (ある与えられた基準となる温度と比べて) 十分に高い温度ならば,この近似が有効になる必要条件が満たされるだろう. この極限では理想気体の分配関数は (2.87) の式になる*5).

---

*4) 数学的には $\langle n_r \rangle = \text{Tr}[\rho n_r]$ である. ただし,n_r は準位 r の粒子数演算子である.
*5) (3.13) の第 2 式は分配関数の確率論的解釈を可能にする. すなわち $M = V/\lambda^3$ を体積 V の中にある「箱」の数と考える. このとき,M^N は,1 箱あたりの個数に制限をつけずに N 個の区別可能な「ビー玉」を名前をつけた M 個の箱に入れる入れ方の数である. また,次の関係にも言及しよう.

$$\boxed{Z_N = \frac{V^N}{N!}\left(\frac{2\pi m}{\beta h^2}\right)^{3N/2} = \frac{1}{N!}\left(\frac{V}{\lambda^3}\right)^N} \qquad (3.13)$$

スターリングの近似公式

$$\ln N! \simeq N\ln N - N = N\ln\frac{N}{e} \qquad N \gg 1$$

を使えば，Z_N や F から各種熱力学関数の計算はやさしい．比体積 $v = V/N$ を導入すれば，$\ln Z_N$ は次のようになる．

$$\begin{aligned}\ln Z_N &= N\left[\ln\frac{v}{\lambda^3} + 1\right] \\ &= N\left[\ln\frac{V}{N} + \frac{3}{2}\ln\left(\frac{2\pi m}{\beta h^2}\right) + 1\right]\end{aligned} \qquad (3.14)$$

平均エネルギーは式 (3.2) を使って

$$E = \frac{3N}{2\beta} = \frac{3}{2}NkT \qquad (3.15)$$

となる．体積一定の比熱 $C_V = (3/2)Nk$ は第三法則に従わないことは注目に値する．このことは，ここで用いた古典近似の枠組内では驚くべきことではない．自由エネルギー $F(T, V, N)$ は次式で与えられる．

$$\begin{aligned}F(T,V,N) &= -NkT\left[\ln\frac{v}{\lambda^3} + 1\right] \\ &= -NkT\left[\ln\frac{V}{N} + \frac{3}{2}\ln\left(\frac{2\pi mkT}{h^2}\right) + 1\right]\end{aligned} \qquad (3.16)$$

これより理想気体のエントロピーが求まる．

$$S = -\left.\frac{\partial F}{\partial T}\right|_{V,N} = kN\left[\ln\frac{V}{N} + \frac{3}{2}\ln\left(\frac{2\pi mkT}{h^2}\right) + \frac{5}{2}\right] \qquad (3.17)$$

$$\langle n_r \rangle \sim \frac{N}{(V/\lambda^3)} = \frac{N}{M}$$

ここで N/M はまさしくビー玉の 1 箱あたりの平均数である．古典統計力学は $\langle n_r \rangle \ll 1$ の極限で有効であることは第 5 章で証明する．この極限では $1/N!$ の因子はビー玉が区別不可能であると考えることによって正当化できる．第 5 章で物理的意味を与える二つの場合を考えると，組み合わせは
(i) 1 箱あたり任意個のビー玉が入る（ボース–アインシュタイン統計）

$$\frac{(M+N-1)!}{N!(M-1)!} \xrightarrow{N/M \ll 1} \frac{M^N}{N!}$$

(ii) 1 箱あたり最大 1 個のビー玉が入る（フェルミ–ディラック統計）

$$\frac{M!}{N!(M-N)!} \xrightarrow{N/M \ll 1} \frac{M^N}{N!}$$

の 2 通りになる．

この結果は，ルジャンドル変換 (3.4) を用いて求めた結果 (2.90b) と一致する．圧力の式も容易に導かれる．
$$P = -\left.\frac{\partial F}{\partial V}\right|_T = \frac{N}{V}kT = nkT$$
ただし $n = N/V = 1/v$ は密度である．これはまさしく「理想気体の法則」である．この圧力の式と式 (3.15) を用いれば，式 (2.28) $PV = (2/3)E$ が確かめられる．さらに，研究課題 1.7.1 で出てきた任意定数 $S(V_0, T_0)$ も決定されたことに注目しよう．理想気体の化学ポテンシャルの式も示そう．

$$\mu = \left.\frac{\partial F}{\partial N}\right|_{T,V} = -kT\ln\left(\frac{V}{N}\left(\frac{2\pi mkT}{h^2}\right)^{3/2}\right) = -kT\ln\left(\frac{v}{\lambda^3}\right) = kT\ln(n\lambda^3) \tag{3.18}$$

化学ポテンシャルは，$v > \lambda^3$ のとき負の値になる．われわれの用いた古典近似は $v \gg \lambda^3$ を仮定しているので，実際この条件は常に満たされている．化学ポテンシャルが負になることは，式 $\mu/T = -(\partial S/\partial N)_{E,V}$ から理解できる．この式は大きな N に対して E と V を一定にしたときの $\mu/T = -(S(N+1) - S(N))$ に近似的に等しい．運動エネルギー零の分子 1 個を系に加えると系のエネルギーも体積も変わらないが，到達可能な状態数は増加する[*6)]．それゆえ，$S(N+1) > S(N)$ となり，μ は負になる．分子間力によるポテンシャルエネルギーを考慮にいれると，上述の議論はもはや有効でない．たとえ運動エネルギーが零の分子であっても，分子を 1 個加えれば気体のエネルギーが変わるからである．この条件下では，化学ポテンシャルは正になりうる．実際，理想フェルミ気体では別の理由により化学ポテンシャルが正になりうる（第 5 章）．

最後に数値の典型的な大きさを示そう．分子 1 個の平均運動エネルギーは，平均エネルギー (3.15) より得られる．

$$\frac{1}{2}m\langle v^2\rangle = \frac{E}{N} = \frac{3}{2}kT$$

よって，分子の平均 2 乗速度 $\sqrt{\langle v^2\rangle}$ を概算し，最も軽い分子 H_2 の速度を単位として表せる．

$$\sqrt{\langle v^2\rangle} = \sqrt{\frac{3kT}{m}} = \sqrt{\frac{m_{H_2}}{m}}\sqrt{\frac{3kT}{2m_p}} \tag{3.19}$$

ただし，m_p を陽子質量 $m_{H_2}/m_p \approx 2$ を用いた．温度 $T = 300\,K$ のとき，水素分子に対する数値は $\sqrt{\langle v^2\rangle} \approx 1.93 \times 10^3\,\mathrm{m\,s^{-1}}$ であり，ほかの分子の値はこれを $\sqrt{m/m_{H_2}}$ で割ればよい．たとえば，酸素分子では $m_{O_2} \approx 16 m_{H_2}$ なので速度は，$500\,\mathrm{m\,s^{-1}}$ となる．標準温度と標準圧力の下でモル体積は $22.4\,l$，密度は $n \approx 2.7 \times 10^{25}$ 分子$/m^3$ であり，平均分子間距離は $d \sim n^{-1/3} \sim 3 \times 10^{-9}\,m$ となる．$T = 300\,K$ における水素分

[*6)] 到達可能な状態数の概算は $\Omega_N(E) \approx (\Phi(E/N))^N$ である．ただし，Φ は式 (2.22) で与えられる．厳密な式については基本課題 2.7.9 を参照せよ．

子の熱的波長は 2×10^{-10} m であり，酸素分子ではその 1/4 である．したがって，条件 $\lambda \ll d$ はよく満たされている．

3.1.3 常　磁　性

もう一つの非常に重要で，場合によっては簡単なカノニカル理論の実例は磁性の研究である．巨視的な磁性は，微視的な磁気モーメントの集団的ふるまいに関係づけられる．

自発的な巨視的磁化を示さないいくつかの物質は，外部磁場をかけて磁化させることができる（図3.1）．このようにして作られた巨視的磁気モーメントが磁場の方向に向き，かつ，外部磁場を取り除いたときに磁化が残らないならば，これを「常磁性」とよぶ．ここでは「常磁性結晶」についてのみ述べる．常磁性結晶とは現実の結晶を理想化したもので，原子間のすべての相互作用，および原子（イオン）の角運動量に関係しないすべての自由度を無視したものである．磁場 $\vec{H}$ は問題の外部パラメータである．この条件下ではエネルギーはすべて個々のモーメントと外部磁場の相互作用による．N 個の磁気モーメントからなる系の全ハミルトニアンは，個々のエネルギーの和である[*7)]．

$$\mathscr{H} = \sum_{i=1}^{N} (-\vec{\mu}_i \cdot \vec{H}) \equiv \sum_{i=1}^{N} h_i \tag{3.20}$$

各原子は $\hbar$ を単位として測った角運動量 $\vec{J}$ に直接比例する磁気モーメントをもつ．

$$\vec{\mu} = \gamma \vec{J} \tag{3.21}$$

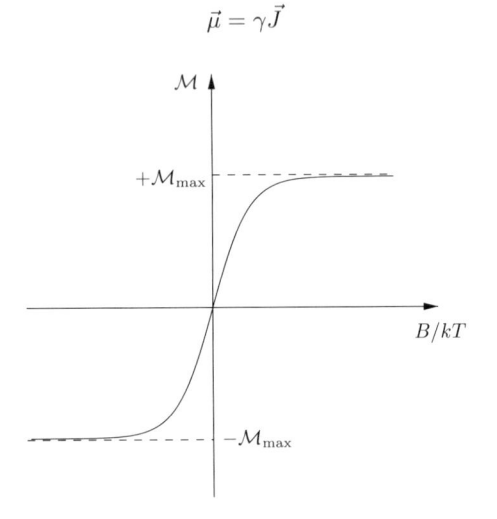

図 3.1　常磁性体の磁化曲線

[*7)] 化学ポテンシャルと混同する可能性がないかぎり磁気モーメントは μ で表す．混同する可能性がある場合は $\bar{\mu}$ で表す．

ここで γ は**磁気回転比**である.磁気モーメント $\vec{\mu}$ と角運動量の関係は古典物理学ではよく知られている.中心力を受けて軌道回転している電荷 q は,磁気モーメント $\vec{\mu} = (q\hbar/2m)\vec{J}$ ($\gamma_{\text{class}} = q\hbar/2m$) を誘起する.ただし m は回転している粒子の質量である[*8].しかし,古典力学では物質中の磁性を正確に記述できない.粒子固有の角運動量による磁性も考慮する必要がある.これは粒子のスピン角運動量とよばれるものであり,電子の磁気モーメントの主役である.電子はスピン 1/2 をもち,その磁気回転比の絶対値はボーア磁子の約 2 倍である.ボーア磁子は $\mu_{\text{B}} = e\hbar/2m_{\text{e}}$ であり,$-e$ ($e > 0$) と m_{e} は電子の電荷と質量である[*9].例として,スピン 1/2 のモデル系をとりあげよう.スピン演算子 S(あるいは J)の成分はパウリ行列 σ_i に比例する.

$$\vec{S} = \frac{1}{2}\vec{\sigma}$$

このモデルは簡単だが,常磁性結晶の分配関数 (3.1b) の計算

$$Z = \text{Tr}\, e^{-\beta\mathscr{H}} = \sum_{\{|l\rangle\}} \langle l|e^{-\beta\mathscr{H}}|l\rangle \tag{3.22}$$

は,可能な配位の数が非常に多い(2^N)から難しそうに見えるかもしれない.しかし,ハミルトニアン (3.20) は独立で同一のハミルトニアンの和である.したがって,すでに式 (2.74) で示したように,また理想気体の式 (2.87) を確立するために使ったように,分配関数は因数分解できる[*10].

$$Z = \zeta^N \qquad \zeta = \text{Tr}\, e^{-\beta h} \tag{3.23}$$

ただし ζ は 1 個のスピンに対する分配関数である(ここで,h は 1 個のスピンのハミルトニアンである).演算子のトレースの値は計算に使う基底によらないが,このトレースを評価する際には演算子の固有ベクトルを使うのが簡単である.特に演算子の指数関数のトレースを求めるときにこのことがいえる.ここでは,z 軸を磁場($\vec{H} = (0,0,H)$)に平行に選ぶと特に簡単になる.このとき,個々のハミルトニアン h の固有状態は σ_z の固有状態,すなわちスピン上向き状態 $|+\rangle$ とスピン下向き状態 $|-\rangle$ になる.

$$h|\pm\rangle = \mp\mu H|\pm\rangle$$

基底 $\{|+\rangle, |-\rangle\}$ では,演算子 $e^{-\beta h}$ を表す行列は対角行列である.

[*8] 明らかに,$\hbar$ が γ_{class} に現れる理由は J の単位のとりかたによるものである.

[*9] 核スピンによる磁気モーメントも存在する.陽子質量を m_{p} とすると,核磁子の大きさは核磁子 $\mu_{\text{N}} = e\hbar/2m_{\text{p}}$ である.したがって $\mu_{\text{B}}/\mu_{\text{N}} = m_{\text{p}}/m_{\text{e}} \approx 2000$ となる.したがって物質の磁性に関する限り核磁子は無視できる.一方,核磁子は核磁気共鳴(NMR)の基礎をなす.

[*10] 理想気体の場合,式 (2.88) に現れた $1/N!$ の因子はここではない.スピンは結晶格子のサイトに局在しているので「区別できる」からである.もしも,各分配関数が同一でないとき(B_i や μ_i が同一でないとき)には,式 (3.23) は $Z = \prod_{i=1}^{N} \zeta_i$ と一般化される.

$$\mathrm{e}^{-\beta h} = \begin{pmatrix} \mathrm{e}^{\beta\mu H} & 0 \\ 0 & \mathrm{e}^{-\beta\mu H} \end{pmatrix}$$

したがって，スピン磁気モーメント 1 個の分配関数は

$$\zeta = \mathrm{e}^{\beta\mu H} + \mathrm{e}^{-\beta\mu H} = 2\cosh(\beta\mu H) \tag{3.24}$$

となる．Z がわかれば式 (3.3) を使って物質中の平均磁化の z 成分を計算できる．それは実は外部磁場（正確には $-H$）の共役変数である．

$$\mathcal{M} = \frac{1}{\beta}\left.\frac{\partial \ln Z}{\partial H}\right|_\beta = N\mu\tanh(\beta\mu H)$$

分配関数の因数分解 (3.23) により巨視的磁化の簡潔な物理的解釈が得られる．個々の分配関数の式 (3.24) から，スピンが磁場に平行な状態（$|+\rangle$）にある確率 p_+ とスピンが磁場に反平行な状態（$|-\rangle$）にある確率 p_- が簡単に計算できる．

$$p_\pm = \frac{1}{\zeta}\mathrm{e}^{\pm\beta\mu H} \tag{3.25}$$

1 個の磁気モーメントの z 成分の平均値はすぐに求まる[*11]．

$$\langle\mu\rangle = \mu(p_+ - p_-) = \mu\tanh(\beta\mu H) = \mu\tanh\left(\frac{\mu H}{kT}\right) \tag{3.26}$$

このとき，試料の平均磁化は単に個々の磁気モーメントの平均の和である．

$$\mathcal{M} = N\langle\mu\rangle = N\mu\tanh\left(\frac{\mu H}{kT}\right) \tag{3.27}$$

関数 $\tanh x$ は変数 x の増加関数なので，磁化は温度の減少関数であることがわかる．温度が零に近づくとスピンはどんどん磁場の方向にそろっていく，しかし温度が上がると熱ゆらぎによってスピンの向きはばらばらになっていく．われわれはここで実に「エネルギーとエントロピーの競合」を目撃しているのである．3.5 節で見るように，温度 T の系は系の自由エネルギー $F = E - TS$ を最小化しようとする．低温ではエネルギー E の減少が有利であるが，高温ではエントロピーの増大が有利である．温度が十分高く $\mu H \ll kT$ となるとき，$|x| \to 0$ で有効な近似 $\tanh x \approx x$ を使ってキュリー則が得られる．

$$\mathcal{M} = \frac{N\mu^2 H}{kT} \tag{3.28}$$

したがって，高温では磁化率 $\chi = \partial\mathcal{M}/\partial H$ は $\mu^2 N/kT$ となる．零磁場での磁化率 χ_0

[*11] 明らかに $\langle\mu\rangle$ はスピン 1 個の系における $(-H)$ に共役な力に対応する．式 (3.26) は次式からも得られる．

$$\langle\mu\rangle = \frac{1}{\beta}\left.\frac{\partial \ln \zeta}{\partial H}\right|_\beta$$

は任意の温度に対して次のようになる.

$$\chi_0 = \lim_{H \to 0} \frac{\partial \mathcal{M}}{\partial H} = \frac{N\mu^2}{kT}$$

ここまでは，電子の常磁性のみを議論してきた．しかし，核磁子の値は小さいが核の常磁性も重要な役割を演ずる．広く普及した応用として，核磁気共鳴とそれから派生した医療用の磁気共鳴断層撮影 MRI (magnetic resonance imaging)[*12]などをあげよう．主役は陽子の磁気モーメント (1.41×10^{-26} J/T) が演ずる．常温で 10 T の磁場中では $p_+ - p_- \approx \mu H / kT \approx 3 \times 10^{-5}$ である．温度を液体ヘリウム温度（約 2 K）まで下げれば，スピン配向効果はずっと顕著（$p_+ - p_- \approx 5 \times 10^{-3}$）になる（もちろん，医療用断層撮影を行うために患者をそんなに冷やすことはできないが！）この興味深い効果は磁化を「揺らす」ことで得られる．すなわち，共鳴振動数 $2\mu H/h$（10 T の磁場で 420 MHz）の振動磁場をかけるのだ．

3.1.4 強磁性とイジング模型

常磁性は集団的外因性効果である．原子の磁気モーメントたちは完全に独立であり，磁化はまったく外部磁場によるものである．それゆえ，当然，常磁性物質は図 1.2 に示したような磁化サイクルを起こさない．図 1.2 は，一方で，外部磁場が零になっても磁化は零でないことを示し，他方で，磁化は外部磁場とともに変化しヒステリシスサイクルを描く．このふるまいは，式 (3.20) の形のハミルトニアンではまったく説明できない．むしろこのふるまいは強磁性物質の特徴である．「キュリー温度」（鉄の場合約 10^3 K）とよばれる臨界温度 T_C 以下で，磁性体は乱れた常磁性相から強磁性相への 2 次相転移を起こす．強磁性相は，外部磁場が零になっても磁化が零にならない「自発磁化」[*13]の存在によって明確に特徴づけられる．常磁性では，磁化は個々の電子の磁気モーメントの配向の結果である．しかし，自発磁化では，この配向はまったく自ら起こるものである．個々の電子の磁気モーメントの間に相互作用があって，キュリー温度以下では磁気モーメントを同じ向きにそろえることに成功し，数マイクロメートルの磁区を形成する．この相互作用の起源は磁気モーメント間の直接相互作用[†2]ではない．もしそうだとすると，簡単な概算によりキュリー温度は 1 K を超えないことが示される．実際は，この相互作用は隣り合った電子間の静電反発力と全波動関数の反対称性の組み合わせからきている．スピン 1/2 の系の磁性はこの「交換相互作用」[*14]の簡単な例を提供する．まずスピン波動関数を考えよう．スピン波動関数は，二つのスピンの交換に対して対称であ

[*12] もちろん「核磁気共鳴による医療用断層撮影」というべきところである．この技術は放射能とまったく関係ないのだが，大衆を怖がらせないように「核」という語は削除された．ポリティカルコレクトネス（政治的適正さ）とマーケティング常識の興味深い例である．

[*13] 試料が強磁性相にあっても，測定される磁化がたまたま零になることもある．これは，相転移の結果形成される多数の磁区が互いにキャンセルするためである．

[†2] 単なる古典的電磁力では弱すぎる．

[*14] この例は酸化物などの絶縁物の磁性にただちに適用できる．導体の磁性はバンド構造のためもっと複雑である．

るスピン3重項の3状態のうちの一つか,反対称であるスピン1重項のどちらかである*15).全波動関数は二つの電子の交換に対して反対称でなければならない.それゆえ
 (i) スピンが3重項のとき,空間波動関数が反対称,
 (ii) スピンが1重項のとき,空間波動関数が対称
でなければならない.

強磁性は3重項に関係する一方,1重項では自発磁化が零になる*16).それにもかかわらず,1重項は秩序配位をとれる.「反磁性」物質というものが存在して,ネール温度とよばれる臨界温度で無秩序相からスピンが互い違いになっている長距離秩序相へと相転移する.

残っているのは,状態の選択がどのようになされるか決めることである.(i)の場合,パウリの排他律が電子が互いに近づくことを禁止しているので,(ii)の場合に比べて正のクーロンポテンシャルエネルギーはあまり重要でない.一方,(i)の場合,運動エネルギーがより重要になる.運動量が波動関数の勾配に比例することが原因である.

このようにポテンシャルエネルギーと運動エネルギーの競合が存在することが明らかになった.もし前者が勝てば,(i)の場合が選択され強磁性が現れる.後者が勝てば,(ii)の場合が選択され反強磁性が現れる.

結晶の格子サイト i と j 上にある二つの電子間の交換相互作用を最も簡単な方法でモデル化して,次の相互作用ハミルトニアンを採用する.

$$h_{ij} = -J_{ij}\vec{\sigma}_i\cdot\vec{\sigma}_j$$

ここでパラメータ J_{ij} は強磁性の場合正に,反強磁性の場合負にとる.相互作用の強さが距離とともに十分速く減少して最近接サイト間の相互作用のみが重要であると仮定すると,外部磁場 $\vec{H}$ が存在するときのハイゼンベルクハミルトニアンが得られる.

$$\mathscr{H} = -\mu\sum_{i=1}^{N}\vec{\sigma}_i\cdot\vec{H} - J\sum_{\langle i,j\rangle}\vec{\sigma}_i\cdot\vec{\sigma}_j \tag{3.29}$$

ここで $\langle i,j\rangle$ は最近接サイトのみの和を示す.第1項は常磁性を表すハミルトニアンであることがわかる.このハミルトニアンは一見簡単に見えるが,分配関数を厳密に計算する方法は1次元の場合以外知られていない.

ハイゼンベルクハミルトニアンの近似として,解きやすいイジング模型は磁性研究で大きな役割を果たしてきた*17).イジング模型は常磁性-強磁性相転移の研究に大きな進

---

*15) 3重項状態は $|++\rangle, |--\rangle, (|+-\rangle+|-+\rangle)/\sqrt{2}$ で,1重項状態は $(|+-\rangle-|-+\rangle)/\sqrt{2}$ で与えられる.
*16) よく使われ役立つ描像は,1重項状態の磁気モーメントを二つの反平行なベクトル,3重項状態を平行なベクトルと考えるものである.この解釈は3重項 $(|+-\rangle+|-+\rangle)/\sqrt{2}$ の場合には自明とはいえない.しかし,次のように無理やり納得することもできる.ある方向 $\vec{u}$ に対してこの3重項が演算子 $\vec{S}_{\text{tot}}\cdot\vec{u}$ の状態 $|++\rangle_{\vec{u}}$ と $|--\rangle_{\vec{u}}$ の線形結合として書けることがスピン1の回転行列を書くことでわかるのだ.明らかに,どのような回転を使っても1重項状態をこのような形に書くことはできない.
*17) イジング模型(本当はレンツが提唱したのだが)は,1次元の場合についてイジングによって1925年に解かれた(文献[10]を参照).その後は,1942年にOnsager[97]が2次元の分配関数(外場がない場合)を最初

歩をもたらし，臨界現象の深い理解に寄与した．ここでのわれわれの目標は，イジング模型の徹底的な解説ではない．イジング模型は臨界現象研究の範囲を超えたものまで含めて膨大な応用が見いだされているので，それらをすべて解説することはとてつもない仕事である．われわれのより控えめな目標は，スピン 1/2 の強磁性の研究にイジング模型のような簡単な模型を使い，ハミルトニアンが独立なハミルトニアンの単純な和ではない場合の分配関数の簡単な計算例を与えることである．イジング模型の性質については 4.1 節でさらに検討しよう．

ハイゼンベルクハミルトニアンの難しさの一つは交換しないパウリ行列の積の存在である．もう一つの難しさは変数がベクトル変数であることである．したがって古典的スピンすなわち「イジングスピン」からなるモデルを採用するほうが都合がよい．イジングスピン S とは ± 1 の値をとる変数である．式 (3.29) に対応する古典イジングハミルトニアンは次のようである[*18]．

$$\mathscr{H} = -\mu H \sum_{i=1}^{N} S_i - J \sum_{\langle i,j \rangle} S_i S_j \tag{3.30}$$

定数 J はスピン間の実効的な結合であり，この相互作用の範囲は $\langle i,j \rangle$ の i と j の距離で与えられる．$J = 0$ のとき式 (3.30) は常磁性をモデル化したハミルトニアン (3.20) のイジング版になる．このとき分配関数は次のようになり

$$Z = \sum_{S_1=\pm 1} \cdots \sum_{S_N=\pm 1} \exp\left(\beta J \sum_{\langle i,j \rangle} S_i S_j + \beta \mu H \sum_i S_i \right) \tag{3.31}$$

2^N 個の項を含む．各項は N 個のスピンの可能な配位のひとつひとつに対応する．ここでのトレースは 2^N の可能なスピン配位についての和をとることである．全磁化の平均値を形式的に次のように表せる．

$$\begin{aligned}
\mathcal{M} &= \mu \left\langle \sum_i S_i \right\rangle \\
&= \frac{1}{Z} \sum_{S_1=\pm 1} \cdots \sum_{S_N=\pm 1} \left(\sum_i S_i \right) \exp\left(\beta J \sum_i S_i S_{i+1} + \beta \mu H \sum_i S_i \right) \\
&= \frac{1}{\beta} \left. \frac{\partial \ln Z}{\partial H} \right|_\beta
\end{aligned} \tag{3.32}$$

再びここで分配関数が母関数としての役割を果たしていることがわかる[*19]．

[*18] に厳密に計算するまで待つ必要があった．現在のところ 3 次元の厳密な計算は手に入らない．

[*18] イジング模型では，磁場の向きが一様であることが重要であるが，その大きさは各サイトごとに変化してもかまわない．この一般的な場合については 4.2.2 項でふれる．

[*19] 式 (3.32) は式 (2.66) と同じ形であることに注目せよ．実際，ゼロ磁場のハミルトニアン $\mathscr{H} = -J \sum_i S_i S_{i+1}$ を考えて，「磁気モーメント」演算子 M ($\langle$M$\rangle = \mathcal{M}$) を新しい関連する演算子として導入することにより強磁

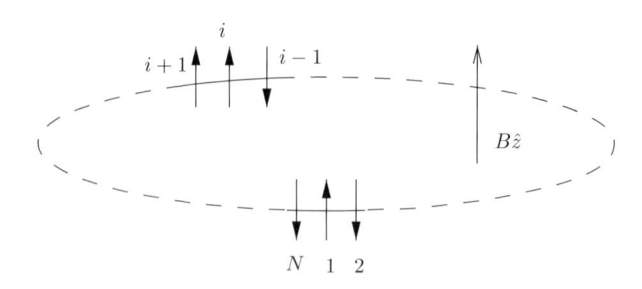

図 3.2 周期的境界条件下の N 個のイジングスピンからなる 1 次元系

古典近似による大幅な簡略化にもかかわらず，ハミルトニアン (3.30) の分配関数 Z は 1 次元の場合と 2 次元で $H=0$ の場合であるという非常に特別な場合にしか厳密に計算できない．しかし数値的シミュレーションは簡単である（第 7 章を参照）．1 次元の場合に分配関数 (3.31) を周期的境界条件を使って評価しよう．このとき，図 3.2 に示される閉じた配置が得られる．この境界条件の下で，これから説明する転送行列法を使えば分配関数は厳密に評価できる．

まず式 (3.31) を次の形に書こう．

$$Z = \sum_{S_1=\pm 1}\cdots\sum_{S_N=\pm 1}\prod_{i=1}^{N}\exp\left(KS_iS_{i+1}+\frac{h}{2}(S_i+S_{i+1})\right)$$
$$= \sum_{S_1=\pm 1}\cdots\sum_{S_N=\pm 1}\prod_{i=1}^{N}T(S_i,S_{i+1}) \tag{3.33}$$

ここで

$$T(S_i,S_j) = \exp\left(KS_iS_j+\frac{h}{2}(S_i+S_j)\right)$$

そして

$$K=\beta J \quad h=\beta\mu H$$

である．$T(S_i,S_j)$ は，二つの変数 S_i と S_j の四つの可能な組み合わせで決まる四つの値をとる量である．したがって，2×2 行列の要素と考えられる．この行列 $\mathcal{T}_{S_iS_j}=T(S_i,S_j)$ は「転送行列」とよばれ次式で定義される．

$$\mathcal{T} = \begin{pmatrix} T(+1,+1) & T(+1,-1) \\ T(-1,+1) & T(-1,-1) \end{pmatrix} = \begin{pmatrix} e^{(K+h)} & e^{-K} \\ e^{-K} & e^{(K-h)} \end{pmatrix}$$

性を扱うこともできる．分配関数は式 (2.64)

$$Z = \mathrm{Tr}\,\exp(\lambda_1\mathcal{H}+\lambda_2\mathsf{M})$$

で与えられる．準静的過程を考えれば $\lambda_1=-\beta$ および $\lambda_2=\beta\mu H$ となることが容易に示される．

この形式の長所は，次式のように行列積の規則が成り立つことである．

$$\sum_{S_j=\pm 1} T(S_i, S_j)T(S_j, S_k) = \left(\mathcal{T}^2\right)_{S_i S_k}$$

その結果，分配関数の厳密な式を容易に得る[20]．

$$\begin{aligned} Z &= \sum_{S_1=\pm 1} \left[\sum_{S_2=\pm 1} T(S_1, S_2) \sum_{S_3=\pm 1} \cdots \sum_{S_N=\pm 1} T(S_{N-1}, S_N) T(S_N, S_1) \right] \\ &= \sum_{S_1=\pm 1} \left(\mathcal{T}^N\right)_{S_1 S_1} \\ &= \mathrm{Tr}\left(\mathcal{T}^N\right) = \lambda_+^N + \lambda_-^N \end{aligned} \quad (3.34)$$

転送行列の固有値を表すために λ_+ と λ_- ($\lambda_+ > \lambda_-$) を用いた

$$\lambda_\pm = \mathrm{e}^K \left[\cosh h \pm \sqrt{\sinh^2 h + \mathrm{e}^{-4K}}\right]$$

$N \gg 1$ の極限をとると

$$Z = \lambda_+^N$$

が得られる．実際は Z に対するこの第 2 の表現を使う．いったん分配関数がわかれば，興味のある物理量に対する表現を見いだせる．$J=0$ のとき式 (3.32) が，常磁性物質の磁化について以前に導いた式 (3.27) を与えることが確かめられる．自由エネルギー

$$F = -\frac{N}{\beta} \ln \lambda_+ \quad (3.35)$$

も評価でき，示量性であることが示せる．$H=0$ となる簡単な場合には，自由エネルギーは，次のように表せる．

$$F_0(T, N) = -NkT \ln\left(2\cosh \frac{J}{kT}\right)$$

さて，ここで自発磁化の概念とその起源に戻ろう．以前にふれたように，自発磁化はエネルギーとエントロピーの競合の結果である．自由エネルギー $F = E - TS$ を最小化することによって，最小のエネルギー E（完全にそろったスピン）と最大のエントロピー S（完全にランダムなスピン）の間の最善の折り合いが得られる．極低温ではエントロピーは比較的小さな役割しか果たさないので，E を最小化するほうが能率がよい．その結果，スピンがそろって自発磁化を生み出す．温度が上がるに従って，エントロピーの最大化すなわちランダムなスピンが好まれるようになる．このようにして自発磁化の存在は熱力学的には容易に理解できる．しかし，この理論は深刻な困難に直面する．零外部磁場中での式 (3.30) と (3.32) を調べてみると，ハミルトニアンが対称変換 $S_i \to -S_i$ の下

---

[20] 研究課題 3.8.1 では，$H=0$ の簡単な場合について分配関数 Z を計算するもう一つの方法を提案する．

で不変であることが容易にわかる．このことからただちに零外部磁場中での磁化が零であることが導かれる．上に述べたエネルギーとエントロピーの競合の議論を適用するには，たとえば微小外部磁場を加えることにより，対称性をあらわに破らなければならない[21]．このことから，零磁場の極限をとる前に，小さな正の外部磁場中で磁化（もっと正確にいうと示強量であるスピンあたりの磁化 $\langle m \rangle = \mathcal{M}/N$）の熱力学的極限をとらなければならない．

$$\langle m \rangle = \lim_{H \to 0^+} \lim_{N \to \infty} \frac{1}{N} \mathcal{M} \tag{3.36}$$

極限をとる順序は $\langle m \rangle \neq 0$ すなわち自発磁化の出現を得るために決定的である[22]．もしも式 (3.36) で極限の順序を逆にすると，$\langle m \rangle = 0$ が得られる．この状況は「自発的対称性の破れ」において典型的である．強磁性相では，系がとる配位はハミルトニアンの対称性より低い対称性をもつ．極限操作 (3.36) が対称性 $S_i \to -S_i$ を破るのである．スピンあたりの磁化 $\langle m \rangle$ は対称的な相では零であるが，対称性が破れた相では零でない値をとる．このような量は秩序変数とよばれる．秩序変数と対称性の破れについては 4.1 節でさらに議論する．

自発磁化に関する限り，1 次元モデルは特別である．このことを見るには，式 (3.36) の極限を調べれば十分である．長々とした，しかし容易な計算により次式が示される．

$$\langle m \rangle = \lim_{H \to 0^+} \lim_{N \to \infty} kT \left. \frac{\partial \ln \lambda_+}{\partial H} \right|_{\beta} = 0$$

1 次元では，自発磁化は存在しない！ 対称性の自発的破れが存在しないことは容易に理解できる．系がどんなに大きくても，1 次元ではゆらぎが全系に伝わるのである．十分に強いエネルギーの拘束条件がないので（実例として研究課題 3.8.1 を参照），$T = 0$ を除いて秩序相を作ることは不可能である．

3.1.5 熱力学的極限

一つの示量変数[23] $A(T, V, N)$ を考え，

$$\boxed{\lim_{\substack{N, V \to \infty \\ n \text{ は有限}}} \frac{1}{V} A(T, V, N) = a(n, T)} \tag{3.37}$$

[21) 境界にあるすべてのスピンを同じ向きにそろえて，それから熱力学的極限をとることにより，対称性をあらわに破ることもできる．

[22) 明らかに

$$\lim_{H \to 0^-} \lim_{N \to \infty} \frac{1}{N} \mathcal{M} = -\langle m \rangle$$

である．

[23) 変数を T, V, N に限ったのは，説明をわかりやすくするためである．A は示量変数だろうが示強変数だろうが任意の数の変数に依存してよい．しかし，a は示強変数（示量変数の比も含む）のみの関数でなければならない．

と仮定しよう．ただし，$n = N/V$ は密度である．もしも a が有限の値ならば，A の熱力学的極限が存在するという．この極限で系の物理的性質は系の大きさによらない．

簡単な場合である理想気体では，平均エネルギー (3.15) の極限 (3.37) は nkT に比例する量を与える．この量は有限の n に対して有限の値をとる．理想気体のエネルギーは示量変数である．ここでこの問題に重力を導入しよう．エネルギーには重力ポテンシャルエネルギー項が加わる．

$$E_G \propto -G\frac{(\rho V)^2}{V^{1/3}} \sim -\rho^2 V^{5/3}$$

ここで G は重力定数で，$\rho = mn$ は単位体積あたりの質量である．ρ（あるいは n）を一定にしたまま，系の大きさを増加させると，

$$\frac{E_G}{V} \sim -V^{2/3} \xrightarrow[V \to \infty]{} -\infty$$

が得られる．もはや熱力学的極限が存在しないことがわかる[*24]．$V^{2/3}$ の依存性は，重力ポテンシャル（$\propto 1/r$）の長距離性の現れである．熱力学極限は相互作用の短距離性と密接に関係している．クーロン力は無限の到達距離をもっているが，クーロン力で結合している系に熱力学極限が存在することは，逆符号の電荷と遮蔽効果[*25]の存在により保証されている．重力の場合には，そのようなことはない．

上に述べた議論を零磁場での 2 次元イジング模型の助けを借りて説明しよう[*26]．$2N \times 2N = 4N^2$ 個のイジングスピンからなる正方形の系を考えよう（図 3.3(a)）．まず初めに，すべてのスピン間に同じ相互作用が働いている（無限の相互作用距離）という非物理的な場合を考えよう．ハミルトニアンは次のようになる．

$$\mathscr{H} = -J\sum_{i \neq j} S_i S_j \tag{3.38}$$

$T = 0$ ですべてのスピンはそろっていて $E \sim N^4$ である．極限 (3.37) は，

$$\lim_{N \to \infty} \frac{E}{N^2} \sim N^2 \to \infty$$

となり，ハミルトニアン (3.38) には熱力学極限がないことを示している．それにもかかわらず，この模型はときどき平均場の模型として使われる．ただし相互作用を (J/N^2) とするので，よい熱力学極限が導かれる．この再規格化された相互作用を使うと，この模型が厳密に解けて平均場の結果を与えることが示せる（4.2 節）．

[*24] それにもかかわらず恒星たちは安定である．これは，質量が大きすぎなければ，重力崩壊が圧力とつり合っているからである．しかし，熱力学極限を観測することはない．たとえば中性子星（基本課題 5.6.2）は $E \propto M^{-1/3}$ となる．同様のことが白色矮星（研究課題 5.7.3）にもいえる．

[*25] より正確には，熱力学極限の存在は Dyson and Lenard [36] によって次の三つの仮定の下に証明された．(i) 系が全体として中性であること，(ii) 運動エネルギーが量子力学によって与えられること，(iii) 正であろうが負であろうが少なくとも 1 種類の電荷をフェルミオンが担うこと．

[*26] イジング模型では，体積の役割をスピン数が演じることに注意せよ．

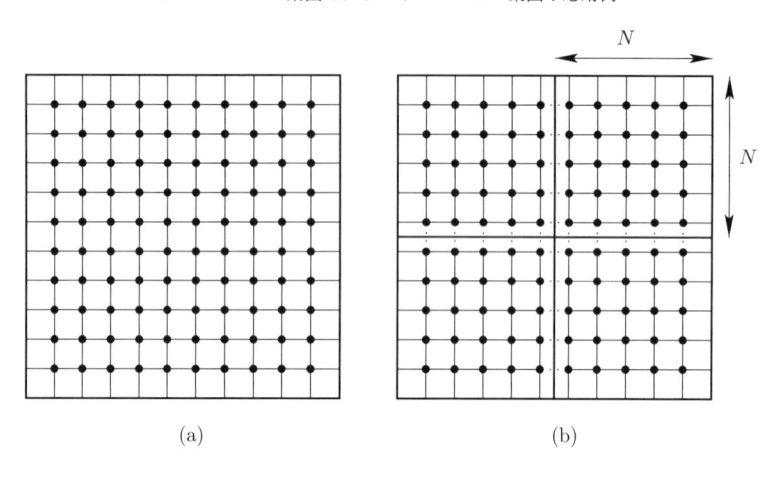

図 **3.3** (a) $4N^2$ 個のスピンからなるイジング系と (b) 同じ系をそれぞれ N^2 個のスピンからなる 4 個の部分系に分解したもの．

さて，最近接サイトとのみ相互作用があり，自由境界条件をもつイジング模型を考えよう．

$$\mathcal{H} = -J \sum_{\langle i,j \rangle} S_i S_j \tag{3.39}$$

$4N^2$ 個のスピンをまったく同じ 4 個の部分系（図 3.3(b)）に分割して，各部分系は独立であると仮定しよう．境界での部分系間の相互作用を無視すると，エネルギー範囲が $-4JN$（境界のスピンがすべて平行の場合）から $4JN$（境界のスピンがすべて反平行の場合）の誤差が生ずる．一方，$4N^2$ 個のスピンに対する可能な配位数は，分割によって変わらない．以上の考察は次のようにまとめられる．

$$(Z_N)^4 e^{-4\beta JN} \leq Z_{2N} \leq (Z_N)^4 e^{4\beta JN} \tag{3.40}$$

ここで Z_{2N} は最初の系全体の分配関数，Z_N は一つの $N \times N$ 部分系の分配関数である．また，四つの独立な $N \times N$ 部分系からなる $2N \times 2N$ 系の分配関数を因数分解するために式 (2.75) を使った．

したがって，この問題のスピンあたりの自由エネルギーは

$$f_N = -\frac{1}{\beta} \frac{\ln Z_N}{N^2} \quad N \times N \text{ 部分系のスピンあたりの自由エネルギー}$$

$$f_{2N} = -\frac{1}{\beta} \frac{\ln Z_{2N}}{4N^2} \quad 2N \times 2N \text{ 系のスピンあたりの自由エネルギー}$$

式 (3.40) の対数をとり，全「体積」すなわち $4N^2$ で割れば

$$f_N - \frac{J}{N} \leq f_{2N} \leq f_N + \frac{J}{N}$$

他方，Z_K は運動（移動）の自由度からの分配関数への寄与を表す．熱波長 (3.11) を導入すれば，Z_K は式 (3.13) のように書ける．

$$Z_K = \frac{V^N}{N!} \int \frac{d\boldsymbol{p}}{h^{3N}} e^{-\beta \mathcal{H}_K(\boldsymbol{p})} = \frac{1}{N!} \left(\frac{V}{\lambda^3} \right)^N \tag{3.47}$$

式 (3.47) は古典理想気体の分配関数であるが，理想気体のハミルトニアンが式 (3.44) で $U \equiv 0$ とおいたものだから当然期待されることである．理想気体では $Z_U = 1$ となる．V/λ^3 が体積 V の箱の中の 1 個の古典自由粒子の分配関数であることに再度注目しよう．式 (3.44) の形のハミルトニアンでは運動量と位置の自由度が分離するので，式 (3.47) が示しているように，粒子 i の運動量だけに依存する関数 $g(\vec{p}_i)$ の平均値を計算するには，残りの $(N-1)$ 個の粒子の運動量を知る必要はない．

$$\langle g(\vec{p}_i) \rangle = \frac{\int d\boldsymbol{p}\, d\boldsymbol{q}\, g(\vec{p}_i) e^{-\beta \mathcal{H}(\boldsymbol{p},\boldsymbol{q})}}{\int d\boldsymbol{p}\, d\boldsymbol{q}\, e^{-\beta \mathcal{H}(\boldsymbol{p},\boldsymbol{q})}} = \frac{\int d\boldsymbol{q}\, e^{-\beta \mathcal{H}_U(\boldsymbol{q})} \int d\boldsymbol{p}\, g(\vec{p}_i) e^{-\beta \mathcal{H}_K(\boldsymbol{p})}}{\int d\boldsymbol{q}\, e^{-\beta \mathcal{H}_U(\boldsymbol{q})} \int d\boldsymbol{p}\, e^{-\beta \mathcal{H}_K(\boldsymbol{p})}}$$

$$= \frac{\int d^3 p_i\, g(\vec{p}_i) \exp\left[-\frac{\beta}{2m} \vec{p}_i^{\,2}\right]}{\int d^3 p_i \exp\left[-\frac{\beta}{2m} \vec{p}_i^{\,2}\right]}$$

すべての粒子は同一なので最終結果はどの粒子を考えたかによらない．

$$\langle g(\vec{p}_i) \rangle \equiv \langle g(\vec{p}) \rangle = \frac{1}{(2\pi m k T)^{3/2}} \int d^3 p\, g(\vec{p}) \exp\left[-\frac{\vec{p}^{\,2}}{2mkT}\right] = \int d^3 p\, g(\vec{p}) \bar{\varphi}(\vec{p}) \tag{3.48}$$

式 (3.48) の最後の等式は，運動量に関するマクスウェル分布[*29] $\bar{\varphi}(\vec{p})$，あるいは速度に関するマクスウェル分布 $\varphi(\vec{v})$ を定義する．

$$\boxed{\bar{\varphi}(\vec{p}) \hat{=} \frac{1}{(2\pi m k T)^{3/2}} \exp\left[-\frac{\vec{p}^{\,2}}{2mkT}\right] = \frac{1}{m^3} \left(\frac{m}{2\pi k T}\right)^{3/2} \exp\left[-\frac{m\vec{v}^{\,2}}{2kT}\right] \hat{=} \frac{1}{m^3} \varphi(\vec{v})} \tag{3.49}$$

$\bar{\varphi}(\vec{p}) d^3 p = \varphi(\vec{v}) d^3 v$ は $\vec{p}$ のまわりの体積 $d^3 p$ 内（あるいは $\vec{v}$ のまわりの体積 $d^3 v$ 内）に粒子を見いだす確率である．マクスウェル分布は一般的であり，量子効果が無視できる場合には，$\mathcal{H}_U$ によってどのような相関がもたらされようとも有効であることを強調しよう．

分布 (3.49) は，三つの独立な空間方向に対するガウス分布の積に分解できる．その中心は零であり，分散は $\bar{\varphi}(\vec{p})$ に対して mkT，$\varphi(\vec{v})$ に対して kT/m である．

$$\langle p_\alpha^2 \rangle = mkT \quad \langle v_\alpha^2 \rangle = \frac{kT}{m} \tag{3.50}$$

[*29)] われわれは「ボルツマン後」の考え方に従って，マクスウェル分布は熱平衡状態のカノニカル分布からの単純な帰結であると論証した．しかし，年代を追えば明らかなように，これはマクスウェルが彼の理論を 1860 年に作り上げたときにたどった論証ではない．

ただちに 1 粒子あたりの平均運動エネルギーが次式で与えられる．

$$\left\langle \frac{1}{2}m\vec{v}^2 \right\rangle = 3\left\langle \frac{1}{2}mv_\alpha^2 \right\rangle = \frac{3}{2}kT \tag{3.51}$$

理想気体に対する系の平均運動エネルギーすなわち系の平均全エネルギーは，N 個の等しい寄与 (3.51) の和で与えられ，式 (3.15) と一致する．

$$E = \frac{3}{2}NkT \tag{3.52}$$

次の節では，この最後の二つの結果が等分配則の特別な場合であることを説明する．

平均運動エネルギー (3.51) から，典型的な熱速度の一つ $\sqrt{\langle v^2 \rangle}$ を定義できる．「典型的な熱速度」でなく，わざわざ「典型的な熱速度の一つ」といったのは，ほかにも「典型的な熱速度」があるからである．その原因を理解するために速度の絶対値の分布を考えてみよう．それはガウス分布にならない！

$$\begin{aligned}\phi(v)\mathrm{d}v &= \int \mathrm{d}\Omega \, v^2 \, \mathrm{d}v \, \varphi(\vec{v}) \\ &= 4\pi \left(\frac{m}{2\pi kT}\right)^{3/2} v^2 \exp\left[-\frac{m\vec{v}^2}{2kT}\right]\mathrm{d}v\end{aligned} \tag{3.53}$$

この分布則はマクスウェル分布則とよばれる．図 3.4 にグラフを示す．等分配則から得られる典型的速度のほかに，確率密度の最大値に対応する最頻速度 $\tilde{v}$ と平均速度 $\langle v \rangle$ も図に示した．この三つの速度は次式で与えられる．

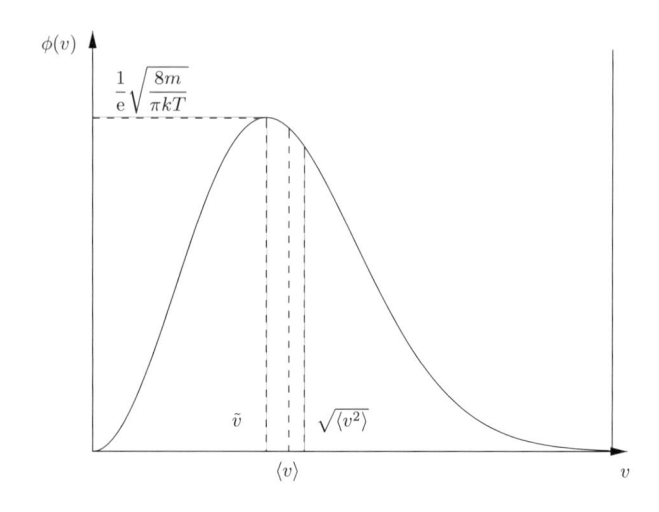

図 **3.4** 速度の大きさの分布

$$\tilde{v} = \sqrt{\frac{2kT}{m}} \tag{3.54a}$$

$$\langle v \rangle = \sqrt{\frac{8kT}{\pi m}} = 1.13 \times \tilde{v} \tag{3.54b}$$

$$\sqrt{\langle v^2 \rangle} = \sqrt{\frac{3kT}{m}} = 1.22 \times \tilde{v} \tag{3.54c}$$

実際の数値はあまり違わないので，大きさの概算にはどれを使ってもよい．

3.2.3 等 分 配 則

式 (3.51) の結果とその数多くの実験的検証は，熱力学の統計的描像の出現に大きく寄与した．式 (3.51) は，古典統計力学の主要定理の一つである「等分配則」の一例である．この定理は，式 (3.44) の形のハミルトニアンで記述される単純な物理的状況の枠をはるかに超えて有効であり，そこで応用されている．次の一般的な形のハミルトニアンについて等分配則を証明しよう．

$$\mathscr{H} = \sum_{i,j=1}^{\nu} x_i a_{ij} x_j + \widetilde{\mathscr{H}} \tag{3.55}$$

ここで x_i は座標あるいは運動量ベクトルの成分を表す．右辺の第 1 項はハミルトニアンの「2 次の部分」であり a_{ij} は $\nu \times \nu$ の正値対称行列 a の定数行列要素である[*30]．整数のパラメータ ν は，自由度 M に対して $\nu \leq 2M$ を満たし，系の「2 次座標」の数を表す．ハミルトニアンのほかの部分 $\widetilde{\mathscr{H}}$ は非 2 次部分であり，2 次形式に書けないすべての寄与をまとめたものである．非 2 次部分は x_i のほかの $(2M - \nu)$ 個の座標のみに依存する．

このハミルトニアンの 2 次部分の平均値を計算しよう．

$$\left\langle \sum_{i,j=1}^{\nu} x_i a_{ij} x_j \right\rangle = \sum_{i,j=1}^{\nu} a_{ij} \langle x_i x_j \rangle$$

すべての平均値は式 (3.43) により全ハミルトニアンを使って計算できる．しかし，ここで $\widetilde{\mathscr{H}}$ の寄与は消滅する．これはまさに式 (3.48) を導出する際に用いた簡単化である．平均値 $\langle x_i x_j \rangle$ の評価には，式 (A.45) で $A_{ij} = 2\beta a_{ij}$ とおいたガウス積分のみが必要である．

$$\langle x_i x_j \rangle = \frac{kT}{2}(a^{-1})_{ij}$$

このようにして等分配則は証明された．等分配則によれば 2 次の自由度はそれぞれハミルトニアンの平均値に $kT/2$ ずつ寄与する．

[*30] a_{ij} は $k > \nu$ に対して x_k の関数であってもよい（式 (3.60) 参照）．等分配則のこの一般化は読者の基本課題として残しておこう．

$$\langle \mathscr{H} \rangle = \nu \frac{kT}{2} + \langle \widetilde{\mathscr{H}} \rangle \tag{3.56}$$

この定理を説明するために，簡単ではあるが物理的に重要な 1 次元調和ポテンシャル中の 1 粒子がある場合を考えよう．

$$\mathscr{H}(p, x) = \frac{p^2}{2m} + \frac{1}{2}\kappa x^2$$

定理 (3.55) により

$$\left\langle \frac{p^2}{2m} \right\rangle = \left\langle \frac{1}{2}\kappa x^2 \right\rangle = \frac{1}{2}kT \tag{3.57}$$

(3.57) の最初の等式は古典力学のビリアル定理であることに注意しよう．運動エネルギーとポテンシャルエネルギーは平均として等しい．二つの 2 次座標をもつわれわれのこのハミルトニアンについては次式を得る．

$$E = kT \qquad C_V = k \tag{3.58}$$

この例から等分配則の重要な帰結の一つが明らかになる．2 次座標の数 ν を知ればただちに 2 次座標からの比熱への寄与 $C_V = \nu k/2$ がわかるのである．3.3 節では，微視的なスケールで量子効果を考慮すると等分配則がどのように制限されるかを見よう．特に「凍結した自由度」という概念を定義する必要がある．

最後に一言．古典極限ではエネルギーのゆらぎはエネルギーの平均値と同様に kT となる．実際，純粋に 2 次のハミルトニアンでは，式 (A.46) の助けを借りて揺動応答定理 (3.10) の第 1 等式は次式のように書ける．

$$\langle (\Delta \mathscr{H})^2 \rangle = \frac{\nu}{2} k^2 T^2 \tag{3.59}$$

これは式 (3.10) の第 2 等式によれば，$C_V = \nu k/2$ と一致する．

3.2.4 二原子理想気体の比熱

ここで等分配則を N 個の二原子分子からなる理想気体に適用しよう．理想気体モデルの背後にある仮定から分配関数が因数分解されることが保証されるので，あとは 1 個の分子の各自由度を正確に見極めるだけである．並進運動（3 自由度）に加えて，二原子分子は回転運動と振動運動をもつことができる．回転運動と振動運動は第 1 近似として独立であるとみなす．回転運動をモデル化するために，分子は質量 m_1 と m_2 の 2 原子からなると仮定する．2 原子が作る慣性モーメント I のダンベルは二つの核を結ぶ直線に垂直な回転軸のまわりを回転できるとする（図 3.5）．図 3.5 で定義された角度を用いて，1 分子に対する回転ラグランジュアンは次のように書ける．

$$\mathcal{L}_{\text{rot}} = \frac{1}{2} I (\dot{\theta}^2 + \sin^2\theta \, \dot{\varphi}^2)$$

これからハミルトニアン

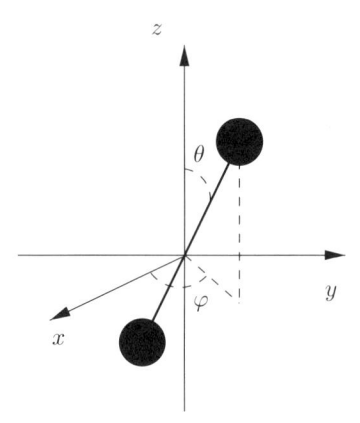

図 **3.5** 二原子分子

$$h_{\text{rot}} = \frac{1}{2I}\left(p_\theta^2 + \frac{1}{\sin^2\theta}p_\varphi^2\right) \tag{3.60}$$

が導かれる．ただし，次式で定義される一般化運動量 p_θ と p_φ を導入した．

$$p_\theta = \frac{\partial \mathcal{L}_{\text{rot}}}{\partial \dot\theta} = I\dot\theta \qquad p_\varphi = \frac{\partial \mathcal{L}_{\text{rot}}}{\partial \dot\varphi} = I\sin^2\theta\,\dot\varphi$$

式 (3.60) によれば，回転運動には 2 個の自由度と 2 個の 2 次座標（式 (3.56) で $\nu = 2$）があることがわかる．

分子の（小さな）振動運動は有効粒子の調和振動と解釈できる．有効粒子の質量は換算質量 $\mu = m_1 m_2/(m_1 + m_2)$ をもち，基準振動数 ω_{vib} は分子の種類による．対応するハミルトニアンは次のように書ける．

$$h_{\text{vib}} = \frac{p^2}{2\mu} + \frac{1}{2}\mu\,\omega_{\text{vib}}^2 q^2 \tag{3.61}$$

系は 1 個の自由度と 2 個の 2 次座標をもつ．これで二原子分子の理想気体の 2 次座標の数を数えて等分配則を適用すれば，比熱が計算できる．

$$\left.\begin{array}{ll} E_{\text{tr}} = \frac{3}{2}NkT & C_V^{\text{tr}} = \frac{3}{2}Nk \\ E_{\text{rot}} = NkT & C_V^{\text{rot}} = Nk \\ E_{\text{vib}} = NkT & C_V^{\text{vib}} = Nk \end{array}\right\} \Rightarrow C_V = \frac{7}{2}Nk \tag{3.62}$$

図 3.6 は二原子気体の比熱の一般的なふるまいを示す．等分配則は「高温」でのみ成り立つように見える．この問題には参照すべき温度スケールがないので高温の定義が曖昧であるが，これは古典的記述の限界を反映している．温度が下がるにつれ古典的予測からの大きなずれが観測される．ずれのはじまりは温度によって決まるが，ずれの大きさ

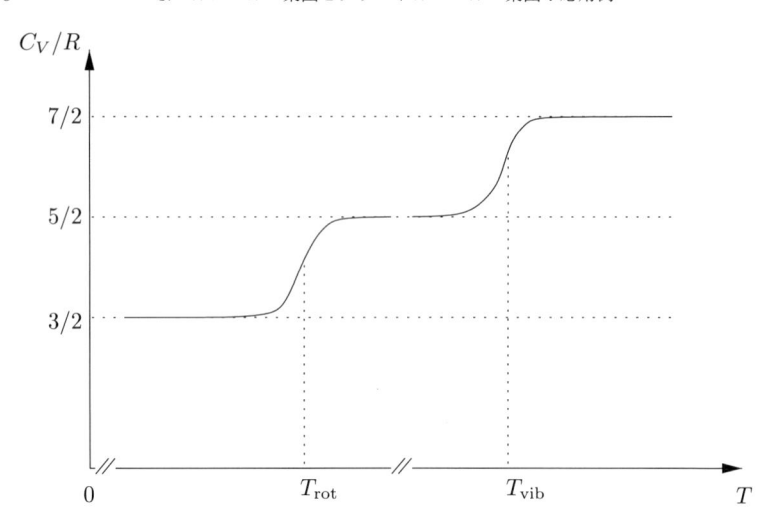

図 3.6 温度の関数としての，理想気体のモル比熱

は温度によらない．そのうえ，これらのずれの大きさは非調和効果で説明できる大きさをかなり超えている．しかしながら，図に示された $5/2Nk$ と $3/2Nk$ の平坦な部分は，ある種の運動とその自由度を忘れ去るという条件をつければ，古典的方法で説明できる．3.3 節では，量子効果特に各種運動に関係するエネルギー準位の離散性を考慮することによって，等分配則が継ぎ合わせ的に有効であることを正当化する．分子の対称軸に垂直な回転のみを考えて，対称軸のまわりの回転を考えないのは，まさにこの自由度の概念によるものである．実際，対称軸のまわりの慣性モーメントは非常に小さく，対応する離散化された回転エネルギーは非常に大きいものになる（式 (3.63b) 参照）．

3.3 量子振動子と量子回転子

3.3.1 定性的議論

図 3.6 を理解するために二原子分子の構造をもう一度よく調べてみよう．質量 m_1 と m_2（質量数 A_1 と A_2）の 2 原子からなる分子を考える．ボルン–オッペンハイマー近似は核と電子の質量が大きく違うことを利用し，核が動かないと考え核の静止系での電子の運動のみを考慮する．2 原子を結びつけて分子を作り上げているポテンシャルを決定するために，核間距離の関数として電子波動関数がどう変化するか追跡する．基底状態にある大多数の分子では，全角運動量の対称軸への射影は零である．唯一の制御パラメータは核間距離 R である．R の各値について電子波動関数を決定し 2 核間の相互作用の大きさを決める．このようにして基底状態にある分子のポテンシャルエネルギー $U(R)$

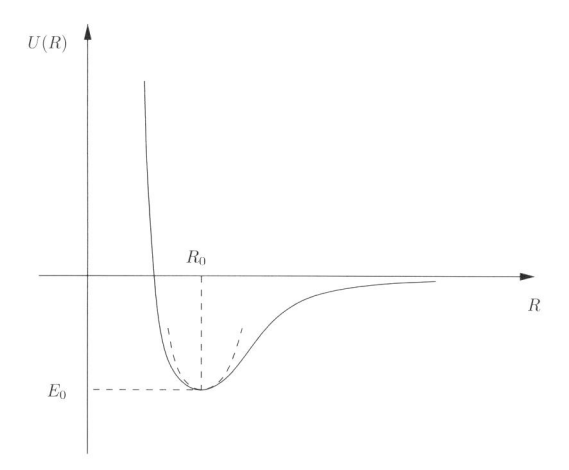

図 **3.7** 分子ポテンシャルの一般的な形

を順々に決定する．典型的な $U(R)$ の定性的形状を図 3.7 に示す．

ポテンシャルエネルギー $U(R)$ は，分子間相互作用の記述に用いたものに類似のレナード–ジョーンズ・ポテンシャルの形をしている．しかし，特徴的なスケールである R_0 と E_0 は非常に異なるので二つの場合を混同してはいけない．ポテンシャルの正確な形は考えている分子の種類により大きく異なる．大きさの程度を評価するには，極小の位置をボーア半径 ($R_0 \simeq a_0 \simeq 0.053\,\mathrm{nm}$) に，井戸の深さを 1 リュードベリ ($|E_0| \simeq 1Ry \simeq 13.6\,\mathrm{eV}$) にとるとよい[†3]．核間距離 R_0 と換算質量 μ を用いれば慣性モーメントが計算できる．

$$I \simeq \mu a_0^2$$

典型的な振動エネルギーを概算するために，まず当たり前のことから述べよう．二原子分子は内部自由度のエネルギーが解離エネルギーよりずっと小さいときにのみ存在できる．したがって，振動準位はポテンシャル井戸の底にあり，放物線近似で非常によく記述される（図 3.7）．

$$U(R) \simeq U(R_0) + \frac{1}{2}\kappa(R - R_0)^2$$

ただし，

$$\kappa = \left.\frac{\mathrm{d}^2 U}{\mathrm{d}R^2}\right|_{R=R_0} \simeq \frac{Ry}{a_0^2}$$

である．これで，特徴的な回転エネルギー，振動エネルギーと関連する温度の大きさを計算する準備ができた．

[†3] リュードベリ定数は通常は Ry ではなく R と書く．(訳者注)

$$\bar{\varepsilon}_{\text{vib}} = \hbar\omega_{\text{vib}} = \hbar\sqrt{\frac{\kappa}{\mu}} \simeq \frac{1}{\sqrt{\alpha}}\sqrt{\frac{m_e}{m_p}}\,Ry \quad T_{\text{vib}} = \bar{\varepsilon}_{\text{vib}}/k \simeq \frac{1}{\sqrt{\alpha}} \times 3700\,\text{K} \quad (3.63\text{a})$$

$$\bar{\varepsilon}_{\text{rot}} = \frac{\hbar^2}{2I} \simeq \frac{1}{\alpha}\frac{m_e}{m_p}\,Ry \qquad\qquad T_{\text{rot}} = \bar{\varepsilon}_{\text{rot}}/k \simeq \frac{1}{\alpha} \times 85\,\text{K} \qquad (3.63\text{b})$$

ただし，α は陽子質量を単位とした換算質量を表す．すなわち，$\mu = \alpha m_p$.

もう一度，図 3.6 を調べてみよう．高温すなわち $T_{\text{vib,rot}} \ll T$ では全自由度が励起され，到達可能な状態数が膨大なので古典近似が有効である．1 個の古典粒子の平均エネルギーとゆらぎの振幅は kT で決定されることを思い起こそう．分子にとって唯一のエネルギー源である温度がある特定の運動に関連した温度以下になると，その運動はもはや励起できなくなる．このようにしてわれわれは「凍結した」自由度について語ることができる．そこでは占有準位は基底状態のみとなり，古典近似の有効領域からはるかに離れた状況になる．図 3.6 では，まず振動自由度が，次に回転自由度が凍結することがわかる．多くの気体では回転自由度の凍結は観測不可能である．凍結に必要な温度がその気体自体の液化温度より低いからである．当然のことであるが理想気体モデルは液体にはもはや有効でない．熱力学の第三法則が要求するように比熱が絶対零度で零にならないことに驚くかもしれない．しかしながら，ここで紹介したモデルは量子統計の効果を考慮していないので完全ではないのである．

3.3.2 二原子分子の分配関数

凍結した自由度の概念を精密化するために，二原子分子の振動と回転に対する分配関数を具体的に計算しよう[*31]．異なった種類の自由度は独立なのでそれぞれ別々に分配関数を計算すればよい．したがって，二原子理想気体の分配関数は次のように書ける．

$$Z_N = \frac{1}{N!}\left(\zeta(\beta)\zeta_{\text{vib}}\zeta_{\text{rot}}\right)^N \qquad (3.64)$$

ここで $\zeta(\beta) = V/\lambda^3$ は 1 分子に対する並進運動の分配関数（式 (3.47) 参照）である．ζ_{vib} と ζ_{rot} の評価がこの節の目標である．

ポテンシャル井戸を調和近似すると，振動エネルギー準位は量子力学でよく見かける調和振動子と同じになる．

$$\varepsilon_n^{\text{vib}} = -u_0 + \left(n + \frac{1}{2}\right)\hbar\omega_{\text{vib}} \qquad (3.65)$$

ただし，$u_0 = -E_0 \simeq 1Ry$．それゆえ分配関数を評価するには幾何級数の総和をとればよい．

$$\zeta_{\text{vib}} = \sum_{n=0}^{\infty} e^{-\beta\varepsilon_n^{\text{vib}}} = \exp[\beta u_0]\,\frac{\exp[-\beta(\hbar\omega_{\text{vib}}/2)]}{1 - \exp[-\beta\hbar\omega_{\text{vib}}]} \qquad (3.66)$$

[*31] 二つの異なった核からなる分子（異核分子）のみを考えることにする．等核分子については，二つの核の交換に関して全波動関数を反対称化するという追加条件が必要である．研究課題 3.8.3 では水素分子を例としてこの状況を扱う．

3.3 量子振動子と量子回転子

平均振動エネルギーは次の式で与えられる.

$$\varepsilon_{\text{vib}} = -\frac{\partial \ln \zeta_{\text{vib}}}{\partial \beta} = -u_0 + \left(\frac{1}{\exp[\beta \hbar \omega_{\text{vib}}] - 1} + \frac{1}{2} \right) \hbar \omega_{\text{vib}} \tag{3.67}$$

式 (3.65) と (3.67) を比較すると,調和振動子の平均熱励起エネルギー準位が $\langle n \rangle = (\exp[\beta \hbar \omega_{\text{vib}}] - 1)^{-1}$ となることがわかる.5.4 節でこの量の物理的解釈をしよう.

したがって,比熱[*32)] は次式で与えられる.

$$C_V = k \left(\frac{T_{\text{vib}}}{T} \right)^2 \frac{e^{T_{\text{vib}}/T}}{(e^{T_{\text{vib}}/T} - 1)^2} \simeq \begin{cases} k \left(T_{\text{vib}}/T \right)^2 e^{-T_{\text{vib}}/T} \to 0 & T \ll T_{\text{vib}} \text{ に対して} \\ k & T \gg T_{\text{vib}} \text{ に対して} \end{cases} \tag{3.68}$$

$T \gg T_{\text{vib}}$ すなわち,獲得可能なエネルギー kT が調和振動子の準位間隔 $\hbar \omega_{\text{vib}}$ に比べて大きいときには,古典近似が有効で再び等分配則による予測値を得る.反対に $T \ll T_{\text{vib}}$ ならばこの式は「凍結した自由度」の描像に一致し,比熱は零になる[*33)].

回転状態は球面調和関数 $Y_{jm}(\theta, \varphi)$ で表される.球面調和関数は J^2 (固有値 $j(j+1)$) と J_z (固有値 m) の同時固有状態である.ボルン–オッペンハイマー模型では,回転準位は m に依存しないので $(2j+1)$ 重に縮退している.

$$\varepsilon_{j,m}^{\text{rot}} = j(j+1) \frac{\hbar^2}{2I} = j(j+1) \, k T_{\text{rot}} \tag{3.69}$$

回転に対する分配関数はしたがって以下の形をとる.

$$\zeta_{\text{rot}} = \sum_{j=0}^{+\infty} \sum_{m=-j}^{+j} e^{-\beta \varepsilon_{j,m}^{\text{rot}}} = \sum_{j=0}^{+\infty} (2j+1) \exp\left[-j(j+1) \frac{T_{\text{rot}}}{T} \right] \tag{3.70}$$

大部分の分子では(式 (3.63b) を参照)$T_{\text{rot}} \leq 10\,\text{K}$ であるので,広範囲の温度で,$T_{\text{rot}}/T \ll 1$ となる.この領域では,回転エネルギー準位の離散性は完全に消し去られ $kT \gg \bar{\varepsilon}_{\text{rot}}$,古典論が採用できる.これにより式 (3.70) の総和は積分におきかえられる.

$$\zeta_{\text{rot}} \simeq \int_0^{+\infty} dx \, (2x+1) \exp\left[-x(x+1) \frac{T_{\text{rot}}}{T} \right] \simeq \frac{T}{T_{\text{rot}}} \tag{3.71}$$

分配関数のこの表式は古典近似で求められた.この分配関数から求めた平均エネルギー

[*32)] 量子振動子の比熱は科学史上非常に重要である.それは,アインシュタインが提唱した模型において(全体にかかる定数因子を除いて)固体の比熱に対応するからである(基本課題 3.7.2).極低温における固体の比熱の消滅は,実験で観測されていたが古典物理では説明できなかった.すなわち古典的分配則に基づくデュロン–プティ則は,一定値の比熱を与えた.したがって,量子振動子の比熱が消滅することは新発見の量子論の実力を強化するものであった.しかしアインシュタイン模型は固体中の振動を十分には説明できない.読者は 5.4 節に書かれたデバイによるもっと満足のいく模型を参照されたい.アインシュタイン模型は,式 (5.47) で $\omega_k = $ 一定としている.これは,全原子が同じ振動数で振動するという仮定と同等である.

[*33)] アインシュタイン模型では比熱が指数関数的に減少するのとは対照的に,式 (5.64) では実験で観測されるのと同様にべき則 T^3 になる.

と比熱は等分配則と一致することは容易に確かめられる．

$$\varepsilon_{\rm rot} = -\frac{\partial}{\partial \beta}\ln \zeta_{\rm rot} = kT \qquad \text{そして} \qquad C_V = \frac{\partial \varepsilon_{\rm rot}}{\partial T} = k$$

数十 K 以下の温度では，あるいはもっと高い温度でも H_2 や HD のような軽い分子ならば，古典近似がもはや有効でない．それゆえ $T_{\rm rot}/T \gg 1$ の非古典領域になり，そこでは分子の回転はエネルギー的に有利でない．この条件下では，式 (3.70) の総和の最初の数項のみが分配関数に有意義な寄与をする．

$$\zeta_{\rm rot} = 1 + 3{\rm e}^{-2T_{\rm rot}/T} + 5{\rm e}^{-6T_{\rm rot}/T} + \cdots \simeq 1$$

$T \to 0$ での比熱の指数関数的ふるまいは，調和振動子について式 (3.68) で見られるし，回転運動にも成り立つが，基底状態と第 1 励起状態間のエネルギーギャップ ΔE の特徴である．

$$C \sim \exp\left(-\frac{\Delta E}{kT}\right) \tag{3.72}$$

3.4 理想気体から液体へ

　高温低密度気体では原子間の相互作用が無視できるので，分配関数が容易に評価できる理想気体モデルを使って熱力学量を正確に計算できる．また第 5 章で見るように，量子効果がもはや無視できない低温においても量子理想気体モデルが構築できる．多少驚くべきことに，この二つのモデルは構成粒子間の相関が非常に強くなる固体の密度，温度領域にまでしばしば一般化される．実際，うまくいく場合には，固体の統計熱力学は量子論での「準粒子」を生成する集団励起の理想気体モデルに簡単化される．これらの準粒子は集団伝播モードの量子であり，多くの場合，第 1 近似として独立である．たとえば，金属中の電子と結晶格子ポテンシャルの相互作用は，伝導電子の概念を生み出す．これらは近似的に独立な有効的準粒子であり，たとえば質量のような性質は自由電子と異なる．伝導電子の統計的性質は量子理想気体モデルから求められ，金属の低温比熱が説明できる (5.2 節参照)．同様にして，絶縁体の比熱は「フォノン」の量子理想気体を考えれば説明できる．フォノンとは結晶格子の振動モードに対応する準粒子である．

　液体の場合はどうだろう？　はじめに，液相の基本的性質は何であるかと問うことは興味深く教育的である．これは重要な問いである．なぜなら，液体と気体のふるまいの根本的な違いを明らかにすることは不可能だと，たちまち気がつくからである．二つの状態間に界面が存在するということで二者を単に区別するだけである．この曖昧さは，図 3.8 に示した典型的な相図を詳しく見れば明らかである．この相図から，臨界点をまわって液相から気相へと連続的に移れることがわかる．液体–固体間，気体–固体間ではありえないことである．液体とアモルファス物質の違いを明確にしようとする際にも，やはり大きな困難に直面する．手短かにいえば，気体でも結晶でもない物質はみな液体であ

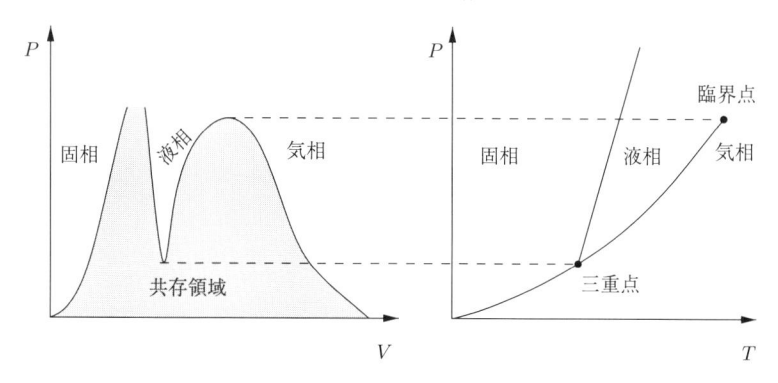

図 **3.8** 代表的な物質の $P-V$ および $P-T$ 相図

る．理想気体では分子は完全に独立で，固体では「長距離秩序」がある．液体ではこのような長距離秩序は存在せず，それが固体との質的な違いとなっている．しかし，「短距離相関」が存在して液体中では気体中よりずっと強い．以下の段落では，この相関が液体と高密度気体の熱力学をいかに決めるかを説明しよう．

3.4.1 2体相関関数

古典近似の枠内で話をすることにし，ハミルトニアンとして式 (3.44) の形を採用する．分配関数は式 (3.45) により「理想気体」部分

$$Z_K = \frac{1}{N!}\left(\frac{V}{\lambda^3}\right)^N$$

と空間座標依存性を制御するポテンシャルエネルギー項

$$Z_U = \frac{1}{V^N}\int\prod_{i=1}^N \mathrm{d}^3 r_i\, \mathrm{e}^{-\beta\mathcal{H}_U} \quad \mathcal{H}_U = \frac{1}{2}\sum_{i\neq j}U(\vec{r}_i,\vec{r}_j)$$

の積に因数分解する．積分測度 $\prod \mathrm{d}^3 r_i$ は，N 個の位置ベクトルからなる $3N$ 次元空間の体積要素を表す．この体積要素の統計的重みはその空間的位置に依存する．粒子 1 が体積要素 $\mathrm{d}^3 r_1$ に，粒子 2 が体積要素 $\mathrm{d}^3 r_2$ に，,,，粒子 N が体積要素 $\mathrm{d}^3 r_N$ に見いだされる同時確率は規格化されたボルツマン重みで表される．

$$\mathcal{P}_N(\vec{r}_1,\ldots,\vec{r}_N)\frac{\mathrm{d}^3 r_1\ldots\mathrm{d}^3 r_N}{V^N} = \frac{\mathrm{e}^{-\beta\mathcal{H}_U(\vec{r}_1,\ldots,\vec{r}_N)}}{Z_U}\frac{\mathrm{d}^3 r_1\ldots\mathrm{d}^3 r_N}{V^N} \tag{3.73}$$

ほかの $(N-1)$ 粒子の位置にかかわらず粒子 i が $\vec{r}_i$ のまわりに見いだされる確率 $\mathcal{P}_1(r_i)\mathrm{d}^3 r_i$ は，$j\neq i$ の全座標について積分すれば得られる．

$$\mathcal{P}_1(\vec{r}_i)\mathrm{d}^3 r_i = \frac{\mathrm{d}^3 r_i}{V}\int_V\cdots\int_V\frac{\prod_{j\neq i}\mathrm{d}^3 r_j}{V^{N-1}}\mathcal{P}_N(\vec{r}_1,\ldots,\vec{r}_N) \tag{3.74}$$

確率分布はあまり便利でないことがわかる．たとえば，$\mathcal{P}_1(r_i) \sim 1/V \ll 1$ となってしまうからである．もっと直接的であるが完全に等価な方法として，空間の領域を指定してそこにある分子の平均数を数える方法がある．

この方法では局所密度を扱うことになる．その中で一番簡単なものは個数密度すなわち単位体積あたりの粒子数である．

$$n(\vec{r}) = \frac{1}{Z_U} \int_V \cdots \int_V \frac{\mathrm{d}^3 r_1 \ldots \mathrm{d}^3 r_N}{V^N} \sum_{i=1}^N \delta(\vec{r} - \vec{r}_i) \mathrm{e}^{-\beta \mathscr{H}_U} = \left\langle \sum_{i=1}^N \delta(\vec{r} - \vec{r}_i) \right\rangle \tag{3.75}$$

次の量

$$n(\vec{r})\,\mathrm{d}^3 r = \left\langle \sum_{i=1}^N \delta(\vec{r} - \vec{r}_i) \right\rangle \mathrm{d}^3 r$$

は，位置 $\vec{r}$ にある体積 $\mathrm{d}^3 r$ 内にある平均粒子数である．明らかに n は $\mathcal{P}_1$ に $n(r) = N\mathcal{P}_1(r)$ のように直接関係づけられる[*34]．

同様にして，2体相関関数を次式で定義する．

$$n_2(\vec{r}, \vec{r}') \cong \left\langle \sum_{i=1}^N \sum_{j \neq i} \delta(\vec{r} - \vec{r}_i) \delta(\vec{r}' - \vec{r}_j) \right\rangle \tag{3.76}$$

ここで $n_2(\vec{r}, \vec{r}')\mathrm{d}^3 r \mathrm{d}^3 r'$ は粒子が位置 $\vec{r}$ と $\vec{r}'$ にある同時平均数であり，平均値 $\langle \cdot \rangle$ は式(3.75) で定義される．2体密度に対するこの定義は次の予想どおりの結果を満たすことが容易に示される．

$$\int_V \mathrm{d}^3 r'\, n_2(\vec{r}, \vec{r}') = (N-1)n(\vec{r})$$

実際，一つの粒子に注目すると $(N-1)$ 個のペアを作る機会がある．外部ポテンシャルがなく密度が一様なとき $n = N/V$ となる．すると $N \gg 1$ のとき，

$$\frac{1}{V} \int_V \mathrm{d}^3 r'\, n_2(\vec{r}, \vec{r}') \simeq n^2$$

となる．このような場合に「2体相関関数」$g(\vec{r}, \vec{r}')$ を導入すると，2粒子間の相関の程度が測れる[*35]．

$$n_2(\vec{r}, \vec{r}') = n^2 g(\vec{r}, \vec{r}') \tag{3.77}$$

[*34] $n(\vec{r}) = \sum_{i=1}^N \int_V \mathrm{d}^3 r_i \delta(\vec{r} - \vec{r}_i) \mathcal{P}_1(\vec{r}_i)$ であり，同一のタイプの粒子に対しては確率はすべて同一である．

[*35] 密度が一様でない場合は，$g(\vec{r}, \vec{r}')$ を次のように定義する．

$$g(\vec{r}, \vec{r}') = \frac{V}{(N-1)n(\vec{r})} n_2(\vec{r}, \vec{r}')$$

3.4 理想気体から液体へ

位置 $\vec{r}_i$ の原子からの散乱波の振幅は，原点の原子からの散乱波と比べて $(k'-k)\cdot r_i$ だけの位相差をもつ．したがって，この原子からの散乱振幅は次のようになる．

$$\frac{f(\theta)}{R}e^{i(\vec{k}'-\vec{k})\cdot \vec{r}_i} = \frac{f(\theta)}{R}e^{i\vec{q}\cdot \vec{r}_i}$$

すべての散乱中心の相互作用は同一でどれと散乱したか区別できないため，全散乱振幅は散乱振幅の和になる．

$$\mathcal{A}(\theta) = \frac{f(\theta)}{R}\sum_i e^{i\vec{q}\cdot \vec{r}_i} \tag{3.80}$$

もともとは式 (3.80) は液体の統計ゆらぎの情報を含まない．しかし，測定器には常に積分時間というものがあって，測定強度は単に(瞬間的)振幅の絶対値の 2 乗ではない．そのかわり，その(熱力学的)平均値で与えられる．

$$\begin{aligned}I(\theta) &= \langle|\mathcal{A}(\theta)|^2\rangle = \frac{|f(\theta)|^2}{R^2}\left\langle\sum_{i,j}e^{i\vec{q}\cdot(\vec{r}_i-\vec{r}_j)}\right\rangle \\ &= \frac{|f(\theta)|^2}{R^2}\left(N + \left\langle\sum_{i\neq j}e^{i\vec{q}\cdot(\vec{r}_i-\vec{r}_j)}\right\rangle\right)\end{aligned} \tag{3.81}$$

ここでもう一つの量，構造因子 $S(q)$ を固体物理から借用しよう．

$$I(\theta) = \frac{|f(\theta)|^2}{R^2}NS(\vec{q})$$

式 (3.79) で $h(\vec{r}_i, \vec{r}_j) = e^{i\vec{q}(\vec{r}_i-\vec{r}_j)}$ とおくと，式 (3.81) より次式が得られる．

$$NS(\vec{q}) = N + n^2 \int_V d^3r\, d^3r'\, g(\vec{r}, \vec{r}') e^{i\vec{q}\cdot(\vec{r}-\vec{r}')}$$

もし液体が一様ならば $g(\vec{r},\vec{r}')$ は，距離 $(r-r')$ だけの関数になる．そのときは，基準点の位置について積分でき，結果として因数 V が出るから次のようになる．

$$S(\vec{q}) = 1 + n\int_V d^3r\, g(\vec{r}) e^{i\vec{q}\cdot \vec{r}} \tag{3.82}$$

さらに，もし液体が等方的ならば次式が得られる[†4]．

$$\boxed{S(q) = 1 + \frac{4\pi n}{q}\int_0^{+\infty}dr\, r\, g(r)\sin(qr)} \tag{3.83}$$

δ 関数の因子からくる項（式 (3.82) の第 1 項）は別にすると，構造因子（図 3.11）は 2 体相関関数のフーリエ変換に比例する（固体物理における逆格子の概念を復習せよ）．

[†4] $\int_V d^3r\, g(\vec{r})e^{i\vec{q}\cdot\vec{r}} = \int_0^\infty dr \int_0^\pi d\theta\, g(r)e^{iqr\cos\theta} \cdot 2\pi r^2 \sin\theta = \frac{4\pi}{q}\int_0^\infty dr\, g(r) r \sin(qr)$. （訳者注）

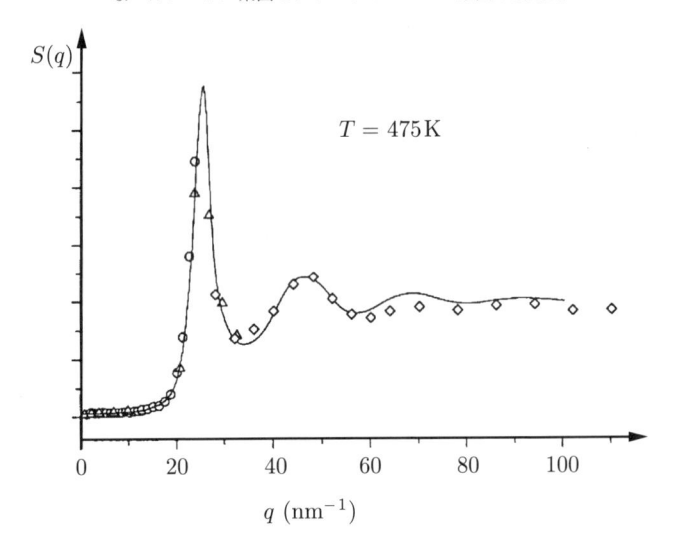

図 3.11 液体リチウムの構造因子. フランス, グルノーブルの European Synchrotron Radiation Facility (ESRF) にて測定.

3.4.3 圧力とエネルギー

構造因子は実験的に測定されるので, 2体相関関数がわかる. あとは, 熱力学量を g を使って表せばよい. まず平均エネルギーからはじめよう (式 (3.79) で $h(\vec{r}_i, \vec{r}_j) = U(\vec{r}_i, \vec{r}_j)$ とおく).

$$\begin{aligned} E &= \frac{3}{2}NkT + \frac{1}{2}\left\langle \sum_{i \neq j} U(\vec{r}_i - \vec{r}_j) \right\rangle \\ &= \frac{3}{2}NkT + \frac{n^2}{2}\int_V \mathrm{d}^3r\, \mathrm{d}^3r'\, U(\vec{r}, \vec{r}')g(\vec{r}, \vec{r}') \end{aligned} \quad (3.84)$$

並進不変な液体では, 式 (3.84) は次のようになる.

$$\boxed{\frac{E}{N} = \frac{3}{2}kT + \frac{n}{2}\int_V \mathrm{d}^3r\, U(\vec{r})g(\vec{r})} \quad (3.85)$$

次は式 (3.7) からはじめて圧力を計算しよう.

$$P = \frac{NkT}{V} + kT\left.\frac{\partial}{\partial V}\ln Z_U\right|_T \quad (3.86)$$

空間積分を行ったので Z_U は体積のみに依存することに注意しよう. ここでは $V = L^3$ として, 一様等方液体の場合を考察する. 相対距離だけが重要なので, 位置ベクトル $\vec{r}_i$ を次のようにスケールし直す: $\vec{r}_i = L\vec{s}_i$. したがって, $|\vec{r}_i - \vec{r}_j| = |\vec{s}_i - \vec{s}_j|L$ となり,

ハミルトニアンは $\mathscr{H}_U = 1/2 \sum U(|\vec{s}_i - \vec{s}_j|L)$ となる. さらに

$$\frac{\partial}{\partial V} \to \frac{L}{3V}\frac{\partial}{\partial L}$$

となるので, 次式が得られる.

$$\frac{1}{Z_U}\frac{\partial Z_U}{\partial V} = \frac{1}{Z_U}\frac{L}{3V}\frac{\partial}{\partial L}\left\{\int_V \frac{\mathrm{d}^3 r_1 \ldots \mathrm{d}^3 r_N}{V^N}\mathrm{e}^{-\beta\mathscr{H}_U}\right\}$$

$$= -\frac{1}{Z_U}\frac{L\beta}{6V}\int_{0\leq|\vec{s}_i|\leq 1}\prod_{i=1}^N \mathrm{d}\vec{s}_i \sum_{i\neq j}|\vec{s}_i - \vec{s}_j|U'(|\vec{s}_i - \vec{s}_j|L)\mathrm{e}^{-\beta\mathscr{H}_U}$$

$$= -\frac{1}{Z_U}\frac{\beta}{6V}\int_V \frac{\mathrm{d}^3 r_1 \ldots \mathrm{d}^3 r_N}{V^N}\sum_{i\neq j}|\vec{r}_i - \vec{r}_j|U'(|\vec{r}_i - \vec{r}_j|)\mathrm{e}^{-\beta\mathscr{H}_U}$$

式 (3.79) で $h(\vec{r}_i, \vec{r}_j) = |\vec{r}_i - \vec{r}_j|U(|\vec{r}_i - \vec{r}_j|)$ とおけば, 圧力に対する式が得られる[†5].

$$\boxed{P = nkT - \frac{1}{6}n^2 \int_V \mathrm{d}^3 r\, g(r) r U'(r)} \qquad (3.87)$$

3.5 化学ポテンシャル

3.5.1 基本公式

すでに 1.2.3 項では, エネルギーと体積が一定の場合の粒子種 i に対する化学ポテンシャル μ_i の定義 (1.11) を与えた[*37].

$$\mu_i = -T\left(\frac{\partial S}{\partial N_i}\right)_{E,V,N_j\neq N_i} \qquad (3.88)$$

ほかの二つの定義は, 自由エネルギー F (式 (1.24) 参照) を用いて

$$\mu_i = \left(\frac{\partial F}{\partial N_i}\right)_{T,V,N_j\neq N_i} \qquad (3.89)$$

と与えられるか, ギブスポテンシャル G (式 (1.26) 参照) を用いて

$$\mu_i = \left(\frac{\partial G}{\partial N_i}\right)_{T,P,N_j\neq N_i} \qquad (3.90)$$

[†5]
$$P = nkT - \frac{2\pi n^2}{3}\int_0^\infty \mathrm{d}r\, g(r) r^3 U'(r)$$
と書くほうがわかりやすい. (訳者注)

[*37] ここでは部分系を使わないので, 記法 $N^{(i)}$ を N_i で代用できる.

と与えられる．一定に保つ変数はそれぞれの場合ごとに異なることを強調しよう．式 (3.90) は，以下に示すようにギブス–デュエムの関係式 (1.41) のもう一つの証明になっている．すなわち，定温定圧で粒子数を少し変化させ，$\varepsilon \ll 1$ として粒子数を $(1+\varepsilon)$ 倍する．すなわち，$N_i \to N_i(1+\varepsilon)$ あるいは $\mathrm{d}N_i = \varepsilon N_i$ と変化させる．ギブスポテンシャルは示量的なので，この操作により $G \to G(1+\epsilon)$ となる．したがって次のようになる．

$$\mathrm{d}G = \varepsilon G = \sum_i \mu_i(\varepsilon N_i) = \varepsilon \sum_i \mu_i N_i$$

これは，式 (1.40) の粒子の種類が多い場合への拡張

$$\boxed{G = \sum_i \mu_i N_i} \tag{3.91}$$

である[*38]．式 (3.91) の微分をとれば

$$\mathrm{d}G = \sum_i (\mu_i \, \mathrm{d}N_i + N_i \, \mathrm{d}\mu_i)$$

となる．一方，式 (1.26) と (3.90) を使えば

$$\mathrm{d}G = -S \, \mathrm{d}T + V \, \mathrm{d}P + \sum_i \mu_i \, \mathrm{d}N_i$$

が得られる[†6]．この二つの式より次のギブス–デュエムの関係式が得られる．

$$\boxed{S \, \mathrm{d}T - V \, \mathrm{d}P + \sum_i N_i \, \mathrm{d}\mu_i = 0} \tag{3.92}$$

化学ポテンシャルの導入により TdS という量の二つの成分すなわち伝導成分と対流成分とを区別できるようになる[*39]．平衡系を考えよう．温度 T のサーモスタットがついていて，圧力 P に保たれていて，化学ポテンシャル μ の熱浴と粒子を交換できるとする．議論の簡単化のため1種類の粒子のみを考える．$\tilde{s} = S/N$ と $\tilde{\epsilon} = E/N$ を1粒子

[*38] この μ_i は，同じ圧力温度にある独立な部分系があったとしたら観測されるはずものとは同一にはならない（研究課題 2.7.10）．ただし，理想気体の混合系の場合は例外である．

[†6] $G = G(T, P, \{N_i\})$ として変分をとり，式 (1.26) の中の第 2, 第 3 の関係を用いると，

$$\mathrm{d}G = \left(\frac{\partial G}{\partial T}\right)_{P, N_i} \mathrm{d}T + \left(\frac{\partial G}{\partial P}\right)_{T, N_i} \mathrm{d}P + \sum_i \left(\frac{\partial G}{\partial N_i}\right)_{T, P, N_j \neq N_i} \mathrm{d}N_i$$
$$= -S \mathrm{d}T + V \mathrm{d}P + \sum_i \mu_i \mathrm{d}N_i$$

が導かれる．(訳者注)

[*39] 温度勾配のある液体を考えよう．もしも，液体が動かないままだとしたら伝導によって熱平衡（一様な温度に対応）が達成される．温度を一様にするには液体を混ぜる（かき混ぜる）ほうがもっと効率的である．つまり対流を起こすのである．

あたりのエントロピーとエネルギーとして，次のように書く．

$$T\,dS = T\,d(N\check{s}) = TN\,d\check{s} + T\check{s}\,dN \tag{3.93}$$

式 (3.93) の第 1 項は 1 粒子あたりのエントロピーの変化によるものであり，いいかえれば伝導項である．他方，第 2 項は粒子数の変化によるエントロピー変化であり，対流項である．体積一定時の dE の式に戻れば[†7]，dN に比例する項をすべてまとめるのは妥当なことである．

$$dE = TN\,d\check{s} + (T\check{s} + \mu)\,dN = TN\,d\check{s} + \check{h}\,dN \tag{3.94}$$

ここで $\check{h} = \overline{H}/N = \check{\epsilon} + Pv$ は 1 粒子あたりのエンタルピーである．$v = V/N$ として式 (3.94) で $\mu + T\check{s}$ を $\check{\epsilon} + Pv$ と書くために，エンタルピーの定義式 (1.25)，および式 (1.40) を使った．項 $\check{h}dN$ は簡単な物理的解釈ができる．考えている体積に dN 個の粒子が対流で輸送されて来ればエネルギーは $\check{\epsilon}dN$ だけ増加する．ところが，もとの体積に戻るには体積を vdN だけ圧縮しなければならない．そして，エネルギー収支式に圧力がする仕事 $PvdN$ を加える必要がある．一つの例は，ジュール–トムソン膨張（研究課題 1.7.6）である．もう一つの例は，一般に体積一定のオイラー記法が使われる流体力学から採ろう．このときエネルギー密度 $\epsilon = E/V = \check{\epsilon}n$ を定義し，伝導項と対流項の分離を次の形に書く．

$$d\epsilon = Tn\,d\check{s} + \check{h}\,dn \tag{3.95}$$

式 (3.95) は流体力学においてエンタルピーが演じる役割を説明する．エントロピーが保存する過程では，運動エネルギー密度を k，エンタルピー密度を $h = \overline{H}/V$，流体の速度を u としたとき，エネルギー流は $(k+\epsilon)u$ というよりも $(k+h)u$ で与えられる（研究課題 6.5.2 参照）．

3.5.2 多相共存

本項では，2 相間の平衡を扱う．化学ポテンシャル μ_1 と μ_2 は，たとえば気相 (1) と液相 (2) のように，同一種ではあるが二つの異なった相の粒子を記述する．2 相間の平衡条件は，式 (1.14) により温度，化学ポテンシャルが等しいこと ($\mu_1 = \mu_2$)，したがって圧力が等しいことである．この等式は (P,T) 平面上に 2 相共存曲線 $\mu_1(T,P) = \mu_2(T,P)$ を定義する．化学ポテンシャルが等しいということは，式 (3.91) により，2 相の同数の粒子についてギブスポテンシャルが等しいということ ($G_1(T,P) = G_2(T,P)$) である．3 相が平衡にあるとき化学ポテンシャルの方程式

$$\mu_1(T,P) = \mu_2(T,P) = \mu_3(T,P)$$

[†7] 式 (1.19) で $dV = 0$ とおくと，$dE = TdS + \mu dN = TNd\check{s} + T\check{s}dN + \mu dN = TNd\check{s} + (T\check{s} + \mu)dN$ となる．(訳者注)

は，(T, P) 平面上に 3 重点とよばれる孤立点を定義する（図 3.8）．

共存曲線に沿って関係式 $\mu_1(T, P) = \mu_2(T, P)$ を微分すれば，クラペイロンの式が得られる．

$$-\check{s}_1\,\mathrm{d}T + v_1\,\mathrm{d}P = -\check{s}_2\,\mathrm{d}T + v_2\,\mathrm{d}P$$

ここで，$\check{s}_i$ と v_i は相 i における 1 粒子あたりのエントロピーと比体積である．これから次式が得られる．

$$\left.\frac{\mathrm{d}P}{\mathrm{d}T}\right|_{\mathrm{coex}} = \frac{\check{s}_1 - \check{s}_2}{v_1 - v_2} \tag{3.96}$$

転移 (2) → (1) に対する 1 粒子あたりの潜熱は，$l = T(\check{s}_1 - \check{s}_2)$ である．したがって，式 (3.96) は次のように書き直せる．

$$\boxed{\left.\frac{\mathrm{d}P}{\mathrm{d}T}\right|_{\mathrm{coex}} = \frac{l}{(v_1 - v_2)T}} \tag{3.97}$$

液体 (2)–気体 (1) 転移では，液体の 1 粒子あたりのエントロピーと比体積は気体よりも小さいので $\mathrm{d}P/\mathrm{d}T > 0$ となる．固体 (2)–液体 (1) 転移では，一般に固体は液体よりも秩序化されており（$\check{s}_2 < \check{s}_1$），比体積も小さい（$v_2 < v_1$）ので，やはり $\mathrm{d}P/\mathrm{d}T > 0$ となる．二つの例外をあげよう．水–氷転移では氷の比体積は水の比体積よりも大きい（$v_2 > v_1$）．液体ヘリウム 3 の液体–固体転移では，核スピンの影響で $T < 0.3\,\mathrm{K}$ の液体のエントロピーは固体のエントロピーよりも小さい（$\check{s}_1 < \check{s}_2$）（研究課題 5.7.6 参照）．どちらの場合も $\mathrm{d}P/\mathrm{d}T < 0$ であり，ヘリウム 3 の場合は $l < 0$ でもある．

3.5.3　定圧下での平衡条件

これらの相転移の勉強を進める前に，温度 T_0，圧力 P_0 に固定された熱浴 $\mathcal{R}$ に接している系 $\mathcal{A}$（図 3.12）の平衡条件を与える結果を導こう．系 $\mathcal{A}$ がどのような状態にあっ

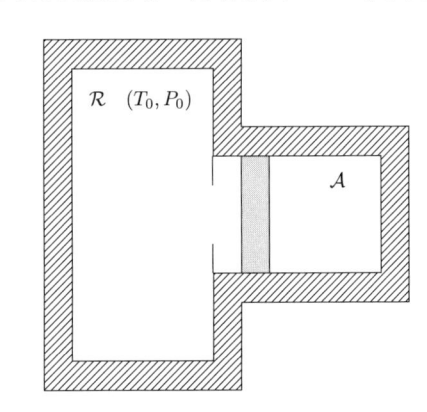

図 **3.12**　定温定圧下の平衡状態

3.5 化学ポテンシャル

ても熱浴は平衡状態にある[*40]（その温度と圧力ははっきりと定義されて一定である）．結合系 $(\mathcal{A}+\mathcal{R})$ は外界から遮断されていて，熱浴と系の接触面は可動式であると仮定する．量 X の変化を ΔX と表す記法を用いて，熱浴に関する量の場合は下つき添え字 0 をつけることにする．孤立系のエントロピーは減少しないことを思い出せば次式が得られる．

$$\Delta S_{\text{tot}} = \Delta S + \Delta S_0 \geq 0$$

もしも $\mathcal{A}$ が熱を Q だけ受け取れば，熱浴は $-Q$ だけ受け取り，$\Delta S_0 = -Q/T_0$ となる．同様にして，もしも $\mathcal{A}$ が熱浴に $\mathbb{W} = -P_0 \Delta V_0$ だけ仕事をすれば，全体積が一定であることから，$\mathbb{W} = P_0 \Delta V$ が得られる．したがって $Q = \Delta E + P_0 \Delta V$ となる．全エントロピーの変化に対する不等式は次のようになる．

$$\Delta S_{\text{tot}} = \Delta S - \frac{Q}{T_0} = \frac{1}{T_0}\left(T_0\,\Delta S - (\Delta E + P_0\,\Delta V)\right) \geq 0 \tag{3.98}$$

関数 $G_0 = E - T_0 S + P_0 V$ を定義しよう．この関数は，系と熱浴が平衡状態 ($T = T_0$, $P = P_0$) にあるときギブスポテンシャルになる．これを使うと式 (3.98) は

$$\boxed{T_0, P_0 \text{ 固定：}\ \ \Delta G_0 \leq 0} \tag{3.99}$$

となる．ピストンが固定されているときは，$F_0 = E - T_0 S$ を使って $\Delta V = 0$ より条件 (3.98) は

$$\boxed{T_0, V \text{ 固定：}\ \ \Delta F_0 \leq 0} \tag{3.100}$$

と書ける．このことは，しばしば「温度と体積が固定されているとき，系はその自由エ

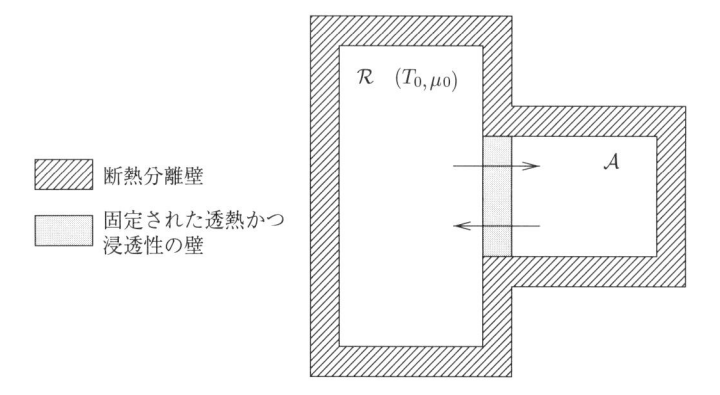

図 **3.13** 温度一定，化学ポテンシャル一定の平衡状態

[*40] より正確にいえば，始状態と終状態は系 $\mathcal{A}$ のエントロピーがきちんと定義できるように局所平衡状態にあると仮定する．しかし，系が熱浴と接触して始状態から終状態へと移される途中で，系が局所平衡状態でない中間状態を通過してもよい．

ネルギーを最小化しようとする」と表現される．量 F_0 は系 $\mathcal{A}$ が供給できる最大の仕事量を与える．実際，$\Delta S_0 \geq -\Delta S$ という条件の下で $\mathcal{A}$ が受ける仕事量は

$$W = \Delta E - Q = \Delta E + T_0 \Delta S_0$$

であり，これは

$$W \geq \Delta E - T_0 \Delta S = \Delta F_0$$

を満たす．したがって $\mathcal{A}$ が供給する仕事 $\mathbb{W}$ は $-\Delta F_0$ が上限となる．

$$\mathbb{W} \leq -\Delta F_0 \tag{3.101}$$

この結果は式 (1.21) で導いたものと同じである．

3.5.4 μ 一定の条件下での平衡条件と安定条件

相転移の研究には，3.5.3 項の結果の一変形を用いるのが一番便利である．すなわち，温度 T_0 と化学ポテンシャル μ_0 （したがって，圧力 P_0 も）を固定した熱浴 $\mathcal{R}$ と接する系 $\mathcal{A}$ に対する安定条件を決定する．まさしくこの状況は，粒子が一つの相からほかの相へと移動できる相転移の記述にぴったりである．どちらの相を熱浴と考えてもよい．粒子が行き来できる穴の開いた壁を通して系と熱浴は熱的に接触している．系 $\mathcal{A}$ の体積は一定に保つとする．3.5.3 項と同様に孤立系のエントロピーは減少しないので，

$$\Delta S_{\text{tot}} = \Delta S + \Delta S_0 \geq 0$$

となる．熱浴は平衡状態のままであるから $\Delta S_0 = Q_0/T_0$ となる．また，式 (1.18) で $dV = 0$ とおいて次式が導かれる．

$$T_0 \Delta S_0 = \Delta E_0 - \mu_0 \Delta N_0 = -\Delta E + \mu_0 \Delta N$$

ただしエネルギーと粒子数の保存則を用いた．したがって，次式が得られる．

$$\Delta S_{\text{tot}} = \frac{1}{T_0}(T_0 \Delta S - \Delta E + \mu_0 \Delta N) = -\frac{1}{T_0}\Delta(E - T_0 S - \mu_0 N) \geq 0$$

この結果は，系が $F_0 - \mu_0 N$ を最小化しようとすることを示している．

$$\boxed{T_0,\ \mu_0\ \text{固定}: \quad \Delta(F_0 - \mu_0 N) \leq 0} \tag{3.102}$$

ここで再び重要なのは，式 (3.102) の中の温度と化学ポテンシャルは熱浴のものであるということである．平衡状態では，

$$F_0 - \mu_0 N \to F - \mu N = E - TS - \mu N = -PV \tag{3.103}$$

となる．物理量 $F - \mu N = -PV$ は，グランドポテンシャル $\mathcal{J}$ とよばれ (T, V, μ) の関数である．その微分は次式のようになる．

3.5 化学ポテンシャル

$$d\mathcal{J} = -S\,dT - P\,dV - N\,d\mu = -V\,dP - P\,dV \tag{3.104}$$

上式の第 2 の等号はギブス–デュエムの関係 (1.41) から導かれる．さて，自由エネルギー F で記述される平衡状態の系へ戻ろう．自由エネルギーは示量的である $F(T,V) = Vf(T,n)$．また，以下の議論では温度は何の役割も演じないので，簡単に $f(T,n) = f(n)$ と書く．以下の恒等式

$$\left.\frac{\partial n}{\partial N}\right|_V = \frac{1}{V} \quad \text{および} \quad \left.\frac{\partial n}{\partial V}\right|_N = -\frac{n}{V} \tag{3.105}$$

から，次式が得られる．

$$\mu = \left.\frac{\partial F}{\partial N}\right|_V = f'(n) \tag{3.106}$$

$$P = -\left.\frac{\partial F}{\partial V}\right|_N = -f + nf'(n) \tag{3.107}$$

これらの関係式は，式 (1.42) の別証明に使える．式 (3.107) より $(\partial P/\partial n)_T = nf''(n)$ が得られるが，これを等温膨張係数 κ_T すなわち式 (1.34) の計算に使う[†8]．

$$\frac{1}{\kappa_T} = -v\left.\frac{\partial P}{\partial v}\right|_T = n\left.\frac{\partial P}{\partial n}\right|_T = n^2 f''(n) = n^2\left.\frac{\partial \mu}{\partial n}\right|_T \tag{3.108}$$

この式は f が n の下に凸な関数（$f''(n) \geq 0$）であることを示している．なぜなら，安定性条件は $\kappa_T \geq 0$ だからである．$\partial P/\partial n \propto f''(n)$ が負になるときは，相転移の兆候である．圧力 P は高密度側（たとえば液相）でも低密度側（たとえば気相）でも n の増加関数である．圧力は区間 $\overline{n}_1 \leq n \leq \overline{n}_2$ で減少関数になるので，この区間は不安定領域を表している．密度 $\overline{n}_1$ と $\overline{n}_2$ は関数 f の変曲点であり，スピノダル点とよばれる（図 3.14）．もし化学ポテンシャル μ_0 が熱浴によって課せられるならば，そのときは一方で $(f - \mu_0 n)$ は両方の相で同じでなければならず[*41]，他方で式 (3.102) によって $(f - \mu_0 n)$ は最小化されるので，$f' = \mu_0$ と結論される．この二つの条件により共通接線を引くことができて（図 3.14(b)），相 (1) と相 (2) の密度 n_1 と n_2 を決定する．

[†8] 式 (3.108) の第 2 の等号は次のように導かれる．まず，数密度 $n = N/V$ と比体積 $v = V/N$ とには自明な関係 $nv = 1$ が成り立つことに注意する．圧力 P は示強的な量であるから，V や N の関数ではなく v あるいは n の関数として表すことができる．そこで，たとえば，$P = P(v) = P(\frac{1}{n})$ と書くと，

$$\frac{\partial P(v)}{\partial v} = \frac{\partial P(\frac{1}{n})}{\partial n}\frac{dn}{dv} = -\frac{1}{v^2}\frac{\partial P(\frac{1}{n})}{\partial n}$$

となる．ゆえに，

$$-v\frac{\partial P}{\partial v} = n\frac{\partial P}{\partial n}.$$

（訳者注）

[*41] x を相 (1) の分子の（質量の）割合，$(1-x)$ を相 (2) の割合としよう．$f - \mu_0 n = x[f_1 - \mu_0 n_1] + (1-x)[f_2 - \mu_0 n_2]$ は変数 x について停留点でなければならない．

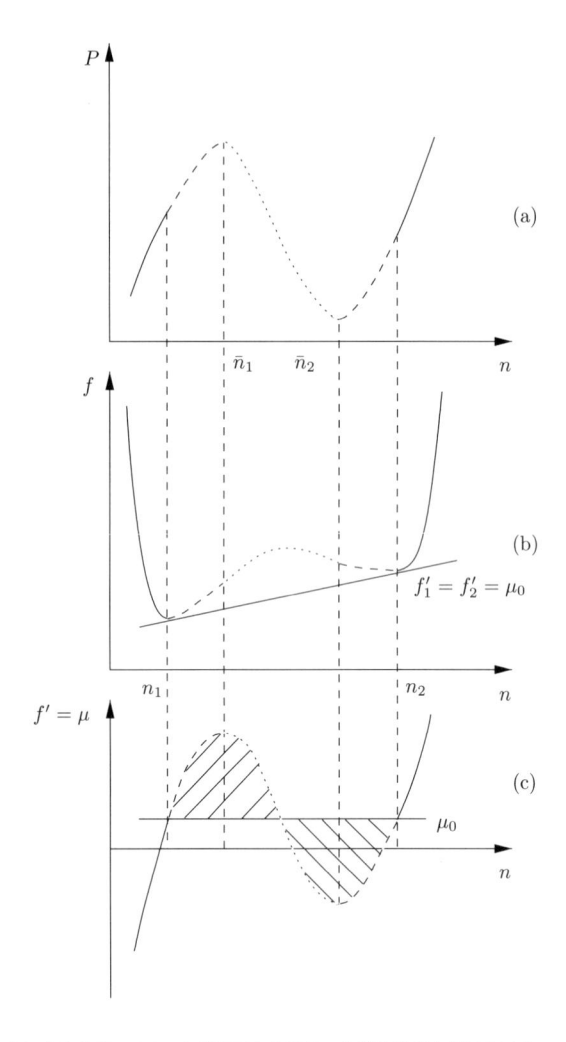

図 3.14 (a) 安定曲線 $P(n)$：点線は不安定領域，破線は準安定領域を示す．スピノーダル点 $\bar{n}_1$ と $\bar{n}_2$ は，P（あるいは f'）の極値に対応する．(b) 共通接線図を用いた相 (1) と相 (2) の密度 n_1 と n_2 の決定法．スピノーダル点は f の変曲点である．(c) マクスウェル図を使った n_1 と n_2 の決定法．

$$\frac{f_2 - f_1}{n_2 - n_1} = \mu_0 \tag{3.109}$$

マクスウェル図（図 3.14(c)）からも同じ密度が得られる．

$$\int_{n_1}^{n_2} \mathrm{d}n\,(\mu - \mu_0) = \int_{n_1}^{n_2} \mathrm{d}\,n(f'(n) - \mu_0) = [f - \mu_0 n]_1^2 = 0 \tag{3.110}$$

この式は，図 3.14(c) の二つの斜線領域の面積が等しいことを意味する．$n_1 \leq n \leq \overline{n}_1$ と $n_2 \leq n \leq \overline{n}_2$ で定義される領域は準安定領域である．

3.5.5 化 学 反 応

化学ポテンシャルは化学反応の研究に必要不可欠な道具である．ここでは気相中での反応のみに限定し，いくつかの単純な例を考えよう．$B_1, B_2, ..., B_m$ を反応に関係する m 種の分子としよう．たとえば次の反応については，$B_1 = \mathrm{H_2}, B_2 = \mathrm{O_2}, B_3 = \mathrm{H_2O}$ である．

$$2\mathrm{H_2} + \mathrm{O_2} \rightleftarrows 2\mathrm{H_2O} \tag{3.111}$$

式 (3.111) は，記号式に書き直すと便利である．

$$-2\mathrm{H_2} - \mathrm{O_2} + 2\mathrm{H_2O} = 0 \tag{3.112}$$

同様にして，一般の化学反応を次のように表す．

$$\sum_{i=1}^{m} b_i B_i = 0 \tag{3.113}$$

整数 b_i は，反応の帳尻を合わせるのに必要な化学量論的係数である．例 (3.112) では，$b_1 = -2, b_2 = -1, b_3 = 2$ となる．孤立系 $(dE = dV = 0)$ では，平衡条件はエントロピー最大の条件 $dS = 0$ である．この条件は，N_i を B_i 型の分子の数として $\sum_{i=1}^{m} \mu_i dN_i = 0$ となる．反応の帳尻が合うようにするために，変化 dN_i は係数 b_i に比例する必要がある．すなわち $dN_i = \epsilon b_i$．このことから次の重要な結果が導かれる．

$$\boxed{\sum_{i=1}^{m} b_i \mu_i = 0} \tag{3.114}$$

この証明では化学ポテンシャルは，エントロピーの自然な変数である E と V の関数である．式 (3.114) は得るには，定温定体積で $dF = 0$ とおくか，定温定圧で $dG = 0$ とおいてもよい．その場合，化学ポテンシャルはそれぞれ (T, V) と (T, P) の関数となる．式 (3.114) は非常に一般的で，気相中（低密度でも高密度でもよい）や溶液中の反応で成り立つ．

質量作用の法則[*42]は，気相で起こる反応で分子間相互作用と量子統計効果が無視できると仮定すると得られる．すなわち古典理想気体近似を採用する．この条件下で，m種類の分子からなる系に対する分配関数は次のようになる．

$$Z = \prod_{i=1}^{m} \frac{(V\zeta_i)^{N_i}}{N_i!} \tag{3.115}$$

ただし，式 (3.13) より

$$\zeta_i = \left(\frac{1}{\lambda_i^3}\right) \sum_s \exp\left(-\beta \varepsilon_s^{\text{int}(i)}\right) \tag{3.116}$$

である．この式で λ_i は i 型分子の熱波長 (3.11) であり，s に関する和は振動や回転のようなすべての分子内自由度についてとり，$\epsilon_s^{\text{int}(i)}$ は対応する準位のエネルギーである．こうして，化学ポテンシャル μ_i は次のように与えられる．

$$\mu_i = \left.\frac{\partial F}{\partial N_i}\right|_{V,T,N_j \neq N_i} = -kT \ln \frac{V\zeta_i}{N_i} \tag{3.117}$$

これから平衡条件

$$\sum_{i=1}^{m} b_i \ln \frac{\zeta_i}{n_i} = 0$$

が得られ，この指数関数をとれば次の第 1 等号が成り立つことが示される．また ζ_i は T だけの関数なので次の第 2 等号が成り立つ．

$$\boxed{n_1^{b_1} \ldots n_m^{b_m} = \zeta_1^{b_1} \ldots \zeta_m^{b_m} = K(T)} \tag{3.118}$$

式 (3.118) は濃度 $n_1, \ldots, n_m$ に対する質量作用の法則を表す．濃度 n_i の b_i 乗の積は温度 T だけの関数 $K(T)$ に等しい．

応用例としてサハの法則を証明しよう．サハの法則は水素原子 H が自由電子 e と陽子 p に電離する割合（e+p↔H）を温度の関数として与える．先に定義した量 ζ は，電子，陽子，水素原子に対して次のようになる．

$$\zeta_\text{e} = \frac{2}{\lambda_\text{e}^3} = 2\left(\frac{2\pi m_\text{e}}{\beta h^2}\right)^{3/2} \tag{3.119}$$

$$\zeta_\text{p} = \frac{2}{\lambda_\text{p}^3} = 2\left(\frac{2\pi m_\text{p}}{\beta h^2}\right)^{3/2} \tag{3.120}$$

$$\zeta_\text{H} = 4\left(\frac{2\pi m_\text{H}}{\beta h^2}\right)^{3/2} \sum_n \exp(-\beta E_n) \tag{3.121}$$

電子と陽子に対して 2，水素に対して 4 の因子は，スピンの縮退度に起因する．式 (3.121)

[*42] これもまた不思議な術語である．

の n に関する和は，式 (3.116) に従って水素原子のエネルギー準位についてとる．水素原子の基底状態は $E_0 = -13.6\,\mathrm{eV}$ のエネルギーをもつ．これは温度にすると $1.6 \times 10^5\,\mathrm{K}$ に相当する．もし，$T \ll 10^5\,\mathrm{K}$ と仮定すれば，式 (3.121) で励起状態の重みは小さいので無視してよい．さらに，陽子と水素原子の質量を同じとしてよい $(m_\mathrm{p} \simeq m_\mathrm{H})$ ので，

$$\zeta_\mathrm{H} \simeq 4\left(\frac{2\pi m_\mathrm{p}}{\beta h^2}\right)^{3/2} \exp(\beta|E_0|)$$

となる．式 (3.118) を使えば次のサハの法則が得られる．

$$\frac{n_\mathrm{e} n_\mathrm{p}}{n_\mathrm{H}} \simeq \left(\frac{2\pi m_\mathrm{e}}{\beta h^2}\right)^{3/2} \exp(-\beta|E_0|) \tag{3.122}$$

もし，電子と陽子の供給源が中性水素原子の電離のみならば $n_\mathrm{e} = n_\mathrm{p}$ であり，式 (3.122) は，

$$n_\mathrm{e} = \left(\frac{2\pi m_\mathrm{e}}{\beta h^2}\right)^{3/4} \exp(-\beta|E_0|/2) n_\mathrm{H}^{1/2} \tag{3.123}$$

となる．この式は自由エネルギー $E - TS$ の最小化におけるエネルギー対エントロピー競合を説明している．低温では，E を最小化するのが有利で水素原子ができやすくなる（n_H が大きくなる）．高温では，エントロピーを増大させるのが有利なので原子を電離させる（n_e が大きくなる）．

3.6 グランドカノニカル集団

3.6.1 大分配関数

第 2 章で概略を述べた一般的枠組みに従って，今度はグランドカノニカル集団について詳しく調べよう．すなわち，エネルギーと粒子の両方を熱浴と交換できる系を研究する．したがって，エネルギーと粒子数の平均値 $E = \langle \mathscr{H} \rangle$ と $\overline{N} = \langle \mathsf{N} \rangle$ を固定する[*43]．ここで第 2 章とは異なる記法を使わなければならない．N は，確定した整数値をとる粒子数すなわち N の固有値を表すので，平均値には別の記法 $\overline{N}$ を使う必要がある．第 2 章でのボルツマン分布の構成法に従って，グランドカノニカル集団の密度演算子は二つのラグランジュ乗数 α と β を使って次のように与えられる．

$$\boxed{\rho = \frac{1}{\mathcal{Q}} \exp(-\beta\mathscr{H} + \alpha\mathsf{N}) \qquad \mathcal{Q} = \mathrm{Tr}\,\exp(-\beta\mathscr{H} + \alpha\mathsf{N})} \tag{3.124}$$

[*43] グランドカノニカル集団の正確な数学的記述には，粒子数の変化を許す理論が原則として必要であるが，初等量子力学はそのようになっていない．しかし，そのような理論は存在して，それは（不適切にも）「第 2 量子化」とよばれる．5.4.1 項で簡単な場合について「第 2 量子化」を行う．ここでは，「第 2 量子化」の理論は必要なく，ただその存在を知っていればよい．

Q は大分配関数とよばれる.密度演算子 ρ はヒルベルト空間 $\mathcal{H}$ に作用する.$\mathcal{H}$ は,粒子数 N のヒルベルト空間 $\mathcal{H}^{(N)}$ の直和である[*44].

$$\mathcal{H} = \bigoplus_N \mathcal{H}^{(N)}$$

「第 2 量子化」の理論では,この空間はフォック空間とよばれる.

非相対論的量子力学では粒子数は保存される.すなわち $[\mathscr{H}, \mathsf{N}] = 0$ であり,ハミルトニアンは粒子数演算子と交換する.しかし相対論的量子力学ではそうならない.たとえば電子と陽電子を考えれば,これらの粒子数はそれぞれ個別には保存されない.電荷保存則により,保存されるのは電子と陽電子の粒子数の差である.ボルツマン分布では,ラグランジュ乗数 α(あるいは,それに直接関係する化学ポテンシャル μ)は,電子と陽電子の粒子数差 $(\mathsf{N}_- - \mathsf{N}_+)$ にかけられる.一般的に化学ポテンシャルは保存則に関係づけられる.ここでわれわれが関心のある初等量子力学の場合は,粒子数保存則である.

さて,大分配関数の具体形を書き下そう.交換関係 $[\mathscr{H}, \mathsf{N}] = 0$ より,この二つの演算子について同時対角化ができる.$|N, r\rangle$ を,粒子数演算子 N の固有値 N とエネルギー固有値 E_r の指標 r でラベルづけられた基底としよう.エネルギー E_r は,N と外部パラメータ x_i の関数になる.

$$\mathscr{H}|N, r\rangle = E_r(N, x_i)|N, r\rangle$$
$$\mathsf{N}|N, r\rangle = N|N, r\rangle \tag{3.125}$$

N 粒子ヒルベルト空間 $\mathcal{H}^{(N)}$ では,

$$\langle N, r|\mathrm{e}^{-\beta\mathscr{H}+\alpha\mathsf{N}}|N, r\rangle = \mathrm{e}^{\alpha N}\,\mathrm{e}^{-\beta E_r(N, x_i)}$$

となり,$\mathcal{H}^{(N)}$ でのトレース

$$\mathrm{Tr}_N\,\mathrm{e}^{-\beta\mathscr{H}+\alpha\mathsf{N}} = \mathrm{e}^{\alpha N}\sum_r \mathrm{e}^{-\beta E_r(N, x_i)}$$

を与える.さらに N について和をとれば,大分配関数が α, β と x_i の関数として得られる.

$$\mathcal{Q}(\alpha, \beta, x_i) = \sum_{N=0}^{\infty} \mathrm{e}^{\alpha N}\sum_r \mathrm{e}^{-\beta E_r(N, x_i)} \tag{3.126}$$

式 (3.126) の r に関する和は単にカノニカル分配関数である.したがって,式 (3.126) は次式のように書ける.

$$\mathcal{Q}(\alpha, \beta, x_i) = \sum_{N=0}^{\infty} \mathrm{e}^{\alpha N} Z_N(\beta, x_i) \tag{3.127}$$

[*44] 空間の直和と空間のテンソル積を混同しないように.たとえば,次元 N_1 と N_2 の空間の直和の次元は $N_1 + N_2$ であるのに対し,テンソル積の次元は $N_1 N_2$ である.直和のトレースは $\mathrm{Tr}A = \mathrm{Tr}A^{(1)} + \mathrm{Tr}A^{(2)}$ であり,テンソル積のトレースは $\mathrm{Tr}A = \mathrm{Tr}A^{(1)}\mathrm{Tr}A^{(2)}$ である.

3.6 グランドカノニカル集団

外部パラメータを固定して，第2章の式 (2.97) においてラグランジュ乗数 α と β を温度と化学ポテンシャルを使って表した．

$$\beta = \frac{1}{kT} \qquad \alpha = \frac{\mu}{kT} \tag{3.128}$$

式 (2.66) と (2.95) から，エネルギー，粒子数，および共役力 X_i の平均値を得る．

$$E = -\left.\frac{\partial \ln \mathcal{Q}}{\partial \beta}\right|_{\alpha, x_i} \quad \overline{N} = \left.\frac{\partial \ln \mathcal{Q}}{\partial \alpha}\right|_{\beta, x_i} \quad X_i = -\frac{1}{\beta}\left.\frac{\partial \ln \mathcal{Q}}{\partial x_i}\right|_{\alpha, \beta, x_j \neq i} \tag{3.129}$$

特に $X_i = -V$ の場合（以下この場合のみを考える），圧力が次のように与えられる．

$$P = \frac{1}{\beta}\left.\frac{\partial \ln \mathcal{Q}}{\partial V}\right|_{\alpha, \beta} \tag{3.130}$$

エントロピーは分配関数をルジャンドル変換したもの（式 (2.67) 参照）

$$\frac{1}{k}S = \ln \mathcal{Q} + \beta E - \alpha \overline{N} \tag{3.131}$$

で与えられ，エントロピーの微分は

$$\begin{aligned}\frac{1}{k}dS &= d\ln \mathcal{Q} + d(\beta E) - d(\alpha \overline{N}) \\ &= \beta dE + \beta P dV - \alpha d\overline{N}\end{aligned} \tag{3.132}$$

となる．これは式 (1.18) にほかならない．

$$T dS = dE + P dV - \mu d\overline{N}$$

最後に，式 (3.131) がグランドポテンシャル $\mathcal{J}$ と大分配関数の対数との関係を与えることに注意しよう．α と β のかわりに μ と T を用いれば次式が得られる．

$$\boxed{\mathcal{J}(T, V, \mu) = -kT \ln \mathcal{Q} = -PV} \tag{3.133}$$

この式は，カノニカル集団に対する式 (3.6) に対応するものである．グランドポテンシャル $\mathcal{J}$ がグランドカノニカル集団の取り扱いで果たす役割は，自由エネルギー F がカノニカル集団の取り扱いで果たす役割と同じである．しばしば，化学ポテンシャルのかわりに次のフガシティ z を用いる．

$$z = e^{\beta \mu} = e^{\alpha} \tag{3.134}$$

これにより式 (3.127) は，今後われわれが好んで使う形式

$$\boxed{\mathcal{Q}(z, \beta, V) = \sum_{N=0}^{\infty} z^N Z_N(\beta, V)} \tag{3.135}$$

に書ける．このとき平均値は以下のようになる[*45]．

$$E = -\left.\frac{\partial \ln \mathcal{Q}}{\partial \beta}\right|_{z,V} \qquad \overline{N} = z\left.\frac{\partial \ln \mathcal{Q}}{\partial z}\right|_{\beta,V} \qquad P = \frac{1}{\beta}\left.\frac{\partial \ln \mathcal{Q}}{\partial V}\right|_{z,\beta} \tag{3.136}$$

3.6.2　単原子理想気体

簡単な応用例として，理想単原子気体の大分配関数を計算しよう．式 (3.13) と (3.135) を使えば次式が得られる．

$$\mathcal{Q} = \sum_{N=0}^{\infty} \frac{z^N}{N!}\left(\frac{V}{\lambda^3}\right)^N = \exp\left(\frac{zV}{\lambda^3}\right) \tag{3.137}$$

これと式 (3.133) と (3.136) より

$$\overline{N} = z\frac{\partial}{\partial z}\left(\frac{zV}{\lambda^3}\right) = \frac{zV}{\lambda^3} \qquad \text{および} \qquad \frac{zV}{\lambda^3} = \beta PV \tag{3.138}$$

が得られるが，これは理想気体の法則

$$PV = \overline{N}kT$$

である．この簡単な例はグランドカノニカル集団でとるべき戦略を明らかにする．μ あるいは z が与えられたとき，式 (3.136) を使って平均値 $\overline{N}$ を計算する．このとき，μ あるいは z が $\overline{N}$ を使って表される．この値をグランドポテンシャルの式 (3.133) に代入すれば，状態方程式すなわち PV を T, V, $\overline{N}$ の関数として表せる．

理想気体の場合には，密度とフガシティの関係は特に簡単である．式 (3.138) から

$$z = \beta P\lambda^3 = n\lambda^3 \sim \left(\frac{\lambda}{d}\right)^3 \tag{3.139}$$

が得られる．ただし $n = \overline{N}/V$ は数密度であり，$d \sim n^{-1/3}$ は 2 分子間の平均距離である．もちろん，式 (3.139) と (3.18) は同一である．この関係式より，古典気体近似が条件 $z \ll 1$ に対応することがわかる．最後に，規格化

$$\int \mathrm{d}^3 p\, f(\vec{r},\vec{p}) = n \tag{3.140}$$

を満たす分布関数 $f(r,p)$ は，式 (3.11) の λ の表式と式 (3.139) を用いると，

$$f(\vec{r},\vec{p}) = \frac{z}{h^3}\exp\left(-\frac{\beta p^2}{2m}\right) = \frac{1}{h^3}\exp\left(\alpha - \frac{\beta p^2}{2m}\right) \tag{3.141}$$

で与えられることに注意しよう．この関係は第 8 章で有用となる．

[*45]　μ を固定した微分は，z あるいは α を固定した微分とは同じではないので注意しなければならない．すなわち $(\partial \ln \mathcal{Q}/\partial \beta)_{\mu,V} = -E + \mu\overline{N}$.

3.6.3 熱力学とゆらぎ

あと残っているのは，大きな系ではグランドカノニカル集団がカノニカル集団と等価なことを示すことである．物理的には，この等価性は粒子数のゆらぎ $\Delta N = \langle (N-\overline{N})^2 \rangle^{1/2}$ が $\sqrt{\overline{N}}$ の大きさであり，$\overline{N} \to \infty$ の極限で無視できること $(\Delta N / \overline{N} \to 0)$ に由来する．値 N の固定と平均値 $\overline{N}$ の固定は，ゆらぎが無視できるとき等価である．正確な議論をするために，変数 N の分布 $P(N)$ を調べよう．式 (3.127) によれば，

$$P(N) \propto e^{\beta \mu N} e^{-\beta F_N} \equiv P'(N)$$

である．ただし，$F_N = -kT \ln Z_N$ はカノニカル集団の自由エネルギーである．$P'(N)$ そのものよりも $P'(N)$ の対数を使うほうが便利である．$\widetilde{N}$ を N の最頻値としよう．これは次式を満たす．

$$\left. \frac{\partial \ln P'(N)}{\partial N} \right|_{N=\widetilde{N}} = \beta\mu - \beta \left. \frac{\partial F_N}{\partial N} \right|_{N=\widetilde{N}} = \beta(\mu - \mu_{\mathrm{can}}(\widetilde{N})) = 0$$

したがって $\widetilde{N}$ は，熱浴の化学ポテンシャル μ がカノニカル集団での化学ポテンシャル $\mu_{\mathrm{can}}(\widetilde{N})$ に等しくなるような値をとる．式 (3.108) を使えば，$\ln P'(N)$ の 2 階微分

$$\frac{\partial^2 \ln P'(N)}{\partial N^2} = -\beta \frac{\partial^2 F_N}{\partial N^2} = -\frac{\beta}{V} f''(n) = -\frac{\beta v}{\widetilde{N} \kappa_T}$$

が得られる．ただし，$v = V/\widetilde{N}$ は比体積，κ_T は等温圧縮率 (1.34) である．$\ln P'(N)$ の $N = \widetilde{N}$ のまわりのテイラー展開は次のように書ける．

$$\ln P'(N) \simeq \ln P'(\widetilde{N}) - \frac{\beta v}{2\widetilde{N} \kappa_T} (N - \widetilde{N})^2 \tag{3.142}$$

この式は $P'(N)$ が近似的に中心 $N = \widetilde{N}$ で分散

$$(\Delta N)^2 = \frac{\kappa_T \overline{N}}{\beta v} = \frac{\overline{N}}{\beta v^2 (-\partial P/\partial v)_T} \tag{3.143}$$

のガウス分布であることを示している．$\Delta N / \overline{N} \to 0$ であるので，平均値が最頻値に等しいとおける $(\overline{N} = \widetilde{N})$．同じ理由で，$P'(N)$ のガウス近似が $N \leq 0$ でとる数値は無視できる大きさである．したがって，N のゆらぎの範囲 $[0, +\infty]$ を範囲 $[-\infty, +\infty]$ に拡張できる．もし，κ_T が有限 $((\partial P / \partial v)_T \neq 0)$ ならば，粒子数分布は平均値 $\overline{N}$ を中心とした非常に鋭いピークをもつ．κ_T に関するこの仮定を用いれば，式 (3.127) で N に関する和を積分でおきかえられる．

$$\mathcal{Q} = \sum_{N=0}^{\infty} P'(N) \simeq P'(\overline{N}) \int_{-\infty}^{\infty} dN \exp\left[-\frac{(N-\overline{N})^2}{2(\Delta N)^2} \right]$$

$$= \left(\frac{2\pi \overline{N} \kappa_T}{\beta v} \right)^{1/2} P'(\overline{N}) \tag{3.144}$$

$\ln Q$ の計算で，式 (3.144) の第1項は $\ln \overline{N}$ の大きさなので，大きさ $\overline{N}$ の第2項に比べて無視できる．

$$\ln Q = \beta PV|_{\text{g.can}} \simeq \ln P'(\overline{N}) = \beta(\mu\overline{N} - F_{\overline{N}})$$
$$= \beta(\mu_{\text{can}}\overline{N} - F_{\overline{N}}) = \beta(G - F) = \beta PV|_{\text{can}} \qquad (3.145)$$

$(\partial P/\partial v)_T \neq 0$ であり $\overline{N} \to \infty$ であるかぎり，カノニカル集団もグランドカノニカル集団も同じ PV の値を与える．したがって同じグランドポテンシャルの値と同じ熱力学を与える．$(\partial P/\partial v)_T = 0$ のとき，すなわち相転移のときにも，もう少し長い分析で同じ結論が得られる．臨界点近く $(\partial P/\partial v)_T \simeq 0$ では，密度ゆらぎが非常に大きくなり，臨界タンパク光（クリティカルオパレッセンス）という現象を引き起こす．上に述べた計算と式 (3.10) から，一様な物質では安定性条件 (1.52) は統計力学から導かれるという結論に達する．

$$C_V \propto \langle (\mathscr{H} - E)^2 \rangle \geq 0 \qquad \kappa_T \propto \langle (\mathsf{N} - \overline{N})^2 \rangle \geq 0 \qquad (3.146)$$

比熱はエネルギーゆらぎに，等温圧縮率は粒子数ゆらぎに関係づけられる．

3.7 基 本 課 題

3.7.1 状 態 密 度

温度 ($T\beta = 1/kT$) の熱浴と接している希薄気体を考える．そして $\mathcal{P}(\epsilon)\mathrm{d}\epsilon$ を1個の分子が ε と $\varepsilon + \mathrm{d}\varepsilon$ の間のエネルギーをもつ確率とする．次のように書くのは正しくない．なぜか．

$$\mathcal{P}(\varepsilon)\,\mathrm{d}\varepsilon \propto \mathrm{e}^{-\beta\varepsilon}\,\mathrm{d}\varepsilon \qquad (3.147)$$

3.7.2 固体のアインシュタイン模型の状態方程式

結晶中の N 個の原子が平衡格子点のまわりを振動できる．第1近似として，この固体を $3N$ 個の独立した，同一であるが区別できる調和振動子の集まりと考えることができる．アインシュタイン模型では，すべての振動子が同一の振動数 ω をもっている．

1. 1個の調和振動子の分配関数 $\zeta(\beta)$ を計算せよ．ζ を使って，固体の分配関数 Z_N を計算せよ．内部エネルギー E の表式を導き，比熱が (3.68) の式に書けることを確かめよ．
2. 振動数 ω が固体の体積 V のべきで表せると仮定して，グリューナイゼン定数 γ を導入する．

$$\frac{\partial \ln \omega}{\partial \ln V} \simeq -\gamma$$

圧力が
$$P = \gamma \frac{E}{V}$$

で与えられること，および
$$\gamma = \frac{\alpha V}{\kappa_T C_V} \tag{3.148}$$
を示せ．ただし α と κ_T は，式 (1.33) と (1.34) で定義された熱力学的係数である．

3.7.3 強磁性結晶の比熱

強磁性結晶の原子スピンによる比熱 C は粗い近似で次のようになる（図 3.15）．

$$C = \begin{cases} NkA\left(2\dfrac{T}{T_C} - 1\right) & T_C/2 \leq T \leq T_C \text{ に対して} \\ 0 & \text{そのほかの場合} \end{cases}$$

T_C はキュリー温度，N は原子数，そして A は定数である．系の原子は，結晶格子点上の N 個のイジングスピンでモデル化される．定数 A を概算せよ．

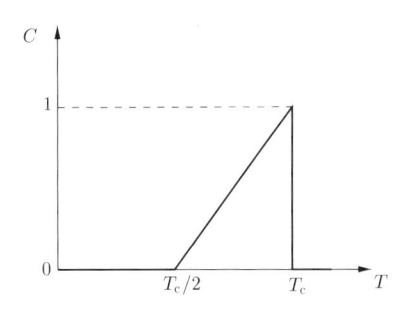

図 **3.15** 強磁性体の比熱の温度の関数としての近似的ふるまい

3.7.4 金属の核比熱

金属の原子が核スピン 1 をもっていて，三つの状態 $m = -1, m = 0, m = +1$ のうちの一つの状態をとれるとする．各原子は，電気 4 重極子ももっていて結晶の内部電場と相互作用する．スピン–スピン相互作用は無視する．電場と電気 4 重極子の相互作用により，$m = \pm 1$ の状態は同じエネルギーをもつ．これは，「基準状態」$m = 0$ よりも ε だけ高いエネルギーである．

1. この原子 1 mol について，核 4 重極子による平均エネルギー E と比熱 C を計算せよ．
2. 比熱は高温でどのようにふるまうか．低温ではどうだろうか．比熱 C の概略図を $\beta\varepsilon$ の関数として描け．次の積分を評価せよ．

$$\int_0^\infty dT \, \frac{C(T)}{T}$$

3. ガリウム原子は電気4重極子をもち，その比熱を測ることができる．3 mK から 20 mK の温度領域では，実験的に

$$C_{\exp}(T) = 4.3 \times 10^{-4} T^{-2} + 0.596 T$$

とわかっている[*46]．ただし，$C_{\exp}(T)$ は単位 mJ/(K·mol) で表されている．$C_{\exp}(T)$ のふるまいを解釈せよ．ε/k の値を K で，ε の値を eV で推定せよ．

3.7.5　固体および液体蒸気圧

体積 V の容器に N 個の原子が入っている．これらの原子は二つの共存相（固体と気体）にある．気体の圧力 P と温度 T は完全に制御できる．固体が占める体積は気体に比べて非常に小さい．固体の原子1個あたりの凝集エネルギーを u_0（$u_0 > 0$）とする．これは，温度ゼロで原子1個を固体から取り出して無限遠方へ持ち去るエネルギーである．エネルギーと原子が気体と固体の間で交換されるので平衡状態に達することが許される．固体の飽和蒸気圧を計算しよう．内部自由度をもたない単原子理想気体の化学ポテンシャル $\mu_{\rm IG}(T, V)$ が式 (3.18) となることを思い出そう．

1. $\mu_{\rm s}$ と $\mu_{\rm g}$ をそれぞれこの物質の固相と液相での化学ポテンシャルとする．この二つの化学ポテンシャルが平衡状態で等しいことを確かめる際にどのような注意をしなければならないか．
2. この固体は非圧縮性で比体積 $v_{\rm s}$，原子あたりの比熱 $c(T)$ をもつとする．固体のギブスポテンシャルを計算して，化学ポテンシャルが次のように書けることを示せ．

$$\mu_{\rm s}(T) = v_{\rm s} P - u_0 - \int_0^T {\rm d}T' \left(\frac{T}{T'} - 1\right) c(T') \tag{3.149}$$

気相と平衡状態にある固相の蒸気圧 $P(T)$ の方程式を書け．$v_{\rm s}$ が気体の比体積に比べて無視できるという近似を使って $P(T)$ について解け．

3. 次に，気相-液相間の平衡状態での $P(T)$ の式を求めよう．そのために，液相に対して単純な微視的モデルを使い，気相に対しては単原子理想気体近似をさらに使うことにする．液相中の各原子は体積 v_0 を占める．液相は非圧縮性で N 個の原子の全体積は Nv_0 である．原子はポテンシャルエネルギー $-u_0$（$u_0 > 0$）をもち，互いに独立である．明らかにこれは液体に対する非常に大雑把なモデルである．この液体の分配関数を計算せよ．液体のギブスポテンシャル $G_{\rm l}$ と化学ポテンシャル $\mu_{\rm l}$ を圧力 P の関数として求めよ．

$$\mu_{\rm l} = Pv_0 - u_0 - kT \ln\left(\frac{ev_0}{\lambda^3}\right)$$

[*46] このような低温では通常存在するはずの超伝導を抑制する実験条件が設定されていて，ガリウムは通常金属としてふるまう．

なぜ，自由エネルギー F_N を使って $\mu_l = \partial F_N/\partial N|_V$ としてはいけないか．液体と気体の化学ポテンシャルが等しいという条件を適用して，温度 T での蒸気圧 $P(T)$ に対する方程式を導け．$Pv_0/(kT) \ll 1$ と仮定して，次の解になることを示せ．

$$P(T) = \frac{kT}{ev_0} e^{-u_0/(kT)} \tag{3.150}$$

条件 $Pv_0/(kT) \ll 1$ は物理的に妥当か？　以下の問題を解く際にはこの条件が成り立つと仮定せよ．

4. 気体および液体の1原子あたりのエントロピー σ_g と σ_l を計算せよ．1原子あたりの蒸発の潜熱 l に対する表式を見いだせ．クラペイロン関係

$$\frac{dP}{dT} = \frac{l}{T(v_g - v_l)} = \frac{l}{T(v - v_0)}$$

は満たされるか．ヒント：(i) $v_0 \ll v$ である．(ii) 次式を示せ．

$$\ln \frac{v}{v_0} = 1 + \frac{u_0}{kT}$$

大気圧 (10^5 Pa) で沸騰する水について，
 (i) 蒸発の潜熱 40.7 kJ/mol から，
 (ii) 蒸発曲線の方程式 (3.150) から，
$\mu_0/(kT)$ を計算せよ．二つの結果を比較せよ．

3.7.6 固体中に捕獲された電子

固体中に A 個の同一で独立なサイトがあって，それぞれのサイトが最大1個の電子を捕獲できるとしよう．電子の磁気モーメントとしてイジングスピン模型を使う．電子スピンの磁気モーメントは二つの状態（±）に対応する二つの値 $\vec{\mu} = \pm \tilde{\mu} \hat{z}$ のみとれる．外部磁場 $\vec{H} = H\hat{z}$ があるとき，捕獲された電子のエネルギーは磁気モーメントの方向による．

$$\varepsilon_\pm = -u_0 \mp \tilde{\mu} H$$

1. まず，捕獲電子の数を N 個（$N \leq A$）に固定した場合を考えよう．N 個の捕獲電子からなる系の分配関数 $Z_N(T, A)$ を計算せよ．系の平均エネルギー E と状態（＋）の電子の平均数 $\overline{N}_+$ を計算せよ．
2. 捕獲電子の化学ポテンシャル μ を計算せよ．N を μ を使って表せ．
3. 今度は，グランドカノニカル集団の場合を考えよう．固体は古典的理想気体である電子気体と熱平衡にあると仮定する．これにより，化学ポテンシャル μ が決まる．次の二つの方法で系の大分配関数 $\mathcal{Q}(T, A, \mu)$ を計算せよ．
   (i) 分配関数 Z_N を直接使う方法．
   (ii) まず，一つのサイトの大分配関数 $\xi(T, A, \mu)$ を計算する方法．

4. ξ を使って，あるサイトが磁場 $\vec{H}$ と平行あるいは反平行な電子で占められる確率 p_+ と p_- を計算せよ．$\overline{N}_+$, $\overline{N}_-$ および $\overline{N}$ に対する表式を見いだせ．$N = \overline{N}$ とおけば，E に対する表式はカノニカル集団でもグランドカノニカル集団でも同じになることを確かめよ．

3.8 研 究 課 題

3.8.1 1次元イジング模型

等間隔におかれて最近接交換相互作用で結合している $N+1$ 個のイジングスピンからなる1次元格子がある (図3.16)．この系のハミルトニアンは，J を正定数として次のように書かれる．

$$\mathscr{H} = -J\sum_{j=1}^{N} S_j S_{j+1}$$

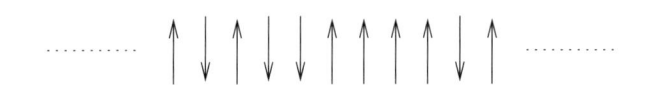

図 3.16 イジングスピンの1次元格子

A. 準 備

図3.17を見ればわかるように，この問題では二つの隣接したスピンを反転させた配置と，二つの離れたスピンを反転させた配置ではエネルギーが異なる．ある配置のエネルギーは，反平行な隣接スピン対（「キンク」とよばれる）の数で決まる．一つの基本キンクを作るには，選んだサイトの右側（あるいは左側）にある全スピンを反転すればよい（図3.18）．キンク数が m の配置のエネルギーは

$$E_m = -NJ + m(2J)$$

となる．最小エネルギー $E_{\min}$ および最大エネルギー $E_{\max}$ をもつ状態に対応する配置

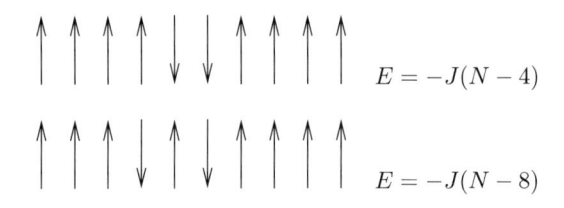

$E = -J(N-4)$

$E = -J(N-8)$

図 3.17 反転したスピンの数は同じであるがエネルギーの異なる二つの配置

3.8 研究課題

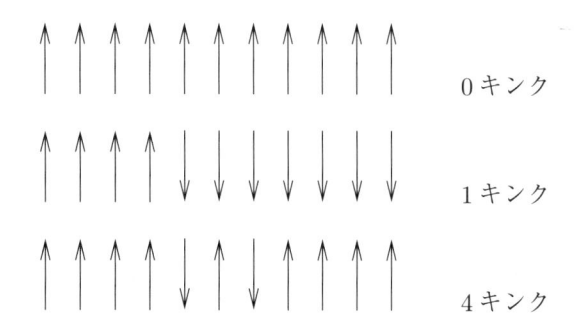

↑↑↑↑↑↑↑↑   0キンク

↑↑↑↑↓↓↓↓   1キンク

↑↑↓↑↓↓↑↑   4キンク

図 **3.18** 三つの異なった配置におけるキンクの数

を図示せよ．この二つの状態のキンク数および縮退度を求めよ．

B. 一定数のキンク

キンク数を $m = n$ に固定しよう．したがってエネルギーは $E = E_n$ に固定される．

1. キンク数が n である状態の数 Ω_n を計算せよ．そして，対応するエントロピー $S(n, N)$ の表式を見いだせ．ただし $n, N \gg 1$ と仮定する．
2. 平衡温度 $\beta = 1/kT$ を n と N の関数として計算せよ．平衡温度は次のようにも書ける[*47]ことを確かめよ．

$$\beta = -\frac{1}{J}\tanh^{-1}\left(\frac{E}{NJ}\right) \qquad (3.151)$$

温度が高ければエネルギーも高いと考えるのは自然に思える．このスピン格子でもこのことが成り立つか？ もし成り立たないならば，なぜか．

3. 隣接する二つのスピンが反平行である確率 p を計算せよ．

C. 任意個のキンク

さてカノニカル集団の問題を考えよう．温度は固定されているがエネルギーは平均値のみがわかっている．

1. 系のキンク数が 0 から 1 へ変わるときの，エントロピーとエネルギーの変化を比較せよ．温度 $T = 0$ でこの 1 次元系に自発磁化がないことを確かめよ（3.1.4 項参照）．
2. 1 次元イジング模型の分配関数が次のように書けることを示せ．

$$Z = 2^{(N+1)}(\cosh\beta J)^N$$

常磁性との類推は可能か？ なぜ，1 次元イジング模型の解は自明なのか？

[*47] 関係式 $\tanh^{-1} x = \frac{1}{2}\ln\frac{1+x}{1-x}$ を使え．この関数はスピン 1/2 の磁性の問題すべてに現れる（研究課題 3.8.2 も参照）．

3. 平均エネルギー E と平均キンク数 $\langle m \rangle$ を計算せよ．先に定義した確率 p の表式を見いだせ．p を T の関数として描いたときの曲線を図示し，解説せよ．
4. 「B と C でとった二つの見方が同等である」ことはどのように証明されるか．

3.8.2 負の温度

いくつかの物理系では，数分にもおよぶ遷移期間の間，核スピンと結晶格子がそれぞれ別々の熱力学的平衡状態に達することがある[*48]．これが起きるための必要条件は，スピン–格子緩和時間 τ が分離した系のスピン緩和時間 τ_s と格子緩和時間 τ_1 に比べて長いことである．系が大局的平衡状態にあるときに，外部パラメータ（たとえば磁場）が急激に変化すると，その後の遷移期間の間，二つの部分系は互いに分離している．したがって，それぞれ異なった温度で特徴づけられる独立な平衡状態に達することがある．スピン系では負の温度にすらなることがある．この研究課題では，直感的には驚くべきこの性質を常磁性結晶のイジングスピン模型（3.1.3 項と 3.1.4 項）

$$\mathscr{H} = -\mu H \sum_{i=1}^{N} S_i$$

を用いて解説する．
1. スピン 1 個の分配関数 $\zeta(\beta, H)$ を計算せよ．スピンがエネルギー状態 $\epsilon_+ = -\mu H$ ($\epsilon_- = \mu H$) にある確率 $p_+(p_-)$ と，対応する平均原子数 $\overline{N}_+$ と $\overline{N}_-$ を求めよ．平均エネルギー E の表式を導け．
2. N 個のスピンの分配関数 $Z_N(\beta, H)$ を，まず N_+ を固定して考えて計算せよ．前問で導出した E の表式を見いだせ．
3. $m = p_+ - p_-$ と定義し，次式を示せ．

$$\beta \mu H = \tanh^{-1} m = \frac{1}{2} \ln \frac{1+m}{1-m}$$

スピン 1 個あたりのエントロピー S/N が次式のように書けることを確かめよ．

$$S/N = -k \left[\frac{1+m}{2} \ln \frac{1+m}{2} + \frac{1-m}{2} \ln \frac{1-m}{2} \right] \tag{3.152}$$

また，この式が式 (2.51) からも直接得られることを示せ．
4. ここではスピン系のエネルギーが固定されていると仮定する．式 (3.152) から出発して S を $E/N\mu H$ の関数としてプロットし，負の温度領域の存在を示せ．磁化 $\mathcal{M} = Nm\mu$ を $\beta \mu H$ の関数としてプロットせよ．負の温度と負の磁化との関連を確かめよ．

[*48] よくいわれるのとは異なって，このことが起きるためには各部分系が到達可能な全状態を何度も通過する必要はない．そのような条件は，宇宙年齢の何倍もの緩和時間を必要とするだろう．なぜなら，スピン系の状態数は概算で $2^{10^{23}}$ であるのだから…

スピン系が達する平衡温度 $T(E)$ を具体的に計算し，次式のように書けることを確かめよ．
$$\beta(E) = \frac{1}{kT(E)} = -\frac{1}{\mu H}\tanh^{-1}\frac{E}{N\mu H}$$

5. 二つの結晶があって，一方の結晶は N_1 個の磁気モーメント μ_1 をもち，もう一方は N_2 個の磁気モーメント μ_2 をもつ．ただし $N_1\mu_1 > N_2\mu_2$ とする．二つの結晶は最初は隔離されていて，それぞれ独立に $\beta_1(E_1)$ と $\beta_2(E_2)$ の逆温度で平衡にある．この二つの結晶を熱的に接触させ，この二つの結晶間の相互作用だけを考えよう．曲線 $\beta_1(E_1)$ と $\beta_2(E_2)$ を同じ図にプロットせよ．図 1.5 で行った図的解析を行い，もしもわれわれが「熱は熱い系から冷たい系へと流れる」という観点を維持するなら，負の温度は正の温度よりも熱い！という結論に導かれることを示せ．

6. 平衡状態において $|\beta_1\mu_1 H| \ll 1$ と $|\beta_2\mu_2 H| \ll 1$ という極限をとるなら，二つの結晶のエネルギー E'_1 と E'_2 は次式で関係づけられることを示せ．
$$\frac{E'_1}{E'_2} = \frac{N_1}{N_2}\left(\frac{\mu_1}{\mu_2}\right)^2$$

Q_1 を結晶 1 に熱の形で吸収されたエネルギーの量として，次式を示せ．
$$Q_1 = \frac{N_2(\mu_2 H)^2}{1 + \frac{N_2}{N_1}\left(\frac{\mu_2}{\mu_1}\right)^2}(\beta_1 - \beta_2) \tag{3.153}$$

この式が前問で明らかにした温度の順序を与えることを確かめよ．

3.8.3 二原子分子

二原子分子の問題（3.3.2 項）を再考しよう．今回は核スピンによる核の自由度を考慮する．分配関数に対する式 (3.64) を ζ_{nucl} で表されるスピンの寄与を含むように変更しなければならない．
$$Z_N(\beta) = \frac{1}{N!}\left(\zeta(\beta)\zeta_{\text{rot}}\zeta_{\text{vib}}\zeta_{\text{nucl}}\right)^N \tag{3.154}$$

分子を構成する二つの核のスピンを $\vec{F}$ と $\vec{F}'$ と書こう．これらのスピンは互いに相互作用し，また電子とも相互作用し，全スピン $\vec{F}_{\text{tot}} = \vec{F} + \vec{F}'$ に依存するエネルギー準位を与える．しかしながら，これらの準位に関連するエネルギーの大きさは 10^{-6} eV と小さい．

1. 温度が約 1 K より高いとき，核スピンのエントロピーは $kN\ln[(2F+1)(2F'+1)]$ であることを示せ．ただし F と F' は整数か半整数である．これを使って $T \geq 1$ K のときの ζ_{nucl} の表式を導け．

2. ここでは特に水素分子の場合を考えよう．この場合核は陽子 H（スピン 1/2）か重陽子 D（スピン 1）である．重陽子の質量は 10^{-3} の精度で陽子の質量の 2 倍であることを思い起こそう．約 20 K から常温（300 K）までの温度領域だけを考える．

H$_2$ 分子の回転温度 $T_{\rm rot}$ ($kT_{\rm rot} = h^2/2I$) は約 85.3 K であるのに対し,振動温度 $T_{\rm vib}$ ($kT_{\rm vib} = \hbar\omega_{\rm vib}$) は約 6125 K である.興味のある温度領域では,$\zeta_{\rm vib} =$ 一定 としてよいことを示せ.HD 分子および D$_2$ 分子について $T_{\rm rot}$ と $T_{\rm vib}$ を計算せよ.

3. H$_2$ 分子は二つの同種核をもつので,核の交換による全波動関数の対称性により,許される回転角運動量 J の値が制限される.全核スピンは $F_{\rm tot} = 1$ または $F_{\rm tot} = 0$ の値をとれる.$F_{\rm tot} = 1$ は奇数の J(オルト水素),$F_{\rm tot} = 0$ は偶数の J(パラ水素)を導くことを示せ.興味のある温度領域で分配関数が

$$Z_N(\beta) = \frac{1}{N!}\bigl(\zeta(\beta)\zeta_{\rm rot,nucl}\bigr)^N \tag{3.155}$$

と書けることを示し,$\zeta_{\rm rot,nucl}$ の表式を具体的に計算せよ.

4. $T \ll T_{\rm rot}$ のとき

$$\zeta_{\rm rot,nucl} \simeq 1 + A\exp(-B/T) \tag{3.156}$$

と書けることを示し,A と B を決定せよ.$T \gg T_{\rm rot}$ のときの $\zeta_{\rm rot,nucl}$ を計算せよ.その結果得られる式は,二つの核が区別できないことを無視したときに得られる値の半分であることを示せ.諸君はこの結果を解釈できるだろうか.$T \ll T_{\rm rot}$ のときと $T \gg T_{\rm rot}$ のときの比熱の式を与えよ.

5. $r(T)$ をパラ水素分子数の全分子数に対する比としよう.

$$r(T) = \frac{N_{\rm para}}{N_{\rm para} + N_{\rm ortho}} \tag{3.157}$$

$T \ll T_{\rm rot}$ の極限と $T \gg T_{\rm rot}$ の極限での $r(T)$ の値を求めよ.$T = T_{\rm rot}$ のときの $r(T)$ の値を数値的に計算せよ.$r(T)$ の典型的な曲線を描いてみよ.

3.8.4 境界面のモデル

境界,たとえば液相と気相の境界をモデル化したい.簡単のため 2 次元モデルを考えよう.この場合,**境界は面ではなく線になる**(図 3.19).

A. 連続モデル

1. 境界は微分可能な 1 価関数 $y(x)$ で与えられる 1 本の連続な線である(図 3.19).ここで $(dy/dx)^2 \ll 1$ と仮定しよう.境界のエネルギーは長さ $\mathcal{L}$ に比例する.すなわち,$\mathscr{H} = \alpha(\mathcal{L} - L)$ と書ける.ここで,α は正の定数,L は容器の長さ,そして αL は最短境界のエネルギーであり基準エネルギーとして使われる.$\mathcal{L}$ を L と $(dy/dx)^2$ を使って表せ.

2. 境界条件として $y(0) = y(L) = 0$ を採用しよう.このとき $y(x)$ をフーリエ成分を使って書ける.

$$y(x) = \sum_{n=1}^{\infty} A_n \sin\left(\frac{\pi n x}{L}\right) \tag{3.158}$$

$\mathscr{H}$ が次式のように書けることを示せ.

3.8 研究課題

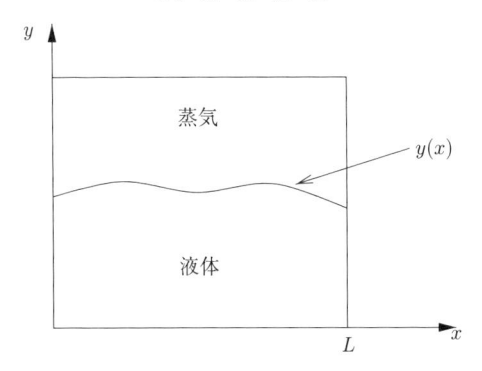

図 3.19 1次元境界の連続モデル

$$\mathscr{H} = \frac{\alpha\pi^2}{4L} \sum_{n=1}^{\infty} n^2 A_n^2 \tag{3.159}$$

3. モード n を観測する確率 $P(A_n)$ および二つのモードを観測する同時確率 $P(A_n, A_m)$ を定数因子まで見いだせ．その結果を用いて $\langle A_n \rangle$ と $\langle A_n A_m \rangle$ を求めよ．
4. 2点 x と x' での境界の高さの差を $\Delta y = y(x) - y(x')$ とおく．2点 x と x' が十分離れているとき，平均 $\langle (\Delta y)^2 \rangle^{1/2}$ は境界の厚さと考えてもよい．たとえば $x' \geq x$ として $\langle y(x)y(x') \rangle$ を計算し，それを使って $\langle (\Delta y)^2 \rangle$ を求めよ．次の恒等式が役に立つであろう．

$$\sum_{n=1}^{\infty} \frac{1}{n^2} \cos nx = \frac{\pi^2}{6} - \frac{\pi|x|}{2} + \frac{x^2}{4} \qquad 0 \leq x \leq 2\pi \tag{3.160}$$

B. 離散的イジング模型

今度は2次元イジング模型を使おう．この模型では境界は正磁化の領域（イジングスピン＋）と負磁化の領域（イジングスピン−）を分ける線である（図 3.20）．スピンは間隔 1 の $N \times N$ 正方格子（$N \gg 1$）に並べる．系のハミルトニアンは，

図 3.20 模型の基底状態

$$\mathscr{H} = -J \sum_{\langle i,j \rangle} S_i S_j \qquad S_i, S_j = \pm 1$$

となる．ここで J は正の定数であり，和 $\sum_{\langle i,j \rangle}$ は近接スピンについてとる．

1. $\sum_{p=1}^{N}(1+|y_p|)$ という量は何を表すか．ただし y_p は，位置 x_p におけるステップの高さである（たとえば図 3.21 では，$y_1 = 2, y_2 = 1, y_3 = 0, y_4 = -2$ などである）．境界の存在によるエネルギー（すなわち基底状態と一般の状態のエネルギー差）は次式で与えられることを示せ．

$$\mathscr{H} = 2JN + 2J \sum_{p=1}^{N} |y_p|$$

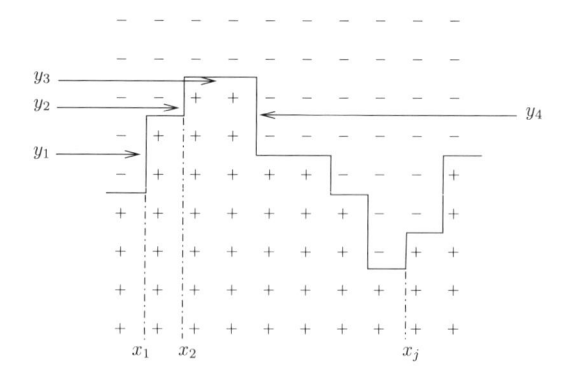

図 **3.21** 系の一般的な形

2. ここで境界の左端は固定されているが，右端は自由に動けると仮定する．高さ y_p は，$-\infty$ から $+\infty$ までの値をとる整数のランダム変数と仮定される．境界の分配関数が

$$Z = \zeta^N$$

で与えられることを示せ．ただし ζ は一つのステップに対する分配関数

$$\zeta = \mathrm{e}^{-2\beta J} \coth(\beta J)$$

である．表面張力，すなわち単位長さあたりの自由エネルギー $f = F/N$，および単位長さあたりの内部エネルギー $\varepsilon = E/N$ を計算せよ．二つの極限 $\beta J \ll 1$ と $\beta J \gg 1$ での f と ε を計算し，結果についてコメントせよ．

3. ステップ y_p が $|p|$ と等しくなる確率はどれくらいか．平均値 $\langle |y_p| \rangle$ と $\langle y_p^2 \rangle$ を導け．次の 2 式を確かめよ．

$$\varepsilon = 2J(1+\langle|y|\rangle)$$

および

$$\langle y_p^2 \rangle = \frac{c}{\sinh^2 \beta J}$$

ただし c は決定されるべき定数である．

4. 各 y_p は独立変数なので，中心極限定理を使って 2 点 x_p と x_{p+q} の間の高さの差

$$\Delta y = \sum_{i=p+1}^{p+q} y_i$$

が評価できる．2 点間の距離 q が大きいとき平均値 $\langle(\Delta y)^2\rangle^{1/2}$ は境界の厚さと考えることができる．$\langle(\Delta y^2)\rangle^{1/2}$ を計算せよ．以下の関係式が役に立つだろう．

$$\coth x = \frac{1+\mathrm{e}^{-2x}}{1-\mathrm{e}^{-2x}} \qquad (\coth x)' = -\frac{1}{\sinh^2 x} \qquad 2\sinh x \cosh x = \sinh 2x$$

3.8.5 デバイ–ヒュッケル近似

電解質は同数の正イオンと負イオン（電荷 $\pm q$）からなる．したがって溶液の全体的な電気中性が保証される．溶液の全体積について平均すると 2 種類のイオンの密度は等しい（n）．つまり全イオン密度は $2n$ である．しかし密度には局所的ずれがある．このずれを考慮するために，特定の 1 個のイオンを座標系の原点に選ぼう．このイオンは近くにある異符号の電荷のイオンを引きつけ，同符号の電荷のイオンを押しのける．このようにして原点にあるイオンはまわりに「イオン雲」を作り出す．イオン雲は平均すると球対称であるが，その中の電荷分布は一様ではない．原点にあるイオンと同符号の電荷のイオンの局所電荷密度 $n^+(\vec{r})$ と異符号の電荷の局所電荷密度 $n^-(\vec{r})$ を導入しよう．ベクトル $\vec{r}$ は原点にあるイオンからの位置を表す．一様分布からのずれは小さい（$|n^\pm(\vec{r})-n| \ll n$）と仮定し，原点にあるイオンは電荷 $+q$ とする．

1. $\Phi(\vec{r})$ をイオン雲内での平均静電ポテンシャルとする．一様分布からのずれが小さいとする仮定は，条件 $|q\Phi(\vec{r})|/kT \ll 1$ に書き換えられる．この近似を定性的に正当化せよ．またこの近似を使うと

$$n^\pm(\vec{r}) \simeq n\left(1 \mp \frac{q}{kT}\Phi(\vec{r})\right)$$

と書けることを示せ．

2. 正負の電荷密度はポアソン方程式によっても互いに関係づけられる．ポアソン方程式は次の二つの形式に書くことができる．

$$-\nabla^2\left(\Phi(\vec{r}) - \frac{q}{4\pi\varepsilon_0 r}\right) = \frac{q}{\varepsilon_0}(n^+(\vec{r}) - n^-(\vec{r}))$$

$$-\nabla^2\Phi(\vec{r}) = \frac{q}{\varepsilon_0}(n^+(\vec{r}) - n^-(\vec{r})) + \frac{q}{\varepsilon_0}\delta(\vec{r})$$

この方程式を解説せよ．前問の結果を使って上式を Φ について閉じた式に書き直せ．$\tilde{\Phi}(\vec{p})$ を $\Phi(\vec{r})$ のフーリエ変換としよう．

$$\tilde{\Phi}(\vec{p}) = \int \mathrm{d}^3 r\, \mathrm{e}^{\mathrm{i}\vec{p}\cdot\vec{r}}\, \Phi(\vec{r})$$

$$\Phi(\vec{r}) = \frac{1}{(2\pi)^3} \int \mathrm{d}^3 p\, \mathrm{e}^{-\mathrm{i}\vec{p}\cdot\vec{r}}\, \tilde{\Phi}(\vec{p})$$

$\tilde{\Phi}(\vec{p})$ を計算して，その結果用いて $\Phi(\vec{r})$ が次式のようになることを示せ．

$$\Phi(\vec{r}) = \frac{q}{4\pi\varepsilon_0\, r}\mathrm{e}^{-r/b} \qquad b = \sqrt{\frac{\varepsilon_0 kT}{2nq^2}}$$

〔注意〕$\tilde{\Phi}(\vec{p})$ の逆変換は複素積分の留数法を使えば簡単である．しかし，次の積分公式をあげておこう．

$$\frac{1}{(2\pi)^3} \int \mathrm{d}^3 p\, \frac{\mathrm{e}^{-\mathrm{i}\vec{p}\cdot\vec{r}}}{\vec{p}^2 + 1} = \frac{1}{4\pi r}\mathrm{e}^{-r} \tag{3.161}$$

3. 原点にあるイオンを中心とした半径 R の球の内側にある全電荷はどれくらいか．関係式 $r\mathrm{e}^{-r/b} = b^2(\partial/\partial b)\mathrm{e}^{-r/b}$ が役立つであろう．もし $R \gg b$ ならばどうなるか．得られた結果の物理的解釈を与えよ．特にデバイ長とよばれるパラメータ b について解釈せよ．

4. $n_2^+(\vec{r},\vec{r}')$ を同符号の電荷のイオンの二体密度，$n_2^-(\vec{r},\vec{r}')$ を異符号の電荷のイオンの二体密度とする（3.4.1 項参照）．静電ポテンシャルに対する次の式が正しいことを示せ．

$$E_{\mathrm{pot}} = \frac{q^2}{4\pi\varepsilon_0} \int \mathrm{d}^3 r\, \mathrm{d}^3 r'\, \frac{1}{|\vec{r}-\vec{r}'|}\left(n_2^+(|\vec{r}-\vec{r}'|) - n_2^-(|\vec{r}-\vec{r}'|)\right) \tag{3.162}$$

式

$$n_2^\pm(\vec{r},\vec{r}') = n n^\pm(\vec{r}'-\vec{r})$$

を示し，この結果を使ってポテンシャルエネルギー

$$E_{\mathrm{pot}} = -nV\frac{q^2}{4\pi\varepsilon_0 b}$$

を導け．

5. イオン間の平均距離を $\bar{r} \sim n^{-1/3}$ として，条件 $|q\Phi(r)|/kT \ll 1$ が $\bar{r}/b \ll 1$ と等価であることを確かめよ．この関係の物理的解釈を述べよ．

3.8.6 金属薄膜

平らな基板上への金属薄膜の蒸着を研究するために簡単なモデルを用いよう．たとえば，シリコン基板上に金の薄膜を蒸着するためには，シリコンの壁をもつオーブンに温度と圧力を制御しながら気体の金を導入すればよい．薄膜を記述するために次のモデルを用いよう（図 3.22）．

3.8 研究課題

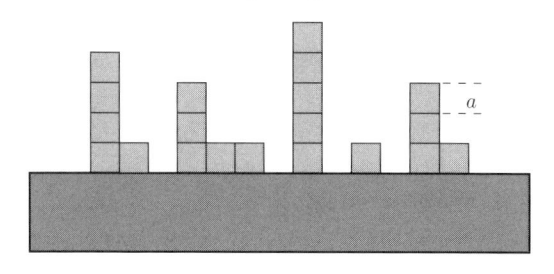

図 3.22 金属薄膜の蒸着

(i) 基板は A 個のサイト ($A \gg 1$) からなっていて，各サイトに金属原子を蒸着できる．
(ii) 蒸着した原子はスピンをもたず，原子の状態は位置のみで完全に決まる．
(iii) あるサイトに蒸着した原子の上にさらに何個でも原子が積みあがって蒸着できる．各蒸着原子は $-\varepsilon_0$ ($\varepsilon_0 > 0$) のエネルギーをもつ．
(iv) 近接サイトに蒸着した原子間の相互作用は無視する．
(v) 各蒸着原子は自分のサイトの金属薄膜の厚さ h を高さ a だけ増やす．

金属原子の気体（質量 m でスピン 0）は，古典理想気体と仮定され，系に化学ポテンシャル μ，温度 T の原子源を供給する．

1. 気体の化学ポテンシャル μ を温度 T と圧力 P を使って表せ．
2. $\mathcal{Q}$ を全サイトの大分配関数，ξ を 1 サイトの大分配関数とする．次の関係を確かめよ．
$$\mathcal{Q} = \xi^A \tag{3.163}$$
また ξ を計算せよ．化学ポテンシャルはある制限値を超えられないことを示せ．この化学ポテンシャルの制限値を求め，そのときの圧力 $P_0(T)$ の表式を求めよ．
3. 空サイトの平均数 $\overline{N}_0$ および膜の平均厚 $\langle h \rangle$ を計算せよ．膜厚の平均ゆらぎ率を次式で定義する．
$$\frac{\Delta h}{\langle h \rangle} = \frac{\left(\langle h^2 \rangle - \langle h \rangle^2\right)^{1/2}}{\langle h \rangle}$$
この量を計算せよ．
4. 平均厚 $\langle h \rangle$ を P と P_0 を使って表せ．二つの温度 T_1 と T_2 ($T_1 < T_2$) について，P の関数としての平均厚 $\langle h \rangle$ のふるまいをプロットせよ．
5. $\overline{N}_0$ を P と P_0 の関数として表せ．ある温度で P の関数としての $\overline{N}_0$ のふるまいをプロットせよ．膜厚の平均ゆらぎ率 $\Delta h/\langle h \rangle$ についても同様にせよ．
6. 絶縁体基板上に蒸着した金属膜は，空サイト数がパーコレーション閾値として知られる値 x_0 よりも少なくなると電気を通すことが示せる．膜が電気を通すための最小膜圧はどのくらいか．

3.8.7 理想気体を超えて：ビリアル展開の第 1 項

古典的単原子気体を考えよう．分配関数 $Z_N(V, T)$ は次式のように書けるだろう．

$$Z_N(V, T) = Z_K(V, T) \, Z_U(V, T) \tag{3.164}$$

ただし $Z_K(V, T)$ は理想気体の分配関数であり，$Z_U(V, T)$ は次式で与えられる．

$$Z_U(V, T) = \frac{1}{V^N} \int d^3r_1 \ldots d^3r_N \exp\left[-\frac{\beta}{2} \sum_{i \neq j} U(|\vec{r}_i - \vec{r}_j|)\right] \tag{3.165}$$

位置 r_i と r_j にある二つの分子間のポテンシャルエネルギー $U(|\vec{r}_i - \vec{r}_j|)$ は分子間距離 $|\vec{r}_i - \vec{r}_j|$ のみの関数である．以下，理想気体の状態方程式に対する補正を密度 $n = 1/v = N/V$ のべき展開として求めよう．この研究課題では $1/v$ の 1 次の項で止めるが，ビリアル展開とよばれる体系的な展開も可能である[†9]．

1. 圧力 P を v の関数として与える状態方程式は次式で表されることを示せ．

$$\frac{Pv}{kT} = 1 + \frac{V}{N}\frac{\partial \ln Z_U}{\partial V} = 1 + \frac{v}{N}\frac{\partial \ln Z_U}{\partial v} \tag{3.166}$$

2. 気体は非常に希薄であるとの仮定の下に Z_U について考察しよう．Z_U を次式のように書くと便利である．

$$Z_U(V, T) = 1 + \frac{1}{V^N} \int d^3r_1 \ldots d^3r_N \left(\exp\left[-\frac{\beta}{2}\sum_{i \neq j} U(|\vec{r}_i - \vec{r}_j|)\right] - 1\right) \tag{3.167}$$

分子間ポテンシャルの形（図 3.23）から，$\exp[-\beta U(r)]$ が 1 と異なるのはポテンシャルの範囲 r_0 より近い距離のみであることがわかる．図 3.23 を描くのに使った温度を T として $T_1 \ll T$ と $T_2 \gg T$ に対して $\exp[-\beta U(r)]$ を定性的に描け．

1 個の気体分子を考えて，相互作用を無視しよう．この分子を中心とした半径 r_0 の球内に平均何個の分子が存在するか．もし気体が非常に希薄ならばこの個数は 1 に比べて非常に小さい．中心にある分子からの距離が r_0 以内にもう一つの分子を

[†9] メーヤー–メーヤーの一般論によると，

$$\frac{P}{kT} = n - \sum_{k=1}^{\infty}\left\{\beta_k n^{k+1} \frac{k}{k+1}\right\}$$

と表される．ここで β_k は既約クラスターの積分とよばれ，$f_{ij} = \exp\left(-\beta U(|\vec{r}_i - \vec{r}_j|)\right) - 1$ を用いて

$$\beta_k = \frac{1}{k!}\frac{1}{V}\int \cdots \int d\vec{r}_1 \cdots d\vec{r}_{k+1} \sum^c \prod_{1 \leq i \leq j \leq k+1} f_{ij}$$

と書ける．ここで，$\sum^c$ は 1 点を切っても二つのグラフに分かれないグラフ（既約なグラフ）のすべてについての和をとることを表す．この定理を導出するのはかなりやっかいであるが，圧力 P の数密度 n に関する展開（ビリアル展開）が既約クラスター積分 β_k の線形結合であるということ（物理的にもっともらしい仮定）を認めるとその係数が $-n^{k+1}\frac{k}{k+1}$ であることを導くのは容易である（文献 b) 参照）．(訳者注)

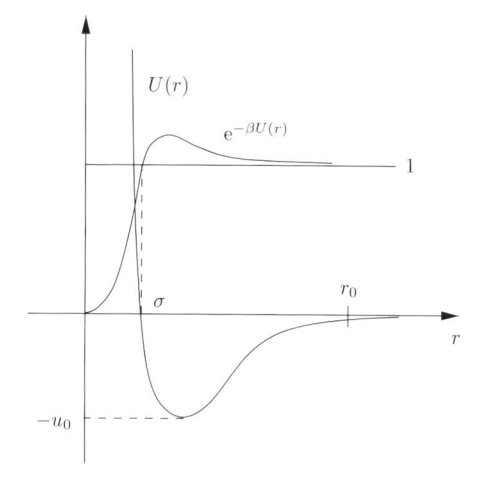

図 **3.23** ポテンシャル $U(r)$ と $\exp[-\beta U(r)]$

見いだす確率はどのくらいか．この条件下で分子間距離が r_0 以下である分子対の平均個数はいくらか．この平均個数が 1 に比べて非常に小さくなる条件を求めよ．この条件が満たされるとき次式が成り立つことを示せ．

$$Z_U(V,T) \simeq 1 + \frac{N^2}{2V}\int d^3 r \left(e^{-\beta U(r)} - 1\right) \tag{3.168}$$

$$= 1 - \frac{N^2}{V}B(T) \tag{3.169}$$

ただし $B(T)$ は 2 行目の式で定義される 2 次のビリアル係数である．自由エネルギーが示量変数であることを示し，Z_U に関する上記の近似の下で状態方程式が

$$\frac{Pv}{kT} = 1 + \frac{B(T)}{v} \tag{3.170}$$

と書けることを確かめよ．

3. 低密度近似の下で，ファン・デル・ワールス方程式 (1.66)

$$\left(P + \frac{a}{v^2}\right)(v-b) = kT \tag{3.171}$$

は上記のタイプの方程式になることを示せ．$B(T)$ を a, b と T の関数として計算せよ．結果の物理的解釈を与えられるか試みよ．

4. 式 (3.170) の別証明．圧力の厳密な式 (3.87)

$$P = nkT - \frac{1}{6}n^2 \int d^3 r\, r U'(r) g(r) \tag{3.172}$$

から始めよう．ただし，g は 2 体相関関数 (3.77) である．希薄気体に対しては

$$g(r) \simeq \exp[-\beta U(r)]$$

となることを示し，圧力の式 (3.170) を再導出せよ．なぜ $g(r)$ に対する上記の式は高密度の液体には有効でないか？

5. $B(T)$ はどのような値か？
    (i) 剛体球気体の場合

    $$U(r) = \begin{cases} +\infty & r \leq \sigma \text{のとき} \\ 0 & r > \sigma \text{のとき} \end{cases}$$

    (ii) 分子間ポテンシャルが次式で与えられる場合

    $$U(r) = \begin{cases} +\infty & r \leq \sigma \text{のとき} \\ -u_0 & \sigma \leq r \leq r_0 \text{のとき} \\ 0 & r > r_0 \text{のとき} \end{cases}$$

    $B(T)$ の符号は温度にどのように依存するか？ $B(T)$ の符号の変化を解釈せよ．
    〔ヒント〕$T \to 0$ と $T \to \infty$ の場合を調べよ．

    (iii) レナード–ジョーンズ・ポテンシャル

    $$U(r) = 4u_0 \left[\left(\frac{\sigma}{r}\right)^{12} - \left(\frac{\sigma}{r}\right)^6 \right]$$

    に対して，気体の種類にかかわらず，$B' = B/\sigma^3$ が無次元パラメータ $\theta' = kT/u_0$ の普遍的な関数となることを示せ．実験によると水素とヘリウムは低温でこの普遍曲線に乗らない．なぜか．

6. 窒素の係数 $B(T)$ は温度 T の関数として測定されている（窒素は二原子分子であるが，それでも上述の議論が成り立つことが示せる）．パラメータ $u_0/k = 95\,\text{K}$ と $\sigma = 3.74 \times 10^{-10}\,\text{m}$ をもつレナード–ジョーンズ・ポテンシャルに対する $B(T)$ を数値計算し，表 3.1 の値と比較せよ．

表 3.1 いろいろな温度の窒素に対するパラメータ $B(T)$ の値

T (K)	100	200	300	400	500
$B(T)$ (Å^3)	-247	-58.4	-7.5	15.3	28.1

3.8.8 核生成の理論

系 $\mathcal{A}$ を考えよう．この系は，温度 T_0 と化学ポテンシャル μ_0 をもつ熱浴 $\mathcal{R}$ との間で粒子と熱を交換できるとする（図 3.24）．熱浴の変化は常に準静的であると考える．さらに，この系は仕事という形で外界とエネルギーを交換できる（図 3.24 ではバネで表されている）．

3.8 研究課題　　　　　　　　　　　　　　　　　　　　　　　153

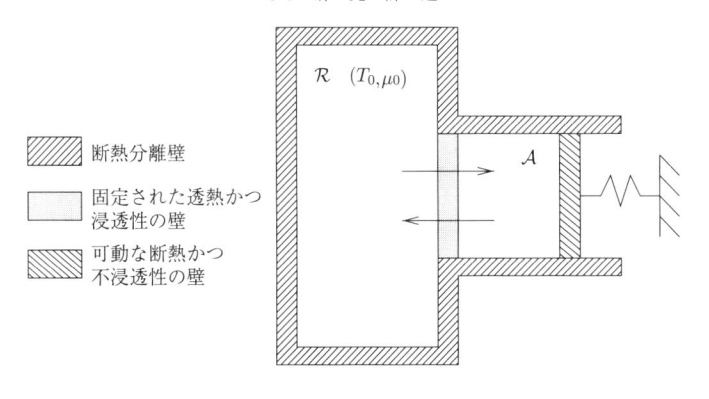

図 **3.24**　考えている系の図解

1. 全系 '$\mathcal{A}+\mathcal{R}$' が外界から孤立している場合，つまり外界と仕事のやりとりをしない場合を考えよう．系 $\mathcal{A}$ が最初の平衡状態 (i) から最終の平衡状態 (f) へ移される際に量 $(E-T_0S-\mu_0N)$ の変化が負になること

$$\Delta(E-T_0S-\mu_0N) \leq 0$$

を示せ．この式で E, S および N はそれぞれ系 $\mathcal{A}$ の内部エネルギー，エントロピーおよび粒子数である（3.5.3 項および 3.5.4 項と同じ記法を用いる）．

2. (i)→(f) の変化の間に系 $\mathcal{A}$ が外界から仕事量 W を受け取るとして，次式を示せ．

$$W \geq W_{\min} = \Delta(E-T_0S-\mu_0N) \tag{3.173}$$

ただし，$W_{\min}$ は可逆変化 (i)→(f) の間に受け取る仕事量である．

3. 図 3.25 は，全内部エネルギー E_{tot} の関数として平衡にある全系のエントロピー S_{tot} を示している．曲線 $S_{\text{tot}}(E_{\text{tot}})$ の形を定性的に正当化せよ．

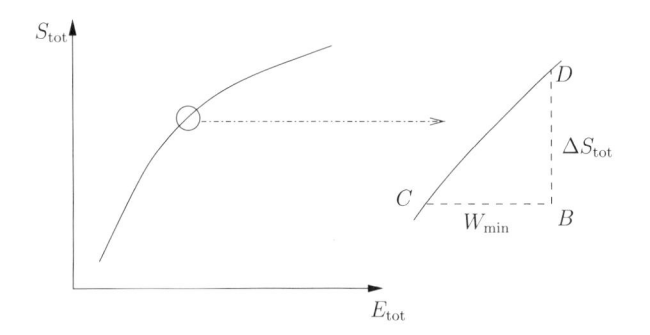

図 **3.25**　全系のエントロピーとエネルギー

4. 全系の平衡状態（D）から，全エントロピーのゆらぎにより系は非平衡状態（B）に移ることができる．また，経路 C→B に沿って仕事量 $W_{\min}$ を（今度は $\mathcal{R}$ から孤立した）系 $\mathcal{A}$ に与えるなどエントロピー変化によって点 B に達することもできる．$W_{\min}$ は $E_{\text{tot}}(D)$ に比べて小さいと仮定せよ．エントロピー–エネルギー曲線を用いて，$W_{\min}$ と ΔS_{tot} の関係を明らかにせよ．このようなゆらぎの起こる確率 $\mathcal{P}$ は

$$\mathcal{P} \propto \exp[-W_{\min}/kT_0]$$

となることを示せ．孤立系のエントロピーは，可能な配置数の対数に k をかけたものであることを思い起こすと有益であろう．

5. さて，温度 T の準安定平衡状態にある過飽和蒸気中での水滴の形成を考察しよう．この温度での，液体–気体転移の圧力は $\tilde{P}$，蒸気圧は P_2 そして液滴内部の圧力は P_1 とする（図 3.26）．体積 V_1 の液滴が形成されるとグランドポテンシャルが

$$\Delta \mathcal{J} = V_1(P_2 - P_1)$$

だけ変化することを示せ．上式は気液界面が平面である場合に対応する．液滴の形の効果を考慮するには，σ を表面張力として，表面エネルギー項 σA を含めねばならない．

$$\Delta \mathcal{J} = V_1(P_2 - P_1) + \sigma A$$

$\Delta \mathcal{J}$ が液滴を形成するために蒸気に供給しなければならない最小の仕事であることを示せ．

$$W_{\min} = \Delta \mathcal{J}$$

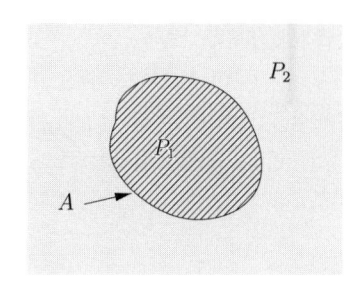

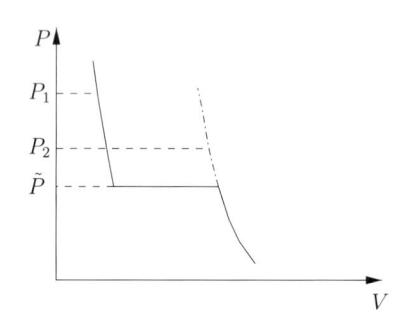

図 3.26　相図

6. 半径 R の球形の液滴に対して $W_{\min}$ を計算せよ．$W_{\min}$ を R の関数としてプロットして，それは半径 $R = R^*$（具体的値は別途求める）で最大になることを確かめよ．もしも液滴の半径がこの臨界半径 R^* よりも大きかったら何が起こるか？　もしも小さかったら？

7. 臨界半径の液滴が形成される確率を計算せよ．
8. $\delta P_1 = P_1 - \tilde{P}$ そして $\delta P_2 = P_2 - \tilde{P}$ （ただし $|\delta P_1|, |\delta P_2| \ll \tilde{P}$ と定義しよう）．ギブス–デュエムの関係を使って

$$v_1 \, \delta P_1 = v_2 \, \delta P_2$$

および

$$R^* = \frac{2\sigma v_1}{\mu_2(P_2, T) - \mu_1(P_2, T)} \tag{3.174}$$

を示せ．ただし v_1 と v_2 は液体と気体の比体積である．

3.9　さらに進んで学習するために

　本章で紹介した結果はよく知られたものであり，統計力学に関するすべての本に載っている．さらに進んで学習するためには Reif [109]（第 7 章）を薦める．1 次元のイジング模型は Le Bellac [72]（第 1 章）に詳しく扱われている．2 次元の解（難解！）は Onsager の論文 [97] に書かれている．Huang [57]（第 17 章）および Landau and Lifshitz [70]（151 節）も参照．この模型の歴史的側面は Brush [22] で議論されている．リー–ヤン定理の証明は Huang [57]（付録 C）あるいは Ma [85]（第 9 章）を参照．クーロン相互作用がある場合の熱力学極限の存在に関する発見的証明は，Lévy–Leblond and Balibar [80]（第 6 章）を参照．厳密な証明は Dyson and Lenard [36] による．古典液体の理論を扱っているのは，Chandler [28]（第 7 章），McQuarrie [88]（第 13 章），Goodstein [49]（第 4 章）そしてさらに上級レベルの Hansen and McDonald [54] である．相転移における化学ポテンシャルの利用は，Schroeder [114]（第 5 章）あるいは Chaikin and Lubensky [26]（4.4 節）に記述されている．化学反応における化学ポテンシャルの利用は Reif [109]（第 8 章），Baierlein [4]（第 11 章）および Brenig [19]（第 20 章）で議論されている．カノニカル集団による結果とグランドカノニカル集団による結果が等価であることについては Huang [57]（第 8 章）（および文献 a））で扱われている．この Huang の本の付録 A には第 2 量子化についての短い説明もある．

　本章の研究課題の追加情報は以下の文献にある．負の温度に関する最初の実験は Purcell and Pound [105] が行った．デバイ–ヒュッケル近似は Landau and Lifshitz [70]（第 8 章）で議論されている．ビリアル展開についての詳しい情報は Landau and Lifshitz [70]（74 節）と McQuarrie [88]（第 12 章）にある．核生成の理論は Landau and Lifshitz [70]（162 節）を参照せよ．

4

臨 界 現 象

　第3章では例として二つの相転移を議論した．一つは常磁性強磁性相転移（3.1.4項），もう一つは液体気体相転移（3.5.4項）である．液体気体相転移では，エントロピーや比容積（比重の逆数）といった熱力学関数が転移点において不連続である．たとえば定圧で温度を変化させると，二つの相のギブスの自由エネルギーが等しくなる温度 T_c で相転移が起きるが，二つの相は T_c 直上で共存し，T_c 近傍では安定もしくは準安定である．二つの相にはそれぞれ別々にエントロピーや比容積などがあり，それらは $T=T_c$ で一般には異なっている．つまり不連続である．このような相転移を **1 次相転移** という．

　常磁性強磁性相転移では状況はかなり違う．熱力学量は相転移点で連続であるし，二つの熱力学ポテンシャルが等しくなるところで相転移が起きるわけでもない．また，決して準安定状態は起きない．このような相転移を **2 次相転移** あるいは **連続相転移** という[*1]．相転移温度は **臨界温度** ともよばれ，T_c という記号を使う．

　連続相転移について新たに特筆すべき点は協力現象の存在である．話を具体的にするため，イジング模型やハイゼンベルク模型のように，相互作用が最近接格子点間に限定されているスピン系を考えよう．より一般的には，スピン間の距離とともに急速に減衰するような **短距離相互作用** を考える．長距離相互作用は一切考えないことにする．基本となる相互作用は微視的には短距離なのに，臨界点近傍ではスピン間相関は非常に長距離にわたって残る．いいかえれば，相関距離（正確には式 (4.30) で定義する）が臨界温度で発散する．このように，多くのスピンが互いに協力しあうため，相転移の性質のいくつかは相互作用の微視的な詳細に依存しなくなる．磁石と流体のようにそもそもはまったく異なる系が，臨界点近傍ではとても似たようなふるまいをすることがあるのである．このため，連続相転移を非常に一般的な普遍性によって分類することができる（普遍性クラス）．この普遍性は実に驚くべき性質である．そのため，この長い章すべてを連続相

[*1]　今日では「連続相転移」という言葉のほうがよく用いられるようである．本書でもそれに従う．80 年ほど前にエーレンフェストは，ギブスの自由エネルギーの 1 階微分，2 階微分，3 階微分 … のふるまいを仮定し，それに基づいて相転移を「1 次相転移」，「2 次相転移」，「3 次相転移」… に分類した．この用語は現在でもいくつかの本で散見される．しかし，エーレンフェストの分類法は現実とは異なっているため，今では廃れてしまっている．現在は「1 次相転移」と「連続相転移」にのみ分類されている．

転移の説明に費やすのである．

　相転移の理論における重要な概念として，これまでに対称性の破れと秩序変数を説明した．多くの場合，低温相の対称性は高温相の対称性の部分群になっている．3.1.4 項で説明した零磁場中の常磁性強磁性相転移を再び例にとろう．常磁性相はあらゆる回転に対して不変だが，強磁性相は磁化の方向のまわりの回転に対してのみ不変である．磁化の方向の軸の反転に関しては磁化の符号が変わる．これが対称性の破れである．3.1.4 項でも少し説明したが，本章でより詳しく説明する．

　秩序変数は，対称性の高い相では零，対称性の低い相では零でない値をもつような量である．常磁性強磁性相転移では，磁化かそれに比例する量を秩序変数とすればよい．この秩序変数は，低温側から T_c に近づくと連続的に零になる．

　対称性の破れと秩序変数は一般的には連続相転移の性質とされるが，1 次相転移に用いてもよい．しかし，1 次相転移においては秩序変数は $T = T_\mathrm{c}$ において不連続である[*2]．また，対称性の破れや秩序変数のない連続相転移も存在する．たとえば 2 次元の XY 模型である．

　本章では連続相転移，別名**臨界現象**の理論を述べるが，特に対称性の破れのある相転移に議論を限定する．まず 4.1 節で，イジング模型を教育的な例にとって，対称性の破れについてかなり詳しく説明する．4.2 節では，非常に重要な近似法である平均場理論について述べる．4.3 節では平均場理論の一般論として，連続相転移に関するランダウ理論を説明する．

　1970 年代前半に至るまで，臨界現象に関する理論は厳密計算（本質的にはオンサーガーによる 2 次元イジング模型の厳密解）と，平均場理論かランダウ理論のみであった．オンサーガーの厳密解と実験の測定結果は，ランダウ理論が定量的には誤っていることを示していた．臨界現象の正しい理解は，当時の理論物理の最も重要な課題の一つであったのである．

　問題の難しいところは，臨界点近傍で膨大な数の自由度が複雑に相互作用している点である．いかにしてこの大量の自由度を消去するかという問題がウィルソンによって解決された．繰り込み群の登場である．ただ注意しなければならないのは，繰り込み群はそれを適用すればどんな問題にでも自動的に解が得られるというようなものではないという点である．繰り込み群は，むしろ連続相転移の問題に対する考え方の枠組みである．実際にその枠組みを用いて問題を解くには多くの推量が必要となり，専門でない人には必ずしも明確な議論ではない（ときには専門家にとってさえも…）．ウィルソンは，繰り込み群のふるまい，すなわち「流れ」が臨界現象の定性的な理解を与えること，そして量子場の理論を使うとそれが定量的な理解に発展させられることを明らかにした（ただし，量子力学は絶対零度以外では臨界現象にまったく影響しない）．4.4 節と 4.5 節では，

[*2] 典型的な例は，チタン酸バリウムの強誘電性相転移である．例外として，相互作用のない系のボーズ–アインシュタイン凝縮では転移点で秩序変数が連続である．しかし 5.5 節で述べるように，相互作用のない系のボーズ–アインシュタイン凝縮は相転移としてはかなり特殊である．

臨界現象の例を用いて繰り込み群の方法の基礎である繰り込み群の流れを説明する[*3]．また，臨界指数の計算を予備知識の必要のない形で詳しく説明する．そこでは，場の理論的方法をおおまかに示すが，摂動計算の詳細（ファインマン図形）には立ち入らないことにする．

4.1 イジング模型，再び

4.1.1 イジング模型に関する厳密な結果

第3章では，強磁性の模型で最も単純かつ自明でないものとしてイジング模型を導入した．ハミルトニアンは式 (3.30)，分配関数は式 (3.31) である．空間が1次元 $d=1$ の場合[*4]，簡単な計算から相転移は起きないという結論に至った．一見すると少しがっかりする結果である[*5]．しかし，この結果は1次元に特有の現象であり，2次元以上 $d \geq 2$ では強磁性相転移が確かに存在するということを，これから証明しよう．

もし分配関数を直接計算して相転移の存在が証明できれば理想的である．しかし第3章で述べたように，分配関数を解析的に計算できるのは2次元 $d=2$ で磁場のない場合 $H=0$ に限られる．しかも，その計算は基本的なステップの積み重ねではあるが，非常に長くて込み入っており，明らかに本書の範囲を超える．興味のある読者は文献を参照していただきたい．

2次元以上 $d \geq 2$ で必ず相転移があることは，より簡単な議論で証明できる．その議論はパイエルスが初めて提案したものである．3.1.5項で，1スピンあたりの自由エネルギーは，境界条件に依存せずに熱力学的極限

$$f = \lim_{N \to \infty} \frac{1}{N} F_N = \lim_{N \to \infty} \left(-\frac{kT}{N} \ln Z_N \right)$$

がとれることを示した．ここで N はスピン数[*6]，Z_N はスピン数 N の系の分配関数，$F_N = -kT \ln Z_N$ はその系の自由エネルギーである．

外部磁場がないとすると，イジング模型のハミルトニアンは $S_i \to -S_i$ という操作に対して対称である．この対称性から必然的に，1スピンあたりの磁化[*7]

$$M = \frac{1}{N} \sum_{i=1}^{N} \langle S_i \rangle \tag{4.1}$$

[*3] 繰り込み群を説明するときに困るのは，簡単な例はあまりに簡単で説得力がないし，説得力のある例では多くの面倒な計算が必要になるということである．
[*4] 有限レンジに限る．
[*5] 相転移に否定的なこの結果を初めて得たのがイジングである．イジングはレンツを指導教官とする博士課程の大学院生であったが，この結果にがっかりして物理の研究をやめてしまった．
[*6] 3.1.5項ではスピンの数を N^2 と書いたが，ここでは N と書くことにする．
[*7] 本章では，格子点 i における磁化を無次元量の M_i と定義して，面倒な乗算因子は無視することにする．つまり M_i はスピン S_i の期待値 $M_i = \langle S_i \rangle$ であって，$M_i = \mu \langle S_i \rangle$ ではない．

は任意の N において零でなければならないことになる．つまり，零でない磁化を得るには，なんらかの特殊な境界条件を課さなければならない．簡単のために以下では 2 次元 $d=2$ で考えるが，以下の議論はそのまま高次元に拡張できる．

ここで課す境界条件は「境界線上のスピンはすべて上を向く」というものである（あとで，同じ結論を導くのに，より物理的な条件を使う．それはスピン系全体に微小な磁場をかけるというものである）．向きがあらかじめ上向きに決められているスピンの割合は，全スピンのうちのおよそ $1/\sqrt{N}$ であり，熱力学的極限ではこの割合は零になる．絶対零度 $T=0$ では，系はスピンがすべて上を向いた基底状態になる．その状態のエネルギーを零と定義しておく．

上のような境界条件では $N \to \infty$ で磁化が有限に残ることを，以下で厳密に証明する．詳しい証明に入る前に，$d \geq 2$ では 1 次元と対照的に自発磁化が残ることをおおまかに議論しておこう．上の境界条件を $d=1$ で考えると，直線上の最初と最後のスピンが上向きに固定されていることになる．絶対零度 $T=0$ では，すべてのスピンが上向きの基底状態になる．第 1 励起状態は，二つのキンクが存在する状態である（研究課題 3.8.1）．励起エネルギーは $4J$ だが，これは下向きのスピンの数に依存しない．つまり，キンクが直線上のどこにあっても同じ励起エネルギーである．よって，キンクが二つあるという第 1 励起状態のエントロピーはおよそ $2k \ln N$ となり，自由エネルギーは

$$F \simeq 4J - 2kT \ln N$$

である．スピン数 N が十分に大きければ，どんなに T が小さくても，キンクが二つある状態の自由エネルギーの方が基底状態の自由エネルギーよりも低くなる．そのため，キンクが二つある状態の方がより起きやすくなる．キンクが二つあるすべての状態で磁化の値を平均すると零であるから，結局，1 次元イジング模型の磁化は零になる．

上の議論が 2 次元ではどのように違ってくるかを調べよう．2 次元の励起状態では，上向きスピンの基底状態の中に下向きスピンの「泡」ができる．泡（格子上の多角形）の周囲の長さを b とすると，下向きスピンが長さ b の境界線に囲まれているので，励起エネルギーは $2bJ$ である．周囲の長さ b の泡の多角形が一つある状態のエントロピーはいくらだろうか．そのような状態の数を $\nu(b)$ と書くと，上限は

$$\nu(b) \leq N\, 3^{b-1} \tag{4.2}$$

である．この式の中の因子 N は，泡の多角形が格子上のどこにあってもよいことを表している．因子 3^{b-1} は以下のように説明できる．格子上のどこかの点から出発して多角形を描いていくことを考えよう．格子の各点で，来た方向以外の三つの方向へ格子間隔 a だけ進む．これを b 回繰り返すと最大で 3^{b-1} 通りになる[8]（こう考えると，多

---

[8] より正確には $\nu(b) \leq N 3^{b-1}(4/2b)$ とすべきだろう．なぜなら，まず出発点では四つの方向へ進むことができる．また，多角形のどの点から出発しても同じ結果になるし，時計まわりでも反時計まわりでも同じ多角形が描けるからである．ただし，この上限のほうを使っても，以降の議論にはまったく変更ない．

角形を描く作業は，逆戻りしないという規則のランダムウォークに似ていることがわかる）．式 (4.2) の結果から，自由エネルギーは

$$F \simeq 2bJ - kT[\ln N + b \ln 3]$$

となる．1 次元の場合と決定的に違うのは，励起エネルギーが b に比例する点である．泡がある状態の自由エネルギーが基底状態の自由エネルギーよりも低くなるためには

$$b \lesssim \frac{kT \ln N}{2J - kT \ln 3}$$

でなければならない．したがって，$T < 2J/(k \ln 3)$ においては，ある大きさ $b_{\max} \sim \ln N$ よりも大きいような下向きスピンの泡 $b \geq b_{\max}$ ができる可能性は非常に低い．そのため，全スピンの中で下向きスピンの割合は，およそ $(\ln N)^2/N$ であり，N の大きい極限で零になる．以上の議論から，2 次元では $T \lesssim 2J/(k \ln 3)$ において自発磁化が存在しそうに思われる．

いよいよ，パイエルスによる厳密な議論に入る．この議論では，系のスピン配位が多角形の集合と一対一に対応することを用いる[*9)]．図 4.1 に示すように，境界のスピンから出発して，上向きスピンと下向きスピンの間に長さ 1 の線を引く（本節では，これ以降，格子間隔 a を 1 とする）．つまり，線を越えるたびにスピンの向きが反転するようにする．このように線を引くと閉じた多角形ができる．それぞれの多角形を周囲の長さ b で分類し，同じ周長の多角形に番号 j をふる．つまり周長 b の多角形には $j = 1, \ldots, \nu(b)$ の番号がふられる．番号 j は，多角形の形だけでなく格子上の位置も指定している．周長 b_n の番号 j_n の多角形を $P_{b_n}^{(j_n)}$ と書くことにし，多角形の配置 $\mathcal{C}$ （対応するスピン配位と等価）を

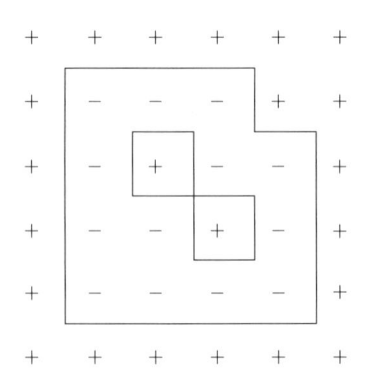

図 4.1 あるスピン配位と，多角形の集合の対応．

[*9)] この一対一対応は，分配関数を計算する一番簡単な方法の出発点にもなっている．最初のオンサーガーの計算法は転送行列を用いる方法である．

4.1 イジング模型，再び

$$\mathcal{C} = \{P_{b_1}^{(j_1)}, \ldots, P_{b_n}^{(j_n)}, \ldots\}$$

と表す．あらゆる多角形配置に関する和は，すべてのスピン配位に関する和と等価である．つまり

$$\sum_{\mathcal{C}} = \sum_{S_1=\pm 1} \cdots \sum_{S_N=\pm 1}$$

である．ここで，ある多角形 $P_b^{(j)}$ の中に入っているスピンの数を $N_b^{(j)}$ と書くことにする．また，ある多角形配置 $\mathcal{C}$ における上向きスピンの数を $N_+(\mathcal{C})$，下向きスピンの数を $N_-(\mathcal{C})$ とする．すると，その多角形配置における磁化は

$$M(\mathcal{C}) = \frac{1}{N}\left[N_+(\mathcal{C}) - N_-(\mathcal{C})\right] = 1 - \frac{2N_-(\mathcal{C})}{N}$$

で与えられる（ここで $N_+(\mathcal{C}) + N_-(\mathcal{C}) = N$ を使っている）．

以下では，十分低温で $\langle N_-(\mathcal{C})\rangle/N < 1/2$ となることを証明しよう．任意の $\mathcal{C}$ において不等式

$$N_-(\mathcal{C}) \leq \sum_b \sum_{1 \leq j \leq \nu(b)} \chi_b^{(j)} N_b^{(j)} \tag{4.3}$$

が成り立つ．ここで $\chi_b^{(j)}$ は $P_b^{(j)}$ の特性関数

$$\chi_b^{(j)} = \begin{cases} 1 & P_b^{(j)} \in \mathcal{C} \text{ のとき} \\ 0 & P_b^{(j)} \notin \mathcal{C} \text{ のとき} \end{cases} \tag{4.4}$$

である．図 4.1 のように多角形の中に多角形が入れ子になっていると，内側の多角形には上向きスピンが入っているので，不等式 (4.3) の等号がはずれる．入れ子になっている多角形がまったく存在しない場合にのみ，式 (4.3) の等号が成立する．また，同じ周長の多角形のうちで最も面積が大きいのは正方形である．したがって，不等式

$$N_b^{(j)} \leq \left(\frac{b}{4}\right)^2 \tag{4.5}$$

が成り立つ．さらに，

$$\langle \chi_b^{(j)} \rangle = \frac{1}{Z} \sum_{P_b^{(j)} \in \mathcal{C}} e^{-\beta E(\mathcal{C})} = \frac{1}{\sum_{\mathcal{C}} e^{-\beta E(\mathcal{C})}} \sum_{P_b^{(j)} \in \mathcal{C}} e^{-\beta E(\mathcal{C})} \tag{4.6}$$

で与えられる期待値 $\langle \chi_b^{(j)} \rangle$ の上限を求めよう．分子の和は，ある多角形 $P_b^{(j)}$ を含む多角形配置（つまり $\chi_b^{(j)} = 1$ となるような多角形配置）に限定した和である．ここで，多角形配置 $\mathcal{C}(P_b^{(j)})$ のうち，多角形 $P_b^{(j)}$ の中のスピンをすべて反転して得られる配置を $\mathcal{C}^*(P_b^{(j)})$ と定義する．先に述べた議論と同じように，この二つの多角形配置のエネルギー差は多角形 $P_b^{(j)}$ の周囲の長さに比例し，

$$E(\mathcal{C}^*) = E(\mathcal{C}) - 2bJ \tag{4.7}$$

で与えられる．式 (4.6) の分母の和には $\mathcal{C}^*$ となる配置も含まれているが，それを $\mathcal{C}^*$ に属する多角形配置の和に限定すると，分母の下限が得られる．したがって

$$\langle \chi_b^{(j)} \rangle \leq \frac{1}{\displaystyle\sum_{\mathcal{C}^*(P_b^{(j)})} \mathrm{e}^{-\beta E(\mathcal{C}^*)}} \sum_{P_b^{(j)} \in \mathcal{C}} \mathrm{e}^{-\beta E(\mathcal{C})} = \mathrm{e}^{-2\beta b J} \tag{4.8}$$

となる．

式 (4.3) と (4.5) から

$$N_-(\mathcal{C}) \leq \sum_b \left(\frac{b}{4}\right)^2 \sum_j \chi_b^{(j)}$$

が得られ，さらに式 (4.2) と (4.8) を使うと

$$\langle N_- \rangle \leq \sum_b \left(\frac{b}{4}\right)^2 \sum_j \langle \chi_b^{(j)} \rangle \leq \sum_b \left(\frac{b}{4}\right)^2 \mathrm{e}^{-2\beta b J} \sum_{j=1}^{\nu(b)} 1$$

$$\leq \sum_b \left(\frac{b}{4}\right)^2 \nu(b) \mathrm{e}^{-2\beta b J} \leq N \sum_b \left(\frac{b}{4}\right)^2 3^{b-1} \mathrm{e}^{-2\beta b J}$$

となる．以上から $\langle N_- \rangle / N$ の上限が

$$\frac{\langle N_- \rangle}{N} \leq \sum_{b=4,6,\ldots} \left(\frac{b}{4}\right)^2 3^{b-1} \mathrm{e}^{-2\beta b J} \tag{4.9}$$

となる．右辺の級数は $3\exp(-2\beta J) < 1$ において収束する．そこで

$$\sum_{b=4,6,\ldots} \left(\frac{b}{4}\right)^2 3^{b-1} \mathrm{e}^{-2\beta_0 b J} = \frac{1}{2} \tag{4.10}$$

によって温度 $T_0 = 1/(k\beta_0)$ を定義すると[†1]，$T < T_0$ では任意の N に対して $\langle N_- \rangle / N < 1/2$ となり，したがって $M > 0$ である．以上がパイエルスの議論である．

厳密な議論でもう一つ重要なのはリー–ヤン定理である．まず，ハミルトニアン (3.30) を

$$\mathscr{H} \to \mathscr{H}' = -J \sum_{\langle i,j \rangle} S_i S_j - \mu H \sum_i (S_i - 1) = \mathscr{H}_0 - \mu H \sum_i (S_i - 1)$$

の形に変えておく．新しいハミルトニアンは，ハミルトニアン (3.30) と定数 $\mu H N$ がずれているだけである．ここで，変数

$$z = \mathrm{e}^{-2\beta\mu H}$$

を定義する．こうおくと，分配関数 Z_N は z の N 次多項式になることが以下のように

[†1] ここでは強磁性相互作用（$J > 0$）の場合を扱っているので，式 (4.10) を満たす T_0 が必ず存在する．(訳者注)

してわかる．分配関数は

$$Z_N = \sum_{\mathcal{C}} e^{-\beta \mathcal{H}_0[S_i]} \prod_i e^{\beta \mu H(S_i - 1)} \tag{4.11}$$

となる．スピン配位 $\mathcal{C}$ の中にある下向きスピンの数を n とすると

$$\sum_i (S_i - 1) = -2n$$

である．よって

$$Z_N = \sum_{n=0}^{N} z^n Q_n \tag{4.12}$$

になる．ここで Q_n は正の数である．スピン数 N が有限なら，分配関数 Z_N は z の解析関数であり，かつ零にならない．よって $\ln Z$ もあらゆる熱力学関数も z の解析関数である．しかし，相転移は熱力学関数の非解析的ふるまいで特徴づけられる．したがって，**相転移は熱力学的極限** $N \to \infty$（あるいは $V \to \infty$）**においてのみ起きうる**[*10]．この極限では次の定理が証明できる．

定理 1（リー–ヤン）　強磁性イジング模型において，1 スピンあたりの分配関数 $Z = \lim_{N \to \infty} (Z_N)^{1/N}$ を定義する．この関数 Z は複素平面上の単位円 $|z| = 1$ においてのみ零になりうる．この単位円以外，つまり $H \neq 0$ においては，あらゆる熱力学関数は z の解析関数である[†2]．

この定理から，**相転移は** $H = 0$ **においてのみ起きうる**ことがわかる．この結果は，図 4.2 のように直観的に理解できる．零磁場における磁化は，温度の関数として明らかに非解析的なふるまいをしている．図に示すように，臨界点 $T = T_\text{c}$ においては傾きが無限大になっている．しかし磁場があるときには，磁化は温度に関してなめらかに変化する．

相転移が実際に起きることは，2 次元 $d = 2$ におけるオンサーガーの解で確認できる．その解によると，零磁場における 1 スピンあたりの自由エネルギーは

$$f = kT \ln \frac{1 - x^2}{2}$$

$$- \frac{kT}{8\pi^2} \int_0^{2\pi} dp_x \, dp_y \ln \left[(1 + x^2)^2 - 2x(1 - x^2)(\cos p_x + \cos p_y) \right] \tag{4.13}$$

[*10] 読者はもちろん水に浮かぶ氷を見たことがあるだろうから，体積無限大でないと相転移が起きないというと驚かれるかもしれない．ここでいっているのは，相転移の兆候は，**数学的**には体積無限大でないと見えないということである．

[†2] この定理は強磁性ハイゼンベルグ模型に対しても拡張されている．訳者追加文献 e) の中にある引用文献を参照．(訳者注)

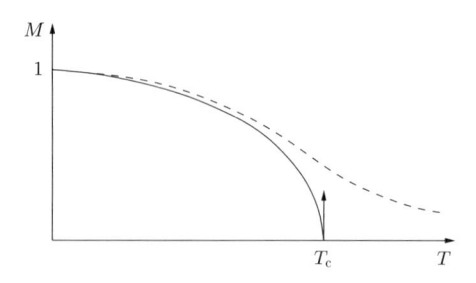

図 4.2 磁化の温度依存性. 実線が $H = 0$ の場合, 破線が $H \neq 0$ の場合. 臨界点 $T = T_{\mathrm{c}}$ における法線に注意.

となる. ただし $x = \tanh(J/kT)$ である. 被積分関数の対数関数の引数が零になる場合にのみ特異性が生じる. その場合とは, $\cos p_x = \cos p_y = 1$ かつ $x = \sqrt{2} - 1$ となる点である. なぜなら $x = \sqrt{2} - 1$ のとき

$$(1 + x^2)^2 - 4x(1 - x^2) = (x^2 + 2x - 1)^2 = 0$$

となるからである. よって, x に関する臨界点は $x_{\mathrm{c}} = \sqrt{2} - 1$ である. 温度に直すと, 臨界点 T_{c} は

$$\boxed{\sinh \frac{2J}{kT_{\mathrm{c}}} = 1 \quad \text{つまり} \quad kT_{\mathrm{c}} = \frac{2J}{\ln(1 + \sqrt{2})} \simeq 2.27 J} \tag{4.14}$$

である. なお, 臨界点 T_{c} の値だけなら基本課題 4.6.1 の裏格子の議論から求められる.

臨界点近傍 $T \simeq T_{\mathrm{c}}$ において, 比熱が

$$C \propto \ln |T - T_{\mathrm{c}}| \tag{4.15}$$

とふるまうことが, 自由エネルギーの表式 (4.13) から導ける. 磁場がある場合 $H \neq 0$ の分配関数は厳密には計算されていないので, $T \leq T_{\mathrm{c}}$ における零磁場磁化を厳密に求めるには, 相関関数の表式を使わざるをえない[*11]. 計算はヤンが初めて行った. 結果は

$$M = \left(1 - \left[\sinh\left(\frac{2J}{kT}\right)\right]^{-4}\right)^{1/8} \tag{4.16}$$

である. 図 4.3 に概形を示す. 臨界温度付近では磁化は

$$M \propto (T_{\mathrm{c}} - T)^{1/8} \tag{4.17}$$

というふるまいをする.

[*11] より正確には, 極限 $|\vec{r}_i - \vec{r}_j| \to \infty$ において, $\langle S_i S_j \rangle \to \langle S_i \rangle^2 = M^2$ となる. なぜなら式 (4.25) に示すように, この極限で $\langle S_i S_j \rangle_{\mathrm{c}} \to 0$ となるからである.

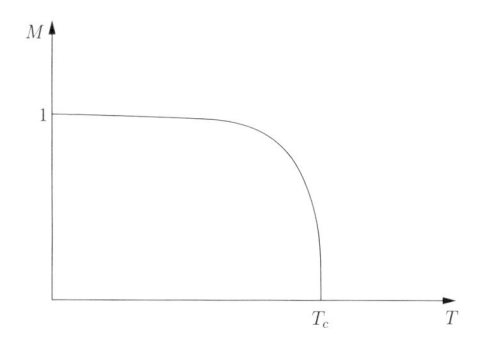

図 4.3 2次元イジング模型の零磁場磁化の温度依存性.

4.1.2 相関関数

本章の冒頭で，連続相転移には協力現象の存在が欠かせないことを述べた．系の中でどの程度，協力現象が起きているのかを定量的に表す量が相関距離である．相関距離は**相関関数**から導かれる．イジング模型では，格子点 i と j にある二つのイジングスピン S_i と S_j の間の相関関数は，スピンの積 S_iS_j の期待値

$$\langle S_iS_j\rangle = \frac{1}{Z(H)}\sum_{\mathcal{C}} S_iS_j\mathrm{e}^{-\beta\mathscr{H}} \tag{4.18}$$

で定義される．ここで，ハミルトニアン $\mathscr{H}$ は式 (3.30) である．

相関関数に少し慣れるために，1次元 $d=1$ の磁場がない場合で相関関数を実際に計算してみよう．1次元イジング模型で，スピン数 N，周期的境界条件の場合の分配関数を Z_N とする．3.1.4 項で説明した転送行列法を用いて計算を進める．相関関数は，すべてのスピン配位に関する和

$$\langle S_iS_j\rangle_N = \frac{1}{Z_N}\sum_{S_1=\pm 1}\cdots\sum_{S_N=\pm 1}\cdots\exp(KS_{i-1}S_i)[S_i]\exp(KS_iS_{i+1})\cdots$$
$$\times \exp(KS_{j-1}S_j)[S_j]\exp(KS_jS_{j+1})\cdots$$

で与えられる．なお，3.1.4 項と同じように $K=\beta J$ である．ここでパウリ行列 σ_z

$$\sigma_z = \begin{pmatrix} 1 & 0 \\ 0 & -1 \end{pmatrix}$$

を導入しよう．転送行列 $\mathcal{T}$ は，磁場 $H=0$ の場合，

$$\mathcal{T} = \begin{pmatrix} \mathrm{e}^K & \mathrm{e}^{-K} \\ \mathrm{e}^{-K} & \mathrm{e}^K \end{pmatrix} \tag{4.19}$$

である．パウリ行列 σ_z と転送行列 $\mathcal{T}$ の積の行列要素は

の形をしている．転送行列 $\mathcal{T}$ を対角化する行列を R とすると

$$R\mathcal{T}R^{-1} = \begin{pmatrix} \lambda_+ & 0 \\ 0 & \lambda_- \end{pmatrix} = \mathcal{D} \qquad R = R^{-1} = \frac{1}{\sqrt{2}}\begin{pmatrix} 1 & 1 \\ 1 & -1 \end{pmatrix}$$

である．3.1.4 項の分配関数の計算は，上の記号を使うと

$$\mathrm{Tr}\,\mathcal{T}^N = \mathrm{Tr}\,(R^{-1}\mathcal{D}RR^{-1}\mathcal{D}\cdots\mathcal{D}R) = \mathrm{Tr}\,\mathcal{D}^N = \lambda_+^N + \lambda_-^N$$

の形に書ける．一方で，相関関数の期待値の計算は

$$\mathrm{Tr}\left[\mathcal{T}^i\sigma_z\mathcal{T}^{(j-i)}\sigma_z\mathcal{T}^{(N-j)}\right] = \mathrm{Tr}\left[\cdots\mathcal{D}R\sigma_z R^{-1}\mathcal{D}\cdots\mathcal{D}R\sigma_z R^{-1}\mathcal{D}\cdots\right]$$

と書ける．なお，$j > i$ とした．ここで，

$$R\sigma_z R^{-1} = \sigma_x = \begin{pmatrix} 0 & 1 \\ 1 & 0 \end{pmatrix}$$

である．そのため，分配関数の計算と違って，格子点 i と j の間にあるスピンについては，転送行列 $\mathcal{T}$ の固有値 λ_+ と λ_- が入れ替わる．つまり

$$\sigma_x \mathcal{D}^{(j-i)} \sigma_x = \sigma_x \begin{pmatrix} \lambda_+^{(j-i)} & 0 \\ 0 & \lambda_-^{(j-i)} \end{pmatrix} \sigma_x = \begin{pmatrix} \lambda_-^{(j-i)} & 0 \\ 0 & \lambda_+^{(j-i)} \end{pmatrix}$$

である．よって，$N \to \infty$ の極限では

$$\begin{aligned}\langle S_i S_j \rangle &= \lim_{N\to\infty} \lambda_+^{-N}\left[\lambda_+^{N-(j-i)}\lambda_-^{(j-i)} + \lambda_-^{N-(j-i)}\lambda_+^{(j-i)}\right] \\ &= \lambda_+^{-N}\lambda_+^{N-(j-i)}\lambda_-^{(j-i)} = \left(\frac{\lambda_-}{\lambda_+}\right)^{(j-i)}\end{aligned}$$

となる．

この結果は，一般的な性質の一つの例になっている．熱力学的極限では，転送行列の最大固有値が分配関数を与え，最大固有値と第 2 固有値の比が相関関数を与えるのである．3.1.4 項で得た固有値の表式から，相関関数は

$$\langle S_i S_j \rangle = (\tanh K)^{|i-j|} = \left(\tanh \frac{J}{kT}\right)^{|i-j|} = \exp\left(-|i-j|\left|\ln\tanh\frac{J}{kT}\right|\right) \quad (4.20)$$

となる（ここで，絶対値 $|i-j|$ を使ったので $i > j$ の場合にも成り立つ）．

式 (4.20) から**相関距離**（通常 ξ と書く）という非常に重要な量が導ける．格子間隔を 1 としているので，$|i-j|$ は格子点 i と j の間の距離 r_{ij} にほかならない．したがって，相関関数は

$$\langle S_i S_j \rangle = \exp\left(-\frac{r_{ij}}{\xi}\right) \tag{4.21}$$

4.1 イジング模型，再び

と表せる．1次元イジング模型の相関距離は，式 (4.20) から

$$\xi = \frac{1}{|\ln \tanh J/kT|}$$

である．

1次元イジング模型の相関距離は温度の単調減少関数であることがわかる．低温極限 $T \to 0$ で相関距離は $\xi \to \infty$ となり，高温極限 $T \to \infty$ で相関距離は $\xi \to 0$ となる．これはエネルギーとエントロピーの競合を表している．スピンがそろうとエネルギーを得し，そろわないとエントロピーを得する．低温では前者が勝り，高温では後者が勝る．

2.4.3 項で，分配関数がさまざまな期待値や相関関数の母関数の役割を果たすことを述べた．実際に，分配関数がどのように相関関数の母関数になるかを見てみよう．そのために，任意次元 d のハミルトニアン (3.30) を拡張して，磁場が格子点ごとに異なる場合

$$\mathscr{H} = -J \sum_{\langle i,j \rangle} S_i S_j - \mu \sum_i H_i S_i \tag{4.22}$$

を考える．式 (2.66) をそのまま使うと，格子点 i における磁化 $M_i = \langle S_i \rangle$ が

$$M_i = \frac{1}{\beta \mu Z} \frac{\partial Z}{\partial H_i} = \frac{1}{\beta \mu} \frac{\partial \ln Z}{\partial H_i} \tag{4.23}$$

となり，式 (2.69) を使うと，相関関数が

$$\langle S_i S_j \rangle = \frac{1}{(\beta \mu)^2 Z} \frac{\partial^2 Z}{\partial H_i \partial H_j} \tag{4.24}$$

となる．

式 (2.70) を使うと**連結相関関数** G_{ij} が得られる[*12]．この量は $\langle S_i S_j \rangle_c$ とも書く．ここで添字の c は連結（connected）を意味する．表式は

$$\boxed{G_{ij} = \langle S_i S_j \rangle_c = \langle S_i S_j \rangle - \langle S_i \rangle \langle S_j \rangle = \frac{1}{(\beta \mu)^2} \frac{\partial^2 \ln Z}{\partial H_i \partial H_j}} \tag{4.25}$$

である．この手続きを p 点相関関数（つまり p 個のイジングスピンの積の期待値）に拡張できるのは明らかである．分配関数の p 階微分が p 点相関関数になり，$\ln Z$ の p 階微分が p 点連結相関関数になる[*13]．つまり，分配関数 Z が相関関数の母関数であり，自由エネルギー $\ln Z$ が連結相関関数の母関数である．

磁場が零の場合の相関関数を計算するにも，いったん磁場をかけておくと便利なことがある．たとえば式 (4.25) から G_{ij} を計算し，それから $H_i = 0$ とすると

[*12] ここでは，相関関数の標準的な記号として G を使った．そのかわり，この章ではギブスの自由エネルギーを G ではなく Γ と書く．
[*13] 連結相関関数はキュムラントともよばれる．これは，確率論のキュムラントと同じ形をしているからである．第 3 章の脚注 3 を参照．

$$G_{ij}\Big|_{H=0} = \langle S_i S_j \rangle - \langle S_i \rangle \langle S_j \rangle = \frac{1}{(\beta\mu)^2} \frac{\partial^2 \ln Z}{\partial H_i \partial H_j}\Big|_{H=0} \tag{4.26}$$

となる．揺動応答定理 (2.70) は，イジング模型の場合には

$$\boxed{\frac{\partial M_i}{\partial H_j} = \frac{1}{\beta\mu} \frac{\partial^2 \ln Z}{\partial H_i \partial H_j} = \beta\mu G_{ij}} \tag{4.27}$$

となる．

最後に注意点を二つ述べておく．

- 磁化率 χ は正である．これは以下のように示せる．まず，一様な磁場 $H_i = H$ の場合

$$\frac{\partial M_i}{\partial H} = \sum_j \frac{\partial M_i}{\partial H_j} \frac{\partial H_j}{\partial H} = \beta\mu \sum_j G_{ij}$$

となる．一方，磁化率は

$$\chi = \frac{\partial M}{\partial H} = \beta\mu \sum_j G_{ij} = \frac{\beta\mu}{N} \sum_{i,j} G_{ij} \tag{4.28}$$

である．ここで $M = \langle S_i \rangle$ は，並進対称性からもはや i に依存しない．よって $\sum_j G_{ij}$ も i に依存しない．さて，$S_{\text{tot}} = \sum_i S_i$ とすると，

$$\sum_{i,j} G_{ij} = \sum_{i,j} \langle (S_i - M)(S_j - M) \rangle = \langle (S_{\text{tot}} - NM)^2 \rangle \geq 0 \tag{4.29}$$

となる[*14]．式 (4.28) と (4.29) から $\chi \geq 0$ となる．

- 式 (4.21) は，相関距離の一般的な定義の一例である．並進不変な系では，連結相関関数は遠く離れた 2 点間の距離 r に関して指数関数的に減衰すると考えられる．この指数関数の減衰率を

$$\boxed{r \to \infty: \quad G(\vec{r}) \sim C(r) \exp\left(-\frac{r}{\xi}\right)} \tag{4.30}$$

の形で特徴づけるのが相関距離 ξ である．なお，C は r に関して緩やかに変化するなんらかの関数とする[†3]．

4.1.3 対称性の破れ

低温相 $T < T_c$ で磁場がない場合のスピン系を，もう少し詳しく調べてみよう．低温相では，状態の対称性がハミルトニアンのもともとの対称性よりも低くなってしまう．

[*14] 式 (4.29) を導くほかの方法としては，まず S_{tot} の期待値を計算し，その分散を一様磁場中で求めればよい．

[†3] フィッシャー（訳者追加文献 β)）は $C(r) \simeq r^{-(d-2+\eta)}$ の形に仮定し，臨界指数 η を導入した．(訳者注)

ハミルトニアンはスピン反転操作 $S_i \to -S_i$ に関して不変だが、磁化が正の状態はスピン反転操作に関して不変ではない。ハミルトニアンの対称性を表す群は要素が2個の群 Z_2 であるが、低温相の状態はこの群に関して対称ではない。この現象は(**自発的**)**対称性の破れ**とよばれ、現代物理のさまざまな発展の基礎となっている。

4.1.1項で述べたように、零でない磁化を得るためには、境界線上のスピンを特定の向きに向かせて対称性を破らなくてはならない。境界線上のスピンの数は全体のスピン数に比べて $1/\sqrt{N}$ であり、熱力学的極限では零になるが、そのようにわずかでも対称性をあらかじめ破っておかないと、零でない磁化は得られないのである。

3.1.4項で述べたように、自発磁化 (今の場合は Z_2 の対称性を破る) を相転移の秩序変数とよぶ。系の状態がハミルトニアンと同じ対称性を保っていれば秩序変数は零であり、系の状態の対称性が低くなると秩序変数が零でなくなる。秩序変数は1次相転移でも存在しうるが、中には気相液相転移のように秩序変数の存在しない相転移もある。連続相転移でも秩序変数が存在しないことはある。たとえば2次元 XY 模型である[*15]。

揺動応答定理 (4.27) からわかるように、連結相関関数は (係数 $\beta\mu$ を除いて) 格子点 i におけるスピンの期待値 $M_i = \langle S_i \rangle$ が、格子点 j にかかる磁場に対してどのように応答するかを表している。ただし、低温相 $T < T_c$ では対称性の破れを考慮しなければならない。これを考慮した議論から、スピン系の状態 (あるいは一般的な系の状態) について重要な結論が得られる (ここでいう系の状態とは、以下の式 (4.36) に見るように、期待値を計算するうえでの確率分布のことである)。

物理的に考えると、格子点 j にかかる磁場が格子点 i のスピンにおよぼす影響は、格子点間の距離が無限大になれば零になるべきである。つまり連結相関関数が極限 $|\vec{r}_i - \vec{r}_j| \to \infty$ で零になるはずである。このとき、状態 (つまり確率分布) に**クラスター性**があるという[*16]。しかし零磁場の低温相 $T < T_c$ では注意が必要である。4.1.1項で述べたように、低温相では系の状態が境界条件に依存するからである。実際に、境界線上のスピンを上向きにすると自発磁化は正の値 M_0 になるが、境界線上のスピンを下向きにすると負の値 $-M_0$ になる。境界線上のスピンをどちらかの向きに固定した境界条件を課しておくと、状態がクラスター性をもつことが示せる。つまり、そのような境界条件のもとでは、連結相関関数が無限遠の2点間で零になるのである。

対称性の破れをよりよく理解するために、スピンあたりの自由エネルギー $f(H)$ が一様磁場 H にどのように依存するかを調べよう。まず以下の点に注意しておこう。

(i) 式 (4.23) から、スピンあたりの自由エネルギー f を磁場で微分すると、(係数を除いて) スピンあたりの磁化 M

$$M = -\frac{1}{\mu}\frac{\partial f}{\partial H} \tag{4.31}$$

[*15] スピンを2次元空間内のベクトルにしたものが XY 模型である。なお、空間の次元は一般にはスピン空間の次元と異なってもよい。XY 模型は空間2次元 $d=2$ で相転移を起こすが、自発磁化は零である。

[*16] 系の状態のクラスター性によって、自由エネルギーが示量性の物理量になることがいえる。場の量子論の教科書を参照されたい。

になる．

(ii) 式 (4.29) から，磁化率は正

$$\chi = \frac{\partial M}{\partial H} \geq 0 \Longrightarrow -\frac{\partial^2 f}{\partial H^2} \leq 0 \qquad (4.32)$$

である．つまり，自由エネルギーは磁場 H に関して上に凸の関数である．また，自由エネルギーは磁場 H に関して偶関数である．なぜなら，ハミルトニアンがスピンと磁場を同時に反転する操作 $S_i \to -S_i$, $H \to -H$ に関して対称だからである．

(iii) リー–ヤン定理から，自由エネルギー f は $H = 0$ でのみ特異的である．

以上から，温度を固定して磁場 H を変化させると，自由エネルギー f はおよそ図 4.4 のようなふるまいをする．以下の二つの可能性がある．

(i) 自由エネルギー f が $H = 0$ において微分可能である場合．このとき，f が偶関数であり，磁化が磁場に関する微分であることから，自発磁化 M_0 は零になる．

(ii) 自由エネルギー f が $H = 0$ で微分不可能である場合．このとき自発磁化は，反対符号の二つの値

$$M = \lim_{H \to 0^+} \left(-\frac{1}{\mu} \frac{\partial f}{\partial H} \right) = M_0 \qquad \text{あるいは}$$

$$M = \lim_{H \to 0^-} \left(-\frac{1}{\mu} \frac{\partial f}{\partial H} \right) = -M_0 \qquad (4.33)$$

をとりうる．

4.1.1 項のパイエルスの議論を使うと，低温相 $T \leq T_c$ で (i) の可能性がないことが示せる．まず，磁場がある場合 $H > 0$ のスピンあたりの自由エネルギーを $\hat{f}_N(H)$ とし，

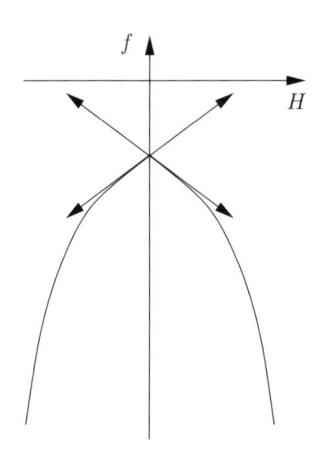

図 **4.4** 低温相 $T < T_c$ における，スピンあたりの自由エネルギーの磁場依存性．

その場合の磁化を $\hat{M}_N(H)$ とする. なお, 記号 ^ は 4.1.1 項で使った境界条件 (「境界線上のスピンがすべて上向き」) を表す. 低温相では, 任意の N に対して $\hat{M}_N(0) \geq \alpha > 0$ を満たすような正の数 α をとることができる. 一方, $\hat{f}_N$ は磁場 H に関して上に凸だから,

$$\hat{f}_N(H) \leq \hat{f}_N(0) - \alpha\mu H$$

である. ここで熱力学的極限 $N \to \infty$ をとると, スピンあたりの自由エネルギーは境界条件に依存しなくなるので, 記号 ^ を消せる. よって

$$f(H) \leq f(0) - \alpha\mu H \tag{4.34}$$

となり, したがって

$$\lim_{H \to 0^+} \frac{\partial f}{\partial H} \leq -\alpha\mu < 0$$

が得られる. つまり自発磁化は零ではない.

これからわかるように, 二つの極限 $N \to \infty$ と $H \to 0$ をこの順番でとったときに限って自発磁化が得られる. つまり

$$\boxed{M_0 = \lim_{H \to 0^+} \lim_{N \to \infty} M_N(H) = \lim_{H \to 0^+} \lim_{N \to \infty} \left(-\frac{1}{\mu} \frac{\partial f_N}{\partial H} \right)} \tag{4.35}$$

である. ここで $M_N(H)$ は, 一様磁場 H がかかったスピン数 N の系に, 境界条件を特に課さずに計算した磁化である. 式 (4.35) で定義される自発磁化は, パイエルスの使った境界条件から出てくる自発磁化 M_0 と同じであることが示せる. 式 (4.35) の極限の順番を入れ替えると, ハミルトニアンの対称性から磁化は零になる. なぜなら, 有限の N の系で特別な境界条件もなく磁場もなければ, 磁化は零になってしまうからである.

自発磁化に二つの値 $\pm M_0$ の可能性があるというのはあまり驚くことではない. 磁場 H がかかると二つのスピン配位の間にはおよそ $2\mu N M_0 H$ 程度のエネルギー差が生じ, 非常に小さい磁場であっても熱力学的極限ではエネルギー差が無限大になるのである. したがって, 必ずどちらかのスピン配位が優勢になる.

ある物理量 A の期待値を低温相で計算するには, ボルツマン分布を少し変化させる必要がある. いわゆる**純粋状態**の確率分布に関する期待値 $\langle \bullet \rangle_\pm$ は

$$\langle A \rangle_\pm = \lim_{H \to 0^\pm} \lim_{V \to \infty} \frac{1}{Z} \sum_{\mathcal{C}} A e^{-\beta \mathcal{H}} \tag{4.36}$$

で定義される[*17]. 系が並進不変のとき, 二つの純粋状態を混ぜるとクラスター性がなくなる. 実際, 二つの純粋状態を確率 p と $(1-p)$ で

$$p\langle \bullet \rangle_+ + (1-p)\langle \bullet \rangle_-$$

[*17] 式 (4.36) の測度はエルゴード性を破っているといえる. ギブス測度が全位相空間をカバーしないのである.

のように混ぜて混合状態を作り[†4],それに対する連結相関数 $\langle S_i S_j \rangle_{c,p}$ を計算すると,極限 $|\vec{r}_i - \vec{r}_j| \to \infty$ で

$$\langle S_i S_j \rangle_p = pM^2 + (1-p)M^2 = M^2$$

および

$$\langle S_i \rangle_p = pM - (1-p)M = (2p-1)M$$

より

$$\langle S_i S_j \rangle_{c,p} = \langle S_i S_j \rangle_p - \langle S_i \rangle_p^{\,2} = 4p(1-p)M^2$$

となる.つまり $p \neq 0$ では $\langle S_i S_j \rangle_{c,p}$ は $|\vec{r}_i - \vec{r}_j| \to \infty$ でも零にならず,混合状態はクラスター性がないのである.クラスター性は $p=0$ か $p=1$ の純粋状態の場合にしか成り立たない.実際に,クラスター性をもつ状態と純粋状態は一対一に対応していることが示せる.

4.1.4 臨 界 指 数

本章のこれ以降では,連続相転移の臨界温度 T_c 近傍での物理系のふるまいに注目する.これから示すのは,磁化率や比熱のような物理量が転移点で発散すること,そしてその発散が,数個の臨界指数とよばれる数で特徴づけられるということである.

まず相関距離からはじめよう.実験によると相転移の近傍では相関距離が非常に大きくなり,相関関数は格子間隔程度の距離ではほとんど変化しない.したがって,2点間のベクトル $\vec{r} = \vec{r}_i - \vec{r}_j$ を連続的に変化させる連続近似が使える.並進不変性のある系では,連結相関関数のフーリエ変換 $\tilde{G}(\vec{q})$

$$\tilde{G}(\vec{q}) = \int d^d r \, e^{i\vec{q}\cdot\vec{r}} G(\vec{r}) \tag{4.37}$$

を使うと便利である.連続相転移の近傍では,2点間の距離 $r = |\vec{r}_i - \vec{r}_j|$ が格子間隔より大きい場合 $r \gg a$ に,相関関数はベクトル $\vec{r}$ の向きに依存せず,絶対値 r のみに依存することが実験からわかっている[*18].よって,相関関数のフーリエ変換 $\tilde{G}$ は $q = |\vec{q}|$ のみに依存し,$\vec{q}$ の向きに依存しない.このフーリエ変換 $\tilde{G}$ を実験で測定する[*19]と,$qa \ll 1$ において測定結果は

$$\boxed{\tilde{G}(\vec{q}) = \frac{1}{q^{2-\eta}} f(q\xi)} \tag{4.38}$$

[†4)] このような混合状態は $T < T_c$ では 1 点にのみ磁場 H をかけることによっても作ることができる.このとき $p = \frac{1}{2}[1 + M_0 \tanh(\beta\mu H)]$ で与えられる.詳しくは訳者追加文献 f) を参照.(訳者注)
[*18)] 相関関数は,相転移点から遠い場合や $r \sim a$ において一般に $\vec{r}$ の向きにも依存する.格子が等方的ではないからである.
[*19)] 実験では相関関数のフーリエ変換を直接測定することに注意しよう.実空間で相関関数を測定するのではない.これは,3.4.2 項の式変形と同じように考えると理解できる.

の形にまとめることができる．つまり，$\tilde{G}$ は積 $q\xi$ の関数と q のべき乗のかけ算の形に書けるのである[†5]．ここで，相関距離 ξ そのものは

$$\xi \simeq K|T - T_c|^{-\nu} \tag{4.39}$$

のようにふるまう．ただし K は比例定数である．式 (4.38) と (4.39) によって臨界指数 η と ν が定義される[*20]．式 (4.38) の関数 $f(x)$ は極限 $x \to \infty$ で，ある有限の値 K' に近づく．したがって，臨界温度直上では

$$\tilde{G}(\vec{q}) = \frac{K'}{q^{2-\eta}} \qquad T = T_c \tag{4.40}$$

となる．

ここで，$\tilde{G}$ を逆フーリエ変換して実空間に戻ろう．式 (4.38) を使うと逆フーリエ変換は

$$G(\vec{r}) = \int \frac{d^d q}{(2\pi)^d} e^{-i\vec{q}\cdot\vec{r}} \frac{1}{q^{2-\eta}} f(q\xi) \tag{4.41}$$

となり，次元解析から

$$G(\vec{r}) = \frac{1}{r^{d+\eta-2}} g\left(\frac{r}{\xi}\right) \tag{4.42}$$

と書ける．式 (4.38) の形は $q \ll 1/a$ で成り立つと仮定したので，式 (4.41) の形は $r \gg a$ で成り立つ．つまり，2 点間の距離が格子間隔より非常に長い場合に，相関関数が式 (4.41) の形をとる．式 (4.21) で述べたように，$r \gg a$ における関数 g の漸近形は指数関数

$$g\left(\frac{r}{\xi}\right) \sim \exp\left(-\frac{r}{\xi}\right) \tag{4.43}$$

である．

臨界温度以外 $T \neq T_c$ では，上の議論から臨界指数の間の関係が導ける．そのような関係をスケーリング関係式とよぶ．臨界温度以外 $T \neq T_c$ では $\tilde{G}(0)$ は有限のはずである．式 (4.38) の分母 $q^{-2+\eta}$ が $q \to 0$ で発散するのを打ち消すためには，分子の関数が $q \to 0$ で $f(q\xi) \sim (q\xi)^{2-\eta}$ とふるまわなければならない．よって

$$\tilde{G}(0) \sim \xi^{2-\eta} \sim |T - T_c|^{-\nu(2-\eta)} \tag{4.44}$$

となる．一方で，磁化率の臨界点でのふるまいから，臨界指数 γ を

[†5] 式 (4.38) と以下の式 (4.42) をスケーリング形とよぶ．また，関数 f や g をスケーリング関数とよぶ．(訳者注)

[*20] 古い文献では，臨界温度より上の温度での臨界指数 η と ν に対して，臨界温度より下の温度での臨界指数として η' や ν' という記号を使っていることがある．今日では，臨界温度 T_c の両側で臨界指数は等しいことがわかっているので，η' や ν' のような記号はもはや使われない．

$$\chi \sim |T - T_c|^{-\gamma} \tag{4.45}$$

と定義する．ところが $\tilde{G}(0) \propto \chi$ であるから，臨界指数 γ と ν, η の間のスケーリング関係式は

$$\gamma = \nu(2-\eta) \tag{4.46}$$

となる．通常は $\eta < 2$ であるので $\gamma > 0$ となり，磁化率は $T = T_c$ で発散する．

4.2 平均場理論

4.2.1 凸関数不等式

イジング模型を厳密に解くのは難しいか不可能[†6]であるから，近似解法を追求せざるをえない．最も有用な近似は 1907 年にワイスが導入した**平均場近似である**[*21]．平均場近似はイジング模型だけでなく，さまざまな場合に使える．ここでは，分配関数が一般的に上に凸であるという性質を使って平均場近似を導く．

まず，互いに異なる密度演算子 ρ と ρ_λ を考える．前者は通常のボルツマン分布

$$\rho = \frac{1}{Z} e^{-\beta \mathcal{H}} \qquad Z = \text{Tr}\, e^{-\beta \mathcal{H}} \tag{4.47}$$

とし，後者はなんらかの近似ハミルトニアン $\mathcal{H}_\lambda$ のボルツマン分布

$$\rho_\lambda = \frac{1}{Z_\lambda} e^{-\beta \mathcal{H}_\lambda} \qquad Z_\lambda = \text{Tr}\, e^{-\beta \mathcal{H}_\lambda} \tag{4.48}$$

とする．近似ハミルトニアン $\mathcal{H}_\lambda$ は，以下で変分法の試行ハミルトニアンとして使う．計算しやすいハミルトニアン $\mathcal{H}_\lambda$ を使って，計算不可能なハミルトニアン $\mathcal{H}$ を近似するのである．ここで凸関数不等式 (2.56) から

$$-\text{Tr}\, \rho_\lambda \ln \rho_\lambda \leq -\text{Tr}\, \rho_\lambda \ln \rho \tag{4.49}$$

となり[*22]，書き直すと

$$\text{Tr}\left[\rho_\lambda(\beta \mathcal{H}_\lambda + \ln Z_\lambda)\right] \leq \text{Tr}\left[\rho_\lambda(\beta \mathcal{H} + \ln Z)\right] \tag{4.50}$$

である．両辺の対数をとると，自由エネルギーに関する不等式

$$F \leq F_\lambda + \langle \mathcal{H} - \mathcal{H}_\lambda \rangle_\lambda = \Phi(\lambda) \tag{4.51}$$

[†6] 3 次元イジング模型の厳密解は未だに発見されていない．(訳者注)
[*21] 「分子場近似」とよばれることもある．
[*22] イジング模型の場合は

$$\text{Tr} \to \sum_{\mathcal{C}} = \sum_{S_1 = \pm 1} \cdots \sum_{S_N = \pm 1}$$

である．ここで意図的に Tr の記号を使ったのは，式 (4.51) が量子系でも成り立つことを強調するためである．

が得られる.ただし,$\langle \bullet \rangle_\lambda$ は式 (4.48) の確率分布 ρ_λ に関する期待値 $\langle A \rangle_\lambda = \text{Tr}(A\rho_\lambda)$ を表す.

上の不等式は分配関数を変分法で求めるための出発点となる.試行ハミルトニアン $\mathscr{H}_\lambda$ を使って変分法で求めた自由エネルギーの近似値は,正しい自由エネルギーよりも常に大きいということを,式 (4.51) は意味している.また,近似をいくつか試す場合,近似が改善しているかどうか調べるには,自由エネルギーの近似値が小さくなっているかどうか調べればよい.基本課題 4.6.4 で示すように,$\mathscr{H}$ と $\mathscr{H}_\lambda$ の差が ε のオーダーの場合,$\Phi(\lambda)$ と F の差は ε^2 のオーダーである.これは,変分法のよく知られた性質である.

4.2.2 平均場理論の基礎方程式

イジング模型のハミルトニアン (3.30) を

$$\mathscr{H} = -\frac{1}{2}\sum_{i,j} J_{ij} S_i S_j - \mu \sum_i H_i S_i \tag{4.52}$$

の形に書き直しておく.ここで,格子点 i と j が隣接しているときには $J_{ij} = J$ であり,そうでなければ J_{ij} は零であるとする.

試行ハミルトニアン $\mathscr{H}_\lambda$ としては,式 (3.20) のような常磁性体のハミルトニアン

$$\mathscr{H}_\lambda = -\mu \sum_i \lambda_i S_i \tag{4.53}$$

を使う.ここで変分パラメータ λ_i は,以下で,格子点ごとに異なる有効磁場と解釈する.試行ハミルトニアン (4.53) では各格子点が独立であるので,分配関数は式 (3.24) から

$$Z_\lambda = \prod_i \bigl[2\cosh(\beta\mu\lambda_i)\bigr]$$

となり,自由エネルギーは

$$F_\lambda = -\frac{1}{\beta}\sum_i \ln\bigl[2\cosh(\beta\mu\lambda_i)\bigr]$$

である.さらに,各格子点における磁化は式 (3.27) から

$$M_i = -\frac{1}{\mu}\frac{\partial F_\lambda}{\partial \lambda_i} = \tanh(\beta\mu\lambda_i) \tag{4.54}$$

となる.ところで,試行ハミルトニアン $\mathscr{H}_\lambda$ は常磁性体の形をしているので $\langle S_i S_j \rangle_\lambda = \langle S_i \rangle_\lambda \langle S_j \rangle_\lambda = M_i M_j$ が成り立つ.したがって

$$\langle \mathscr{H} - \mathscr{H}_\lambda \rangle_\lambda = -\frac{1}{2}\sum_{i,j} J_{ij} M_i M_j - \mu \sum_i (H_i - \lambda_i) M_i$$

であり,式 (4.51) の関数 $\Phi(\lambda)$ は

$$\Phi(\lambda) = -\frac{1}{\beta}\sum_i \ln\bigl[2\cosh(\beta\mu\lambda_i)\bigr] - \frac{1}{2}\sum_{i,j} J_{ij} M_i M_j - \mu\sum_i (H_i - \lambda_i) M_i \qquad (4.55)$$

と計算される.

変分法では,関数 $\Phi(\lambda)$ が最小となるように $\{\lambda_i\}$ を定める.式 (4.51) によれば,$\Phi(\lambda)$ の最小値が正しい自由エネルギーに最も近いからである.ただし,最小値を求めるのに式 (4.55) を λ_i で微分するより M_i で微分したほうが便利である.このようにしても $\Phi(\lambda)$ の最小値が求められるのは,M_i が λ_i の単調増加関数 (4.54) だからである.等式

$$\frac{\partial F}{\partial M_i} = \frac{\partial F}{\partial \lambda_i}\frac{\partial \lambda_i}{\partial M_i} = -\mu M_i \frac{\partial \lambda_i}{\partial M_i}$$

を使い,$\Psi(M) = \Phi(\lambda(M))$ とおくと

$$\frac{\partial \Psi}{\partial M_i} = -\mu M_i \frac{\partial \lambda_i}{\partial M_i} - \sum_j J_{ij} M_j - \mu H_i + \mu \lambda_i + \mu M_i \frac{\partial \lambda_i}{\partial M_i}$$

となる.極値の条件 $\partial\Psi/\partial M_i = 0$ から,平均場理論の基礎方程式

$$\mu\lambda_i = \mu H_i + \sum_j J_{ij} M_j \qquad (4.56)$$

が得られる.左辺を書き直せば

$$\boxed{\frac{1}{\beta}\tanh^{-1} M_i = \mu H_i + \sum_j J_{ij} M_j} \qquad (4.57)$$

である[†7].

この方程式を使うと,平均場理論による相関関数の表式が導ける.式 (4.57) を H_k で微分して式 (4.27) を使うと

$$\frac{1}{1-M_i^2}\langle S_i S_k\rangle_{\mathrm{c}} = \delta_{ik} + \beta\sum_j J_{ij}\langle S_j S_k\rangle_{\mathrm{c}}$$

となる.この方程式から $\langle S_i S_k\rangle_{\mathrm{c}}$ を求めるには一様磁場 $H_i = H$ に限定しなければならない.その場合,磁化は格子点によらず一定 $M_i = M$ になるはずであるから,方程式は

$$\sum_j \left(\frac{\delta_{ij}}{1-M^2} - \beta J_{ij}\right)\langle S_j S_k\rangle_{\mathrm{c}} = \delta_{ik}$$

となる.この方程式は,(離散的な) たたみこみ積分の形をしているので,フーリエ変換で解ける.関数 $f_i = f(\vec{r}_i)$ の離散フーリエ変換を $\tilde{f}(\vec{q})$

[†7] この方程式は**自己無撞着 (むどうちゃく) 条件**あるいは**自己無撞着方程式**とよぶほうが一般的である.最初に仮定した磁化の値と,計算の結果として出てきた磁化の値が等しい,つまり撞着 (矛盾) しないとおくと,この方程式になる.(訳者注)

$$\tilde{f}(\vec{q}) = \sum_i e^{i\vec{q}\cdot\vec{r}_i} f(\vec{r}_i) \tag{4.58}$$

とする．そこで，d 次元空間において格子点 i から軸に沿って d 個の単位ベクトル $\hat{e}_\mu$ を描く．格子点 i は最近接格子点と，ベクトル $\pm a\hat{e}_\mu$ で結ばれている．よって，相互作用 $J_{ij} = J(\vec{r}_i, \vec{r}_j)$ のフーリエ変換は

$$\tilde{J}(\vec{q}) = \sum_i e^{i\vec{q}\cdot\vec{r}_i} J(\vec{r}_i, \vec{r}_j) = J \sum_{\pm\mu} e^{iaq_\mu} = 2J \sum_\mu \cos aq_\mu$$

となる[*23]．ここで $q_\mu = \vec{q}\cdot\hat{e}_\mu$ は，ベクトル $\vec{q}$ の $\hat{e}_\mu$ 軸方向の成分である．相関関数のフーリエ変換

$$\tilde{G}(\vec{q}) = \sum_i e^{i\vec{q}\cdot\vec{r}_i} G(\vec{r}_i, \vec{r}_j) = \sum_i e^{i\vec{q}\cdot\vec{r}} \langle S_i S_j \rangle_c$$

を使うと，平均場理論による表式は

$$\boxed{\tilde{G}(\vec{q}) = \frac{1-M^2}{1-2\beta J(1-M^2)\sum_\mu \cos aq_\mu}} \tag{4.59}$$

となる．

長波長極限 $aq \ll 1$ ではどうなるか考えよう．この極限では

$$\sum_\mu \cos aq_\mu = d - \frac{1}{2}\sum_\mu (aq_\mu)^2 + \frac{1}{24}\sum_\mu (aq_\mu)^4 + \cdots$$
$$= d - \frac{1}{2}a^2\vec{q}^2 + \frac{1}{24}\sum_\mu a^4 q_\mu^4 + \cdots \tag{4.60}$$

となる．この展開式 (4.60) の最初の 2 項は等方的であるが，第 3 項以降は一般的には異方的である．第 2 項までをとると，長波長極限で等方的な相関関数

$$\tilde{G}(\vec{q}) \simeq \frac{1-M^2}{1-2d\beta J(1-M^2) + \beta J(1-M^2)a^2 q^2} \tag{4.61}$$

が得られる．零磁場，高温側 $T > T_c$ では磁化が零であるから，式 (4.61) は簡単化されて

$$\tilde{G}(\vec{q}) \simeq \frac{1}{(1-2d\beta J) + \beta J a^2 q^2} \tag{4.62}$$

となる．

以下の点に注意しておこう．

- 以上の計算は矛盾しているように見えるかもしれない．なぜなら，平均場ハミルトニアン (4.53) は常磁性体の形をしており，スピンは互いに独立である．よって連結相関関数は零になると期待してしまう．ところが，式 (4.62) の相関関数は値をもっ

[*23] 並進対称性から $\tilde{J}(\vec{q})$ は $\vec{r}_j$ に依存しない．これは以下の $\tilde{G}(\vec{q})$ についても同じである．

ている.

実は，相関関数を確率分布 ρ_λ から直接に計算すると $\langle S_i S_j \rangle_c = 0$ になっているはずである．しかし，以上の計算ではそうしなかった．まず近似の自由エネルギー $\Psi(M)$ を求め，揺動応答定理を使って $\partial M_i/\partial H_j$ から $\langle S_i S_j \rangle_c$ を求めたのである．そのため，結果が $\mathrm{Tr}[\rho_\lambda (S_i S_j)_c]$ とは違っているのである．相関関数を直接計算するのと，揺動応答定理を使って計算するのでは，同じボルツマン分布を使ったときに限って同じ値が出てくる[†8].

基本課題 4.6.4 で具体的に示すように，揺動応答定理を使って計算するほうが，直接計算よりよい近似になる．実際，近似ハミルトニアン $\mathscr{H}_\lambda$ が正しいハミルトニアン $\mathscr{H}$ から ε のオーダーだけずれているとき，$\Psi(M)$ のずれは ε^2 のオーダーであることがわかっており，$\Psi(M)$ から計算した相関関数もこのオーダーの範囲では正確である．一方で，$\mathrm{Tr}[\rho_\lambda(S_i S_j)_c]$ は正しい相関関数から ε のオーダーだけずれているのである．

• 関数 $\Psi(M)$ は以下のように物理的に解釈できる．上の計算で $\partial\Psi/\partial M_i$ を与える式は簡単に M_i で積分できて

$$\Psi = -\sum_{i,j} J_{ij} M_i M_j - \mu \sum_i H_i M_i \\ + \frac{1}{\beta} \sum_i \left(\frac{1+M_i}{2} \ln \frac{1+M_i}{2} + \frac{1-M_i}{2} \ln \frac{1-M_i}{2} \right) \quad (4.63)$$

となる．第1項と第2項はエネルギーを表し，第3項は式 (2.46) の統計エントロピー S（イジングスピンと混同しないように！）を表している．統計エントロピーのもととなる確率分布は

$$P = \prod_i \left(\frac{1+M_i}{2} \delta_{S_i,1} + \frac{1-M_i}{2} \delta_{S_i,-1} \right)$$

である．つまり，関数 Ψ は確率分布 P に関する平均

$$\Phi = \langle \mathscr{H} \rangle_P - \frac{1}{\beta} S[P] = F[P] \quad (4.64)$$

と表せる．平均場近似は「自由エネルギー」$F[P]$ を最小化することと等価なのである．

4.2.3 対称性の破れと臨界指数

さて，磁場を一様磁場 H にしよう．基礎方程式 (4.57) は

[†8] 正確には，平均場理論の基礎方程式 (4.56) を拘束条件として使っているかどうかで違いが出ている．式 (4.56) を成立させることによって λ に磁場依存性が生じる．自由エネルギーを磁場で微分する際，λ に磁場依存性がないと考えて微分すると「直接計算」となって相関関数が零になる．磁場依存性があると考えて微分すると，ゆらぎの入った平均場理論の計算になって，相関関数は零にならない．(訳者注)

$$\boxed{\frac{1}{\beta}\tanh^{-1}M = \mu H + 2dJM} \tag{4.65}$$

になる.この方程式により,磁場を与えれば磁化が決まる.しかし,この超越方程式は数値的に解くしかない.式 (4.65) の中の $2d$ は,一般的な格子では最近接格子点の数 κ におきかえなければならない.そこで関数 $g(M)$

$$g(M) = \tanh^{-1}M - \beta\kappa JM \tag{4.66}$$

を定義しておくと便利である.こうすると平均場方程式は $g(M) = \beta\mu H$ とかける.

磁化のふるまいは,$M=0$ における導関数 $g'(M)$ の符号に大きく左右される.磁化が零に近いとき $M \to 0$ では,$g(M) \simeq M - \beta\kappa JM$ であるから,

$$g'(M=0) > 0 \quad \beta\kappa J < 1 \text{ つまり } T > \kappa J/k \text{ のとき}$$
$$g'(M=0) < 0 \quad \beta\kappa J > 1 \text{ つまり } T < \kappa J/k \text{ のとき}$$

となる.そこで $T_c = \kappa J/k$ とおこう.これが平均場理論の臨界温度になる.関数 $g(M)$ は,高温側 $T > T_c$ では図 4.5(a) のような形になり,低温側 $T < T_c$ では図 4.5(b) のような形になる.図からわかるように,高温側 $T > T_c$ で $g(M)$ は単調増加関数であるから,平均場方程式の解は一つしかないが,低温側 $T < T_c$ では $g(M)$ が $M \simeq 0$ で減少関数になるので,平均場方程式に三つの解が現れる場合がある.三つの解が出てきた場合,変分法から,どの解が関数 $\psi(M) = \Psi/N$ の最小値に対応するかを調べる必要がある.この関数 $\psi(M)$ が図 4.5 の下半分に描いてある.正しい解(図中の右側の解)は磁化が磁場と同じ向きを向いた場合であり,これは物理的な直観とも一致する.残りの解のうちの一つ(図中の左側の解)が準安定状態に相当し,もう一つ(図中の中央の解)は Ψ の極大値,つまり不安定状態に相当する.

これからわかるように,平均場理論と,3.5.4 項で述べた相転移の理論は非常によく似ている.両者の類似は以下のようにするといっそう明らかになる.低温側 $T < T_c$ で磁化 M を磁場 H の関数として描くと図 4.6 のようになるが,これは図 3.14 を 90 度回転した図とよく似ている.

高温側 $T > T_c$ で磁場 $H = 0$ では磁化は零になるが,低温側 $T < T_c$ では逆符号の二つの解 $M = \pm M_0$ が存在する.平均場理論の予言では,温度 $T < T_c = \kappa J/k$ で二つの解が発生する.したがって,この温度 T_c を平均場理論による臨界温度とする.平均場理論では,低温側で対称性の破れが正しく起きている.

次に,平均場理論の臨界指数を計算しよう.相転移近傍では磁化 M が小さいことに注意する.そのため,式 (4.65) の左辺を M に関してべき展開して解けばよい.左辺の $\tanh^{-1}M$ は

$$\tanh^{-1}M = M + \frac{1}{3}M^3 + \mathcal{O}(M^5) \tag{4.67}$$

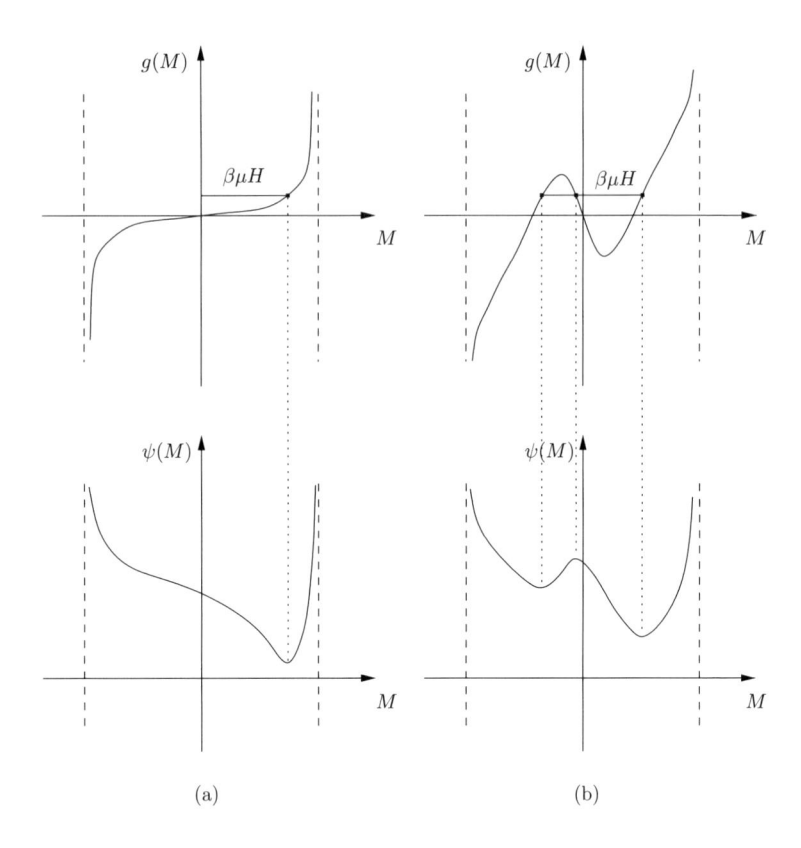

図 4.5 平均場理論の関数 $g(M)$ と関数 $\psi(M)$ の概形. (a) が $T > T_c$ のとき, (b) が $T < T_c$ のとき.

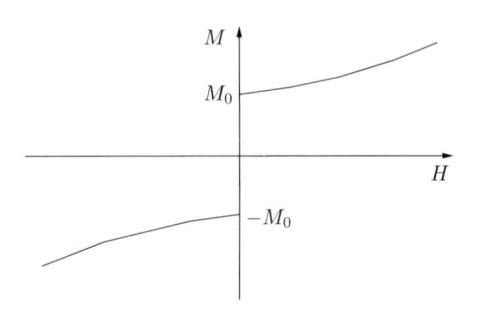

図 4.6 低温側 $T < T_c$ において磁化 M の磁場 H への依存性.

と展開される．臨界指数 $\tilde{\beta}$ は[*24]自発磁化 M_0 の $T \to T_c - 0$ でのふるまいで

$$M_0 \propto |T_c - T|^{\tilde{\beta}} \qquad T \to T_c \tag{4.68}$$

と定義する．平均場方程式 (4.65) は，磁化 M_0 が小さいときは

$$M_0 + \frac{1}{3}M_0^3 = \beta\kappa J M_0 = \frac{T_c}{T}M_0$$

となるので，

$$M_0(T) \simeq \sqrt{\frac{3}{T_c}}(T_c - T)^{1/2} \tag{4.69}$$

が得られる．つまり，平均場理論では $\tilde{\beta} = 1/2$ である．

臨界指数 γ は，磁化率のふるまいから式 (4.45) のように定義した．そこで，高温側 $T > T_c$，極限 $H \to 0$ で磁化率を計算しよう．式 (4.65) の両辺を M の 1 次まで展開すると，

$$M \simeq \frac{\mu H}{kT} + \frac{T_c}{T}M$$

となる．これを書き直すと

$$M \simeq \frac{\mu H}{k(T - T_c)} \simeq \chi H \tag{4.70}$$

である．この計算から，零磁場磁化率のふるまいが

$$\chi \propto (T - T_c)^{-1} \tag{4.71}$$

となり，$\gamma = 1$ であることがわかる．低温側 $T < T_c$ でも同じ値の臨界指数が得られる（基本課題 4.6.3）．

臨界指数 δ は，等温線上での磁化のふるまい

$$M \propto H^{1/\delta} \qquad T = T_c \tag{4.72}$$

で定義する．平均場理論からは，式 (4.65) で $T = T_c$ とおくと

$$H \simeq \frac{kT_c}{3\mu}M^3$$

となるので，$\delta = 3$ である．

零磁場での比熱のふるまいから臨界指数 α を

$$C \propto (T - T_c)^{-\alpha} \qquad H = 0 \tag{4.73}$$

で定義する．平均場理論では内部エネルギー E が

[*24] この臨界指数は，通常は β と書く．ここでは $\beta = 1/kT$ と混同する可能性があるので，わざと $\tilde{\beta}$ を用いる．

$$E = -\frac{1}{2}\kappa J N M_0^2 = \frac{3}{2}kN(T - T_c) \qquad T < T_c$$
$$E = 0 \qquad\qquad\qquad\qquad\qquad T > T_c$$

となる．なお，ここでは自発磁化 M_0 の表式 (4.69) を使った．したがって，比熱は高温側 $T > T_c$ で $3kN/2$，低温側 $T < T_c$ で零である．臨界点 $T = T_c$ では不連続だが発散はしない．このようなふるまいに対しては $\alpha = 0$ と書く習慣になっている．

最後に，臨界指数 η と ν は相関関数のふるまい (4.61) と (4.62) から定義される．高温側 $T > T_c$ の方が計算が簡単である．式 (4.62) において，分母が

$$1 - 2d\beta J = 1 - \kappa\beta J = 1 - \frac{\beta}{\beta_c} \simeq \frac{T - T_c}{T_c}$$

と表されることに注意すると，相関関数のフーリエ変換が

$$\tilde{G}(q) \simeq \frac{1}{J\beta_c a^2 q^2 \left[1 + \left(\dfrac{T - T_c}{J a^2 q^2}\right)\right]} \tag{4.74}$$

と書ける．これを式 (4.38) と比較すると

$$\eta = 0 \qquad \nu = \frac{1}{2} \tag{4.75}$$

が得られる．低温側 $T < T_c$ でも同じ値になることは基本課題 4.6.3 で示すことにする．

ここで平均場理論の結果をまとめて，近似がどの程度正しいかを，厳密解や数値計算と比較してみよう．まず，相転移の存在と臨界指数の値は，平均場理論では**空間次元 d に依存しない**．1 次元 $d = 1$ では，平均場理論は**定性的に間違っている**．1 次元では相転移は起きないはずなのに，平均場理論は相転移が起きることを予言してしまっている！

表 4.1 は，平均場理論の臨界温度と臨界指数を 2 次元 $d = 2$ の厳密解や 3 次元 $d = 3$ の数値計算と比較したものである．なお，スケーリング関係式 (4.46) は平均場理論の臨界指数でも成り立っていることは注意しておこう．この表から明らかなように，次元 d が増えると平均場近似はよくなっていく．臨界指数に関しては，平均場理論の値が $d \geq 4$ で正しい値と一致することが，4.5 節で明らかになる[*25]．臨界温度は有限次元では平均

表 4.1 平均場理論の臨界温度・臨界指数と，厳密解 ($d = 2$)，数値計算の結果 ($d = 3$) を比較した．

	平均場理論	厳密解 $d = 2$	数値解 $d = 3$
$T_c/\kappa J$	1	0.57	0.75
α	不連続 ($\alpha = 0$)	$\ln|T - T_c|$ ($\alpha = 0$)	0.110 ± 0.005
β	0.5	0.125	0.312 ± 0.003
γ	1	1.75	1.238 ± 0.002
δ	3	15	5.0 ± 0.05
η	0	0.25	0.0375 ± 0.0025
ν	0.5	1	0.6305 ± 0.0015

[*25] ただし，$d = 4$ では $|T - T_c|$ のべき乗に $\ln|T - T_c|$ の補正がついている．

場近似が正しい値にならず[*26]，極限 $d \to \infty$ で初めて正しくなる.

最後に一般的な注意を述べる．これまではイジング模型の強磁性相転移を前提に話を進めてきた．そのため，それにふさわしい試行ハミルトニアンとして式 (4.53) を使って平均場理論を組み立てた．より一般的な模型に平均場理論を適用するためには，まずどのような相転移が期待されるのかが，ある程度わかっていなければならない．場合によっては，いくつもの相が競合していることもある．そのような場合，それぞれの相にふさわしい試行ハミルトニアンから出発して，それぞれの平均場近似を行う必要がある．なんらかの変数空間での相図を描くには，自由エネルギーを最小にする計算を使う．相図上の各点で，どの相の自由エネルギーが最小になるかを調べれば，その点で何が安定相であるかを近似の範囲で決定できる．

1次元イジング模型や2次元 XY 模型で平均場理論が定性的に間違った結果を出したのは，相図に関する仮定が不適切であったからである．本節で述べてきたように，ある意味では平均場理論には対称性が破れる可能性が最初から組み込まれている[*27]．したがって，対称性が破れないと最初からわかっている系に対して平均場理論を適用すれば，定性的に間違ってしまうのは驚くにあたらない．

4.3 ランダウ理論

4.3.1 ランダウ自由エネルギー

ランダウ理論は平均場理論と等価である．しかし，不要な詳細をならしてしまうという粗視化の過程が入っているという点で，ランダウ理論のほうが便利な定式化である．一方で，ランダウ理論は相転移の近傍でしか成り立たないが，平均場理論にはそのような限界はない[*28]．

相転移近傍では磁化は零か小さな値であるので，式 (4.63) の中の統計エントロピーの項を磁化で展開して[*29]

$$\frac{1+M_i}{2}\ln\frac{1+M_i}{2} + \frac{1-M_i}{2}\ln\frac{1-M_i}{2} = \frac{1}{2}M_i^2 + \frac{1}{12}M_i^4 + \mathcal{O}(M_i^6)$$

とできる．したがって，関数 Ψ は近似的に

$$\Psi \simeq -\frac{1}{2}\sum_{i,j}J_{ij}M_iM_j - \mu\sum_i H_i M_i + \frac{1}{\beta}\sum_i\left(\frac{1}{2}M_i^2 + \frac{1}{12}M_i^4\right) \tag{4.76}$$

と表せる．ここで

[*26] 後で見るように，臨界指数は普遍的な量であるが，臨界温度はそうではない．
[*27] ただし，対称性が破れることを仮定しなくても平均場理論を構成することは可能である．たとえば文献 [10,11,35] を参照．
[*28] 式 (4.67) で $\tanh^{-1} M$ を展開せずにそのまま使えば，それは相転移近傍より広い範囲で使える．しかし，それに対応するランダウ理論では，もともとの理論の単純明快さが失われてしまう．
[*29] この展開を計算するには $\partial\Psi/\partial M_i$ の表式を使うのが最も便利である．

$$M_i = M(\vec{r}_i) \qquad M_{i+\mu} = M(\vec{r}_i + a\hat{e}_\mu)$$

と書くことにすると，式 (4.76) の第 1 項は

$$-\frac{1}{2}\sum_{i,j} J_{ij} M_i M_j = -J\sum_{i,\mu} M_i M_{i+\mu}$$
$$= \frac{1}{2} J \sum_{i,\mu}(M_i - M_{i+\mu})^2 - dJ\sum_i M_i^2$$

となる．よって式 (4.76) は

$$\Psi = \frac{1}{2} J \sum_{i,\mu}(M_i - M_{i+\mu})^2 + \left(\frac{1}{2\beta} - dJ\right)\sum_i M_i^2 + \frac{1}{12}\sum_i M_i^4 - \mu \sum_i H_i M_i \quad (4.77)$$

と変形される．以下の点に注意されたい．

- 式 (4.77) の第 2 項 $\sum_i M_i^2$ の係数は，平均場理論の臨界温度 (の逆数) $\beta_0 = 1/(2Jd)$ において零になる (なお，これ以降，真の臨界点を T_{c} と書き，平均場理論の臨界点を T_0 と書いて区別する)．したがって，第 2 項の係数は

$$\frac{1}{2}\overline{r}_0(T - T_0) = \frac{1}{2}r_0(T)$$

と表せる．

- 第 3 項の $\sum_i M_i^4$ の係数は正である．以下ではこの係数を $(1/4!)u_0$ と書くことにする．ここで $u_0 > 0$ は温度に依存しない．

次に，連続空間での理論にするために粗視化を行う．そこで Ψ の表式に a^d をかけて，和が積分の離散近似の形になるようにする．式 (4.77) の第 2 項，第 3 項，第 4 項は単純に連続極限へ移行できる．格子点 i の位置ベクトルを $\vec{r}$ と書くと

$$a^d \sum_i M_i^2 \Longrightarrow \int \mathrm{d}^d r\, M(\vec{r})^2$$
$$a^d \sum_i M_i^4 \Longrightarrow \int \mathrm{d}^d r\, M(\vec{r})^4$$
$$a^d \mu \sum_i H_i M_i \Longrightarrow \mu \int \mathrm{d}^d r\, H(\vec{r}) M(\vec{r})$$

となる．式 (4.77) の第 1 項は

$$a^d \sum_{i,\mu}(M_i - M_{i+\mu})^2 = a^{d+2} \sum_{i,\mu}\left(\frac{M_i - M_{i+\mu}}{a}\right)^2 \to a^2 \int \mathrm{d}^d r\, (\vec{\nabla} M)^2$$

のように微分を使って表せる．最後に，$\sqrt{Ja^2}M \to M$ のように磁化の大きさをとり直し，また係数 r_0 と u_0 を定義し直すと，**ランダウ自由エネルギー** $\mathcal{L}[M(\vec{r})]$ が

$$\boxed{\mathcal{L}[M(\vec{r})] = \int \mathrm{d}^d r \left(\frac{1}{2}(\vec{\nabla}M(\vec{r}))^2 + \frac{1}{2}r_0 M(\vec{r})^2 + \frac{1}{4!}u_0 M(\vec{r})^4 - \mu H(\vec{r}) M(\vec{r})\right)} \quad (4.78)$$

と得られる[*30].

ランダウ自由エネルギー $\mathcal{L}[M]$ は元は格子上の平均場理論から導かれたものだから，変分方程式 $\partial \Psi/\partial M_i = 0$ はランダウ理論では

$$\frac{\delta \mathcal{L}[M]}{\delta M(\vec{r})} = -\nabla^2 M(\vec{r}) + r_0 M(\vec{r}) + \frac{u_0}{3!} M^3(\vec{r}) - \mu H(\vec{r}) = 0 \quad (4.79)$$

と書き直せる．通常の M_i に関する偏微分は，関数 $M(\vec{r})$ に関する汎関数微分（A.6節を参照）におきかわっている．したがって，関数 $M(\vec{r})$ が変分パラメータとして現れている．なお，ランダウが最初に式 (4.78) を導いたときは，平均場理論からではなく以下のような考えに基づいていた．

- 磁化が小さいと仮定すると，$\mathcal{L}[M]$ を M のべきで展開して低次の項だけをとればよい．
- 系の Z_2 対称性から $\mathcal{L}[M, H] = \mathcal{L}[-M, -H]$ であるはずである．
- 式 (4.78) の $\frac{1}{2}(\nabla M)^2$ の項のおかげで，磁場が一様なら磁化も一様になる．この項は磁化が $\vec{r}$ に依存しないときに最小になるからである．これは**硬さ**を表す項で，磁化が空間的に変化しないようにする働きをする．

一様磁場中では $\mathcal{L}$ は通常の（汎関数ではない）関数 $\mathcal{L}(M)$ になり，式 (4.79) は

$$\bar{r}_0(T - T_0)M + \frac{u_0}{3!}M^3 = \mu H \quad (4.80)$$

と簡単化される．これは，平均場方程式 (4.65) を M が小さいとして近似した式にほかならない．関数 $\mathcal{L}(M)$ の形は，図 4.5 の関数 $\psi(M)$ の形に定性的に似ている．特に，$T > T_0$ では M の解は一つしかなく，$T < T_0$ では一つまたは三つの解がある．

連結相関関数は式 (4.79) から簡単に導ける．そのためには式 (4.79) を磁場 $H(\vec{r}')$ で汎関数微分する．すると

$$\left[-\nabla_r^2 + r_0(T) + \frac{1}{2}u_0 M(\vec{r})^2\right] G(\vec{r}, \vec{r}') = \delta(\vec{r} - \vec{r}') \quad (4.81)$$

となる．なぜなら，式 (4.27) から

$$G(\vec{r}, \vec{r}') = \frac{\delta M(\vec{r})}{\delta H(\vec{r}')} = \frac{\delta^2 \mathcal{L}[M]}{\delta M(\vec{r}) \delta M(\vec{r}')} \quad (4.82)$$

となるからである．磁場が一様なときには，並進対称性から $G(\vec{r}, \vec{r}') = G(\vec{r} - \vec{r}')$ とな

[*30] ランダウ自由エネルギーが磁化の空間変化 $M(\vec{r})$ の汎関数であることを強調するため，汎関数の引数を四角括弧 [ ] で表す．

る. また, 磁化 M が $\vec{r}$ に依存しないことから, 式 (4.81) のフーリエ変換は

$$\left(q^2 + r_0(T) + \frac{1}{2} u_0 M^2\right) \tilde{G}(\vec{q}) = 1$$

という簡単な形になる.

外部磁場のない高温側 $T > T_0$ においては磁化が零になり, 相関関数は

$$\tilde{G}(\vec{q}) = \frac{1}{q^2 + r_0(T)} = \frac{1}{q^2 \left(1 + \dfrac{\bar{r}_0(T - T_0)}{q^2}\right)} \tag{4.83}$$

となる. 臨界指数と相関距離 ξ の定義から, 当然ながら平均場の結果

$$\xi = [\bar{r}_0(T - T_0)]^{-1/2} \qquad \eta = 0 \qquad \nu = \frac{1}{2}$$

が得られる. 低温側 $T < T_0$ では, 磁化は自発磁化 $\pm M_0$ に等しい. 自発磁化の値は $M_0^2 = -6r_0/u_0$ であるから, 相関関数は

$$\tilde{G}(\vec{q}) = \frac{1}{q^2 \left(1 + \dfrac{2\bar{r}_0(T_0 - T)}{q^2}\right)} \tag{4.84}$$

となる. 臨界指数の値は高温側と同じだが, 相関距離は温度依存性の前の係数が異なって

$$\xi = [2\bar{r}_0(T_0 - T)]^{-1/2}$$

となる. 相関関数の逆フーリエ変換は基本課題 4.6.7 で計算する. 結果は $r/\xi \gg 1$ において

$$G(\vec{r}) \simeq \frac{1}{2 r^{d-2}} \left(\frac{1}{2\pi}\right)^{\frac{d-1}{2}} \left(\frac{\xi}{r}\right)^{\frac{3-d}{2}} e^{-r/\xi} \tag{4.85}$$

となる. この結果は $d = 3$ においては, すべての r において正確である[*31].

ランダウ理論の便利な点の一つは, 秩序変数の空間変化が考慮できることである. たとえば, 磁化が反対を向いている領域の間の磁壁を調べることができる. 空間の左側 $x \to -\infty$ で自発磁化が負 $M < 0$, 右側 $x \to \infty$ で正 $M > 0$ であったとしよう. 二つの領域の境目でイジング的な磁壁が生じるだろう. ランダウ理論を使うと, この磁壁の形が計算できる. 基本課題 4.6.5 にあるように, その形は

$$M(x) = M_0 \tanh\left(\frac{x}{2\xi}\right) \tag{4.86}$$

[*31] 式 (4.85) から臨界指数 η を求めようとしてはいけない. 式 (4.85) は, $d = 3$ 以外では $r \gg \xi$ でしか正しくないからである. 臨界指数 η を求めるためには $1/q^2$ をフーリエ変換しなければならない. その結果は $\propto r^{-(d-2)}$ となり, 任意の d で $\eta = 0$ である. 3 次元では $(d-1)/2 = d - 2$ となるために, 式 (4.85) の r 依存性 $r^{-(d-1)/2}$ が $\eta = 0$ を与える.

である．なお，磁壁の中心が $x=0$ であると仮定した．

一般に，ランダウ理論は界面を議論するのに非常に便利な道具である．界面エネルギー σ，つまり界面が存在することによって上昇するエネルギーを界面の面積で割ったものは，基本課題 4.6.5 のように簡単に計算できて

$$\sigma = \frac{2}{3}\frac{M_0^2}{\xi} \propto (T_0 - T)^{3/2} \tag{4.87}$$

になる．一般論として，界面エネルギー σ の転移点 T_c 近傍でのふるまい $\sigma \propto (T_c-T)^\mu$ によって，新しい臨界指数 μ を定義する．式 (4.87) で $T_0 = T_c$ とおくと，平均場理論による値は $\mu = 3/2$ であることがわかる．

4.3.2 連続対称性の破れ

イジング模型と，その平均場理論（あるいはランダウ理論）は，容易軸のある磁性体を記述するのに向いている．そのような磁性体では，結晶格子上のある特定の軸の方向にしか磁化が向いておらず，軸に垂直な方向の成分は無視できる．しかし，そのような状況ではない磁性体も多い．磁化は一般には 3 次元空間中のベクトル $\vec{M}$ であり，これは古典的スピン $\vec{S}$ か量子的スピン $\vec{\sigma}$ の期待値である．このような場合，**秩序変数の次元**が 3 次元 $n=3$ であるという．これ以外にも，秩序変数が通常の空間内のベクトルではなく，なんらかの対称性の空間のベクトルである場合もあるし，ヘリウム 3 の超流動のように，テンソルである場合すら存在する．ここでは，秩序変数がベクトルである場合に限定して話を進める．その秩序変数の次元，つまり対称性の空間の次元を n と書くことにする．イジング模型の場合は磁化の次元が 1 次元 $n=1$ である．ハイゼンベルグ模型 (3.29) では $n=3$ である．

2 次元以上 $n \geq 2$ では新しい現象が起きる．ここでは 2 次元 $n=2$ について調べてみる．ほかの n の場合へは簡単に拡張できる．2 次元 $n=2$ では秩序変数は 2 次元空間のベクトル $\vec{M}$ で，その成分を M_1 と M_2 とする．ランダウの汎関数 (4.78) をこの場合に一般化すると

$$\begin{aligned}\mathcal{L}[\vec{M}] &= \int \mathrm{d}^d r \left(\frac{1}{2}(\vec{\nabla}\vec{M})^2 + \frac{w_0}{4}\left[\vec{M}^2 + \frac{r_0}{w_0}\right]^2\right) \\ &= \int \mathrm{d}^d r \left(\frac{1}{2}(\vec{\nabla}M_1)^2 + \frac{1}{2}(\vec{\nabla}M_2)^2 + \frac{w_0}{4}\left[(M_1^2+M_2^2)+\frac{r_0}{w_0}\right]^2\right)\end{aligned} \tag{4.88}$$

となる[†9]．なお，$w_0 = u_0/3!$ である．ここで，「ポテンシャル」$V(\vec{M})$

[†9] ここで $\vec{\nabla}$ は結晶の空間のベクトル，$\vec{M}$ は秩序変数の空間のベクトルであることに注意．式 (4.88) 中の $\vec{\nabla}\vec{M}$ はベクトルの内積ではなく，結晶の空間から見れば d 次元のベクトル $(\partial_{x_1}\vec{M}, \partial_{x_2}\vec{M}, \ldots, \partial_{x_d}\vec{M})$，秩序変数の空間からみれば 2 次元のベクトル $(\vec{\nabla}M_1, \vec{\nabla}M_2)$ である．(訳者注)

$$V(\vec{M}) = \frac{w_0}{4}\left[(M_1^2 + M_2^2)^2 + \frac{r_0}{w_0}\right]^2$$
$$= \frac{1}{2}r_0(M_1^2 + M_2^2) + \frac{w_0}{4}(M_1^2 + M_2^2)^2 + 定数 \quad (4.89)$$

を定義しておくと便利である．こうおくと，ランダウ汎関数 (4.88) もポテンシャル V も $O(2)$ の対称性をもつ．つまり，対称性の空間内の回転

$$M_1' = M_1\cos\theta + M_2\sin\theta$$
$$M_2' = -M_1\sin\theta + M_2\cos\theta \quad (4.90)$$

に関して不変である．

ポテンシャルの 2 次の係数が正 $r_0 > 0$ の場合，ポテンシャルは $\vec{M} = \vec{0}$ で最小となるが，逆に $r_0 < 0$ の場合，つまり $T < T_0$ の場合は，ポテンシャルは

$$\vec{M}^2 = -\frac{r_0}{w_0} = \frac{|r_0|}{w_0} = v^2$$

で最小になる[*32]．低温側 $T < T_0$ では，ポテンシャル $V(\vec{M})$ はソンブレロ（メキシコの帽子）の形をしている（図 4.7）．この場合，円周 $\vec{M}^2 = v^2$ 上のすべての点でポテンシャル V が最小になる．秩序変数がスカラーであったとすると（イジング模型の場合），磁化 M は正負二つの値 $\pm M_0$ しかとりえなかった．しかし，いまの場合は磁化のとりうる値が無数にある！　これを物理的に解釈すると，磁化が対称性の空間の中のどの方向を向いてもよいということになる．

ある特定の向きを向いた 2 次元の外部磁場 $\vec{H}$ を系にかけたとき，磁場が磁化と

$$-\mu\vec{H}\cdot\int\mathrm{d}^d r\,\vec{M}(\vec{r})$$

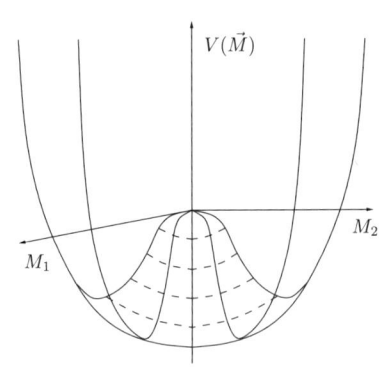

図 **4.7**　ソンブレロの形をしたポテンシャル．

[*32)] 場の量子論においては，この v を真空における場の期待値とよぶ．

のように結合していれば，$\vec{H} \to \vec{0}$ の極限で磁化がある特定の向きに選ばれる．話を具体的にするために，磁場が第1軸を向いていたとする．つまり $\vec{H} = (H, 0)$ とする．すると磁化は

$$M_1 = \sqrt{\frac{|r_0|}{w_0}} = v \qquad M_2 = 0$$

という値をとる．この値の磁化 $\vec{M}$ がランダウ汎関数を最小にする．この値からのずれを $\tilde{M} = M_1 - v$ と定義しよう．すると

$$M_1^2 + M_2^2 = \tilde{M}^2 + 2v\tilde{M} + v^2 + M_2^2$$

であるので，

$$V(\vec{M}) = |r_0|\tilde{M}^2 + vw_0\tilde{M}(\tilde{M}^2 + M_2^2) + \frac{w_0}{4}(\tilde{M}^2 + M_2^2)^2 \tag{4.91}$$

となる．

連結相関関数は式 (4.82) から

$$G_{ij}(\vec{r}, \vec{r}') = \frac{\delta^2 \mathcal{L}[M]}{\delta M_i(\vec{r}) \delta M_j(\vec{r}')}\bigg|_{M_1 = v, M_2 = 0} \tag{4.92}$$

と与えられる．ここで

$$\frac{\delta}{\delta M_1}\bigg|_{M_1 = v} = \frac{\delta}{\delta \tilde{M}}\bigg|_{\tilde{M} = 0}$$

だから，結局

$$G_{11}(\vec{q}) = \frac{1}{q^2 + 2|r_0|} \qquad G_{12} = G_{21} = 0 \qquad G_{22} = \frac{1}{q^2} \tag{4.93}$$

となる．このうち G_{11} を見ると，スカラー模型（イジング模型）と同じ相関距離 $\xi = |2r_0(T)|^{-1/2}$ をもっていることがわかる．ところが G_{22} を見ると，対応する相関距離は無限大になっている．前者を $\xi_\parallel$ と書き，後者を $\xi_\perp$ と書く．つまり

$$\xi_\parallel = |2r_0(T)|^{-1/2} = [2\overline{r}_0(T_0 - T)]^{-1/2} \qquad \xi_\perp = \infty \tag{4.94}$$

である．

 場の量子論では，相関距離が無限大だと，質量のない粒子[†10]が存在することがわかっており，これを**ゴールドストンボゾン**とよぶ．質量が零である理由は簡単に理解できる．円周 $\vec{M}^2 = v^2$ 上を動くにはエネルギーを必要としないのである．一方，円周に垂直な方向に動くには，イジング模型 $n = 1$ の場合と同じだけのエネルギーが必要である．

 ところで，秩序変数 $\vec{M}$ を2次元のベクトルと書くより，複素数 $M = M_1 + \mathrm{i} M_2$ で表現する方が便利なことが多い．このようにすると，秩序変数 M をベクトルポテンシャルと結合するように書くことができる．基本課題 4.6.6 を参照されたい．秩序変数とベ

[†10] 基底状態からの励起エネルギーが零であるような励起状態のこと．(訳者注)

クトルポテンシャル（より一般には非可換ベクトルポテンシャル）との結合は，物理学において非常に重要な二つの模型の基礎になっている．一つは超伝導に対するギンツブルク–ランダウ模型（基本課題 4.6.6），もう一つは弱電磁相互作用に対するグラショウ–ワインバーグ–サラム模型である．

4.3.3 ギンツブルク–ランダウ・ハミルトニアン

上では，ランダウ理論を平均場理論から導いた．ここでは，ランダウ理論の見方を変えて，以下で与えるボルツマン重率で定義された分配関数の第 1 近似としてランダウ理論を導こう．簡単のため，秩序変数は再びスカラーとするが，以下の議論を n 次元の秩序変数の場合に拡張するのは難しくない．

磁場 $H(\vec{r})$ の汎関数として，分配関数 $Z[H(\vec{r})]$

$$\begin{aligned}Z[H(\vec{r})] &= \int \mathcal{D}\varphi(\vec{r}) \exp\left(-\mathscr{H}[\varphi(\vec{r})] - \int d^d r H(\vec{r})\varphi(\vec{r})\right) \\ &= \int \mathcal{D}\varphi(\vec{r}) \exp\left(-\mathscr{H}_1[\varphi(\vec{r}), H(\vec{r})]\right)\end{aligned} \quad (4.95)$$

を考える．ここで $\mathscr{H}$ は $\varphi(\vec{r})$ の汎関数

$$\boxed{\mathscr{H}[\varphi(\vec{r})] = \int d^d r \left(\frac{1}{2}[\vec{\nabla}\varphi(\vec{r})]^2 + \frac{1}{2}r_0\varphi(\vec{r})^2 + \frac{1}{4!}u_0\varphi(\vec{r})^4\right)} \quad (4.96)$$

で，**ギンツブルク–ランダウ・ハミルトニアン**とよばれる．

上の式については，いくつか説明を加えておく必要があるだろう．まず，$\varphi(\vec{r})$ は各点 $\vec{r}$ においてランダムな変数であり，$[-\infty, \infty]$ の範囲の値をとる．この変数 $\varphi(\vec{r})$ は**ランダム場**，あるいは単に**場**とよばれる．このランダム場の確率分布がボルツマン重率 $\exp(-\mathscr{H}_1[\varphi, H])$ である．また，いくつかの変数を簡単のため 1 にしてある．(i) まず $\beta = 1$ とした．逆温度 β は，臨界温度付近ではゆっくりとしか変化しない関数であるので，定数 β_0 とおいてよい．さらにその定数 β_0 を 1 とした．(ii) また，単なる乗算因子で式が複雑になるのを避けるため，$\mu = 1$ とした．唯一，温度に依存する変数は $r_0(T) = \bar{r}_0(T - T_0)$ である．さらに，$\int \mathcal{D}\varphi(\vec{r})$ は

$$\int \mathcal{D}\varphi(\vec{r}) = \int \prod_i d\varphi(\vec{r}_i)$$

の略号である．記号が連続空間のように書いてあるが，ギンツブルク–ランダウ・ハミルトニアンでは常に格子空間を仮定しているので，誤解しないよう注意されたい．したがって，格子間隔 a よりも長い波長のゆらぎのみを取り入れるようにしなければならない．いいかえれば，フーリエ変換するときには，波数ベクトル q はカットオフ $\Lambda \sim 1/a$ より小さい領域 $q \leq \Lambda$ に制限する．このカットオフは短波長に相当するので，**紫外カットオフ**とよばれることが多い．場の量子論では空間は実際に連続であるので，紫外カッ

4.3 ランダウ理論

トオフが無限大の極限をとる．しかし統計力学では常に最小の長さのスケールである格子間隔が存在する．連続空間のような表記は便利だが，実際には格子空間であることを忘れてはならない[*33]．

どうやってハミルトニアン (4.96) を導くのか，満足いく説明をするのは容易ではない．イジング模型を一般化して，それを粗視化すればよいかもしれない．そうしておいて，臨界現象は系の微視的な詳細には依存しないということもできる（基本課題 4.6.14）．一番よい説明は，式 (4.96) の三つの項は必要不可欠であるということかもしれない．どれか一つが欠けても，物理が本質的に変わってしまうのである．

式 (4.95) の積分を計算する際に鞍点法を使うと，ランダウ理論が導けることを以下で示そう．被積分関数の最大値を与える方程式は

$$H(\vec{r}) = \left.\frac{\delta \mathscr{H}}{\delta \varphi(\vec{r})}\right|_{\varphi(\vec{r}) = \varphi_0(\vec{r})} \tag{4.97}$$

である．この方程式によって，最大値を与える場 $\varphi_0(\vec{r})$ が定義され，それは磁場 $H(\vec{r})$ の汎関数になっている．鞍点法では，分配関数は被積分関数の最大値

$$Z[H] = \exp\left(-\mathscr{H}[\varphi_0] + \int d^d r\, H(\vec{r})\varphi_0(\vec{r})\right)$$

で与えられる．したがって，自由エネルギー $\ln Z$ は（乗算因子を除いて）

$$\ln Z = -\mathscr{H}[\varphi_0] + \int d^d r\, H(\vec{r})\varphi_0(\vec{r}) \tag{4.98}$$

となる．自由エネルギーを使うと磁化が

$$M(\vec{r}) = \frac{\delta \ln Z}{\delta H(\vec{r})} = -\int d^d r' \left.\frac{\delta \mathscr{H}}{\delta \varphi(\vec{r}\,')}\right|_{\varphi_0} \frac{\delta \varphi_0(\vec{r}\,')}{\delta H(\vec{r})} + \varphi_0(\vec{r})$$
$$+ \int d^d r' \frac{\delta \varphi_0(\vec{r}\,')}{\delta H(\vec{r})} H(\vec{r}\,') = \varphi_0(\vec{r})$$

となる．なお，ここで式 (A.65) と (4.97) を使った．鞍点法の範囲では磁化 $M(\vec{r})$ は式 (4.97) の解 $\varphi_0(\vec{r})$ と等しくなるが，鞍点法の範囲を超えると等しくはない．

さて，$\ln Z$ のルジャンドル変換，つまりギブスの自由エネルギー[*34] Γ は，磁化の汎関数として

$$\Gamma[M(\vec{r})] = \int d^d r\, [M(\vec{r})H(\vec{r}) - \ln Z] \tag{4.99}$$

となる．式 (4.96) を使うと，これは

[*33] 格子の効果は，紫外カットオフ以外の形でも取り入れられる．連続空間の表式において，たとえば
$$\frac{1}{2}\int d^d r\, (\vec{\nabla}^2 \varphi(\vec{r}))^2$$
のような項をギンツブルク–ランダウ・ハミルトニアンに入れると，紫外カットオフと同じ働きをする．

[*34] 167 ページの脚注 12) で述べたように，この章ではギブスの自由エネルギーは G ではなく Γ と書く．

$$\Gamma[M(\vec{r})] = \mathscr{H}[M(\vec{r})] = \int d^d r \left(\frac{1}{2} [\vec{\nabla} M(\vec{r})]^2 + \frac{1}{2} r_0 M(\vec{r})^2 + \frac{1}{4!} u_0 M(\vec{r})^4 \right) \quad (4.100)$$

となる.こうして,ギンツブルク–ランダウ分配関数 (4.95) に対応するギブスの自由エネルギーの近似としてランダウ汎関数 (4.78) が導けた.鞍点法の範囲ではギブスの自由エネルギーはハミルトニアンと同じ形の汎関数になるが,もちろん両者の物理的な意味はまったく違う.両者が同じであるのはあくまで鞍点法の範囲であって,それを超えると両者は異なることが以下で判明する.

4.3.4 ランダウ理論を超えて

分配関数 (4.95) の計算において,ボルツマン重率の積分を被積分関数の最大値で置き換えるとランダウ理論に帰着した.ここでは次のステップとして,被積分関数の最大値のピークのまわりの幅を考慮に入れる.最大値のまわりのピーク幅が小さいことが鞍点法の近似がよいための条件である.ここで小さいパラメータ $\hbar$ を手で入れて,最大値を与える場 $\varphi_0(\vec{r})$ のピークを,$\hbar \to 0$ の極限でいくらでも狭くすることができるようにする[*35].ここでの目標は,分配関数を $\hbar$ に関して展開することである.ただし,最後には $\hbar = 1$ とおいてしまう.

以上を念頭において,式 (4.95) を

$$Z[H(\vec{r})] = \int \mathcal{D}\varphi(\vec{r}) \exp\left[-\frac{1}{\hbar} \left(\mathscr{H}[\varphi(\vec{r})] + \int d^d r H(\vec{r}) \varphi(\vec{r}) \right) \right]$$
$$= \int \mathcal{D}\varphi(\vec{r}) \exp\left(-\frac{1}{\hbar} \mathscr{H}_1[\varphi(\vec{r}), H(\vec{r})] \right) \quad (4.101)$$

と書き直す.この式において $\mathscr{H}_1$ を $\varphi_0(\vec{r})$ のまわりで展開する.そこで $\psi(\vec{r}) = \varphi(\vec{r}) - \varphi_0(\vec{r})$ とおいて,必要最小限の項だけとってくると

$$\mathscr{H}_1 \simeq \mathscr{H}[\varphi_0(\vec{r})] - \int d^d r H(\vec{r}) \varphi_0(\vec{r}) + \frac{1}{2} \int d^d r \, d^d r' \psi(\vec{r}) \mathcal{G}(\vec{r}, \vec{r}') \psi(\vec{r}') \quad (4.102)$$

となる.ここで

$$\mathcal{G}(\vec{r}, \vec{r}') = \left. \frac{\delta^2 \mathscr{H}[\varphi]}{\delta \varphi(\vec{r}) \delta \varphi(\vec{r}')} \right|_{\varphi=\varphi_0} \quad (4.103)$$

である.

ゆらぎの変数 $\psi(\vec{r})$ に関する積分はガウス積分である.式 (A.47) を使って,重要でない乗算因子を無視すると

$$\int \mathcal{D}\psi \exp\left[-\frac{1}{2} \int d^d \vec{r} d^d r' \psi(\vec{r}) \mathcal{G}(\vec{r}, \vec{r}') \psi(\vec{r}') \right] \propto [\det \mathcal{G}]^{-1/2}$$
$$= \exp\left[-\frac{1}{2} \text{Tr} \ln \mathcal{G} \right]$$

[*35] この記号は少し変に見えるかもしれない.われわれの扱っているのは古典論の問題であり,プランク定数はもともとはまったく関係ない.しかし,場の量子論で対応する展開パラメータは $\hbar$ であるので,ここでも同じ記号を使うことにする.

が得られる．対角和 Tr を計算するために，式 (4.103) から

$$\mathcal{G}(\vec{r},\vec{r}') = \left(-\nabla_r^2 + r_0(T) + \frac{1}{2}u_0\varphi_0^2\right)\delta^{(d)}(\vec{r}-\vec{r}') \tag{4.104}$$

となることに注意する．なお，いまの近似の範囲では $M = \varphi_0$ である．関数 $f(\vec{r},\vec{r}') = f(\vec{r}-\vec{r}')$ の対角和は，フーリエ変換によって f を対角化すると

$$\mathrm{Tr}\, f = \int \mathrm{d}^d r\, f(\vec{r},\vec{r}) = \int \mathrm{d}^d r\, \mathrm{d}^d r'\, \delta^{(d)}(\vec{r}-\vec{r}')f(\vec{r}-\vec{r}')$$

$$= \int \mathrm{d}^d r\, \mathrm{d}^d r' \int \frac{\mathrm{d}^d q}{(2\pi)^d}\, \mathrm{e}^{\mathrm{i}\vec{q}\cdot(\vec{r}-\vec{r}')} f(\vec{r}-\vec{r}')$$

$$= V \int \frac{\mathrm{d}^d q}{(2\pi)^d}\, \tilde{f}(\vec{q})$$

と計算できる．ここで，2 行目から 3 行目へ移る際には $\vec{r}$ と $\vec{r}'' = \vec{r}-\vec{r}'$ について積分している．式 (4.104) をフーリエ変換すると，磁場が一様なら $\mathcal{G}$ は対角化される．よって $\ln \mathcal{G}$ の対角和は

$$\mathrm{Tr}\,\ln\mathcal{G}(\vec{r},\vec{r}') = V\int \frac{\mathrm{d}^d q}{(2\pi)^d} \ln\left(q^2 + r_0(T) + \frac{1}{2}u_0 M^2\right) \tag{4.105}$$

となる．したがって，自由エネルギーの近似式は

$$\hbar \ln Z = \mathscr{H}_1[\varphi_0] - \frac{\hbar}{2}\,\mathrm{Tr}\,\ln\mathcal{G}$$

となる．また，磁化 M は φ_0 から $\hbar$ のオーダーでずれて，

$$M = \frac{\delta(\hbar \ln Z)}{\delta H(\vec{r})} = \varphi_0(\vec{r}) + \mathcal{O}(\hbar)$$

となる．そこで

$$\mathscr{H}_1[\varphi_0] = \mathscr{H}_1[M] + (\mathscr{H}_1[\varphi_0] - \mathscr{H}_1[M])$$

と書くと，括弧の中の項は $\hbar^2$ のオーダーになる．なぜなら $\delta H_1/\delta\varphi|_{\varphi=\varphi_0} = 0$ であるからである．以上から，ギブスの自由エネルギーは $\hbar$ の 1 次までで

$$\boxed{\Gamma[M] = \mathscr{H}[M] + \frac{\hbar}{2}V\int \frac{\mathrm{d}^d q}{(2\pi)^d} \ln\left(q^2 + r_0(T) + \frac{1}{2}u_0 M^2\right) + \mathcal{O}(\hbar^2)} \tag{4.106}$$

と求められる．この式 (4.106) は一様磁場の場合に計算したので，ギブスの自由エネルギー Γ は実際には M の汎関数ではなく，単なる関数である．しかし，式 (4.106) は非一様磁場の場合にも拡張できる．

ここでの近似は，鞍点法において，被積分関数の最大値のまわりのピーク幅を考慮したことになっている．ランダウ理論は，場の量子論における場の方程式の古典解に相当する．そして，ここでの近似 (4.106) は，経路積分において古典解のまわりの量子ゆらぎを積分したことに相当している．場の量子論では，$\hbar$ に関する展開をループ展開とよぶ．式 (4.106) は，ループ展開の最初の 2 項に相当している．

4.3.5 ギンツブルク判定条件

ギブスの自由エネルギー (4.106) を磁化 M で微分すると,磁場 H が

$$\frac{1}{V}\frac{\partial \Gamma}{\partial M} = H = r_0(T)M + \frac{u_0}{6}M^3$$
$$+ \frac{u_0\hbar}{2}M\int\frac{\mathrm{d}^d q}{(2\pi)^d}\frac{1}{q^2+r_0(T)+\frac{1}{2}u_0M^2} + \mathcal{O}(\hbar^2) \quad (4.107)$$

と求められる.この結果から磁化率 χ が求められる.簡単のため,高温側 $T>T_\mathrm{c}$ で磁場も磁化もない場合 $H=M=0$ を考える.すると

$$\left.\frac{\partial H}{\partial M}\right|_{M=0} = \frac{1}{\chi} = r(T) = r_0(T) + \frac{u_0\hbar}{2}\int\frac{\mathrm{d}^d q}{(2\pi)^d}\frac{1}{q^2+r_0(T)} + \mathcal{O}(\hbar^2) \quad (4.108)$$

となる.ここで $r(T) = 1/\chi$ と定義した.

式 (4.96) の次元解析から興味深いことがわかる.展開パラメータ $\hbar$ を任意の次元にする.ボルツマン重率の指数に $\mathscr{H}/\hbar$ が乗るので,これは無次元でなければならない.一方,長さの次元を l で表すと,$\mathrm{d}^d r$ の次元は l^d,∇ の次元は l^{-1} である.したがって,場 φ の次元は $\hbar^{1/2}l^{1-d/2}$ であり,r_0 の次元が l^{-2} であることがわかる.したがって,u_0 の次元が $\hbar^{-1}l^{d-4}$ であることがわかる.

式 (4.108) では $r(T) = 1/\chi$ を $\hbar$ で

$$r(T) = c_0 + c_1'\hbar + c_2'\hbar^2 + \cdots$$

と展開したときの最初の 2 項が与えられている.問題に現れるパラメータは a,r_0,u_0 であるが,次元に $\hbar$ が入っているのは u_0 だけである.したがって,展開式の L 次 $\hbar^L$ の項の係数は u_0^L に比例していなければならない.ここで,さきほど手で入れたパラメータを $\hbar=1$ とする.上の $r(T)$ の展開式の係数の u_0 依存性をあらわに書くと,

$$r(T) = c_0 + c_1 u_0 + c_2 u_0^2 + \cdots$$

のように u_0 に関する展開式になる[*36].つまり,式 (4.108) で $\hbar=1$ とおいた式は,実は u_0 に関する**摂動展開**の最初の 2 項と考えることができる.臨界点で χ は発散,つまり $r(T)$ は零になるので,式 (4.108) から T_c,あるいは $r_{0\mathrm{c}} = r_0(T_\mathrm{c})$ が

$$r_{0\mathrm{c}} + \frac{u_0}{2}\int\frac{\mathrm{d}^d q}{(2\pi)^d}\frac{1}{q^2+r_{0\mathrm{c}}} = 0 \quad (4.109)$$

と求められる.この式から,$T_\mathrm{c}-T$ が u_0 の 1 次のオーダーであることがわかる.

ここまでは摂動展開の最初の 2 項をあらわに計算したが,鞍点のまわりのゆらぎをよ

[*36] このような操作は,量子力学のいわゆる古典極限 $\hbar\to 0$ においてよく行われる.第 3 章の脚注 28 にあるように,実際に $\hbar$ を零にするわけではないのである.いつでも $\hbar=1$ として単位系が構成できる.そのような単位系で特徴的な無次元パラメータ(たとえば結合定数)を零にすると,古典極限となる.いまの場合はそのような無次元パラメータが u_0 である.

り正確に積分すれば，原理的にはさらに高次の項も計算できるはずである．ただし，u_0 の次数が増えるにつれて，計算は技術的にますます大変になる．それでも，少なくとも原理的には，ランダウ理論への補正項をいくらでも正確に計算できるように見える．しかし，そのような摂動展開は $T \to T_c$ では破綻するはずであることを，以下で議論しよう．

議論は本質的には次元解析である．基本的な単位として長さの逆数をとることが多い．そうすると，勾配 ∇ は次元が $+1$ である．物理量 A の次元を $[A]$ と書くことにすると，$\hbar = 1$ の単位系では，上で示したように

$$[\varphi] = d_\varphi^0 = \frac{d}{2} - 1 \qquad [r_0] = 2 \qquad [u_0] = 4 - d \tag{4.110}$$

となる．ここで，次元 d_φ^0 を場 φ の正準次元とよぶ．さて，式 (4.108) から式 (4.109) を引くと，

$$r(T) = \left(r_0 - r_{0c}\right)\left(1 - \frac{u_0}{2}\int\frac{d^d q}{(2\pi)^d}\frac{1}{(q^2+r_0)(q^2+r_{0c})}\right)$$

となる．ここで，右辺の二つ目の括弧の中は u_0 の摂動展開の形になっているので，その 1 次の項である積分の中の r_0 と r_{0c} を零次の値である $r(T)$ と 0 でおきかえても，影響は u_0 の 2 次かそれより高次にしか及ばない．こうして，展開を矛盾なく

$$r(T) = \left(r_0 - r_{0c}\right)\left(1 - \frac{u_0}{2}\int\frac{d^d q}{(2\pi)^d}\frac{1}{q^2(q^2+r(T))}\right) \tag{4.111}$$

と書き直せる．空間次元 d が 4 より大きければ，たとえ $r(T) = 0$ であっても積分は $q = 0$ のところで発散しない．このとき

$$r(T) = (r_0 - r_{0c})(1 + u_0 A) = B(T - T_c)$$

と書ける．ここで A と B は特に重要でない定数である．上からわかるように，4 次元よりも高い次元では，ランダウ理論の平均場的臨界指数 $\gamma = 1$ はゆらぎの 1 次で変更を受けない．この結論は，実は摂動のあらゆる次数に，そしてあらゆる臨界指数に拡張できる．4.5.1 項で確認するが，$d > 4$ ではランダウ理論，あるいは平均場理論は正しい臨界指数を与えるのである．

状況は $d < 4$ ではまったく異なる．この場合，式 (4.111) で $q = \sqrt{r(T)}q'$ と変数変換すると

$$r(T) = \left(r_0 - r_{0c}\right)\left(1 - \frac{u_0}{2}\left(r(T)\right)^{\frac{d-4}{2}}\int\frac{d^d q'}{(2\pi)^d}\frac{1}{q'^2(q'^2+1)}\right) \tag{4.112}$$

となる．これからわかるように，展開パラメータは実は u_0 ではなく，無次元パラメータ $u_0(r(T))^{\frac{d-4}{2}}$ である．たとえ u_0 を小さくとっておいても，それを固定したまま $T \to T_c$ の極限をとると $(r(T))^{\frac{d-4}{2}} \to \infty$ となり，実質的な展開パラメータが発散してしま

う．これでは単純な摂動展開は不可能である．上で述べた $d>4$ の場合とは対照的に，$r(T) \propto (T-T_c)$ と仮定すると矛盾をきたす．このように $d>4$ と $d<4$ が本質的に異なることは，ギンツブルクが初めて指摘したので，これを空間次元に対する**ギンツブルク判定条件**とよぶ．

臨界温度に関する摂動展開も上の議論と同様に行える．式 (4.109) を変形すると

$$r_{0c} = \bar{r}_0(T_c - T_0) = -\frac{u_0}{2}\int \frac{d^d q}{(2\pi)^d}\frac{1}{q^2} = -\frac{u_0}{2}\frac{S_d \Lambda^{d-2}}{(2\pi)^d(d-2)} \tag{4.113}$$

となる．ただし

$$S_d = \frac{2\pi^{d/2}}{\Gamma(d/2)}$$

は，d 次元の単位球の表面積であり（式 (2.123)），Γ はオイラーのガンマ関数である．式 (4.113) の積分は，$d>2$ でのみ $q\to 0$ で収束する（**赤外収束**）．したがって，ギンツブルク–ランダウ・ハミルトニアンは $d>2$ においてのみ問題を起こさない．そこで $d=2$ を，この模型の**下部臨界次元**とよぶ[†11]．なお，紫外のカットオフ $\Lambda\sim 1/a$ があるので，$q\to\infty$ の収束性は問題にならない．

さて，式 (4.112) からわかるように，真の臨界温度 T_c（あるいは，少なくとも u_0 の 1 次までの展開から計算した臨界温度）は，平均場理論で求めた臨界温度よりも低い．ゆらぎをより多く取り入れた計算をすると秩序が起きにくくなり，したがって臨界温度が下がるのである[†12]．

以上の結果を，等価な形でいいかえよう．4.5.2 項では，u_0 を小さい値に固定した議論を行う必要が出てくる[*37]．すると，式 (4.113) の r_{0c} は a^{-2} に比例するので，a が小さいと大きい量になってしまう可能性がある．場の量子論においては，実際に $a\to 0$, $r_{0c}\to\infty$ の極限をとらなければならない．臨界温度付近で小さいパラメータは (r_0-r_{0c}) であり，u_0 を固定しておいて r_0 を調節しながら臨界点に近づいていく．式 (4.112) からわかるように，最低次で $r(T)\simeq(r_0-r_{0c})$ であり，無次元の展開パラメータは $u_0 a^{4-d}$ ではなく $u_0(r_0-r_{0c})^{(d-4)/2}$ である．しかし，この展開パラメータは $d<4$ では $r_0\to r_{0c}$ の極限で無限大になってしまうのである．

[†11] これに対して，平均場理論が正しい臨界指数を与える境目の $d=4$ を**上部臨界次元**とよぶ．(訳者注)

[†12] 格子の構造を部分的に正確に取り入れた，クラスター平均場近似とよばれる平均場理論がある．正確に計算するクラスターを大きくしていくと，つまりゆらぎをより正確に取り入れると，近似の臨界温度が下がる．最終的に正しい臨界温度に収束することを厳密に証明できる．これはコヒーレント異常法の基礎になっている．より詳しくは訳者補章および訳者追加文献 g) を参照．(訳者注)

[*37] より正確には，無次元量 $u_0 a^{4-d}$ が 1 より小さい $u_0 a^{4-d} \ll 1$ という条件が必要になる．

4.4 繰り込み群の一般論

4.4.1 ブロックスピン変換

　前節で見たのは，空間次元 $d \leq 4$ において，単純な摂動論で臨界現象を調べようとしても破綻してしまうということであった．しかし，臨界指数が計算できるように摂動論を書き直せることを以下で述べる．それが摂動論的繰り込み群である．それを理解するためには，まず**繰り込み群**が何であるかを説明しなければならない．

　ここで強調しておきたいのは，繰り込み群そのものは非常に一般的な方法論であり，摂動論だけに限定されるものではないということである．それどころか，基本的には非摂動的な方法であり，たとえば数値シミュレーションなどにも使うことができる．しかし，繰り込み群は非常に一般的であるがゆえに，実際に解きたい問題に対しては微調整が必要になる．臨界指数などを自動的に計算する方法を与えるものではないのである．物理的に意味のある結果を得るには，推測や直観的推論，数学的および数値的技術を駆使しなければならない．

　ここでは，連続相転移を例にとって繰り込み群の一般的枠組みを説明しよう．連続相転移においては，繰り込み群をどのように使えばよいかよくわかっているのである．詳しい式変形に入る前に，臨界点に近い物理系やモデルのふるまいを直観的にとらえておこう．

　そもそも，系には重要な長さのスケールが二つある．一つ目は**微視的スケール** a である．これは，基本的な相互作用（たとえばイジングスピンの間の交換相互作用）の及ぶ距離スケールであり，また，格子の距離スケールである．イジング模型 (3.30) では相互作用の及ぶ距離と格子間隔は等しいが，一般には相互作用が格子間隔の数倍に及ぶ模型を考えることもできる．ただし，長距離相互作用[*38]のある系は定性的に異なるふるまいをしてしまうので，以下では考慮しないことにする．

　長さのスケールの二つ目は相関距離 ξ である．臨界温度 T_c 近傍では，スピンは上向きスピンの領域と下向きスピンの領域に固まりはじめる．非常におおまかには，相関距離 ξ はそのような塊の大きさである．より正確には，相関距離 ξ は

$$\xi = \frac{\left\langle \sum_j |\vec{r}_i - \vec{r}_j| S_i S_j \right\rangle}{\left\langle \sum_j S_i S_j \right\rangle} \tag{4.114}$$

と定義できる．ただし，これは相関距離を定義する唯一の方法ではない．式 (4.30) では，相関関数の指数関数的減衰をもとに相関距離を定義した．もし式 (4.30) の $C(r)$ が，べき関数のようにゆっくりとしか変化しない関数であれば，式 (4.30) の定義と式 (4.114) の定義は，あまり重要でない因子しか違わない．

[*38] 何が「長距離」相互作用であるかは，数学的に厳密に定義できる．ここでは，相互作用は有限の範囲にしか及ばないか，あるいは遠方で指数関数的に弱くなると仮定するが，べき的に弱くなる場合でも，それが十分に急激に減衰するのであれば議論に支障はない．

臨界温度付近 $T \to T_c$ では，相関距離は式 (4.39) のように発散することを思い出しておこう．無次元温度 t を導入すると，発散は

$$\frac{\xi}{a} = \xi_{\pm}|t|^{-\nu} \qquad t = \frac{T - T_c}{T_c} \tag{4.115}$$

のように書ける．ここで係数 ξ_+ は高温側 $t > 0$，係数 ξ_- は低温側 $t < 0$ の比例係数である．

臨界温度直上では相関距離は無限大である．このとき，スピンの塊には，あらゆる大きさのものが混じっている．上向きスピンを黒で，下向きスピンを白で表すと，図 4.8 に示すようにフラクタル構造が現れる．上向きスピンを大洋とすると下向きスピンは大陸である．その下向きスピンの大陸の中に，上向きスピンの湖がある．そしてその中に下向きスピンの島がある，というようにあらゆるサイズの塊がある．いいかえると，あらゆるスケールのゆらぎが存在する．このような系を**スケール不変**とよぶ．臨界点から離れると，ゆらぎは微視的スケール a から相関距離 ξ 位までの全スケールにわたって分布する．

熱力学的極限以外では，実は第 3 のスケールがある．それは系の大きさ L である．系の大きさが有限であると，上で述べた描像は $L \gg \xi$ においてのみ成り立つ．$L \sim \xi$ の場合にどのように考えればよいかは，7.6 節の有限サイズスケーリングで明らかになる．

系を微視的な分解能 $\lambda \leq a$ で観察すると，スピンのゆらぎのあらゆる詳細が見えるはずである．そのかわりに，分解能が $\lambda = ba$（ただし $1 \ll b \ll \xi/a$）しかないような顕微鏡で系を観察したら，どのようなものが見えるだろうか．この場合，長さのスケール ba よりも波長の短いようなゆらぎはならされてしまうだろう．しかし，$\xi \gg ba$ という条件より，系は臨界点の十分近くにあるから，そのような分解能でも上向きスピンや下

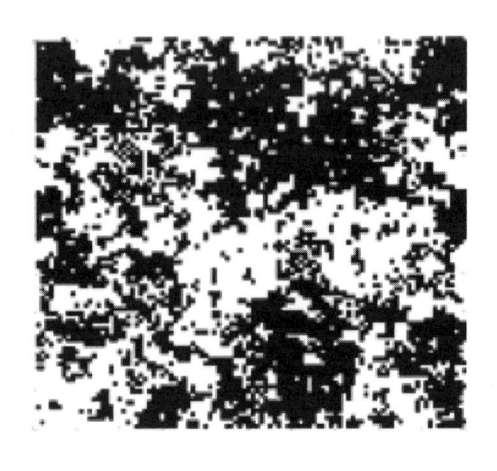

図 **4.8** イジング模型を臨界温度近くでシミュレーションしたときの，あるステップでの系の様子．格子の大きさは 100×100．黒が上向きスピンを表している．

向きスピンの大きな塊は見えるだろう．

ここでもう一つの顕微鏡を用意して，二つ目の顕微鏡は一つ目の顕微鏡よりも倍率が b だけ低いとしよう．二つの顕微鏡の画像を見比べると，どのように違っているだろうか．スピンの塊の平均的な大きさは，二つ目の顕微鏡で見ると $1/b$ に見えるはずである．二つ目の顕微鏡で見た相関距離 ξ' も $\xi' = \xi/b$ になっているはずである．つまり長さの単位が $1/b$ になったということができる．もしその顕微鏡の分解能 λ が悪くて $\lambda \sim \xi$ であったとすると，もはや上向きスピンや下向きスピンの大きな塊は見えず，系が臨界点に近いということも見分けられないはずである．

異なった分解能をもつ顕微鏡の働きを数学的に表現するために，b よりも小さい波長のゆらぎを平均してしまって，スピンのブロックを作る．大きさ b の領域 I を考えよう．この領域のブロックスピン $S_I(b)$ を，この領域の中の b^d 個のスピンを平均したもの

$$S_I(b) = \frac{1}{b^d} \sum_{i \in I} S_i \tag{4.116}$$

と定義する（図 4.9）．ここで b をスケール因子とよぶ[*39]．イジングスピン $S_i = \pm 1$ から出発すると，ブロックスピン $S_I(b)$ は $[-1, 1]$ の間の $(b^d + 1)$ 個の値をとり，b が大きければ実質的に $[-1, 1]$ の間の連続変数とみなせる．

このようなブロックスピン変換が，**繰り込み群変換**の第一歩である．まずスケール因子 b でブロックスピンを作り，さらにその状態からスケール因子 b' でブロックスピンを作るという操作は，最初から $b'' = bb'$ というスケール因子でブロックスピンを作る操作と等価である．このような群の構造があるために繰り込み群とよばれるのである．原理的にはスケール因子 b は整数 $b = n$ であるが，通常は 1 より非常に大きいので連続変数とみなせる[*40]．

繰り込み群変換の 2 番目の操作は，顕微鏡の倍率を $1/b$ に切り替えることに相当する．つまり距離の単位を $L \to L/b$ とスケール変換するのである．こうすると，上で作ったブロックスピンはいまや一つの格子点上に位置し，元の格子上のスピンと同じ間隔で並ぶようになる．このようにスケール変換すると，ブロックスピンの系を，同じ格子上のもともとの系と比較できる．

繰り込み群変換の最後の 3 番目の操作は，ブロックスピンのスケール変換（あるいは

[*39) ブロックスピンの作り方は，この定義が唯一の方法ではない．この方法は線形変換であるという点がよい性質である．ほかの方法としては，たとえば領域の中の b^d 個のスピンのうち，上向きスピンのほうが多ければブロックスピンを $+1$，下向きスピンのほうが多ければ -1 とするという非線形変換もある．非線形変換の方が便利であるような場合も存在するが，ここでは線形変換についてのみ考えることにする．

[*40) スケール因子 b を連続変数にするのは，さほど難しくない．たとえばブロックスピンを

$$S_I(b) = \left(\frac{1}{2\pi b^2}\right)^{d/2} \sum_j \left[S_j \exp\left(-\frac{(\vec{r}_i - \vec{r}_j)^2}{2b^2}\right)\right]$$

のように定義すればよい．ここで，S_j を $\vec{r}_j$ に存在するスピンとし，$\vec{r}_i$ ブロックの中心とする．

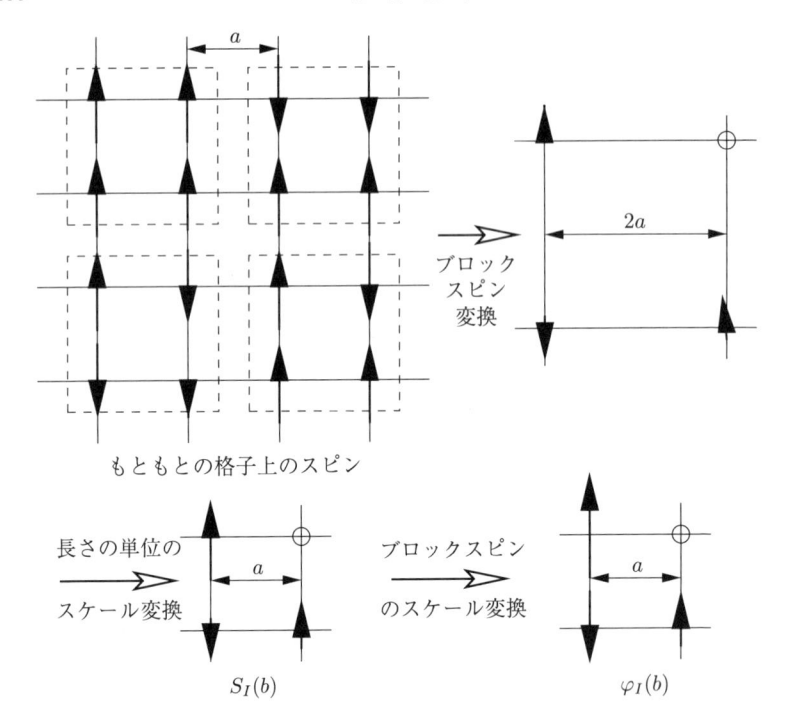

図 4.9 繰り込み群変換の三つの操作

繰り込み[†13])である.この操作が必要な理由は以下のとおりである.スケール因子が b_1 と b_2 の二つのブロックスピンを比較することを考えよう.ブロックスピン変数 $S_I(b_1)$ と $S_J(b_2)$ はいずれも $[-1,1]$ の範囲で変動するが,場合によっては,そのうちのある特定の領域でしかほとんど値をもたないということもある.そして,二つのブロックスピン変数 $S_I(b_1)$ と $S_J(b_2)$ でそのような領域が同じである理由はない.そこで,二つのブロックスピンを比較する際には,実際に変動する範囲がそろうように

$$S_I(b) \to \varphi_I(b) = Z_1(b) S_I(b) \tag{4.117}$$

とスケール変換しておくと便利である[*41)][†14)].

[†13)] 繰り込みの原語は renormalization であり,直訳すると「再規格化」である.つまり,ブロックスピンの大きさを規格化し直すのである.この操作を朝永振一郎は「繰り込み」とよんだ.(訳者注)

[*41)] 図 4.8 のように上向きスピンを黒で,下向きスピンを白で表したとする.ブロックスピンは $[-1,1]$ の範囲で変動するので,灰色で表さなければならない.ブロックスピン $S_I(b)$ の値が -1 に近ければ薄い灰色とし,値が増加して $+1$ に近づけば近づくほど濃い灰色で表すとする.こうすると,ブロックスピン変換した系の図は,そのままではもとの図よりも濃淡の差が小さくなってしまう.もとのスピン系と同じ程度の濃淡にするためには,ブロックスピンをスケール変換(「再規格化」)しなければならないのである.

[†14)] 因子 b が空間のスケール因子であるのに対して,$Z_1(b)$ は「場のスケール因子」である.(訳者注)

4.4 繰り込み群の一般論

もう少し具体的に説明するために，簡単な例として高温極限 $T \gg T_c$ での繰り込み群変換を考える．この極限では相関距離は零に近づく．このような系をスケール因子 $b \gg \xi/a$ でブロックスピン変換すると，相関距離はほとんど零になる．なぜなら，変換された系での相関距離は $\xi' = \xi/b \ll a$ だからである．これはブロックスピン変換された系が高温の極限にあって，ブロックスピンどうしが独立にゆらいでいることを意味する[†15]．

ブロックに含まれる b^d 個のスピンのうち，ブロックの境界にあるスピンだけが隣のブロックと相互作用をする．ブロックの中のスピンのうちで隣のブロックと相互作用しているスピンの個数は $(\xi/a)b^{d-1} = b^d(\xi/ba)$ 程度であり，割合にして $\xi/ba \ll 1$ 程度なのである（図 4.10）[†16]．隣のブロックとの相互作用はほとんど無視できるので，ブロックスピン変数全体の確率分布は各ブロックスピン変数の独立な分布のかけ算である．

各ブロックスピンは独立なランダム変数をたくさん足し合わせたものであるから，各ブロックスピン変数の確率分布は，中心極限定理からガウス分布になる．そのガウス分布の幅は磁化率 χ に比例している．これは以下のように示せる．式 (4.28) において $\beta = 1$, $\mu = 1$ とおき，さらに，臨界点より高温側では $\langle S_i \rangle = 0$ であることに注意すると，

$$\langle S_I(b)^2 \rangle_c = \langle S_I(b)^2 \rangle = \frac{1}{b^{2d}} \left\langle \left(\sum_{i \in I} S_i \right) \left(\sum_{j \in I} S_j \right) \right\rangle$$
$$= \frac{1}{b^{2d}} b^d \chi = b^{-d} \chi \tag{4.118}$$

となる．したがって，一つのブロックスピン $S_I(b)$ の確率分布は

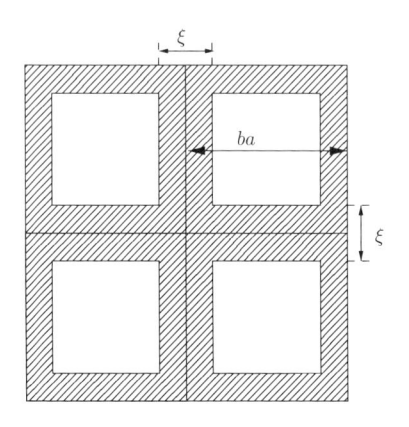

図 4.10 ブロックスピン間の相互作用は $\xi/b \ll a$ のときには限定的になる．

[†15] いいかえると，以下のようになる．高温側 $T > T_c$ から出発して繰り込み群変換を繰り返すと，変換された系は，より高温にあるように見える．変換を繰り返した極限では $T \to \infty$ にあるように見える．(訳者注)

[†16] 相互作用するスピンの割合そのものは低温になっても変わらないが，低温では相関距離が長いので $\xi/ba \gg 1$ となる点が違う．つまりブロックスピンの内側までスピンは同じ向きを向いている．(訳者注)

$$P[S_I(b)] = \left(\frac{b^d}{2\pi\chi}\right)^{1/2} \exp\left(-\frac{b^d S_I(b)^2}{2\chi}\right) \tag{4.119}$$

となる．そこで，ブロックスピン変数を

$$S_I(b) \to \overline{\varphi}_I(b) = b^{d/2} S_I(b) = \overline{Z}_1(b) S_I(b) \qquad \overline{Z}_1(b) = b^{d/2} \tag{4.120}$$

とスケール変換（「再規格化」）する．ここで，新しい変数を φ_I と Z_I ではなくて $\overline{\varphi}_I$ と $\overline{Z}_I$ と書いたのは，まだ変換が最終形になっていないからである．

スケール変換されたブロックスピン変数 $\overline{\varphi}_I(b)$ の確率分布 P_+ は

$$P_+[\overline{\varphi}_I(b)] = \frac{1}{\sqrt{2\pi\chi}} \exp\left(-\frac{\overline{\varphi}_I(b)^2}{2\chi}\right) \tag{4.121}$$

となり，b に依存しなくなる．ここで P_+ と書いたのは高温側 $T > T_c$ つまり $t > 0$ だからである．こうして，b の大きい極限 $b \gg \xi/a$ では，ブロックスピン変換された変数 $\overline{\varphi}_I(b)$ の確率分布は，b に依存しない有限の極限値に収束する．これは，繰り込み群変換の**固定点**とよばれるものの一例である[†17]．この例では，ブロックスピンのスケール変換をうまく設定したおかげで，$b \to \infty$ での固定点が，ある有限の分布関数として得られた．

さて次に，低温極限 $T \ll T_c$ を考えよう．境界でのスピンをたとえば上向きにして，全体を上向きスピンに揃える．スピン S_i の期待値 $\langle S_i \rangle$ は，並進対称性から格子点 i には依存しないので，スピンあたりの磁化 M に等しい．式 (4.116) の定義から $\langle S_I(b) \rangle = M$ であり，さらに

$$\langle S_I(b)^2 \rangle = M^2 + \langle S_I(b)^2 \rangle_c = M^2 + b^{-d}\chi \tag{4.122}$$

である．ここで，自明な「スケール変換」

$$S_I(b) \to \overline{\varphi}_I(b) = b^0 S_I(b) = \overline{Z}_1(b) S_I(b) \qquad \overline{Z}_1(b) = 1$$

を行うと，$\overline{\varphi}_I(b)$ は $\varphi_I = M$ を中心としたガウス分布の形で確率分布しており，$b \to \infty$ の極限でデルタ関数になる[†18]：

$$P_-[\overline{\varphi}_I(b)] = \frac{1}{\sqrt{2\pi\chi b^{-d}}} \exp\left(-\frac{[\overline{\varphi}_I(b) - M]^2}{2\chi b^{-d}}\right) \to \delta[\overline{\varphi}_I(b) - M] \tag{4.123}$$

以上から，ブロックスピン変換の因子を

$$T > T_c: \quad \overline{Z}_1(b) = b^{d/2} \qquad T < T_c: \quad \overline{Z}_1(b) = b^0 = 1$$

[†17] 一般に，写像しても動かない点を固定点とよぶ．繰り込み群変換の固定点は，繰り込み群変換を何度繰り返しても変化しない点である．(訳者注)

[†18] いいかえると，低温側 $T < T_c$ から出発して繰り込み群変換を繰り返すと，変換された系はスピンがよりそろってきて，より低温にあるように見える．変換を繰り返した極限では $T \to 0$ にあるように見える．(訳者注)

のように選ぶと，スケール変換されたブロックスピンに対して，$\xi/b \ll a$ において確率分布の極限が存在する．

最後に，ちょうど $T = T_c$ から出発する場合を考える．この場合は相関距離が無限大であるから，いかなる形でブロックスピンを作ろうとも相関距離は無限大のままである．つまり臨界点直上から出発すると，繰り込み群変換を繰り返してもいつまでも臨界点直上にある．このとき，ある指数 ω_1 によるブロックスピン変換の因子 b^{ω_1} を使うと確率分布の極限が存在することを，以下で示そう．つまり

$$\varphi_I(b) = Z_1(b) S_I(b) = b^{\omega_1} S_I(b) \tag{4.124}$$

である．なお ω_1 は 0 と $d/2$ の中間の値をとる．

4.4.2 臨界指数とスケール変換

確率分布 (4.121) と (4.123) は，出発点の温度 t に依存している．磁化率 χ と磁化 M が温度の関数だからである．つまり，最終的な固定点には，まだ出発点の温度への依存性が残っている．さらに一歩進めて，この温度依存性を消去しよう．

まず高温側からはじめる．出発点のスピン系として無次元温度 t_1 と t_2 の系を考える．それぞれ相関距離は ξ_1 と ξ_2 とし，$\xi_1, \xi_2 \gg a$ とする．スケール因子 b_1 と b_2 を，比 ξ_i/b_i $(i = 1, 2)$ が一定量 c' になるように

$$\frac{\xi_1}{b_1} = \frac{\xi_2}{b_2} = c' \ll a \tag{4.125}$$

と選ぶ．こうすると，場のスケール因子を定義し直すことによって，式 (4.121) の中の磁化率 χ への依存性を消すことができる．式 (4.44) と (4.45) から，

$$\chi = c'' \xi^{2-\eta}$$

となる．ここで c'' は定数である．

新しい場のスケール因子 $Z_1(b_i)$ を，磁化率 χ を含めた形

$$Z_1(b_i) = \frac{1}{\sqrt{c''}} b_i^{d/2} \xi_i^{-(2-\eta)/2} \tag{4.126}$$

と定義する．繰り込まれたブロックスピンを $\varphi(b_i) = Z_1(b_i) S(b_i)$ と定義する．ここで添字 I は省略して $\varphi_I(b)$ を $\varphi(b)$ と書いた．繰り込まれた場 $\varphi(b_i)$ の確率分布は

$$P^*_+[\varphi(b_i)] = \frac{1}{\sqrt{2\pi}} \exp\left(-\frac{1}{2} \varphi(b_i)^2\right) \tag{4.127}$$

となる．このようにして，異なる無次元温度 $t_1, t_2 > 0$ から出発しても，$\xi_1/b_1 = \xi_2/b_2$ であるかぎりは，繰り込まれたブロックスピンについて同じ確率分布に帰着できた．つまり，t に依存しない固定点の形に書けた．

式 (4.125) と (4.126) から，場のスケール因子 $Z_1(b_i)$ が b_i のべきの形で

[図: 2次元イジング模型のブロックスピン変数の確率分布。縦軸「確率分布」、横軸「スケール変換されたブロックスピン変数」]

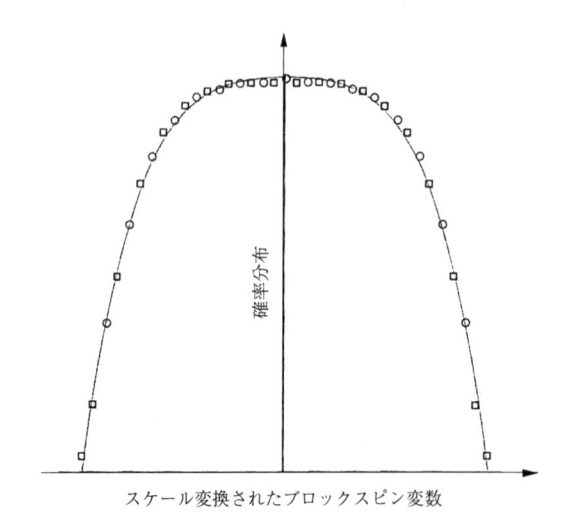

図 4.11 2次元イジング模型のブロックスピン変数の確率分布．四角印が $b_2 = 16$, 無次元温度 $t_2 = 0.0471$ の場合，丸印が $b_1 = 8$, $t_1 = 2t_2$ の場合．表 4.1 からわかるように $\nu = 1$ であるから，$\xi_2/\xi_1 = t_1/t_2 = 2$ である．臨界指数 $\eta = 1/4$ より，場のスケール次元は $\omega_1 = 1/8$ である．Bruce and Wallace [21] より．

$$Z_1(b_i) = c\, b_i^{(d-2+\eta)/2} = c\, b_i^{\omega_1} \tag{4.128}$$

と書ける．ただし

$$c = [c'' c'^{(2-\eta)}]^{-1/2} \quad \text{と} \quad \omega_1 = \frac{1}{2}(d - 2 + \eta)$$

である．

次に，高温側のこのような性質が一般的なものであると仮定する．異なる無次元温度 t_1 と t_2 から出発する．それぞれ，相関距離は ξ_1 と ξ_2 とし，$\xi_1/b_1 = \xi_2/b_2$ かつ $b_1, b_2 \gg 1$ が成り立つような繰り込み群変換をほどこす．場のスケール因子 $Z_1(b_i)$ を上手に選ぶと，ブロックスピン $S(b_i)$ の確率分布は $i = 1, 2$ に共通である

$$P[S(b)] = Z_1(b) P_\pm^* \left[\frac{\xi}{b}, Z_1(b) S(b)\right] = Z_1(b) P_\pm^* \left[\frac{\xi}{b}, \varphi(b)\right] \tag{4.129}$$

ということが，ここでの基礎となる仮定である．ここで，$P_\pm^*$ は，スケール変換されたブロックスピン変数 $\varphi(b) = Z_1(b) S(b)$ に関する普遍的な確率分布である．添字 $\pm$ は，$+$ が高温側 $t > 0$, $-$ が低温側 $t < 0$ を表す．この仮定 (4.129) は，イジング模型の数値シミュレーションでも確認されているし（図 4.11），繰り込み群解析の結果として以下で導かれる．

この仮定は，イジング模型に限ったことではない．以下で示すのは，ある**普遍性クラス**に属するあらゆる模型，あらゆる物理系はすべて同じ確率分布に帰着し，スケール因子 $Z_1(b)$ の比例係数が違うだけであるということである．たとえば，正方格子上のイジング模型と六角格子上のイジング模型は同じ普遍性クラスに属する．反対に，正方格子上のイジング模型と立方格子上のイジング模型は異なる普遍性クラスに属する．普遍性クラスという考え方は，以下の繰り込み群の枠組みの中で説明する．

式 (4.129) の $P_\pm^*$ の前に因子 $Z_1(b)$ がつく理由は簡単である．確率分布 $P_\pm^*$ が 1 に規格化されていたときに，確率分布 P も 1 に規格化されるためには，つまり

$$\int P(S)\,\mathrm{d}S = \int P_\pm^*(\varphi)\,\mathrm{d}\varphi = 1$$

であるためには，因子 $Z_1(b)$ が必要である．

その点に注意したうえで，式 (4.129) からいえることを調べよう．まず，式 (4.129) を，もう少し便利な形に書き換える．式 (4.115) から

$$\frac{\xi}{ba} = \xi_\pm |t|^{-\nu} b^{-1} = \left(\xi_\pm^{-1/\nu}|t|\,b^{1/\nu}\right)^{-\nu}$$

と書ける．また，新たなスケール因子 $Z_2(b)$ を

$$Z_2(b) = \xi_\pm^{-1/\nu}\,b^{1/\nu} = z_2^\pm\,b^{1/\nu} \tag{4.130}$$

と定義する[*42]．すると式 (4.129) は

$$\boxed{P[S(b)] = Z_1(b) P^*[Z_2(b)t; Z_1(b)S(b)]} \tag{4.131}$$

と書き直せる．つまり，スケール変換されたブロックスピン変数 $\varphi(b)$ の確率分布はある普遍的な関数の形をしており，その関数はスケール変換因子 b と温度 t を $b^{1/\nu}t$ の形に組み合わせた量にしか依存しない．ここで P^* の添字 $\pm$ を省略したが，P^* の関数形は $t<0$ と $t>0$ では異なることに注意されたい．

高温側 $t>0$ の場合のスケール因子 $Z_1(b)$ はすでに計算した．同じことを低温側 $t<0$ でも行おう．磁化 M は

$$\begin{aligned}
M = \langle S(b)\rangle &= Z_1(b)\int \mathrm{d}S(b)\,S(b)P^*[z_2^-\,b^{1/\nu}\,t;\varphi(b)] \\
&= Z_1^{-1}(b)\int \mathrm{d}\varphi(b)\,\varphi(b)\,P^*\left[z_2^-\,b^{1/\nu}\,t;\varphi(b)\right] \\
&= Z_1^{-1}(b)g(z_2^-\,b^{1/\nu}\,t) \tag{4.132}
\end{aligned}$$

と書ける．式 (4.116) から $\langle S(b)\rangle$ はスケール因子 b に依存しない．一方で，臨界指数

[*42] 場の量子論では，$Z_1(b)$ は場の繰り込み（以前は，波動関数の繰り込みとよばれていた）に関係しており，$Z_2(b)$ は質量の繰り込みに関係している．

$\tilde{\beta}$ の定義 (4.68) から
$$g(z_2^- b^{1/\nu} t) \propto |t|^{\tilde{\beta}}$$
である.ここで,スケール因子 b への依存性は,必ず温度 t への依存性と $b^{1/\nu}t$ の形に組み合わされて現れるはずであるから,
$$g(z_2^- b^{1/\nu} t) \propto |t|^{\tilde{\beta}} b^{\tilde{\beta}/\nu}$$
でなければならない.式 (4.132) において,右辺に現れる $b^{\tilde{\beta}/\nu}$ の因子が消えて $\langle S(b) \rangle = M$ が b に依存しなくなるためには,場のスケール因子 $Z_1(b)$ は
$$Z_1(b) = z_1 b^{\tilde{\beta}/\nu} = z_1 b^{\omega_1}$$
という b のべき依存性を含んでいなければならない.こうして,スケール因子の指数 ω_1 が $\tilde{\beta}/\nu$ に等しいことがわかった.

低温側 $t<0$ のブロックスピン変数のスケール因子 $Z_1(b)$ と,温度のスケール因子 $Z_2(b)$ についての結論をまとめると

$$Z_1(b) = z_1 b^{\omega_1} \qquad \omega_1 = \frac{\tilde{\beta}}{\nu} \tag{4.133}$$

$$Z_2(b) = z_2^- b^{\omega_2} \qquad \omega_2 = \frac{1}{\nu} \tag{4.134}$$

となる.ここで,温度のスケール因子の指数を $\omega_2 = 1/\nu$ と**定義**した.

この結論に矛盾がないか確かめておこう.式 (4.122) から出発して ξ/b を定数とすると

$$\langle S(b)^2 \rangle = M^2 + b^{-d}\chi = (m_0')^2 |t|^{2\tilde{\beta}} + b^{-d} \chi_0' |t|^{-\nu(2-\eta)}$$
$$= m_0^2 b^{-2\tilde{\beta}/\nu} + \chi_0 b^{-(d-2+\eta)}$$

となる.固定点の確率分布が温度に依存しないためには,$\langle S^2 \rangle$ の二つの項が同じ b 依存性をもっていなければならない.つまり,高温側の式 (4.128) のように $\omega_1 = (d-2+\eta)/2$ であり,確率分布が

$$P_-^*(\varphi(b)) = \frac{1}{\sqrt{2\pi\chi_0}} \exp\left(-\frac{(\varphi - m_0)^2}{2\chi_0}\right)$$

でなければならない.こうして,固定点の確率分布が温度に依存しないはずであるという条件から,指数 ω_1 が高温側と低温側で同じであることが示せた.また,臨界指数 $\tilde{\beta}$, ν, η の間には関係式があることもわかった.

以上の結果をまとめたうえで,いくつか補足しておこう.

(i) 確率分布 $P[S(b);t]$ は,一つの普遍性クラスに対して一つの関数 P^* を使って

$$P[S(b);t] = z_1 b^{\omega_1} P^*[z_2^\pm b^{\omega_2} t; z_1 b^{\omega_1} S(b)] \tag{4.135}$$

と表される.ここで b はブロックスピンの大きさであり,$b \gg 1$ である.ある特定の温度におけるある特定の模型に特有の特徴をならしてしまって,普遍性クラスの特徴を得るためには,十分に大きなブロックスピンを作らなくてはいけない.模型の短距離における特徴は,比例係数 z_1 や $z_2^{\pm}$ に押し込められてしまう.これらは模型の詳細に依存する**非普遍的特徴**である.

(ii) 臨界点直上においては,異なるスケール因子 b_1 と b_2 では

$$P[S(b_1); t=0] = z_1 b_1^{\omega_1} P^*[0; z_1 b_1^{\omega_1} S(b_1)]$$
$$P[S(b_2); t=0] = z_1 b_2^{\omega_1} P^*[0; z_1 b_2^{\omega_1} S(b_2)] \quad (4.136)$$

となる.ブロックスピン変数 $S(b_2)$ の変域は,ブロックスピン変数 $S(b_1)$ の変域に対して $(b_1/b_2)^{\omega_1}$ でスケール変換される.

(iii) もし $b_1^{\omega_2} t_1 = b_2^{\omega_2} t_2$ なら,

$$\left(\frac{b_1}{b_2}\right)^{\omega_1} = \left(\frac{t_2}{t_1}\right)^{\omega_1/\omega_2} = \left(\frac{t_2}{t_1}\right)^{\omega_1 \nu}$$

の因子でブロックスピン変数をスケール変換すると,t_1 と t_2 における確率分布は同じ関数になる(図 4.11).

(iv) 二つ以上のブロックスピン変数の同時確率分布も普遍的な関数で与えられる.たとえば,二つのブロックスピン変数 S_I と S_J の同時確率分布は

$$P_2[S_I(b), S_J(b); t] = (z_1)^2 b^{2\omega_1} P_2^* \left[z_2^{\pm} b^{\omega_2} t; z_1 b^{\omega_1} S_I(b), z_1 b^{\omega_1} S_J(b); \vec{r}_I - \vec{r}_J\right] \quad (4.137)$$

である.

4.4.3 臨界多様体と固定点

式 (4.131) において,スケール変換された極限で,ブロックスピン変数の普遍的な確率分布が存在すると仮定した.ボルツマン重率が繰り込み群変換においてどのように変化するかを調べると,上の仮定をいいかえることができる.それによって,繰り込み群変換の幾何学的意味や,繰り込み群の流れという概念が明らかになり,上の仮定をより深く理解できる.

もともとのスピン系のボルツマン重率がなんらかのハミルトニアン $\mathscr{H}[S_i]$ によって

$$P_B[S_i] \propto \exp(-\mathscr{H}[S_i])$$

で書けるとする[*43].この系をブロックスピン変換した系では,ブロックスピン変数のボルツマン重率がブロックスピン変数のハミルトニアン $\mathscr{H}'[S_I']$ で書けるはずである.ブロックスピン変数のハミルトニアンは,形式的にはもともとのスピンのハミルトニア

[*43] 逆温度の因子 β はハミルトニアンの中に含めてしまうことにする.

ン $\mathscr{H}[S_i]$ を使って表せる.

以下では,繰り込み変換された量には $'$ をつけて,$\varphi_I(b) \to S'_I$, $\mathscr{H} \to \mathscr{H}'$ のように書くことにする.また,常にスケール変換されたブロックスピン変数のみを使う.

式 (4.116) と (4.117) で定義された形のブロックスピン変数によって,ハミルトニアンの変換は

$$\exp(-\mathcal{G})\exp(-\mathscr{H}'[S'_I]) = \sum_{[S_i]}\prod_I \delta\left(S'_I - \frac{Z_1(b)}{b^d}\sum_{i \in I}S_i\right)\exp(-\mathscr{H}[S_i]) \quad (4.138)$$

と書ける.左辺の因子 $\exp(-\mathcal{G})$ は,繰り込み群変換で左辺に現れる,ブロックスピン変数に依存しない項を集めたものである.ブロックスピン変数にあらわに依存する項と依存しない項を分けておいたほうが便利であるので,このように書いた.

もとのスピン系とブロックスピンの系の分配関数は

$$\sum_{[S'_I]}\exp(-\mathcal{G} - \mathscr{H}'[S'_I]) = \sum_{[S_i]}\exp(-\mathscr{H}[S_i])$$

のように互いに等しい.左辺では,まずブロック内のスピンについて和をとり,それからブロックスピン変数について和をとっているのに対し,右辺では最初からすべてのスピンについて和をとっているだけの違いであるから,両者が等しいのは当然である.

もともとのスピン系がたとえばイジング模型だとしても,ブロックスピン変数のハミルトニアンはイジング模型の形はしていないだろう.そもそもブロックスピン変数はイジングスピン変数ではなくて連続変数に近いし,相互作用が最近接格子点に限定される理由もない.実際,それぞれのブロックスピンは多数のブロックスピンと相互作用しており,ハミルトニアン $\mathscr{H}'$ としては完全に一般的な形を考えなければならない.条件としては,零磁場におけるもともとのイジング模型のハミルトニアンの対称性 $\mathscr{H}[-S_i] = \mathscr{H}[S_i]$ が,そのまま $\mathscr{H}'[-S'_I] = \mathscr{H}'[S'_I]$ となることだけである.したがって,その形を

$$-\mathscr{H}' = K_1\sum_{\text{nn}}S'_I S'_J + K_2\sum_{\text{nnn}}S'_I S'_J + K_3\sum_{\text{p}}S'_I S'_J S'_K S'_L + \cdots \quad (4.139)$$

と書く(図 4.12).最初の項の和は最近接格子点間(nn),第 2 項の和は次近接格子点間(nnn),第 3 項の和は正方形のまわりの 4 体相互作用(p)についてとる.一つ大事な制限は,相互作用は短距離にとどまるという点である.これによって,効いてくる相互作用は限定される.

式 (4.139) の係数 K_α は相互作用の**結合定数**とよばれる.繰り込み群変換は,結合定数の変換則

$$K'_\alpha = f_\alpha(K_\beta) \quad \text{あるいは} \quad K_\alpha(b) = f_\alpha(K_\beta) \quad (4.140)$$

と表せる.**結合定数の変数空間**を考えると,繰り込み群変換はその巨大な次元の変数空間の中の写像ととらえることができる.

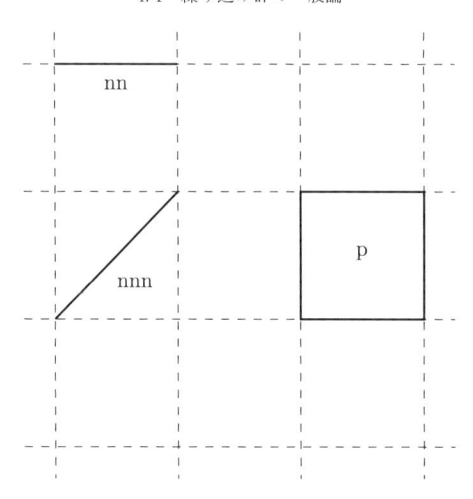

図 4.12 イジング模型におけるブロックスピン変数の相互作用．nn が最近接相互作用，nnn が次近接相互作用，p が 4 体相互作用を表す．

逆温度が結合定数に押し込められていることに注意されたい．たとえば，イジング模型では最近接の結合定数 K_1 のみ零でないが，式 (4.14) から，$K_1 < 0.44$ が高温側 $t > 0$ に，$K_1 > 0.44$ が低温側 $t < 0$ に相当する．したがって，系の温度が変わると結合定数の変数空間内のある曲線上を系が移動する（図 4.13）．この曲線を模型の**物理的変化曲線**とよぶ．

一方，スケール因子 b を連続的に変化させると，繰り込み群変換を変数空間内の軌跡として追える．これは温度を変えたときの物理的変化曲線とは異なるので混同しないでほしい．

以前の議論においては，中心極限定理を使って，高温側と低温側での繰り込み群変換の以下のような性質を証明した．まず，高温側 $t > 0$ から出発すると，変換を何度も繰り返して $\xi/b \ll a$ になったとき，ブロックスピン変数に関する確率分布の極限に到達する．低温側 $t < 0$ から出発しても同じであるが，ただし行き着く先の極限の関数形が違う．同じことを本節の議論に従っていい直すと，繰り込み群変換によって，高温側と低温側でそれぞれハミルトニアンの軌跡がある極限に収束し，その極限は結合定数の変数空間上の点として表せる．

高温側と低温側の極限は，それぞれがこの変数空間内での繰り込み群変換の固定点である．高温側 $t > 0$ から出発すると，繰り込み群の軌跡は高温固定点 K_∞ に収束し，低温側 $t < 0$ から出発すると低温固定点 K_0 に収束する．これを次のようにいい表す．変数空間内で高温側 $t > 0$ に相当する領域の中の点は**高温固定点の吸引域**に属し，低温側 $t < 0$ に相当する領域の点は低温固定点の吸引域に属する（図 4.13）．変数空間をこの二

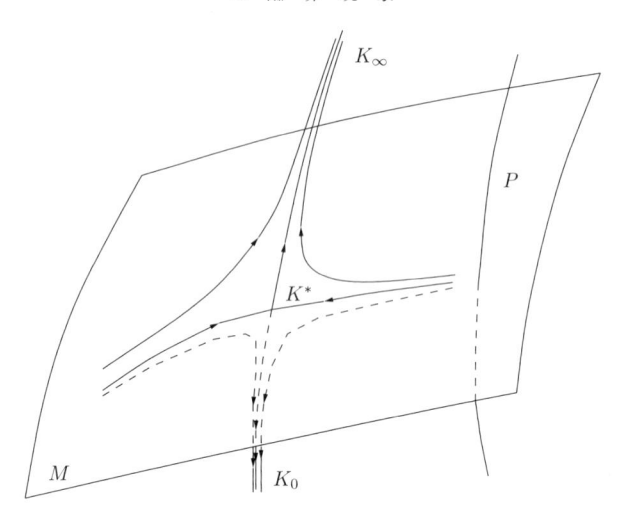

図 **4.13** 繰り込み群の流れ（矢印），固定点（K_0, K^*, K_∞），臨界多様体（M），そして物理的変化曲線（P）．

つの吸引域に分割する面を**臨界多様体**とよぶ．臨界多様体上の点は，臨界温度直上の系 $t=0$ に相当する．常磁性強磁性相転移のように通常の相転移の場合は，臨界多様体の余次元は 1 である．多重臨界点がある場合には，臨界多様体の余次元が 1 より大きくなることもある．

以前の議論では，臨界点直上 $t=0$，つまり臨界多様体上の点から出発しても分布関数のある極限に到達すると仮定した．これをいい直すと，臨界多様体上の点から出発した繰り込み群の軌跡は，臨界多様体上のある固定点 K^* に達する．この固定点の結合定数 K_α^* によって，4.4.2 項における $t=0$ のときの分布関数の極限 P^* が与えられる．これは強い仮定である．なぜなら，固定点以外にも多くの可能性があるからである．たとえば 2 次元 XY 模型の場合は固定点が並んだ線が現れるし，ほかにも極限閉軌道や非周期アトラクターが現れる可能性もある．

繰り込み群変換の軌跡の集合を**繰り込み群の流れ**という．これを定性的に描いたのが図 4.13 である．ここで，K^*, K_∞, K_0 が繰り込み群変換の固定点として存在しうるすべてを尽くしている．なぜなら，$\xi = \xi/b$ という式の解としては $\xi = 0$ か $\xi = \infty$ しか存在しないからである．臨界多様体に近い点から出発すると，軌跡は最初は臨界多様体の近くにとどまるが，やがて臨界多様体から離れて，最終的には高温固定点か低温固定点に収束する．

臨界多様体上の固定点で表される結合定数を $\{K_\alpha^*\}$ と書き，それに対応するハミルトニアンを $\mathscr{H}^*$ と書こう．この結合定数の集合は

$$K_\alpha^* = f_\alpha(K_\beta^*) \tag{4.141}$$

を満たす．一般には，繰り込み群変換は非常に複雑な非線形変換である．しかし，固定点の近傍で

$$\delta K_\alpha = K_\alpha - K_\alpha^*$$

が微少量であると仮定すると，繰り込み群変換が線形化できる．その結果，

$$\delta K_\alpha' = \sum_\beta T_{\alpha\beta} \delta K_\beta \qquad T_{\alpha\beta} = \left.\frac{\partial f_\alpha}{\partial K_\beta}\right|_{K^*} \tag{4.142}$$

と書ける．ここで，変換行列 $T_{\alpha\beta}$ の右固有ベクトルを φ^i，対応する固有値を λ_i とする．変換行列 $T_{\alpha\beta}$ が対称行列である理由は何もないが，その固有値が実数で，固有ベクトルは結合定数の空間の基底をなす

$$\sum_\beta T_{\alpha\beta} \varphi_\beta^i = \lambda_i \varphi_\alpha^i = b^{\omega_i} \varphi_\alpha^i \tag{4.143}$$

と仮定する．

固有値 λ_i は b^{ω_i} の形に書き直せる．その理由は以下のとおりである．スケール因子 b の繰り込み群変換の後にスケール因子 b' の繰り込み群変換を行うのは，最初からスケール因子 $b'' = bb'$ の繰り込み群変換を 1 回行うのと等価であるから，$\lambda(b)\lambda(b') = \lambda(bb')$ が成り立たなければならない[*44]．したがって $\lambda(b)$ は b のべき関数のはずである．

上で，固有ベクトルが完全系を張ると仮定したので，微少量 δK_α は固有ベクトル φ^i の重ね合わせ

$$\delta K_\alpha = \sum_i t_i \varphi_\alpha^i$$

で表せる．このとき，

$$\delta K_\alpha' = \sum_{i,\beta} T_{\alpha\beta} \varphi_\beta^i t_i = \sum_i b^{\omega_i} t_i \varphi_\alpha^i = \sum_i t_i' \varphi_\alpha^i$$

となる．ここで，重ね合わせの係数 t_i は繰り込み群変換で

$$t_i' = b^{\omega_i} t_i \tag{4.144}$$

と変換される．これを**スケール場**とよぶ．

臨界点付近ではハミルトニアンは

$$\mathscr{H} = \mathscr{H}^* + \delta\mathscr{H} = \mathscr{H}^* + \sum_\alpha O_\alpha \delta K_\alpha$$

と書ける．ここで O_α は場の量子論の言葉を借りて**演算子**とよばれる．ハミルトニアン

[*44] ただし，$Z_1(bb') = Z_1(b)Z_1(b')$ が成り立てばの話であるが，実際に $Z_1(b)$ は b のべき関数である．

を固有ベクトルで分解すると，それは

$$\mathscr{H} = \mathscr{H}^* + \sum_{i,\alpha} \varphi_\alpha^i t_i O_\alpha = \mathscr{H}^* + \sum_i t_i O_i$$

と表せる．繰り込み群変換をほどこすと

$$\mathscr{H}' = \mathscr{H}^* + \sum_{i,\alpha} \varphi_\alpha^i t_i' O_\alpha = \mathscr{H}^* + \sum_i (b^{\omega_i} t_i) O_i \qquad (4.145)$$

となる．ここで演算子 O_i

$$O_i = \sum_\alpha \varphi_\alpha^i O_\alpha \qquad (4.146)$$

はスケール場 t_i に共役な**スケール演算子**とよばれる．

式 (4.144) における指数 ω_i が正のとき，それに対応するスケール場と，それに共役な演算子は「関連のある」という．逆に $\omega_i < 0$ なら「関連のない」，$\omega_i = 0$ なら「境界にある」という．図 4.13 においては関連のある変数が一つ，関連のない変数が二つある．固定点 K_0 と K_∞ の方向へはスケール場が増大しているので関連があるが，それと直交する二つの方向へはスケール場が減少しているので関連がない．前者を t_2 [*45]，後者を t_3 と t_4 と書くことにする[†19]．

臨界固定点のまわりの流れを (t_2, t_3) 面上で調べよう．そのために $\delta \mathscr{H} = \mathscr{H} - \mathscr{H}^*$ がスケール演算子 O_2 と O_3 で

$$\delta \mathscr{H} = t_2 O_2 + t_3 O_3$$

と書けるようなハミルトニアン $\mathscr{H}$ を考えよう．繰り込み群変換で，このハミルトニアンは

$$\delta \mathscr{H}' = t_2 b^{\omega_2} O_2 + t_3 b^{\omega_3} O_3$$

と変換される．これを簡単に図 4.14 に示した．最初は t_2 が小さいとすると，繰り込み群変換の軌跡は臨界多様体に沿って動いていくが，やがて t_2' が十分に大きくなったところで臨界多様体から離れていく．

臨界固定点 K^* における臨界多様体の接面は $t_2 = 0$ と書ける．したがって，臨界多様体直上にくるためには一つの結合定数だけを変化させればよい．これは，比例係数を除けば，ほかならぬ無次元温度 t である．臨界多様体上にくるために n 個の変数を調節しなければならないとすると，n 次の多重臨界点が存在することになる[*46]．

臨界多様体の面の近傍から出発すると，繰り込み群変換の軌跡は初めのうちは臨界多様体に沿って移動するので，系は臨界近傍のままである．やがて関連のある変数 t_2 が大きくなると軌跡は臨界多様体の面から離れ，最終的には高温固定点 K_∞ か低温固定

[*45] このスケール場を t_1 ではなくて t_2 と書く理由は以下で明らかになる．
[†19] 4.4.2 項で出てきた二つの温度 t_1 と t_2 とは無関係なので注意．(訳者注)
[*46] 以下で理由は説明するが，2 次の多重臨界点を 3 重臨界点とよぶ．

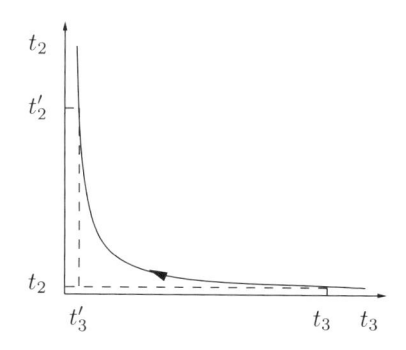

図 **4.14** 流れ図を (t_2, t_3) 面上で表した.

点 K_0 のどちらかに収束する. どちらに収束するかは t_2 の符号による.

軌跡が臨界多様体の面から離れはじめるのはおよそ $t_2' \sim 1$ に相当する b の領域, つまり $t_2 b^{\omega_2} \sim 1$ の領域である. この領域は相関距離がほぼ ba のオーダーのとき, つまり $\xi/b \sim a$ のときに相当する. つまり

$$b \sim \frac{\xi}{a} \sim |t_2|^{-1/\omega_2} = |t|^{-1/\omega_2} \tag{4.147}$$

となる. したがって, 臨界指数 ν は $1/\omega_2$ に等しい

$$\boxed{\nu = \frac{1}{\omega_2}} \tag{4.148}$$

ということがわかる. こうして, 式 (4.134) で導入した指数 ω_2 は, 繰り込み群変換による関連のある場 t_2 のふるまいから見いだされた指数 ω_2 と同じものであることがわかる. いずれの場合も, ω_2 は $\xi/b = a$ という条件を課すと求められる. そのために同じ記号を使ったのである.

4.4.4 極限分布と相関関数

スケール因子 b をある値に決めると, 繰り込み群変換からブロックスピン変数の確率分布 $P[\varphi_I(b)]$ が決まる. 例として, ブロックスピン変数 1 個の確率分布を, スケール場 t_i を使って

$$P[\varphi_I(b)] = P\left[\varphi_I(b); z_2^\pm b^{\omega_2} t, b^{\omega_3} t_3, \ldots\right] \tag{4.149}$$

の形に書き下してみよう. ここで, $t_2 \propto t$ であるので t_2 のかわりに t を使っており, 比例係数 $z_2^\pm$ まであらわに書いた.

スケール因子を $1 \ll b \ll \xi/a$ の範囲にとると

$$z_2^\pm b^{\omega_2} t \simeq \left(\frac{\xi}{b}\right)^{-1/\nu}$$

であり，関連のない場に対しては $i \geq 3$ のとき

$$b^{\omega_i} t_i = b^{-|\omega_i|} t_i \to 0$$

であるから，ブロックスピン変数 $\varphi_I(b)$ の分布関数は，式 (4.131) と同じ形の極限分布

$$P[\varphi_I(b)] \to P^* \left[\varphi_I(b); z_2^{\pm} b^{\omega_2} t\right] \tag{4.150}$$

に収束する．このようにして，式 (4.129) あるいは式 (4.131) の仮定が，繰り込み群の議論から正当化された．ただし，**関連のない場が無視できる**という条件がついているが，この点はあとで議論することにする．

複数個のブロックスピン変数の同時分布関数についても同じ議論ができる．たとえば変数 2 個の確率分布は

$$P_2[\varphi_I(b), \varphi_J(b)] \to P_2^* \left[\varphi_I(b), \varphi_J(b); z_2^{\pm} b^{\omega_2} t; |\vec{r}_I - \vec{r}_J|\right] \tag{4.151}$$

となる．この式から，ブロックスピン間の 2 点相関関数は

$$\langle \varphi_I(b) \varphi_J(b) \rangle \simeq G(|\vec{r}_I - \vec{r}_J|; z_2^{\pm} b^{\omega_2} t)$$

の形をしていることが導ける．

この関数は，もともとのスピン変数の 2 点相関関数と以下のような関係にある．二つのブロックスピンの中心が十分に離れていれば，そのブロックスピンの中のどのスピンを選んできて 2 点相関関数を計算しても，値はあまり変わらないと思われる．つまり，i と j をブロックスピン I と J の中心格子点だとして，$i, i' \in I$, $j, j' \in J$ なら

$$\langle S_{i'} S_{j'} \rangle \simeq \langle S_i S_j \rangle$$

である．もともとのスピン変数と，スケール変換されたブロックスピン変数との間には

$$\varphi_I = b^{\omega_1 - d} \sum_{S_i \in I} S_i \tag{4.152}$$

という関係があるから，

$$\langle \varphi_I(b) \varphi_J(b) \rangle \simeq b^{2\omega_1} \langle S_i S_j \rangle$$

となるはずである．長さの単位をスケール変換すると，

$$\langle S_i S_j \rangle_c = G_{ij}(r) \simeq b^{-2\omega_1} G_{IJ}\left(\frac{r}{b}, z_2^{\pm} b^{\omega_2} t\right) \tag{4.153}$$

が導かれる．ただし，$r = |\vec{r}_i - \vec{r}_j|$ である．

ここで $b = \xi/a$, $z_2^{\pm} b^{\omega_2} t = \pm 1$ のように選ぶと，$r \gg a$ において

$$\boxed{r \gg a: \quad G(r) = \frac{1}{r^{2\omega_1}} f_{\pm}\left(\frac{r}{\xi}\right)} \tag{4.154}$$

が成り立つ．この式から，相関関数のスケーリング則を次のように導ける．相関関数 $G(r)$ は $r \ll \xi$ かつ $\lambda r \ll \xi$ において

$$a \ll r, \lambda r \ll \xi: \quad G(\lambda r) = \lambda^{-2\omega_1} G(r) \tag{4.155}$$

を満たす．

相関関数は $r \ll \xi$ においては，臨界多様体上と同じべき的ふるまいをする．指数 ω_1 は臨界指数 η と直接，関係している．式 (4.42) と (4.154) を比較して

$$\boxed{\omega_1 = \frac{1}{2}(d - 2 + \eta)} \tag{4.156}$$

が得られる．これは，4.4.2 項の結果と一致する．

上の 2 点相関関数のスケーリング性は，N 点相関関数へ簡単に拡張できる．4 点相関関数について具体的に書いてみると

$$G^{(4)}(\lambda \vec{r}_1, \lambda \vec{r}_2, \lambda \vec{r}_3, \lambda \vec{r}_4) = \lambda^{-4\omega_1} G(\vec{r}_1, \vec{r}_2, \vec{r}_3, \vec{r}_4) \tag{4.157}$$

となる．ただし，4 点のうちの任意の 2 点間の距離は $a \ll |\vec{r}_i - \vec{r}_j| \ll \xi$ を満たさなければならない．なお，並進対称性から，当然ながら 4 点相関関数は 2 点間の距離 $(\vec{r}_i - \vec{r}_j)$ にしか依存しない．

2 点相関関数のふるまい (4.155) や 4 点相関関数のふるまい (4.157) は**スケール不変性**とよばれる．相関関数が距離 $|\vec{r}_i - \vec{r}_j|$ にしか依存せず，それ以外に特徴的な距離スケールがないと仮定すると，非常に単純なスケール不変性が得られる．相関関数はべき関数

$$G(r) = \frac{C}{r^\alpha}$$

でなければならず，次元解析から C は無次元定数，$\alpha = d - 2 = 2d_\varphi^0$ となる．場の次元は式 (4.110) で与えられ，相関関数は $G(\vec{r} - \vec{r}') = \langle \varphi(\vec{r}) \varphi(\vec{r}') \rangle$ だからである．

ところが，次元解析だけから結論を下すのは早計である．なぜなら，ω_1 は場の正準次元 $d/2 - 1$ からずれて，式 (4.156) のようになるからである．したがって ω_1 を場の**異常次元**とよぶ．また $\omega_1 = d_\varphi \neq d_\varphi^0$ と書くことが多い．指数が次元解析からだけでは正確に求まらないのは，長さのスケール a がまだ完全に消去されていないからである．正しい相関関数を求めるには，この点に注意するのが必要不可欠である．

図 4.13 の繰り込み群の流れ図からわかることをまとめておこう．臨界多様体の近傍の点から出発して繰り込み群変換を繰り返すと，最初は臨界固定点 K^* に近づくが，やがて $t > 0$ なら K_∞ へ，$t < 0$ なら K_0 へと向かっていく．臨界多様体直上から出発すると，その点が K^* の吸引域内にあれば，繰り込み群変換は最終的に K^* へ収束する．

結合定数の変数空間内で，異なる 2 点は異なるモデルに対応する．ただし，ある一つのモデルの物理的変化曲線上の 2 点は，同じモデルの違う温度に対応する．

指数 ω_1 と ω_2 は，線形化された繰り込み群変換から求められ，そこから臨界指数 η

と ν が求められる．したがって，K^* の吸引域の中にある模型はすべて同じ臨界指数をもつ．このようにして，普遍性という概念の意味が正確に理解できる．つまり，同じ普遍性クラスに属する模型とは，ある固定点の吸引域に属する模型のことである．

もちろん，繰り込み群変換の線形化は K^* の近傍でしか正しくないが，繰り込み群の流れ図という描像にはなんら問題ない．たとえ出発点が K^* から離れていて線形化できないような領域であっても，臨界多様体に十分に近いところから出発すれば，繰り込み群変換を繰り返すうちに，やがて K^* に近づいていって線形化できるようになる．

ただし，二つの模型が同じ普遍性クラスに属するかどうかを調べるには，まずスケール因子 b を $1 \ll b \ll \xi/a$ のように十分大きくとって，模型に依存して普遍的でない特徴をすべてならしてしまわなければならない．これが，たとえば式 (4.154) が $r \gg a$ でしか成立しない理由である．短距離 $r \sim a$ で見れば，模型の詳細が現れてくる．そのような詳細は，たとえば繰り込み因子 $Z_1(b)$ や $Z_2(b)$ の係数 z_1 や $z_2^\pm$ に押し込められている．

逆に，相関関数が式 (4.154) のようなふるまいをする領域という意味で**臨界領域**が定義できる．簡単のために，関連のない場として t_3 だけを考えよう．極限分布 P^* に収束するためには関連のない場が無視できなければいけないから，第 1 の条件として $|t_3|(r/a)^{\omega_3} \ll 1$ が必要である．これによって，相関関数が $a \ll r \ll \xi$ でべき関数になることが保証される．第 2 の条件は $\xi^{\omega_3}|t_3| \ll 1$ である．この二つの条件から臨界領域が定義される．もし，$|\omega_3|$ が小さかったり $|t_3|$ が大きかったりすると，実際に臨界的なふるまいを観測することが難しいことがある．

4.4.5 磁化と自由エネルギー

この 4.4 節では，これまで零磁場の場合を考えてきた．一様な外部磁場 H があると，スピンとの結合が $H\sum_i S_i$ の形で生じる．そうすると，ブロックスピン変数との結合が

$$H\sum_i S_i = H b^{d-\omega_1} \sum_I \varphi_I(b) = H' \sum_I \varphi_I(b)$$

となる．したがって，繰り込み群変換によって磁場 H は

$$H \to H' = b^{d-\omega_1} H = b^{\omega_H} H \tag{4.158}$$

と変換されることがわかる．指数

$$\omega_H = d - \omega_1 = \frac{1}{2}(d + 2 - \eta) \tag{4.159}$$

は物理的な場合には必ず正であり，したがって H は関連のある場である．

系を臨界点にもっていくためには，二つの関連のある場 $t \propto t_2$ と H を零にしなければならない．つまり

臨界点：$t = 0$ かつ $H = 0$

である.系を**3 重臨界点**にもっていくためには,3 個の関連のある場を調節しなければならない.

磁化のふるまいは,磁場のふるまいから導くことができる.繰り込み群変換は

$$M(t', H'; t'_3, t'_4, \ldots) = b^{\omega_1} M(t, H; t_3, t_4, \ldots)$$

となる.右辺の因子 b^{ω_1} は,磁化がスピンの期待値であるために現れる.関連のない場が小さい場合 $t'_3, t'_4, \ldots \ll 1$,磁化は

$$\begin{aligned} M(t, H) &\simeq b^{-\omega_1} M(b^{\omega_1} t, b^{\omega_H} H) \\ &= b^{-\omega_1} M\left(\pm \left(\frac{\xi}{b} \right)^{-1/\nu}, b^{\omega_H} H \right) \end{aligned}$$

と書ける.臨界点直上 $t = 0$ において $b = H^{-1/\omega_H}$ と選ぶと,

$$M(0, H) = H^{\omega_1/\omega_H} M(0, 1) \propto H^{\omega_1/\omega_H}$$

となる.これと,臨界指数 δ の定義式 (4.72) を比べると

$$\boxed{\delta = \frac{\omega_H}{\omega_1} = \frac{d + 2 - \eta}{d - 2 + \eta}} \tag{4.160}$$

となることがわかる.また,低温側 $t < 0$ で零磁場 $H = 0$ において $b = \xi$ と選ぶと

$$M(t, 0) = \xi^{-\omega_1} M(-1, 0) \propto |t|^{\nu \omega_1}$$

となる.これと,臨界指数 $\tilde{\beta}$ の定義式 (4.68) を比較すると,式 (4.133) と同じ結論

$$\boxed{\tilde{\beta} = \frac{\omega_1}{\omega_2} = \nu \omega_1 = \frac{\nu}{2}(d - 2 + \eta)} \tag{4.161}$$

が得られる.

式 (4.73) で定義される,比熱の臨界指数 α がまだ求まっていない.この臨界指数を求めるため,次に零磁場の自由エネルギーを調べよう.これまでに調べた相関関数では,繰り込まれたハミルトニアンのスピンによらない項,つまり式 (4.138) の $\mathcal{G}$ は考慮しなくてよかった[*47].それに対して,自由エネルギーには $\mathcal{G}$ を取り入れなければならない.なお,以下の議論は,繰り込み群変換が線形化できるかどうかに関係なく,非線形な繰り込み群変換に対しても成立することに注意しておこう.

繰り込まれたハミルトニアン $\mathscr{H}'$ の分配関数を Z',それに対応する自由エネルギーを F' とする.つまり

[*47] 式 (4.138) を見ると,$\exp(-\mathcal{G})$ という因子は,期待値を計算する際に分母と分子でキャンセルすることがわかる.

$$Z' = Z(K') = \sum_{[S'_I]} \exp(-\mathscr{H}'[S'_I])$$

および

$$F' = F(K') = -\ln Z'$$

である.すると式 (4.138) の一つ下の式から

$$F(K) = F(K') + \mathcal{G}(K)$$

となる.さらに自由エネルギー密度と $g(K)$ を

$$f(K) = \frac{1}{L^d} F(K) \qquad g(K) = \frac{1}{L^d} \mathcal{G}(K)$$

とおく.ここで L は系の大きさである.

話を具体的にするために,スケール因子 $b=2$ の繰り込み群変換を考えよう.すると

$$f(K') = \left(\frac{2}{L}\right)^d F(K')$$

であり,したがって

$$f(K) = g(K) + 2^{-d} f(K') \tag{4.162}$$

となる.結合定数が K_0 の場合から出発して,式 (4.162) の変換を繰り返すと

$$\begin{aligned}
f(K_0) &= g(K_0) + 2^{-d} f(K_1) \\
f(K_1) &= g(K_1) + 2^{-d} f(K_2) \\
&\vdots \quad \vdots \quad \vdots \\
f(K_n) &= g(K_n) + 2^{-d} f(K_{n+1}) \\
&\vdots \quad \vdots \quad \vdots
\end{aligned}$$

となる.第 2 式に 2^{-d} をかけ,第 3 式に 2^{-2d} をかけ,以下同様に第 n 式に 2^{-nd} をかけて足し合わせると,結局

$$F(K_0) = \sum_{n=0}^{\infty} 2^{-nd} g(K_n)$$

あるいは,$b = 2^n$ を連続変数にして

$$f(K_0) = \frac{1}{\ln 2} \int_1^{\infty} \frac{\mathrm{d}b}{b} b^{-d} g(K(b)) \tag{4.163}$$

が得られる.なぜなら,$n = \ln b / \ln 2$ より $\mathrm{d}n = \mathrm{d}b/(b \ln 2)$ だからである.

式 (4.163) の積分値は,臨界領域と高温領域(あるいは低温領域)の中間領域でほぼ

決まる．なぜなら，繰り込み群変換の軌跡は臨界点の近傍を非常に長い時間かけて通過するからである．その領域では $b \sim |t|^{-1/\omega_2}$ であり，また $g(K(b))$ は臨界点の近くであるので，ゆっくりとしか変化しない．したがって

$$f(K_0) \sim b^{-d} \sim |t|^{d/\omega_2} = |t|^{\nu d} \tag{4.164}$$

となる．ところで，比熱はおよそ $\mathrm{d}^2 f/\mathrm{d}t^2$ である．以上の結論として，臨界指数 α は

$$\boxed{\alpha = 2 - \nu d} \tag{4.165}$$

となる．

こうして，繰り込み群の解析から四つの臨界指数 $\alpha, \tilde{\beta}, \gamma, \delta$ が，基礎となる二つの臨界指数 η と ν（あるいは，さらに基礎となる指数 ω_1 と ω_2）を使って

$$\boxed{\alpha = 2 - \nu d \qquad \tilde{\beta} = \frac{\nu}{2}(d-2+\eta) \qquad \delta = \frac{d+2-\eta}{d-2+\eta} \qquad \gamma = \nu(2-\eta)} \tag{4.166}$$

と求められた．つまり四つのスケーリング則が導けたのである．

4.5 繰り込み群の例

4.5.1 ガウス型固定点

ここでは，ギンツブルク–ランダウ・ハミルトニアン (4.96) に繰り込み群の方法を適用する．ギンツブルク–ランダウ・ハミルトニアンの分配関数は厳密に計算されておらず，したがって，繰り込み群の方程式を厳密に閉じた形で書くことはできない．難しいのは，ハミルトニアン (4.96) に性格の違う二つの項 $(\vec{\nabla}\varphi)^2/2$ と $u_0 \varphi^4/4!$ が入っている点である．以下で見るように，前者は $\vec{r}$ 空間では非対角であるが，フーリエ空間で対角化される．一方，後者は逆に実空間で対角的である．この項を**相互作用**とよび，V という記号で表す．

まず $u_0 = 0$ とすると，ハミルトニアン $\mathscr{H}$ は**自由な**（相互作用のない）ハミルトニアン $\mathscr{H}_0$ になる．この $\mathscr{H}_0$ を**ガウス型ハミルトニアン**とよぶ．ガウス型ハミルトニアンは，場 $\varphi(\vec{r})$ のフーリエ成分 $\tilde{\varphi}(\vec{q})$

$$\tilde{\varphi}(\vec{q}) = \int \frac{\mathrm{d}^d r}{L^{d/2}} \mathrm{e}^{\mathrm{i}\vec{q}\cdot\vec{r}} \varphi(\vec{r}) \tag{4.167}$$

を使って単純化できる．ここで L は，これまでと同じように系の大きさである．逆フーリエ変換は

$$\varphi(\vec{r}) = \frac{1}{L^{d/2}} \sum_{\vec{q}} \mathrm{e}^{-\mathrm{i}\vec{q}\cdot\vec{r}} \varphi(\vec{q}) \to \int \frac{\mathrm{d}^d q}{L^{d/2}(2\pi)^{d/2}} \mathrm{e}^{-\mathrm{i}\vec{q}\cdot\vec{r}} \tilde{\varphi}(\vec{q}) \tag{4.168}$$

である．これを用いると，相関関数のフーリエ変換 $\tilde{G}(\vec{q})$ は

$$\tilde{G}(\vec{q}) = \int d^d r\, e^{i\vec{q}\cdot\vec{r}}\, G(\vec{r}) = \langle\tilde{\varphi}(\vec{q})\tilde{\varphi}(-\vec{q})\rangle \tag{4.169}$$

となる．

自由なハミルトニアン $\mathscr{H}_0$ を場のフーリエ成分 $\tilde{\varphi}(\vec{q})$ で表すと

$$\mathscr{H}_0 = \sum_{0 \leq q \leq \Lambda} (r_0 + q^2)|\tilde{\varphi}(\vec{q})|^2 \tag{4.170}$$

となる．ここで $\Lambda \sim 2\pi/a$ は紫外のカットオフである．上で述べたように，$\mathscr{H}_0$ をフーリエ変換すると，それは対角化されている[†20]．ボルツマン重率 $\exp(-\mathscr{H}_0)$ は独立なガウス分布のかけ算になり，相関関数は式 (A.45) からただちに

$$\tilde{G}_0(\vec{q}) = \frac{1}{r_0 + q^2} \tag{4.171}$$

となる．

以下でわかるように，スケール因子 b で繰り込み群変換するのは，フーリエ空間では場のフーリエ成分を $\Lambda/b \leq q \leq \Lambda$ の範囲で積分することに相当する．波長でいうと，$a \leq \lambda \leq ba$ の範囲のゆらぎをならしてしまうことになる．そこで

$$\varphi(\vec{r}) = \varphi_1(\vec{r}) + \overline{\varphi}(\vec{r}) \tag{4.172}$$

のように，$0 \leq q \leq \Lambda/b$ の範囲のフーリエ成分に相当する場 $\varphi_1(\vec{r})$ と，$\Lambda/b \leq q \leq \Lambda$ の範囲のフーリエ成分に相当する場 $\overline{\varphi}(\vec{r})$ に分解する．

相互作用を

$$V = \frac{u_0}{4!} \int d^d r\, \varphi(\vec{r})^4$$

と書いて，ハミルトニアンを $\mathscr{H} = \mathscr{H}_0 + V$ とすると

$$\mathscr{H}(\varphi_1, \overline{\varphi}) = \mathscr{H}_0(\varphi_1) + \mathscr{H}_0(\overline{\varphi}) + V(\varphi_1, \overline{\varphi})$$

という形に書ける．なぜなら，$\mathscr{H}_0$ の項は各フーリエ成分に分解されているので第1項と第2項のように分解できるが，相互作用 V の項はそのようには分解できないからである．

とりあえず，場 φ_1 のスケール変換を後回しにすると，繰り込み群変換は

$$\exp(-\mathscr{H}'_1[\varphi_1]) = \exp(-\mathscr{H}_0[\varphi_1]) \frac{\int \mathcal{D}\overline{\varphi}\, \exp(-\mathscr{H}_0[\overline{\varphi}])\exp(-V[\varphi_1,\overline{\varphi}])}{\int \mathcal{D}\overline{\varphi}\, \exp(-\mathscr{H}_0[\overline{\varphi}])}$$

となる．ここで u_0 の1次だけを考えると，変換されたハミルトニアンは

[†20] 波数 $\vec{q}$ の成分に分解されるという意味．ハミルトニアンを行列で表現したときに，フーリエ変換は行列のユニタリー変換に相当する．そのユニタリー変換によってハミルトニアンが対角行列になる．(訳者注)

- 4.3.5 項で説明したように，臨界点に近づくには u_0 は固定したうえで $(r_0 - r_{0c})$ を調節する．

ここで行いたいのは，4.3.5 項で述べた u_0 に関する摂動展開の足し上げ方を変えて，繰り込んでいないパラメータのかわりに繰り込んだあとのパラメータを使うということである．具体的には，繰り込んだあとの質量 ξ^{-1}（205 ページの脚注 42）を参照）と繰り込んだあとの結合定数 g を使う．繰り込んだあとの新しい長さのスケール ξ はもはや短距離ではなく，$\xi \gg a$ であるから，長距離の巨視的な長さのスケールである．一方，繰り込んだあとの結合定数 g は $d = 4$ 付近では小さく，およそ ε の大きさであるから，g に関する摂動展開が可能になる．この摂動展開によって，臨界指数を ε のべき展開の形に表せる．これがウィルソンとフィッシャーが行った有名な ε-展開である．結合定数 g が小さくない場合，たとえば $d = 3$ つまり $\varepsilon = 1$ の場合は，信頼できる値を得るためには，よりよい方法を使わなければならない．

結合定数 g を定義するために，まず 4 点関数

$$\Gamma^{(4)}(\vec{r}_1, \vec{r}_2, \vec{r}_3, \vec{r}_4) = \frac{V^{-1}\,\delta^4 \Gamma[M(\vec{r})]}{\delta M(\vec{r}_1)\delta M(\vec{r}_2)\delta M(\vec{r}_3)\delta M(\vec{r}_4)}$$

を考える．ここで $\delta/\delta(M(\vec{r}))$ は $M(\vec{r})$ に関する汎関数微分，$V^{-1}\Gamma$ はギブスの自由エネルギー (4.99) の密度である．この自由エネルギー密度を 4 点関数 (4.157) と 2 点関数 G で表すことができるが，ここではその関係は使わない[*50]．

必要なのは $\Gamma^{(4)}$ のフーリエ変換 $\tilde{\Gamma}^{(4)}$ の $\vec{q}_i = 0$ における値だけである．そのためには，一様磁化に対するギブスの自由エネルギー $\Gamma(M)$ を 4 回微分すればよい．ギブスの自由エネルギーは近似形が式 (4.106) である．実際のところ，一様磁化は $\vec{q} = 0$ しかフーリエ成分がない．式 (4.106) の中の対数を u_0 に関して展開すれば簡単に微分できて，

$$\ln\left(q^2 + r_0 + \frac{1}{2}u_0 M^2\right) = \ln(q^2 + r_0) + \frac{1}{2}u_0 M^2(q^2 + r_0)^{-1}$$
$$- \frac{1}{8}u_0^2 M^4 (q^2 + r_0)^{-2} + \cdots$$

となる．高温側 $t > 0$ で零磁場では，最終的に $M = 0$ とするので，4 点関数は

$$\tilde{\Gamma}^{(4)}(\vec{q}_i = 0) = u_0 - \frac{3}{2}u_0^2 \int \frac{\mathrm{d}^d k}{(2\pi)^d}\frac{1}{(q^2 + r_0)^2} + \mathcal{O}(u_0^3) \qquad (4.178)$$

となる．

次に，この 4 点関数 $\tilde{\Gamma}^{(4)}$ を繰り込み群変換した形が必要になる．式 (A.7) から，

[*50] フーリエ空間ではこの関係は

$$\tilde{\Gamma}^{(4)}(\vec{q}_i) = \tilde{G}^{(4)}(\vec{q}_i)\left(\prod_{i=1}^{4} \tilde{G}(\vec{q}_i)\right)^{-1}$$

となる．

$\tilde{\Gamma}^{(2)}(\vec{q}=0)$ は 2 点相関関数 $\tilde{G}(\vec{q}=0)$ の逆数

$$\tilde{\Gamma}^{(2)}(\vec{q}=0) = \frac{1}{u_0}\frac{\mathrm{d}^2\Gamma(M)}{\mathrm{d}M^2} = \frac{1}{\tilde{G}(\vec{q}=0)}$$

であることがわかる．相関関数 $\tilde{G}$ の繰り込み群変換は式 (4.153) で与えられている．書き直すと

$$G\left(\frac{r}{b}, K(b)\right) = b^{2\omega_1} G(r, K)$$

となり，フーリエ空間では

$$\tilde{G}(bq, K(b)) = b^{2\omega_1 - d} G(q, K)$$

となる[*51]．したがって，$\tilde{G}$ の逆数である $\tilde{\Gamma}^{(2)}$ の繰り込み群変換は

$$\tilde{\Gamma}^{(2)}(\vec{q}=0; K(b)) = b^{d-2\omega_1} \tilde{\Gamma}^{(2)}(\vec{q}=0; K)$$

となる．

2 点関数 $\tilde{\Gamma}^{(2)}$ から 4 点関数 $\tilde{\Gamma}^{(4)}$ へ進むためには，磁化 M に関してさらに 2 回微分する．その結果は

$$\tilde{\Gamma}^{(4)}(\vec{q}_i=0; K(b)) = b^{d-4\omega_1} \tilde{\Gamma}^{(4)}(\vec{q}_i=0; K) \tag{4.179}$$

である．この方程式の両辺の次元が等しいことを確認しておこう．式 (4.177) によると $\tilde{\Gamma}^{(4)}(\vec{q}_i=0)$ の次元は u_0 と同じである．したがって，繰り込む前の 4 点関数と繰り込んだあとの 4 点関数の次元の差は $4-d$ である．一方，磁化 M の次元 ω_1 は場 φ と同じ $(d/2-1)$ である．したがって，上の式の両辺の次元は

$$d - 4\left(\frac{d}{2}-1\right) = 4 - d$$

となり，確かに正しい．

繰り込み群変換では，場の正準次元 $d/2-1$ は異常次元 ω_1 におきかえなければならない．同様に，上の方程式で $4-d$ は $d-4\omega_1$ でおきかえる．したがって，$\tilde{\Gamma}^{(4)}(\vec{q}_i=0)$ の繰り込み群変換は

$$\tilde{\Gamma}^{(4)}(\vec{q}_i=0) \sim \xi^{4\omega_1 - d} = \xi^{d-4+2\eta} \tag{4.180}$$

と等価である．

[*51] 実際の計算は

$$\int \mathrm{d}^d r\, \mathrm{e}^{\mathrm{i}\vec{q}\cdot\vec{r}} G(r, K) = \int \mathrm{d}^d r\, \mathrm{e}^{\mathrm{i}(b\vec{q})\cdot(\vec{r}/b)} b^{-2\omega_1} G\left(\frac{r}{b}, K(b)\right)$$

$$= b^{d-2\omega_1} \int \mathrm{d}^d r'\, \mathrm{e}^{\mathrm{i}(b\vec{q})\cdot\vec{r}'} G(r', K(b))$$

である．

ここで場の繰り込みを正確に定義しておこう．2 点相関関数は $r \to \infty$ において $\exp(-r/\xi)$ の形をしているので，そのフーリエ変換には $q = \pm \mathrm{i}\xi^{-1}$ に極がある（より一般的には $q = \pm \mathrm{i}\xi^{-1}$ が分岐点である）．したがって，$q^2 \lesssim \mathcal{O}(\xi^{-2})$ において

$$q^2 \lesssim \xi^{-2}: \quad \tilde{G}(\vec{q}) = \frac{Z}{q^2 + \xi^{-2} + \mathcal{O}(q^4)} \tag{4.181}$$

と書ける．

繰り込み定数 Z は以前に議論したスケール因子 $Z_1(b)$ と関係している．より形式的には

$$Z^{-1} = \left. \frac{\mathrm{d}^2}{\mathrm{d}q^2} \tilde{G}(\vec{q}) \right|_{q^2=0}$$

で定義してもよい．この Z は，磁化率 χ と相関距離の 2 乗 ξ^2 の間の比例係数である．なぜなら，式 (4.44) から

$$\chi = \tilde{G}(\vec{q}=0) = Z\xi^2 \sim \xi^{2-\eta}$$

だからである．このことから，繰り込み変換の定数 Z は $\xi^{-\eta}$ のようにふるまうことがわかる[*52)]（より正確に無次元量で表せば $(\xi/a)^{-\eta}$ である）．ハミルトニアンがガウス型の場合（$u_0 = 0$）には $Z = 1$ である．また，4.5.1 項で見たように，u_0 の 1 次では場はスケール変換されない．つまり $Z = 1 + \mathcal{O}(u_0^2)$ である．

次に，無次元量 g を

$$g = \xi^{4-d} Z^2 \tilde{\Gamma}^{(4)}(\vec{q}_i = 0) \tag{4.182}$$

と定義しよう．ガウス型ハミルトニアンでは，式 (4.83) から相関距離は $r_0^{-1/2}$ とふるまうので，これを上の式で使うと，パラメータ u_0 の最低次で $g = r_0^{-\varepsilon/2} u_0$ である．これから，g が確かに結合定数になっていることがわかる．式 (4.178) から，臨界点で $\xi \to \infty$ になっても g は有限にとどまるというのが，この結合定数の重要な点である．そこで g を**繰り込まれた結合定数**とよぶ．

ギンツブルク-ランダウ・ハミルトニアンは，もともとは繰り込まれていない二つのパラメータ r_0 と u_0 に依存していた．臨界点近傍でも，ハミルトニアンは依然として二つのパラメータ ξ と g に依存しているが，この二つは繰り込まれたパラメータである．これまでの $r_0^{-\varepsilon/2} u_0$ に関する摂動展開を g に関する摂動展開に書き直せば，大きな前進である．なぜなら，g は臨界点近傍でも有限だからである．

摂動展開の書き換えのために，g と u_0 の関係を調べよう．相関距離 ξ を固定したうえで $u_0 \to 0$ の極限をとると $g \simeq u_0 \xi^\varepsilon \to 0$ である．一方，臨界点近傍で u_0 は固定したうえで $\xi \to \infty$ の極限をとると，g は固定点での値 g^* へ収束する．この二つの極限 $g \to 0$ と $g \to g^*$ の間を g がどのように変化するかを記述する関数が，いわゆるベー

[*52)] この関係 $Z \propto \xi^{-\eta}$ から，次元に関係する因子 $\xi^{d/2-1}$ を除くと $Z \propto Z_1^{-2}$ である．

タ関数である[21]. これは

$$\beta(g,\varepsilon) = -\xi \left.\frac{\mathrm{d}g}{\mathrm{d}\xi}\right|_{u_0} \tag{4.183}$$

で定義される.

さらに, 繰り込まれてない結合定数を無次元化した量 g_0 を $g_0 = u_0 \xi^\varepsilon$ と定義しておくと便利である. 繰り込まれた結合定数 g も無次元量であるから, g_0 のみの関数のはずである. したがって $\beta(g,\varepsilon)$ は

$$\beta(g,\varepsilon) = -\varepsilon g_0 \frac{\mathrm{d}g}{\mathrm{d}g_0} \tag{4.184}$$

の形にも書けるはずである.

実際には g も $\beta(g,\varepsilon)$ も, 系のもう一つの無次元量 a/ξ に依存するので, 上で述べたのは $a/\xi \to 0$ の極限での話である. 基本課題 4.6.12 にあるように, g には $(a/\xi)^\varepsilon$ の項があり, $\beta(g,\varepsilon)$ には $(a/\xi)^{2+\varepsilon}$ の項がある.

繰り込まれる前の結合定数 g_0 が十分に小さければ $g(g_0) \simeq g_0$, $\beta(g,\varepsilon) \simeq -\varepsilon g$ である. 逆に $g_0 \to \infty$ では $g(g_0) \to g^*$ であるから, $g(g_0)$ と $\beta(g,\varepsilon)$ はおおよそ図 4.15 のようなふるまいをするはずである. つまり, 繰り込まれる前の結合定数 g_0 が $[0, +\infty]$ の範囲を動くと, 繰り込まれたあとの結合定数 g は $[0, g^*]$ の範囲を変化する.

微分方程式

$$\frac{\mathrm{d}g_0}{\mathrm{d}g} = -\frac{\varepsilon g_0}{\beta(g,\varepsilon)}$$

を, $g \to 0$ での境界条件 $g_0(g) \to g$ のもとで解くと

$$g_0 = g \exp\left(-\int_0^g \mathrm{d}g' \left(\frac{\varepsilon}{\beta(g',\varepsilon)} + \frac{1}{g'}\right)\right) \tag{4.185}$$

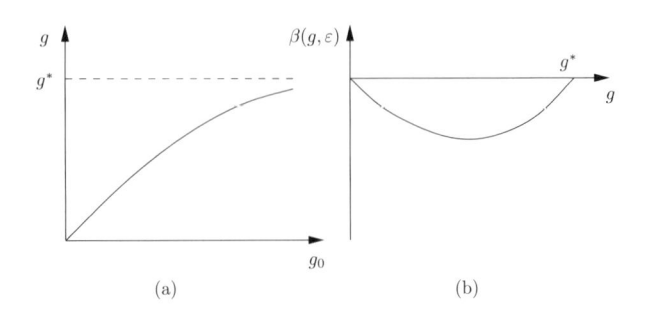

図 4.15 関数 $g(g_0)$ と $\beta(g,\varepsilon)$ のふるまい.

---

[21] 特殊関数のベータ関数 $B(x,y)$ とは無関係. (訳者注)

となる.極限 $g' \to 0$ で $\beta(g',\varepsilon) \to -\varepsilon g'$ であるから,式 (4.185) の積分は下限では収束する.臨界点では $g_0 \to \infty$,つまり $g \to g^*$ である.そこで $\beta(g,\varepsilon)$ の $g = g^*$ における零点が 1 次の零点であると仮定すると,$g = g^*$ における微分 $\beta'(g^*,\varepsilon) = \omega$ を使って,関数 $\beta(g,\varepsilon)$ を

$$\beta(g,\varepsilon) \simeq \omega(g - g^*), \quad g \to g^*$$

と表せる.これを使うと

$$g_0 \sim |g^* - g|^{-\varepsilon/\omega} \tag{4.186}$$

あるいは

$$\xi \sim |g^* - g|^{-1/\omega} \tag{4.187}$$

が得られる.なお,g^* が繰り込み群の固定点であることは,$g = g^*$ で微分 $\xi(\mathrm{d}g/\mathrm{d}\xi)$ が零になることから明らかである.

より正確な表式は基本課題 4.6.12 で求める.その際,$-\omega$ が実は,最初の関連のない変数の指数 ω_3 である,つまり $\omega_3 = -\omega$ であることが示される.

以上のようにして繰り込み群の固定点がわかると,次にするべきことは臨界指数の計算である.そのためには,スケール因子 Z に加えて,

$$\overline{Z} = -\frac{1}{2}\xi^3 \frac{\mathrm{d}(r_0 - r_{0\mathrm{c}})}{\mathrm{d}\xi} \tag{4.188}$$

で定義される二つ目の繰り込み定数 $\overline{Z}$ が必要になる.なぜ式 (4.188) の形で定義するのか,一見しただけでは明らかではないだろう.現時点でいえるのは,$\overline{Z}$ が無次元量であり,かつ自由なガウス型ハミルトニアン $\mathscr{H}_0$ では $r_0 = \xi^{-2}$ であるから $\overline{Z} = 1$ になるという 2 点だけである.

二つの繰り込み定数 Z と $\overline{Z}$ はともに無次元であるから,g(あるいは g_0)のみの関数である.この二つの繰り込み定数を使って,無次元関数 $\gamma(g)$ と $\overline{\gamma}(g)$ を

$$\gamma(g) = -\xi \frac{\mathrm{d}}{\mathrm{d}\xi} \ln Z(g)\Big|_{u_0} = \beta(g,\varepsilon) \frac{\mathrm{d}\ln Z}{\mathrm{d}g} \tag{4.189}$$

$$\overline{\gamma}(g) = -\xi \frac{\mathrm{d}}{\mathrm{d}\xi} \ln \overline{Z}(g)\Big|_{u_0} = \beta(g,\varepsilon) \frac{\mathrm{d}\ln \overline{Z}}{\mathrm{d}g} \tag{4.190}$$

と定義する.極限 $g \to 0$ での境界条件 $Z = \overline{Z} = 1$ のもとで式 (4.189) と (4.190) を解くと,Z と $\overline{Z}$ は

$$Z(g) = \exp\left(\int_0^g \frac{\gamma(g')}{\beta(g',\varepsilon)} \mathrm{d}g'\right) \tag{4.191}$$

$$\overline{Z}(g) = \exp\left(\int_0^g \frac{\overline{\gamma}(g')}{\beta(g',\varepsilon)} \mathrm{d}g'\right) \tag{4.192}$$

と書ける.

一般的な場合として $\gamma(g)$ と $\overline{\gamma}(g)$ が $g = g^*$ で零にならないと仮定すると,臨界点近

傍で

$$Z(g) \simeq |g - g^*|^{\gamma(g^*)/\omega} \sim \xi^{-\gamma(g^*)} \tag{4.193}$$

$$\overline{Z}(g) \simeq |g - g^*|^{\overline{\gamma}(g^*)/\omega} \sim \xi^{-\overline{\gamma}(g^*)} \tag{4.194}$$

が得られる．式 (4.193) から，臨界指数 η が

$$\boxed{\eta = \gamma(g^*)} \tag{4.195}$$

であることがわかる．また，$\overline{\gamma}(g^*)$ の意味を見いだすために，$(r_0 - r_{0c}) \propto (T - T_c)$ であることに注意しよう．臨界指数 ν の定義から

$$r_0 - r_{0c} \sim \xi^{-1/\nu} \qquad \frac{\mathrm{d}(r_0 - r_{0c})}{\mathrm{d}\xi} \sim -\xi^{-\frac{1}{\nu}-1}$$

である．したがって，式 (4.188) と (4.194) から

$$\boxed{\nu = \frac{1}{2 + \overline{\gamma}(g^*)}} \tag{4.196}$$

であることがわかる．

4.5.3 臨界指数の ε の 1 次での値

あとは，固定点の値 g^* と，そこでの $\gamma(g^*)$, $\overline{\gamma}(g^*)$ の計算が残っている．4.5.2 項の結果，特に式 (4.195) と (4.196) は一般的な場合に成立し，摂動展開には依存しない．ここでは摂動展開によって具体的に値を求める．

式 (4.178) から出発する．展開の 2 次 u_0^2 まででは $Z = 1$ とおける．また，この近似では積分の中の r_0 を ξ^{-2} とおきかえてもよい．さらに，積分公式

$$\int \frac{\mathrm{d}^d q}{(2\pi)^d} \frac{1}{q^2 + r_0} = S_d \int \frac{q^{d-1}\mathrm{d}q}{(2\pi)^d} \frac{1}{q^2 + r_0} = \frac{\Gamma(2 - d/2)}{(4\pi)^{d/2}} (r_0)^{d/2 - 2}$$

を使う．なお，Γ はオイラーのガンマ関数，S_d は d 次元空間の単位球の表面積（式 (2.123)）である．式 (4.182) の g の定義を使うと，

$$g\xi^{-\varepsilon} = u_0 - \frac{3}{2} u_0^2 \frac{\Gamma(\varepsilon/2)}{(4\pi)^{d/2}} \xi^{\varepsilon}$$

となる．ここで，積分は上限でも収束するので，紫外のカットオフを $\Lambda \to \infty$，つまり $a \to 0$ とした．

上の式の両辺を ξ で微分して，式 (4.184) の $\beta(g, \varepsilon)$ の定義と式 (4.178) を使うと

$$\beta(g, \varepsilon) = -\varepsilon g + \frac{3}{2} \varepsilon \frac{\Gamma(\varepsilon/2)}{(4\pi)^{d/2}} g^2 + \mathcal{O}(g^3)$$

が得られる．こうして，ベータ関数 $\beta(g, \varepsilon)$ の，**繰り込まれた結合定数 g に関する摂動**

4.5.4 スケール演算子と異常次元

以上で見たように,すべての臨界指数は二つの指数 η と ν,あるいは,ω_1 と ω_2 だけを使って表すことができる.ここでは,この性質を使って相関関数の一般形を書き下してみよう.

臨界点付近のハミルトニアンを,$\vec{r}$ に依存するスケール場 $t_a(\vec{r})$ と,それに共役なスケール演算子 $O_a(\vec{r})$ を使って書くと,式 (4.145) のように[*53]

$$\mathscr{H} = \mathscr{H}^* + \sum_a \int d^d r \, t_a(\vec{r}) O_a(\vec{r}) \tag{4.205}$$

となる.

二つのスケール演算子の間の相関関数

$$G_{ab}(\vec{r}_i, \vec{r}_j) = \langle O_a(\vec{r}_i) O_b(\vec{r}_j) \rangle = \frac{1}{Z} \frac{\delta^2 Z}{\delta t_a(\vec{r}_i) \, \delta t_b(\vec{r}_j)}\Big|_{t=0} \tag{4.206}$$

を調べよう.ここで Z はハミルトニアン (4.205) から計算した分配関数である.相関関数を繰り込み群変換した形を求めるにあたって,まず,繰り込み変換で分配関数は不変である $Z(t) = Z'(t')$ ということに注意しよう.また,

$$\frac{\delta t'_a(\vec{r}_I)}{\delta t_a(\vec{r}_i)} = b^{\omega_a}$$

である.ここで $\vec{r}_i$ はブロック I に属する格子点 i の位置である.したがって,繰り込み群変換したあとのスケール演算子の間の相関関数は

$$\begin{aligned}\langle O'_a(\vec{r}_I) O'_b(\vec{r}_J) \rangle &= \frac{\delta^2 \ln Z'}{\delta t'_a(\vec{r}_I) \delta t'_b(\vec{r}_J)}\Big|_{t'=0} \\ &= \sum_{\vec{r}_i \in I, \vec{r}_j \in J} \frac{\delta^2 \ln Z}{\delta t_a(\vec{r}_i) \delta t_b(\vec{r}_j)}\Big|_{t=0} \frac{\delta t_a(\vec{r}_i)}{\delta t'_a(\vec{r}_I)} \frac{\delta t_b(\vec{r}_j)}{\delta t'_b(\vec{r}_J)}\end{aligned}$$

と書ける.つまり,並進対称性を考慮すると,臨界点付近で

$$G_{ab}\left(\frac{\vec{r}_i - \vec{r}_j}{b}; tb^{\omega_2}\right) = \left(b^{d-\omega_a}\right)\left(b^{d-\omega_b}\right) G_{ab}(\vec{r}_i - \vec{r}_j; t) \tag{4.207}$$

となる.特に $a \ll |\vec{r}_i - \vec{r}_j| \ll \xi$ においては,スケール不変な形

$$G_{ab}\left(\frac{\vec{r}_i - \vec{r}_j}{b}\right) = \left(b^{d-\omega_a}\right)\left(b^{d-\omega_b}\right) G_{ab}(\vec{r}_i - \vec{r}_j) \tag{4.208}$$

に書ける.これを使うと,相関関数が

$$\langle O_a(\vec{r}_i) O_b(\vec{r}_j) \rangle = \frac{1}{r^{d-\omega_a}} \frac{1}{r^{d-\omega_b}} f_{ab}\left(\frac{r}{\xi}\right) \tag{4.209}$$

[*53] 添字として,格子点と混同しないように,ここでは i ではなく a を使う.

というスケーリング形で表現できる．ここで $r = |\vec{r}_i - \vec{r}_j|$ である．

式 (4.209) から通常の相関関数 (4.154) を導いてみよう．相関関数 (4.154) は場 φ の積の期待値であるが，φ に共役な物理量は磁場 H であるから，$t_a = t_b = H$ とおいて

$$G_{HH}(\vec{r}_i, \vec{r}_j) = \langle \varphi(\vec{r}_i) \varphi(\vec{r}_j) \rangle$$

を求めればよい．したがって，式 (4.208) の指数は $\omega_a = \omega_b = \omega_H = d - \omega_1$ である．これを式 (4.209) に代入すれば式 (4.154) が得られる．

次に，$r_0 \propto t \propto t_2$ であるが，ギンツブルク–ランダウ・ハミルトニアンには $r_0 \varphi^2$ の項があるから，t_2 に共役な場は φ^2 であることがわかる．これから

$$\langle \varphi(\vec{r}_i)^2 \varphi(\vec{r}_j)^2 \rangle = \frac{1}{r^{2(d-\omega_2)}} \, g\left(\frac{r}{\xi}\right) \tag{4.210}$$

が得られる．

すでに見たように，場 φ の異常次元は $d_\varphi = d - \omega_H = (d - 2 + \eta)/2$ である．一方，式 (4.210) から，場 φ^2 の異常次元は

$$d_{\varphi^2} = d - \omega_2 = d - \frac{1}{\nu} \tag{4.211}$$

である．相互作用がない場合（ガウス型の場合）には，臨界指数は平均場理論の値 $\eta = 0$, $\nu = 1/2$ になるので，次元解析から得た値 (4.110) と同じ $d_\varphi = d_\varphi^0 = (d-2)/2$, $d_{\varphi^2} = d_{\varphi^2}^0 = d - 2$ に帰着する．

単純に一般化すれば，もっと複雑な相関関数のスケーリング形も簡単に導ける．たとえば，$a \ll |\vec{r}_i - \vec{r}_j|, |\vec{r}_j - \vec{r}_k|, |\vec{r}_k - \vec{r}_l| \ll \xi$ において

$$\left\langle \varphi^2\left(\frac{\vec{r}_i}{b}\right) \varphi\left(\frac{\vec{r}_j}{b}\right) \varphi\left(\frac{\vec{r}_k}{b}\right) \right\rangle \simeq b^{d_{\varphi^2} + 2d_\varphi} \langle \varphi^2(\vec{r}_i) \varphi(\vec{r}_j) \varphi(\vec{r}_k) \rangle$$

である．

注意を要するのは，相関関数の中では $\varphi(\vec{r})^2$ は $\varphi(\vec{r})\varphi(\vec{r})$ と考えてはいけない点である．相関関数 $\langle \varphi(\vec{r})\varphi(\vec{r}') \rangle$ が異常次元 d_φ で表されるのは $|\vec{r} - \vec{r}'| \gg a$ の場合であって，$\vec{r}' \to \vec{r}$ において，特に $\vec{r}' = \vec{r}$ においては違うふるまいをするのである．もちろん，相互作用がなければ $\varphi(\vec{r})^2 = \varphi(\vec{r})\varphi(\vec{r})$ と考えても差し支えない．実際，すでに調べたように $d_{\varphi^2}^0 = 2d_\varphi^0$ であるので，矛盾は生じない．以上の結果については，基本課題 4.6.13 でも述べる．

場 φ の高次の相関関数を求めるのは，上の計算ほど簡単ではない．実際，たとえば φ^4 はスケール場ではない．繰り込み群変換すると，φ^4 には φ^2, $\nabla^2 \varphi^2$, $(\vec{\nabla}\varphi)^2$ が混ざってくる[*54]．簡単にいえるのは，繰り込み群変換では場の奇数次と場の偶数次は混

[*54] この理由は，4 次元の場を考えなければいけないからである．純粋なスケール演算子でない演算子は，場の理論では複合演算子とよばれる．次元が Δ の複合演算子を，繰り込み群変換をすると，次元が Δ 以下であるような演算子と混ざってしまう．今の場合 φ^4 は 4 次元の演算子であるから，2 次元の演算子 φ^2 と，4 次元の演算子 $\nabla^2 \varphi^2$ および $(\vec{\nabla}\varphi)^2$（あるいは $\varphi \nabla^2 \varphi$）が混ざってくる．

ざらないということだけである．最後にまとめると，すべての指数を η と ν で表せるのは，繰り込み群変換するとすべての場を φ と φ^2 に関係づけられるので，すべての指数を d_φ と d_{φ^2} で表せるからである．

4.6 基本課題

4.6.1 高温展開とクラマース–ワーニア双対性

1. 正方格子上の 2 次元イジング模型の分配関数が

$$Z(K) = (\cosh K)^L \sum_{\mathcal{C}} \prod_{\langle i,j \rangle} (1 + S_i S_j \tanh K)$$

と書けることを示せ．ただし，K は逆温度 $K = J/(kT)$，L は最近接スピンの組の数，つまり格子のリンク（ボンド）の数である（境界条件のことを無視すると，格子点の数 N に対して $L = 2N$ である）．

上の分配関数の表式の中の $\prod_{\langle i,j \rangle}$ を展開し，その中の

$$S_1^{n_1} \cdots S_i^{n_i} \cdots S_N^{n_N} (\tanh K)^b$$

という項を考える．あらゆるスピン配位 $\mathcal{C}$ に関する和をとったときに，この項が零にならないためには $n_i = 0, 2, 4$ でなければならないことを示せ．分配関数 $Z(K)$ の展開の中で残る項と，正方格子上の閉じた多角形（ただし多角形が重なって交わる場合を含む）が一対一に対応することを示せ（図 4.16）．

2. 高温展開： 高温極限 $T \to \infty$，$K \to 0$ では，$Z(K)$ を $\tanh K$ に関してべき展開して高次の項を無視すれば，近似的に分配関数が求められる．展開の一般形は

$$Z(K) = 2^N (\cosh K)^L \left[1 + \sum_{b=4,6,8,\ldots} \nu(b)(\tanh K)^b \right]$$

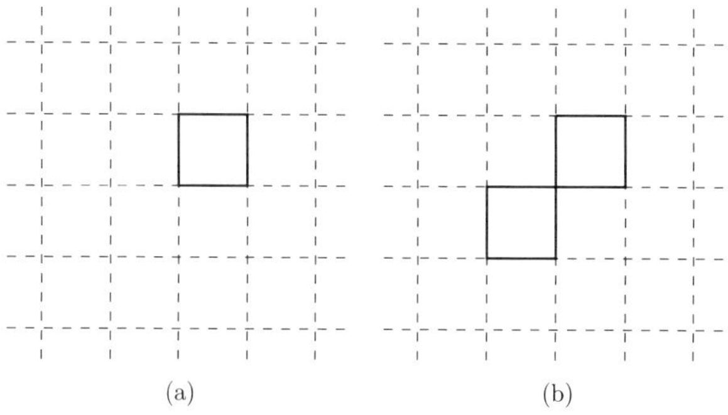

図 **4.16** イジング模型の分配関数の高温展開に現れる閉じた多角形．

である.ただし b は 4.1.1 項で述べたように多角形の周の長さ,$\nu(b)$ は周の長さが b であるような多角形の総数である.

周の長さが 4, 6, 8 のような多角形を描いて,分配関数の $\tanh K$ の低次の項の係数を求めよ.計算にあたっては境界条件は無視する.計算した近似値から自由エネルギーを計算し,それが示量性の量であることを示せ.

3. **低温展開と裏格子:** 低温で,スピンがすべて上向きにそろっている基底状態を考え,そこからスピンの向きを反転して励起状態を作る.励起状態において隣り合うスピンが逆向きを向いている場所を壊れたリンクとよぶことにする.

一方,正方格子の裏格子(あるいは双対格子)を次のように定義する(図 4.17).もとの格子の各正方形の中心にスピンをおき,もとの格子の各リンクに直交するリンクでスピンを結びつける.こうしてできた格子が,もとの正方格子の裏格子となる正方格子である.

項目 1 のように裏格子上に多角形を描き,その多角形に囲まれた元の格子のスピンを反転せよ.もとの格子上の壊れたリンクと,裏格子上の多角形の辺が一対一に対応することを示せ.低温極限 $T \to 0$,$K \to \infty$ での分配関数が

$$Z^*(K) = 2\exp(KL)\left[1 + \sum_n \nu(n)\exp(-2nK)\right]$$

となることを示せ.

4. 温度 T と T^* が $\exp(-2K^*) = \tanh K$ で関係しているとする.すると項目 1

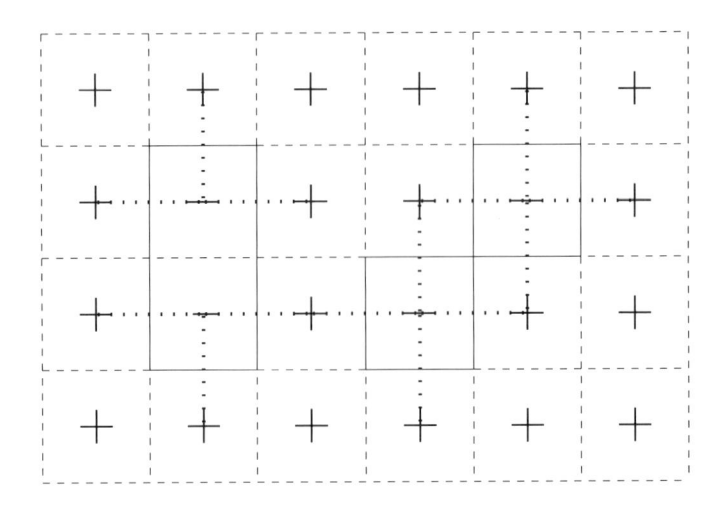

図 **4.17** もとの正方格子(太い十字)と,その裏格子となる正方格子(細い実線と破線).もとの正方格子の壊れたリンクを点線で,裏格子上で対応する多角形を実線で示してある.

の分配関数 Z と項目 3 の分配関数 Z^* が

$$\frac{Z(K)}{2^N(\cosh K)^L} = \frac{Z^*(K^*)}{2\exp(-K^*L)}$$

を満たすことを示せ.

2 次元イジング模型には臨界点が一つだけあると仮定する.つまり分配関数 Z にも Z^* にも,解析的でない点が一つだけあるとする.このとき,その臨界点 $kT_c = J/K_c$ が

$$\exp(-2K_c) = \tanh K_c \quad \text{つまり} \quad \sinh^2 K_c = 1$$

を満たすことを示せ.この結論は式 (4.14) と一致している.

4.6.2 イジング模型のエネルギー–エネルギー間の相関関数

1. 任意の空間次元におけるイジング模型で

$$E_i = \frac{1}{2}\sum_{\langle i,j \rangle} S_i S_j$$

という量を考える.なお $\sum_{\langle i,j \rangle}$ では i を固定して,最近接の j に関して和をとる.単位スピンあたりの比熱 c がエネルギー–エネルギー間の連結相関関数 $\langle E_i E_j \rangle_c$ を使って

$$c = k\beta^2 J \sum_j \langle E_i E_j \rangle_c = k\beta^2 J \sum_j \langle (E_i - \langle E_j \rangle)(E_j - \langle E_j \rangle) \rangle$$

と表されることを示せ.

2. 1 次元イジング模型に対して $\langle E_i E_j \rangle_c$ を厳密に計算せよ.
  〔ヒント〕4 点相関関数 $\langle S_i S_j S_k S_l \rangle$(ただし $i \leq j \leq k \leq l$)を計算し,$j = i$ の場合,$j = i+1$ の場合,$j = i+p$ $(p \geq 2)$ の場合のそれぞれを別々に調べよ.

3. 1 次元イジング模型の自由エネルギー (3.35) から内部エネルギーと比熱を計算し,上と結果が一致することを確認せよ.

4.6.3 低温側 $T < T_c$ における平均場臨界指数

1. 平均場理論による自発磁化 M_0 の表式 (4.69) を使って,低温側 $T < T_c$ における臨界指数 γ を平均場理論の範囲で求めよ.

2. 平均場理論によるグリーン関数の表式 (4.61) に自発磁化 M_0 の表式 (4.69) を代入して $\tilde{G}(\vec{q})$ を計算し,低温側における臨界指数 η と ν を平均場理論の範囲で求めよ.

4.6.4 変分法の精度

1. 変分法の試行ハミルトニアン (4.53) が,真のハミルトニアンから微少量 ϵ のオーダーだけずれている,つまり

$$\mathscr{H}_\lambda = \mathscr{H} + \varepsilon \mathscr{H}_1$$

と仮定する．真の自由エネルギー F は ε の関数 $F(\varepsilon)$ として表せる．その微分が

$$\frac{\mathrm{d}F}{\mathrm{d}\varepsilon} = \langle \mathscr{H}_1 \rangle$$

となることを示せ．また，式 (4.51) で定義された関数 Φ が

$$\left.\frac{\mathrm{d}\Phi}{\mathrm{d}\varepsilon}\right|_{\varepsilon=0} = 0$$

を満たすことを示せ[†22]．したがって，$F = F(\varepsilon = 0)$ としたとき，$\Phi = F + \mathcal{O}(\varepsilon^2)$ である．

2. 関数 Φ の 2 階微分が

$$\left.\frac{\mathrm{d}^2\Phi}{\mathrm{d}\varepsilon^2}\right|_{\varepsilon=0} = \beta \langle \mathscr{H}_1^2 \rangle_\mathrm{c}$$

を満たすことを示せ．

4.6.5 イジング磁壁の形とエネルギー

反対向きの磁化の領域が空間的に隣りあっているときの境目がどのようになっているかを調べるには，ランダウ理論が適している．そのような境目を**磁壁**という．ここではイジング模型で磁壁を調べる．

空間の z 軸に垂直に磁壁があり，$z \to \pm\infty$ に応じて磁化が $M \to \pm M_0$ になっているとする．磁化はどこかで符号を変えるはずである（最低でも 1 回は符号が変わるわけであるが，ここでは 1 回だけ変わるものとする）．符号が変わる点を原点 $z = 0$ にする．

以下の結果はイジング模型に特有のものである．イジング模型はスピンが上向きか下向きの 2 種類しかない．スピンがベクトルの場合はスピンの向きが $-M_0$ から $+M_0$ へ連続的に変わる．そのような磁壁はイジング磁壁ではなくブロッホ磁壁とよばれる[*55]．

1. ランダウ理論の汎関数を x 方向と y 方向については積分してしまって

$$\mathcal{L} = \int \mathrm{d}z \left(\frac{1}{2}\left(\frac{\mathrm{d}M}{\mathrm{d}z}\right)^2 + \frac{1}{2}r_0 M^2 + \frac{1}{4!}u_0 M^4 \right)$$

$$= \int \mathrm{d}z \left(\frac{1}{2}\left(\frac{\mathrm{d}M}{\mathrm{d}z}\right)^2 + V(M) \right)$$

[†22)]
$$\frac{\mathrm{d}\Phi}{\mathrm{d}\varepsilon} = -\varepsilon \frac{\mathrm{d}\langle \mathscr{H}_1 \rangle}{\mathrm{d}\varepsilon}$$

および

$$\left.\frac{\mathrm{d}^2\Phi}{\mathrm{d}\varepsilon^2}\right|_{\varepsilon=0} = -\left.\frac{\mathrm{d}\langle \mathscr{H}_1 \rangle}{\mathrm{d}\varepsilon}\right|_{\varepsilon=0}$$

に注意せよ．(訳者注)

[*55)] ベクトルスピンが連続的に変化するような配置は，たとえばスピン波理論などでよく知られている．イジングスピンではスピン波は起きない．

の形に書く．ここで変分条件 $\delta \mathcal{L}/\delta M = 0$ から
$$\frac{d^2 M}{dz^2} = V'(M)$$
を導け．この方程式は，仮想的な質量 1 の粒子が x 軸上，位置エネルギー $U(x)$ の中を動くときの運動方程式
$$\frac{d^2 x}{dt^2} = -U'(x)$$
と同じ形をしている．両者の対応は $M \to x$, $z \to t$, $V(M) \to -U(x)$ である．この対応関係を使って
$$\frac{1}{2}\left(\frac{dM}{dz}\right)^2 = V(M) - V(M_0) \qquad V'(M_0) = 0$$
を導け．また，仮想的な粒子がどのような運動をするか定性的に議論せよ．

2. 次に $f(M) = M/M_0$ とおく．相関距離が $\xi = (2|r_0|)^{-1/2}$ であることに注意して
$$\xi^2 \left(\frac{df}{dz}\right)^2 = \frac{1}{4}\left(1 - f^2\right)^2$$
を示し，
$$f(z) = \tanh\left(\frac{z}{2\xi}\right)$$
を導け．磁壁の領域における磁化の z 依存性の概形を描け．

3. 界面エネルギー σ とは，磁壁がある場合とない場合のエネルギー差である．界面エネルギーが
$$\sigma = \frac{M_0^2}{2\xi} \int_{-1}^{+1} \left(1 - f^2\right)^2 df \propto (T_c - T)^{3/2}$$
で与えられることを示せ．

4.6.6 超伝導のギンツブルク–ランダウ理論

超伝導のギンツブルク–ランダウ理論は，超伝導状態の**複素波動関数** ψ と静磁場 $\vec{B} = \vec{\nabla} \times \vec{A}$ の相互作用を扱う理論である．ここでいう波動関数とは個々の電子の波動関数ではなく，クーパー対の凝縮体 (5.5 節を参照) の波動関数である．クーパー対とは，二つの電子のゆるい束縛状態のことである．波動関数の絶対値の 2 乗はクーパー対の密度 n_s を表す．つまり $|\psi|^2 = n_s$ である．凝縮体の波動関数は臨界温度 T_c より上では零であり，臨界温度より下で値をもつ．

超伝導のギンツブルク–ランダウ理論では，式 (4.78) を拡張した熱力学ポテンシャル
$$\Gamma - \Gamma_N = \int d^3 r \left(a|\psi|^2 + b|\psi|^4 + \frac{1}{2m}\left|\left(-i\hbar\vec{\nabla} - q\vec{A}\right)\psi\right|^2 \right.$$
$$\left. + \frac{1}{2\mu_0}\vec{B}^2 - \frac{1}{\mu_0}\vec{H} \cdot \vec{B}\right)$$

を仮定する[†23]．ここで $\vec{B}$ は磁束密度，$\vec{H}$ は磁界である．また，Γ_N は常伝導状態の熱力学ポテンシャル，m と q はクーパー対の質量と電荷である．係数 b は常に正だが，係数 a は臨界点直上 $T = T_c$ で符号を変え，低温側 $T < T_c$ で負になる．したがって $|\psi|^2$ は臨界温度より下で値をもつ．

1. 上の Γ の表式で $\vec{A} = \vec{0}$ とおくと，式 (4.88) と等価になることを示せ．
2. 熱力学ポテンシャル Γ は局所的ゲージ変換

$$\psi(\vec{r}) \to \psi'(\vec{r}) = \exp(-iq\Lambda(\vec{r}))\psi(\vec{r})$$
$$\vec{A}(\vec{r}) \to \vec{A}'(\vec{r}) = \vec{A}(\vec{r}) - q\vec{\nabla}\Lambda(\vec{r})$$

に関して不変であることを示せ．

3. 変分条件

$$\frac{\delta \Gamma}{\delta \psi(\vec{r})} = \frac{\delta \Gamma}{\delta \vec{A}(\vec{r})} = 0$$

から，運動方程式

$$0 = \frac{1}{2m}\left(-i\hbar\vec{\nabla} - q\vec{A}\right)\psi + a\psi + 2b|\psi|^2\psi$$
$$\vec{\nabla} \times \vec{B} = -\frac{i\hbar q\mu_0}{2m}\left[\psi^*\vec{\nabla}\psi - (\vec{\nabla}\psi)^*\psi\right] - \frac{\mu_0 q^2}{m}\vec{A}|\psi|^2$$

と，境界条件

$$\hat{n} \times (\vec{B} - \vec{H}) = 0 \qquad \hat{n} \cdot (-i\hbar\vec{\nabla} - q\vec{A})\psi = 0$$

が導かれることを示せ．ここで $\hat{n}$ は常伝導状態の領域と超伝導状態の領域の境界に垂直な単位ベクトルである．

〔ヒント〕公式

$$\vec{\nabla} \cdot (\vec{V} \times \vec{W}) = \vec{W} \cdot (\vec{\nabla} \times \vec{V}) - \vec{V} \cdot (\vec{\nabla} \times \vec{W})$$

を使うと

$$\delta(\vec{\nabla} \times \vec{A})^2 = \delta\vec{A} \cdot (\vec{\nabla} \times \vec{B}) + \vec{\nabla} \cdot (\delta\vec{A} \times \vec{B})$$

である．

4. 磁場が一様の場合，波動関数も一様になり $|\psi|^2 = -a/(2b)$ である．このとき，

$$H^2 \geq H_c(T)^2 = \frac{\mu_0 a^2}{2b}$$

において，超伝導状態が磁界 H によって破壊されることを示せ．

[†23] 本項では磁界と磁束密度が両方出てくるので，ほかと異なる記号を用いる．(訳者注)

5. 1次元において $B=0$ ならば，常伝導状態と超伝導状態の接合部分において，秩序変数が

$$\psi(z) = \sqrt{\frac{|a|}{2b}} \tanh\left(\frac{z}{\xi\sqrt{2}}\right)$$

のように増加することを示せ．なお $\xi = (4m|a|/\hbar^2)^{-1/2}$ はコヒーレンス長である（4.6.5項を参照）．

6. 次に ψ が定数で $\vec{A} \neq \vec{0}$ とする．このとき

$$\vec{j}(\vec{r}) = -\frac{q^2 n_S}{m} \vec{A}$$

であることを示せ．磁場は超伝導状態の中に，ある距離まで入り込む．この距離は**侵入長**とよばれる．侵入長が

$$\kappa = \left(\frac{m}{\mu_0 q^2 n_S}\right)^{1/2}$$

であることを示せ．磁場が超伝導状態の奥のほうまでは入り込めないことを**マイスナー効果**という．

4.6.7 相関関数の空間依存性の平均場理論

ここでは，平均場理論の範囲で，2点相関関数をフーリエ変換 (4.83) あるいは (4.84) から

$$G(\vec{r}) = \int \frac{\mathrm{d}^d q}{(2\pi)^d} \mathrm{e}^{\mathrm{i}\vec{q}\cdot\vec{r}} \frac{1}{q^2 + m^2}$$

の形で計算したい．なお，高温側 $T > T_0$ で $m^2 = \bar{r}_0(T - T_0)$，低温側 $T < T_0$ で $m^2 = 2\bar{r}_0(T - T_0)$ である．まず

$$\frac{1}{q^2 + m^2} = \int_0^\infty \mathrm{d}t \exp[-t(q^2 + m^2)]$$

と書き，角度方向の積分を先に実行して

$$G(\vec{r}) = \frac{\pi^{d/2}}{(2\pi)^d} \int_0^\infty \frac{\mathrm{d}t}{t^{d/2}} \exp\left[-\left(tm^2 + \frac{\vec{r}^2}{4t}\right)\right]$$

を導け．次に，鞍点法を用いて上の積分を評価し，相関関数 $G(\vec{r})$ が

$$G(\vec{r}) = \frac{1}{2m}\left(\frac{m}{2\pi r}\right)^{(d-1)/2} \mathrm{e}^{-mr}\left(1 + \mathcal{O}\left(\frac{1}{mr}\right)\right)$$

となることを示せ．

4.6.8 ベクトル成分数 $n \gg 1$ における臨界指数

秩序変数の次元 n が大きいと，臨界指数を近似しやすくなる[†24]．成分が n 個あるベクトルを $\Phi(\vec{r})$ とし，各成分を $\Phi(\vec{r}) = \{\varphi_1(\vec{r}), \ldots, \varphi_n(\vec{r})\}$ とする．以下では $n \gg 1$ とする．そこで

$$\Phi(\vec{r})^2 = \sum_{i=1}^{n} \varphi_i(\vec{r})^2 \qquad \text{および} \qquad (\vec{\nabla}\Phi(\vec{r}))^2 = \sum_{i=1}^{n} (\vec{\nabla}\varphi_i)^2$$

と定義しておいて，ギンツブルク–ランダウ・ハミルトニアンを

$$\mathscr{H} = \int d^d r \left[\frac{1}{2} (\vec{\nabla}\Phi(\vec{r}))^2 + \frac{1}{2} r_0 \Phi(\vec{r})^2 + \frac{u_0}{4n} \Phi(\vec{r})^4 \right]$$

とする．

1. 秩序変数 $\Phi(\vec{r})^2$ に対する自己無撞着方程式： まず，ランダム位相近似を用いる．秩序変数の 2 乗 Φ^2 はランダムな変数 φ_i^2 の和である．もし $\varphi_i^2 \sim 1$ なら $\Phi^2 \sim n$ で，かつ，ゆらぎも $\langle (\Phi^2 - \langle \Phi^2 \rangle)^2 \rangle \sim n$ である．そこで

$$(\Phi^2)^2 = (\Phi^2 - \langle \Phi^2 \rangle)^2 + 2\Phi^2 \langle \Phi^2 \rangle - \langle \Phi^2 \rangle^2$$

を使って，ギンツブルク–ランダウ・ハミルトニアンにおいて 1 のオーダーの量を無視すると

$$\mathscr{H} \simeq \int d^d r \left[\frac{1}{2} (\vec{\nabla}\Phi(\vec{r}))^2 + \frac{1}{2} r_0 \Phi(\vec{r})^2 + \frac{u_0}{2n} \langle \Phi^2 \rangle \Phi(\vec{r})^2 \right]$$

となることを示せ．また，このとき相関関数のフーリエ変換が

$$\tilde{G}_{ij}(q) = \frac{\delta_{ij}}{q^2 + r_0 + \dfrac{u_0}{n} \langle \Phi^2 \rangle}$$

となること，そして $\langle \Phi^2 \rangle$ の自己無撞着方程式[†25]が

$$\langle \Phi^2 \rangle = n K_d \int_0^{\Lambda} \frac{q^{d-1} dq}{q^2 + r_0 + \dfrac{u_0}{n} \langle \Phi^2 \rangle}$$

となることを導け．ただし $K_d = S_d/(2\pi)^d$ である．

 上のギンツブルク–ランダウ・ハミルトニアンにおいて，結合定数，たとえば u_0/n^2 のようにせず，u_0/n にしたのはなぜか議論せよ．

2. 磁化率： 次に，$r(T) = 1/\chi(T)$ とする．臨界温度 T_c が方程式

$$r(T_c) = r_0(T_c) + \frac{u_0}{n} \langle \Phi^2 \rangle = 0$$

[†24] 物理量を n の逆数に関してべき展開することを $1/n$ 展開という．また $n \to \infty$ の極限を球形極限という．(訳者注)

[†25] 176 ページの訳者注 †7 を参照．(訳者注)

で決められることを示せ．また，臨界指数 η を求めよ．極限 $n \to \infty$ において，$1/n$ の誤差の範囲で

$$r(T) = \bar{r}_0(T - T_c) - u_0 r(T) K_d \int_0^\Lambda \frac{q^{d-1}\,\mathrm{d}q}{q^2 + r(T)}$$

であることを示せ．

3. 臨界指数： 上の方程式から，臨界指数 γ を (i) $d > 4$ の場合と (ii) $2 < d < 4$ の場合に求めよ．また，臨界指数 ν も求めよ．

4.6.9 ガウス模型の繰り込み群

1. この課題では，ガウス模型 $u_0 = 0$ の場合に繰り込み群方程式を厳密に求める．記号を簡単にするために1次元空間を考えるが，一般の d 次元空間に拡張するのは簡単である．1次元格子上の格子点 i における場を φ_i として，ハミルトニアン

$$\mathscr{H} = \frac{1}{2}\sum_{i=0}^{N-1}\varphi_i^2 - \frac{1}{2}\beta J\sum_i (\varphi_{i-1}\varphi_i + \varphi_i\varphi_{i+1})$$

を考える．右辺の第2項は最近接格子点間の相互作用である．フーリエ変換すると

$$\begin{aligned}\mathscr{H} &= \frac{1}{2}\sum_q [1 - 2\beta J\cos q]|\tilde{\varphi}(q)|^2 \\ &= \frac{1}{2}\sum_q [(1 - 2\beta J) + \beta J q^2 + \mathcal{O}(q^4)]|\tilde{\varphi}(q)|^2 \\ &= \frac{1}{2}\sum_q [r_0 + c_2 q^2 + c_4 q^4 + \cdots]|\tilde{\varphi}(q)|^2\end{aligned}$$

となることを示せ．なお $q = 2\pi p/N$（p は整数）であり

$$\tilde{\varphi}(q) = \frac{1}{\sqrt{N}}\left(\varphi_0 + \mathrm{e}^{\mathrm{i}q}\varphi_1 + \mathrm{e}^{2\mathrm{i}q}\varphi_2 + \cdots\right)$$

である．

2. 最近接格子を組み合わせたブロックスピン変数 φ'_I を

$$\varphi'_I = 2^{-\omega_1}[\varphi_i + \varphi_{i+1}]$$

とする．これをフーリエ変換した変数に対して，$q \ll 1$ のときに

$$\varphi'(q') = 2^{-\omega_1 + 1/2}\varphi(q)$$

であることを示し，繰り込み群方程式

$$r'_0 = 2^{1-2\omega_1}r_0 \qquad c'_2 = 2^{-2\omega_1 - 1}c_2$$

を導け．

さらに，固定点を求めよ．固定点の物理的意味を議論し，$\nu = 1/2$ であることを示せ．ハミルトニアンの中の c_4 が関連のない場であることを示せ．

3. 任意の次元 d に拡張しても，常に $\nu = 1/2$ であることを示せ．臨界温度近傍で，$r \gg 1$ において相関関数が等方的であること（空間のどの方向にも相関関数が等しいこと）を示せ．

4.6.10 ガウス型固定点におけるスケール場

1. 式 (4.176) と (4.177) から出発する．そこに出てくる $\overline{G}$ が

$$\overline{G}(0) = \frac{K_d \Lambda^{d-2}}{d-2}(1 - b^{2-d}) + \mathcal{O}(r_0) = 2B(1 - b^{2-d}) + \mathcal{O}(r_0)$$

であることを示せ．ただし $K_d = S_d/(2\pi)^d$ であり，式 (4.142) の行列 $T(b)$ は

$$T(b) = \begin{pmatrix} b^2 & B(b^2 - b^\varepsilon) \\ 0 & b^\varepsilon \end{pmatrix}$$

とする．

2. 4次元より上 $d > 4$，つまり $\varepsilon < 0$ の場合に，行列 T の固有値と固有ベクトルを求めよ．スケール場が $t_2 = r_0 + u_0 B$ と $t_3 = u_0$ であることを示せ．スケール演算子 O_2 と O_3 を求めよ．パラメータの (u_0, r_0) 平面上で臨界多様体を描き，臨界温度を求めよ．

4.6.11 ベクトル模型 $n \neq 1$ の場合の臨界指数の ε の1次での値

秩序変数の次元を n とする．基本課題 4.6.8 の記号を使って，ハミルトニアンを

$$\mathscr{H} = \int d^d r \left[\frac{1}{2}(\vec{\nabla}\Phi(\vec{r}))^2 + \frac{1}{2}r_0 \Phi(\vec{r})^2 + \frac{u_0}{4!}\Phi(\vec{r})^4 \right]$$

と書く．磁化は n 個の成分をもっているので $\mathcal{M} = \{M_1, \ldots, M_n\}$ と書く．

1. 4.3.4 項の方法を使ってギブスの自由エネルギー $\Gamma(\mathcal{M})$ を計算せよ．なお，式 (4.103) の行列 $\mathcal{G}$ は，いまの場合は添え字がついて $\mathcal{G}_{ij}(\vec{r}, \vec{r}')$ であることに注意せよ．この行列は

$$\mathcal{G}_{ij}(\vec{r}, \vec{r}') = \left[\left(-\vec{\nabla}_r^2 + r_0\right)\delta_{ij} + \frac{u_0}{6}\left(\delta_{ij}\Phi^2 + 2\varphi_i \varphi_j\right) \right] \delta^{(d)}(\vec{r} - \vec{r}')$$

で与えられる．さらに Φ が一様な場合に $\ln \det \mathcal{G}_{ij}(\vec{q})$ を計算せよ．なお，秩序変数の向きを $\mathcal{M} = \{M, 0, \ldots, 0\}$ とし，$\mathcal{M}^2 = M^2$ とすると計算が簡単になるだろう．

また，$\hbar$ の1次のオーダーにおいて，ギブスの自由エネルギー $\Gamma(\mathcal{M})$ が高温側 $T > T_c$ で

$$\frac{1}{V}\Gamma(\mathcal{M}) = \frac{1}{2}r_0 \mathcal{M}^2 + \frac{u_0}{4!}\mathcal{M}^4 + \frac{\hbar}{2}\int \frac{d^d q}{(2\pi)^d} \ln\left(q^2 + r_0(T) + \frac{1}{2}u_0 \mathcal{M}^2\right)$$
$$+ \frac{\hbar(n-1)}{2}\int \frac{d^d q}{(2\pi)^d} \ln\left(q^2 + r_0(T) + \frac{1}{6}u_0 \mathcal{M}^2\right)$$

となることを示せ．

2. 上と同じ方法で ($\hbar = 1$ とおいて)
$$r_0 - r_{0c} = r(T)\left(1 + \frac{u_0(n+2)}{6}\int\frac{\mathrm{d}^d q}{(2\pi)^d}\frac{1}{q^2(q^2+r(T))}\right)$$
と
$$\tilde{\Gamma}^{(4)}(0) = u_0 - \frac{u_0^2(n+8)}{6}\int\frac{\mathrm{d}^d q}{(2\pi)^d}\frac{1}{(q^2+r(T))^2}$$
を示せ．4.5.2 項と 4.5.3 項と同様にして，臨界指数 ν の値が式 (4.203) になることを示せ．

4.6.12 関連のない場の指数

1. 繰り込まれていない結合定数 u_0 が，繰り込まれた結合定数 g の関数として
$$u_0 \simeq \xi^{-\varepsilon} g^* A(g^*)\left(\frac{g^*}{|g^*-g|}\right)^{\varepsilon/\omega}$$
で与えられることを示せ．ただし
$$A(g) = \exp\left[-\int_0^g \mathrm{d}g'\left(\frac{\varepsilon}{\beta(g',\varepsilon)} + \frac{1}{g'} - \frac{\varepsilon}{\omega(g'-g^*)}\right)\right]$$
である．上の式から，
$$g \simeq g^*\left(1 + \mathcal{O}(\xi^{-\omega})\right)$$
であることを導き，指数 ω が，関連のない場の中で最も寄与の大きい場の指数 $-\omega_3$ であることを示せ．ベータ関数 $\beta(g,\varepsilon)$ の近似形 (4.197) を使って $\omega = -\omega_3$ を求めよ．

2. 4.5.2 項と 4.5.3 項の計算を，極限 $\varepsilon \to 0$ をとらずに実行し，$\bar{\gamma}(g^*) = (d-4)/3$ であることを示せ．また $d=3$ の場合に臨界指数 ν の値を求めよ．

4.6.13 エネルギー–エネルギー間の相関関数

1. ギンツブルク–ランダウ模型では，スケール演算子 $\varphi(\vec{r})^2$ をエネルギー演算子とよぶことが多い．なぜなら，この演算子は温度に共役だからである．比熱 C が，エネルギー–エネルギー間の連結相関関数 $\langle\varphi(\vec{r})^2\varphi(\vec{r}')^2\rangle_\mathrm{c}$ の体積積分と関係していることを示せ．これは揺動応答定理の一種である．

2. 連結相関関数 $\langle\varphi(\vec{r})^2\varphi(\vec{r}')^2\rangle_\mathrm{c}$ がスケーリング則
$$\langle\varphi(\vec{r})^2\varphi(\vec{r}')^2\rangle_\mathrm{c} = |\vec{r}-\vec{r}'|^{-2\bar{\sigma}}f\left(\frac{|\vec{r}-\vec{r}'|}{\xi}\right)$$
に従うとする．項目 1 の結果を使って，上式のスケーリング則に現れる指数 $\bar{\sigma}$ を臨界指数 α の関数として表し，そこから
$$\bar{\sigma} = d - \frac{1}{\nu}$$
であることを示せ．指数 $\bar{\sigma}$ はスケール演算子 φ^2 の異常次元 d_{φ^2} である．

3. 相関関数 $\langle \varphi(\vec{r}_1)^2 \varphi(\vec{r}_2) \varphi(\vec{r}_3)\rangle$ を考える．簡単のため高温側 $T > T_c$ に限定する．この相関関数の体積積分が，なんらかの熱力学関数の微分と関係していることを示せ．その熱力学関数の臨界指数は，$T = T_c$ で

$$\left\langle \varphi^2\left(\frac{\vec{r}_1}{b}\right) \varphi\left(\frac{\vec{r}_2}{b}\right) \varphi\left(\frac{\vec{r}_3}{b}\right)\right\rangle = b^{d_{\varphi^2} + 2d_\varphi} \langle \varphi(\vec{r}_1)^2 \varphi(\vec{r}_2) \varphi(\vec{r}_3)\rangle$$

と書くことによって求められることを示せ．この結論を φ と φ^2 の任意の積に拡張せよ．

ここでの結果は，イジング模型についても成り立つ．イジング模型のエネルギー演算子は基本課題 4.6.2 で与えられている．

4.6.14 ギンツブルク–ランダウ・ハミルトニアンをイジング模型から「導く」
イジング模型の分配関数を

$$Z[H] = \int \prod_i \mathrm{d}P_0[S_i]\, \mathrm{e}^{-\beta \mathcal{H}[S_i]}$$

と書こう．ただし

$$\mathrm{d}P_0[S_i] = 2\delta(S_i^2 - 1)\mathrm{d}S_i$$

である．ここで

$$\mathrm{d}P_0[S_i] \to \mathrm{d}P[S_i] = \exp\left[-\frac{1}{2}S_i^2 - g(S_i^2 - 1)^2\right]\mathrm{d}S_i$$

とおきかえると，ギンツブルク–ランダウ・ハミルトニアンが得られる．なお g は正とする．相関関数の計算には，確率分布を規格化しておく必要がないので，このまま計算を進める．

1. 極限 $g \to \infty$ でイジング模型に帰着することを示せ．
2. 逆に $g = 0$ がガウス模型に相当することを示せ．
〔ヒント〕4.3.1 項のように，和を $\sum_{\langle i,j\rangle} = \sum_{i,\mu}$ と変形して，$S_{i+\mu} - S_i \simeq \partial_\mu S_i$ を用いよ．最後に，スピン変数をスケール変換して $\varphi(\vec{r}) = \sqrt{Ja^2}S(\vec{r})$ という場を定義せよ．
3. 有限の零でない g の場合にギンツブルク–ランダウ・ハミルトニアン (4.96) を導け．導出にあたっては，スピン変数 S を適当にスケール変換し，さまざまな係数を定義する必要がある．以上の結果から，ギンツブルク–ランダウ・ハミルトニアンはイジング模型とガウス模型をつなぐ模型であるということができる．

4.7 さらに進んで学習するために

臨界現象についての入門的な解説としては Bruce and Wallace [21] や Cardy [25] が優れている．詳細に述べた本には以下のようなものがある：Ma [84], Pfeuty and Toulouse

[10], Le Bellac [72]. より高度な話題として，場の理論的な手法について学ぶには Amit [1], Parisi [99], Zinn–Justin [125] や Itzykson and Drouffe [58] がある．実際の物理系や模型（パーコレーション，高分子など）への応用については，たとえば Chaikin and Lubensky [26] や Schwabl [115] がある．

5

量 子 統 計

　第3章では古典的アプローチの限界について論じた.たとえば,ある温度以下では「凍結」される自由度があるためエネルギー等分配の法則は成立しない.理想気体の並進対称性の自由度はこの古典近似（より正確には準古典近似）による限界を逃れているように見えるが,本章で論ずるようにそれは正しくない.温度がある基準温度以下に下がるにつれて古典近似はさらに悪くなる.この古典近似の破綻は自由度の凍結に関連しているのではなく,量子力学によって同種粒子波動関数に課される対称性に起因する.その重要な帰結として**運動エネルギーはもはや温度の計測基準ではなくなる**.古典気体では相互作用がある場合でも運動エネルギーの平均値は $3kT/2$ であるが,この結果は十分低温では理想気体についても成立しない.金属中の電子を理想気体と考えれば,絶対零度でも電子1個の平均運動エネルギーは零ではなく常温での kT の値の約100倍の大きさである.ヘリウム3原子とヘリウム4原子の混合気体では,低温でのこれらの同位体の平均運動エネルギーは異なっている.ヘリウム3原子1個の平均運動エネルギーは $3kT/2$ よりも大きく,ヘリウム4原子1個の平均運動エネルギーは $3kT/2$ よりも小さい.ヘリウム3原子はフェルミ粒子でありフェルミ–ディラック統計に従い,ヘリウム4原子はボース粒子でボース–アインシュタイン統計に従う.本章ではフェルミ–ディラック統計とボース–アインシュタイン統計について論じ,その重要な応用として金属中の電子,光子気体,固体振動,ボース–アインシュタイン凝縮を扱う.これらの例は量子統計に起因する驚異的な効果をともなう.

5.1　ボース–アインシュタイン分布とフェルミ–ディラック分布

　量子力学の基本仮定によれば粒子には**フェルミ粒子**と**ボース粒子**の2種類しか存在しない[†1].すなわち,2種類の**量子統計**しか存在しない.フェルミ粒子に関するフェルミ–ディラック統計とボース粒子に関するボース–アインシュタイン統計である.同種フェ

[†1]　これはあまり正しい表現ではない.実験的にこの2種類しか確認できていないだけで,量子力学,より正確には場の量子論はパラ統計でも整合性をもつ理論的体系である.（訳者注）

5.1 ボース-アインシュタイン分布とフェルミ-ディラック分布

ルミ粒子系の状態ベクトルは 2 個の粒子の全座標（スピンと空間）の交換に対して反対称でなければならない．一方，同種ボース粒子系の状態ベクトルは 2 個の粒子の全座標（スピンと空間）の交換に対して対称でなければならない．フェルミ粒子に関する状態ベクトルの反対称性からは，2 個の同種フェルミ粒子を同一の量子状態におくことはできないというパウリの排他律が導かれる．相対論的量子力学の重要な結果の一つである「スピン-統計性定理」は，整数スピン ($0, 1, 2, ...$) をもつ粒子はボース粒子であり，半整数スピン ($1/2, 3/2, ...$) をもつ粒子はフェルミ粒子であることを主張する．この定理の導出は本書の程度を超えるのでここでは論じない．電子，陽子，中性子（スピン 1/2）はフェルミ粒子であり，π 中間子（スピン 0），光子はボース粒子（スピン 1）である．複合粒子の場合でも内部構造を無視できるならばスピンと統計の関係を一般化できる．陽子と中性子はスピンが 1/2 のクォーク 3 個からできていて，そのスピンは半整数でなければならず（実際スピンは 1/2 である）フェルミ粒子となる．一般に奇数個（偶数個）のフェルミ粒子（ボース粒子）からなる粒子はフェルミ粒子（ボース粒子）である．このように，2 個の陽子，2 個の中性子，2 個の電子から構成されるヘリウム 4 原子はボース粒子であり，ヘリウム 3 の場合は中性子は 1 個しかなくフェルミ粒子となる．これらの 2 個の同位体原子では電子波動関数は等しいにもかかわらず，スピンに起因する差異は低温において根本的に異なるふるまいとなって現れる．ヘリウム 4 は温度約 2 K で超流動性を示すが，ヘリウム 3 が超流体になるのは 3 mK 以下である．

二つの統計性の違いは量子理想気体モデルを考えることにより理解できる．量子理想気体モデルでは粒子間相互作用は無視されているが物理の広い分野で非常に有用なモデルである．井戸型ポテンシャルの中に閉じ込められた同種粒子を調べよう．粒子間相互作用は無視する．井戸型ポテンシャル内の粒子の量子状態を指定する量子数を l とし，その状態のエネルギー固有値を ε_l とする[*1)]．同種粒子の場合，個々のエネルギー準位 ε_l にある粒子の数 n_l を**占拠数**とよぶ．占拠数を与えれば系のエネルギー準位 E_r が決まる．たとえば 4 個の粒子が次のような微視的配置にあるとしよう：基底状態 ε_0 に粒子 1 個，第 1 準位 ε_1 に粒子 2 個，第 2 準位 ε_2 には粒子 0 個，第 3 準位 ε_3 に粒子 1 個，それ以上の準位には粒子なし．つまり微視的配置は $r = r_1 \equiv \{n_0 = 1, n_1 = 2, n_2 = 0, n_3 = 1, n_{l>3} = 0\}$ であり，系のエネルギーは

$$E_{r_1} = \varepsilon_0 + 2\varepsilon_1 + \varepsilon_3$$

で与えられる．一般に系の微視的配置は指標 r によって，あるいは占拠数 $\{n_l\}$ によって一義的に指定することができる．

$$E_r = E(\{n_l\}) = n_0\varepsilon_0 + \cdots + n_l\varepsilon_l + \cdots = \sum_{l=0}^{\infty} n_l \varepsilon_l \tag{5.1}$$

[*1)] 縮退しているエネルギー準位が異なる量子数で区別されるとき，そのエネルギー準位を示す添え字 l も異なったものになる（第 2 章の脚注 15 を参照）．便宜上，基底状態のエネルギーを $\varepsilon_0 = 0$ とする．

これらのエネルギー準位の縮退度は非常に大きい場合もある（式 (2.62) 参照）．

微視的状態と占拠数状態との間を結びつける式 (5.1) を用いることにより，分配関数の定義に現れるトレースを

$$\mathrm{Tr} = \sum_r = \sum_{\{n_l\}} \tag{5.2}$$

のように2通りに書くことができる．N 個の同種粒子の分配関数は拘束条件 $N = \sum_l n_l$ を満たさねばならず

$$\begin{aligned} Z_N &= \sum_r \exp(-\beta E_r) \\ &= \sum_{\substack{\{n_l\} \\ \sum_l n_l = N}} \exp(-\beta E(\{n_l\})) = \sum_{\substack{\{n_l\} \\ \sum_l n_l = N}} \prod_{l=0}^{\infty} \exp(-\beta n_l \varepsilon_l) \end{aligned} \tag{5.3}$$

と書くことができる．

5.1.1 大分配関数

実際には拘束条件 $N = \sum_l n_l$ を考慮することは容易ではない．それゆえ，式 (5.3) で与えられる分配関数を用いるよりも，粒子数が固定されない大分配関数を用いるほうが便利である．式 (3.135) から大分配関数は

$$\mathcal{Q}(z,V,T) = \sum_{N=0}^{\infty} z^N Z_N(V,T) = \sum_{N=0}^{\infty} \sum_{\substack{\{n_l\} \\ \sum_l n_l = N}} \prod_{l=0}^{\infty} \left[z^{n_l} \exp(-\beta n_l \varepsilon_l) \right] \tag{5.4}$$

で与えられる．この $\mathcal{Q}$ の表式は N に関する和に関して

$$\sum_{N=0}^{\infty} \sum_{\substack{\{n_l\} \\ \sum_l n_l = N}} \equiv \sum_{\{n_l\}} \sum_N \delta_{N, \sum n_l} \equiv \sum_{\{n_l\}}$$

が成立していることを用いて簡単にすることができる．ここで $\{n_l\}$ が固定されたとき，クロネッカーデルタは一つの N の値のみを与える．この関係により式 (5.4) におけるすべての $\{n_l\}$ に関して独立に和を実行することができて

$$\mathcal{Q}(z,V,T) = \sum_{\{n_l\}} \prod_l \left(z e^{-\beta \varepsilon_l} \right)^{n_l} = \prod_l \sum_{n_l} \left(z e^{-\beta \varepsilon_l} \right)^{n_l} \tag{5.5}$$

が得られる．この式で与えられる大分配関数は統計性に依存している．フェルミ-ディラック統計では一つの量子状態 l（エネルギー準位は ε_l）を占めることができる粒子の数は1個だけだから $n_l = 1$ か $n_l = 0$ である．それゆえ

5.1 ボース–アインシュタイン分布とフェルミ–ディラック分布

$$\sum_{n_l=0}^{1} z^{n_l} \mathrm{e}^{-\beta n_l \varepsilon_l} = 1 + z\mathrm{e}^{-\beta \varepsilon_l}$$

である．一方，ボース–アインシュタイン統計では n_l は非負のすべての整数の値をとりうる．それゆえ，

$$\sum_{n_l=0}^{\infty} z^{n_l} \mathrm{e}^{-\beta n_l \varepsilon_l} = \frac{1}{1 - z\mathrm{e}^{-\beta \varepsilon_l}}$$

となるが，等比級数が収束するためには $\mu \leq \varepsilon_0$ でなければならない[*2]．以上を整理して最終的な結果は

$$\mathcal{Q}_{\mathrm{FD}}(z, V, T) = \prod_l \left(1 + z\,\mathrm{e}^{-\beta \varepsilon_l} \right) \tag{5.6}$$

$$\mathcal{Q}_{\mathrm{BE}}(z, V, T) = \prod_l \frac{1}{1 - z\,\mathrm{e}^{-\beta \varepsilon_l}} \qquad \mu \leq \varepsilon_0 \tag{5.7}$$

となる．これらの式から，量子状態 l にある粒子数の平均値（あるいは平均占拠数）

$$\langle n_l \rangle = -\frac{1}{\beta} \frac{\partial \ln \mathcal{Q}}{\partial \varepsilon_l}$$

を計算すれば

$$\langle n_l \rangle_{\mathrm{FD}} = \frac{1}{z^{-1}\mathrm{e}^{\beta \varepsilon_l} + 1} = \frac{1}{\mathrm{e}^{\beta(\varepsilon_l - \mu)} + 1} \tag{5.8a}$$

$$\langle n_l \rangle_{\mathrm{BE}} = \frac{1}{z^{-1}\mathrm{e}^{\beta \varepsilon_l} - 1} = \frac{1}{\mathrm{e}^{\beta(\varepsilon_l - \mu)} - 1} \tag{5.8b}$$

が得られる．式 (5.7) における幾何級数の収束条件 $\mu \leq \varepsilon_0$ あるいは $z \leq \mathrm{e}^{\beta \varepsilon_0}$ は $\langle n_l \rangle_{\mathrm{BE}} \geq 0$ という物理的に予想される条件と同等である．フェルミ–ディラック統計における μ に関する制限はない．

5.1.2 古典極限：マクスウェル–ボルツマン統計

量子統計の古典極限としてマクスウェル–ボルツマン（MB）統計を導くことは理解を深めるうえで有益である．式 (5.5) から (5.8) を導く際に用いた量子論による拘束条件において2種類の統計に関する区別をなくすこと，つまり $\langle n_l \rangle_{\mathrm{FD}} \simeq \langle n_l \rangle_{\mathrm{BE}}$ とすることによって古典極限が得られる．その結果，式 (5.8) において ± 1 を無視することができ

$$\langle n_l \rangle_{\mathrm{FD}} = \langle n_l \rangle_{\mathrm{BE}} \ll 1$$

となる．すなわち古典極限は

[*2] 厳密には，この級数が収束するのは $\mu < \varepsilon_0$ の場合だけである．熱力学的極限の場合には $\mu = \varepsilon_0$ が可能である（5.5 節を見よ）が，有限体積では $\mu < \varepsilon_0$ でなければならない．

$$z \ll 1$$

に対応する．古典理想気体との関連を明らかにするために，一時的な処方として，状態 l に重み $1/n_l!$ をつけることにする．この処方によれば N 個のマクスウェル–ボルツマン粒子の分配関数は

$$Z_N^{\mathrm{MB}} = \sum_{\sum n_l = N} \frac{\mathrm{e}^{-n_0 \beta \varepsilon_0}}{n_0!} \cdots \frac{\mathrm{e}^{-n_l \beta \varepsilon_l}}{n_l!} \cdots$$
$$= \frac{1}{N!} \left(\sum_l \mathrm{e}^{-\beta \varepsilon_l} \right)^N \tag{5.9}$$

となる．式 (5.9) の1行目から2行目へ変形するためには多項定理を用いれば簡単である（基本課題 5.6.1）．これを用いて大分配関数を計算することはより教育的である．

$$\mathcal{Q}_{\mathrm{MB}}(z, V, T) = \sum_N z^N Z_N^{\mathrm{MB}} = \exp\left(z \sum_l \mathrm{e}^{-\beta \varepsilon_l} \right) \tag{5.10}$$

この大分配関数から平均占拠数

$$\langle n_l \rangle_{\mathrm{MB}} = -\frac{1}{\beta} \frac{\partial \ln \mathcal{Q}_{\mathrm{MB}}}{\partial \varepsilon_l} = z \mathrm{e}^{-\beta \varepsilon_l} \leq z \tag{5.11}$$

が得られる．この結果は $z \ll 1$ のとき，三つの統計が一致すること，すなわち

$$\langle n_l \rangle_{\mathrm{MB}} = \langle n_l \rangle_{\mathrm{FD}} = \langle n_l \rangle_{\mathrm{BE}} \ll 1$$

であることを示している．マクスウェル–ボルツマン統計が物理的な粒子に対応していないことを理解することは重要である．量子統計の結果について占拠数平均値が非常に小さいという極限をとったとき，その結果が古典統計の計算と一致するような処方によってマクスウェル–ボルツマン統計が定義される．これが式 (5.9) で規格化 $1/N!$ が必要になる理由である．

古典理想気体の場合には $z \simeq (\lambda/d)^3$ である（式 (3.139) 参照）．ただし λ は熱的ド・ブロイ波長であり d は粒子間平均距離である．このように，3.1.2 項で古典極限に関して定性的に求めた $\lambda \ll d$ を再び得ることができた．さらに

$$\sum_l \mathrm{e}^{-\beta \varepsilon_l} \to \frac{V}{h^3} \int \mathrm{d}^3 p\, \mathrm{e}^{-\beta p^2/(2m)} = \frac{V}{\lambda^3}$$

であることを用いれば，式 (5.10) から古典理想気体に関する大分配関数 (3.137) を再び導くことができる．これにより，式 (3.13) で導入された因子 $1/N!$ が結果的に正当化されたことになる．

5.1.3 化学ポテンシャルと相対論

相対論的量子力学では粒子の生成消滅が可能である．もし粒子数が変化できるならば，異なる種類の粒子に関する化学ポテンシャルには一般に保存則による拘束条件が課せら

れる．一つの例は粒子の電荷保存である．しかしながら最も簡単なのは，粒子の生成消滅がいかなる保存則によっても制限を受けない場合であり，それは，このあと示すことになるように，化学ポテンシャルが零であることを意味する．熱平衡状態にある光子気体がよい例であって，光子の化学ポテンシャルは零である．光子数を前もって決めておくことはできないから，粒子数 N は内部変数であって，その値は自由エネルギー F を最小にするように決めなければならない．F はほかの制御可能な変数 V と T の関数である．すなわち

$$\frac{\partial}{\partial N} F(T,V;N) \bigg|_{T,V} = 0$$

これは $\mu = 0$ を意味する．

今度は保存則がある場合の例として，電子と陽電子が熱平衡にある場合を考えよう．粒子数の変化が許される荷電粒子は電子と陽電子だけであるならば，電荷保存則は電子数 N_- と陽電子数 N_+ の差が一定であること，すなわち $N_- - N_+ = N_0$ を意味する．自由エネルギー F は制御可能な変数 V, T, N_0 および内部変数 N_-（あるいは N_+）の関数であって，保存則により

$$F(T,N,N_0;N_-) \equiv F(T,N,N_0;N_-,N_+ = N_- - N_0)$$

である．平衡状態では N_-（そして N_+ も）の値は自由エネルギーを最小にするように決められるから

$$\frac{\partial F}{\partial N_-}\bigg|_{T,V,N_0} = \frac{\partial F}{\partial N_-}\bigg|_{T,V,N_+} + \frac{\partial F}{\partial N_+}\bigg|_{T,V,N_-} \frac{\mathrm{d}N_+}{\mathrm{d}N_-} = \mu_- + \mu_+ = 0$$

となる．それゆえ電子と陽電子の化学ポテンシャルは

$$\mu_+ = -\mu_- \tag{5.12}$$

という条件を満たさねばならない．この式 (5.12) の意味は，化学反応に関する第 3 章の結果を用いて解釈することができる．実際には電子（e^-）と陽電子（e^+）の熱平衡系は光子（γ）も含む．それゆえ，熱・化学的平衡は反応

$$\gamma \rightleftarrows e^- + e^+$$

によって達成される．光子の化学ポテンシャルは零であるから，式 (3.114) から $\mu_- = -\mu_+$ であることが結論される．

最後に，粒子の相対論的質量エネルギーについて考えよう．それはエネルギー最小値を mc^2 だけずらすことであり，その結果化学ポテンシャルに mc^2 を加えることになる．粒子の相対論的エネルギーは

$$\varepsilon_p = \sqrt{m^2c^4 + p^2c^2} \tag{5.13}$$

で与えられる．スピンが零の自由ボース粒子にこの相対論的エネルギー表式を用いれば，式 (5.8b) より平均占拠数は

$$\langle n_{\vec{p}} \rangle = \frac{1}{\mathrm{e}^{\beta(\varepsilon_p - \mu)} - 1}$$

で与えられ，条件 $\mu \leq \varepsilon_0$ はここでは $\mu \leq mc^2$ となることがわかる．

5.2 理想フェルミ気体

5.2.1 零温度における理想フェルミ気体

零温度ではエネルギーは最小にならなければならない．そのためには，図 5.1 に示すように，基底状態からはじめて最も低いエネルギー準位 ε_l を粒子で満たしていけばよい．最も低いエネルギー準位を順次粒子で満たしたとき，最終的なエネルギー準位をフェルミレベルあるいはフェルミエネルギー ε_F とよぶ．よって，エネルギー準位を占拠する粒子数の平均値は

$$\langle n_l \rangle = \begin{cases} 1 & \varepsilon_l \leq \varepsilon_\mathrm{F} \\ 0 & \varepsilon_l > \varepsilon_\mathrm{F} \end{cases} \quad \text{すなわち} \quad \langle n_l \rangle = \theta(\varepsilon_\mathrm{F} - \varepsilon_l) \tag{5.14}$$

で与えられる．同じ結果はフェルミ分布の $T \to 0$ 極限をとることにより

$$\lim_{\beta \to \infty} \langle n_l \rangle = \lim_{\beta \to \infty} \frac{1}{\mathrm{e}^{\beta(\varepsilon_l - \mu)} + 1} = \theta(\mu - \varepsilon_l) \tag{5.15}$$

として求めることもできる．式 (5.14) と (5.15) を比較することにより絶対零度では化学ポテンシャルとフェルミエネルギーが等しいことがわかる：$\mu(T = 0) = \varepsilon_\mathrm{F}$．この結果の物理的意味は次に述べるように明らかである．絶対零度では $\mu(T = 0) = \partial E / \partial N$ であるが，これはエネルギー準位が密集し $N \gg 1$ の場合には

$$\mu(T = 0) = E(N) - E(N - 1) = \varepsilon_\mathrm{F}$$

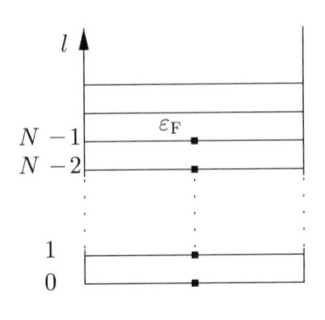

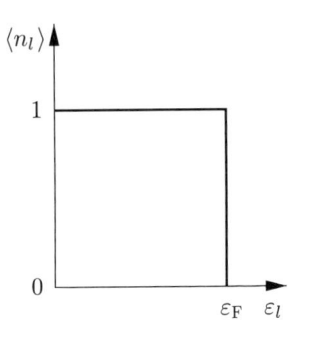

図 5.1　準位の占拠と絶対零度における占拠数

となる．実際，粒子1個を加えることにより全エネルギーは ε_F だけ増加する．この等式 $\mu = \varepsilon_F$ が成立するのは $T = 0$ の場合だけであることは重要である．このあと，$\mu(T) \leq \mu(T=0)$ となることを示す．

体積 V の箱の中に閉じ込められている質量 m, スピン s の自由フェルミ気体について考察しよう．この場合，1粒子量子状態 l は，運動量 $\vec{p}$ とスピンの z 成分 $m_z = -s, -s+1, ..., s$ で指定される．すなわち $l \equiv \{\vec{p}, m_z\}$ であり，一つの $\vec{p}$ の値は $(2s+1)$ 重に縮退している（エネルギーは等しい）．そのエネルギーを ε_p とする．それゆえ，l に関する和は

$$\sum_l = \sum_{\vec{p}, m_z} = (2s+1) \sum_{\vec{p}} \to \frac{(2s+1)V}{h^3} \int d^3p$$

のように積分に置き換えることができる．フェルミエネルギー ε_F から**フェルミ運動量** p_F を定義することができる．エネルギーは運動量 p の増加関数であり，$p \leq p_F$ であるような任意の状態 $\{\vec{p}, m_z\}$ の占拠数は1であるから，全粒子数 N は

$$N = \frac{(2s+1)V}{h^3} \int_{p \leq p_F} d^3p = \frac{(2s+1)V}{h^3} \frac{4\pi}{3} p_F^3 \tag{5.16}$$

で与えられる．粒子数密度 $n = N/V$ を用いてこの式を

$$\boxed{p_F = \left[\frac{6\pi^2}{(2s+1)}\right]^{1/3} \hbar n^{1/3}} \tag{5.17}$$

と書くことができる．この式は非相対論的な場合だけでなく相対論的な場合にも成立する．半径 p_F の球は**フェルミ球**，その球面は**フェルミ面**とよばれる．非相対論的極限 $\varepsilon_p = p^2/2m$ では式 (5.17) は

$$\boxed{\varepsilon_F = \frac{p_F^2}{2m} = \left[\frac{6\pi^2}{(2s+1)}\right]^{2/3} \frac{\hbar^2}{2m} n^{2/3}} \tag{5.18}$$

となる．実際の応用ではスピンが $1/2$ $(2s+1=2)$ の場合が最も多い．フェルミエネルギー ε_F は量子論での特性的なエネルギースケールであって，第3章の場合のように，これから**フェルミ温度**とよばれる特性的な温度 T_F を $\varepsilon_F = kT_F$ として定義する．このフェルミ温度は一つの温度スケールを与える．$T \gg T_F$ ならば量子効果は効いてこないし，$T \lesssim T_F$ ならば量子効果が重要になる．

フェルミ気体の重要な例である金属中の電子に関して，以上に述べた量の大きさの程度を知っておくことは有用である．質量密度が $8.9\,\mathrm{g\,cm^{-3}}$ で原子質量が 63.5 の銅について考えてみよう．これは原子の粒子数密度 8.4×10^{22} 個$/\mathrm{cm}^3$ を与えるが，銅は1原子あたり1個の伝導電子しかもたないから，これは電子数密度でもある．この値と $s = 1/2$ を式 (5.18) に代入すればフェルミエネルギーは $\varepsilon_F = 7.0\,\mathrm{eV}$ となりフェルミ温

度は $T_\mathrm{F} \simeq 8 \times 10^4\,\mathrm{K}$ となる．一般的な金属ではフェルミエネルギー ε_F は数 eV であり，室温 T に比べて $T_\mathrm{F} \gg T$ となる．このようなとき，フェルミ気体は**縮退している**という．

次に内部エネルギーと圧力を計算しよう．式 (5.16) で $s = 1/2$ とおけば粒子数は

$$N = \frac{V}{\pi^2 \hbar^3} \int_0^{p_F} \mathrm{d}p\, p^2 = \frac{V}{3\pi^2 \hbar^3} p_\mathrm{F}^3 \tag{5.19}$$

で与えられ，エネルギーは

$$E = \frac{V}{\pi^2 \hbar^3} \int_0^{p_F} \mathrm{d}p \left(\frac{p^2}{2m}\right) p^2 = \frac{3}{5} N \varepsilon_\mathrm{F} \tag{5.20}$$

で与えられる．ε_F に関する式 (5.18) から，もう一つの有用な式

$$E = (3\pi^2)^{2/3} \frac{3N\hbar^2}{10m} n^{2/3} \tag{5.21}$$

が導かれる．この式と (2.28) とから圧力を求めることができる．

$$P = \frac{2}{3}\frac{E}{V} = (3\pi^2)^{2/3} \frac{\hbar^2}{5m} n^{5/3} \tag{5.22}$$

古典理想気体の場合と異なり，フェルミ気体の圧力は $T = 0$ においても零とはならない！ フェルミ気体では 1 粒子運動エネルギーの平均値は $E/N \propto n^{2/3}$ のように密度のべきに比例する．電子気体の場合を考えてみよう．電子電荷と電子間平均距離をそれぞれ e と $d \sim n^{-1/3}$ とすれば，電子 1 個あたりのポテンシャルエネルギーの平均値は $e^2/d \propto n^{1/3}$ のオーダーである．つまり縮退した電子気体では密度が高ければ高いほど運動エネルギーがポテンシャルエネルギーよりも大きくなり理想気体に近づいていく！ 低密度で理想気体近似がよくなる古典気体の場合の逆である．

最後に「ハイゼンベルグ–パウリ原理[*3)]」の直観的な説明をしよう．運動量 p の不確定性は $\Delta p \sim p_\mathrm{F}$ のオーダーであり位置 x の不確定性は $\Delta x \sim V^{1/3}$ のオーダーであるから，式 (5.17) を用いて

$$\Delta p\, \Delta x \sim \hbar N^{1/3} \tag{5.23}$$

が得られる．定性的にいうならば，パウリの排他律によってハイゼンベルグの不確定性原理の中にある $\hbar$ は $\hbar N^{1/3}$ でおきかえられることになる．

5.2.2 低温における理想フェルミ気体

ここで低温とは $T \ll T_\mathrm{F}$ を意味する．この場合これから示すように $\mu \neq \varepsilon_\mathrm{F}$ であるが，有限温度による補正は小さく，条件 $T \ll T_\mathrm{F}$ はやはり $kT \ll \mu$ を与える．運動量状態

[*3)] 文献 [80] 参照．

5.2 理想フェルミ気体

$\vec{p}$ を占拠するフェルミ粒子数平均値 (5.8a) は前節の議論から

$$\langle n_{\vec{p}} \rangle = \frac{2s+1}{e^{\beta(\varepsilon_p - \mu)} + 1} = (2s+1)f(\varepsilon_p)$$

で与えられ，この式により**フェルミ分布** $f(\varepsilon)$ が定義される．ここで $x = \beta(\varepsilon - \mu)$ とおけば

$$f(\varepsilon) = \frac{1}{e^{\beta(\varepsilon_p - \mu)} + 1} \to f(x) = \frac{1}{e^x + 1} = \frac{1}{2}\left(1 - \tanh\frac{x}{2}\right) \tag{5.24}$$

と書くことができる．関数 $\tanh v = -\tanh(-v)$ の性質からただちに関数 $f(\varepsilon)$ の対称性がわかる（図 5.2）．関数 $f(\varepsilon)$ の傾きは

$$\frac{\partial f}{\partial \varepsilon} = \frac{\partial x}{\partial \varepsilon}\frac{\partial f}{\partial x} = \frac{1}{kT}\left(-\frac{1}{4\cosh^2(x/2)}\right)$$

であり，特に対称点 $x = 0$ あるいは $\varepsilon = \mu$ では

$$\left.\frac{\partial f}{\partial \varepsilon}\right|_{\varepsilon=\mu} = -\frac{1}{4kT} \tag{5.25}$$

である．関数 $f(\varepsilon)$ は幅 $\sim 4kT$ の区間で 1 から 0 に減少する．それゆえ，この関数は幅 $kT \ll \mu \simeq \varepsilon_F$ をもつ「なめらかな θ 関数（ヘビサイド関数）」といえる（図 5.2）．これから導く式 (5.29) を用いればフェルミ分布関数をヘビサイド関数と補正項との和として近似することができる．補正項はデルタ関数の微係数の形で与えられる．そのためには積分

$$I_m = \int_{-\infty}^{\infty} dx\, \frac{x^m e^x}{(e^x + 1)^2} = \int_{-\infty}^{\infty} dx\, \frac{x^m}{(e^x + 1)(e^{-x} + 1)} \tag{5.26}$$

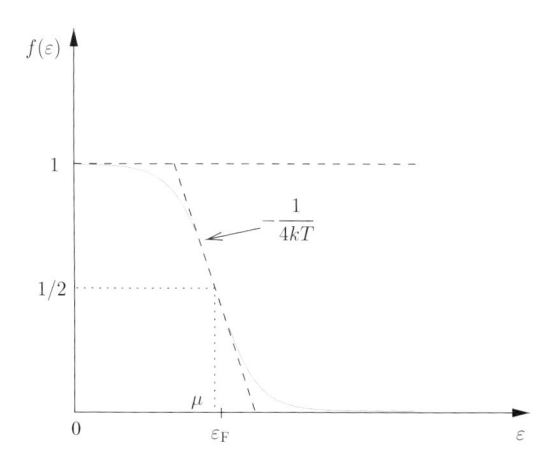

図 5.2 $T \neq 0$ におけるフェルミ分布

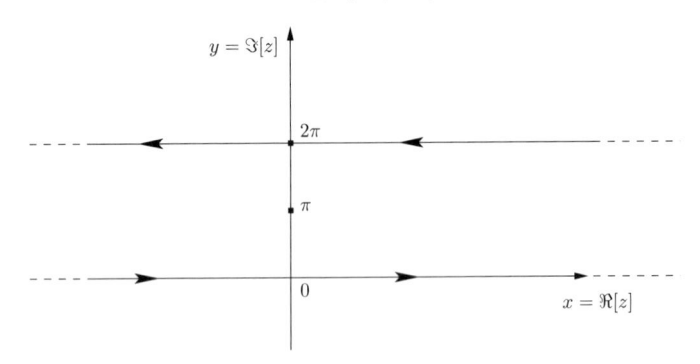

図 **5.3** 複素 z 平面における積分路

が必要になる．この積分の計算には

$$J(p) = \int_{-\infty}^{\infty} dx \frac{e^{ipx}}{(e^x+1)(e^{-x}+1)} = \sum_{m=0}^{\infty} \frac{(ip)^m}{m!} I_m$$

を用いる．この積分は複素積分の留数を使って計算できる[*4]．図 5.3 で与えられている積分経路を用い，被積分関数を $f(z)$ と書けば積分

$$\int_C dz f(z) = \left(1 - e^{-2\pi p}\right) J(p)$$

は極 $z = i\pi$ における留数に $2i\pi$ をかけた $-ipe^{-\pi p}$ に等しい．これから

$$J(p) = \frac{\pi p}{\sinh \pi p} = 1 - \frac{1}{6}(\pi p)^2 + \mathcal{O}\left((\pi p)^4\right) \tag{5.27}$$

となる．この結果から $I_0 = 1$, $I_2 = \pi^2/3$ などが得られる．式 (5.27) を用いて次の形の積分

$$I(\beta) = \int_0^{\infty} d\varepsilon \frac{\varphi'(\varepsilon)}{e^{\beta(\varepsilon-\mu)}+1} = \beta \int_0^{\infty} d\varepsilon \frac{\varphi(\varepsilon) e^{\beta(\varepsilon-\mu)}}{(e^{\beta(\varepsilon-\mu)}+1)^2}$$

を計算しよう．ここで $\varphi(\varepsilon)$ に関して $\varphi(0) = 0$ とする．右辺は左辺を部分積分することにより得られる．$\beta\mu \gg 1$ を仮定するため積分の下限と上限を誤差 $e^{-\beta\mu}$ の範囲で $-\infty$ から ∞ とすることができる．このようにして $\varphi(\varepsilon)$ を $\varepsilon = \mu$ のまわりでテイラー展開すれば

$$I(\beta) = \beta \sum_{m=0}^{\infty} \frac{\varphi^{(m)}(\mu)}{m!} \int_{-\infty}^{\infty} d\varepsilon \frac{(\varepsilon-\mu)^m e^{\beta(\varepsilon-\mu)}}{(e^{\beta(\varepsilon-\mu)}+1)^2}$$

$$= \sum_{m=0}^{\infty} \frac{\varphi^{(m)}(\mu)}{m!} \beta^{-m} \int_{-\infty}^{\infty} dx \frac{x^m e^x}{(e^x+1)^2}$$

[*4] A.5.2 項で与えられている積分 I_m を用いても可能．式 (5.86) から出発して式 (5.29) を示すことも可能である．

$$= \sum_{m=0}^{\infty} \frac{\varphi^{(m)}(\mu)}{m!} \beta^{-m} I_m$$

$$= \varphi(\mu) + \frac{\pi^2}{6}(kT)^2 \varphi''(\mu) + \mathcal{O}\left((kT/\mu)^4\right) \tag{5.28}$$

となる．この展開からフェルミ分布に関する次の公式が得られる．

$$\boxed{f(\varepsilon) = \frac{1}{\mathrm{e}^{\beta(\varepsilon-\mu)}+1} = \theta(\mu-\varepsilon) - \frac{\pi^2}{6}(kT)^2 \delta'(\varepsilon-\mu) + \mathcal{O}\left((kT)^4 \delta^{(3)}(\varepsilon-\mu)\right)}$$
(5.29)

これがゾンマーフェルト展開公式であり，フェルミ分布関数を「なめらかな θ 関数」として扱うことにより得られたよい近似となっている．ここで展開のパラメータは $(kT/\mu)^2$，あるいは（$\mu \simeq \varepsilon_\mathrm{F}$ であるから）$(kT/\varepsilon_\mathrm{F})^2$ である．

以上に述べたゾンマーフェルト展開の導出では，低温 $T \ll T_\mathrm{F}$ におけるフェルミ気体の熱力学的性質は**フェルミ面近傍のふるまいで決定される**ことが強調されている．この導出は相互作用のあるフェルミ気体にも容易に適用可能である（5.2.3 項の研究課題 8.6.7 を見よ）．体積 V および粒子数 N が一定であるようなフェルミ気体について関数 $\varphi(\varepsilon)$ の平均値が

$$\Phi(T) = \int_0^\infty \mathrm{d}\varepsilon\, f(\varepsilon) D(\varepsilon) \varphi(\varepsilon)$$

のように定義されているとき，低温 $T \ll T_\mathrm{F}$ におけるゾンマーフェルト展開を適用してみよう．上記の定義で $D(\varepsilon)$ は状態数密度である．式 (5.29) を用いればただちに

$$\Phi(T) \simeq \int_0^\mu \mathrm{d}\varepsilon\, D(\varepsilon)\varphi(\varepsilon) + \frac{\pi^2}{6} k^2 T^2 [D'(\mu)\varphi(\mu) + D(\mu)\varphi'(\mu)]$$

が得られる．これを用いれば $(\partial \Phi/\partial T)_{V,N}$ を計算することができる．

$$\left.\frac{\partial \Phi}{\partial T}\right|_{V,N} \simeq \frac{\partial \mu}{\partial T} D(\varepsilon_\mathrm{F})\varphi(\varepsilon_\mathrm{F}) + \frac{\pi^2}{3} k^2 T D'(\varepsilon_\mathrm{F})\varphi(\varepsilon_\mathrm{F}) + \frac{\pi^2}{3} k^2 T D(\varepsilon_\mathrm{F})\varphi'(\varepsilon_\mathrm{F}) \tag{5.30}$$

ここで μ を ε_F でおきかえることによる誤差は $(kT/\mu)^2 \simeq (kT/\varepsilon_\mathrm{F})^2$ に関する高次項であって無視できる．$\varphi(\varepsilon) = 1$, $\varphi'(\varepsilon) = 0$, $\Phi(T) = N$, $(\partial N/\partial T)_{V,N} = 0$ の場合について調べてみよう．この場合，式 (5.30) は

$$\left.\frac{\partial \mu}{\partial T}\right|_{V,N} \simeq -\frac{\pi^2}{3} k^2 T \frac{D'(\varepsilon_\mathrm{F})}{D(\varepsilon_\mathrm{F})} = -\frac{\pi^2}{6} \frac{k^2 T}{\varepsilon_\mathrm{F}}$$

を与える．ここで得られた最初の表式 $\partial \mu/\partial T$ は相互作用のあるフェルミ気体にも適用可能（研究課題 8.6.7）であるが第 2 の表式ではスピン 1/2 の 3 次元**理想フェルミ気体**の状態数密度

$$D(\varepsilon) = \frac{8\pi V}{h^3} p^2 \frac{\mathrm{d}p}{\mathrm{d}\varepsilon} = 4\pi V \left(\frac{2m}{h^2}\right)^{3/2} \sqrt{\varepsilon} = AV\sqrt{\varepsilon}$$

を用いた[*5]. 境界条件を $\mu(T=0) = \varepsilon_\mathrm{F}$ として積分することにより

$$\mu(T) \simeq \varepsilon_\mathrm{F}\left(1 - \frac{\pi^2}{12}\left(\frac{kT}{\varepsilon_\mathrm{F}}\right)^2\right) \tag{5.31}$$

が得られる. この結果が示すように $T \neq 0$ では化学ポテンシャルはもはやフェルミエネルギーと等しくはなく $(kT/\varepsilon_\mathrm{F})^2$ のオーダーで差が生じている. 式(5.30)の最初の2項は打ち消しあうから相互作用がある場合に一般化された公式

$$\left.\frac{\partial \Phi}{\partial T}\right|_{V,N} \simeq \frac{\pi^2}{3} k^2 T \varphi'(\varepsilon_\mathrm{F}) D(\varepsilon_\mathrm{F}) \tag{5.32}$$

を容易に導くことができる. 微分 $(\partial \Phi/\partial T)_{V,N}$ はフェルミ準位における状態数密度 $D(\varepsilon_\mathrm{F})$ に比例している. すなわち $\varphi'(\varepsilon_\mathrm{F})$ と $D(\varepsilon_\mathrm{F})$ を通して**フェルミ面近傍だけに依存**している. 一方, $\Phi(T)$ は $\varepsilon \lesssim \varepsilon_\mathrm{F}$ であるようなすべてのエネルギーに依存するためフェルミ気体に関するより詳細な情報を必要とする. もちろん, 自由フェルミ気体の場合には $\Phi(T)$ を計算するのは容易である. しかし, これまでに見てきたように, 相互作用がある場合でもフェルミ面近傍に関する情報さえあれば $(\partial \Phi/\partial T)_{V,N}$ を扱うことができる. 式(5.32)の重要な応用として $\varphi(\varepsilon) = \varepsilon$, $\Phi(T) = E$, $(\partial \Phi/\partial T)_{V,N} = (\partial E/\partial T)_{V,N} = C_V$ とおいて C_V を計算すれば

$$\boxed{C_V = \frac{\pi^2 k^2 T}{3} D(\varepsilon_\mathrm{F}) = \frac{Vk^2 T}{3\hbar^3} m p_\mathrm{F} = N\frac{\pi^2 k^2 T}{2\varepsilon_\mathrm{F}}} \tag{5.33}$$

となる. この C_V に関する第1の表式から第2の表式を導く際に

$$D(\varepsilon_\mathrm{F}) = \frac{8\pi V}{h^3} p_\mathrm{F}^2 \left.\frac{\mathrm{d}p}{\mathrm{d}\varepsilon}\right|_{p=p_\mathrm{F}} = \frac{Vmp_\mathrm{F}}{\pi^2 \hbar^3}$$

を用い, さらに第2の表式から第3の表式を導く際には p_F を密度の関数として与える式(5.17)を用いた. 式(5.33)では比熱が T に比例しており, 第三法則から要請されるように $T=0$ では零となることを示している. 話を具体的にするために金属中の伝導電子について考えれば式(5.33)の第1表式を物理的に解釈することができる. すなわち, **フェルミ球**の内部深くにある電子はパウリ排他律のために励起されることはできず, フェルミ面から kT の範囲にある電子のみが熱的に励起される. フェルミ球内部深くにある電子が kT のオーダーのエネルギーによって励起されうるエネルギー準位はすでにほかの電子が占拠されているため, 実際には励起されえないのである. 熱的に励起され

[*5] 2次元では $D(\varepsilon) = $ 定数, $D'(\varepsilon) = 0$ である. これから2次元の μ に関しては $(kT/\varepsilon_\mathrm{F})^2$ 補正がないことを示すのは容易である. 基本課題 5.6.3 を見よ.

る電子の数は $\Delta N \simeq kTD(\varepsilon_F)$ のオーダーであって，これらの電子に関しては等分配の法則が近似的に成立し

$$C_V \sim k\Delta N \simeq k(kT)D(\varepsilon_F)$$

である．因子 $\pi^2/3$（式 (5.33) を見よ）を得るためには厳密な計算が必要である．同様な議論によって C_V に関する式 (5.33) の第 3 の表式に現れた近似形を導くことができる：$\Delta N/N \sim kT/\varepsilon_F$ であり，一方，式 (5.17) によればフェルミ運動量 p_F は密度にのみ依存するため，式 (5.33) の第 2 の表式は質量依存性を示す．

5.2.3 理想フェルミ気体への補正

前項で低温における金属の比熱への伝導電子からの寄与（$\propto T$）を計算したが，C_V にはほかにいくつもの寄与があり，たとえば5.3節で論じるように格子振動は T^3 の寄与を与え無視することはできない．鉄やコバルトのような強磁性体の場合，スピン波は $T^{3/2}$ に比例する寄与を与え（基本課題 5.6.6），さらに非常に低温では核からの寄与が現れる．強磁性でない金属では C_V/T を T^2 の関数として直線

$$\frac{C_V}{T} = \gamma + AT^2$$

で表せば γ と A の決定は容易である（図 5.4）．伝導電子 1 個あたりの γ の理論値は式 (5.33) で与えられ $\gamma_{th} = \pi^2 k^2/(2\varepsilon_F)$ である．

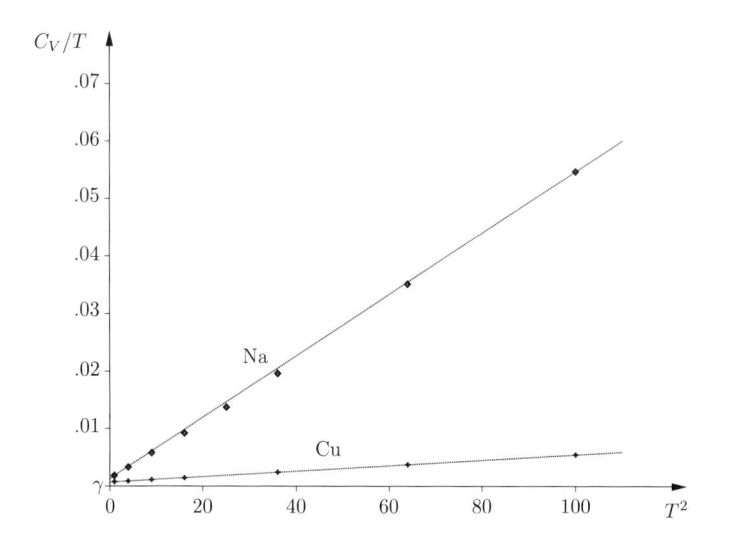

図 5.4 直線はナトリウムと銅に関して C_V/T を T^2 の関数として与えるグラフ．伝導電子からの比熱への寄与は非常に小さいことに注意．

表 5.1 金属中の伝導電子からの比熱への寄与に関する理論値と実験値の比較

	Li	Na	Cu	Ag	Au
$\gamma_\text{exp}/\gamma_\text{th}$	2.3	1.3	1.3	1.1	1.1

表 5.1 は比 $\gamma_\text{exp}/\gamma_\text{th}$ が 1 とはかなり異なることを示しており,理想フェルミ気体モデルが金属中の伝導電子のふるまいを正しく記述しうるかとの疑問を生じさせる.ここでは電子とイオンの周期的ポテンシャルとの相互作用,電子とフォノンとの相互作用,さらに電子間相互作用はすべて小さく,それらによる補正は 10% から 20% を超えることはないと暗黙のうちに仮定してきた.しかし表 5.1 はこれらの「補正」が 2 倍かそれ以上の大きさになる場合すらあり,無視できないことを示している.

相互作用のあるフェルミ気体の物理を明らかにするため,経験的に電子よりも単純と思われる液体ヘリウム 3 について考えよう(研究課題 5.7.6).ヘリウム 3 原子は電子と同じようにフェルミ粒子であるが金属や半導体中のような周期的ポテンシャルはなく,原子どうしの相互作用だけを考慮すればよい.超流体への転移温度(約 3 mK)と 100 mK の間の温度領域ではヘリウム 3 は「ランダウのフェルミ液体論[*6]」でよく記述される.フェルミ液体論では相互作用のある場合のエネルギー準位のスペクトルは定性的に自由粒子の場合と同じであると仮定する(研究課題 8.6.7 を見よ).特に $T=0$ では相互作用のある場合でもフェルミ面がよく定義されるという仮定が重要である.フェルミ液体論では個々の粒子とは異なる性質をもつ準粒子の概念を導入し,それらの準粒子間には有効相互作用を仮定する[*7].まず比熱の計算を調べよう.エネルギー $\varepsilon_\text{F} = p_\text{F}^2/(2m)$ をフェルミエネルギー $\varepsilon_0 = \mu(T=0)$ でおきかえ,同時にフェルミ面でのみ

$$\left.\frac{d\varepsilon}{dp}\right|_{p=p_\text{F}} = \frac{p_\text{F}}{m^*}$$

により定義される有効質量 m^* を導入することにより,式 (5.32) を導いたときと同じ議論が成立する[*8].その結果状態数密度 $D(\varepsilon_0)$ は

$$D(\varepsilon_0) = \frac{8\pi V}{h^3} p_\text{F}^2 \left.\frac{d\varepsilon}{dp}\right|_{p=p_\text{F}} = \frac{Vm^* p_\text{F}}{\pi^2 \hbar^3}$$

となり,結局,理想気体に関する状態数密度の表式で m を m^* でおきかえるだけでよいことがわかる.それゆえ C_V の式 (5.33) における第 2 表式は

$$C_V = \frac{Vk^2 T}{3\hbar^3} m^* p_\text{F}$$

[*6] 本書では「フェルミ液体」と「フェルミ気体」を区別せずに用いる.
[*7] 最も望ましいのは準粒子間相互作用が弱い場合であるが常にそのような状況が許されるわけではない.ヘリウム 3 の場合には準粒子間相互作用は非常に重要である.
[*8] C_V の計算では準粒子間の相互作用は無視できることを示せる.研究課題 8.6.7 を見よ.

となり C_V は T に比例する．しかし式 (5.33) で与えられる理想気体の比例係数に加えて因子 m^*/m が現れている．ヘリウム 3 の場合，圧力が零から約 30 atm（固化圧力）の範囲で変化するとき，m^*/m は $3 \lesssim m^*/m \lesssim 5$ の値をとり補正因子は小さくはない．しかし C_V の T への線形依存性は $T \lesssim 100\,\mathrm{mK}$ でよく成立している[*9]．ランダウ理論の成功は次の三つの要素に依存する．(i) $T \to 0$ で準粒子の数は小さいこと，(ii) パウリ原理により，エネルギーが ε_0 に近い準粒子の平均寿命は $T \to 0$ で発散するため，準粒子の概念が物理的に明確になること，(iii) 物理的に重要な現象はフェルミ面のごく近傍のふるまいで決定されること，の 3 点である．

応用の一つとして化学ポテンシャルを与える式 (5.31) への補正を計算しよう．比熱 C_V はエントロピーを与えるから $\partial F/\partial T = -S$ を用いて自由エネルギーを計算できる．化学ポテンシャルは自由エネルギー密度 $f = F/N$ を n に関して微分することにより得られる．

$$\mu = \left.\frac{\partial f}{\partial n}\right|_T = \varepsilon_0 - \frac{\pi^2 k^2 T^2}{12\varepsilon_F}\frac{m^*}{m}\left(1 + \frac{3n}{m^*}\frac{\partial m^*}{\partial n}\right)$$

ランダウ理論におけるパラメータは有効質量だけではない．たとえば圧縮率や帯磁率はフェルミ面で定義される準粒子間相互作用を表すパラメータに依存する．

金属中の電子は，(i) 電子と周期的ポテンシャルおよびフォノンとの相互作用，(ii) 電子間クーロン相互作用の長距離性，という二つの理由のために原理的により複雑である．このような困難にもかかわらず，電子–格子相互作用および電子間相互作用の効果を近似的に有効質量に取り込んだ準自由電子モデルはよい結果を与えている．しかしランダウ理論が適用できない場合もある．超伝導金属や超流動ヘリウム 3 の場合のエネルギースペクトルは，自由フェルミ粒子のそれとは無関係である．どんなに弱い引力相互作用でも $T \to 0$ で超流動状態に導く．別の例は強相関電子系である．分数ホール効果（量子ホール効果については研究課題 6.6.5 を見よ）は電子電荷の 1/3，1/5 といった分数電荷をもつ有効粒子の存在を示唆する．高温超伝導体もランダウ理論の適用外のように思われる．それゆえ，準自由電子モデルが金属の性質に関して成功してきたことは決して最初から自明のことではない．

5.3 黒 体 輻 射

フェルミ気体について調べたときと同様な方法でボース気体の研究を進めることができる．ボース粒子はパウリ原理のような強い拘束条件を課されていないため，フェルミ粒子のように豊富な現象は期待できないと思うかもしれない．しかしこれから展開する内容の多様性は，そのような考えがまったくの誤りであることを明らかにするだろう．

[*9] この温度は非常に低いように思えるかもしれないがヘリウム 3 では $T_F \sim 5\,\mathrm{K}$ であり $100\,\mathrm{mK}$ は $T/T_F \simeq 2 \times 10^{-2}$ に対応する．これは金属中の電子気体の T/T_F では室温に相当する．

これからの議論では，(i) 粒子数のゆらぎが許されるボース気体と (ii) 粒子数が固定されたボース気体という二つの場合を区別する必要がある．前者はたとえば「宇宙マイクロ波背景輻射」や固体の比熱の場合であり，後者は 5.5 節で扱われるボース–アインシュタイン凝縮現象の場合である．

5.3.1 熱平衡にある電磁輻射

温度 T にある体積 V の空洞を考えよう．この空洞の壁は連続的に電磁輻射の放出吸収を行う．量子力学的には光子が壁と熱平衡状態にあるといえる．すなわち，空洞内には光子気体がある．光子はボース粒子であり，その数は保存則による制限は受けないため化学ポテンシャルは零である（5.1.3 項を見よ）．式 (5.8b) で $z=1$ とおけば運動量状態 $\vec{p}$ にある光子の平均数は

$$\langle n_{\vec{p}} \rangle = \frac{2}{e^{\beta \varepsilon_p} - 1} \qquad \varepsilon_p = c|\vec{p}| = cp \tag{5.34}$$

で与えられる．因子 2 は光子が二つの独立な偏光ベクトルをもつためである[*10]．これからエネルギー $E(T,V)$ が

$$E(T,V) = \sum_{\vec{p}} \langle n_{\vec{p}} \rangle \varepsilon_{\vec{p}} = \frac{2V}{h^3} \int d^3 p \frac{cp}{e^{\beta cp} - 1}$$

と求められ，これは温度と体積にのみ依存する．ここで無次元変数 $v = \beta cp$ を導入すればエネルギー密度[*11]$\epsilon(T) = E(V,T)/V$ として

$$\epsilon(T) = \frac{(kT)^4}{\pi^2 \hbar^3 c^3} \int_0^\infty dv \frac{v^3}{e^v - 1} = \frac{\pi^2 (kT)^4}{15 \hbar^3 c^3} \tag{5.35}$$

が得られる．ここで積分 (A.53) を用いた．圧力とエネルギーに関する関係式 (2.29) から超相対論的気体では $P = \epsilon/3$ であり，これから

$$\boxed{\epsilon(T) = \sigma' T^4 \qquad \sigma' = \frac{\pi^2 k^4}{15 \hbar^3 c^3} \qquad P = \frac{1}{3} \sigma' T^4} \tag{5.36}$$

が得られる．光子気体の圧力とエネルギーは T^4 に比例する．光子については運動量あるいはエネルギーよりも振動数がよく使われる．そこで，エネルギー密度 $\epsilon(T)$ を，単

[*10] 光子のスピンは 1 であるから三つの偏光状態が可能であるように思えるかもしれない．しかし光子の質量は零であり，質量零の粒子のスピンが s であるとき，運動量方向のスピン成分を考えると m_z は二つの値 $m_z = \pm s$ しかとりえない．質量零の粒子（フェルミ粒子あるいはボース粒子）の相互作用がパリティを保存しない場合，これら二つの射影のうち一つしか許されない．たとえば，すくなくとも 1999 年以前にはニュートリノは $m_z = -1/2$ の状態でのみ存在し反ニュートリノは $m_z = 1/2$ であると考えられていた．しかし現在ではニュートリノが有限の質量をもつことを示す多くの実験があり，このような単純な考えは否定されつつある．質量零の粒子のスピンに関する性質はウィグナーによって調べられた．

[*11] エネルギー密度 ϵ と個々の粒子のエネルギー ε を混同しないように注意．

5.3 黒体輻射

位体積かつ単位振動数あたりのエネルギー密度 $\epsilon(\omega, T)$ の ω に関する積分

$$\epsilon(T) = \int_0^\infty \mathrm{d}\omega \epsilon(\omega, T)$$

として書けば，式 (5.35) から

$$\boxed{\epsilon(\omega, T) = \frac{\hbar}{\pi^2 c^3} \frac{\omega^3}{\mathrm{e}^{\beta \hbar \omega} - 1}} \tag{5.37}$$

を導くことができる．この式は 1900 年にプランクによって初めて導かれ「プランクの黒体輻射則」とよばれる（図 5.5）．この術語の妥当性は 5.3.2 項で論ずる．

ここで次元解析を行っておくことは理解を深めるのに役立つと思われる．エネルギー密度 ϵ（次元は $ML^{-1}T^{-2}$）を構成する際に用いることのできる量は $\hbar$（次元は ML^2T^{-1}），c（次元は LT^{-1}）および kT（次元は MLT^{-2}）だけである．可能な解は $\epsilon(T) = A\hbar^{-3}c^{-3}(kT)^4$ だけであり A は式 (5.36) で与えられる数値係数である（すなわち $A = \pi^2/15$）．プランク定数なしには $\epsilon(T)$ を構成することは不可能であるという事実は注目すべきである．ここで次元 $ML^{-1}T^{-1}$ をもつ $\epsilon(\omega, T)$ を考えてみよう．量子力学の発見以前には，用いることができる量は c, ω, kT だけであって，その場合の唯一の可能な解は $\epsilon(T, \omega) = Bc^{-3}(kT)\omega^2$ である．ここで B は無次元の係数であり，その値は式 (5.37) の古典極限 $\hbar\omega \ll kT$ から決まる．しかし，この $\epsilon(T, \omega)$ を用いると $\epsilon(T)$

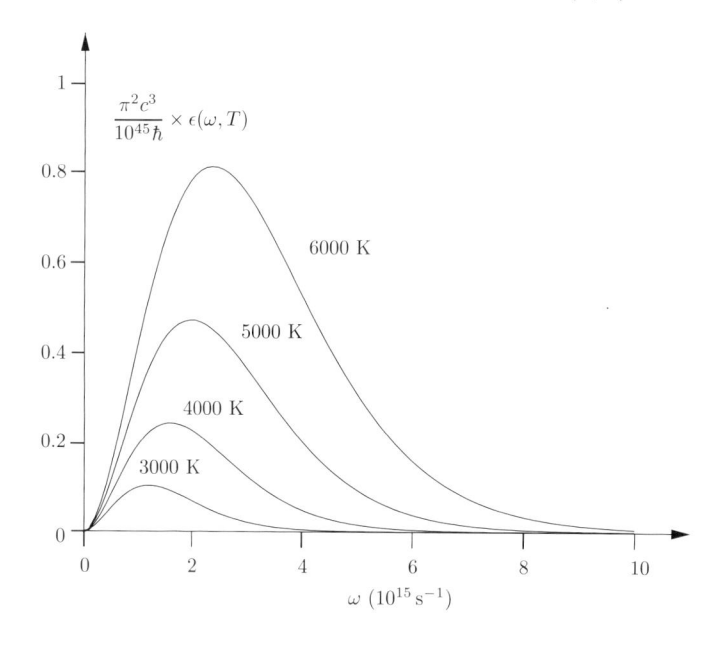

図 **5.5** スペクトル密度 $\varepsilon(\omega, T)$

を与える積分は $\omega \to \infty$ で収束しない．すなわち，$\hbar$ なしには $\epsilon(T)$ を構成することができないため，古典物理学では熱平衡にある電磁輻射の理論は存在しない．1900 年，この困難に対してプランクは後に彼の名を冠することになる定数を導入したのである．量子力学により式 (5.37) に導入された $\exp(-\beta\hbar\omega)$ は $\epsilon(T)$ の計算に際して $\omega \to \infty$ のときの収束因子となる．

　黒体輻射の最もよく知られた例は宇宙を満たす「マイクロ波背景輻射」である．この輻射の振動数分布は有効温度を 3 K としたプランクの法則 (5.37) に従うが，実際には熱平衡状態ではない．宇宙の誕生であるビッグバンの約 50 万年後にこの輻射場は物質から分離したと考えられている．この分離が起きたときの温度は約 10^4 K であって，この後の宇宙の絶え間ない膨張により温度は現在の 3 K まで下がったと考えられている．

5.3.2　黒　体　輻　射

　黒体とは入射電磁輻射を 100% 吸収するような物体である．可視光領域での電磁輻射に関する黒体を実際に作るには内側を黒く塗った箱に小さな穴をあければよい（図 5.6）．入射光子は内壁との衝突でほとんど吸収され，箱の内部に入射電磁輻射が存在する確率はほぼ零である．箱の内部には，温度 T で内壁と平衡状態にあるような電磁輻射が存在する．このような穴から放射される単位時間単位面積あたりのエネルギーを計算してみよう．この単位時間単位面積あたりのエネルギーは，その定義から黒体輻射のエネルギーフラックス $\Phi(T)$ である．必要なのは d^3p における単位体積あたりの光子数の平均値 $f(\vec{p})$ であり，それは式 (5.34) から

$$f(\vec{p}) = \frac{2}{h^3} \frac{1}{\mathrm{e}^{\beta c p} - 1} \tag{5.38}$$

と与えられる．$f(\vec{p}) = f(p)$ であるからエネルギー密度 $\epsilon(T)$ は

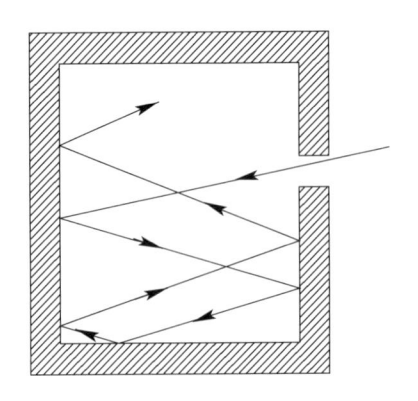

図 5.6　黒体の概念図

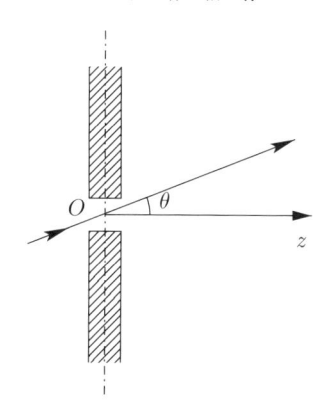

図 5.7 黒体輻射の計算のための座標軸

$$\epsilon(T) = \int \mathrm{d}^3 p\, f(\vec{p}) pc = 4\pi c \int_0^\infty \mathrm{d}p\, f(p) p^3 \tag{5.39}$$

となる.計算を具体的にするため,穴の開いている面に垂直に z 軸 Oz をとる.エネルギーが $\varepsilon_p = cp$ である光子のエネルギーフラックスは(図 5.7)

$$\varepsilon_p v_z = c^2 p \cos\theta$$

で与えられる.ここで θ は光子の運動量 $\vec{p}$ と軸 Oz との角度である.穴から外へ出ていく光子の速度は $v_z > 0$ であることに注意すれば全フラックス $\Phi(T)$ は

$$\begin{aligned}\Phi(T) &= \int_{p_z>0} \mathrm{d}^3 p f(\vec{p}) c^2 \cos\theta \\ &= \left[\int_0^\infty \mathrm{d}p c^2 p f(p) p^2\right]\left[2\pi \int_0^{\pi/2} \mathrm{d}\theta \cos\theta \sin\theta\right]\end{aligned}$$

となる.この結果を式 (5.39) に用いて,さらに上式右辺 2 行目の 2 番目の括弧内の積分が $1/2$ を与えることを用いれば

$$\boxed{\Phi(T) = \frac{c}{4}\epsilon(T) = \sigma T^4 \qquad \sigma = \frac{\pi^2 k^4}{60\hbar^3 c^2}} \tag{5.40}$$

が得られる.ここに現れた定数 σ はステファン–ボルツマン定数とよばれ MKS 単位系での値は

$$\sigma = 5.67 \times 10^{-8}\ \mathrm{watt\ m^{-2}\ K^{-4}}$$

である.

単位振動数あたりのエネルギーフラックスは

$$\frac{\omega^3}{e^{\hbar\omega/kT}-1} \propto \frac{v^3}{e^v-1}$$

に比例する．ここで $v = \hbar\omega/(kT)$ とした．このフラックスは ω の関数として $v_m = 2.82$ で最大値をとる．これは ω で表せば $\omega_m = 2.82(kT)/\hbar$ である．異なる二つの温度 T_1 と T_2 に関して，二つの最大値は

$$\frac{\hbar\omega_{1m}}{kT_1} = \frac{\hbar\omega_{2m}}{kT_2}$$

なる関係で結ばれている．これは「ウィーンの変位則」とよばれ，最大値を与える点をプロットすれば温度に比例する直線になることを示している．一方，最大値は T^3 に比例する（図5.5）．黒体として近似的に扱うことのできる高温物体を観測するとき，そのエネルギーフラックスを ω の関数として測定し，その最大値を求めれば物体の温度を決定できる．このようにして太陽や星の温度を測定することができる．さらに星の**輝度**，すなわち輻射の明るさを測定できれば，プランクの法則 (5.40) を用いて星の半径を決定できる．

$$L = 4\pi R^2 \sigma T_s^4 \tag{5.41}$$

太陽に関しては R を別の方法で測定できるため，この方法の有効性を検証することが可能である．実際には太陽や星は真の黒体ではないため補正が必要である．

5.4 デバイ模型

5.4.1 固体における振動の簡単な模型

粒子数が固定されていないボース粒子系（この場合化学ポテンシャルは零であることに注意）のもう一つの重要な例は固体中の振動の熱力学である．この問題を考えるには振動の1次元モデルからはじめるのがよい．x 軸上を摩擦なしに運動可能な N 個の質量 m の粒子が，同等なバネで鎖状につながれている系を考えよう（図5.8）．n 番目の粒子の位置座標を x_n，その平衡位置を $\bar{x}_n$ とし $q_n = x_n - \bar{x}_n$ とする．便宜上，周期的境界条件 $x_n = x_{n+N}$ を仮定する．n は0から $N-1$ までの値をとる．平衡での隣りあう粒

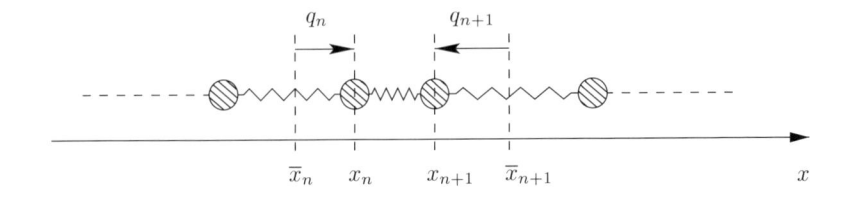

図 **5.8** 固体における振動のモデル

5.4 デバイ模型

子の間隔(格子間隔)を a とすれば $\overline{x}_n = an$ である.バネ定数を K とし n 番目の粒子の運動量を $p_n = m\dot{q}_n$ とすれば,この系のハミルトニアンは

$$\mathscr{H} = \sum_{n=0}^{N-1} \frac{p_n^2}{2m} + \frac{1}{2}K \sum_{n=0}^{N-1} (q_{n+1} - q_n)^2 \tag{5.42}$$

で与えられる.式 (5.42) の第 1 項は運動エネルギーであり第 2 項はポテンシャルエネルギーである.このハミルトニアンを対角化するために基準モード q_k を

$$q_k = \frac{1}{\sqrt{N}} \sum_{n=0}^{N-1} e^{ik\overline{x}_n} q_n = \sum_n U_{kn} q_n \quad k = j \times \frac{2\pi}{Na} \quad j = 0, \ldots, N-1 \tag{5.43}$$

とおく.添え字 k は各基準モードを表し,添え字 n は位置を表す.式 (5.43) で定義された U_{kn} は離散(格子)フーリエ変換の行列要素である.行列 U はユニタリーである.

$$\sum_n U_{kn} U_{nk'}^{\dagger} = \frac{1}{N} \sum_n e^{ik\overline{x}_n} e^{-ik'\overline{x}_n} = \frac{1}{N} \sum_n \exp\left[\frac{2i\pi}{Na}(k-k')\overline{x}_n\right]$$
$$= \frac{1}{N} \frac{1 - \exp(2i\pi(k-k'))}{1 - \exp(2i\pi(k-k')/N)} = \delta_{kk'}$$

ここで $U_{nk}^{\dagger} = U_{kn}^* = U_{-kn}$ であるから上式は

$$\sum_n U_{kn} U_{nk'}^{\dagger} = \sum_n U_{kn} U_{-k'n} = \delta_{kk'} \tag{5.44}$$

となる.U_{kn} のユニタリー性から逆フーリエ変換は[*12]

$$q_n = \frac{1}{\sqrt{N}} \sum_{k=-\pi/a}^{\pi/a} e^{-ik\overline{x}_n} q_k = \sum_k U_{nk}^{\dagger} q_k = \sum_k U_{-kn} q_k \tag{5.45}$$

で与えられる.フーリエ変換 (5.43) とその逆変換 (5.45) は運動量に関しても同様に用いることができる.たとえば式 (5.43) では,$q_n \to p_n$ および $q_k \to p_k$ なるおきかえをすればよい.それゆえ,式 (5.44), (5.45) と式 (5.45) を運動量に関して書き換えた式を用いてハミルトニアンを対角化することができる.まず式 (5.42) の運動エネルギー項から調べよう.

$$\sum_n p_n^2 = \sum_n \sum_{k,k'} U_{-kn} U_{-k'n} p_k p_{k'} = \sum_{k,k'} \delta_{k\,-k'} p_k p_{k'} = \sum_k p_k p_{-k}$$

これはパーサヴァルの定理にほかならない.次にポテンシャルエネルギー項を変換する.

[*12] ここでは $N \gg 1$ の場合を考えている.便宜上 k を第 1 ブリルアンゾーンにとって $k = -\frac{\pi}{a}, \ldots, \frac{\pi}{a}$ とし境界効果を無視する.

$$\sum_n (q_{n+1}-q_n)^2 = \sum_n \sum_{k,k'} \left(U_{-k,n+1}-U_{-k,n}\right)\left(U_{-k',n+1}-U_{-k',n}\right) q_k q_{k'}$$

$$= \sum_n \sum_{k,k'} \left(e^{-ika}-1\right)\left(e^{-ik'a}-1\right) U_{-k,n} U_{-k',n} q_k q_{k'}$$

$$= \sum_k \left(e^{-ika}-1\right)\left(e^{ika}-1\right) q_k q_{-k} = 4\sum_k \sin^2\left(\frac{ka}{2}\right) q_k q_{-k}$$

これらの2式を合わせてハミルトニアンを次の形に書くことができる.

$$\mathscr{H} = \sum_k \frac{p_k p_{-k}}{2m} + \frac{1}{2} K \sum_k 4\sin^2\left(\frac{ka}{2}\right) q_k q_{-k} = \sum_k \frac{p_k p_{-k}}{2m} + \frac{1}{2} m \sum_k \omega_k^2 q_k q_{-k} \tag{5.46}$$

ここで基準モード k の基準振動数を

$$\omega_k = 2\sqrt{\frac{K}{m}} \sin\frac{|ka|}{2} \tag{5.47}$$

と定義した. 式 (5.47) は ω_k を k の関数として与え, 基準振動の**分散関係**とよばれる (図 5.9). 式 (5.47) は古典力学の枠組み内で求められたが, これは q_n と p_n を演算子として, そのまま量子力学に一般化できる. そこで位置および運動量をそれぞれ $q_n \to \mathsf{q}_k$ および $p_n \to \mathsf{p}_k$ として演算子におきかえ, 量子力学的な場合を考えよう. ハミルトニアンを各モードに関して独立な形に分解するには k モードと $-k$ モードを分離しなければならない. そのために調和振動子の**消滅演算子** a_k と**生成演算子** $\mathsf{a}_k^\dagger$ を定義する. まず q_k と p_k' の間の正準交換関係を $[\mathsf{q}_n, \mathsf{p}_{n'}] = i\hbar \delta_{nn'}$ から導く.

$$[\mathsf{q}_k, \mathsf{p}_{k'}] = \sum_{nn'} U_{kn} U_{k'n'} [\mathsf{q}_n, \mathsf{p}_{n'}] = i\hbar \sum_n U_{kn} U_{k'n} = i\hbar \delta_{k-k'} \tag{5.48}$$

ここで式 (5.44) を用いた. 次に演算子 a_k と $\mathsf{a}_k^\dagger$ を定義する.

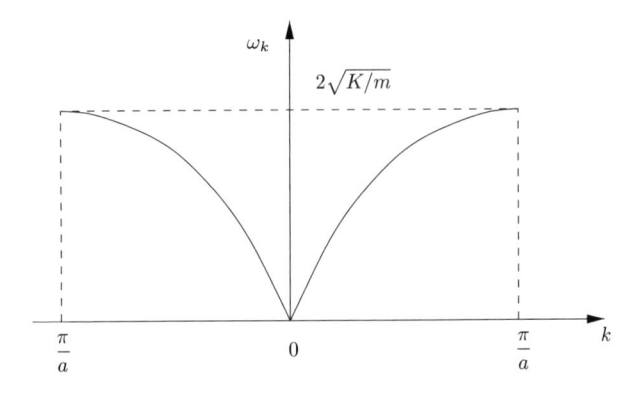

図 **5.9** 基準振動の分散関係

$$q_k = \sqrt{\frac{\hbar}{2m\omega_k}}\left(a_k + a_{-k}^\dagger\right), \quad p_k = \frac{1}{i}\sqrt{\frac{\hbar m\omega_k}{2}}\left(a_k - a_{-k}^\dagger\right) \tag{5.49}$$

正準交換関係 (5.48) からただちに

$$[a_k, a_{k'}^\dagger] = \delta_{kk'} \tag{5.50}$$

が導かれる．交換関係 (5.48) の右辺は $\delta_{k\,-k'}$ であるが，式 (5.50) では $\delta_{kk'}$ であることに注意．式 (5.49) をハミルトニアン (5.46) に代入し，さらに交換関係 (5.50) を用いて

$$\mathscr{H} = \sum_{k=-\pi/2}^{\pi/2}(a_k^\dagger a_k + a_{-k}^\dagger a_{-k} + 1)\frac{\hbar\omega_k}{2}$$

が得られる．ここで $\sum_k a_k^\dagger a_k = \sum_k a_{-k}^\dagger a_{-k}$ であるから，ハミルトニアンは独立な調和振動子の和として書くことができる．

$$\boxed{\mathscr{H} = \sum_{k=-\pi/a}^{\pi/a}\left(a_k^\dagger a_k + \frac{1}{2}\right)\hbar\omega_k} \tag{5.51}$$

次の交換関係を導くのは容易である．

$$[\mathscr{H}, a_k^\dagger] = \hbar\omega_k a_k^\dagger \qquad [\mathscr{H}, a_k] = -\hbar\omega_k a_k$$

この交換関係を用いて演算子 a_k と $a_k^\dagger$ がどのような役割を演じるかを見ることができる．これらの演算子をハミルトニアンの固有状態 $|r\rangle$ ($\mathscr{H}|r\rangle = E_r|r\rangle$) に作用させてみよう．

$$\mathscr{H}a_k|r\rangle = (a_k\mathscr{H} + [\mathscr{H}, a_k])|r\rangle = (E_r - \hbar\omega_k)a_k|r\rangle$$
$$\mathscr{H}a_k^\dagger|r\rangle = (a_k^\dagger\mathscr{H} + [\mathscr{H}, a_k^\dagger])|r\rangle = (E_r + \hbar\omega_k)a_k^\dagger|r\rangle$$

これから生成（消滅）演算子 $a_k^\dagger$ (a_k) はエネルギーを $\hbar\omega_k$ だけ増加（減少）させることがわかる．エネルギー量子に関するこのような**素励起**あるいは**準粒子**を**フォノン**とよぶ．固体の振動をバネや質量をもつ粒子によって記述するよりもフォノンを用いるほうがはるかに簡単である．演算子 $\mathsf{n}_k = a_k^\dagger a_k$ はハミルトニアンと可換であり基準振動モード k にあるフォノンの数を表す．基準振動モード k の調和振動子の基底状態を $|0_k\rangle$ としよう．量子力学的調和振動子のよく知られた性質を用いれば基準モード k の励起状態 $|n_k\rangle$ は

$$|n_k\rangle = \frac{1}{\sqrt{n_k!}}(a_k^\dagger)^{n_k}|0_k\rangle$$

と表される．この状態は

$$a_k^\dagger a_k|n_k\rangle = \mathsf{n}_k|n_k\rangle = n_k|n_k\rangle \tag{5.52}$$

を満たす．ハミルトニアン $\mathscr{H}$ の固有状態 $|r\rangle$ は異なる k に関する状態 $|n_k\rangle$ のテンソル積によって与えられる．

$$|r\rangle = \bigotimes_{k=-\pi/a}^{k=\pi/a} |n_k\rangle$$

$$\mathscr{H}|r\rangle = \sum_{k=-\pi/a}^{k=\pi/a} \left(n_k + \frac{1}{2}\right)\hbar\omega_k |r\rangle$$

このように構成されたヒルベルト空間は**フォック空間**とよばれる．状態 $|r\rangle$ は占拠数 $r \equiv \{n_k\}$ を与えることにより完全に指定される．平均値 $\langle \mathsf{n}_k \rangle \equiv \langle n_k \rangle$ は基準振動モード k の平均占拠数であり，それはまた基準モード k にあるフォノンの平均数でもある．式 (5.51) からエネルギーの平均値は

$$E = \sum_k \left\langle \left(\mathsf{a}_k^\dagger \mathsf{a}_k + \frac{1}{2}\right)\right\rangle \hbar\omega_k = \sum_k \left(\langle n_k \rangle + \frac{1}{2}\right)\hbar\omega_k \tag{5.53}$$

で与えられる．以上に述べた理論形式は粒子数（ここではフォノンの数）が変化する場合に対応し，**第 2 量子化**（この名称は適切ではない）とよばれている．

実際の系ではより複雑でこのような調和振動子型相互作用だけがあるのではない．非調和相互作用が含まれるとフォノンによる記述は低温でフォノン数が小さい場合にのみ簡単になる．実際，非調和相互作用はフォノン間の相互作用を生じさせ，基準振動モードは独立性を失い，個々のモードにおけるフォノン数は一定ではなくなる[*13]．

分散関係 (5.47) は $|ka| \ll 1$ の場合には線形になる．

$$|k|a \ll 1 \qquad \omega_k \simeq \sqrt{\frac{K}{m}}|k|a = c_{\mathrm{s}}k \tag{5.54}$$

ここで $c_\mathrm{S} = a\sqrt{K/m}$ は低振動数での音速である．実際，K とヤング率の関係 $K = aY$[*14] と，質量 m と質量密度 ρ との関係 $m = \rho a^3$ から，古典的な結果 $c_\mathrm{S} = \sqrt{Y/\rho}$ が導かれる．

5.4.2 デバイ近似

前節の計算を 3 次元に一般化することは容易である．論理を明確にするために単純立方格子を考えよう．基準モードを第 1 ブリルアンゾーンにある波数ベクトル $\vec{k}$ で表すことにすれば

$$-\frac{\pi}{a} \leq k_x, k_y, k_z \leq \frac{\pi}{a}$$

[*13] 基準振動モード間あるいは基準振動モードと外界との非調和相互作用（黒体輻射における光子と壁との相互作用と同様）がなければ熱平衡に到達することはできない．

[*14] 関係 $K = aY$ は弾性的な棒を鎖状バネで近似することにより簡単に導くことができる．

である．さらに振動数 $\omega_{\vec{k}}$ は $\vec{k}$ の方向に依存しないと仮定する．すなわち $\omega_{\vec{k}} = \omega_k$ [*15]である．デバイ近似では関係式 $\omega = c_s k$ がすべての振動数について成立することを仮定する．この場合，基準モード密度を振動数で表すのが便利である．

$$\frac{V}{(2\pi)^3} d^3k \to \frac{V}{2\pi^2} k^2 dk = \frac{V}{2\pi^2 c_s^3} \omega^2 d\omega$$

さらに，ここでは光の場合の二つの独立な偏光ベクトルと異なり，音波は三つの独立な振動方向をもつことを考慮しなければならない．波数ベクトルに垂直な二つの横型分極ベクトルに加えて，波数ベクトルに平行な縦型分極ベクトルがあり圧縮モードに対応している．個々の原子は三つの独立な方向に運動できるから，すべての振動モードの数は原子数の3倍であり，それは全自由度でもある．これから**デバイ振動数**とよばれる最大振動数 ω_D （そのような最大振動数の存在は式 (5.47) から式 (5.54) にいく途中で一時的に無視されたが）を次のように決めることができる．

$$\frac{3V}{2\pi^2 c_s^3} \int_0^{\omega_D} d\omega\, \omega^2 = 3N$$

原子が個々の平衡位置のまわりに独立に振動するというアインシュタイン模型で考えれば，この結果は直観的に明らかである．独立な振動方向は三つあるから，全体では $3N$ 個の調和振動子があることになり，それは $3N$ 個の基準モードがあることを意味する．デバイ振動数を音速 c_s と密度 n の関数として求めれば

$$\omega_D = c_s \left(6\pi^2 n\right)^{1/3} \tag{5.55}$$

である．デバイ振動モードの密度 $\mathcal{D}_D(\omega)$ は

$$\boxed{\mathcal{D}_D(\omega) = \frac{3V}{2\pi^2 c_s^3} \omega^2 \theta(\omega_D - \omega)} \tag{5.56}$$

と書かれる．デバイ振動数に対応する特性エネルギーは $\hbar\omega_D$ であり，さらに

$$\boxed{kT_D = \hbar\omega_D} \tag{5.57}$$

で与えられる[*16]特性温度 T_D が対応する．この T_D は**デバイ温度**とよばれ，フェルミ気体の場合のように温度基準を与える．すなわち低温とは $T \ll T_D$ であり高温とは $T \gg T_D$ である．

議論をより物理的にするため重要な物理量のオーダーを調べよう．鋼鉄の場合，ヤング率は $Y \simeq 2 \times 10^{11}\,\mathrm{N\,m^{-2}}$ であり質量密度は $\rho \simeq 8 \times 10^3\,\mathrm{kg\,m^{-3}}$ である．これから音速 $c_s \simeq 5 \times 10^3\,\mathrm{m\,s^{-1}}$，密度 $n \simeq 8.6 \times 10^{28}\,\mathrm{m^{-3}}$ となる．それゆえ式 (5.55) から $\omega_D \simeq 8.6 \times 10^{13}\,\mathrm{s^{-1}}$，また式 (5.57) から $T_D \simeq 650\,\mathrm{K}$ が得られる．一般にデバイ温度は数百 K のオーダーである．

[*15] ここでは $k \geq 0$ であるが 5.4.1 項では k は離散的であった．
[*16] ここでは k はボルツマン定数であって波数ベクトルではない．

ここで音波の分極の問題に戻る.実際の系では縦波と横波は異なる速さをもつ.等方性固体の振動の物理的性質はヤング率に加えてポアソン比 σ, $0 \leq \sigma \leq 1/2$, および

$$c_L^2 = \frac{Y}{\rho} \frac{1-\sigma}{(1-2\sigma)(1+\sigma)} \qquad c_T^2 = \frac{Y}{\rho} \frac{1}{2(1+\sigma)} \leq c_L^2 \tag{5.58}$$

で与えられる縦波の速さ (c_L) と横波の速さ (c_T) によって決められる.デバイ振動モードの密度 $\mathcal{D}_D(\omega)$ は c_s^{-3} に比例するから(式 (5.56))平均の速さ c_s を

$$\frac{3}{c_s^3} = \frac{2}{c_T^3} + \frac{1}{c_L^3} \tag{5.59}$$

として定義することができる.これは等方性固体について成立する.結晶の対称性を考慮すると結果はより複雑になる[*17].実際の振動モードの密度 $\mathcal{D}(\omega)$ はデバイ振動モード密度 (5.56) とはかなり異なる(図 5.10 を見よ).しかしながら,低温では長波長フォノンが物理現象を支配し $\omega(k) = c_s k$ が成立するためデバイ模型は信頼性のある理論となる.

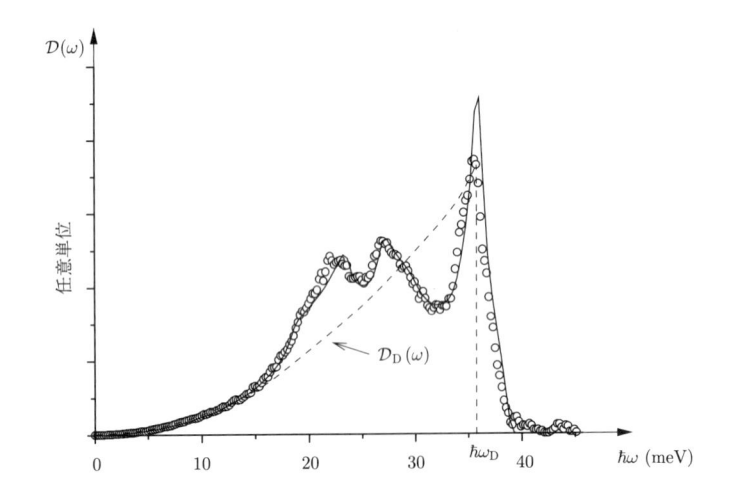

図 **5.10** X 線非弾性吸収(丸印で示されているデータは米国アルゴンヌ国立研究所大型放射光施設 Advanced Photon Source による)および中性子非弾性散乱(実線)によって測定された α–鉄のモード密度 $\mathcal{D}(\omega)$[29]. ω^2 依存性は低振動数でのみ観測されている.実線の下側の面積と破線の下側の面積とは等しいことに注意せよ:$\int d\omega \mathcal{D}(\omega) = \int d\mathcal{D}_D(\omega) = 3N$.

[*17] c_s が $\vec{k}$ の方向に依存する場合,式 (5.59) に似た式を用いて平均の速さを計算することができる.その際 c_s^{-3} の $\vec{k}$ の方向に関する平均をとる.

5.4.3 熱力学的関数の計算

ハミルトニアン (5.51) により個々の基準振動モードを調和振動子と解釈することができた．これは3次元の等方性固体に容易に一般化できる．個々のモードは波数ベクトル $\vec{k}$ でラベルづけされ，波数ベクトルに関する和の範囲は第1ブリルアンゾーンに限られる．個々のモードは独立な調和振動子であるから，モード $\vec{k}$ にあるフォノンの平均数は式 (3.67) で $\omega \to \omega_k$ とおきかえて

$$\langle n_{\vec{k}} \rangle = \frac{3}{e^{\beta\hbar\omega_k} - 1} \tag{5.60}$$

と表される．因子3は三つの分極を考慮したためである．フォノンの数は保存されず，フォノンは化学ポテンシャルが零のボース粒子であることをこの式は示している．式 (5.53) を用いれば，平均エネルギーはすべてのモードに関して和をとることにより計算できる．

$$E = \sum_{\vec{k}} \left(\langle n_{\vec{k}} \rangle + \frac{3}{2} \right) \hbar\omega_k = \frac{3V}{(2\pi)^3} \int d^3 k \left[\frac{1}{e^{\beta\hbar\omega_k} - 1} + \frac{1}{2} \right] \hbar\omega_k$$

デバイ近似を導入し積分変数を $\omega_k \to \omega$ とおきかえればこの式は

$$E = \int_0^\infty d\omega \mathcal{D}_D(\omega) \left[\frac{1}{e^{\beta\hbar\omega} - 1} + \frac{1}{2} \right] \hbar\omega = \frac{3V}{2\pi^2 c_S^3} \int_0^{\omega_D} d\omega \omega^2 \left[\frac{1}{e^{\beta\hbar\omega} - 1} + \frac{1}{2} \right] \hbar\omega$$

となる．上の式で括弧内の第2項はすべての基準モードが基底状態にあるときの「零点エネルギー」 E_0 である．

$$E_0 = \frac{9}{8} N\hbar\omega_D \tag{5.61}$$

これは加算的な定数項であるから，エネルギーの原点を適当に選ぶことにより内部エネルギーを平均エネルギー E の積分表式の括弧内の第1項だけで表すことができる．さらに無次元の積分変数 $v = \beta\hbar\omega$ を導入すればエネルギー積分は

$$E = \frac{3V}{6\pi^2} \frac{(kT)^4}{(\hbar c_s)^3} \left(3 \int_0^{T_D/T} dv \frac{v^3}{e^v - 1} \right)$$

と書くことができる．関数 $\hat{D}(y)$ を

$$\hat{D}(y) = 3 \int_0^y dv \frac{v^3}{e^v - 1} \tag{5.62}$$

と定義すればエネルギーは

$$E = 3NkT \left(\frac{T}{T_D} \right)^3 \hat{D}\left(\frac{T_D}{T} \right) \tag{5.63}$$

と表される．関数 $\hat{D}(y)$ は一般に数値的に計算されるが，高温極限および低温極限は簡単に求めることができる．

(i) $y = T_D/T \ll 1, \hat{D}(y) \simeq y^3$

$$E \simeq 3NkT \qquad C_V \simeq 3Nk$$

予想されるように,高温極限はデュロン–プティの法則と等分配則を与える.

(ii) $y = T_D/T \gg 1$, この場合,積分 (5.62) は収束するため y を ∞ でおきかえることができる.式 (A.53) を用いて

$$E = \frac{3}{5}\pi^4 NkT\left(\frac{T}{T_D}\right)^3 \qquad C_V = \frac{12}{5}\pi^4 kN\left(\frac{T}{T_D}\right)^3 \qquad (5.64)$$

が得られる.C_V と T^3 の比例関係は**デバイの法則**とよばれる.$T_D/T \gg 1$ のときの C_V のふるまいは光子の場合に非常に似ている.この場合,カットオフ振動数 ω_D は効いてこない.光子の場合の式 (5.35) において光速を音速でおきかえ,さらに光子の偏極因子 2 のかわりに固体振動の分極因子 3 を用いるため,3/2 をかければ,上記の結果 (5.64) を得ることができる.

5.2 節で非強磁性金属の低温における比熱は,伝導電子とフォノンを考慮すれば

$$\frac{C_V}{T} = \gamma + AT^2$$

の形に書けることを示した(図 5.4).係数 A は式 (5.64) で与えられ実験的に測定でき,その結果からデバイ温度 T_D を決定できる.一方,T_D は弾性定数 Y と σ から計算できる(式 (5.55), (5.58), (5.59) を見よ).これらの二つの方法から得られる結果がよい一致を示すことはデバイ理論の正当性を裏づけるとともに,固体における弾性的性質と熱力学的性質の密接な関連を示唆している(表 5.2).

図 5.11 に比熱を温度の関数としてプロットしてある.低温では T^3 のようにふるまうが $T \to \infty$ では,デュロン–プティの法則あるいは等分配則で与えられるように,一定値に漸近的に近づく.

読者はフォノンと光子の間の非常な類似性と,いくつかの相違点に気づかれたことだろう.5.4.1 項で展開された理論は空洞中の電磁場を量子化することによって光子にも適用できる.その場合,基準振動モードは空洞の固有モードに対応する.光子の場合にはデバイ温度に相当する概念が存在しないことがフォノンとの基本的な相違点である.光

表 5.2 異なる固体のデバイ温度について比熱の測定から得られた $T_D^{C_V}$ と弾性定数の測定値から計算した値 T_D^{elas} との比較

	$T_D^{C_V}$	T_D^{elas}
NaCl	308 K	320 K
KCl	230 K	246 K
Ag	225 K	216 K
Zn	308 K	305 K

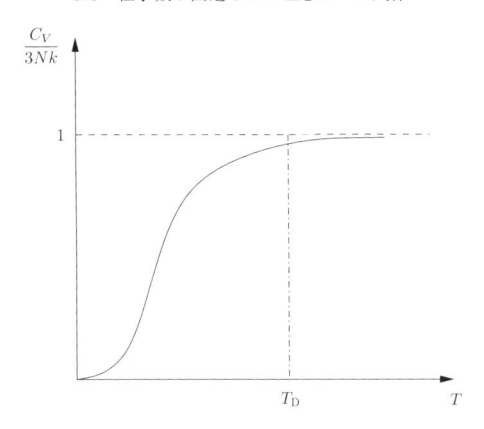

図 5.11 デバイ模型における比熱の温度依存性.温度 $T = T_D$ で本質的に古典極限の値を与えることに注意.

子の固有モードの振動数には上限が存在しない[*18].

5.5 粒子数が固定された理想ボース気体

5.5.1 ボース–アインシュタイン凝縮

これまでに扱った光子とフォノンは粒子数が固定されていないボース粒子系であり,ともに化学ポテンシャルは零であった.本節では粒子数が固定されたボース粒子系を考察する.その具体的な例は閉じた容器内のヘリウム 4 であり,容器内ではヘリウム原子は光子やフォノンの場合のように新たに生成されることも消滅することもない.あまりよい近似とはいえないが,ヘリウム 4 原子間の相互作用はないと仮定する.さらにスピンは零と仮定する.任意の整数スピン s に一般化するには式 (5.16) のように位相空間における積分に $(2s+1)$ をかければよい.ボース粒子は体積が $V = L^3$ の立方体内部に閉じ込められており,その波動関数は周期的境界条件を満たすと仮定する.この条件は見かけほど単純ではないため,再検討してみよう.運動量 $\vec{p}$ とエネルギー ε_p(相互作用はないので運動エネルギーだけである)に許される値は

$$\vec{p} = \frac{h}{L}(n_x, n_y, n_z) \qquad \varepsilon_p = \varepsilon = \frac{\vec{p}^2}{2m} = \frac{h^2}{2mL^2}(n_x^2 + n_y^2 + n_z^2) \tag{5.65}$$

である.ここで n_x, n_y, n_z は整数である.大正準集団を用いることにすれば,式 (5.8b) によりボース粒子の全粒子数 N は化学ポテンシャル $\mu \leq 0$ あるいは逃散能 $z = \exp(\beta\mu)$

[*18] 式 (5.61) の零点エネルギーは光子の場合には無限大である.それゆえ,真空(光子数は零)のエネルギーを零とするためには,この無限大の零点エネルギーを差し引かなければならない.これが「繰り込み」の例である.零点エネルギーは観測可能な効果を生じる.そのよく知られた例が「カシミール効果」である.真空中の 2 枚の金属板には,金属板の間の空間における光子の分散関係の変化にともなう引力が作用する.

$(0 < z \leq 1)$ の関数として

$$N = \sum_{\vec{p}} \langle n_{\vec{p}} \rangle = \sum_{\vec{p}} \frac{1}{\mathrm{e}^{\beta(\varepsilon_p - \mu)} - 1} = \sum_{\vec{p}} \frac{1}{z^{-1}\mathrm{e}^{\beta \varepsilon_p} - 1} \tag{5.66}$$

で与えられる．このボース粒子系に現れるパラメータから求めることができる二つの長さのスケールは，ボース粒子間の平均距離 $d \sim n^{-1/3}$ と熱的ド・ブロイ波長

$$\lambda = \frac{h}{(2\pi m k T)^{1/2}} \sim T^{-1/2} \tag{5.67}$$

である．古典理想気体の場合を考えると，$d \gg \lambda$ あるいは $n\lambda^3 \ll 1$ である．温度を下げるか密度を上げるかによって量子効果が現れてくるのは d と λ が同じオーダーになったとき，すなわち $n\lambda^3 \sim 1$ の場合である．ボース粒子は同じ量子状態を占めることができるから，やがて巨視的な数のボース粒子が基底状態 $\vec{p} = 0$ あるいは $\varepsilon = 0$ を占めることになる．この現象が**ボース–アインシュタイン凝縮**[19]とよばれる相転移であり臨界温度 T_c で特徴づけられる．より正確にいえば，密度が固定されているときは $T \leq T_c$ で凝縮が生じ，温度が固定されているときは $n \geq n_c$ で凝縮が生じる．位相空間における変数を $\vec{p}$ から ε に変えれば

$$\frac{V}{h^3} \mathrm{d}^3 p \to D(\varepsilon) d\varepsilon \qquad D(\varepsilon) = \frac{2\pi V (2m)^{3/2}}{h^3} \varepsilon^{1/2}$$

である．基底状態ではエネルギー $\varepsilon_{\vec{p}=0}$ は零である．式 (5.66) における $\vec{p}$ に関する和において基底状態からの寄与を分離して，その効果をあらわに次のように書こう．

$$N = \frac{z}{1-z} + \int_0^\infty \mathrm{d}\varepsilon \frac{D(\varepsilon)}{z^{-1}\mathrm{e}^{\beta\varepsilon} - 1} = N_0 + N_1 \tag{5.68}$$

ここで $N_0 = \langle n_0 \rangle$ は基底状態 $\vec{p} = 0$ にあるボース粒子数であり N_1 はすべての励起状態 $\vec{p} \neq 0$ にあるボース粒子数である．$z \leq 1$ であるから $z^{-1}\mathrm{e}^{\beta\varepsilon} \geq \mathrm{e}^{\beta\varepsilon}$ であり N_1 の上限は

$$N_1 \leq \int_0^\infty \mathrm{d}\varepsilon \frac{D(\varepsilon)}{\mathrm{e}^{\beta\varepsilon} - 1} \tag{5.69}$$

で与えられる．式 (5.68) の積分は $\varepsilon \to 0$ あるいは $\varepsilon \to \infty$ でともに収束する[20]．励起状態にあるボース粒子数の最大値は $\mu = 0$ として計算される．温度が臨界温度 $kT_c = 1/\beta_c$ よりも低いとき N_1 の上限が N よりも小さければ，巨視的な数のボース粒子が基底状態を占めていることになる．一応 $\mu = 0$ を仮定すれば（この仮定は後ほど正当化される），この臨界温度は $N = N_1$ とおくことにより求められる．式 (5.69) から

---

[19] 光子の場合には温度が下がるにつれて光子数は零に近づくため，ボース–アインシュタイン凝縮はない．
[20] 2 次元の場合には積分は $\varepsilon = 0$ で発散しボース–アインシュタイン凝縮は有限温度では生じない（基本課題 5.6.5）．

5.5 粒子数が固定された理想ボース気体

$$n = \frac{N}{V} = \frac{1}{V}\int_0^\infty d\varepsilon \frac{D(\varepsilon)}{e^{\beta_c \varepsilon}-1} = \frac{2\pi(2m)^{3/2}}{h^3}(kT_c)^{3/2}\int_0^\infty dx \frac{x^{1/2}}{e^x-1}$$

が得られ，さらに積分 (A.48) を用いれば

$$\boxed{n = \left(\frac{2\pi mkT_c}{h^2}\right)^{3/2}\zeta(3/2) = \frac{\zeta(3/2)}{\lambda_c^3}} \tag{5.70}$$

となる．ここで λ_c は臨界温度 $T=T_c$ における熱的ド・ブロイ波長 (5.67) である．臨界条件は $n\lambda^3 = \zeta(3/2)$ で与えられ，これは先の議論を正当化し条件 $n\lambda^3 \sim 1$ を精密化したものである．温度が $T<T_c$ の場合には式 (5.68) と $z=1$ から

$$N = N_0 + V\frac{\zeta(3/2)}{\lambda^3}$$

を得ることができる．この式を N で割り，式 (5.7) と $\lambda \sim T^{-1/2}$ を用いて

$$\boxed{\frac{N_0}{N} = 1 - \left(\frac{T}{T_c}\right)^{3/2}} \tag{5.71}$$

が得られる．図 5.12 は N_0/N を T の関数として表したグラフである．これは強磁性体の磁化を温度の関数として表したグラフを思い起こさせるが，両者の間には重要な違いがある．$T=T_c$ におけるグラフの傾きは有限であるが強磁性体の場合には垂直である．このあとすぐに説明するが，ボース–アインシュタイン凝縮は 1 次相転移（不連続）であるが強磁性体の相転移は連続的である．凝縮比 N_0/N はこの相転移の**秩序パラメータ**である．強磁性体の場合と同様に，秩序パラメータは臨界温度より高い温度では零であり低い温度では有限の値をとる．

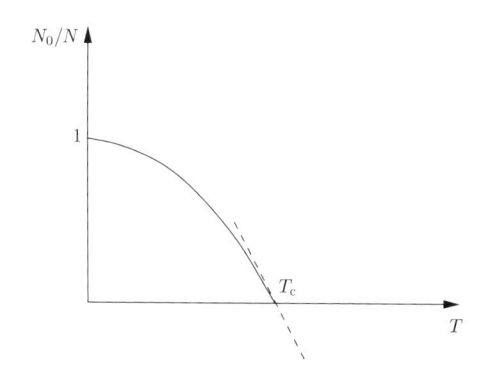

図 5.12 温度 T の関数としての凝縮比 N_0/N．温度 $T=T_c$ における接線の傾きは有限であることに注意せよ．

以上の議論における仮定 $\mu = 0$ という仮定を正当化するために，有限体積の場合を調べよう．まず式 (5.68) を次のように書き換える．

$$N = \frac{z}{1-z} + \frac{V}{\lambda^3} G(z) \qquad G(z) = \frac{2}{\sqrt{\pi}} \int_0^\infty dx \frac{x^{1/2}}{z^{-1}e^x - 1} \tag{5.72}$$

積分の前の因子 $2/\sqrt{\pi}$ は，$G(1) = \zeta(3/2)$ とするためである．この式 (5.72) は N_0/N を

$$\frac{N_0}{N} = \frac{z}{N(1-z)} = 1 - \frac{1}{n\lambda^3} G(z) \tag{5.73}$$

の形で与える．この式を z に関して解くには図 5.13 のグラフで双曲線 $z/(N(1-z))$ と曲線 $1 - G(z)/(n\lambda^3)$ の交点を求めればよい．n を固定して熱力学的極限 $N \to \infty$（あるいは $V \to \infty$）をとれば，この双曲線は $0 < z < 1$ では水平軸に重なり，$z \to 1$ では縦軸に沿って $+\infty$ へ向かう．図 5.13(a) は $\zeta(3/2)/(n\lambda^3) < 1$ のとき，$N \to \infty$ における z の極限は $z = 1$ となることを示している．この $z = 1$ は $\mu = 0$ に対応する．一方，図 5.13(b) によれば，$\zeta(3/2)/(n\lambda^3) > 1$ のときは厳密に $z < 1$ である．それゆえ，前節で用いた仮定 $\mu = 0$（あるいは $z = 1$）は熱力学的極限 $V \to \infty$ で $T < T_c$ の場合には正当化されるが，$T > T_c$ の場合には z は $G(z) = n\lambda^3$ で与えられる．体積 V は大きいが有限であるときの μ を $T < T_c$ の場合について求めてみよう．$V \to \infty$ のとき N_0/V は有限であるから，$(1-z) \sim 1/V$ でなければならない．つまり $|\mu|$ は $1/V = L^{-3}$ のように

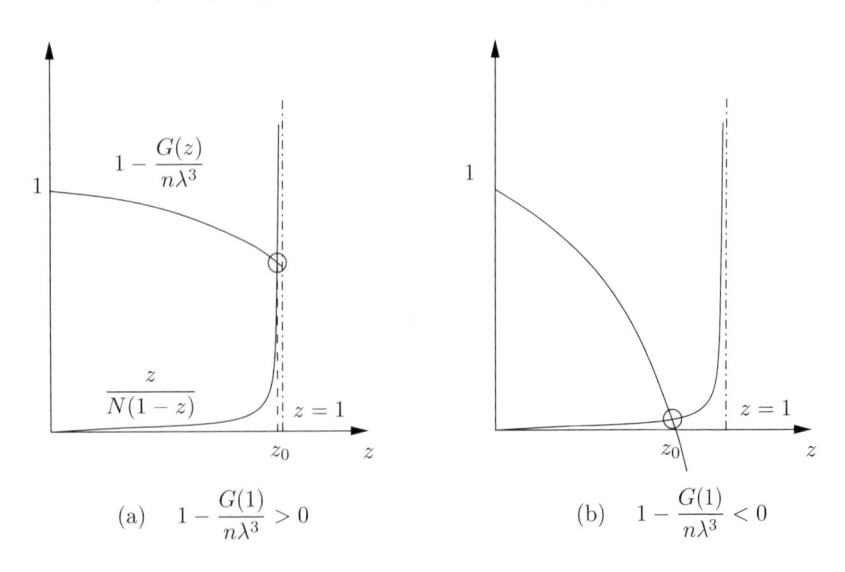

図 **5.13** グラフによる式 (5.73) の解．(a) 熱力学的極限で $z \to 1$ とした場合と，(b) $z_0 \to 1$ の場合．

零に近づく．式 (5.65) で与えられる状態 $\vec{p} \neq 0$ の平均占拠数を調べれば $\varepsilon_p \propto L^{-2} \gg \mu$ であることがわかる．このことと式 (5.66) を用いれば平均占拠数は

$$\langle n_{\vec{p}} \rangle = \frac{1}{\mathrm{e}^{\beta(\varepsilon_p - \mu)} - 1} \sim \frac{1}{\beta(\varepsilon_p - \mu)} \propto L^2$$

となるから

$$\langle n_{\vec{p} \neq 0} \rangle \propto L^2 \ll \langle n_{\vec{p}=0} \rangle = N_0 \propto L^3$$

が得られる．それゆえ，式 (5.66) の $\vec{p}$ についての和で $\vec{p} = 0$ 項を分離すれば，$\vec{p} \neq 0$ についての和は

$$\sum_{\vec{p} \neq 0} \to \frac{V}{h^3} \int \mathrm{d}^3 p$$

のように積分でおきかえることができる．この結果は式 (5.68) を正当化する．図 5.14 は z を T の関数として有限および無限の V について与えている．有限の V に関しては z は T の解析関数であり相転移は生じない．しかし熱力学的極限では z はもはや $T = T_c$ で T の解析的な関数ではなく相転移が生じていることを示している．このことは非常に一般的に成立する．すなわち，**すでに 4.11 節で説明したように相転移が存在するためには熱力学的極限をとることが数学的に必要である．**

以上をまとめると，密度と熱的ド・ブロイ波長を結びつける関係

$$n\lambda^3 = \zeta(3/2) \tag{5.74}$$

が熱力学的極限で成立するときに，ボース–アインシュタイン凝縮が生じることになる．λ と T に関する関係式 (5.67) を考慮すれば，式 (5.74) のもつ意味は次の 2 通りに解釈することができる．密度が固定されているとき，温度 T を T_c まで下げることにより相転移を生じさせることができる．あるいは，温度が固定されたとき，低密度から出発して密度 n を n_c にすることにより相転移を生じさせることができる．

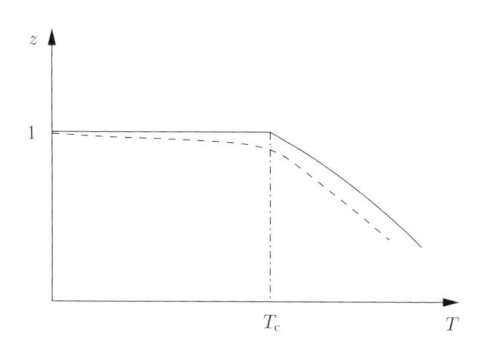

図 5.14 逃散能の温度依存性を熱力学的極限の場合（実線）と大きいが有限な N の場合（破線）について示したグラフ

5.5.2 凝縮相の熱力学

大分配関数 $\mathcal{Q}(z,V,T)$ を与える式 (5.7) を用いて，式 (3.130) から圧力を計算することができる．

$$\beta P = \frac{1}{V}\ln\mathcal{Q}(z,V,T) = -\frac{1}{V}\sum_{\vec{p}}\ln\left(1 - ze^{-\beta\varepsilon_{\vec{p}}}\right) \tag{5.75}$$

ここで，先に求めた z の評価を用いれば $\vec{p}=0$ 項は

$$-\ln(1-z) \sim -\ln\left(\frac{1}{V}\right)$$

と表され

$$\lim_{V\to\infty}\frac{1}{V}\ln\frac{1}{V} = 0$$

であるから，式 (5.75) における $\vec{p}$ に関する和の中の $\vec{p}=0$ 項は $\ln\mathcal{Q}/V$ に寄与せず，$\vec{p}$ に関する和をそのまま積分におきかえることができる．積分変数を極座標に変えることにより，圧力に関して

$$\beta P = -\frac{4\pi}{h^3}\int_0^\infty dp\, p^2 \ln\left(1 - ze^{-\beta\varepsilon_p}\right) \qquad T > T_c \tag{5.76}$$

$$\beta P = -\frac{4\pi}{h^3}\int_0^\infty dp\, p^2 \ln\left(1 - e^{-\beta\varepsilon_p}\right) \qquad T \leq T_c \tag{5.77}$$

が得られる．$T \leq T_c$ のとき $z=1$ であることを用いた．

簡単に計算ができるのは $T \leq T_c$ の場合だけであるから，そのような場合について調べよう．式 (5.77) で積分変数を $p \to \varepsilon$ と変換し，さらに $\beta\varepsilon \to x$ と変数変換してから部分積分を実行すれば

$$\beta P = \frac{4\pi}{3h^3}(2mkT)^{3/2}\int_0^\infty dx\,\frac{x^{3/2}}{e^x - 1} = \frac{\zeta(5/2)}{\lambda^3} \tag{5.78}$$

となる．温度が $T \leq T_c$ では圧力は密度に依存しない！ボース粒子気体に関する等温曲線を図 5.15 に与えてある．この結果を液体–気体相転移の等温曲線と比較すれば凝縮相の比体積があたかも零であるかのように見える．理想ボース粒子気体では粒子間相互作用がなくボース粒子を大きさのない点粒子とみなすことができるから，上述したことは直観的に理解できる．つまり任意の個数の粒子を与えられた体積に入れることが可能となる．これは理想気体近似の有効性の限界を明確に示している．(T,P) 面での相転移曲線は式 (5.78) から次のように与えられる．

$$P_0(T) = kT\frac{\zeta(5/2)}{\lambda^3} = \alpha T^{5/2} \tag{5.79}$$

内部エネルギーは $E = (3/2)PV \propto T^{5/2}$ から得られ，これから比熱

5.5 粒子数が固定された理想ボース気体

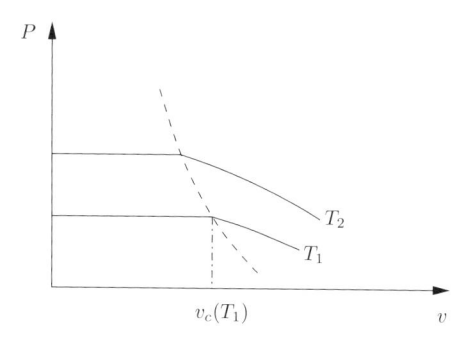

図 **5.15** 自由ボース気体の等温曲線

$$\frac{C_V}{Nk} = \frac{15}{4} \frac{\zeta(5/2)}{\zeta(3/2)} \left(\frac{T}{T_c}\right)^{3/2} \tag{5.80}$$

と粒子1個あたりのエントロピー

$$\check{s} = \frac{5}{2} \frac{\zeta(5/2)}{\zeta(3/2)} \left(\frac{T}{T_c}\right)^{3/2} k$$

が得られる．この比熱のグラフは図 5.16 に与えてあるが，温度 $T \to 0$ で $T^{3/2}$ のふるまいを示すことに注意せよ．これは分散関係 $\omega(k) \propto k^2$ の直接的な結果である（基本課題 5.6.6）．

ボース–アインシュタイン凝縮は二つの相の共存として考えることができる．すなわち，それらは通常のボース気体の相と「凝縮体」の相であり，後者の運動量および比体積は零である．エントロピー，エネルギー，圧力を担うのはすべて正常ボース気体であ

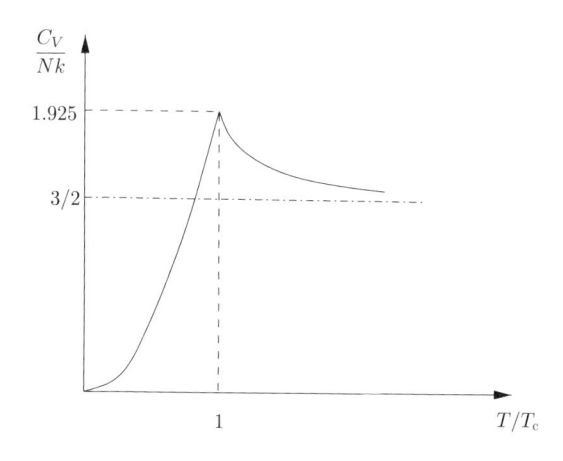

図 **5.16** 自由ボース気体の比熱

る．相転移にともなう粒子1個あたりの潜熱 l は，体積の変化が臨界体積 $v_c = 1/n_c$ であることから，クラペイロンの関係式と式 (5.79) から求めることができて

$$l = T\Delta v \frac{dP_0}{dT} = \frac{5}{2}\frac{1}{n_c(T)}\alpha T^{5/2} = \frac{5}{2}\frac{\zeta(5/2)}{\zeta(3/2)}kT \tag{5.81}$$

である．さらに $T = T_c$ におけるエントロピーを $\check{s}_c$ とすれば $l = \check{s}_c T$ である．この相転移の潜熱は零ではないから，粒子間相互作用がない場合この相転移は1次である．

すでに述べたように粒子間相互作用を無視した理想ボース気体理論には問題がある．たとえば，周期的境界条件のかわりに境界面で波動関数が消えるという剛体壁境界条件を設定することも可能なはずである．その場合，基底状態波動関数は正弦関数の積となり，その結果，凝縮状態の粒子数密度は空間的に一様ではなく熱力学的極限は存在しない．すなわち，大きな容器で凝縮体の密度は一様ではなくなる．さらに凝縮体の体積を零とすることは無理であろう．実際，斥力相互作用を考慮することによってのみボース粒子系を安定化させ熱力学的極限をとることが可能となる．たとえば，もしボース粒子を体積 v_0 の剛体球とすれば凝縮体の体積は少なくとも $N_0 v_0$ である．この場合，2粒子波動関数 $\Psi(\vec{r}_{12})$ に次のように作用するデルタ関数（あるいは擬ポテンシャル）を用いてボース粒子間の相互作用ポテンシャルを表すと都合がよい[*21)]．

$$V(\vec{r}_1 - \vec{r}_2)\Psi(\vec{r}_{12}) = g\delta(\vec{r}_1 - \vec{r}_2)\frac{\partial}{\partial r_{12}}(r_{12}\Psi(\vec{r}_{12}))$$
$$g = \frac{4\pi a \hbar^2}{m} \qquad r_{12} = |\vec{r}_1 - \vec{r}_2| \tag{5.82}$$

実際にはボース粒子がもつ運動量は非常に小さく，その波動関数は空間の広い領域に広がっている．その結果，波動関数は相互作用ポテンシャルの短距離における詳細には敏感ではなくなり，ポテンシャルをデルタ関数で近似することが許される．式 (5.82) に現れたパラメータ a は**散乱半径**とよばれる．相互作用のある系では d と λ に加えてこの a が新たな長さのスケールを与える．低エネルギーでの全散乱断面積は $\sigma = 4\pi a^2$ であり，散乱は角運動量 $l = 0$ チャネルでのみ起こるから散乱微分断面積は角度によらず一様である．散乱断面積からは a の符号はわからないということは非常に重要である．$a < 0$ ならば相互作用は引力であり，$a > 0$ ならば相互作用は斥力であって剛体球の場合には a は球の直径である．$|a| \ll d$ の場合は相互作用を摂動として扱うことができ，1950年代にソヴィエトスクールによって研究された．相互作用は素励起の分散関係を

$$\omega(k) = \sqrt{\left(\frac{\hbar k^2}{2m}\right)^2 + \frac{4\pi an}{m^2}\hbar^2 k^2} \tag{5.83}$$

のように変える[†2)]．もちろん，この結果は $a > 0$，つまり斥力相互作用でなければ意味

[*21)] これ以下の議論では証明を与えずに結果だけを述べる．興味ある読者は参考文献を見られたい．
[†2)] 斥力相互作用のあるボース粒子系の凝縮を「対称性の自発的な破れ」のある場の量子論として扱いゴールドストーン・モードとしての素励起の分散関係を求めることができる．詳しくは訳者追加文献 δ）（訳者注）

をもたない．式 (5.83) は k の値が小さい場合に音速を与える．

$$\omega(k) \simeq c_s k \qquad c_s = \frac{\hbar}{m}\sqrt{\frac{4\pi a n}{m}} \tag{5.84}$$

凝縮状態での素励起はフォノンであって温度 $T \to 0$ で比熱は自由ボース気体の場合の $T^{3/2}$ ではなく，むしろデバイモデルの T^3 のような温度依存性を示す．さらに $T = 0$ では凝縮状態にあるボース粒子数はもはや 100% ではなく

$$\frac{N_0}{N} = 1 - \frac{8}{3}\sqrt{\frac{a^3 n}{\pi}} \tag{5.85}$$

で与えられる．以上に見てきたように斥力相互作用は凝縮ボース気体の性質を定性的に変化させる．これらの相互作用は系を安定化させ，熱力学極限の存在を可能にし，凝縮状態への相転移を連続的相転移（2次相転移）にする．引力相互作用の場合には凝縮は有限個のボース粒子についてのみ可能である．自由ボース粒子理論は $a > 0$ と $a < 0$ の境界にあるため十分に安定とはいえない．その限界を明らかにすることは困難ではない．

5.5.3 応用：原子凝縮とヘリウム 4

最近まで超流体ヘリウム 4 がボース–アインシュタイン凝縮の唯一の例であった（超伝導はクーパーペアの凝縮，ヘリウム 3 の超流動はペア原子の凝縮とみなすことはできるが[†3]）．しかしヘリウム原子間の相互作用は強く[†4]，超流動とボース–アインシュタイン凝縮の間の関係は明らかでない．1995 年に米国の二つのグループが原子凝縮に成功した．ボルダーのグループはルビジウムを用い，MIT のグループはナトリウムを用いてそれぞれ原子凝縮を実現させた．これらは液体ヘリウムと異なり気体相であるため**原子気体凝縮**とよばれる[*22]．

レーザー冷却された原子は磁気光学的トラップにおかれ，その後，調和磁気トラップに移され気化冷却によりさらに低温にされる．この最後の冷却方法はカップに入った熱いコーヒーを吹いて冷ますこと，つまり最も運動エネルギーの大きい分子を吹き飛ばして冷却する方法と似ている．凝縮体に関しては，この「吹く」という操作に対応するのは「磁気的ナイフ」であり，これにより速い分子は取り除かれ，残った分子がより低い温度の熱平衡状態になる[*23]．MIT グループの実験では凝縮体中心での原子数密度は 10^{20}（個/m^3）のオーダーであり温度は μK の領域である．研究課題 5.7.5 では，これらの条件が調和振動子ポテンシャルの基底状態にある原子の凝縮形成へと導くことを示す．ト

[†3] クーパー対やペア原子は厳密にはボース粒子とはいえず，この対応は近似的である．詳しくは訳者追加文献 ϵ) を参照．(訳者注)
[†4] より正確には相互作用の斥力部分．(訳者注)
[*22] これらの実験では三体相互作用によって分子形成が行われるため，実際には凝縮は準安定である．しかし原子系の密度は十分に小さいため時間スケールは数分のオーダーとなり凝縮を実験的に扱うことが可能である．
[*23] この方法は無駄が多い．典型的な場合，最初のトラップには 10^9 個の原子があっても気化冷却のあとには 10^6 個になってしまう．

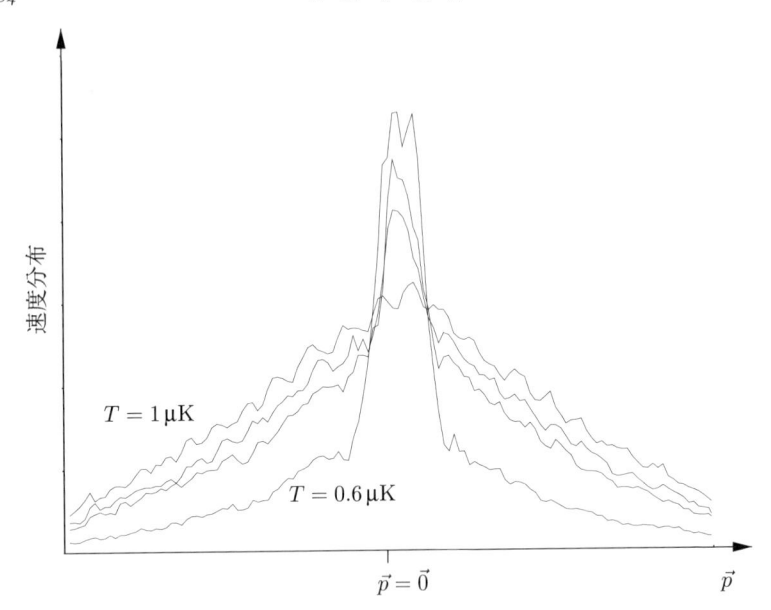

図 5.17 ボース–アインシュタイン凝縮：一定の飛行時間後の凝縮体の空間的拡がりは初期速度分布に比例した分布を与える．J. Dalibard と F. Chevy の好意により掲載

ラップを停止させ飛行時間測定を行えば原子の速度分布を再構成することができ，その速度分布から凝縮の存在を視覚化することが可能である．図 5.17 はルビジウムの凝縮を示しており転移温度は $0.9\,\mu$K である．転移温度より上では速度分布はマクスウェル分布であり，転移温度以下では $\vec{p}=0$ に顕著なピークが現れる．その形は調和振動子の基底状態における速度分布により決定される．ルビジウムの散乱半径は $a \simeq 5.4\,\mathrm{nm}$ であり，式 (5.85) によれば $T=0$ では 99%以上の原子が凝縮している．これは相互作用のない理想気体の場合に非常に近い結果である．他方，この場合には（相互作用が存在するから）完全に相互作用のない理想気体に付随する問題を避けることができる．

ここでヘリウムの問題を考えよう．ヘリウム 3 およびヘリウム 4 は大気圧で絶対零度においても液体状態を示す唯一の物質である．この驚くべき性質を理解するためにはヘリウムの次の 2 性質が重要である：

(i) ヘリウム原子は非常に軽い
(ii) ヘリウムは不活性原子であり原子間相互作用は非常に弱い[†5]

固体ヘリウムの場合，個々の原子位置に関する精度は $\Delta x \sim 0.5\,\mathrm{Å}$ である．ハイゼンベルグの不確定性原理によれば，この位置精度に起因する運動エネルギーは

[†5] より正確には相互作用の引力部分．(訳者注)

$$\Delta E \sim \frac{1}{2m}\left(\frac{\hbar}{\Delta x}\right)^2$$

と推定され，その値は $\Delta E \sim 10^{-3}\,\text{eV} \sim 10\,\text{K}$ となる．一方，2 個のヘリウム原子間の相互作用ポテンシャルの引力部分の深さは 9 K 以下であり，結晶格子中の原子位置を維持するには不十分である．ほかの原子の場合，たとえば水素原子ではポテンシャルの引力部分はより深く，またほかの不活性原子はヘリウムより重いため，いずれの場合でも絶対零度で液体状態は不可能である．この議論は原子の統計性とは無関係であってヘリウム 3 にもヘリウム 4 にも適用できる．十分高い圧力の場合，ヘリウム 4 は 25 気圧，ヘリウム 3 は 30 気圧で固体になる．

このような類似性にもかかわらず，ヘリウム同位体の一つはフェルミ粒子であり，もう一つはボース粒子であって両者は低温で非常に異なったふるまいをする．金属中の電子は格子イオンによる周期的ポテンシャルからの力を受けるため，ヘリウム 3 は実験可能な唯一のフェルミ液体である（星の中にはフェルミ液体の例となるものもある．基本課題 5.6.2 および研究課題 5.7.3 参照）．ヘリウム 3 は 3 mK 以上では常流体であるが，それ以下では超流体が出現する．以下で考察するヘリウム 4 は $T = 2.18\,\text{K}$ 以上では常流体であるが，それ以下では超流体が現れる．この転移は「ラムダ転移」とよばれる．図 5.18 に相図を示す．転移点ではヘリウム 4 の比体積が $v_\lambda \simeq 46.2\,\text{Å}^3$ であり，これは原子の数密度 $n \simeq 2.16$ 個$/\text{Å}^3$ に対応する．ここで相互作用を無視するという大胆な仮定を導入して式 (5.74) を用いればボース–アインシュタイン凝縮の臨界温度は 3.14 K となる．これは実験値と十分よく一致する．しかし，実際には相互作用はかなり強く，絶対零度での凝縮体比率は 10 %を超えないという事実から考えるならば，このような臨界温度の一致は偶然と考えるべきであろう．この 10 %という数値はモンテカルロ数値シミュレーションから出されたものであるが実験的には確認されていない．ヘリウム 4 の超流動はボース–アインシュタイン凝縮に関連していると思われるが，その理論的な証明はない．ヘリウム 4 のラムダ転移も原子気体凝縮の場合も，ともに相転移は連続的であり，

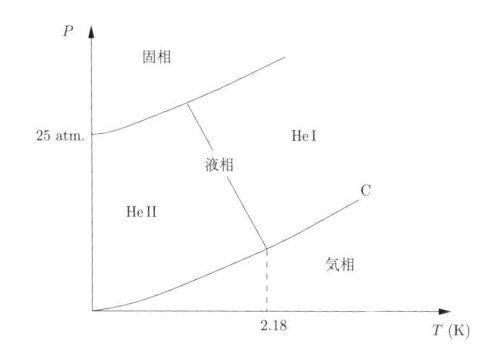

図 5.18 ヘリウムの相図

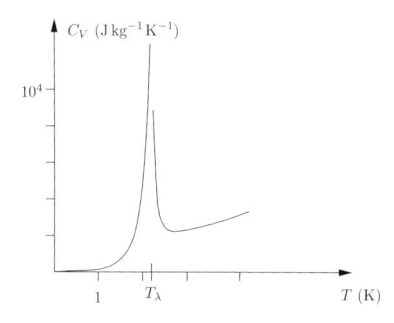

図 5.19 ヘリウム 4 の比熱の温度依存性．

5.6 基本課題

5.6.1 マクスウェル–ボルツマン分配関数

式 (5.1) からマクスウェル–ボルツマン気体の分配関数

$$Z_N = \frac{1}{N!}\left(\frac{V}{h^3}\int d^3p\, e^{-\frac{\beta p^2}{2m}}\right)^N$$

を導け.

5.6.2 中性子星の平衡半径

中性子星の質量は太陽質量の数倍であり[*24)]その名称のとおり本質的に中性子から構成されている. 密度 n は核物質の 0.17 個/fm^3 という値とほぼ同じオーダーであり, 温度は 10^8 K のオーダーである. このような中性子星のモデルとして中性子からなる理想フェルミ気体を考えよう[*25)]. 中性子のスピンは 1/2 であり質量 m は 940 MeV/c^2 である.

1. この中性子気体は縮退した非相対論的フェルミ気体とみなせることを示せ. 関係

$$\frac{\hbar c}{200\,\text{MeV}} \simeq 1\,\text{fm} = 10^{-15}\,\text{m} \qquad 1\,\text{eV} \simeq k \times 11600\,\text{K}$$

に注意せよ.

2. 中性子気体の（運動）エネルギー密度の主要項（温度 $T=0$）は $\epsilon = (3/5)n\varepsilon_F$ であることを示せ. この結果から気体の圧力を求めよ. 温度が $T=10^8$ K の同じ密度の古典理想気体の圧力とこの中性子気体の圧力の比を求めよ.

3. 万有引力定数を G, 中性子星の質量と半径をそれぞれ M と R とすれば, ここで考えている条件下で重力ポテンシャルは $E_G = -(3/5)GM^2/R$ で与えられる. 中性子星の密度は一様であると仮定し, その平衡状態での半径を $\hbar$, G, m, M で表せ. 質量を $M = M_\odot$ と仮定して, この半径および平衡状態での密度を数値的に求めよ.

5.6.3 2 次元フェルミ気体

質量 m, 運動量 $\vec{p}$, エネルギー $\varepsilon = p^2/2m$ であるような電子が N 個, 面積 S の面上に束縛されて運動している場合を考える. これらの電子を 2 次元理想気体として扱うことにする.

[*24)] 核物質の状態方程式について十分に解明されていないことに起因する不確定さを考慮して理論的限界値は $3.5M_\odot$ と推定される. 十数個の中性子星に関する質量の測定値は 1.3–1.8$M_\odot$ である.

[*25)] このモデルはかなり粗い近似であるが, これより先に進むには一般相対論が必要となる.

1. エネルギー準位に関する状態数密度 $D(\varepsilon)$ を求め，それが定数であることを示せ．
2. この気体のフェルミエネルギー ε_F を求めよ．この気体のエネルギー E を N と ε_F で表せ．古典近似（非縮退気体）が成立する条件は $N \ll DkT$ であることを示せ．ただし，D は状態数密度，k はボルツマン定数，T は気体の温度である．この条件の物理的意味を述べよ．
3. 強く縮退した場合，$\beta\mu \gg 1$（$\beta = 1/kT$），を考える．この極限では次の積分

$$\int_\mu^{+\infty} \mathrm{d}x \frac{1}{\mathrm{e}^{\beta x}+1} \quad と \quad \int_\mu^{+\infty} \mathrm{d}x \frac{x}{\mathrm{e}^{\beta x}+1}$$

は $\mathrm{e}^{-\beta\mu}$ のオーダーであることを証明せよ．任意の関数 $\varphi(x)$ に対して次の式

$$\int_{-\mu}^{\mu} \mathrm{d}x \frac{\varphi(x)}{\mathrm{e}^{\beta x}+1} = \int_{-\mu}^{0} \mathrm{d}x\, \varphi(x) + \int_0^\mu \mathrm{d}x \frac{\varphi(x)-\varphi(-x)}{\mathrm{e}^{\beta x}+1} \tag{5.86}$$

が成立することを示せ．
4. 温度 T における化学ポテンシャル μ と平均エネルギー E を計算せよ．ただし $\mathrm{e}^{-\beta\mu}$ のオーダーの項は無視せよ．
5. フェルミ分布関数のゾンマーフェルト展開 (5.29) を用いて，先に求めた μ と E が $\mathrm{e}^{-\beta\mu}$ のオーダーの項まで求められることを示せ．ここで得られた結果は考えている系のどのような特性を反映しているのか述べよ．

5.6.4 非縮退フェルミ気体

ごく弱く縮退している理想フェルミ気体について考察する．フェルミ粒子のスピンは s とする．

1. 古典理想気体では大分配関数は熱的ド・ブロイ波長 $\lambda = h/(2\pi mkT)^{1/2}$ を用いて

$$\ln \mathcal{Q} = (2s+1)\frac{zV}{\lambda^3} \tag{5.87}$$

と表されることはすでに述べた．比体積 $v = V/N$ を用いて $v' = (2s+1)v$ を定義する．古典近似が成立する条件 $z \ll 1$ を v と λ を用いて表せ．この条件の物理的意味を述べよ．
2. フェルミ気体の大分配関数は

$$\ln \mathcal{Q} = AV \int_0^\infty \mathrm{d}\varepsilon\, \sqrt{\varepsilon} \ln\left(1 + z\mathrm{e}^{-\beta\varepsilon}\right) \tag{5.88}$$

である．定数 A を与える表式を導け．$\ln \mathcal{Q}$ に関するこの表式を $z \ll 1$ の場合に z のべきで展開し，z^2 のオーダーでは

$$\ln \mathcal{Q} \simeq N \frac{v'}{\lambda^3} z\left(1 - \frac{z}{2^{5/2}}\right) \tag{5.89}$$

となることを示せ．ごく弱く縮退しているフェルミ気体の状態方程式の z のべきによる展開式を，$\ln \mathcal{Q} = \beta PV$ と式 (5.89) とから求めよ．3.6.2 項で述べた一般的方法により z を消去し密度を変数とすることができる．その結果，状態方程式を n のべき展開で表すことができることになり一種のビリアル定理が得られる．
3. 次の式を導け．
$$z = \frac{z^3}{v'}\left[1 + \frac{1}{2^{3/2}}\frac{\lambda^3}{v'} + \mathcal{O}\left(\left(\frac{\lambda^3}{v'}\right)^2\right)\right]$$
この式を用いて状態方程式が
$$\beta P = \frac{1}{v}\left[1 + \frac{1}{2^{5/2}}\frac{\lambda^3}{v'} + \mathcal{O}\left(\left(\frac{\lambda^3}{v'}\right)^2\right)\right] \tag{5.90}$$
と書けることを示せ．剛体球気体のビリアル展開（研究課題 3.8.7）と比較することにより，この結果の物理的意味を有効斥力の考えを用いて述べよ．
4. 問題 3 の結果を粒子数 N を固定したボース粒子気体に適用するにはどうすべきか述べよ．
5. 同じ個数のヘリウム 3 原子とヘリウム 4 原子の混合気体を考える．温度 $T = 10$ K，圧力 $P = 2$ atm における，それぞれの同位体原子間の平均運動エネルギーの差を計算せよ．

5.6.5 2 次元ボース気体

面積 S の表面上に束縛されて運動している N 個のボース粒子を考える．ボース粒子のスピンは零とする．化学ポテンシャルを決定する方程式を密度 N/S，熱的ド・ブロイ波長 $\lambda = h/(2\pi mkT)^{1/2}$ を用いて書け．グラフを用いてこの方程式を解き，2 次元ボース気体ではボース–アインシュタイン凝縮が生じないことを示せ．

5.6.6 フォノンとマグノン

粒子数が変動しうるボース–アインシュタイン統計の重要な例としてフォノンとマグノンを考察する．
- フォノン：固体中の振動（音波）を量子化したもの
- マグノン：強磁性結晶中のスピン波を量子化したもの

これらの波動は異なる分散関係をもつ．その結果，それぞれの波動は物質の熱力学的性質，特に比熱に異なる影響を与える．分散関係として，小さな波数 q に対して次の一般的な形
$$\omega(q) = aq^\alpha$$
を仮定する．ここで a は定数である．フォノンの場合は $\alpha = 1$ でありマグノンの場合は $\alpha = 2$ である．

1. モード数密度は
$$D(\omega)\mathrm{d}\omega = g\frac{V}{2\pi^2}\frac{1}{\alpha}\frac{1}{a^{\frac{3}{\alpha}}}\omega^{(\frac{3}{\alpha}-1)}\mathrm{d}\omega$$
で与えられることを示せ．ただし g は波動の偏りの数，あるいはボース粒子のスピン縮退度である．
2. 低温における比熱の主要なふるまいは
$$C_V \propto T^{3/\alpha} \tag{5.91}$$
で与えられることを示せ．この結果を次元解析から求めることは可能だろうか？

5.6.7 星内部での光子–電子–陽電子平衡

星の内部では $(\mathrm{e}^-,\mathrm{e}^+)$ 対の生成消滅のために電子数は変動している．それゆえ電子数密度 (n_-) と陽電子数密度 (n_+) は内部変数であり，その差 $(n_- - n_+)= n_0$ は星の進化過程によって決まる定数である．

1. 星の内部では化学平衡
$$\gamma \leftrightarrows \mathrm{e}^+ + \mathrm{e}^- \tag{5.92}$$
が達成されていると仮定し，電子と陽電子の化学ポテンシャルを決定する関係式を書け．
2. 最初に，対生成の単位時間あたり生成率が低い場合，すなわち低温度領域 $kT \ll mc^2$ を考える．しかし，原子形成を阻害するのには十分な高温であるとする．これらの条件下で電子と陽電子はそれぞれが古典的（非縮退）理想気体を形成している．平衡状態における電子数密度 n_- と陽電子数密度 n_+ を n_0 と T で表せ．
3. 次に温度領域 $kT \gg mc^2$ を考えよう．電子と陽電子は縮退した超相対論的理想気体とする．さらに，単位時間あたりの対生成率は非常に大きく，電子数密度の初期値 n_0 は無視できるとする．これは電子数密度と陽電子数密度が等しいこと，すなわち $n_- = n_+ = n$ を意味する．このとき $\mu_- = \mu_+ = 0$ が成立することを示し，密度 n_- および n_+ を計算せよ．

電子気体（あるいは陽電子気体）のエネルギー密度は光子気体と同じ温度依存性
$$\epsilon(T) = \alpha T^4$$
をもつことを示せ．この表式を式 (5.36) と比較し
$$\alpha = \frac{7}{8}\sigma'$$
であることを示せ．

5.7 研究課題

5.7.1 パウリ常磁性

3.1.3 項において磁場 $\vec{H} = H\hat{z}$ 中の常磁性結晶は式 (3.27) で与えられる磁化を生じさせることを見てきた．零磁場のときの帯磁率は式 (3.27) から

$$\chi_0 = \lim_{H \to 0} \frac{1}{V} \frac{\partial \mathcal{M}}{\partial H} = \frac{n\tilde{\mu}^2}{kT} \tag{5.93}$$

で与えられる．ここで $n = N/V$ は密度であり $\tilde{\mu}$ は磁気モーメントである．この結果は局在化したイオンに関して成立する．金属中の電子に関しては状況が異なる．正常な常磁性の場合のように電子の磁気モーメントは磁場の方向にそろう傾向をもつが，一方で電子のフェルミ統計性は式 (5.93) を大きく変える．これから検討するこの種の常磁性は**パウリ常磁性**とよばれる．一定磁場 $\vec{H} = H\hat{z}$ 中におかれた金属中の電子を考えよう．電子のエネルギー

$$\varepsilon' = \frac{p^2}{2m} \mp \tilde{\mu} H$$

は二つの項
- 運動エネルギー $\varepsilon = p^2/2m$
- 電子のスピンが磁場と平行（反平行）であるときの磁気エネルギー $-\tilde{\mu}H$ （$+\tilde{\mu}H$）

からなる．
1. スピンが磁場と平行（反平行）であるときの電子数密度 n_+（n_-）は

$$n_\pm = \frac{A}{2} \int_0^\infty \frac{\sqrt{\varepsilon}\, d\varepsilon}{\exp[\beta(\varepsilon \mp \tilde{\mu}H - \mu)] + 1} \tag{5.94}$$

で与えられることを示せ．ここで μ はこれから決められるべき化学ポテンシャルであり $A = 4\pi(2m/h^2)^{3/2}$ である．
2. 最初に $T = 0$ の場合を考える．$H \to 0$ のとき，差 $(n_+ - n_-)$ は

$$n_+ - n_- \simeq \frac{3}{2} \frac{n\tilde{\mu}H}{\varepsilon_{\rm F}}$$

で与えられることを示せ．ここで $\varepsilon_{\rm F}$ は磁場がない場合の電子のフェルミエネルギーである．これから零磁場での帯磁率

$$\chi_0 = \frac{3}{2} \frac{n\tilde{\mu}^2}{\varepsilon_{\rm F}} = \frac{3}{2} \frac{n\tilde{\mu}^2}{kT_{\rm F}} \tag{5.95}$$

を導け．この結果を式 (5.93) と比較することによりフェルミ温度 $T_{\rm F}$ が T の役割を演じていることがわかる．

3. $T=0$ の場合，μ は ε_F と等しくはなく，最低次補正項は

$$\mu \simeq \varepsilon_\mathrm{F}\left(1 - \lambda\left(\frac{\tilde{\mu}H}{\varepsilon_\mathrm{F}}\right)^2\right) \tag{5.96}$$

で与えられることを示せ．ここに現れた λ を決定せよ．磁場が $1\,\mathrm{T}$ のとき $\tilde{\mu}H/\varepsilon_\mathrm{F}$ のべきによる展開は正当化されるだろうか？ 次に $n_\pm$ を

$$n_\pm = \frac{n}{2}(1\pm r)$$

の形で書いたとき，r は方程式

$$(1+r)^{2/3} - (1-r)^{2/3} = \frac{2\tilde{\mu}H}{\varepsilon_\mathrm{F}} \tag{5.97}$$

で与えられることを示せ．この式は数値的に任意の H に関して解くことができる．問題 2 の結果を $H\to 0$ の場合について求めよ．

4. 温度が $T\ne 0$ かつ磁場が $H\to 0$ の場合を考える．H に関して 1 次の項までテイラー展開した式

$$\frac{1}{\exp[\beta(\varepsilon\mp\tilde{\mu}H - \mu)]+1} \simeq \frac{1}{\exp[\beta(\varepsilon-\mu)]+1} \mp \tilde{\mu}H \frac{\partial}{\partial\varepsilon}\left(\frac{1}{\exp[\beta(\varepsilon-\mu)]+1}\right) \tag{5.98}$$

を用いれば $(n_+ - n_-)$ を H に関して 1 次までの近似で表すことができる．この結果を用いて零磁場での帯磁率

$$\chi_0 = \frac{3}{2}\frac{n\tilde{\mu}^2}{\varepsilon_\mathrm{F}}\left(1 - \frac{\pi^2}{12}\left(\frac{kT}{\varepsilon_\mathrm{F}}\right)^2\right) \tag{5.99}$$

を求めよ．

5.7.2 ランダウ反磁性

前節で論じた問題を伝導電子の運動に焦点をしぼって再検討する．これから論ずるのは**ランダウ反磁性**とよばれる反磁性効果（負の帯磁率）である．ここで考察するモデルを以下のように定義する：

- 伝導電子は質量 m，スピン $1/2$ の理想気体であり体積 $V = L_x L_y L_z$ の直方体に閉じ込められている．
- 磁場が電子のスピン磁気モーメントに及ぼす影響は無視する．磁場が電子の軌道磁気モーメントに及ぼす影響のみを考察する．

このモデルによれば伝導電子のエネルギー準位は

$$\varepsilon_{n,n_z} \equiv \varepsilon_n(k_z) = \frac{\hbar^2 k_z^2}{2m} + \left(n + \frac{1}{2}\right)2\mu_\mathrm{B} H$$

で与えられる．ここで n は正の整数か零であり，n_z を整数（正，負あるいは零）として $k_z = 2\pi n_z/L_z$ である．また $\mu_\mathrm{B} = e\hbar/2m$ はボーア磁子である．

1. k_z を固定したときのエネルギースペクトルを零磁場の場合と磁場が零でない場合とで比較することにより，これらのエネルギー準位の縮退度が

$$g = \frac{2L_xL_y}{\pi\hbar^2}m\mu_{\mathrm{B}}H \tag{5.100}$$

で与えられることを示せ．

2. 通常の場合と同じく，磁化は自由エネルギーから

$$\mathcal{M} = -\frac{\partial F}{\partial H}\Big|_{T,V,N}$$

として計算できる．グランドポテンシャル $\mathcal{J}(T,V,\mu;H)$ から出発して，磁化の表式を求め，零磁場での帯磁率

$$\chi_0 = -\frac{1}{V}\lim_{H\to 0}\frac{\partial^2 \mathcal{J}}{\partial^2 H}\Big|_{T,V,\mu} \tag{5.101}$$

を導け．

3. 個々の状態 $(\lambda) \equiv \{n, n_z\}$ の大分配関数 ξ_λ の表式から出発し，k_z を連続変数と考えることによりグランドポテンシャルは

$$\mathcal{J}(T,V,\mu;H) = -2\frac{mVkT}{\pi^2\hbar^2}\mu_{\mathrm{B}}H \\ \times \int_0^{+\infty}dk_z \sum_{n=0}^{+\infty} \ln\left(1 + z\exp\left[-\frac{\hbar^2 k_z^2}{2mkT}\right]\exp\left[-\frac{(2n+1)\mu_{\mathrm{B}}H}{kT}\right]\right) \tag{5.102}$$

で与えられることを示せ．

4. オイラー–マクローリン公式

$$\int_0^\infty dx f(x) = \sum_{n=0}^\infty \alpha f\left(\left(n+\frac{1}{2}\right)\alpha\right) - \frac{\alpha^2}{24}f'(x=0) + \mathcal{O}(\alpha^3)$$

を用いて $\mathcal{J}$ を H に関して 2 次の項まで展開せよ．その結果を用いて反磁性（ランダウ）帯磁率を化学ポテンシャルおよび温度を含む定積分の形で求めよ．

5. 磁場と電子スピンとの結合によって生じる帯磁率（パウリ帯磁率）は式 (5.98) を用いて

$$\chi_0^{\mathrm{P}} = \frac{1}{V}\mu_{\mathrm{B}}^2 \int_0^\infty d\varepsilon D'(\varepsilon)f(\varepsilon)$$

と表すことができる．ただし $D(\varepsilon)$ は零磁場の場合の状態数密度であり $f(\varepsilon)$ はフェルミ分布である．自由電子の場合，任意の温度について反磁性帯磁率と常磁性帯磁率 χ_0^{P} との間に次の関係が成立することを示せ．

$$\chi_0^{\mathrm{L}}(T) = -\frac{1}{3}\chi_0^{\mathrm{P}}(T)$$

5.7.3 白色矮星

星の誕生時の質量があまり大きくないとき，星内部の核反応の燃料が尽きて，星の生涯の最終段階に達した星が白色矮星である．ここでの目的は**チャンドラセカール質量**とよばれる白色矮星の最大質量 M_C を計算することである．星はそれ自身の重力によって内部に向けて崩壊しようとする力を受けており，その力に対抗して崩壊を妨げる物理的圧力がなければ，星は崩壊してブラックホールになってしまう．太陽のような活発な星では重力崩壊は熱核反応の圧力によって阻止される．ここでは，熱核反応の燃料が尽きた白色矮星の質量 M が M_C より小さければ重力による崩壊は電子の圧力によって阻止されることを示そう．白色矮星を特徴づける物理量のオーダーは

- 中心部の質量密度：$\rho \sim 10^7 \, \text{g cm}^{-3}$
- 質量：$M \sim 2 \times 10^{30} \, \text{kg}$
- 半径：$R \sim 5 \times 10^6 \, \text{m}$
- 中心部の温度：$T \sim 10^7 \, \text{K}$

である．白色矮星の質量は太陽と同程度であるが，その半径は地球と同程度である．

1. 白色矮星は $^4\text{He}^{2+}$ イオンと電子から構成され，その密度は一様であると仮定し，上記のデータを用いて電子密度，フェルミ運動量 p_F およびフェルミエネルギーを計算せよ．電子は相対論的とせよ．フェルミ温度を星の温度と比べることにより，縮退したフェルミ気体が非常によい近似として成立することを示せ．

2. 縮退フェルミ気体および一様密度を仮定し，電子の運動エネルギー E_C を計算しよう．電子の静止質量エネルギー（Nmc^2）は一定でありここでの議論に影響を及ぼさないから E_C に含めるのが便利である．電子静止質量を m，光速を c として無次元変数 $x = p/(mc)$ と $x_F = p_F/(mc)$ を用いて E_C（静止質量エネルギーを含む）が

$$E_C = \frac{8\pi V m^4 c^5}{h^3} \int_0^{x_F} dx \, x^2 \sqrt{1+x^2} = \frac{8\pi V m^4 c^5}{h^3} f(x_F)$$

と表されることを示せ．関数 f は

$$f(x_F) = \frac{1}{8}\left[x_F\sqrt{1+x_F^2}(1+2x_F^2) - \ln\left(x_F + \sqrt{1+x_F^2}\right)\right]$$

で与えられる（積分表を見よ）．上記の積分の中の被積分関数を x および $1/x$ のべきで展開することにより非相対論的極限（$x_F \ll 1$）および超相対論的極限（$x_F \gg 1$）を調べることは教育的である（後者の展開の限界は何か？）．それら二つの場合について展開の最初の 2 項を計算せよ．$f(x_F)$ を x_F および $1/x_F$ のべきで展開することにより，得られた最初の 2 項を確かめよ〔ヒント 対数関数の微分を $x_F \ll 1$ に関して展開せよ〕．

非相対論的な場合には第 1 項は質量エネルギーを与えることを示せ．**以下では超相対論的な場合だけを調べる**．E_C は

$$E_{\mathrm{C}} \simeq \frac{\hbar c V}{4\pi^2}(3\pi^2 n)^{4/3}\left(1 + \frac{m^2 c^2}{\hbar^2}\left(\frac{1}{3\pi^2 n}\right)^{2/3}\right) \tag{5.103}$$

で与えられることを示せ．電子による圧力を計算し，イオンによる圧力は無視できるほど小さいことを示せ．

3. 星の質量 M が与えられれば，その半径 R は全エネルギー E を最小化することにより決定できる（$T \simeq 0$ であるから，これは自由エネルギーの最小化と同等である）．E は運動エネルギー E_{C} と重力によるポテンシャルエネルギー E_{G} との和である．

$$E = E_{\mathrm{C}} + E_{\mathrm{G}}$$

イオンの平均原子質量数を A，平均イオン価数を Z，陽子質量を m_{p} とし，$\mu = (A/Z)m_{\mathrm{p}}$ とする．$^4\mathrm{He}^{2+}$ イオンについては $\mu = 2m_{\mathrm{p}}$ である．式 (5.103) を用いて E_{C} が

$$E_{\mathrm{C}} = \frac{C_1}{R}(1 + C_2 R^2) = \frac{C_1' M^{4/3}}{R}(1 + C_2 R^2)$$

の形に書けること，また E_{G} が

$$E_{\mathrm{G}} = -C_3 \frac{GM^2}{R}$$

の形に書けることを示せ．ここで G は万有引力定数である．さらに係数 C_1', C_2, C_3 を求めよ．M を一定としたとき，E を R の関数として表したグラフを調べ，それが $C_3 G M^{2/3} < C_1'$ の場合にのみ最小値をもつことを示せ．最小値を与える R と最小値 M_0 は

$$R^2 = \frac{1}{C_2}\left(1 - \left(\frac{M}{M_0}\right)^{2/3}\right) \qquad M_0 = \left(\frac{C_1'}{C_3 G}\right)^{3/2}$$

となることを示せ．R を M の関数としてそのグラフを描け．

4. 白色矮星が存在できるのは

$$M \leq M_0 = \left[\frac{\hbar c}{3\pi}\left(\frac{9\pi}{4\mu}\right)^{4/3} \frac{5}{3G}\right]^{3/2}$$

が成立する場合だけであることを示せ．$A/Z = 2$ の場合の M_0 を数値的に求めよ．$M = M_\odot$ の場合の半径と質量密度を計算せよ．

以上の計算では一様な密度分布を仮定したが，チャンドラセカールは一様な密度分布の仮定をせず，より正確な計算により最大質量 $M_{\mathrm{C}} = 1.4 M_\odot$ を得た．

5.7.4 クォーク・グルーオンプラズマ

この問題では単位系 $\hbar = c = k = 1$ を用いる．

A. π 中間子気体

π 中間子はスピン零のボース粒子であり，三つの電荷状態 π^+, π^0, π^- で存在することができる．ここでは π 中間子の質量を零と仮定する．これは十分高温ではよい近似である．それゆえ超相対論的な分散関係 $\varepsilon_p = |\vec{p}| = p$ を用いる．この問題では温度 T ($T = 1/\beta$)，化学ポテンシャル $\mu = 0$（質量零のボース粒子の化学ポテンシャルが零でなければならないことを示すのは簡単である）で平衡状態にある π 中間子気体の性質を調べる．

1. 大分配関数の対数 $\ln \mathcal{Q} = \beta PV$ を T と V で表せ（ヒント：部分積分を行え）．圧力 $P(T)$ とエネルギー密度 $\epsilon(T)$ を T の関数として求めよ．

2. 単位体積あたりの定積比熱の表式を求めよ．この結果からエントロピー密度 $s(T)$ を求めよ．粒子数密度 $n(T)$ を計算し $n(T)$ と $s(T)$ が

$$s(T) = \frac{2\pi^4}{45\,\zeta(3)} n(T) \tag{5.104}$$

で与えられる比例関係にあることを示せ．

3. 粒子 1 個あたりの平均エネルギーを計算し，この気体に関してはいかなる温度でも古典近似が成立しないことを示せ．

B. 超相対論的フェルミ気体

今度はスピン 1/2 で質量が零のフェルミ粒子の気体を考えよう．一般にこのような気体は粒子と反粒子からなり（たとえば電子と陽電子）それらの数は一定ではない．しかしながら電荷保存則によって粒子数 (N_+) と反粒子数 (N_-) の差は一定である．

$$N_+ - N_- = \text{一定} = N_0$$

1. この気体の全自由エネルギーを $F(N_0, V, T; N_+)$ とする．平衡状態では F は内部変数 N_+ の変分に対して最小値をとることを用いて，粒子の化学ポテンシャル μ_+ と反粒子の化学ポテンシャル μ_- は大きさが等しく符号が逆であることを示せ．$\mu_+ = -\mu_- = \mu$ とする．

2. $\ln \mathcal{Q}$ は

$$\ln \mathcal{Q} = \frac{VT^3}{3\pi^2} \int_0^{+\infty} dx\, x^3 \left[\frac{1}{e^{(x-\mu')}+1} + \frac{1}{e^{(x+\mu')}+1} \right] \tag{5.105}$$

で与えられることを示せ．ただし $\mu' = \beta\mu$ である．$\mu = 0$ の場合に $\ln \mathcal{Q}$ を計算し，圧力 $P(T)$ に関する表式を導け[*26]．エントロピー密度 s と粒子数密度 n を計算せよ．

3. $T = 0$ かつ $\mu \neq 0$ の場合に $T \ln \mathcal{Q}$ を計算せよ．P, ϵ, n を求めよ．この場合のエントロピーはどのように表されるか．

[*26] この場合は基本課題 5.6.7 の問題 3 で論じた物理的状況に対応する．

4. T および μ がともに零ではない場合

$$T \ln \mathcal{Q} = \frac{V}{6\pi^2} T^4 \left(\frac{7\pi^4}{30} + \pi^2 \left(\frac{\mu}{T}\right)^2 + \frac{1}{2}\left(\frac{\mu}{T}\right)^4 \right) \tag{5.106}$$

が成立することを示せ.

C. クォーク・グルーオン気体

π 中間子はクォークと反クォークで構成されており，これらのクォークはスピン $1/2$ のフェルミ粒子で質量は零と考えてよい．クォークには「アップ」と「ダウン」の2種類があり，それぞれの電荷は，陽子の電荷を単位として $2/3$ と $-1/3$ である[27]．クォークとグルーオンには「カラー」とよばれる量子数が存在する．クォークはカラーに関して 3 個の値をとりうる．グルーオンはカラーに関して 8 個の値をとりうる．低温ではクォークとグルーオンは自由粒子としては存在できず，中間子の内部（より一般的には強い相互作用をする素粒子であるハドロンの内部）に閉じ込められている．温度が上昇すると相転移が起こりクォークとグルーオンは自由粒子となる．その結果，クォークとグルーオンからなる気体である**クォーク・グルーオンプラズマ**が現れる．この気体は理想気体と考えられている.

1. クォークの化学ポテンシャルが零であるならば，この理想気体の圧力は

$$P_{\text{plasma}}(T) = \frac{37\pi^2}{90} T^4 \tag{5.107}$$

であることを示せ.

2. 圧力に関する上記の表式は修正を要する．すなわちクォーク・グルーオンプラズマの自由エネルギーに体積による寄与 BV を加える必要がある．ただし B は正の定数である．その場合，圧力の表式はどうなるか？

3. π 中間子気体の圧力を与える表式とクォーク・グルーオンプラズマの圧力を与える表式を比較せよ．低温では π 中間子相が安定であり，高温ではクォーク・グルーオンプラズマが安定であることを示せ（それぞれの場合について P を T の関数としてプロットするとよい）．転移温度 T_c を B の関数として表せ．$B^{1/4}=200$ MeV の場合の T_c を求めよ.

4. この相転移は 1 次であることを示し，潜熱を計算せよ.

5.7.5 原子気体のボース–アインシュタイン凝縮

空間的な変化が緩やかな外力ポテンシャル $U(\vec{r})$ に束縛された非相対論的ボース粒子の理想気体を考えよう．ただしボース粒子の質量は m でスピンは零とする.

1. 距離 l でのポテンシャル $U(\vec{r})$ の変化がゆるやかであるとき，体積 l^3 の箱の内部

---

[27] このほかに 4 種類（フレーヴァー）のストレンジ (s)，チャーム (c)，ボトム (b)，トップ (t) というクォークがある．これらのクォークは重いためクォーク・グルーオンプラズマには現れない.

にあるこのボース理想気体の状態数を考えることにより，このボース理想気体の状態数密度は

$$D(\varepsilon) = \frac{2\pi(2m)^{3/2}}{h^3} \int d^3r \sqrt{\varepsilon - U(\vec{r})}\, \theta(\varepsilon - U(\vec{r}))$$

で与えられることを示せ．ただし $\theta(x)$ はヘヴィサイド関数である．別の計算方法として，状態数密度に関して準古典的近似

$$D(\varepsilon) = \int \frac{d^3p\, d^3r}{h^3} \delta(\varepsilon - \mathscr{H}(\vec{p}, \vec{r}))$$

を用いることもできる．1粒子に関するハミルトニアン $\mathscr{H}(\vec{p}, \vec{r})$ を書き，この $D(\varepsilon)$ の表式を導け．体積 V の箱に閉じ込められた自由ボース粒子の場合には $U(\vec{r})$ はどのようになるか？ その場合の $D(\varepsilon)$ の表式を求めよ（5.5.1項で使われている）．

2. $U(\vec{r})$ として調和振動子のポテンシャルエネルギー

$$U(\vec{r}) = \frac{1}{2}m\omega^2 r^2$$

を用いて $D(\varepsilon)$ を計算せよ．定積分

$$\int_0^1 du\, u^2 (1-u^2)^{1/2} = \frac{\pi}{16} \tag{5.108}$$

を用いてよい．

3. エネルギーの基準点を適当に選ぶことにより，ボース–アインシュタイン転移点における化学ポテンシャルを零にできることを証明せよ．閉じ込めポテンシャルの存在は凝縮の臨界温度を変化させ，式 (5.70) は

$$kT_c = \hbar\omega \left(\frac{N}{\zeta(3)}\right)^{1/3}$$

となることを示せ．さらに，$T \leq T_c$ のとき基底状態にある原子数の比率 N_0/N は式 (5.71) と異なり

$$\frac{N_0}{N} = 1 - \left(\frac{T}{T_c}\right)^3 \tag{5.109}$$

と表されることを導け．

4. Mewes ら [92] の実験では $N = 15 \times 10^6$ 個のナトリウム原子を磁気トラップで閉じ込めたが，その閉じ込めポテンシャルは振動数 $\omega = 2\pi \times 122\,\mathrm{Hz}$ の3次元調和振動子ポテンシャルとみなしてよい．この場合の転移温度を求めよ（実験では磁気トラップのポテンシャルは非対称であり ω は平均値である）．

5. 任意のポテンシャルエネルギーの場合には $T = T_c$ での粒子数密度を $\vec{r}$ の関数として表すと

$$n(\vec{r}) = \frac{2\pi(2m)^{3/2}}{h^3} \int_{U(\vec{r})}^{\infty} d\varepsilon \frac{(\varepsilon - U(\vec{r}))^{1/2}}{e^{\beta\varepsilon} - 1} \tag{5.110}$$

と書けることを示せ．エネルギー基準点をどのように選んだのか述べよ．もし $U(\vec{r})$ が大域的に $r = 0$ で最小となるならば，転移点における密度 $n(\vec{r})$ は式 (5.70) と同じであることを示せ．Mewes らの実験におけるこの密度の値を計算せよ．実験で使われたナトリウム原子の質量は $m = 3.8 \times 10^{-26}$ kg である．

5.7.6 ヘリウム 3 の固体–液体平衡状態

ヘリウム 3 は 2 個の陽子と 1 個の中性子からなるヘリウムの同位体でスピンは 1/2 であり，原子核はフェルミ粒子である．ヘリウム 4 の場合と同じように 2 個の電子の全スピン角運動量は零であり（^{4}He の原子核スピンは零である），その結果 ^{3}He 原子の全スピン角運動量は原子核に起因する 1/2 となる．低温（$T \lesssim 1\mathrm{K}$）の ^{3}He は，圧力 30 atm（1 atm $\simeq 10^5$ Pa）以下では液体であり，それ以上では固体である．図 5.20 に相図を示してある．温度 $T = 0$ での転移圧力である $P_0 \simeq 3.4 \times 10^6$ Pa を基準圧力とする．本項の設問 C.5 を除いて，この問題すべてに関して温度領域は 10^{-2} K $\lesssim T \lesssim 1$ K とする[*28]．この問題におけるエネルギースケール，すなわち適切なエネルギー単位はミリ電子ボルト meV である．

固体相の比体積（原子 1 個あたりの体積）を v_s，液体相の比体積を v_l とする．さらに固体相の比エントロピー（原子 1 個あたりのエントロピー）を σ_s，液体相の比エントロピーを

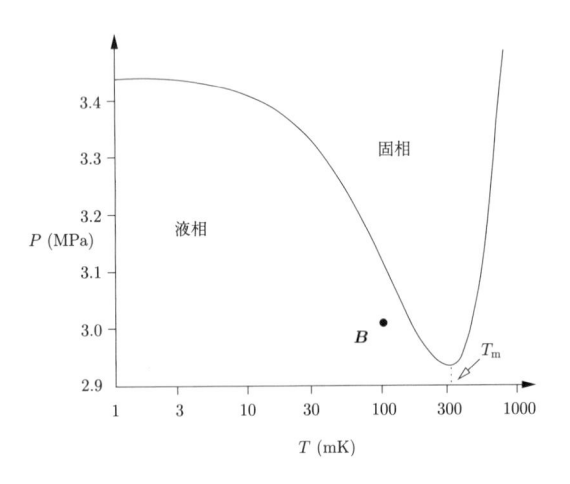

図 **5.20** P–T 平面での相図

[*28] 3 mK 程度の低温では ^{3}He は超流動になる．この問題での温度領域は数 mK 以上であり，このような超流動相は考察の対象外である．

σ_l とする. v_s と v_l の転移線に沿っての変化は無視し,それらの値を $v_s = 3.94 \times 10^{-29}\,\mathrm{m}^3$ および $v_l = 4.16 \times 10^{-29}\,\mathrm{m}^3$ とする. ^{3}He の原子質量は $m = 5 \times 10^{-27}\,\mathrm{kg}$ である.

ここでギブス–デュエム関係式 (1.41) から

$$d\mu = -\sigma\, dT + v\, dP \tag{5.111}$$

が成立することを思い出そう. $\mu(T, P)$ は化学ポテンシャル, v は比体積, σ は比エントロピーである.

A. 磁場がない場合の ^{3}He の化学ポテンシャル

1. この設問ではスピンは無視する. ^{3}He 原子は単純立方格子の格子点を占拠しており,個々の原子の束縛エネルギーは $-u_0$ と仮定する. 固体中の格子振動にはデバイ模型を採用する. デバイ温度 $T_D = \hbar\omega_D/k$ は 16 K のオーダーである.

   ここで考えている温度領域における原子 1 個あたりの自由エネルギーは

$$f = -u_0 + \frac{9}{8}\hbar\omega_D - \frac{1}{5}\pi^4(kT)\left(\frac{T}{T_D}\right)^3 \tag{5.112}$$

   で与えられることを式 (5.64) および (5.61) を用いて示せ. 式 (5.112) の右辺最後の項を無視しても非常によい近似となることを説明せよ.

2. 今度は原子のスピン 1/2 を含めて考察しよう. ここで考えている温度領域では,磁場がなければスピンは完全に無秩序状態である. この場合,スピンを考慮するには f に何を加えたらよいだろうか?

3. 固体相の化学ポテンシャルは

$$\mu_s(T, P) = -u_0 + \frac{9}{8}\hbar\omega_D - kT\ln 2 + v_s P \tag{5.113}$$

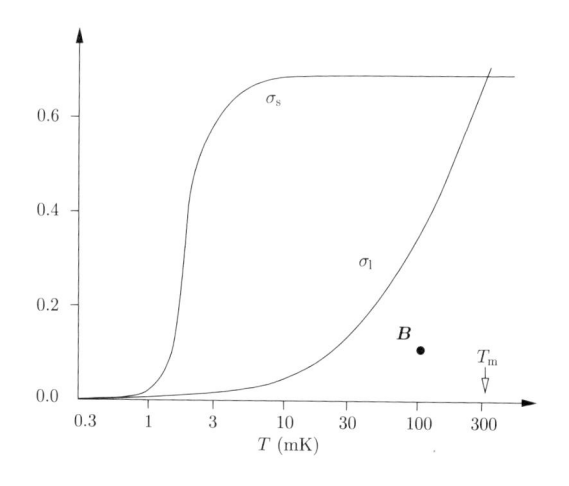

図 **5.21** 固相および液相における温度の関数としてのエントロピー

で与えられることを示せ．この μ_S は熱力学第三法則を満たすだろうか？ さらに図 5.21 を考察せよ．温度 $T \lesssim 10^{-2}\,\mathrm{K}$ では何が起こるだろうか？
以下では固体は非圧縮性と仮定する．

B. 理想フェルミ気体としてのヘリウム 3

ヘリウム 3 原子間相互作用を無視することができると仮定しよう．すなわち，ヘリウム 3 は理想フェルミ気体であると考える．このとき，大分配関数の対数 $\ln Q$ を計算し，$(kT/\mu)^2$ までのオーダーで圧力は化学ポテンシャルの関数として

$$P = \frac{1}{\beta V}\ln Q = \frac{2}{15}\frac{(2m)^{3/2}}{\pi^2 \hbar^3}\mu^{5/2}\left(1 + \frac{5\pi^2}{8}\left(\frac{kT}{\mu}\right)^2\right) \tag{5.114}$$

と表されることを示せ．フェルミエネルギー $\varepsilon_\mathrm{F}(P_0)$ に対応する基準圧力を P_0 とすれば，この理想フェルミ気体の化学ポテンシャルは T^2 までのオーダーで

$$\mu(T,P) = \varepsilon_\mathrm{F}(P_0)\left(\frac{P}{P_0}\right)^{2/5}\left(1 - \left(\frac{kT}{\varepsilon_\mathrm{F}(P_0)}\right)^2\left(\frac{P_0}{P}\right)^{4/5}\right) \tag{5.115}$$

と書けることを示せ．さらに温度 $T=0$ における単位体積あたりの圧縮率 κ_T は，フェルミ面での状態数密度 $D(\varepsilon_\mathrm{F})$

$$D(\varepsilon_\mathrm{F}) = \frac{1}{\pi^2 \hbar^3}p_\mathrm{F}^2\left.\frac{\mathrm{d}p}{\mathrm{d}\varepsilon}\right|_{p=p_\mathrm{F}} = \frac{m p_\mathrm{F}}{\pi^2 \hbar^3} \tag{5.116}$$

と密度 n を用いて

$$\kappa_T(T=0) = \frac{1}{n^2}D(\varepsilon_\mathrm{F}) \tag{5.117}$$

で与えられることを示せ．

C. 固体-液体転移

ヘリウム 3 に関しては理想フェルミ気体はよい近似ではない．原子間相互作用による効果を考慮するため，考えている温度領域では液体相の化学ポテンシャルは式 (5.115) と同じ関数形をしており，3 個のパラメータ A，$b(P)$ および α を用いて

$$\mu_l(T,p) = A\left(\frac{P}{P_0}\right)^\alpha\left(1 - b(P)\left(\frac{kT}{A}\right)^2\right) \tag{5.118}$$

と表されると仮定しよう．基準圧力 P_0 は $T=0$ における転移圧力（図 5.20 参照）であり，A と α は定数である．ここで考えている条件下では圧力変化は 15% 以下であって $b(P) \simeq b(P_0) = b$ は定数としてよい．式 (5.118) を用いて σ_l および v_l の表式を求めよ．

1. 比熱の測定[29]から比 b/A を決定できること[30]，また圧縮率 $\kappa\,(T=0)$ の測

---

[29] $T \to 0$ では定積比熱と定圧比熱は等しくなる．式 (1.59) 参照．
[30] 実験結果は $c/T \simeq a + bT^2 \ln T$ の形に表され c/T は一定ではなく T とともに減少する．

定から α を決定できること[*31]を示せ．以下の問題では $\alpha = 4/5$ とし，転移線上では P の変化が 15% 以下であることから σ_l および v_l の圧力依存性を無視する．さらに v_l の表式における項 $b(kT/A)^2$ は 1 よりはるかに小さいので無視する（これは設問 4 で正当化する）．

2. 温度 T と式 (5.118) に現れたパラメータを用いて，液体相と固体相と間の転移における圧力 $P(T)$ を与える条件を書け．これを用いて dP/dT を求めよ．あるいは，同じことであるがクラペイロンの式を用いてもよい．この微係数 dP/dT は $T = T_m \simeq 0.32\,\text{K}$ で消える．このときの b/a を求めよ．

3. 温度 $T = 0.01\,\text{K}$ における上記の微係数の値

$$\left.\frac{dP}{dT}\right|_{T=0.01\text{K}} \simeq -3.7 \times 10^6\,\text{Pa}\,\text{K}^{-1}$$

を用いて $(v_l - v_S)$ を決定せよ．得られた値が序論で述べた数値とよく一致することを確かめよ．

4. v_l, P_0, T_m を用いて A と b を表せ．近似 $b(kT/A)^2 \ll 1$ が正しいことを示せ．A の値を meV で，A/k の値を K で求めよ．さらに b の値を求めよ（$v_l P_0 = 0.884\,\text{meV}$ を用いよ）．これらの数値を同じ密度における理想フェルミ気体の場合の数値と比較せよ．$u_0 \simeq 0.58\,\text{meV}$ としてデバイ振動数 $\hbar\omega_D$ を K で計算せよ．固体ヘリウム 3 における音速を求めよ．

5. 図 5.20 で $T < T_m$ の液体相における点 B から出発して，転移線に到達するまで等温的に圧縮し，そこで熱浴を分離させ，さらに断熱的かつ準静的に圧縮する．この過程を表す経路を図 5.20 に描け．$T < T_m$ における液体–固体転移が冷却をともなうことを示せ．これが「ポメランチェク効果」であり，mK のオーダーまでの冷却に用いられる．この液体相が固体相に比べてより秩序的であることを定性的に説明せよ．

6. 次に温度領域 $T \lesssim 10^{-2}\,\text{K}$ を考えよう（図 5.21）．微係数 dP/dT が $T = 0$ で消えるのはなぜか？ 前設問で論じた過程を表す経路を図 5.21 に描け．図を用いて到達可能な最低温度を決定せよ．

D. 偏極ヘリウム 3

1. ^{3}He の核磁気モーメントは $\mu_{\text{He}} = -2.13 \times \mu_{\text{N}}$ である．ここで $\mu_{\text{N}} = e\hbar/(2m_p)$ は核磁子である．温度が $T = 0.01\,\text{K}$ のとき，固体ヘリウム 3 が z 軸方向に平行な 10 T の磁場の中に置かれた場合，スピンの z 成分 $S_z/\hbar$ の平均値はどれだけか？

2. 光学的レーザーポンピング法を用いて平均値 $\langle S_z \rangle / \hbar \simeq 1/2$ を測定することがで

[*31] ここで用いたパラメータによる表式はランダウのフェルミ液体論 (5.2.3 項と研究課題 8.6.7) の簡略版に基づいている．原子間相互作用による影響を表すため，ランダウのフェルミ液体論では次の 2 個のパラメータを導入する：(i) 有効質量 m^* によって状態数密度と比熱は，それぞれ，理想気体の場合の m^*/m 倍となる，(ii) パラメータ Λ_0 によって圧縮率 (5.117) は $\kappa(T=0) = D(\varepsilon_F)/(n^2(1+\Lambda_0))$ となる．

きる．この場合 $P(T)$ は定性的にどのようなグラフとなるだろうか？このグラフ
が最小値をもたないことを示せ（$T=0$ における転移圧力は約 2.8×10^6 Pa である）．

5.7.7 剛体芯ボース粒子の超流動

3次元空間における理想ボース気体（相互作用なし）は有限温度でボース–アインシュタイン凝縮を生じさせることを見てきた．しかし，このことは理想ボース気体の凝縮相が超流動を示すことを意味するわけではない．凝縮流体が動きはじめれば凝縮体と超流動状態は破壊されてしまう．

安定な超流動状態のためには相互作用が必要である．ここでは，このような安定性のための条件を調べることはせず，強く相互作用するボース粒子系について考察する．零温度 $T=0$ における**剛体芯**ボース気体の性質を平均場近似で解析することは困難ではない[*32]．

ここでは周期的境界条件を満たす2次元格子という簡単な場合について考える．ボース粒子は各格子点を占拠し，一つの格子点から別の格子点へ飛び移ることが許されている．ボース粒子間の剛体芯相互作用のために，1個の格子点を占拠できるのは1個のボース粒子だけである．

〔注意〕2次元系は有限温度では凝縮しないが絶対零度では凝縮可能である．

この系はハミルトニアン

$$\mathscr{H} = -t \sum_{\langle ij \rangle} \left(\mathsf{a}_j^\dagger \mathsf{a}_i + \mathsf{a}_i^\dagger \mathsf{a}_j \right) - \mu \sum_i \mathsf{a}_i^\dagger \mathsf{a}_i \tag{5.119}$$

で記述される．ここで i と j は2次元格子点を表し $\langle ij \rangle$ は最近接格子点の組を表す．演算子 $\mathsf{a}_i^\dagger$ は格子点 i にボース粒子1個を生成し a_i は格子点 i のボース粒子1個を消滅させる．パラメータ t ($=\hbar^2/2m$) はホッピングパラメータとよばれ粒子が一つの格子点から隣の格子点に飛び移る際の運動エネルギーを表す．μ は化学ポテンシャルであり $\mathsf{a}_i^\dagger \mathsf{a}_i = \mathsf{n}_i$ は格子点 i にあるボース粒子の数を表す演算子である．全粒子数は $\sum_i \mathsf{n}_i = N_{\mathrm{b}}$ で与えられる．この演算子の期待値は格子上にある全ボース粒子の平均個数 $\bar{N}_{\mathrm{b}}$ である．

生成消滅演算子 $\mathsf{a}_i^\dagger$ と a_i は $i \neq j$ の場合は交換関係 $[\mathsf{a}_i^\dagger, \mathsf{a}_j] = 0$ を満たし，$i = j$ の場合には反交換関係 $\{\mathsf{a}_i^\dagger, \mathsf{a}_i\} = \mathsf{a}_i^\dagger \mathsf{a}_i + \mathsf{a}_i \mathsf{a}_i^\dagger = 0$ を満たす[†6]．この反交換関係により1個の格子点を2個以上のボース粒子が占拠することが禁止される．

この系を相互作用のあるスピン1/2の系に写像するほうが簡単である．すなわち[*33)]

[*32)] この平均場近似に対するスピン波による**補正**を考えることも困難ではない．これらの補正では低エネルギーの準粒子励起が考慮されるが，結果は定量的な変化を与えるだけで定性的には変化しない．

[†6)] 剛体芯という仮定により，二つの粒子は同じ場所には存在できない．すなわち，フェルミ粒子的にふるまう．
（訳者注）

[*33)] これはスピン1/2に関するホルシュタイン–プリマコフ変換の特別な場合である．詳しくは Kittel[63] を見よ．

$$a_i^\dagger a_i = S_i^z + \frac{1}{2}$$
$$a_i = S_i^-$$
$$a_i^\dagger = S_i^+ \tag{5.120}$$

ここで S_i^z はスピン演算子の z 成分であり $\hbar = 1$ とした．また S_i^+ と S_i^- はそれぞれ格子点 i における上昇演算子と下降演算子である：

$$S_i^+ = S_i^x + iS_i^y, \qquad S_i^- = S_i^x - iS_i^y \tag{5.121}$$

これはスピン $1/2$ 系にほかならない．すなわち $|-\rangle_i$ と $|+\rangle_i$ をそれぞれ格子点 i における下向きスピン状態および上向きスピン状態とすれば，$[S_i^-, S_j^+] = -2\delta_{ij}S_i^z$, $S_i^+|-\rangle_i = |+\rangle_i$, $S_i^-|+\rangle_i = |-\rangle_i$, $S_i^-|-\rangle_i = 0$ である．さらに S_i^z は対角化されていること，つまり $\langle+|S_i^z|-\rangle = 0$ であることに注意．

1. ハミルトニアンをスピン変数で書け．この写像により，各格子点における占拠数は 0 か 1 の値しかとることが許されないから剛体芯条件は自動的に満たされる．このハミルトニアンを平均場近似で調べよう．まず適当な平均場状態を選ばなければならない．考え方を明確にするため 2 次元系で考える．すなわち各格子点を示す i（あるいは j）は格子点の x と y 座標とする．

2. ボース粒子がまったくない状態は明らかに

$$|0\rangle = \prod_i |-\rangle_i \tag{5.122}$$

である．ここで $|-\rangle_i$ は格子点 i におけるスピン下向きの状態であり $\prod_i$ は全格子点に関する積を表す．各格子点は独立であることに注意．この状態は実際にボース粒子を含まないことを示せ．

3. 今度はより一般的な平均場状態を考えよう．スピンは独立であって，すべてのスピンが z 軸の正方向に対して同じ角度 θ をなしていると仮定する（すなわち系は磁化されている）．格子点 i における状態は

$$|\psi_i\rangle = [ue^{-i\phi_i/2} + vS_i^+ e^{i\phi_i/2}]|-\rangle_i \tag{5.123}$$

で与えられる[*34]．ここで $u = \sin\theta/2$（$v = -\cos\theta/2$）はスピンが上向き（下向き）であるような確率振幅である．ϕ_i は方位角であって格子点 i に依存しうる．ここではすべての格子点に関して $\phi_i = 0$ とする．

全系に関する平均場状態は個々の独立な $|\psi_i\rangle$ の積

[*34] これは下向きスピンを y 軸まわりに角度 $(\theta - \pi)$ だけ回転し，続いて z 軸まわりに角度 ϕ だけ回転することにより得られる：
$$|\psi_i\rangle = e^{i\phi_i S_i^z} e^{i(\theta-\pi)S_i^y}|-\rangle_i$$

$$|\Psi\rangle = \prod_i |\psi_i\rangle \tag{5.124}$$

で与えられる．以下に述べるように角度 θ を容易に密度と関連づけることができる．スピンの全 z 成分は $\mathsf{S}_{\text{tot}}^z = \sum_i \mathsf{S}_i^z$ である．(5.120) の最初の式を用いて $\mathsf{S}_{\text{tot}}^z$ を $N_b = \sum_i \mathsf{n}_i$ と N とに関連づけよ．平均場状態を用いて期待値

$$\langle \mathsf{S}_{\text{tot}}^z \rangle = \langle \Psi | \sum_i \mathsf{S}_i^z | \Psi \rangle \tag{5.125}$$

を直接計算せよ．これらの二つの結果を用いて粒子密度 $\rho = N_b/N$ は

$$\cos\theta = 2\left(\rho - \frac{1}{2}\right) \tag{5.126}$$

によって角度 θ と関連づけられることを示せ．

4. 凝縮状態にあるボース粒子の数は基底状態，すなわち零運動量状態，にあるボース粒子の数

$$N_0 = \langle \Psi | \tilde{\mathsf{a}}^\dagger(\vec{k}=0) \tilde{\mathsf{a}}(\vec{k}=0) | \Psi \rangle \tag{5.127}$$

で与えられる．ただし

$$\tilde{\mathsf{a}}^\dagger(\vec{k}) = \frac{1}{\sqrt{N}} \sum_{\vec{j}} e^{-i\vec{k}\cdot\vec{j}2\pi/L} \mathsf{a}_j^\dagger \tag{5.128}$$

$$\tilde{\mathsf{a}}(\vec{k}) = \frac{1}{\sqrt{N}} \sum_{\vec{j}} e^{i\vec{k}\cdot\vec{j}2\pi/L} \mathsf{a}_j \tag{5.129}$$

である．フーリエ変換 $\tilde{\mathsf{a}}^\dagger(\vec{k})$ と $\tilde{\mathsf{a}}(\vec{k})$ はそれぞれ運動量 $\vec{k}2\pi/L$ の粒子の生成および消滅を行う．ここで $\vec{k} = (k_x, k_y)$ であり，$0 \leq k_x \leq (L-1)$ と $0 \leq k_y \leq (L-1)$ は整数である．この正方格子の格子点数は $N = L^2$ とした．

N_0 を S^+ と S^- で表せ．さらに平均場近似では凝縮比率は

$$\frac{\langle \mathsf{N}_0 \rangle}{N} = \rho_0 = \rho(1-\rho) \tag{5.130}$$

で与えられることを示せ．この結果について議論し，理想気体の場合と比較せよ．$\rho \ll 1$ のとき，この表式の極限は何か．それを説明できるか？

5. 凝縮体密度 ρ_0 は系の秩序パラメータ $\langle \mathsf{a}_i \rangle = \langle \mathsf{a}_i^\dagger \rangle^\star$ に関連している．このことを平均場モデルで示そう．式 (5.123) と (5.124) を用いて

$$|\langle \Psi | \frac{1}{N} \sum_i \mathsf{a}_i | \Psi \rangle| = uv \frac{1}{N} |\sum_{i=1}^N e^{i\phi_i}| \tag{5.131}$$

が成立することを示せ．この式は，もし位相が乱雑であれば，すなわち位相に関する「非対角長距離秩序（Off–Diagonal Long Range Order; ODLRO）」とよばれ

る長距離秩序がなければ，秩序パラメータは零となることを示している．いたるところで $\phi_i = 0$, すなわち完全な ODLRO, を仮定して秩序パラメータを ρ の関数として表せ．この結果を式 (5.130) と比較せよ．

6. 大分配関数は

$$\mathcal{J} = \langle \Psi | \mathscr{H} | \Psi \rangle \tag{5.132}$$

で与えられる[*35]．この量を平均場近似で計算し

$$\mathcal{J} = -\frac{\mu N}{2} - \frac{\mu N}{2} \cos\theta - tN \sin^2\theta \tag{5.133}$$

となることを示せ．

7. 角度 θ は変分パラメータであり，その最適値はグランドポテンシャルを最小にするように決められる．θ を μ の関数として求め，凝縮体密度，グランドポテンシャル，ボース粒子密度を μ で表せ．

8. 液体の一部である**超流体**はエネルギー散逸なしにコヒーレントに流れることができる．この**超流体密度**を計算するために，まず量子状態の平均運動量が

$$\vec{p} = \langle \Psi | -i\vec{\nabla} | \Psi \rangle \tag{5.134}$$

で与えられることを思い起こそう．この期待値を平均場状態 (5.124) と (5.123) を用いて計算すれば，θ が一定であることから，次の二つの場合にともに $\vec{p} = 0$ であることがわかる．一つは ϕ が一定である場合であり，ほかの一つは ϕ がランダムであってその平均値が零である場合である．

それゆえ，この系で超流体の流れを得る唯一の方法は量子状態の**位相の勾配ベクトルが零でないこと**である．しかし，周期的境界条件と波動関数の 1 価性から，位相の勾配ベクトル $\nabla\phi$ に関して次の条件

$$\sum_i \nabla\phi_i = 2\pi l \tag{5.135}$$

が成立することが必要である[*36]．ここで l は整数である．すなわち，系の中で一周すれば波動関数はもとの値に戻らなければならない．この条件を満足させるには平均場状態を

$$|\Psi\rangle_T = \prod_i e^{i\phi_i}[u + v\mathsf{S}_i^+]|-\rangle_i \tag{5.136}$$

とすればよい．ここで，格子の x 正方向に格子間隔だけ進むとき ϕ_i は $\delta\phi = 2\pi/L$

[*35] 式 (3.131) から

$$TS = \frac{1}{\beta} \ln \mathcal{Q} + E - \mu N_b$$

が得られることに注意せよ．ここで $\mathcal{J} = -(\ln \mathcal{Q})/\beta$ である．温度 $T = 0$ では $\mathcal{J} = E - \mu N_b$ となる．これから式 (5.132) が得られる．

[*36] これは超流体流に関する速度量子化条件を与える．

だけ増加すると仮定する．y 方向に関しては ϕ_i は一定とする．x 方向に系を 1 周した場合の位相の変化は明らかに 2π であって速度量子化条件は満たされている．この「ねじれた」平均場状態のグランドポテンシャルは

$$\mathcal{J}_\mathrm{T} = -\frac{\mu N}{2} - \frac{\mu N}{2}\cos\theta - \frac{tN}{2}(1+\cos\delta\phi)\sin^2\theta \tag{5.137}$$

で与えられることを示せ．$\delta\phi$ を一定に保ちながら $\mathcal{J}_\mathrm{T}$ を θ に関して最小にすることにより，化学ポテンシャルを θ の関数として求めよ．

9. 二つのエネルギー $\mathcal{J}_\mathrm{T}$ と $\mathcal{J}$ の差は次の事実に起因する．すなわち，$\mathcal{J}_\mathrm{T}$ の場合には液体は速度 $v = \delta\phi(\hbar/m) = \delta\phi/m$ で運動し，$\mathcal{J}$ の場合には流体は静止している．それゆえ，差の原因は超流体の運動エネルギー $(\Delta\mathcal{J})/N = \rho_\mathrm{s} mv^2/2$ だけである．ここで ρ_s は「超流体粒子」の密度である．非常に大きい L，すなわち $\delta\phi = 2\pi/L \to 0$，の極限で ρ_s を ρ の関数として求めよ．式 (5.137) で $t = \hbar^2/(2m)$ に注意．

10. ρ_s を ρ_0 と比較せよ．この結果は平均場極限でのみ成立する．準粒子励起（スピン波）を考慮すればこの結果は変わる．粒子間の衝突がこの結果を変えることについて物理的な議論を試みよ．詳しくは文献 [16] を見よ．

5.8 さらに進んで学習するために

状態ベクトルの対称化仮説は Lévy–Leblond and Balibar [80]（第 7 章）に非常によく説明されている．Cohen–Tannoudji ら [30]（第 XIV 章）あるいは Messiah [89]（第 XIV 章）も見よ．スピン統計定理は Streater and Wightman [117]（第 4 章）に高度なレベルで述べられている．量子統計のさらなる議論については，たとえば，Reif [109]（第 9 章），Baierlein [4]（第 8,9 章），Huang [57]（第 9,11,12 章），Goodstein [49]（第 2 章）などを見よ．ランダウのフェルミ液体論は Pines and Nozières [102]（第 1 章）あるいは Baym and Pethick [15] に論じられている．量子ホール効果における分数電荷の直接測定は Saminadayar ら [112] によって行われた．ビッグバンと宇宙の起源に関して Weinberg [122] が優れている．超流動の判定基準を初めて明らかにしたのは Onager and Penrose [98] である．Leggett [77,78]，Goodstein [49]（第 5 章），Nozières and Pines [96]，Ma [85]（第 30 章）も見よ．原子気体凝縮を最初に観測したのは Anderson ら [2] と Mewes ら [92] である．水素原子に関するボース–アインシュタイン凝縮も観測されている [45]．レビューとしては Ketterle [62]，Burnett ら [23]，さらに進んだレベルでは Dalfovo ら [32] などがある．ボース–アインシュタイン凝縮における相互作用は Landau and Lifshitz [70]（78 節）および Huang [57]（第 19 章）で扱われている．量子統計の凝縮系への応用については Ashcroft and Mermin [3] および Kittel [64] を見よ．

研究課題に関しては次の文献が役立つであろう．磁場中の荷電粒子の運動の量子力学的扱いは Cohen–Tannoudji ら [30]（付録 E_VI）を見よ．星の物理学への統計力学の応用に関するレビューとしては Balian and Blaizot [8] がある．星の物理学に関しては，

さらに Rose [111] を勧める．クォーク・グルーオンプラズマについては Le Bellac [73]（第 1 章）に初歩的説明がある．液体ヘリウム 3 の性質については Wilks [123]（第 17 章）および Tilley and Tilley [118]（第 9 章）を見よ．

6

不可逆過程：巨視的理論

　ここまでの章では平衡状態のみを分析してきた．これはいくぶん限定的な分析である．熱伝導や熱拡散のような非平衡現象はたいへん興味深く無視できないからである．これを補うために本章では非平衡現象への導入に焦点を絞ろう．この話題のさらなる発展は第8章と第9章で扱う．

　平衡統計力学は一般的で体系的な手法すなわちボルツマン-ギブス分布を土台として構築されていることを見てきた．非平衡状態にはこのような一般的手法は存在しない．そのかわり個別の場合や状況に適した多種多様な方法が存在する．よく制御できるのは平衡状態に近い場合である．その場合には線形応答理論のように比較的一般的な方法に頼ることができる．この理論については9.1節と9.2節で述べよう．本章では，輸送係数に対する巨視的手法を考察する．これは平衡状態の熱力学の非平衡版である．この段階では，微視的理論による輸送係数の計算は試みない．実際の値を実験から採用し，これらの係数がいくつもの一般的な性質を満たすことを示すに留める．この方法は平衡状態の熱力学に似ている．熱力学では熱力学量間のいくつもの一般的関係を明らかにし，たとえば，比熱を微視的理論から計算しようとはせずに実験から値を採用した．第8章と第9章ではいくつかの簡単な場合について，微視的理論からはじめて輸送係数をどう計算するかを示そう（第8章では運動学理論，第9章では線形応答）．これは，いくつかの簡単な場合について平衡状態の統計力学を用いて比熱を計算したのにちょうど対応している．

6.1　流束，アフィニティ，輸送係数

6.1.1　保　存　則

　物理系が平衡状態からはるかに離れて温度や圧力のような量が定義すらできないこともありうるが，われわれはそのような極端な場合は考えず，そのかわり局所的に熱力学変数が定義できる場合に専念する．理想化された場合からはじめよう．系は巨視的尺度では

6.1 流束，アフィニティ，輸送係数

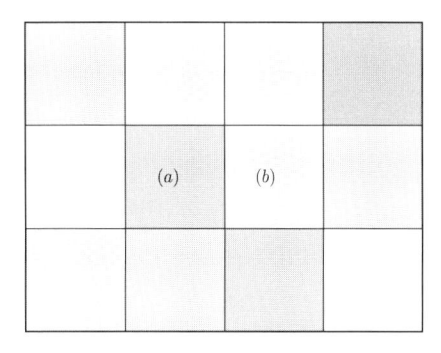

図 **6.1** 系をセルに分割する

小さいが微視的尺度では大きく $(a,b,...)$ と名づけられた一様なセルからなる（図 6.1）[*1]．また，セルは隣接したセルと弱く相互作用し各セルは独立に微視的緩和時間 τ_{micro} で局所平衡状態に達すると仮定する．微視的緩和時間は全体的平衡状態に達するのに必要な巨視的緩和時間 τ_{macro} に比べて非常に小さい（$\tau_{\mathrm{micro}} \ll \tau_{\mathrm{macro}}$）[*2]．以下の条件が満たされるとき「局所平衡状態」にあるということにする．

(i) 各部分系はほかの部分系とは独立に平衡状態にある．
(ii) 隣接する部分系間の相互作用は弱い

$A_i(a,t)$ を時刻 t にセル a 内にあり指標 i でラベルづけられた示量変数（たとえば，エネルギー，粒子数，運動量など）としよう．セル a からセル b へ単位時間あたり移動する A_i の量 $\Phi_i(a \to b)$ を流束とよぶ．$\Phi_i(a \to b)$ は a と b の間の正味の流束であることに注意せよ．それゆえ

$$\Phi_i(a \to b) = -\Phi_i(b \to a) \tag{6.1}$$

セル a は量 A_i の湧き出しを含んでもよい．たとえば，系が原子炉で $A_i(a,t)$ がセル a 内の中性子数とすると，ウラニウムやプルトニウム原子が分裂するとき中性子が生み出されるので湧き出しとして働く．他方，減速材は中性子を吸収するので，吸い込みとして働く．このとき単位時間あたりの $A_i(a,t)$ の変化 $\mathrm{d}A_i(a,t)/\mathrm{d}t$ は，ほかのセルからの寄与と湧き出しからの寄与の和になる．このことは次のように式に書ける．

$$\boxed{\frac{\mathrm{d}A_i(a,t)}{\mathrm{d}t} = -\sum_{b \neq a} \Phi_i(a \to b) + \Phi_i(\mathrm{sources} \to a)} \tag{6.2}$$

[*1] いくつかの場合には（研究課題 6.5.4 参照）これらのセルは空間的でない．
[*2] この二つの時間尺度が存在することの鍵は，ある種の物理量（遅い変数とよばれる）が短い時間的（そして空間的）尺度で全体的平衡状態に戻るのを禁止する保存則である．9.3 節で説明するように非平衡統計力学では，微視的な時間空間尺度で特徴づけられる速い変数が，巨視的な時間空間尺度で特徴づけられる遅い変数から区別される．9.3 節と 2.6.3 項では，τ_{micro} を τ^* で，τ_{macro} を τ で記している．

これは量 $A_i(a,t)$ に対する保存方程式である．

明らかに，このように系を独立なセルに分解することは一つの理想化である．式 (6.2) を局所形式で表現すれば，より現実的な定式化が得られる．空間の各点のまわりで局所平衡が成り立っていると仮定する．したがって局所的に熱力学量が定義できる．たとえば局所温度 $T(\vec{r},t)$ や局所化学ポテンシャル $\mu(\vec{r},t)$ などである．このような局所平衡が可能であるためには，$\tau_{\mathrm{micro}} \ll \tau_{\mathrm{macro}}$ に加えて，空間的長さの尺度に関する条件が必要である．もし，l_{micro} が局所平衡が成り立つ特徴的長さであり，l_{macro} が温度のような熱力学量が変化する特徴的長さであるならば，$l_{\mathrm{micro}} \ll l_{\mathrm{macro}}$ でなければならない．局所平衡が成り立つ状態は，「流体力学的状態」ともよばれる．流体の流体力学的記述は局所平衡条件に決定的に頼っているからである．この構成により，流体力学的スケールで長波長 λ（微視的長さに比べて長い $\lambda \gg l_{\mathrm{micro}}$）でかつ低振動数 ω（微視的振動数に比べて低振動数 $\omega \ll 1/\tau_{\mathrm{micro}}$）の摂動を受けた系のダイナミクスが記述される．局所平衡状態はしばしば外的拘束（たとえば温度勾配）を系に課すことで得られる．もしもこれらの拘束が時間に依存しないならば，系は定常（つまり時間に依存しない）非平衡状態に達する．$\rho_i(\vec{r},t)$ を量 A_i の密度とする．それは，たとえば，エネルギー密度，運動量密度などである．こうして変数 $A_i(a,t)$ はセルの体積 $V(a)$ 内の密度の積分になる[*3)]．

$$A_i(a,t) = \int_{V(a)} \mathrm{d}^3 r \, \rho_i(\vec{r},t) \tag{6.3}$$

それゆえ，対応するカレント密度（あるいは簡単にカレント[†1)]）$\vec{j}_i(\vec{r},t)$ が定義できる．$\vec{\Delta S}$ をセル a と b を隔てる小さな有向面積とすると（図 6.2(a)），流束 $\Phi_i(a \to b)$ は次のように書ける．

$$\Phi_i(a \to b) \simeq \vec{\Delta S} \cdot \vec{j}_i$$

さて，$\mathcal{S}(a)$ をセル (a) を囲む表面としよう．$\mathcal{S}(a)$ を通過する全流束はカレントの表面積分で与えられる．

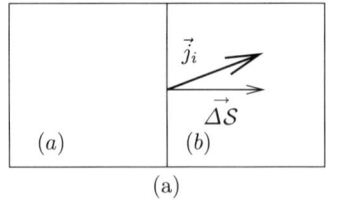

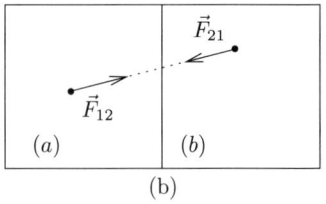

図 6.2 (a) カレントと流束．(b) 二つのセル間での運動量の交換．

[*3)] 密度の定義は「粗視化」の過程を仮定している．定義が意味をもつためにはセルの大きさは，局所温度などが定義できるほど大きくなければならない．またわれわれがいわゆるオイラー記法を用いていることにも注意しておこう．セルは空間に固定され，流体の塊の動きについていくことはない．ラグランジュ記法では流体の塊の動きについていくのと対称的である．
[†1)] 本章では，current を "カレント" と訳していることが多いが，ほかでは "〜流" とも訳している．(訳者注)

$$\Phi_i^S(t) = \sum_b \Phi_i(a \to b) = \int_{\mathcal{S}(a)} \vec{\mathrm{d}\mathcal{S}} \cdot \vec{j}_i(\vec{r}, t) \tag{6.4}$$

カレント $\vec{j}_i$ は表面を通過する量 i の流れを特徴づける．簡単な例を考えよう．$\rho_N(\vec{r},t) \equiv n(\vec{r},t)$ を粒子数密度，$\vec{u}(\vec{r},t)$ を平均粒子速度とすると，カレント $\vec{j}_N$ はもちろん次式で与えられる（微視的証明は基本課題 6.4.1 で行う）．

$$\vec{j}_N(\vec{r},t) = n(\vec{r},t)\vec{u}(\vec{r},t) \tag{6.5}$$

しかし，カレントは常に密度と平均速度の積であるとは限らないので注意しなければいけない．式 (6.5) によれば，湧き出しがないときセル (a) 内の粒子数は，粒子が表面 $\mathcal{S}(a)$ を通過してセルを出入りすることによってのみ変化できる．したがってカレントに対する寄与は式 (6.5) の形のものだけである．エネルギーや運動量の場合には，セルを隔てる表面を粒子が通過しなくてもセル間でエネルギーや運動量が交換できる．図 6.2(b) は，二つのセルが作用反作用の原理により運動量を交換できることを図示している．図の 2 粒子に注目するならば，二つの異なったセルに属する 2 粒子の運動量 $\vec{p}_1$ と $\vec{p}_2$ は次式を満たす．

$$\frac{\mathrm{d}\vec{p}_1(t)}{\mathrm{d}t} + \frac{\mathrm{d}\vec{p}_2(t)}{\mathrm{d}t} = 0$$

一般に，運動量カレントは式 (6.5) の形に書くことはできず，式 (6.2) の右辺は次の三つの寄与からなる．

(i) 表面 $\mathcal{S}(a)$ で囲まれたセルの体積 $V(a)$ を出入りする粒子．
(ii) 問題になっているセルの外部にある流体の粒子から受ける力[*4)]．
(iii) 重力のような外力．この場合湧き出しとしての役割を演ずる．

したがって，保存式 (6.2) の局所形はガウスの定理を使って得られる．すなわち，流束 Φ_i^S は体積分として書ける．

$$\Phi_i^S = \int_\mathcal{S} \vec{\mathrm{d}\mathcal{S}} \cdot \vec{j}_i = \int_V \mathrm{d}^3 r\, \vec{\nabla} \cdot \vec{j}_i$$

一方，湧き出し項は密度 σ_i の積分になる．

$$\Phi_i(\mathrm{sources} \to \mathrm{a}) = \int_V \mathrm{d}^3 r\, \sigma_i$$

保存式 (6.2) は次式になる．

$$\int_V \mathrm{d}^3 r\, \frac{\partial \rho_i}{\partial t} = -\int_V \mathrm{d}^3 r\, \vec{\nabla} \cdot \vec{j}_i + \int_V \mathrm{d}^3 r\, \sigma_i$$

この式は任意の V について成り立つので，これから「局所保存式」（あるいは連続の式）が得られる．

[*4)] すべての力は短距離力であると仮定する．長距離力では曖昧さが生じる．この線に沿った注意はすでに第 1 章で行われた．

$$\boxed{\frac{\partial \rho_i}{\partial t} + \vec{\nabla} \cdot \vec{j}_i = \sigma_i} \tag{6.6}$$

式 (6.6) に従う物理量は保存量とよばれ，以下，重要な役割を演ずる．

6.1.2　局所状態方程式

セル描像に戻れば，各セルが局所平衡状態にあるので各セルごとにエントロピー $S(a)$ を割り当てることができる．セル間の相互作用が弱いと仮定したので，全エントロピー S_{tot} は各エントロピーの単純な和で得られる[*5)]．

$$S_{\text{tot}} = \sum_a S(a) \tag{6.7}$$

$\gamma_i(a)$ を，$A_i(a)$ に共役な示強変数とする．

$$\gamma_i(a) = \frac{\partial S_{\text{tot}}}{\partial A_i(a)} = \frac{\partial S(a)}{\partial A_i(a)} \tag{6.8}$$

本章で考察した五つの示量変数，すなわち粒子数 N，エネルギー E，運動量 $\vec{P}$ の3成分[*6)]（成分 P_α; $\alpha = (x, y, z)$）に共役な示強変数は次のようになる．

$$A_i = N \qquad \gamma_N = -\frac{\mu}{T} \tag{6.9}$$

$$A_i = E \qquad \gamma_E = \frac{1}{T} \tag{6.10}$$

$$A_i = P_\alpha \qquad \gamma_{P_\alpha} = -\frac{u_\alpha}{T} \tag{6.11}$$

最初の2式は有名な熱力学関係式 (1.9) と (1.11) である．第3式は，考えているセル内の流体の平均局所速度（あるいは「流速」）$\vec{u}$ を含む．第3式を証明するために，重心運動によって流体のエントロピーは変化しないことに注目しよう[*7)]．等速直線運動している飛行機の中のコップ1杯の水は，同じコップ1杯の水が地上にあったときと同じエントロピーをもつ．静止流体のエネルギーを E'，エントロピーを S_0 としよう．

$$S_0(E') = S(E, \vec{P} = 0)$$

E' から E へ移るには，運度している質量 M の流体の運動エネルギーを加える必要がある．すなわち，

$$E = E' + \frac{\vec{P}^2}{2M}$$

[*5)] ほかの示量変数と比べてエントロピーが演じる特別な役割について読者はすでに気づいたに違いない．本章を通してこの特別な役割を確かめる．

[*6)] 運動量と圧力の混同を避けるために，第6章と第8章では圧力を $\mathcal{P}$ と記す．小文字の $\vec{p}$ は1粒子の運動量を表し，大文字の $\vec{P}$ は粒子集団の運動量を表す．

[*7)] 統計力学ではこのことを厳密に示せる（基本課題 2.7.7）．

および
$$S(E, \vec{P}) = S_0\left(E - \frac{\vec{P}^2}{2M}\right)$$

これにより次式が得られる.
$$\gamma_{P\alpha} = \frac{\partial S}{\partial P_\alpha} = -\frac{P_\alpha}{M}\frac{\partial S_0}{\partial E'} = -\frac{u_\alpha}{T}$$

すべての示量変数を考慮し,すでに 1.3.3 項で出会ったエントロピーの示量性 $S(\lambda A_i) = \lambda S(A_i)$ (λ は尺度因子) に基づいた論法を使おう.この式を λ について微分して $\lambda = 1$ とおけば,次のようになる.

$$\sum_i A_i(a)\frac{\partial S(a)}{\partial A_i(a)} = \sum_i \gamma_i(a) A_i(a) = S(a)$$

これにより次式が得られる.

$$\boxed{\sum_{i,a} \gamma_i(a) A_i(a) = S_{\text{tot}}} \tag{6.12}$$

式 (6.12) の局所形式は

$$\boxed{\sum_i \int d^3 r\, \gamma_i(\vec{r},t) \rho_i(\vec{r},t) = S_{\text{tot}}(t)} \tag{6.13}$$

となる.これは,次のように汎関数微分形式 (A.6 節参照) に書くこともできる.

$$\gamma_i(\vec{r},t) = \frac{\delta S_{\text{tot}}(t)}{\delta \rho_i(\vec{r},t)} \tag{6.14}$$

6.1.3 アフィニティと輸送係数

二つの隣接したセル a と b が異なった示強変数 γ_i をもつとき,それらのセルの間で示量変数 A_i の交換が起こる.たとえば,温度の違いは熱の交換を引き起こす.示強変数の差 $\gamma_i(b) - \gamma_i(a)$ はアフィニティ $\Gamma_i(a,b)$ とよばれ平衡状態からのずれの尺度となる.

$$\boxed{\Gamma_i(a,b) = \gamma_i(b) - \gamma_i(a)} \tag{6.15}$$

温度の例を考え,$\gamma_E(a) < \gamma_E(b)$ あるいは $T(a) > T(b)$ と仮定しよう.等温性すなわち熱平衡を再現するために,a から b への熱流束が発生する.一般に系はセル間のアフィニティの違いに応答してセル間で A_i を交換することによって平衡状態を達しようとする.十分小さいアフィニティに対しては,流束をアフィニティを使って表す線形近似を用いることができる.

$$\boxed{\Phi_i(a \to b) = \sum_j L_{ij}(a,b) \Gamma_j(a,b)} \tag{6.16}$$

次の点に注意せよ．(i) これらの式は互いに結合していること．アフィニティ Γ_j が A_i の流束を引き起こすこともある．(ii) 等式 $L_{ij}(a,b) = L_{ij}(b,a)$ が成り立つこと．流束とアフィニティを関係づける比例係数は応答係数とよばれる．

ここで，式 (6.16) の局所形式を調べよう．セル a の中心が点 $\vec{r}$ でセル b の中心が点 $\vec{r} + \mathrm{d}\vec{r}$ であるとしよう．差 $\gamma_i(b) - \gamma_i(a)$ は勾配として書ける．

$$\gamma_i(b) - \gamma_i(a) \simeq \mathrm{d}\vec{r} \cdot \vec{\nabla}\gamma_i$$

しかしここで注意しなればいけないことがある．一般にカレントは，A_i の正味の交換を引き起こさない平衡カレントからの寄与も含むからである．差 $\vec{j}_i - \vec{j}_i^{eq}$ のみが γ_i の勾配の影響を受ける．カレント成分 j_α^i について[*8] 式 (6.16) の局所形式は次のようになる．

$$\boxed{j_\alpha^i(\vec{r},t) - j_\alpha^{i,\mathrm{eq}} = \sum_{j,\beta} L_{ij}^{\alpha\beta} \partial_\beta \gamma_j(\vec{r},t)} \tag{6.17}$$

式 (6.17) は輸送方程式とよばれ係数 $L_{ij}^{\alpha\beta}$ は輸送係数とよばれる．

6.1.4 例

輸送方程式のいくつかの簡単な例を使って，上述の形式的定義を説明しよう．

絶縁固体（または単純液体）での熱拡散

絶縁固体中の熱輸送はすべて格子振動によるものであり，粒子の正味の輸送は存在しない．したがって，熱（あるいはエネルギー）カレント $\vec{j}_E$ の輸送方程式は次のように書ける[*9]．

$$\boxed{\vec{j}_E = -\kappa \vec{\nabla} T} \tag{6.18}$$

ただし，κ は熱伝導係数である．κ は正なので熱カレントは温度勾配と逆方向に流れる．式 (6.18) と一般輸送方程式 (6.17) とを関連づけるために，$\gamma_E = 1/T$ とすれば一般輸送方程式は次のようになることに注意しよう．

$$j_\alpha^E = \sum_\beta L_{EE}^{\alpha\beta} \partial_\beta \left(\frac{1}{T}\right) = \sum_\beta L_{EE} \delta_{\alpha\beta} \partial_\beta \left(\frac{1}{T}\right) = -L_{EE} \frac{1}{T^2} \partial_\alpha T$$

得られるベクトルは温度勾配 $\vec{\nabla}T$ だけなので，$\vec{j}_E$ は必然的に温度勾配に平行になる．したがって，クロネッカーの $\delta_{\alpha\beta}$ が出てくる[*10]．式 (6.18) と比較すれば次式を得る．

$$L_{EE}^{\alpha\beta} = \kappa T^2 \delta_{\alpha\beta} \tag{6.19}$$

[*8] 上つきと下つきの添え字を区別しない．本書の記法ではカレントを $\vec{j}_i$ と書き，その成分を j_α^i と書く．また，A.4 節と同様に，偏微分 $\partial/\partial x$ を ∂_x と書く．

[*9] しかし，導体では伝導電子が熱輸送の主要な役割を演ずる．6.3.3 項で説明する理由により，式 (6.18) は静止した単純流体にも有効である．

[*10] 一般的な言葉でいえば，勾配に比例するのは回転不変性によるものである．付録 A を参照せよ．

ここで厳密な連続方程式 (6.6) を使おう．熱の湧き出しがないとして，エネルギー密度 $\epsilon = \rho_E$ を使えば次の式が得られる．

$$\frac{\partial \epsilon}{\partial t} = -\vec{\nabla} \cdot \vec{j}_E = \kappa \vec{\nabla} \cdot (\vec{\nabla} T) = \kappa \nabla^2 T$$

単位体積あたりの比熱[*11] C が温度 T に依存しない（すなわち $\epsilon = CT$）と仮定すれば，T に対する拡散方程式が得られる．

$$\boxed{\frac{\partial T}{\partial t} = \frac{\kappa}{C} \nabla^2 T} \tag{6.20}$$

式 (6.20) は熱方程式ともよばれる．量 $A(\vec{r}, t)$ に対する拡散方程式の一般形は

$$\boxed{\frac{\partial A}{\partial t} = D \nabla^2 A} \tag{6.21}$$

となる．ここで D は「拡散係数」である．したがって熱方程式 (6.20) より $D = \kappa/C$ となる．この方程式は物理学で非常に重要な役割を演じるので，ここでその解について簡単に議論する価値がある．$A(\vec{r}, t)$ の空間フーリエ変換は

$$\tilde{A}(\vec{k}, t) = \int d^3 r \, e^{-i\vec{k}\cdot\vec{r}} A(\vec{r}, t) \tag{6.22}$$

となるので，

$$\frac{\partial}{\partial t} \tilde{A}(\vec{k}, t) = -Dk^2 \tilde{A}(\vec{k}, t)$$

が得られる．その解は，

$$\tilde{A}(\vec{k}, t) = e^{-Dk^2 t} \tilde{A}(\vec{k}, 0)$$

となる．逆フーリエ変換を行えば $A(\vec{r}, t)$ が得られる．

$$A(\vec{r}, t) = \int \frac{d^3 k}{(2\pi)^3} e^{i\vec{k}\cdot\vec{r}} e^{-Dk^2 t} \tilde{A}(\vec{k}, 0) \tag{6.23}$$

初期条件が $A(\vec{r}, 0) = \delta(\vec{r})$ ならば，$\tilde{A}(\vec{k}, 0) = 1$ であり式 (6.23) のフーリエ変換はガウス関数のフーリエ変換になる．

$$A(\vec{r}, t) = \frac{1}{(4\pi Dt)^{3/2}} \exp\left(-\frac{\vec{r}^2}{4Dt}\right) \tag{6.24}$$

任意の初期条件に対する拡散方程式の解を式 (6.24) から得るのはやさしい．それは基本課題 6.4.2 で行う．そこではランダムウォークと拡散の間の注目すべき関係も明らかになる．式 (6.24) は $\langle \vec{r}^2 \rangle = 6Dt$ を示している．性質 $\langle \vec{r}^2 \rangle \propto t$ はランダムウォークと拡散の共通の特徴である[*12]．

[*11] 固体では，定積比熱と定圧比熱はほとんど同じである．それゆえどちらを使っているか指定する必要はない．

[*12] いわゆる異常拡散では，t のべきは 1 と異なる．

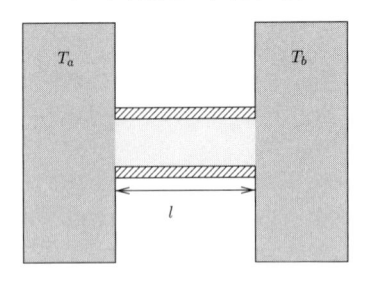

図 6.3 二つの熱浴をつなぐ長さ l の熱伝導体

拡散方程式の簡単な解を説明するもう一つの例として,温度 T_a と T_b の二つの熱浴(ただし $T_a > T_b$)をつなぐ長さ l の熱伝導棒の場合をとりあげよう.全系は外界と熱的に孤立しているとする(図 6.3).熱流束は十分小さいので熱浴の温度は変わらないと仮定し,定常状態(ではあるが,平衡状態ではない)$\partial T/\partial t = 0$ を考える.したがって熱方程式 (6.20) は $\partial^2 T/\partial x^2 = 0$ と簡単になる.適切な境界条件を課せば,棒の温度 $T(x)$ が位置 x の関数として得られる.

$$T(x) = T_a + \frac{x}{l}(T_b - T_a) \tag{6.25}$$

粒子拡散

今度は,溶液中の非一様な濃度 $n(\vec{r}, t)$ をもった溶質の非平衡状態を調べよう.ただし全系の温度は一様であるとする.系は平衡状態に戻ろうとして,濃度が高い領域から低い領域へ粒子を輸送して一様化しようとし,粒子カレント $\vec{j}_N$ を発生させるだろう.第 1 近似としてカレントは濃度勾配に比例する(フィックの法則).

$$\boxed{\vec{j}_N(\vec{r}, t) = -D\vec{\nabla} n(\vec{r}, t)} \tag{6.26}$$

正の比例係数 D は拡散定数である.式 (6.26) は,カレントが予想どおり濃度勾配と反対方向であることを示している.フィックの法則と式 (6.17) の一般的定式化を関係づけよう.$(\partial \mu/\partial n)_T$ を等温圧縮率の係数 κ_T と結びつける式 (1.42)

$$\left(\frac{\partial \mu}{\partial n}\right)_T = \frac{1}{\kappa_T n^2}$$

を使えば,系の温度は一様であるから

$$\vec{\nabla} \gamma_N = \vec{\nabla}\left(-\frac{\mu}{T}\right) = -\frac{1}{T}\left(\frac{\partial \mu}{\partial n}\right)_T \vec{\nabla} n = -\frac{1}{T}\frac{1}{\kappa_T n^2}\vec{\nabla} n$$

が得られる.カレントに対する二つの式を比べれば

$$\vec{j}_N = -D\vec{\nabla} n = L_{NN}\vec{\nabla}\gamma_N$$

輸送係数 $L_{NN}^{\alpha\beta}$ を決めることができる.

$$L_{NN}^{\alpha\beta} = \delta_{\alpha\beta} D T \kappa_T n^2 \tag{6.27}$$

$$\frac{\partial s}{\partial t} + \vec{\nabla} \cdot \left(\sum_i \gamma_i \vec{j}_i \right) = \sum_i \vec{j}_i \cdot \vec{\nabla} \gamma_i \tag{6.40}$$

$\mathrm{d}S_{\mathrm{tot}}/\mathrm{d}t$ を計算するために系の全体積にわたり積分すると，式 (6.40) の左辺第 2 項は寄与しなくなる．実際，ガウスの定理を使って

$$\int \mathrm{d}^3 r\, \vec{\nabla} \cdot \left(\sum_i \gamma_i \vec{j}_i \right) = \sum_i \int \left(\vec{\mathrm{d}\mathcal{S}} \cdot \vec{j}_i \right) \gamma_i = 0$$

となる．なぜなら系の表面でカレントは零になるからである．項 $\sum_i \vec{j}_i \cdot \vec{\nabla} \gamma_i$ だけが全エントロピーの生成に寄与する．すなわち，この項はエントロピーの湧き出しとして作用する．

式 (6.17) で全カレントと平衡カレントを区別すべきことを見た．平衡カレントはエントロピー生成に寄与しない．平衡状態ではエントロピーは一定のままであるからだ．したがって，量

$$\sum_i \vec{j}_i^{\,\mathrm{eq}} \cdot \vec{\nabla} \gamma_i$$

は，発散の形に書けなければならない．研究課題 6.5.1 で示すように単純流体すなわち1 種類のみの分子からなる流体では，$\mathcal{P}$ を圧力として次のように書ける．

$$\sum_{i=1}^{5} \vec{j}_i^{\,\mathrm{eq}} \cdot \vec{\nabla} \gamma_i = -\vec{\nabla} \cdot \left(\frac{\mathcal{P}}{T} \vec{u} \right) \tag{6.41}$$

指標 i は 1 から 5 までの値をとる．すなわち，粒子数，エネルギーと運動量の 3 成分である．エントロピー流を

$$\boxed{\vec{j}_S = \sum_i \gamma_i \vec{j}_i + \frac{\mathcal{P}}{T} \vec{u}} \tag{6.42}$$

と定義する．このとき，式 (6.40) より

$$\frac{\partial s}{\partial t} + \vec{\nabla} \cdot \vec{j}_S = \sum_i \left[(\vec{j}_i - \vec{j}_i^{\,\mathrm{eq}}) \cdot \vec{\nabla} \gamma_i \right]$$

となり，さらに式 (6.17) を使って

$$\boxed{\frac{\partial s}{\partial t} + \vec{\nabla} \cdot \vec{j}_S = \sum_{i,j,\alpha,\beta} (\partial_\alpha \gamma_i)\, L_{ij}^{\alpha\beta}\, (\partial_\beta \gamma_j)} \tag{6.43}$$

が得られる．この式の右辺は位置 $\vec{r}$ におけるエントロピー生成を記述する．

定常状態にある熱伝導棒（図 6.3）という簡単な例を使ってエントロピー生成を解説しよう．Q を a から b へ単位時間あたり輸送される熱，$\mathcal{S}$ を棒の断面積とする．唯一の

カレントは x 軸に沿って流れるエネルギー流であり，$j_E = Q/\mathcal{S}$ に等しい．したがって式 (6.42) よりエントロピー流は，

$$j_S(x) = \frac{1}{T(x)} j_E = \frac{1}{T(x)} \frac{Q}{\mathcal{S}} \tag{6.44}$$

となる．ただし温度 $T(x)$ は式 (6.25) で与えられる．さて，棒の区間 $[x, x+dx]$ とそこに出入りするエントロピー流を考えよう．エントロピー流の位置依存性により負のエントロピー収支が得られる．

$$j_S(x) - j_S(x+dx) = \frac{Q}{\mathcal{S}} \left(\frac{1}{T(x)} - \frac{1}{T(x+dx)} \right) = \frac{1}{T^2} \frac{Q}{\mathcal{S}} \frac{dT}{dx} dx < 0 \tag{6.45}$$

この定常状態では棒の区間のエントロピーは一定のままでなければならない．そのようなことが起きるためには，棒の各点でエントロピーが生成されていなければならない．エントロピー生成量は次式で与えられる．

$$-\frac{1}{T^2} \frac{Q}{\mathcal{S}} \frac{dT}{dx} dx > 0 \tag{6.46}$$

この項は，連続の式 (6.43) のエントロピーの湧き出しに対応する．この式を使って上の結果を求めるのは教育的である．今回の場合，式 (6.43) の右辺は

$$L_{EE} \left(\frac{\partial \gamma_E}{\partial x} \right)^2 = \kappa T^2 \frac{1}{T^4} \left(\frac{dT}{dx} \right)^2 = -\frac{\kappa}{T^2} \frac{dT}{dx} \frac{Q}{\kappa \mathcal{S}} = -\frac{1}{T^2} \frac{Q}{\mathcal{S}} \frac{dT}{dx}$$

で与えられる．ここで，式 (6.19) を L_{EE} に使い，式 (6.18) を $Q/\mathcal{S} = -\kappa dT/dx$ の形で使った．その結果，式 (6.46) の結果が再現される．単位時間あたりの全エントロピーの生成率が，熱浴のエントロピー変化から計算したものと対応することも確かめておこう．

$$\frac{dS_{\text{tot}}}{dt} = -Q \int_0^l dx \frac{1}{T^2} \frac{dT}{dx} = Q \left(\frac{1}{T_b} - \frac{1}{T_a} \right) \tag{6.47}$$

この例は，棒の各点でエントロピーが生成されていることを明確に示している．

6.2 例

6.2.1 熱拡散と粒子拡散の結合

輸送に関する簡単であるが教育的模型は，軽い粒子の気体が運動していて，ランダムに配置された散乱中心に弾性散乱されるという模型である．この模型は，第 8 章でボルツマン–ローレンツ模型と名づけるが，たとえば次のような応用がある．

- 原子炉内の中性子
- 半導体や導体中の電子
- 高温固体中の不純物

一般に，多くの場合非常に希薄である軽い粒子に対して，古典的あるいは量子的な理想気体近似を用いる．このモデルでは，散乱が弾性的なのでエネルギーが保存するが，運動量は散乱中心との散乱の際に吸収されるので保存しない．それゆえ，保存する粒子数密度とエネルギー密度（n と ϵ）とそれらに対応するカレント $\vec{j}_N$ と $\vec{j}_E$ のみを考えることにする．これにより熱拡散と粒子拡散が結合した方程式が得られる．温度勾配が粒子の流れを引き起こし，逆に密度勾配が熱流を引き起こすことが可能になる．媒体が等方的（つまり $L_{ij}^{\alpha\beta} = \delta_{\alpha\beta} L_{ij}$．A.4.2 項参照）だと仮定すれば，式 (6.17) を次のように書ける．

$$\vec{j}_E = L_{EE} \vec{\nabla} \frac{1}{T} + L_{EN} \vec{\nabla} \left(\frac{-\mu}{T} \right) \tag{6.48}$$

$$\vec{j}_N = L_{NE} \vec{\nabla} \frac{1}{T} + L_{NN} \vec{\nabla} \left(\frac{-\mu}{T} \right) \tag{6.49}$$

オンサーガー関係 (6.35) により $L_{EN} = L_{NE}$ となる．熱伝導率は粒子カレントがない状態 $\vec{j}_N = 0$ で定義される．

$$L_{NE} \vec{\nabla} \frac{1}{T} + L_{NN} \vec{\nabla} \left(\frac{-\mu}{T} \right) = 0$$

$\vec{\nabla}(-\mu/T)$ を $\vec{\nabla}(1/T)$ で表せば次式が得られる．

$$\vec{j}_E = L_{EE} \vec{\nabla} \frac{1}{T} - \frac{L_{NE}}{L_{NN}} L_{EN} \vec{\nabla} \left(\frac{1}{T} \right)$$

式 (6.18) と比較して，熱伝導率 κ の係数が次のように表される．

$$\kappa = \frac{1}{T^2 L_{NN}} \left(L_{EE} L_{NN} - L_{EN}^2 \right) \tag{6.50}$$

輸送係数の 2×2 行列が正定値であることから κ が正になることに注意しよう．式 (6.50) と (6.19) の違いを強調することは教育的である．絶縁固体では熱輸送は格子振動により実現されるので，熱輸送をフォノンを粒子とした粒子輸送の結果であると解釈したくなる．しかし，分子と違ってフォノン密度は連続の式に従わない．フォノンは無制限に生成消滅できるからである．したがって，絶縁固体中の熱輸送は粒子輸送によるものと解釈できない．拡散係数は一定温度下で定義され，6.1.4 項の結果はそのまま成り立つ．

6.2.2 電気力学

もう一つの例として，軽い粒子の気体が電荷キャリアの気体である場合を調べよう．対応する電荷密度 ρ_el と電流密度 $\vec{j}_\text{el}$ は，キャリアの電荷を q とすれば次のようになる．

$$\rho_\text{el} = qn \qquad \vec{j}_\text{el} = q\vec{j}_N \tag{6.51}$$

これらの電荷は平均静電ポテンシャル $\Phi(\vec{r})$，したがって，平均電場 $\vec{E} = -\vec{\nabla}\Phi$ の中におかれていると仮定する．媒体の磁気効果や分極効果は無視する．電流密度は局所的オー

ムの法則によって支配される.

$$\vec{j}_{\rm el} = \sigma_{\rm el}\vec{E} = -\sigma_{\rm el}\vec{\nabla}\Phi \tag{6.52}$$

電気伝導率 $\sigma_{\rm el}$ は輸送係数である．実際，これは最も身近な輸送係数の一つであり，電気伝導はジュール効果により散逸を発生させる．電気伝導と拡散が密接に結合していることを示そう．そのために，ポテンシャル Φ のエントロピーへの効果を調べる．巨視的尺度で非常にゆっくりと変化する巨視的力場中に系をおいても系のエントロピーは変化しない．なぜなら，粒子の各エネルギー準位が単に $q\Phi$ ずれるだけだからである．ポテンシャルがないときの電荷キャリア密度 n' とエネルギー密度 ϵ' は，ポテンシャルがある場合の量 n と ϵ と

$$n' = n \qquad \epsilon' = \epsilon - nq\Phi$$

で結びつけられ，エントロピー密度は

$$s(\epsilon, n; \Phi) = s(\epsilon - nq\Phi, n; \Phi=0) = s'(\epsilon', n') \tag{6.53}$$

を満たす．ただし，s' はポテンシャルがないときのエントロピー密度である．この式より化学ポテンシャルが導かれる[*15]．式 (6.9) と (1.9) より

$$\mu = -T\frac{\partial}{\partial n}s(\epsilon, n; \Phi) = -T\frac{\partial}{\partial n}s'(\epsilon - nq\Phi, n) = \mu' + q\Phi \tag{6.54}$$

ただし，μ' は静電ポテンシャルがないときの化学ポテンシャルである．

$$\mu' = \mu(\epsilon - nq\Phi, n; \Phi=0) \tag{6.55}$$

温度が一様な場合，式 (6.54) から次の粒子流密度が導かれる．

$$\vec{j}_N = L_{NN}\vec{\nabla}\left(-\frac{\mu}{T}\right) = -\frac{1}{T}L_{NN}\left.\frac{\partial\mu'}{\partial n}\right|_T\vec{\nabla}n + \frac{q}{T}L_{NN}\vec{E} \tag{6.56}$$

粒子流密度 $\vec{j}_N$ は，系を一様化する拡散成分と，外部電場により生ずる電気的成分とからなる．両成分は同じ微視的機構に支配され，輸送係数 L_{NN} に制御される．密度が一様な場合は次式のようになる．すなわち，$\vec{j}_{\rm el} = q\vec{j}_N$ より

$$\vec{j}_{\rm el} = \sigma_{\rm el}\vec{E} \qquad \sigma_{\rm el} = \frac{q^2}{T}L_{NN} \tag{6.57}$$

第 8 章の結果を先取りして，運動学的理論による簡潔な議論を説明しよう．電荷キャリアの連続する二つの衝突間の時間 τ^* を衝突時間とよぶ．そして，もし衝突間に相関がなければ（記憶がなければ），質量 m の粒子は二つの衝突の間に加速され，速度が

[*15] グランドカノニカル集団での μ の変換則は明らかである．すべてのエネルギー準位と μ を $q\Phi$ だけずらせば，何も変わらない．

$$\vec{u} = \frac{q\vec{E}}{m}\tau^* = \mu_{\text{el}}(q\vec{E}) = \mu_{\text{el}}\vec{F} \qquad (6.58)$$

だけ，増加する[*16]．量 μ_{el} は，電気移動度とよばれる．式 (6.58) で力に比例するのは加速度ではなく速度であることがわかる．もちろんこれは，粒子が各衝突後に以前の状態の記憶を失うので運動を零から再出発しなければならないという事実によるものである．移動度の概念は粘性力が働く問題でも現れる．たとえば，粘性流体中を落下する物体は終端速度 $v_L = g/\gamma$ に達する．ただし g は重力加速度であり，γ は粘性力 $-\gamma m v$ によって定義される（基本課題 6.4.3）．

一般に，電流密度は移動度の関数として次のように与えられる．

$$\vec{j}_{\text{el}} = qn\vec{u} = q^2 n\mu_{\text{el}}\vec{E}$$

この式を，式 (6.57) と比較すれば次の関係がわかる．

$$\sigma_{\text{el}} = q^2 n\mu_{\text{el}} L_{NN} = Tn\mu_{\text{el}} \qquad (6.59)$$

古典理想気体では，$\kappa_T = \mathcal{P}$, $\mathcal{P} = nkT$ なので，式 (6.27) は次のようになる．

$$\boxed{D = \mu_{\text{el}} kT} \qquad (6.60)$$

これはアインシュタイン関係式の一つである．もう一つのアインシュタイン関係式は，半径 R の球形粒子の拡散係数 D と（6.3.3 項で定義される）粘性とを関係づけるものである．これは基本課題 6.4.3 の対象であり，次式が示される．

$$\boxed{D = \frac{kT}{6\pi\eta R}} \qquad (6.61)$$

平衡統計力学の議論を用いて式 (6.60) が得られることは教育的である．ポテンシャル Φ は位置 x のみに依存すると仮定しよう．明らかに，ポテンシャルの位置依存性によって電流が引き起こされる．

$$\vec{j}_{\text{el}} = -\sigma_{\text{el}}\vec{\nabla}\Phi$$

これは粒子カレント

$$\frac{1}{q}\vec{j}_{\text{el}} = -qn\mu_{\text{el}}\frac{\partial \Phi}{\partial x}\hat{x}$$

に対応する．粒子が外部力場 $q\Phi(x)$ 中で平衡状態にあるとき，密度 $n(x)$ はボルツマン則に従う．

$$n(x) \propto \exp(-\beta q\Phi(x))$$

非一様密度は拡散カレントをもたらす．

[*16] 速度を $\vec{u}$ と書いたのは，熱ゆらぎによる速度の上にある集団速度という意味である．

$$\vec{j}_D = -D\frac{\partial n}{\partial x}\hat{x} = D\beta q\frac{\partial \Phi}{\partial x}n\hat{x}$$

しかしながら,平衡状態では全粒子カレントは零にならなければならない.

$$\vec{j}_N = \frac{1}{q}\vec{j}_{\rm el} + \vec{j}_D = \vec{0}$$

この全カレントが零になるという条件が式 (6.60) を与える.基本課題 6.4.3 では,同様の議論を適用して式 (6.61) が得られる.

6.3 単純流体の流体力学

6.3.1 単純流体の保存則

この節の目的は,流体力学的な流れの勉強ではないので,関心のある読者は適当な参考文献を参照していただきたい.そのかわり,われわれの目標は,一つの重要な例を使って 6.1 節で定義した概念を説明することである.単純流体とは,構造をもたない 1 種類の分子から構成される流体である.典型的な例は,液体状態(高密度流体)や気体状態(低密度流体)のアルゴンである.このような場合,保存される密度は五つだけである.すなわち,粒子数密度,エネルギー密度,運動量密度の 3 成分である.粒子数密度を使うかわりにここでは質量密度 $\rho = mn$ を使おう.ただし,m は分子の質量である.以前と同様に,運動量密度を $\vec{g}$,エネルギー密度を ϵ とする.これらの密度には,対応するカレントがあり,(6.6) のような連続の式の形をした保存則を満たす.質量カレント $\vec{j}_M$ は運動量密度 $\vec{g}$ にほかならないことをあとで示す.運動量カレントは,成分 $T_{\alpha\beta}$ のテンソルになる.運動量密度そのものがベクトルだからである.エネルギー流は,ベクトル $\vec{j}_E$ である.この節では,繰り返される添え字の和をとるという約束を用いる(10.4 節参照).この約束に従えば,ベクトル $\vec{A}$ の発散は次のように書かれる.

$$\vec{\nabla}\cdot\vec{A} = \partial_\alpha A_\alpha \tag{6.62}$$

ここで質量の保存則と運動量の保存則を調べよう[*17].流速 $\vec{u}(\vec{r}, t)$ を位置 $\vec{r}$,時刻 t における微小な実体(流体力学では流体粒子ともよばれる)の速度とする.流体近似の仮定によれば,各点ごとに局所温度 $T(\vec{r}, t)$,局所エントロピー密度 $s(\vec{r}, t)$ などに対応する局所平衡状態が成り立っている.式 (6.6) により,質量カレントは次のように与えられる(微視的証明は基本課題 6.4.1 参照).

$$\frac{\partial \rho}{\partial t} + \vec{\nabla}\cdot(\rho\vec{u}) = 0 \tag{6.63}$$

これは,添え字の繰り返しに関する約束により次のように書ける.

[*17] 流体力学の経験のない読者は,この先を読む前に研究課題 6.5.2 を解くことを勧める.

6.3 単純流体の流体力学

非圧縮性でテンソル $\mathcal{P}_{\alpha\beta}$ が対角的 $\mathcal{P}_{\alpha\beta} = \delta_{\alpha\beta}\mathcal{P}$ であるとき，運動方程式 (6.67) は馴染み深い形になる（研究課題 6.5.2 参照）．実際，完全流体に対するオイラー方程式が得られる．

$$\boxed{\rho \frac{D\vec{u}}{Dt} = -\vec{\nabla}\mathcal{P}} \tag{6.70}$$

これから $\mathcal{P}$ が圧力と解釈されるべきことが確かめられる．

粘性効果は，オイラー方程式では無視されているが，テンソル $\mathcal{P}$ を非対角行列にする．これは次の簡単な例で説明できる．1 枚の水平な板が高さ $z = L$ で x 方向に速度 $\vec{u} = u_0 \hat{x}$ の速度で動く（図 6.6）．$z = 0$ と $z = L$ の間の流体は，高さ z に依存する水平速度 $u_x(z)$ を獲得する．層流領域では，壁に対する液体の相対速度は壁面でゼロになり $u_x(0) = 0$，$u_x(L) = u_0$，壁面間で線形に変化する．z が一定値の平面より上にある流体は平面より下の流体に単位面積あたり $-\mathcal{P}_{xz}$ の力を及ぼす．ここで x は力の向きで z は分割面の法線の向きである．ずり粘性係数は次の輸送方程式で定義される．

$$-\mathcal{P}_{xz} = \eta \frac{du_x(z)}{dz} \tag{6.71}$$

$\mathcal{P}_{\alpha\beta}$ が重要な対称性をもつことを容易に示せる．一辺が dl の微小立方体の流体にかかるトルク $\vec{\Gamma}$ の z 成分を考えよう（図 6.7）．

$$\Gamma_z \propto (dl)^3 (\mathcal{P}_{yx} - \mathcal{P}_{xy})$$

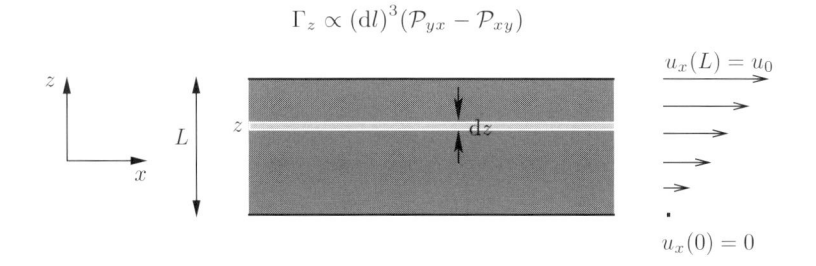

図 6.6 単純ずり運動をする流体

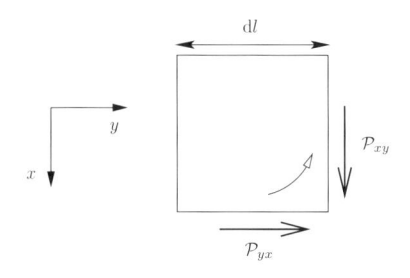

図 6.7 $\mathcal{P}_{\alpha\beta}$ の対称性：もし $\mathcal{P}_{yx} \neq \mathcal{P}_{xy}$ ならば，立方体は回転をはじめる．円弧の矢印は $\mathcal{P}_{yx} > \mathcal{P}_{xy}$ のときの回転の向きを表す．

角速度 $\vec{\omega}$ の z 成分は，I を慣性モーメントとして次式を満たす．

$$I \frac{d\omega_z}{dt} = \Gamma_z \tag{6.72}$$

I を dl と立方体の質量 M の関数として書けば，次の式が得られる．

$$I \propto M(dl)^2 = \rho(dl)^3(dl)^2$$

式 (6.72) とその上の式より，$dl \to 0$ とするなら，$\mathcal{P}_{xy} = \mathcal{P}_{yx}$ でない限り，

$$d\omega_z/dt = \Gamma_z/I \propto (dl)^{-2} \to \infty$$

となってしまう．これは物理的に有限のはずであるから，$\mathcal{P}_{\alpha\beta}$ は対称テンソルである．

$$\boxed{\mathcal{P}_{\alpha\beta} = \mathcal{P}_{\beta\alpha}} \tag{6.73}$$

最後に，連続の式に外部湧き出しがつけ加わる場合を議論しよう．もし流体に重力のような外力がかかっているならば，外力密度を $\vec{f}$（重力の場合 $= -\rho g \hat{z}$）として，この力密度を運動方程式 (6.67) に加えなければならない．

$$\rho \frac{Du_\alpha}{Dt} = -\partial_\beta \mathcal{P}_{\alpha\beta} + f_\alpha \tag{6.74}$$

この新しい項は，連続の式 (6.69) で運動量の湧き出しとして作用する．

6.3.2 カレント密度の導出

ここではガリレイ不変性を活用して，流体が局所的に静止している慣性系でのカレントの値を使って，カレントを表現しよう．実験室系では，微小な実体は速度 $\vec{u}$ で動いている．同じことだが微小な実体の静止系では，実験室が速度 $-\vec{u}$ で動いている．もっと一般的に，流体の静止系に対してある相対速度 $-\vec{v}$ で動いている慣性系 $R(-\vec{v})$ を使おう．慣性系 $R(-\vec{v})$ では，各種密度は静止系での密度（ダッシュつき）を使って次のように表される．

$$\text{質量密度} \qquad \rho = \rho' \tag{6.75}$$

$$\text{運動量密度} \qquad \vec{g} = \rho \vec{v} \tag{6.76}$$

$$\text{エネルギー密度} \quad \epsilon = \epsilon' + \frac{1}{2}\rho\vec{v}^2 \tag{6.77}$$

カレント保存則を導くために，密度 χ と関連するカレント $\vec{j}_\chi$ を考えよ．速度 $-\vec{v}$ の慣性系から速度 $-(\vec{v} + d\vec{v})$ の慣性系へ移るとき，カレントに対して二つの効果がある．

(i) 第1の効果は，速度 $-\vec{v}$ の慣性系から速度 $-(\vec{v}+d\vec{v})$ の慣性系へ移るときの密度 χ の変化 $d\chi$ から生じる．

$$d\chi = \chi(\vec{v}+d\vec{v}) - \chi(\vec{v}) = \zeta_\alpha(\vec{v})\,dv_\alpha \tag{6.78}$$

6.3 単純流体の流体力学

密度 $\zeta_\alpha(\vec{v})$ はこの式で定義される. $\vec{j}_{\zeta_\alpha}$ を ζ_α に関連したカレントとすると, 密度の変化 (6.78) はカレントの β 成分に次の変化をもたらす.

$$\mathrm{d}^{(1)}(j_\chi)_\beta = (j_{\zeta_\alpha})_\beta \, \mathrm{d}v_\alpha \tag{6.79}$$

(ii) 第 2 の効果は, 与えられた慣性系で固定された表面 $\mathcal{S}$ に対して流束が計算されるという事実から生じる. しかし, 慣性系 $R(-(\vec{v}+\mathrm{d}\vec{v}))$ で固定された表面は, 慣性系 $R(-\vec{v})$ では速度 $-\mathrm{d}\vec{v}$ で動く. それがさらなる流束

$$\mathrm{d}\Phi_\chi = \chi(\vec{v}) \vec{\mathcal{S}} \cdot \mathrm{d}\vec{v} = \chi(\vec{v}) \mathcal{S}_\beta \, \mathrm{d}v_\beta$$

と, カレントへの寄与

$$\mathrm{d}^{(2)}(j_\chi)_\beta = \chi(\vec{v}) \, \mathrm{d}v_\beta \tag{6.80}$$

を引き起こす.

質量カレントの場合には, 第 2 の効果のみが存在する. なぜなら, 予想されるように質量はガリレイ不変であるからである. すなわち, $\mathrm{d}\vec{j}_M = \rho \mathrm{d}\vec{v}$ あるいは $\vec{j}_M = \rho \vec{v}$. ここで χ を運動量密度の α 成分としよう $\chi = g_\alpha = \rho v_\alpha$. 微小ガリレイ変換に対して $\mathrm{d}g_\alpha = \rho \mathrm{d}v_\alpha$ となる. 質量密度カレントの β 成分は ρv_β である. $T_{\alpha\beta}$ を g_α に関連したカレントの β 成分とすれば, 次の式が得られる.

$$\mathrm{d}^{(1)} T_{\alpha\beta} = \rho v_\beta \, \mathrm{d}v_\alpha$$

他方, 第 2 の寄与は

$$\mathrm{d}^{(2)} T_{\alpha\beta} = \rho v_\alpha \, \mathrm{d}v_\beta$$

となる. 二つの効果を足し合わせれば次式が得られる.

$$\mathrm{d}T_{\alpha\beta} = \rho v_\beta \, \mathrm{d}v_\alpha + \rho v_\alpha \, \mathrm{d}v_\beta$$

この式を $\vec{v} = 0$ から $\vec{v} = \vec{u}$ まで積分すれば次のようになる.

$$\boxed{T_{\alpha\beta} = \mathcal{P}_{\alpha\beta} + \rho u_\alpha u_\beta} \tag{6.81}$$

ただし, 境界条件として

$$T_{\alpha\beta}(\vec{v}=0) = T'_{\alpha\beta} = \mathcal{P}_{\alpha\beta}$$

を用いた. 項 $\rho u_\alpha u_\beta = g_\alpha u_\beta$ は移流項である. すべてのカレント $\vec{j}_\chi$ には密度 χ が速度 $\vec{u}$ で輸送することによる移流項 $\chi \vec{u}$ が含まれる.

次に, エネルギー密度 $\chi = \epsilon$ を考える. ϵ に対する微小変換則は

$$\mathrm{d}\epsilon = \rho v_\alpha \, \mathrm{d}v_\alpha = g_\alpha \, \mathrm{d}v_\alpha$$

である. g_α に関連したカレントの β 成分は $T_{\alpha\beta}$ である. これは,

$$d^{(1)}(j_E)_\beta = T_{\alpha\beta}\, dv_\alpha$$

と

$$d^{(2)}(j_E)_\beta = \epsilon\, dv_\beta = \left(\epsilon' + \frac{1}{2}\rho\vec{v}^{\,2}\right) dv_\beta$$

を与える．二つの効果を足し合わせて式 (6.81) を使えば次式が得られる．

$$d(j_E)_\beta = (\rho v_\alpha v_\beta + \mathcal{P}_{\alpha\beta}) dv_\alpha + \left(\epsilon' + \frac{1}{2}\rho\vec{v}^{\,2}\right) dv_\beta$$

これは微分方程式の形に書ける．

$$\frac{\partial (j_E)_\beta}{\partial v_\alpha} = \left[\mathcal{P}_{\alpha\beta} + \epsilon'\delta_{\alpha\beta}\right] + \left[\rho v_\alpha v_\beta + \frac{1}{2}\rho\vec{v}^{\,2}\delta_{\alpha\beta}\right] \tag{6.82}$$

式 (6.82) の第 1 のブラケット内の項は，静止系で測られ，$\vec{v}$ に依存しない．一般的な場合の式 (6.82) の積分は，基本課題 6.4.4 に残しておこう．ここでは 1 次元の場合のみ考察する．

$$\frac{\partial j_E}{\partial v} = (\mathcal{P} + \epsilon') + \frac{3}{2}\rho v^2$$

この式を $v=0$ から $v=u$ まで積分して

$$j_E = j'_E + (\mathcal{P} + \epsilon')u + \frac{1}{2}\rho u^3 = j'_E + \mathcal{P}u + \epsilon u$$

が得られる．一般の場合（基本課題 6.4.4）には次式が得られる．

$$\boxed{(j_E)_\beta = (j'_E)_\beta + \mathcal{P}_{\alpha\beta} u_\alpha + \epsilon u_\beta} \tag{6.83}$$

項 ϵu_β は移流項であり，$\mathcal{P}_{\alpha\beta} u_\alpha$ は圧力によってなされる仕事である．静止系でのカレント $\vec{j}'_E$ は熱カレントである．質量保存式 (6.64) に加えて，外部湧き出しがない場合には運動量保存式

$$\boxed{\frac{\partial g_\alpha}{\partial t} + \partial_\beta T_{\alpha\beta} = 0} \tag{6.84}$$

と，エネルギー保存則

$$\boxed{\frac{\partial \epsilon}{\partial t} + \partial_\beta (j_E)_\beta = 0} \tag{6.85}$$

が成り立つ．運動量カレント $T_{\alpha\beta}$ とエネルギー流 $\vec{j}_E$ の表式はそれぞれ式 (6.81) と (6.83) に与えられている．これらの式および輸送方程式 (6.87) と (6.88) および局所状態方程式を合わせると，表 6.1 に示すような閉じた方程式系が得られる．

表 6.1 単純流体の密度とカレント

密度	カレント	平衡カレント	連続の式
ρ	$\vec{j}_M = m\vec{j}_N = \vec{g} = \rho\vec{u}$	$\vec{j}_M^{eq} = \vec{j}_M$	$\frac{\partial \rho}{\partial t} + \vec{\nabla}\cdot\vec{g} = 0$
g_α	$T_{\alpha\beta} = \mathcal{P}_{\alpha\beta} + \rho u_\alpha u_\beta$	$T_{\alpha\beta}^{eq} = \mathcal{P}\delta_{\alpha\beta} + \rho u_\alpha u_\beta$	$\frac{\partial g_\alpha}{\partial t} + \partial_\beta T_{\alpha\beta} = 0$
ϵ	$(j_E)_\beta = (j'_E)_\beta + \mathcal{P}_{\alpha\beta}u_\alpha + \epsilon u_\beta$	$\vec{j}_E^{eq} = (\epsilon + \mathcal{P})\vec{u}$	$\frac{\partial \epsilon}{\partial t} + \partial_\beta(j_E)_\beta = 0$

6.3.3 輸送係数とナヴィエ–ストークス方程式

　この流体力学に関する短い議論を，対応する輸送方程式 (6.17) を書き下すことで締めくくろう．原理的には輸送係数の 5×5 行列が期待される．すなわち，オンサーガーの対称関係 (6.38) を考慮して計 15 個の係数が期待される．幸運なことにさらなる簡単化ができてこの数はたった 3 個の輸送係数にまで減らせる．第 1 の重要な簡単化は，系が平衡状態にあるかどうかにかかわらず，質量カレントが常に平衡カレント $\rho\vec{u}$ に等しいことに由来する．したがって，すべての i に対して $L_{Mi} = L_{iM} = 0$ である．すなわち，化学ポテンシャルの空間的変化は，少なくとも直接的には，粒子の流れを引き起こさない（エネルギー流も引き起こさない）．単純流体には拡散係数が存在しない．平衡状態への回帰は複雑な機構でなされる．可能なアフィニティの数は 12 残っている．すなわち $\partial_\beta(1/T)$ と $\partial_\beta(u_\alpha/T)$ である．しかし，流体が静止している慣性系で輸送方程式を書き，ガリレイ変換 (6.81) と (6.83) を使って任意の慣性系でのカレントが得られる．静止系では $\vec{u} = 0$ なので，$\partial_\beta(u_\alpha/T)$ は $(1/T)\partial_\beta u_\alpha$ になる[*18]．あと残るは，回転不変性とパリティ不変性の活用である．エネルギー流 $\vec{j}'_E$ は一つのベクトルに比例しなければならないが，利用できるベクトルはアフィニティ $\vec{\nabla}(1/T)$ のみである．実際，もう一つの可能なベクトルは別のアフィニティ $\vec{\nabla}\times(1/T)$ である．しかし，これは擬ベクトルでありパリティ不変性によりベクトルが擬ベクトルに比例することは許されない．差 $\mathcal{P}_{\alpha\beta} - \delta_{\alpha\beta}\mathcal{P}$ は 2 階の対称テンソルである．このような量を与えるアフィニティを使った二つの可能な構成は次のとおりである．

$$\partial_\alpha u_\beta + \partial_\beta u_\alpha \quad \text{と} \quad \delta_{\alpha\beta}(\partial_\gamma u_\gamma) = \delta_{\alpha\beta}(\vec{\nabla}\cdot\vec{u})$$

これらの組み合わせのかわりに，トレースレス対称テンソル $\Delta_{\alpha\beta}$ ($\Delta_{\alpha\alpha} = 0$) を導入するのが便利である．

$$\Delta_{\alpha\beta} = \frac{1}{2}\left(\partial_\alpha u_\beta + \partial_\beta u_\alpha\right) - \frac{1}{3}\delta_{\alpha\beta}(\partial_\gamma u_\gamma) \tag{6.86}$$

こうして，輸送方程式は三つの独立な係数 L_{EE}, η, ξ を使って書ける．

$$\vec{j}'_E = L_{EE}\vec{\nabla}\frac{1}{T} \tag{6.87}$$

$$\mathcal{P}_{\alpha\beta} - \delta_{\alpha\beta}\mathcal{P} = -\zeta\,\delta_{\alpha\beta}(\partial_\gamma u_\gamma) - 2\eta\,\Delta_{\alpha\beta} \tag{6.88}$$

[*18] 静止系とは局所的性質であることをおぼえておくことは重要である．$\vec{u} = 0$ となるのは唯一点のみであり，この点で $\partial_\beta u_\alpha \neq 0$ である．

熱伝導係数 κ は，温度勾配があるが一様に静止している流体（$\vec{u} = 0\ \forall \vec{r}$）で定義される．(一様に) 静止している流体では剪断力は存在せず，$\mathcal{P}_{\alpha\beta} = \delta_{\alpha\beta}\mathcal{P}$ となる．こうして，運動方程式 (6.68) は $\partial_\beta \mathcal{P}_{\alpha\beta} = \partial_\alpha \mathcal{P} = 0$ を与えるので圧力は一様になる．これは，圧力勾配が零になるように密度が変化することを意味する．たとえば希薄気体について $\mathcal{P} \approx nkT$ であり，積 nT は一定でなければならない．前に見たように，密度勾配は粒子カレントを引き起こさない．単純流体では流体の運動を引き起こすのは圧力勾配である．式 (6.19) によれば，係数 L_{EE} は熱伝導率係数と $L_{EE} = \kappa T^2$ という関係にある．

係数 η を決めるためにずり粘性係数の定義と図 6.6 を考察しよう．速度成分 u_x だけが零でなく u_x は z だけに依存するので，$\vec{\nabla} \cdot \vec{u} = 0$ が得られる．したがって，テンソル $\Delta_{\alpha\beta}$ は次のように簡単になる．

$$\Delta_{xz} = \frac{1}{2}\left(\frac{\partial u_z}{\partial x} + \frac{\partial u_x}{\partial z}\right) = \frac{1}{2}\frac{du_x}{dz} \tag{6.89}$$

また，式 (6.88) は以下のようになる．

$$\mathcal{P}_{xz} = -\eta \frac{du_x}{dz} \tag{6.90}$$

輸送係数 ζ はバルク粘性とよばれ，一般にあまり重要な役割を果たさない．実際，非圧縮性流体 ($\vec{\nabla} \cdot \vec{u} = 0$) にはバルク粘性がない．8.3.2 項では希薄単原子気体ではバルク粘性が零になることが示される．

運動方程式と輸送方程式を組み合わせると，単純流体のダイナミクスを記述する基本方程式すなわちナヴィエ–ストークス方程式が書ける．圧力テンソルは，粘性率 η と ζ を使って次のように書かれる．

$$\mathcal{P}_{\alpha\beta} = \delta_{\alpha\beta}\mathcal{P} - \zeta\delta_{\alpha\beta}(\vec{\nabla}\cdot\vec{u}) - \eta(\partial_\alpha u_\beta + \partial_\beta u_\alpha) + \frac{2}{3}\eta\delta_{\alpha\beta}(\vec{\nabla}\cdot\vec{u})$$

そして圧力テンソルの発散は次のようになる．

$$\partial_\beta \mathcal{P}_{\alpha\beta} = \partial_\alpha \mathcal{P} - \zeta\partial_\alpha(\vec{\nabla}\cdot\vec{u}) - \eta(\partial_\beta^2 u_\alpha) - \eta\partial_\alpha(\vec{\nabla}\cdot\vec{u}) + \frac{2}{3}\eta\partial_\alpha(\vec{\nabla}\cdot\vec{u})$$

右辺はベクトル

$$\vec{\nabla}\mathcal{P} - \zeta\vec{\nabla}(\vec{\nabla}\cdot\vec{u}) - \eta\nabla^2\vec{u} - \frac{1}{3}\eta\vec{\nabla}(\vec{\nabla}\cdot\vec{u})$$

の α 成分であり，これからナヴィエ–ストークス方程式[*19]が導かれる．

$$\boxed{\frac{\partial \vec{u}}{\partial t} + (\vec{u}\cdot\vec{\nabla})\vec{u} + \frac{1}{\rho}\vec{\nabla}\mathcal{P} = \frac{\eta}{\rho}\nabla^2\vec{u} + \frac{1}{\rho}\left(\frac{\eta}{3} + \zeta\right)\vec{\nabla}(\vec{\nabla}\cdot\vec{u})} \tag{6.91}$$

散逸がないときは，輸送係数が零になり，再びオイラー方程式が得られる．

[*19] 読者は，式 (6.91) の $(\eta/\rho)\nabla^2\vec{u}$ が拡散項であることに気づくであろう．移流がなく $\vec{\nabla}\mathcal{P} = 0$ かつ $\vec{\nabla}\cdot\vec{u} = 0$ のとき，ナヴィエ–ストークス方程式は速度に関する拡散方程式になる．この方程式により，図 6.6 で $u_x(z)$ が z に線形に依存していることが正当化される．

$$\frac{\partial \vec{u}}{\partial t} + (\vec{u} \cdot \vec{\nabla})\vec{u} + \frac{1}{\rho}\vec{\nabla}\mathcal{P} = 0 \tag{6.92}$$

この特別な場合に 6.1 節の構成を作り上げるためには，エントロピー流の形を決めなければならない．まず静止系からはじめよう．そこでは一般的構成 (6.42) より

$$\vec{j}_S' = \sum_i \gamma_i' \vec{j}_i' = \frac{1}{T}\vec{j}_E' \tag{6.93}$$

となる．エントロピー密度はガリレイ不変なので，エントロピー流は一般に次式で与えられる（研究課題 6.5.1）．

$$\vec{j}_S = \vec{j}_S' + s\vec{u} = \frac{1}{T}\vec{j}_E' + s\vec{u} \tag{6.94}$$

式 (6.43) に従えば，

$$\frac{\partial s}{\partial t} + \vec{\nabla}\cdot\vec{j}_S = \vec{\nabla}\left(\frac{1}{T}\right)\cdot\vec{j}_E' + \sum_{\alpha,\beta}\left(-\frac{1}{T}\partial_\alpha u_\beta\right)(\mathcal{P}_{\alpha\beta} - \delta_{\alpha\beta}\mathcal{P})$$

$$= \kappa T^2 \left(\vec{\nabla}\frac{1}{T}\right)^2 + \frac{\zeta}{T}\left(\vec{\nabla}\cdot\vec{u}\right)^2 + \frac{2\eta}{T}\sum_{\alpha,\beta}(\Delta_{\alpha\beta})^2 \geq 0 \tag{6.95}$$

が得られる．この式は係数 κ, η および ζ が正であることを意味する．

6.4 基 本 課 題

6.4.1 粒子密度に対する連続の式

粒子の集団に対する分布関数 $f(\vec{r},\vec{p},t)$ は，集団平均

$$f(\vec{r},\vec{p},t) = \left\langle \sum_{j=1}^N \delta(\vec{r} - \vec{r}_j(t))\delta(\vec{p} - \vec{p}_j(t)) \right\rangle \tag{6.96}$$

である．ここで $f(\vec{r},\vec{p},t)\mathrm{d}^3 r \mathrm{d}^3 p$ は，位相空間の体積要素 $\mathrm{d}^3 r \mathrm{d}^3 p$ 内の粒子数である．密度 n およびカレント $\vec{j}_N$ が次式で与えられることを示せ．

$$n(\vec{r},t) = \int \mathrm{d}^3 p\, f(\vec{r},\vec{p},t) \qquad \vec{j}_N(\vec{r},t) = \int \mathrm{d}^3 p\, \vec{v} f(\vec{r},\vec{p},t) \tag{6.97}$$

この結果を使って式 (6.6) を得よ．連続の式も証明せよ．

6.4.2 拡散方程式とランダムウォーク

1. $A(\vec{r},t)$ は，初期条件

$$A(\vec{r},t=0) = A_0(\vec{r}) \tag{6.98}$$

を満たし，拡散方程式 (6.21) に従う量であるとする．$A(\vec{r},t)$ ($\forall t > 0$) に対する表式を与えよ．

2. ランダムウォーク（簡単のため 1 次元とする）の間，ウォーカーは一定の時間間隔 ε で 1 ステップ進む．確率 50 % でウォーカーは x 軸上を距離 a だけ右または左に跳ぶ．各ステップは以前のステップとは独立であり，このランダムウォークはマルコフ過程であるという．ウォーカーは時刻 $t=0$ に $x=0$ を出発する．N ステップの間に移動した平均距離 $\langle x \rangle$ および $\langle x^2 \rangle$ を計算せよ．$\langle x^2 \rangle$ が N に比例すること，すなわち $t = N\varepsilon$ に比例することを示せ．極限 $N \to \infty$ で，時刻 t にウォーカーを位置 x に見いだす確率 $P(x,t)$ はガウス分布になることを示せ[*20]．拡散係数を決定せよ．

6.4.3 粘性と拡散の関係

温度 T で熱平衡状態にある流体中に浮遊している非常に小さい粒子を考える．ただし原子の大きさと比較すれば巨視的であるとする．高さ z の関数としての粒子数密度は $n(z)$，m は粒子の質量，k はボルツマン定数，そして g は重力加速度である．

1. $n(z)$ が次の式であることを示せ．

$$n(z) = n_0 \mathrm{e}^{-\lambda z}$$

λ を m, g, k そして T の関数として決定せよ．センチメートルの大きさの距離で観測可能な効果を得たいとすれば，$T = 300\,\mathrm{K}$ で質量 m の大きさはどれくらいにすべきか．

2. 粒子は重力と粘性力の両方の影響下にある．粘性力は速度に比例する．

$$\vec{F} = -\alpha \vec{v}$$

ここで，η を流体の粘性率，R を球形と仮定したときの粒子の半径として，$\alpha = 6\pi\eta R$ となる[*21]．重力場中での粒子の限界速度 v_L を求めよ．

3. 粒子は，相反する二つの影響を受ける．一方では速度 v_L で落下し，他方では拡散により一様な密度に戻ろうとする．流体中の粒子の拡散係数を D としよう．拡散カレント j_z^N を求めよ．それはなぜ $z > 0$ を向いているのか．

4. 平衡状態では重力効果と拡散効果がつり合うことを考慮して，粘性係数と拡散係数の間のアインシュタイン関係 (6.61) を導け．

6.4.4 エネルギー流の導出

エネルギー流の式 (6.83) を導出せよ．

〔ヒント〕$\alpha = \beta$ の場合と $\alpha \neq \beta$ の場合を分けて考えよ．

[*20] $P(x,t)$ は，実は，ウォーカーが時刻 $t=0$ に位置 $x=0$ にいたことを知っているときに，時刻 t に位置 x に見いだす条件つき確率である．

[*21] この法則はストークスによって証明された．その証明は多くの流体力学の本に書かれている．たとえば，文献 [37] や [53] を参照せよ．

6.4.5 ケルヴィン卿の地球冷却モデル

ケルヴィン卿が地球の年齢を計算するのに用いた仮定は以下のとおりである．
(i) 地球は最初に融点 θ_0 に等しい一様な温度をもって形成された．この基本課題では，温度は摂氏で測り θ で表す．
(ii) 冷却は拡散による．熱は熱拡散により温度 $\theta = 0$℃ の地表へ輸送され，その後，大気や外の宇宙へと散逸する．放射能を知らなかったので，ケルヴィン卿は地球の中心で放射能により発生する熱を彼の仮定に入れることができなかった．
(iii) 彼は地球を $x = 0$ の平面で区切られた半無限媒体で近似した．モデルでは地球の内部は $x \leq 0$ が対応する．したがって，座標が x のみの 1 次元モデルが導かれた．

1. $x \leq 0$ に対する温度の式

$$\theta(x,t) = \frac{\theta_0}{\sqrt{\pi Dt}} \int_{-\infty}^{0} dx' \exp\left(-\frac{(x-x')^2}{4Dt}\right)$$

が，正しい境界条件とともに熱方程式 (6.20) を満たすことを示せ．$D = \kappa/C$ は熱拡散係数である．

2. 地球内部の点 x および地表 $x = 0$ での温度勾配を計算せよ．

$$\left.\frac{\partial \theta}{\partial x}\right|_{x=0} = -\frac{\theta_0}{\sqrt{\pi Dt}}$$

〔ヒント〕変数変換 $u = x - x'$ を使え．

3. 今日測定される地表での温度勾配の値

$$\left.\frac{\partial \theta}{\partial x}\right|_{x=0} = -3 \times 10^{-2}\,{}^{\circ}\mathrm{C}\,\mathrm{m}^{-1}$$

および $4D = 1.2 \times 10^6\,\mathrm{m}^2\,\mathrm{s}^{-1}$，$\theta_0 = 3800$℃ を用いて，地球の年齢を概算せよ．計算結果と地球の年齢の推定値 45 億年とを比べよ．ケルヴィン卿の仮定の何が間違っていると考えられるか．

〔ヒント〕答えは放射能ではない．

4. 地球の半径 R に関して球対称を仮定して $\theta(r,t)$ の表式を書け．得られる積分は解析的に計算できない．しかし，上に述べた 1 次元近似が $R \gg \sqrt{Dt}$ ならば有効であることを示せるはずである．

6.5 研 究 課 題

6.5.1 流体力学におけるエントロピー流

以下の 5 個の密度とそれらに共役な示強変数で特徴づけられる単純流体を考える．

$$\rho_1 = \epsilon \quad \rho_2 = n \quad \rho_3 = g_x \quad \rho_4 = g_y \quad \rho_5 = g_z$$
$$\gamma_1 = \frac{1}{T} \quad \gamma_2 = -\frac{\mu}{T} \quad \gamma_3 = -\frac{u_x}{T} \quad \gamma_4 = -\frac{u_y}{T} \quad \gamma_5 = -\frac{u_z}{T}$$

ただし，$\vec{g} = mn\vec{u} = \rho\vec{u}$ は運動量密度である．各微小な実体は実験室系 R で測った流速 $\vec{u}(\vec{r})$ をもっている．微小な実体 d^3r が静止しているような局所慣性系 $R'(\vec{u}(\vec{r}))$ を定義しよう．この座標系のすべての量はダッシュつきで表すことにする．

1. 簡単に証明できるエントロピー密度のガリレイ不変性
$$s(\epsilon, n, \vec{g}) = s'(\epsilon - \vec{g}^2/2mn, n, 0)$$
からはじめて，化学ポテンシャルの変換則
$$\mu = \mu' - \frac{1}{2}m\vec{u}^2$$
を示せ．

2. 次の関係を導出せよ．
$$\sum_i \gamma_i \rho_i = \sum_i \gamma'_i \rho'_i = s - \frac{\mathcal{P}}{T} \tag{6.99}$$

3. エントロピーの散逸率は式 (6.40) で与えられること，表 6.1 がカレントと平衡カレントの定義を与えることを思い出そう．平衡状態では系の全エントロピーは一定である．このことは，局所エントロピーつり合いへの平衡カレントの寄与
$$\sum_i \vec{j}_i^{\mathrm{eq}} \cdot \vec{\nabla} \gamma_i$$
がベクトルの発散の形に書けるかもしれないということを意味している．次式を示せ．
$$\sum_i \vec{j}_i^{\mathrm{eq}} \cdot \vec{\nabla} \gamma_i = (\vec{u} \cdot \vec{\nabla}) \sum_i \gamma_i \rho_i - \sum_i \gamma_i (\vec{u} \cdot \vec{\nabla}) \rho_i - \frac{\mathcal{P}}{T} \vec{\nabla} \cdot \vec{u} \tag{6.100}$$
エントロピー密度の勾配に関する次の式を証明せよ．
$$\vec{\nabla} s = \sum_i \gamma_i \vec{\nabla} \rho_i$$
さらに，この結果と式 (6.99) を使って，式 (6.100) が次のように書けることを示せ．
$$\sum_i \vec{j}_i^{\mathrm{eq}} \cdot \vec{\nabla} \gamma_i = -\vec{\nabla} \cdot \left(\frac{\mathcal{P}}{T} \vec{u} \right) \tag{6.101}$$

4. 平衡カレントの寄与はエントロピー流の定義に含まれている．
$$\vec{j}_S = \sum_i \gamma_i \vec{j}_i + \frac{\mathcal{P}}{T} \vec{u}$$
次式を示し
$$\sum_i \gamma_i (\vec{j}_i - \rho_i \vec{u}) = \sum_i \gamma'_i \vec{j}'_i = \frac{\vec{j}'_E}{T} \tag{6.102}$$
次のエントロピー密度カレントの変換則を証明せよ．
$$\vec{j}_S = \vec{j}'_S + s\vec{u} = \frac{\vec{j}'_E}{T} + s\vec{u}$$
この二つの表式を解釈せよ．

6.5.2 完全流体の流体力学

唯一の内力が圧力である流体を考えよう.テンソル $\mathcal{P}_{\alpha\beta}$ は $\mathcal{P}\delta_{\alpha\beta}$ の形になる.熱伝導もないと仮定しよう.この流体には散逸はなく,このような流体のことを「完全流体」とよぶ.輸送方程式 (6.87) と (6.88) の右辺は零になる.

1. 流体の体積要素 $\mathrm{d}V$ に働く力が $-\vec{\nabla}\mathcal{P}\mathrm{d}V$ であることを示せ.

   〔ヒント〕最初に圧力が z 軸に沿ってのみ変化する場合を研究せよ.そして,体積要素を面が軸に平行な平行六面体にとれ.オイラー方程式 (6.92) を導出せよ.

2. 以下では,ある熱力学的恒等式が必要である.それを導くために,局所的にカレントに沿って動き,したがって流体座標系では静止している体積 V を考える.$s = S/V$ と $h' = \overline{H}/V$ をこの慣性系における単位体積あたりのエントロピーとエンタルピーとしよう(エントロピーはガリレイ不変なので s と s' を区別する必要はない).1 粒子あたりのエントロピーとエンタルピーは,$\tilde{s} = S/N$ と $\tilde{h}' = \overline{H}/N$ で与えられる(3.5.1 項参照).式 (3.95) を使って次式を示せ.

$$\mathrm{d}\epsilon' = T\,\mathrm{d}s + \left(\frac{h' - Ts}{\rho}\right)\mathrm{d}\rho \tag{6.103}$$

3. 運動エネルギー密度 $k = \frac{1}{2}\rho\vec{u}^2$ と対応するカレント $\vec{j}_K = \frac{1}{2}\rho\vec{u}^2\vec{u}$ を定義せよ.式 (6.92) と質量保存式 (6.64) を使って次式を示せ.

$$\frac{\partial k}{\partial t} + \partial_\beta\left[j_\beta^K + \mathcal{P}u_\beta\right] = \mathcal{P}(\partial_\beta u_\beta) \tag{6.104}$$

4. 理想流体において散逸がないことは,エントロピー保存則で表現される.

$$\frac{\partial s}{\partial t} + \partial_\beta(su_\beta) = 0 \tag{6.105}$$

この式と,式 (6.103) を使って全エネルギー密度

$$\epsilon = k + \epsilon' = \frac{1}{2}\rho\vec{u}^2 + \epsilon'$$

の時間微分を次の形に表せ.

$$\frac{\partial \epsilon}{\partial t} + \partial_\beta\left[j_\beta^K + \mathcal{P}u_\beta\right] = \mathcal{P}(\partial_\beta u_\beta) - T\partial_\beta(su_\beta) - \left(\frac{h' - Ts}{\rho}\right)\partial_\beta(\rho u_\beta) \tag{6.106}$$

もう一度式 (6.103) を使って以下の最終結果を得よ.

$$\frac{\partial \epsilon}{\partial t} + \partial_\beta\left(\left[\frac{1}{2}\rho\vec{u}^2 + h'\right]u_\beta\right) = 0 \tag{6.107}$$

この結果の物理的解釈を与えよ.

6.5.3 熱電効果

金属は,固定された正のイオンからなる格子と動くことができる電子とからできている 2 元系である.温度勾配に応答して電荷カレントが発生したり,逆にカレントが流れ

ることで熱が発生したりする現象が観測される．金属を一様なポテンシャル Φ 中におこう（6.2.2 項参照）．ダッシュがついた量は $\Phi = 0$ の場合を表し，ダッシュがつかない量は $\Phi \neq 0$ の場合を表す．この状況では，$T = T'$, $n = n'$ そして式 (6.54) $\mu = \mu' + q\Phi$ であることを思い出そう．

1. L_{ij} の変換則： 線形応答モデルが有効な非平衡状態を考えよう．孤立系に対しては次のように線形応答係数がわかっている．

$$\vec{j}'_E = L'_{EE} \vec{\nabla}\left(\frac{1}{T}\right) + L'_{EN} \vec{\nabla}\left(-\frac{\mu'}{T}\right) \tag{6.108a}$$

$$\vec{j}'_N = L'_{NE} \vec{\nabla}\left(\frac{1}{T}\right) + L'_{NN} \vec{\nabla}\left(-\frac{\mu'}{T}\right) \tag{6.108b}$$

ここでその金属をポテンシャル $\Phi(\vec{r})$ 中におく．ポテンシャルは位置に依存するが，微視的尺度では非常にゆっくりとしか変化しない．一様なポテンシャルについて導いた変換則は依然局所的に有効である．以下の粒子カレントとエネルギー流の変換則を証明せよ．

$$\vec{j}_N = \vec{j}'_N \qquad \vec{j}_E = \vec{j}'_E + q\Phi \vec{j}_N$$

この結果を用いて，ポテンシャル $\Phi(\vec{r})$ があるときに線形応答係数が以下のように変換することを示せ．

$$L_{NN} = L'_{NN} \tag{6.109a}$$

$$L_{EE} = L'_{EE} + 2q\Phi L'_{NE} + q^2\Phi^2 L'_{NN} \tag{6.109b}$$

$$L_{NE} = L_{EN} = L'_{NE} + q\Phi L'_{NN} \tag{6.109c}$$

これらの結果を使って，金属の熱伝導係数 κ(6.50) は外部ポテンシャルがあってもなくても同じであることを示せ．

2. ゼーベック効果： まず最初に調べる熱電効果はゼーベック効果である．開いた回路において温度勾配は起電力（すなわち，静電化学ポテンシャル μ/q の勾配）を発生させる．物質の「ゼーベック係数」（あるいは熱電能係数）$\bar{\epsilon}$ を単位温度勾配が開いた回路に発生させる起電力として定義する．

$$\vec{\nabla}\left(\frac{\mu}{q}\right) = -\bar{\epsilon} \vec{\nabla} T \qquad \vec{j}_N = \vec{0}$$

ゼーベック係数を線形応答係数で表せ．

ゼーベック係数の異なる二つの金属線 A と B で熱電対を作る（図 6.8）．接合部は二つの異なる温度 T_1 と T_2 に保たれる．コンデンサーを金属 B の部分に導入し，温度 T に保つ．コンデンサーの両端のポテンシャル差を計算せよ．温度 T_1 と T_2，金属 A と B のゼーベック係数 $\bar{\epsilon}_A$ と $\bar{\epsilon}_B$ を使え．

6.5 研究課題

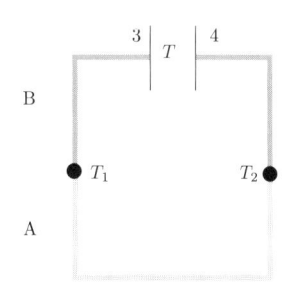

図 6.8 熱電対の概念図

3. **ジュール効果：** 電気的に中性な金属で，温度，電場，電荷キャリア密度，電流密度が一様ならば，電流はよく知られた熱電現象であるジュール効果を発生させる．粒子（電荷キャリア）流束がエネルギー流束をともなうことを確かめよ．

$$\vec{j}_E = -\frac{q}{T} L_{EN} \vec{\nabla}\Phi = \frac{L_{EN}}{qL_{NN}} \vec{j}_{\text{el}} \tag{6.110}$$

ただし，$\vec{j}_{\text{el}} = -\sigma_{\text{el}} \vec{\nabla}\Phi$ とした．電気伝導度係数 σ_{el} に対する式 (6.57) を見いだせ．

電力密度 $\partial\epsilon/\partial t$ とエントロピー密度カレント $\vec{j}_S$ を計算せよ．$\vec{\nabla}\cdot\vec{j}_S$ の値はいくらか．エントロピー散逸率が次式で与えられることを確かめよ．

$$\frac{\partial s}{\partial t} = \frac{1}{T}\frac{\vec{j}_{\text{el}}^2}{\sigma_{\text{el}}} \tag{6.111}$$

上の式は，ジュール電力 $\vec{j}_{\text{el}}^2/\sigma_{\text{el}}$ がエントロピー散逸率と直接関係していることを示している．ここで考えたモデルでは，電荷キャリアは媒体とエネルギーを交換しない．それゆえ，媒体は外界と熱を交換できない．実際の状況で，エネルギーが外界に移動してジュール効果が観測可能になる機構は何か．

4. **ペルティエ効果：** 二つの異なった種類 A と B の接合を考えよ．接合を通して強さ I の一様な電流が流れているとせよ（図 6.9）．

系は温度 T に保たれている．接合部において，電流の向きによって加熱か冷却かが決まる熱電効果が観測されることを示せ．接合部の温度を T に保つためには，どれだけの電力 W を接合部に供給しなければならないか．

電流 I が A から B へ流れるとき，「ペルティエ係数」Π_{AB} を回路に吸収される

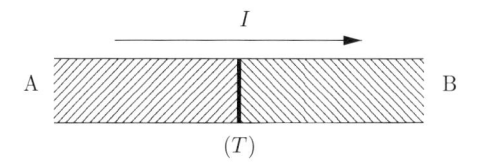

図 6.9 二つの異なる金属の接合

単位電流あたりの電力 $\Pi_{AB} = W/I$ と定義する.この係数を二つの金属のゼーベック係数と関係づけよ.

6.5.4 異性化反応

図 6.10 に図示した異性化反応の三角形で関連づけられた三つの異性体 A,B および C をもつ化学物質を考える.

時刻 t に存在する A,B および C の数を $N_A(t)$, $N_B(t)$ および $N_C(t)$ と記す.

1. k_{ij} を異性体 i と j 間の自発的転換率として,反応の運動論を支配する三つの方程式を書け.定常状態が達成可能と仮定する.すなわち,平衡カレントが,分子数 N_A^0, N_B^0, N_C^0 が一定であることを保証すると仮定する.各異性体 i について次式が成り立つことを確かめよ.

$$\sum_{j \neq i}(k_{ij}N_j^0 - k_{ji}N_i^0) = 0$$

微視的過程の時間反転不変性に基づいた詳細つり合いの原理 (7.1 節) により,十分条件ではあるが必要条件ではない次の関係式を証明できる.

$$k_{ij}N_j^0 = k_{ji}N_i^0$$

2. 定常状態から少しだけ離れた場合を考え,粒子数のずれを $x_i = N_i - N_i^0$ ($|x_i| \ll N_i^0$) と記そう.異性体は理想溶液(あるいは理想気体)と仮定する.平衡状態のエントロピーを S_0 として,混合エントロピーが次のように書けることを示せ.

$$S - S_0 = -k \sum_i \left(N_i \ln N_i - N_i^0 \ln N_i^0 \right) \tag{6.112}$$

圧力一定での 2 種類の理想気体の混合エントロピーを計算すれば十分である.

3. この問題は,6.1 節の弱く結合した空間的セルを使っては解析できないので,アフィニティ(6.15)を別のやりかたで定義しなければならない.アフィニティは平衡

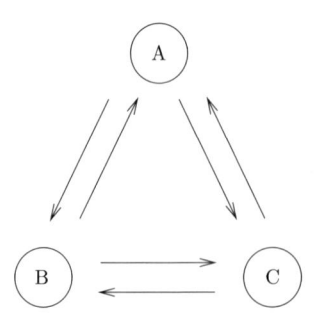

図 6.10 3 種の異性体間で可能な転換方向

状態からのずれの尺度であるから,次のように書くのが自然である.

$$\Gamma_i = \frac{\partial(S-S_0)}{\partial x_i}$$

第1の問題の運動論的方程式を流束 $j_i = \dot{x}_i$ とアフィニティ Γ_i 間の線形関係の形に書き直したい.$(S-S_0)$ を x_i の最小次まで展開してエントロピー変化を平衡状態からのずれで表せ.平衡状態でエントロピーが本当に最大になっていることを確かめよ.アフィニティを計算し,運動論的方程式が次の形に書けることを示せ.

$$j_i = L_{ii}\Gamma_i + \sum_{j \neq i} L_{ij}\Gamma_j$$

現象論的係数 L_{ij} を決定し,詳細つり合いの原理からオンサーガーの対称関係 $L_{ij} = L_{ji}$ が導かれることを確かめよ.

6.6 さらに進んで学習するために

6.1 節と 6.2 節は Balian [5] の第 14 章に(記号まで含めて)忠実に従った.さらに進んで学習するためにはこの本を読むとよい.便利な参考文献は Reif [109](第 15 章),Landau and Lifshitz [70](第 XII 章),久保 [68](第 6 章)そして Kreuzer [67](第 1 章から第 3 章)である.さらに上級レベルでは,Foerster [43] は不可欠である.特に,時間尺度と保存則の関係についての徹底的な議論を見いだすことができる.物理学者向けの流体力学の議論は Guyon ら [53] と Faber [37] にある.

7

数値シミュレーション

　これまで何度も見てきたように，興味深い物理現象の多くが協力現象や強相関系に関係している．摂動論などの近似計算が概略をつかむのに有用なこともあるが，信頼できるほど定量的に正しい近似は存在しない．そのような状況で，数値シミュレーションはなくてはならない道具になってきた．

　本章で計算機プログラムについて議論するつもりはない．数値シミュレーションが重要な研究手段になって以来，アルゴリズムの面でもデータ解析の面でも，強力な手法がさまざまに発展し続けてきたが，それを論ずるつもりもない．読者は計算機プログラムにある程度は慣れており，これから議論することを実際に使ってみることができると仮定する．ここでの目標はモンテカルロ法（古典および量子）の基礎を説明し，読者がすぐにそれを使って，この本に出てくる平衡統計物理の問題が解析できるようにすることである．それを念頭において本章の課題を設定した．比較的簡単なプログラムだけで，これまでに見てきたさまざまな現象を物理的に理解できるようにしてある．たとえば自発的対称性の破れのある相転移や，それのない相転移，臨界指数，磁化率の発散，スケーリング，渦糸，超流動などである．その結果，本章の課題は多少，長いものがあり，課題というよりはちょっとしたプロジェクトになっている．

7.1　マルコフ鎖，収束性および詳細つり合い

　比較的簡単に見えるような模型でも厳密には解けないことが多い．2次元イジング模型の厳密解は知られているが，外部磁場がかかっている場合は解かれていない．3次元では，磁場がない場合でさえ厳密解は知られていない．実際のところ，厳密に解かれている模型はかなり少ない．そのような模型について知りたければ，文献[14]が非常に参考になるだろう．

　厳密解がなければ近似に頼ることになる．平均場近似，低温展開，高温展開，摂動論などである．そのような近似を超える結果を出すには，数値シミュレーションが非常に有力な手法であることがわかってきた．

　数値シミュレーションの歴史は長く興味深い．しかし，実際に使われはじめたのは1940

年代後半に電子計算機が発達してきてからである．それ以来，数値シミュレーションは科学のほとんどの分野で，成熟しつつさらに急速に発展する研究対象になっている．

本章では，古典系，量子系それぞれのモンテカルロシミュレーション法の基礎を述べる．特にここでは話を平衡系に限定する*[1]．数値シミュレーションが初めての人でも，この本の中の課題を解きはじめられる程度には詳しく述べるつもりである．それ以上に詳しく述べるには一つの章では足りない．必要に応じて参考文献を参照していただきたい．

第2章で分配関数を導入し，第3章でさらにその性質を述べた．特に，物理量 A の平均値が

$$\langle A \rangle = \frac{1}{Z} \mathrm{Tr}\, A \mathrm{e}^{-\beta \mathcal{H}} \tag{7.1}$$

で与えられることを述べた．ここで $Z = \mathrm{Tr}\, \mathrm{e}^{-\beta\mathcal{H}}$ は分配関数である．とりあえず，式 (7.1) でイジング模型のような古典系を考える*[2]．式 (7.1) は，系のすべての配位について，各配位の確率を重みとして物理量 A を平均した期待値であると解釈できる．ここで確率とは，ボルツマン重率 $\mathrm{e}^{-\beta\mathcal{H}}$ を分配関数で規格化した

$$P_\nu = \frac{1}{Z} \mathrm{e}^{-\beta E_\nu} \tag{7.2}$$

である．添字 ν は各配位を表し，その配位のエネルギーが E_ν である．

もし，たくさんの配位を式 (7.2) の確率に従って発生できたとしよう．そのようにして発生した配位のそれぞれで求めたい物理量を測定して単純に平均すれば，結果として式 (7.1) の期待値が計算できるはずである．たとえば，配位をランダムに発生させて，その配位を採用するかしないかを式 (7.2) の確率に従って決めるという方法が考えられる．

実際にはそのような方法はうまくいかない．なぜなら，ランダムに発生した配位が実際に採用される可能性は非常に小さいからである．はるかに効率のよいのは，なんらかのダイナミクス*[3]を定義しておいて，「重要な」配位を重点的にサンプルし，「重要でない」配位にはたまにしかいかないようにする方法である*[4]．つまり，正しい確率分布 (7.2) に従って配位を発生するようなアルゴリズムを構築するのが目標である．

そのために，まず確率分布の時間発展を記述するマスター方程式

$$\frac{\mathrm{d}P_\nu(t)}{\mathrm{d}t} = \sum_\sigma \bigl(P_\sigma(t) W(\sigma \to \nu) - P_\nu(t) W(\nu \to \sigma) \bigr) \tag{7.3}$$

を導入する．この方程式において $P_\nu(t)$ は，ある時刻 t で系の配位が ν である確率である．また $W(\sigma \to \nu)$ は，単位時間あたりに系の配位が σ から ν へ変化する確率である．右辺の第1項は系がほかの状態から状態 ν へ遷移する率，第2項は系が状態 ν か

---

*[1] ランジュバン方程式の形の非平衡系は第9章で議論する．
*[2] ここで述べることは量子系にもあてはまるが，それは本章のもう少しあとで述べる．
*[3] ここでは平衡状態の性質を調べるのが目的であるから，系を平衡状態にもっていくようななんらかの便利なダイナミクスを考える．
*[4] 「重要である」「重要でない」とは，式 (7.2) の確率のことをいっている．この確率が各配位をサンプルする確率を決めているのである．

らほかの状態へ遷移する率である．たいしたことのないように見えるこの方程式がとても重要な方程式である．すべての物理が W の中に隠されているのである．

系がある配位 ν をとっているとき，系はなんらかの**ほか**の状態へ遷移しなければならないから，

$$\sum_\sigma W(\nu \to \sigma) = 1 \tag{7.4}$$

という式が成り立つはずである．ここで σ に関する和は ν も含んでいる．また，ある時刻 t において系はなんらかの配位をとっているはずであるから，規格化条件

$$\sum_\nu P_\nu(t) = 1 \tag{7.5}$$

が成り立つ．規格化条件 (7.5) のもとでマスター方程式 (7.3) を解くと，確率分布 $P_\nu(t)$ の時間発展が得られる．長時間極限では定常解がボルツマン重率 $P_\nu(t \to \infty) = P_\nu$ になることを要請する．そうなるように遷移確率 $W(\sigma \to \nu)$ を選ばなければならない．

マスター方程式を使って配位を発生させるには，マルコフ過程が便利である．マルコフ過程の性質の中でわれわれが使うのは以下の二つである．(i) 遷移確率 $W(\sigma \to \nu)$ は時間に依存しない．(ii) 遷移確率 $W(\sigma \to \nu)$ は配位 ν と σ だけに依存する．特に，配位 σ をとる前にどのような配位をとっていたかにはまったく依存しない．ある配位 σ が与えられれば，マルコフ過程はそこから新しい配位 ν を確率的に発生させる．確率的であるから，いつも同じ配位 ν を発生させるとは限らない．

以上に加えて，もう一つの条件をマルコフ過程に課す．系のとりうる配位はすべて，系のとりうるほかの配位から（直接的にせよ間接的にせよ）到達できる（第4章171ページの脚注17を参照）．これを「エルゴード性がある」という．つまり，遷移確率 $W(\sigma \to \nu)$ で定義されるダイナミクスでは，系の配位の空間を行き来できないような部分空間に分けてしまったりしない．正しいボルツマン分布で系の配位を発生させるには，この条件が必要である．

定常極限 $dP_\nu(t)/dt = 0$ では，

$$\sum_\sigma P_\sigma W(\sigma \to \nu) = \sum_\sigma P_\nu W(\nu \to \sigma) \tag{7.6}$$

が成り立つ．式 (7.4) から，式 (7.6) の右辺は単に P_ν である．式 (7.6) を満たすようにダイナミクスを定義すれば，長時間極限で求めたい確率分布に収束することが保証される．しかし，式 (7.6) はすべての状態に関する和が左辺に入っており，実際にそれを満たすようなダイナミクスを探すのは簡単ではない．そこで，式 (7.6) の必要条件ではないが十分条件である

$$P_\sigma W(\sigma \to \nu) = P_\nu W(\nu \to \sigma) \tag{7.7}$$

を課すことにする．この条件は**詳細つり合いの条件**とよばれる．この条件を満たせば，自動的に式 (7.6) が満たされる．詳細つり合いの条件はすでに研究課題 6.5.4 で，時間

反転対称性の結果として出てきた（第 9 章を参照）．

われわれの目標はボルツマン分布に従って状態を発生させることであった．ボルツマン分布は

$$\frac{P_\sigma}{P_\nu} = \mathrm{e}^{-\beta(E_\sigma - E_\nu)} \tag{7.8}$$

を満たす．式 (7.7) と (7.8) から遷移確率が定義できる．遷移確率は

$$\boxed{\frac{W(\nu \to \sigma)}{W(\sigma \to \nu)} = \frac{P_\sigma}{P_\nu} = \mathrm{e}^{-\beta(E_\sigma - E_\nu)}} \tag{7.9}$$

を満たさなければならない．この条件を満たすような $W(\nu \to \sigma)$ の選び方は何通りもある．最もよく使われるものの一つがメトロポリス法

$$W(\nu \to \sigma) = 1 \qquad P_\sigma \geq P_\nu \;\; (E_\sigma \leq E_\nu)\text{ のとき} \tag{7.10a}$$

$$W(\nu \to \sigma) = \frac{P_\sigma}{P_\nu} \qquad P_\sigma < P_\nu \;\; (E_\sigma > E_\nu)\text{ のとき} \tag{7.10b}$$

である．これが詳細つり合いの条件 (7.7) を満たすことは簡単に証明できる．本章ではメトロポリス法を使うが，ほかの選び方もできることは忘れないでおこう．

原理的には，この選び方 (7.10a) と (7.10b) を使えば，かなり単純にモンテカルロシミュレーションが行える．ある配位 ν から出発して，系をなんらかの形でランダムに変化させることを考える．そのような変化によってできるはずの配位 σ のボルツマン重率の方が，元の配位 ν のボルツマン重率よりも大きければ，確率 1 で必ずそのような変化を起こす．もし新しい配位のボルツマン重率がもとの配位のボルツマン重率よりも小さければ，確率 P_σ/P_ν でそのような変化を起こす．詳しくは次の節で述べる．

もし，ボルツマン重率が大きくなるような変化だけを起こしていると，エネルギーが最低の配位を探すことになる．メトロポリス法では，たとえボルツマン重率が小さくなっても，エネルギーを増やすような変化も起こす．そうすることによって，最低エネルギーの配位からのゆらぎを勘定に入れて，正しい分布を発生させるのである．

7.2 古典系のモンテカルロ

以下で，メトロポリス法によるモンテカルロアルゴリズムを使って古典系の統計力学の問題を解析する．話を具体的にするために，正方格子上のイジング模型を考える．しかし方法自体は非常に幅広く使えることを強調しておきたい．イジング模型のような離散変数の問題に限定されるわけではないし，離散的な空間（格子）に限定されるわけでもない．

7.2.1　実　　行

古典的なイジング模型は第 3 章の式 (3.30) で導入した．ハミルトニアンは

$$\mathscr{H} = -J \sum_{\langle i,j \rangle} S_i S_j - \mu H \sum_{i=1}^{N} S_i \tag{7.11}$$

である．ここで J は格子点 i のスピンと，隣の格子点 j のスピンとの間の相互作用の強さを表す．和記号 $\sum_{\langle i,j \rangle}$ は，そのような隣りあわせのスピンの組に関する和である．また，H は外部磁場，μ はスピンの磁気モーメント，N はスピンの総数である．分配関数は式 (3.31)，つまり

$$Z = \sum_{\{S_i\}} \exp\left(\beta J \sum_{\langle i,j \rangle} S_i S_j + \beta \mu H \sum_i S_i \right) \tag{7.12}$$

で与えられる．ここで $\beta = 1/kT$ は逆温度であり，また和記号 $\sum_{\{S_i\}}$ は $\sum_{S_1 = \pm 1} \cdots \sum_{S_N = \pm 1}$ を省略した記号である．

通常の問題では系の熱力学的な性質，つまり無限に大きい系の性質に興味があるわけだが，数値シミュレーションでは有限の大きさの系しか扱えない．系が有限であることの効果を最小限に抑え，熱力学的極限の情報を引き出しやすくするために，周期的境界条件を使うことが多い[*5)]．1辺の格子点の数が L であるような d 次元空間の格子を考えよう．格子点の総数は $N = L^d$ である．その場合，周期境界条件とは $S_i = S_{i+\hat{x}L}$ を意味する．ここで $\hat{x}$ は x 方向の単位ベクトルである．ほかの方向へも同様の条件を課す．つまり，いずれの方向へも L だけ進むともとの格子点に戻るということである[*6)]．また，$x = L$ のスピンの右隣は $x = 1$ のスピンということである．2次元の場合には格子はトーラスを形成する．

モンテカルロアルゴリズムを実際に具体化するのは単純である．確率 P_ν としては，式 (7.12) の右辺のボルツマン重率をとる．遷移確率 $W(\nu \to \sigma)$ は式 (7.10a) と (7.10b) で与えられる．系の初期状態として任意のスピン配位をとる．以下で述べるマルコフ鎖のアルゴリズムはエルゴード性をもっており，また詳細つり合いも満たしている．したがって，長時間極限では初期配位に依存しない平衡状態に達するはずである．そのため，初期配位は任意に選んでよい．

次に，ある格子点 i を選び[*7)]，そこのスピンを $S_i \to -S_i$ と反転する．反転する前のボルツマン重率 P_{old} と，反転した後のボルツマン重率 P_{new} を計算する．両者を比較し，式 (7.10a) と (7.10b) に照らし合わせて，実際にスピンを反転するかどうかを決定する．具体的には，0 から 1 までの一様分布から乱数 r を生成して (7.7 節を参照)，

[*5)] 熱力学的極限での物理量を求めるためには，さらに**有限サイズスケーリング**を使う．詳しくは 7.6 節で述べ，また本章の課題で扱う．臨界現象を本質的に理解し，転移点に近づいたときに物理量がどのようなスケーリングを示すかを知ることによって初めて，この有限サイズスケーリングという重要な手法が使えるようになる．この点は第 4 章で述べた．
[*6)] この様子を 1 次元の場合に描いたのが図 3.2 である．
[*7)] 格子点は添字 i だけで表す．つまり $i = (x, y, \ldots)$，$1 \leq x \leq L$，$1 \leq y \leq L$ である．

$$\frac{P_{\text{new}}}{P_{\text{old}}} = \frac{e^{-\beta E_{\text{new}}}}{e^{-\beta E_{\text{old}}}} \geq r \tag{7.13a}$$

ならばスピンを反転,

$$\frac{P_{\text{new}}}{P_{\text{old}}} = \frac{e^{-\beta E_{\text{new}}}}{e^{-\beta E_{\text{old}}}} < r \tag{7.13b}$$

ならば反転しない．ここで，E_{new} はスピン反転後の全エネルギー，E_{old} は反転前の全エネルギーである．この二つのエネルギーの差 $E_{\text{new}} - E_{\text{old}}$ を計算するにあたって，実際に全エネルギーを計算する必要がないことは明らかである．スピンを1個だけ反転しようとしているのだから，全エネルギーの差は，反転されようとしているスピンと，それに隣りあうスピンだけに起因する．つまりエネルギー差 $E_{\text{new}} - E_{\text{old}}$ に関係するのは，スピン $2d+1$ 個だけである．

式 (7.13a) に従ってスピンを実際に反転するということは，系の配位をそのように変えて次のステップに臨むということである．逆に，式 (7.13b) に従ってスピンを実際には反転しない場合，系の配位を変化させないままで次のステップに臨む．次のステップでは，また格子点を選んで[*8)]，そこのスピンを反転するかどうかを計算する．この作業をすべての格子点について繰り返したとき，1回の「掃引」がおわった，あるいは1回のモンテカルロステップ（MCS）が終わったという．掃引を十分に繰り返せば，マスター方程式 (7.3) が示すように，マルコフ鎖の中で現れる系の配位はボルツマン重率に従って正しく分布しているはずである．

7.2.2 測　　定

いったん正しいボルツマン分布で配位が発生できれば，あとはそれぞれの配位でさまざまな物理量や相関関数を測定し，それを算術平均すればよい．単なる算術平均をするだけで，ボルツマン重率に従った期待値が計算できる．なぜなら，各配位がすでにボルツマン重率に従って生成されているからである．

実行に際しては，発生させた配位をすべて記憶しておいて後でまとめて測定をするということはできない．いったん系が熱平衡化されたら（7.2.3 項を参照），その後は各配位が生成されるたびに測定を行っていくのである（以下を参照）．

これまでに，イジング模型における物理量としてさまざまなものをとりあげてきた．たとえば全エネルギーの期待値 $E = \langle \mathscr{H} \rangle$，比熱

$$C = \frac{1}{NkT^2}(\langle \mathscr{H}^2 \rangle - \langle \mathscr{H} \rangle^2), \tag{7.14}$$

スピンあたりの磁化 $M = \langle S_i \rangle$，磁化率

$$\chi = \frac{N}{kT}(\langle S_i^2 \rangle - \langle S_i \rangle^2) \tag{7.15}$$

[*8)] どのような順番で格子点を選んでも構わない．特に，端から順番に選んでもよい．

などである．なお $N = L^d$ は全スピン数である．全エネルギーとその2乗を測定するのはとても簡単である．生成された各配位において式 (7.11) やその2乗を計算し，平均値を計算すればよい．スピンあたりの磁化は，各配位で $|\sum_i S_i|/N$ を測定して，それを発生させた全配位で平均する．ここで絶対値をとるのは以下のような理由である．通常はシミュレーションの間に磁化の向きは変化する．たとえばイジング模型では，最初は全体の磁化が正でも，途中で反転して負になることもある[†1]．磁化を計算するときに絶対値をとらないと，実際には磁化があるのに正の値と負の値を平均してしまって，零という誤った答えを出してしまうことがある．それを防ぐために絶対値をつけるのである．

もう一つ重要な測定量が，違う場所での変数の間の相関関数である．たとえば2点連結相関関数 G_{ij} は式 (4.25) で与えられるように

$$G_{ij} = \langle S_i S_j \rangle - \langle S_i \rangle \langle S_j \rangle$$
$$= \langle S_i S_j \rangle - M^2 \tag{7.16}$$

である．この相関関数の性質や，それをどのように利用できるかは第4章で詳しく述べた[*9]．特に，相関関数を計算すると式 (4.30) の相関距離 ξ を数値的に求められる．相関距離は臨界点近傍で発散する．モンテカルロシミュレーションによって相関距離の発散の様子を調べ[†2]，その臨界指数 ν やそのほかの臨界指数が計算できる．このうちのいくつかは課題でとりあげる．

7.2.3 自己相関，熱平衡化，誤差

上で見たように，モンテカルロシミュレーションはなんらかの初期配位からはじめる．初期配位は典型的にはランダムなスピン配位である．しかし，そのようにして選ばれた初期配位は，たいていの場合そのボルツマン重率が小さい．その意味で，初期配位は「平衡」配位ではない．したがって，シミュレーションの当初から物理量を測定するべきではない．最初に「熱平衡化」のために掃引を適当な回数繰り返し，正しい分布で配位が生成されるようになるまで待つのである．

必要な熱平衡化掃引の回数は系によって違うし，その大きさや臨界点との距離によっても異なる．必要な回数を見極めるために，なんらかの物理量の自己相関を計算しなければならない．自己相関関数は上で定義した2点相関関数と似ているが，自己相関関数では2点が距離的に離れているのではなくて時間的に離れている．ここで，時間とはモンテカルロ掃引回数のことである．ある物理量 A を，時間 t の間隔 (t 回の掃引の間

[†1] シミュレーションしているのは有限系であるから，転移温度より下であっても磁化が反転することがある．(訳者注)

[*9] 周期境界条件を課した有限系で G_{ij} を計算するには注意が必要である．二つの格子点の距離は最大でも $L/2$ であって L ではない．相関関数の距離依存性は $L/2$ を軸にして対称になる．

[†2] シミュレーションしている系そのものは有限系であるから，相関距離は発散しない．しかし，有限サイズスケーリングを使うと，無限系の発散の情報を引き出せる．(訳者注)

隔) をおいて発生された二つの配位のそれぞれで測定する．つまり

$$C(t) = \frac{\langle A(t_0)A(t_0+t)\rangle - \langle A\rangle^2}{\langle A^2\rangle - \langle A\rangle^2} \tag{7.17}$$

である．なお $C(0) = 1$ になるように規格化してある．間隔 t が大きくなれば，二つの配位の間の相関はすべてなくなる．つまり $t \to \infty$ で $\langle A(t_0)A(t_0+t)\rangle \to \langle A\rangle^2$ であり，したがって

$$C(t \to \infty) = 0 \tag{7.18}$$

である．一般に自己相関関数は時間とともに指数関数で

$$C(t) = e^{-t/\tau} \tag{7.19}$$

と減衰する．ここで τ は相関時間（あるいは緩和時間）である．

　磁化の自己相関関数が減衰する様子を図 7.1 に示した．温度 $T = 2.4J$ におけるイジング模型の結果で，破線が 32×32 の大きさ，実線が 100×100 の大きさの系のものである．同じものを片対数プロットしたのが図 7.2 である．指数関数で減衰する様子がはっきりとわかる．図 7.2 の破線は指数関数にフィットした結果である．これから 32×32 の場合に $\tau \simeq 20$，100×100 の場合に $\tau \simeq 40$ であることがわかる．ある程度の掃引回数の間は磁化は明らかに相関しており，温度が一定の場合にはサイズが大きくなるほど相関は増える．

　自己相関の考え方を使って，上に述べた熱平衡化のための掃引という考え方をもう少

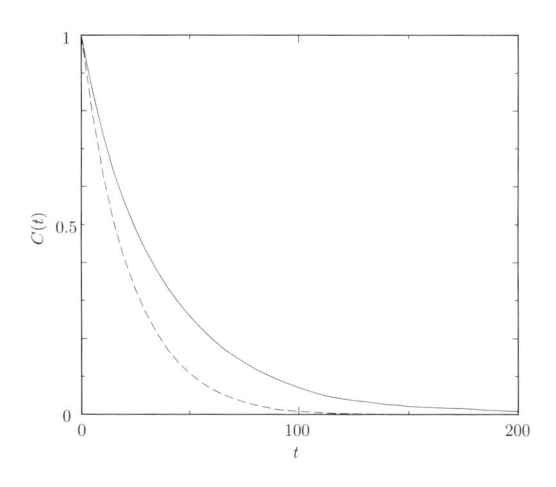

図 **7.1** 磁化の自己相関関数を，モンテカルロ掃引の間隔 t の関数としてプロットした．温度 $T = 2.4J$ におけるイジング模型で，破線が 32×32 の系の場合，実線が 100×100 の系の場合．

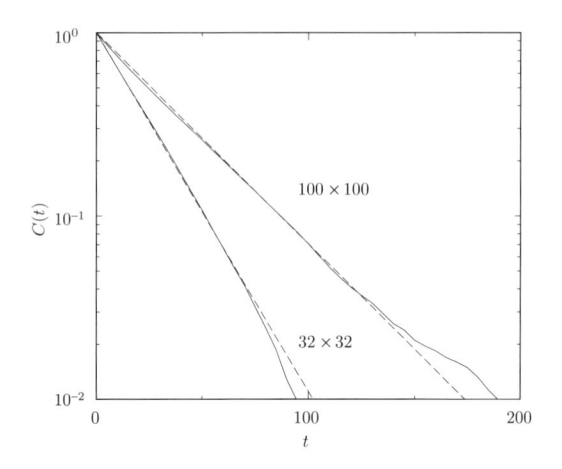

図 7.2 図 7.1 の結果を片対数プロットした．時間 t の小さい部分はほぼ直線になっており，指数関数的に緩和していることがわかる．破線は指数関数 $C(t) = \exp(-t/\tau)$ へのフィットで，32×32 の場合に $\tau \simeq 20$，100×100 の場合に $\tau \simeq 40$ である．

し正確にしておこう．熱平衡化のための掃引の回数は，系が初期配位を忘れて平衡配位を生成するようになるまで，相関時間 τ の数倍に設定しておくべきである．

誤差を評価するには中心極限定理を使う．中心極限定理によれば，独立な測定を何度も繰り返すと測定結果は（未知の）真の平均値のまわりにガウス分布する．この分布の標準偏差をデータ数の平方根で割ると，それが誤差棒の半分になる[†3]．物理量の測定値は「平均値プラスマイナス誤差」という形で表現する．

ここで注意が必要なのは，測定値は統計的に独立でなければならないということである．ここで緩和時間が重要になる[*10]．測定値の列を得たら，それを連続した測定値のグループに分ける．各グループの中の測定値の数は最低でも τ だけあるべきで[†4]，できればその数倍あったほうがよい．それぞれのグループの中で平均値を出し，それらを独立な測定値とみなす．そこから誤差は

[†3] 標準偏差は分布の幅を表し，データ数が増えてもほとんど変化のない量である．誤差とは，測定値の分布の平均値が，真の分布の平均値からどの程度ずれているかを表し，標準偏差を $\sqrt{(データ数)}$ で割ったものである．データ数が増えると平均値がより正確になることを反映して，誤差はデータ数の平方根に反比例して減少する．（訳者注）

[*10] 一つの系には何種類もの緩和時間がある．それどころか，実際には状態の数だけ緩和時間がある．ここで述べているのは非常に基礎的な部分であり，相関時間がどういうものかをだいたい把握するのに十分な程度の内容である．

[†4] 測定値は，その相関時間の間は相関が強く，ほとんど変化していないと考えるべきである．したがって，τ 個の連続した測定値は，統計的にはほとんど 1 個のデータとしかみなせない．（訳者注）

$$\sigma = \sqrt{\frac{\langle A^2 \rangle - \langle A \rangle^2}{n-1}} \tag{7.20}$$

と評価される．ここで A の期待値 $\langle A \rangle$ は，n 個の独立な測定値に関して平均したものである．式 (7.20) を独立でない（相関のある）測定値に適用してしまうと，誤差を大幅に過小評価してしまう．

7.3 臨界緩和とクラスターアルゴリズム

温度を固定したときに，緩和時間が系の大きさに依存することを上で観察した．それだけでなく，系の大きさを固定したときに，緩和時間は温度にも依存する．相転移点から離れた温度では緩和時間 τ は小さく，シミュレーションは難しくない．しかし転移点に近く，かつ非常に大きい系では，緩和時間 τ は非常に大きくなる．よって上の議論から，統計的に独立な測定値を得るためには非常に長いシミュレーションを実行しなければならなくなる．

相転移点近傍で緩和時間が非常に長くなることは，以下のように理解できる．第 4 章で述べたように，系が臨界点に近づくとさまざまな物理量が発散する．たとえば相関距離 ξ (4.30) や磁化率 χ (4.45) は

$$\xi \sim |T - T_\mathrm{c}|^{-\nu} \qquad \chi \sim |T - T_\mathrm{c}|^{-\gamma} \tag{7.21}$$

の形で発散する．ここで T_c は臨界温度，ν と γ は臨界指数である．相関距離が発散するということは，スピンどうしが非常に長距離にわたって相関しているということである．系の片方の端で何かが起きると，それが系のもう一方の端にも影響する．しかしモンテカルロは掃引ごとに系に部分的な変化しか起こさない．発散している相関距離にわたってモンテカルロダイナミクスによる変化を行きわたらせるためには，より長い時間が必要になり，したがって緩和時間も発散する．そこで緩和時間の発散の臨界指数 z を

$$\tau \sim \xi^z \tag{7.22}$$

と定義し，これを動的臨界指数とよぶ．ここで緩和時間 τ はモンテカルロ掃引を単位として測定する．

有限系の数値シミュレーションでは，実際にはどんな物理量も発散はしない．相関距離はどんなに長くなっても系の大きさ程度 $\xi \sim L$ である．したがって，緩和時間も最大で $\tau \sim L^z$ 程度である．動的臨界指数 z の値は模型に依存するし，もちろんモンテカルロダイナミクスの種類にも依存する．つまり，どのようなアルゴリズムでシミュレーションするかにも依存する[11]．2 次元イジング模型をメトロポリスアルゴリズムによっ

---

[11] 第 4 章で述べたように，臨界指数の値によって普遍性クラスという分類ができる．動的臨界指数を考慮すると，静的な過程によって分類された普遍性クラスが，系のシミュレーションアルゴリズムによってさらに細かい普遍性クラスに分類されることになる．

てシミュレーションした場合の動的臨界指数は，わかっている範囲で最も正確な値 [95] が $z = 2.1665 \pm 0.0012$ である．1 回のモンテカルロ掃引に必要な手順の数は系の体積 L^d に比例する．したがって，統計誤差を同程度に抑えるために必要な計算時間は

$$\tau_{\text{cpu}} \sim L^{z+d} \sim L^{2.17+2} \tag{7.23}$$

の形で増大する．したがって，臨界点の近くで計算時間は膨大になる．統計誤差を抑えるためには独立な測定を何度も行わなければならないが，臨界点近傍ではそれが難しくなる．

物理的には，この現象は以下のように説明できる．臨界点近傍で相関距離が増大すると，系の中で同じ向きを向いた（つまり強く相関した）スピンが大きな塊を形成する．この塊全体を反転するのは非常に困難である．塊の中のスピン 1 個を反転しようとしても，その周囲のスピンと同じ向きのままでいるほうがエネルギーが低いので，反転する確率はとても小さい[†5]．このようなスピンの塊全体をメトロポリスアルゴリズムによって反転するためには，塊の周囲から一つずつスピンを反転していくしかない．これは非常に時間のかかる過程である．

転移点近傍で緩和時間を短くするためには，動的臨界指数を小さくしなければならない．そのためには，シミュレーションダイナミクスを根本的に変えて，動的な普遍性クラスを違うものにしなければならない．ダイナミクスを変えるにしても，強い相関を考慮せず，局所的にスピンを反転するようなアルゴリズムにこだわっていては改善は期待できない．相関しているスピンのかたまり（クラスター）全体を一度に反転するような過程が必要であるということが，上の議論から明らかである．そのようなアルゴリズムを一般にクラスターアルゴリズムという．古典系，量子系のいずれのモンテカルロシミュレーションにおいても，いまや非常に重要な研究対象である．

最も単純には，まずランダムにスピンを一つ選び，それを核として，そこからクラスターを成長させていく．クラスターを成長させる方法として以下のような方法がよいと思われるかもしれない．まず，核となるスピン（簡単のため上向きスピンとしておく）の隣接スピンのうち，上向きのスピンを探し，それをクラスターのスピンとしてつけ加える．さらに，それらのスピンの隣接スピンのうちで上向きのスピンを探し，クラスターにつけ加える．これを繰り返して，クラスターが成長しなくなるまで続ける．最後にクラスターのスピン全体を反転する．

しかし，このような考え方には問題がある．隣りあうスピンが両方とも上を向いているからといって，その二つのスピンが相関しているとはかぎらない．たとえば，非常に

[†5] この事情そのものは，転移点より下の低温相になっても変わらない．それどころか，系全体が一つの大きな塊となり，その全体をモンテカルロで反転するのは非常に難しい．しかし低温相では，現実に無限系で磁化が一方に向いている．そのためシミュレーションの中で系全体のスピンが反転しなくても正しい答えが得られるのである．一方，転移点近傍の平衡状態では，さまざまな大きさ，さまざまな向きのかたまりが混在している．そのような状態をモンテカルロで再現できなければ，数値的に正しい答えは得られない．そのため，スピンの塊を反転することが必要不可欠になるのである．(訳者注)

7.3 臨界緩和とクラスターアルゴリズム

高温ではスピンはまったく相関してないが、それでも半分のスピンは上向き、半分のスピンは下向きであるから、隣りあうスピンが偶然に同じ向きを向いているところはたくさんある。同じ向きを向いているが相関していないようなスピンは、同じクラスターにすべきではない。一方で、非常に低温では（2次元以上のイジング模型では）系は磁化しており、同じ向きを向いたスピンは実際に強く相関している。この場合、相関しているスピンのクラスターは系全体に広がっている。

したがって、同じ向きを向いているスピンは、ある確率 P_b でのみボンドを形成すると考える。ボンドを形成したスピンだけをクラスターにつけ加える。同じ向きを向いていてもボンドを形成しない確率は $(1-P_b)$ だけある。この確率 P_b は温度に依存する。具体的に求めるには、イジング模型に対してフォーチュン–カステライン変換[44]という、非常に面白く示唆に富んだ変換が使える。しかし、ここでは詳細つり合いの条件 (7.9) を使って P_b を求めることにする。

あるスピン配位 ν を考える。その配位のボルツマン重率を P_ν とする。ランダムに格子点を一つ選び、それを核としてクラスター $\mathcal{C}$ を成長させていく[†6]。ただし、その際に上で述べたように、同じ向きを向くスピンを確率 P_b でクラスターにつけ加える。そのようにしてできたクラスター $\mathcal{C}$ 全体を反転してできたスピン配位を σ とし、その配位のボルツマン重率を P_σ とする。詳細つり合いの条件 (7.9) では、上のようなことが起きる確率と、スピン配位 σ の中でまったく同じクラスター $\mathcal{C}$ を選び出し、それを反転して ν に戻る確率とを比較する。そのため、スピン配位 ν と σ でまったく同じクラスターを選び出す確率を計算する必要がある。スピン配位 ν の中でクラスター $\mathcal{C}$ を選ぶ確率は、ボルツマン重率 P_ν と[*12]、クラスター $\mathcal{C}$ を構成する確率 $P_b^l(1-P_b)^{n_\nu}$ との積である。ここで l はクラスター $\mathcal{C}$ の中で、クラスターに加えるべく確率 P_b で選び出されたボンドの数である。逆に n_ν はクラスター $\mathcal{C}$ の周囲で、同じ向きを向いているスピンの組でありながらも、確率 $(1-P_b)$ でクラスターに加えられなかったボンドの数である。同じように、スピン配位 σ の中でクラスター $\mathcal{C}$ を選ぶ確率は、ボルツマン重率 P_σ と、クラスター $\mathcal{C}$ を構成する確率 $P_b^l(1-P_b)^{n_\sigma}$ との積である。同じクラスターを選んでいるので、その中で選び出されたボンドの数は同じ l である。しかし ν と σ ではクラスターのスピンの向きが反対であるから、同じ向きを向いているが選び出されなかったボンドの数は、両者では異なっている。この様子を図 7.3 に示した。図 7.3 (a) では、下向きスピン（白丸）が内側と外側の境界線（実線）に囲まれている。このクラスターを反転すると図 7.3 (b) のスピン配位になる。最初のスピン配位 (a) では、選び

[†6] 以下の説明において「クラスター」とは、格子点と、格子点間をつなぐボンドをセットにしたものと考えるべきである。たとえば、正方形の 4 隅の格子点が 3 本のボンドでつながっているものと、同じ格子点が 4 本のボンドでつながっているものは、異なる「クラスター」であると考えなければならない。その意味では、「クラスター」というより「グラフ」あるいは「ボンドの集合」とよぶべきものである。(訳者注)

[*12] もちろんボルツマン重率は、分配関数 Z で規格化しておかないと確率にはならない。しかし、温度を固定していれば Z は定数であるから、以下の方程式には現れない。議論を複雑にしないために、ここでは分配関数は表記しない。

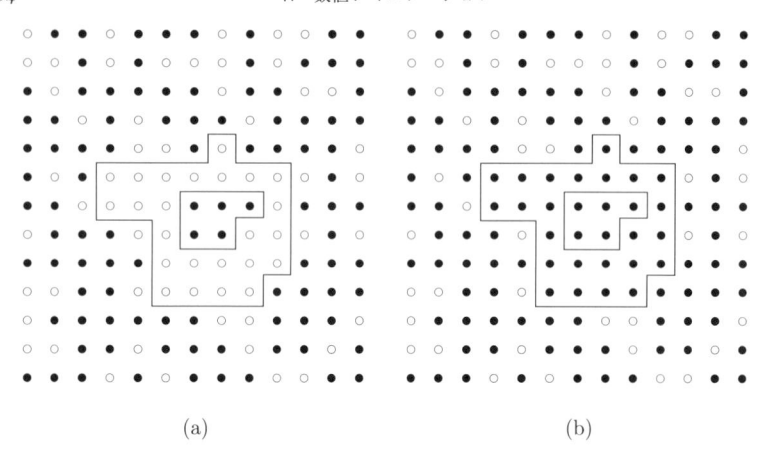

図 7.3 (a) 下向きスピン（白丸）のクラスターが，実線で示される内側と外側の境界線で囲まれている．(b) 下向きスピンのクラスターが反転したところ．クラスターのスピンは一斉に上向きスピン（黒丸）に反転した．

出されなかったボンドの数とは，実線をはさんで白丸が向かい合っているようなスピンの組の数である．図 7.3 (a) で実際に数えてみると $n_\nu = 10$ である．一方，スピン配位 (b) では，選び出されなかったボンドの数とは，実線をはさんで黒丸が向かい合っているようなスピンの組の数である．数えてみると $n_\sigma = 26$ である．

以上の考察から，詳細つり合いの条件 (7.9) は

$$\frac{W(\nu \to \sigma)}{W(\sigma \to \nu)} = \frac{P_\sigma (1-P_{\rm b})^{n_\sigma}}{P_\nu (1-P_{\rm b})^{n_\nu}} \tag{7.24}$$

となる．効率のよいアルゴリズムにするために，いったんクラスターを選んだら確率 1 で必ず反転するとする．つまり $W(\nu \to \sigma)/W(\sigma \to \nu) = 1$ である．したがって

$$\frac{P_\sigma (1-P_{\rm b})^{n_\sigma}}{P_\nu (1-P_{\rm b})^{n_\nu}} = 1 \tag{7.25}$$

となる．スピン配位 ν と σ の違いは，クラスター $\mathcal{C}$ を反転する前か後かというだけである．したがって零磁場では，二つの配位のエネルギー差はクラスター $\mathcal{C}$ の周囲のボンドの数のみに依存する．こうして（4.1.1 項を参照），ボルツマン重率の比は

$$\frac{P_\sigma}{P_\nu} = {\rm e}^{-\beta(E_\sigma - E_\nu)} = {\rm e}^{+2J\beta(n_\sigma - n_\nu)} \tag{7.26}$$

と表せる．よって式 (7.25) は

$$\left({\rm e}^{2J\beta}(1-P_{\rm b})\right)^{n_\sigma - n_\nu} = 1 \tag{7.27}$$

となる．これを解くと

$$P_{\rm b} = 1 - {\rm e}^{-2J\beta} \tag{7.28}$$

となり，これが，あるスピンがクラスター $\mathcal{C}$ 内のスピンと同じ向きであったときに，そのスピンをクラスター $\mathcal{C}$ に加える確率である．以上のアルゴリズムをウルフアルゴリズムとよぶ．

高温では $\beta \ll 1$ であるので $P_{\rm b} \ll 1$ であり，ほとんどのクラスターは 1 個のスピンだけからなる．したがって，ウルフアルゴリズムは高温極限でメトロポリスアルゴリズムに帰着する．一方，非常に低温では $\beta \gg 1$ であるので $P_{\rm b} \simeq 1$ となり，同じ向きを向いているスピンはほとんどすべて一つのクラスターに属する．この極限においても，ウルフアルゴリズムはあまり効率的ではない．すべてのスピンを反転し，また元に戻すということを繰り返しても，なかなか平衡には至らない．高温極限と低温極限では，メトロポリスアルゴリズムのように局所的にスピンを反転するアルゴリズムで十分である．

臨界点近傍で相関距離が系の大きさ程度になったときに，クラスターアルゴリズムの真価が発揮される．たとえば 2 次元イジング模型の（熱力学的極限の）臨界点は，方程式 (4.14) で与えられるように $\beta_{\rm c} = \ln(1+\sqrt{2})/2J$ であり，そこでは $P_{\rm b} = \sqrt{2}/(1+\sqrt{2}) \simeq 0.586$ である．この温度で $P_{\rm b}$ は，それなりに大きなクラスターを形成するには十分な大きさであり，かつ半数程度のスピンは選び出さないでおく．結果として適度に大きいクラスターが選ばれ，この過程の動的臨界指数は 2 次元イジング模型について $z \simeq 0.25$ である．このおかげで，臨界点近傍の大きな系では計算時間が大いに短縮できる．

図 7.4 は，2 次元の 100×100 の格子上のイジング模型のシミュレーションの途中経過である．温度は $T = 2.4J$ であるので臨界温度に近い．クラスターの反転によってスピン配位が大いに変化することがわかる．黒い四角が上向きスピン，白い四角が下向きスピンを示す．左図に示す最初のスピン配位において，一つの格子点を核として選び，

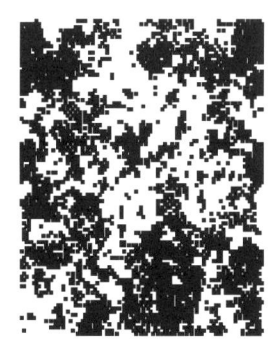

図 7.4 2 次元の 100×100 の格子上のイジング模型を，温度 $T = 2.4J$ においてウルフアルゴリズムでスピン反転させた様子．黒い四角が上向きスピンを表している．中央に示したスピン配位は，左に示したスピン配位から一つのクラスターを反転して得られたものである．そのクラスターを右に示した．

そこからクラスターを成長させる．そのクラスターを反転したのが中央図に示すスピン配位である．クラスターが右図に示してある．クラスターがかなりの大きさになることがわかる．

このクラスターアルゴリズムはイジング模型だけにかぎらない．ポッツ模型や Z_N クロック模型[*13)]のような離散スピン模型に簡単に拡張できるし，ハイゼンベルク模型のような連続スピン模型にさえ適用できる．クラスター反転の考え方は量子系のシミュレーションにも拡張されている．ただし，上のように適切な反転クラスターが常に定義できるわけではないことは注意しておこう．フラストレート系は重要な反例である．

7.4 量子モンテカルロ：ボゾン

量子モンテカルロとは，量子系のモンテカルロ計算のことである．シミュレーションそのものは，以下で見るように古典モンテカルロと同じように進行する．前節で見たように，古典系のモンテカルロシミュレーションではボルツマン重率を確率密度とみなし，それを用いて系の配位を変えるかどうかを決定する．しかし，まったく同じことを量子系で実行することはできない．なぜなら $\exp(-\beta\mathcal{H})$ は演算子だからである．古典系と同じモンテカルロアルゴリズムを適用するには，まず分配関数を c–数を使って表さなければならない[†7)]．

この節では，分配関数を c–数で表す方法をボゾン系の場合に説明する．さまざまなアルゴリズムがあり，それをすべて説明するつもりはない．ここでは，格子上のボゾン系に対する一般的な方法を簡単に説明する[*14)]．これは世界線アルゴリズムとして知られているモンテカルロ法として結実している．これが最速のアルゴリズムとはかぎらないが，特別な工夫もなく実行できるし，量子系がエレガントに直観的に理解できる．

[*13)] イジング模型は実は Z_2 クロック模型である．ここで Z_N クロック模型とは，スピン変数が $S = \exp(\mathrm{i}2n\pi/N)$ の N 個の値（$n = 0, 1, \ldots, N-1$）をとる模型である．イジング模型は明らかに $N = 2$ の場合に相当する．なお，Z_N クロック模型は研究課題 7.9.3 で議論する．

[†7)] 量子系においても，ある状態 ψ の実現される重み $\langle\psi|\exp(-\beta\mathcal{H})|\psi\rangle$ は c–数である．しかし，系の状態を ψ から ψ' に変化させるために重みの比 $\langle\psi'|\exp(-\beta\mathcal{H})|\psi'\rangle/\langle\psi|\exp(-\beta\mathcal{H})|\psi\rangle$ を計算しようとすると，量子系では問題が起きる．古典系では，状態 ψ と ψ' が局所的に違うだけなら，式 (7.13b) の下に説明したように，重みの比は局所的なエネルギーの違いから簡単に計算できる．量子系では，状態が局所的に違うだけでも重みの比は局所的な計算だけでは済まない．量子的なコヒーレンスが全系に広がっているからである．これが古典系と量子系のモンテカルロの決定的な違いである．以下で述べるアルゴリズムでは，どのようにして重みの比を局所的な計算だけで表すかを工夫しているのである．(訳注)

[*14)] ヘリウム原子のように，ボゾンを連続空間上でシミュレーションすることもできるが，本章では連続空間については述べない．

7.4.1 定式化と実行

このアルゴリズムを説明するには，ハミルトニアンとして具体的な例を考えるのがよい．課題の中でほかの例も議論するが，ここでは1次元格子上のボゾン[†8]を記述するハミルトニアン (5.119)，つまり

$$\mathcal{H} = -t \sum_{\langle ij \rangle} (a_j^\dagger a_i + a_i^\dagger a_j) - \mu \sum_i n_i + U \tag{7.29}$$

を考える[*15]．ここで i と j は1次元格子上の格子点であり，$\langle ij \rangle$ は隣接する格子点の組を表す．格子間隔 a は1とする．演算子 $a_i^\dagger$ は格子点 i 上にボゾンを生成し，演算子 a_i はボゾンを消す．両者は交換関係 $[a_i, a_j^\dagger] = \delta_{ij}$ を満たす．パラメータ t ($=\hbar^2/2ma^2$) はホッピングパラメータとよばれ，ボゾンの1ホップあたりの運動エネルギーを表す．また μ は化学ポテンシャル，$a_i^\dagger a_i = n_i$ は格子点 i の数演算子で，全格子点にわたって和をとると全粒子数演算子 $\sum_i n_i = N_b$ になる．この演算子の期待値が格子上の平均ボゾン粒子数 N_b である．位置エネルギーの演算子 U は数演算子のみの関数である．たとえば

$$U = V_0 \sum_i n_i (n_i - 1) + V_1 \sum_{\langle ij \rangle} n_i n_j \tag{7.30}$$

である．ここで V_0 は接触相互作用[*16]，V_1 は最近接格子点間相互作用である．もちろん，興味のある物理によっては，次近接格子点間相互作用などの項をつけ加えることもできる．

量子モンテカルロは，ほとんどの場合，恒等式

$$Z = \text{Tr} e^{-\beta \mathcal{H}} \tag{7.31}$$

$$= \text{Tr}\left(e^{-\Delta\tau \mathcal{H}} e^{-\Delta\tau \mathcal{H}} \dots e^{-\Delta\tau \mathcal{H}}\right) \tag{7.32}$$

から出発する．ここで $\Delta\tau \equiv \beta/L_\tau$，$L_\tau$ は式 (7.32) の中の指数関数の数で，$\Delta\tau \ll 1$ になるように選んである[*17]．式 (7.32) は明らかに何の近似もない恒等式であるが，なぜこの式を書いたかはすぐに明らかになる．

ハミルトニアンを二つの部分に分けて $\mathcal{H} = \mathcal{H}_1 + \mathcal{H}_2$ と書く．ここで $\mathcal{H}_1$ は格子

[†8] 量子モンテカルロ法の基本的なアイディアを理解するには，7.4.3項のスピン系の場合のほうが便利である．7.4.1項と7.4.2項をとばして7.4.3項から読むとわかりやすい．量子モンテカルロ法を鈴木が提案したときには，まず量子スピン系で定式化が行われ，実行された．(訳者注)

[*15] 以下で述べるアルゴリズムを高次元に拡張することは難しくない．ただし，高次元では世界線の動かし方に新しいものが出てくるので，それを考慮する必要がある．

[*16] 接触相互作用が $V_0 \to \infty$ の極限では剛芯ボゾン模型になる．これは研究課題 5.7.7 で平均場近似を計算した．

[*17] 注意深い読者は，$\Delta\tau$ がエネルギーの逆数の次元をもっていることに気づいたかも知れない．したがって $\Delta\tau \ll 1$ という不等式そのものは無意味である．実は，この不等式は次のような内容を省略して書いたものと理解していただきたい．以下で示すように，ハミルトニアンの中に互いに交換しない A と B という項があるとき，$(\Delta\tau)^2 [A, B]$ を無視する近似を行う．したがって，A か B の中の最大のエネルギースケール（相互作用パラメータ）と，$\Delta\tau$ との積が小さい必要がある．

点 1 と 2 をつなぐ項, 3 と 4 をつなぐ項, 5 と 6 をつなぐ項などの和で, 一方 $\mathscr{H}_2$ は格子点 2 と 3 をつなぐ項, 4 と 5 をつなぐ項, 6 と 7 をつなぐ項などの和である. つまり

$$\mathscr{H}_1 = -t \sum_{i \text{ odd}} (\mathsf{a}_i^\dagger \mathsf{a}_{i+1} + \mathsf{a}_{i+1}^\dagger \mathsf{a}_i) + \frac{1}{2}\mathsf{U} \tag{7.33}$$

$$\mathscr{H}_2 = -t \sum_{i \text{ even}} (\mathsf{a}_i^\dagger \mathsf{a}_{i+1} + \mathsf{a}_{i+1}^\dagger \mathsf{a}_i) + \frac{1}{2}\mathsf{U} \tag{7.34}$$

である. こうしておいて, 最初の近似

$$\mathrm{e}^{\Delta\tau\mathscr{H}} \approx \mathrm{e}^{\Delta\tau\mathscr{H}_1}\mathrm{e}^{\Delta\tau\mathscr{H}_2} + \mathcal{O}(\Delta\tau)^2 \tag{7.35}$$

を使う. これは鈴木–トロッター近似とよばれる. 式 (7.35) においては, $\mathsf{A} = -\Delta\tau\mathscr{H}_1$, $\mathsf{B} = -\Delta\tau\mathscr{H}_2$ とおいてベーカー–ハウスドルフ恒等式 $\mathrm{e}^\mathsf{A}\mathrm{e}^\mathsf{B} = \mathrm{e}^{\mathsf{A}+\mathsf{B}+\frac{1}{2}[\mathsf{A},\mathsf{B}]+\cdots}$ を使い, $(\Delta\tau)^2$ の項を無視した. また, 以下のアルゴリズムはカノニカル分布で考えると説明が簡単であるので, 化学ポテンシャルの項は無視した.

式 (7.35) を式 (7.32) に代入すると, 分配関数を $2L_\tau$ 個の指数関数の積の対角和の形に表せる. 対角和は演算子の表現によらないので, どのような表現を使ってもよい. 各格子点における粒子数を対角化する表現 $|\mathbf{n}\rangle \equiv |n_1, n_2, \ldots, n_i, \ldots, n_S\rangle$ を使うのが便利である. ここで $i = 1, 2, \ldots, S$ は格子点のラベルである. この表現では

$$\mathsf{a}_i^\dagger |n_1, n_2, \ldots, n_i, \ldots, n_S\rangle = \sqrt{n_i + 1}\,|n_1, n_2, \ldots, n_i + 1, \ldots, n_S\rangle \tag{7.36}$$

$$\mathsf{a}_i |n_1, n_2, \ldots, n_i, \ldots, n_S\rangle = \sqrt{n_i}\,|n_1, n_2, \ldots, n_i - 1, \ldots, n_S\rangle \tag{7.37}$$

$$\mathsf{n}_i |n_1, n_2, \ldots, n_i, \ldots, n_S\rangle = n_i\,|n_1, n_2, \ldots, n_i, \ldots, n_S\rangle \tag{7.38}$$

となる.

式 (7.32) の対角和を計算するには, 隣り合う指数関数の積の間に「1 の分解」$I = \sum_{\mathbf{n}} |\mathbf{n}\rangle\langle\mathbf{n}|$ を挿入する. その結果, 分配関数は

$$\boxed{\begin{aligned}Z = \sum_{\{\mathbf{n}\}} &\langle \mathbf{n}^1|\mathrm{e}^{-\Delta\tau\mathscr{H}_2}|\mathbf{n}^{2L_\tau}\rangle\langle \mathbf{n}^{2L_\tau}|\mathrm{e}^{-\Delta\tau\mathscr{H}_1}|\mathbf{n}^{2L_\tau-1}\rangle \\ &\cdots \langle \mathbf{n}^3|\mathrm{e}^{-\Delta\tau\mathscr{H}_2}|\mathbf{n}^2\rangle\langle \mathbf{n}^2|\mathrm{e}^{-\Delta\tau\mathscr{H}_1}|\mathbf{n}^1\rangle\end{aligned}} \tag{7.39}$$

となる.

ここで, いくつか注意を述べておく.

(i) 演算子 $\exp(-\Delta\tau\mathscr{H}_l)$ $(l = 1, 2)$ において $\Delta\tau \to \mathrm{i}\Delta t$ と書き換えると, 量子力学における**時間発展演算子** $\exp(-\mathrm{i}\Delta t\mathscr{H})$ と同じ形になる. 時間発展演算子は, 量子状態を時間 Δt の間だけ発展させる演算子である. したがって, 演算子 $\exp(-\Delta\tau\mathscr{H}_l)$ を**虚時間方向の時間発展演算子**と考えることができる. すると, 式 (7.39) は以下のように解釈できる. まず, 右端の状態 $|\mathbf{n}^1\rangle$ が虚時間零における系

の状態である．演算子 $\exp(-\Delta\tau\mathscr{H}_1)$ が状態 $|\mathbf{n}^1\rangle$ に演算するので，状態が $\Delta\tau$ だけ時間発展する．そうして発展した状態と，状態 $|\mathbf{n}^2\rangle$ との重なりを計算する．さらに演算子 $\exp(-\Delta\tau\mathscr{H}_2)$ が演算して，状態 $|\mathbf{n}^2\rangle$ が $\Delta\tau$ だけ時間発展する．このようにして $\mathscr{H}_1$ と $\mathscr{H}_2$ が演算すると，全系が虚時間の 1 分割 $\Delta\tau$ だけ時間発展する．全格子点が時間発展するのには，ハミルトニアンの二つの項が両方とも演算しなければならないからである．これが繰り返し起きて，系が 1 分割ごと時間発展していく．このように考えると，分配関数 Z は，ボゾンが虚時間零から虚時間 L_τ まで時間発展するときに可能な世界線のすべての配位に関する「経路積分」の形に書ける（以下で詳しく述べる）．

(ii) 各状態ベクトルの上添字の意味はいまや明らかだろう．上添字は，虚時間の分割の番号である．ただし，対角和をとっているので，左端のブラベクトルの番号は右端のケットベクトルと同じ 1 である．

(iii) 分配関数は元は演算子の対角和であったが，いまやエルミート演算子の行列要素の積の和として書かれている．行列要素は c-数である．式 (7.39) における $\{\mathbf{n}\}$ に関する和では，ボゾン配位を虚時間発展演算子で結びつけたすべての場合について和をとる．たとえば，状態 $|\mathbf{n}^l\rangle$ のすべてのボゾン配位[*18]について和をとるが，実際には，直前の状態や直後の状態と重なりのある状態のみが和に寄与する．また，もともとは演算子の対角和であったことから，虚時間方向には周期的境界条件が課されている．これは便利であるからそうしたというわけではないのである．

(iv) 条件 $\Delta\tau \ll 1$ より，行列要素は $\Delta\tau$ の 1 次の範囲でそれなりによい値が得られる．よって式 (7.39) における行列要素の積を，そのボゾン配位に対応する「ボルツマン重率」とみなしてもよい．以下の点に注意しておく必要がある．式 (7.39) で足される行列要素の積は必ず正か零であるから，モンテカルロシミュレーションにおいて確率密度とみなせる．ボゾン系においては，行列要素の積は決して負にはならない．これは，たとえば以下の式 (7.40) において $\exp(\Delta\tau t(a_j^\dagger a_{j+1} + a_{j+1}^\dagger a_j))$ の行列要素が決して負にはならないことを見ればよい．この条件が成り立たない重要な場合を，あとで二つあげる．

(v) 一見，あたりまえな式 (7.32) でなぜ $\Delta\tau$ を導入したかは，いまや明らかだろう．この微小変数のおかげで**複雑な多体問題を独立な 2 体問題の積に分解できた**のであり，そのおかげで式 (7.39) の行列要素が具体的に計算できるようになった．ここで重要なのは，微小変数が入っているとはいえ，**計算は非摂動的である**という点である．ハミルトニアンにおける相互作用が小さいという仮定は，どの段階にも入っていない．

(vi) 上の注意点 (v) からわかるように，以上のアルゴリズムにおいては，式 (7.35) において $(\Delta\tau)^2$ の項を無視していることによる以外の系統誤差はない．この系統

[*18] 状態 $|\mathbf{n}^l\rangle$ のボゾン配位の例が式 (7.38) にある．

誤差はトロッター誤差とよばれる．式 (7.39) の極限 $\Delta\tau \to 0$ で正しい分配関数に収束することが証明されている[†9]．いいかえると，トロッター誤差をなくすには異なる値の $\Delta\tau$ で同じシミュレーションを行い，その結果を $\Delta\tau = 0$ へ外挿すればよい[*19]．ある $\Delta\tau$ に対するシミュレーションでは，物理量の平均値には $\mathcal{O}(\Delta\tau^2)$ の誤差がある．

注意点 (i) で述べたように，分配関数はいまや経路積分 (7.39) の形に表現されている．この方程式は**世界線**を使って直観的で幾何学的に解釈できる．世界線とは，ボゾンが時間発展する際に，空間と虚時間によって張られる時空間の中でたどる線のことである．

たとえば，行列要素 $\langle \mathbf{n}^2 | e^{-\Delta\tau \mathcal{H}_1} | \mathbf{n}^1 \rangle$ を考えよう．定義 (7.33) から明らかなように，$\mathcal{H}_1$ のホッピング項（運動エネルギー項）は格子点の組 (1,2), (3,4), (5,6) などを結合しているが，(2,3), (4,5), (6,7) などは結合していない．後者は $\mathcal{H}_2$ のほうが結合している．したがって，$e^{-\Delta\tau \mathcal{H}_1}$ の行列要素は格子点の組 (1,2), (3,4), (5,6) などにおける**独立な 2 点問題の積**である．同様に，$e^{-\Delta\tau \mathcal{H}_2}$ の行列要素は格子点の組 (2,3), (4,5), (6,7) などにおける独立な 2 点問題の積である．この関係を図 7.5 に示した．この図において影をつけた四角形が，ボゾンが虚時間発展でホップできる格子点の組を表している．太線がボゾンの世界線の配位の例である．ハミルトニアンを $\mathcal{H} = \mathcal{H}_1 + \mathcal{H}_2$ のように「チェッカーボード分解」したので，ボゾンは影のついた四角形においてだけ斜めに進める．

以上のようにすると，式 (7.39) で和をとる各項がそれぞれ特定の世界線配位に対応することがわかる．分配関数を求めるには，あらゆる世界線配位に関して和をとればよい．実際にはすべての配位に関する和をとるのは困難であるので，モンテカルロ法によってサンプルするのである．

世界線アルゴリズムでは，ある世界線配位から出発し，それを図 7.5 の矢印と点線で示すしたように変形するかどうかを，詳細つり合いを満たしながら決定する操作を繰り返していく．式 (7.30) において $V_l = 0$ のとき，つまり同一格子点上にしか相互作用がない場合は，図 7.5 の変形では四つの行列要素の値が変化する．四つの行列要素とは，図 7.5 で矢印を囲んでいる四つの四角形 A, B, C, D に対応する行列要素である．四つの行列要素の積を変形前後で計算して比をとる．この比が 0 から 1 の範囲の一様乱数よりも大きければ，図 7.5 の変形を実際に行う．これは古典系のモンテカルロと同じである．相互作用がより長距離の場合は関係する四角形の数が増えるが，ホッピングが最近接格子であれば基本的には同じ方法でシミュレーションできる．

以上のようにして，問題は独立な 2 格子点問題の積に簡単化されるので，行列要素

$$\langle n'_j, n'_{j+1} | e^{-\Delta\tau \mathcal{H}_l} | n_j, n_{j+1} \rangle \approx e^{-\Delta\tau U'/4} e^{-\Delta\tau U/4} \langle n'_j, n'_{j+1} | e^{-\Delta\tau K_l} | n_j, n_{j+1} \rangle \quad (7.40)$$

[†9] これはバナッハ空間内（たとえば有限次元行列）という条件つきである．詳しくは訳者追加文献 a), c), d) などを参照．（訳者注）
[*19] いくつかの系に対しては，虚時間を連続的にして直接シミュレーションする方法もある．

7.4 量子モンテカルロ：ボゾン

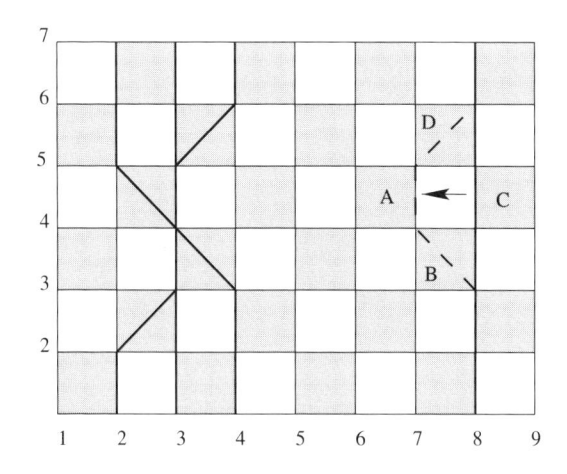

図 7.5 全ハミルトニアン $\mathscr{H}$ を $\mathscr{H}_1$ と $\mathscr{H}_2$ に分割すると，空間を横軸に，虚時間軸を縦軸にとった時空間においてチェッカーボード模様が現れる．偶数の時間格子点上においてのみ，格子点の組 $(2,3), (4,5), (6,7), \ldots$ の間をボゾンがホップできる．奇数の時間格子点上においては，格子点の組 $(1,2), (3,4), (5,6), \ldots$ の間をボゾンがホップする．太線が典型的なボゾンの世界線の配位である．空間において周期的境界条件を課し，格子点 1 と格子点 9 を同じとみなす．さらに，分配関数で対角和をとることから，虚時間方向にも周期的境界条件が課される．したがって世界線は上端と下端で閉じなければいけない．矢印は典型的な世界線の動き方を示す．

を計算しておけばよい．ここで $\mathsf{K}_l = -t(\mathsf{a}_j^\dagger \mathsf{a}_{j+1} + \mathsf{a}_{j+1}^\dagger \mathsf{a}_j)$ は l 番目の虚時間格子に作用するホッピング項，(n_j, n_{j+1}) は時間発展演算子が作用する前の最近接格子点 (i, j) 上の粒子数，(n'_j, n'_{j+1}) は時間発展演算子が作用したあとの同じ格子点上の粒子数である．また n_j において虚時間格子点を表す上添字は省略した．

式 (7.40) の表示では位置エネルギー演算子は対角演算子であるから，U と U' の各項でそれぞれ粒子数演算子を実際の粒子数におきかえ，行列要素の外に出せる．運動エネルギーの項の計算はこれほど単純ではない．原理的には一つの格子点にボゾンがいくつでも入れるので，2 格子点問題といっても無限次元のヒルベルト空間の問題になる．実際には，ヒルベルト空間を適当な粒子数のところで切断してもよい．ただし，適当な粒子数は粒子数密度に依存する．粒子数密度 ρ がたとえばおよそ 1 のときには，各格子点での粒子数が最大 5 程度に限定してしまえばよい．切断したヒルベルト空間で運動エネルギーを正確に数値対角化すれば，行列要素が $\Delta\tau$ の次数まで計算できる．しかし $\mathcal{O}(\Delta\tau)^2$ の次数まで計算しておくと便利なことも多い．

具体的な例として $V_1 = 0$ とおき，図 7.5 の矢印と破線で示された変形を考えることにしよう．世界線の変形の前，四つの行列要素 A, B, C, D の積 Π_i は，その順番にか

け算すると

$$\Pi_i = \langle 0,0|e^{-\Delta\tau\mathcal{H}_1}|0,0\rangle\langle 0,1|e^{-\Delta\tau\mathcal{H}_2}|0,1\rangle\langle 1,0|e^{-\Delta\tau\mathcal{H}_1}|1,0\rangle\langle 0,1|e^{-\Delta\tau\mathcal{H}_2}|0,1\rangle \tag{7.41}$$

である．式 (7.40) を使って変形すると

$$\begin{aligned}\Pi_i &= \langle 0,1|e^{-\Delta\tau K_1}|0,1\rangle\langle 1,0|e^{-\Delta\tau K_2}|1,0\rangle\\ &\times \langle 0,1|e^{-\Delta\tau K_1}|0,1\rangle\langle 0,0|e^{-\Delta\tau K_2}|0,0\rangle\end{aligned} \tag{7.42}$$

となる．運動エネルギーの項 $e^{-\Delta\tau K_l}$ は，たとえば指数関数を $\Delta\tau$ に関してべき展開すれば計算できる．たとえば $\Delta\tau$ の 1 次までで

$$\langle 0,1|e^{-\Delta\tau K_i}|0,1\rangle \approx \langle 0,1|(1-\Delta\tau K_i)|0,1\rangle \tag{7.43}$$

となる．しかし $\langle 0,1|a_2^\dagger a_1|0,1\rangle = 0$ であるので $\langle 0,1|K_i|0,1\rangle = 0$ となり，式 (7.43) は

$$\langle 0,1|e^{-\Delta\tau K_i}|0,1\rangle = \langle 0,1|0,1\rangle = 1 \tag{7.44}$$

になる[†10]．この行列要素では，運動エネルギーの項は $\Delta\tau$ の高次で寄与するのである．たとえば $(\Delta\tau)^2$ で，ボゾンが隣の格子点へホップしてからまた戻ってくるという効果から値が出てくる．結局，$\Delta\tau$ の 1 次では

$$\Pi_i = 1 \tag{7.45}$$

である．

次に，世界線の変形のあとでは，行列要素の積 Π_f は

$$\begin{aligned}\Pi_f &= \langle 1,0|e^{-\Delta\tau K_1}|0,1\rangle\langle 0,0|e^{-\Delta\tau K_2}|0,0\rangle\\ &\times\langle 0,1|e^{-\Delta\tau K_1}|1,0\rangle\langle 0,1|e^{-\Delta\tau K_2}|0,1\rangle\end{aligned} \tag{7.46}$$

となる．上と同様に，指数関数を $\Delta\tau$ で展開して式 (7.36)–(7.38) を使うと

$$\Pi_f = (t\Delta\tau)^2 \tag{7.47}$$

になる[†11]．

詳細つり合いを満たすためには，Π_f/Π_i が 0 と 1 の範囲の一様乱数よりも大きければ，実際に世界線を変形する[†12]．この例では位置エネルギーの寄与はキャンセルされ，世界線を変形するかどうかの判断には影響しない．いまの計算では $V_1 = 0$ であるので，位置エネルギーの項は格子点上の粒子数が 1 から 2 になる場合などにしか寄与しないの

[†10] 高次まで計算して足し合わせると $\langle 0,1|e^{-\Delta\tau K_i}|0,1\rangle = \cosh\Delta\tau$ になる．(訳者注)
[†11] 高次まで計算して足し合わせると $\langle 1,0|e^{-\Delta\tau K_i}|0,1\rangle = \langle 0,1|e^{-\Delta\tau K_i}|1,0\rangle = \sinh\Delta\tau$ になる．(訳者注)
[†12] 356 ページの訳者注 †7 で述べたように，この比 Π_f/Π_i が局所的な行列要素だけで計算できることが，世界線アルゴリズムのポイントである．(訳者注)

である.

図7.5で例として描いた配位では,格子点3において三つのボゾンが衝突している.そのうちの一つはすぐに離れるが,残りの二つはしばらく一緒にいてから離れている.ここで,衝突した三つのボゾンのうち,どれがすぐに離れてどれが残るかなどを考えるのは無意味である.ボゾンは互いに区別できないからである.波動関数はボゾンの入れ替えに関して対称である.生成消滅演算子はボゾンの交換関係を満たしており,そのことは計算に組み入れておかねばならない.

式 (7.40) の世界線アルゴリズムでは,波動関数が対称で粒子が区別できないという事実はすでに考慮されている.運動エネルギー演算子 K_i の行列要素を計算する際にはボゾンの生成消滅演算子の交換関係を使っており,それによってボゾンであることが考慮されているのである.ハミルトニアンを第2量子化の形で書いておくと,この計算が便利でよい.研究課題7.9.8では,別のアプローチとして実空間表示を考えるが,そこではボゾンの対称性に注意を払わなければならない.

まとめると,世界線法による量子モンテカルロ計算の一般的な手続きは以下のようになる.

(i) 格子上をある世界線の配位に初期化する.初期状態はハミルトニアンのさまざまな対称性を満たしていなければならない.また,影をつけた四角形においてだけ運動エネルギーが働くので,そこでのみ粒子の移動が起きるようになっていなければならない.たとえば,世界線は途中で途切れてはいけない.また,世界線は虚時間方向に周期的境界条件を満たしていなければならない.つまり虚時間方向に1周したら,世界線の位置は全体としてもとに戻っていなければならない[†13].

(ii) 格子を掃引して,ボゾンの世界線を動かすかどうかを判定する.図7.5のように,影をつけた四角形上で世界線を動かすかどうかを,ボルツマン重率の比と乱数を比較して決定する.

(iii) 相関時間を測定しておき,統計的に独立な配位において物理量を測定する.粒子数を局所的に変化させないような測定しか,簡単にはできない.たとえば $\langle a_i a_j^\dagger \rangle$ のような相関関数を測定するには,格子点 j で世界線がはじまって格子点 i で世界線がおわるような状態を別にシミュレーションしなければならなくなる.

(iv) 極限 $\Delta\tau \to 0$ の外挿をとる.基底状態が知りたい場合には,さらに極限 $\beta \to \infty$ をとる.この二つの極限の順番は入れ換えてはいけない.

世界線法の一般的な構造について,いくつか注意を述べる.ここでは1次元量子系から出発し,それを2次元古典系に変換した.一般的には,d 次元量子系は $d+1$ 次元古

[†13] ただし,ある一つの世界線がそれとまったく同じ世界線に戻ってこなくてもよい.たとえば,ある粒子 A の世界線が虚時間方向に1周すると隣の粒子 B の世界線につながり,隣の粒子 B の世界線は虚時間方向に1周すると同時に空間方向にも周期的境界条件を利用して1周し,粒子 A の世界線につながるということもありうる.この場合は,虚時間方向に1周するにともなって,空間方向に世界線が巻きついてる状態になっている.このような状態は超流動状態において重要になる.(訳者注)

典系に変換される[†14]．つけ足された次元は逆温度 $\beta = (k_B T)^{-1}$ によるものである．こうして古典系を作ればモンテカルロ計算が可能になる．逆温度の次元方向への系の変化は虚時間方向への時間発展に見えるので，これを虚時間次元という．虚時間次元を導入した結果，もとは点であったボゾンが線で表される．分配関数は，ボゾンの世界線の配位の重みつき和であるとみなせる．

虚時間方向を導入した結果，動的な物理量も測定できる．ただし，そのためには測定結果を虚時間から実時間へ解析接続しなければならない[*20]．そのような解析接続は一般にはかなり難しく，本章で説明する余裕はない．研究課題 7.9.8 で一例を述べるにとどめる．

極限 $\beta \to 0$ で基底状態を得るには，虚時間方向に「熱力学的極限」をとらなければならない．逆に非常に高温 $\beta \ll 1$ では，系は虚時間方向には非常に短く，d 次元量子系の古典表現は実質的に d 次元のままである．有限温度の場の量子論では，実時間を同じようにして扱える．

7.4.2 測　　定

古典系（たとえばイジング模型）のモンテカルロシミュレーションでは，系の配位をボルツマン重率に従って正しく生成しておけば，エネルギーや相関関数などの物理量の期待値を計算するのは簡単である．しかし量子モンテカルロにおいては，数値計算を行うために，ボゾンの量子系が「世界線」の古典系に変換されている．そのため，物理量の期待値を計算するためには，量子系での物理量が，変換された古典系でのどんな量に対応するかを考えなければならない．

演算子 O で表される物理量の期待値を計算することを考えよう．なお，演算子 O は粒子の生成消滅演算子で書けているとする．期待値は

$$\langle \mathsf{O} \rangle \equiv \frac{1}{Z} \mathrm{Tr}\left(\mathsf{O} e^{-\beta \mathscr{H}} \right) \tag{7.48}$$

である．これを式 (7.32)–(7.39) と同じ形で変換すると，

$$\begin{aligned}\langle \mathsf{O} \rangle = \frac{1}{Z} \sum_{\{\mathbf{n}\}} &\langle \mathbf{n}^1 | e^{-\Delta\tau \mathscr{H}_2} | \mathbf{n}^{2L} \rangle \langle \mathbf{n}^{2L} | e^{-\Delta\tau \mathscr{H}_1} | \mathbf{n}^{2L-1} \rangle \\ &\cdots \langle \mathbf{n}^{2i+1} | e^{-\Delta\tau \mathscr{H}_2} \mathsf{O} | \mathbf{n}^{2i} \rangle \langle \mathbf{n}^{2i} | e^{-\Delta\tau \mathscr{H}_1} | \mathbf{n}^{2i-1} \rangle \\ &\cdots \langle \mathbf{n}^3 | e^{-\Delta\tau \mathscr{H}_2} | \mathbf{n}^2 \rangle \langle \mathbf{n}^2 | e^{-\Delta\tau \mathscr{H}_1} | \mathbf{n}^1 \rangle\end{aligned} \tag{7.49}$$

と書ける．演算子 O をどの虚時間ステップにおくかはもちろん任意である．実際には，すべてのステップにおいた場合について平均をとって統計誤差を減らす．

[†14] 正確には，d 次元短距離相互作用の量子系は $(d+1)$ 次元短距離相互作用の古典系に変換される．これは鈴木-トロッター変換，略して ST 変換とよばれている．詳しくは訳者追加文献 a), d), h) を参照．(訳者注)

[*20] この解析接続はウィック回転とよばれ，場の量子論では頻繁に必要になる．

7.4 量子モンテカルロ：ボゾン

ある配位 $\{n_i\}$ の期待値への寄与を

$$\mathsf{O}[\{n_i\}] = \frac{1}{Z} \langle \mathbf{n}^1 | e^{-\Delta\tau\mathscr{H}_2} | \mathbf{n}^{2L} \rangle \langle \mathbf{n}^{2L} | e^{-\Delta\tau\mathscr{H}_1} | \mathbf{n}^{2L-1} \rangle \qquad (7.50)$$
$$\dots \langle \mathbf{n}^{2i+1} | e^{-\Delta\tau\mathscr{H}_2} \mathsf{O} | \mathbf{n}^{2i} \rangle \langle \mathbf{n}^{2i} | e^{-\Delta\tau\mathscr{H}_1} | \mathbf{n}^{2i-1} \rangle$$
$$\dots \langle \mathbf{n}^3 | e^{-\Delta\tau\mathscr{H}_2} | \mathbf{n}^2 \rangle \langle \mathbf{n}^2 | e^{-\Delta\tau\mathscr{H}_1} | \mathbf{n}^1 \rangle$$

という記号で表す．式 (7.50) の分子のうちで $\langle \mathbf{n}^{2i+1} | e^{-\Delta\tau\mathscr{H}_2} \mathsf{O} | \mathbf{n}^{2i} \rangle$ の部分以外は，式 (7.39) の和記号の中身とまったく同じである．式 (7.49) は，式 (7.50) をあらゆる配位について足したもので，その操作も式 (7.39) と同じである．そこで式 (7.39) で表される古典系をシミュレートして，その過程で各配位 $\{n_i\}$ に対して $\langle \mathbf{n}^{2i+1} | e^{-\Delta\tau\mathscr{H}_2} \mathsf{O} | \mathbf{n}^{2i} \rangle$ という量を測定して平均してみよう．この場合，間違ったボルツマン重率で平均値を計算してしまうことになる．なぜなら，式 (7.49) には $\langle \mathbf{n}^{2i+1} | e^{-\Delta\tau\mathscr{H}_2} | \mathbf{n}^{2i} \rangle$ という項が欠けているからである．この状況を打開するには，式 (7.49) に欠けている項をかけてから割るという操作をする．こうすると式 (7.49) は

$$\boxed{\langle \mathsf{O} \rangle = \sum_{\{\mathbf{n}\}} P_\mathrm{B}[\{n_i\}] \frac{\langle \mathbf{n}^{2i+1} | e^{-\Delta\tau\mathscr{H}_2} \mathsf{O} | \mathbf{n}^{2i} \rangle}{\langle \mathbf{n}^{2i+1} | e^{-\Delta\tau\mathscr{H}_2} | \mathbf{n}^{2i} \rangle}} \qquad (7.51)$$

となる．ただし $P_\mathrm{B}[\{n_i\}]$ は規格化されたボルツマン重率で，

$$P_\mathrm{B}[\{n_i\}] = \frac{1}{Z} \langle \mathbf{n}^1 | e^{-\Delta\tau\mathscr{H}_2} | \mathbf{n}^{2L} \rangle$$
$$\times \langle \mathbf{n}^{2L} | e^{-\Delta\tau\mathscr{H}_1} | \mathbf{n}^{2L-1} \rangle \dots \langle \mathbf{n}^3 | e^{-\Delta\tau\mathscr{H}_2} | \mathbf{n}^2 \rangle \langle \mathbf{n}^2 | e^{-\Delta\tau\mathscr{H}_1} | \mathbf{n}^1 \rangle \quad (7.52)$$

で与えられる．以上から，物理量の期待値を計算するには各配位をボルツマン重率 (7.52) に従って発生させておいて，$\langle \mathbf{n}^{2i+1} | e^{-\Delta\tau\mathscr{H}_2} \mathsf{O} | \mathbf{n}^{2i} \rangle$ という行列要素を $\langle \mathbf{n}^{2i+1} | e^{-\Delta\tau\mathscr{H}_2} | \mathbf{n}^{2i} \rangle$ で規格化した量を測定すればよい．

今の占有数の表示において演算子 O が対角行列である場合がある．たとえばポテンシャルエネルギーである．この場合は計算が非常に簡単になる．演算子 O の行列要素はすぐに計算できて，行列要素 $\langle \mathbf{n}^{2i+1} | e^{-\Delta\tau\mathscr{H}_2} \mathsf{O} | \mathbf{n}^{2i} \rangle$ の外に出せるからである．つまり $\mathsf{O} | \mathbf{n}^{2i} \rangle = F[\{n\}] | \mathbf{n}^{2i} \rangle$ とすると，$\langle \mathbf{n}^{2i+1} | e^{-\Delta\tau\mathscr{H}_2} \mathsf{O} | \mathbf{n}^{2i} \rangle = \langle \mathbf{n}^{2i+1} | e^{-\Delta\tau\mathscr{H}_2} | \mathbf{n}^{2i} \rangle F[\{n\}]$ となり，規格化因子 $\langle \mathbf{n}^{2i+1} | e^{-\Delta\tau\mathscr{H}_2} | \mathbf{n}^{2i} \rangle$ はキャンセルされる．結局，測定する量は占有数の関数で c–数の $F[\{n\}]$ でよい．このように対角行列で表される場合には，古典系のシミュレーションとほとんど同じになる．しかし，運動エネルギーのように対角行列で表せない場合には，式 (7.51) の手続きを忠実に実行しなくてはならない．

運動エネルギーやポテンシャルエネルギー以外に測定しておくとよいのは構造因子である．これは，3.4.2 項で導入した密度密度相関関数のフーリエ変換である．その定義は

$$S(\vec{k}) = \frac{1}{N}\sum_{\vec{j},\vec{l}} e^{i\vec{k}\cdot\vec{l}} \langle \mathsf{n}(\vec{j})\mathsf{n}(\vec{j}+\vec{l})\rangle \tag{7.53}$$

$$= \frac{1}{N}\sum_{\vec{j},\vec{l}} e^{i\vec{k}\cdot\vec{l}} \langle n(\vec{j})n(\vec{j}+\vec{l})\rangle \tag{7.54}$$

である．式 (7.53) から式 (7.54) へ移る際に，占有数演算子をその固有値でおきかえている．占有数を対角化する表示でシミュレーションしているので，これが可能になる．なお，$n(\vec{j})$ は格子点 $\vec{j}$ におけるボゾンの数，$\vec{k}$ は結晶運動量，N は格子点の総数である．熱力学的極限で長距離秩序が存在すると，ある特定の結晶運動量 $\vec{k}^*$ において $S(\vec{k})$ が N と共に線形に大きくなる．この結晶運動量 $\vec{k}^*$ が秩序ベクトルであり，長距離秩序の構造を表す．

7.4.3 スピン 1/2 量子模型

研究課題 5.7.7 で見たように，ボゾンの反発力が無限に大きいハードコア極限 $V_0 \to \infty$ では，ホルシュタイン–プリマコフ変換を使ってボゾンのハミルトニアン (7.29) を量子スピン系に変換することができる．その結果のハミルトニアンは

$$\mathscr{H} = -\frac{J_x}{2}\sum_{\langle ij\rangle}(\mathsf{S}_j^+\mathsf{S}_i^- + \mathsf{S}_j^-\mathsf{S}_i^+) + J_z\sum_{\langle ij\rangle}\mathsf{S}_j^z\mathsf{S}_i^z - h\sum_i \mathsf{S}_i^z \tag{7.55}$$

$$= -J_x\sum_{\langle ij\rangle}(\mathsf{S}_j^x\mathsf{S}_i^x + \mathsf{S}_j^y\mathsf{S}_i^y) + J_z\sum_{\langle ij\rangle}\mathsf{S}_j^z\mathsf{S}_i^z - h\sum_i \mathsf{S}_i^z \tag{7.56}$$

である．ここで，ボゾンハミルトニアンとスピンハミルトニアンの関係は $J_x = 2t$，$j_z = V_1$，$h = \mu - V_1$ である．また，定数項は無視した．この量子スピン模型はスピン 1/2 XXZ 模型とよばれる．こうよばれるのは，スピンの x 成分の相互作用定数はスピンの y 成分の相互作用定数と等しいが，スピンの z 成分の相互作用定数とは異なっているからである．ボゾンのホッピング項の係数は $t > 0$ であるので，式 (7.56) の第 1 項は**強磁性**相互作用を表している．

ハミルトニアン (7.55) に対して式 (7.31)–(7.40) の手順を踏めば，この量子スピン模型に対する世界線アルゴリズムが構成できる．ここでの表現は S_i^z を対角するものを使っている．そのため，シミュレーションで使われるボルツマン重率 (式 (7.41), (7.46), (7.52)) は

$$\langle ++|e^{-\mathsf{K}}|++\rangle = \langle --|e^{-\mathsf{K}}|--\rangle = 1 \tag{7.57}$$

$$\langle +-|e^{-\mathsf{K}}|+-\rangle = \langle -+|e^{-\mathsf{K}}|-+\rangle = \cosh\left(\frac{J_x}{2}\Delta\tau\right) \tag{7.58}$$

$$\langle +-|e^{-\mathsf{K}}|-+\rangle = \langle -+|e^{-\mathsf{K}}|+-\rangle = \sinh\left(\frac{J_x}{2}\Delta\tau\right) \tag{7.59}$$

$$\mathsf{K} = -\frac{J_x}{2}(\mathsf{S}_j^+\mathsf{S}_i^- + \mathsf{S}_j^-\mathsf{S}_i^+) \tag{7.60}$$

という形の行列要素を含んでいる．ここで $|+\rangle$ は上向きスピン，$|-\rangle$ は下向きスピンの状態である．相互作用定数 J_x が正，つまり強磁性的であるときにはすべての行列要素は正であり，したがってボルツマン重率も正である．世界線を動かすかどうかを判定するための確率は決して負にはならないので，数値シミュレーションは問題なく行うことができる．

しかし，反強磁性的 $J_x < 0$ の場合にはそうはいかない．行列要素 (7.59) が負になり，「ボルツマン重率」を計算してみると負になってしまう可能性があるので，ボルツマン重率とみなせないかもしれない．そうなると，世界線を動かすかどうかを判定するための確率として使うことができなくなる．これが，量子モンテカルロシミュレーションにおいて**負符号問題**とよばれている難問である．

格子が二つの副格子に分けられるような場合，たとえば正方格子の場合で，しかもいまの問題のように x 成分と y 成分の相互作用が最近接格子点間にかぎられる模型では，実際には問題が生じない．個々の行列要素が負になっても，全体のボルツマン重率が正になることが示せるのである．反強磁性的な模型

$$\mathscr{H} = +J_x \sum_{\langle ij \rangle}(\mathsf{S}_j^x \mathsf{S}_i^x + \mathsf{S}_j^y \mathsf{S}_i^y) + J_z \sum_{\langle ij \rangle} \mathsf{S}_j^z \mathsf{S}_i^z - h \sum_i \mathsf{S}_i^z \tag{7.61}$$

を正方格子上で考えよう．相互作用定数が反強磁性的 $J_x > 0$ とする．このハミルトニアンでは行列要素 (7.59) が負になる．正方格子の大きさを $L_x \times L_y$ とし，各格子点は二つの整数 $1 \leq r_x \leq L_x$ と $1 \leq r_y \leq L_y$ で番号づけされているとする[*21]．各格子点の偶奇性を $(-1)^{r_x+r_y}$ で定義すると，最近接格子点は異なる偶奇性をもつようになる．そこで，以下のようなユニタリー変換

$$\mathsf{S}_i^x \to \mathsf{S}_i^x (-1)^{r_x+r_y} \tag{7.62}$$

$$\mathsf{S}_i^y \to \mathsf{S}_i^y (-1)^{r_x+r_y} \tag{7.63}$$

$$\mathsf{S}_i^z \to \mathsf{S}_i^z \tag{7.64}$$

を行う．この変換はスピンの交換関係を正しく保ち，同時に J_x の符号を反転させる．したがって反強磁性ハミルトニアン (7.61) は強磁性ハミルトニアン (7.56) にユニタリー変換される．後者のハミルトニアンに対してはボルツマン重率は必ず正になり，負符号問題は現れない．ユニタリー変換に対してボルツマン重率全体は不変であるから，反強磁性ハミルトニアンに対してもボルツマン重率（行列要素の積全体）は正であったことがわかる．

残念ながら，すべての模型に対してこのように簡単に負符号問題を回避できるわけではない．実際のところ，物理的に興味深い模型の多くには負符号問題が現れる．たとえ

[*21] 式 (7.61) では一つの整数 $i = r_x + (r_y - 1)L_x$ で格子点を番号づけしている．二つの整数 (r_x, r_y) による番号づけとはもちろん等価である．

ば三角格子上の反強磁性模型では，上のような変換で強磁性模型に変換できないことが簡単にわかる．そのような場合を「フラストレーションがある」という[*22)]．フラストレーションがある場合は，世界線アルゴリズムどころか，今日までに知られているすべての量子モンテカルロアルゴリズムには負符号問題が現れる．問題を部分的に緩和する方法は提案されているが，根本的に解決する方法は発見されていない．

7.5 量子モンテカルロ：フェルミオン

前節では，ボソンと量子スピンに対して量子モンテカルロアルゴリズムの一種である世界線アルゴリズムを述べた．このアルゴリズムは非常に一般的なもので，原理的にはフェルミオンにも使える[*23)†15)]．

三角格子上の反強磁性体のように，競合する相互作用がある場合には世界線アルゴリズム（それどころかすべての量子モンテカルロアルゴリズム）に負符号問題が生じるということを，前節の最後に述べた．フェルミオンの場合には状況はもっと悪いということを，この節で述べる．

最も簡単な例として「スカラーフェルミオン」（あるいは「スピンレスフェルミオン」）の模型を使って問題の一面を示してみよう．スカラーフェルミオンは，フェルミ統計を満たすがスピンのない粒子である．現実の基本粒子としては存在しないが，フェルミオン系を調べるための簡単な例として有用である．2次元格子上，周期的境界条件のもとでハミルトニアン

$$\mathscr{H} = -t \sum_{\langle ij \rangle} (c_j^\dagger c_i + c_i^\dagger c_j) - \mu \sum_i n_i \tag{7.65}$$

を考えよう．ここで $c_j^\dagger$ は格子点 j にスカラーフェルミオンを作る演算子，c_j は消す演算子である．また μ は化学ポテンシャル，$n_i = c_i^\dagger c_i$ は格子点 i における数演算子である．これがスピンレスフェルミオン模型である．

フェルミオン演算子は反交換関係

[*22)] すべての相互作用をエネルギー的に安定にすることができない場合，フラストレーションがあるという．たとえば反強磁性模型では，最近接格子間のスピンは逆を向くのがエネルギー的に得である．正方格子上の正方形のまわりを巡るとき，正方形上の最近接スピンの組四つをすべて逆向きにできることがわかる．しかし三角格子上の三角形のまわりを巡るとき，三角形上の最近接スピンの組三つのうち，どれか二つを逆向きにすると，残りの一つは逆向きにできず，必ずどこかの相互作用がエネルギー的に損になる．これをフラストレーション[80]という．
[*23)] アルゴリズム自身はフェルミオンを念頭において発展してきた．しかし，以下で述べるようにフェルミオンの場合にはあまりうまくいかない．
[†15)] この脚注 23 は原著者の誤解である．世界線アルゴリズムは初め訳者追加文献 ε) においてスピン系に対して提案され，成果をあげた．その後になって，フェルミオン系への適用が検討されはじめた．（訳者注）

$$\{c_i, c_j^\dagger\} \equiv c_i c_j^\dagger + c_j^\dagger c_i = \delta_{ij} \tag{7.66}$$

$$\{c_i, c_j\} \equiv c_i c_j + c_j c_i = 0 \tag{7.67}$$

$$\{c_i^\dagger, c_j^\dagger\} \equiv c_i^\dagger c_j^\dagger + c_j^\dagger c_i^\dagger = 0 \tag{7.68}$$

を満たす．式 (7.68) から $i = j$ のときに，ただちに $c_i^\dagger c_i^\dagger = 0$ であることがわかる．つまり一つの状態に二つのフェルミオンは生成できない．

ハミルトニアン (7.65) は格子上の理想フェルミ気体（4.2 節）を記述している．フーリエ変換で簡単に対角化できて，厳密に解ける．しかしながら，この簡単な模型でも，フェルミオン系の数値シミュレーションにおける問題の一端を示すのである．

問題を説明するために，たとえば図 7.6 の正方格子で格子点 6 と 8 にフェルミオンを生成することを考えよう．そのためには，この二つの格子点の生成演算子を演算する必要があるが，問題はどういう順番で演算するかである．真空状態 $|0\rangle$ に対してまず格子点 8 にフェルミオンを生成してから格子点 6 に生成するのと，逆の順番で生成するのとでは，

$$c_8^\dagger c_6^\dagger |0\rangle = -c_6^\dagger c_8^\dagger |0\rangle \tag{7.69}$$

のように符号が違う．ボゾンの場合は異なる格子点の生成演算子は可換であるので符号は出ないが，フェルミオンの生成演算子は反可換であるので符号が出るのである．したがって，格子点 6 と 8 にフェルミオンが存在する状態を，符号まで固定して定義するためには，どのような順番で生成演算子をかけるのか，あらかじめ決めておかなければならない．以降の計算では，すべてその順番を守らなければいけない．図 7.6 では，そのような順番の一例を示してある．

さて，式 (7.39) に現れる行列要素をフェルミオンについて計算してみよう．例として，格子点 6 と 8 にフェルミオンがいる状態 $c_8^\dagger c_6^\dagger |0\rangle$ と，格子点 7 と 8 にフェルミオン

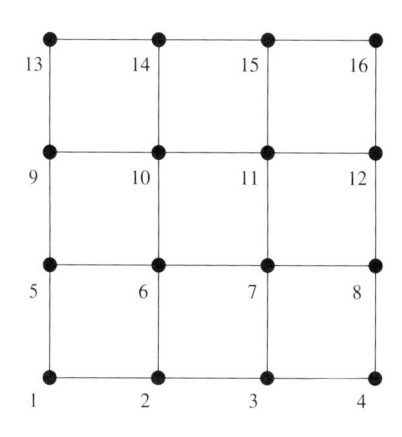

図 **7.6** 正方格子上の格子点にフェルミオンを生成する順番の規則．

がいる状態 $c_8^\dagger c_7^\dagger|0\rangle$ との間の行列要素を考える．つまりフェルミオンが格子点 6 から 7 へホップする行列要素である．計算は

$$\langle 0|c_7 c_8 e^{-\Delta\tau\mathscr{H}} c_8^\dagger c_6^\dagger|0\rangle \simeq \langle 0|c_7 c_8 (1-\Delta\tau\mathscr{H}) c_8^\dagger c_6^\dagger|0\rangle \tag{7.70}$$

$$= \langle 0|c_7 c_8 (\Delta\tau t c_7^\dagger c_6) c_8^\dagger c_6^\dagger|0\rangle \tag{7.71}$$

$$= \Delta\tau t \langle 0|c_7 c_8 c_8^\dagger c_7^\dagger c_6 c_6^\dagger|0\rangle \tag{7.72}$$

$$= \Delta\tau t \tag{7.73}$$

となる．ここで，状態を定義する際には，上で議論したように番号の小さい格子点から先に生成演算子をかけている．

その次には，フェルミオンが格子点 6 から 7 へホップする行列要素ではなく，格子点 6 から 10 へホップする行列要素を計算してみよう．格子点 8 と 10 にフェルミオンがいる状態は，上の規則に従うと $c_{10}^\dagger c_8^\dagger|0\rangle$ になる．したがって行列要素は

$$\langle 0|c_8 c_{10}(\Delta\tau t c_{10}^\dagger c_6) c_8^\dagger c_6^\dagger|0\rangle = -\Delta\tau t \tag{7.74}$$

になる．つまり 7.4.3 項と同じように，ボルツマン重率 (7.52) の中の行列要素は負になる場合がある．その結果，ボルツマン重率全体が負になる場合があり，再び負符号問題に直面するのである．しかも，いまの場合には相互作用のないフェルミオンの厳密に解ける系においてさえ負符号問題が出てくる．

このように，世界線アルゴリズムは 2 次元以上のフェルミオンの問題を扱うのにはまったく不適である[*24][†16]．**自由なフェルミオンに対しては負符号問題の現れないアルゴリズムがいくつか存在する**．**残念ながら，相互作用のあるフェルミオン系では，いかなるモンテカルロアルゴリズムでも（非常に特殊な場合を除いて）負符号問題が現れる**[*25]．

それでも，負符号問題が「それほどひどくない」場合には，モンテカルロシミュレーションをなんとか実行できることがある[†17]．演算子 A で与えられる物理量の期待値

$$\langle \mathsf{A}\rangle = \frac{\mathrm{Tr}\,\mathsf{A}e^{-\beta\mathscr{H}}}{\mathrm{Tr}\,e^{-\beta\mathscr{H}}} \tag{7.75}$$

を数値計算する場合を考えよう．7.4.1 項と 7.4.2 項で述べたような手順で，式 (7.75) の対角和を，対応する古典系の配位に関する積分か和の形に変換する．その結果

$$\langle \mathsf{A}\rangle = \frac{\int \mathcal{D}\phi\, A[\{\phi\}]\, P_\mathrm{B}[\{\phi\}]}{\int \mathcal{D}\phi\, P_\mathrm{B}[\{\phi\}]} \tag{7.76}$$

[*24] 1 次元では負符号問題は現れない．これは式 (7.73) で見たとおりである．
[†16] 正確には，1 次元でも周期境界条件があればボルツマン重率が負になることがある．しかし，系が大きくなるに従ってほとんど無視できるようになる．(訳者注)
[*25] ここでは相互作用のあるフェルミオン系は議論しない．本書では扱わない概念が必要になるからである．たとえば $\mathrm{Tr}\exp(\sum_{i,j} c_i^\dagger M_{ij} c_j)$ のような量の計算において，行列 M_{ij} がフーリエ変換では対角化できないような場合が出てくる．
[†17] 以下の説明はフェルミオン系だけでなく，フラストレーションのあるスピン系のモンテカルロ計算についても成り立つ．(訳者注)

の形に書けたとする．ここで，古典系の変数を一般的に ϕ と書いている．

上に述べたように，「ボルツマン重率」$P_{\rm B}[\{\phi\}]$ は負になる可能性がある．式 (7.76) の上では形式的には問題は生じない．式 (7.76) の分母において，いくつかの配位 ϕ に対して被積分関数 $P_{\rm B}[\{\phi\}]$ が負になったとしても，積分した結果である分配関数そのものは必ず正になる．しかし，数値計算をする場合に問題が生じる．負の重み $P_{\rm B}[\{\phi\}] < 0$ が存在するときに，どのようなモンテカルロ計算ができるだろうか？

そこで $P_{\rm B}[\{\phi\}] = {\rm sgn}(P_{\rm B})|P_{\rm B}|$ と書き直してみる．ここで ${\rm sgn}(P_{\rm B})$ は，それぞれの配位 ϕ に対するボルツマン重率の符号である．この書きかえを使うと，式 (7.76) を

$$\langle {\sf A} \rangle = \frac{\int \mathcal{D}\phi\, A[\{\phi\}]\, {\rm sgn}(P_{\rm B})|P_{\rm B}[\{\phi\}]|/Z'}{\int \mathcal{D}\phi\, {\rm sgn}(P_{\rm B})|P_{\rm B}[\{\phi\}]|/Z'} \tag{7.77}$$

と書き直せる．ここで，分子と分母を新しい「分配関数」

$$Z' = \int \mathcal{D}\phi\, |P_{\rm B}[\{\phi\}]| \tag{7.78}$$

で割っている．この新しい正の重み $|P_{\rm B}[\{\phi\}]|$ に関する期待値を $\langle \bullet \rangle'$ と書くと，式 (7.77) は新しい**半正定値**のボルツマン重率 $|P_{\rm B}|$ を使って

$$\langle {\sf A} \rangle = \frac{\langle A[\{\phi\}]\, {\rm sgn}(P_{\rm B}) \rangle'}{\langle {\rm sgn}(P_{\rm B}) \rangle'} \tag{7.79}$$

と表現できる．いいかえると，期待値を直接計算するかわりに，正のボルツマン重率に関する二つの期待値の比の形で計算するのである．

ただし，上のような工夫をしたからといって負符号問題が完全に解決したわけではない．式 (7.78) の分母 $\langle {\rm sgn}(P_{\rm B}) \rangle'$ が非常に小さくなり，統計誤差に埋もれてしまうのである．一般には $\langle {\sf A} \rangle$ は小さくはないから，式 (7.78) の分子も非常に小さくなるということである．つまり期待値の計算が，誤差の大きい値の比の計算になってしまい，数値的には非常に難しい．

式 (7.78) の分母が非常に速く小さくなってしまうのは，以下のようにしてわかる．上の議論から

$$\langle {\rm sgn}(P_{\rm B}) \rangle' = \frac{\int \mathcal{D}\phi\, {\rm sgn}(P_{\rm B})|P_{\rm B}[\{\phi\}]|}{\int \mathcal{D}\phi\, |P_{\rm B}[\{\phi\}]|} = \frac{Z}{Z'} \tag{7.80}$$

である．ここで，もとの分配関数 Z の系の自由エネルギーを F，新しい分配関数 Z' の系の自由エネルギーを F' とすると，式 (7.80) は

$$\langle {\rm sgn}(P_{\rm B}) \rangle' = {\rm e}^{-\beta(F-F')} \tag{7.81}$$

と書き直せる．自由エネルギーの差 $F-F'$ が小さくても，$\langle {\rm sgn}(P_{\rm B}) \rangle'$ は低温において逆温度 β に関して**指数関数的**に小さくなる．また，自由エネルギーは示量性の物理量であるから系の大きさに比例する．したがって，式 (7.81) は系の大きさについても指数関数的に小さくなる．一方で，その統計誤差は ${\rm sgn}(P_{\rm B})$ の 2 乗の期待値に比例するが，

$\mathrm{sgn}(P_\mathrm{B})^2 = 1$ であるから，統計誤差は低温や大きな系でも小さくならない．したがって，低温や大きな系に対して $\langle \mathrm{sgn}(P_\mathrm{B})\rangle'$ は誤差に埋もれてしまうのである．このようにして，モンテカルロシミュレーションでは高温や小さな系でしか意味のある値が出せなくなる．負符号問題はフェルミオン系の数値シミュレーションを指数関数的に困難にしているのである．

7.6 有限サイズスケーリング

第4章で臨界現象を議論した際には，系の大きさ L は問題に現れないことを常に仮定していた．つまり熱力学的極限 $L \to \infty$ を考えていた．この極限では，部分系の性質は全系の性質とまったく同じである．そこで，有限サイズの非常に大きい系を L/p の大きさの系に p 分割することを考えよう．ここで p は整数である．この p 個の部分系の熱力学的性質がまったく同じであるのはどういう場合だろうか．隣りあう部分系の間の相関が無視できる場合には，部分系は同じ性質をもつだろう．つまり，図 4.10 のように，相関距離が部分系の大きさより小さい場合 $\xi \ll L/p$ にはよい．それでは，相関距離よりも小さい系はどういう性質をもつだろうか．これがこの節で議論する問題である．

数値計算では系の大きさは必ず有限であるから，数値計算結果を解析するにあたって有限サイズの問題は非常に重要になる．有限系で熱力学量を測定したあと，それを熱力学的極限に外挿しなければならない．特に，臨界点の近傍で無限系が示すスケーリング性が，有限系ではどのようになるのかを議論するのが**有限サイズスケーリング**である．

ここでは，系が大きさ L^d の超立方体に限定されているとする．ただし，有限サイズスケーリングでは，系がいくつかの方向にのみ有限である場合も解析できる．たとえば，x 方向には無限だが y 方向には幅が L であるような帯の上の2次元イジング模型の性質も解析できる．そのような場合は基本課題 7.8.2 で扱うことにする．

有限系でなんらかの熱力学量，たとえば磁化率を考える．この熱力学量は系の大きさ L と，式 (4.115) の無次元温度 t の関数 $A_L(t)$ である．格子間隔 a を 1 とすると，超立方体中の格子点の数は L^d である．この系に繰り込み群変換を1回ほどこすと，格子点の数は $L'^d = (L/b)^d$ となる．つまり，繰り込み群変換で $1/L' = b/L$ と変換されて $1/L$ は b 倍に大きくなるから，$1/L$ をスケール次元 $\omega = 1$ の関連のある変数とみなせる．したがって $A_L(t)$ は繰り込み群変換で

$$A_L(t) \equiv A\left(t, \frac{1}{L}\right) = b^{\omega_A} A\left(t', \frac{1}{L'}\right) = b^{\omega_A} A\left(tb^{1/\nu}, \frac{b}{L}\right)$$

と変換される[*26]．ここで異常次元 ω_A は後で決める．例によって $b = |t|^{-\nu}$ とおくと

[*26] この議論は多少いい加減であり，正確に議論するには場の理論的方法を使う必要がある．場の理論における繰り込み群方程式においては近距離の特異性は有限系でも無限系でも同じである．つまり近距離の性質は有限サイズ効果に依存しない．したがって，繰り込み群方程式は有限系においても変わらない，文献 [1,125]．

$$A\left(t, \frac{1}{L}\right) = |t|^{-\nu\omega_A} A\left(\pm 1, \frac{|t|^{-\nu}}{L}\right)$$

となり，

$$A_L(t) = L^{\omega_A} f(tL^{1/\nu}) \tag{7.82}$$

と書き直せる．

有限系では，すべての熱力学量やその導関数は t の解析関数である．したがって式 (7.82) のスケーリング関数 $f(x)$ は x の解析関数であると考えられる．一方，熱力学的極限 $L \to \infty$ では $A_L(t) \simeq c_\pm |t|^{-\rho}$ となる．ここで ρ はなんらかの臨界指数であり，c_+ は $t > 0$ の臨界係数，c_- は $t < 0$ の臨界係数である．式 (7.82) の熱力学的極限を考えると

$$\lim_{|x| \to \pm\infty} f(x) = c_\pm |x|^{-\rho}$$

となっているはずである．そこで $\omega_A = \rho/\nu$ が成り立っていれば，熱力学的極限で L^{ω_A} の因子が消えて

$$\lim_{L \to \infty} A_L(t) \simeq c_\pm L^{\omega_A} (|t|L^{1/\nu})^{-\rho} = c_\pm |t|^{-\rho}$$

となる．以上から，最終的に $A_L(t)$ のスケーリング形が

$$\boxed{A_L(t) = L^{\rho/\nu} f(tL^{1/\nu})} \tag{7.83}$$

となる[†18]．相関距離が $|t|^{-\nu}$ に比例するので，式 (7.83) は

$$A_L(t) = L^{\rho/\nu} g_\pm\left(\frac{L}{\xi(t)}\right) \tag{7.84}$$

と書くこともできる．

熱力学的極限では $A_\infty(t) = A(t)$ は臨界点 $t = 0$ で異常性をもつ．議論のためにとりあえず $\rho > 0$ の場合，つまり $A(t)$ が臨界点 $t = 0$ で発散する場合を考える．この発散に対応して，有限系では $A_L(t)$ が最大値をもつ．したがってスケーリング関数 $f(x)$ がなんらかの値 $x = x_0$ において最大値をもって，$f'(x_0) = 0$ となっているはずである．有限系での物理量 $A_L(t)$ は臨界点 $t = 0$ でではなく，

$$t_c(L) = x_0 L^{-1/\nu} \tag{7.85}$$

において最大値をとるのである．最大値をとる位置 $t_c(L)$ は熱力学的極限 $L \to \infty$ において $t = 0$（つまり $T = T_c$）に近づき，またピークはより高くより狭くなる．図 7.7 に 2 次元イジング模型の磁化率を数値シミュレーションした結果を示した（研究課題 7.9.1）．

[†18] 動的有限サイズスケーリング則まで含めて繰り込み群の考え方で導出されている．詳しくは訳者追加文献 i) を参照．（訳者注）

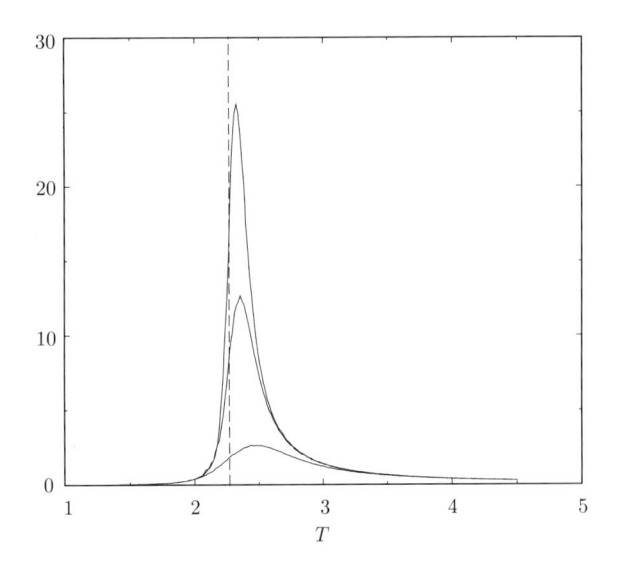

図 7.7 2次元イジング模型の磁化率のふるまいを，大きさ 10×10, 24×24, 32×32 の格子について数値計算した結果．ピークの高いほうが系が大きい．破線は熱力学的極限での T_c の位置を示す．

ここで

$$B_L(t) = L^{-\rho/\nu} A_L(t) = f(tL^{1/\nu}) \tag{7.86}$$

のような量を考える．二つの無次元温度 t_1 と t_2 が L_1 と L_2 を通して

$$t_1 L_1^{1/\nu} = t_2 L_2^{1/\nu}$$

のように関係していると，$B_{L_1}(t_1) = B_{L_2}(t_2)$ が成り立つ．つまり，異なる温度で異なる大きさの系の数値シミュレーションの結果のデータ $B_L(t)$ を，横軸を $x = tL^{1/\nu}$ にとってプロットすると，データ点は臨界点 $t = 0$ の近傍で一つの曲線 $f(x)$ 上に乗るはずである．ただし，そのようなプロットをするためには，真の臨界点 T_c をあらかじめ知っておかなければならない．現実的には t のかわりに，$t_c(L)$ を使った無次元温度 t'

$$t' = t - t_c(L) = t - x_0 L^{-1/\nu}$$

を使うのがよい．こうすると

$$f(tL^{1/\nu}) = f(t'L^{1/\nu} + x_0) \tag{7.87}$$

となる．なお $f'(x_0) = 0$ である．このとき，異なる大きさで異なる温度における量 B_L は

$$t'_1 L_1^{1/\nu} = t'_2 L_2^{1/\nu} \quad \text{のとき} \quad B_{L_1}(t'_1) = B_{L_2}(t'_2)$$

と関係づけられる．したがって，横軸を $x = t'L^{1/\nu}$ にとって $B_L(t)$ をプロットすると，データ点はやはり一つの曲線上に乗るはずである．

この観点から考えると，真の臨界点 T_c を使った式 (7.83) を，「有限サイズ L における臨界点」$T_c(L)$ を使って書き換えておいた方が便利である．この「臨界点」は式 (7.85) から

$$T_c(L) = T_c + (x_0 T_c) L^{-1/\nu} \tag{7.88}$$

と定義できる．これを使うと式 (7.87) から

$$A_L(T) \sim L^{\rho/\nu} f(L^{1/\nu}(T - T_c(L))) \tag{7.89}$$

のようなスケーリング形に書き直せる．

ここで重要な注意が三つある．まず，異なる大きさで異なる温度のシミュレーションから得られた $L^{-\rho/\nu} A_L(T)$ のデータをスケーリング変数 $L^{1/\nu}(T - T_c(L))$ の関数としてプロットすると，臨界温度近傍でデータ点は一つの曲線上に乗るはずである．次に，$T = T_c(L)$ においては

$$A_L(T = T_c(L)) \sim L^{\rho/\nu} f(0) \tag{7.90}$$

となる．つまり $T_c(L)$ において測定した物理量は，無限系の臨界指数を使ってスケールされる．したがって，有限系のシミュレーションのデータを正しく解析すれば，無限系の性質を知ることができる．式 (7.86) から，真の臨界点 T_c において測定した物理量についても同じことが成り立つ．そこで第3の注意として以下のことがいえる．ある量 $L^{-\rho/\nu} A_L(T)$ のデータを横軸を温度 T にしてプロットすると，異なる大きさのシミュレーションの曲線は真の臨界点 T_c において交わるはずである．この事実を使うと，有限サイズスケーリングから真の臨界点 T_c を決められる．この3点は研究課題 7.9.1 で実際に示される．

物理量がべき乗で発散しない場合が二つある．一つは，べき乗ではなく対数発散の場合である．たとえば2次元イジング模型の比熱の臨界指数は $\alpha = 0$ である．これは比熱が臨界点 $T = T_c$ においてべき乗で発散するのではなくて，対数的に

$$A(t) \sim C \ln|t| \tag{7.91}$$

で発散することを意味している．相関距離が $\xi(T) \sim |t|^{-\nu}$ で発散することを使うと，T_c 近傍では

$$A \sim \frac{C}{\nu} \ln \xi \tag{7.92}$$

となる．これに対応して，有限系では

$$A_L(T_c(L)) \sim \frac{C}{\nu} \ln L \tag{7.93}$$

となる．

もう一つべき乗発散でない場合は，コスタリッツ–サウレス（KT）転移である．KT転移点 T_{KT} の高温側では，相関関数が

$$G(r) \sim \mathrm{e}^{-r/\xi(T)} \tag{7.94}$$

となり，低温側では

$$G(r) \sim \frac{1}{r^{\eta(T)}} \tag{7.95}$$

となる．つまり低温側では相関距離 $\xi(T)$ は無限大であり，低温相全体で臨界的であるといえる．高温側から臨界点 T_{KT} に $T \to T_{\mathrm{KT}}^+$ と近づくと，相関距離は真性特異点を示して

$$\xi(T) \sim \exp\left(\frac{b}{t^{1/2}}\right) \tag{7.96}$$

と発散する．ここで $t = (T - T_{\mathrm{KT}})/T_{\mathrm{KT}}$ であり，b は適当な定数である．ほかの量，たとえば磁化率は相関距離に対して

$$\chi \sim \xi^{2-\eta_{\mathrm{c}}} \tag{7.97}$$

$$\sim \exp\left(\frac{c}{t^{1/2}}\right) \tag{7.98}$$

のようにふるまう．ここで $\eta_{\mathrm{c}} = \eta(T = T_{\mathrm{KT}})$ であり，c は定数である．

この場合においても，重要な量は依然としてスケーリング変数 $x = \xi/L$ である．したがって，式 (7.96) において $\xi(T) \sim L$ とおけば以前のスケーリングの議論を繰り返せる．このようにすると，たとえば

$$T_{\mathrm{c}}(L) \sim T_{\mathrm{c}} + \frac{b^2}{(\ln L)^2} \tag{7.99}$$

が示せる．ここで b は式 (7.96) に現れる定数と同じである．式 (7.99) は，コスタリッツ–サウレス転移における式 (7.88) に対応する結果である．KT 転移については研究課題 7.9.4 で述べる．

7.7 乱数発生法

本章の議論から明らかなように，モンテカルロシミュレーションでは乱数が中心的な役割を果たす．本章での乱数は，0 から 1 までの一様分布乱数である．そのほかの分布の乱数が必要になる場合も多い．たとえばランジュバン方程式の場合にはガウス分布乱数が必要になる（第 9 章）．そのような場合にも，一様分布乱数をほかの分布の乱数に変換する方法がある．そこで，ここでは基本的な問題として一様分布乱数を発生させる方法を議論する．

計算プログラム上の決定論的な規則から乱数列を生成するというのには矛盾があるように見えるかもしれない．実際には，完全な乱数ではなく擬乱数列を発生させるのであ

る．モンテカルロシミュレーションのプログラム中で「乱数発生ルーチン」を呼び出すのだが，このようなルーチンは複雑な規則を用いて乱雑に見えるような数列を発生するプログラムである．

もちろん単に乱雑に見えるだけでは十分ではない．乱数発生ルーチンが信頼に足るものであるためにはいくつかの厳しい条件がある．ここでは詳しい数学には立ち入らない．詳細は文献を参照していただきたい．詳しい解析については文献 [65] と，その中で引用されている文献を見ていただきたい．また，いろいろな乱数列を実際に使いたい場合には文献 [103] にプログラムが掲載されている．ここではむしろ一般的な議論をして，いくつかの落とし穴を注意しておきたい．

一様分布乱数を発生させるルーチンが満たすべき条件として最も単純なものは，乱数が $[0,1]$ の範囲を統計的に一様に満たしていなければならないということである[*27]．この条件を確認するには，非常に長い乱数列を発生させてモーメントを計算し，正しい値と比較すればよい．

ほかに，かなり直観的な条件として，乱数列は相関していてはいけない．多くの場合，この条件が無視されてしまっているのは驚くべきことである．

計算機には通常，rand( ) という名前の乱数発生ルーチンが用意されている．このルーチンは線形合同法

$$I_{i+1} = (aI_i + c) \mathrm{mod}(m) \tag{7.100}$$

を使っている．ここで I_i は 0 から $m-1$ の範囲の整数である．この乱数列の「乗数」 a と「増分」 c を適当に選ぶと，式 (7.100) は長さ m の繰り返しのない整数の列を生成する．このため，m は計算機で表現できる最大の整数にしておく．32 ビット機では $m = 2^{31} - 1$ である．これを 0 から 1 までの一様分布乱数にするためには I_i/m を計算すればよい．乱数列を開始するために，まず「乱数の種」として I_0 を与える．そこから $I_1, I_2, \cdots$ を順番に発生させる．もちろん，数値シミュレーションから得られる物理量のデータは種の選び方に依存してはいけない．どんな値を種に与えてもよいはずである．

ところが，パラメータ a と c をうまく選んでおいても，実際には I_i は相関をもっている[*28]．計算機に備えつけの乱数発生ルーチン rand( ) を使わないようにしていただきたい．信頼性があって，統計的にもよく確認されている乱数発生ルーチンは，文献 [103] の ran2 や ran3 である．しかし，同じ文献の ran1 はよくない．非常に長い数列を発生させると相関が現れる．

一般には，複数の乱数発生ルーチンを用意しておくべきである．それぞれのルーチンを使って高精度で試行シミュレーションを行い，結果が統計的に同じかどうかを調べる．同じであれば，いずれのルーチンに対しても信頼度が増す．異なるのであれば，どちらかのルーチン，あるいは両方のルーチンがよくないのである．

[*27] 分布の範囲が異なっていても問題にはならない．規格化すればよいからである．
[*28] 文献 [103] の第 7 章や，文献 [94] の第 16 章に議論と例が掲載されている．

7.8 基本課題

7.8.1 臨界指数 ν の決定

臨界指数 ν を評価する方法として次のようなものが考えられる．7.6 節で述べた有限サイズスケーリングに従う物理量 $A_L(t)$ として，大きさ L の系の相関距離 $\xi_L(t)$ を採用する．まず，同じ大きさ L の系で異なる無次元温度 t と t' で測定した相関距離の比は

$$\frac{\xi_L(t')}{\xi_L(t)} = \frac{L'}{L}$$

となることを示せ．ただし L' は $tL^{1/\nu} = t'L'^{1/\nu}$ を満たすものとする．

次に，相関距離 $\xi_L(t)$ を臨界点 $t=0$ のまわりで t に関してべき展開すると

$$\xi_L(t) = AL + t\dot{\xi}_L(0) + \mathcal{O}(t^2)$$

となる．このとき

$$\left(1 + \frac{1}{\nu}\right) \ln \frac{L}{L'} = \ln \frac{\dot{\xi}_L(0)}{\dot{\xi}_{L'}(0)}$$

となることを示せ．この式の中の物理量は，すべて有限の大きさの系における測定量であることに注意せよ．

7.8.2 無限系における有限サイズスケーリング

1. 2 次元イジング模型を，幅 L の無限に長い帯の上で定義する．磁化率を $T - T_{c2}$ と L の関数として表せ．ただし，T_{c2} は 2 次元イジング模型の臨界点である．1 次元イジング模型は，有限温度で相転移がないことに注意せよ．

2. 次に，3 次元イジング模型を，厚さ L の無限に広いシートの上で定義する．磁化率が

$$\chi_L(T) = L^{\gamma/\nu} f\left(L^{1/\nu}(T - T_c)\right) g\left(L^{1/\nu}(T - T_c)\right)$$

で表されることを示せ．ただし $f(x)$ は x に関して無限回微分可能な関数で

$$\lim_{|x| \to \infty} f(x) = A_{\pm} |x|^{-(\gamma - \gamma_2)}$$

を満たす関数，$g(x)$ は

$$g(x) = [B_+ \theta(x+b) + B_- \theta(-x-b)] |x+b|^{-\gamma_2}$$

で与えられる関数である．また，上の方程式において γ と ν は無限の 3 次元イジング模型の臨界指数，γ_2 は 2 次元イジング模型の臨界指数，b は適当な正の数，θ は階段関数である．

有限の厚さ L における臨界点はいくらか．なぜ b は正でなければならないか？

3. 2次元イジング模型の比熱は

$$C_2 \propto C_\pm \ln|T - T_{c2}|$$

のように対数的に発散する．問 2 のようにして，厚さ L の無限に広いシート上の 3 次元イジング模型の比熱の有限サイズスケーリング形を書け．

7.8.3 一つの格子点上のボゾン

簡単な 1 格子点問題として，量子ハミルトニアン

$$\mathscr{H} = \mathsf{a}^\dagger \mathsf{a} + b(\mathsf{a}^\dagger \mathsf{a})^2 \tag{7.101}$$

を考える．ここで $\mathsf{a}^\dagger$ と a はボゾンの生成消滅演算子である．ハミルトニアン (7.101) は，ある点において n 個のボゾンがあるときのエネルギーを表している．なお，n は数演算子の固有値 $\mathsf{a}^\dagger \mathsf{a}|n\rangle = n|n\rangle$ である．

ハミルトニアン中の二つの項は可換である．したがって，分配関数は

$$Z = \mathrm{Tr}\, e^{-\beta \mathscr{H}} \tag{7.102}$$

$$= \sum_{n=0}^{\infty} e^{-\beta(n+bn^2)} \tag{7.103}$$

の形で書ける．この表現を使ってエネルギー E の期待値，式 (7.14) の比熱 C，粒子数の期待値 $\langle \mathsf{a}^\dagger \mathsf{a} \rangle$ を，いろいろな b の値に対して温度の関数として求めるモンテカルロプログラムを作成せよ．

分配関数は厳密には計算できないが，式 (7.103) の級数を数値的に高精度で計算できる．そこで，エネルギー E，比熱 C と粒子数 $\langle \mathsf{a}^\dagger \mathsf{a} \rangle$ を分配関数 Z の導関数として表し，級数を数値的に計算せよ．モンテカルロシミュレーションの結果と級数の数値計算の結果を比較せよ．

7.9 研究課題

7.9.1 2次元イジング模型：メトロポリスアルゴリズム

この課題の目標は，2 次元イジング模型をシミュレートして，その性質を，7.6 節で議論した有限サイズスケーリングで調べることである．ここで作成する計算プログラムは，以降の課題で必要となるプログラムのひな形になるので，できるかぎり効率よいプログラムを作っておこう．

1. メトロポリスアルゴリズム（式 (7.10a) と (7.10b)）が詳細つり合い（式 (7.7) あるいは (7.9)）を満たすことを示せ．そのために，始状態 i と終状態 f を考える．まず $P_\mathrm{f} > P_\mathrm{i}$ の場合に詳細つり合いが満たされていることを示せ．この場合は，もちろん $W(\mathrm{i} \to \mathrm{f}) = 1$, $W(\mathrm{f} \to \mathrm{i}) = P_\mathrm{i}/P_\mathrm{f}$ である．同じことを $P_\mathrm{f} < P_\mathrm{i}$ についても行え．

2. 周期的境界条件を課した2次元イジング模型をシミュレートするプログラムを作成せよ．系の大きさ L（スピン数が L^2）と温度 T は簡単に変更できるようにせよ．

シミュレーションを以下のような手順で実行せよ．まず，熱平衡化のために 10^5 回の掃引を行い，次に測定は 10 掃引ごとに1回，合計で 3×10^5 回行う．これで十分な統計性が得られる．温度は $T = 0.015$ から $T = 4.5$ まで 0.015 刻みで変化させる[*29]．系の大きさは $L = 10, 16, 24, 36$ とする．それぞれの温度と L に対して，全エネルギーの期待値 $E = \langle \mathscr{H} \rangle$，比熱 C

$$C = \frac{1}{NkT^2}(\langle \mathscr{H}^2 \rangle - \langle \mathscr{H} \rangle^2) \tag{7.104}$$

格子点あたりの磁化 $M = \langle S_i \rangle$，磁化率 χ

$$\chi = \frac{N}{kT}\left(\left\langle \frac{1}{N}\left|\sum S_i\right|^2\right\rangle - \langle S_i \rangle^2\right) \tag{7.105}$$

を測定せよ．プログラムが完成すれば，シミュレーションは数時間で終わるはずである[*30]．

3. 上の四つの大きさの系に対して，エネルギーの期待値 E を温度 T の関数としてプロットせよ．温度範囲 $2 \leq T \leq 3$ でどんなことが起きているか？

4. 上の四つの大きさの系に対して，磁化率 χ を温度 T の関数としてプロットせよ．磁化率のピークは位置も高さも，系の大きさによって異なることを確認せよ．それぞれの系に対して，ピーク位置の温度 $T_c(L)$ とピークの高さを決定せよ．

次に，横軸を L^{-1} にして $T_c(L)$ をプロットし，式 (7.88) が成り立っていることを確認せよ．なお，ここでは臨界指数の正しい値 $\nu = 1$ を仮定している．このようにして得た熱力学的極限での臨界温度 T_c の値を厳密解 $T_c = 2.269\,185\dots$ と比較せよ．

臨界指数 ν の正確な値を知らずに上のデータ解析をするためには，もっと大きな系でのデータが必要になる．この課題で得られた四つのデータ点をパラメータ T_c と ν を自由にしてフィットするのは，やってみる価値はあるが，かなり信頼性に欠ける．

5. 横軸を L にしてピークにおける磁化率 $\chi(T_c(L))$ を両対数プロットし，式 (7.90) が成り立っていることを確認せよ．式 (7.90) によればべき乗則が成り立っているはずである．つまり，両対数プロットすると直線になるはずで，その傾きが臨界指数の比 γ/ν を与える．こうして得られた値を厳密解 $\gamma/\nu = 7/4 = 1.75$ と比較せよ．

次に，$L^{-\gamma/\nu}$ をスケーリング変数 $L^{1/\nu}(T - T_c(L))$ の関数としてプロットせよ．式 (7.89) によると，臨界指数の値が正しければ，異なる大きさの系に対するデータは臨界領域（臨界点付近）で同じ曲線上に乗るはずである．

[*29] 温度は相互作用の強さ J を単位とする．
[*30] この課題のシミュレーションは 2 GHz の CPU の計算機上で数時間で終わることを確認している．

6. 磁化 M を温度 T に対してプロットして、転移点付近での有限サイズ効果を調べよ。横軸を T にして $L^{\beta/\nu}M$ をいろいろな L に対してプロットし、式 (7.89) が成り立っていることを確認せよ。臨界指数の比 β/ν を評価するためには、磁化の曲線がきれいに1点で交わるように β/ν を調整する。また、実際に厳密解 $\beta/\nu = 1/4 = 0.25$ を使ってプロットしてみよ。曲線が交わる点から臨界点 (その値を T_c' と書くことにする) を評価し、厳密解 $T_c = 2.269\,185\ldots$ と比較せよ。

   次に、$L^{\beta/\nu}M$ をスケーリング変数 $L^{1/\nu}(T-T_c')$ の関数としてプロットせよ。異なる大きさの系に対するデータが臨界領域で同じ曲線上に乗るはずである。

7. 温度 T を横軸にして比熱 C をプロットせよ。比熱のピークは位置も高さも系の大きさによって異なることを確認せよ。それぞれの系に対して、ピークの高さ $C_{\max}(L)$ とピークの位置の温度 $T_c'(L)$ を決定せよ。

   このようにして得られた $T_c'(L)$ を $L^{-1/\nu}$ に対してプロットし、熱力学的極限の臨界温度 T_c を評価せよ。その値を厳密解、および磁化率のデータ解析から得た値と比較せよ。

   2次元イジング模型では、比熱の発散を表す臨界指数は $\alpha = 0$ である。これは比熱 C が臨界点で対数発散することを意味している。比熱のピークの高さ $C_{\max}(L)$ を $\ln L$ に対してプロットし、対数発散を確認せよ。

8. 第1章で見たように、スピンあたりのエントロピーは比熱を積分して

$$S(T) = \int_0^T dT' \frac{C(T')}{T'} \tag{7.106}$$

と計算できる。特にイジング模型では高温で $S(T \to \infty) = \ln 2$ である。温度 $T = 0.015$ から $T = 4.5$ での比熱のデータを使って数値的に積分 (7.106) を実行せよ。こうして得られた $S(\infty)$ の値を正しい値と比較せよ。非常によく合っているはずである。

   同様にして $S(T)$ を計算し、温度の関数として $0.015 \leq T \leq 4.5$ の範囲でプロットせよ。熱力学的関係式

$$F = E - TS \tag{7.107}$$

を使って自由エネルギーを計算し、温度の関数としてプロットせよ。その概形について議論せよ。

7.9.2　2次元イジング模型：グラウバーダイナミクス

メトロポリスアルゴリズムは式 (7.10a) と (7.10b) で定義される。しかし、7.1節で述べたように、詳細つり合いを満たす遷移確率 $W(\sigma \to \nu)$ の選び方はほかにもある。たとえばグラウバーダイナミクス

$$W(\nu \to \sigma) = \frac{P_\sigma}{P_\nu + P_\sigma} \tag{7.108}$$

がある．式 (7.108) は，P_i と P_f の大小に関係ない表式である．系の配位を変えるかどうかを判定するには，0 から 1 の範囲の一様分布乱数を式 (7.108) と比較する．遷移確率 W が乱数より大きければ系の配位を実際に変える．

1. グラウバーダイナミクスが詳細つり合い条件を満たすことを示せ．
2. 基本課題 7.9.1 で作成したメトロポリスアルゴリズムによるイジング模型のプログラムを，グラウバーダイナミクスによるものに変更せよ．同じパラメータでシミュレーションを実行し，物理的な結果がモンテカルロダイナミクスに依存しないことを確認せよ．

7.9.3　2次元クロック模型

この課題の目標は，課題 7.9.1 と 7.9.2 で調べたイジング模型を一般化した模型を調べることである．

イジング模型のハミルトニアンは，磁場がない場合は $S_i \to -S_i$ に関して不変である．これは Z_2 対称性とよばれる．この対称性は，イジング模型のハミルトニアンを以下のように書き直すとよくわかる．イジング模型のハミルトニアンを式 (7.11) の形 ($H=0$ とする) に書くかわりに，

$$\mathscr{H} = -J \sum_{\langle i,j \rangle} \cos\left[(n_i - n_j)\pi\right] \tag{7.109}$$

と書くこともできる．ここで n_i は整数変数で 0 か 1 をとる．この書き方ではイジング変数が角度で表されている．ただし，角度は 0 か π に限定されている．また，Z_2 対称性は $n_i \to n_i + 1$ という変換に対する不変性として表されている．

ハミルトニアンを式 (7.109) の形にしておくと，イジング模型を Z_q クロック模型[*31] に一般化できる．角度変数を一般化して q 個の値 $2n_i\pi/q$ (ただし $n_i = 0, 1, \ldots, q-1$) をとるようにする．ハミルトニアンは

$$\mathscr{H} = -J \sum_{\langle i,j \rangle} \cos\left[(n_i - n_j)\frac{2\pi}{q}\right] \tag{7.110}$$

となる．

課題 7.9.1 で作成した2次元イジング模型のプログラムを Z_q クロック模型用に変更するのは簡単なはずである．ただし，プログラムをできるかぎり効率的にするために，不必要な計算をしないよう注意しなければならない．たとえば，角度の単位 $2\pi/q$ の値は必要になるたびに計算するのではなくて，プログラムの最初で一度だけ計算して，それを変数に保存するようにしておかなければならない．もっと重要なのは，ハミルトニアンの項 $\cos[(n_i - n_j)2\pi/q]$ をプログラム中で何度も計算してはいけない．この値は q 通りの値しかとらないことに注意しよう．そこでプログラムの冒頭で値をすべて計算し

[*31] ベクトルポッツ模型ともよばれる．

て，配列変数に保存しておくと計算が速くなる．シミュレーションの途中で値が必要になれば，$n_i - n_j$ に対応する配列変数の値を参照するだけでよいのである．以上のような工夫をしておかないと計算は相当遅くなってしまい，以下で課題となる計算に多大な時間がかかることになる．プログラムを正しく最適化すれば，シミュレーションは全体で数時間でおわるはずである．

シミュレーションはイジング模型の場合と同じように進める．まず任意の初期状態 $\{n_i\}$ を選ぶ．次に，格子点 i を選んで，その点における変数の値 n_i を変更するかどうか，メトロポリスアルゴリズムに従って決定する．変数の値は，現在の値からそれ以外の $q-1$ 個の値に変更するかどうかを検討する．

プログラムを作成する際には，系の大きさ L，温度 T，変数の対称性 q が簡単に変更できるようにしておくこと．もちろん境界条件は周期的にする．

イジング模型ではスピンは ± 1 の値しかとらないので，あるスピン配位での磁化は $\mathcal{M} = |\sum_i S_i|$ であった．しかし $q > 2$ のクロック模型では，磁化は

$$\mathcal{M}_x = \sum_i \cos\left(\frac{2\pi}{q} n_i\right)$$
$$\mathcal{M}_y = \sum_i \sin\left(\frac{2\pi}{q} n_i\right)$$
$$\mathcal{M} = \sqrt{\mathcal{M}_x^2 + \mathcal{M}_y^2} \tag{7.111}$$

で与えられる．磁化の期待値を計算する際には，$\mathcal{M}_x$ や $\mathcal{M}_y$ ではなくて全磁化 (7.111) を平均しなければならない．なお，ここにおいても三角関数の値を毎回計算しないように注意しよう．プログラムの冒頭ですべて計算して配列変数に保存しておき，必要に応じて配列変数を参照するようにする．

1. 大きさ 10×10 の系をメトロポリスアルゴリズムでシミュレートせよ．変数の対称性 q は 2 から 10 まで，温度は 0.015 から 4.5 まで 0.015 刻みで変化させる．熱平衡化のために 3×10^5 回の掃引を行い，5×10^5 回の測定を行う．これで統計誤差は十分に小さくなり，計算時間も数時間でおわるはずである．

   全エネルギーの期待値 E，比熱 C (式 (7.14))，スピンあたりの磁化 M，磁化率 χ (式 (7.15)) を測定せよ．それぞれの q に対して上の量を温度の関数としてプロットし，ふるまいを議論せよ．

2. データのプロット (図 7.8) では，$q \geq 5$ で比熱が二つのピークを示すはずである．これは二つの相転移を示している．低温側の転移点を T_1，高温側の転移点を T_2 とする．一方，$q \leq 4$ ではピークは一つである．ここで，大きさ $L \times L$ の Z_q クロック模型の比熱のピークの位置を $T_c^q(L)$ と書くことにする．大きさ $L = 10$ に対して縦軸に q を，横軸に $T_c^q(L)$ をプロットせよ．上で述べたように，$q \leq 4$ では転移温度は一つ，$q \geq 5$ では転移温度は二つになるはずである．

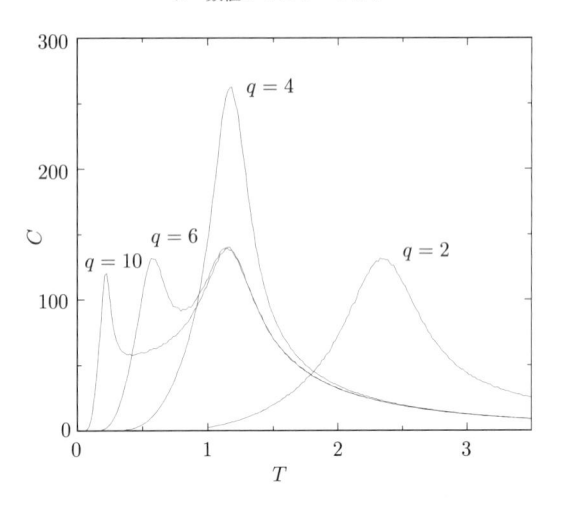

図 **7.8** Z_q クロック模型の比熱 C を温度の関数としてプロットしたもの. 対称性は $q = 2, 4, 6, 10$ をとり, 系の大きさは 10×10 である.

もちろん, このようにして求めた転移温度 T_c^q は近似値であるが, 一般的な傾向を見るには十分である. 真の臨界温度を求めるためには, 以下で行うように有限サイズスケーリングを使う.

基本課題 4.6.1 で, 2 次元イジング模型の双対変換について調べた. 双対変換は Z_q クロック模型にも一般化できる [113]. ある近似を使うと, $q \geq 5$ に対しては裏格子の模型も Z_q クロック模型になる.($q \leq 4$ の場合は後述.) この近似によると, $q \geq 5$ の転移点は $T_1 = 4\pi^2/(1.17q^2)$ となる. これをシミュレーションの結果と比較せよ. 近似が正しいと考えられるか?

実は, Z_3 クロック模型は裏格子の模型も正確に Z_3 クロック模型になる. 表格子の逆温度と裏格子の逆温度は

$$\beta = -\frac{2}{3}\ln\frac{e^{3\tilde{\beta}/2} - 1}{e^{3\tilde{\beta}/2} + 2} \tag{7.112}$$

の形で関係している. 相転移が 1 ヵ所でしか起きないと仮定すると, 厳密な臨界点は $\beta = \tilde{\beta}$ で与えられる. その結果, Z_3 クロック模型の転移点が

$$\beta_c = \frac{2}{3}\ln(1 + \sqrt{3}) \tag{7.113}$$

と得られる. この値をシミュレーションの結果と比較せよ.

また, Z_4 クロック模型の分配関数 $Z^{(q=4)}$ は, 実は半分の逆温度におけるイジング模型(Z_2 クロック模型)の分配関数 $Z^{(q=2)}$ を使って

$$Z^{(q=4)}(\beta) = \left(Z^{(q=2)}(\beta/2)\right)^2 \tag{7.114}$$

と書けることが示せる[19]. したがって, $\beta_c(Z_4) = 2\beta_c(Z_2)$, つまり Z_4 模型の真の臨界点 T_c はイジング模型の真の臨界点 $T_c = 2.269\,185\ldots$ の半分の値である. その値をシミュレーションの結果と比較せよ.

3. 次に, Z_3 と Z_4 に対して有限サイズスケーリング解析を行う. まず $q = 3$ と $q = 4$ に対して, 大きさ $L = 8, 10, 12, 14, 16, 24$ でシミュレーションを実行せよ. それぞれの場合に, 磁化率の最大値の位置の温度 $T_c(L)$ を決定せよ. 横軸を $L^{-1/\nu}$ にして $T_c(L)$ をプロットせよ. なお, 臨界指数はイジング模型と同じ $\nu = 1$ と仮定する. このようにして熱力学的極限の臨界点 T_c を $q = 3$ と 4 について求めよ. 前問で述べた厳密な値と比較せよ.

磁化率の最大値 $\chi_{\max}(L)$ を L に対してプロットし, 有限サイズスケーリング (研究課題 7.9.1) を使って臨界指数 γ を $q = 3$ と 4 について求めよ. この値をイジング模型の値と比較せよ.

研究課題 7.9.1 と同じように, 異なる大きさの系に対する磁化率をスケーリングプロットし, データ点が同じ曲線の上に乗ることを確認せよ.

また, $q = 3$ と 4 に対して $L^{\beta/\nu} M$ を温度の関数としてプロットせよ. イジング模型と同じように $\beta/\nu = 0.25$ と仮定すると, Z_3 に対しても Z_4 に対しても曲線が一つの点で交わることを確認せよ. このようにして得られた臨界点の値を, 磁化率から求めた値や厳密な値と比較せよ.

これらの結果から, $q = 3$ と 4 の臨界指数 (ν, β, γ) は $q = 2$ のイジング模型と同じ値であることがわかる. つまり, これらの模型は同じ普遍性クラスに属する. 少なくとも $q = 4$ に対しては, これは驚くにはあたらない. 式 (7.114) によると $q = 2$ の分配関数と $q = 4$ の分配関数は強く関係しているのである.

4. 続いて, 二つの相転移点がある場合を考える. 以下では例として Z_8 クロック模型を扱う.

式 (7.110) から明らかなように, Z_q クロック模型の極限 $q \to \infty$ は XY 模型 (平面回転子模型) である. 平面回転子模型ではコスタリッツ-サウレス (KT) 転移が 1 回だけ起きる (式 (7.94) 以降の議論と, 次の課題 7.9.4 を参照せよ). 問 2 の q と T_c^q のプロットからわかるように, $q \to \infty$ とともに $T_1 \to 0$ に収束, 一方 T_2 は有限の値にとどまることが推測できる. 実際, T_2 は KT 転移点 T_{KT} に収束する.

さてここで, どういう値の q を境目に, 転移がイジング型から KT 型になるのかという疑問が湧いてくる. この疑問にはっきりと答えるには, かなり大きな系の

---

[19] Z_4 クロック模型のベクトル $\boldsymbol{\mu}_i$ が 2 組の Z_2 の変数 $\{\sigma_{i1}\}$ と $\{\sigma_{i2}\}$ を用いて

$$(\boldsymbol{\mu}_i \cdot \boldsymbol{\mu}_j) = \frac{1}{2}(\sigma_{i1}\sigma_{j1} + \sigma_{i2}\sigma_{j2})$$

と表せることから, 一般の次元で式 (7.114) の成立することが鈴木によって証明された (1967 年). 詳しくは訳者追加文献 j) を参照. (訳者注)

シミュレーションをしなければならない．大掛かりな数値計算によると，相転移は $q \geq 5$ ですべて KT 型であることがわかっている．ここではこの知識を仮定して，それに応じた有限サイズスケーリング解析を行う．

上と同じように，大きさ $L = 8, 10, 12, 14, 16, 24$ の Z_8 クロック模型をシミュレートせよ．磁化率のピークから高温側の $T_{c2}(L)$ を決め，式 (7.99) に従って $(\ln L)^{-2}$ を横軸にプロットせよ．熱力学的極限の値 T_2 と係数 b を求めよ．

有限サイズスケーリング解析によると[*32)]

$$\chi = L^\omega f\left(\frac{\xi}{L}\right) \tag{7.115}$$

$$= L^\omega f\left(\frac{e^{b/\sqrt{t}}}{L}\right) \tag{7.116}$$

である．ここで $t = T - T_2$ である．したがって，$L^{-\omega}\chi$ をスケーリング変数 ξ/L の関数としてプロットすると，データは同じ曲線の上に乗るはずである．まず ω を決めるために，磁化率のピーク値 $\chi_{\max}(L)$（高温側のピーク $T_2(L)$ での値）を L の関数としてプロットせよ．上の式によると，このピーク値は L のべき乗で発散するはずで，その指数として ω が評価できる．

高温相 $T > T_2$ において，上で評価した T_2, b, ω を使って，$L^{-\omega}\chi$ を $L^{-1}\exp(b/\sqrt{t})$ に対してスケーリングプロットせよ．データが一つの曲線の上に乗ることを確認せよ．この解析から，T_2 の転移が KT 転移型であることが確認できる．

磁化を温度に対してプロットすると，二つの転移があることが明確に見てとれる．非常に低温では，磁化 M は 1 に近い値をとるが，T_1 に近づくにつれて，零ではないが小さい値にまで急激に減少する．温度がさらに上昇すると，磁化 M はそれなりに急激に減少するが，T_2 付近でついに非常に小さい値にまで落ちる．低温相 $T < T_1$ では，熱力学的極限でも明らかに磁化 M が有限に残ると思われる．一方で高温相 $T > T_2$ では，系は無秩序になっていると思われ，磁化は熱力学的極限で零になると考えられる．それでは，中間相 $T_1 < T < T_2$ ではどうなるのだろうか．この領域で磁化が残るかどうかを調べるには，有限サイズスケーリングで解析しなければならない．

三つの相の代表的な温度，たとえば $T = 0.24, 0.84, 2.1$ において，磁化 M を大きさ L に対してプロットせよ．どのようなふるまいをしているか議論せよ．この問題は，次の課題の XY 模型のときに再びとりあげる．

5. 研究課題 7.9.1 で議論したように，式 (7.106) を使って比熱からエントロピーが計算できる．この積分を数値的に実行して，Z_q クロック模型では $S(T \to \infty) = \ln q$ となることを確認せよ．また，エントロピーの温度依存性 $S(T)$ と自由エネルギー

[*32)] スケーリング関数 $f(x)$ は $x = L/\xi$ の関数であるが，同時に $x^{-1} = \xi/L$ の関数であるともいえる．ここでは後者の形を使っている．

の温度依存性 $F(T) = E(T) - TS(T)$ を計算せよ．

この課題からわかるように，Z_q クロック模型は簡単な模型であるにもかかわらず，非常に複雑なふるまいをする．また，ハミルトニアンの対称性がいかに重要な役割を果たすかについても知ることができる．まとめると，$q = 2, 3, 4$ に対しては，系は一つの転移しか示さず，その転移はイジング模型の普遍性クラスに属する．一方，対称性が $q \geq 5$ に変わると，温度変化に関して 2 回の相転移があり，いずれの転移もコスタリッツ–サウレス普遍性クラスに属する．より詳しくは文献 [27] を参照されたい．

7.9.4　2 次元 XY 模型：コスタリッツ–サウレス転移

2 次元 XY 模型のふるまいをより詳しく調べるのがこの課題の目標である．2 次元 XY 模型は，課題 7.9.3 の Z_q クロック模型の $q \to \infty$ の極限に相当する模型である．課題 7.9.3 で調べたように，$q \geq 5$ において Z_q クロック模型には二つの相転移点 T_1 と T_2 $(T_1 < T_2)$ があり，どちらもコスタリッツ–サウレス型である．近似的な双対性の議論によると，$q \to \infty$ で $T_1 \propto q^{-2} \to 0$ となり，高温側の転移点 T_2 のみが相転移点として残る．

この課題では T_2（今後は T_{KT} と書く）における転移の性質，および高温相と低温相の性質を詳しく調べる．XY 模型のハミルトニアンは

$$\mathscr{H} = -J \sum_{\langle i,j \rangle} \cos(\theta_i - \theta_j) \tag{7.117}$$

で与えられる．ここで $-\pi < \theta \leq +\pi$ であり，$\langle i,j \rangle$ は最近接格子点の組を表す．分配関数は

$$Z = \int_{-\pi}^{\pi} \prod_k d\theta_k \, \exp[\beta J \sum_{\langle i,j \rangle} \cos(\theta_i - \theta_j)] \tag{7.118}$$

である．ここで $\prod_k$ は，大きさ $L \times L$ で周期的境界条件のある 2 次元格子上の格子点すべてに関する積である．

シミュレーションには 2 とおりの方法がある．一つ目は，Z_q クロック模型のプログラムで単純に q を非常に大きくする（たとえば $q = 1000$ やそれ以上にする）方法である．こうすれば，角度変数は離散的であるが，ほとんど XY 模型が再現できる．二つ目の方法は，スピン変数が実際に連続的になるようにプログラムを書き換えてしまう[20]．一つ目の方法の利点としては，すでにある正しいプログラムが使えるという点がある．また，スピン変数が離散的であると，三角関数の値をあらかじめ計算して配列変数に保存するという手法が使えるので，プログラムが速い．

いずれにしても，シミュレーションは以前と同じように，格子点を一つずつ選んで，そ

---

[20]　もちろん，計算機の上で完全に連続な数は存在しないので，二つ目の方法でも厳密には角度変数は離散的である．（訳者注）

こでのスピン変数を変更するかどうか，メトロポリスの判定条件 (7.13a) と (7.13b) を使って決定する．ただし，XY 模型においてはスピン変数を一度にどれだけ変更するかの自由度がある．経験則としては，スピン変数の変更幅 $\delta\theta$ を $-\Delta \leq \delta\theta \leq \Delta$ に制限したときに，変更が実際に実施される確率がおよそ 50% になるように Δ を調整するとよい．スピン変数の変更確率が小さすぎても大きすぎても，平衡状態への緩和が非常に遅くなる．

課題 7.9.3 で作成したプログラムを用いて，XY 模型（つまり Z_{1000} クロック模型）をシミュレートせよ．系の大きさは $L = 8, 10, 12, 14, 16, 20$ とし，温度は $0.015 \leq T \leq 3$ の範囲で刻み幅 $\Delta T = 0.015$ で変化させる．平衡状態に達するまでに 2×10^5 回の掃引を行い，その後 3×10^5 回の掃引の間，50 掃引ごとに 1 回測定せよ．つまり測定は合計で 6×10^3 回行う．測定量は全エネルギーの期待値 E，比熱 C（式 (7.14)），磁化 $\mathcal{M}$（式 (7.111) を XY 模型に拡張したもの），磁化率 χ（式 (7.15)[*33]），そして格子点あたりの渦の組（定義は問 4 を参照）の数である．

1. 格子点あたりのエネルギーを温度の関数として，いろいろな大きさについてプロットせよ．イジング模型の結果と比較し，特に $1 \leq T \leq 1.5$ 付近のふるまいを議論せよ．

2. 比熱 C を温度の関数として，いろいろな大きさについてプロットせよ．ふるまいを議論せよ．

    大きさ $L \times L$ の系での比熱のピークの位置を「臨界温度」$T_\mathrm{c}^C(L)$ と定義する．この値 $T_\mathrm{c}^C(L)$ を $(\ln L)^{-2}$ に対してプロットし，熱力学的極限での値 T_c^C を求めよ．

3. XY 模型は連続対称性をもっている．2 次元の有限温度では連続対称性が自発的に破れることはないことが証明されている．つまり有限温度では必ず磁化が零になる．

    さまざまな大きさに対して，格子点あたりの磁化 M を温度 T に対してプロットせよ．低温相 $T < T_\mathrm{c}^C$ において，熱力学的極限で磁化が存在するだろうか．この問に答えるために，$T < T_\mathrm{c}^C$ における磁化 M のサイズ依存性を調べ，イジング模型の低温相 $T < T_\mathrm{c}$ でのサイズ依存性と比較せよ．

    非常に低温での磁化やそのほかの物理量については，**スピン波近似**を使って調べられる．式 (7.118) からわかるように，非常に低い温度（$\beta \gg 1$）においては $|\theta_i - \theta_j|$ が非常に小さい場合しか分配関数の積分に寄与しない．そこで，ボルツマン重率の指数の中で $\cos(\theta_i - \theta_j) \simeq 1 - (\theta_i - \theta_j)^2/2$ と展開してもよいと考えられる．こうすると分配関数は

[*33] 磁化率 χ を式 (7.15) に従って計算するにあたって，磁化 $M = \langle S_i \rangle$ は最初から零にしておかなければならない．以下で議論するように，XY 模型では熱力学的極限で磁化が零だからである．

$$Z = \int_{-\infty}^{+\infty} \prod_k \mathrm{d}\theta_k \, \exp\left[-\frac{\beta}{2} \sum_{\langle i,j \rangle} (\theta_i - \theta_j)^2\right] \tag{7.119}$$

$$= \int_{-\infty}^{+\infty} \prod_k \mathrm{d}\theta_k \, \exp\left[\frac{\beta}{2} \sum_{ij} \theta_i G_{ij}^{-1} \theta_j\right] \tag{7.120}$$

と近似できる[*34]．なお，定数は物理量に影響しないので無視した．また，積分範囲を $-\infty$ から ∞ までに近似している．式 (7.120) の格子グリーン関数 $G_{ij} = G(\vec{n})$ は

$$G(\vec{n}) = \frac{1}{L^2} \sum_{\vec{k}} \frac{\mathrm{e}^{\mathrm{i}\vec{k}\cdot\vec{n}}}{4 - 2\cos k_x - 2\cos k_y} \tag{7.121}$$

で与えられる．ここで $(k_x, k_y) = (2\pi l_x/L, 2\pi l_y/L)$ であり，$-L/2 \leq (l_x, l_y) \leq L/2 - 1$ である．分配関数 (7.120) はガウス積分の形をしているので，θ に依存する量の平均値が計算できる（A.5.1 項を参照）．それによって，スピンあたりの磁化は

$$M = \langle \cos \theta \rangle \tag{7.122}$$

$$\approx 1 - \frac{1}{2}\langle \theta^2 \rangle \tag{7.123}$$

$$= 1 - \frac{T}{8\pi}(\ln L^2 + \ln 2) \tag{7.124}$$

と計算されることを示せ．この表式を数値シミュレーションによる磁化の値と比較し，スピン波近似がどの範囲で成り立つかを調べよ．

　スピン波近似でも数値シミュレーションでも，$T \ll T_\mathrm{c}^C$ では磁化が値をもっているように見える．しかし，温度を非常に低い値に固定してサイズ依存性を調べると，磁化はサイズとともに小さくなる．これはイジング模型と逆のふるまいである．このことから，熱力学的極限で磁化が零になることが予測できる．

　熱力学的極限ではすべての温度で $M = 0$ になるが，高温側から転移点に近づくにつれて磁化率は**発散**し，低温相でずっと**無限大**である．これは数値シミュレーションの結果を解析すると簡単にわかる．実際，コスタリッツとサウレスの理論によると，磁化率は式 (7.97) の形で発散する．強力な計算機が使える読者は，$L = 100$ の系に対して磁化率 χ を $1 < T < 1.4$ の範囲で測定し，結果を式 (7.97) にフィットしてみるとよい．これによって T_KT が評価できる．

4. 以上からわかるように，2 次元 XY 模型の相転移を特徴づける秩序変数として，磁化は適当な量ではない．実は，この相転移は**渦対生成の相転移**であることをコスタリッツとサウレスが示している．渦（あるいは反渦）というのは，格子の最小図形（正方格子なら四角形，三角格子なら三角形）のまわりを 1 周したときに，スピ

[*34] ここで簡単のために $J = 1$ とし，エネルギーの単位を J とする．

ンの角度がどのように変化するかを表した量である．図 7.9 は，回転速度 1 の渦と反渦の典型的なスピン配位である．回転速度を求めるには，格子の最小図形のまわりを 1 周するときに，各辺のはじめとおわりでのスピンの角度の変化を調べる[*35]．ただし，角度の変化は常に $\pm\pi$ の間になるようにとっておく．そして，角度変化を 1 周にわたって積算する．たとえば，図 7.9 の (a) において正方形のまわりを反時計回りに回ると，角度変化を積算した量は 2π になる．これを渦の回転速度 1 とする．図 7.9 の (b) の状態も，回転速度 1 の渦であることがわかる．図 7.9 の (b) では角度変化の積算が -2π になる．これを回転速度 -1 の渦，あるいは回転速度 1 の反渦とよぶ．

渦はスピン配位を目で見るとすぐにわかる．そのために，各スピンの向きを角度に対応した矢印で表示するよう，シミュレーションのプログラムを変更せよ．そして，まず系の温度を $T=\infty$ とし（つまり，ランダムなスピン配位をとり），それから $T=0$ へ急冷せよ．絶対零度へ急冷するには，モンテカルロシミュレーションにおいてエネルギーを下げるような変化は必ず起こし，エネルギーを下げない変化は絶対に起こさないようにする．系の大きさが比較的大きければ（たとえば 50×50 程度なら），渦と反渦の対が数組は見えるはずである．

この様子を観察すると，渦と反渦の数は同じで，必ず対を組んでいることがわかるはずである．それぞれの渦のすぐそばに反渦が見つかる．実際，低温では渦と反渦は束縛状態（渦対）を形成している．この束縛状態のエネルギーは，渦と反渦が離れると距離の対数で発散してしまう．

そこで，渦と反渦の対（渦対）の数を数えられるようにプログラムを変更せよ．

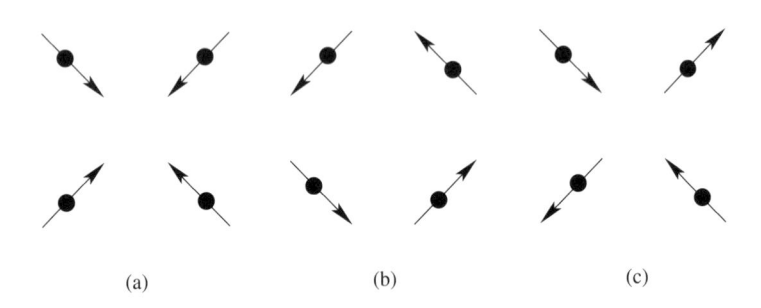

図 **7.9** 典型的な渦のスピン配位．黒丸が格子上の正方形のまわりの格子点を表し，矢印がその格子点のスピンの向きを表す．(a) と (b) は渦の状態，(c) は反渦の状態を示す．(a) の状態のスピンの向きを反時計回りに一つずらすと，(b) の状態になることに注意．一方，(a) や (b) をそのように変化させても決して (c) の状態にはならない．

[*35] 格子の最小図形をどちら向きに 1 周するかはあらかじめ決めておく．いったん決めたら，あとは必ず同じ向きをまわらなければならない．

大きさ $L = 20$ の系で温度 $0.5 \leq T \leq 1.5$ の範囲（刻み幅 0.015）でシミュレーションを繰り返せ．熱平衡化するために 3×10^5 回の掃引を行い，7×10^5 回の測定を行え（もし計算資源に余裕があるなら，もっと多くの測定が望ましい）．格子点あたりの渦対の数の温度依存性を図にし，ふるまいを議論せよ．これによってコスタリッツ–サウレス転移の物理的な描像が明らかになるだろうか．

もしデータが正確なら，渦がある温度 $T < T_c^C$ のところで激増するはずである．実際，コスタリッツ–サウレス理論によると $T_{\mathrm{KT}} < T_c^C$，つまり比熱がピークをとる温度よりも少し低温のところで KT 転移が起きる．温度を上げていくと渦対が互いに離れはじめ，束縛状態が解消される．これが KT 転移なのである．

この研究課題からわかるように，相転移の低温側において必ずしも長距離秩序が発生するわけではない．長距離秩序以外にも相転移の兆候を示す量がある．たとえば今の場合には，高温側 $T > T_{\mathrm{KT}}$ で相関関数が指数関数的に減衰するのに対して，低温側 $T < T_{\mathrm{KT}}$ でべき的に減衰する．また，渦（幾何学的な励起）のふるまいを温度の関数として観察すれば，相転移を見てとれる．

7.9.5　2 次元 XY 模型：超流動

と臨界速度

研究課題 5.7.7 においては，波動関数の位相をひねる場合とひねらない場合の自由エネルギーの差から超流体密度 ρ_s を計算した．波動関数は 1 価関数であるから，位相のひねりは 2π の倍数でなければならない．また，速度の量子化条件 (5.135) を満たしていなければならない．このことから

$$\mathcal{J}_\mathrm{T} \approx \mathcal{J} + \frac{N}{2}\rho_\mathrm{s} m v^2 \tag{7.125}$$

となることがわかった．ここで $\mathcal{J}$ と $\mathcal{J}_\mathrm{T}$ は位相をひねらない場合とひねる場合の大分配関数である．また N は格子点の数，m は粒子の質量，v は $v = \delta\phi/(\hbar/m)$ である．なお，位相の傾きは $\delta\phi = 2\pi n/L$ である．ここで L は系の大きさ，n は整数である．

研究課題 5.7.7 は絶対零度における計算であった．有限温度では，粒子数を固定すると（つまり研究課題 5.7.7 の角度 θ を固定すると）位相 ϕ が熱ゆらぎを示すことが容易に想像できる．研究課題 5.7.7 では，各格子点における角度は最近接格子間を通じて相互作用していた．その状況は XY 模型に似ている．そこで，2 次元 XY 模型で超流動が起きないかという疑問が湧く[*36]．

この研究課題では，コスタリッツ–サウレス転移を超流動の観点から調べよう．モンテカルロシミュレーションを使うので，大分配関数のかわりに自由エネルギー F を用いる．速度が小さいときには，式 (7.125) が

$$F_\mathrm{T} \approx F + \frac{N}{2}\rho_\mathrm{s} m v^2 = F + \frac{N}{2}\rho_\mathrm{s} m (v_x^2 + v_y^2) \tag{7.126}$$

[*36] XY 模型とボゾン系はもっと厳密に関係づけられるが，ここでは詳しくは述べない．

となるので，ただちに

$$m\rho_{\mathrm{s}} v_x = \frac{1}{N}\frac{\partial F_{\mathrm{T}}}{\partial v_x} \tag{7.127}$$

と

$$m\rho_{\mathrm{s}} = \frac{1}{N}\frac{\partial^2 F_{\mathrm{T}}}{\partial v_x^2} \tag{7.128}$$

が得られる．速度 v_y についても同様の式が成り立つ．したがって，超流体運動量と超流体密度を求めるには，自由エネルギーを超流体速度 $v = (\hbar/m)\delta\phi$ で微分した量を計算する必要がある．なお，今後は $\hbar = m = 1$ とおき，$v = \delta\phi$ とする．研究課題 5.7.7 における方位角 ϕ が，この研究課題での XY 模型の θ に対応する．

1. XY 模型の分配関数は式 (7.118) に与えられている．位相の傾きに関して微分するためには，$\delta_{ij} = \theta_i - \theta_j$ を局所的な位相の傾きとおいて，すべての最近接格子間について微分すればよい．その結果が

$$\frac{\partial F}{\partial v_x} = \frac{1}{Z}\int_{-\pi}^{\pi}\prod_k \mathrm{d}\theta_k \sum_{\langle i,j\rangle:x}\sin(\theta_i - \theta_j)\exp[\beta\sum_{\langle i,j\rangle}\cos(\theta_i - \theta_j)] \tag{7.129}$$

となることを示せ．($\hbar = 1$, $m = 1$ より，$v_x = (\delta\phi)_x$ であることに注意．) これを書き直すと

$$\boxed{\frac{\partial F}{\partial v_x} = \Big\langle \sum_{\langle i,j\rangle:x}\sin(\theta_i - \theta_j)\Big\rangle} \tag{7.130}$$

となる．同様に 2 階微分は

$$\boxed{\begin{aligned}\frac{\partial^2 F}{\partial v_x^2} &= \beta\bigg\{\Big\langle\sum_{\langle i,j\rangle:x}\sin(\theta_i - \theta_j)\Big\rangle^2 - \Big\langle\big(\sum_{\langle i,j\rangle:x}\sin(\theta_i - \theta_j)\big)^2\Big\rangle\bigg\} \\ &\quad + \Big\langle\sum_{\langle i,j\rangle:x}\cos(\theta_i - \theta_j)\Big\rangle\end{aligned}} \tag{7.131}$$

となる．ここで $\langle i,j\rangle:x$ は，x 方向に隣りあっている格子点間についてのみ和をとることを表している．

以上のように，自由エネルギーそのものを計算するのは難しいが，その微分は直接的に計算できる．微分は式 (7.129)–(7.131) のように相関関数で表せるからである．

2. 自由エネルギー F の 2 階微分が測定できるようにプログラムを変更せよ．いまの場合は外場をかけていないので，1 階微分は恒等的に $\langle\sum_{\langle i,j\rangle}\sin(\theta_i - \theta_j)\rangle = 0$ となることに注意．

シミュレーションは $L = 8, 10, 12, 14, 16, 20$ の大きさの系において，温度 $0.015 \leq T \leq 2$ の範囲を刻み幅 0.015 で実行せよ．熱平衡化のために 3×10^5 回

の掃引，測定のために 6×10^5 回の掃引を行う（計算機資源がある場合には，測定回数を増やすとよい）．このシミュレーションで超流体密度

$$\rho_\mathrm{s} = \frac{1}{L^2}\frac{\partial^2 F}{\partial v_x^2} \tag{7.132}$$

を測定せよ[*37]．すべての大きさに対して，超流体密度 ρ_s を温度の関数としてプロットし，ふるまいを議論せよ．

一方で，超流体密度はスピン波近似を使って計算できる（研究課題 7.9.4）．この近似で高次の項を無視すると

$$\rho_\mathrm{s} = \frac{1}{2L^2}\left\langle \sum_{\langle i,j \rangle} \cos(\theta_i - \theta_j) \right\rangle \tag{7.133}$$

$$\approx \frac{1}{2L^2} \sum_{\langle i,j \rangle} \left(1 - \frac{1}{2}\langle (\theta_i - \theta_j)^2 \rangle \right) \tag{7.134}$$

$$= 1 - \frac{1}{4}T \tag{7.135}$$

となる．これを数値結果と比較せよ．

3. 熱力学的極限では，実は ρ_s はちょうど KT 転移点 T_KT において跳びを示す．KT 点移転 T_KT の値は，T_KT における ρ_s の値と関係している：

$$T_\mathrm{KT} = \frac{\pi}{2}\rho_\mathrm{s}(T_\mathrm{KT}) \tag{7.136}$$

これを一般に「普遍的跳びの条件」とよぶ．そこで，問 2 で描いた $\rho_\mathrm{s}(L)$ の温度依存性のグラフに，直線 $\rho_\mathrm{s} = 2T/\pi$ を書き込んで交点を求めよ．さまざまな大きさの曲線との交点から，T_KT の値が系の大きさの関数として評価できる．

こうして得られた $T_\mathrm{KT}(L)$ を，横軸 $(\ln L)^{-2}$ に対してプロットし，熱力学的極限における転移点の値を評価せよ．この値を，研究課題 7.9.4 で比熱から求めた値と比較せよ．

4. 問 2 においては，超流体密度 ρ_s を求めるのに式 (7.131) を使った．この式において，今の場合は超流体運動量 (7.127) あるいは式 (7.130) は零である．つまり，超流体は平衡状態にあり，永久流はない．超流動現象は起きていないのである．定常状態において超流体密度 ρ_s が零でない有限の値をとっていても，超流動状態が長時間持続するという意味での超流動現象が起きているわけではない．たとえば理

[*37] 実は，式 (7.131) において x 方向と y 方向の和をとった量を計算するほうが便利であり，統計的にもよい．その場合は式 (7.132) は

$$\rho_\mathrm{s} = \frac{1}{2L^2}\left(\frac{\partial^2 F}{\partial v_x^2} + \frac{\partial^2 F}{\partial v_y^2}\right)$$

となる．

想ボース気体は，止まっているときには超流体密度が零ではないが，動き出した途端に零になってしまう．

永久流が存在するとき，超流動状態が「安定」であるという．しかし，厳密な意味での安定状態ではない．式 (7.128) を見ると，系が動いているときと止まっているときの自由エネルギーの差から超流体密度を定義している．この式から明らかなように，系が動いているときは止まっているときより自由エネルギーが必ず大きい．したがって安定ではありえず，せいぜい準安定状態である．

「安定」な超流体の自由エネルギーの v 依存性を図 7.10 に示す．自由エネルギーの極小値が，量子化条件 (5.135) を満たす超流体速度に相当する．深い極小値（たとえば図 7.10 の極小値 A）に系がはまると非常に長い時間そこにとどまるので，永久流を示すはずである．逆に，系が浅い極小値 B にいるときには，その極小値をトンネルして出てから隣の極小値にはまることもあるだろう．そうすると，超流体は速度を小さくして残ることになる．また，特に浅い極小値 C にいるときには，永久流が少しの間は続いても，その極小値を出た途端に $v = 0$ の安定状態まで下がってしまい，超流動状態が破壊されることになる．さらに高い速度では，超流体は準安定どころか不安定になってしまう．極小値の間の障壁はもちろん温度に依存する．臨界温度に近いほど障壁は低く，準安定状態の寿命は短くなる．

安定性の問題を数値的に調べるため，系を自由エネルギーのさまざまな極小値の状態にしてふるまいを見る．系が n 番目の極小値の状態にあるとき，x 方向の超流体速度 v_x が

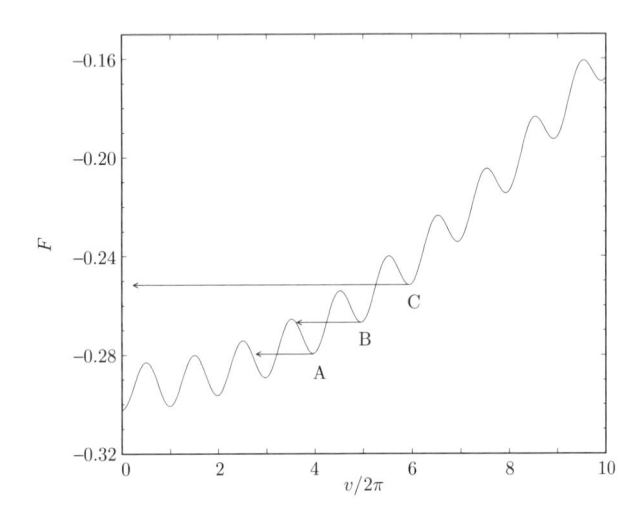

図 **7.10** 「安定」な超流体の自由エネルギー．

7.9 研究課題

$$\sum_{x=1}^{L} v_x(x,y) = \sum_{x=1}^{L} \bigl(\theta(x+1,y) - \theta(x,y)\bigr) = 2\pi n \tag{7.137}$$

となっていなければならない．なお，2次元格子上の格子点を座標 (x,y) で表した．x 方向の長さ $L_x = 20$ の系が $n = 1$ の状態にある様子を図 7.11 に示した．

したがって，系の初期状態をある極小値の状態にしてシミュレーションをはじめればよい．ただし，常に念頭においておかなければならないのは，$n = 0$ 以外では系は平衡状態ではないということである．$n \neq 0$ の初期状態から出発すると，準安定状態の超流体の流れが調べられるのである．

上のような「ねじれた」初期状態から出発できるようにプログラムを変更せよ．極小値間の転移を議論したいので，量子数 n（以下では「巻きつき数」とよぶ[21]）

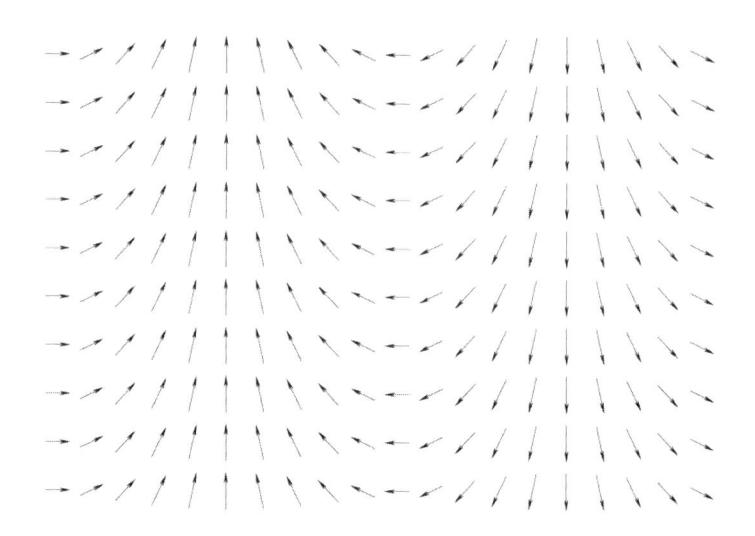

図 7.11 速度の量子化条件 (7.137) の $n = 1$ に対応するスピン配位を $L_x = 20$ の格子で示したもの．

---

[21] この量子数を「巻きつき数」とよぶ理由は，ボソン系に対する世界線アルゴリズムを思い起こすと理解しやすい．図 7.5 において，空間方向に周期的境界条件が課されている場合を考える．すると，図 7.5 の系を円筒とみなせる．さらに，分配関数で対角和をとるため，円筒の下辺におけるボソン配置と上辺におけるボソン配置は同じでなけれなならない．まずボソンが一つだけある場合を考える．このボソンの世界線が下辺を出発して，円筒を何度も巻きつきながら上辺の同じ場所に達することができる．ボソンが二つある場合も，363 ページの訳者注 †13 に述べたような世界線配置では，やはり世界線が円筒に巻きついている．このように世界線が円筒に巻きついている回数がそもそもの「巻きつき数」である．この巻きつき数は必ず整数である．巻きつき数の 2 次のモーメントが，その状態の超流体密度に比例していることが証明できる（詳しくは訳者追加文献 ζ）の Appendix を参照）．

ボソン模型を有効的に近似した XY 模型においては，ボソン模型の巻きつき数が本文の量子数 n に対応していることが議論できる．したがって，XY 模型の量子数 n も巻きつき数とよぶ．(訳者注)

が常に監視できるようなプログラムでなければならない．巻きつき数が測定できるようにプログラムを変更せよ．巻きつき数の測定には

$$n = \frac{1}{L_y} \frac{1}{2\pi} \sum_{y=1}^{L_y} \sum_{x=1}^{L_x} ||\theta(x+1,y) - \theta(x,y)|| \tag{7.138}$$

を使う．ここで，$||\theta(x+1,y) - \theta(x,y)||$ は角度差を $\pm\pi$ の範囲にすることを意味している．また，周期境界条件 $\theta(L_x+1,y) = \theta(1,y)$ を課す．一般性を保つため，$L_x \neq L_y$ としておく．

式 (7.126) は超流体速度の小さい場合の展開である．超流体速度を小さくするには，かなり大きな系を考えなければならない．系が小さいと，巻きつき数が小さくても，対応する超流体速度が大きくなってしまうからである．そこで 100×100 の系で，熱平衡化のために 1.5×10^6 回の掃引，測定のために 3×10^6 回の掃引を行う（測定の掃引数はこれより少なくても足りるかもしれないが，この程度の回数だとかなりの精度が得られる）．温度は $0.25, 0.33, 0.5$ とする．まず，巻きつき数零でシミュレーションし，式 (7.131) を使って超流体密度 ρ_s を測定せよ．次に，巻きつき数 $n=1$ の初期状態から出発してシミュレーションし，超流体運動量 (7.130) から超流体密度 ρ_s を測定せよ．両者の数値結果を比較せよ．

温度 $T = 0.25$ のときには $n=2$ や $n=3$ を試してみよう．十分に低温であるから，系は非常に長い時間，準安定状態にとどまっているはずである．この結果から準安定状態が確かに存在することがわかる．これは異なる巻きつき数の配位の間に自由エネルギーの障壁があるからである．この準安定状態のおかげで，超流動現象を如実に示す永久流が起きるのである．

5. 自由エネルギーの速度依存性の図 7.11 を見ると，系は初期状態から一番近い準安定状態に落ち着くので，超流体の速度は，渦を量子化する極小値のうちで一番近い値になるはずである．したがって，初期状態の超流体速度が π/L_x より小さいと，超流体はやがて静止する[*38]．これを数値的に観察するために，あるスピン配位の平均速度を

$$\bar{v}_x = \frac{1}{L_y L_x} \sum_{y=1}^{L_y} \sum_{x=1}^{L_x-1} ||\theta(x+1,y) - \theta(x,y)|| \tag{7.139}$$

と定義する．式 (7.139) は式 (7.138) に似ているが，x の和が $L_x - 1$ までしかない点が異なる．これは，速度が渦を量子化しない値をとりながら時間変化していく様子を観察したいからである．

大きさ 100×100 の系を温度 $T = 0.25$ でシミュレーションせよ．初期状態として，不完全な（整数でない）巻きつき数のスピン配位をさまざまに用意し，$\bar{v}_x$ の時間変化を観察せよ．熱平衡化のための掃引を行わず，最初から掃引ごとに測定を行

[*38] これは超伝導でいうマイスナー効果に対応する．基本課題 4.6.6 および参考文献 [77,78,85] を参照．

う．たとえば，巻きつき数が 0.5 より小さい初期状態から出発すると，やがて系のねじれはまったくなくなり，$\bar{v}_x/2\pi \to 0$ となるのが観察できるはずである．一方で，巻きつき数が 0.5 より大きく 1.5 より小さい初期状態から出発すると，系は巻きつき数 1 の状態にやがて落ち着き，$\bar{v}_x/2\pi \to 1$ となるはずである．

同じことをほかの温度，さまざまな巻きつき数で試し，ふるまいを調べよ．

6. 問 5 では，自由エネルギーの超流体速度依存性にいくつもの極小値があることを見た．問 6 では，極小値間のトンネル現象と「臨界速度」について非常に定性的に調べる．臨界速度とは，超流体が強く励起されて波動関数のコヒーレンスが失われ，超流動が消失してしまう速度である．臨界速度の理論的取り扱いは本書の範囲を超える．しかし XY 模型を使うと，初期状態の速度を増やしたときに超流体の流れが破壊される様子が調べられる．

大きさ 100×100 の系を温度 $T = 0.5$ でシミュレーションせよ．熱平衡化のための掃引は行わず，5×10^4 回の掃引の間，50 掃引ごとに 1 回測定を行え．得られた $\bar{v}_x$ (あるいは巻きつき数) を「時間」(モンテカルロステップ) の関数としてプロットせよ．初期状態の巻きつき数を $n = 1, 4, 6, 8, 10, 12$ と変化させて行え．この温度での臨界速度はおよそどれくらいか．

同じことを温度 $T = 0.25$ や 0.8 などでも行え．臨界速度は温度とともに増加す

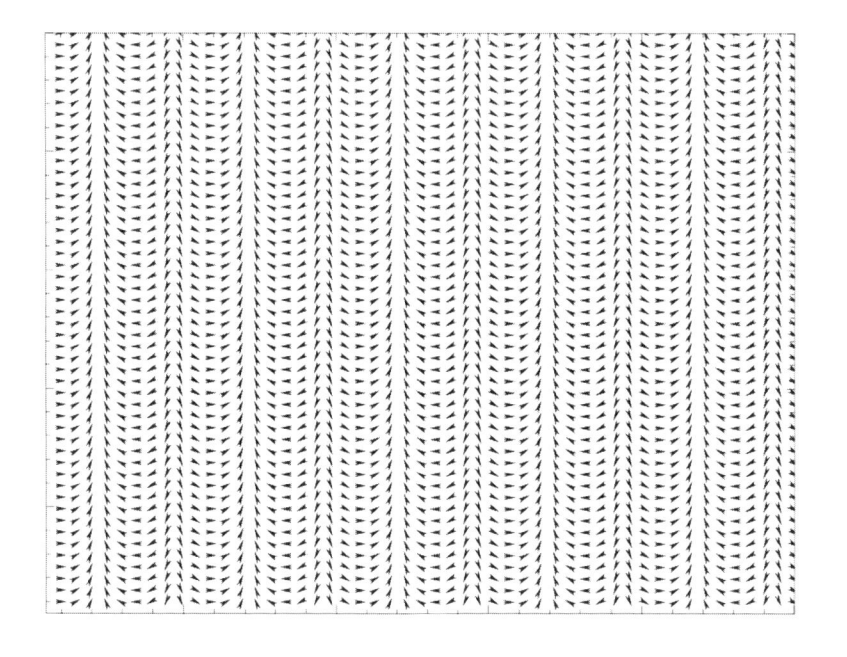

図 **7.12** 大きさ 50×50 の系での，巻きつき数 5 の初期状態．

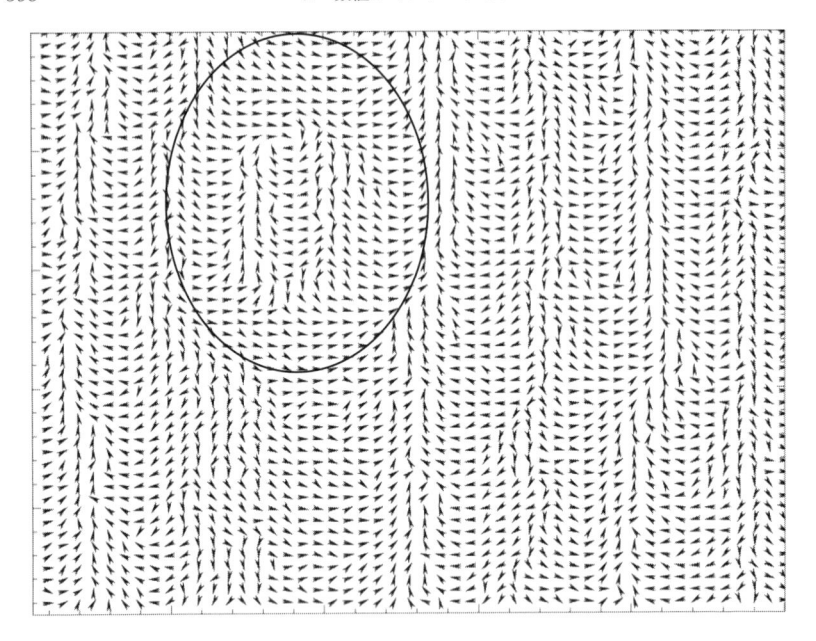

図 7.13 図 7.12 と同じ系を $\beta = 3$ でシミュレーションしたときの，2580 回の掃引後の状態．楕円で囲った箇所に大きな渦があることに注意．このような幾何学的な励起によって永久流が止まってしまう可能性がある．

るか，減少するか．

シミュレーションの途中経過を観察すると，どのようなゆらぎが超流体の流れを破壊するのかわかってよい．大きさ 50×50 の系を $\beta = 3$ でシミュレーションし，熱平衡化を行わずに，10 掃引ごとにスピンの向きを矢印などで画面表示してみよ．巻きつき数 1 の状態から出発すると，系がその状態に非常に長くとどまっていることがわかる．逆に，巻きつき数がたとえば 5 の状態から出発すると，時に非常に大きい渦が発生してねじれを解消し，すぐに n の低い状態へ変化する．図 7.12 は巻きつき数 5 の初期状態のスピン配位を示し，図 7.13 は 2580 回の掃引後のスピン配位を示している．大きな渦が発生して系のよじれを解消し，超流体速度が減少することに注意せよ．

7. 以上からわかるように，XY 模型は KT 転移点以下で超流体密度が零でなくなる．ところで，これは「ボース凝縮体」なのであろうか．この疑問に答えるために，研究課題 5.7.7 の問 5 を思い起こそう．そこでは

$$\rho_0 \propto \left| \frac{1}{N} \sum_{i=1}^{N} \mathrm{e}^{\mathrm{i}\phi_i} \right|^2 \tag{7.140}$$

となることを示した．ここで N は格子点の数である．研究課題 5.7.7 で ϕ_i とよんでいるものが，XY 模型では θ_i に対応している．これを考えるとただちに

$$\rho_0 \propto |M|^2 \tag{7.141}$$

であることがわかる．ここで M は格子点あたりの磁化である（研究課題 7.9.4 を参照）．研究課題 7.9.4 の結果を考慮すると，2 次元 XY 模型は T_{KT} より低温側でボーズ凝縮を起こすといえるだろうか．

XY 模型は，有限の臨界速度以下で安定な超流体をもつにもかかわらず**ボーズ凝縮を起こさない**典型例である．一方で研究課題 5.7.7 では，2 次元ハードコアボゾン模型が $T=0$ で $\rho_{\mathrm{s}} \neq 0$ かつ $\rho_0 \neq 0$ となることを示した．この二つの模型はどちらも 2 次元で連続対称性をもっている．決定的な違いは，今の場合は有限温度であるのに対し，研究課題 5.7.7 では絶対零度 $T=0$ だという点である．2 次元では，連続対称性は絶対零度で破れる可能性はあっても，有限温度では決して破れない．3 次元 XY 模型では，有限温度でも $\rho_{\mathrm{s}} \neq 0$ かつ $\rho_0 \neq 0$ であると期待される．

7.9.6 簡単な量子模型：横磁場中のスピン

この研究課題では，非常に単純で厳密に解ける量子模型を，あえて鈴木–トロッター近似（7.4.1 項）で扱う．量子系のハミルトニアンとは一見，まったく無関係な古典模型が出現するのを確認することが，この課題の目標である．もう一つの目標として，逆温度 β を離散化することによるトロッター誤差を正確に計算する．

スピンが 1 個だけのハミルトニアン

$$\mathscr{H} = -t\sigma_x - h\sigma_z \tag{7.142}$$

を考える．ここで σ_x と σ_z はパウリ行列である．物理的な状況としては，x 方向を向いているスピン σ_x が横方向 z から磁場を受けていると考えられる．

1. この模型を厳密に解くのは簡単である．パウリ行列の表現をあらわに使って，分配関数 $Z = \mathrm{Tr}\,\mathrm{e}^{-\beta\mathscr{H}}$ を計算せよ．
2. 分解 (7.32) と鈴木–トロッター近似 (7.35) を適用せよ．ここで，$-t\sigma_x$ を運動エネルギーの項，$-h\sigma_z$ をポテンシャルエネルギーの項と見立てる．対角和をとるために，σ_z を対角化する表示

$$\sigma_z|S_z\rangle = S_z|S_z\rangle \qquad 1 = \sum_{S_z = \pm 1} |S_z\rangle\langle S_z| \tag{7.143}$$

をとる．上の「1 の分解」を，近似した指数関数演算子の積の間に挿入し，式 (7.32)–(7.40) の手続きを踏むと，分配関数が

$$Z = \sum_{\{S_z^l\}} \mathrm{e}^{\Delta\tau h \sum_l S_z^l} \prod_{l=1}^{L_\tau} \langle S_z^{l+1}|\mathrm{e}^{\Delta\tau\sigma_x}|S_z^l\rangle \tag{7.144}$$

の形に書けることを示せ．ここで l は虚時間での位置を示す指数で，$\Delta\tau = \beta/L_\tau$ である．なお，式 (7.39) では虚時間方向に $2L_\tau$ 個の格子点が必要であったが，式 (7.144) では L_τ 個しかいらない．ハミルトニアンを二つに分解したうちの σ_z の項が対角行列で表されるため，虚時間方向のスピン間相互作用を表さないからである．それに対して式 (7.39) においては，ハミルトニアンを異なる格子点間相互作用 $\mathcal{H}_1$ と $\mathcal{H}_2$ に分解した．これによって多体問題が 2 体問題の積に帰着できたのであるが，$\mathcal{H}_1$ と $\mathcal{H}_2$ はそれぞれ虚時間方向の相互作用を生み出したので，$2L_\tau$ 個の格子点が必要であったのである．

行列要素 $\langle S_z^{l+1}|\mathrm{e}^{\Delta\tau\sigma_x}|S_z^l\rangle$ を計算すると，

$$\langle S_z^{l+1}|\mathrm{e}^{\Delta\tau\sigma_x}|S_z^l\rangle \propto \mathrm{e}^{\gamma S_z^{l+1} S_z^l} \tag{7.145}$$

の形に書けることを示せ．ただし

$$\gamma = -\frac{1}{2}\ln(\tanh \Delta\tau\, t) \tag{7.146}$$

である．これを使うと，分配関数 (7.144) は

$$Z = \sum_{\{S_z^l\}} \exp\left[\gamma \sum_l S_z^l S_z^{l+1} + \Delta\tau h \sum_l S_z^l\right] \tag{7.147}$$

と変形される．これは，1 次元イジング模型に磁場がかかった系の分配関数である．これも d 次元量子系から $d+1$ 次元古典系への変換の一例である．いまの場合は零次元（1 スピン）量子系が 1 次元の古典（イジング）模型に変換された．

3. 3.1.4 項にならって，上の 1 次元イジング模型の 2×2 転送行列

$$\mathcal{T}_{S_z^{l+1} S_z^l} \equiv T(S_z^{l+1}, S_z^l) = \exp\left(\gamma S_z^{l+1} S_z^l + \frac{\Delta\tau h}{2}(S_z^{l+1} + S_z^l)\right) \tag{7.148}$$

を書き下せ．式 (3.34) から，

$$Z = \mathrm{Tr}(\mathcal{T}^{L_\tau}) = \lambda_+^{L_\tau} + \lambda_-^{L_\tau} \tag{7.149}$$

であることがわかっている．ここで $\lambda_+ > \lambda_-$ は転送行列 $\mathcal{T}$ の固有値である．式 (7.149) を厳密に計算し，問 1 の分配関数と比較せよ．両者のずれであるトロッター誤差はどのようになるか．また β を固定したうえで極限 $L_\tau \to \infty$ をとると，1 次元古典イジング模型の分配関数 (7.149) が零次元量子系の分配関数に厳密に収束することを示せ．

この課題から，少なくともこの簡単な模型においては，鈴木–トロッター近似はふるまいのよくわかっている近似であることが確認できる．これは実は一般的に成り立つ結果である．

7.9.7　横磁場中の 1 次元イジング模型：量子相転移

この研究課題の目標は，鈴木–トロッター近似と世界線アルゴリズムに慣れ親しむこと，そして，温度ゆらぎではなく量子ゆらぎによって起きる相転移を調べることである．

周期的境界条件を課した 1 次元格子（格子点 N 個）上のハミルトニアン

$$\mathscr{H} = \mathscr{H}_0 + \mathscr{H}_1 \tag{7.150}$$

$$\mathscr{H}_0 = J \sum_{i=1}^{N} \sigma_{i+1}^z \sigma_i^z \tag{7.151}$$

$$\mathscr{H}_1 = -h \sum_{i=1}^{N} \sigma_i^x \tag{7.152}$$

を考える．式 (7.151) の $\mathscr{H}_0$ は N 個のスピンが 1 次元格子上の最近接格子点間で相互作用している．つまり古典的なイジング模型である．それに対して式 (7.152) の $\mathscr{H}_1$ は，横方向 x に磁場がかかっていることによる寄与である．二つの部分ハミルトニアンは非可換 $[\mathscr{H}_0, \mathscr{H}_1] \neq 0$ であるから，ハミルトニアン (7.150) は古典的ではなく，量子的な方法を適用する必要がある．分配関数はもちろん

$$Z = \mathrm{Tr}\, e^{-\beta \mathscr{H}} \tag{7.153}$$

である．

1. 式 (7.39) と等価な表現をハミルトニアン (7.150) に対して導こう[*39]．そのため，$|\mathbf{S}_l\rangle = |S_{1l}^z, S_{2l}^z, \ldots, S_{il}^z, \ldots, S_{Nl}^z\rangle$ という表現を使う．ここで S_{il}^z の 1 番目の下添字 i は空間方向の格子点の位置，2 番目の下添字 l は虚時間方向の格子点の位置を表しており，

$$\sigma_i^z |\mathbf{S}_l\rangle = S_{il}^z |\mathbf{S}_l\rangle \tag{7.154}$$

である．この表現では，$\mathscr{H}_0$ の指数関数は対角行列であるので簡単に計算できる．次に

$$e^{-\Delta\tau \mathscr{H}_1} = e^{\Delta\tau h \sum_i \sigma_i^x} = \prod_{i=1}^{N} e^{\Delta\tau h \sigma_i^x} \tag{7.155}$$

に注意すると

$$\langle \mathbf{S}_{l+1} | e^{-\Delta\tau \mathscr{H}_1} | \mathbf{S}_l \rangle = \prod_{i=1}^{N} \langle S_{il+1} | e^{\Delta\tau h \sigma_i^x} | S_{il} \rangle \tag{7.156}$$

となることを確認せよ．これらの行列要素を計算して[*40]，分配関数が最終的に

$$Z = \sum_{\{S_{il}^z\}} \exp\!\left(\sum_{i,l} \left(J\Delta\tau S_{il}^z S_{i+1l}^z + \gamma S_{il}^z S_{il+1}^z \right) \right) \tag{7.157}$$

[*39]　この模型では，研究課題 7.9.6 と同じように，虚時間方向の格子点は $2L_\tau$ 個ではなくて L_τ 個だけである．理由は研究課題 7.9.6 の問 2 で議論したのと同じである．

[*40]　研究課題 7.9.6 を参照．

と書けることを示せ．ただし

$$\gamma = -\frac{1}{2}\ln(\tanh \Delta\tau h) \tag{7.158}$$

である．

すぐにわかるのは，式 (7.157) は異方的な 2 次元古典イジング模型の分配関数である[*41]．x 方向の相互作用の強さは $\beta_{\mathrm{cl}}J_x = J\Delta\tau$，$y$ 方向（虚時間方向）の相互作用の強さは $\beta_{\mathrm{cl}}J_y = \gamma$ である．ここで β_{cl} は，変換された 2 次元古典イジング模型の逆温度である（問 2 を参照）．

2. 2 次元の古典イジング模型についての知見を使って，横磁場中の 1 次元量子イジング模型の相図を導こう．基本課題 4.6.1 では，クラマース–ワーニア双対性を使って，等方的 2 次元イジング模型の臨界温度を厳密に求めた．異方的なイジング模型の場合にクラマース–ワーニア双対性を使うと

$$2\tanh(2J_x\beta_{\mathrm{cl}}^{\mathrm{c}})\tanh(2J_y\beta_{\mathrm{cl}}^{\mathrm{c}}) = 1 \tag{7.159}$$

という関係式が導けることを示せ．ここで $\beta_{\mathrm{cl}}^{\mathrm{c}}$ は（古典系の）臨界逆温度 $\beta_{\mathrm{cl}}^{\mathrm{c}} = (k_{\mathrm{B}}T_{\mathrm{cl}}^{\mathrm{c}})^{-1}$ である．式 (7.159) を書き直すと

$$2\tanh(2J^{\mathrm{c}}\Delta\tau)\tanh(2\gamma^{\mathrm{c}}) = 1 \tag{7.160}$$

となる．ここで J^{c} と $\gamma^{\mathrm{c}} = \gamma(h^{\mathrm{c}})$ は臨界点における相互作用パラメータの大きさである．

関係式 (7.160) を使って，横磁場中の 1 次元量子イジング模型の相図を J–h 平面上に描け．

〔議論〕d 次元量子系から $d+1$ 次元古典系への変換（すなわち鈴木–トロッター変換）において，量子系の温度 β と古典系の温度 β_{cl} は違うものであることを認識しておかなければならない．後者はボルツマン重率 (7.157) から導かれたパラメータである．式 (7.159) ではこのパラメータ β_{cl} が使われている．

古典系では相転移は**熱力学的極限**で起きる．つまり，$\beta_{\mathrm{cl}}J_x$ と $\beta_{\mathrm{cl}}J_y$ が式 (7.159) あるいは式 (7.160) を満たしているときに，空間と虚時間の**両方向**において大きさを無限大にすると相転移が起きる．古典系の大きさを無限大にするということを横磁場中の 1 次元量子イジング模型の言葉でいいかえると，空間方向の大きさを無限大 $N \to \infty$ にするだけでなく，分配関数 (7.153) において β も無限大にするということである．つまり 1 次元量子イジング模型では，無限大かつ絶対零度 $T = 0$ において，J と h を調節すると相転移が起きる[†22]．これが横磁場中 1 次元量子イジ

[*41] 実際のところ，d 次元の横磁場中イジング模型から出発すると，式 (7.157) は $d+1$ 次元の古典イジング模型の分配関数になる．そのイジング模型の相互作用の大きさは，空間方向が $J\Delta\tau$，虚時間方向が式 (7.158) の γ である．詳しくは参考文献 [66] を参照．

[†22] 実際には J と h の比だけが調節できるパラメータである．パラメータ J と h の両方をたとえば 2 倍するとハミルトニアン全体が 2 倍になり，したがって全エネルギーが 2 倍になる．しかし，温度は零であるのでエネルギーが 2 倍になっても物理現象には何も影響しない．(訳者注)

ング模型の**基底状態**で起きる「量子-相転移」である．絶対零度であるから，量子-相転移は温度ゆらぎで起きるのではない．ハミルトニアンのパラメータ J と h は互いに非可換な項の強さを表している．それを調整することによって量子ゆらぎの強さが変化し，それが量子-相転移を引き起こすのである．

第 4 章において，空間方向の連結グリーン関数 (4.30) を使って相関距離 ξ を定義した．今の場合，空間方向の相関だけでなく，虚時間方向の相関も考慮しなければならない．前者は空間方向の相関距離 ξ を与えるが，後者は虚時間方向の相関時間 τ を与える．相関距離 ξ と相関時間 τ の間の関係から，**動的臨界指数** z が

$$\tau \sim \xi^z \tag{7.161}$$

と定義できる．

ただし，異方的な古典イジング模型でも，臨界点付近では回転対称性が復活し，x 方向と y 方向の相関は（比例係数を除いて）同じふるまいをする．つまり，いまの場合は

$$\tau \sim \xi \tag{7.162}$$

であるから，動的臨界指数は $z = 1$ である．以上のように，世界線法による量子系から古典系への変換によって量子系の相図や臨界指数 z が得られる．

7.9.8 量子非調和振動子：経路積分

非調和振動子に鈴木–トロッター変換を適用するのがこの課題の目標である．実はこれが量子力学のファインマン経路積分と密接に関係していることがわかる．より詳しくは参考文献 [40] や [31] を参照のこと．また，世界線法のシミュレーションによって非調和振動子のさまざまな性質を数値的に求める．

1 個の 1 次元非調和振動子 [40, 31] を考える．分配関数は

$$Z = \mathrm{Tr}\, e^{-\beta \mathscr{H}} \tag{7.163}$$

$$\mathscr{H} = \frac{\mathsf{P}^2}{2m} + \frac{1}{2} m \omega^2 \mathsf{X}^2 + \frac{1}{4} \lambda \mathsf{X}^4 \tag{7.164}$$

である．ここで，交換関係は

$$[\mathsf{P}, \mathsf{X}] = \frac{\hbar}{i} \tag{7.165}$$

である．

1. 非調和性がある $\lambda \neq 0$ のときには，全ハミルトニアンの指数関数を厳密に計算することはできない．しかし，運動エネルギーの項とポテンシャルエネルギーの項は別々に指数関数が計算できる．演算子 X と P が非可換であるから，全ハミルトニアンの指数関数を，別々に計算した指数関数に単純に分けることはできない．したがって，ほかの量子系のときにもしたように，まず式 (7.32) のように書いてから鈴木–トロッター変換を行う．位置表示による完全系

$$1 = \int dx |x\rangle\langle x|, \qquad \mathsf{X}|x\rangle = x|x\rangle \tag{7.166}$$

を使って，非調和振動子の分配関数を式 (7.39) の形に書き下せ．なお，基本課題 7.9.6 の問 2 に述べたのと同じ理由で，虚時間方向の格子点の数は $2L_\tau$ ではなくて L_τ である．

鈴木–トロッター近似

$$e^{-\Delta\tau \mathscr{H}} \approx e^{-\Delta\tau \mathsf{P}^2/2m} e^{-\Delta\tau m\omega^2 \mathsf{X}^2/2 - \Delta\tau \lambda \mathsf{X}^4/4} + \mathcal{O}(\Delta\tau)^2 \tag{7.167}$$

を使い，X が位置表示 (7.166) で対角演算子であることに注意すると，分配関数が

$$Z \approx \int dx_1 \, dx_2 \dots dx_L \exp\left(-\frac{1}{2}m\omega^2 \Delta\tau \sum_{l=1}^{L_\tau} x_l^2 - \frac{1}{4}\lambda\Delta\tau \sum_{l=1}^{L_\tau} x_l^4\right) \tag{7.168}$$

$$\langle x_1|e^{-\Delta\tau \mathsf{P}^2/2m}|x_{L_\tau}\rangle \langle x_{L_\tau}|e^{-\Delta\tau \mathsf{P}^2/2m}|x_{L_\tau-1}\rangle \dots$$

$$\langle x_3|e^{-\Delta\tau \mathsf{P}^2/2m}|x_2\rangle \langle x_2|e^{-\Delta\tau \mathsf{P}^2/2m}|x_1\rangle$$

となることを示せ[*42]．運動量表示

$$1 = \int dp |p\rangle\langle p|, \qquad \mathsf{P}|p\rangle = p|p\rangle \tag{7.169}$$

と，位置表示との関係

$$\langle p|x_l\rangle = e^{-ipx_l} \tag{7.170}$$

を使って，

$$\langle x_{l+1}|e^{-\Delta\tau \mathsf{P}^2/2m}|x_l\rangle = \sqrt{\frac{2m\pi}{\Delta\tau}} \exp\left[-\frac{1}{2}m\Delta\tau[(x_{l+1}-x_l)/\Delta\tau]^2\right] \tag{7.171}$$

を示せ．その結果，分配関数が

$$Z = \int \mathcal{D}x \, e^{-\Delta\tau S_{\mathrm{cl}}} \tag{7.172}$$

$$S_{\mathrm{cl}} = \frac{1}{2}m\omega^2 \sum_l x_l^2 + \frac{1}{4}\lambda \sum_l x_l^4 + \frac{1}{2}m \sum_l \left(\frac{x_{l+1}-x_l}{\Delta\tau}\right)^2 \tag{7.173}$$

という形に書けることを確認せよ．ここで $\int \mathcal{D}x \equiv \int dx_1 dx_2 \dots dx_{L_\tau}$ である．式 (7.173) において，S_{cl} は量子系を有効的に表す古典的な「作用」である．ただし，量子系のハミルトニアンが 1 次元であるのに対して，古典系の作用が 2 次元であることに注意していただきたい．

式 (7.172) は量子振動子のファインマン経路積分による表示にほかならない．ただし時間が**虚時間**になっている．式 (7.172) をファインマンによるもともとの定式化から導くには，時間を虚時間に $t \to i\Delta\tau$ とおきかえる必要がある．式 (7.173) ではすべての変数が古典的であるので，モンテカルロシミュレーションが可能である．

[*42] 一番左のブラベクトルと一番右のケットベクトルが同じであることに注意．分配関数は対角和を計算するからである．

7.9 研究課題

2. 7.4.2項で議論したように,量子モンテカルロ計算で物理量を測定するには,対応する演算子の古典的な表現を導いておく必要がある.いまの問題の場合,式 (7.51) に対応するのは

$$\langle \mathsf{O} \rangle = \int \mathcal{D}x\, P_B[\{x_l\}] \frac{\langle x^{l+1}|\mathrm{e}^{-\Delta\tau\mathscr{H}}\mathsf{O}|x^l\rangle}{\langle x^{l+1}|\mathrm{e}^{-\tau\mathscr{H}}|x^l\rangle} \tag{7.174}$$

である.この式と式 (7.167) を使って

$$\left\langle \frac{1}{2}m\omega^2 \mathsf{X}^2 + \frac{1}{4}\lambda \mathsf{X}^4 \right\rangle = \frac{\int \mathcal{D}x\, \left(\frac{1}{2}m\omega^2 x_l^2 + \frac{1}{4}\lambda x_l^4\right)\mathrm{e}^{-\Delta\tau S_{\mathrm{cl}}}}{\int \mathcal{D}x\, \mathrm{e}^{-\Delta\tau S_{\mathrm{cl}}}} \tag{7.175}$$

$$\equiv \left\langle \left(\frac{1}{2}m\omega^2 x_l^2 + \frac{1}{4}\lambda x_l^4\right) \right\rangle \tag{7.176}$$

となることを示せ.なお,式 (7.176) にあるように,古典系の変数を括弧 $\langle\ \rangle$ ではさんだときには,古典系の分配関数 (7.172) と (7.173) に関する平均を意味することにする.式 (7.176) において l は $1 \leq l \leq L_\tau$ のどんな整数をとってもよい.いいかえると,式 (7.176) の期待値は,虚時間方向のどの格子点で計算してもよい.実際には,統計誤差を減らすためにあらゆる l で計算して平均をとる.

以上のように,ポテンシャルエネルギーを測定するための表式は単純で直観的である.式 (7.176) の測定量は作用 (7.173) のポテンシャル項そのままの形をしている[†23].

単純に考えると,運動エネルギーについても作用の中の項をそのまま測定すればいいように思える.式 (7.173) において $(x_{l+1} - x_l)/\Delta\tau$ を虚時間 l における速度だと解釈すると,式 (7.173) の右辺第 3 項は運動エネルギーの形をしている.しかし,式 (7.171) の因子 $\sqrt{2m\pi/\Delta\tau}$ のために,運動エネルギーを測定するにはもう少し注意しなければならない.

運動エネルギーを測定するための表式を求めるには二つの方法がある.まず,式 (7.174) において演算子 O を運動エネルギー演算子におきかえて計算してみよう.そのためには

$$\left\langle x_{l+1} \left| \frac{\mathsf{P}^2}{2m}\mathrm{e}^{-\Delta\tau \mathsf{P}^2/2m} \right| x_l \right\rangle = \int \mathrm{d}p \langle x_{l+1}|p\rangle\langle p|\mathsf{P}^2 \mathrm{e}^{-\Delta\tau \mathsf{P}^2/2m}|x_l\rangle \tag{7.177}$$

を計算する必要がある.これを計算すると

$$\left\langle x_{l+1} \left| \frac{\mathsf{P}^2}{2m}\mathrm{e}^{-\Delta\tau \mathsf{P}^2/2m} \right| x_l \right\rangle = \frac{1}{2\Delta\tau} - \left\langle \frac{1}{2}m\left(\frac{x_{l+1}-x_l}{\Delta\tau}\right)^2 \right\rangle \tag{7.178}$$

となることを示せ.ポテンシャルエネルギーのときと同じように,実際にはあらゆ

[†23] ポテンシャル項と,以下で述べる運動エネルギーとの違いは,位置表示 (7.166) において前者は対角演算子だが,後者は非対角演算子であるという点である.一般に,対角演算子を測定するには単純な測定公式でよいが,非対角演算子を測定する場合には注意を要する.(訳者注)

る l についての平均をとって統計誤差を減らす.

運動エネルギーを測定するための表式を求めるもう一つの方法は,全エネルギーからポテンシャルエネルギーを引く方法である.全エネルギーの期待値は

$$\langle \mathscr{H} \rangle = -\frac{1}{Z}\frac{\partial Z}{\partial \beta} = -\frac{1}{L_\tau}\frac{1}{Z}\frac{\partial Z}{\partial \Delta\tau} \tag{7.179}$$

から求められる.なお,右辺の変形では $\beta = L_\tau \Delta\tau$ を使っている.この式を式 (7.172) と (7.173) に適用すると全エネルギーを測定する表式が得られる.そこからポテンシャルエネルギーを測定する式 (7.176) を引くと運動エネルギーになる.それが式 (7.178) と一致することを示せ.

エネルギー以外に測定したいのは占有数の期待値 $\langle \mathsf{n} \rangle \equiv \langle \mathsf{a}^\dagger \mathsf{a} \rangle$ である.なお,振動子の生成消滅演算子は式 (5.49) と (5.50) で定義したとおり

$$\mathsf{X} = \sqrt{\frac{\hbar}{2m\omega_k}}\left(\mathsf{a} + \mathsf{a}^\dagger\right), \quad \mathsf{P} = \frac{1}{i}\sqrt{\frac{\hbar m\omega_k}{2}}\left(\mathsf{a} - \mathsf{a}^\dagger\right) \tag{7.180}$$

である.交換関係 (7.176) を使って,生成消滅演算子の交換関係

$$[\mathsf{a}, \mathsf{a}^\dagger] = 1 \tag{7.181}$$

を示せ.数演算子 n を演算子 X と P で表せ.そして,式 (7.176) と (7.178) を使って,占有数の期待値 $\langle \mathsf{n} \rangle$ を測定するための表式を導け.

3. 非調和振動子 (7.164) をメトロポリスアルゴリズムで計算するプログラムを作成せよ.シミュレーションは以前に述べたのと同じ手順で進める.まず初期状態 $\{x_l\}$ を選ぶ.虚時間方向の格子上の各格子点を選び,$x_l \to x_l + \delta x$ という変化を起こすかどうか,メトロポリスの判定条件 (7.10a) と (7.10b) を使って検討する.なお δx は,変化を実際に起こす割合が 50% 程度になるように調節せよ.

シミュレーションを行う際には,変換された模型は L_τ 個の格子点のある 1 次元格子だと思えばよい.各格子点には実数変数 x_l があり,最近接格子点間の相互作用が作用 (7.173) で与えられている.したがって,シミュレーションプログラムはほかの格子模型をシミュレーションするのと同じ構造に作れるはずである.

まず試しにプログラムを $\lambda = 0$ で走らせよ.この場合は,系は調和振動子に帰着するので厳密に解ける.シミュレーションで測定したポテンシャルエネルギー,運動エネルギー,占有数の期待値 $\langle \mathsf{n} \rangle$ が厳密計算と一致するか確認せよ.なお,計算を簡単にするために $m = 1$,$\omega = 2$ とする.この場合には,典型的には熱平衡化のために 2×10^5 回の掃引と,2×10^6 から 5×10^6 回程度の測定でよい.

〔注意〕この系では,温度が高くなると明らかに運動エネルギーが増加し,したがって速度が増加する.その結果,振動子の虚時間発展を高温で正確に追尾するには,虚時間方向の格子間隔 $\Delta\tau$ をより小さくしなければならない.格子間隔 $\Delta\tau$ をわざと粗くして,誤差がどのように増えるか調べよ.

7.9 研 究 課 題

4. 全エネルギーの測定値と厳密解を $\lambda = 0$ において比較し，トロッター誤差を $\Delta\tau$ の関数として求めよ．誤差が $\Delta\tau$ の 2 次になっていることを確認せよ．なお，この計算は低温のほうがよい．たとえば $\beta = 10$ でシミュレーションせよ．

5. 振動子が x と $x + \delta x$ の間に存在する確率は $|\psi(x)|^2 \delta x$ である．なお $\psi(x)$ は状態の波動関数である．この課題のプログラムを使うと，以下のようにして確率密度 $|\psi(x)|^2$ が数値的に測定できる．各モンテカルロ掃引のあとに，各格子点 x_l における粒子の位置をヒストグラムとして保存する．つまり，虚時間方向の粒子の軌跡を実時間方向の運動の軌跡に見立てて，位置に関する頻度のヒストグラムを累積する．シミュレーション終了時にヒストグラム全体を 1 に規格化する．

上の作業を $\lambda = 0$, $\beta = 20$, $L_\tau = 400$ について行え．ヒストグラムの刻み幅は $\delta x = 10^{-2}$ とし，熱平衡化に 5×10^5 回の掃引，測定に 2×10^6 回の掃引を行う．十分に低温であるので，計算には基底状態のみが寄与するはずである．結果として得られた $|\psi(x)|^2$ は基底状態を表しているか？

次に，非調和性の効果を調べるために，たとえば，$1 \leq \lambda \leq 10$ として（それ以外のパラメータは上と同じにして）シミュレーションを行え．占有数の期待値と $|\psi(x)|^2$ を測定せよ．

量子力学のビリアル定理は

$$\langle \mathsf{T} \rangle = \frac{1}{2}\left\langle \mathsf{X}\frac{\partial U(\mathsf{X})}{\partial \mathsf{X}} \right\rangle \tag{7.182}$$

の形をしている．ここで T は運動エネルギー演算子，$U(\mathsf{X})$ はポテンシャルエネルギー演算子である．変換した古典系の変数を使うと，式 (7.182) が

$$\langle \mathsf{T} \rangle = \frac{1}{2}m\omega^2 \langle x^2 \rangle + \frac{1}{2}\lambda \langle x^4 \rangle \tag{7.183}$$

と書けることを示せ．式 (7.183) において x の 2 次と 4 次のモーメントは，上で求めたヒストグラムから計算できる．そのようにして求めた式 (7.183) の右辺と，直接シミュレーションから測定した $\langle \mathsf{T} \rangle$ が数値的に一致することを確認せよ．

6. 7.4.1 項の最後で，虚時間の相関関数にウィック回転を適用し，実時間の相関関数を求める可能性について少しふれた．ここで実際に例を示そう．

量子力学において，二つの離れた時刻における相関関数は

$$\langle 0|\mathsf{X}(0)\mathsf{X}(t)|0\rangle = \langle 0|\mathsf{X}(0)\,\mathrm{e}^{\mathrm{i}\mathscr{H}t}\mathsf{X}(0)\,\mathrm{e}^{-\mathrm{i}\mathscr{H}t}|0\rangle \tag{7.184}$$

で与えられる．この相関関数の計算においては基底状態 $|0\rangle$ を使っているので，温度 $T = 0$ での表式ということになる．式 (7.184) を変形して

$$\langle 0|\mathsf{X}(0)\mathsf{X}(t)|0\rangle = \sum_{n=0}^{\infty} \mathrm{e}^{\mathrm{i}(E_n - E_0)t}|\langle 0|\mathsf{X}(0)|n\rangle|^2 \tag{7.185}$$

となることを示せ．ここでウィック回転 $t \to i\tau$ をほどこすと

$$\langle 0|\mathsf{X}(0)\mathsf{X}(\mathrm{i}\tau)|0\rangle = \sum_{n=0}^{\infty} \mathrm{e}^{-(E_n-E_0)\tau}|\langle 0|\mathsf{X}(0)|n\rangle|^2 \tag{7.186}$$

となる．これを改めて

$$\langle 0|\mathsf{X}(0)\mathsf{X}(\tau)|0\rangle = \sum_{n=0}^{\infty} \mathrm{e}^{-(E_n-E_0)\tau}|\langle 0|x|n\rangle|^2 \tag{7.187}$$

と書くことにする．いまの系では $n \neq 0$ に対して $\langle 0|x|n\rangle \neq 0$ である．ここで τ を大きくすると，$n \leq 2$ の励起状態の寄与は $n=1$ の寄与よりも速く減衰し，

$$\langle 0|\mathsf{X}(0)\mathsf{X}(\tau)|0\rangle = \mathrm{e}^{-(E_1-E_0)\tau}|\langle 0|x|1\rangle|^2 \tag{7.188}$$

となる．このことから，虚時間の相関関数が計算できれば，第 1 励起状態のエネルギーを求められることがわかる．確認のため $\lambda = 0$ の場合に，このようにして求めた第 1 励起状態のエネルギーと厳密な値を比較せよ．さらに $\lambda \neq 0$ の場合に第 1 励起状態のエネルギーを調べよ．シミュレーションとしては $\beta = 20$, $L_\tau = 400$ とし，熱平衡化のために 5×10^5 回の掃引，測定のために 2×10^6 回の掃引を行う．

ウィック回転を使うと，虚時間の相関関数から動的な情報を引き出せることがわかる．いまの系では，この手法はうまく機能する．実時間の相関関数が式 (7.185) の形で正確に求まっているので，数値結果を解析接続しやすいのである．正確な表式がわかっていない場合は，数値結果をウィック回転で解析接続するのはずっと困難な作業になる．数値データをさまざまな関数形でフィットしてみなければならないからである．データの統計誤差のために，ほとんどの場合は正しい関数系を選ぶことができない．

7. この問いではもう少し高温を考える．まず調和振動子の場合 $\lambda = 0$ で，$\omega = 2$,

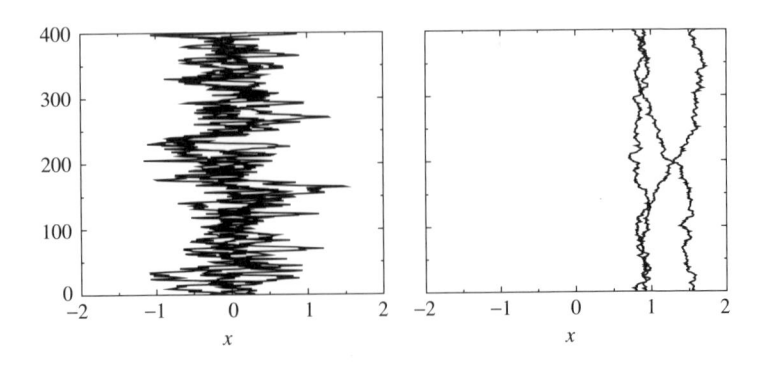

図 **7.14** 異なる温度での世界線の典型的な配位．左が $\beta = 20$ の場合，右が $\beta = 0.1$ の場合．いずれの場合も $\omega = 2$, $m = 1$, $L_\tau = 400$ である．それぞれ三つの瞬間の世界線を示してある．

$m = 1$, $\beta = 5, 0.4, 0.25$ として $|\psi(x)|^2$ を測定せよ．結果をグラフにして，ふるまいを定性的に議論せよ．特に，$\beta = 0.4$ と 0.25 の場合に非対称な結果が得られただろうか．なぜそのようになるか説明せよ．

この現象は $\lambda \neq 0$ でももちろん起きる．たとえば，図 7.14 は左が $\beta = 20$，右が $\beta = 0.1$ のときの，ある瞬間の世界線 $\{x_l\}$ の様子である．左の $\beta = 20$ の場合の世界線は $x = 0$ のまわりをゆらいでいるのが明らかである．ポテンシャルエネルギーの最小値が $x = 0$ であるから，これは当然である．ところが $\beta = 0.1$ の場合の世界線は $x \simeq 1$ のまわりをゆらいでいる．なぜだろうか．この結果から，この系に世界線アルゴリズムを適用した際の問題点を指摘せよ．

7.10 さらに進んで学習するために

確率過程とマルコフ鎖の詳しい議論は Risken [110]，van Kampen [119]，Gardiner [46] を参照していただきたい．数値シミュレーションの入門書としては Gould and Tobochnik [50] が非常によい．プログラムの例や練習問題が豊富である．また Barkema [94] には，平衡状態や非平衡状態に対するモンテカルロ法の例が多く述べられており，モンテカルロシミュレーションの歴史のまとめもあって興味深い本である．数値シミュレーションについて初めて「モンテカルロ」という名前を用いたのは Metropolis and Ulam [91] である．また [90] も参照．さまざまなデータ解析や有限サイズスケーリングの手法については Binder and Heermann [17] がある．世界線アルゴリズムを最初に 1 次元フェルミオン系のシミュレーションに用いたのは Hirsch ら [56] である．その後，1 次元や 2 次元のボゾン系で幅広く応用された．それについては，たとえば Batrouni and Scalettar [13] を参照．量子調和振動子を世界線アルゴリズムで調べる方法は Creutz and Freedman [31] に丁寧に述べられている．フェルミオン系をシミュレーションする別の方法（分配関数を行列式で表す方法）については文献 [18] を参照．この方法でも当然ながら，相互作用するフェルミオン系に対しては負符号問題が生じる[†24]．統計力学における経路積分や虚時間の役割については Le Bellac [73] の第 2 章に説明がある．有限サイズスケーリングの入門書としては Barber [9] が素晴らしい．乱数発生ルーチンについての詳しい議論は Press ら [103] と Knuth [65] にある．

XY 模型やコスタリッツ–サウレス転移について，より詳しくは Kogut のレビュー [66] を参照．超流動と XY 模型との関係，および渦の役割については Ma [85] の第 30 章に素晴らしい解説がある．横磁場中のイジング模型については Kogut [66] に議論がある．

[†24] 行列式を使う方法は，対称性のよい場合（たとえばハーフフィルドのハバード模型の場合）には負符号問題が回避できる．それ以外でも，多くの場合には世界線アルゴリズムより負符号問題の程度が緩和される．（訳者注）

8

不可逆過程：運動論

　本章では，輸送現象の微視的な理論の一つである運動論について述べる．この理論の中心となる考え方は，非平衡系のふるまいを，系を構成する粒子間の一連の衝突の結果として説明するというものである．粒子間の衝突は，8.1 節で導入する散乱断面積という物理量を用いて記述される．まず初等的な方法によって，輸送係数を近似的に計算してみることにする．続く 8.2 節ではボルツマン-ローレンツ模型を導入して，衝突中心がランダムに空間分布している場合の分子の衝突を議論する．この模型を用いると，半導体中の電子と正孔の輸送現象など，物理的に重要な系の輸送特性を正しく記述することができる．8.3 節では，ボルツマン方程式の一般論を与え，それをもとに流体力学的方程式を導く．また，非平衡系の不可逆性を記述する H 定理を証明する．最後の 8.4 節では，希薄な単原子分子気体において，輸送係数，粘性率，熱伝導率に対して厳密な計算を行う．

8.1　概論と輸送係数の近似計算

8.1.1　分　布　関　数

　粒子の状態を表すのに，ここでは古典力学的な記述を用いることにする．すなわち，粒子の各状態は位置ベクトル $\vec{r}$ と運動量ベクトル $\vec{p}$ を指定する位相空間中の 1 点として表されるものとする．運動論での基本的な物理量は，位相空間での粒子分布を表す分布関数 $f(\vec{r},\vec{p},t)$ である．これを用いて，位相空間の点 $(\vec{r},\vec{p})$ 近傍の微小体積 $\mathrm{d}^3 r \mathrm{d}^3 p$ 中の点で表される運動状態にある粒子の総数は，時刻 t において，$f(\vec{r},\vec{p},t)\mathrm{d}^3 r \mathrm{d}^3 p$ と与えられる．この分布関数の時間的・空間的変化を計算するための理論が，運動論である．

　分布関数 $f(\vec{r},\vec{p},t)$ を

$$n(\vec{r},t) = \int \mathrm{d}^3 p\, f(\vec{r},\vec{p},t) \tag{8.1}$$

というように運動量について積分すると，実空間での粒子数密度 $n(\vec{r},t)$ が得られる．$\mathcal{A}(\vec{r},\vec{p})$ を古典的な力学変数とすると，この変数の位置 $\vec{r}$ における平均値は

$$A(\vec{r},t) = \frac{1}{n(\vec{r},t)} \int d^3p\, \mathcal{A}(\vec{r},\vec{p}) f(\vec{r},\vec{p},t) \tag{8.2}$$

で与えられる．運動量を用いるかわりに，粒子質量を m として，粒子速度 $\vec{v} = \vec{p}/m$ を用いることもできる．その際の分布関数 $f_v(\vec{r},\vec{v},t)$ は上述の分布関数 f と

$$f_v(\vec{r},\vec{v},t) = m^3 f(\vec{r},\vec{p},t) \tag{8.3}$$

という簡単な比例関係にある．

8.1.2 散乱断面積，平均自由時間，平均自由行程

衝突過程を記述するために，散乱断面積という概念を欠かすことはできない．図 8.1(a) に示したように，静止した標的粒子が粒子数密度 n_d で分布しているところに，粒子数密度 n, 運動量 $\vec{p}$ の粒子が入射する状況を考える．標的粒子の分布は十分希薄であり，図 8.1(b) に描かれているような粒子の多重衝突は起こらないものとする[*1]．衝突後の粒子の運動量ベクトルを $\vec{p}'$ として，入射粒子の運動量 $\vec{p}$ の向きに z 軸をとったときのこの軸に対する方位角を θ', z 軸のまわりの回転角を φ' と書くことにして，散乱後の運動量ベクトル $\vec{p}'$ の向きを立体角 $\Omega' = (\theta', \varphi')$ で指定する．単位体積の標的粒子系に衝突した結果，立体角 $d\Omega'$ 中の方向に散乱される粒子の単位時間あたりの総数を，$d\mathcal{N}/dtdV$ と書くことにする．この散乱粒子数は，次の三つの量に比例するはずである，

(i) 入射粒子の流量 $\mathcal{F} = nv$,
(ii) 散乱後の粒子の運動量の向きを指定する立体角 $d\Omega'$ の大きさ，
(iii) 標的粒子の密度 n_d（ただし，多重衝突は起こらないものとする）．

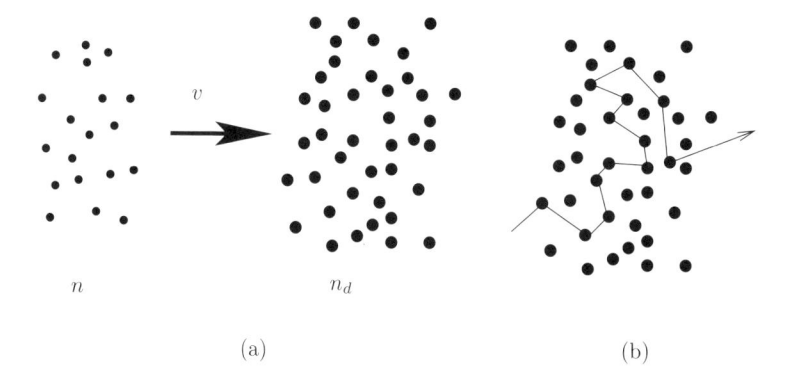

図 8.1 (a) 粒子数密度 n の入射粒子が速度 v で粒子数密度 n_d の標的粒子に衝突する．(b) 入射粒子が多重散乱する様子．

[*1] いいかえれば，標的粒子の密度が低く，後出の式 (8.10) で定義される平均自由行程が十分長いと仮定する．

したがって，

$$\boxed{\frac{\mathrm{d}\mathcal{N}}{\mathrm{d}t\,\mathrm{d}V} = \mathcal{F}n_d\,\sigma(v,\Omega')\,\mathrm{d}\Omega'} \tag{8.4}$$

という関係式が成り立つことになる．ここで $\sigma(v,\Omega')$ は比例係数であり，（散乱の）微分断面積とよばれる[*2]．この関係式は「標的粒子と入射粒子の粒子数密度がともに単位密度（1粒子/m^3）にあるとき，立体角 $\mathrm{d}\Omega'$ の方向に散乱される粒子数は，単位時間，単位標的体積あたり $v\sigma(v,\Omega')\mathrm{d}\Omega'$ である」ということを意味する．次元解析によって，散乱断面積 σ は面積の次元をもつことがわかる．したがって単位は m^2 である．

同一粒子が複数回衝突する場合には，衝突の時間間隔を表す平均自由時間という量が重要になる[*3]．ある一つの入射粒子が，図 8.1(b) のように標的粒子間を多重衝突しながら進む状況を考える．式 (8.4) を入射粒子数密度 n で割り，立体角 Ω' について積分すると，この入射粒子が単位時間に衝突する平均回数が得られる．この逆数として平均自由時間 $\tau^*(p)$ が定義される．

$$\boxed{\frac{1}{\tau^*(p)} = n_d v \int \mathrm{d}\Omega'\,\sigma(v,\Omega') = n_d v \sigma_{\mathrm{tot}}(v)} \tag{8.5}$$

ここで，微分断面積 $\sigma(v,\Omega')$ を立体角 Ω' について積分して得られる量 $\sigma_{\mathrm{tot}}(v)$ は全散乱断面積とよばれる．

以上は標的粒子が静止している場合であったが，以下では一般に，標的粒子も運動している場合を考えることにする．標的粒子の粒子数密度を n_1, 速度を $\vec{v}_1 = \vec{p}_1/m$, 入射粒子の粒子数密度を n_2, 速度を $\vec{v}_2 = \vec{p}_2/m$ とする．1種類の原子からなる気体中での粒子の衝突を考えるときには，入射粒子も標的粒子も同一種であるが，少なくとも議論の初めにおいては，両者が区別できるものとして扱うのが便利である．標的粒子が速度 $\vec{v}_1$ で運動している場合には，速度 $\vec{v}_1$ のガリレイ変換を施して，標的粒子が静止して見える座標系に移して考えると簡単である．この標的粒子座標系において衝突を観測すれば，標的粒子が静止していると仮定して得られた上述の結果をそのまま使うことができるからである[*4]．この標的粒子座標系においては，入射粒子は $\vec{v}_2 - \vec{v}_1$ の速度をもち，入射流量 $\mathcal{F}_2$ はこのベクトル $\vec{v}_2 - \vec{v}_1$ に垂直な面に単位時間に入射する粒子の，単位面積あたりの数であるので

$$\mathcal{F}_2 = n_2|\vec{v}_2 - \vec{v}_1| \tag{8.6}$$

で与えられる．標的粒子座標系のかわりに，粒子系の全運動量が零となる重心座標系を用いることが便利なことも多い．この重心座標系では，$\vec{p}'_1 = -\vec{p}'_2$, すなわち図 8.2 に示したように，入射粒子と標的粒子の運動量の大きさは等しく向きが反対である．特に

[*2] 標的粒子や入射粒子が分極している場合は考えず，衝突は入射軸に対して回転対称であると仮定することにする．

[*3] これとは別に，入射粒子が標的粒子との相互作用の影響を受けている時間スケールを表す衝突継続時間という量も重要である．これは少しあとで定義することにする．

[*4] 標的粒子がもともと静止している場合は，この標的粒子座標系は実験室系と一致する．

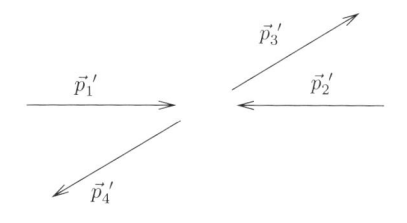

図 8.2 重心座標系

入射粒子と標的粒子の質量が等しい場合は，$\vec{v}_1' = -\vec{v}_2'$ である．衝突後，粒子 (1) と粒子 (2) はそれぞれ運動量 $\vec{p}_3'$ と $\vec{p}_4'$ をもって散乱されるとする（完全弾性散乱のときには $|\vec{p}_1'| = |\vec{p}_3'|$ である）．以下では，$\vec{p}_1'$ の向きに z 軸をとってこの軸に対する方位角を θ'，z 軸のまわりの回転角を φ' として散乱角 $\Omega' = (\theta', \varphi')$ を定義することにする．重心系で考えると方位角 θ' のとりうる領域に制限がなく $0 \leq \theta' < \pi$ であるので，立体角 Ω' はこれ以降，重心系で定義することにする．単位体積の標的粒子に運動量 $\vec{p}_1'$ の粒子が入射したとき，散乱後の粒子の運動量 $\vec{p}_3'$ の向きが立体角 $\mathrm{d}\Omega'$ の中にあるような衝突の回数が，単位時間あたり $\mathrm{d}\mathcal{N}/\mathrm{d}t\mathrm{d}V$ 回であるとする．そうすると，公式 (8.4) は容易に

$$\frac{\mathrm{d}\mathcal{N}}{\mathrm{d}t\,\mathrm{d}V} = \mathcal{F}_2 n_1 \sigma(\vec{v}_2, \vec{v}_1, \Omega')\mathrm{d}\Omega' \tag{8.7}$$

と一般化される．ここで，比例係数 $\sigma(\vec{v}_2, \vec{v}_1, \Omega')$ が微分断面積である．式 (8.7) に現れる項はすべてガリレイ変換不変な量なので，微分断面積自身もガリレイ変換不変であり，したがって $\vec{v}_1$ や $\vec{v}_2$ に単独に依存することはなく速度差の絶対値 $|\vec{v}_2 - \vec{v}_1|$ のみの関数であることになる．これを立体角全体で積分して得られる全散乱断面積もまた $|\vec{v}_2 - \vec{v}_1|$ だけの関数である．

$$\sigma_{\mathrm{tot}}(|\vec{v}_2 - \vec{v}_1|) = \int \mathrm{d}\Omega'\, \sigma(|\vec{v}_2 - \vec{v}_1|, \Omega') \tag{8.8}$$

前述の場合と同様に，入射粒子と標的粒子の粒子数密度がともに単位密度（1 粒子/m³）であるとき，$|\vec{v}_2 - \vec{v}_1|\sigma_{\mathrm{tot}}(|\vec{v}_2 - \vec{v}_1|)$ は，単位体積の標的粒子に対する単位時間あたりの衝突回数を表すことになる．

標的粒子が静止している場合に定義した平均自由時間 τ^* は，標的粒子が運動している場合でも定義できる．一般に一つの分子が気体中のほかの分子と複数回衝突する場合，衝突間隔時間の平均値として τ^* を定義するのである．すなわち，式 (8.5) を一般化した

$$\tau^* \sim \frac{1}{n\langle v \rangle \sigma_{\mathrm{tot}}} \tag{8.9}$$

式で与えられるものとする．ただしここで，$\langle v \rangle$ は粒子速度の平均値を表す．これに対して平均自由行程 l は，ある衝突とその次の衝突との間に粒子が移動する距離の平均値

として定義される．したがって $l \sim \tau^* \langle v \rangle$ であるから

$$\boxed{l \sim \frac{1}{n\sigma_{\text{tot}}}} \tag{8.10}$$

が成り立つ．平均自由時間に対するより正確な定義は次のように与えられる（詳しくは基本課題 8.5.4 を参照）．粒子がマクスウェルの速度分布則に従うものとし，また散乱断面積は粒子のエネルギーには依存しないと仮定すると，平均自由時間と平均自由行程は

$$\tau^* = \frac{1}{\sqrt{2}\,n\langle v\rangle \sigma_{\text{tot}}} \qquad l = \frac{1}{\sqrt{2}\,n\sigma_{\text{tot}}} \tag{8.11}$$

で与えられる．ここで $\langle v \rangle$ は，式 (3.54b) で与えたマクスウェル分布における粒子の平均速度

$$\langle v \rangle = \sqrt{\frac{8kT}{\pi m}}$$

である．

ここで，いくつかの場合について散乱断面積を具体的に計算してみよう．まず標的が静止した質点粒子であり，入射粒子が速度 $\vec{v}_2$ をもつ半径 a の剛体球である場合について考えてみることにする．単位時間 dt の間に入射剛体球は体積 $\pi a^2 v_2 dt$ の空間を通過するが，この領域内には $n_1 \pi a^2 v_2 dt$ 個の標的粒子が含まれる．したがって，単位体積の標的粒子に対して，衝突回数は単位時間あたり $n_1 n_2 \pi a^2 v_2$ 回であるので，定義式 (8.5) より $\sigma_{\text{tot}} = \pi a^2$ と定まる．

次に図 8.3 に示したように入射粒子も標的粒子もともに剛体球であり，半径がそれぞれ a_1 と a_2 である場合を考えてみよう．この二つの剛体球の中心間隔 b が $a_1 + a_2$ 以

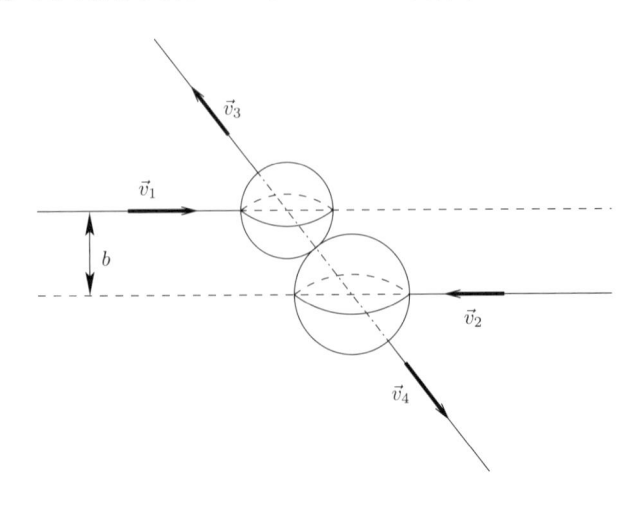

図 **8.3** 二つの剛体球の衝突．

下であるときにかぎり衝突が起きる（この距離間隔 b は衝突径数とよばれる）．したがってこの二つの剛体球の衝突は，半径 $(a_1 + a_2)$ の剛体球が質点粒子の標的に衝突する状況と等価であることがわかるので，全散乱断面積は

$$\sigma_{\text{tot}} = \pi(a_1 + a_2)^2 \tag{8.12}$$

で与えられることになる．

古典力学においては，剛体球の衝突に対する微分断面積は立体角 Ω' にも相対速度にも依存せず，したがって $\sigma(\Omega') = \sigma_{\text{tot}}/4\pi$ で与えられる．一般的には散乱断面積の計算は量子力学的に行うべきであり，2 粒子間の相互作用ポテンシャル $U(\vec{r})$ の効果を考慮しなければならない．相互作用ポテンシャル $U(\vec{r})$ から散乱断面積を計算する標準的な方法が量子力学において確立しているので，それに従って計算することができる．ただし，運動論において量子力学的な計算が必要なのはこの散乱断面積の計算の部分だけであり，それ以外の部分では粒子の運動を古典力学的に取り扱って計算すればよい．

粒子の衝突を記述するための基本的な事項を説明し終えたので，運動論を展開するために必要な条件や仮定を，以下にまとめておくことにする．

(i) 入射粒子が標的粒子との相互作用の影響を受けている時間間隔を衝突継続時間 $\delta\tau$ とよぶ．平均自由時間 τ^* は，この衝突継続時間に比べて非常に長いものとする（$\tau^* \gg \delta\tau$）．そこで，衝突は瞬間的であり，その瞬間以外においては，入射粒子と標的粒子との間の相互作用を無視して，それぞれ独立に自由運動を行っているものと近似することにする．瞬間的な衝突によって，粒子間に働く相互作用ポテンシャルの効果を有効的に表すことができるものとするのである．

(ii) 3 個以上の粒子が同時に近傍に存在する確率は非常に小さいものとする．したがって，3 体衝突以上の多体衝突が起きる場合は無視し，2 体衝突だけを考慮すればよいものとする．

(iii) 粒子系は古典力学的な気体として十分よく近似できるものとする．そのためには，$p^2/2m = kT/2$ の熱エネルギーをもつ粒子のド・ブロイ波長を λ としたとき，平均粒子間距離 d に対して $\lambda \ll d$ ならばよい．ただしこの条件を弱めることにより，運動論を量子力学的に拡張することも可能である．研究課題 8.6.2 と 8.6.7 を参照せよ．

上記の条件は，古典力学的な希薄気体においては満たされている．このことを，具体的な数値にあたることで確認しておこう．窒素気体などでは，室温 1 気圧に近い標準的な温度と気圧の下では，粒子数密度はおよそ 2.7×10^{25} 分子$/\text{m}^3$ であるから分子間距離は平均 $d \sim n^{-1/3} \sim 3 \times 10^{-9}\,\text{m}$ である．また，散乱断面積は $4 \times 10^{-19}\,\text{m}^2$ である[*5]．これは半径 $a \simeq 3.6 \times 10^{-10}\,\text{m}$ の剛体球の散乱断面積に相当する．分子の平均速度として通常値である $\langle v \rangle \simeq 500\,\text{m/s}$ を用いると，平均自由時間は $\tau^* \simeq 2 \times 10^{-10}\,\text{s}$,

---

[*5] この散乱断面積の値は，粘性測定とボルツマン方程式に基づく理論計算によって見積もられたものである．

平均自由行程は $l \simeq 10^{-7}$ m と見積もることができる．また，衝突継続時間はおよそ $\delta\tau \sim a/\langle v \rangle = 7 \times 10^{-13}$ s と見積もることができるので

$$a \ll d \ll l \tag{8.13}$$

が成立し，三つの長さスケールが分離していることがわかる．また，二つの時間スケール $\delta\tau$ と τ^* の間にも $\delta\tau \ll \tau^*$ が成り立つこともわかる．気体があまりに希薄になり，平均自由行程が系の大きさ（気体の入っている容器の大きさ）と同程度まで長くなってしまうと，（気体分子と容器壁との衝突が物理現象を決める）クヌーセン領域とよばれる状況になってしまう．この場合には，局所平衡状態はもはや存在しない．

8.1.3 平均自由行程近似による輸送係数の計算

この項では希薄気体に対して，平均自由行程近似とよばれる近似計算によって，輸送係数を計算することにする．この計算方法は初等的であり，物理的にたいへん教育的である．ただしこの近似では，たとえば粒子の平均速度を算出することはできず，計算結果の表式にこのような未定の物理量が残ってしまう．また，（未定の物理量に対して，別の知見から得られた値を補うことによって最終的な結果が得られるが）この平均自由行程近似で得られる値は正しい値と比べて，因子 2 ないし 3 だけずれてしまうことがある．しかしこの近似計算によって，各々の輸送係数がどのような物理的パラメータに依存しているかを知ることができる．輸送係数の値をより厳密に評価するには，ボルツマン方程式に基づいた計算をする必要があるが，その計算はこの近似計算に比べてはるかに複雑なものになってしまうのである（8.4 節参照）．

熱伝導率（エネルギー輸送係数）

z 軸方向に一定の温度勾配 dT/dz をもつ定常流を考える．このとき，z 軸に垂直な面を通過して z 軸の正の向きに単位時間に移動する熱量の，単位面積あたりの値を熱流とよび，Q で表すことにする．式 (6.18) で与えられた熱伝導率 κ の定義式に従うと，Q はエネルギー流ベクトル $\vec{j}_E$（いまの場合は熱流ベクトルである）の z 成分にほかならないので，

$$Q = j_{E,z} = -\kappa \frac{dT}{dz} \tag{8.14}$$

という関係式が成り立つことになる．分子間の相互作用を無視すると[*6)]，1 分子の平均エネルギー ε はその分子のもつ運動エネルギーの平均値である．z 軸に沿って温度勾配があるので，ε も z 依存性をもつことになる．

以下のような近似によって平均速度 $\langle v \rangle$ を定義することにする．分子の速度ベクトル $\vec{v}$ と z 軸とのなす角を θ としたとき，$\cos\theta$ の任意の関数 $g(\cos\theta)$ に対して，

$$\int d^3p \, v_z f(\vec{p}) g(\cos\theta) \to \frac{n}{2} \langle v \rangle \int d(\cos\theta) \cos\theta \, g(\cos\theta) \tag{8.15}$$

[*6)] ここでは気体を考えているので，系を構成する粒子は分子である．

とする*7). さて,分子の速度ベクトルの向きが z 軸に対して角度 θ ($0 \leq \theta \leq \pi$) をなしているものとする. z 座標の値が z である平面(以下これを平面 z とよぶ)を 1 分子が通過したとする. 平均自由行程を l とすると,この分子は z 座標が $z - l\cos\theta$ であったときに,ほかの分子と一度衝突したことになる. そのときの分子のエネルギーは $\varepsilon(z - l\cos\theta)$ であり,それ以降には(平均的に考えると)衝突はないはずなので,エネルギーの値はそのままである. したがって,この分子が平面 z を通過することにともなう熱流は

$$\begin{aligned} \mathrm{d}Q(\cos\theta) &= \frac{n}{2}\,\mathrm{d}(\cos\theta)\langle v\rangle\cos\theta\,\varepsilon(z - l\cos\theta) \\ &\simeq \frac{n}{2}\,\mathrm{d}(\cos\theta)\langle v\rangle\cos\theta\left[\varepsilon(z) - l\cos\theta\frac{\mathrm{d}\varepsilon(z)}{\mathrm{d}z}\right] \end{aligned}$$

で与えられることになる. ただしここで,$\varepsilon(z - l\cos\theta)$ を l についてテイラー展開して,その 1 次の項までのみを残した. 粒子の入射角度,すなわち $\mathrm{d}(\cos\theta)$ について -1 から 1 まで積分すれば熱流の総量が求められる. 括弧の中の最初の項はこの積分をすると消えてしまう. 他方

$$\int_{-1}^{1}\mathrm{d}(\cos\theta)\cos^2\theta = \frac{2}{3} \tag{8.16}$$

であるから,第 2 項の積分はすぐに実行できて,熱流の値は

$$\begin{aligned} Q &= \int_{-1}^{1}\mathrm{d}Q(\cos\theta) = -\frac{1}{3}\,n\langle v\rangle\,l\,\frac{\mathrm{d}\varepsilon(z)}{\mathrm{d}z} \\ &= -\frac{1}{3}\,n\langle v\rangle\,l\frac{\mathrm{d}\varepsilon}{\mathrm{d}T}\frac{\mathrm{d}T}{\mathrm{d}z} = -\frac{1}{3}\,n\langle v\rangle\,lc\frac{\mathrm{d}T}{\mathrm{d}z} \end{aligned}$$

と求められる. ここで,c は 1 分子あたりの比熱であり,単原子分子気体の場合は $3k/2$,二原子分子気体の場合は $5k/2$ といった値である(3.2.4 項参照). この結果を式 (8.14) と比較すると,熱伝導率が

$$\boxed{\kappa = \frac{1}{3}\,n\langle v\rangle\,lc} \tag{8.17}$$

と定められる.

粘性係数(運動量輸送係数)

次に,流体が 6.3.1 項の図 6.6 に示されているような状況にある場合を考えて,ずり粘性係数 η を計算することにする. この状況での圧力テンソルの xz 成分は式 (6.71),すなわち

---

*7) $\int_{-1}^{1}\mathrm{d}(\cos\theta) = 2$ であるから,$n/2$ の因子をつけることで式 (8.2) と同様の規格化が正しくなされたことになっている. 実際 $v_z = \langle v\rangle\cos\theta = 1, g = 1$ とすると,この二つの積分の値は等しく n となる. 分布関数 f の引数 $\vec{r}$ と t はここでは省略した.

$$\mathcal{P}_{xz} = -\eta \frac{\mathrm{d}u_x(z)}{\mathrm{d}z} \tag{8.18}$$

で与えられる．ここで，流体は x 軸方向に流れており，その速度は流れに垂直な方向の座標 z の関数として $u_x(z)$ で与えられている．$-\mathcal{P}_{xz}$ は，流体が平面 z に上から下に及ぼす単位面積あたりの力の x 成分である．力学の基本法則より，これは平面 z の上側の流体から下側の流体への単位時間あたりの運動量移動量に等しい．したがって，$\mathcal{P}_{xz}$ は平面 z を垂直上向きに通過する運動量の流れの大きさを与えることがわかる．流体として，流れのある希薄気体を考えることにして，分子間の相互作用は無視することにする．したがって，この運動量の流れは流体の実質的な流れによるものであり

$$\mathcal{P}_{xz} = \int \mathrm{d}^3 p\, p_x v_z f(\vec{p}) \tag{8.19}$$

で与えられることになる．熱伝導率の計算と同様に，再び流体分子が z 軸に対して角度 θ の向きに運動している場合を考えることにする．平面 z をこのうちの 1 分子が通過したとすると，平均自由行程を l として平均的に考えると，z 座標が $z - l\cos\theta$ であったときに，この粒子はほかの分子と一度衝突をしたことになる．このときの運動量の x 成分は $mu_x(z - l\cos\theta)$ である．ここでの計算では，流体の平均速度 $\vec{u}$ のみを考慮し，熱的なゆらぎによる平均からのずれは無視してよい．熱的なゆらぎに起因する流れの向きはランダムであり，平均すると零になるからである．式 (8.15) の近似を行うと，分子による運動量流束は

$$\begin{aligned}
\mathrm{d}\mathcal{P}_{xz}(\cos\theta) &= \frac{n}{2} \mathrm{d}(\cos\theta)\langle v\rangle \cos\theta\, mu_x(z - l\cos\theta) \\
&\simeq \frac{n}{2} \mathrm{d}(\cos\theta)\langle v\rangle \cos\theta\, m \left[u_x(z) - l\cos\theta \frac{\mathrm{d}u_x(z)}{\mathrm{d}z}\right]
\end{aligned}$$

で与えられることになる．ただしここで，$u_x(z - l\cos\theta)$ の項を l についてテイラー展開して，その 1 次の項までのみを残した．$\mathrm{d}(\cos\theta)$ について -1 から 1 まで積分すると運動量流束の総量が求められる．括弧の中の最初の項はこの積分をすると消え，第 2 項に対して式 (8.16) を用いると，

$$\mathcal{P}_{xz} = \int_{-1}^{1} \mathrm{d}\mathcal{P}_{xz}(\cos\theta) = -\frac{1}{3} nm\langle v\rangle l \frac{\mathrm{d}u_x(z)}{\mathrm{d}z} \tag{8.20}$$

と求められる．式 (8.18) と比較すると，ずり粘性係数が

$$\boxed{\eta = \frac{1}{3} nm\langle v\rangle l = \frac{1}{3} \frac{m\langle v\rangle}{\sigma_{\mathrm{tot}}}} \tag{8.21}$$

と定められる．積 $nl = 1/\sigma_{\mathrm{tot}}$ は定数であり，絶対温度が一定のときには，粘性係数は粒子数密度と圧力には依存しないことに注意すべきである．粒子数密度が倍になると，輸送現象に関与する粒子数も倍になるが，平均自由行程は半分になるので，粘性係数は

変わらないのである．実際，式 (8.21) の 2 番目の表式にあるように，粘性係数は平均速度 $\langle v \rangle$ を通してのみ絶対温度 T に依存し，絶対温度とともに $\langle v \rangle \propto T^{1/2}$ のように増加するのである[*8]．希薄気体に対して得られたこの結果は，通常の流体における場合と対照的である．通常，流体では，温度が上昇すると粘性係数は減少するのである．

式 (8.17) と (8.21) を比較すると，比 κ/η は c/m に等しいことが予想される．実験結果によると

$$1.3 \lesssim \frac{\kappa}{\eta}\frac{m}{c} \lesssim 2.5 \tag{8.22}$$

であり，ここでの近似計算が因子 2 ないし 3 の範囲内では正しいことがわかる．実験との差異の原因は，定性的には次のようなものと考えられる．上の近似計算では，すべての分子が同じ速度をもち，衝突と衝突の間にどれもちょうど平均自由行程だけ移動するものとした．しかし実際には分子の速度は分布しており，たとえ水平方向の運動量輸送量は平均値と同じであるとしても，平均よりも早く移動する分子があるとすると，水平面を貫通する粒子流密度は大きくなるので，運動エネルギーの移動量はその分大きくなる．したがって，このような効果を無視した上述の簡単な近似計算では，比 κ/η を実際よりも低く見積もってしまうのである．

拡散係数（粒子輸送係数）

最後に粒子の拡散現象を調べることにする．溶媒中の溶質の粒子数密度が座標 z に依存して $n(z)$ で与えられているものとする．拡散流束 $\vec{j}_N$ はフィックの法則 (6.26) に従っており，この状況では

$$j_{N,z} = -D\frac{dn}{dz} \tag{8.23}$$

という関係式が成り立つことになる．この式の中の D が拡散係数である．上と同様の考察により

$$dj_{N,z}(\cos\theta) = \frac{1}{2}d(\cos\theta)\langle v \rangle \cos\theta \, n(z - l\cos\theta)$$

が得られる．これを l について 1 次までテイラー展開したあと，θ について積分すると

$$j_{N,z} = -\frac{1}{3}\langle v \rangle l \frac{dn}{dz}$$

となる．これを式 (8.23) と比較することにより，拡散係数が

$$\boxed{D = \frac{1}{3}\langle v \rangle l} \tag{8.24}$$

と定められる．

[*8] 正確には，全散乱断面積 σ_{tot} も粒子速度に依存する．この効果も考慮すると $\eta \propto T^{0.7}$ となる．

8.2 ボルツマン–ローレンツ模型

8.2.1 分布関数の時空発展方程式

まず，分布関数 $f(\vec{r},\vec{p},t)$ の位相空間における時空発展方程式を導くことにしよう．はじめに，外力の影響下で運動する相互作用のない粒子系を考えることにする．時間変化 $t \to t+\mathrm{d}t$ にともなって，粒子の位置 $\vec{r}(t)$ と運動量 $\vec{p}(t)$ はそれぞれ $\vec{r}(t+\mathrm{d}t)$ と $\vec{p}(t+\mathrm{d}t)$ になる．図 8.4 に示したように，位相空間内の領域 $\mathrm{d}^3r\mathrm{d}^3p$ 中の各点は $t \to t+\mathrm{d}t$ の間に移動する．それにともなってこの領域は変形し，時刻 $t+\mathrm{d}t$ では $\mathrm{d}^3r'\mathrm{d}^3p'$ になったとする．位相空間中の単位体積要素あたりの粒子数は一定なので

$$f\bigl(\vec{r}(t+\mathrm{d}t),\vec{p}(t+\mathrm{d}t),t+\mathrm{d}t\bigr)\mathrm{d}^3r'\mathrm{d}^3p' = f\bigl(\vec{r}(t),\vec{p}(t),t\bigr)\mathrm{d}^3r\mathrm{d}^3p \tag{8.25}$$

という等式が成り立つ．

リウヴィルの定理 (2.34) により $\mathrm{d}^3r'\mathrm{d}^3p' = \mathrm{d}^3r\mathrm{d}^3p$ であるから，式 (8.25) の左辺と右辺の分布関数は等しいことになる．$\mathrm{d}t$ について展開して 1 次まで考慮すると

$$\frac{\partial f}{\partial t} + \frac{\mathrm{d}\vec{r}}{\mathrm{d}t}\cdot\vec{\nabla}_{\vec{r}}f + \frac{\mathrm{d}\vec{p}}{\mathrm{d}t}\cdot\vec{\nabla}_{\vec{p}}f = \frac{\partial f}{\partial t} + \vec{v}\cdot\vec{\nabla}_{\vec{r}}f + \vec{F}\cdot\vec{\nabla}_{\vec{p}}f = 0 \tag{8.26}$$

という等式が得られる．磁場がかかっているときには，式 (8.26) の初めの表式から 2 番目の表式に移るときに注意しなければならない（研究課題 8.6.5 を参照）[*9]．式 (6.65) と比較すると，微分演算子

$$D = \frac{\partial}{\partial t} + \frac{\mathrm{d}\vec{r}}{\mathrm{d}t}\cdot\vec{\nabla}_{\vec{r}} + \frac{\mathrm{d}\vec{p}}{\mathrm{d}t}\cdot\vec{\nabla}_{\vec{p}} = \frac{\partial}{\partial t} + \sum_{\alpha} v_{\alpha}\,\partial_{\alpha} + \sum_{\alpha} \dot{p}_{\alpha}\,\partial_{p_{\alpha}} \tag{8.27}$$

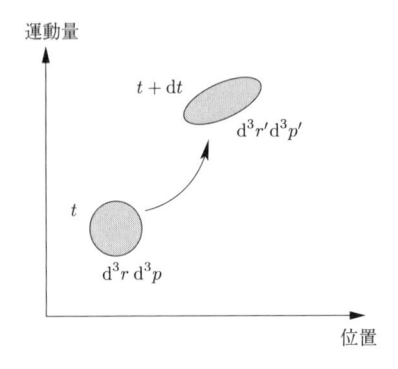

図 8.4 位相空間での運動.

[*9] 磁場 $\vec{H}$ がある場合は，運動量 $\vec{p}$ は単純に $m\vec{v}$ ではなく，$\vec{p} = m\vec{v} + q\vec{A}$ である．ここで，q は電荷であり $\vec{A}$ はベクトルポテンシャル $\vec{H} = \nabla \times \vec{A}$ である．

は，位相空間での流体運動に従った時間微分（物質微分またはラグランジュ微分とよばれる）にほかならないことがわかる[*10]（基本課題 2.7.3 も参照せよ）．つまり式 (8.26) は，分布関数が位相空間中の粒子の軌跡に沿って一定であることを表しているのである．

式 (8.26) は粒子間の相互作用がない場合にかぎり正しい．相互作用の効果は粒子間の衝突として取り入れる．運動論は，衝突継続時間が平均自由時間に比べて非常に短いという条件の下での理論である．したがって，衝突は瞬間的に起きるものと仮定してよい．衝突の効果を取り入れると，式 (8.26) の右辺は零ではなく，分布関数の汎関数である衝突項 $\mathcal{C}[f]$ でおきかえられて，

$$\boxed{\frac{\partial f}{\partial t} + \vec{v}\cdot\vec{\nabla}_{\vec{r}}f + \vec{F}\cdot\vec{\nabla}_{\vec{p}}f = \mathcal{C}[f]} \tag{8.28}$$

という形になる．式 (8.28) の左辺はドリフト項とよばれる．衝突項は，衝突の結果，位相空間の体積要素 $d^3r d^3p$ の中の状態に移った粒子の個数と，逆にこの体積要素 $d^3r d^3p$ の中の状態から外の状態に変わった粒子の個数とのつり合いを表すものである．$\mathcal{C}[f]$ はしたがって，位相空間の単位体積あたり，かつ単位時間あたりの量として定義される．衝突項 $\mathcal{C}[f]$ の具体的な関数形を指定しないかぎり式 (8.28) は一般的であり，散乱中心が固定されているボルツマン-ローレンツ模型においても，入射粒子と散乱粒子がともに運動しているボルツマン模型においても共通して使えるものである．

方程式 (8.28) は微分方程式の形で与えられてはいるが，厳密にいえば，時間と空間を完全な連続変数として扱ってそれらについての微分を考えているわけではない．ある程度粗視化したうえで見た分布関数の時間的変化と空間的変化との間の関係を表したものである．たとえば $\partial f/\partial t$ は

$$\delta\tau \ll \Delta t \ll \tau^* \tag{8.29}$$

を満たすような，微小ではあるが有限の時間間隔 Δt での変化量 $\Delta f/\Delta t$ を表しているのである．同様に位相空間の領域 $d^3r d^3p$ も，無限小領域とは考えずに，微小ながらも十分な数の粒子状態を含んでいる単位領域とみなすべきである．時間単位 Δt が有限であるということから，式 (8.28) は粒子の基本方程式ではなく，粒子の運動の統計的な性質を記述する方程式であることがわかる[*11]．このため，古典力学においても量子力学においても粒子の微視的な基本方程式は時間反転に対して可逆であるにもかかわらず，方程式 (8.28) では一般には可逆性は失われている．それゆえに，この方程式を用いることによって不可逆な物理現象を記述できるのである．

[*10] 第 6 章と同様に空間微分を $\nabla_{\vec{r}} = (\partial_x, \partial_y, \partial_z)$ で表す．また，ここでは運動量空間での微分を $\nabla_{\vec{p}} = (\partial_{p_x}, \partial_{p_y}, \partial_{p_z})$ と書くことにする．

[*11] つまり，有限の Δt の時間間隔よりも短い時間スケールにおいては各粒子の運動を正確に追うことはせず，それらを時間的空間的にならして考えているのである．

8.2.2 ボルツマン–ローレンツ模型の基本方程式

ボルツマン–ローレンツ模型は，軽質量の入射粒子と，ランダムに空間分布している静止した標的粒子との間の衝突を記述する模型である．入射粒子は希薄気体であり，入射粒子間の衝突は無視できるものと仮定する．この模型で記述できる系や現象には次のようなものがある．

- 半導体中の電子・正孔系
- 固体中の不純物拡散
- 重質量の粒子からなる溶媒中の軽質量粒子からなる溶質の拡散
- 原子炉内の減速材中の中性子拡散

フェルミ–ディラック統計に従うように必要な修正を加えれば，この模型を金属中の電子系を記述するのにも使うことができる（研究課題 8.6.2）．しかし以下では，古典力学的な粒子からなる気体について議論することにする．標的が静止しているという状況は軽質量 m の粒子と重質量 μ の粒子との混合気体系の $m/\mu \to 0$ の極限とみなすことができる．この混合気体系を構成する2種類の粒子の運動エネルギーはともに kT のオーダーであるが，軽粒子の運動量の大きさは重質量の運動量の大きさの $\sqrt{m/\mu}$ 倍にすぎないため，軽粒子の運動量保存則への寄与はきわめて小さい．よって，軽粒子との散乱の前後での重粒子の運動量の変化は非常に小さいことになる．このような状況を近似する模型として，重粒子の質量を無限大とし，衝突によって重粒子の位置が変化することなく固定している系を考えるのである．粒子間の衝突は完全弾性衝突であると仮定しているので，この系では軽粒子のエネルギーは保存されるが運動量は保存されないことになる．6.2.1 項で扱った状況と同様に，系の保存則は粒子数保存則とエネルギー保存則の二つだけであり，粒子数密度 n とエネルギー密度 ϵ，およびそれらの流束ベクトル $\vec{j}_N, \vec{j}_E$ を取り扱えばよいことになる（ただし，後述の脚注12を参照せよ）．

外力がない場合には，軽粒子の分布関数 $f(\vec{r}, \vec{p}, t)$ に対する方程式 (8.28) は

$$\frac{\partial f}{\partial t} + \vec{v} \cdot \vec{\nabla}_{\vec{r}} f = \mathcal{C}[f] \tag{8.30}$$

となる．衝突項 $\mathcal{C}[f]$ を定めるために，衝突によって位相空間の体積要素 $\mathrm{d}^3 r \mathrm{d}^3 p$ 中の状態に移る粒子の個数と，この中の状態から外の状態に移る粒子の個数とを評価しなければならない．初めに後者を考えることにする．いま，体積要素は十分に小さいため，衝突前に体積要素 $\mathrm{d}^3 r \mathrm{d}^3 p$ 中の状態であった粒子はすべて，衝突後にはこの体積要素中の状態ではなくなってしまうものと仮定する．すなわち，衝突前には運動量 $\vec{p}$ の状態にあった粒子が衝突後に運動量 $\vec{p}'$ の状態に変わったとしたとき，図 8.5 に示したように，$\vec{p}'$ は $\vec{p}$ のまわりの体積要素 $\mathrm{d}^3 r \mathrm{d}^3 p$ の中には入っていないものと仮定するのである．衝突項は，式 (8.4) で定義された微分断面積を用いて表されるはずである．ただし，系のもつ対称性を明示するためには，式 (8.4) のように立体角 $\mathrm{d}\Omega'$ を用いるよりは運動量ベクトル $\vec{p}'$ を用いたほうが便利である．この書きかえは，エネルギー保存則をデルタ関数を用いて表すことによって容易に行うことができる．いまの場合，エネルギーは運動

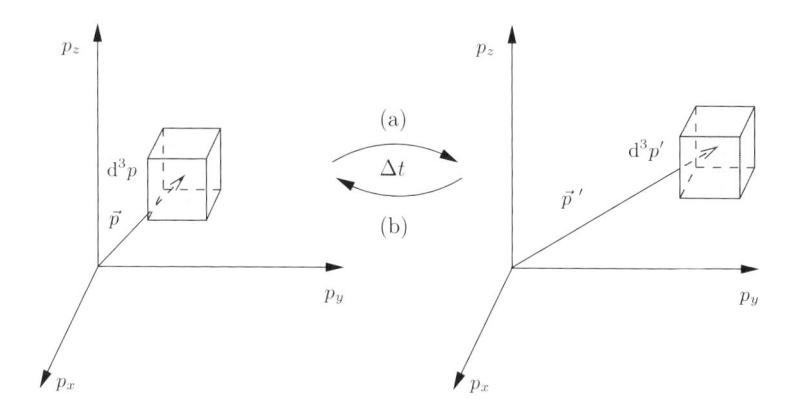

図 8.5 (a) 衝突によって，位相空間中の $\vec{p}$ のまわりの体積要素 $d^3r d^3p$ の中の状態から，その外の $\vec{p}\,'$ の状態になる場合．(b) 衝突によって逆に，位相空間中の $\vec{p}\,'$ という状態から $\vec{p}$ のまわりの体積要素 $d^3r d^3p$ の中の状態に変化する場合．

エネルギーだけであるから，粒子の運動量が $\vec{p}$ であるときは $\varepsilon(\vec{p}) = \vec{p}^2/(2m)$ である．したがって，$m^2 v d\Omega'$ が

$$d^3p'\, \delta(\varepsilon - \varepsilon') = p'^2\, dp'\, d\Omega'\, \frac{m}{p}\, \delta(p - p') \tag{8.31}$$

でおきかえられることになる．そこで $W(p, \Omega')$ という量を導入して

$$W(p, \Omega')\, d^3p' = \frac{n_d}{m^2}\, \sigma(v, \Omega')\, d^3p'\, \delta(\varepsilon - \varepsilon') \tag{8.32}$$

とすると，$n_d v \sigma(v, \Omega') d\Omega'$ をこれをおきかえればよいことになる．ここで，$W(p, \Omega') d^3p'$ は，単位体積の標的粒子に単位密度の粒子が入射したときに，単位時間の間に散乱されて d^3p' 中の状態に変化した粒子の個数を表す．したがって，始状態として位相空間の体積素 $d^3r d^3p$ 中の状態にあった粒子が散乱されて d^3p' 中の運動量をもつ終状態になるような衝突の回数は，単位時間あたり

$$\frac{d\mathcal{N}}{dt} = [d^3r\, d^3p]\, f(\vec{r}, \vec{p}, t)\, W(p, \Omega')\, d^3p'$$

で与えられることになる．この表式を d^3p' について積分すれば，衝突項 $\mathcal{C}[f]$ のうちの，衝突の結果，位相空間の体積要素 $d^3r d^3p$ の中の状態から外の状態に移ってしまう粒子からの寄与が得られることになる．これを $\mathcal{C}_-[f]$ と書くことにすると，

$$\mathcal{C}_-[f] = f(\vec{r}, \vec{p}, t) \int d^3p'\, W(p, \Omega') \quad \left(= \frac{1}{\tau^*(p)}\, f(\vec{r}, \vec{p}, t) \right) \tag{8.33}$$

となる．逆に，$\vec{p}\,' \to \vec{p}$ という衝突によって，位相空間中の $\vec{p}$ のまわりの体積要素 $d^3r d^3p$ 中の状態にある粒子の個数が増えることもある．このような衝突回数は

$$[\mathrm{d}^3r\,\mathrm{d}^3p]\int \mathrm{d}^3p'\,f(\vec{r},\vec{p}\,',t)W(p',\Omega) = [\mathrm{d}^3r\,\mathrm{d}^3p]\mathcal{C}_+[f]$$

で与えられる．以上の考察より，衝突項はこれら二つの寄与の差

$$\mathcal{C}[f] = \mathcal{C}_+[f] - \mathcal{C}_-[f]$$

として定まることになる．$\vec{p} \to \vec{p}\,'$ での衝突角と $\vec{p}\,' \to \vec{p}$ での衝突角は等しく，またエネルギー保存則より $p = p'$ であるから

$$W(p,\Omega') = W(p',\Omega)$$

であるはずである．したがって

$$\mathcal{C}[f] = \int \mathrm{d}^3p'\,\left[f(\vec{r},\vec{p}\,',t) - f(\vec{r},\vec{p},t)\right] W(p,\Omega') \tag{8.34}$$

となる．式 (8.32) を使い，また $f = f(\vec{r},\vec{p},t)$, $f' = f(\vec{r},\vec{p}\,',t)$ という略記を用いることにすると，式 (8.34) は簡略化されて

$$\boxed{\mathcal{C}[f] = \int \mathrm{d}^3p'\,\left[f' - f\right]W(p,\Omega') = v n_d \int \mathrm{d}\Omega'\,\left[f' - f\right]\sigma(v,\Omega')} \tag{8.35}$$

と書き表せることになる．

8.2.3 保存則と連続の方程式

ボルツマン–ローレンツ模型において，粒子数保存則とエネルギー保存則が成り立つことが示せるはずである．そのために，まず準備的な結果を示しておく．$\chi(\vec{p})$（あるいは $\chi(\vec{r},\vec{p})$）を $\vec{p}$（あるいは，$\vec{r}$ と $\vec{p}$）の任意の関数として，その汎関数 $I[\chi]$ を

$$I[\chi] = \int \mathrm{d}^3p\,\chi(\vec{p})\mathcal{C}[f] \tag{8.36}$$

で定義しておく．まず，χ が $\vec{p}$ の絶対値 p だけに依存しているときには $I[\chi] = 0$ であることを示すことにする[*12]．$I[\chi]$ の定義と式 (8.35) より

$$I[\chi] = \int \mathrm{d}^3p\,\mathrm{d}^3p'\,\chi(\vec{p})W(p,\Omega')[f' - f]$$

である．積分変数 p と p' を入れ替えると

[*12] この事実の物理的な意味は次のようである．衝突項は位相空間内の体積要素 $\mathrm{d}^3r\mathrm{d}^3p$ における粒子状態の出入りのつり合いを表している．運動量の絶対値 p はエネルギー保存則より一定なので，p のみに依存するほかのすべての物理量と同様に，衝突項を d^3p について積分すると零である．したがってこの模型では，p のみに依存する量はすべて保存することになるのである．現実の粒子系は，粒子衝突を繰り返すうちに，熱平衡状態に緩和していくはずである．この緩和過程を表すためには，模型に（エネルギー保存則を破る）非弾性衝突の効果を取り入れなければならない．

$$I[\chi] = -\int d^3p\, d^3p'\, \chi(\vec{p}\,')W(p',\Omega)[f'-f]$$

となるが，$W(p,\Omega') = W(p',\Omega)$ であるから，この二つの $I[\chi]$ に対する等式から

$$I[\chi] = \frac{1}{2}\int d^3p\, d^3p'\, [\chi(\vec{p}) - \chi(\vec{p}\,')]\, W(p,\Omega')[f'-f]$$

という表式が得られる．他方，エネルギー保存則より $p = p'$ である．したがって，χ が $\vec{p}$ の絶対値 p のみの関数である場合には，$\chi(\vec{p}) - \chi(\vec{p}\,') = 0$ であるから，$I[\chi] = 0$ となるのである．特別な場合として，$\chi = 1$ と $\chi = \varepsilon(\vec{p}) = p^2/2m$ の場合を考えると

$$\int d^3p\, \mathcal{C}[f] = 0 \qquad \int d^3p\, \varepsilon(\vec{p})\mathcal{C}[f] = 0 \tag{8.37}$$

となる．方程式 (8.30) を d^3p について積分して，この (8.37) のはじめの式を用いると

$$\frac{\partial n}{\partial t} + \vec{\nabla}_{\vec{r}} \cdot \int d^3p\, \vec{v}f = 0 \tag{8.38}$$

が得られる．粒子流密度を次式の $\vec{j}_N$ のように定義すれば，粒子数に対する連続の方程式が

$$\boxed{\vec{j}_N = \int d^3p\, \vec{v}f \qquad \frac{\partial n}{\partial t} + \vec{\nabla} \cdot \vec{j}_N = 0} \tag{8.39}$$

のように得られたことになる．次に，方程式 (8.30) の両辺に $\varepsilon(\vec{p})$ をかけてから d^3p について積分して式 (8.37) の 2 番目の式を用いると

$$\frac{\partial \epsilon}{\partial t} + \vec{\nabla}_{\vec{r}} \cdot \int d^3p\, \varepsilon(\vec{p})\vec{v}f = 0 \tag{8.40}$$

が得られる．ここで，ϵ はエネルギー密度であり，次式で定義される[*13]．

$$\epsilon = \int d^3p\, \varepsilon(\vec{p})f = \int d^3p\, \frac{\vec{p}^{\,2}}{2m} f \tag{8.41}$$

したがって，エネルギー流束密度を次式の $\vec{j}_E$ で定義すれば，エネルギーに関する連続の方程式が次のように得られたことになる．

$$\boxed{\vec{j}_E = \int d^3p\, \varepsilon(\vec{p})\vec{v}f = \int d^3p\, \frac{\vec{p}^{\,2}}{2m}\vec{v}f \qquad \frac{\partial \epsilon}{\partial t} + \vec{\nabla} \cdot \vec{j}_E = 0} \tag{8.42}$$

[*13] エネルギー密度 ϵ を $\varepsilon(\vec{p})$ と混同しないように注意せよ．

8.2.4 線形化：チャップマン–エンスコック近似

分布関数が，ベクトル $\vec{p}$ の向きによらず絶対値 p のみに依存して $f(\vec{r}, p, t)$ と書けるときには，$f' = f$ であるから，衝突項 $\mathcal{C}[f]$ は零である．特に，系が局所平衡分布 f_0 にあるときには（式 (3.141) を参照すると）

$$f_0(\vec{r}, \vec{p}, t) = \frac{1}{h^3} \exp\left(\alpha(\vec{r}, t) - \beta(\vec{r}, t) \frac{\vec{p}^2}{2m}\right) \equiv f_0(\vec{r}, p, t) \tag{8.43}$$

であるから，$\mathcal{C}[f_0] = 0$ である．ここで $\beta(\vec{r}, t)$ と $\alpha(\vec{r}, t)$ は，局所温度 $T(\vec{r}, t)$ および局所化学ポテンシャル $\mu(\vec{r}, t)$ と

$$\beta(\vec{r}, t) = \frac{1}{kT(\vec{r}, t)} \qquad \alpha(\vec{r}, t) = \frac{\mu(\vec{r}, t)}{kT(\vec{r}, t)} \tag{8.44}$$

という関係にある．式 (8.35) で $[f' - f]$ の値が小さくないときには，衝突項は $f/\tau^*(p)$ のオーダーである．ただし，$\tau^*(p)$ は 10^{-10} s から 10^{-14} s といった微視的な時間スケールである．この衝突項のために，分布関数は $\exp(-t/\tau^*)$ という形の急速な減衰項をもつことになり，$t \gtrsim \tau^*$ では系は局所平衡状態に落ち着いてしまうことになる．ボルツマン方程式における衝突項の役割は，このような緩和過程を生じさせることにある．この効果は空間的には平均自由行程のオーダーの広がりをもつ．系が局所平衡状態に近い状態にある場合には，衝突項の寄与は小さく，系の時間発展は流体力学的になる．このような状況は，式 (8.35) を局所平衡分布の近くで線形化することによって十分よく記述することができるはずである．このことを以下で示すことにする．

初期時刻 $t = 0$ での分布関数を $f = f_0 + \bar{f}$ とおく．ここで，f_0 は局所平衡分布を表し，初期状態の粒子数密度とエネルギー密度をそれぞれ $n(\vec{r}, t=0)$, $\epsilon(\vec{r}, t=0)$ と書き，

$$n(\vec{r}, t=0) = \int d^3p \, f_0(\vec{r}, \vec{p}, t=0) \tag{8.45}$$

$$\epsilon(\vec{r}, t=0) = \int d^3p \, \frac{p^2}{2m} f_0(\vec{r}, \vec{p}, t=0) \tag{8.46}$$

が成り立っているものとする．粒子数密度とエネルギー密度は局所温度と局所化学ポテンシャルを定める．いいかえれば，これらの密度関数は，局所的なパラメータ α と β を用いて

$$n(\vec{r}) = \frac{1}{h^3} e^{\alpha(\vec{r})} \left(\frac{2\pi m}{\beta(\vec{r})}\right)^{3/2} \qquad \epsilon(\vec{r}) = \frac{3}{2\beta(\vec{r})} n(\vec{r}) \tag{8.47}$$

という形で与えられる．ここでは引数 t を省略したが，密度関数やパラメータは時間にも依存していることに注意せよ．$\bar{f}$ は初期の局所平衡分布からの偏差であるから，その定義より

$$\int d^3p \, \bar{f} = \int d^3p \, \frac{p^2}{2m} \bar{f} = 0 \tag{8.48}$$

である．また，$f = f_0 + \bar{f}$ のうち，局所平衡分布関数 f_0 は空間的に等方的な関数であ

るから，これが粒子数やエネルギーの流れを生じさせることはなく，流束密度に寄与するのは

$$\vec{j}_N = \int \mathrm{d}^3 p\, \vec{v}\bar{f} \qquad \vec{j}_E = \int \mathrm{d}^3 p\, \vec{v}\frac{p^2}{2m}\bar{f} \tag{8.49}$$

のように，$\bar{f}$ の項だけである．したがって，流束密度は f_0 の 1 次のオーダーでは零である．連続の方程式と合わせると，$\partial f_0/\partial t$ も f_0 の 1 次のオーダーでは零であることになるから，粒子数密度 n とエネルギー密度 ϵ の時間微分も（すなわち α と β の時間微分も）このオーダーでは零である．$\mathcal{C}[f_0] = 0$ であるが，一般には $\nabla f_0 \neq 0$ である（f_0 が大域的な平衡分布であれば $\nabla f_0 = 0$ であるが，そのような場合には輸送現象は見られないので，そもそもここで議論する必要はない）．よって，f_0 は式 (8.30) を満たすことはない．以上の考察より，式 (8.30) は

$$(\vec{v}\cdot\vec{\nabla})f_0 = \mathcal{C}[\bar{f}] \tag{8.50}$$

と近似できることになる．この近似式において，右辺は $\mathcal{C}[\bar{f}] \sim \bar{f}/\tau^*$ というオーダーであるから，$\bar{f} \sim \tau^*(\vec{v}\cdot\nabla)f_0$ と見積もられる．これを式 (8.49) に代入すれば流束密度が計算されるので，連続の方程式と合わせることによって，n と ϵ の時間微分が求まるはずである．その結果を用いれば，$\partial f_0/\partial t$ に対しても，単純に f_0 のオーダーのみを考えて零とすることなく，より正確な評価をすることができることになる．しかしここではそのような計算を行わずに，式 (8.50) の近似の下で考察を進めることにする．すなわち，式 (8.50) のように粒子のドリフトを表す項 $(\vec{v}\cdot\nabla)f_0$ が，衝突項 $\mathcal{C}[\bar{f}]$ とつり合っているような状況を考えることにする．τ を系の巨視的な（あるいは流体力学的な）時間発展を特徴づける時間スケールとしたとき，比 τ^*/τ が十分小さいときに，系はこのような状況になる．

上記の近似において，衝突項 $\mathcal{C}[\bar{f}]$ を計算してみよう．位置 $\vec{r}$ における勾配ベクトル ∇f_0 の向きに z 軸の正の方向をとることにすると

$$\vec{\nabla}f_0 = \hat{z}\frac{\partial f_0}{\partial z}$$

と書ける．$\vec{v}$ が z 軸となす角を γ と定めると

$$(\vec{v}\cdot\vec{\nabla})f_0 = v\cos\gamma\frac{\partial f_0}{\partial z} \tag{8.51}$$

となる．また，図 8.6 に示したように，$\vec{p}'$ と z 軸とのなす角を γ'，$\vec{p}$ と $\vec{p}'$ とのなす角を θ'，$\vec{p}'$ を $\vec{p}$ に垂直な面に射影したベクトルが，この面の上で適当に定めた x_1 軸となす角を φ' とする．衝突項は式 (8.35)，すなわち

$$\mathcal{C}[\bar{f}] = vn_d \int \mathrm{d}\Omega'\, \sigma(v,\Omega')[\bar{f}(\vec{r},\vec{p}\,') - \bar{f}(\vec{r},\vec{p})] \tag{8.52}$$

で与えられる．そこで，式 (8.50) の解が

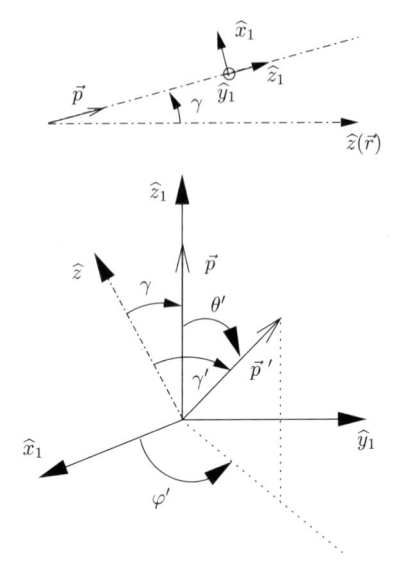

図 **8.6** 角度の取り方.

$$\bar{f}(\vec{r},\vec{p}) = g(z,p)\cos\gamma \tag{8.53}$$

の形であると仮定してみることにする. 関係式

$$\cos\gamma' = \cos\theta'\cos\gamma + \sin\theta'\sin\gamma\cos\varphi' \qquad \mathrm{d}\Omega' = \mathrm{d}(\cos\theta')\,\mathrm{d}\varphi'$$

と $\sigma(v,\Omega') = \sigma(v,\theta')$ であることを用いると[*14], 式 (8.52) は

$$\begin{aligned}\mathcal{C}[\bar{f}] &= vn_d g(z,p) \\ &\quad \times \int \mathrm{d}(\cos\theta')\,\mathrm{d}\varphi'\,\left[\cos\theta'\cos\gamma + \sin\theta'\sin\gamma\cos\varphi' - \cos\gamma\right]\sigma(v,\Omega') \\ &= -vn_d g(z,p)\cos\gamma \int \mathrm{d}\Omega'\,(1-\cos\theta')\sigma(v,\Omega')\end{aligned}$$

と書き直せる. ここで, 輸送断面積 σ_{tr} を

$$\boxed{\sigma_{\mathrm{tr}}(v) = \int \mathrm{d}\Omega'\,(1-\cos\theta')\sigma(v,\Omega')} \tag{8.54}$$

と定義することにする[*15]. この定義を用いて衝突項を書き直すと, 式 (8.50) と (8.51)

[*14] 粒子が偏極していないならば, 回転対称性より σ は φ' には依存しない.
[*15] この定義は, ここで考えているプロセスに特有なものである. ほかの場合には, $(1-\cos\theta')$ という因子は $f(\pm 1) = 0$ である別の関数 $f(\cos\theta')$ でおきかえられることになる. そのような場合には, 微分断面積が等方的であっても σ_{tr} は全散乱断面積 σ_{tot} と異なる. 8.4.3 項では, 輸送断面積を因子 $(1-\cos^2\theta)$ をもって定義しているので参照せよ.

8.2 ボルツマン-ローレンツ模型

より $\mathcal{C}[\bar{f}] = v\cos\gamma\, \partial f_0/\partial z$ であるから,

$$\mathcal{C}[\bar{f}] = -v n_d g(z,p) \cos\gamma\, \sigma_{\mathrm{tr}}(v) = v\cos\gamma\, \frac{\partial f_0}{\partial z}$$

という等式が得られる．これより，式 (8.53) で導入した関数 $g(z,p)$ に対して次のような表式が得られる

$$g(z,p) = -\frac{1}{n_d \sigma_{\mathrm{tr}}(v)} \frac{\partial f_0}{\partial z} \tag{8.55}$$

つまり,

$$\bar{f} = -\frac{1}{n_d \sigma_{\mathrm{tr}}(v)} \cos\gamma\, \frac{\partial f_0}{\partial z}$$

となるが，これは

$$\boxed{\bar{f} = -\frac{1}{n_d v \sigma_{\mathrm{tr}}(v)} (\vec{v}\cdot\vec{\nabla}) f_0 = -\tau_{\mathrm{tr}}^*(p)(\vec{v}\cdot\vec{\nabla}) f_0} \tag{8.56}$$

ということである．ここで，$\tau_{\mathrm{tr}}^*(p)$ は輸送特性時間であり，次式で定義される．

$$\tau_{\mathrm{tr}}^*(p) = \frac{1}{n_d v \sigma_{\mathrm{tr}}} \tag{8.57}$$

以上の結果より，輸送現象は全散乱断面積 σ_{tot} と平均自由時間 $\tau^*(p)$ によってではなく，輸送断面積 σ_{tr} と輸送特性時間 τ_{tr}^* によって記述されることがわかった．ただし，散乱断面積が等方的であり Ω' に依存しない場合には，$\sigma_{\mathrm{tr}}(v) = \sigma_{\mathrm{tot}}(v)$ かつ $\tau_{\mathrm{tr}}^*(p) = \tau^*(p)$ である．通常はこのような等方的な場合を取り扱い，本書でも以下では $\tau_{\mathrm{tr}}^*(p) = \tau^*(p)$ としてしまうが，粒子間にたとえばクーロン相互作用が働くような場合には，微分断面積が散乱角に大きく依存するため，$\tau_{\mathrm{tr}}^*(p)$ と $\tau^*(p)$ とは値が大きく異なるので注意する必要がある．

8.2.5 流束密度と輸送係数

上の式 (8.56) で与えられた $\bar{f}$ に対する表式を流束密度に対する式 (8.49) に代入すると

$$\vec{j}_N = -\int d^3p\, \tau^*(p)\, \vec{v}(\vec{v}\cdot\vec{\nabla}) f_0 \tag{8.58}$$

$$\vec{j}_E = -\int d^3p\, \tau^*(p)\, \varepsilon(p) \vec{v}(\vec{v}\cdot\vec{\nabla}) f_0 \tag{8.59}$$

という表式が得られる．$g(|\vec{p}|)$ に対する結果 (A.34)，すなわち

$$\int d^3p\, v_\alpha v_\beta g(p) = \frac{4\pi}{3}\delta_{\alpha\beta}\int dp\, p^2 v^2 g(p) = \frac{1}{3}\delta_{\alpha\beta}\int d^3p\, v^2 g(p) \tag{8.60}$$

を用いると（基本課題 8.5.2 も参照せよ），流束密度に対するこれらの表式は

$$\vec{j}_N = -\frac{1}{3}\int d^3p\, v^2 \tau^*(p) \vec{\nabla} f_0 \tag{8.61}$$

$$\vec{j}_E = -\frac{1}{3}\int d^3p\, v^2 \tau^*(p) \varepsilon(p) \vec{\nabla} f_0 \tag{8.62}$$

のように書き直せる．f_0 は式 (8.43) の関数形をもつことを仮定したので

$$\vec{\nabla} f_0 = \left(\vec{\nabla}\alpha - \varepsilon(p)\vec{\nabla}\beta\right) f_0$$

となり，これから流束密度に対する最終的な表式として

$$\vec{j}_N = \frac{1}{3k}\int d^3p\, v^2 \tau^*(p) \left[\vec{\nabla}\left(-\frac{\mu}{T}\right) + \varepsilon(p)\vec{\nabla}\left(\frac{1}{T}\right)\right] f_0 \tag{8.63}$$

$$\vec{j}_E = \frac{1}{3k}\int d^3p\, v^2 \tau^*(p)\varepsilon(p) \left[\vec{\nabla}\left(-\frac{\mu}{T}\right) + \varepsilon(p)\vec{\nabla}\left(\frac{1}{T}\right)\right] f_0 \tag{8.64}$$

が得られる．これらを式 (6.48), (6.49) と比較することによって，輸送係数は

$$L_{NN} = \frac{1}{3k}\int d^3p\, v^2 \tau^*(p) f_0 \tag{8.65}$$

$$L_{EN} = \frac{1}{3k}\int d^3p\, v^2 \tau^*(p)\varepsilon(p) f_0 = L_{NE} \tag{8.66}$$

$$L_{EE} = \frac{1}{3k}\int d^3p\, v^2 \tau^*(p)\varepsilon^2(p) f_0 \tag{8.67}$$

で与えられることが導かれる．オンサーガーの相反関係 $L_{EN} = L_{NE}$ が成立することは明らかである．また，非負条件

$$L_{EE}L_{NN} - L_{EN}^2 \geq 0 \tag{8.68}$$

が満たされることも容易に確かめることができる（基本課題 8.5.3）．これらの輸送係数を具体的に計算するためには，$\tau^*(p)$ を定める必要がある．平均自由行程 l が p に依存しない場合には，$\tau^*(p) = ml/p = l/v$ となるので，定義より $\tau^* = (8/3\pi)l/\langle v\rangle$ となり（研究課題 8.6.2）

$$L_{NN} = \frac{\tau^*}{m}nT \qquad L_{EN} = \frac{2\tau^*}{m}nkT^2 \qquad L_{EE} = \frac{6\tau^*}{m}nk^2T^3 \tag{8.69}$$

と定まる．これらを（古典理想気体に対する）式 (6.27), (6.50), (6.57) と組み合わせると，拡散係数 D, 電気伝導率 $\sigma_{\rm el}$, 熱伝導率 κ に対する表式

$$D = \frac{\tau^*}{m}kT \qquad \sigma_{\rm el} = q^2\frac{\tau^*}{m}n \qquad \kappa = 2\frac{\tau^*}{m}nk^2T \tag{8.70}$$

が得られる．これからフランツ–ヴィーデマン則

$$\frac{\kappa}{\sigma_{\rm el}} = 2\frac{k^2}{q^2}T \simeq 1.5 \times 10^{-8}\, T \tag{8.71}$$

が導かれるのである．この式で，q は電荷であり MKSA 単位系で値を計算した．フランツ–ヴィーデマン則によると比 $\kappa/\sigma_{\rm el}$ は絶対温度に比例し，その比例係数は物質の違いにはよらないことになる．このことは，半導体ではよく成り立つことが，実験的に確かめられている．金属に対してはフェルミ–ディラック統計を用いて計算しなければならない．すなわち，局所平衡分布 f_0 を

$$f_0(\vec{r}, \vec{p}, t) = \frac{2}{h^3} \frac{1}{\exp\left[-\alpha(\vec{r}, t) + \beta(\vec{r}, t) p^2/2m\right] + 1} \tag{8.72}$$

として上述の計算をやり直さなければならない．ここで，因子 2 はスピン自由度に起因する[*16]．その結果，フランツ–ヴィーデマン則は

$$\frac{\kappa}{\sigma_{\rm el}} = \frac{\pi^2}{3} \frac{k^2}{q^2} T \simeq 2.5 \times 10^{-8}\, T \tag{8.73}$$

となる（研究課題 8.6.2 参照）．これは，金属に対する実験結果とよく合う．

8.3　ボルツマン方程式

8.3.1　衝　突　項

ボルツマン方程式は，希薄気体に対して分布関数の時空発展を記述する方程式である．ただしこの方程式が成り立つためには，8.1.2 項で与えた，運動論が成り立つための一般的な条件に加えて，分子的混沌状態（分子的カオス）の仮定をおかなければならない．この仮定は，衝突項を書き下すために不可欠なのである[*17]．この分子的混沌状態の仮定の下では，2 粒子間の相互作用を表す 2 粒子分布関数 $f^{(2)}$ は，1 粒子分布関数の積

$$f^{(2)}(\vec{r}_1, \vec{p}_1; \vec{r}_2, \vec{p}_2; t) = f(\vec{r}_1, \vec{p}_1, t) f(\vec{r}_2, \vec{p}_2, t) \tag{8.74}$$

で書けることになる．いいかえると，多粒子分布関数は各粒子の 1 粒子分布関数の積に等しく，2 粒子相関や 3 粒子相関関数といった多粒子相関の効果はすべて無視できるのである．第 2 章で述べた一般論に，この分子的混沌状態の仮定を付加するとどのようになるかをまず見ておくことにしよう．ただし，ここでは力学変数として次の特別な形をしたもののみを取り扱うことにする．

$$\mathcal{A}(\vec{r}, \vec{p}, t) = \sum_{j=1}^{N} \delta(\vec{r} - \vec{r}_j(t)) \delta(\vec{p} - \vec{p}_j(t)) \tag{8.75}$$

[*16]　量子効果が大きな場合には，不確定性原理により位置と運動量とを同時に正確に定めることは不可能である．しかし，$\vec{r}$ と t の変化のスケールが十分大きい場合には，(8.72) の表式をそのまま使ってもかまわない．研究課題 8.6.7 を参照せよ．

[*17]　希薄気体が単原子分子だけからなっているという仮定もおくことにする．こうしておくと，衝突によって運動エネルギーが分子の内部自由度の運動エネルギーに変換されることはなく，したがって衝突は必ず完全弾性衝突ということになる．

ここで，$\vec{r}_j(t)$ と $\vec{p}_j(t)$ は j 番目の粒子の位置と運動量を表し，和はすべての粒子についてとるものとする．この変数 $\mathcal{A}$ の平均が分布関数にほかならない．

$$f(\vec{r},\vec{p},t) = \langle \mathcal{A}(\vec{r},\vec{p},t) \rangle = \left\langle \sum_{j=1}^{N} \delta(\vec{r}-\vec{r}_j(t))\delta(\vec{p}-\vec{p}_j(t)) \right\rangle \tag{8.76}$$

これは統計的集団における集団平均として計算できる（基本課題 6.4.1）[*18]．分布関数を定めることは，すべての（実際は無限個の）力学変数の平均値を定めることと等価である．第2章で力学変数に番号づけをした添え字 j の役割を，ここでは $(\vec{r},\vec{p})$ がすることになる．第2章で述べたように，変数 $\mathcal{A}(\vec{r},\vec{p},t)$ の集団平均は，任意の時刻 t において必ず分布関数 $f(\vec{r},\vec{p},t)$ に等しくなければならない．相関関数などほかの力学変数に対しては，このような特別な制約はない．

$f(\vec{r},\vec{p}_1,t)$ を f_1 と略記し，これに対するボルツマン方程式 (8.28)，すなわち

$$\frac{\partial f_1}{\partial t} + \vec{v}_1 \cdot \vec{\nabla}_{\vec{r}} f_1 + \vec{F}(\vec{r}) \cdot \vec{\nabla}_{\vec{p}_1} f_1 = \mathcal{C}[f_1] \tag{8.77}$$

から考察をはじめることにする．衝突項 $\mathcal{C}[f_1]$ は，散乱断面積から計算される．実験室系で $\vec{p}_1 + \vec{p}_2 \to \vec{p}_3 + \vec{p}_4$ であり，全運動量は $\vec{P}$ であるとする．このような2粒子の弾性衝突を重心系で記述することにしよう．重心系での運動量は $'$ をつけて表すことにすると

$$\vec{P} = \vec{p}_1 + \vec{p}_2 = \vec{p}_3 + \vec{p}_4$$

$$\vec{p}_3{}' = \vec{p}_3 - \frac{1}{2}\vec{P} = \frac{1}{2}(\vec{p}_3 - \vec{p}_4)$$

$$\vec{p}_4{}' = \vec{p}_4 - \frac{1}{2}\vec{P} = -\frac{1}{2}(\vec{p}_3 - \vec{p}_4) = -\vec{p}_3{}'$$

であり，同様の関係式が $\vec{p}_1{}'$ と $\vec{p}_2{}'$ に対しても成り立つ．また，エネルギーは運動量を用いて

$$\varepsilon_3 = \frac{\vec{p}_3^2}{2m} = \frac{1}{2m}\left(\vec{p}_3{}' + \frac{1}{2}\vec{P}\right)^2 = \frac{1}{2m}(\vec{p}_3{}')^2 + \frac{1}{2m}\vec{p}_3{}' \cdot \vec{P} + \frac{1}{8m}\vec{P}^2$$

$$\varepsilon_4 = \frac{\vec{p}_4^2}{2m} = \frac{1}{2m}\left(-\vec{p}_3{}' + \frac{1}{2}\vec{P}\right)^2 = \frac{1}{2m}(\vec{p}_3{}')^2 - \frac{1}{2m}\vec{p}_3{}' \cdot \vec{P} + \frac{1}{8m}\vec{P}^2$$

のように与えられる．エネルギー保存則は，δ 関数を用いた

$$\delta(\varepsilon_1 + \varepsilon_2 - \varepsilon_3 - \varepsilon_4) = \delta\left(\frac{(\vec{p}_1{}')^2}{m} - \frac{(\vec{p}_3{}')^2}{m}\right) \tag{8.78}$$

[*18] 微視的な粒子配置は異なるが巨視的な特性は同じである物理系は，同じ分布関数で記述されるという意味では等価である．集団平均とは，このような意味で等価な多数の物理系からなる集団を仮想的に考え，これについて平均をとることを意味する．式 (8.76) の平均はこの集団平均を意味し，式 (3.75) で与えられているボルツマン重率をつけた平均で計算できる．

8.3 ボルツマン方程式

という因子を被積分関数にかけておくことによって課すことにする．ボルツマン–ローレンツモデルのときと同様にして，散乱断面積を用いて

$$\overline{W}(\vec{p}_1, \vec{p}_2; \vec{p}_3, \vec{p}_4) = \frac{4}{m^2}\,\sigma(|\vec{v}_1 - \vec{v}_2|, \Omega') \tag{8.79}$$

で与えられる関数 $\overline{W}$ を導入しておくと便利である．次の積分を計算する．

$$\begin{aligned}
\frac{d\mathcal{N}}{dt} &= \int d^3 p_3\, d^3 p_4\, \overline{W}\, \delta(\vec{p}_1 + \vec{p}_2 - \vec{p}_3 - \vec{p}_4)\delta(\varepsilon_1 + \varepsilon_2 - \varepsilon_3 - \varepsilon_4) \\
&= \int d^3 p'_3\, \overline{W}\, \delta\!\left(\frac{(\vec{p}'_1)^2}{m} - \frac{(\vec{p}'_3)^2}{m}\right) \\
&= \int dp'_3\,(p'_3)^2\, d\Omega'\, \overline{W}\, \delta\!\left(\frac{(\vec{p}'_1)^2}{m} - \frac{(\vec{p}'_3)^2}{m}\right) \\
&= \frac{m}{2}\, p'_1 \int d\Omega'\, \overline{W} = \frac{2p'_1}{m} \int d\Omega'\, \sigma(|\vec{v}_1 - \vec{v}_2|, \Omega')
\end{aligned}$$

ここで現れた $2p'_1/m$ という因子は

$$|\vec{v}_1 - \vec{v}_2| = \frac{|\vec{p}_1 - \vec{p}_2|}{m} = 2\frac{p'_1}{m}$$

のように，相対速度の絶対値であるから，結局

$$\frac{d\mathcal{N}}{dt} = |\vec{v}_1 - \vec{v}_2| \int d\Omega'\, \sigma(|\vec{v}_1 - \vec{v}_2|, \Omega') = |\vec{v}_1 - \vec{v}_2|\sigma_{\text{tot}}(|\vec{v}_1 - \vec{v}_2|) \tag{8.80}$$

という等式が得られる．式 (8.7) の定義より，$d\mathcal{N}/dt$ は入射粒子と標的粒子の粒子数密度がともに単位密度である場合に，単位時間あたりに起きる衝突の総数を表す量である．したがって

$$\begin{aligned}
&W(\vec{p}_1, \vec{p}_2 \to \vec{p}_3, \vec{p}_4)\, d^3 p_3\, d^3 p_4 \\
&= \overline{W}\, \delta(\vec{p}_1 + \vec{p}_2 - \vec{p}_3 - \vec{p}_4)\delta(\varepsilon_1 + \varepsilon_2 - \varepsilon_3 - \varepsilon_4) d^3 p_3\, d^3 p_4
\end{aligned} \tag{8.81}$$

で定義される量は，単位密度の入射粒子と標的粒子の間で単位時間あたりに起きる衝突のうちで，粒子の終状態が $d^3 p_3 d^3 p_4$ 中にあるような衝突の回数を与えるのである．これらの条件のもと，衝突によって体積要素 $d^3 r d^3 p_1$ の中の状態から，その外の状態へ移ってしまう粒子の個数 $d^3 r d^3 p_1 \mathcal{C}_-[f_1]$ は，上で与えた $W d^3 p_3 d^3 p_4$ に体積要素 $d^3 r d^3 p_1$ の中の状態にある入射粒子の数，すなわち $f(\vec{r}, \vec{p}_1, t) d^3 r d^3 p_1$ をかけて，衝突する相手の粒子の入射時の運動量 $\vec{p}_2$ と衝突後の双方の粒子の運動量 $\vec{p}_3, \vec{p}_4$ について積分することによって求められる．すなわち

$$\begin{aligned}
\mathcal{C}_-[f_1]\, d^3 r\, d^3 p_1 &= f(\vec{r}, \vec{p}_1, t) d^3 r\, d^3 p_1 \\
&\quad \times \int d^3 p_2\, d^3 p_3\, d^3 p_4\, f(\vec{r}, \vec{p}_2, t) W(\vec{p}_1, \vec{p}_2 \to \vec{p}_3, \vec{p}_4)
\end{aligned} \tag{8.82}$$

である．同様にして，衝突によって体積要素 $d^3 r d^3 p_1$ 中の状態に入ってくる粒子数は

$$\mathcal{C}_+[f_1]\,\mathrm{d}^3 r\,\mathrm{d}^3 p_1 = \mathrm{d}^3 r\,\mathrm{d}^3 p_1 \int \mathrm{d}^3 p_2\,\mathrm{d}^3 p_3\,\mathrm{d}^3 p_4\,f(\vec{r},\vec{p}_3,t)$$
$$\times f(\vec{r},\vec{p}_4,t)W(\vec{p}_3,\vec{p}_4 \to \vec{p}_1,\vec{p}_2) \tag{8.83}$$

で与えられる．分子的混沌状態の仮定 (8.74) のもと，これらの二つの表式において，入射粒子と標的粒子の2粒子相関関数はそれぞれの1粒子分布関数の積で与えた．

これら二つの式から衝突項を計算する前に，関数 W のもつ対称性について調べておくことにする．粒子の衝突の際に働く相互作用は電磁気的なものであり，これは回転 (R)，空間反転 (P)，および時間反転 (T) に対して不変である．これらの不変性の結果，関数 W は次のような対称性をもつことが導かれる（図 8.7 参照）．

(a) 回転：$W(R\vec{p}_1,R\vec{p}_2 \to R\vec{p}_3,R\vec{p}_4) = W(\vec{p}_1,\vec{p}_2 \to \vec{p}_3,\vec{p}_4)$,
(b) パリティ：$W(-\vec{p}_1,-\vec{p}_2 \to -\vec{p}_3,-\vec{p}_4) = W(\vec{p}_1,\vec{p}_2 \to \vec{p}_3,\vec{p}_4)$,
(c) 時間反転：$W(-\vec{p}_3,-\vec{p}_4 \to -\vec{p}_1,-\vec{p}_2) = W(\vec{p}_1,\vec{p}_2 \to \vec{p}_3,\vec{p}_4)$.

ここで，$R\vec{p}$ は運動量ベクトル $\vec{p}$ を回転行列 R によって回転することを表し，運動量の符号を逆にすることは時間反転を意味する．対称性 (ii) と (iii) を合わせると

$$W(\vec{p}_3,\vec{p}_4 \to \vec{p}_1,\vec{p}_2) = W(\vec{p}_1,\vec{p}_2 \to \vec{p}_3,\vec{p}_4) \tag{8.84}$$

という不変性が得られる．衝突 $\vec{p}_3+\vec{p}_4 \to \vec{p}_1+\vec{p}_2$ と衝突 $\vec{p}_1+\vec{p}_2 \to \vec{p}_3+\vec{p}_4$ とは互いに逆の関係にある．対称性 (8.84) を用いると，このような逆の関係にある衝突を関係づけることができるので，衝突項 $\mathcal{C}[f_1] = \mathcal{C}_+[f_1] - \mathcal{C}_-[f_1]$ は

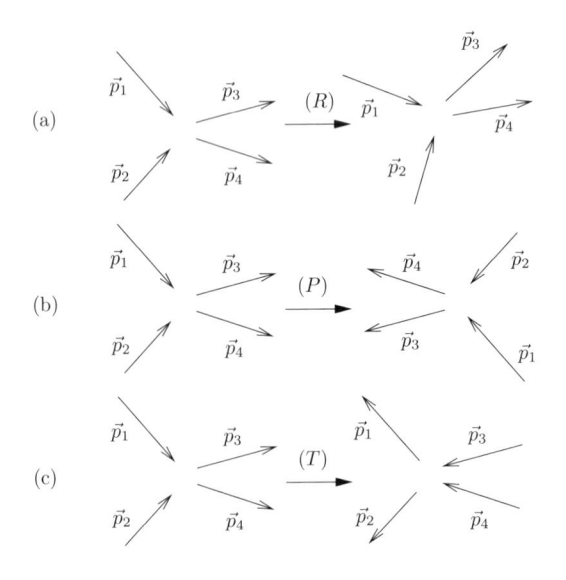

図 **8.7** 衝突に対する回転，空間反転および時間反転の効果.

$$\mathcal{C}[f_1] = \int \prod_{i=2}^{4} \mathrm{d}^3 p_i\, W(\vec{p}_1, \vec{p}_2 \to \vec{p}_3, \vec{p}_4)[f_3 f_4 - f_1 f_2] \tag{8.85}$$

という形にまとめられる. ただしここで $f_i = f(\vec{r}, \vec{p}_i, t)$ である. こうして, ボルツマン方程式は最終的に

$$\begin{aligned}
&\frac{\partial f_1}{\partial t} + \vec{v}_1 \cdot \vec{\nabla}_{\vec{r}} f_1 + \vec{F}(\vec{r}) \cdot \vec{\nabla}_{\vec{p}_1} f_1 \\
&= \int \prod_{i=2}^{4} \mathrm{d}^3 p_i\, W(\vec{p}_1, \vec{p}_2 \to \vec{p}_3, \vec{p}_4)[f_3 f_4 - f_1 f_2] \\
&= \int \mathrm{d}\Omega' \int \mathrm{d}^3 p_2\, \sigma(|\vec{v}_1 - \vec{v}_2|, \Omega')|\vec{v}_1 - \vec{v}_2|[f_3 f_4 - f_1 f_2]
\end{aligned} \tag{8.86}$$

という形で与えられることになる. ただし, 入射粒子と標的粒子は元来同一種粒子であるから, 互いに入れ替えたとしても衝突現象としては同一とみなさなければならない. このため位相空間での積分は空間の半分にわたってだけ行えばよいことに注意しなければならない. 上のボルツマン方程式から, ボルツマン–ローレンツ模型に移行するには, $f_2 = f_4 = n_d \delta(\vec{p})$ とおけばよい. ボルツマン方程式は時間反転不変性を破っている. このことは, 時間反転しても衝突項は符号を変えないが, ドリフト項は符号を変えるので, $f(\vec{r}, \vec{p}, t)$ がボルツマン方程式の解であるとしても, $f(\vec{r}, -\vec{p}, -t)$ は解にはならないことから明らかである.

8.3.2 保 存 則

粒子数保存則（質量保存則），エネルギー保存則，運動量保存則はいつも成り立つので，（運動量はベクトルであり，3 成分あるから）五つの保存則があることになる. これはそれぞれの密度と流束密度との間に連続の方程式が成り立つことにより表されるが，連続の方程式は各々の衝突 $\vec{p}_1 + \vec{p}_2 \to \vec{p}_3 + \vec{p}_4$ によって質量，エネルギーおよび運動量が保存されるという事実から導くことができる. 実際以下に示すように，ボルツマン–ローレンツ模型のときに行った計算を一般化することによって得られる. いま, 衝突 $\vec{p}_1 + \vec{p}_2 \to \vec{p}_3 + \vec{p}_4$ によって保存される量を $\chi(\vec{p})$ とする. すなわち, $\chi_i = \chi(\vec{p}_i)$ と書くことにすると

$$\chi_1 + \chi_2 = \chi_3 + \chi_4 \tag{8.87}$$

が成り立つものとする. まず

$$I[\chi] = \int \mathrm{d}^3 p_1\, \chi(\vec{p}_1) \mathcal{C}[f_1] = 0 \tag{8.88}$$

であることを示そう. 衝突項に対して (8.85) の表式を代入すると[19]，

---

[19] $W(\vec{p}_1, \vec{p}_2 \to \vec{p}_3, \vec{p}_4)$ を $W(12 \to 34)$ と略記することにする.

$$I[\chi] = \int \prod_{i=1}^{4} \mathrm{d}^3 p_i \, \chi_1 W(12 \to 34)[f_3 f_4 - f_1 f_2]$$

となる．粒子 1 と粒子 2 とは同一種の粒子であるから $W(12 \to 34) = W(21 \to 34)$ であり，したがって上の積分で変数の入れ替え $\vec{p}_1 \rightleftharpoons \vec{p}_2$ をしてもかまわない．これによって，$I[\chi]$ に対して

$$I[\chi] = \int \prod_{i=1}^{4} \mathrm{d}^3 p_i \, \chi_2 W(12 \to 34)[f_3 f_4 - f_1 f_2]$$

という 2 番目の表式が得られる．次に (12) と (34) の入れ替えをして，逆衝突の間の関係 $W(34 \to 12) = W(12 \to 34)$ を用いると

$$I[\chi] = -\int \prod_{i=1}^{4} \mathrm{d}^3 p_i \, \chi_3 W(12 \to 34)[f_3 f_4 - f_1 f_2]$$

という 3 番目の表式が得られる．最後に粒子 3 と 4 を入れ替えると 4 番目の表式が得られる．これらの四つの表式を加え合わせて 4 で割ることにより

$$I[\chi] = \frac{1}{4} \int \prod_{i=1}^{4} \mathrm{d}^3 p_i \, [\chi_1 + \chi_2 - \chi_3 - \chi_4] W(12 \to 34)[f_3 f_4 - f_1 f_2] \tag{8.89}$$

が得られることになる．したがって，もしも χ という量が衝突で保存され，式 (8.87) が成り立つなら，$I[\chi] = 0$ であることになる（この結論の物理的な解釈については，脚注 12 を見よ）．以上の議論は，χ が $\vec{r}$ に依存していても同様に成り立つ．さて，次にボルツマン方程式 (8.86) に保存量 $\chi(\vec{r}, \vec{p}_1)$ をかけ，$\vec{p}_1$ を $\vec{p}$ でおきかえて $\vec{p}$ で積分する．すると次の式が得られる．

$$\int \mathrm{d}^3 p \, \chi(\vec{r}, \vec{p}) \left(\frac{\partial f}{\partial t} + \vec{v} \cdot \vec{\nabla}_{\vec{r}} f + \vec{F}(\vec{r}) \cdot \vec{\nabla}_{\vec{p}} f \right) = 0 \tag{8.90}$$

この式を，物理量の間の関係式に書きかえることができる．そのために次の二つの式を用いる[20]

$$\int \mathrm{d}^3 p \, \chi v_\alpha \, \partial_\alpha f = \partial_\alpha \int \mathrm{d}^3 p \, (\chi v_\alpha f) - \int \mathrm{d}^3 p \, f v_\alpha \, \partial_\alpha \chi \tag{8.91}$$

$$\int \mathrm{d}^3 p \, \chi F_\alpha \, \partial_{p_\alpha} f = \int \mathrm{d}^3 p \, \partial_{p_\alpha} (\chi F_\alpha f) - \int \mathrm{d}^3 p \, (\partial_{p_\alpha} \chi) F_\alpha f - \int \mathrm{d}^3 p \, \chi \, (\partial_{p_\alpha} F_\alpha) f$$

$$= -\int \mathrm{d}^3 p \, (\partial_{p_\alpha} \chi) F_\alpha f \tag{8.92}$$

式 (8.92) の最初の等号の右辺第 1 項は発散の積分なので表面積分に等しいが，$|\vec{p}| \to \infty$ で f は急速に零になるので，この表面積分は零である．また，問題を単純化して粒子間

---

[20] 重複する添え字は，その添え字について和をとるものとする．

8.3 ボルツマン方程式

に働く力は速度にはよらないと仮定すると,第3項も零となるので2番目の等式が成り立つことになる.

式 (8.2) により, χ の平均値を $\langle\chi\rangle$ と書くと,

$$n\langle\chi\rangle = \int \mathrm{d}^3 p\, \chi f \tag{8.93}$$

となり,また粒子間の相互作用を無視してしまうと,流束密度は単純な対流項(移流項)

$$\vec{j}_\chi = \int \mathrm{d}^3 p\, \vec{v}\, \chi f = n\langle \vec{v}\chi\rangle \tag{8.94}$$

として与えられる.これらの結果より,式 (8.90) は最終的には

$$\boxed{\frac{\partial}{\partial t}(n\langle\chi\rangle) + \partial_\alpha(n\langle v_\alpha \chi\rangle) = n\langle v_\alpha\, \partial_\alpha \chi\rangle + n\langle F_\alpha\, \partial_{p_\alpha} \chi\rangle} \tag{8.95}$$

という形になる.外力がない場合には,式 (8.95) は連続の方程式 $\partial_t \rho_\chi + \vec{\nabla}\cdot\vec{j}_\chi = 0$ に帰着する.

速度 $\vec{v}$ を $\vec{v} = \vec{u} + \vec{w}$ というように二つの成分に分解して考えることにする.ここで最初の成分は平均速度 $\vec{u} = \langle \vec{v}\rangle$ であり,6.3.1 項で導入した流体の流速ベクトルにほかならない.2番目の成分 $\vec{w}$ は流体の静止系で測った粒子速度であり,熱揺動に起因する速度成分である.したがって平均 $\langle \vec{w}\rangle = 0$ である.$\chi = m$ とおくと,質量に対する連続の方程式

$$\frac{\partial \rho}{\partial t} + \vec{\nabla}\cdot\vec{g} = 0 \tag{8.96}$$

が得られる(表 6.1 を参照).ここで $\rho = nm, \vec{g} = \rho\langle\vec{v}\rangle = \rho\vec{u}$ である.運動量の連続の方程式は $\chi = mv_\beta$ とおくと,$\partial_{p_\alpha}\chi = \delta_{\alpha\beta}$ であるので

$$\frac{\partial}{\partial t}(\rho\langle v_\beta\rangle) + \partial_\alpha(\rho\langle v_\alpha v_\beta\rangle) = nF_\beta \tag{8.97}$$

と導出できる.ここで $nF_\beta = f_\beta$ は,単位体積中の粒子にかかる力の β 成分である.この連続の方程式より,運動量流束密度 $T_{\alpha\beta}$ が

$$T_{\alpha\beta} = \rho\langle v_\alpha v_\beta\rangle \tag{8.98}$$

と定められる(式 (6.69) および (6.74) と比較せよ).$\vec{v} = \vec{u} + \vec{w}$ とおくと

$$T_{\alpha\beta} = \rho u_\alpha u_\beta + \rho\langle w_\alpha w_\beta\rangle$$

となるので,圧力テンソル $\mathcal{P}_{\alpha\beta}$ は

$$\mathcal{P}_{\alpha\beta} = \rho\langle w_\alpha w_\beta\rangle \tag{8.99}$$

となる(表 6.1 を参照).圧力テンソルのトレースを計算すると

$$\mathcal{P}_{\alpha\alpha} = nm\langle \vec{w}^2 \rangle = \rho \langle \vec{w}^2 \rangle \tag{8.100}$$

となることに注意せよ.最後に χ としてエネルギーをとることにする.ただし,外力はないものとして $\chi = m\vec{v}^2/2$ とする.エネルギー密度は

$$\epsilon = \frac{1}{2}\rho\langle \vec{v}^2 \rangle \tag{8.101}$$

であり,エネルギー流束密度は

$$\vec{j}_E = \frac{1}{2}\rho\langle \vec{v}^2 \vec{v} \rangle \tag{8.102}$$

である.したがって,外力が働かない場合のエネルギー保存則を表す連続の方程式

$$\frac{\partial \epsilon}{\partial t} + \vec{\nabla} \cdot \vec{j}_E = 0 \tag{8.103}$$

も,式 (8.95) の特別な場合として導かれることになる.エネルギー流束密度を,流体の静止系で測った場合のエネルギー流束を表す熱流密度 $\vec{j}_E' = \vec{j}_Q$ と関係づけることもできる.再び $\vec{u}$ を平均速度として $\vec{v} = \vec{u} + \vec{w}$ とおくことにより,容易に(基本課題 8.4.5)

$$j_{E,\alpha} = \epsilon u_\alpha + \sum_\beta u_\beta \mathcal{P}_{\alpha\beta} + j'_{E,\alpha}$$

という関係式が得られる.これは式 (6.83) にほかならない.流体の静止系での局所温度 $T(\vec{r}, t)$ は

$$\boxed{\frac{1}{2}m\langle \vec{w}^2 \rangle = \frac{3}{2}kT(\vec{r},t)} \tag{8.104}$$

によって定義される.これより

$$\rho\langle \vec{w}^2 \rangle = 3nkT = 3\mathcal{P}$$

であるが,これを式 (8.100) と比較すると

$$\sum_\alpha \mathcal{P}_{\alpha\alpha} - 3\mathcal{P} = 0 \tag{8.105}$$

という関係式が得られる.この圧力テンソルのトレースの性質を式 (6.88) に適用すると,単原子分子からなる理想気体では体積粘性率 ζ は零であることが結論される.

8.3.3 H 定理

本節の最後に,ボルツマンのエントロピー増大則を説明することにする.第2章と同様に力学変数 $\mathcal{A}_i$ の集合を導入し,各々の力学変数 $\mathcal{A}_i$ の平均値がそれぞれある一定値 A_i であるという設定をする[21].この設定に従うと,対応するボルツマンのエントロ

---

[21] 古典力学に従って考察することにする.

ピーを定めることができるのである．ここで考える力学変数は 1 粒子分布 (8.75) であり，その平均値は分布関数 $f(\vec{r}, \vec{p}, t)$ である．第 2 章で用いた添え字 i はここでは連続変数 $(\vec{r}, \vec{p})$ であり，ラグランジュの未定定数 λ_i は $\lambda(\vec{r}, \vec{p})$ となる．第 2 章での記法とここで扱うものとの対応関係は次のようにまとめられる[*22]．

$$i \to (\vec{r}, \vec{p}) \qquad \lambda_i \to \lambda(\vec{r}, \vec{p}) \qquad \sum_i \to \int \mathrm{d}^3 r \, \mathrm{d}^3 p$$

$$\sum_i \lambda_i A_i \to \int \mathrm{d}^3 r \, \mathrm{d}^3 p \, \lambda(\vec{r}, \vec{p}) \sum_{j=1}^N \delta(\vec{r} - \vec{r}_j) \, \delta(\vec{p} - \vec{p}_j) = \sum_{j=1}^N \lambda(\vec{r}_j, \vec{p}_j)$$

量子統計力学で演算子のトレースをとる操作は，古典統計力学では大正準分布において，式 (3.42) つまり

$$\mathrm{Tr} = \sum_N \frac{1}{N!} \int \prod_{j=1}^N \frac{\mathrm{d}^3 r_j \, \mathrm{d}^3 p_j}{h^3} \tag{8.106}$$

という積分におきかえられることを前に述べた．大分配関数は

$$\mathcal{Q} = \sum_N \frac{1}{N!} \int \prod_{j=1}^N \left(\frac{\mathrm{d}^3 r_j \, \mathrm{d}^3 p_j}{h^3} \exp[\lambda(\vec{r}_j, \vec{p}_j)] \right)$$

$$= \sum_N \frac{1}{N!} \left[\int \frac{\mathrm{d}^3 r' \, \mathrm{d}^3 p'}{h^3} \exp[\lambda(\vec{r}', \vec{p}')] \right]^N = \exp\left(\frac{1}{h^3} \int \mathrm{d}^3 r' \, \mathrm{d}^3 p' \exp[\lambda(\vec{r}', \vec{p}')] \right)$$

であり，したがって

$$\ln \mathcal{Q} = \frac{1}{h^3} \int \mathrm{d}^3 r' \, \mathrm{d}^3 p' \, \mathrm{e}^{\lambda(\vec{r}', \vec{p}')} \tag{8.107}$$

が成り立つことになる．分布関数は，この $\ln \mathcal{Q}$ の汎関数微分

$$f(\vec{r}, \vec{p}) = \frac{\delta \ln \mathcal{Q}}{\delta \lambda(\vec{r}, \vec{p})} = \frac{1}{h^3} \exp[\lambda(\vec{r}, \vec{p})] \tag{8.108}$$

で与えられる（付録 A.6 節を参照）．これより，ラグランジュの未定乗数 $\lambda(\vec{r}, \vec{p})$ は

$$\lambda(\vec{r}, \vec{p}) = \ln(h^3 f(\vec{r}, \vec{p})) \tag{8.109}$$

に等しいことが導かれる．こうして式 (2.65) のボルツマンのエントロピー

$$S_\mathrm{B} = k \left(\ln \mathcal{Q} - \sum_i \lambda_i A_i \right)$$

はいまの場合，

$$\boxed{S_\mathrm{B} = k \int \mathrm{d}^3 r \, \mathrm{d}^3 p \, f(\vec{r}, \vec{p}) \left[1 - \ln(h^3 f(\vec{r}, \vec{p})) \right]} \tag{8.110}$$

[*22] 式 (8.75) で $t = 0$ として $\vec{r}_j(t=0) = \vec{r}_j, \vec{p}_j(t=0) = \vec{p}_j$ とする．

で与えられることになる．この表式より，エントロピー密度 s_B とエントロピー流束密度 $\vec{j}_S$ がそれぞれ

$$s_\mathrm{B} = k\int \mathrm{d}^3 p\, f(\vec{r},\vec{p})\left[1 - \ln(h^3 f(\vec{r},\vec{p}))\right] \tag{8.111}$$

$$\vec{j}_S = k\int \mathrm{d}^3 p\, \vec{v} f(\vec{r},\vec{p})\left[1 - \ln(h^3 f(\vec{r},\vec{p}))\right] \tag{8.112}$$

で与えられることになる．ただし，運動論の範囲で考えているので，流束は単純に速度 $\vec{v}$ の流体の流れにともなうものとして与えられる．また，$h^3 f \ll 1$ が成り立つ古典近似の範囲では，式 (8.111) と (8.112) の括弧内の 1 は無視してよい．

ボルツマンのエントロピーに対する表式 (8.110) は，位相空間での多粒子分布関数を 1 粒子分布関数の積

$$D_N(\vec{r}_1,\vec{p}_1;\ldots;\vec{r}_N,\vec{p}_N) \propto \prod_{i=1}^{N} f(\vec{r}_i,\vec{p}_i)$$

で表し，相関を無視することによって，もっと直観的な議論で導くこともできる（2.2.2 項を参照）．式 (8.110) で括弧内の因子 1 と ln の中の h の項を無視した量を，ボルツマンは $-H$ とした．すなわち関数

$$H(t) = k\int \mathrm{d}^3 r\, \mathrm{d}^3 p\, f(\vec{r},\vec{p},t)\ln f(\vec{r},\vec{p},t)$$

を H 関数とよび，以下で述べる不等式 (8.113) を H 定理と名づけた．

エントロピー密度 s_B とエントロピー流速密度 $\vec{j}_S$ はそれぞれ式 (8.111) と (8.112) のように分布関数 f を用いて表されているので，f に対するボルツマン方程式 (8.86) を用いれば，エントロピーに関する連続の方程式が得られるはずである．実際，

$$\mathrm{d}\left(f\left[1 - \ln(h^3 f(\vec{r},\vec{p}))\right]\right) = -\ln[h^3 f(\vec{r},\vec{p})]\mathrm{d}f$$

であるから，式 (8.86) の両辺に $-k\ln(h^3 f_1)$ をかけて $\vec{p}_1$ について積分することにより

$$\begin{aligned}
\frac{\partial s_\mathrm{B}}{\partial t} + \vec{\nabla}\cdot\vec{j}_S &= -k\int \prod_{i=1}^{4}\mathrm{d}^3 p_i\, \ln(h^3 f_1)[f_3 f_4 - f_1 f_2]W(\vec{p}_1,\vec{p}_2 \to \vec{p}_3,\vec{p}_4) \\
&= \frac{k}{4}\int \prod_{i=1}^{4}\mathrm{d}^3 p_i\, \ln\frac{f_1 f_2}{f_3 f_4}[f_1 f_2 - f_3 f_4]W(\vec{p}_1,\vec{p}_2 \to \vec{p}_3,\vec{p}_4) \\
&= \frac{k}{4}\int \prod_{i=1}^{4}\mathrm{d}^3 p_i\, \ln\frac{f_1 f_2}{f_3 f_4}\left[\frac{f_1 f_2}{f_3 f_4} - 1\right] f_3 f_4\, W(\vec{p}_1,\vec{p}_2 \to \vec{p}_3,\vec{p}_4) \geq 0
\end{aligned} \tag{8.113}$$

という方程式が得られる．式 (8.113) の 2 番目の等式は，式 (8.89) を導いたときと同様に W 関数の対称性を用いた．また最後の不等式は，任意の x に対して $(x-1)\ln x \geq 0$

であることによる．この連続の方程式の右辺はエントロピーの湧き出しを表しているので，総エントロピーは増大することが導かれたことになる．すなわち $dS_B/dt \geq 0$ である[*23]．上述の計算より，このエントロピーの連続の方程式における湧き出しの項は，粒子の衝突に起因することがわかる．つまり，衝突によってエントロピーが増大するのである．

エントロピー増大則を，情報エントロピーという概念を用いて考えてみるとわかりやすい．粒子系の配置に関する情報は，ボルツマン方程式の理論においては常に1粒子分布関数で表される．衝突によって粒子間に相関が生じるのであるが，1粒子分布関数のみで系を記述することにしているので，この相関に関する情報は，逐次失われていくことになる．つまり情報の散逸があることになるのである．

局所温度 $T(\vec{r},t)$，局所化学ポテンシャル $\mu(\vec{r},t)$，および局所流体速度 $\vec{u}(\vec{r},t)$ をもつ局所平衡分布の分布関数を f_0 とすると，これは $\alpha = \mu/kT, \beta = 1/kT$ として

$$f_0(\vec{r},\vec{p},t) = \frac{1}{h^3}\exp\left(\alpha(\vec{r},t) - \beta(\vec{r},t)\frac{(\vec{p} - m\vec{u}(\vec{r},t))^2}{2m}\right) \tag{8.114}$$

と与えられる．式 (8.114) の関数形から，衝突項 $C[f_0] = 0$ であり，$dS_{\text{tot}}/dt = 0$ であることがわかる．逆に，衝突項が零ならば系は局所平衡状態であり $f(\vec{r},\vec{p},t)$ が式 (8.114) の形に書けることも示せる（基本課題 8.5.6）．もちろん，系が大局的な平衡状態にあるならば，エントロピーは一定である．

ここまでの議論のうちで注意すべき点を三つ述べておくことにする．まず第1番目の注意点は，ボルツマンのエントロピー増大則 $dS_B/dt \geq 0$ は，衝突前には粒子間には相関がないという仮定の上に成り立つということである．衝突のあとには2粒子間に相関が生じる．このため，衝突の前と後とでは状態が異なることになるので，粒子系の時間発展は時間反転に対して非対称となるのである．しかしながら，気体が希薄であるという状況を考えているので，ある二つの粒子が衝突したあとで再びその同じ粒子対が衝突をする確率はきわめて低いため，粒子の衝突はたいていの場合，相関をもたない粒子間で起きるとしてよいことになる．このため，分子的混沌状態が初期時刻で成り立つと，ある程度の時間の間はその状態が維持されることになる．しかし十分な時間が経つと，相関関数が指数関数的ではなくべき関数のオーダーでしか減衰しないという長時間相関の効果（long time tail）が見られる．具体的には，$t \gg \tau^*$ で相関関数が $t^{-3/2}$ とふるまう現象である．これは長時間存続する流体運動のモードに起因する（文献 [108] の第11章を参照）．2番目の注意点は，ボルツマンのエントロピーと熱力学的なエントロピーとは，一般には別の物理量であるということである．物理量 S_B は第2章で定義した意味で確かにボルツマンのエントロピーであるが，式 (8.111) で与えられたエントロピー

[*23] エントロピー増大則は平均として成り立つ法則である．短い時間間隔では，エントロピー $S_B(t)$ がゆらぎのために減少することもありえる．実際に分子動力学の計算機シミュレーションでは，このような現象が観測される．

密度 s_B は平衡状態での熱力学的なエントロピー密度と同一ではないのである．なぜならば，ボルツマン方程式で扱っている $f(\vec{r},\vec{p})$ は非平衡状態での分布関数であり，平衡状態でのマクスウェル分布関数とは異なるものであるからである．そもそも非平衡状態では温度というものは定義できないはずである．運動論による粒子系の記述は熱力学によるものよりも一般的であり，熱力学的な記述に還元できないはずだからである．ただし，平均自由時間のオーダーの時間が経つと，系は式 (8.114) の形の局所平衡状態に至る．この局所平衡状態の分布関数に対しては，式 (8.111) で定義されたボルツマンのエントロピー密度と式 (3.17) の局所熱平衡での熱力学的なエントロピーとが一致することは容易に確かめることができる．しかしこの状況では衝突項は零になり，それ以降のエントロピーの増大は，第 6 章で述べたような粘性係数と熱伝導係数の効果によって起きることになる．これは，ボルツマン方程式において衝突によってエントロピーが増大するのとはまったく別の状況である．つまり，熱平衡状態でのみ定義される熱力学的なエントロピーの増大則と，ボルツマンの H 定理とは，直接的には関係しないのである．第 3 の注意点は，ボルツマン方程式を導出するには気体が希薄であるという仮定は不可欠であるということである．粒子間の相互作用ポテンシャルの効果が重要な場合はボルツマン方程式は成立しない．このような場合には，$f(\vec{r},\vec{p},t)$ の満たすべき方程式は履歴効果を取り込んだものであるべきであり，ボルツマン方程式のような自励系ではありえない．このようなときにもエントロピーを式 (8.110) で定義してもかまわないが，もはやエントロピー増大則 (8.113) は保障されないので，この量は物理的に有用なものではない．

8.4 ボルツマン方程式からの輸送係数の計算

この最後の節では，ボルツマン方程式から輸送係数を計算する方法を説明する．ただし，ずり粘性係数の計算を示すだけにとどめる．熱伝導率の計算は，ずり粘性係数の計算に比べて少し複雑であるので，これについては研究課題 8.6.8 で扱うことにした．

8.4.1 線形化されたボルツマン方程式

ボルツマン–ローレンツ模型の場合と同様に，チャップマン–エンスコッグの方法に従って，ボルツマン方程式を局所平衡状態 (8.114) の近傍で線形化することにする．局所平衡の分布関数 (8.114) は局所粒子数密度 $n(\vec{r},t)$ を用いると

$$f_0(\vec{r},\vec{p},t) = n(\vec{r},t)\left(\frac{\beta(\vec{r},t)}{2\pi m}\right)^{3/2} \exp\left[-\frac{1}{2}m\beta(\vec{r},t)(\vec{v}-\vec{u}(\vec{r},t))^2\right] \tag{8.115}$$

と書き換えられる．この f_0 を用いて，局所粒子数密度 $n(\vec{r},t)$，局所流体速度 $\vec{u}(\vec{r},t)$，および局所温度 $T(\vec{r},t)$ はそれぞれ

$$n(\vec{r},t) = \int d^3p\, f_0(\vec{r},\vec{p},t)$$

$$\vec{u}(\vec{r},t) = \frac{1}{n(\vec{r},t)} \int d^3p\, \vec{v} f_0(\vec{r},\vec{p},t) \tag{8.116}$$

$$kT(\vec{r},t) = \frac{1}{\beta(\vec{r},t)} = \frac{2m}{3n(\vec{r},t)} \int d^3p\, f_0(\vec{r},\vec{p},t)(\vec{v}-\vec{u}(\vec{r},t))^2$$

で与えられる．また，この局所平衡分布関数 (8.115) を用いて計算すると衝突項は $\mathcal{C}[f_0]=0$ であることが示せる．実際，2 粒子の弾性衝突における運動量保存則

$$\vec{p}_1 + \vec{p}_2 = \vec{p}_3 + \vec{p}_4 \qquad \vec{p}_1^{\,2} + \vec{p}_2^{\,2} = \vec{p}_3^{\,2} + \vec{p}_4^{\,2} \tag{8.117}$$

から，すぐに

$$\ln f_{01} + \ln f_{02} = \ln f_{03} + \ln f_{04}$$

が成り立つことが確かめられるので，

$$f_{01}f_{02} = f_{03}f_{04} \tag{8.118}$$

という関係式が得られるからである．しかしながら f_0 はボルツマン方程式の解にはなっていない．なぜならば，f_0 が $\vec{r}$ によらずに大局的な熱平衡分布になっているという自明な場合を除いて，局所平衡分布関数に対してドリフト項は零ではないからである．

$$Df_0 = \left(\frac{\partial}{\partial t} + \vec{v}\cdot\vec{\nabla}\right)f_0 \neq 0 \tag{8.119}$$

ただし，外力は働いていないものと仮定した．以後もこの仮定をおくことにする．ボルツマン–ローレンツ模型の場合と同様に，分布関数 f を局所平衡分布 f_0 とそれからの微小な偏差 $\overline{f}$ の部分とに分けて

$$f = f_0 + \overline{f}$$

と書くことにする．関係式 (8.116) が成り立つとしたので，ボルツマン–ローレンツ模型において $\overline{f}$ が式 (8.48) を満たしたのと同様に，$\overline{f}$ は次の三つの条件式を満たさなければならないことになる．

$$\int d^3p\, \overline{f} = \int d^3p\, \vec{p}\, \overline{f} = \int d^3p\, \varepsilon\, \overline{f} = 0 \tag{8.120}$$

これらの条件式のもと，8.2.4 項で行ったのと同様の議論を行うことにする．すなわち，平均自由時間 τ^* のオーダーの時間が経ったあとの状況を考え，系は局所平衡状態になっているものとする．そして式 (8.50) を満たすように，時間に依存しないドリフト項 $Df = \vec{v}\cdot\nabla f$ と衝突項がつり合った状態が維持され，系はゆっくりと大域的な平衡状態に緩和していくものとする．分布関数 f を

$$f = f_0\left(1-\overline{\Phi}\right) \qquad \overline{f} = -f_0\overline{\Phi}, \quad |\overline{\Phi}| \ll 1 \tag{8.121}$$

と書くと便利である．以下 $\overline{\Phi}(\vec{p}_i)$ を $\overline{\Phi}_i$ と略記することにする．$\overline{\Phi}_i$ の 1 次のオーダーで
$$f_i f_j \simeq f_{0i} f_{0j} (1 - \overline{\Phi}_i - \overline{\Phi}_j)$$
という近似式が成り立つ．ここで関係式 (8.118) を用いると，衝突項は
$$\mathcal{C}[f] = \int \prod_{i=2}^{4} \mathrm{d}^3 p_i \, W f_{01} f_{02} \left[\overline{\Phi}_1 + \overline{\Phi}_2 - \overline{\Phi}_3 - \overline{\Phi}_4 \right]$$
となるので，線形化されたボルツマン方程式は
$$D f_{01} = \frac{\beta}{m} f_{01} \mathsf{L} \left[\overline{\Phi} \right]$$
$$\mathsf{L} \left[\overline{\Phi} \right] = \frac{m}{\beta} \int \prod_{i=2}^{4} \mathrm{d}^3 p_i \, W f_{02} \Delta \overline{\Phi} \quad (8.122)$$
$$\Delta \overline{\Phi} = \overline{\Phi}_1 + \overline{\Phi}_2 - \overline{\Phi}_3 - \overline{\Phi}_4$$
と表されることになる．ここで，後の都合のため m/β という因子を汎関数 $\mathsf{L}[\overline{\Phi}]$ につけておいた．この汎関数は $\overline{\Phi}$ の関数空間に作用する線形演算子とみなすことができる．$\overline{\Psi}(\vec{p})$ を任意の関数として，式 (8.122) の両辺に $\overline{\Psi}(\vec{p}_1)$ をかけて $\vec{p}_1$ について積分することにする．式 (8.89) を導いたときと同様に，衝突項の対称性を考慮すると
$$\int \mathrm{d}^3 p_1 \, \overline{\Psi}_1 D f_{01} = \frac{\beta}{m} \int \mathrm{d}^3 p_1 \, \overline{\Psi}_1 f_{01} \mathsf{L} \left[\overline{\Phi} \right]$$
$$= \frac{1}{4} \int \prod_{i=1}^{4} \mathrm{d}^3 p_i \, \Delta \overline{\Psi} \, W f_{01} f_{02} \Delta \overline{\Phi} \quad (8.123)$$
が得られる．この式 (8.123) の右辺は，スカラー積
$$\left(\overline{\Psi}, \overline{\Phi} \right) = \frac{1}{4} \int \prod_{i=1}^{4} \mathrm{d}^3 p_i \, \Delta \overline{\Psi} \, W f_{01} f_{02} \Delta \overline{\Phi} \quad (8.124)$$
であるとみなせる．このスカラー積は，次の 8.4.2 項で説明するように，変分法を用いる際に大変便利である．W と f_0 は非負の値をとる関数であるから，これから非負のノルム
$$||\overline{\Phi}||^2 = \left(\overline{\Phi}, \overline{\Phi} \right) = \frac{1}{4} \int \prod_{i=1}^{4} \mathrm{d}^3 p_i \, W f_{01} f_{02} (\Delta \overline{\Phi})^2 \geq 0$$
が定義されることになる．より正確にいうと，この左辺は，保存量である五つの密度のいずれかを $\overline{\Phi}(\vec{p})$ としたときにだけ零であり，それ以外では真に正であることが示せる．すなわち
$$\overline{\Phi}^{(1)}(\vec{p}) = 1 \quad \overline{\Phi}^{(2)}(\vec{p}) = p_x \quad \overline{\Phi}^{(3)}(\vec{p}) = p_y \quad \overline{\Phi}^{(4)}(\vec{p}) = p_z \quad \overline{\Phi}^{(5)}(\vec{p}) = p^2$$
とすると，これらは線形化されたボルツマン方程式の零モードであり，この五つのモードに対しては $\mathsf{L}[\overline{\Phi}] = 0$ である．しかしこれ以外に対しては，もしも $\mathsf{L}[\overline{\Phi}] = 0$ ならば $||\overline{\Phi}||^2 = 0$ であり，したがって $\overline{\Phi} = 0$ ということになるのである．

8.4.2 変 分 法

式 (8.115) で与えられた局所平衡分布関数 f_0 を用いて，ずり粘性係数 η を計算することにする．温度勾配はないが，x 軸方向に流体が流れていてその流速は

$$\vec{u} = (u_x(z), 0, 0) \tag{8.125}$$

というように z 座標に依存しているものとする（図 6.6 を参照）．時間に依存しないドリフト項は

$$\begin{aligned}
Df \simeq Df_0 &= n\left(\frac{\beta}{2\pi m}\right)^{3/2} v_z \frac{\partial}{\partial z} \exp\left(-\frac{1}{2}\beta m\left[(v_x - u_x(z))^2 + v_y^2 + v_z^2\right]\right) \\
&= \beta m f_0(\vec{r}, \vec{p}) v_z (v_x - u_x) \frac{\partial u_x(z)}{\partial z} \\
&= \beta m f_0(\vec{r}, \vec{p}) w_z w_x \frac{\partial u_x(z)}{\partial z}
\end{aligned} \tag{8.126}$$

となる．ただしここで，$\vec{w} = \vec{v} - \vec{u}$ である．線形化されたボルツマン方程式 (8.122) はこの場合

$$\beta m w_{1x} w_{1z} \frac{\partial u_x(z)}{\partial z} = \int \prod_{i=2}^{4} d^3 p_i \, W f_{02} \Delta \overline{\Phi}$$

と書ける．座標 $\vec{r}$ を固定し，そこで局所的に流速が静止して $u_x(z) = 0$ となるような系にガリレイ変換して考えることにする（ただし $\partial u_x/\partial z \neq 0$ であることに注意せよ）．こうすると $f_0(\vec{r}, \vec{p}) \to f_0(p)$ であり，$\vec{w} = \vec{v}$ となる．以下の議論では式 (8.121) の $\overline{\Phi}$ のかわりに

$$f(\vec{p}) = f_0(p)\left(1 - \overline{\Phi}(\vec{p})\right) = f_0\left(1 - \Phi(\vec{p})\frac{\partial u_x}{\partial z}\right) \tag{8.127}$$

で定義される Φ を用いることにする．これは，$f(\vec{p})$ を $\partial u_x/\partial z$ で展開した 1 次の係数である．これを用いると，線形化されたボルツマン方程式は

$$\boxed{p_{1x} p_{1z} = \frac{m}{\beta} \int \prod_{i=2}^{4} d^3 p_i \, W f_{02} \Delta \Phi = \mathsf{L}[\Phi]} \tag{8.128}$$

と書き直せる．式 (8.128) の左辺は 2 階のテンソル $T_{x,z}$ である．$\vec{p}$ は通常のベクトルであるとしているので，Φ は $p_x p_z$ に比例しなければならないことになり，一般的には

$$\Phi(\vec{p}) = A(p) p_x p_z \tag{8.129}$$

という形であるはずである．したがって $\Delta\Phi$ は

$$\Delta\Phi = A(p_1) p_{1x} p_{1z} + A(p_2) p_{2x} p_{2z} - A(p_3) p_{3x} p_{3z} - A(p_4) p_{4x} p_{4z}$$

という形になる．ここで，Φ が式 (8.129) の形で与えられるとすると，式 (8.120) の三つの条件は自動的に満たされることに注意すべきである．式 (8.19) より，圧力テンソル

$\mathcal{P}_{xz}$ は

$$\mathcal{P}_{xz} = \int \mathrm{d}^3 p\, p_x v_z \overline{f} = -\int \mathrm{d}^3 p\, p_x v_z f_0 \Phi \frac{\partial u_x}{\partial z}$$
$$= -\frac{1}{m}\frac{\partial u_x}{\partial z}\int \mathrm{d}^3 p\, A(p) f_0(p) p_x^2 p_z^2 = -\eta \frac{\partial u_x}{\partial z}$$

で与えられるので,ずり粘性係数 η に対して次のような表式が得られることになる.

$$\eta = \frac{1}{m}\int \mathrm{d}^3 p\, A(p) f_0(p) p_x^2 p_z^2 \tag{8.130}$$

さてここで,線形化されたボルツマン方程式 (8.128) をディラックの(実)ヒルベルト空間に対する記法を用いて書き直すことにする.すなわち,関数 $F(\vec{p})$ をケットベクトル $|F\rangle$ で表し,二つの関数 $F(\vec{p})$ と $G(\vec{p})$ とのスカラー積 $\langle F|G\rangle$ を次式で定義することにする.

$$\langle F|G\rangle = \frac{1}{m}\int \mathrm{d}^3 p\, F(\vec{p}) f_0(p) G(\vec{p}) \tag{8.131}$$

このスカラー積は明らかに半正定値(非負定値)である.すなわち $\langle F|F\rangle \geq 0$ であり,もしも $\langle F|F\rangle = 0$ ならば必ず $F=0$ である.特に式 (8.128) に現れる関数 $p_x p_z$ をケットベクトル $|X\rangle$ で表すことにする.$f_0(p)$ は p^2 の値が大きくなると指数関数的に減少するので,ノルム $\langle X|X\rangle$ は有限であり,ベクトル $|X\rangle$ はヒルベルト空間の元になっている.これらの記法を用いると,線形化されたボルツマン方程式は演算子を用いて

$$p_{1x}p_{1z} = |X\rangle = \mathsf{L}|\Phi\rangle \tag{8.132}$$

と書けることになり,また式 (8.16) より粘性係数は

$$\eta = \langle \Phi|X\rangle = \langle \Phi|\mathsf{L}|\Phi\rangle = \frac{|\langle \Phi|X\rangle|^2}{\langle \Phi|\mathsf{L}|\Phi\rangle} \tag{8.133}$$

というように書けることになる.この表式は変分法の出発点を与える.式 (8.133) の中の $\vec{p}$ の関数である Φ は一般には未知関数である.いいかえると,式 (8.129) の中の $A(p)$ の関数形は未知である.これを正確に求めるには,一般には複雑な計算が必要である.そこで $\Phi(\vec{p})$ に対して試行関数 $\Psi(\vec{p})$ を考えて,変分法を用いることが有効になる.ただし,試行関数 $\Psi(\vec{p})$ は 8.4.1 項の最後に与えた零モードとは直交する関数であるものとする.この試行関数 Ψ の汎関数として,これに依存した粘性係数 $\eta[\Psi]$ を

$$\eta[\Psi] \equiv \frac{|\langle X|\Psi\rangle|^2}{\langle \Psi|\mathsf{L}|\Psi\rangle} = \frac{|\langle \Psi|\mathsf{L}|\Phi\rangle|^2}{\langle \Psi|\mathsf{L}|\Psi\rangle} \tag{8.134}$$

で定義することにする.$\Psi = \Phi$ のときには,これは真の粘性係数に等しくなる($\eta = \eta[\Phi]$).$\langle \Psi|\mathsf{L}|\Phi\rangle$ は,以前に式 (8.124) で導入した(半正定値)スカラー積を使って[*24] 次のよ

[*24] ただしここでは,因子 $1/\beta$ を入れておくことにする.

うに表すことができる

$$\langle\Psi|\mathsf{L}|\Phi\rangle = (\Psi,\Phi) = \frac{1}{4\beta}\int\prod_{i=1}^{4}\mathrm{d}^3p_i\,\Delta\Psi W f_{01}f_{02}\Delta\Phi \tag{8.135}$$

シュワルツの不等式を用いると,この汎関数 $\eta[\Psi]$ に対して

$$\eta[\Psi] = \frac{|(\Psi,\Phi)|^2}{(\Psi,\Psi)} \leq \frac{(\Psi,\Psi)(\Phi,\Phi)}{(\Psi,\Psi)} = \langle\Phi|\mathsf{L}|\Phi\rangle = \eta[\Phi]$$

という不等式が導かれる.これより,

$$\eta[\Psi] \leq \eta_{\text{真の値}} = \eta[\Phi] \tag{8.136}$$

という不等式が得られるので,変分法が使えることになるのである.

8.4.3 粘性係数の計算

試行関数として

$$\Psi_\alpha = A p^\alpha p_x p_z$$

という関数形を仮定することにする.指数 α はパラメータであり,$\eta[\Psi_\alpha]$ を最小にするように定めるべきである.しかしここでは,$\alpha = 0$ としてしまうことにする.こうしても結果的には,真の値との差は数パーセントにすぎないからである.$f_0(p)$ は

$$f_0(p) = n\left(\frac{\beta}{2\pi m}\right)^{3/2}\exp\left(-\frac{\beta p^2}{2m}\right) \tag{8.137}$$

であり,$\langle X|\Psi\rangle$ の計算は容易である.結果は

$$\langle X|\Psi\rangle = \frac{1}{m}\int\mathrm{d}^3p\,p_x p_z f_0(p) A p_x p_z$$
$$= \frac{4\pi}{15}\frac{A}{m}\int_0^\infty \mathrm{d}p\,p^6 f_0(p)$$

となる.ここで $\vec{p}$ の角度成分についての平均は,公式 (A.36)

$$\langle p_x p_z p_x p_z\rangle_{\text{ang}} = \frac{1}{15}p^4$$

を用いて計算した[*25].p についての積分は,ガウス積分 (A.37) を用いて

[*25] この簡単な場合には,

$$\int\frac{\mathrm{d}\Omega}{4\pi}p_x^2 p_z^2 = \frac{p^4}{4\pi}\int_{-1}^{1}\mathrm{d}(\cos\alpha)\sin^2\alpha\cos^2\alpha\int_0^{2\pi}\mathrm{d}\phi\,\cos^2\phi = \frac{1}{15}$$

という公式を用いても計算できる

$$\int_0^\infty \mathrm{d}p\, p^n\, \mathrm{e}^{-\alpha p^2} = \frac{1}{2}\Gamma\left(\frac{n+1}{2}\right)\alpha^{-(n+1)/2}$$

と実行でき，最終的に

$$\langle X|\Psi\rangle = \frac{nAm}{\beta^2} \tag{8.138}$$

と求められる．これに比べて

$$\langle \Psi|\mathsf{L}|\Psi\rangle = \frac{1}{4\beta}\int \prod_{i=1}^{4} \mathrm{d}^3 p_i\, f_{01} f_{02} W (\Delta\Psi)^2 \tag{8.139}$$

の計算は少し難しい．重心の運動量を $\vec{P}$ として，重心系に移行すると

$$\vec{p}_1 = \vec{p} + \frac{1}{2}\vec{P} \qquad \vec{p}_2 = -\vec{p} + \frac{1}{2}\vec{P}$$
$$\vec{p}_3 = \vec{p}\,' + \frac{1}{2}\vec{P} \qquad \vec{p}_4' = -\vec{p}\,' + \frac{1}{2}\vec{P}$$

であり，また相対速度は $v_{\mathrm{rel}} = 2p/m$ となる．これらの式から

$$p_{1x}p_{1z} + p_{2x}p_{2z} = 2p_x p_z + \frac{1}{4}P_x P_z$$
$$p_{3x}p_{3z} + p_{4x}p_{4z} = 2p_x' p_z' + \frac{1}{4}P_x P_z$$

という関係式が得られるので，

$$\Delta\Psi = 2A(p_x p_z - p_x' p_z')$$

となる．ボルツマン方程式の微分断面積 $\sigma(p,\Omega)$ は $\vec{p}$ と $\vec{p}\,'$ の間の角度 θ に依存している．式 (8.139) の積分は，(p,Ω) を固定してこの角度 θ に関してのみ平均することを意味するが，これは再び公式 (A.36) を用いることにより

$$\langle (\Delta\Psi)^2\rangle_{\mathrm{ang}} = 4A^2 \left\langle p_x^2 p_z^2 + p_x'^2 p_z'^2 - 2p_x p_x' p_z p_z' \right\rangle_{\mathrm{ang}}$$
$$= 4A^2 p^4 \left[\frac{2}{15} - \frac{1}{15}(-1 + 3\cos^2\theta)\right]$$
$$= \frac{4}{5}A^2 p^4 (1 - \cos^2\theta)$$

と計算できるのである．この結果を式 (8.139) に代入して，W と $\sigma(p,\Omega)$ との間の関係式を用いて（式 (8.86) を参照），

$$\int \mathrm{d}^3 p_3\, \mathrm{d}^3 p_4\, W \quad \to \quad \frac{2p}{m}\int \mathrm{d}\Omega\, \sigma(p,\Omega)$$

というおきかえをすると，

$$\langle \Psi|\mathsf{L}|\Psi\rangle = \frac{2A^2}{5\beta m}\int \mathrm{d}^3 p_1\, \mathrm{d}^3 p_2\, \mathrm{d}\Omega\, f_{01} f_{02}\, p^5 (1 - \cos^2\theta)\sigma(p,\Omega) \tag{8.140}$$

が得られる．この結果が示すように，輸送係数には全散乱断面積 $\sigma_{\rm tot}(p)$ ではなく，輸送断面積

$$\sigma_{\rm tr}(p) = \int {\rm d}\Omega (1-\cos^2\theta)\sigma(p,\Omega) \tag{8.141}$$

が重要なのである．この結果が意味することは，運動量を輸送するためには前方散乱はあまり重要でないということである．因子 $(1-\cos\theta)$ がかかっているのはそのためである $((1-\cos^2\theta) = (1-\cos\theta)(1+\cos\theta)$ なので，因子 $(1+\cos\theta)$ もかかっている．つまり，後方散乱は重要となるのである）．さらに，積 $f_{01}f_{02}$ を次のように，重心系での変数 p と P で表す必要がある．

$$f_{01}f_{02} = n^2 \left(\frac{\beta}{2\pi m}\right)^3 \exp\left(-\frac{\beta p^2}{m}\right)\exp\left(-\frac{\beta P^2}{4m}\right)$$

最後に積分測度も変換しなければならないが，この場合ヤコビアンは 1 なので

$${\rm d}^3 p_1 \, {\rm d}^3 p_2 = {\rm d}^3 P \, {\rm d}^3 p$$

である．ガウス積分の公式 (A.37) を用いると，

$$\int {\rm d}^3 p_1 \, {\rm d}^3 p_2 \, f_{01}f_{02}\, p^5 \sigma_{\rm tr}(p)$$
$$= 4\pi n^2 \, 2^{3/2} \left(\frac{\beta}{2\pi m}\right)^{3/2} \int_0^\infty {\rm d}p\, p^7 \exp\left(-\frac{\beta p^2}{m}\right)\sigma_{\rm tr}(p) = \frac{12}{\sqrt{\pi}}n^2 \left(\frac{m}{\beta}\right)^{5/2}\sigma_{\rm tr}$$

と積分が計算できる．この最後の等式では，$\sigma_{\rm tr}$ が p には依存しないと仮定した．もしも $\sigma_{\rm tr}$ が p に依存している場合には，上の式の 2 行目にある積分をもって T 依存性をもつ輸送衝突係数 $\sigma_{\rm tr}^{\rm eff}(T)$ を定義して，T に依存しない $\sigma_{\rm tr}$ をこれでおきかえる必要がある．こうして

$$\langle\Psi|{\sf L}|\Psi\rangle = \frac{24 A^2}{5\sqrt{\pi}}\, n^2 m^{3/2} \beta^{-7/2}\sigma_{\rm tr} \tag{8.142}$$

が得られる．式 (8.134), (8.138), (8.142) の結果を合わせると，ずり粘性係数 η に対して

$$\boxed{\eta = \frac{5\sqrt{\pi}}{24}\frac{\sqrt{mkT}}{\sigma_{\rm tr}}} \tag{8.143}$$

という結果が得られたことになる．気体分子が半径 R の剛体球であるという模型を考えると

$$\sigma_{\rm tot} = 4\pi R^2 \qquad \sigma_{\rm tr} = \frac{8\pi}{3}R^2 = \frac{2}{3}\sigma_{\rm tot}$$

であり，輸送断面積は全散乱断面積の 2/3 であることがわかる．したがって，式 (8.143) より

$$\eta = \frac{5\sqrt{\pi}}{16}\frac{\sqrt{mkT}}{\sigma_{\rm tot}} \simeq 0.554\frac{\sqrt{mkT}}{\sigma_{\rm tot}} \tag{8.144}$$

という評価が得られる．この結果を，平均自由行程近似で得た結果 (8.21) と比較してみよう．平均自由行程と平均粒子速度としてマクスウェル分布から得られる

$$l = \frac{1}{\sqrt{2}n\sigma_{\text{tot}}} \qquad \langle v \rangle = \sqrt{\frac{8kT}{\pi m}}$$

という値を用いると，前の結果は

$$\eta = 0.377 \frac{\sqrt{mkT}}{\sigma_{\text{tot}}} \tag{8.145}$$

となる．

輸送断面積が p に依存しないと仮定すると，同様の計算により（研究課題 8.6.8）熱伝導係数は

$$\kappa = \frac{25\sqrt{\pi}}{32\sigma_{\text{tr}}} k\sqrt{\frac{kT}{m}} \tag{8.146}$$

と計算される．したがって，比 κ/η は 8.1.3 項で平均自由行程近似によって得られた $\kappa/\eta = c/m$ とは異なり

$$\boxed{\frac{\kappa}{\eta} = \frac{15}{4}\frac{k}{m} = \frac{5}{2}\frac{c}{m}} \tag{8.147}$$

となる．この式 (8.147) にある 5/2 という因子は，単原子分子気体を用いた実験結果と大変よく合うことが知られている．

8.5 基 本 課 題

8.5.1 衝突の時間分布

時刻 $t=0$ に運動をはじめた粒子系を考え，衝突が起きる時間がどのように分布するか考察することにする．粒子は番号づけされているものとして考えよ．衝突過程には履歴効果はなく，衝突は独立に起きるとしてよい．λ を単位時間あたりに，一つの粒子が衝突する平均回数とする．時間間隔 $[0,t]$ の間にこの分子が n 回衝突する確率を求めよ．また，粒子が時間間隔 $[0,t]$ の間に一度も衝突しない確率（生存確率とよばれることもある）を計算せよ．さらに，時間間隔 $[t, t+dt]$ の間に分子が初めて衝突する確率 $\mathcal{P}(t)dt$ も求めよ．これらの結果を用いて，初期時刻 $t=0$ から最初の衝突までの時間の平均値として定義される平均自由時間 τ^* を与えよ．衝突には履歴効果はなくマルコフ的であるとしているので，τ^* は衝突間隔の平均時間に等しく，また最後に起こった衝突から現在までの経過時間の平均値にも等しい．

8.5.2 積分における対称性

$\vec{a}$ を定ベクトル，$g(p)$ を $|\vec{p}| = p$ の関数としたとき

$$\vec{I} = \int d^3p\, (\vec{p}\cdot\vec{a})\, \vec{p}\, g(p) = \frac{1}{3}\vec{a}\int d^3p\, p^2 g(p) \tag{8.148}$$

あるいは，これと等価な

$$I_{\alpha\beta} = \int d^3p\, p_\alpha p_\beta g(p) = \frac{1}{3}\delta_{\alpha\beta}\int d^3p\, p^2 g(p) \tag{8.149}$$

が成り立つことを示せ．また，このことを用いて，関係式 (8.60) を導け．

8.5.3 半正定値条件

輸送係数に対して，半正定値条件 (8.68)，すなわち

$$L_{EE}L_{NN} - L_{EN}^2 \geq 0$$

が成り立つことを示せ．

8.5.4 平均自由時間の計算

1. 気体分子の平均自由時間は

$$\frac{1}{\tau^*} = \frac{1}{n}\int d^3p_1\, d^3p_2\, f(\vec{p}_1)f(\vec{p}_2)|\vec{v}_2 - \vec{v}_1|\sigma_{\text{tot}}(|\vec{v}_2 - \vec{v}_1|) \tag{8.150}$$

で与えられることを示せ．
〔ヒント〕まず，粒子の運動量を $\vec{p}_1$ に指定して平均自由時間を計算してみよ．

2. すべての分子の速さは等しく v_0 であり，したがって運動量の大きさもすべて等しく p_0 である場合を考えると，平均自由時間は簡単に計算できる．この場合，運動量の分布関数は

$$f(\vec{p}) = \frac{n}{4\pi p_0^2}\delta(p - p_0) \tag{8.151}$$

で与えられる．これは正しく規格化されていることを確認せよ．全散乱断面積が速度に依存しないと仮定すると，平均自由時間は

$$\tau^* = \frac{3}{4nv_0\sigma_{\text{tot}}} \tag{8.152}$$

で与えられることを示せ．また，平均自由行程 l を計算せよ．

3. 運動量がマクスウェル分布

$$f(\vec{p}) = n\left(\frac{1}{2\pi mkT}\right)^{3/2}\exp\left(-\frac{\vec{p}^2}{2mkT}\right) \tag{8.153}$$

に従っていると仮定する．さらに全散乱断面積は速度に依存しないと仮定すると，平均自由時間は式 (8.11) で与えられることを示せ．

8.5.5 エネルギー流束密度の導出

ボルツマン方程式から，エネルギー流束密度に対する表式 (6.83) を導出せよ．

8.5.6 ボルツマン方程式からの熱平衡分布の導出

1. まず,外力は働かないものとする.式 (8.110) で与えられるボルツマンのエントロピー $S_{\mathrm{B}}(t)$ は,$t \to \infty$ である定数に収束しなければならないこと,すなわち

$$\lim_{t \to \infty} S_{\mathrm{B}}(t) = 定数$$

であることを示せ.また,この極限では

$$\ln f_1 + \ln f_2 = \ln f_3 + \ln f_4$$

が成り立たなければならないことを示せ.

2. 上の条件から,$\ln f$ は

$$\ln f = \chi^{(1)}(\vec{p}) + \chi^{(2)}(\vec{p}) + \cdots$$

という形でなければならないことを導け.ここで,$\chi^{(i)}$ は衝突の前後で保存則

$$\chi^{(i)}(\vec{p}_1) + \chi^{(i)}(\vec{p}_2) = \chi^{(i)}(\vec{p}_3) + \chi^{(i)}(\vec{p}_4)$$

が成り立つような物理量である.このことから,A, B を定数,$\vec{p}_0$ を定ベクトルとしたとき $f(\vec{p})$ は,

$$f(\vec{p}) = -A(\vec{p} - \vec{p}_0)^2 + B$$

という形に定まることを示せ.粒子数密度,流速,および温度を $A, B, \vec{p}_0$ の関数として求めよ.その結果より,$f(\vec{p})$ は中心が $\vec{p}_0$ のマクスウェル分布に等しくならなければならないことを示せ.

3.
$$\vec{F}(\vec{r}) = -\vec{\nabla}\Phi(\vec{r})$$

というポテンシャル力が働いているときには,上で求めた分布関数に

$$\exp\left(-\frac{\Phi(\vec{r})}{kT}\right)$$

という因子がかかることを示せ.

8.6 研 究 課 題

8.6.1 ボルツマン–ローレンツ模型における熱拡散

ボルツマン–ローレンツ模型は,質量が大きい分子からなる溶媒(粒子数密度 n_d)によって,質量の小さい分子である溶質(粒子数密度 n)が散乱される状況を記述するのに適している.いま,定常状態を考えることにして,また溶液には外力は一切働いていないものとする.このとき溶質の熱平衡分布は非相対論的な古典理想気体の分布関数に等しく

$$f_0(\vec{r},\vec{p}) = \frac{1}{h^3}\exp\left[\beta(\vec{r})\mu(\vec{r}) - \beta(\vec{r})\frac{\vec{p}^2}{2m}\right] = \frac{n(\vec{r})}{[2\pi mkT(\vec{r})]^{3/2}}\exp\left[-\beta(\vec{r})\frac{\vec{p}^2}{2m}\right] \tag{8.154}$$

である.

1. 粒子数密度と温度は場所ごとに変化するが,圧力は一様で一定値
$$\mathcal{P} = \bar{n}(\vec{r})kT(\vec{r})$$
に維持される.ここで, $\bar{n}$ は全粒子数密度 $\bar{n} = n + n_d$ である.このような状況で,拡散係数 D と熱拡散係数 λ という二つの応答係数を,粒子流密度に対する現象論的関係式において
$$\vec{j}_N = -\bar{n}D\vec{\nabla}c - \frac{\bar{n}c}{T}\lambda\vec{\nabla}T \tag{8.155}$$
と定義する.ただしここで,c は軽質量粒子の全体に対する密度比 $c = n/\bar{n}$ である.チャップマン–エンスコック近似に従って,粒子流密度ベクトル $\vec{j}_N$ を計算し,D と λ に対する微視的な表式
$$\begin{aligned}D &= \frac{1}{3}\frac{1}{n_d}\left\langle\frac{v}{\sigma_{\text{tot}}(v)}\right\rangle = \frac{1}{3}\langle v^2\tau\rangle \\ \lambda &= \frac{1}{3}\frac{T^2}{n_d}\frac{\partial}{\partial T}\left[\frac{1}{T}\left\langle\frac{v}{\sigma_{\text{tot}}(v)}\right\rangle\right]\end{aligned} \tag{8.156}$$
を導け.ここで平均値 $\langle(\bullet)\rangle$ は式 (8.2) と同様に
$$\langle(\bullet)\rangle = \frac{1}{n(\vec{r})}\int d^3p\,(\bullet)f_0(\vec{r},\vec{p}) = \frac{1}{[2\pi mkT(\vec{r})]^{3/2}}\int d^3p\,(\bullet)\exp\left[-\beta(\vec{r})\frac{\vec{p}^2}{2m}\right]$$
と定義される.

2. ここでは,溶質分子は半径が a の剛体球であり,これが質点粒子である溶媒分子と弾性散乱をするものと仮定する.この剛体球模型においては,全散乱断面積は $\sigma_{\text{tot}} = \pi a^2$ となる.この仮定のもとでは
$$\begin{aligned}D &= \frac{1}{3\pi a^2 n_d}\sqrt{\frac{8kT}{\pi m}} \\ \lambda &= -\frac{1}{6\pi a^2 n_d}\sqrt{\frac{8kT}{\pi m}}\end{aligned} \tag{8.157}$$
と定められることを確かめよ.粒子流密度が零であり粒子拡散と熱拡散とが平衡に達しているときに,溶質分子の密度が最大になるのは気体のどの領域においてか.

3. 次にエネルギーの流れを扱うことにする.現象論的な応答係数として,熱伝導率 κ とデュフォー係数 γ を次式のように導入する.
$$\vec{j}_E = -\bar{n}\gamma\vec{\nabla}c - \kappa\vec{\nabla}T \tag{8.158}$$
$\vec{j}_E$ に対する微視的な表式を求めて

$$\kappa = \frac{1}{6} mcT \frac{\partial}{\partial T}\left[\frac{1}{T}\left\langle \frac{v^3}{\sigma_{\text{tot}}(v)}\right\rangle\right]$$
$$\gamma = \frac{1}{6}\frac{mkT}{\mathcal{P}}\left\langle \frac{v^3}{\sigma_{\text{tot}}(v)}\right\rangle \tag{8.159}$$

が成り立つことを示せ．ただしここで，ボルツマン–ローレンツ模型では $n \ll n_d$ であることに注意せよ．

4. 式 (8.155) と (8.158) で与えられた応答係数はオンサーガーの相反定理に従うか．もしも従わない場合は，その理由を述べよ．

8.6.2 ボルツマン–ローレンツ模型による電子気体の記述

A. 準　備

ボルツマン–ローレンツ方程式 (8.28) に従う非相対論的な理想気体として，電子気体を取り扱ってみる．電子の質量は m，電荷は q $(q<0)$ とする．微分断面積 $\sigma(v,\Omega)$ は立体角 Ω によらず，$v=p/m$ の関数である全散乱断面積 $\sigma(v)$ から $\sigma(v,\Omega)=\sigma(v)/(4\pi)$ と求められるとする．このときには，チャップマン–エンスコッグの方法を用いることにより，ボルツマン–ローレンツ方程式を 8.2.4 項での計算よりも簡単に解くことができる．f_0 を局所平衡分布として $f = f_0 + \bar{f}$ とおき，

$$\int d\Omega' \bar{f}(\vec{r},\vec{p}') = 0$$

を満たす定常解を求めることにする．衝突項 (8.35) は

$$\mathcal{C}[\bar{f}] = -\frac{1}{\tau^*(p)}\bar{f}$$

となることを示せ．これを用いて f_0 を定めよ．また以下では，微分断面積 $\sigma(v,\Omega)$ は速度にも依存せず，ある定数 σ を用いて

$$\sigma(v,\Omega) = \frac{\sigma}{4\pi}$$

と書けるものとする．外場が働いていないときには，粒子数密度とエネルギー密度はそれぞれ

$$\vec{j}_N = -\frac{l}{3}\int d^3p\, v\vec{\nabla} f_0 \qquad \vec{j}_E = -\frac{l}{3}\int d^3p\, \varepsilon v\vec{\nabla} f_0$$

と書けることを示せ（$\varepsilon = p^2/2m$ とする）．l は物理的に何を表すか．

B. 古典的理想気体による近似

電子系を古典的理想気体として扱うことにする．この近似は，半導体を議論するときには有効である．局所平衡分布は

$$f_0(\vec{r},\vec{p}) = \frac{2}{h^3}\exp\left(\alpha(\vec{r}) - \beta(\vec{r})\frac{p^2}{2m}\right) \quad \alpha(\vec{r}) = \frac{\mu(\vec{r})}{kT(\vec{r})} \quad \beta(\vec{r}) = \frac{1}{kT(\vec{r})}$$

で与えられる．ただし，$\mu(\vec{r})$ は局所化学ポテンシャルであり，$T(\vec{r})$ は局所温度，また k はボルツマン定数である．

8.6 研 究 課 題

1. エネルギーを E, 粒子数を N として, $(i,j) = (E,E), (E,N), (N,E), (N,N)$ に対して得られる四つの輸送係数 L_{ij} を

$$L_{ij} = \frac{8\pi}{3}\frac{lm}{k}\int_0^\infty d\varepsilon\, \varepsilon^\nu f_0$$

の形で表せ. ν は整数であり, 四つの場合にそれぞれ定められる. 積分は

$$I = \frac{8\pi}{3}\frac{lm}{k}\int_0^\infty d\varepsilon\, \varepsilon^\nu f_0 = \frac{\tau^* \nu!}{m} nk^{\nu-1}T^\nu$$

となる. 電子の平均速度 $\langle v \rangle = \sqrt{8kT/\pi m}$ を用いると, 平均自由時間は $\tau^* = \dfrac{8}{3\pi}\dfrac{l}{\langle v \rangle}$ と表される. 四つの L_{ij} を n, T, m, τ^* を用いてそれぞれ表せ.

2. 拡散係数 D と熱伝導係数 κ は

$$\vec{j}_N = -D\vec{\nabla} n \quad (等温) \qquad \vec{j}_E = -\kappa \vec{\nabla} T \quad (\vec{j}_N = 0)$$

で定義される. これらの輸送係数を L_{ij} を用いて表せ. また, n, T, m, τ^* を用いて表せ.

3. 次に, 電子系に静電ポテンシャル $\Phi(z)$ を課した場合を考える. ポテンシャルは時間にはよらないが, z 座標に依存して空間的にゆっくりと変化するものとする. この場合でも系は平衡状態にあるものと仮定する. すなわち, 全粒子流密度は零であり, 温度は一様とする. このとき, 粒子数密度 n は z 座標に依存してどのように変化するか. 電気伝導率 $\sigma_{\rm el}$ を

$$\vec{j}_{\rm el} = \sigma_{\rm el}\vec{E} = -\sigma_{\rm el}\vec{\nabla}\Phi$$

と定義したとき, これと拡散係数との関係を求めよ. また表式

$$\sigma_{\rm el} = \frac{q^2 n \tau^*}{m}$$

を導け. この表式を初等的な議論によって求め, 比 $\kappa/\sigma_{\rm el}$ を計算せよ.

4. 外力 $\vec{F} = -\nabla_{\vec{r}}V(\vec{r})$ を導入する. ボルツマン–ローレンツ方程式はこのとき

$$\frac{\partial f}{\partial t} + \vec{v}\cdot\vec{\nabla}_{\vec{r}}f - \vec{\nabla}_{\vec{r}}V\cdot\vec{\nabla}_{\vec{p}}f = \mathcal{C}[f]$$

となる. また, 局所平衡分布は次の形で与えられる.

$$f_0(\vec{r},\vec{p}) = \frac{2}{h^3}\exp\left(\alpha(\vec{r}) - \beta(\vec{r})\left[\frac{p^2}{2m} + V(\vec{r})\right]\right)$$

$\bar{f}$ を f_0, α, V およびそれらの勾配を用いて表せ. 外力がない場合の応答係数を $\prime$ をつけて表すことにすると, 次のような変換則が成り立つことを示せ.

$$L_{NN} = L'_{NN}$$
$$L_{NE} = L'_{EE} + VL'_{NN}$$
$$L_{EE} = L'_{EE} + 2VL'_{NE} + V^2 L'_{NN}$$

5. 電気伝導率を L_{NN} を用いずに計算することができる．電子系に一定で一様な電場 $\vec{E}$ が働いており，密度が一定な定常状態が実現している場合を考える．上記のA項での結果とチャップマン–エンスコック近似を用いると，ボルツマン–ローレンツ方程式は

$$q\vec{E} \cdot \vec{\nabla}_{\vec{p}} f_0 = -\frac{v}{l}\bar{f}$$

となる．電流密度は

$$\vec{j}_{\mathrm{el}} = -\frac{q^2 l}{3m}\vec{E} \int \mathrm{d}^3 p\, p\, \frac{\mathrm{d}f_0}{\mathrm{d}\varepsilon}$$

と書けることを示せ．また，σ_{el} を計算せよ．

C. 理想フェルミ気体による近似

ここでは，電子系を理想フェルミ気体で近似することにする．温度は，フェルミ温度に対して十分に低い ($T \ll T_F$) ものとする．この近似は，金属中の電子系に対して大変有効である．

1. $T=0$ のときの n と μ との関係を導け．
2. パウリの排他原理のため，衝突項の中の分布関数 $f(\vec{r},\vec{p})$ は，

$$f(\vec{r},\vec{p})\left(1 - \frac{h^3}{2}f(\vec{r},\vec{p}')\right)$$

で置き換える必要があることを示せ．

[ヒント] 位相空間の単位体積 $\mathrm{d}^3 r\, \mathrm{d}^3 p'$ 中の微視的な状態数を求めよ．そのうちのある一つの状態が占められる確率はいくらか．衝突項 $C[f]$ の中の $f(\vec{r},\vec{p}')$ 項はどのように修正すべきか．二つの修正点が相殺され，初めの $C[f]$ が得られることを示せ．理想ボーズ気体の場合にも同様の考察をせよ．

3. 局所平衡分布はこの場合

$$f_0 = \frac{2}{h^3}\frac{1}{\exp[-\alpha(\vec{r}) + \beta(\vec{r})p^2/(2m)] + 1}$$

となる．局所温度 $T(\vec{r})$ は T_F に比べて十分低く，ゾンマーフェルト近似 (5.29) を用いてよいものと仮定する．次の式が成り立つことを示し，係数 c_1, c_2 を定めよ．

$$\vec{\nabla}f_0 = -c_1\left[\vec{\nabla}\left(-\frac{\mu}{T}\right) + \varepsilon\vec{\nabla}\left(\frac{1}{T}\right)\right]\left[\delta(\varepsilon-\mu) + c_2 \delta''(\varepsilon-\mu)\right]$$

係数 L_{ij} は

$$L_{ij} = \frac{16\pi}{3}\frac{mlT}{h^3}\int_0^\infty \mathrm{d}\varepsilon\, \varepsilon^\nu \left(\delta(\varepsilon-\mu) + c_2\delta''(\varepsilon-\mu)\right)$$

という形であることを示し，整数 ν をすべての (i,j) の場合に定めよ．

4. 項 δ'' は L_{NN} に寄与せず，

$$L_{NN} = \frac{\tau_F}{m} nT \qquad \tau_F = \frac{l}{v_F}$$

と求まることを示せ．なぜ $v \simeq v_F = p_F/m$ の速度をもつ電子だけが輸送係数に寄与するのか．

5. 上記の B 項で，電子系を古典理想気体で近似して求めた拡散係数 D と電気伝導率 σ_{el} は，電子系をフェルミ理想気体で近似した場合には，一般には補正を受けるはずである．拡散係数 D に対する L_{ij} を用いた新しい表式を与えよ．他方，σ_{el} に対する表式は結果的には変わらないことを示せ．また，D と σ_{el} を n, T, m, v_F を用いて表せ．

6. 銅の質量密度は $8.9 \times 10^3 \text{ kg m}^{-3}$，原子数は $A = 63.5$，また電気伝導率は $\sigma_{el} = 5 \times 10^7 \text{ } \Omega^{-1} \text{ m}^{-1}$ である．平均自由時間 τ_F の数値的な値を計算せよ．銅には 1 原子あたり一つの伝導電子がある．

7. ほかの輸送係数を計算し，比 κ/σ_{el} に対して関係式（フランツ–ウィーデマン則）

$$\frac{\kappa}{\sigma_{el}} = \frac{\pi^2}{3} \frac{k^2}{q^2} T$$

が成り立つことを示せ．この表式を上の B 項の問題 3 で求めたものと比較せよ．また B 項の問題 5 の結果を用いて電気伝導率を計算せよ．

8.6.3 太陽における光子拡散とエネルギー輸送

太陽（あるいはより一般的に一つの恒星）の中心から表面への熱の輸送を考える．太陽表面から宇宙空間にエネルギーが放出されるメカニズムを調べるのが目的である．この熱輸送に一番寄与するのは，太陽内の電子による光子の散乱である．この機構だけをここでは取り扱うことにする．

A. 準備

1. 絶対温度 T の熱平衡状態にある光子気体を考える．光子の運動量は $\vec{p}$，エネルギーは $\varepsilon = pc$，また速度は $\vec{v} = c\vec{p}/p = c\hat{p}$ である．熱平衡分布は式 (5.38)，すなわち

$$f_{eq}(\vec{p}) = \frac{2}{h^3} \frac{1}{e^{\beta \varepsilon} - 1}$$

太陽に関するデータ	
半径	$R_\odot = 7 \times 10^8$ m
質量	$M_\odot = 2 \times 10^{30}$ kg
平均比重	$\rho = 1.4 \times 10^3 \text{ kg m}^{-3}$
中心での比重	$\rho_c = 10^5 \text{ kg m}^{-3}$
表面温度	$T_s = 6000$ K
中心温度	$T_c = 1.5 \times 10^7$ K

で与えられ，
$$\int \mathrm{d}^3 p f_{\mathrm{eq}}(\vec{p}) = \frac{N}{V} = n$$
が成り立つ．単位体積あたりの光子数 n とエネルギー密度 ϵ は，それぞれ
$$n = \lambda' T^3 \qquad \epsilon = \lambda T^4$$
という温度依存性をもつことを示せ．係数 λ と λ' を $\hbar, k, c$ で表せ．太陽中心で n, ϵ および圧力が具体的にどのくらいの値であるか計算せよ．ただし，MKSA 単位系で $k^4/(\hbar^3 c^3) = 1.16 \times 10^{-15}$ である．

2. 黒体輻射において，単位面積あたり単位時間に放出されるエネルギーを ϵ を用いて表せ．太陽表面が黒体であると仮定して，太陽から放出される仕事率（1秒あたりのエネルギー）を $\lambda, c, R_\odot$ と T_s を用いて表せ．この量は光度（ルミノシティー）とよばれる．

3. 太陽は水素と電子だけからなり，これらは理想気体としてふるまうものと仮定することにする．水素質量 m_p に対して，電子質量 m_e は十分小さく無視できる．太陽中心におけるフェルミ運動量とフェルミエネルギーを $\rho_\mathrm{c}, \hbar, m_\mathrm{e}, m_\mathrm{p}$ で表せ．また，フェルミエネルギーとフェルミ温度の値を，それぞれ eV と K を単位として与えよ．その結果，電子気体は非縮退であり，また非相対論的な状態であることを結論せよ．

太陽中心での圧力は
$$P_\mathrm{c} = 2\frac{\rho_\mathrm{c}}{m_p} k T_\mathrm{c}$$
で与えられることを示し，この表式を光子気体に対する公式と比較せよ．

B. 散乱方程式

太陽において，光子は電子にのみ散乱され，その散乱は弾性散乱であると仮定することにする．こうすると電子をランダムに空間分布している重い散乱中心とみなせるので，光子の散乱はボルツマン–ローレンツ方程式で記述されることになる．輸送断面積は全散乱断面積に等しく，光子エネルギーには依存しない．これは，電子の電荷を $-e$，真空の誘電率を ε_0 としたとき
$$\sigma = \frac{8\pi}{3}\left(\frac{e^2}{4\pi\varepsilon_0 m_\mathrm{e} c^2}\right)^2 \approx 6.6 \times 10^{-29}\ \mathrm{m}^2$$
で与えられる．光子は定常分布しているとして，
$$f(\vec{r}, \vec{p}) = f_0(\vec{r}, \vec{p}) + \bar{f}(\vec{r}, \vec{p})$$
とおく．ただしここで，$f_0(\vec{r}, \vec{p}) = f_0(\vec{r}, p)$ は局所平衡分布関数
$$f_0(\vec{r}, \vec{p}) = \frac{2}{h^3}[\exp(\beta(\vec{r})\varepsilon - 1)]^{-1}$$
である．以下，ボルツマン–ローレンツ方程式を解くことにする．

1. 平均自由時間 $\tau^*(\vec{r})$ を m_p, σ, c および位置 $\vec{r}$ における質量密度 $\rho(\vec{r})$ で表せ．
2. 光子の粒子流密度 $\vec{j}_N$ とエネルギー流束密度 $\vec{j}_E$ を f_0 を用いて表せ．そして，これらは
$$\vec{j}_N(\vec{r}) = -D'(\vec{r})\vec{\nabla}n(\vec{r}) \qquad \vec{j}_E(\vec{r}) = -D(\vec{r})\vec{\nabla}\epsilon(\vec{r})$$
という形に書けることを示せ．D と D' を c と $\tau^*(\vec{r})$ を用いて表せ．
3. 質量密度が空間的に一様である（$\rho(\vec{r}) = \rho$）と仮定する．非定常であるが，局所平衡状態である場合には，$n(\vec{r},t)$ は拡散方程式を満たすことを示せ．光子が太陽の中心で時刻 $t=0$ で生成したとすると，この光子が太陽表面から放出されるまでどれだけの時間がかかるか計算せよ．

C. 太陽の模型

再び定常状態を考えることにして，太陽の中心を原点とする座標系において系は球対称であるものとする．熱核反応によって，太陽中心から距離 r の位置で，単位時間に単位体積あたりに生成されるエネルギーを $q(r)$ とする．半径 r の球殻 $S(r)$ で単位時間あたりに生成されるエネルギーを $Q(r)$ とすると

$$Q(r) = 4\pi \int_0^r \mathrm{d}r' q(r') r'^2$$

である．

1. 球殻 $S(r)$ を通過するエネルギー流束 $\vec{j}_E$ と $Q(r)$ との関係式を求めて，方程式
$$-\frac{4\pi}{3} A \frac{r^2}{\rho(r)} \frac{\mathrm{d}}{\mathrm{d}r} T^4(r) = Q(r) \tag{8.160}$$
を導け．ここで A は $\lambda, c, m_\mathrm{p}, \sigma$ で表される定数である．以下では次の仮定をおく．
   (i) エネルギーは太陽中心の半径 $R_\mathrm{c} = 0.1 R_\odot$ の球内（太陽核）で一様に生成される．
   (ii) 質量密度は一様である（$\rho(r) \equiv \rho$）．
2. 微分方程式 (8.160) を解き，$T^4(r)$ に対する表式を $0 \leq r \leq R_\mathrm{c}$ の領域と $R_\mathrm{c} \leq r \leq R_\odot$ の領域で求めよ．積分定数は，$r = R_\odot$ と $r = R_\mathrm{c}$ で $T(r)$ の値がつながるように定めよ．
3. 太陽中心での温度 T_c を光度 $L_\odot$ で表す公式は有用である．
$$T_\mathrm{c}^4 = T_\mathrm{s}^4 + \frac{3 L_\odot \rho}{4\pi A R_\odot}\left(\frac{3R_\odot}{2R_\mathrm{c}} - 1\right)$$
が成り立つことを示せ．$L_\odot$ を T_s で表した表式を用いることにより，T_c の値を計算せよ．

8.6.4 ずり流れにおける運動量輸送

図 6.6 にあるように，z 方向に距離 L だけ離れて平行におかれた 2 枚の無限に広がる平板の間に，定常流が流れている状況を考える．平板の一方は固定するが，他方は x 軸

の正の向きに一定速度 u_0 で動かす．これによって流体が駆動される．平板の運動を開始してから十分な時間が経過したあとには，定常流の速度は静止平板の位置では零であり，それから z 方向に線形に増加して，運動平板の位置では u_0 というようになる．位置 z と $z+dz$ の間に位置する層での流体速度を $u_x(z)$ と書くことにする．このような流れを，単純ずり流れあるいは 2 次元クエット流という．厚さ dz の層ごとに流速が異なるため，一様な流れをもつ状態に緩和しようとする摩擦力が働くことになる．速度勾配が小さいときには，速度勾配と摩擦力との間に線形関係が成立することが予想される．$\mathcal{P}_{\alpha\beta}$ を β 方向に垂直な面に働く力の α 成分とする．この場合，$\mathcal{P}_{\alpha\beta}$ はずり粘性係数 η を用いて

$$\mathcal{P}_{\alpha\beta} = -\eta\,\partial_\beta u_\alpha$$

と表される．上で考えた状況では，系の対称性より，このテンソル式のうち $\mathcal{P}_{xz} = -\eta\partial_z u_x$ という成分だけを調べれば十分である．以下では，流体が質量 m の粒子からなる古典的な理想気体で近似できる場合を取り扱うことにする．温度 T と流体密度 n はともに空間的に一様であるとする．全散乱断面積 σ は定数であると仮定し，また平板の速度 u_0 は粒子の平均熱速度に比べて十分に小さい場合を考えることにする．

A. 粘性と運動量拡散

1. z と $z+dz$ に位置する二つの平行平板の間に働く単位体積あたりの力のつり合いを考える．運動量の x 成分 $p_x = mu_x$ は拡散方程式

$$\frac{\partial p_x}{\partial t} - \frac{\eta}{nm}\frac{\partial^2 p_x}{\partial z^2} = 0 \tag{8.161}$$

を満たすことを示せ．
2. 粘性係数と運動量輸送との関係を定性的に議論してみよ．

B. 粘性係数

1. 式 (8.21) より容易に関係式

$$\eta = A\sqrt{T} \tag{8.162}$$

が得られる．ここで A は定数である．空気の粘性係数の実験値を表 8.1 に与えた．式 (8.162) で与えられている η の温度依存性は実験結果と合っているか確かめよ．

表 8.1　空気における粘性係数の実験値

T(K)	911	1023	1083	1196	1307	1407
$\eta(\times 10^{-7}\text{ポアズ})$	401.4	426.3	441.9	464.3	490.6	520.6

2. 関係式 (8.162) によると η は気体密度にも圧力にも依存しないことになる．これは直感には反するが，気体密度のかなり広い範囲で実験的に成り立っていることが知られている．定性的でよいからこのことを説明してみよ．
3. 粘性係数に対する表式 (8.21) を導くときには粒子の多重衝突の効果は無視した．したがってこの表式は，密度が低く $l \gg \sqrt{\sigma_{\text{tot}}}$ のときにだけ正しいことになる．し

C. 緩和時間近似による粘性係数

1. z と $z+\mathrm{d}z$ の間の流体層とともに運動する座標系（流体静止系）で観測すると，平衡状態において，相対速度 $\vec{w} = \vec{v} - \vec{u}$ はマクスウェル–ボルツマン分布

$$f_0'(\vec{w}) = n\left(\frac{m}{2\pi kT}\right)^{3/2} \exp\left(-\frac{m\vec{w}^2}{2kT}\right)$$

に従うことになる．実験系での平衡速度分布 $f_0(\vec{v})$ を書き下せ．

2. ボルツマン–ローレンツ方程式と同様に，ボルツマン方程式を局所平衡解のまわりで線形化する．この線形化によって，流体の速度分布は

$$f \simeq f_0 - \tau^* \vec{v} \cdot \vec{\nabla} f_0 \tag{8.163}$$

と求められる．ここで，τ^* は平衡状態への緩和の特性的な時間であり，2回の衝突の間の粒子の平均自由時間のオーダーである．式 (8.163) より次が得られることを示せ．

$$\mathcal{P}_{xz} = m\frac{\mathrm{d}u_x}{\mathrm{d}z} \int \mathrm{d}^3 w \, \tau^* w_x w_z^2 \frac{\partial f_0'}{\partial w_x} \tag{8.164}$$

3. 緩和時間は v に依存している．式 (8.164) を具体的に計算するためには，τ^* のふるまいについて仮定をおくことが必要になる．まずはじめに，τ^* が定数であると仮定してみる．こうすると，粘性係数が温度に線形に依存して変化するという結果が得られてしまうことを示せ．これは実験事実とは反する．

散乱断面積が速度にほとんどよらないときには，τ^* ではなく，平均自由行程 $l = \tau^*|\vec{v} - \vec{u}|$ が速度によらない定数であると仮定するほうが物理的に正しい．このとき

$$\mathcal{P}_{xz} = -\frac{1}{15}\frac{m^2 l}{kT}\frac{\mathrm{d}u_x}{\mathrm{d}z} \int \mathrm{d}^3 w \, w^3 f_0' \tag{8.165}$$

となることを示し，粘性係数は

$$\eta = \frac{4}{15} nm\langle v \rangle l \tag{8.166}$$

と書けることを示せ．

8.6.5 磁場中での電気伝導率と量子ホール効果

質量 m，電荷 q $(q<0)$ の電子からなる非相対論的な理想気体が，外力 $\vec{F}(\vec{r})$ の下でボルツマン–ローレンツ方程式に従うものとする．ここでは，密度は空間座標と時刻には依存せず

$$f(\vec{r}, \vec{p}, t) = f(\vec{p}) \qquad n(\vec{r}, t) = n$$

であると仮定する．したがって，式 (8.28) の最初の2項は零である．さらに，局所平衡分布 f_0 はエネルギー $\varepsilon = p^2/2m$ だけの関数であると仮定して，$f_0 = f_0(\varepsilon)$ と書くこ

とにする.

A. 磁場中の電気伝導率

伝導電子が強く縮退した理想フェルミ気体でよく近似できる場合を考え,金属中の電気伝導の問題を扱うことにする.金属に電場 $\vec{E}$ と磁場 $\vec{H}$ をかける.このとき式 (8.28) の外力は,ローレンツ力

$$\vec{F} = q\left(\vec{E} + \vec{v} \times \vec{H}\right) \tag{8.167}$$

となる.

1. まずはじめに $\vec{H} = 0$ とする.$\bar{f} = f - f_0$ を計算し,電流密度 $\vec{j}_{el}$ が

$$\vec{j}_{el} = -q^2 \int d^3 p\, \tau^*(p) \vec{v}(\vec{v} \cdot \vec{E}) \frac{\partial f_0}{\partial \varepsilon}$$

で与えられることを示せ.ε_F をフェルミエネルギーとして,f_0 が絶対零度 $T = 0$ でのフェルミ分布関数

$$f_0(\varepsilon) = \frac{2}{h^3} \theta(\varepsilon_F - \varepsilon) \tag{8.168}$$

である場合には,$\vec{j}_{el} = \sigma_{el} \vec{E}$ で定義される電気伝導率 σ_{el} は

$$\sigma_{el} = \frac{nq^2}{m} \tau_F$$

で与えられることを示せ.ここで,$\tau_F = \tau^*(p_F)$ である.

2. 次に $\vec{H} \neq 0$ とする.$\vec{H}$ を $\vec{E}$ と平行にかけたときには電気伝導率に違いが生じるであろうか.次に,電場 $\vec{E}$ が z 軸に垂直なベクトル $\vec{E} = (E_x, E_y, 0)$ であり,磁場 $\vec{H}$ が z 軸に平行で $\vec{H} = (0, 0, H), H > 0$ である場合を考える.このとき式 (8.28) は

$$q\vec{v} \cdot \vec{E}\, \frac{\partial f_0}{\partial \varepsilon} + q(\vec{v} \times \vec{H}) \cdot \vec{\nabla}_{\vec{p}}\bar{f} = -\frac{\bar{f}}{\tau^*(p)} \tag{8.169}$$

となることを示せ.この方程式の解のうち次の形のものを求めたい.

$$\bar{f} = -\vec{v} \cdot \vec{C}\, \frac{\partial f_0}{\partial \varepsilon}$$

ただしここで,$\vec{C}$ は $\vec{E}$ と $\vec{H}$ の関数ではあるが $\vec{v}$ には依存しない未定ベクトルである.$\vec{H} = 0$ のとき $\vec{C}$ を求めよ.$\vec{E} = 0$ の場合はどうであるか.$\vec{E} = 0$ のときには,まず磁力の平均値を評価してみよ.

3. $\vec{\omega} = (0, 0, \omega)$ としたとき,$\vec{C}$ は

$$q\vec{E} + \vec{\omega} \times \vec{C} = \frac{\vec{C}}{\tau^*(p)} \tag{8.170}$$

を満たすことを示せ.ここで,$\omega = |q|H/m$ はラーモア振動数である.α, β, γ を実数としたとき,$\vec{C}$ は

$$\vec{C} = \alpha \vec{E} + \delta \vec{H} + \gamma(\vec{H} \times \vec{E})$$

という形でなければならないことを証明せよ. $\vec{C}$ を定めて,

$$\bar{f} = -\frac{q\tau^*}{1+\omega^2\tau^{*2}}\left[\vec{E} + \tau^*(\vec{\omega}\times\vec{E})\right]\cdot\vec{v}\,\frac{\partial f_0}{\partial \varepsilon} \tag{8.171}$$

となることを示せ.

4. 電流を計算して, 電気伝導テンソル

$$j_x^{\mathrm{el}} = \sigma_{xx}E_x + \sigma_{xy}E_y$$
$$j_y^{\mathrm{el}} = \sigma_{yx}E_x + \sigma_{yy}E_y \tag{8.172}$$

の各成分 $\sigma_{\alpha\beta}$ を求めよ. また,

$$\sigma_{xy} = -\sigma_{yx}$$

が成り立つことを証明し, この関係式とオンサーガーの相反定理との関係を説明せよ.

B. 簡略化された模型とホール効果

1. 衝突の効果を簡単に表すために, 電子の平均運動に対する方程式を次のように与えることにする（ドルーデ模型）

$$\frac{\mathrm{d}\langle\vec{v}\rangle}{\mathrm{d}t} = -\frac{\langle\vec{v}\rangle}{\tau^*} + \frac{q}{m}\left(\vec{E} + \langle\vec{v}\rangle\times\vec{H}\right) \tag{8.173}$$

この方程式の物理的な解釈を述べよ. 定常領域では

$$\langle v_x\rangle = \frac{q\tau^*}{m}E_x - \omega\tau^*\langle v_y\rangle$$
$$\langle v_y\rangle = \frac{q\tau^*}{m}E_y + \omega\tau^*\langle v_x\rangle$$

であることを示せ. $\tau^* = \tau_\mathrm{F}$ であるときには, この模型からも, $\sigma_{\alpha,\beta}$ に関して上の A.4 項と同じ結果が得られることを示せ.

2. $j_y^{\mathrm{el}} = 0$ となる E_y の値を E_H とする. E_H を E_x の関数として表せ. $j_y^{\mathrm{el}} = 0$ の状況では, 電子の移動は $\vec{H} = 0$ の場合と同じであり, したがって

$$j_x = \sigma E_x$$

であることを示せ. E_H はホール電場とよばれる. 図 8.8 のように長さ l をとり, $V_\mathrm{H}/l = E_\mathrm{H}$ となる V_H をホール電圧という. また, 物質中を流れる全電流を I として,

$$R_\mathrm{H} = \frac{V_\mathrm{H}}{I}$$

によってホール抵抗を定義する. ホール抵抗 R_H は

$$R_\mathrm{H} = \frac{H}{ndq}$$

で与えられることを示せ. R_H は緩和時間には依存しないことに注意して, 初等的な議論によって, この R_H に対する表式を導け.

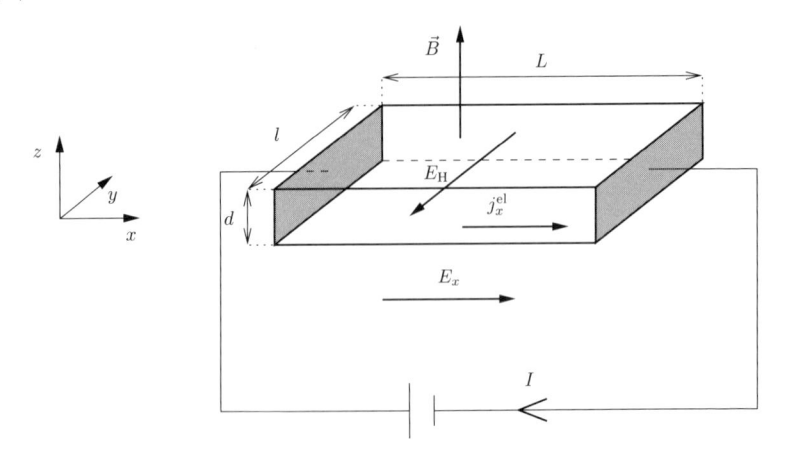

図 **8.8** ホール効果の実験の概略図

C. 量子ホール効果

図 8.8 に概略が示されているように，電場 $(\vec{E} = (E_x, 0, 0))$ と磁場 $(\vec{H} = (0, 0, H))$ がかかっている状況を考える．過渡的な現象が見られたあと，ホール場が形成される．強磁場 (> 1 T) かつ極低温の場合，ホール抵抗はドルーデ模型から予想されるように H に線形ではなくなる．電子が厚さを無視できる 2 次元的な領域 S に閉じ込められている場合には，ホール抵抗を磁場の関数としてプロットすると図 8.9 のようなプラトー（平坦）構造が見られる．このことは，ホール抵抗が量子化されていることを意味する．

1. 2 次元における電子気体のエネルギー準位密度 $\rho(\varepsilon)$ を計算せよ．ただし，磁場によってスピン縮退は解かれているので，スピン縮退はないものとせよ．
2. 表面に垂直な磁場のため，エネルギー準位（ランダウ準位）は整数 $j = 0, 1, 2, \cdots$ に対して，
$$\varepsilon_j = \hbar\omega\left(j + \frac{1}{2}\right) \tag{8.174}$$
と与えられる（研究課題 5.7.2 を参照）．ここで，ω はラーモア振動数である．各準位の縮重度 g を計算せよ．縮重度は，$\varepsilon = \varepsilon_j$ と $\varepsilon = \varepsilon_{j+1}$ の間に，磁場が零のときに存在するエネルギー準位の数に等しい．
3. $T = 0$ とする．ν 個のランダウ準位が電子で満たされている，すなわちフェルミ準位が ν 番目のランダウ準位のすぐ上にあるように H の値を設定する．表面電子密度は $n_S = \nu|q|H/h$ であることを示せ．このとき，ホール抵抗は $R_H = -h/(\nu q^2)$ であることを示せ．

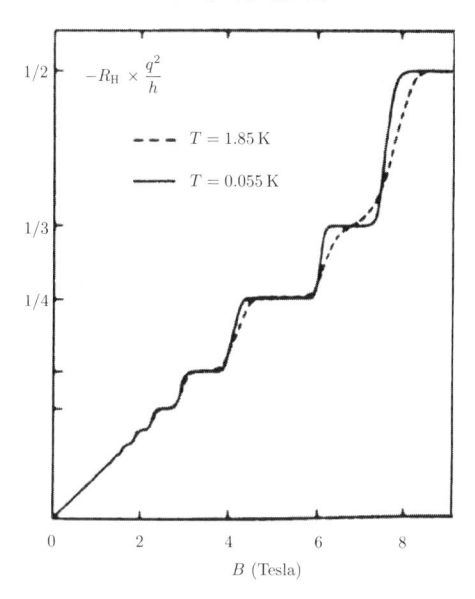

図 8.9 InGaAs–InP のヘテロ接合に見られるホール抵抗のプラトー構造. *Images de la Physique*, (1984).

8.6.6 ヘリウム II の比熱と二流体模型

ヘリウム 4 は大気圧下では，温度 $T_\lambda \simeq 2.18\,\mathrm{K}$ 以下で超流動状態になる．このヘリウム 4 の超流動相はヘリウム II とよばれる．絶対零度 $T = 0$ では，ヘリウム II は基底状態の波動関数で記述される．$T \neq 0$ のときは，ヘリウム中に分散関係（エネルギー $\varepsilon(\vec{p})$ を運動量 $\vec{p}$ の関数として表した関係式）が

$$\varepsilon(\vec{p}) = c|\vec{p}| \tag{8.175}$$

であるフォノンが現れる．ここで c は音速（$c \simeq 240\,\mathrm{m\,s^{-1}}$）である．流体内では横波は存在しないので，音波は縦波（粗密波）である．よってヘリウム II 中のフォノンの偏極は一つだけである．

A. 比 熱

1. **フォノンによる比熱**： フォノンによる内部エネルギーと比熱を計算せよ．デバイ温度 $T_\mathrm{D} \simeq 30\,\mathrm{K}$ と比べてずっと低温にあるものとする．単位体積あたりの比熱が

$$C_V^{フォノン} = \frac{2\pi^2 k^4}{15\hbar^3 c^3}\, T^3$$

   で与えられることを示せ．

2. **ロトンによる比熱**： 実際にはフォノン（これは素励起の一種である）の分散関係は式 (8.175) よりもずっと複雑であり，図 8.10 のように与えられる．$p = p_0$ の

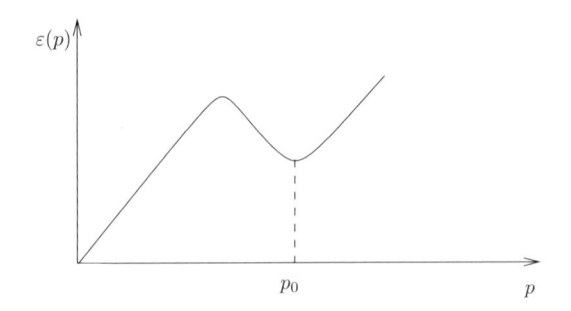

図 8.10 ヘリウム II の素励起の分散関係

まわりの領域はロトン領域とよばれる．$p = p_0$ の近傍では，$\varepsilon(p)$ に対して次のような近似式が成り立つ

$$\varepsilon(p) = \Delta + \frac{(p - p_0)^2}{2\mu} \tag{8.176}$$

ここで，$\Delta/k \simeq 8.5\,\mathrm{K}$, $k_0 = p_0/\hbar \simeq 1.9\,\text{Å}^{-1}$, $\mu \simeq 10^{-27}\,\mathrm{kg}$ である．

$T \lesssim 1\,\mathrm{K}$ では，ボーズ分布関数 $n(p)$ はボルツマン分布関数

$$n(p) \simeq \mathrm{e}^{-\beta \varepsilon(p)}$$

でおきかえられることを示せ．ロトンが内部エネルギーに与える寄与を導け．$T = 1\,\mathrm{K}$ のときに p_0^2 と $\mu k_\mathrm{B} T$ の値を比較せよ．また，Δ と $k_\mathrm{B} T$ の値も比較せよ．これを用いて，積分を簡単にせよ．
〔ヒント〕変数変換 $x = \sqrt{\beta/2\mu}(p - p_0)$ をせよ．そして，ロトンの比熱への寄与 $C_V^{\text{ロトン}}$ を求めよ．$T \to 0$ での $C_V^{\text{フォノン}}$ と $C_V^{\text{ロトン}}$ のふるまいを比較せよ．また，$T = 1\,\mathrm{K}$ での値も比較せよ．

B. 2流体模型

1. **ヘリウム II の流れ：** 質量 m の粒子 N 個を含む総質量 M の超流動ヘリウムが，管の中を流れる状況を考える．i 番目の粒子の位置を $\vec{r}_i$, 運動量を $\vec{q}_i$ と書く．全運動量は $\vec{P} = \sum_i \vec{q}_i$ である．流体は非粘性的であり，管との間の摩擦は無視できるものとする．これを2種類のガリレイ座標系で見ることにする．一方の座標系 R は，ヘリウムの静止系であり，管の壁は速度 $\vec{v}$ で運動している．他方の座標系 R' では，管の壁が静止していてヘリウムが速度 $-\vec{v}$ で流れている．後者のような記述が可能となるのは，ヘリウムの流速が管の壁においても粘性がないため零ではないからである．系 R ではハミルトニアンは

$$\mathscr{H} = \sum_{i=1}^{N} \frac{\vec{q}_i^{\,2}}{2m} + \frac{1}{2} \sum_{i \neq j} U(\vec{r}_i - \vec{r}_j) \tag{8.177}$$

である．系 R' でのハミルトニアンを与えよ．

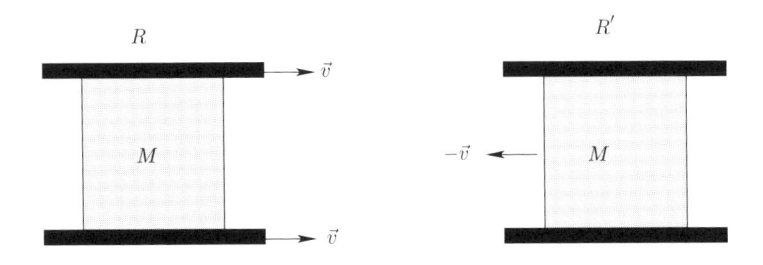

図 **8.11** 質量 M の超流動流体の二つの座標系での流れの様子.

ランダウの 2 流体モデルでは，ヘリウム II は粘性のない超流動流体と通常の粘性流体状態であるフォノン気体（より一般には素励起気体）の 2 成分からなるものとする．素励起どうしの相互作用も，通常流体と超流動流体との間の相互作用も無視する．超流動流体は軋轢なく流れ，素励起は管の壁と熱平衡状態にあるものとする．素励起の分散関係 $\varepsilon(\vec{p})$ は，超流動成分が速度零である座標系 R で与えられたものであるとする．素励起の運動量 $\vec{p}$ はこの座標系 R で測定することにする．

管のなかのヘリウム II の流れを，上述の二つのガリレイ座標系 R と R' で扱うことにする（図 8.11）．系 R において運動量 $\vec{p}$，エネルギー $\varepsilon(\vec{p})$ の素励起の生成過程を考える．管が静止している座標系 R' では，この素励起のエネルギーは

$$\varepsilon'(\vec{p}) = \varepsilon(\vec{p}) - \vec{p} \cdot \vec{v} \tag{8.178}$$

で与えられることを示せ．

2. 運動量密度： 座標系 R では，素励起気体は温度 T の管の壁と平衡状態にあり，平均速度 $\vec{v}$ をもつ．素励起の分布関数 $\tilde{n}(\vec{p},\vec{v})$ をボーズ分布関数 $n(\varepsilon) = 1/(e^{\beta\varepsilon}-1)$ で表せ．また座標系 R では，運動量密度 $\vec{g}$ は v の 1 次のオーダーで

$$\vec{g} = -\frac{1}{3}\int \frac{\mathrm{d}^3 p}{(2\pi\hbar)^3}\, p^2 \frac{\mathrm{d}n}{\mathrm{d}\varepsilon}\, \vec{v} \tag{8.179}$$

で与えられることを示せ．関係式 $\vec{g} = \rho_n \vec{v}$ によって，通常流体の密度 ρ_n を定義する．

〔注〕以下では $n(\varepsilon)$ に対して具体的な表式は用いないほうがよい．

部分積分を行うことにより，ρ_n を分散関係が $\varepsilon = c\vec{p}$ であるフォノン気体のエネルギー密度 ϵ と関係づけよ．

3. エネルギー流束密度と運動量密度： フォノン気体に対しては，座標系 R で計算したエネルギー流束密度 $\vec{j}_E$ は運動量密度と

$$\vec{j}_E = c^2 \vec{g}$$

のように関係づけられていることを示せ．

4. **第2音波:** 連続の方程式とオイラー方程式 (6.70) を用いることにより,分散がなく十分流速が遅いときには,

$$\frac{\partial \epsilon}{\partial t} = -c^2 \vec{\nabla} \cdot (\rho_n \vec{v})$$

$$\frac{\partial (\rho_n \vec{v})}{\partial t} = -\frac{1}{3}\vec{\nabla}\epsilon$$

が成り立つことを示せ.ϵ は波動方程式に従い,伝播速度は $c/\sqrt{3}$ であることを示せ.この第2音波とよばれる波をどのように解釈すればよいであろうか.ヘリウム II の一部分だけを熱するとどのような現象が見られるか.希薄な超相対論的な気体での音速はいくらか.

8.6.7 ランダウのフェルミ流体理論

ヘリウム3からなる流体のような中性粒子の系は,フェルミ理想気体による近似では正しく扱うことができない.ここではこのようなフェルミ流体に対するランダウの理論を研究課題としてとりあげる.相互作用をもつフェルミ流体[*26)]の分散関係を $\varepsilon(p)$ と書くことにする.厳密にいうと,$\varepsilon(p)$ は平衡状態にある系に運動量 $\vec{p}$ の粒子を新たに一つ加えるのに必要なエネルギーとして定義される.理想気体では $\varepsilon(p) = p^2/(2m)$ であるが,ここでは分散関係がより一般的な場合を考えることにする.計算を簡単にするためにスピンの効果は無視することにする(たとえばパウリ常磁性を扱うような場合にスピンの効果を取り入れるのは容易である).ランダウはまず,絶対零度でフェルミ分布関数は,フェルミ準位を閾値とする階段関数であると仮定した.すなわち,フェルミ分布は $\varepsilon(p)$ の次のような関数である(5.2.3 項では μ を ε_0 と記した).

$$f_0[\varepsilon(p)] = \theta(\mu - \varepsilon(p)) \qquad \frac{\delta f_0[\varepsilon(p)]}{\delta \varepsilon(p)} = -\delta(\varepsilon(p) - \mu)$$

これは,絶対零度での相互作用するフェルミ流体の平衡分布を与える.フェルミ運動量 p_F はフェルミ理想気体と同様に式 (5.17) で与えられるが,$\mu \neq p_F^2/(2m) = \varepsilon_F$ である.

A. 静的特性

1. フェルミ準位 ε_F 以下のエネルギー準位がすべて粒子で占有されている多粒子状態をフェルミ海という.フェルミ海にエネルギー $\varepsilon(p)$ の粒子を一つ加える(あるいはフェルミ海から取り除く)ことを考える.これによって,準粒子(あるいは準正孔)が生成される.

$$\varepsilon(p)\Big|_{p=p_F} = \mu$$

を示せ.

[*26)] 等方的なフェルミ気体を考えることにする.等方性はヘリウム3においては成り立つ.しかし金属中の電子系では,結晶場に起因する回転対称性の破れから,等方性の仮定は成り立たない.

2. 次にたくさんの準粒子や準正孔がフェルミ海に加えられたとする．このことは，必ずしも全粒子数が変化したことを意味しないが，粒子分布関数は平衡分布に対して

$$\delta f(\vec{p}) = f(\vec{p}) - f_0(\vec{p})$$

だけ変化することを意味する．この変化量 $\delta f(\vec{p})$ は励起の度合いを表すものである．ランダウ理論では，この励起の度合いが小さいと仮定する．この仮定は低温でのみ正しい．低温では δf は，図 8.12 に示したように，フェルミ運動量 p_F の近傍 ξ でのみ零ではない値をもつ．

$$|\varepsilon(p) - \mu| \lesssim \xi \ll \mu$$

ランダウの 2 番目の仮定は，各準粒子のエネルギーは，ほかの準粒子の影響を受けて

$$\tilde{\varepsilon}(\vec{p}) = \varepsilon(p) + \frac{2V}{h^3} \int d^3 p' \, \lambda(\vec{p}, \vec{p}') \delta f(\tilde{p}\,')$$

と書けるというものである．したがってすでに述べたように，フェルミ海に 1 粒子だけ加える場合には $\tilde{\varepsilon}(\vec{p}) = \varepsilon(p)$ である．この式で，$\delta f(\vec{p})$ は等方的ではないので，$\varepsilon(p)$ とは違って $\tilde{\varepsilon}(\vec{p})$ は一般には等方的ではないことに注意すべきである．関数 $\lambda(\vec{p}, \vec{p}')$ はフェルミ面近傍 $(p \simeq p' \simeq p_F)$ で定義され，ルジャンドル多項式で

$$\lambda(\vec{p}, \vec{p}') = \sum_{l=0}^{\infty} \alpha_l P_l(\cos\theta)$$

と展開される．ここで，θ は $\vec{p}$ と $\vec{p}'$ との間の角度であり，α_l は実係数である．a を粒子間の相互作用の到達距離としたとき，$\lambda(\vec{p}, \vec{p}')$ の大きさは a^3/V のオーダーであることを示せ．また $\tilde{\varepsilon}(\vec{p})$ の式の第 2 項は，$|\varepsilon(p) - \mu|$ と同じ ξ のオーダーであり，無視できないことを示せ．$\tilde{\varepsilon}(\vec{p})$ は一般に δf についてべき級数展開できるであろうが，ランダウ理論では $(\delta f(p))^2$ 以降をすべて無視する．$\delta f(\vec{p})$ が等方的で

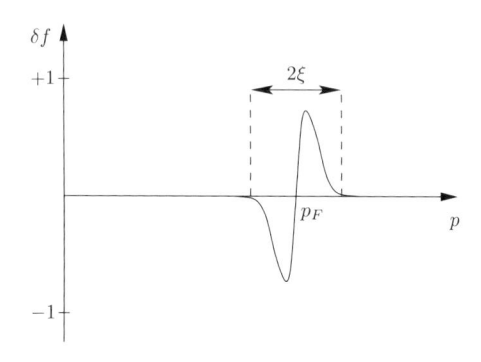

図 8.12 熱平衡分布からのずれの様子．$\delta f(\vec{p})$ はフェルミ面近傍でのみ零でない値をもつ．δf の負の部分は準正孔の分布を表し，正の部分は準粒子の分布を表す．

あるとすると,
$$\tilde{\varepsilon}(p) = \varepsilon(p) + \alpha_0 \delta N$$
であることを示せ. ここで δN は準粒子の総数である.

3. $\delta f(\vec{p})$ のかわりに
$$\delta \overline{f}(\vec{p}) = f(\vec{p}) - f_0(\tilde{\varepsilon}(\vec{p}))$$
を定義すると便利である. 次式を導け.
$$\delta \overline{f}(\vec{p}) = \delta f(\vec{p}) + \delta(\varepsilon - \mu) \frac{2V}{h^3} \int d^3 p' \, \lambda(\vec{p}, \vec{p}') \delta f(\vec{p}')$$

4. $f_0(\vec{p}, T)$ を絶対温度 $T > 0$ での準粒子の平衡分布関数とする. $kT \ll \mu$ のとき
$$f_0(\vec{p}, T) = \frac{1}{1 + \exp[(\tilde{\varepsilon}(\vec{p}) - \mu)/kT]}$$
である. 熱励起 $\delta f(\vec{p}, T)$ を
$$\delta f(\vec{p}, T) = f_0(\vec{p}, T) - f_0[\varepsilon(p)]$$
で定義する. ゾンマーフェルトの近似式 (5.29) を用いて,
$$\int d^3 p \, \delta f(\vec{p}, T) \propto (kT)^2 \rho'(\mu)$$
を示せ. ここで $\rho(\varepsilon)$ は状態密度である. この結果から,
$$\int p^2 dp \, \delta f(\vec{p}, T) \propto T^2$$
が $\vec{p}$ のベクトルの向きによらずに成り立つことを導き, よって, T のオーダーでは $\tilde{\varepsilon}(\vec{p}) = \varepsilon(p)$ としてよいことを結論せよ. このことから低温では, 分散関係として $p^2/(2m)$ でなく, より一般的な関数 $\varepsilon(p)$ を用いさえすれば相互作用のないフェルミ気体でフェルミ流体を近似することができることになる. 有効質量 m^* を
$$\left. \frac{d\varepsilon}{dp} \right|_{p=p_F} = \frac{p_F}{m^*}$$
と定義すると, 比熱は
$$C_V = \frac{\pi^2 k^2 T}{3} \rho(\mu) = \frac{V k^2 T}{3\hbar^2} m^* p_F$$
と求められることを示せ.

以下の研究課題では, 再び $T = 0$ の場合に限定することにする.

5. 化学ポテンシャルが μ から $\mu + d\mu$ に変化したときの, 分布関数の変化量 $\delta \overline{f}(\vec{p})$ を計算せよ. $\delta f(\vec{p})$ が等方的であることを考慮して
$$\frac{\partial N}{\partial \mu} = \frac{D(\mu)}{1 + \Lambda_0}$$

8.6.8 熱伝導率の計算

1. 流れのない静止した気体を考える。ただし，z 軸に沿って温度勾配があり，温度が z の関数 $T(z)$ として与えられる状況を考える。この状況では，圧力 $\mathcal{P}$ は一様である。もしも圧力勾配があれば，気体に流れが生じてしまうからである。$\beta(z) = 1/(kT(z))$ としたとき，局所平衡分布関数 $f_0(z)$ は

$$f_0(z) = \mathcal{P} \frac{[\beta(z)]^{5/2}}{(2\pi m)^{3/2}} \exp\left(-\frac{\beta(z)p^2}{2m}\right)$$

であることを示せ。式 (8.127) より，

$$f = f_0 \left(1 - \Phi \frac{\partial T}{\partial z}\right)$$

である。ボルツマン方程式のドリフト項は

$$\mathrm{D}f = \frac{\beta}{T}\left(\frac{5}{2}kT(z) - \varepsilon(p)\right)f_0 \frac{\partial T}{\partial z} \qquad \varepsilon(p) = \frac{p^2}{2m}$$

であることを示せ。気体が単原子気体ではない場合は

$$\Phi = \frac{\beta}{T}\left(c_P T(z) - \varepsilon(p)\right)$$

であることを示せ。ここで，c_P は 1 粒子あたりの定圧比熱であり，単原子気体では $c_P = 5k/2$ である。

2. 式 (8.128) より，線形化されたボルツマン方程式は

$$(\varepsilon(p) - c_P T)p_z = \frac{mT}{\beta}\int \prod_{i=2}^{4} \mathrm{d}^3 p_i \, W f_{02} \Delta\Phi = \mathsf{L}[\Phi]$$

という形に書ける。系の対称性より，関数 $\Phi(\vec{p})$ は p_z に比例しなければならない

$$\Phi(\vec{p}) = A(p)p_z$$

また，$\Phi(\vec{p})$ は (8.120) を満たさなければならない。次の等式を示せ。

$$\int \mathrm{d}^3 p \, \varepsilon(p) p_z f_0(p) \Phi(\vec{p}) = \frac{Tm}{4\beta}\int \prod_{i=1}^{4} \mathrm{d}^3 p_i \, W f_{01} f_{02} (\Delta\Phi)^2$$

3. 熱伝導率 κ に対する次の表式を導け。

$$\kappa = \frac{1}{m}\int \mathrm{d}^3 p \, \varepsilon(p) p_z f_0(p) \Phi(\vec{p})$$

また，式 (8.131) で定義されたスカラー積を用いることにより

$$\kappa = \langle \Phi | X \rangle = \langle \Phi | \mathsf{L} | \Phi \rangle$$

と表せることを示せ。ただしここで，$|X\rangle$ は関数 $\varepsilon(p)p_z$ を表すヒルベルト空間中のベクトルである。これらの結果から，κ を計算するための変分法を与えよ。

4. 試行関数としてもっとも簡単なものは A を定数とした $\Psi = Ap_z$ という関数であるが、これは式 (8.120) の 2 番目の条件式を満たさない。これに対して、次の試行関数

$$\Psi(\vec{p}) = A(1 - \gamma p^2)p_z$$

は、もしも $\gamma = \beta/(5m)$ ならば必要な条件をすべて満たすことを示せ。

5. n を粒子数密度としたとき

$$\langle X|\Psi\rangle = -\frac{An}{\beta^2}$$

となることを示せ。また

$$\langle \Psi|\mathsf{L}|\Psi\rangle = \frac{32}{25\sqrt{\pi}} A^2 T n^2 \frac{m}{\beta^3} \left(\frac{\beta}{m}\right)^{1/2} \sigma_{\mathrm{tr}}$$

であることを導け。

〔ヒント〕重心系での変数 $\vec{P}, \vec{p}, \vec{p}'$ に変換すると、次の形の積分を実行することが必要になるはずである。

$$\int d^3p \, d^3P \left[(\vec{P}\cdot\vec{p})p_z - (\vec{P}\cdot\vec{p}')p'_z\right]^2 \cdots \to \frac{2}{9}\int d^3p \, d^3P \, P^2 p^4 (1-\cos^2\theta)$$

まず、$\vec{P}$ の方向について平均すると $1/3$ という因子が出ることを示せ。

6. 輸送断面積が p に依存しないことを仮定すると、上の結果から、変分法により κ が

$$\kappa = \frac{25\sqrt{\pi}}{32} \frac{k}{m} \frac{\sqrt{mkT}}{\sigma_{\mathrm{tr}}}$$

と評価されることを導け。比 κ/η を計算して、8.1.3 項で平均自由行程近似によって得た比の値と比較せよ。

8.7 さらに進んで学習するために

散乱断面積の古典力学的な計算は Goldstein [48]（第 III 章）, Landau and Lifshitz [69]（第 IV 章）を、量子力学的な計算は Messiah [89]（第 X 章）, Cohen–Tannoudji ら [30]（第 VIII 章）を参照せよ。運動論の基本的な取り扱いについては Reif [109]（第 12 章）, Baierlein [4]（第 15 章）にある。より進んだ内容は Lifshitz and Pitaevskii [81] を参照せよ。ボルツマン–ローレンツ模型は Bailian [5]（第 15 章）, Lifshitz and Pitaevskii [81]（第 11 章）で扱われている。ボルツマン方程式について、さらに学習したい人には、Reif [109]（第 13, 14 章）, Balian [5]（第 15 章）, Kreuzer [67]（第 8 章）, Kubo [68]（第 6 章）, McQuarrie [88]（第 16–19 章）, Lifshitz and Pitaevskii [81]（1–10 節）を読むことを勧める。これらの文献では、輸送係数の計算が詳しく述べられている。H–関数が増大する例が Jaynes [60] で与えられているが、議論は完全ではない。ボルツマン方程

8.7 さらに進んで学習するために

式の量子系への拡張（ランダウ–ウーレンベック方程式）は Balian [5]（第 11 章），Pines and Nozières [102]（第 1 章），Baym and Pethick [15]，Lifshitz and Pitaevskii [81]（第 VIII 章）に書かれている．

以下の文献は，研究課題を解くのに役立つであろう．整数量子ホール効果については Laughlin のノーベル賞講義録 [71] と Stormer のノーベル賞講義録 [116] を参照せよ．分数量子ホール効果については，Jain の解説 [59]，Heiblum and Stern [55]，Laughlin のノーベル賞講義録 [71] および Stormer のノーベル賞講義録 [116] を参照せよ．ヘリウム 4 の 2 流体模型は Landau and Lifshitz [70]（第 2 巻, 第 III 章），Goodstein [49]（第 5 章），Nozières and Pines [96]（第 6 章）に書かれている．ランダウのフェルミ流体理論は Lifshitz and Pitaevskii [81]（74–76 節）で論じられている．また，Baym and Pethick [15] と Pines and Nozières [102]（第 1 章）も参照せよ．

9

非平衡統計力学のトピックス

　第6章と第8章では,非平衡現象に対する入門的な説明を行った.この二つの章では定常状態のみを扱ったが,本章では時間にあらわに依存する状態を考察することにより,非平衡現象に対するより一般的な理論を展開する.前半では,外力による摂動によって非平衡状態におかれた系が,熱平衡状態に緩和していく現象を議論する.この緩和過程は久保(応答)関数(あるいは緩和関数)とよばれる物理量によって記述されるが,初期の平衡状態からのずれが小さい場合には,この関数が熱平衡状態における時間相関関数で記述されることを示す.この結果は,オンサーガーの回帰則として知られている.久保(応答)関数は,非平衡統計力学における基本的な物理量である.久保(応答)関数を用いると,時間に依存した外部摂動に対する系の応答を記述する動的感受率を計算することができる.実際,動的感受率は久保(応答)関数の時間微分にある定数因子をかけたものにほかならない.また久保(応答)関数の時間積分を用いて輸送係数を表すことができる.ただしこれらの結果は,系の平衡状態からのずれが小さいという仮定のもとで,このずれについて線形の範囲で正しいものである.このため線形応答理論とよばれる[*1].線形応答理論は古典論のほうが量子論よりはいくらか簡単であるので,まず9.1節で古典論を説明する.続く9.2節では量子論を説明し,そこで揺動散逸定理を証明することにする.9.3節では,射影法,特に最も簡単に取り扱える森の射影法について説明する.この射影法の基本的なアイデアは,N粒子すべての動力学を記述するのではなく,遅いモード(たとえば流体力学的モード)のみを扱うというものである.N粒子の動力学から,そのうちの遅いモードのみからなる動力学へ射影を行い,自由度の縮約を行うのである.速いモードが遅いモードに及ぼす影響は,この縮約の結果,記憶効果として表されることになる.この射影法によって自然に,9.4節で扱う確率微分方程式,すなわちランジュバン方程式による運動の記述が導かれる.また9.5節では,このランジュバン方程式に従う確率変数の確率分布関数が,フォッカー–プランク方程式とよばれる偏微分方程式に従うことを明らかにする.この偏微分方程式の解は,フォッカー–プラ

[*1] 線形応答理論の有効性を巡る議論が van Kampen によって *Physica Norvegia* **5**, 279 (1971) になされている. van Kampen の議論に対する返答は,たとえば Dorfman [33] 第6章を見よ.

ンク方程式を虚数時間をもつシュレーディンガー方程式とみなすことによって求めることができる．本章最後の 9.6 節では，ランジュバン方程式の数値計算について説明する．

9.1 線形応答：古典論

9.1.1 動的感受率

古典的なハミルトニアン $\mathcal{H}(\boldsymbol{p},\boldsymbol{q})$ で指定される熱平衡分布をもつ系が，微小な摂動によってこの熱平衡状態からわずかにずれた状況にあるとする．3.2.1 項と同様に，系の自由度が N のとき，正準変数 $(p_1,\cdots,p_N;q_1,\cdots,q_N)$ を $(\boldsymbol{p},\boldsymbol{q})$ と略記する．分配関数は

$$Z(\mathcal{H}) = \int d\boldsymbol{p}\,d\boldsymbol{q}\,e^{-\beta\mathcal{H}(\boldsymbol{p},\boldsymbol{q})} \tag{9.1}$$

で与えられる．古典的な力学変数 $\mathcal{A}_i(\boldsymbol{p},\boldsymbol{q})$ の平衡状態における平均は式 (3.43) により

$$A_i \equiv \langle \mathcal{A}_i \rangle \equiv \langle \mathcal{A}_i \rangle_{\mathrm{eq}} = \int d\boldsymbol{p}\,d\boldsymbol{q}\,\rho_{\mathrm{eq}}(\boldsymbol{p},\boldsymbol{q})\mathcal{A}_i(\boldsymbol{p},\boldsymbol{q}) \tag{9.2}$$

で与えられる．ただしここで，確率密度 ρ_{eq} は規格化されたボルツマン重率

$$\rho_{\mathrm{eq}}(\boldsymbol{p},\boldsymbol{q}) = \frac{1}{Z(\mathcal{H})}\,e^{-\beta\mathcal{H}(\boldsymbol{p},\boldsymbol{q})} \tag{9.3}$$

である．本章では，$\langle \bullet \rangle$ で平衡分布 (9.3) による平均値，あるいは対応する量子統計力学における平均値（後出の式 (9.55) を参照）を表すものとする．ハミルトニアン $\mathcal{H}$ に次の形の摂動 $\mathcal{V}$ を加えることを考える

$$\mathcal{V} = -\sum_j f_j \mathcal{A}_j$$

すなわちハミルトニアンは摂動を受けて

$$\mathcal{H} \to \mathcal{H}_1 = \mathcal{H} + \mathcal{V} = \mathcal{H} - \sum_j f_j \mathcal{A}_j \tag{9.4}$$

となる．式 (2.64) と比べると，そこでのラグランジュ未定乗数 λ_i と同様の役割を βf_i が行うことがわかる．ここでは，f_i を外力あるいは単に力とよぶことにする．このよび方は，1 次元の強制調和振動子（基本課題 9.7.1 を参照）で使われる用語から借用したものである．強制調和振動子では，摂動は力学変数 $x(t)$ を用いて $\mathcal{V} = -f(t)x(t)$ と書かれるからである．この摂動を受けたハミルトニアン $\mathcal{H}_1$ の下での力学変数 $\mathcal{A}_i$ の平均を $\overline{\mathcal{A}_i}$ と記すことにする．ラグランジュ未定乗数 f_i の変化に対するこの平均値 $\overline{\mathcal{A}_i}$ の応答を与えるのが揺動応答定理である．古典的な変数 $\mathcal{A}_i$ は可換であるから，これは式 (2.70) の形，すなわち

$$\frac{\partial \overline{\mathcal{A}_i}}{\partial f_j} = \beta\,\overline{(\mathcal{A}_i - \overline{\mathcal{A}_i})(\mathcal{A}_j - \overline{\mathcal{A}_j})} \tag{9.5}$$

で与えられる．平衡ハミルトニアン $\mathscr{H}$ からのずれが小さいという制限のもとでは，式 (9.5) で $f_i \to 0$ の極限をとることができる．この極限での平均値は，ρ_{eq} を用いて計算できて，

$$\left.\frac{\partial \overline{\mathcal{A}_i}}{\partial f_j}\right|_{f_k=0} = \beta \langle (\mathcal{A}_i - \langle \mathcal{A}_i \rangle)(\mathcal{A}_j - \langle \mathcal{A}_j \rangle) \rangle \\
= \beta \langle \delta \mathcal{A}_i \, \delta \mathcal{A}_j \rangle = \langle \mathcal{A}_i \mathcal{A}_j \rangle_{\mathrm{c}} \tag{9.6}$$

となる．ここで，$\delta \mathcal{A}_i$ は

$$\delta \mathcal{A}_i = \mathcal{A}_i - \langle \mathcal{A}_i \rangle = \mathcal{A}_i - A_i \tag{9.7}$$

で定義される．したがって，この量の（平衡状態における）平均値は零である（$\langle \delta \mathcal{A}_i \rangle = 0$）．式 (9.6) の最後の表式にある添え字 c は cumulant（キュムラント）あるいは connected を意味する．線形近似の範囲では式 (9.6) よりただちに

$$\overline{\mathcal{A}}_i = \langle \mathcal{A}_i \rangle + \beta \sum_j f_j \langle \delta \mathcal{A}_i \, \delta \mathcal{A}_j \rangle = \langle \mathcal{A}_i \rangle - \beta \langle \mathcal{A}_i \mathcal{V} \rangle_{\mathrm{c}} \tag{9.8}$$

が結論される．それゆえこの近似では，平衡状態からのずれは摂動と比例関係にあることになる．

ここまでは静的な状況のみを考えてきた．すなわち，摂動を加えられたハミルトニアン $\mathscr{H}_1$ は時間に依存せず，これをもって摂動を加えられた状態での確率密度 ρ_1 が

$$\rho_1 = \frac{1}{Z(\mathscr{H}_1)} \mathrm{e}^{-\beta \mathscr{H}_1}$$

で定義されたのであった．以下では，ハミルトニアンは $t < 0$ では $\mathscr{H}_1$ に等しく系は確率密度 ρ_1 で与えられる平衡状態であるが，$t = 0$ で摂動 $\mathcal{V}$ を切り，$t > 0$ ではハミルトニアンが時間にあらわに依存するようになる場合を考えることにする．すなわち，ハミルトニアン $\mathscr{H}_1(t)$ は

$$\begin{aligned}\mathscr{H}_1(t) &= \mathscr{H} - \sum_i f_j \mathcal{A}_j = \mathscr{H}_1 &&(t < 0 \text{ のとき}) \\ \mathscr{H}_1(t) &= \mathscr{H} &&(t \geq 0 \text{ のとき})\end{aligned} \tag{9.9}$$

である．この状況を実現する別の方法は，摂動を $t = -\infty$ で断熱的に加えはじめ[*2] $t = 0$ で瞬間的に切る，すなわち

$$\mathscr{H}_1(t) = \mathscr{H} - \theta(-t) \mathrm{e}^{\eta t} \sum_j f_j \mathcal{A}_j \qquad \eta \to 0^+ \tag{9.10}$$

とするものである[*3]．ここで $\theta(-t)$ は階段関数を表す．またここで，摂動 $\mathcal{V}$ は力学的

[*2] ここでは，断熱的とは無限にゆっくりと加えるという意味である．断熱的という言葉のここでの意味と，熱力学での通常の意味との関係は微妙であり，たとえば Balian [5] の第 5 章を参照することを勧める．

[*3] 以下では，η は正の微小量を表すものとする．

な摂動であり，時間発展はハミルトニアンによってなされるものであるということに注意すべきである．したがって，系へのエネルギーの流入と流出はともに仕事としてなされ，系は熱力学的には孤立系のままであるものとするのである．そして，系は $t \to \infty$ にともなって，ハミルトニアン $\mathcal{H}$ で記述される平衡状態に緩和していくものとする．この緩和過程を一般的に議論するのはたいへん難しい．しかしながら，平衡からの変位が小さいならば，線形近似が使えるので解析は容易になる．以上の設定によって，$t \leq 0$ では $\overline{\mathcal{A}}_i$ は時間に依存しない値 (9.8) をとることになる．特に $t=0$ では

$$\overline{\delta \mathcal{A}}_i(t=0) = \overline{\mathcal{A}}_i(t=0) - \langle \mathcal{A}_i \rangle = \beta \sum_j f_j \langle \mathcal{A}_i(t=0) \mathcal{A}_j \rangle_c$$
$$= \beta \sum_j f_j \langle \delta \mathcal{A}_i(t=0) \delta \mathcal{A}_j \rangle$$

である．非平衡状態における集団平均は，時刻 $t=0$ でのすべての初期状態にわたって重み $\rho_1 = \exp(-\beta \mathcal{H}_1)/Z(\mathcal{H}_1)$ で積分することによって与えられる．そこで，正の時刻 t での力学変数 $\mathcal{A}_i$ を，$t=0$ での初期条件 $\boldsymbol{p} = \boldsymbol{p}(t=0), \boldsymbol{q} = \boldsymbol{q}(t=0)$ および時刻 t の関数として $\mathcal{A}_i(t) = \mathcal{A}_i(t; \boldsymbol{p}, \boldsymbol{q})$ と書き表すのが便利である．$t \leq 0$ の場合と異なり，$t > 0$ での $\mathcal{A}_i$ の時間発展は $\mathcal{H}$ によって

$$\partial_t \mathcal{A}_i = \{\mathcal{A}_i, \mathcal{H}\} \qquad t > 0$$

で与えられる．したがって，$\overline{\mathcal{A}}_i$ も $t > 0$ では時間に依存する．ただし，$t=0$ での確率密度は (9.4) のハミルトニアン $\mathcal{H}_1$，すなわち

$$\mathcal{H}_1 = \mathcal{H} - \sum_j f_j \mathcal{A}_j = \mathcal{H} - \sum_j f_j \mathcal{A}_j(0)$$

で定められたものである．したがって，$\mathcal{A}_i(t)$ の非平衡状態での集団平均は

$$\overline{\mathcal{A}}_i(t) = \int d\boldsymbol{p}\, d\boldsymbol{q}\, \rho_1(\boldsymbol{p},\boldsymbol{q}) \mathcal{A}_i(t;\boldsymbol{p},\boldsymbol{q})$$

であり，式 (9.8) より

$$\boxed{\overline{\delta \mathcal{A}}_i(t) = \overline{\mathcal{A}}_i(t) - \langle \mathcal{A}_i \rangle = \beta \sum_j f_j \langle \mathcal{A}_i(t) \mathcal{A}_j(0) \rangle_c = \beta \sum_j f_j \langle \delta \mathcal{A}_i(t) \delta \mathcal{A}_j(0) \rangle} \qquad (9.11)$$

という結果が得られる[*4]．式 (9.11) は

[*4] 式 (9.11) の δA_j として，$t' \leq 0$ のどの時刻での値を使ってもよいのに，なぜ $t'=0$ での値が使われているのか疑問に思うかもしれない．確かに，式 (9.9) の $\mathcal{H}_1(t')$ は $t' \leq 0$ では時間に依存しないので，$t' \leq 0$ のどの時刻の値を用いてもよいはずである．ここで，$\mathcal{H}(t')$ と $\mathcal{V}(t')$ とを足し合わせて得られる $\mathcal{H}_1(t')$ が時間に依存しないと仮定したが，$\mathcal{H}(t')$ と $\mathcal{V}(t')$ の各々は一般には時間に依存することに注意せよ．式 (9.11) では $\mathcal{H}$ として暗に $t'=0$ での値が使われているので，$\mathcal{V}$ もまた $t'=0$ での値が使わなければならない．$t=0$ では，式 (9.8) と同じ形の $\overline{\delta \mathcal{A}}_i(t=0) = \beta \sum_j f_j \langle \mathcal{A}_i(0) \mathcal{A}_j(0) \rangle_c$ とならなければならないことから，結局式 (9.11) に定まることになる．

$$C_{ij}(t) = \langle \mathcal{A}_i(t)\mathcal{A}_j(0)\rangle_c = \langle \delta\mathcal{A}_i(t)\delta\mathcal{A}_j(0)\rangle \tag{9.12}$$

で定義される久保関数（あるいは緩和関数）$C_{ij}(t)$ で表されている．これは，$\delta\mathcal{A}_i(t)$ と $\delta\mathcal{A}_j(0)$ の積の期待値であり，確率密度 (9.2) をもつ平衡状態における時間相関関数である．式 (9.11) は，熱平衡状態からのずれが小さいときには，熱平衡状態への緩和現象は熱平衡状態でのゆらぎによって記述されるということを意味し，しばしばオンサーガーの回帰則とよばれる．上では，系を熱平衡状態からずらすのに外的な摂動を加えたが，系の自発的なゆらぎによって平衡状態からのずれが起きることもある．そのような場合でも，緩和過程は上で述べたのと同じ法則に従うはずである．

時間に依存する外的な摂動 $\sum_j f_j(t)\mathcal{A}_j$ に対する動的な線形応答は，一般的に

$$\overline{\delta\mathcal{A}_i}(t) = \sum_j \int_{-\infty}^{t} dt'\, \chi_{ij}(t-t')f_j(t') \tag{9.13}$$

という形で書けるが，ここでの $\chi_{ij}(t)$ を動的感受率という．久保（応答）関数 (9.12) は，この動的感受率と直接的に関係づけられる．$\chi_{ij}(t-t')$ が $t' > t$ では零になることを仮定すると，フーリエ空間では式 (9.13) は積の形

$$\overline{\delta\mathcal{A}_i}(\omega) = \sum_j \chi_{ij}(\omega)f_j(\omega) \tag{9.14}$$

に変換される．式 (9.9) において，外力 f_j が $t < 0$ では一定であり，それが $t = 0$ で瞬間的に切られる場合は，式 (9.13) は

$$\overline{\delta\mathcal{A}_i}(t) = \sum_j f_j \int_{-\infty}^{0} dt'\, \chi_{ij}(t-t') = \sum_j f_j \int_{t}^{\infty} \chi_{ij}(\tau)\,d\tau$$

となる．この式の両辺を t で微分して式 (9.11) と比べると

$$\frac{d}{dt}\overline{\delta\mathcal{A}_i}(t) = -\sum_j f_j\,\chi_{ij}(t) = \beta\sum_j f_j\theta(t)\dot{C}_{ij}(t)$$

という関係式が導かれる．すなわち，動的感受率は

$$\chi_{ij}(t) = -\beta\,\theta(t)\dot{C}_{ij}(t) \tag{9.15}$$

というように，久保関数に逆温度 β をかけたものに負符号をつけたものに等しいのである．

9.1.2 ナイキストの定理

上述の一般論の簡単な応用として，電気伝導率 σ_{el} を平衡状態での電流のゆらぎと関係づけるナイキストの定理を導いてみよう．ここでは，動的変数として2種類だけを考

えればよいので，記法を簡略化して $\mathcal{A}_i = \mathcal{B}, \mathcal{A}_j = \mathcal{A}$ と書くことにする．平衡状態での時間的な並進不変性より

$$\dot{C}_{BA}(t) = \langle \dot{\mathcal{B}}(t)\mathcal{A}(0)\rangle_c = -\langle \mathcal{B}(t)\dot{\mathcal{A}}(0)\rangle_c \tag{9.16}$$

が得られる．式 (9.13) と (9.15) より，$\delta\mathcal{B}(t)$ のフーリエ変換 $\overline{\delta\mathcal{B}}(\omega)$ は

$$\overline{\delta\mathcal{B}}(\omega) = \beta f_A(\omega) \int_0^\infty dt\, e^{i\omega t} \langle \mathcal{B}(t)\dot{\mathcal{A}}(0)\rangle_c \tag{9.17}$$

と書けることになる．積分の収束性が問題になる場合は，ω は $\lim_{\eta\to 0^+}(\omega + i\eta)$ を表すものと解釈すればよい (9.1.3 項を参照)．1 次元的な伝導体を考え，キャリアーの電荷を q，質量を m として，力学変数 $\mathcal{A}, \mathcal{B}$ を

$$\mathcal{A} = q\sum_i x_i \qquad \mathcal{B} = \dot{\mathcal{A}} = q\sum_i \dot{x}_i = V j_{el} \tag{9.18}$$

とする．ここで，x_i は i 番目の電荷キャリアーの位置を表し，j_{el} は電流密度を，また V は伝導体の体積をそれぞれ表すものとする．外力として（空間的には一様であるが）時間に依存する電場 $E(t)$ を印加する．したがって，摂動項 $\mathcal{V}(t)$ は

$$\mathcal{V}(t) = -qE(t)\sum_i x_i = -E(t)\mathcal{A}$$

であり，これを式 (9.17) に代入すると

$$\overline{\delta\mathcal{B}}(\omega) = V j_{el}(\omega) = \beta V^2 E(\omega) \int_0^\infty dt\, e^{i\omega t} \langle j_{el}(t) j_{el}(0)\rangle|_{E=0}$$

$$= \beta q^2 E(\omega) \int_0^\infty dt\, e^{i\omega t} \sum_{i,k} \langle \dot{x}_i(t)\dot{x}_k(0)\rangle|_{E=0}$$

が得られる．電流密度は平衡状態，すなわち $E = 0$ のときには零であるから，j_{el} は δj_{el} と書いてもよい．この式は時間に依存したオームの法則 $j_{el}(\omega) = \sigma_{el}(\omega) E(\omega)$ にほかならない．つまり，電気伝導率 $\sigma_{el}(\omega)$ は，次式のように，外的な電場がかかっていないときの電流密度の時間相関のフーリエ変換で与えられることになる[†1]．

$$\boxed{\sigma_{el}(\omega) = \beta V \int_0^\infty dt\, e^{i\omega t} \langle j_{el}(t) j_{el}(0)\rangle|_{E=0}} \tag{9.19}$$

[†1] この量子版は式 (9.59) の形のカノニカル相関を用いて表される．その歴史的発展については訳者追加文献 o), p) を参照．(訳者注)

特に，周波数 $\omega = 0$ の極限では，静的な電気伝導率 σ_{el} に対する公式

$$\sigma_{\mathrm{el}} = \beta V \int_0^\infty \mathrm{d}t \, \langle j_{\mathrm{el}}(t) j_{\mathrm{el}}(0) \rangle |_{E=0} \tag{9.20}$$

が得られる．式 (9.20) の積分が収束することを保障するのに，収束因子 $\exp(-\eta t)$ を被積分関数にかけておくことが必要な場合もある．式 (9.20) はナイキストの定理の一つの形である．また，輸送係数（いまの場合は静的な電気伝導率）を時間相関関数の積分で表すというグリーン–久保公式の典型例にもなっている．式 (9.19) の積分を大雑把に見積もってみることにする．3.3.2 項で見たように，古典的な統計力学に従うと異なる粒子の速度の間には相関はないことになる．微視的な緩和時間（あるいは平均自由時間）$\tau^* \sim 10^{-14}$ s を導入すると

$$\langle \dot{x}_i(t) \dot{x}_k(0) \rangle = \delta_{ik} \langle \dot{x}(t) \dot{x}(0) \rangle \sim \delta_{ik} \frac{kT}{m} \mathrm{e}^{-|t|/\tau^*}$$

となるので，

$$\boxed{\sigma_{\mathrm{el}}(\omega) = \frac{nq^2 \tau^*}{m(1 - \mathrm{i}\omega\tau^*)}} \tag{9.21}$$

が導かれる．ここで，n はキャリアー密度である．$\omega = 0$ の場合は，以前に得られた結果式 (6.59) と一致する．この式 (9.21) は近似的な結果であり，もっと初等的に求めることもできる．ここで重要な点は，式 (9.19) と (9.20) は線形応答の範囲では厳密に正しい結果であるということである．したがって，(9.21) の近似式を修正したいときには，式 (9.19) や (9.20) に立ち戻り，近似を改良していけばよいことなる．

9.1.3 解　析　性

この項では，議論を簡単にするため，力学変数が A だけであり，応答関数として $\chi_{AA}(t) = \chi(t)$ のみを考えればよい場合を考察する．しかしここでの結果は，時間反転のもとで同じパリティをもつ（後出の式 (9.67) 参照）複数の力学変数があり，応答関数が χ_{ij} というように多成分の関数である場合に対しても，ただちに一般化できる[*5]．応答関数 $\chi(t)$ の特性のうちで重要なものの一つは因果律，すなわち $t < 0$ であれば $\chi(t) = 0$ であるということである．これは，結果は必ず原因の後に起きるという要請から結論される特性である．この特性によって，$\mathrm{Im}\, z > 0$ である任意の複素変数 z に対して，$\chi(t)$ のラプラス変換

$$\chi(z) = \int_0^\infty \mathrm{d}t \, \mathrm{e}^{\mathrm{i}zt} \chi(t) \tag{9.22}$$

[*5] 基本課題 9.7.1 の強制調和振動子の例題は初等的な力学の問題であるが，この節での結果を理解するのに役立つので，ぜひ解いてもらいたい．

が定義することができることになる．実際，$z_2 > 0$ として $z = z_1 + \mathrm{i} z_2$ とおくと，上述の因果律の結果，積分 (9.22) は収束因子 $\exp(-z_2 t)$ をもつことになるので，複素平面 z の上半面（$\mathrm{Im}\, z > 0$）において $\chi(z)$ は解析関数であることになる．よく使われる記法に従って，$\chi''(t)$ を

$$\chi''(t) = \frac{\mathrm{i}}{2}\beta \dot{C}(t) \qquad (9.23)$$

と定義することにする．式 (9.15) より，$t > 0$ においては $\chi''(t) = -(\mathrm{i}/2)\chi(t)$ である．久保関数 $C_{AA}(t) = C(t)$ は時間 t の偶関数であるから，$\chi''(t)$ は t の奇関数となることに注意せよ．さらに，$\chi''(t)$ は純虚数であるから，そのフーリエ変換 $\chi''(\omega)$ は ω の実関数であり奇関数であることになる．以上より，$t > 0$ では

$$\chi(t) = 2\mathrm{i}\chi''(t) = 2\mathrm{i}\int\frac{\mathrm{d}\omega}{2\pi}\,\mathrm{e}^{-\mathrm{i}\omega t}\chi''(\omega)$$

と書ける．これを式 (9.22) に代入して，t と ω についての積分の順番を入れ替えると，$\chi(z)$ に対する分散式（クラマース–クローニヒの関係式）

$$\chi(z) = \int_{-\infty}^{\infty}\frac{\mathrm{d}\omega'}{\pi}\frac{\chi''(\omega')}{\omega' - z} \qquad (9.24)$$

が得られる[*6]．分散式は因果律の直接的な帰結である．$\chi(z)$ は複素上半面で解析的であるから，$\chi(\omega)$ は $\chi(\omega + \mathrm{i}\eta)$ の $\eta \to 0$ 極限である．そこで，式 (9.24) で $z = \omega + \mathrm{i}\eta$ とおき，公式

$$\lim_{\eta \to 0^+}\frac{1}{\omega' - \omega - \mathrm{i}\eta} = P\frac{1}{\omega' - \omega} + \mathrm{i}\pi\delta(\omega' - \omega)$$

（P はコーシーの主値を表す）を用いると，

$$\mathrm{Im}\,\chi(\omega) = \chi''(\omega) \qquad (9.25)$$

すなわち，$\chi''(\omega)$ は $\chi(\omega)$ の虚部であることが導かれる．このことはより初等的には，周期的な外力

$$f(t) = f_\omega \cos\omega t$$

を用いることによっても得ることができる．このとき

$$\chi(\omega) = \chi'(\omega) + \mathrm{i}\chi''(\omega)$$

[*6] ここでは式 (9.24) の ω' についての積分が収束することを仮定した．もしもこの仮定が正しくないときには，$\chi(z = 0)$ での値を差し引いて得られる修正された分散関係を使わなければならない．たとえば，この修正を一度行った場合は

$$\chi(z) - \chi(z=0) = z\int_{-\infty}^{\infty}\frac{\mathrm{d}\omega'}{\pi}\frac{\chi''(\omega')}{\omega'(\omega' - z)}$$

となる．このような関係式を用いるときには，新たに導入された未知数 $\chi(z=0)$ の値を別の考察から求めなければならない．

とおくと
$$\overline{\delta\mathcal{A}}(t) = f_\omega \left[\chi'(\omega)\cos\omega t + \chi''(\omega)\sin\omega t \right]$$
が得られる．この簡単な場合には，応答のうちで，外力と位相が合っている部分は $\chi(\omega)$ の実部 $\chi'(\omega)$ で与えられ，外力と位相がちょうど $\pi/2$ だけずれた散逸部分は虚部 $\chi''(\omega)$ で与えられることがわかる[*7)]．

感受率 $\chi(z)$ は，久保関数と静的な感受率 $\chi = \lim_{\omega\to 0}\chi(\omega + \mathrm{i}\eta)$ を用いて

$$\chi(z) = -\beta \int_0^\infty \mathrm{d}t\, e^{\mathrm{i}zt} \dot{C}(t) = \beta C(t=0) + \mathrm{i}z\beta \int_0^\infty \mathrm{d}t\, e^{\mathrm{i}zt} C(t) = \chi + \mathrm{i}z\beta C(z)$$

と表すこともできる[*8)][†2)]．これを $C(z)$ について解いて，$\overline{\delta A}(t=0) = \chi f_A$ であることを用いると，$\overline{\delta A}(z)$ を (f_A は用いずに) $\overline{\delta A}(t=0)$ のみを用いて

$$\overline{\delta A}(z) = \frac{1}{\mathrm{i}z}\left(\frac{\chi(z)}{\chi} - 1\right)\overline{\delta A}(t=0) \tag{9.26}$$

と表すことができる．また，$C(z)$ に対して式 (9.24) と同様な形の

$$C(z) = -\frac{\mathrm{i}}{\beta} \int_{-\infty}^{\infty} \frac{\mathrm{d}\omega'}{\pi} \frac{\chi''(\omega')}{\omega'(\omega' - z)} \tag{9.27}$$

という関係式が得られる．さらに，式 (9.23) に (9.22) のフーリエ変換を施すと，$\partial_t \to -\mathrm{i}\omega$ として

[*7)] ただしこれは，$\mathcal{A}_i$ と $\mathcal{A}_j$ が時間反転に対して同じパリティをもっている場合にだけ正しいことに注意せよ．

[*8)] 等温感受率は久保関数と $\chi_T = \beta C(t=0)$ で関係づけられる．χ と χ_T とは，この $\chi(z)$ に対する表式の 2 番目の等号の右辺にある積分が収束するときには一致する．しかし，積分が収束しないときには

$$\chi(z) = \beta[C(0) - C(\infty)] + \mathrm{i}z\beta \int_0^\infty e^{\mathrm{i}zt}[C(t) - C(0)]$$

であり，$\chi = \beta[C(0) - C(\infty)]$ となる．したがって，静的な感受率 χ と等温感受率 χ_T とは一般には異なる．

[†2)] χ と χ_T の差は，物理量 A のエルゴート性 (A が運動の定数を含んでいるかどうかということ) に関連している．一般に，$\{\mathscr{H}_j\}$ を系のすべての運動の定数とすると次の定理

$$\lim_{T\to\infty} \frac{1}{T} \int_0^T \langle AB(t)\rangle \mathrm{d}t = \sum_j^{\mathrm{all}} \langle A\mathscr{H}_j\rangle \langle B\mathscr{H}_j\rangle / \langle \mathscr{H}_j^2\rangle$$

が成り立つことが 1971 年に鈴木によって示されている．これより，$\{\mathscr{H}_j\}_{j=1}^m$ を運動の定数の適当な部分集合とすると

$$\chi_T - \chi \geq \beta \sum_{j=1}^m |\langle (\delta A)\mathscr{H}_j\rangle|^2 / \langle \mathscr{H}_j^2\rangle \geq 0$$

が導かれる．ただし $\delta A = A - \langle A\rangle$．さらに断熱感受率を χ_S とすると，いわゆるマズール–鈴木の不等式

$$\chi \leq \chi_S \leq \chi_T$$

が導かれる．詳しくは，訳者追加文献 a), m), n) を参照．(訳者注)

$$\chi''(\omega) = \frac{1}{2}\beta\omega\, C(\omega) \tag{9.28}$$

という関係式も得られる．この関係式は古典論的な揺動散逸定理を表す．この式 (9.28) の右辺にある $C(\omega)$ は $\langle \mathcal{A}(t)\mathcal{A}(0)\rangle_c$ のフーリエ変換であるが，これは $\mathcal{A}$ の平衡状態でのゆらぎの度合いを表す量である．他方，外力に対して $\pi/2$ だけ位相がずれた応答を記述する左辺の $\chi''(\omega)$ は，これから 9.2.4 項や基本課題 9.7.6 でも示すように散逸を表す．基本課題 9.7.1 で詳しく考察することになるが，$\chi(\omega)$ の実部は応答のうちの反応成分を与え，虚部は散逸成分を与えるのである（ただし，式 (9.68) のあとのコメントに注意せよ）．

9.1.4 スピン拡散

以上の一般論の具体例として，Kadanoff and Martin [61] に従って，スピン 1/2 をもつ粒子からなる流体を考え，スピン拡散とよばれる現象を取り扱うことにする．各粒子のスピンは磁気モーメント μ をともなっている．実例としてはヘリウム 3 がある．スピン反転の過程はここでは無視することにする．n_+ と n_- をそれぞれスピン上向きの粒子の数密度とスピン下向き粒子の数密度とすると，磁化密度

$$n(\vec{r},t) = \mu[n_+(\vec{r},t) - n_-(\vec{r},t)]$$

に対して磁化流束密度 $\vec{j}(\vec{r},t)$ が定義できて，磁気の局所的な保存を表す連続の方程式

$$\partial_t n(\vec{r},t) + \vec{\nabla}\cdot\vec{j}(\vec{r},t) = 0 \tag{9.29}$$

を与えることができる．式 (9.29) は，単位体積あたりの磁化の変化は，粒子の流入と流出によってのみもたらされるという状況を表しており，スピン反転がないという仮定の下で成り立つ．この状況で，ある時刻に磁化が空間のある部分に局在していたとすると，それ以降は分布が系全体にゆっくりと広がっていくことにより，均一化されることになる．この拡散現象を記述するためには，連続の方程式のほかにもう一つ，フィックの拡散法則 (6.26) にあたる現象論的な関係式が必要である．それは磁化流束密度を磁化密度の勾配と関係づける式であり，D をスピン拡散係数として

$$\vec{j}(\vec{r},t) = -D\vec{\nabla}n(\vec{r},t) \tag{9.30}$$

と表される．式 (9.29) と (9.30) を組み合わせると，n に対する拡散方程式

$$\left(\frac{\partial}{\partial t} - D\nabla^2\right)n = 0 \tag{9.31}$$

が導かれる．これをフーリエ変換すると

$$(\omega + \mathrm{i}Dk^2)n(\vec{k},\omega) = 0 \tag{9.32}$$

となる．ただし空間座標と時間についてのフーリエ変換は，以下

$$f(\vec{k},\omega) = \int dt\, d^3r\, e^{-i(\vec{k}\cdot\vec{r}-\omega t)} f(\vec{r},t)$$
$$f(\vec{r},t) = \int \frac{d\omega}{2\pi} \frac{d^3k}{(2\pi)^3} e^{i(\vec{k}\cdot\vec{r}-\omega t)} f(\vec{k},\omega) \tag{9.33}$$

のように行うものとする. $\omega = -iDk^2$ という分散関係をもつモードは拡散モードとよばれ, 保存量の緩和過程を特徴づける. 波長 λ をもつ磁化密度のゆらぎを考えてみよう. 緩和は拡散によって行われるので, 特徴的な緩和時間 τ は, λ と $\lambda^2 \sim D\tau$ という関係で結ばれているので, $\tau \sim \lambda^2/D$ あるいは $\omega \sim Dk^2$ という関係が得られる[†3].

時刻 $t=0$ で, 磁化密度が平衡からずれて $n(\vec{r},t=0)$ と与えられたとする. フーリエ変換すると $n(\vec{k},t=0)$ である. 以後 $n(\vec{r},t)$ の時間発展は拡散方程式 (9.31) で記述される. これは $(\vec{k},t)$ 空間では

$$\partial_t n(\vec{k},t) = -Dk^2 n(\vec{k},t) \tag{9.34}$$

と書ける. 式 (9.34) の両辺のラプラス変換をとると

$$n(\vec{k},z) = \frac{i}{z+iDk^2} n(\vec{k},t=0) \tag{9.35}$$

が得られる. さて, この結果を線形応答と関係づけよう. いま考えている磁性流体に, 時間的には一定であるが空間的には不均一な磁場がかけられているものとすると, この摂動を受けたハミルトニアンは (以下では, 簡単にするため $\mu=1$ とする)

$$\mathscr{H}_1 = \mathscr{H} - \int d^3r\, n(\vec{r}) H(\vec{r}) \tag{9.36}$$

と表せる. 空間の並進移動不変性を用いると, 揺動応答定理より

$$\overline{\delta n}(\vec{r}) = \int d^3r'\, \chi(\vec{r}-\vec{r}') H(\vec{r}') \tag{9.37}$$

が得られる. ここで, 静的な感受率 $\chi(\vec{r}-\vec{r}')$ は式 (4.28) より磁化密度の空間相関

$$\chi(\vec{r}-\vec{r}') = \beta \langle n(\vec{r}) n(\vec{r}') \rangle_c$$

によって与えられる. したがって, フーリエ空間では式 (9.37) は

$$\overline{\delta n}(\vec{k}) = \chi(\vec{k}) H(\vec{k}) \tag{9.38}$$

となる. フーリエ空間では各フーリエ成分を分離して扱ってよいので, 前項での静的感受率 χ および動的感受率 $\chi(t)$ に対する結果はそのまま $\chi(\vec{k})$ と $\chi(\vec{k},t)$ に対して適用できることになる. もちろんこのことは, 空間的な並進不変性のおかげである. 並進不変性がないときには, 式ははるかに複雑になってしまう. 式 (9.26) に $(\vec{k},z)$ 依存性をも

[†3] 要するに, 大きさの程度 (目安) としては $\omega \sim 1/\tau, k \sim 1/\lambda$ と考えれば, $\lambda^2 \sim D\tau$ と $\omega \sim Dk^2$ とは対応している. (訳者注)

たせると
$$\overline{\delta n}(\vec{k}, z) = \frac{1}{\mathrm{i}z}\left(\frac{\chi(\vec{k},z)}{\chi(\vec{k})} - 1\right)\overline{\delta n}(\vec{k}, t=0)$$

と書ける．これを前に求めた拡散方程式の解 (9.35) と比べると，動的感受率に対して

$$\chi(\vec{k},z) = \frac{\mathrm{i}Dk^2}{z+\mathrm{i}Dk^2}\chi(\vec{k}) \tag{9.39}$$

という表式が得られる．ここで，感受率は熱力学的な量である $\chi(\vec{k})$ と輸送係数 D の両方に依存していることに注意すべきである．式 (9.39) の両辺の虚部をとると $\chi''(\vec{k},\omega)$ に対して

$$\chi''(\vec{k},\omega) = \frac{\omega Dk^2}{\omega^2 + D^2 k^4}\chi(\vec{k}) \tag{9.40}$$

という表式が得られる．この表式からグリーン–久保公式が導かれる．$\chi = \chi(\vec{k}=0)$ と定義すると，

$$D\chi = \lim_{\omega \to 0}\lim_{k \to 0}\frac{\omega}{k^2}\chi''(k,\omega) \tag{9.41}$$

が成り立つことを示せる．ここで，極限をとる順番が大切である．この結果を，次のように変換することができる（基本課題 9.7.3 を参照）．

$$D\chi = \frac{1}{3}\beta \int_0^\infty \mathrm{d}t \int \mathrm{d}^3 r\, \mathrm{e}^{-\eta t}\left\langle \vec{j}(t,\vec{r})\cdot \vec{j}(0,\vec{0})\right\rangle_\mathrm{eq} \tag{9.42}$$

ここで，$\exp(-\eta t)$ は，$t \to \infty$ で積分の収束性を保障するために収束因子として加えたものである．式 (9.42) を計算するときには，まずは空間積分は有限な領域 ($V < \infty$) で行うものとしておいて，$\eta > 0$ として t 積分を実行し，その後に熱力学的極限 $V \to \infty$ をとることにする．

揺動散逸定理 (9.28) を式 (9.40) と合わせると久保関数 $C(\vec{k},\omega)$ は

$$C(\vec{k},\omega) = S(\vec{k},\omega) = \frac{2}{\beta}\frac{Dk^2}{\omega^2+D^2k^4}\chi(\vec{k}) \tag{9.43}$$

と与えられる．ここで，$S(\vec{k},\omega)$ は動的構造因子とよばれる関数である．これは密度–密度相関関数 $\langle n(\vec{r},t)n(\vec{0},0)\rangle_\mathrm{c}$ の時空フーリエ変換であり

$$S(\vec{k},\omega) = \int \mathrm{d}t\,\mathrm{d}^3 r\, \mathrm{e}^{-\mathrm{i}(\vec{k}\cdot\vec{r}-\omega t)}\langle n(\vec{r},t)\,n(\vec{0},0)\rangle_\mathrm{c} \tag{9.44}$$

で定義される．古典力学的な場合には，構造因子は久保関数と一致するが，すぐあとで見るように，量子力学的な場合には二つの関数は異なる．動的構造因子は 3.4.2 項で導入した静的な構造因子を拡張したものであり，これも（非弾性）中性子散乱の実験で測定することができる．研究課題 9.8.1 で，これと類似した現象，すなわち流体中に浮遊する粒子によって散乱される非弾性光散乱の実験について議論する．

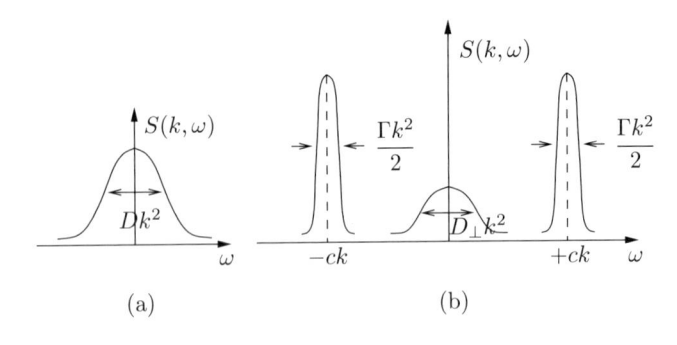

図 9.1 動的構造因子. (a) スピン拡散の場合. (b) 単純流体による光散乱の場合.

単純流体による光散乱の場合には，動的構造因子を ω の関数としてプロットすると，式 (9.43) にあるように $\omega = 0$ に Dk^2 の幅をもつピークが一つだけ見られるのではなく，三つのピークが見られる．図 9.1 と研究課題 9.8.2 を参照せよ．$\omega = 0$ にある真ん中のピークはレイリーピークとよばれ，これは熱拡散による光散乱に対応するので，その幅 $D_T k^2$ は熱伝導率によって定められる．ほかの二つのピークはブリユアンピークとよばれる．これらは，音速を c としたとき $\omega = \pm ck$ に位置し，音波による光散乱に対応する．このブリユアンピークの幅 $\Gamma k^2/2$ は，式 (6.88) で定義したずり粘性率 η と体粘性率 ζ に依存しており

$$D_\mathrm{T} = \frac{\kappa}{mnc_P} \qquad \Gamma = D_T\left(\frac{c_P}{c_V} - 1\right) + \left(\frac{4}{3}\eta + \zeta\right)\frac{1}{mn} \tag{9.45}$$

と与えられる．ここで，c_P と c_V は 1 粒子あたりの定圧比熱と定積比熱であり，m は粒子の質量，n は流体密度を表す．スピン拡散の場合と同様に，感受率は熱力学量と輸送係数の両者に依存している[†4]．式 (9.42) と同様にして，輸送係数 κ, η および ζ に対してもグリーン–久保公式を与えることができる．

9.2 線形応答：量子理論

9.2.1 量子揺動応答理論

第 2 章で述べたように，平衡密度演算子 $\rho \equiv \rho_\mathrm{B}$ は適当な観測量の集合 $\{\mathrm{A}_j\}$ の関数として式 (2.64)，すなわち

$$\rho_\mathrm{B} \equiv \rho = \frac{1}{Z}\exp(\lambda_j \mathrm{A}_j) \quad Z = \mathrm{Tr}\exp(\lambda_j \mathrm{A}_j) \tag{9.46}$$

のように与えられる．これ以降，添え字を繰り返したときには和をとることを意味するものとする（したがって，式 (9.46) の $\lambda_j \mathrm{A}_j$ は $\sum_j \lambda_j \mathrm{A}_j$ を表す）．B を観測量とし，こ

[†4] 輸送係数の臨界点近傍における異常性の研究には，モード・モード結合の方法が有効に利用されている．詳しくは訳者追加文献 k) を参照．(訳者注)

れは集合 $\{A_j\}$ に含まれていてもいなくてもよいものとする．期待値 $\langle B \rangle_\rho$ は

$$\langle B \rangle_\rho = \mathrm{Tr}\,(B\rho) = \frac{1}{Z}\mathrm{Tr}\,[B\exp(\lambda_j A_j)]$$

で与えられる．さて $\partial \langle B \rangle_\rho / \partial \lambda_i$ を計算すると

$$\frac{\partial \langle B \rangle_\rho}{\partial \lambda_i} = \frac{1}{Z}\frac{\partial}{\partial \lambda_i}\mathrm{Tr}\,[B\exp(\lambda_j A_j)] - \langle A_i \rangle_\rho \langle B \rangle_\rho \tag{9.47}$$

となる．式 (9.47) の λ_i による微分を計算するために，パラメータ α に依存する演算子 A に対する恒等式 (2.120)，すなわち

$$\frac{\partial}{\partial \alpha} e^{A(\alpha)} = \int_0^1 dx\, e^{xA(\alpha)}\frac{\partial A(\alpha)}{\partial \alpha} e^{(1-x)A(\alpha)} \tag{9.48}$$

を用いる．こうすると

$$\frac{\partial}{\partial \lambda_i}\mathrm{Tr}\,[B\exp(\lambda_j A_j)] = \int_0^1 dx\, \mathrm{Tr}\,\Big(B\, e^{x\lambda_j A_j} A_i\, e^{(1-x)\lambda_j A_j}\Big)$$

であるから，

$$\frac{\partial \langle B \rangle_\rho}{\partial \lambda_i} = \int_0^1 dx\, \mathrm{Tr}\,[\delta B\, \rho^x\, \delta A_i\, \rho^{1-x}] \tag{9.49}$$

が得られる．ここで $\delta B = B - \langle B \rangle_\rho$, $\delta A_i = A_i - \langle A_i \rangle_\rho$ である．この式は，揺動応答定理 (9.5) を量子力学的な場合に一般化したものであり，二つの演算子 A と B に対して

$$\boxed{\langle B; A \rangle_\rho = \int_0^1 dx\, \mathrm{Tr}\,\Big[B\,\rho^x\, A^\dagger\, \rho^{1-x}\Big]} \tag{9.50}$$

という量を導入しておくと便利であることを示唆する．式 (9.50) は，演算子のベクトル空間において半正定値のスカラー積を定義する（基本課題 9.7.4）．これは森のスカラー積とよばれる．$\langle B; A \rangle_\rho^* = \langle A; B \rangle_\rho$ であることと，古典極限では，森のスカラー積はそれぞれの古典値 $\mathcal{B}$ と $\mathcal{A}$ の積の平衡状態での平均値

$$\langle \mathcal{B}; \mathcal{A} \rangle_\rho^{\text{古典}} = \langle \mathcal{B}\mathcal{A}^* \rangle_\rho$$

になることに注意せよ．式 (9.50) の定義を用いると，量子論的な揺動応答定理 (9.49) は，次の形に書き直せる．

$$\boxed{\frac{\partial \langle B \rangle_\rho}{\partial \lambda_i} = \langle \delta B; \delta A_i^\dagger \rangle_\rho = \langle \delta B; A_i^\dagger \rangle_\rho = \langle B; \delta A_i^\dagger \rangle_\rho = \langle B; A_i^\dagger \rangle_{\rho,c}} \tag{9.51}$$

以後では，A_i はどれもエルミート演算子であると仮定することにする．エルミート演算子ではない場合は基本課題 9.7.4 で扱うことにする．式 (9.51) で $B = A_j$ とすると，式 (2.121)，すなわち

$$\frac{\partial \langle A_j \rangle_\rho}{\partial \lambda_i} = \frac{\partial^2 \ln Z}{\partial \lambda_i \partial \lambda_j} = \langle \delta A_j ; \delta A_i \rangle_\rho = C_{ji} \tag{9.52}$$

が得られる．A_i がエルミートである場合は，行列 C_{ji} は対称で正定値であり（基本課題 2.7.8 を参照），したがって逆行列 C_{ji}^{-1} をもつ．そこで

$$d\langle A_j \rangle_\rho = C_{ji} d\lambda_i \quad \text{または} \quad d\lambda_i = C_{ij}^{-1} d\langle A_j \rangle_\rho$$

と書けるので，

$$d\langle B \rangle_\rho = \langle \delta B; \delta A_i \rangle_\rho d\lambda_i = C_{ij}^{-1} \langle \delta B; \delta A_i \rangle_\rho d\langle A_j \rangle_\rho \tag{9.53}$$

という表式が得られる．ここで式 (9.53) の物理的な意味を理解しておくことが大切である．B の熱平衡状態における平均値 $\langle B \rangle_\rho$ は $\langle A_j \rangle_\rho$ の関数である．なぜならば，$\langle A_j \rangle_\rho$ は平衡状態に対する密度演算子 ρ を，関係式

$$\langle A_j \rangle_\rho = \text{Tr}(\rho A_j) = A_j$$

を満たすものとして規定しているからである．したがって，$\langle A_j \rangle_\rho$ の変化にともない熱平衡平均値 $\langle B \rangle_\rho$ も変化するが，式 (9.53) はその変化の様子を記述しているのである．この構造は，この先で非平衡状態に拡張され，より重要な役割を果たすことになる．また，本書では詳しく述べることはできないが，この構造は射影法に対して一般的な理論的基礎を与える．ここまでの議論では線形近似は行っていないことに注意すべきである．以下では，線形近似を行うことにする．

9.2.2 量子久保（応答）関数

古典的な場合と同様に，ハミルトニアンに摂動を加えて

$$\mathscr{H} \to \mathscr{H}_1 = \mathscr{H} - f_i A_i \qquad \exp(-\beta \mathscr{H}) \to \exp(-\beta \mathscr{H}_1) = \exp[-\beta(\mathscr{H} - f_i A_i)] \tag{9.54}$$

とする．前項で考えた観測量の集合の一つ A_0 をハミルトニアン $\mathscr{H}$ とすると，対応するラグランジュ乗数 λ_0 は $-\beta$ となる．また前項と同様にして，ほかのラグランジュ乗数 λ_i ($i = 1, \cdots, N$) を βf_i と書くことにする．線形応答を計算するときには，これらの変数についての微分を計算したあとは，$\lambda_i = f_i = 0$ としてよい．よって，平均値を計算するときに用いる密度行列は，平衡状態に対する

$$\rho_{\text{eq}} = \frac{1}{Z(\mathscr{H})} \exp(-\beta \mathscr{H}) \qquad Z(\mathscr{H}) = \text{Tr} \exp(-\beta \mathscr{H}) \tag{9.55}$$

9.2 線形応答：量子理論

である．$\langle \bullet \rangle \equiv \langle \bullet \rangle_{\text{eq}} = \text{Tr}(\bullet \, \rho_{\text{eq}})$ という記法を用いることにする．古典的な系の場合と同様に，外力を

$$f_i(t) = e^{\eta t}\theta(-t)f_i$$

という形にして，式 (9.51) の観測量 B としてハイゼンベルク表示での観測量 A_j を考えることにする．以下では $\hbar = 1$ とする．A_j のハイゼンベルク表示は

$$\mathsf{A}_{jH}(t) \equiv \mathsf{A}_j(t) = e^{i\mathscr{H}t}\mathsf{A}_j e^{-i\mathscr{H}t} \tag{9.56}$$

で与えられる．ここで，$\mathsf{A}_i = \mathsf{A}_i(0)$ はシュレーディンガー表示での観測量であり，時間に依存しない．以下では，時間に依存する観測量 $\mathsf{A}_i(t)$ は，ハイゼンベルク表示 $\mathsf{A}_{iH}(t)$ で与えられた観測量を意味するものとする．式 (9.49) で $\delta \mathsf{B} = \delta \mathsf{A}_j(t)$ とすると，集団平均 $\overline{\delta \mathsf{A}_j(t)}$ は線形近似で

$$\boxed{\overline{\delta \mathsf{A}_j(t)} = \beta f_i \langle \delta \mathsf{A}_j(t); \delta \mathsf{A}_i(0) \rangle} \tag{9.57}$$

と与えられる．式 (9.50) で変数を $\alpha = \beta x$ と変換して式 (9.57) を

$$\overline{\delta \mathsf{A}_j(t)} = f_i \int_0^\beta d\alpha \left\langle \delta \mathsf{A}_j(t)\, e^{-\alpha \mathscr{H}} \delta \mathsf{A}_i(0)\, e^{\alpha \mathscr{H}} \right\rangle \tag{9.58}$$

という形に書き直しておくことにする．古典論における関係式 (9.11)，(9.12) と比べると，久保関数（またはカノニカル相関関数）$C_{ji}(t)$ は量子論的には

$$\boxed{C_{ji}(t) = \langle \delta \mathsf{A}_j(t); \delta \mathsf{A}_i(0) \rangle = \frac{1}{\beta} \int_0^\beta d\alpha \left\langle \mathsf{A}_j(t)\, e^{-\alpha \mathscr{H}} \mathsf{A}_i(0)\, e^{\alpha \mathscr{H}} \right\rangle_c} \tag{9.59}$$

と表されることがわかる．以前に式 (9.52) で定義した行列 C_{ji} は平衡状態の応答を表し，久保（応答）関数の $t=0$ での値にほかならない，すなわち $C_{ji} = C_{ji}(t=0)$ であることに注意せよ．また，古典極限では，すべての演算子は可換になるので式 (9.59) は式 (9.12) に帰着する．すでに第 7 章で説明したように，形式的には逆温度は純虚数時間に対応すると考えることができる[†5]．このことを用いると，式 (1.58) より $t = i\beta$ とすると

$$e^{i(i\beta\mathscr{H})}\mathsf{A}_i(0)e^{-i(i\beta\mathscr{H})} = \mathsf{A}_i(i\beta)$$

なので，久保（応答）関数を

$$C_{ji}(t) = \frac{1}{\beta}\int_0^\beta d\alpha \left\langle \mathsf{A}_j(t)\mathsf{A}_i(i\alpha) \right\rangle_c \tag{9.60}$$

[†5] 久保公式は松原の温度グリーン関数（虚数時間のグリーン関数）の方法を用いて表すと，ダイヤグラム展開などの摂動計算を行う際には便利である．詳しくは，訳者追加文献 *l*) を参照．(訳者注)

と表すこともできる．動的感受率は，量子論においても古典論とまったく同様に，

$$\chi_{ij}(t) = -\beta\theta(t)\dot{C}_{ij}(t)$$
$$\chi''_{ij}(t) = \frac{\mathrm{i}}{2}\beta\,\dot{C}_{ij}(t) \tag{9.61}$$

のように久保関数と関係づけられる．9.1.3項で因果律から導いた解析性も，そのまま量子的な場合に成立する．

9.2.3 揺動散逸定理

感受率とその虚数部分は，式 (9.61) に従って，久保（応答）関数の時間微分によって与えられるが，この時間微分した量のほうが，もとの久保（応答）関数よりもはるかに簡単に表現できることがわかる．時間並進不変性より，$C_{ij}(t)$ の時間微分は

$$\dot{C}_{ij}(t) = -\frac{1}{\beta}\int_0^\beta \mathrm{d}\alpha\left\langle \mathsf{A}_i(t)\mathrm{e}^{-\alpha\mathcal{H}}\frac{\mathrm{d}\mathsf{A}_j}{\mathrm{d}t}\bigg|_{t=0}\mathrm{e}^{\alpha\mathcal{H}}\right\rangle_{\mathrm{c}}$$

と書ける．$\partial_t \mathsf{A} = \mathrm{i}[\mathcal{H},\mathsf{A}]$ であるから，これは

$$\dot{C}_{ij}(t) = \frac{\mathrm{i}}{\beta}\int_0^\beta \mathrm{d}\alpha\left\langle \mathsf{A}_i(t)\frac{\mathrm{d}}{\mathrm{d}\alpha}\left(\mathrm{e}^{-\alpha\mathcal{H}}\mathsf{A}_j\mathrm{e}^{\alpha\mathcal{H}}\right)\right\rangle_{\mathrm{c}}$$

と書き直せる．したがって，被積分関数は α の全微分であり積分はすぐに実行できて

$$\boxed{\chi''_{ij}(t) = \frac{1}{2}\langle[\mathsf{A}_i(t),\mathsf{A}_j(0)]\rangle} \tag{9.62}$$

という重要な結果が得られる．すなわち，関数 $\chi''_{ij}(t)$ は交換子の平均値として与えられるのである[*9)]．同様に，感受率は遅延交換子の平均値

$$\boxed{\chi_{ij}(t) = \mathrm{i}\theta(t)\left\langle[\mathsf{A}_i(t),\mathsf{A}_j(0)]\right\rangle} \tag{9.63}$$

として与えられる．この表式より，A_i と A_j がエルミート演算子であるならば，古典的な場合と同様に $\chi_{ij}(t)$ は t の実関数であることがわかる．次に，ハミルトニアンの固有状態 $\mathcal{H}|n\rangle = E_n|n\rangle$ の作る完備集合 $\{|n\rangle\}$ で展開することによって，式 (9.62) を計算することにする．式 (9.62) の右辺の交換子の最初の項は，動的構造因子 $S_{ij}(t) = \langle \mathsf{A}_i(t)\mathsf{A}_j(0)\rangle_{\mathrm{c}}$ であり，これは

$$S_{ij}(t) = \frac{1}{Z}\sum_{n,m}\exp(-\beta E_n + \mathrm{i}(E_n - E_m)t)\langle n|\delta\mathsf{A}_i|m\rangle\langle m|\delta\mathsf{A}_j|n\rangle$$

[*9)] $\chi''(\omega)$ は $\chi(\omega)$ の虚数部分であるが，$\chi''(t)$ は $\chi(t)$ の虚数部分ではないことに注意せよ．ほかの多くの文献に従って本書でもこの記法を使うが，この点は混乱を招きやすいので特に注意が必要である．

と展開できる．時間に関してフーリエ変換すると

$$S_{ij}(\omega) = \frac{1}{Z}\sum_{n,m}\exp(-\beta E_n)\delta(\omega+E_n-E_m)\langle n|\delta\mathsf{A}_i|m\rangle\langle m|\delta\mathsf{A}_j|n\rangle$$

となる．交換子の第2項は $S_{ji}(-t)$ に等しいので，フーリエ変換すると $S_{ji}(-\omega)$ である．この第2項の添え字 n と m を入れ替えてまとめると，

$$\boxed{\chi''_{ij}(\omega) = \frac{1}{2\hbar}(1-\exp(-\beta\omega\hbar))S_{ij}(\omega)} \qquad (9.64)$$

という表式が得られる．ただしここでは，ここまで省略してきたプランク定数 $\hbar$ を再び書いておいた．これは揺動散逸定理の量子統計的な表式であり，$\hbar \to 0$ の極限をとると古典的な表式 (9.28) に帰着する．すでに述べたように，古典的な場合には構造因子 $S_{ij}(t)$ と久保関数 $C_{ij}(t)$ は同一であるが，量子的な場合にはこの二つの関数は異なるのである．9.1.4 項で行ったように空間座標依存性も考慮すると構造因子は $S_{ij}(\vec{k},\omega)$ となるが，これは（光，X線，中性子，電子などの）非弾性衝突実験での散乱結果を表す関数である．$\chi''(\vec{k},\omega)$ は散逸を表す量であるからである．

9.2.4 対称性と散逸

χ'' が散逸を記述することを詳しく説明する前に，χ'' の対称性を議論しておくことにする．

(i) 時間並進不変性より

$$\chi''_{ij}(t) = -\chi''_{ji}(-t) \qquad \text{または} \qquad \chi''_{ij}(\omega) = -\chi''_{ji}(-\omega) \qquad (9.65)$$

(ii) A_i のエルミート性より（非エルミート演算子に対しては基本課題 9.7.5 を参照）

$$\chi''^{*}_{ij}(t) = -\chi''_{ij}(t) \qquad \text{または} \qquad \chi''^{*}_{ij}(\omega) = -\chi''_{ij}(-\omega) \qquad (9.66)$$

したがって式 (9.61) より，$\chi''_{ij}(t)$ は純虚数であり $\chi_{ij}(t)$ は実数である．

(iii) 時間反転不変性より

$$\chi''_{ij}(t) = -\varepsilon_i\varepsilon_j\chi''_{ij}(-t) \qquad \text{または} \qquad \chi''_{ij}(\omega) = -\varepsilon_i\varepsilon_j\chi''_{ij}(-\omega) \qquad (9.67)$$

式 (9.67) で，ε_i は観測量 A_i の時間反転のもとでのパリティを表す．すなわち Θ を（反ユニタリー）時間反転演算子とすると

$$\Theta\mathsf{A}_i(t)\Theta^{-1} = \varepsilon_i\mathsf{A}_i(-t) \qquad (9.68)$$

である．上では一般に，観測量は時間反転のもとである定まったパリティをもつものと仮定した．式 (9.67) の証明は古典論においては簡単である．まず，久保（応答）関数のパリティ則 $C_{ij}(t) = \varepsilon_i\varepsilon_j C_{ij}(-t)$ を導けば，式 (9.67) はそれからすぐに結論される．もっ

とも多いのは $\varepsilon_i \varepsilon_j = +1$ の場合である．たとえば，$\mathsf{A}_i = \mathsf{A}_j = \mathsf{A}$ としたときはこの場合になる．このときには $\chi''_{ij}(\omega)$ は ω の実奇関数となる．$\varepsilon_i \varepsilon_j = -1$ の場合は，$\chi''(\omega)$ は純虚数であり ω の偶関数となる．時間反転に対する対称性は，不可逆熱力学のオンサーガー係数の対称性 (6.38) と直接的に関係している．

さて，χ'' が散逸を記述するということを示すことにしよう．そのためには，ハイゼンベルグ表示よりもシュレーディンガー表示を用いるほうが便利に思われるので，以下では上つき添え字 S をつけて表したシュレーディンガー表示を用いることにする．$\rho_1^{\mathrm{S}}(t)$ を，時間に依存した摂動 $\mathsf{V}^{\mathrm{S}}(t) = -\sum_i f_i(t) \mathsf{A}_i$ （ただし $\mathsf{A}_i = \mathsf{A}_i^{\mathrm{S}}$ である）のもとでの密度演算子を表すものとする．ρ_1^{S} の時間発展は式 (2.14) より

$$\mathrm{i}\partial_t \rho_1^{\mathrm{S}}(t) = [\mathscr{H}_1^{\mathrm{S}}(t), \rho_1^{\mathrm{S}}(t)] = [\mathscr{H} + \mathsf{V}^{\mathrm{S}}(t), \rho_1^{\mathrm{S}}(t)] \tag{9.69}$$

に従う．系を駆動する外力 $f_i(t)$ が t の周期関数であると仮定する．簡単な例として，外力がかけられた減衰振動子の運動を思い出すとよいであろう．粘性媒質の中で振動する系では，エネルギーが散逸し振動が減衰していく．外力が系になす仕事率 $\mathrm{d}W/\mathrm{d}t$ は系のエネルギー $E(t)$ の単位時間あたりの変化率

$$\frac{\mathrm{d}W}{\mathrm{d}t} = \frac{\mathrm{d}E}{\mathrm{d}t} = \frac{\mathrm{d}}{\mathrm{d}t} \mathrm{Tr}\left(\rho_1^{\mathrm{S}}(t)\mathscr{H}_1^{\mathrm{S}}(t)\right) = \mathrm{Tr}(\rho_1^{\mathrm{S}} \dot{\mathscr{H}}_1^{\mathrm{S}}) + \mathrm{Tr}(\dot{\rho}_1^{\mathrm{S}} \mathscr{H}_1^{\mathrm{S}}) \tag{9.70}$$

に等しい．式 (9.70) の最後の項は，式 (9.69) と $\mathrm{Tr}\left([\mathscr{H}_1^{\mathrm{S}}, \rho_1^{\mathrm{S}}]\mathscr{H}_1^{\mathrm{S}}\right) = 0$ であることにより零となる．したがって

$$\frac{\mathrm{d}W}{\mathrm{d}t} = -\sum_i \mathrm{Tr}[\rho_1^{\mathrm{S}}(t)\mathsf{A}_i]\dot{f}_i(t) = -\sum_i \overline{A_i}(t)\dot{f}_i(t) \tag{9.71}$$

である．周期的な外力 $f_i(t)$ の形を

$$f_i(t) = \frac{1}{2}\left(f_i^\omega \mathrm{e}^{-\mathrm{i}\omega t} + f_i^{\omega *} \mathrm{e}^{\mathrm{i}\omega t}\right) = \mathrm{Re}\left(f_i^\omega \mathrm{e}^{-\mathrm{i}\omega t}\right) \tag{9.72}$$

とすることにして，$T \gg \omega^{-1}$ であるような時間間隔 T について $\mathrm{d}W/\mathrm{d}t$ の時間平均をとる．$\langle \mathsf{A}_i \rangle$ は時間平均すると零であるので，式 (9.71) で $\overline{A_i}$ を $\overline{\delta \mathsf{A}_i}$ におきかえることにする．$\overline{\delta \mathsf{A}_i}$ は式 (9.13) で与えられているので，これを式 (9.70) に代入し簡単な計算を行うと，時間平均に対して次の表式が得られる（基本課題 9.7.1 と 9.7.6 を参照）．

$$\boxed{\left\langle \frac{\mathrm{d}W}{\mathrm{d}t} \right\rangle_T = \frac{1}{2}\omega f_i^{\omega *} \chi''_{ij}(\omega) f_j^\omega} \tag{9.73}$$

$\chi''_{ij}(\omega)$ が虚数であっても，式 (9.73) の右辺は実数となることを容易に確かめることができる．これは，時間反転に対するパリティに関係なく式 (9.65) と (9.66) が成り立つので $(\chi''_{ij}(\omega))^* = \chi''_{ji}(\omega)$ となるからである[†6]．熱力学第二法則より，式 (9.73) の右辺

[†6] すなわち，行列 (χ''_{ij}) はエルミート行列であり，式 (9.73) の右辺はその 2 次形式で表されているので実数である．(訳者注)

は正でなければならない．さもなければ，ある一つの熱源からほかの熱源に熱量を捨てることなく，仕事を得ることができることになってしまうからである．したがって，行列 $\omega \chi''_{ij}(\omega)$ は半正定値（非負値）行列であることになる．証明は基本課題 9.7.6 としておく．

本項の最後に，9.1.4 項で与えたように，空間座標依存性も含めた最も一般的な形で，線形応答に対する結果を与えておくことにする．式 (9.13) の一般形は

$$\overline{\delta A_i(\vec{r},t)} = \int dt'\, d^3r'\, \chi_{ij}(\vec{r},\vec{r}',t-t') f_j(\vec{r}',t') \tag{9.74}$$

である．一般に空間並進不変性が成り立ち，χ は変位ベクトル $\vec{r}-\vec{r}'$ にのみ依存する．したがって，式 (9.74) に対して空間に関するフーリエ変換を行うと，たたみこみ積分は

$$\overline{\delta A_i(\vec{k},t)} = \int dt'\, \chi_{ij}(\vec{k},t-t') f_j(\vec{k},t') \tag{9.75}$$

という積の形になる．よって，各フーリエ成分はそれぞれ分離され，上で得られた結果が，独立な各々のフーリエ成分に対してそのまま適用できることになる．しかし，式 (9.66) の対称性を用いるときには，たとえ $\mathsf{A}_i(\vec{r},t)$ がエルミートであっても，それを空間座標についてフーリエ変換して得られる $\mathsf{A}_i(\vec{k},t)$ はエルミートではないことに注意しなければならない．これは

$$[\mathsf{A}_i(\vec{k},t)]^\dagger = \mathsf{A}_i(-\vec{k},t)$$

であるからである．

9.2.5 総　和　則

動的感受率はいくつかの総和則に従う．これは厳密に成り立たなければならない規則なので，9.1.4 項で与えたような現象論的な表式に対して，理論的な制限を与えることができる．$\chi_{ij}(z)$ に対する表式 (9.24)，すなわち

$$\chi_{ij}(\vec{k},z) = \int_{-\infty}^{\infty} \frac{d\omega'}{\pi} \frac{\chi''_{ij}(\vec{k},\omega')}{\omega'-z} \tag{9.76}$$

を考えることにする．以下では，$\chi''_{ij}(\vec{k},\omega)$ は実の奇関数である（$\varepsilon_i \varepsilon_j = +1$）と仮定することにする．熱力学的総和則は $\omega \to 0$ の静的極限

$$\chi_{ij}(\vec{k},\omega=0) = \int_{-\infty}^{\infty} \frac{d\omega'}{\pi} \frac{\chi''_{ij}(\vec{k},\omega')}{\omega'} \tag{9.77}$$

で得られる．$\chi_{ij} = \lim_{\vec{k}\to 0} \chi_{ij}(\vec{k},\omega=0)$ は熱力学的な量なので，熱力学的総和則とよばれるのである．

高周波極限を考えると，f 総和則（あるいはノジェール-パインズ総和則）が得られ

る．式 (9.76) の $|z| \to \infty$ でのふるまい

$$\frac{1}{\omega - z} = -\frac{1}{z}\left(1 + \frac{\omega}{z} + \frac{\omega^2}{z^2} + \cdots\right)$$

に注目する．χ''_{ij} は ω の奇関数であるから

$$\chi_{ij}(\vec{k}, z) = -\frac{1}{z^2}\int_{-\infty}^{\infty}\frac{d\omega}{\pi}\omega\chi''_{ij}(\vec{k}, \omega) + \mathcal{O}\left(\frac{1}{z^4}\right) \tag{9.78}$$

となる．これにより，$\chi_{ij}(\vec{k}, z)$ を $1/z$ について展開したときに一番効く項が定まったことになる．ここで，$\omega\chi''_{ij}(\vec{k}, \omega)$ は $i\partial_t\chi''(\vec{k}, \omega)$ の時間に関するフーリエ変換であることに注意すると，式 (9.62) より，

$$\omega\chi''_{ij}(\vec{k}, \omega) = \int dt\, e^{i\omega t}\left[i\partial_t\chi''_{ij}(\vec{k}, t)\right]$$

という等式が得られる．ただしここでは，観測量を $\mathsf{A}_i(\vec{r}, t)$ というように空間座標にも依存するように拡張しておいた．V は系の全体積を表す．交換関係

$$\dot{\mathsf{A}}_i(\vec{k}, t) = i[\mathsf{A}_i(t), \mathscr{H}]$$

を用いると，最終的には

$$\int_{-\infty}^{\infty}\frac{d\omega}{\pi}\omega\chi''_{ij}(\vec{k}, \omega) = \frac{1}{V}\left\langle\left[[\mathsf{A}_i(\vec{k}), \mathscr{H}], \mathsf{A}_j(-\vec{k})\right]\right\rangle \tag{9.79}$$

が得られる．最も重要な例は，密度-密度相関関数 χ''_{nn} に対する総和則である．ここでは，古典極限での計算を与えることとして，量子系での計算は基本課題 9.7.7 として残しておくことにする．古典的な揺動散逸定理

$$\chi''(\vec{k}, \omega) = \frac{1}{2}\beta\omega S(\vec{k}, \omega)$$

より，計算すべき積分は

$$I = \beta\int\frac{d\omega}{2\pi}\omega^2 S_{nn}(\vec{k}, \omega)$$

であることがわかる．時間並進不変性より

$$S_{nn}(\vec{k}, t - t') = V\langle n(\vec{k}, t)n(-\vec{k}, t')\rangle_c$$

であるから，積分 I は

$$I = V\beta\langle\dot{n}(\vec{k}, t)\dot{n}(-\vec{k}, t)\rangle_c$$

となる[†7]．ただし，n は粒子数密度である．連続の方程式 (9.29) を空間座標に関して

[†7] 原著では構造因子 S や粒子数密度 $\vec{j}$ の式の体積 V 依存性が逆になっているので，ここではすべて訂正してある．2 回間違っているので結果の式は正しい．もっと正確な取り扱いについては訳者追加文献 a) 参照．(訳者注)

フーリエ変換して得られる式 $\partial_t n + \mathrm{i} k_l J_l = 0$ を用いると，これは

$$I = V\beta\, k_l k_m \langle j_l(\vec{k},t)\, j_m(-\vec{k},t)\rangle$$

となる．ここで粒子流密度 $\vec{j}$ は，N 個の粒子の各速度 $\vec{v}^\alpha$ の関数として，

$$j_l(\vec{r},t) = \frac{1}{V}\sum_{\alpha=1}^{N} v_l^\alpha \delta(\vec{r}-\vec{r}^\alpha(t)) \tag{9.80}$$

と与えられる．これをフーリエ変換すると

$$j_l(\vec{k},t) = \frac{1}{V}\sum_{\alpha=1}^{N} v_l^\alpha \exp[-\mathrm{i}\vec{k}\cdot\vec{r}^\alpha(t)] \tag{9.81}$$

となる．古典極限では，異なる粒子の速度は無相関であり

$$\langle v_l^\alpha v_m^\gamma \rangle = \frac{1}{3}\delta_{\alpha\gamma}\delta_{lm}\langle \vec{v}^2\rangle = \delta_{\alpha\gamma}\delta_{lm}\frac{1}{m\beta}$$

となるので，f 総和則として

$$\boxed{\int_{-\infty}^{\infty}\frac{\mathrm{d}\omega}{\pi}\,\omega\chi''_{nn}(\vec{k},\omega) = \frac{n\,k^2}{m}} \tag{9.82}$$

が得られる．ここで $n = N/V$ は粒子数密度である．

9.3 射影法と記憶効果

　本節では，まず記憶効果を現象論的に導入し，ついでこれを射影法とよばれる理論により説明する．射影法は，多くの物理系では，時間的にゆっくりと変化する巨視的な物理変数と，これとは対照的に時間的に早く変動する微視的な変数とに，変数を分けることができるという事実に基づいた理論である．前者は遅いモード，後者は速いモードとよばれる．一般に，系の微視的な運動にともなった速いモードよりも，巨視的な遅いモードの方が統計力学において重要である．たとえば，ブラウン運動の理論は，流体分子の速い運動には着目せず，ブラウン粒子のゆっくりした運動に着目したものである．このことから，着目する遅いモードのみを取り出すために，系全体の運動を遅い観測量が張る部分空間での運動に射影するというアイデアが生まれたのである．この射影法が有効なのは，すべての遅いモードを決定し，これらの遅いモードの運動に制限して系を記述することが可能な場合である．得られた遅いモードだけで記述された系を縮約力学系とよぶ．遅いモードが存在するのは次のような理由による．
(i) 局所的な保存則の存在：この例は 9.1.4 項ですでに見た．対応する遅いモードは，一般に流体力学的モードとよばれる．

(ii) 重い粒子の存在：質量 m の粒子からなる流体の中に質量 M の重い粒子があり，$M/m \gg 1$ である場合．ブラウン運動がその典型例である．本節の最後と研究課題 9.8.3 で詳しく調べることにする．

(iii) たとえば磁性体や，超流動状態，あるいは液晶などにおける連続対称性の破れにともなうゴールドストーン・モードの存在：これらの遅いモードについては本書では扱わない．この興味深い現象に関しては参考文献を参照のこと．

当然ながら，速いモードを完全に消去することはできず，したがって，縮約力学系を閉じた(偏)微分方程式系で表すことはできない．縮約力学系を表す方程式には，速いモードに起因する記憶項と揺動力の項が必要なのである．

9.3.1 記憶効果に対する現象論的な説明

9.1.4 項で述べた流体力学的な系の記述には，大きな欠陥が存在する．それは，式 (9.40) が正しいとすると，$\omega \to \infty$ で $\chi''(\omega) \sim 1/\omega$ なので，f 総和則 (9.82) の左辺の積分が収束しないことになってしまうということである．連続の方程式 (9.29) は正しいので，流体力学的な記述を導くために導入したフィックの拡散法則 (9.30) が正確ではないことになる．ここでは，現象論的な考察によってこれを修正することにする．すなわち粒子流密度は，同時刻の密度勾配によって与えられるのではなく

$$\vec{j}(\vec{r},t) = -\int_0^t dt' \gamma(t-t') \vec{\nabla} n(\vec{r},t') \tag{9.83}$$

のように時間遅れをともなって与えられるとする．ここで，$\gamma(t)$ は記憶関数とよばれる．記憶関数に空間座標依存性を導入することも可能である．このような一般化をしても，フーリエ空間で容易に行うことができるので，詳しくは演習問題として読者に委ねることにする．記憶関数が次の形をしているものと仮定する．

$$\gamma(t) = \frac{D}{\tau^*} e^{-|t|/\tau^*} \tag{9.84}$$

ここで，τ^* は微視的な時間であり ($\tau^* \sim 10^{-12} - 10^{-14}$ s)，系が局所平衡状態に緩和するための時間スケールを表すものである（流体力学的な記述では，系は常に局所平衡状態にあるものと仮定していた）．もしも ∇n の時間的な変動が，τ^* の時間スケールでたいへん小さいならば（図 9.2 参照），$t \gg \tau^*$ では

$$\int_0^t dt' \gamma(t-t') \vec{\nabla} n(\vec{r},t') \simeq \vec{\nabla} n(\vec{r},t) \int_0^\infty dt' \frac{D}{\tau^*} e^{-t'/\tau^*} = D\vec{\nabla} n(\vec{r},t) \tag{9.85}$$

となり，フィックの拡散法則 (9.30) が再び導かれる．記憶効果を考慮すると，連続の方程式はフーリエ空間では

$$\partial_t n(\vec{k},t) = -k^2 \int_0^t dt' \gamma(t-t') n(\vec{k},t') \tag{9.86}$$

9.3 射影法と記憶効果

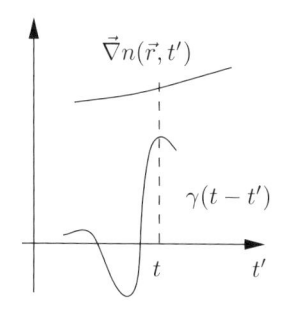

図 **9.2** ゆっくりと変化する密度分布.

となる．この式 (9.86) のラプラス変換をすると，たたみこみのラプラス変換はラプラス変換の積

$$\int_0^\infty dt \int_0^t dt' \, e^{iz(t-t')} e^{izt'} \gamma(t-t') \, n(\vec{k}, t') = \gamma(z) \, n(\vec{k}, z)$$

になるので，

$$n(\vec{k}, t=0) + izn(\vec{k}, z) = k^2 \gamma(z) n(\vec{k}, z)$$

が得られる．これを $n(\vec{k}, z)$ について解いて式 (9.26) を用いると，動的感受率に対して新しい表式

$$\chi(\vec{k}, z) = \frac{ik^2 \gamma(z)}{z + ik^2 \gamma(z)} \chi(\vec{k}) \tag{9.87}$$

が得られる．ここで $\gamma(z)$ は式 (9.84) の近似では

$$\gamma(z) = \frac{D}{\tau^*} \int_0^\infty dt \, e^{izt - t/\tau^*} = \frac{D}{1 - iz\tau^*} \tag{9.88}$$

と与えられる．これを代入すると，動的感受率をラプラス変換したものは

$$\chi(\vec{k}, z) = \frac{ik^2 D/(1 - iz\tau^*)}{z + ik^2 D/(1 - iz\tau^*)} \chi(\vec{k}) \tag{9.89}$$

となり，その虚数部分は

$$\chi''(\vec{k}, \omega) = \frac{\omega k^2 D}{\omega^2 + D^2(k^2 - \omega^2 \tau^*/D)^2} \chi(\vec{k}) \tag{9.90}$$

と定められる．今度は $\chi''(\omega) \sim 1/\omega^3$ となるので，f 総和則が収束する．総和則の積分は $\chi(\vec{k}, z)$ の $|z| \to \infty$ での $1/z$ 展開における $-1/z^2$ の係数で与えられる．式 (9.89) から

$$\chi(\vec{k}, z) \sim -\frac{k^2 D}{z^2 \tau^*} \chi(\vec{k}) \qquad (|z| \to \infty)$$

であるので，式 (9.82) より

$$D = \frac{n\tau^*}{m\chi(\vec{k})} \tag{9.91}$$

という，拡散係数 D と微視的時間スケール τ^* との間に成り立つ興味深い関係式が導かれる．結果的にこの関係式は，拡散係数 D（あるいは記憶関数）は k 依存性をもたなければならないことが示している．偏極したヘリウム 3 の例では，パウリの排他律のため低温では $\tau^* \sim 1/T^2$ でなければならず，したがって式 (9.91) より，拡散係数 D も同様の温度依存性を示すことになる．これは実験的に検証されている．しかしながら，記憶効果 $\gamma(t)$ に対する近似式 (9.84) は，正確ではなくさらに修正する必要がある．式 (9.82) の左辺の ω を ω^{2n+1} におきかえた形の総和則も考えられるはずであるが，近似式 (9.84) を用いるとこれらが収束しないからである．

9.3.2 射影演算子

次に記憶効果を形式的に導出する方法を説明することにする．そのために，観測量 A_i のなすベクトル空間に作用するリウヴィル演算子を導入する必要がある．観測量 A に対するハイゼンベルクの運動方程式において，リウヴィル演算子 $\mathcal{L}$ を

$$\boxed{\partial_t \mathsf{A} = \mathrm{i}[\mathscr{H}, \mathsf{A}] = \mathrm{i}\mathcal{L}\mathsf{A}} \tag{9.92}$$

と定義する．本書では，観測量のベクトル空間に作用する演算子は $\mathcal{L}, \mathcal{P}, \mathcal{Q}$ というように花文字で表すことにする．式 (9.92) の運動方程式を形式的に積分すると

$$\mathsf{A}(t) = \mathrm{e}^{\mathrm{i}\mathcal{L}t}\mathsf{A}(0) \tag{9.93}$$

となる．状態ベクトルのなすヒルベルト空間の基底を定めると，式 (9.92) は

$$\mathrm{i}\partial_t \mathsf{A}_{mn}(t) = \mathsf{A}_{m\nu}(t)\mathscr{H}_{\nu n} - \mathscr{H}_{m\nu}\mathsf{A}_{\nu n}(t)$$

と表される．このように，観測量はベクトル空間において，(m,n) や (μ,ν) という二つの添え字で順序づけられた成分をもつ量であるので，リウヴィル演算子は

$$\mathcal{L}_{mn;\mu\nu} = \mathscr{H}_{m\mu}\delta_{n\nu} - \mathscr{H}_{\nu n}\delta_{m\mu} \tag{9.94}$$

というように，添え字 (m,n) と (μ,ν) の対によって各成分が指定されることになる．本節の冒頭で説明したように，力学系を遅い観測量の集合 $\{\mathsf{A}_i\}$ と恒等演算子 $\mathcal{I}$ で張られる部分空間 $\mathcal{E} \equiv \{\mathcal{I}, \mathsf{A}_i\}$ に射影したい．本項で導出する方程式系は任意の観測量の集合に対して成り立つものではあるが，この部分空間 $\mathcal{E}$ が遅い観測量のみの集合である場合に，物理的に有用な方程式系になるのである．部分空間 $\mathcal{E}$ に対して，

$$\mathcal{P}B = B \quad (B \in \mathcal{E} \equiv \{\mathcal{I}, \mathsf{A}_i\} \text{ の場合}) \tag{9.95}$$

となる射影演算子 $\mathcal{P}$ を定めたい（射影演算子なので，$\mathcal{P}^2 = \mathcal{P}$ が成り立つ）．また，補射影演算子を $\mathcal{Q} = \mathcal{I} - \mathcal{P}$ と書くことにする．集合 $\{\mathsf{A}_i\}$ は $t=0$ での演算子の集合と

9.3 射影法と記憶効果

して定義されているので,一般には $t \neq 0$ での観測量 A_i は部分空間 $\mathcal{E}$ に含まれないことに注意すべきである.射影された演算子 $\mathcal{P}\mathsf{A}_i(t)$ のみが $\mathcal{E}$ に含まれるのである.

$\mathcal{P}$ を定めるために,まず基礎的な例を思い出すことにする.いま,N 次元実空間 $\mathbb{R}^N$ に M 個の(ただし $M < N$ とする)一般には互いに直交しているとはかぎらず,また規格化もされていないベクトル $\vec{e}_1, \cdots, \vec{e}_M$ が与えられているものとする.このとき $\mathbb{R}^N$ 内のベクトル $\vec{V}$ を,これらのベクトルで張られる部分空間へ射影する演算子 $\mathcal{P}$ は,$C_{ij} = \vec{e}_i \cdot \vec{e}_j$ として,

$$\mathcal{P}\vec{V} = C_{ij}^{-1}(\vec{V} \cdot \vec{e}_i)\vec{e}_j \tag{9.96}$$

で与えられる.式 (9.96) は,二つのベクトル $\vec{e}_i$ と $\vec{e}_j$ のスカラー積が C_{ij} で与えられている場合に,一般的に成り立つものである.この式 (9.96) を,スカラー積が森のスカラー積 (9.51) で与えられている観測量の空間に対して用いることにより,射影演算子 $\mathcal{P}$ を

$$\boxed{\mathcal{P} = \delta\mathsf{A}_j C_{jk}^{-1} \delta\mathsf{A}_k \qquad C_{jk} = \langle \delta\mathsf{A}_j ; \delta\mathsf{A}_k \rangle} \tag{9.97}$$

と定義することができる[*10][†8].ここで,平均 $\langle \bullet \rangle$ は密度演算子 (9.55) によって計算する.また $\delta\mathsf{A}_i = \mathsf{A}_i - A_i = \mathsf{A}_i - \langle\mathsf{A}_i\rangle$ である.観測量 B に対して $\mathcal{P}$ を作用した答えを書き下すと,

$$\mathcal{P}\mathsf{B} = \delta\mathsf{A}_j C_{jk}^{-1} \langle \delta\mathsf{A}_k ; \mathsf{B}\rangle = \frac{\partial B}{\partial A_j}\delta\mathsf{A}_j \tag{9.97'}$$

となる.ここで,2 番目の等式を得るには,式 (9.53) の関係式と A_k と B がエルミート演算子であることを用いる必要がある.$\mathcal{P}^2 = \mathcal{P}$ であることと $\mathcal{P}^\dagger = \mathcal{P}$ であることを容易に確認することができる.さらに,リウヴィル演算子は森のスカラー積に対してエルミートであること,すなわち

$$\langle\mathsf{A}; \mathcal{L}\mathsf{B}\rangle = \langle\mathcal{L}\mathsf{A}; \mathsf{B}\rangle \tag{9.98}$$

の関係が成立することを示すことができる(基本課題 9.7.4 を参照).式 (9.98) から得られる重要な結果は,$\partial_t = \mathrm{i}\mathcal{L}$ なので

$$\langle\mathsf{A}; \dot{\mathsf{B}}\rangle = -\langle\dot{\mathsf{A}}; \mathsf{B}\rangle \tag{9.99}$$

という反対称性が成り立つということである.ここで $\dot{\mathsf{A}} = \partial_t \mathsf{A}$ である.この反対称性より $\langle\mathsf{A}; \dot{\mathsf{A}}\rangle = 0$ が導かれる.

[*10)] 厳密にいうと,$\mathcal{P}\mathcal{I} = \mathcal{I}$ でなければならないから,式 (9.97) では項が一つ足りない.$\delta\mathsf{A}_0 = \mathcal{I}$ として,

$$\mathcal{P} = \sum_{j,k \geq 0} \delta\mathsf{A}_j C_{jk}^{-1} \delta\mathsf{A}_k$$

とすべきである.ただしここで,$\langle\delta\mathsf{A}_0; \delta\mathsf{A}_0\rangle = 1$ と $i \neq 0$ に対して $\langle\delta\mathsf{A}_0; \delta\mathsf{A}_i\rangle = 0$ であることを用いた.
[†8)] この定義はわかりにくい.むしろ,次式 (9.97') を $\mathcal{P}$ の定義式と考えるべきである.(訳者注)

9.3.3 ランジュバン–森方程式

ここでは，観測量の集合 $\{A_i\}$ に対する運動方程式を導くことにする[*11]．自明な恒等式 $\mathcal{P} + \mathcal{Q} = \mathcal{I}$ より得られる等式

$$\dot{A}_i(t) = e^{i\mathcal{L}t} \mathcal{Q} \dot{A}_i + e^{i\mathcal{L}t} \mathcal{P} \dot{A}_i \tag{9.100}$$

から議論をはじめることにする．式 (9.100) の第 2 項は次のように変形できる

$$\begin{aligned} e^{i\mathcal{L}t} \mathcal{P} \dot{A}_i &= e^{i\mathcal{L}t} \delta A_j C_{jk}^{-1} \langle \delta A_k; i\mathcal{L} A_i \rangle \\ &= \Omega_{ji} e^{i\mathcal{L}t} \delta A_j \end{aligned} \tag{9.101}$$

ここで，振動数 Ω_{ji} は

$$\Omega_{ji} = C_{jk}^{-1} \langle \delta A_k; i\mathcal{L} A_i \rangle \tag{9.102}$$

で定義したものである．したがって，$\mathcal{E}$ に含まれるすべての観測量が時間反転に対して同じパリティをもっている場合には，$\Omega_{ji} = 0$ となる（基本課題 9.7.4 を参照）．この場合，すべての対 (i, j) に対して $\langle \dot{A}_i; A_j \rangle = 0$ であり，したがって $\mathcal{E}$ に直交する空間を $\mathcal{E}_\perp$ と書くことにすると，$\dot{A}_i \in \mathcal{E}_\perp$ である．特に，遅い観測量がただ一つだけである場合には，$\Omega = 0$ である．

式 (9.100) の第 1 項を扱うために，演算子恒等式 (2.118) が必要である．これは

$$e^{i\mathcal{L}t} = e^{i\mathcal{QL}t} + i \int_0^t dt' \, e^{i\mathcal{L}(t-t')} \mathcal{P} \mathcal{L} e^{i\mathcal{QL}t'} \tag{9.103}$$

という形に書ける．次に，

$$\boxed{f_i(t) = e^{i\mathcal{QL}\mathcal{Q}t} \mathcal{Q} \dot{A}_i} \tag{9.104}$$

によって定義される演算子 $f_i(t)$ を導入することによって式 (9.103) を変換する．以下ではこの演算子 $f_i(t)$ を揺動力とよぶが，その理由は 9.3.5 項で述べることにする．式 (9.104) において，まず $\mathcal{Q}$ によって $\dot{A}_i$ は部分空間 $\mathcal{E}_\perp$ に射影される[*12]．演算子 $\mathcal{QLQ}$ は $\mathcal{E}_\perp$ の中でのみ零でない行列要素をもつ時間発展演算子であり，したがって $\exp(i\mathcal{QL}\mathcal{Q}t) \mathcal{Q} \dot{A}_i$ が部分空間 $\mathcal{E}_\perp$ の外に出ることはない．つまり，揺動力は $\mathcal{E}_\perp$ に含まれる演算子であることになる．$\mathcal{P} A_i(t)$ がゆっくりと時間発展するのに対して，揺動力はずっと短い時間スケールで変動する．また，揺動力の熱平均は零であり（$\langle f_i(t) \rangle = 0$），$\{A_i\}$ の構成条件よりそれらとは直交していること（$\langle A_i; f_i(t) \rangle = 0$）に注意するべきである．式 (9.104) の定義より，式 (9.103) の第 1 項を $\mathcal{Q} \dot{A}_i$ に作用させると

$$e^{i\mathcal{QL}t} \mathcal{Q} \dot{A}_i = e^{i\mathcal{QL}\mathcal{Q}t} \mathcal{Q} \dot{A}_i = f_i(t)$$

[*11] 射影法のうち特に森による定式化について説明することにする．これ以外にも射影法にはさまざまな定式化があるが，森の方法が最も簡単であり，平衡状態に近い場合には一番便利であるからである．

[*12] すべての遅い観測量が時間反転に対して同じパリティをもつならば，$\mathcal{Q}\dot{A}_i = \dot{A}_i$ である．

となる．ここで，$\mathcal{Q}^2 = \mathcal{Q}$ なので

$$\left(I + i\mathcal{QL}t + \frac{i^2}{2!}\mathcal{QLQL}t^2 + \cdots\right)\mathcal{Q}$$
$$= \left(I + i\mathcal{QLQ}t + \frac{i^2}{2!}(\mathcal{QLQ})(\mathcal{QLQ})t^2 + \cdots\right)\mathcal{Q}$$

であることを用いた．また，式 (9.103) の第 2 項は

$$\int_0^t dt'\, e^{i\mathcal{L}(t-t')}\, \delta\mathsf{A}_j\, C_{jk}^{-1} \langle \delta\mathsf{A}_k; \mathcal{L}e^{i\mathcal{QLQ}t'}\mathcal{Q}\,\delta\dot{\mathsf{A}}_i\rangle$$
$$= \int_0^t dt'\, e^{i\mathcal{L}(t-t')}\delta\mathsf{A}_j\, C_{jk}^{-1}\langle \delta\mathsf{A}_k; i\mathcal{L}\,\mathsf{f}_i(t')\rangle$$

となる．$\mathcal{L}$ のエルミート性 (9.98) を用いると，スカラー積は

$$\langle \delta\mathsf{A}_k; i\mathcal{L}\,\mathsf{f}_i(t')\rangle = -\langle i\mathcal{L}\,\delta\mathsf{A}_k; \mathcal{Q}\,\mathsf{f}_i(t')\rangle = -\langle \mathsf{f}_k; \mathsf{f}_i(t')\rangle$$

と変換されるので，式 (9.103) の第 2 項は

$$-\int_0^t dt'\,\delta\mathsf{A}_j(t-t')C_{jk}^{-1}\langle \mathsf{f}_k; \mathsf{f}_i(t')\rangle = -\int_0^t dt'\,\delta\mathsf{A}_j(t-t')\gamma_{ji}(t')$$

と変形される．ここで，記憶関数行列 $\gamma_{ji}(t)$ を

$$\boxed{\gamma_{ji}(t) = C_{jk}^{-1}\langle \mathsf{f}_k; \mathsf{f}_i(t)\rangle} \tag{9.105}$$

と定義した．以上の議論より，遅い観測量 A_i の運動を記述する式は

$$\boxed{\partial_t \mathsf{A}_i(t) = \dot{\mathsf{A}}_i(t) = \Omega_{ji}\,\delta\mathsf{A}_j(t) - \int_0^t dt'\,\gamma_{ji}(t')\delta\mathsf{A}_j(t-t') + e^{i\mathcal{QLQ}t}\mathsf{f}_i} \tag{9.106}$$

のように定まる．これは振動数項，記憶項および揺動力の項からなり，ランジュバン—森の方程式とよばれる．重要な点は，式 (9.106) を導出するうえでいっさい近似計算はしなかったことである．ランジュバン—森の式は厳密に成り立つ方程式なのである．すでに述べたように，この式は観測量の任意の集合 $\{\mathsf{A}_i\}$ に対して成り立つものである．そして，これが遅い観測量のみの集合である場合には，系の巨視的なふるまいを記述をするために大変便利な方程式系を与えることになるのである．A_i は時間に依存しないので，$\dot{\mathsf{A}}_i(t) = \delta\dot{\mathsf{A}}(t)$ であることに注意せよ．式 (9.106) をもとに，式 (9.9) のように時間に依存した摂動が系に加えられた状況を量子論的に考えてみることにする．D を $t = 0$ ので密度演算子とすると，式 (9.106) の平均値を D を用いて計算することができる．また式

(9.11) と同じ記法 $\overline{\mathsf{A}}_i = \langle \mathsf{A}_i \rangle_D$ を用いると,$t > 0$ に対して

$$\partial_t \overline{\delta\mathsf{A}_i}(t) = \Omega_{ji}\overline{\delta\mathsf{A}_j}(t) - \int_0^t dt'\, \gamma_{ji}(t')\overline{\delta\mathsf{A}_i}(t-t') + \left\langle e^{i\mathcal{QLQ}t}\mathsf{f}_i \right\rangle_D \qquad (9.107)$$

が得られる.式 (9.107) の最後の項がなければ,$\overline{\delta\mathsf{A}_i}(t)$ は簡単な線形の微分積分方程式に従うことになる.しかし,この揺動力の平均値に依存する項があるため,運動方程式は複雑なものになる.この項は,速いモードの運動に起因するものである.

久保関数に対する運動方程式を考えるときには,この揺動力の項は除いてよい.ランジュバン–森方程式 (9.106) と $\delta\mathsf{A}_k$ とのスカラー積をとると,

$$\boxed{\dot{C}_{ki}(t) = \Omega_{ji} C_{kj}(t) - \int_0^t dt'\, \gamma_{ji}(t') C_{kj}(t-t')} \qquad (9.108)$$

が得られるからである.遅いモードが一つだけ存在する場合は,この方程式は

$$\boxed{\dot{C}(t) = -\int_0^t dt'\, \gamma(t') C(t-t')} \qquad (9.109)$$

という簡単なものになる.式 (9.57) と (9.108) を用いると,平均値 $\overline{\delta\mathsf{A}_i}(t)$ に対する方程式を導くことができる.それは式 (9.107) と似たものであるが,揺動力の項がない.したがって,$\overline{\delta\mathsf{A}_i}(t)$ に対して閉じた積分微分方程式系が得られることになる.ただしこの方程式系はもはや,系の状態が平衡状態に近い場合にしか正しくない.なぜならば,平衡状態からのずれが小さいとして線形近似をして得た式 (9.57) を使ったからである.観測量が一つだけの場合は,方程式は

$$\partial_t \overline{\delta\mathsf{A}}(t) = -\int_0^t dt'\gamma(t')\overline{\delta\mathsf{A}(t-t')} \qquad (9.110)$$

となる.上述の方程式系は,式 (9.107) において密度演算子 D を式 (2.119) のように

$$D \simeq D_{\mathrm{eq}}\left(I - \mathsf{f}_i \int_0^\beta d\alpha\, e^{\alpha\mathcal{H}} \mathsf{A}_i e^{-\alpha\mathcal{H}}\right)$$

と線形近似し $\langle \mathsf{f}_i(t) \rangle = \langle I; \mathsf{f}_i(t) \rangle = 0$ であることに注意すると,直接的に導くこともできる.式 (9.110) と (9.83) を見比べると,9.3.1 項での記憶効果に対する現象論的な扱いと本項の議論との関係がよくわかるであろう.

9.3.4 ブラウン運動：定性的記述

古典力学においてブラウン運動を考えることにする．すなわち，質量 m の軽い分子からなる熱浴の中に質量 M の重い粒子が一つあり，$m/M \ll 1$ であるとする．まず最初に考える効果は粘性である．重い粒子が速度 $\vec{v}$ で x 軸の正の向き（これを向かって右向きとする）に運動していたとすると，この重い粒子から見ると，右から来る流体分子の速度のほうが左から来る流体分子の速度より大きくなる．重い粒子と流体粒子とは衝突をするので，この簡単なドップラー効果のために，重い粒子には

$$\vec{\mathcal{F}} = -\alpha \vec{v} \tag{9.111}$$

という左向きの力が働くことになる．ここで α は摩擦係数であり，$\tau = M/\alpha = 1/\gamma$ は粒子の特徴的な巨視的時間スケールを与える．これとともに，この系には微視的な時間スケール τ^* も存在する．重い粒子と流体粒子との衝突はランダムに起きるので，衝突の時間間隔にあたる $10^{-12} \sim 10^{-14}$ s の時間スケールでこの摩擦力はゆらぐはずである．大きな質量の違い $m/M \ll 1$ のために，二つの時間スケールにも大きな違いが生まれるのである．図 9.3 では，ブラウン粒子の速度の時間変化と ^{16}O 分子からなる気体の中に入れられた ^{17}O 分子一つの速度変化とを比較したものである．後者の場合，速度は時間スケール τ^* でその符号も含めて変化するが，ブラウン粒子の場合は，慣性が大きいため速度変化の時間スケールは τ のオーダーであり，短い時間スケール τ^* での変化は，平均的な運動をわずかに補正する程度にしか効かない．流体分子との衝突によって，ブラウン粒子は大きな加速度を受けるが，時間スケール τ^* での平均速度の変化はわずかであり運動は平均的にはなめらかなものである．

1次元ブラウン粒子の速度 v を A として，これを式 (9.110) で与えられた（古典的な）観測量であると考えることにする．上記の定性的な解析から，（$\dot{v}$ ではなく）v が遅い観測量であると期待される．$\langle v \rangle = 0$ であるから，$\delta v = v$ である．古典極限では

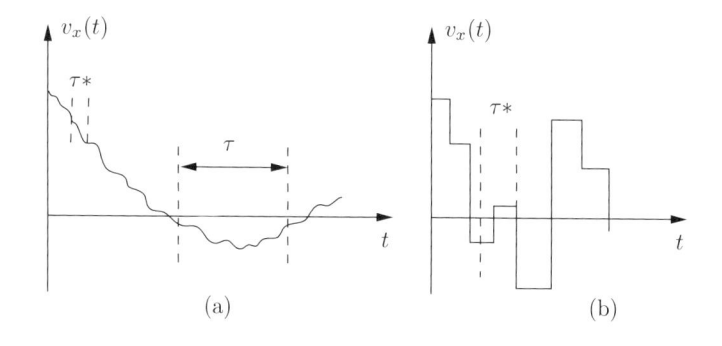

図 **9.3** 速度の x 成分. (a) 軽い粒子の熱浴中の重い（ブラウン）粒子の場合. (b) ^{16}O 分子の気体中の ^{17}O 分子の場合.

$$\langle v(0); v(t)\rangle \to \langle v(0)v(t)\rangle = C_{vv}(t)$$

となる．ここで $C_{vv}(t)$ は速度の自己相関関数である．式 (9.109) はこの場合は

$$\dot{C}_{vv}(t) = -\int_0^t dt'\, \gamma(t')\, C_{vv}(t-t')$$

となる．$\gamma(t)$ の特徴的な時間スケールが $C_{vv}(t)$ の特徴的な時間スケールよりもずっと短い場合は，式 (9.85) と同様にマルコフ近似が使えて，次のような常微分方程式が得られる．

$$\dot{C}_{vv}(t) = -\gamma\, C_{vv}(t) \qquad \gamma = \int_0^\infty dt\, \gamma(t)$$

C のパリティを考慮すると，この方程式の解として，指数関数的に減衰する相関関数

$$C_{vv}(t) = e^{-\gamma|t|} C_{vv}(0) = e^{-|t|/\tau} C_{vv}(0) \tag{9.112}$$

が得られる．

9.3.5 ブラウン運動：$m/M \to 0$ 極限

式 (9.111) で与えられた摩擦力 $\vec{\mathcal{F}}$ は流体分子との衝突によるものであるので，これは揺動力と関係するはずである．本項では，この間の関係を $m/M \to 0$ の極限で導いてみる[*13]．流体分子とブラウン粒子とからなる系のハミルトニアンを

$$\mathcal{H} = \sum_\alpha \frac{p_\alpha^2}{2m} + \frac{1}{2}\sum_{\alpha\neq\beta} V(\vec{r}_{\alpha\beta}) + \frac{P^2}{2M} + \sum_\alpha U(\vec{R}-\vec{r}_\alpha) \tag{9.113}$$

とする．ここで，p_α と m は流体分子の運動量と質量であり，V は流体分子のポテンシャルエネルギーである．また，P と M はブラウン粒子の運動量と質量であり，U はブラウン粒子の流体の中でのポテンシャルエネルギー表す．式 (9.113) に対応するリウヴィル演算子 $\mathcal{L}$ は $\mathcal{L} = \mathcal{L}_\mathrm{f} + \delta\mathcal{L}$ と書ける．ここで，$\mathcal{L}_\mathrm{f}$ は式 (9.113) の最初の 2 項に対応する流体のリウヴィル演算子

$$i\mathcal{L}_\mathrm{f} = \sum_\alpha \frac{\vec{p}_\alpha}{m}\cdot\frac{\partial}{\partial \vec{r}_\alpha} - \frac{1}{2}\sum_{\alpha\neq\beta}\vec{\nabla}V(\vec{r}_{\alpha\beta})\cdot\left(\frac{\partial}{\partial\vec{p}_\alpha} - \frac{\partial}{\partial\vec{p}_\beta}\right) \tag{9.114}$$

であり，他方 $\delta\mathcal{L}$ は

$$i\delta\mathcal{L} = \frac{\vec{P}}{M}\cdot\frac{\partial}{\partial\vec{R}} - \sum_\alpha \vec{\nabla}U(\vec{R}-\vec{r}_\alpha)\cdot\frac{\partial}{\partial\vec{P}} + \sum_\alpha \vec{\nabla}U(\vec{R}-\vec{r}_\alpha)\cdot\frac{\partial}{\partial\vec{p}_\alpha} \tag{9.115}$$

[*13] ここでの議論は Forster [43]，6.1 節に基づくものである．

である．式 (9.115) の中の最初の項を $\mathcal{L}_\mathrm{B}$ と書くことにすると，これは自由なブラウン粒子に対するリウヴィル演算子であり，第2項（$\mathcal{L}_\mathrm{f \to B}$ とする）は流体分子がブラウン粒子に及ぼす作用を，また第3項（$\mathcal{L}_\mathrm{B \to f}$ とする）はブラウン粒子が流体分子に及ぼす作用をそれぞれ表す．ブラウン粒子の運動量ベクトル $\vec{P}$ の三つの成分 P_i が遅い変数である．図 9.3 から明らかなように，$\dot{P}_i$ は遅いモードではないので，$\mathcal{E}$ には含まれないことに注意せよ．$C_{ij}(t)$ を $\vec{P}$ の i 成分と j 成分の熱平衡での時間相関関数とする．

$$C_{ij}(t) = \langle P_i ; e^{i\mathcal{L}t} P_j \rangle \to \langle P_i(0) P_j(t) \rangle \tag{9.116}$$

回転対称性より

$$C_{ij}(t) = \delta_{ij} C(t) \qquad C_{ii}(0) = \langle P_i^2 \rangle = MkT \tag{9.117}$$

である．同様に，記憶関数行列 γ_{ij} も δ_{ij} に比例し $\gamma_{ij} = \delta_{ij} \gamma(t)$ とすると，

$$\gamma(t) = \frac{1}{MkT} \langle \dot{P}_i ; e^{i\mathcal{Q}\mathcal{L}\mathcal{Q}t} \dot{P}_i \rangle \tag{9.118}$$

である（式 (9.117) と (9.118) では，添え字 i についての和はとらない）．$\langle \vec{P} \rangle = 0$ であるから，射影演算子 $\mathcal{Q}$ は式 (9.97) と (9.117) より

$$\mathcal{Q} = \mathcal{I} - \vec{P} \frac{1}{MkT} \vec{P} \tag{9.119}$$

ここで，$p \sim \sqrt{mkT}$, $P \sim \sqrt{MkT}$ という性質を用いると，式 (9.114) と (9.115) において

$$\frac{P/M}{p/m} \sim \left(\frac{m}{M}\right)^{1/2} \qquad \frac{\partial/\partial P}{\partial/\partial p} \sim \left(\frac{m}{M}\right)^{1/2}$$

であり，したがって

$$\frac{\mathcal{L}_\mathrm{B} + \mathcal{L}_\mathrm{f \to B}}{\mathcal{L}_\mathrm{f} + \mathcal{L}_\mathrm{B \to f}} \sim \left(\frac{m}{M}\right)^{1/2}$$

であることがわかる．よって，$m/M \to 0$ の極限では $\mathcal{L} \to \mathcal{L}_0 = \mathcal{L}_\mathrm{f} + \mathcal{L}_\mathrm{B \to f}$ となる．しかし，$\mathcal{L}_0$ はブラウン粒子には作用しないので，$\mathcal{L}_0 \vec{P} = 0$ である．そのため

$$\lim_{m/M \to 0} \gamma(t) = \gamma_\infty(t) = \frac{1}{MkT} \langle \dot{P}_i ; e^{i\mathcal{L}_0 t} \dot{P}_i \rangle$$

となる．ここで

$$\frac{\mathrm{d}}{\mathrm{d}t} \vec{P} = i\mathcal{L} \vec{P} = -\sum_\alpha \vec{\nabla} U(\vec{R} - \vec{r}_\alpha) = \vec{F}$$

であった．この式の $\vec{F}$ は流体分子がブラウン粒子に及ぼす激力であり，式 (9.111) で与えられる平均的な作用を表す摩擦力 $\mathcal{F}$ とは異なることに注意せよ．こうして，記憶関数に対する最終的な表式

$$\gamma_\infty(t) = \frac{1}{3MkT} \langle \vec{F}_\infty(t) \cdot \vec{F}_\infty(0) \rangle \tag{9.120}$$

が得られるのである．ここで，$\vec{F}_\infty(t)$ は，質量無限大のブラウン粒子に働く力を表す．つまりここでは，ブラウン粒子は流体中で静止していて平衡状態にあるという状況を考えているのである．この力は平均が零であり（$\langle \vec{F}_\infty \rangle = 0$），微視的な特性時間スケール τ^* でランダムに変化する量である．式 (9.104) で定義した項を揺動力とよんだのはこのためである．式 (9.111) で定義した α を用いて粘性パラメータを $\gamma = \alpha/M$ とすると，マルコフ近似では

$$\gamma = \frac{1}{6MkT} \int_{-\infty}^{\infty} dt \, \langle \vec{F}_\infty(t) \cdot \vec{F}_\infty(0) \rangle \tag{9.121}$$

となる．これはグリーン–久保公式の一つである．基本課題 9.7.2 では，これの別の導出方法を示すことにする．以上で，ブラウン粒子は確率微分方程式

$$\frac{d}{dt}\vec{P} = -\gamma \vec{P} + \vec{F}_\infty(t) \tag{9.122}$$

に従うことが導かれたことになる．ここで，γ は式 (9.121) で与えられ，また $\vec{F}_\infty(t)$ は流体中で静止しているブラウン粒子にかかる揺動力を表す．

9.4 ランジュバン方程式

式 (9.122) は確率微分方程式の典型例であり，ランジュバン方程式とよばれる．これがブラウン運動を記述する方程式であることを示したのであるが，ランジュバン方程式は物理学でこれ以外にも多くの応用をもつ重要なものである．これによって，物理系における雑音の効果を記述できるからである．ランジュバン方程式で記述される確率過程の中で，特に重要なものとしてオルンシュタイン–ウーレンベック過程があげられる．これは，摩擦力が強い極限において，調和振動子と同様な復元力が揺動力とともにブラウン粒子に働く場合を記述する．

9.4.1 定義と特性

ブラウン運動に対する確率微分方程式は式 (9.122) で与えられることを示したが，より一般的な状況にも用いるために，これを

$$\boxed{\dot{V}(t) = -\gamma V(t) + f(t) \qquad f(t) = \frac{1}{m} F_\infty(t)} \tag{9.123}$$

という形に書き直しておくことにする．ただし 1 次元系とした．以後では，ブラウン粒子の質量を m とすることにする．確率変数は大文字で表し，ある一つの試行の結果実現した値は小文字で表すことにする．したがって，式 (9.123) の $V(t)$ は確率変数であり，揺動力が $f(t)$ というように実現したときに $V(t)$ が確定した値を $v(t)$ と書くことにする．$f(t)$ は平均零の確率変数であり（$\overline{f}(t) = 0$），速度の特性時間スケール $\tau = 1/\gamma$ に

比べてずっと短い特性時間スケール $\tau^* \ll \tau$ で変動する．一般に確率変数 X に対して，揺動力を表す確率過程 $f(t)$ のすべての実現について平均して得られる値を $\overline{X}$ と記すことにする．他方，以前と同様に平衡分布における平均は $\langle X \rangle$ と記す．ブラウン運動の場合，ブラウン粒子は平衡状態にあるので，$\overline{X} = \langle X \rangle$ である．式 (9.121) は 1 次元の場合

$$\gamma = \frac{m}{2kT} \int_{-\infty}^{\infty} dt\, \overline{\langle f(t)f(0) \rangle} \qquad \langle f(t) \rangle = 0 \tag{9.124}$$

となる．ランジュバン方程式を定義するためには，式 (9.123) の中の $f(t)$ の自己相関関数を定義しておかなければならない．$\tau^* \ll \tau$ であるから，$f(t)$ の自己相関関数はデルタ関数を用いて

$$\boxed{\overline{f(t)f(t')} = 2A\,\delta(t-t')} \tag{9.125}$$

のように近似してよいであろう．ブラウン運動の場合，係数 A は式 (9.124) より

$$\boxed{A = \gamma \frac{kT}{m}} \tag{9.126}$$

である．$f(t)$ は多数の衝突の結果を表すので，通常は $\overline{f(t)} = 0$ と式 (9.125) の条件に加えて，$f(t)$ がガウス過程であると仮定することが多い．これらの仮定を $f(t)$ におくことにより，確率微分方程式 (9.123) が一意的に特定されることになる．

式 (9.123) の解は，初期速度 $v_0 = V(t=0)$ の関数として

$$V(t) = v_0 e^{-\gamma t} + e^{-\gamma t} \int_0^t dt'\, e^{\gamma t'} f(t') \tag{9.127}$$

と求められる．この解を，$f(t)$ のすべての実現にわたって平均すると[*14)]

$$\overline{\left(V(t) - v_0 e^{-\gamma t}\right)^2} = e^{-2\gamma t} \int_0^t dt'\, dt''\, e^{2\gamma(t'+t'')} \overline{f(t')f(t'')}$$

$$= 2A e^{-2\gamma t} \int_0^t dt'\, e^{2\gamma t'} = \frac{A}{\gamma}\left(1 - e^{-2\gamma t}\right) \tag{9.128}$$

が得られる．$t \gg 1/\gamma$ ならば，系は平衡状態に達するので，

$$\left\langle \left(V(t) - v_0 e^{-\gamma t}\right)^2 \right\rangle \to \langle V^2 \rangle = \frac{A}{\gamma} = \frac{kT}{m}$$

となり，式 (9.126) と同じ結果が得られる．同様にして，ブラウン粒子の位置 $X(t)$

[*14)] ブラウン粒子の初速度が熱浴の温度 T に対して $v_0 \gg \sqrt{kT/m}$ である場合には，ブラウン粒子は平衡状態にはないので，平衡状態での平均をとることは意味がない．

$$X(t) = x_0 + \int_0^t dt' V(t')$$

を計算することができる．初等的な計算の結果

$$\overline{(X(t) - x_0)^2} = \left(v_0^2 - \frac{kT}{m}\right)\frac{1}{\gamma^2}\left(1 - e^{-\gamma t}\right)^2 + \frac{2kT}{m\gamma}\left(t - \frac{1}{\gamma}\left[1 - e^{-\gamma t}\right]\right)$$

となる．これより，十分時間が経ったあと ($t \gg 1/\gamma$) には，拡散的なふるまい

$$\langle (X(t) - x_0)^2 \rangle = 2\frac{kT}{m\gamma}t = 2Dt \tag{9.129}$$

が得られることがわかる（式 (9.129) の別の導出方法については，基本課題 9.7.8 を参照せよ）．拡散係数 D はアインシュタインの関係式 (6.61)，すなわち

$$\boxed{D = \frac{kT}{m\gamma} = \frac{1}{\beta m\gamma}} \tag{9.130}$$

で与えられる．逆に $t \ll 1/\gamma$ の場合には，弾道的なふるまい $\overline{(X(t) - x_0)^2} = v_0^2 t^2$ が得られる．

9.4.2 オルンシュタイン–ウーレンベック過程

ここでは，ブラウン粒子に（決定論的な）外力 $F(x)$ が働いている場合に，ブラウン粒子の運動を記述するランジュバン方程式を書き下すことにする．ただし，粘性が大きい極限を考え，ブラウン粒子はほとんど瞬間的に終端速度 v_L に達するものとする[*15]．拡散を無視して考えると

$$\dot{v} = -\gamma v + \frac{F(x)}{m} \tag{9.131}$$

であり，$\dot{v} = 0$ とすることにより終端速度は $v_\mathrm{L}(x) = F(x)/(m\gamma)$ と求められる．次に，$\dot{x} = v_\mathrm{L}$ に対して揺動力 $b(t)$ を加えると

$$\dot{X}(t) = \frac{F(x)}{m\gamma} + b(t) \tag{9.132}$$

という式が得られる．決定論的な力 $F(x)$ がないときには，拡散的なふるまい (9.129) が得られなければならないが，これは

$$\overline{b(t)b(t')} = 2D\,\delta(t - t') \tag{9.133}$$

であれば成り立つ．式 (9.132) のより厳密な導出方法が，調和振動子の場合に基本課題 9.7.9 に与えられている．また研究課題 9.8.4 では，まず X と V に対して近似なしで

[*15] 粘性が大きい極限については 6.2.2 項を参照せよ．

成り立つ連立方程式系（クラマースの方程式）を書き，次に粘性が大きい極限を考えて，この連立方程式系を近似する．オルンシュタイン-ウーレンベック過程は，外力が特に調和振動子の復元力 $F(x) = -m\omega_0^2 x$ の形である場合に得られるものであり，

$$\frac{F(x)}{m\gamma} = -\bar{\gamma} x \qquad \bar{\gamma} = \frac{\omega_0^2}{\gamma} \tag{9.134}$$

が成り立つものとする．すなわち，この確率過程は次の確率微分方程式によって定義される．

$$\boxed{\dot{X}(t) = -\bar{\gamma} X(t) + b(t)} \tag{9.135}$$

ここで，$b(t)$ は平均が零で式 (9.133) を満たすガウス過程である．$\overline{b(t)b(t')}$ のフーリエ変換は定数なので，これはガウス型白色雑音ともよばれる．

次に，時刻 t_0 で粒子の位置が x_0 であったときに時刻 t に粒子の位置が x であるという条件つき確率 $P(x,t|x_0,t_0)$ を計算することにする．記述を簡単にするため $t_0 = 0$ として，$P(x,t|x_0,t_0) = P(x,t|x_0)$ と書くことにする．式 (9.127) より，式 (9.135) を $X(t)$ について解くと

$$Y = X(t) = x_0 e^{-\bar{\gamma}t} + e^{-\bar{\gamma}t} \int_0^t dt' e^{\bar{\gamma}t'} b(t') \tag{9.136}$$

となる．この式 (9.136) で確率変数 Y を定義することにする．この Y の確率分布はガウス分布であることを示すことにする．そのために時間間隔 $[0,t]$ を N 等分して，各々の長さが $\varepsilon = t/N$ の小区間に分割することにする．$N \gg 1$ であるとし，$t_i = i\varepsilon$ とおいて確率変数 B_ε^i を

$$B_\varepsilon^i = \int_{t_i}^{t_i+\varepsilon} dt' \, b(t') \, dt' \tag{9.137}$$

で定義する．時間並進不変性より B_ε^i は時刻に依存しない．また，$\overline{B_\varepsilon^i} = 0$ であり，式 (9.133) より

$$\overline{B_\varepsilon^i B_\varepsilon^j} = \int dt' dt'' \overline{b(t')b(t'')} = 2\varepsilon D \, \delta_{ij} \tag{9.138}$$

であることがわかる．式 (9.137) の定義より，(9.136) の式中の積分はリーマン和

$$Y \simeq e^{-\bar{\gamma}t} \sum_{i=0}^{N-1} e^{\bar{\gamma}t_i} B_\varepsilon^i$$

で近似できる．したがって，Y は独立な確率変数を多数加えた和であることになる．よって中心極限定理により，Y の確率分布はガウス分布であり，分散は $\overline{Y^2}$ すなわち

$$\overline{Y^2} = e^{-2\bar{\gamma}t} \sum_{i,j=0}^{N-1} e^{\bar{\gamma}t_i} e^{\bar{\gamma}t_j} \overline{B_\varepsilon^i B_\varepsilon^j}$$

$$= \varepsilon e^{-2\bar{\gamma}t} \sum_{i=0}^{N} e^{2\bar{\gamma}t_i} \to e^{-2\bar{\gamma}t} \int_0^t dt' \, e^{2\bar{\gamma}t'} = \frac{D}{\gamma}\left(1 - e^{-2\bar{\gamma}t}\right)$$

で与えられることになるのである．これより Y すなわち $X(t)$ の確率分布は

$$P(x,t|x_0) = \left[\frac{\bar{\gamma}}{2\pi D(1-e^{-2\bar{\gamma}t})}\right]^{1/2} \exp\left[-\frac{\bar{\gamma}(x - x_0 e^{-\bar{\gamma}t})^2}{2D(1-e^{-2\bar{\gamma}t})}\right] \quad (9.139)$$

と定められる．これは，平均が $x_0 e^{\bar{\gamma}t}$，分散が $\sigma^2(t) = (D/\bar{\gamma})(1-\exp(-2\bar{\gamma}t))$ のガウス分布である．

式 (9.139) の短時間極限と長時間極限を調べてみることは大切である．長時間極限 $t \gg 1/\bar{\gamma}$ では系は，

$$P(x,t|x_0) \to \left(\frac{\bar{\gamma}}{2\pi D}\right)^{1/2} \exp\left(-\frac{\bar{\gamma}x^2}{2D}\right) = P_{\rm eq}(x) \propto \exp\left(-\frac{m\omega_0^2 x^2}{2k_{\rm B}T}\right) \quad (9.140)$$

というようにボルツマン分布で記述される平衡状態に到達する．この式 (9.140) より，

$$\frac{\bar{\gamma}}{D} = \frac{m\omega_0^2}{k_{\rm B}T} \qquad \bar{\gamma} = \frac{\omega_0^2}{\gamma}$$

となるので，これからアインシュタインの関係式 (9.130) が導かれる．逆に $t \ll 1/\bar{\gamma}$ では

$$P(x,t|x_0) \to \frac{1}{(4\pi Dt)^{1/2}} \exp\left[\frac{(x-x_0)^2}{4Dt}\right] \quad (9.141)$$

となるので，短時間極限では拡散現象が支配的であり

$$\langle (x-x_0)^2 \rangle \sim 2Dt$$

というスケーリング則が成り立つことがわかる．これより $\langle |X(t+\varepsilon) - x(t)| \rangle \propto \sqrt{t}$ であるから，軌跡 $x(t)$ は t に関して連続であるが，微分可能ではないことがわかる（基本課題 9.7.12 も参照せよ）．

当然ながら，式 (9.139) を用いると式 (9.132) より $P(v,t|v_0)$ を求めることもできる．結果は，式 (9.139) で $x \to v, D \to A, \bar{\gamma} \to \gamma$ というおきかえをした

$$P(v,t|v_0) = \left[\frac{\gamma}{2\pi A(1-e^{-2\gamma t})}\right]^{1/2} \exp\left[-\frac{\gamma(v - v_0 e^{-\gamma t})^2}{2A(1-e^{-2\gamma t})}\right] \quad (9.142)$$

である．式 (9.143) の長時間極限をとるとマクスウェル分布 $\exp[-mv^2/(2k_{\rm B}T)]$ になるはずであり，このことから再び式 (9.126) の関係が得られる．

9.5 フォッカー–プランク方程式

ランジュバン方程式から導かれた確率分布関数 (9.141) はある偏微分方程式を満たす．この偏微分方程式をフォッカー–プランク方程式という．この方程式は虚数時間のシュレーディンガー方程式と類似なものであり，この類似性を使って平衡状態への緩和過程を調べることができる．

9.5.1 ランジュバン方程式からの導出

$X(t)$ が次の形のランジュバン方程式

$$\dot{X}(t) = a(X(t)) + b(t) \tag{9.143}$$

に従うときに，条件つき確率 $P(x, t | x_0)$ の満たすフォッカー–プランク方程式を導きたい．ここで，$a(x) = F(x)/(m\gamma)$ である．特に $a(x) = -\bar{\gamma} x$ である場合を，オルンシュタイン–ウーレンベック過程 (9.135) とよんだ．揺動力 $b(t)$ はオルンシュタイン–ウーレンベック過程と同じ性質を満たし，一般に式 (9.133) に従うものとする．式 (9.143) は時間について 1 階の微分方程式であり，式 (9.133) はデルタ関数で与えられているので，この方程式によってマルコフ過程が与えられる．もしも $b(t)$ が有限な（微視的な）自己相関時間 τ^* をもっているとすると（つまり $b(t)$ が白色雑音でない場合には），式 (9.133) はマルコフ過程を与えない．マルコフ性をもつ確率過程に対しては，P に対してチャップマン–コルモゴロフ方程式

$$P(x, t+\varepsilon | x_0) = \int dy\, P(x, t+\varepsilon | y, t) P(y, t | x_0) \tag{9.144}$$

を書き下すことができる．式 (9.143) を時刻 t から微小時間 ε だけ積分すると，ランダムな軌跡 $X_y^{[b]}(t+\varepsilon; t)$ が，時刻 t での値 $X(t) = y$ と $[t, t+\varepsilon]$ での揺動力 $b(t)$ に依存して，

$$X_y^{[b]}(t+\varepsilon; t) = y + \varepsilon a(y) + \int_t^{t+\varepsilon} dt'\, b(t') = y + \varepsilon a(y) + B_\varepsilon$$

のように与えられる．ここで，B_ε は式 (9.137) で与えられている．これより，ε の 1 次までのオーダーで

$$P(x, t+\varepsilon | y, t) = \overline{\delta(x - y - \varepsilon a(y) - B_\varepsilon)}$$
$$\simeq (1 - \varepsilon a'(x)) \overline{\delta(x - y - \varepsilon a(x) - B_\varepsilon)}$$

が成り立つことがわかる．このことは，$a(x) = a(y) + \mathcal{O}(\varepsilon)$ であることと，よく知られた関係式

$$\delta(f(y)) = \frac{1}{|f'(y)|} \delta(y - y_0) \qquad f(y_0) = 0$$

より明らかであろう．この表式に現れた δ 関数を，次のように形式的に ε について級数展開する[*16]．

$$\delta(x-y-\varepsilon a(x)-B_\varepsilon) = \delta(x-y) + [\varepsilon a(x)+B_\varepsilon]\delta'(x-y)$$
$$+ \frac{1}{2}[\varepsilon a(x)+B_\varepsilon]^2 \delta''(x-y) + \cdots$$

このとき，B_ε は $\sqrt{\varepsilon}$ のオーダーなので，B_ε^2 のオーダーまで展開しなければならない．そしてこの結果を，チャップマン–コルモゴロフ方程式に代入し $\sqrt{\varepsilon}$ と ε の両方のオーダーを残して

$$\int \mathrm{d}y\, P(y,t|x_0)$$
$$\times \overline{[(1-\varepsilon a'(x))\delta(y-x) + (\varepsilon a(x)+B_\varepsilon)\delta'(y-x) + (B_\varepsilon^2/2)\delta''(y-x)]}$$

という積分をする．$\overline{B_\varepsilon}=0$ と $\overline{B_\varepsilon^2}=2D\varepsilon$ であることを用いて，簡単な積分を実行すると，ε の1次までのオーダーで

$$P(x,t+\varepsilon|x_0) = P(x,t|x_0) + \varepsilon \frac{\partial P}{\partial t}$$
$$= P(x,t|x_0) + \varepsilon \left[-a'(x)P(x,t|x_0) - a(x)\frac{\partial}{\partial x} P(x,t|x_0) \right.$$
$$\left. + D\frac{\partial^2}{\partial x^2} P(x,t|x_0) \right] + \mathcal{O}(\varepsilon^2)$$

が成り立つことが導かれる．これからフォッカー–プランク方程式

$$\boxed{\frac{\partial}{\partial t} P(x,t|x_0) = -\frac{\partial}{\partial x}\left[a(x)P(x,t|x_0)\right] + D\frac{\partial^2}{\partial x^2} P(x,t|x_0)} \tag{9.145}$$

が得られる．フォッカー–プランク方程式の物理的な意味は，次のように連続の方程式の形に書き直してみると明らかになる．$P(x,t)=P(x,t|x_0)$ と略記して，確率流密度 $j(x,t)$ を

$$j(x,t) = a(x)P(x,t) - D\frac{\partial P(x,t)}{\partial x} = \frac{F(x)}{m\gamma} P(x,t) - D\frac{\partial P(x,t)}{\partial x} \tag{9.146}$$

とすると，式 (9.145) は

$$\frac{\partial P(x,t)}{\partial t} + \frac{\partial j(x,t)}{\partial x} = 0 \tag{9.147}$$

[*16] これは，次のような関係式を意味する略記である．

$$\int \mathrm{d}x f(x)\delta(x-(x_0+\varepsilon)) = f(x_0+\varepsilon) = f(x_0) + \varepsilon f'(x_0)$$
$$\int \mathrm{d}x f(x)[\delta(x-x_0) - \varepsilon \delta'(x-x_0)] = f(x_0) + \varepsilon f'(x_0)$$

という連続の方程式の形に書ける．ここで，確率流密度は拡散のない通常の決定的な部分 $a(x)P = \dot{x}P$ と拡散による部分 $-D\partial P/\partial x$ との和で与えられるということに注目せよ．また確率流密度は，ポテンシャル $V(x)$ を $F(x) = -\partial V/\partial x$ となるように導入し，アインシュタインの関係 (9.130) を用いることにより

$$j(x,t) = -D\left(\beta P \frac{\partial V}{\partial x} + \frac{\partial P}{\partial x}\right) \tag{9.148}$$

というようにも表現できる．

9.5.2 平衡状態と緩和過程

フォッカー–プランク方程式と虚数時間のシュレーディンガー方程式との間には注目すべき対応関係がある[*17]．1次元系でポテンシャル $U(x)$ の中を運動する1粒子のシュレーディンガー方程式を，$\hbar = 1$ として書くと

$$\mathrm{i}\frac{\partial \psi(x,t')}{\partial t'} = -\frac{1}{2m}\frac{\partial^2 \psi(x,t')}{\partial x^2} + U(x)\psi(x,t') = \mathcal{H}\psi(x,t')$$

となるが，ここで $t' = -\mathrm{i}t$ と時刻に関する変数変換をすると

$$\frac{\partial \psi(x,t)}{\partial t} = \frac{1}{2m}\frac{\partial^2 \psi(x,t)}{\partial x^2} - U(x)\psi(x,t) = -\mathcal{H}\psi(x,t) \tag{9.149}$$

となる．この式 (9.149) で $U = 0$ として，$D = 1/(2m)$ とおくと，拡散方程式 (6.21) になることがわかる．フォッカー–プランク方程式 (9.145) は式 (9.149) の形とは異なるが，以下に示すように，式 (9.149) の形に移す変換を見つけることができる．そのためにまず，平衡状態を調べることにする．記述を簡単にするために，式 (9.148) で $\beta = 1$ として式 (9.147) に代入すると

$$\frac{\partial P}{\partial t} = D\frac{\partial}{\partial x}\left(P\frac{\partial V}{\partial x} + \frac{\partial P}{\partial x}\right) = -\frac{\partial j}{\partial x}$$

が得られる．平衡状態であるための十分条件は $j = 0$ である[*18]．このときの解は，($\beta = 1$ の) ボルツマン分布

$$P_{\mathrm{eq}}(x) \propto \exp(-V(x))$$

である．密度関数 $\rho(x,t)$ を

$$P(x,t) = \exp\left(-\frac{1}{2}V(x)\right)\rho(x,t) \tag{9.150}$$

で定義すると，

[*17] フォッカー–プランク方程式とシュレーディンガー方程式は，第7章で説明したウィック回転によって関係づけられている．

[*18] 1次元系では，$j = $ 一定という条件は $j = 0$ を意味するが，2次元以上では零でない定常な流れをもつ非平衡状態が存在する．

$$\frac{\partial P}{\partial x} + P\frac{\partial V}{\partial x} = \exp\left(-\frac{1}{2}V(x)\right)\left[\frac{\partial \rho}{\partial x} + \frac{1}{2}\rho\frac{\partial V}{\partial x}\right]$$

が成り立つ．この関係式を用いて，$P(x,t)$ に対するフォッカー–プランク方程式を $\rho(x,t)$ に対する式に変換すると，不要な項は打ち消しあって

$$\frac{\partial \rho(x,t)}{\partial t} = D\frac{\partial^2 \rho(x,t)}{\partial x^2} - U(x)\rho(x,t) = -\mathscr{H}\rho(x,t)$$
$$\mathscr{H} = -D\frac{\partial^2}{\partial x^2} + U(x) \qquad U(x) = \frac{D}{4}\left(\frac{\partial V}{\partial x}\right)^2 - \frac{D}{2}\frac{\partial^2 V}{\partial x^2} \tag{9.151}$$

というように，式 (9.149) と同じ形の式が得られるのである．$\psi_0(x) = \mathcal{N}\exp(-\frac{1}{2}V(x))$ と定義する．ここで，$\mathcal{N}$ は規格化因子であり

$$\int \mathrm{d}x |\psi_0(x)|^2 = 1$$

となるように定める．こうすると，上で得られた $P_{\mathrm{eq}}(x) \propto \exp(-V(x))$ という結果は，$\mathscr{H}\psi_0 = 0$ と等価である．実際

$$\left[\frac{\partial}{\partial x} + \frac{1}{2}\frac{\partial V}{\partial x}\right]\psi_0(x) = 0$$

であり，これは $j=0$ に対応する．$\psi_0(x)$ は節（零点）をもたないので，量子力学の標準的な理論によっても，$\psi_0(x)$ は基底状態の波動関数であり $E_0 = 0$ であることが結論できる．時間発展を定めたければ

$$\mathscr{H}\psi_n(x) = E_n\psi_n(x) \tag{9.152}$$

を解いて $\mathscr{H}$ の固有関数 $\psi_n(x) = \langle x|n\rangle$ をすべて求め，これがなす完全系 $\{\psi_n(x)\}$ で時刻 $t=0$ での初期状態を展開すればよい．固有関数として実関数を選ぶことができ，すべての励起状態は正のエネルギー固有値 $E_n > 0$（$n \geq 1$）をもつ．具体的には

$$\rho(x,0|x_0) = \sum_n c_n \psi_n(x)$$
$$c_n = \int \mathrm{d}x\, \psi_n(x)\rho(x,0|x_0) = \psi_n(x_0)\mathrm{e}^{\frac{1}{2}V(x_0)} = \langle n|x_0\rangle \mathrm{e}^{\frac{1}{2}V(x_0)}$$

と展開することができる．ここで，$\rho(x,0|x_0) = \exp(\frac{1}{2}V(x_0))\delta(x-x_0)$ であることを用いた．また，ディラックのブラベクトル，ケットベクトルの記法を用いた．各々の固有関数 ψ_n は $\psi_n(x,t) = \exp(-E_n t)\psi_n(x)$ というように時間発展するので，$\rho(x,t|x_0)$ は

$$\rho(x,t|x_0) = \sum_n c_n \mathrm{e}^{-E_n t}\psi_n(x)$$
$$= \sum_n \mathrm{e}^{\frac{1}{2}V(x_0)}\langle x|n\rangle \mathrm{e}^{-E_n t}\langle n|x_0\rangle$$
$$= \mathrm{e}^{\frac{1}{2}V(x_0)}\langle x|\mathrm{e}^{-t\mathscr{H}}|x_0\rangle$$

と求められる. 式 (9.150) に代入すると,

$$P(x,t|x_0) = e^{-\frac{1}{2}(V(x)-V(x_0))}\langle x|e^{-t\mathscr{H}}|x_0\rangle \quad (9.153)$$

という結果にまとめられる. t が大きいときには

$$e^{-t\mathscr{H}} \simeq |0\rangle\langle 0| + e^{-E_1 t}|1\rangle\langle 1|$$

であるので, 平衡状態への緩和過程の様子は, 第1励起状態 $\psi_1(x)$ に対するエネルギー固有値 E_1 によって定められることがわかる[*19]. 式 (9.153) より

$$\lim_{t\to\infty} P(x,t|x_0) = \mathcal{N}^2 e^{-V(x)}$$

であることになる.

9.5.3 拡散係数が場所に依存する場合

フォッカー–プランク方程式 (9.145) を, 拡散係数が位置 x の関数 $D(x)$ である場合に拡張すると次のようになる.

$$\boxed{\frac{\partial}{\partial t}P(x,t|x_0) = -\frac{\partial}{\partial x}\bigl[a(x)P(x,t|x_0)\bigr] + \frac{\partial^2}{\partial x^2}\bigl[D(x)P(x,t|x_0)\bigr]} \quad (9.154)$$

ここで, 特に説明なく $D(x)$ を x での微分の中に入れたことに注意せよ. このようにした理由はあとで述べることにして, ここでは式 (9.154) を用いて, 粒子の軌跡の第1モーメント (平均) と第2モーメントを計算してみることにする. $P(x,t+\varepsilon|x_0,t)$ を ε で展開し, 式 (9.154) を用いると,

$$\begin{aligned}P(x,t+\varepsilon|x_0,t) &= \delta(x-x_0) + \varepsilon\frac{\partial P}{\partial t} + O(\varepsilon^2)\\&= \delta(x-x_0) - \varepsilon\frac{\partial}{\partial x}[a(x)P] + \varepsilon\frac{\partial^2}{\partial x^2}[D(x)P] + \mathcal{O}(\varepsilon^2)\end{aligned}$$

と書けるので, 第1モーメントは

$$\lim_{\varepsilon\to 0}\frac{1}{\varepsilon}\overline{X(t+\varepsilon)-x_0} = \int dx\,(x-x_0)\left[-\frac{\partial}{\partial x}[(a(x)P] + \frac{\partial^2}{\partial x^2}[D(x)P)]\right] \quad (9.155)$$

となる. ただし $(x-x_0)\delta(x-x_0) = 0$ を用いた. 式 (9.155) を部分積分して, $\lim_{|x|\to\infty} P(x,t|x_0) = 0$ であることを用いると, 式 (9.155) 右辺の積分中の括弧の中の第1項のみが結果に寄与することがわかり,

$$\boxed{\lim_{\varepsilon\to 0}\frac{1}{\varepsilon}\overline{X(t+\varepsilon)-x_0} = a(x_0)} \quad (9.156)$$

[*19] 研究課題 7.9.8 の式 (7.188) との類似性に注意すべきである.

が得られる．第 2 モーメント $(1/\varepsilon)\overline{(X(t+\varepsilon)-x_0)^2}$ も同様に部分積分によって計算できるが，この場合は式 (9.155) の括弧の第 2 項のみが寄与し

$$\boxed{\lim_{\varepsilon\to 0}\frac{1}{\varepsilon}\overline{(X(t+\varepsilon)-x_0)^2}=2D(x_0)} \tag{9.157}$$

が得られる．したがって，軌跡のはじめの二つのモーメント (9.156) と (9.157) が与えられると，対応するフォッカー–プランク方程式 (9.154) を書き下すことができるのである．これらの結果は，容易に多変数のフォッカー–プランク方程式にも拡張できる（基本課題 9.7.1）．

上の結果から，$X(t)$ は

$$\dot{X}(t)=a(x)+\sqrt{D(x)}\,b(t)\qquad \overline{b(t)b(t')}=2\delta(t-t') \tag{9.158}$$

という形のランジュバン方程式に従うと結論したくなる．しかし，式 (9.158) にはデルタ関数があるので $b(t)$ は特異的であり，$\sqrt{D(x)}b(t)$ の項がきちんと定義されたことにはならないのである．このため，式 (9.158) のランジュバン方程式からフォッカー–プランク方程式を一意的に定めることはできない．このことを以下で見てみよう（より詳しくは，研究課題 9.8.4 を参照せよ）．$C(x)=\sqrt{D(x)}$ と定義して，式 (9.158) を微小時間区間 ε にわたって積分してみると

$$X(t+\varepsilon)-x(t)=\varepsilon a(x(t))+\int_t^{t+\varepsilon}dt'\,C(x(t'))b(t')$$

となる．ここで $C(x(t'))b(t')$ をどのように解釈するかによって，違った形のフォッカー–プランク方程式が導かれるのである．$b(t)$ の時間自己相関関数に有限の時間幅 τ^* を与えて考えると，ストラトノヴィッチ解釈

$$\int_t^{t+\varepsilon}dt'\,C(x(t'))b(t')\to C\left[\frac{x(t)+x(t+\varepsilon)}{2}\right]\int_t^{t+\varepsilon}dt'\,b(t')$$

が得られ，これに対応するフォッカー–プランク方程式は

$$\frac{\partial}{\partial t}P(x,t|x_0)=-\frac{\partial}{\partial x}\left[a(x)P(x,t|x_0)\right]+\frac{\partial}{\partial x}\left[C(x)\frac{\partial}{\partial x}C(x)P(x,t|x_0)\right] \tag{9.159}$$

となる．これに対して，伊藤の解釈

$$\int_t^{t+\varepsilon}dt'\,C(x(t'))b(t')\to C(x(t))\int_t^{t+\varepsilon}dt'\,b(t')$$

を採用すると，対応するフォッカー–プランク方程式は式 (9.154) となるのである．この

二つの解釈を一般化したものについては[†9]研究課題 9.8.4 で調べることにする．どのような場合でも，フォッカー–プランク方程式は式 (9.154) の形に書き直すことができるが，それぞれの解釈によってドリフト速度 $a(t)$ が異なることになるのである．

9.6　数 値 積 分

本節では，記述を簡単にするため $D = m\gamma = 1$ という単位系で考えることにする（アインシュタインの関係式 (9.130) より，これは $kT = 1$ とするということである）．前節で述べたように，ランジュバン方程式は

$$\dot{X}(t) = a(x) + b(t) \tag{9.160}$$

で与えられる．ここで，$a(x) = -\partial V(x)/\partial x$，$\overline{b(t)b(t')} = 2\delta(t - t')$ であり，定常状態は

$$P(x,t|x_0) \propto \mathrm{e}^{-V(x)} \tag{9.161}$$

という形で与えられる．つまり，$t \to \infty$ で状態は時間に依存しない確率分布 (9.161) で与えられるようになる．また前節で，この定常状態への緩和はフォッカー–プランク・ハミルトニアンのスペクトル（固有値）で定められることが示された．ただし，このスペクトルを完全に求めることは一般には難しい．

したがって，過渡的な現象が重要な役割を果たす非平衡状態において，ランジュバン方程式を数値的に積分することは重要である．そればかりではなく，第 7 章での議論や式 (9.161) からもわかるように，ランジュバン方程式は平衡状態での数値的シミュレーションを行うための道具としても使うことができるのである．第 7 章ではボルツマン分布 $P_\mathrm{B} = \exp(-\beta E)$ を長時間極限で生成するようなダイナミクスの構成方法を議論した（たとえば，メトロポリス法，グラウバー法，ウォルフ法など）．式 (9.160) と (9.161) は $V = \beta E$ とすると，別の方法を与えていることになる．よって，ここで議論する数値的な方法は，平衡状態と非平衡状態の両方に応用できるのである．しかしながら，ランジュバン方程式で与えられるダイナミクスは，平衡状態への実際の緩和過程を正しく記述できる場合もあるが，そうでない場合もあるということを注意しておく．ランジュバン方程式が，平衡状態への緩和過程を正しく記述しない場合でも，平衡状態での系の特性を計算するのには使える．

決定論的な微分方程式

$$\frac{\mathrm{d}x(t)}{\mathrm{d}t} = -\frac{\partial V(x)}{\partial x} \tag{9.162}$$

の場合は，時間微分に対して最も簡単なオイラーの差分化

$$x(t + \varepsilon) \approx x(t) - \varepsilon \frac{\partial V(x)}{\partial x} + \mathcal{O}(\varepsilon^2) \tag{9.163}$$

[†9]　さらに一般化しても，結局は二つの解釈に尽きることが証明されている．詳しくは訳者追加文献 a) を参照．(訳者注)

を用いることができる．この場合の誤差は ε^2 のオーダーである．この差分近似をランジュバン方程式 (9.160) に適用すると

$$x(t+\varepsilon) \approx x(t) - \varepsilon\frac{\partial V(x)}{\partial x} + \varepsilon b(t) \tag{9.164}$$

となる[*20]．しかしここで，揺動力（確率的な雑音）$b(t)$ の取り扱いには注意を要する．t を離散化すると $\overline{b(t)b(t')} = 2\delta(t-t')$ が成り立たなくなってしまうからである．$\delta(t-t')$ の次元は t^{-1} であることに注意してデルタ関数を離散近似すると，

$$\overline{b(t)b(t')} = 2\frac{\delta_{tt'}}{\varepsilon} \tag{9.165}$$

となることがわかる．そこで $b(t) \to b(t)\sqrt{2/\varepsilon}$ とスケール変換を施すと，離散時間ランジュバン方程式は

$$x(t+\varepsilon) \approx x(t) - \varepsilon\frac{\partial V(x)}{\partial x} + \sqrt{2\varepsilon}b(t) \tag{9.166}$$

となり，揺動力の相関は

$$\overline{b(t)b(t')} = \delta_{tt'} \tag{9.167}$$

で与えられることになる．式 (9.166) の揺動力の項は $\sqrt{\varepsilon}$ のオーダーなので，オイラーの差分近似による数値的な誤差は，決定論的な微分方程式の差分化のときの $\mathcal{O}(\varepsilon^2)$ より大きく $\mathcal{O}(\varepsilon)$ であることになる．このことは，9.5.1項でのフォッカー–プランク方程式の導出を思い出してみても明らかである．そこでは，上述のオイラー法と同じ差分化に基づいて式変形をして，最後に ε の1次のオーダーの項を落として結果を得たのであった．

一般に，N 個の確率変数（たとえば N 個のブラウン粒子）に対しては，ランジュバン方程式は

$$x_i(t+\varepsilon) \approx x_i(t) - \varepsilon\frac{\partial V(\{x\})}{\partial x_i} + \sqrt{2\varepsilon}b_i(t) \tag{9.168}$$

と与えられる．ここで

$$\overline{b_i(t)b_j(t')} = \delta_{tt'}\delta_{ij} \tag{9.169}$$

である．数値積分の実行は以下のように簡単である．時刻 $t=t_0$ での初期配置 $\{x_i(t_0)\}$ を選び，決定論的な力 $-\partial V(\{x\})/\partial x_i$ を計算する．N 個の乱数 $b_i(t_0)$ を生成させ，式 (9.168) に従って $x_i(t_0+\varepsilon)$ の値を求める．この操作を必要な時間ステップだけ反復する．

式 (9.169) を満たす乱数 $b_i(t)$ はガウス型乱数発生法を用いると簡単に得られることは明らかである．しかし，これは十分であるが必要ではない．われわれが必要とする乱数は $\overline{b_i(t)} = 0$ であり，式 (9.168) を満たさなければならないが，高次のモーメントに対しては特に条件はないのである．たとえば，$-\sqrt{3}$ と $\sqrt{3}$ の間に一様分布する乱数を用いても，必要な条件は満たされる．この一様分布を用いたほうが，ガウス分布を用い

[*20] ランジュバン方程式の数値積分の議論においては，$X(t)$ と $x(t)$ の区別はせずともに小文字で表すことにする．

るより早く乱数を生成できるのである．

上記のアルゴリズムで精度を上げるには，時間刻みをより小さくする必要がある．計算すべき物理的な時間を同じにするためには，その分，計算ステップを増やさなければならないので，コンピュータ時間はより長くなってしまう．

そのため，同じ時間ステップでも誤差を小さくできる，より高次のアルゴリズムが望まれることになる．このような改良アルゴリズムで大変簡単なものは，2次のルンゲ–クッタ差分化を用いるものである．決定論的な方程式に対して，まず簡単なオイラー法により変数を一時的に更新する．

$$x'_i(t+\varepsilon) = x_i(t) - \varepsilon \frac{\partial V(\{x\})}{\partial x_i} + \sqrt{2\varepsilon} b_i(t) \tag{9.170}$$

次に，これで得られた値 $x'_i(t+\varepsilon)$ と $x_i(t)$ を用いて，次式によって $x_i(t+\varepsilon)$ を決定するのである．

$$x_i(t+\varepsilon) = x_i(t) - \frac{\varepsilon}{2}\left(\left.\frac{\partial V(\{x\})}{\partial x_i}\right|_{\{x_i(t)\}} + \left.\frac{\partial V(\{x\})}{\partial x_i}\right|_{\{x'_i(t+\varepsilon)\}}\right) + \sqrt{2\varepsilon} b_i(t) \tag{9.171}$$

たとえば，$V(x) = x^2/2$ という簡単な場合を考えると，一時的な更新値 (9.170) は

$$x'(t+\varepsilon) = x(t) - \varepsilon x(t) + \sqrt{2\varepsilon} b(t) \tag{9.172}$$

であり，最終的な更新値 (9.171) は

$$\begin{aligned}
x(t+\varepsilon) &= x(t) - \frac{\varepsilon}{2}\left(\left.\frac{\partial V(\{x\})}{\partial x}\right|_{\{x(t)\}} + \left.\frac{\partial V(\{x\})}{\partial x}\right|_{\{x'(t+\varepsilon)\}}\right) + \sqrt{2\varepsilon} b(t) \\
&= x(t) - \frac{\varepsilon}{2}\left(x(t) + x'(t+\varepsilon)\right) + \sqrt{2\varepsilon} b(t) \\
&= x(t) - \varepsilon\left(1 - \frac{\varepsilon}{2}\right)x(t) + \sqrt{2\varepsilon}\left(1 - \frac{\varepsilon}{2}\right) b(t)
\end{aligned} \tag{9.173}$$

と得られる．一般に，確率微分方程式に対してルンゲ–クッタ法は比較的簡単ではある．ただし，上のように結果が非常に簡単な形になるのは，ポテンシャルが2次式である特別な場合に対してだけである．

以下に重要な三つの注意点を順に述べることにする．第1に，式 (9.170) と (9.171) では同じ乱数 $b_i(t)$ を用いなければならないという点である．これは，誤差を $\mathcal{O}(\varepsilon^2)$ のオーダーに保つために必要であるが，新たに乱数を生成させなくてよいので，その分計算時間を増やさなくてよいという利点にもなっている．第2番目の注意点は，ルンゲ–クッタ法では，オイラー法のときとは異なり，$-\sqrt{3}$ と $\sqrt{3}$ の間の一様乱数を用いて乱数を発生させたのでは，誤差を $\mathcal{O}(\varepsilon^2)$ のオーダーに保てないということである．このアルゴリズムで誤差が $\mathcal{O}(\varepsilon^2)$ であることを保障するには，乱数の4次のモーメントに関する条件も満たすようにしなければならないのである．すべての条件を満たすようにするには，ガウス型乱数生成法を用いるのが一番簡単である．第3番目の注意点は，このアルゴリズムはオイラー法による更新を2回反復するのとは異なるということである．

オイラー法を 2 回反復しても誤差は $\mathcal{O}(\varepsilon)$ のオーダーであり，2 次のルンゲ–クッタ法のように誤差を $\mathcal{O}(\varepsilon^2)$ にすることはできない．このことは，式 (9.170) と (9.171) を用いて式 (9.145) を導くという計算を実際にしてみるとよくわかるであろう [12, 52]．誤差のふるまいを数値的に調べてみることは，よい演習問題になる．より高次のルンゲ–クッタ法による離散化も可能であるが，手順は大変複雑になってしまう[†10]．

数値積分の安定性について最後に一つコメントをしておく．a を定数としてポテンシャルが $V(x) = ax^2/2$ である場合の 1 変数ランジュバン方程式をオイラー法 (9.164) で離散化した場合を考えることにする[*21]．この方程式を n 回反復して用いると，$(1 - \varepsilon a)^n$ という項が現れる．明らかに，結果が収束するためには $\varepsilon a < 1$ でなければならない．この結果は，多変数の場合でポテンシャルが $V(\{x_i\}) = \sum_{ij} x_i M_{ij} x_j / 2$ の形である場合に，次のように拡張できる．この場合，計算が収束して解が安定して求められるための条件は，行列 M の最大固有値を $\lambda_{\max}$ としたとき，$\varepsilon \lambda_{\max} < 1$ で与えられることになる．したがって，時間ステップの間隔は最大固有値，すなわちもっとも速いモードによって制限されることが示されたことになる．他方，9.5.2 項の最後で見たように，緩和時間はもっとも低い励起状態，いいかえれば（零でない）最小の固有値 $\lambda_{\min}$ で定められるのであった．つまり，緩和時間は $\tau \sim \lambda_{\min}^{-1}$ であるのに対して，時間ステップは $\varepsilon \sim \lambda_{\max}^{-1}$ である．したがって，配置の初期条件依存性をなくすために必要な反復数は

$$n_{\text{corr}} \sim \lambda_{\max}/\lambda_{\min} \tag{9.174}$$

となる．このため，n_{corr} は実際には非常に大きな数になってしまうことになる．$\lambda_{\max}/\lambda_{\min} \gg 1$ であるとき，行列 M は劣条件であるという．これは，第 7 章で議論した臨界緩和現象の一例にもなっている．

ランジュバン方程式の定常解だけに興味があり，そこへの緩和過程は調べる必要がない場合には，ダイナミクスを変えることにより行列 M をあらかじめ修正して，収束性を大幅に高めることが可能である．この話題は参考文献 [12] を参照せよ．

9.7 基 本 課 題

9.7.1 線形応答：強制調和振動子の例

1. 質量 m，減衰率 γ の 1 次元強制調和振動子を考える．振動子の位置 x は次の微分方程式を満たす．

$$\ddot{x} + \gamma \dot{x} + \omega_0^2 x = \frac{f(t)}{m}$$

この系の動的感受率 $\chi(t)$ は

[†10] 高次シンプレクテック積分子法，すなわち高次指数積公式（いわゆる鈴木の漸化公式）を用いると便利である．詳しくは訳者追加文献 a) 参照．（訳者注）

[*21] ここではオイラー法に基づき議論をしているが，結論は一般的であり，ルンゲ–クッタ法を用いた場合にも適用できる．

$$x(t) = \int dt' \, \chi(t-t') f(t')$$

で定義される．$\chi(t)$ のフーリエ変換が

$$\chi(\omega) = \frac{1}{m[-\omega^2 - i\omega\gamma + \omega_0^2]}$$

で与えられることを示せ．$\chi''(\omega)$ を書き下せ．複素 ω 平面で $\chi(\omega)$ の二つの極 $\omega_\pm$ の位置を定めよ．そして，運動を議論する際には，$\gamma < 2\omega_0$ の場合と $\gamma > 2\omega_0$ の場合に分けて考えなければならないことを示せ．$\gamma = 2\omega_0$ の場合は臨界減衰とよばれ，$\gamma > 2\omega_0$ のときは過減衰であるという．

2. 静的感受率 χ

$$\chi = \lim_{\omega \to 0} \chi(\omega) = \frac{1}{m\omega_0^2}$$

を求め，過減衰の場合には

$$\chi(\omega) = \frac{1}{m} \frac{1}{\omega_0^2 - i\omega\gamma} = \frac{\chi}{1 - i\omega\tau} \qquad \tau = \frac{\gamma}{\omega_0^2} \tag{9.175}$$

と書けることを示せ．$\chi''(\omega)$ を書き下せ．抵抗が大きい極限では慣性運動は無視できることに注意せよ．

3. 振動子に外力が単位時間あたりになす仕事は

$$\frac{dW}{dt} = f(t)\dot{x}(t)$$

である．外力 $f(t)$ が

$$f(t) = \text{Re}\left(f_\omega e^{-i\omega t}\right) = \frac{1}{2}\left(f_\omega e^{-i\omega t} + f_\omega^* e^{i\omega t}\right)$$

という周期関数であるときには，仕事率 dW/dt を $T \gg \omega^{-1}$ にわたって時間平均すると

$$\left\langle \frac{dW}{dt} \right\rangle_T = \frac{1}{2}\omega |f_\omega|^2 \int_0^\infty dt\, \chi(t) \sin\omega t$$

となることを示せ．$\chi(t) = 2i\theta(t)\chi''(t)$ であり，$\chi''(t) = -\chi''(-t)$ であることを確認し，上の式から

$$\left\langle \frac{dW}{dt} \right\rangle_T = \frac{1}{2}\omega |f_\omega|^2 \chi''(\omega) \tag{9.176}$$

を導け．

9.7.2 ブラウン粒子にかかる外力

流体中の質量 M のブラウン粒子を考える．流体分子の質量を m として，$m \ll M$ の状況を仮定する．また，流体に対するブラウン粒子の速度を $\vec{v}$ と書く．ブラウン粒子

が平均的には静止している慣性系におけるハミルトニアンは

$$\mathscr{H}_1 = \sum_{i=1}^{N} \frac{1}{2} m(\vec{v}_i - \vec{v})^2 + \text{ポテンシャルエネルギー}$$

である．ここで，$\vec{v}_i$ は i 番目の流体分子の速度である．力学変数 $\vec{\mathcal{A}}$ を

$$\vec{\mathcal{A}} = m \sum_{i=1}^{N} \vec{v}_i$$

で定義する．線形近似では摂動は $\mathcal{V} = -\vec{\mathcal{A}} \cdot \vec{v}$ で与えられる．線形応答理論を用いて $\mathrm{d}\delta\vec{\mathcal{A}}/\mathrm{d}t$ を計算せよ．また，粘性係数 α が

$$\alpha = \frac{1}{3kT} \int_0^\infty \mathrm{d}t \, \langle \vec{F}(t) \cdot \vec{F}(0) \rangle$$

で与えられることを示せ．ここで $\vec{F}$ は，流体中で平均的には静止しているブラウン粒子にかかる力である．

9.7.3 グリーン–久保公式

公式

$$D\chi = \lim_{\omega \to 0} \lim_{k \to 0} \frac{\omega}{k^2} \chi''(k, \omega)$$

より，拡散係数は次の公式で与えられることを示せ．

$$D\chi = \frac{\beta}{3} \int_0^\infty \mathrm{d}t \int \mathrm{d}^3 r \, \langle \vec{j}(t, \vec{r}) \cdot \vec{j}(0, \vec{0}) \rangle$$

この公式は，グリーン–久保公式とよばれる．

ヒント
 (i) 回転不変性より，$l, m = x, y, z$ としたとき，適当な関数 H と K を用いて

$$\int \mathrm{d}^3 r \, \mathrm{e}^{-i\vec{k}\cdot\vec{r}} \langle \vec{\nabla} \cdot \vec{j}(t, \vec{r}) \, \vec{\nabla} \cdot \vec{j}(0, \vec{0}) \rangle = \sum_{l,m} k_l k_m \Big(H(t, k^2) \delta_{lm} + K(t, k^2) k_l k_m \Big)$$

と表せることを示せ．
 (ii) 次の極限を調べよ．

$$\lim_{\omega \to 0} \lim_{k \to 0} \frac{1}{3} \int_{-\infty}^{\infty} \mathrm{d}t \, \mathrm{e}^{i\omega t} \int \mathrm{d}^3 r \, \mathrm{e}^{-i\vec{k}\cdot\vec{r}} \langle \vec{j}(t, \vec{r}) \cdot \vec{j}(0, \vec{0}) \rangle$$

9.7.4 森のスカラー積

1. 二つの演算子 A, B と密度演算子 ρ に対して, スカラー積を

$$\langle \mathsf{B}; \mathsf{A} \rangle_\rho = \int_0^1 dx \, \mathrm{Tr}\left[\mathsf{B}\,\rho^x\, \mathsf{A}^\dagger\, \rho^{1-x} \right]$$

と定義する. このスカラー積はエルミートスカラー積, すなわち B に対しては線形, A に対しては反線形であり,

$$\langle \mathsf{A}; \mathsf{B} \rangle_\rho = \langle \mathsf{B}; \mathsf{A} \rangle_\rho^*$$

が成り立つことを示せ.
〔ヒント〕$[\mathrm{Tr}(ABC)]^* = \mathrm{Tr}(C^\dagger B^\dagger A^\dagger)$ である.
さらに, $\langle \mathsf{A}; \mathsf{A} \rangle_\rho \geq 0$ であることと, $\langle \mathsf{A}; \mathsf{A} \rangle_\rho = 0$ ならば $\mathsf{A} = 0$ であることを示せ. この二つの結果より, 森のスカラー積は半正定値であることになる.

2. $\mathcal{L}$ は森のスカラー積に対してエルミート演算子であること, すなわち

$$\langle \mathsf{A}; \mathcal{L}\mathsf{B} \rangle = \langle \mathcal{L}\mathsf{A}; \mathsf{B} \rangle$$

が成り立つことを示せ.
〔ヒント〕まず

$$\langle \mathsf{A}; \mathcal{L}\mathsf{B} \rangle = \frac{1}{\beta} \langle [\mathsf{A}, \mathsf{B}] \rangle \tag{9.177}$$

を導け.

3.
$$\langle \mathsf{A}_i; \dot{\mathsf{A}}_j \rangle = -\varepsilon_i \varepsilon_j \langle \mathsf{A}_i; \dot{\mathsf{A}}_j \rangle \tag{9.178}$$

を示せ. ただしここで, ε_i と ε_j はそれぞれ A_i と A_j の時間反転に対するパリティである.

9.7.5 χ''_{ij} の対称性

1. エルミート演算子の集合 $\{\mathsf{A}_i\}$ に対して, 次の対称性が成り立つことを示せ.
   (i) 時間並進不変性より

$$\chi''_{ij}(t) = -\chi''_{ji}(-t) \quad \text{または} \quad \chi''_{ij}(\omega) = -\chi''_{ji}(-\omega)$$

   が成り立つ.
   (ii) 演算子 A_i のエルミート性より

$$\chi''^*_{ij}(t) = -\chi''_{ij}(t) \quad \text{または} \quad \chi''^*_{ij}(\omega) = -\chi''_{ij}(-\omega)$$

   が成り立つ.

(iii) 時間反転不変性より

$$\chi''_{ij}(t) = -\varepsilon_i \varepsilon_j \chi''_{ij}(-t) \quad \text{または} \quad \chi''_{ij}(\omega) = -\varepsilon_i \varepsilon_j \chi''_{ij}(-\omega)$$

が成り立つ．ここで，ε_i と ε_j はそれぞれ A_i と A_j の時間反転に対するパリティである．(i) と (ii) より $(\chi''_{ij}(\omega))^* = \chi''_{ji}(\omega)$ であることを示せ．

〔(iii) に対するヒント〕$\mathscr{H}$ が時間反転で不変であり，$\Theta \mathscr{H} \Theta^{-1} = \mathscr{H}$ であるならば，二つの演算子 $\mathsf{A}_i, \mathsf{A}_j$ に対して

$$\langle \mathsf{A}_i(t) \mathsf{A}_j(0) \rangle = \varepsilon_i \varepsilon_j \langle \mathsf{A}_j^\dagger(0) \mathsf{A}_i^\dagger(-t) \rangle$$

が成り立つことを示せ．ここで，$\mathscr{H}|n\rangle = E_n|n\rangle$ ならば，$|\tilde{n}\rangle = \Theta|n\rangle$ も $\mathscr{H}$ の固有ベクトルであり

$$\mathscr{H}|\tilde{n}\rangle = E_n|\tilde{n}\rangle$$

が成り立つことに注意せよ．

2. エルミートとはかぎらない二つの演算子 A, B に対して

$$\chi''_{AB}(t) = \frac{1}{2} \langle [\mathsf{A}(t), \mathsf{B}^\dagger(0)] \rangle \tag{9.179}$$

と定義する．以下の対称性を示せ．

(i) 時間並進不変性より

$$\chi''^{*}_{AB}(t) = -\chi''_{B^\dagger A^\dagger}(-t)$$

が成り立つ．

(ii) エルミート共役性より

$$\chi''_{AB}(t) = -\chi''_{A^\dagger B^\dagger}(t)$$

が成り立つ．

(iii) 時間反転不変性より

$$\chi''_{AB}(t) = -\varepsilon_A \varepsilon_B \chi''_{A^\dagger B^\dagger}(-t) = \varepsilon_A \varepsilon_B \chi''_{B^\dagger A^\dagger}(t)$$

が成り立つ．

9.7.6 散　　逸

$$\left\langle \frac{dW}{dt} \right\rangle_T = \frac{1}{2} \sum_{i,j} f_i^{\omega *} \omega \chi''_{ij}(\omega) f_j^\omega$$

を証明せよ．
〔ヒント〕式 (9.13) は次の形に書ける．

$$\overline{\delta \mathsf{A}_i}(t) = \int dt' \, \chi_{ij}(t') f_j(t - t')$$

これを $[0,T]$ の時間区間（ただし $T \gg \omega^{-1}$ とする）について t で積分せよ. $\chi''_{ij}(t) = -\chi''_{ji}(-t)$ に注意すること. さらに, $\omega\chi''_{ij}(\omega)$ は正定値行列であることを示せ. 〔ヒント〕次の量を調べよ.

$$\sum_{i,j} \int_0^T dt\, dt'\, a_i e^{i\omega t} a_j^* e^{-i\omega t'} \langle \mathsf{A}_i(t)\mathsf{A}_j(t') \rangle$$

9.7.7 量子系における f 総和則の証明

質量 m の N 粒子系に対して，粒子数密度演算子 n を

$$\mathsf{n}(\vec{r}) = \sum_{\alpha=1}^{N} \delta(\vec{r} - \vec{\mathsf{r}}^{\alpha})$$

と定義し，また粒子流密度演算子を（$i = x, y, z$ に対して）

$$\mathsf{j}_i(\vec{r}) = \sum_{\alpha=1}^{N} \frac{\mathsf{p}_i^{\alpha}}{m} \delta(\vec{r} - \vec{\mathsf{r}}^{\alpha})$$

と定義する．より正確には，上記の定義の右辺は対称化しておくべきである．ここで，$\vec{\mathsf{r}}^{\alpha}$ と $\vec{\mathsf{p}}^{\alpha}$ は粒子 α の位置と運動量演算子であり，$\hbar = 1$ としたときの交換関係

$$[\mathsf{x}_i^{\alpha}, \mathsf{p}_j^{\beta}] = i\delta_{ij}\delta_{\alpha\beta} I$$

を満たすものである.

1. 総和則 (9.79) は次の形に書き直せることを示せ.

$$\int \frac{d\omega}{\pi} \omega \chi''_{nn}(\vec{r}, \vec{r}';\omega) = -i\nabla_x \cdot \langle [\vec{\mathsf{j}}(\vec{r}), \mathsf{n}(\vec{r}')] \rangle$$

2. 両辺のフーリエ変換をとり，たとえば粒子数密度に対しては

$$\mathsf{n}(\vec{q}) = \sum_{\alpha=1}^{N} \exp(i\vec{q} \cdot \vec{\mathsf{r}}^{\alpha})$$

となることを確認せよ.

3. 交換子を計算せよ．1 変数の場合には

$$[\mathsf{p}, \exp(i q \mathsf{x})] = -i\frac{\partial}{\partial x}\exp(i q \mathsf{x}) = q\exp(i q \mathsf{x})$$

である．

9.7.8 ブラウン粒子の拡散運動

1. $I(T)$ を次の積分とする．

$$I(T) = \int_{-T/2}^{T/2} dt_1 \int_{-T/2}^{T/2} dt_2 \, g(t)$$

ここで，$g(t)$ は $t = t_1 - t_2$ だけに依存する関数である.

$$I(T) = T \int_{-T}^{+T} dt \, g(t) \left(1 - \frac{|t|}{T}\right) \tag{9.180}$$

が成り立つことを示せ．関数 $g(t)$ が時間スケール $\tau \ll T$ では急速に減少する関数である場合には，この第2項は無視できる．応用として次が導かれる．

$$\int_{-T/2}^{T/2} dt_1 \int_{-T/2}^{T/2} dt_2 \, e^{-|t|/\tau} = 2T \left[\tau\left(1 - \frac{\tau}{T}\right) + \frac{\tau^2}{T} e^{-T/\tau}\right] \tag{9.181}$$

2. 式 (9.112) で与えられている平衡状態での速度の自己相関関数 $C_{vv}^{\text{eq}}(t)$ を用いて，次を計算せよ．

$$\langle (\Delta X(t))^2 \rangle = \langle (X(t) - x(0))^2 \rangle$$

また，$t \gg 1/\gamma$ では

$$\langle (\Delta X(t))^2 \rangle = 2Dt$$

という拡散的なふるまいが得られることを示せ．

9.7.9 摩擦が大きい極限：調和振動子

基本課題 9.7.1 で扱った強制調和振動子を再び考えることにする．

$$\ddot{X} + \gamma \dot{X} + \omega_0^2 X = \frac{F(t)}{m}$$

ただしここでは，外力 $F(t)$ は定常的な揺動力であるとする．次式のように，位置の自己相関関数を C_{xx} とし，運動量の自己相関関数を C_{pp} とする．

$$C_{xx}(t) = \overline{X(t'+t)X(t')}$$
$$C_{pp}(t) = \overline{P(t'+t)P(t')}$$

また，$C_{xx}(t)$ と $C_{pp}(t)$ の特性時間をそれぞれ τ_x, τ_p と書くことにする.

1. 研究課題 9.8.1 で証明するウィーナー–ヒンチンの定理 (9.189) を用いて，$C_{xx}(t)$ のフーリエ変換 $C_{xx}(\omega)$ を外力の自己相関関数のフーリエ変換 $C_{FF}(\omega)$ の関数として計算せよ．$C_{FF}(t)$ が式 (9.125)，すなわち

$$C_{FF}(t) = \overline{F(t'+t)F(t')} = 2A\delta(t)$$

で与えられているときには,

$$C_{xx}(\omega) = \frac{1}{m^2} \frac{2A}{(\omega^2 - \omega_0^2)^2 + \gamma^2 \omega^2} \tag{9.182}$$

であることを示せ．

2. 摩擦が大きい極限では $\gamma \gg \omega_0$ である．この極限での $C_{pp}(\omega)$ の定性的なふるまいを述べよ．曲線の幅は $\simeq \omega_0^2/\gamma$ であることを示し，τ_x を評価せよ．
3. $C_{xx}(\omega)$ と $C_{pp}(\omega)$ との関係を述べよ．摩擦が大きい極限での $C_{pp}(\omega)$ の定性的なふるまいを述べ，その幅を定めよ．この幅より $\tau_p \simeq 1/\gamma$ であることを導き，$\tau_x \gg \tau_p$ を示せ．この結果の物理的な意味を述べよ．
4. 摩擦の大きな極限を考えると，運動方程式中の慣性項 $\ddot{X}$ は無視できる．このとき $\dot{X}$ と τ に対する方程式はオルンシュタイン–ウーレンベック方程式になることを示せ．

9.7.10　グリーン関数の方法

$G(t)$ を減衰調和振動子の遅延グリーン関数とする（$t < 0$ では $G(t) = 0$）．

$$\left(\frac{d^2}{dt^2} + \gamma \frac{d}{dt} + \omega_0^2\right) G(t) = \delta(t)$$

$\gamma < 2\omega_0$ ならば，

$$G(t) = \frac{\theta(t)}{\omega_1} e^{-\gamma t/2} \sin \omega_1 t \qquad \omega_1 = \frac{1}{2}(4\omega_0^2 - \gamma^2)^{1/2}$$

であることを示せ．ここで $\theta(t)$ は階段関数である．次の確率微分方程式を満たす確率変数 $X(t)$ を初期値 $x(0)$，初速度 $\dot{x}(0)$ のもとで求めたい．

$$\left(\frac{d^2}{dt^2} + \gamma \frac{d}{dt} + \omega_0^2\right) X(t) = b(t)$$

ただしここで，$b(t)$ は

$$\overline{b(t)b(t')} = \frac{2A}{m^2} \delta(t - t')$$

を満たす揺動力である．同じ初期値 $x(0)$ と 初速度 $\dot{x}(0)$ のもとでの斉次な方程式の解を $x_0(t)$ としたとき，

$$X(t) - x_0(t) = Y(t) = \int_0^t dt' \, G(t - t') b(t')$$

が成り立つことを示せ．$x_0(t)$ の特性減衰時間を与えよ．$t \gg 1/\gamma$ に対して $\overline{Y(t)Y(t+\tau)}$ は

$$\overline{Y(t)Y(t+\tau)} \simeq \frac{A e^{-\gamma \tau/2}}{\gamma \omega_0^2} \left[\cos \omega_1 t + \frac{\gamma}{2\omega_1} \sin \omega_1 t\right]$$

となることを示せ．

9.7.11 フォッカー–プランク方程式のモーメント

N 成分の確率変数 $\vec{X}(t) = (X_1(t), \cdots, X_N(t))$ のとる数値を $\vec{x} = (x_1, \cdots, x_N)$ と書くことにする．この多変数確率分布関数を $P(\vec{x}, t)$ とし，これがフォッカー–プランク方程式

$$\frac{\partial P}{\partial t} = -\sum_{i=1}^{N} \frac{\partial}{\partial x_i}\Big[A_i(\vec{x})P\Big] + \sum_{i,j=1}^{N} \frac{\partial^2}{\partial x_i \partial x_j}\Big[D_{ij}(\vec{x})P\Big] \tag{9.183}$$

に従うとする．$\Delta X_i = X_i(t+\varepsilon) - x_i(t)$ と定義したとき，

$$\begin{aligned}\lim_{\varepsilon \to 0} \frac{1}{\varepsilon} \overline{\Delta X_i} &= A_i(\vec{x}) \\ \lim_{\varepsilon \to 0} \frac{1}{\varepsilon} \overline{\Delta X_i \Delta X_j} &= 2D_{ij}(\vec{x})\end{aligned} \tag{9.184}$$

であることを示せ．

[ヒント] 部分積分をせよ．

また，D_{ij} が $\vec{x}$ に依存していないときに，対応するランジュバン方程式を求めよ．

9.7.12 後退速度

ランジュバン方程式

$$\frac{dX}{dt} = a(X) + b(t) \qquad \overline{b(t)b(t')} = 2D\delta(t-t')$$

における，前進速度 v^+ を

$$v^+ = \lim_{\varepsilon \to 0} \frac{1}{\varepsilon} \overline{X(t+\varepsilon) - x} = a(x)$$

とする．いま，時刻 t での粒子の位置 x が与えられているもとのする．このとき，後退速度

$$v^- = \lim_{\varepsilon \to 0} \frac{1}{\varepsilon} \overline{x - X(t-\varepsilon)}$$

を知りたい．

$$v^- = v^+ - 2D \frac{\partial \ln P(x,t|x_0)}{\partial x}$$

が成り立つことを示せ．

[ヒント] $P(x,t|y,t-\varepsilon)$ を用いよ．この結果は，軌跡は微分可能ではないことを明示している．

9.7.13 ランジュバン方程式の数値積分

この基本課題では，9.6 節で議論したオイラー法とルンゲ–クッタ法をテストする．

1. ポテンシャル $V(x) = x^2/2$ に対して，オイラー近似 (9.166) の数値積分を実行する計算機プログラムを書け．プログラムを実行し，10^4 のオーダーの回数だけ反復したあと，10^6 回反復して次の計算をせよ．離散時間ステップ ε を $0.1 \leq \varepsilon \leq 0.5$

の範囲で変えて，$\langle x^2 \rangle$ の ε 依存性を調べよ．厳密解を解析的に計算して，その結果と比較せよ．計算時間を調べて，同じ精度で同じ物理的時間 $t = n\varepsilon$ (n は反復数) で比較すると，ルンゲ–クッタ法のほうがオイラー法よりもずっと効果的であることを確かめよ．

同じ比較を $V(x) = x^4/4$ に対して行え．この場合には，厳密解は得られないが，オイラー法でもルンゲ–クッタ法でも $\varepsilon \to 0$ で同じ結果に移行する様子が見られるであろう．この場合は $5 \times 10^{-3} \leq \varepsilon \leq 0.1$ の範囲でシミュレーションを行え．

〔注〕計算機シミュレーションは倍精度で行う必要がある．単精度で ε を小さくするとすぐに精度が失われるので注意せよ．

2. $V(x) = x^2/2$ の場合に，自己相関関数 $\langle x(t_0)x(t_0 + t) \rangle$ を計算し，これが指数関数的に減少することを確かめよ．$\varepsilon = 0.2$ としてルンゲ–クッタ法を用いよ．緩和時間も計算せよ．その結果は，フォッカー–プランク方程式から予想されるものと一致するか．厳密解と比較せよ．式 (9.151) と (9.153) を見よ．ただし，式 (9.153) では $E_0 = 0$ としたが，数値積分ではそうではないことに注意せよ．

この方法を用いて，$V(x) = x^4/4$ の場合に $E_0 - E_1$ を計算してみよ．このときには ε を 0.01 以下にせよ．

9.7.14 準安定状態と脱出時間

この基本研究では，準安定状態（ポテンシャルの極小点）に落ち込んだ粒子のトンネル時間 τ を調べることにする．粒子の運動は，ランジュバン方程式

$$\frac{\mathrm{d}x(t)}{\mathrm{d}t} = -\frac{\partial V(x)}{\partial x} + \sqrt{T}b(t) \tag{9.185}$$

で記述されるものとする．ここでは，温度 T 依存性を明示することにする．ポテンシャルを

$$V(x) = (ax^2 - b)^2 \tag{9.186}$$

とする．これは $x = \pm\sqrt{b/a}$ にそれぞれ 2 重に縮退した二つの最小点をもち，第 4 章の 4.3.2 項の「ソンブレロ型ポテンシャル」で見たようなものである[†11]．外場 h を加えてポテンシャルを

$$V(x) = (ax^2 - b)^2 - hx \tag{9.187}$$

とすることによって，この縮退は解かれる．以後では $h > 0$ とする．この外場のために，$-\sqrt{a/b}$ での最小値は $+\sqrt{a/b}$ での最小値よりも大きくなり，またその位置も少しずつずれる．つまり，h が加えられると，もともとは $-\sqrt{a/b}$ にあった最小点は局所的な極小点にすぎなくなり，そこに束縛された粒子はトンネル効果によって，$x > 0$ に位

[†11] 不安定点 $x = 0$ からの時間発展を表すスケーリング解が鈴木によって導かれている．これは秩序生成のメカニズムを解明するプロトタイプになっている．詳しくは訳者追加文献 a) を参照．(訳者注)

置する大局的な最小点に移っていくことになる[*22]．このトンネル脱出時間を温度の関数として求めたい．

$a=1, b=1, h=0.3$ としてルンゲ–クッタ法による離散化を $\varepsilon=0.01$ として行い，この粒子の脱出の様子を調べよ．粒子が $x>0$ の領域に到達したら，局所的な極小状態から脱出したと判定する．$x>0$ にきたということは，エネルギー障壁の山を越えたということを意味するからである．

平均脱出時間を計算するために，粒子を $x=-1$ の位置におきルンゲ–クッタ反復法を実行する．粒子の位置が $x>0$ に達したところで反復を止め，それまでの反復の回数を記録する．これを，たとえば 5000 回反復して，脱出時間の平均値を計算すればよい[*23]．この操作によって，局所的な極小点に 5000 個の独立な粒子をおいて，そこから大局的な最小点に脱出して行く粒子の個数を数え上げたのと同じ結果が得られるはずである．

1. いくつかの温度，たとえば，$T=0.075, 0.08, 0.09, 0.1$ に対してそれぞれ別々に脱出時間の頻度グラフを作れ．得られた頻度グラフから，局所的な極小点の粒子分布の時間依存性の形を予想せよ．これらの各温度に対して平均脱出時間を計算し，頻度グラフを $\exp(-t/\tau)$ の関数形でフィットしてみよ．

2. $0.075 \leq T \leq 0.5$ の各温度に対して τ を求め，τ を T に対してプロットしてみよ．数値的な結果を理論式

$$\tau = \frac{2\pi}{\sqrt{V''(x_A)|V''(x_B)|}} e^{(V(x_B)-V(x_A))/T} \tag{9.188}$$

と比較せよ[*24]．ここで，$V''(x)$ はポテンシャルの 2 階微分であり，$x_A<0$ は局所的な極小点の位置（したがって $V'(x_A)=0$ である）を表す．また，x_B は二つの極小点を分離するエネルギー障壁のピークの位置であり，$V'(x_B)=0$ である．低温と高温のどちらのほうが理論式とよく一致するか．どの温度で最も合わなくなるか．

脱出速度 τ の定義は，局所的な極小点において系が局所平衡状態に落ち着くのに要する時間よりも，τ がずっと大きいという暗黙の仮定のもとに与えられていた．しかし，粒子系の温度が高くなると，熱エネルギーがポテンシャルのエネルギー障壁の値に近くなってしまい，この仮定が正しくなくなる．したがって，高温では理論とシミュレーションとが一致しなくなるのである．

[*22] 十分時間が過ぎると，この粒子は再び局所的な極小点にトンネル効果によって戻り，しばらくそこに滞在したあと，再びそこから脱出する．
[*23] いつも同じ初期位置からスタートしてはいるが，用いる乱数列を毎回違えてやることによって，粒子の実現する経路を毎回変えるようにする．
[*24] たとえば van Kampen [119] の第 XI 章を見よ．

9.8 研 究 課 題

9.8.1 浮遊粒子による非弾性光散乱

この研究課題では古典近似で問題を扱うことにする．光が分極媒質中を通過すると媒質は分極し，これが副次的な電磁場の発生源となる．この分極応答を時間と空間に依存しない成分 ε とそこからのゆらぎ $\delta\varepsilon(\vec{r},t)$ とに分けて考えることにする．すなわち，分極ベクトルを

$$\vec{P} = \varepsilon_0(\varepsilon - 1)\vec{E}(\vec{r},t) + \delta\vec{P}(\vec{r},t)$$

と書く．ここで ε_0 は真空の誘電率であり，$\vec{E}(\vec{r},t)$ は電場である．

1. φ を静電ポテンシャルとして

$$\frac{\varepsilon}{c^2}\frac{\partial \varphi}{\partial t} + \vec{\nabla}\cdot\vec{A} = 0$$

で定まるゲージをとると，ベクトルポテンシャル $\vec{A}$ は

$$\nabla^2 \vec{A} - \frac{\varepsilon}{c^2}\frac{\partial^2 \vec{A}}{\partial t^2} = -\frac{1}{\varepsilon_0 c^2}\frac{\partial \delta\vec{P}}{\partial t}$$

を満たすことを示せ．これに対応する φ の方程式を与えよ．$c/\sqrt{\varepsilon}$ は媒質中の光速であることに注意せよ．

2. 次式を満たすベクトル（ヘルツベクトル）$\vec{Z}$ を用いると便利である．

$$\varphi = -\vec{\nabla}\cdot\vec{Z} \qquad \vec{A} = \frac{\varepsilon}{c^2}\frac{\partial \vec{Z}}{\partial t}$$

$\delta\vec{P}$ の関数として，$\vec{Z}$ が満たすべき偏微分方程式を書け．$\vec{E}$ を $\vec{Z}$ の関数として求めよ．

3. 位置 $\vec{r}'$ における周波数 ω の揺動 $\delta\vec{P}$ によって波が散乱されるとすると，$r = |\vec{r}| \gg |\vec{r}'|$ である位置 $\vec{r}$ においては

$$\vec{Z}(\vec{r},\omega) \simeq \frac{1}{4\pi\varepsilon_0\varepsilon}\frac{e^{ikr}}{r}\int d^3r'\, e^{-i\vec{k}\cdot\vec{r}'}\delta\vec{P}(\vec{r}',\omega)$$

となることを示せ（配置については図 9.4 を参照せよ）．この式において，$\vec{k} = k\hat{r}$ （ただし $\hat{r} = \vec{r}/r$）は散乱光の波数ベクトルであり，その大きさは $k = \omega\sqrt{\varepsilon}/c$ である．この式から，散乱電場は

$$\vec{E}(\vec{r},\omega) \simeq \frac{\omega^2}{4\pi\varepsilon_0 c^2}\frac{e^{ikr}}{r}\int d^3r'\, e^{-i\vec{k}\cdot\vec{r}'}\hat{k}\times(\delta\vec{P}(\vec{r}',\omega)\times\hat{k})$$

となることを導け．

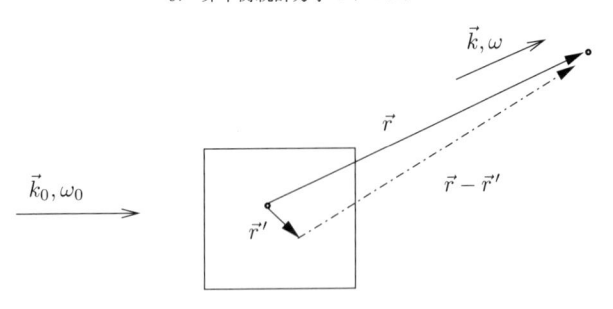

図 9.4 散乱における配置図

4. 次の誘導に従って，ウィーナー–ヒンチンの定理を証明せよ．$X(t)$ を定常的な確率変数として，$X_T(t)$ を次で定義する．

$$X_T(t) = X(t) \quad (-T \leq t \leq T \text{のとき}) \qquad X_T(t) = 0 \quad (\text{それ以外})$$

ここで，時間間隔 T は系の特徴的な時間よりもずっと長いものとする．すると

$$\boxed{\langle X_T(\omega) X_T^*(\omega) \rangle \simeq T S_T(\omega)} \tag{9.189}$$

が成り立つ．ただし，$S_T(\omega)$ は $X_T(T)$ の自己相関関数をフーリエ変換したものであり

$$\boxed{S_T(\omega) = \int dt\, e^{i\omega t} \langle X_T(t) X_T^*(0) \rangle} \tag{9.190}$$

で与えられる．
〔ヒント〕式 (9.180) を用いよ．以下では記述を簡単にするため下つき添え字 T を省略することにする．

5. 流体中を浮遊する微小粒子による光散乱を考える．入射する電場

$$\vec{E}(\vec{r}, t) = \vec{E}_0\, e^{i(\vec{k}_0 \cdot \vec{r} - \omega_0 t)}$$

に対して，媒質の分極の揺動 $\delta \vec{P}(\vec{r}, t)$ は

$$\delta \vec{P}(\vec{r}, t) = \alpha \varepsilon_0 \delta n(\vec{r}, t) \vec{E}_0 e^{i(\vec{k}_0 \cdot \vec{r} - \omega_0 t)}$$

で与えられる．ここで ε_0 は真空の誘電率，α は浮遊粒子の分極率と流体の誘電率との差，また $\delta n(\vec{r}, t)$ は粒子数密度のゆらぎを表す．この問題と，9.1.4 項で扱ったスピン拡散の問題との類似性に気がつくであろう．スピン拡散の問題で磁化密度に共役な磁場が果たした役割を，この問題では粒子数密度に共役な化学ポテンシャルが果たすことになる．

輻射エネルギーの仕事率の，立体角 $d\Omega$ と振動数領域 $d\omega$ あたりの値は

$$\frac{\mathrm{d}\mathcal{P}}{\mathrm{d}\Omega\,\mathrm{d}\omega} = \frac{\varepsilon_0 c}{(4\pi\varepsilon_0)^2}\left(\frac{\omega}{c}\right)^4 \frac{1}{2\pi T}(\hat{e}_0 \times \hat{k})^2 \langle \delta\vec{P}(\vec{k},\omega) \cdot \delta\vec{P}^*(\vec{k},\omega)\rangle$$

で与えられることを示せ．ここで $\hat{e}_0 = \vec{E}_0/E_0$ であり，Ω は波数ベクトル $\vec{k}$ の立体角である．

6.
$$\delta\vec{P}(\vec{k},\omega) = \alpha\varepsilon_0 \vec{E}_0\, \delta n(\vec{k}-\vec{k}_0, \omega-\omega_0)$$

を示し，単位体積の標的に対して

$$\frac{\mathrm{d}\mathcal{P}}{\mathrm{d}\Omega\,\mathrm{d}\omega} = \frac{\varepsilon_0 c}{32\pi^3}\left(\frac{\omega}{c}\right)^4 (\hat{e}_0 \times \hat{k})^2\, \alpha^2 \vec{E}_0^2\, S_{nn}(\vec{k}',\omega')$$

であることを導け．ここで $\vec{k}' = \vec{k} - \vec{k}_0$，$\omega' = \omega - \omega_0$ であり，$S_{nn}(\vec{r},t)$ は密度の自己相関関数

$$S_{nn}(\vec{r},t) = \langle \delta n(\vec{r},t)\delta n(\vec{0},0)\rangle$$

である．

7. $S_{nn}(\vec{k}',\omega')$ として，次の表式を考える．

$$S_{nn}(\vec{k}',\omega') = \frac{2}{\beta}\chi(\vec{k}')\frac{Dk'^2}{\omega'^2 + (Dk'^2)^2}$$

ここで D は流体中の粒子の拡散係数であり，$\chi(\vec{k}')$ は静的感受率 $\chi(\vec{r}-\vec{r}') = \delta n(\vec{r})/\delta\mu(\vec{r}')$ のフーリエ変換である．9.1.4 項を参考にして，この表式が正しいことを説明せよ．

8. $r^2\langle \vec{E}(\vec{r},\omega)\cdot\vec{E}^*(\vec{r},\omega)\rangle$ は，実際には $\vec{k}'$ と ω の関数であることを考慮して，$\vec{\mathcal{E}}(\vec{r},t) = r\vec{E}(\vec{r},t)$ と定義し，この時間自己相関関数として $S_{EE}(\vec{k}',\omega)$ を次のように定義する

$$S_{EE}(\vec{k}',\omega) = \int \mathrm{d}t\, \mathrm{e}^{\mathrm{i}\omega t}\langle \vec{\mathcal{E}}(\vec{r},t)\cdot\vec{\mathcal{E}}^*(\vec{r},0)\rangle$$

このとき，

$$S_{EE}(\vec{k}',\omega) = A\frac{2Dk'^2}{(\omega-\omega_0)^2 + (Dk'^2)^2}$$

であることを示し係数 A を定めよ．また，$\langle \vec{\mathcal{E}}(\vec{r},t)\cdot\vec{\mathcal{E}}^*(\vec{r},0)\rangle$ の値を求めよ．ここで，

$$\int \mathrm{d}t\, \mathrm{e}^{\mathrm{i}\omega t - \gamma|t|} = \frac{2\gamma}{\omega^2 + \gamma^2}$$

であることを用いよ．また，$\omega' \ll \omega_0$ では $A(\omega) \simeq A(\omega_0)$ であることに注意せよ．

9. $\mathrm{d}\mathcal{P}/\mathrm{d}\Omega\mathrm{d}\omega$ のかわりに，実験では散乱強度 $r^2 I(\vec{r},t) = \vec{\mathcal{E}}(\vec{r},t)\cdot\vec{\mathcal{E}}^*(\vec{r},t)$ の相関関数 $S_{II}(\vec{k}',\omega)$ を測定する．これは，散乱強度 $r^2 I(\vec{r},t)$ の空間座標に関するフーリエ変換を $\mathcal{I}(\vec{k}',t)$ したとき

$$S_{II}(\vec{k}',\omega) = \int \mathrm{d}t\, e^{i\omega t} \langle \mathcal{I}(\vec{k}',t)\mathcal{I}(\vec{k}',0)\rangle$$

で与えられる．$\vec{E}(\vec{r},t)$ がガウス過程であると仮定すると，$S_{II}(\vec{k}',\omega)$ は

$$2\pi\delta(\omega) + \frac{4Dk'^2}{\omega^2 + (2Dk'^2)^2}$$

に比例することを示せ．$Dk'^2 \simeq 500\text{ Hz}$ であることに注意して，$S_{EE}(\vec{k}',\omega)$ よりも $S_{II}(\vec{k}',\omega)$ のほうが測定しやすいことを説明せよ．

9.8.2 単純流体による光散乱

 静的な平衡状態に近い状態にある単純流体を考える．6.3 節と同じく，平衡状態での粒子数密度，エネルギー密度および運動量密度をそれぞれ $n, \varepsilon, \vec{g}$ で表す（$\vec{g}=0$ である）．9.1 節と同様に，$t=0$ で系が非平衡状態におかれ，$t>0$ で平衡状態に緩和する過程を調べることにする．以下の課題では久保関数を計算し，これから流体による光散乱を記述する動的構造因子を導く．それぞれの密度関数の平衡状態からのずれ（ゆらぎ）を，$\bar{n}(\vec{r},t), \bar{\varepsilon}(\vec{r},t), \vec{g}(\vec{r},t)$ で表すことにする（平衡状態で $\vec{g}=0$ なので，それからのゆらぎ $\vec{g}(\vec{r},t)$ にはバーをつける必要はない）．これらの量の平衡状態の値からのずれはいずれも小さく，線形近似が使えるものとする．したがって，6.3 節で導いた線形化された流体力学の方程式が使える．

1. **線形化された流体力学的方程式**： 線形近似を行うと，ナヴィエ–ストークス方程式 (6.91) は

$$\partial_t \vec{g} + \vec{\nabla}P - \frac{1}{mn}\left(\zeta + \frac{\eta}{3}\right)\vec{\nabla}(\vec{\nabla}\cdot\vec{g}) - \frac{\eta}{mn}\nabla^2 \vec{g} = 0 \qquad (9.191)$$

となることを示せ．ここで，P は圧力であり，流体分子の質量を m として質量密度を $\rho = mn$ とした．式 (6.91) 中の対流項 $\vec{u}\cdot\vec{\nabla}\bar{n}$ は流速 $\vec{u}$ の 2 次なので，線形近似では無視できる．同じく線形近似を行うと，エネルギー流束密度 $\vec{j}_E$ は

$$\vec{j}_E = (\varepsilon + P)\vec{u} - \kappa\vec{\nabla}T \qquad (9.192)$$

となることを示せ．

2. **横成分と縦成分への分離**： 一般にベクトル場に対して行うように，運動量密度 $\vec{g}$ を横成分 $\vec{g}_\mathrm{T}$ と縦成分 $\vec{g}_\mathrm{L}$ に分ける．

$$\vec{g} = \vec{g}_\mathrm{T} + \vec{g}_\mathrm{L} \qquad \vec{\nabla}\cdot\vec{g}_\mathrm{T} = 0 \qquad \vec{\nabla}\times\vec{g}_\mathrm{L} = 0$$

ここで縦，横といった意味は，以下のように空間成分についてフーリエ変換して考えると理解できる．横成分 $\vec{g}(\vec{k},t)$ は，波数ベクトル $\vec{k}$ に対して垂直である（$\vec{k}\cdot\vec{g}_\mathrm{T}(\vec{k},t)=0$）．他方，縦成分 $\vec{g}_\mathrm{L}(\vec{k},t)$ は $\vec{k}$ に平行である（$\vec{k}\times\vec{g}_\mathrm{L}(\vec{k},t)=0$）．$\bar{n}(\vec{r},t), \vec{g}(\vec{r},t), \bar{\varepsilon}(\vec{r},t)$ に対する連続の方程式とナヴィエ–ストークス方程式はそれぞ

れ以下のようになることを示せ。

$$\partial_t \bar{n} + \frac{1}{n}\vec{\nabla}\cdot\vec{g}_{\rm L} = 0 \tag{9.193}$$

$$\left(\partial_t - \frac{\eta}{mn}\nabla^2\right)\vec{g}_{\rm T} = 0 \tag{9.194}$$

$$\partial_t \vec{g}_{\rm L} + \vec{\nabla}P - \frac{\zeta'}{mn}\nabla^2 \vec{g}_{\rm L} = 0 \tag{9.195}$$

$$\partial_t \bar{\varepsilon} + \frac{\varepsilon+P}{mn}\vec{\nabla}\cdot\vec{g}_{\rm L} - \kappa\nabla^2 T = 0 \tag{9.196}$$

ここで $\zeta' = (4\eta/3 + \zeta)$ である.
〔ヒント〕式 (9.195) を示すのに,ベクトル場 $\vec{V}(\vec{r})$ に対する公式

$$\vec{\nabla}\times\vec{\nabla}\times\vec{V} = \vec{\nabla}(\vec{\nabla}\cdot\vec{V}) - \vec{\nabla}^2\vec{V}$$

を用いよ.

式 (9.193) と (9.196) より,エネルギー密度のゆらぎに対する連続の方程式は

$$\partial_t \bar{\varepsilon} - \frac{\varepsilon+P}{n}\partial_t \bar{n} - \kappa\nabla^2 T = 0 \tag{9.197}$$

という形に書けることを示せ.この方程式より,

$$\delta q(\vec{r},t) = \bar{\varepsilon}(\vec{r},t) - \frac{\varepsilon+P}{n}\bar{n}(\vec{r},t) \tag{9.198}$$

という量を導入しておくと,以下で便利であることがわかる.

3. **横成分**: 式 (9.194) より,$\vec{g}_{\rm T}$ は拡散方程式に従うことがわかる.この方程式を式 (9.22) に従ってフーリエ–ラプラス変換すると

$$\vec{g}_{\rm T}(\vec{k},z) = \frac{\rm i}{z + {\rm i}k^2\eta/(mn)}\,\vec{g}(\vec{k},t=0)$$

が得られることを示せ.9.1.4 項での議論とと比較することにより,この式の物理的な意味を述べよ.また,動的構造因子 $S_{\rm T}(\vec{k},\omega)$ に対する表式を与えよ.

4. **熱力学的関係式**: 横成分 $\vec{g}_{\rm L}$ を解析するのは $\vec{g}_{\rm T}$ よりもより難しい.力学変数 $\bar{\varepsilon}, \bar{n}, \vec{g}_{\rm L}$ についての連立偏微分方程式を解かなければならないからである.さらに,n と ε を独立な熱力学変数として,∇P と ∇T をこれらの関数として求めなければならない.ある一定の数 N の分子からなる流体の部分系を考え,N は一定にしたまま,熱力学変数で微分することを考える.この部分系の体積 V はもちろん一定ではない.V も一定にすれば,粒子数密度 n も固定してしまうことになるからである.

$$\delta P = \frac{\partial P}{\partial n}\bigg|_{\varepsilon}\delta n + \frac{\partial P}{\partial \varepsilon}\bigg|_{n}\delta\varepsilon$$

を考える.ここで $(\partial P/\partial n)_\varepsilon$ と $(\partial P/\partial \varepsilon)_n$ は平衡状態での熱力学的微分係数である.S をこの部分系のエントロピーとしたとき

$$\left.\frac{\partial P}{\partial \varepsilon}\right|_n = \frac{V}{T}\left.\frac{\partial P}{\partial S}\right|_n$$

が成り立つことを示せ. $(\partial P/\partial n)_\varepsilon$ を計算するために, まず

$$V\,d\varepsilon = T\,dS - (\varepsilon + P)\,dV$$

から

$$\left.\frac{\partial P}{\partial V}\right|_\varepsilon = \frac{\varepsilon + P}{T}\left.\frac{\partial P}{\partial S}\right|_n + \left.\frac{\partial P}{\partial V}\right|_S$$

を導け. 以上より容易に

$$\vec{\nabla}P = \left.\frac{\partial P}{\partial n}\right|_S \vec{\nabla}\bar{n} + \frac{V}{T}\left.\frac{\partial P}{\partial S}\right|_n \vec{\nabla}q$$

が導かれる. ∇T の計算も同様にできる. 上の結果で $P \to T$ とおきかえて

$$\vec{\nabla}T = \left.\frac{\partial T}{\partial n}\right|_S \vec{\nabla}\bar{n} + \frac{V}{T}\left.\frac{\partial T}{\partial S}\right|_n \vec{\nabla}q$$

とすればよいのである.

5. $\vec{g}_L$ **の方程式**: 上の設問 4 の結果を用いて, $q, \bar{n}, \vec{g}_L$ に対する連立方程式を変換して

$$\left[\partial_t - \frac{\zeta'}{mn}\nabla^2\right]\vec{g}_L + \left.\frac{\partial P}{\partial n}\right|_S \vec{\nabla}\bar{n} + \frac{V}{T}\left.\frac{\partial P}{\partial S}\right|_n \vec{\nabla}q = 0 \qquad (9.199)$$

$$\left[\partial_t - \kappa\frac{V}{T}\left.\frac{\partial T}{\partial S}\right|_n \nabla^2\right]q - \kappa\left.\frac{\partial T}{\partial n}\right|_S \nabla^2\bar{n} = 0 \qquad (9.200)$$

を得よ. また, 式 (9.198) で与えられている δq はエントロピー密度と

$$\frac{T}{V}\delta S = \delta\varepsilon - \frac{\varepsilon + P}{n}\delta n = \delta q$$

という関係にあることを示せ. 以下の量を定義しておくと便利である.

$$D_L = \frac{\zeta'}{mn} = \frac{1}{mn}\left(\frac{4}{3}\eta + \zeta\right)$$

$$mnc_V = \frac{T}{V}\left.\frac{\partial S}{\partial T}\right|_n \qquad mnc_P = \frac{T}{V}\left.\frac{\partial S}{\partial T}\right|_P$$

$$c^2 = \frac{1}{m}\left.\frac{\partial P}{\partial n}\right|_S$$

ここで, c は音速, c_V と c_P はそれぞれ 1 分子あたりの定積比熱と定圧比熱である.

6. $\bar{\varepsilon}, q, \vec{g}_L$ **の緩和**: $\bar{\varepsilon}, q, \vec{g}_L$ に対する連立偏微分方程式系 (9.193), (9.199), (9.200) を考える. 空間に関してフーリエ変換を行い, 時間に関してラプラス変換をすれば, この方程式系は

$$\begin{pmatrix} z & -\dfrac{k}{m} & 0 \\ -kmc^2 & z + ik^2 D_L & -\dfrac{V}{T}\left.\dfrac{\partial P}{\partial S}\right|_n k \\ ik^2\kappa\left.\dfrac{\partial T}{\partial n}\right|_S & 0 & z + ik^2\dfrac{\kappa}{mnc_V} \end{pmatrix} \begin{pmatrix} \bar{n}(\vec{k},z) \\ g_L(\vec{k},z) \\ q(\vec{k},z) \end{pmatrix} = i\begin{pmatrix} \bar{n}(\vec{k},t=0) \\ g_L(\vec{k},t=0) \\ q(\vec{k},t=0) \end{pmatrix}$$

$$(9.201)$$

となり容易に解けることを示せ．ここで $\vec{g}_L(\vec{k},z) = \hat{k}g_L(\vec{k},z)$ によって $g_L(\vec{k},z)$ を定義した．

7. $\vec{g}_L(\vec{k},z)$ の極： 式 (9.201) を解いて解を書き下すためには，3×3 行列 M の逆行列を求める必要がある．ここでは，行列 M の行列式の零点を求めることにより，$\bar{n}(\vec{k},z), q(\vec{k},z)$ および $\vec{g}_L(\vec{k},z)$ の極を定めることにする．まず低温近似を用いて，P は本質的には n のみの関数であり，S は T のみの関数であるとして

$$\left.\frac{\partial P}{\partial S}\right|_n = \left.\frac{\partial T}{\partial n}\right|_S \simeq 0$$

とする．また $c_P \simeq c_V$ であるとする．この近似のもとでは，それぞれの極は

$$z \simeq -\mathrm{i}\frac{\kappa}{mnc_V}k^2$$

$$z \simeq \pm ck - \frac{\mathrm{i}}{2}D_L k^2$$

にあることを示せ．一般の場合には，行列式には k^4 に比例した項が加わる．この 4 次の項の係数 X は

$$X = \mathrm{i}\frac{\kappa V}{T}\left.\frac{\partial T}{\partial P}\right|_S \left.\frac{\partial P}{\partial S}\right|_n$$

で与えられることを示せ．この係数 X は

$$X = \mathrm{i}\frac{\kappa V T}{C_P C_V}\left.\frac{\partial V}{\partial T}\right|_P \left.\frac{\partial P}{\partial T}\right|_V$$

とも書けることを示せ．式 (1.38) を用いて，結果を c_P, c_V を用いて表すと，極の位置は

$$z \simeq -\mathrm{i}\frac{\kappa}{mnc_P}k^2$$

$$z \simeq \pm ck - \frac{\mathrm{i}}{2}k^2\left[D_L + \frac{\kappa}{mnc_P}\left(\frac{c_P}{c_V} - 1\right)\right] = \pm ck - \mathrm{i}\frac{\Gamma}{2}k^2$$

と書けることを示せ．これらの式は図 9.1(b) に図示した一つのレイリーピークと二つのブリユアンピークを与える．レーザー光が単純流体によって散乱され，波数ベクトル $\vec{k}$ の変化を受けたときは，ブリユアンピークの位置によって音速が定まり，その極幅によって輸送係数と熱力学量を組み合わせた量が定まる．久保関数と光散乱を記述する構造因子を具体的に定めるためにはさらに計算が必要である．計算の詳細については Kadanoff and Martin [61] や Forster [43] を参照せよ．

9.8.3　ブラウン粒子の厳密に解ける模型

この研究課題では記憶関数と揺動力を厳密に計算することができる模型を扱うことにする．この模型は N 個（熱力学的極限では $N \to \infty$ とする）の軽い粒子（質量 m）と一つの重い（ブラウン）粒子（質量 M）が 1 次元的にバネでつながれたものである．特

にここでは $M \gg m$ の場合を考えるが，この模型は質量比 m/M がどのような値であっても厳密に解くことができる．この研究課題の目的は，記憶関数，記憶時間 τ^*，速度の緩和時間 τ を計算して，$\tau^*/\tau \sim m/M$ を示すことである．ここでは量子力学的な取り扱いをすることにする．古典的な取り扱いと比べて特に問題が難しくなることがないからである．

A. 準備

質量 m の N 個の質点が，バネ定数 K のバネで図 9.5 のように結ばれた系を考える．格子点間隔は 1 であるとする．よって，n 番目の質点のつり合いの位置は $x_n^0 = n$ である（$n = 1, 2, \cdots, N$）．n 番目の質点のつり合いの位置からのずれを x_n と書くことにする．この系の一番左と一番右に位置する質点の位置は固定されているものとする（$x_0 = x_{N+1} = 0$）．x_n の（格子）フーリエ変換を q_k とする．すなわち

$$q_k = \sum_n C_{kn} x_n$$

であり，フーリエ係数は

$$C_{nk} = C_{kn} = \sqrt{\frac{2}{N+1}} \sin\left(\frac{\pi k n}{N+1}\right)$$

で与えられる．

1. C_{nk} は

$$\sum_{k=1}^N C_{nk} C_{km} = \delta_{nm}$$

を満たすことを示せ．したがって $C = (C_{nk})$ は直交行列である．

2. この 1 次元系のハミルトニアンは

$$\mathscr{H} = \sum_{n=1}^N \frac{p_n^2}{2m} + \frac{1}{2} K \sum_{n=0}^N (x_{n+1} - x_n)^2$$

である．運動量 p_n のフーリエ変換を r_k と書くと

$$\mathscr{H} = \sum_{k=1}^N \frac{r_k^2}{2m} + \frac{1}{2} m \sum_{k=1}^N \omega_k^2 q_k^2 \qquad \omega_k = \sqrt{\frac{4K}{m}} \sin \frac{\pi k}{2(N+1)}$$

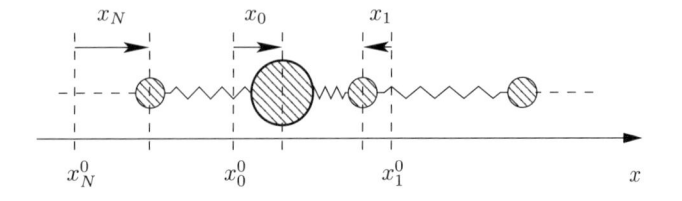

図 **9.5** バネと質点からなる系．

であることを示せ.

B. 模型

模型の量子力学的なハミルトニアンは

$$\mathscr{H} = \frac{\mathsf{p}_0^2}{2M} + \sum_{n=1}^{N} \frac{\mathsf{p}_n^2}{2m} + \frac{1}{2} K \sum_{n=0}^{N} (\mathsf{x}_{n+1} - \mathsf{x}_n)^2$$

である. 周期的境界条件 $\mathsf{x}_{N+1} = \mathsf{x}_0$ を課すことにする. この系の運動を重い粒子の運動量を記述する遅い変数 p_0 に射影することを試みる.

3. 森のスカラー積を $\langle \bullet ; \bullet \rangle$, リウヴィル演算子を $\mathcal{L}$ として, 基本課題 9.7.4 で扱った関係式

$$\langle \mathsf{A}; \mathcal{L}\mathsf{B} \rangle = \frac{1}{\beta} \langle [\mathsf{A}^\dagger, \mathsf{B}] \rangle$$

を用いて, 次を示せ.

$$i\mathcal{L}\mathsf{x}_0 = \frac{\mathsf{p}_0}{M} \qquad \langle \mathsf{p}_0; \mathsf{p}_0 \rangle = \frac{M}{\beta} \qquad \langle \mathsf{p}_0; \mathsf{x}_0 \rangle = 0$$

4. $\mathcal{P}$ を p_0 への (森スカラー積を使って定義される) 射影演算子として, $\mathcal{Q} = \mathcal{I} - \mathcal{P}$ とする. p_n と x_n の線形結合

$$\mathsf{B} = \sum_{n=0}^{N} (\lambda_n \mathsf{p}_n + \mu_n \mathsf{x}_n)$$

で表される任意の力学変数 B に対して, $\overline{\mathscr{H}} = \mathscr{H} - \mathsf{p}_0^2/2M$ とすると

$$\mathcal{Q}\mathcal{L}\mathsf{B} = [\overline{\mathscr{H}}, \mathsf{B}] = \overline{\mathcal{L}}\mathsf{B}$$

であることを示せ. ポテンシャルを変数 $\mathsf{x}'_n = \mathsf{x}_n - \mathsf{x}_0$ の関数として表現し直すことができるので, 射影 $\mathcal{P}$ によって得られる力学系を, 重い粒子の静止系にすることができる.

5. 揺動力 $\mathsf{f}(t) = \exp(i\overline{\mathcal{L}}t)\mathcal{Q}i\mathcal{L}\mathsf{p}_0$ は

$$\mathsf{f}(t) = K \exp(i\overline{\mathcal{L}}t)(\mathsf{x}_1 + \mathsf{x}_N - 2\mathsf{x}_0)$$

で与えられることを示せ.

6. フーリエ空間に移行することにより, $\mathsf{f}(t)$ はシュレーディンガー表示の演算子 x_n と p_n の関数として

$$\mathsf{f}(t) = K \sum_{k,n=1}^{N} (C_{1k} + C_{Nk}) \left[C_{kn}(\mathsf{x}_n - \mathsf{x}_0) \cos \omega_k t + C_{kn} \frac{\mathsf{p}_n}{m \omega_k} \sin \omega_k t \right]$$

と与えられ, また記憶関数は

$$\gamma(t) = \frac{\beta}{M} \langle \mathsf{f}(0); \mathsf{f}(t) \rangle = \frac{K}{M} \sum_{k,n=1}^{N} C_{kn}(C_{1k} + C_{Nk}) \cos \omega_k t$$

と定められることを示せ.

7. $\gamma(t)$ は熱力学的極限 $N \to \infty$ で

$$\lim_{N \to \infty} \gamma(t) = \frac{m}{M} \alpha^2 \frac{J_1(\alpha t)}{\alpha t}$$

となることを示せ．ここで $\alpha = \sqrt{4K/m}$ であり，J_1 はベッセル関数である．ベッセル関数に対する次の積分表現が便利である．

$$\frac{J_1(\alpha t)}{\alpha t} = \frac{1}{\pi} \int_{-\pi/2}^{\pi/2} \cos^2 \varphi \cos(\alpha t \sin \varphi) \mathrm{d}\varphi$$

速度の緩和時間 τ を計算して，記憶時間 τ^* を評価せよ．$\tau^*/\tau \sim m/M$ であることを示し，この結果の物理的な意味を説明せよ．

9.8.4 伊藤積分とストラトノヴィッチ積分との関係

拡散係数が座標 x に依存している場合は，ランジュバン方程式は一意的には定まらなくなる．

$$\frac{\mathrm{d}X}{\mathrm{d}t} = a(X) + \sqrt{D(x_0)}\, b(t)$$

とする．ここで

$$\overline{b(t)b(t')} = 2\,\delta(t-t')$$

である．ただし，微小時間区間 $[t, t+\varepsilon]$ において x_0 をパラメータ q $(0 \le q \le 1)$ の関数として

$$x_0 = x(t) + (1-q)[X(t+\varepsilon) - x(t)] = y + (1-q)[X(t+\varepsilon) - y]$$

と定義する．式 (9.137) と同様に

$$B_\varepsilon = \int_t^{t+\varepsilon} \mathrm{d}t'\, b(t') \qquad \overline{B_\varepsilon} = 0 \qquad \overline{B_\varepsilon^2} = 2$$

と定義する．

1. **伊藤の解釈**：まず伊藤の解釈を調べることにする．それには $q = 1$ とし，したがって $x_0 = x(t)$ とする．

$$X(t+\varepsilon) = y + \varepsilon a(y) + \sqrt{D(y)} \int_t^{t+\varepsilon} \mathrm{d}t'\, b(t')$$

9.5.1 項と同様に，チャップマン–コルモゴロフの式 (9.144) で

$$P(x, t+\varepsilon | y, t) = \overline{\delta(x - y - \varepsilon a(y) - \sqrt{D(y)}\, B_\varepsilon)}$$

とおくことから議論を始めて，ε のオーダーでは，δ 関数は $f'(x)\delta(y - f(x))$ と書

けることを示せ．ただしここで

$$f(x) = x - \varepsilon a(x) - B_\varepsilon \sqrt{D(x)} + \frac{1}{2} B_\varepsilon^2 D'(x) \tag{9.202}$$

である．$b(t)$ のすべての実現にわたって平均して，フォッカー–プランク方程式 (9.154)

$$\frac{\partial P}{\partial t} = -\frac{\partial}{\partial x}[a(x)P] + \frac{\partial^2}{\partial x^2}[D(x)P]$$

を導け．

2. 一般の場合： 一般には

$$\overline{X(t+\varepsilon) - y} = \varepsilon[a(y) + (1-q)D'(y)]$$

であり，上の表式で

$$a(y) \to a(y) + (1-q)D'(y)$$

というおきかえをすべきであることを示せ．一般の q の値に対して，フォッカー–プランク方程式は

$$\frac{\partial P}{\partial t} = -\frac{\partial}{\partial x}[a(x)P] + \frac{\partial}{\partial x}\left[D^{1-q}(x)\frac{\partial}{\partial x}D^q(x)P\right]$$

となることを導け．ストラトノヴィッチの解釈は $q=1/2$ に対応する．q の値を変えても，それに応じてドリフト速度の定義を変えれば，フォッカー–プランク方程式は (9.154) の形に書けることに注意せよ．

9.8.5 クラマースの方程式

質量 m の粒子が 1 次元上を運動している．この粒子には，決定論的な力 $F(x) = -\partial V/\partial x$, 粘性力 $-\gamma p$, および揺動力 $f(t)$ がかかっている．ただし

$$\overline{f(t)f(t')} = 2A\,\delta(t-t')$$

である．運動方程式は

$$\dot{P} = F(x) - \gamma P + f(t) \qquad \dot{X} = \frac{P}{m}$$

で与えられる．X と P はそれぞれ単独ではマルコフ変数ではないが，(X,P) という組で考えるとマルコフ変数になっていることに注意せよ．

1. モーメント $\langle \Delta X \rangle, \langle \Delta P \rangle, \langle (\Delta P)^2 \rangle, \langle (\Delta X)^2 \rangle$, および $\langle \Delta P \Delta X \rangle$ を計算して，式 (9.183) と (9.184) を用いて，確率分布関数 $P(x,p;t)$ はクラマースの方程式

$$\left[\frac{\partial}{\partial t} + \frac{p}{m}\frac{\partial}{\partial x} + F(x)\frac{\partial}{\partial p}\right]P = \gamma\left[\frac{\partial}{\partial p}(pP) + mkT\frac{\partial^2 P}{\partial p^2}\right]$$

に従うことを導け．ここで $kT = A/(m\gamma)$ である．この方程式は摩擦が大きい極限

では，以下で示すように簡略化される．密度を
$$\rho(x,t) = \int dp\, P(x,p;t)$$
と定義し，粒子流密度を
$$j(x,t) = \int dp\, \frac{p}{m} P(x,p;t)$$
と定義する．

2. $P(x,p;t)$ の $|p| \to \infty$ のふるまいから，連続の方程式は厳密に
$$\frac{\partial \rho}{\partial t} + \frac{\partial j}{\partial x} = 0$$
となることを示せ．摩擦が大きい極限では，$\overline{p}(x) = F(x)/\gamma$ として
$$P(x,p;t) \simeq \rho(x,t) \sqrt{\frac{1}{2\pi mkT}} \exp\left(-\frac{[p-\overline{p}(x)]^2}{2mkT}\right)$$
となることを示せ．

3. 次の量を定義する．
$$K(x,t) = \int dp\, \frac{p^2}{m} P(x,p;t)$$
これはどのような物理量であるか述べよ．連続の方程式
$$m\frac{\partial j}{\partial t} + \frac{\partial K}{\partial x} - F(x)\rho = -\gamma m j(x,t)$$
が成り立つことを示せ．摩擦が大きい極限では
$$\left|\frac{\partial j}{\partial t}\right| \ll \gamma|j|$$
であり，また
$$K(x,t) \simeq \rho(x,t)\left[kT + \frac{\overline{p}^2(x)}{m}\right]$$
であることを示せ．$K(x,t)$ に対する連続の方程式を用いて，$\rho(x,t)$ は $kT \gg \overline{p}^2(x)/m$ のときにフォッカー–プランク方程式
$$\frac{\partial \rho}{\partial t} + \frac{\partial}{\partial x}\left[\frac{F(x)}{m\gamma}\rho(x,t) - D\frac{\partial}{\partial x}\rho(x,t)\right] = 0$$
に従うことを示せ．γ と A が x に依存していないとして拡散係数 D を求めよ．γ と A が x に依存している場合にも，得られた結果を拡張することは可能か．

4. $F(x) = 0$ のときに，$X(t)$ は，空間座標に依存した拡散係数をもつ拡散方程式に従うことを示せ．この拡散方程式をランジュバン方程式の形で表し，次の二つの場合には，それぞれ（伊藤，ストラトノヴィッチ，あるいはそれ以外の）どの解釈をすべきか答えよ（研究課題 9.8.4 参照）．(i) γ は x に依存していないが，A は x に依存している場合，(ii) 逆に γ は x に依存しているが，A は x に依存していない場合．

9.9 さらに進んで学習するために

　本章で扱った話題に対する初等的な入門が Chandler [28] にある．9.1 節と 9.2 節で扱った内容は Forster [43]（第 2 章）と Fick and Sauermann [41]（第 9 章）に詳しく扱われている．スピン拡散は Forster [43]（第 2 章）と Kadanoff and Martin [61] で扱われている．射影法についてよく書かれている文献に次のものがある．Balian ら [7]，Fick and Sauermann [41]（第 14–18 章），Grabert [51]，Zubarev ら [126]（第 2 章），および Rau and Müller [107]．9.3.5 項の議論は Forster [43]（第 6 章）によっている．また Lebowitz and Résibois [76] も参照のこと．ゴールドストーン・モードに対する射影法の応用は大変詳しく Forster [43]（第 7–11 章）で議論されている．また，Chaikin and Lubensly [26]（第 8 章）も参照せよ．すでに 50 年も前のものであるが，Wax [121] の論文集は確率過程に対して大変便利な文献である．また Mandel and Wolff [86]（第 1,2 章）も見よ．ランジュバン方程式とフォッカー–プランク方程式に対してはたくさんの参考文献があるが，その中で特に Parisi [99]（第 19 章），van Kampen [119]，Risken [110]，Reichl [108]（第 5 章）をあげておく．

A

付　　録

A.1　ルジャンドル変換

A.1.1　一変数のルジャンドル変換

　$f(x)$ を x の下に凸な関数[*1)]としよう．簡単のため 2 階微分可能であるとする．つまり $f''(x) \geq 0$ である．このとき，方程式 $f'(x) = u$ は唯一の解 $x(u)$ をもつ（図 A.1）．関数 $F(x, u) \equiv ux - f(x)$ は，u を固定して x の関数と考えると，次式で与えられる唯一の最大値 $x(u)$ をもつ．

$$\frac{\partial F}{\partial x} = u - f'(x) = 0 \tag{A.1}$$

関係式 $\partial^2 F/\partial x^2 = -f''(x) \leq 0$ により，この値が確かに最大値であることがわかる．

　関数 $f(x)$ のルジャンドル変換 $g(u)$ は次式で定義される．

$$g(u) = \mathrm{Max}\Big|_x F(u, x) = \mathrm{Max}\Big|_x (ux - f(x)) \tag{A.2}$$

$$g(u) = ux(u) - f(x(u)) \tag{A.3}$$

関数 $g(u)$ の微分は

$$\mathrm{d}g = x\,\mathrm{d}u + u\,\mathrm{d}x - f'\,\mathrm{d}x = x(u)\,\mathrm{d}u$$

より，

$$\frac{\mathrm{d}g}{\mathrm{d}u} = x(u) \tag{A.4}$$

となる．また，次式より関数 $g(u)$ は u の下に凸な関数である．

$$\frac{\mathrm{d}^2 g}{\mathrm{d}u^2} = x'(u) = \frac{1}{f''(x(u))} \geq 0 \tag{A.5}$$

関数 $g(u)$ のルジャンドル変換は $f(x)$ に戻ることに注意しよう．すなわち，ルジャンドル変換は包含的である．

　上に述べたルジャンドル変換の定義は通常の力学的定義である．熱力学的定義 $g(u) =$

[*1)]　以下の考察は，上に凸な関数についても同様に適用できる．

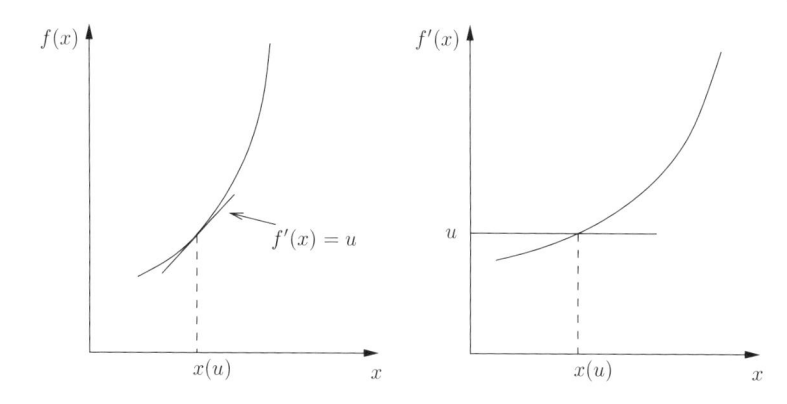

図 **A.1** 方程式 $f'(x) = u$ の解に対する二つの図解

$f(x(u)) - ux(u)$ は符号が逆であるので，下に凸な関数が上に凸な関数に対応し，上に凸な関数が下に凸な関数に対応する．その場合，多変数関数を扱うときにルジャンドル変換の凸性の一般的記述が複雑になる．一方，力学的定義では非常に簡潔である（以下の項を参照）．それゆえ，この付録ではルジャンドル変換の力学的定義を用いる．

A.1.2 多変数のルジャンドル変換

N 変数の下に凸な関数 $f(x_1,...,x_N)$ が 2 階微分可能ならば，行列要素

$$C_{ij} = \frac{\partial^2 f}{\partial x_i \, \partial x_j}$$

をもつ行列 C_{ij} は正定値である．ここで $u_i = \partial f/\partial x_i$ とおけば，関数 f の一般ルジャンドル変換 g は次式で与えられる．

$$g(u_1,\ldots,u_N) = \sum_{i=1}^N u_i x_i - f(x_1,\ldots,x_N) \tag{A.6}$$

関係式

$$dg = \sum_{i=1}^N \left[u_i \, dx_i + x_i \, du_i - \frac{\partial f}{\partial x_i} \, dx_i \right] = \sum_{i=1}^N x_i \, du_i$$

を用いれば，

$$\frac{\partial g}{\partial u_i} = x_i \qquad \frac{\partial^2 g}{\partial u_i \, \partial u_j} = \frac{\partial x_i}{\partial u_j}$$

が導かれる．さらにこの式から次式が導かれる．

$$\sum_j \frac{\partial^2 f}{\partial x_i \, \partial x_j} \frac{\partial^2 g}{\partial u_j \, \partial u_k} = \sum_j \frac{\partial u_i}{\partial x_j} \frac{\partial x_j}{\partial u_k} = \delta_{ik} \tag{A.7}$$

したがって，行列要素が

$$D_{ij} = \frac{\partial^2 g}{\partial u_i \, \partial u_j}$$

である行列 (D_{ij}) が存在するならば，(D_{ij}) は (C_{ij}) の逆行列である．行列 (D_{ij}) が存在するためには，(C_{ij}) は正定値でなければならない．したがって，(D_{ij}) も正定値である．すなわち g も下に凸な関数である．この凸性は，一部の変数のみについてルジャンドル変換をした場合にも保たれる．

A.2 ラグランジュ未定乗数

N 変数関数 $F(x_1, \ldots, x_N)$ の極値を求めるには，N 個の偏微分がゼロになる点 $x_1^*, \ldots, x_N^*$

$$\left.\frac{\partial F}{\partial x_1}\right|_{x_i = x_i^*} = \ldots = \left.\frac{\partial F}{\partial x_N}\right|_{x_i = x_i^*} = 0 \tag{A.8}$$

を決めれば十分である．変数に拘束がある場合に極値を求めるのはもう少し複雑になる．

最も簡単な例である，2 変数関数 $F(x_1, x_2)$ に一つの拘束 $f(x_1, x_2) = 0$ がある場合からはじめよう．この拘束は (x_1, x_2) 平面内に一つの曲線 Γ を定める．ベクトル $\vec{u} = \vec{\nabla} f$ はすべての点で Γ に垂直である（図 A.2）．曲線 Γ 上の点 M において，曲線 Γ に平行な任意の変位 $\mathrm{d}\vec{r}$ に対して，極値は $\mathrm{d}F = 0$ を満たさなければならない．つまり $\mathrm{d}\vec{r} \cdot \vec{\nabla} F = 0$ である．いいかえるとベクトル $\vec{\nabla} F$ は $\vec{u}$ に平行 ($\vec{\nabla} F = \lambda \vec{u}$) でなければならない．すなわち

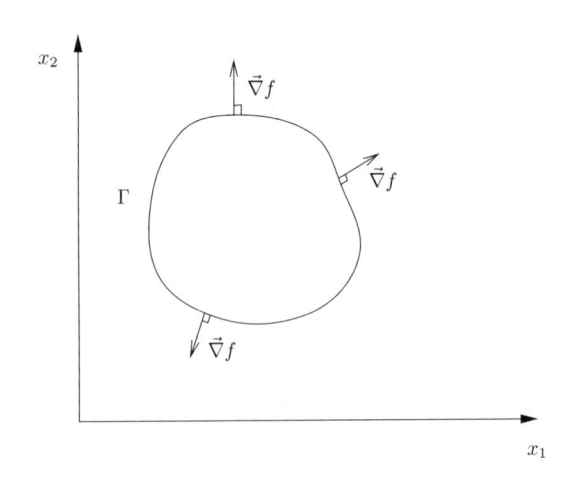

図 **A.2** 二変数の幾何学

$$\frac{\partial}{\partial x_1}(F - \lambda f) = 0 \qquad \frac{\partial}{\partial x_2}(F - \lambda f) = 0 \tag{A.9}$$

となる．λ はラグランジュ未定乗数とよばれる．もし連立方程式 (A.9) が，解 $(x_1^*(\lambda), x_2^*(\lambda))$ をもつならば，拘束の式に代入して $f(x_1^*(\lambda), x_2^*(\lambda)) = 0$ が得られる．この式から λ が決まり，それにより極値の x_1^* と x_2^* が決まる．

一般の場合には，n 個の拘束 $f_p(x_1, \ldots, x_N) = 0, 1 \leq p \leq n < N$ があり，$(N-n)$ 次元超曲面を定義する．この平面に点 M で接する超平面は n 個のベクトル

$$\vec{u}_p = \left(\frac{\partial f_p}{\partial x_1}, \ldots, \frac{\partial f_p}{\partial x_N}\right)$$

に垂直である．極値は，接超平面内の任意の $d\vec{r}$ に対して $d\vec{r} \cdot \vec{\nabla} F = 0$ を満たさなければならない．このことは $\vec{\nabla} F$ が $\vec{u}_p$ の線形結合であることを意味する．したがって，n 個の定数（ラグランジュ未定乗数）$\lambda_1, \ldots, \lambda_n$ が存在して

$$\vec{\nabla} F = \lambda_1 \vec{u}_1 + \cdots + \lambda_n \vec{u}_n$$

と書ける．これから N 個の方程式

$$\frac{\partial}{\partial x_k}(F - \lambda_1 f_1 - \cdots - \lambda_n f_n) = 0 \qquad k = 1, \ldots, N \tag{A.10}$$

が得られ，この連立方程式が解 $x_k^*(\lambda_1, \ldots, \lambda_n)$ を決める．この解を拘束に代入すると $\lambda_1, \ldots, \lambda_n$ が決まり，それによって極値 x_k^* が決まる．実用上はこの最後の二つの操作を行う必要はまずない．たいていは式 (A.10) の解を見つければ十分である．

A.3　トレース，テンソル積

A.3.1　トレース

N 次元のヒルベルト空間 $\mathcal{H}$ に作用する演算子 A のトレースは，対角成分の和

$$\text{Tr}\, \mathsf{A} = \sum_n A_{nn} \tag{A.11}$$

と定義される．ここでは有限次元のベクトル空間に話を限る．無限次元空間の場合を考慮する際の注意については本項の最後で議論しよう．トレースは巡回置換に対して不変である．

$$\text{Tr}\, \mathsf{AB} = \text{Tr}\, \mathsf{BA} \qquad \text{Tr}\, \mathsf{ABC} = \text{Tr}\, \mathsf{BCA} = \text{Tr}\, \mathsf{CAB} \tag{A.12}$$

このことはトレースが基底の選び方によらないことを意味する．すなわち，基底の変更は $\mathsf{A}' = S^{-1} \mathsf{A} S$ と表されるので式 (A.12) より $\text{Tr}\, \mathsf{A}' = \text{Tr}\, \mathsf{A}$ が得られる．等式 (A.12) を使えば，よく使う恒等式

$$\text{Tr}\, \mathsf{A}[\mathsf{B}, \mathsf{C}] = \text{Tr}\, \mathsf{C}[\mathsf{A}, \mathsf{B}] = \text{Tr}\, \mathsf{B}[\mathsf{C}, \mathsf{A}] \tag{A.13}$$

も示せる．$|\varphi\rangle$ と $|\psi\rangle$ を $\mathcal{H}$ 中の二つのベクトル，$|n\rangle$ を直交規格化基底とする．このとき，

$$\mathrm{Tr}\,|\varphi\rangle\langle\psi| = \sum_n \langle n|\varphi\rangle\langle\psi|n\rangle = \sum_n \langle\psi|n\rangle\langle n|\varphi\rangle$$

となり，さらに完全性関係 $\sum_n |n\rangle\langle n| = 1$ を使えば次のように書き換えられる．

$$\mathrm{Tr}\,|\varphi\rangle\langle\psi| = \langle\psi|\varphi\rangle \tag{A.14}$$

同様にして次式も示せる．

$$\mathrm{Tr}\,\mathsf{A}|\varphi\rangle\langle\psi| = \langle\psi|\mathsf{A}|\varphi\rangle \tag{A.15}$$

無限次元ヒルベルト空間では，演算子のトレースは，たとえ演算子が有界であっても，定義できないこともある．トレースは，トレース類とよばれる特別な類に属する演算子にのみ存在する．たとえば $\exp(-\beta\mathcal{H})$ は，そのような演算子である．式 (A.11) と (A.12) は注意して使わなければならない[†1]．たとえば，式 (A.12) から，正準交換関係 $[\mathsf{A},\mathsf{B}]=i\hbar$ が決して解をもたないと結論できるかもしれない．実際，この交換関係は有限次元ヒルベルト空間では解をもたない．なぜなら，左辺のトレースは零になるのに右辺のトレースは $i\hbar N$（ただし N はベクトル空間の次元）となるからだ．もちろん，無限次元ヒルベルト空間内の自己共役演算子 A と B に対して，正準交換関係はユニタリー変換の範囲内でユニークな一つの解をもつ．この場合二つの演算子 A と B は非有界である必要がある．

A.3.2 テンソル積

二つのヒルベルト空間 $\mathcal{H}^{(a)}$ と $\mathcal{H}^{(\alpha)}$ の次元がそれぞれ N と M であり，直交規格基底が $|n\rangle$, $n=1,\ldots,N$ と $|\nu\rangle$, $\nu=1,\ldots,M$ であるとしよう．NM 次元のテンソル積空間 $\mathcal{H} = \mathcal{H}^{(a)} \otimes \mathcal{H}^{(\alpha)}$ を以下のように作れる．$\mathcal{H}$ に NM 個のベクトル $|n\otimes\nu\rangle$ からなる基底を定義し，ベクトル $|a\rangle$ と $|\alpha\rangle$

$$|a\rangle = \sum_n c_n |n\rangle \quad |\alpha\rangle = \sum_\nu c_\nu |\nu\rangle$$

のテンソル積 $|a\otimes\alpha\rangle$ を

$$|a\otimes\alpha\rangle = \sum_{n,\nu} c_n c_\nu |n\otimes\nu\rangle \tag{A.16}$$

と定義する．これは明らかに線形演算である．$\mathcal{H}$ 内の任意のベクトルは一般には一つのテンソル積 (A.16) の形には書けない．同様にして，それぞれ $\mathcal{H}^{(a)}$ と $\mathcal{H}^{(\alpha)}$ 内で作用する二つの演算子 $\mathsf{A}^{(a)}$ と $\mathsf{B}^{(\alpha)}$ のテンソル積 $\mathsf{A}^{(a)} \otimes \mathsf{B}^{(\alpha)}$ を行列要素を用いて

[†1] A,B が無限次行列の場合には，TrAB と TrBA が有限の確定値をもつ場合に両者は等しくなる．$\mathsf{AB}-\mathsf{BA}=i\hbar\mathsf{1}$ を満たす無限行列 A と B は上の条件を満足しない．(訳者注)

$$\left[\mathsf{A}^{(a)}\otimes\mathsf{B}^{(\alpha)}\right]_{a\alpha;b\beta}=A^{(a)}_{ab}B^{(\alpha)}_{\alpha\beta} \tag{A.17}$$

と定義する．$\mathcal{H}$ 内で作用する任意の演算子 C は，一般には一つのテンソル積の形には書けない．演算子 C の $\mathcal{H}^{(\alpha)}$ に関する部分トレースを

$$C_{ab}=\sum_{\alpha}C_{a\alpha;b\alpha}=[\text{Tr}_\alpha \mathsf{C}]_{ab} \tag{A.18}$$

と定義する．このようにして $\mathcal{H}^{(a)}$ 内で作用する演算子が得られる．

例として，状態空間が $\mathcal{H}$ である結合系 (a,α) の密度演算子 ρ をあげよう．ρ の $\mathcal{H}^{(\alpha)}$ に関する部分トレース

$$\rho^{(a)}=\text{Tr}_\alpha \rho \rho^{(a)}_{ab}=\sum_{\alpha}\rho_{a\alpha;b\alpha} \tag{A.19}$$

は，系 (a) と系 (α) が独立な場合には系 (a) の密度演算子を与える．この場合，ρ はテンソル積

$$\sum_\alpha \rho_{a\alpha;b\alpha}=\sum_\alpha \rho^{(a)}_{ab}\rho^{(\alpha)}_{\alpha\alpha}=\rho^{(a)}_{ab}\sum_\alpha \rho^{(\alpha)}_{\alpha\alpha}=\rho^{(a)}_{ab}$$

である．ただし関係 $\text{Tr}\rho^{(\alpha)}=1$ を使った．さて，空間 $\mathcal{H}^{(a)}$ 内で作用する演算子 $\mathsf{C}^{(a)}=\text{Tr}_\alpha[\mathsf{A}^{(\alpha)},\rho]$ を考えよう．演算子 $\mathsf{A}^{(\alpha)}$ は空間 $\mathcal{H}^{(\alpha)}$ 内にのみ作用するので

$$A^{(\alpha)}_{a\alpha;c\gamma}=A^{(\alpha)}_{\alpha\gamma}\delta_{ac}$$

と書ける．したがって，

$$\sum_\alpha \left[\mathsf{A}^{(\alpha)}\rho\right]_{a\alpha;b\alpha}=\sum_{\alpha,\gamma}A^{(\alpha)}_{\alpha\gamma}\rho_{a\gamma;b\alpha}$$

および

$$\sum_\alpha \left[\rho \mathsf{A}^{(\alpha)}\right]_{a\alpha;b\alpha}=\sum_{\alpha,\gamma}\rho_{a\alpha;b\gamma}A^{(\alpha)}_{\gamma\alpha}$$

が得られる．添え字 α と γ を交換するとこの二つの量が等しいことがわかる．したがって，

$$\text{Tr}_\alpha[\mathsf{A}^{(\alpha)},\rho]=0 \tag{A.20}$$

が得られる．

A.4 対　称　性

A.4.1 回　　転

物理的問題がある群（たとえば結晶群）をなす操作のもとで不変であることは，物理的状況を記述する方程式にたいへん重要な制限を課す．たとえば第6章で述べたカレントをアフィニティに関係づける方程式がそうである．この制限は「キュリー原理」とし

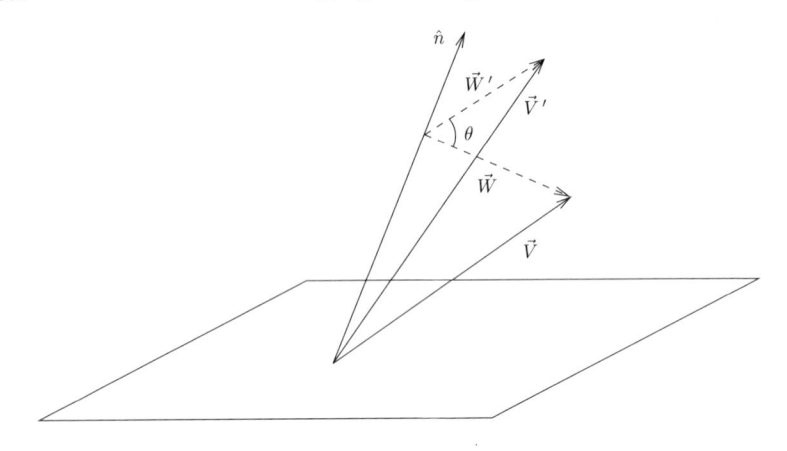

図 **A.3** ベクトル $\vec{V}$ の角 θ の回転

て知られている．この付録では回転群に注目してキュリー原理を等方的な系に適用しよう．この付録では添え字を間違える心配がないので，ベクトル成分を表すのにギリシャ文字ではなく，$i, j, k, \ldots$ といった文字を使う．したがって $\vec{V}$ は成分 $V_i, i=(x,y,z)$ をもつ．単位ベクトル $\hat{n}$（成分は n_i）を軸とした角度 θ の回転のもとでは，ベクトル $\vec{V}$ は次式のように $\vec{V}' = \vec{V}(\theta)$ に変換される．

$$\vec{V}\,' = \vec{V} + (1-\cos\theta)(\vec{V}\cdot\hat{n})\hat{n} + \sin\theta\,(\hat{n}\times\vec{V}) \tag{A.21}$$

式 (A.21) を証明するために，$\vec{V}$ を $\hat{n}$ に平行な成分と，$\hat{n}$ に垂直な成分 $\vec{W}$ に分解する．

$$\vec{V} = (\vec{V}\cdot\hat{n})\hat{n} + (\vec{V} - (\vec{V}\cdot\hat{n})\hat{n}) = (\vec{V}\cdot\hat{n})\hat{n} + \vec{W}$$

この回転のもとで，$\hat{n}$ に平行な成分 $(V\cdot\hat{n})\hat{n}$ は不変である（図 A.3）．一方，$\vec{W}$ は回転して $\vec{W}'$ になる．

$$\vec{W}\,' = \cos\theta\,\vec{W} + \sin\theta\,(\hat{n}\times\vec{W})$$

無限小回転では，$\vec{V}$ の変化 $\mathrm{d}\vec{V}$ は

$$\mathrm{d}\vec{V} = \vec{V}\,' - \vec{V} = (\hat{n}\times\vec{V})\,\mathrm{d}\theta \tag{A.22}$$

となるので，この式は $\vec{V}(\theta) = \vec{V}'$ についての微分方程式の形

$$\frac{\mathrm{d}\vec{V}(\theta)}{\mathrm{d}\theta} = \hat{n}\times\vec{V}(\theta) \tag{A.23}$$

にも書ける．これは物理学でしばしば出会う方程式である．たとえば，一定磁場 $\vec{H}$ 中での磁気モーメント $\vec{M}$ の運動を記述する．

$$\frac{\mathrm{d}\vec{M}}{\mathrm{d}t} = -\gamma\vec{H}\times\vec{M} \tag{A.24}$$

A.4 対称性

ここで γ は磁気回転比である[*2]. 式 (A.23) と比較すると, ベクトル $\vec{M}$ は $\vec{H}$ のまわりを角振動数 $|\gamma H|$ で歳差運動することがわかる.

式 (A.21) から $\vec{V}$ の成分の変換則

$$V'_i = R_{ij}(\hat{n}, \theta) V_j \tag{A.25}$$

を導くことは簡単である. ただし $R_{ij}(\hat{n}, \theta)$ は直交回転行列 $R^T = R^{-1}$ であり, 重複した添え字は総和を表すという記法を採用した. 行列 R の具体的な形はここでは必要ないので読者の基本課題として残し, 無限小回転 (A.22) の場合のみ調べてみよう[*3]. 無限小回転 (A.22) を表すには完全反対称テンソル ε_{ijk} を使うと便利である[*4]. 完全反対称テンソルの成分は, (ijk) が (xyz) の偶置換のとき $\varepsilon_{ijk} = +1$, 奇置換のとき $\varepsilon_{ijk} = -1$, 2個以上の添え字が等しいときは $\varepsilon_{ijk} = 0$ である. すなわち,

$$\varepsilon_{123} = \varepsilon_{231} = \varepsilon_{312} = -\varepsilon_{213} = -\varepsilon_{132} = -\varepsilon_{321} = 1 \tag{A.26}$$

ベクトル積 $\vec{Z} = \vec{V} \times \vec{W}$ の成分が

$$Z_i = (\vec{V} \times \vec{W})_i = \varepsilon_{ijk} V_j W_k \tag{A.27}$$

と書けることは簡単に示せる. このとき式 (A.22) は

$$dV_i = d\theta\, \varepsilon_{ijk} n_j V_k \tag{A.28}$$

となる. また, テンソル ε_{ijk} の便利な性質

$$\varepsilon_{ijk}\varepsilon_{ilm} = \delta_{jl}\delta_{km} - \delta_{jm}\delta_{kl} \tag{A.29}$$

にも注目しよう. 零でない結果を得るには, $j \neq i$ であり, かつ $j = l$ または $j = m$ でなければならない. また, 次の式も成り立つ.

$$\varepsilon_{ijk}\varepsilon_{ijl} = 2\delta_{kl} \qquad \varepsilon_{ijk}\varepsilon_{ijk} = 6 \tag{A.30}$$

式 (A.29) により, ベクトル演算子についての有名な恒等式が簡単に証明できる.

a) $\vec{\nabla} \times (\vec{\nabla} \times \vec{V})$ について

$$\begin{aligned}
\left(\vec{\nabla} \times (\vec{\nabla} \times \vec{V})\right)_i &= \varepsilon_{ijk} \partial_j (\vec{\nabla} \times \vec{V})_k \\
&= \varepsilon_{ijk} \varepsilon_{klm} \partial_j \partial_l V_m \\
&= (\delta_{il}\delta_{jm} - \delta_{im}\delta_{jl}) \partial_j \partial_l V_m \\
&= \partial_i (\partial_m V_m) - \partial^2 V_i
\end{aligned}$$

[*2] 回転する電荷 q が作る磁気モーメントの場合には, $\gamma = q/(2m)$ となる. ここで m は電荷分布の質量である.
[*3] 数学的には, これは回転群がリー群であることに起因する.
[*4] 行列要素 $(T_i)_{jk} = \varepsilon_{ijk}$ をもつ行列 T_i は, i 軸のまわりの回転の生成元であり, 回転群のリー代数 $[T_i, T_j] = \varepsilon_{ijk} T_k$ の元である.

これは，電磁気学でしばしば使われる有名な恒等式

$$\vec{\nabla} \times (\vec{\nabla} \times \vec{V}) = \vec{\nabla}(\vec{\nabla} \cdot \vec{V}) - \nabla^2 \vec{V}$$

である．

b) $\vec{V} \times (\vec{\nabla} \times \vec{V})$ について

$$\begin{aligned}
\left(\vec{V} \times (\vec{\nabla} \times \vec{V})\right)_i &= \varepsilon_{ijk}\varepsilon_{klm} V_j \partial_l V_m \\
&= (\delta_{il}\delta_{jm} - \delta_{jl}\delta_{im}) V_j \partial_l V_m \\
&= V_j \partial_i V_j - V_j \partial_j V_i
\end{aligned}$$

これは，流体力学でしばしば使われる有名な恒等式

$$\vec{V} \times (\vec{\nabla} \times \vec{V}) = \frac{1}{2}\vec{\nabla}(\vec{V}^2) - (\vec{V} \cdot \vec{\nabla})\vec{V}$$

である[†2]．

A.4.2 テンソル

ベクトルとは回転したときに式 (A.25) に従って変換するものと定義される．2 階のテンソル T_{ij} は回転したときに

$$T'_{ij} = R_{ik} R_{jl} T_{kl} \tag{A.31}$$

と変換するものである．回転不変な 2 階のテンソル $T'_{ij} = T_{ij}$ を求めよう．そのために，2 個のベクトル $\vec{V}$ と $\vec{W}$ を用いて $V_i T_{ij} W_j$ なるものを構成する．このとき，次の関係が得られる．

$$V_i T_{ij} W_j = V_i T'_{ij} W_j = V_i R_{ik} T_{kl} R_{jl} W_j = R^T_{ki} V_i R^T_{lj} W_j T_{kl} = V'_k T_{kl} W'_l$$

ここで $\vec{V}'$ と $\vec{W}'$ は回転行列 R^T で $\vec{V}$ と $\vec{W}$ を回転したものである．しかし，2 個のベクトルから構成できる唯一の回転不変量はそれらの内積である．したがって $T_{ij} \propto \delta_{ij}$ となる．つまり，唯一の回転不変な 2 階のテンソルは δ_{ij} である[*5]．

同様にして，3 個のベクトルから構成できる唯一の回転不変量はそれらの混合積 ($V_1 \times V_2 \cdot V_3$ など) である．このことから唯一の回転不変な 3 階のテンソルは ε_{ijk} であることがわかる．最後に，4 個のベクトル V_1, V_2, V_3, V_4 から得られる回転不変量は $(\vec{V_1} \cdot \vec{V_2})(\vec{V_3} \cdot \vec{V_4})$ およびその添え字を置換したもの二つである．したがって，4 階の回転不変テンソルは

$$\delta_{ij}\delta_{kl} \qquad \delta_{ik}\delta_{jl} \delta_{il}\delta_{jk} \tag{A.32}$$

[†2] ベクトル解析に関する，そのほか多くの公式に関しては，訳者追加文献 c,d) を参照．(訳者注)
[*5] 無限小回転の式 (A.28) を使ってこれらの結果を示すことも同じように容易である．

A.4 対称性

となる．カレント $\vec{j}$ と（スカラー）アフィニティー γ の間の最も一般的な関係は，2階のテンソル T_{ij} を用いて与えられる．

$$j_i = T_{ij} \partial_j \gamma$$

等方的な系では，テンソル T_{ij} は回転不変（つまり $T_{ij} = C\delta_{ij}$）でなければならない．したがって，キュリー原理から

$$j_i = C\delta_{ij}\, \partial_j \gamma = C\, \partial_i \gamma$$

すなわち

$$\vec{j} = C\vec{\nabla}\gamma$$

が得られる．同様にしてベクトルアフィニティー $\vec{\gamma}$ について最も一般的な関係は

$$j_i = C\varepsilon_{ijk}\, \partial_j \gamma_k$$

すなわち

$$\vec{j} = C\vec{\nabla} \times \vec{\gamma}$$

である．しかし，この式は空間反転について不変でないので，式が意味をもつためには $\vec{\gamma}$ は擬ベクトルでなければならない．

ここで回転対称性の考え方を積分の評価に応用してみよう．立体角に関する積分

$$T_{ij} = \int d\Omega\, p_i p_j f(p) \tag{A.33}$$

を考える．ただし，関数 $f(p)$ はベクトル $\vec{p}$ の長さ $p = |\vec{p}|$ のみに依存する関数であり，$\Omega = (\theta, \varphi)$ は $\vec{p}$ の向きを与える．積分は2個の $\vec{p}$ で構成されているので2階のテンソルであるが，同時に回転不変でもある．したがって $T_{ij} = C\delta_{ij}$ となる．式 (A.33) の両辺に δ_{ij} をかけて，添え字 i と j について和をとると

$$3C = \int d\Omega\, p^2 f(p) = 4\pi p^2 f(p)$$

が得られ，

$$\int d\Omega\, p_i p_j f(p) = \frac{4\pi}{3}\, p^2 f(p)\, \delta_{ij} \tag{A.34}$$

となる．より複雑な例を次にあげよう．関数 $p_i p_j p'_k p'_l f(p, p'; \cos\alpha)$ を $\vec{p}$ と $\vec{p'}$ の角 Ω と Ω' で積分する．

$$T_{ijkl} = \int d\Omega\, d\Omega'\, p_i p_j p'_k p'_l f(p, p'; \cos\alpha) \tag{A.35}$$

ただし α は $\vec{p}$ と $\vec{p'}$ がなす角である．回転不変性により式 (A.32) から

$$T_{ijkl} = A\delta_{ij}\delta_{kl} + B\left[\delta_{ik}\delta_{jl} + \delta_{il}\delta_{jk}\right]$$

とおける．式 (A.35) に $\delta_{ij}\delta_{kl}$ をかけて全添え字について和をとり，次に $\delta_{ik}\delta_{jl}$ をかけて全添え字について和をとれば次式が得られる．

$$T_{ijkl} = 8\pi^2 \int d(\cos\alpha) \left(A'\delta_{ij}\delta_{kl} + B'\left[\delta_{ik}\delta_{jl} + \delta_{il}\delta_{jk}\right]\right) f(p,p';\cos\alpha) \tag{A.36}$$

ただし

$$A' = \frac{1}{15}\left(2p^2 p'^2 - (\vec{p}\cdot\vec{p}')^2\right)$$
$$B' = \frac{1}{30}\left(-p^2 p'^2 + 3(\vec{p}\cdot\vec{p}')^2\right)$$

である．3次元空間について書かれたこの結果は，任意の次元 d に容易に一般化されるであろう．

A.5 役に立つ積分

A.5.1 ガウス積分

基本になるガウス積分は

$$I_n = \int_0^\infty dx\, x^n \exp\left(-\frac{1}{2}Ax^2\right) = \frac{2^{(n-1)/2}\Gamma\left(\frac{n+1}{2}\right)}{A^{(n+1)/2}} \tag{A.37}$$

である．積分 (A.37) が存在するためには定数 A は厳密に正でなければならない．Γ は「オイラーのガンマ関数」であり，整数の引数に対して階乗になる．

$$\Gamma(p) = (p-1)! \tag{A.38}$$

式 (A.37) は，整数であろうとなかろうと $n > -1$ であるすべての n の値について成り立つ．実用上，式 (A.38) で必要になるのは整数か半整数の p の場合である．後者の場合，$\Gamma(p)$ を $\Gamma(1/2) = \sqrt{\pi}$ から計算できる．

統計力学において平均値を計算するときには，一般に積分 (A.37) を計算する必要はない．母関数

$$f(u) = \mathcal{N} \int_{-\infty}^\infty dx \exp\left(-\frac{1}{2}Ax^2 + ux\right) \tag{A.39}$$

を評価するほうがずっと便利である．規格化定数 $\mathcal{N}$ は $f(0) = 1$ となるように決める．式 (A.39) を「平方完成」するために変数変換 $x = x' - u/A$ を行うと

$$f(u) = \mathcal{N}\exp\left(\frac{u^2}{2A}\right)\int_{-\infty}^\infty dx' \exp\left(-\frac{1}{2}Ax'^2\right) = \exp\left(\frac{u^2}{2A}\right) \tag{A.40}$$

が得られる．規格化定数 $\mathcal{N}$ は計算する必要がなかったことがわかる．整数 n に対して

x^{2n} の平均値は微分で得られる.

$$\langle x^2 \rangle = \left.\frac{\mathrm{d}^2 f(u)}{\mathrm{d}u^2}\right|_{u=0} = \frac{1}{A} \tag{A.41}$$

$$\langle x^4 \rangle = \left.\frac{\mathrm{d}^4 f(u)}{\mathrm{d}u^4}\right|_{u=0} = \frac{3}{A^2} \tag{A.42}$$

これらの結果は簡単に多次元ガウス積分に一般化できる.その際には,指数関数の中の2次式は対称正定値な $N \times N$ 行列 (A_{ij}) で関係づけられる.行列表示を用いれば N 変数 $(x_1, \ldots, x_N)$ は列ベクトル x になり,同様にして

$$\sum_{i,j=1}^{N} x_i A_{ij} x_j = x^T A x \qquad \sum_{i=1}^{N} x_i u_i = x^T u$$

となる.こうして母関数は

$$f(u_1, \ldots, u_N) = \mathcal{N} \int \prod_{i=1}^{N} \mathrm{d}x_i \, \exp\left(-\frac{1}{2} x^T A x + u^T x\right) \tag{A.43}$$

となる.ここで $\mathcal{N}$ は前と同様に $f(u_i = 0) = 1$ となるように選ぶ.変数変換

$$x = x' - A^{-1} u$$

により,式 (A.40) は

$$f(u) = \exp\left(\frac{1}{2} u^T A^{-1} u\right) \mathcal{N} \int \prod_{i=1}^{N} \mathrm{d}x'_i \, \exp\left(-\frac{1}{2} x'^T A x'\right) = \exp\left(\frac{1}{2} u^T A^{-1} u\right) \tag{A.44}$$

と一般化される.前と同様にして平均値は微分で得られる.たとえば,2変数の積の平均値は

$$\langle x_i x_j \rangle = \left.\frac{\partial^2 f}{\partial u_i \partial u_j}\right|_{u_i=0} = (A^{-1})_{ij} \tag{A.45}$$

となり,4変数の積の平均値は

$$\begin{aligned}\langle x_i x_j x_k x_l \rangle &= \left.\frac{\partial^4 f}{\partial u_i \, \partial u_j \, \partial u_k \, \partial u_l}\right|_{u_i=0} \\ &= (A^{-1})_{ij}(A^{-1})_{kl} + (A^{-1})_{ik}(A^{-1})_{jl} + (A^{-1})_{il}(A^{-1})_{jk} \\ &= \langle x_i x_j \rangle\langle x_k x_l \rangle + \langle x_i x_k \rangle\langle x_j x_l \rangle + \langle x_i x_l \rangle\langle x_j x_k \rangle \end{aligned} \tag{A.46}$$

となる.一般に,中心が零のガウス分布の偶数次のモーメントは2次のモーメントを使って表される.規格化定数 $\mathcal{N}$ は,ヤコビヤンが1の直交変換を使って行列 A を対角化すれば計算できて

$$\mathcal{N} = \frac{(\det A)^{1/2}}{(2\pi)^{N/2}} \tag{A.47}$$

となる.

A.5.2 量子統計に現れる積分

ボース–アインシュタイン分布およびフェルミ–ディラック分布に関する積分は，整数あるいは半整数の n についての以下の二つの積分を使って表される．

$$B_n = \int_0^\infty \mathrm{d}x \frac{x^n}{\mathrm{e}^x - 1} = \Gamma(n+1)\zeta(n+1) \tag{A.48}$$

$$F_n = \int_0^\infty \mathrm{d}x \frac{x^n}{\mathrm{e}^x + 1} = \left(1 - \frac{1}{2^n}\right)\Gamma(n+1)\zeta(n+1) \tag{A.49}$$

関数 $\zeta(n)$ は，「リーマンのゼータ関数」

$$\zeta(n) = \sum_{p=1}^\infty \frac{1}{p^n} = 1 + \frac{1}{2^n} + \frac{1}{3^n} + \cdots + \frac{1}{p^n} + \cdots \tag{A.50}$$

である．よく使われる $\zeta(n)$ の値は，整数の n では $\zeta(2) = \pi^2/6$, $\zeta(3) \simeq 1.202$, $\zeta(4) = \pi^4/90$ であり，半整数の n では $\zeta(3/2) \simeq 2.612$, $\zeta(5/2) \simeq 1.342$ である．ボース–アインシュタイン分布に対する式 (A.48) のよく現れる具体例は，

$$B_1 = \int_0^\infty \mathrm{d}x \frac{x}{\mathrm{e}^x - 1} = \frac{\pi^2}{6} \tag{A.51}$$

$$B_2 = \int_0^\infty \mathrm{d}x \frac{x^2}{\mathrm{e}^x - 1} = 2\zeta(3) \tag{A.52}$$

$$B_3 = \int_0^\infty \mathrm{d}x \frac{x^3}{\mathrm{e}^x - 1} = \frac{\pi^4}{15} \tag{A.53}$$

であり，フェルミ–ディラック分布に対する式 (A.49) では，

$$F_1 = \int_0^\infty \mathrm{d}x \frac{x}{\mathrm{e}^x + 1} = \frac{\pi^2}{12} \tag{A.54}$$

$$F_2 = \int_0^\infty \mathrm{d}x \frac{x^2}{\mathrm{e}^x + 1} = \frac{3}{2}\zeta(3) \tag{A.55}$$

$$F_3 = \int_0^\infty \mathrm{d}x \frac{x^3}{\mathrm{e}^x + 1} = \frac{7\pi^4}{120} \tag{A.56}$$

である．

A.6 汎関数微分

線形関数空間 $\mathcal{F}$ があったときに，I を $\mathcal{F}$ から実数の空間 $\mathbb{R}$ の中への写像としよう[*6]．

$$\mathcal{F} \longrightarrow \mathbb{R}$$

このとき，すべての関数 $f \in \mathcal{F}$ に対して一つの実数 $I(f) : f \mapsto I[f]$ が対応する．このとき $I[f]$ を f の**汎関数**とよぶ．混乱を避けるために汎関数の引数を角ブラケットで囲った．簡単な汎関数の例は

$$I_1[f] = \int \mathrm{d}x\, g(x) f(x) \tag{A.57}$$

である．ただし $g(x)$ は一つの与えられた関数である．ほかの例としては $I_{x_0}[f] = f(x_0)$ や $I_M[f] = \mathrm{Max}|f(x)|$ があげられる．**汎関数微分** $\delta I/\delta f(x)$（この汎関数微分は x の関数になる）は，テイラー展開の一般化によって定義される．ε を小さい数，$h(x) \in \mathcal{F}$ を x の任意の関数として，$I[f+\epsilon h]$ を ε の1次まで展開しよう．

$$\boxed{I[f + \varepsilon h] = I[f] + \varepsilon \int \mathrm{d}x\, \frac{\delta I}{\delta f(x)} h(x) + \mathcal{O}(\varepsilon^2)} \tag{A.58}$$

式 (A.58) によって $I[f]$ の汎関数微分が定義される．式 (A.58) をいくつかの例を使って説明しよう．

(i) 最初の例は，式 (A.57) を少しだけ一般化したものである．

$$I_p[f] = \int \mathrm{d}x\, g(x) f^p(x)$$

この場合，テイラー展開 (A.58) は

$$I_p[f + \varepsilon h] = \int \mathrm{d}x\, g(x) \Big(f^p(x) + \varepsilon p f^{p-1}(x) h(x) \Big) + \mathcal{O}(\varepsilon^2)$$
$$= I_p[f] + \varepsilon \int \mathrm{d}x\, p g(x) f^{p-1}(x) + \mathcal{O}(\varepsilon^2)$$

となり，定義 (A.58) との比較により

$$\frac{\delta I_p}{\delta f(x)} = p g(x) f^{p-1}(x) = g(x) \frac{\mathrm{d}}{\mathrm{d}x} f^p(x)$$

が得られる．

[*6] 簡単のために $\mathbb{R}$ の中への写像の場合をとりあげたが，$\mathbb{R}^N$ や複素数の空間への一般化は容易である．

(ii)
$$I_V = \int dx\, V[f(x)]$$

$V[f]$ を f のべきに展開すれば

$$\frac{\delta I_V}{\delta f(x)} = V'[f(x)] \tag{A.59}$$

となることが示せる．

(iii)
$$I_D[f] = \int_{x_1}^{x_2} dx \left(\frac{df}{dx}\right)^2$$

テイラー展開すれば

$$I[f+\varepsilon h] = I[f] + 2\varepsilon \int_{x_1}^{x_2} dx\, f'(x) h'(x) + \mathcal{O}(\varepsilon^2)$$

となる．$h'(x)$ のかわりに，$h(x)$ で表示するために部分積分をすれば，

$$\boxed{\frac{\delta I_D}{\delta f(x)} = -2f''(x) + 2f'(x)(\delta(x-x_2) - \delta(x-x_1))} \tag{A.60}$$

が得られる．$f'(x)$ の係数は境界条件に依存するが，一般に無視できる．

(iv) 式 (A.57) で $g(x) = \delta(x-x_0)$ と選べば，

$$I_{x_0}[f] = f(x_0) \qquad \frac{\delta I_{x_0}}{\delta f(x)} = \delta(x-x_0) \tag{A.61}$$

となる．次式の証明は読者の宿題としよう．

$$I_M[f] = \mathrm{Max}\,|f(x)| \qquad \frac{\delta I_M}{\delta f(x)} = \delta(x-x_0)$$

ただし，$f(x)$ が**唯一**の極値を $x = x_0$ にもつとする．$f(x)$ が多くの極値をもつときは，I_M の汎関数微分は定義されない．$I[f]$ は「点」f において「微分不能」である．

非常に重要な物理の例を用いて汎関数微分の概念を明らかにしよう．簡単のため単位質量の粒子が直線上を動いているとしよう．粒子の位置 $q(t)$ は時間の関数になる．時刻 t_1 と t_2 の間の作用 S は $q(t)$ の汎関数となり，次式で定義される．

$$S[q(t)] = \int_{t_1}^{t_2} dt \left(\frac{1}{2}\dot{q}(t)^2 - \frac{1}{2}V[q(t)]\right) \tag{A.62}$$

ただし，$V(q)$ はポテンシャルエネルギーである．境界条件

A.6 汎関数微分

$$\delta q(t_1) = \delta q(t_2) = 0$$

を満たす軌道の微少変位 $\delta q(t)$ を考えよう．最小作用の原理によれば物理的な軌道 $\overline{q}(t)$ は作用の極値でなければならない．すなわち，

$$\left.\frac{\delta S}{\delta q(t)}\right|_{q(t)=\overline{q}(t)} = 0$$

こうして，式 (A.59)–(A.60) と境界条件より，運動方程式（ニュートンの第二法則）

$$\ddot{q}(t) + V'[q(t)] = 0 \tag{A.63}$$

が得られる．汎関数の一般化されたテイラー展開は

$$I[f+h] = I[f] + \sum_{N=1}^{\infty} \frac{1}{N!} \int dx_1 \cdots dx_N \frac{\delta^N I}{\delta f(x_1) \cdots \delta f(x_N)} h(x_1) \cdots h(x_N) \tag{A.64}$$

と定義される．一例をあげよう．

$$I[f] = \exp\left(\int dx\, f(x)g(x)\right) = \sum_{N=0}^{\infty} \frac{1}{N!} \left(\int dx\, f(x)\, g(x)\right)^N$$
$$= \sum_{N=0}^{\infty} \frac{1}{N!} \int dx_1 \cdots dx_N\, g(x_1) \cdots g(x_N)\, f(x_1) \cdots f(x_N)$$

これは，$f=0$ のまわりのテイラー展開であり，次式が得られる．

$$\left.\frac{\delta^N I}{\delta f(x_1) \cdots \delta f(x_N)}\right|_{f=0} = g(x_1) \cdots g(x_N)$$

最後に，普通の関数に対する公式 $(f(g(x)))' = g'(x)f'(g(x))$ を一般化した微分規則を与えよう．$\varphi(y)$ を関数 $f(x)$ の汎関数とする．たとえば，

$$\varphi(y) = \int dx\, K(y,x) f(x)$$

そのとき $\delta I[\varphi[f]]/\delta f(x)$ は，

$$I\bigl[\varphi[f+\varepsilon h]\bigr] \simeq I\left\{\varphi[f] + \varepsilon \int dx\, \frac{\delta \varphi(y)}{\delta f(x)}\, h(x)\right\}$$
$$\simeq I\bigl[\varphi[f]\bigr] + \varepsilon \int dx\, dy\, \frac{\delta I}{\delta \varphi(y)}\, \frac{\delta \varphi(y)}{\delta f(x)}\, h(x)$$

であるから，汎関数微分の定義 (A.58) より次式が得られる．

$$\boxed{\frac{\delta I}{\delta f(x)} = \int dy\, \frac{\delta I}{\delta \varphi(y)}\, \frac{\delta \varphi(y)}{\delta f(x)}} \tag{A.65}$$

A.7 単位と物理定数

以下の物理定数は 10^{-3} の相対精度で表している．これは本書の数値的応用には十分な精度である．

真空中の光速 $c = 3.00 \times 10^8 \, \text{m s}^{-1}$
プランク定数 $h = 6.63 \times 10^{-34} \, \text{J s}$
プランク定数を 2π で割った量 $\hbar = 1.055 \times 10^{-34} \, \text{J s}$
素電荷（絶対値）$e = 1.602 \times 10^{-19} \, \text{C}$
重力定数 $G = 6.67 \times 10^{-11} \, \text{N m}^2 \, \text{kg}^{-2}$
電子質量 $m_\text{e} = 9.11 \times 10^{-31} \, \text{kg} = 0.511 \, \text{MeV c}^{-2}$.
陽子質量 $m_\text{p} = 1.67 \times 10^{-27} \, \text{kg} = 938 \, \text{MeV c}^{-2}$
ボーア磁子 $\mu_\text{B} = e\hbar/(2m_\text{e}) = 5.79 \times 10^{-5} \, \text{eV T}^{-1}$
核磁子 $\mu_\text{N} = e\hbar/(2m_\text{p}) = 3.15 \times 10^{-8} \, \text{eV T}^{-1}$
アヴォガドロ数 $\mathcal{N} = 6.02 \times 10^{23} \, \text{mol}^{-1}$
気体定数 $R = 8.31 \, \text{J K}^{-1} \, mol^{-1}$
ボルツマン定数 $k = R/\mathcal{N} = 1.38 \times 10^{-23} \, \text{J K}^{-1}$
理想気体の密度 $n = 2.7 \times 10^{25} \, \text{m}^{-3}$（標準温度，標準圧力）
電子ボルトと温度 $1 \, \text{eV} = 1.602 \times 10^{-19} \, \text{J} = k \times 11600 \, \text{K}$

B

訳者補章：相転移の統計力学と数理

本文（4章）の内容とは相補的に，しかもハンドブック的に相転移の理論を簡潔にまとめることにする．

B.1 相転移の一般的特徴

B.1.1 ギブスの相律
n 成分の物質からなる混合系が α 個の相に分かれて共存すれば，独立に変化しうる状態変数の数（自由度）f は

$$f = n + 2 - \alpha \tag{B.1}$$

と表される．

B.1.2 クラウジウス–クラペイロンの関係式
潜熱 ΔQ, 体積のとび ΔV をともなう1次相転移では，次のクラウジウス–クラペイロンの関係式が成り立つ：

$$\frac{dp}{dT} = \frac{\Delta Q}{T \Delta V}. \tag{B.2}$$

ただし，p は圧力，T は温度を表す．

B.1.3 エーレンフェストの関係式
2次相転移では次のエーレンフェストの関係式が成り立つ：

$$\frac{dp}{dT} = \frac{\Delta C_p}{TV \Delta \beta_V}, \quad \beta_V = \frac{1}{V}\left(\frac{dV}{dT}\right)_p. \tag{B.3}$$

ただし，ΔC_p は定圧比熱の相転移点におけるとびを表す．同様に $\Delta \beta_V$ は β_V のとびを表す．

注) 本章で肩付き番号で示した文献は，581ページ以下に「訳者追加文献」としてあげてある．

B.1.4 相転移と対称性の変化

相転移点の上での系の対称性の一部が，相転移点以下では破れて対称性の低い状態に変化する．たとえば，液体の状態では併進対称性が保たれているが，固体になるとそれは破れる．強磁性相転移では，スピン反転対称性が破れる．超伝導相転移では，超伝導状態を記述する波動関数の位相の対称性が破れる（コヒーレントな状態に変化する）．特に，2次相転移では，ハミルトニアンの対称性よりも低い対称性をもつ秩序状態に自発的に転移する．これを「自発的対称性の破れ」という．これを特徴づけるパラメータを秩序パラメータという．たとえば，強磁性体では磁化 M が秩序パラメータである．自発磁化 M_s を統計力学的に求める方法はいろいろあるが，典型的方法の一つは，M に共役な外力，すなわち，磁場 H を加えた状態で M を計算し，熱力学的極限（体系の大きさ N を $N \to \infty$ にする極限）を先にとってから，$H \to +0$ にすることである：

$$M_\mathrm{s} = \lim_{H \to +0} \lim_{N \to \infty} \langle M \rangle_H. \tag{B.4}$$

もう一つの方法は，次のように長距離相関を求めることである：

$$m_\mathrm{s}^2 = \left(\frac{M_\mathrm{s}}{N}\right)^2 = (g\mu_\mathrm{B})^2 \lim_{|i-j| \to \infty} \langle S_i^z S_j^z \rangle_{H=0}. \tag{B.5}$$

ただし，S_i^z は格子点 i でのスピンであり，g は g 因子，μ_B はボーア磁子である．

要するに，$\langle S_i^z S_j^z \rangle$ が相転移点（キュリー点）T_C 以下で $|i-j| \to \infty$ の極限をとると $\langle S_i^z \rangle_{H \to +0} \langle S_j^z \rangle_{H \to +0}$ という積になるという性質があるから，(B.5) によって，$m_\mathrm{s} = g\mu_\mathrm{B} \langle S_i^z \rangle_{H \to +0}$ が求められる．

B.1.5 平均場理論の本質

相転移は数学的には無限系で起こる．しかし，ほとんどの相転移の問題は厳密に解くことは困難である．相転移の本質を理解する一番簡単で標準的な理論は，平均場理論である．この理論の本質は，無限系を有限系 Ω で近似し，Ω 以外の自由度の効果を Ω の境界 $\partial\Omega$ に働く有効場（または平均場）で近似的に表すことである．$\partial\Omega$ におけるすべての多体の有効場を正しく取り扱う方法があればこの系は厳密に解けることになる[g]．これは1次元またはベーテ格子以外では実行が困難であり，通常は1体の有効場で近似する．しかも，この有効場がクラスター Ω の中心の秩序パラメータ（ここでは磁化 m）に比例すると仮定する．さらに，この比例係数 λ は，物理的状況に応じて適当に決める．たとえば，系の一様性の条件すなわち Ω の中心の秩序パラメータと $\partial\Omega$ の秩序パラメータとが等しいという条件より決める．こうして，秩序パラメータを相互作用と温度 T の関数としてセルフコンシステントに求めることができる．クラスター Ω がまずただ1点の場合には，H の一次までの近似では，

$$m = a(T)(H + \lambda m) \tag{B.6}$$

の形に書ける．ここで，λ は有効場の係数，$a(T)$ はスピン 1 個の磁化率である（本文にあるように，$a(T) = \mu_B^2/kT$ である）．このワイス近似では，λ は最近接格子点の数 z と相互作用の強さ J を用いて $\lambda = zJ/\mu_B^2$ と表される．したがって，

$$m = \frac{a(T)}{1 - a(T)\lambda} H = \chi_0(T) H, \tag{B.7}$$

および

$$\chi_0(T) = \frac{a(T)}{1 - \lambda a(T)} \sim \overline{\chi}^{(W)} \frac{T_C^{(W)}}{T - T_C^{(W)}} \tag{B.8}$$

となり，磁化率 $\chi_0(T)$ は $\lambda a(T_C^{(W)}) = 1$ で発散し，相転移が起こることになる．これによって，相転移点 $T_C^{(W)}$ および平均場臨界係数 $\overline{\chi}^{(W)}$ が求まる．すなわち，$a(T) = \mu_B^2/kT$ および $\lambda = zJ/\mu_B^2$ より，$T_C^{(W)} = \lambda \mu_B^2/k = zJ/k$，および $\overline{\chi}^{(W)} = \mu_B^2/(zJ)$ で与えられる．式 (B.6) は，$a(T)$ を一般の Ω の磁化率にとれば，任意の Ω で成り立つ．

ゆらぎの効果をもう少しとり入れる方法としてベーテ近似（ベーテ格子では厳密）がよく使われる．これは，1 点のまわりに $z = 2d$ 個のスピンが結合している $(z+1)$ 個のクラスターを Ω とする近似法である．簡単な計算により，磁化率 $\chi_0(T)$ は，イジング模型（相互作用の強さ J）の場合，

$$\chi_0(T) = \mu_B^2 \frac{1 + \tanh(J/kT)}{1 - (z-1)\tanh(J/kT)} \sim \overline{\chi}^{(B)} \cdot \frac{T_C^{(B)}}{T - T_C^{(B)}} \tag{B.9}$$

で与えられ，$T_C^{(B)} = 2J/[k \log(z/(z-2))]$ で発散する．また，発散の係数 $\overline{\chi}^{(B)}$ は $(z/(z-2))\overline{\chi}^{(W)}$ で与えられる．

B.2　拡張された平均場近似列とコヒーレント異常法（CAM）

前節で説明したように，平均場近似に用いるクラスター Ω のサイズを大きくすると，近似的な相転移点 T_C は少しずつ低くなり正しい値 T_C^* に近づく（$T_C^* < T_C^{(B)} < T_C^{(W)}$ に注意）．しかし，本文で議論されている臨界指数（α, β, γ, δ, η, ν）を評価するには不向きであるように思われてきた．実際，平均場近似を用いるかぎり，どのようにクラスター Ω を大きくしても，$\gamma = 1$（古典的な値）のままである．ほかの臨界指数についても同様である．

ところが，これらの一般化された平均場近似列に関連して非常に興味深いことが 1986 年発見された[r]．それは，クラスターサイズを大きくして系統的に平均場近似列を作り，近似的な T_C の値を真の値 T_C^* に近づけ近似の精度を上げていくと，平均場近似で求めた磁化率の発散（キュリー–ワイス則）の係数が系統的に（コヒーレントに）異常に増大するということである．それが「コヒーレント異常」である[r]．

たとえば，前節で求めたワイス近似とベーテ近似を比較すると，$|T_C^{(B)} - T_C^*| < |T_C^{(W)} - T_C^*|$ になると同時に，$\overline{\chi}^{(B)} > \overline{\chi}^{(W)}$ であることがわかる．特に $z = 4$ では，

$\overline{\chi}$ がベーテ近似では 2 倍も大きくなっていることがわかる.

このようなコヒーレント異常は,真の相転移点 T_C^* 近似でゆらぎが非古典的に ($\gamma \neq 1$, $\beta \neq 1/2$, $\alpha \neq 0$ など) 大きくなることに基づいて起こる.これに着目して,系統的な平均場近似列を作り,コヒーレント異常を評価すれば,真の臨界現象を理論的に解析することができることになる.この方法をコヒーレント異常法(coherent anomaly method:CAM)[g,r,s] という.

たとえば,磁化率の臨界指数 γ に関して説明すると,次のとおりである.平均場近似列によって求められた近似的な相転移点(列)をパラメータとみなして T_C と書くことにする.それに対応する平均場臨界係数 $\overline{\chi}$ を T_C の関数として $\overline{\chi}(T_C)$ と書き,このコヒーレント異常を一番簡単なべき乗則

$$\overline{\chi}(T_C) \sim \frac{1}{(T_C - T_C^*)^\psi} \tag{B.10}$$

と仮定し,数個の近似列から,T_C^* と ψ の値を評価する.このコヒーレント異常指数 ψ より,真の臨界指数 γ は

$$\gamma = 1 + \psi \tag{B.11}$$

によって求められることがいろいろな方法(フィッシャーのスケーリング則や包絡線の理論など)によって導かれている[g,r](コヒーレント異常が現れない系では $\psi = 0$,すなわち $\gamma = 1$ となり古典的な臨界現象が起きることになる).(B.11)のようなコヒーレント異常関係式は,ほかの臨界指数 α, β, δ, η, ν などに対しても導かれている[g,r].具体的な計算によると,たとえば,2次元イジング模型では,$\gamma = 1.749$, $\beta = 0.131$, $\delta = 15.1$ などと厳密な値($\gamma = 1.75$, $\beta = 0.125$, $\delta = 15$)に近い値が得られている[g,r].

このコヒーレント異常法は,平均場の方法を直接用いない近似列(たとえば,高温展開にパデ近似や比の方法を用いた近似)でも実質的に平均場近似に対応する近似列になっていれば適用できる.また,動的臨界現象の研究にも有効である.この CAM の方法は,いわば近似理論の解析接続になっている.この方法が発見されるまでに,小口近似,菊池近似,守田近似などが個々に開発されてきたが,上の CAM 理論によって,これらの近似は統合されて現代的な(非古典的な)臨界現象の研究へと活用され新しく蘇ることになった[g,r].

B.3 厳密解の方法と手順の分離[a]

相転移・臨界現象を統計力学的に厳密に研究する方法には,転送行列法,ベーテ仮説の方法,ヤン–バクスター方程式を用いる方法,第 2 量子化の方法などいろいろあるが,ここでは,これらの方法をそれぞれ詳しく解説するのではなく,これらの方法の背後にある共通の考え方を述べ,それぞれの方法の特徴をその視点で説明することにする.その共通の考え方とは「手順の分離」である[a].相転移・臨界現象を示すような多体系で

は，多くの効果が互いに複雑に絡み合っている．それらの絡み合いをうまく変換して分離することにより，系の物理的性質を手順よく解きほぐして抽出できることがしばしばある．これを「手順の分離」という[a]．

B.3.1 指数演算子分解公式と手順の分離

理論科学の問題は，数学的に表現すると，次のような形の微分方程式で表されることが多い：

$$\frac{dP(t)}{dt} = \mathcal{L}P(t). \tag{B.12}$$

ただし，$P(t)$ は解きたい量の組（ベクトル）であり，$\mathcal{L}$ は線形または非線形の時間発展演算子である．式 (B.12) の形式解は $P(t) = \exp(t\mathcal{L})P(0)$ と与えられるが，この指数演算子があらわに求められないと解の性質はわからない．そこで，問題はこの指数演算子をいかに扱うかということになる．その際の困難は，$\mathcal{L}$ が互いに非可換な $\mathcal{L}_1, \cdots, \mathcal{L}_r$ の和として，$\mathcal{L} = \mathcal{L}_1 + \mathcal{L}_2 + \cdots + \mathcal{L}_r$ のように表されており，それらの絡み合いによって興味深い現象が出現するところにある．それぞれの演算子 $\{\mathcal{L}_j\}$ は性質のよくわかった（なんらかの方法で具体的に対角化可能な）演算子であるとする（もちろん，それらが互いに可換な場合は，$\exp(t\mathcal{L}) = \exp(t\mathcal{L}_1) \cdots \exp(t\mathcal{L}_r)$ と積に分解され，すでに手順の分離が行われており，問題は解けている）．非可換な場合でも，うまい変換により，

$$e^{t\mathcal{L}} = e^{(t\mathcal{L}_1 + \cdots + t\mathcal{L}_r)} = e^{\mathcal{L}_1(t)} e^{\mathcal{L}_2(t)} \cdots e^{\mathcal{L}_s(t)}$$
$$= \mathcal{T}_1(t)\mathcal{T}_2(t) \cdots \mathcal{T}_s(t) \tag{B.13}$$

のように積の形に分解できることがある．ここで分解された個々の演算子 $\{\mathcal{T}_j(t)\}$ ($\equiv \exp \mathcal{L}_j(t)$) は解析的に扱える，性質のわかったものであるとする．それらの個数 s は，一般には，もとの個数 r とは異なり，有限の場合も無限大の場合もある．このように分解される場合に，与えられた問題は，手順の分離が行われたという[a]．

いままでに解析的に解かれている問題はほとんどすべてこの範ちゅうに入っている．前置きのところであげた，転送行列法，ベーテ仮説の方法，ヤン-バクスターの方法などはすべて上のような特徴をもっている．以下にそれをもう少し詳しく説明する．

B.3.2 古典的転送行列法

第 3 章（式 (3.34) 参照）で説明されているとおり，古典的な系，たとえばイジング模型の状態和 $Z = Z(\beta)$ は転送行列 $\mathcal{T}$ を用いて

$$Z(\beta) = \mathrm{Tr} e^{-\beta \mathcal{H}} = \mathrm{Tr} \mathcal{T}^N \tag{B.14}$$

と表される．こうして，d 次元の古典系は，$(d-1)$ 次元の量子系（$\mathcal{T}$ で表される系）の積に分解される．したがって，$\mathcal{T}$ を対角化することにより，もとの系の状態和が求まることになる．

B.3.3 ベーテ仮説の方法

1次元量子スピン系の基底状態を求める方法として，ベーテは，次のような波動関数を導入した：

すべてのスピンが上向きの状態を出発点（真空）にして，座標 $x_{Q_1} < x_{Q_2} < \cdots < x_{Q_N}$ のところのスピンを反転させた固有関数を

$$\psi = \sum_P A_P(Q) \exp\left(i \sum_j^N k_{P_j} x_{Q_j}\right) \tag{B.15}$$

と仮定する[q]．ただし，$P = (P_1, P_2, \cdots, P_N)$ は $Q = (Q_1, Q_2, \cdots, Q_N)$ の置換である．この置換に対応して，係数 $A_P(Q)$ を適当に決めると，(B.15) が解になる．しかも，この係数 $A_P(Q)$ が2体散乱行列を用いて表される．すなわち，ベーテ仮説の方法は，多粒子系の波動関数を1粒子波動関数の積の重ね合わせで表すという手順の分離を利用する方法であるといえる．

B.3.4 ヤン–バクスター方程式

上に説明したベーテ仮説が成立する条件は，多粒子散乱が2粒子散乱の繰り返しで表されるということであり，これを2体散乱行列 $\{S_{jk}\}$ で表現したものが，次のヤン–バクスター方程式である：

$$S_{jk}S_{ik}S_{ij} = S_{ij}S_{ik}S_{jk}. \tag{B.16}$$

これは，三つの散乱に対する反転対称性を表しており，手順の分離という特徴がこの関係式ではいっそう明白になる．

B.3.5 拡散方程式の解と2次元リー群

手順の分離の非常に簡単な例として，次の拡散方程式（フォッカー–プランク方程式）

$$\frac{\partial}{\partial t}P(x,t) = \mathcal{L}P(x,t); \mathcal{L} = (A(t) + B(t))/t; A(t) = -\gamma t \frac{\partial}{\partial x}x, \quad B(t) = \varepsilon t \frac{\partial^2}{\partial x^2} \tag{B.17}$$

の代数的解 $P(x,t) = e^{t\mathcal{L}}P(x,0) = e^{A(t)+B(t)}P(x,0)$ について議論する．ただし，$P(x,t)$ は，時刻 t でブラウン粒子が x に見いだされる確率を表し，γ はドリフト効果の強さ，ε は拡散係数を表す．明らかに，$[A(t), B(t)] = A(t)B(t) - B(t)A(t) = \alpha B(t)$ である[a]．ただし，$\alpha = 2\gamma t$ である．すなわち，$A(t)$ と $B(t)$ は2次元リー群を構成している．この交換関係 $[A(t), B(t)] = \alpha B(t)$ を用いると，任意の λ に対して

$$e^{A(t)+B(t)} = e^{\lambda \tilde{f}(\alpha)B(t)}e^{A(t)}e^{(1-\lambda)f(\alpha)B(t)}; \tilde{f}(\alpha) = \frac{e^\alpha - 1}{\alpha} \equiv e^\alpha f(\alpha) \tag{B.18}$$

と分解される[a]．このように，拡散とドリフトが繰り込まれた時間 $f(\alpha), \tilde{f}(\alpha)$ を用いて分離される．(B.18) のそれぞれの指数演算子は次のようにあらわに表現できる[a]：

$$\exp\left(-\gamma(t)\frac{\partial}{\partial x}x\right)P(x) = e^{-\gamma(t)}P(xe^{-\gamma(t)}) \tag{B.19}$$

および

$$\exp\left(\varepsilon(t)\frac{\partial^2}{\partial x^2}\right)P(x) = \{4\pi\varepsilon(t)\}^{1/2}\int_{-\infty}^{\infty}\exp\left\{-\frac{(x-y)^2}{4\varepsilon(t)}\right\}P(y)\mathrm{d}y. \tag{B.20}$$

したがって，たとえば，(B.18) で $\lambda = 0$ に対する解の表現は

$$P(x,t) = \exp\left(-t\frac{\partial}{\partial x}\gamma x\right)\exp\left\{(1-e^{-2\gamma t})\left(\frac{\varepsilon}{2\gamma}\right)\frac{\partial^2}{\partial x^2}\right\}P(x,0)$$

$$= \left\{\frac{2\pi\varepsilon(e^{2\gamma t}-1)}{\gamma}\right\}^{-1/2}\int_{-\infty}^{\infty}\exp\left\{-\frac{(y-e^{-\gamma t}x)^2}{2\varepsilon(1-e^{-2\gamma t})/\gamma}\right\}P(y,0)\mathrm{d}y \tag{B.21}$$

となる[a]．これはよく知られた表式である．

B.3.6 一般化されたトロッター公式と ST 変換

指数演算子 $\exp\{x(A_1 + A_2 + \cdots + A_r)\}$ の最も系統的な手順の分離は，次の一般化された指数積分解公式（一般化されたトロッター公式）によって与えられる[a,h]：

$$e^{x(A_1+A_2+\cdots+A_r)} = \lim_{m\to\infty}(e^{\frac{x}{m}A_1}e^{\frac{x}{m}A_2}\cdots e^{\frac{x}{m}A_r})^m. \tag{B.22}$$

右辺の極限を有限の m で近似すると誤差はオーダー x^2/m となる．右辺のカッコの中の積を対称化すると誤差は x^3/m^2 のオーダーとなり精度のよい近似公式が得られる．最近，任意の次数の分解公式が漸化式の方法によって求められることが発見された[a,t]．すなわち，

$$S_2(x) = e^{\frac{x}{2}A_1}e^{\frac{x}{2}A_2}\cdots e^{\frac{x}{2}A_{r-1}}e^{xA_r}e^{\frac{x}{2}A_{r+1}}\cdots e^{\frac{x}{2}A_2}e^{\frac{x}{2}A_1} \tag{B.23}$$

という 2 次の対称分解公式から出発して，$(2m-2)$ 次の対称分解公式 $S_{2m-2}(x)$ がわかったとすると，$S_{2m}(x)$ は

$$S_{2m}(x) = S_{2m-2}(p_{m,1}\,x)\cdots S_{2m-2}(p_{m,s}\,x); \quad p_{m,j} = p_{m,s-j+1} \tag{B.24}$$

によって漸化的に構成することができる．ただし，$\{p_{m,j}\}$ は

$$p_{m,1} + \cdots + p_{m,s} = 1 \quad \text{および} \quad p_{m,1}^{2m-1} + \cdots + p_{m,s}^{2m-1} = 0 \tag{B.25}$$

の条件によって与えられる．この解は，パラメータ s を十分大きくすると，無数に存在する．標準的な安定性のよい公式として，$s = 5$ の公式が多くの分野で用いられている[a,h,t]．このとき，パラメータ $\{p_{m,j}\}$ は，たとえば

$$p_{m,1} = p_{m,2} = p_{m,4} = p_{m,5} \equiv p_m = \frac{1}{4 - 4^{1/(2m-1)}}, \quad p_{m,3} = 1 - 4p_m \tag{B.26}$$

と与えられる[a,t]．これは標準的な 4 次分解公式とよばれている．

これらの分解公式を用いると，d 次元量子系は $(d+1)$ 次元の古典系に変換される．（これは鈴木–トロッター変換，または ST 変換とよばれている）．すなわち，d 次元量子系は $(d+1)$ 次元古典系と等価になる（等価定理）[a]．具体的な例は，第 7 章に解説されている．

B.3.7　量子転送行列法[u]

前節の等価定理（ST 変換）により変換された，$(d+1)$ 次元古典に転送行列法を適用する．その際，実空間ではなく，トロッター軸（式 (B.22) の m の方向）に沿って定義された転送行列を量子転送行列という[u]．これを $\mathcal{T}_Q(m)$ と書くことにすると，もとの量子系の状態和 $Z(\beta)$ は，実空間の方向（ここでは 1 次元量子系とする）の大きさ N を用いて，$N \to \infty$ の極限では漸近的に

$$Z(\beta) = \mathrm{Tr}\, e^{-\beta \mathcal{H}} = \lim_{m \to \infty} \mathrm{Tr}\, \mathcal{T}_Q^N(m) = \lim_{m \to \infty} \lambda_{\max}^N(m) \tag{B.27}$$

と表される．ここで，$\lambda_{\max}(m)$ は量子転送行列の $\mathcal{T}_Q(m)$ の最大固有値である．このように，量子転送行列法を用いると，量子系のハミルトニアン $\mathcal{H}$ の固有値 $\{E_j\}$ をすべて用いて初めて表される状態和 $Z(\beta)$ が，ただ一つの最大固有値で表されるという大きな利点がある．ただし，$m \to \infty$ の極限のとり方に工夫が必要になる．

B.3.8　第 2 量子化の方法

1 次元 XY 模型や 1 次元トランスバースイジング模型のハミルトニアン $\mathcal{H}$ はジョルダン–ウィグナー変換により，もとのスピンハミルトニアンをフェルミ演算子 $\{a_j^\dagger, a_j\}$ で表すことができる．さらに，$\{a_j^\dagger, a_j\}$ をフーリエ変換して運動量表示にしたフェルミ演算子 $\{a_k^\dagger, a_k\}$ を用いると，ハミルトニアンは対角化されて

$$\mathcal{H} = \sum_k \varepsilon_k a_k^\dagger a_k \tag{B.28}$$

の形に表される．$n = a_k^\dagger a_k$ と $n' = a_{k'}^\dagger a_{k'}$ は互いに可換であるから，明らかに，この系は手順の分離が行われている．

B.4　トポロジカル相互作用法 (TIM)[v,w]

境界のある系の相転移・臨界現象を研究する方法としてトポロジカル相互作用法が有効である[v,w]．端と端を結合させると系のトポロジーが変わるので，この名称がつけられた[v]．すなわち，端と端の間の相互作用を J' として，この系の状態和 $Z(J')$ を求める．これより，端と端の相関関数（スピン相関）$C_M(J')$ は，2 次元の場合

$$C_M(J') = \frac{1}{N} \frac{\partial}{\partial(\beta J')} \log Z(J') \tag{B.29}$$

によって求められる．ただし，M は端と端との間の格子点の数（距離），N はそれに垂直な方向の格子点の数を表す．この相関 $C_M(J')$ はきわめて興味深い性質をもっている．すなわち，$J' \neq 0$ のときは，最近接（短距離）相関を表し，$J' \to 0$ では，長距離相関（端と端の相関）を表す．しかも，N を有限にして $C_M(0)$ の $M \to \infty$ の極限をとると零になる．先に $N \to \infty$ にしてから $M \to \infty$ の極限をとると，$T < T_C$ では，$C_M(0)$ より，端の自発磁化 m_b の2乗が求まる．実際，この方法で2次イジング模型の端の自発磁化 m_b が再導出されている[w]．T_C の近傍では $m_b \propto (T_C - T)^{1/2}$ となることが示されている．一様な系の自発磁化 m_s が $m_s \propto (T_C - T)^{1/8}$ となることと対照的である．

この TIM はいろいろな問題に有効である．

B.5 局所的摂動と臨界現象

相転移点での対称性の破れを議論するとき，対称性を破る外場をどのくらいの広い領域にかけなければならないかが問題となる．

B.5.1 有限領域 Ω に外場をかけた場合

強磁性イジング模型に，有限領域 Ω に磁場 H をかけたときの全磁化を $M(T, H)$ とすると，相転移点 T_C 以上では，全スピンの数を N として，

$$\lim_{N \to \infty} \frac{M(T, H)}{N} = 0 \tag{B.30}$$

である[f]．相転移点以下 ($T < T_C$) では，

$$\lim_{N \to \infty} \frac{M(T, H)}{N} = m_s^2 \mathcal{F}_\Omega(T, H) \tag{B.31}$$

が証明されている[f]．ただし，m_s はスピン1個あたりの自発磁化を表し，$\mathcal{F}_\Omega(T, H)$ は T_C で零にも無限大にもならない関数である[f]．すなわち，相転移点近傍で全磁化は $m_s^2 \sim (T_C - T)^{2\beta}$ に比例するようにふるまう．特に，1点に磁場をかけた場合には，$\mathcal{F}_\Omega(T, H) = \tanh(\beta \mu_B H)$ となる．さらに，$H \to \infty$（すなわち，1点のスピンを上向きに固定した場合）では，$M = N m_s^2$ となる．この結果は，ヤン（C. N. Yang）によって直観的に求められていた[f]．公式 (B.31) は，物理的に次のように解釈される．相転移点以下では，ギプス状態は，自発磁化 Nm_s をもつ状態 ψ_+ と $-Nm_s$ をもつ状態 ψ_- との1次結合（すなわち，混合状態）

$$\psi = c \psi_+ + (1 - c) \psi_+ \tag{B.32}$$

で表される[f]．ただし，パラメータ c は

$$c = \frac{1}{2}(1 + m_s \mathcal{F}_\Omega(T, H)) \tag{B.33}$$

と与えられる．実際，この混合状態 ψ での全磁化 M は

$$M = c(Nm_{\rm s}) + (1-c)(-Nm_{\rm s}) = (2c-1)Nm_{\rm s} = Nm_{\rm s}^2 \mathcal{F}_\Omega(T,H) \quad (\text{B.34})$$

となり，(B.31) 式が再現される．

B.5.2 d' 次元の領域に磁場をかけた場合

一般に，d 次元におけるスピン相関関数 $C(R)$ は

$$C(R) \equiv \langle S_i S_{i+R} \rangle \sim \frac{e^{-\kappa R}}{R^{d-2+\eta}} \quad (\text{B.35})$$

のような漸近形で表される．(式 (4.42) と (4.43) 参照．) ただし，$\kappa = 1/\xi$ である．一部の無限領域（d' 次元の領域 Ω）に外場をかけ，それに対する領域 Ω の磁化率 (部分磁化率) $\chi_{\rm p}(T)$ を，スケーリング則 (B.35) を用いて求めると，

$$\chi_{\rm p}(T) \sim \int \frac{e^{-\kappa R}}{R^{d-2+\eta}} dd'R \sim \kappa^{-(2-\eta-d+d')} \sim (T-T_{\rm C})^{-\nu(2-\eta-d+d')} \quad (\text{B.36})$$

となる．したがって，$\chi_{\rm p}(T) \sim (T-T_{\rm C})^{-\gamma_{\rm p}}$ によって部分臨界指数 $\gamma_{\rm p}$ を定義すると

$$\gamma_{\rm p} = \nu(2-\eta-d+d') = d'\nu - 2\beta \quad (\text{B.37})$$

となる．ただし，$d\nu = 2-\alpha, \gamma = \nu(2-\eta)$ および $\alpha + 2\beta + \gamma = 2$ というスケーリング則を用いた．領域 Ω の部分磁化 $M_{\rm p}$ に対するスケーリング形を

$$M_{\rm p} \simeq (T_{\rm C}-T)^\beta f_{\rm p}(H/(T-T_{\rm C})^{\Delta_{\rm p}}) \quad (\text{B.38})$$

とおくと，ギャップ指数 $\Delta_{\rm p}$ は，(B.37) 式より，

$$\Delta_{\rm p} = \beta + \gamma_{\rm p} = d'\nu - \beta \quad (\text{B.39})$$

と与えられる．明らかに，$\Delta_{\rm p} > 0$ のときに，スケーリング形 (B.38) は意味をもつ．この条件は，$d' > \beta/\nu$ と書ける．したがって，少なくともこの条件を満たす部分領域に磁場 H をかけ $H \to +0$ にすることにより，自発的に対称性の破れた状態（自発磁化など）を求めることが原理的にできる．たとえば，2 次元のイジング模型において中央の 1 列（1 次元格子点）にのみ外場をかけた状態和が厳密に求まれば，画期的である．スケーリング則が初めて厳密に確かめられることになる．

B.6 相関等式と相関関数の漸近形

統計力学では，相関関数はきわめて重要な役割を果たす．外力に対する応答はゆらぎで表されるが，それらは，多くの相関関数で記述される．ところで，そこに現れる相関関数は互いに独立ではなく，お互いに関係がある．それが相関等式である．ここでは，古

典系における相関等式を説明する.

一般に，2つの関数 f と g の相関関数 $\langle fg \rangle$ を考える．ただし，f と g とは共通の変数をもたないとする．次に，系のハミルトニアン $\mathscr{H}$ を $\mathscr{H} = \mathscr{H}_g + \mathscr{H}'$ のように2つに分ける．ここで，$\mathscr{H}_g$ は g に含まれる変数（g 変数）を含む部分，$\mathscr{H}'$ は g 変数を含まない残りの部分とする．部分ハミルトニアン（g 変数以外の変数も含んでいることに注意）$\mathscr{H}_g$ に関する平均

$$\langle g \rangle_{\mathscr{H}_g} = \mathrm{Tr}_g g e^{-\beta \mathscr{H}_g} / \mathrm{Tr}_g e^{-\beta \mathscr{H}_g} \tag{B.40}$$

を定義すると，

$$\langle fg \rangle = \langle f \langle g \rangle_{\mathscr{H}_g} \rangle \tag{B.41}$$

という相関等式が成り立つ[a]．特に，イジング模型では，格子点 j でのイジングスピンを $S_j(=\pm 1)$ とすると，

$$\begin{aligned}\langle S_i S_j \rangle &= \langle S_i \tanh(\beta \sum_k J_{jk} S_k) \rangle \\ &= \langle \tanh(\beta S_i \sum_k J_{jk} S_k) \rangle \end{aligned} \tag{B.42}$$

が成り立つ．ただし，$i \neq j$ および J_{jk} はスピン S_j と S_k との相互作用の強さである（すなわち，$\mathscr{H} = -\sum_{<jk>} J_{jk} S_j S_k$）．さらに，$f=1, g=S_j$ とおくと，磁場がある場合には，

$$\langle S_j \rangle = \langle \tanh(\beta \sum_k J_{jk} S_k + \beta \mu_B H) \rangle \tag{B.43}$$

が得られる[a]．これらの相関等式を近似的に解くにはいろいろな方法がある．たとえば，(B.43) で，平均を tanh の中に入れる近似をすると，次の平均場近似の状態方程式

$$\langle S_j \rangle = \tanh(\beta \sum_k J_{jk} \langle S_k \rangle + \beta \mu_B H) \tag{B.44}$$

が得られる[a,x]．また，(B.42) で上と同様の平均場近似を行い，さらに線形近似を行うと

$$\langle S_i S_j \rangle = \beta \langle S_i \sum_k J_{jk} S_k \rangle = \beta \sum_k J_{jk} \langle S_i S_k \rangle \tag{B.45}$$

となる．さらに，J_{jk} は $J_{j,j+\sigma a}$ だけが零でない値をもつとする．ここで，a は格子間隔である．また σ は最近接格子点の方向への単位ベクトルである．次に，$j=i+R(R \gg a)$ とおいて，式 (B.45) の右辺を a についてテイラー展開して，a の2次までとると，

$$(\Delta - \kappa^2) C(R) = 0; \quad C(R) \equiv \langle S_i S_{i+R} \rangle \tag{B.46}$$

というオルンシュタイン–ゼルニケ型の微分方程式が導かれる．ただし，$\kappa^2 = (1-z\beta J)/a^2$ である．ここで，$z=2d$ は最近接格子点の数を表す．3次元では，(B.46) の解は，

$$C(R) = C_0 \frac{e^{-\kappa R}}{R} \tag{B.47}$$

という形で表され,式 (B.35) の特別な場合 ($d=3, \eta=0$) になっている.ゆらぎを正しく取り込むと,フィッシャーの臨界指数 η の効果が現れる.2次元イジング模型では,$\eta = \frac{1}{4}$ である.相関等式はキャレン–鈴木の恒等式ともよばれ,小さい系でも成り立つ.

B.7 臨界現象の共形場理論とビラソロ代数

B.7.1 臨界現象とスケール不変性

臨界現象とは,2次相転移点近傍でゆらぎが異常に大きくなり,磁化率のような応答関数が相転移点で発散する物理現象である.そのゆらぎは,秩序パラメータの相関関数 $C(R)$ (式 (B.35)) で表される.相転移点では,相関距離 ξ が無限大になり,その逆数 $\kappa = 1/\xi$ が零になる.したがって,相関関数 $C(R)$ は $C(R) \to 1/R^{d-2+\eta}$ のようにべき乗則に従う.これは,$R \to R' = bR$ のスケール変換に対して不変である.この相関関数のスケール不変性や状態方程式のスケーリング則はグローバルな性質であり,一つの系に対する臨界指数の間に関係(スケーリング関係式 (4.166))を与えるが,2次元古典系および1次元量子系では,さらに局所スケール変換に対する不変性すなわち共形不変性が存在する.これは,それぞれの形のとりうる臨界指数に一つの普遍的な制約を与える.すなわち,臨界指数は系の細かい性質(正方格子か三角格子か,また次近接相互作用があるかどうか,などという局所的性質)によらない普遍性(ユニバーサリティ)をもっている.それと同時に,それらは,ある決まった値に分類される.

相関関数は無数に存在し,それらの共形不変性を代数的に特徴づけるものが,ビラソロ代数 $\{L_m\}$ ($m = 0, \pm1, \pm2, \cdots$) である.これは,次の交換関係を満たす:

$$[L_m, L_n] = (m-n)L_{m+n} + \frac{c}{12}(m^3 - m)\delta_{m+n,0}. \tag{B.48}$$

ここで,c は中心電荷とよばれる定数であり,離散的な対称性をもつ2次元古典形では $0 \leq c < 1$ であり代数表現のユニタリ性から,c は次の離散的値をとる:

$$c = 1 - \frac{6}{m(m+1)}; \ m = 2, 3, 4, 5, \cdots. \tag{B.49}$$

この中心電荷 c によって,2次元臨界現象のユニバーサリティクラスが分類される.実際,2つの基本的な臨界指数の1つである η (式 (B.35) で定義される臨界指数)は,上の中心電荷 c すなわち m を用いて

$$\eta = \frac{((m+1)r - ms)^2 - 1}{m(m+1)} \tag{B.50}$$

と表される.ただし,r と s は $1 \leq s \leq r \leq m-1$ を満たす正の整数である.たとえば,$m=2$ では,$c=0, r=1, s=1, \eta=0$ であり,平均場近似の結果(式 B.47)にな

る．$m=3$ に対しては，$c=\frac{1}{2}$, $s=2$, $r=2$, $\eta=\frac{1}{4}$, および $s=1$, $r=2$, $\eta_E=2$ となり，イジング模型のスピン相関関数 ($\eta=\frac{1}{4}$) とエネルギー相関関数の指数 ($\eta_E=2$) が得られる．実際，$\eta_E=2$ を用いると，2次元イジング模型の比熱 C は

$$C = \frac{1}{k_B T^2}\langle(\delta E)^2\rangle \sim \int_0^\infty \langle \delta E(0)\delta E(R)\rangle R dR$$

$$\sim \int_a^\infty \frac{e^{-\kappa R}}{R^2} R dR \sim -\log\kappa \sim -\log|T-T_C| \tag{B.51}$$

のように対数発散することが説明される．

B.8 有限サイズスケーリング則と非平衡緩和法

数学的な特異点としての相転移は，熱力学的極限 ($N\to\infty$ すなわち，サイズ $L\to\infty$) でのみ起きるが，ゆらぎの異常性はサイズ L 依存性としてとらえることができる．たとえば，磁化 M は相転移点以下ではサイズ L とともに，$M\sim L^{\beta/\nu}$ のように大きくなる．磁化率 χ_0 は相転移点で $\chi_0\sim L^{2-\eta}$ のようにふるまう．これがフィッシャーの静的有限サイズスケーリング則である[y]．このように，L 依存性を解析すれば，臨界指数 β/ν や η の値が求められる．

同様に，非平衡系においても，時間 t を含むスケーリング則が成り立つ[y]．相転移点 T_c では

$$M \sim L^{\beta/\nu} f(t L^{-z}) \sim t^{\beta/\nu z}. \tag{B.52}$$

この動的スケーリング則は，平衡系の近傍だけではなく，初期値が非平衡状態の値から緩和する場合にも有効に利用できることが最近指摘され，多くの系に応用され，相転移点や臨界指数の値が精度よく求められている[z]．これは非平衡緩和法とよばれている．

B.9 今後の問題

外場のある場合（たとえば，B.5.2 に述べたように 1 次元領域にのみ磁場をかけた場合）の状態方程式が厳密に求まれば，スケーリング則が厳密に例証されることになる．この模型を厳密に解くのは非常に難しい問題であるが，磁場のない 3 次元イジング模型や 2 次元キネティックイジング模型を解くことよりも可能性が高いように思われる．

文 献

[1] D. Amit, *Field Theory, the Renormalization Group and Critical Phenomena*, Singapore, World Scientific, 1984.
[2] M. H. Anderson, J. R. Ensher, M. R. Matthews, C. E. Wieman, and E. A. Cornell, Observation of Bose–Einstein Condensation in a Dilute Atomic Vapor, *Science*, **269** (1995), 198.
[3] N. Ashcroft and N. Mermin, *Solid State Physics*, Philadelphia, Saunders College, 1976.
[4] R. Baierlein, *Thermal Physics*, Cambridge, Cambridge University Press, 1999.
[5] R. Balian, *From Microphysics to Macrophysics*, Berlin, Springer-Verlag, 1991.
[6] R. Balian, Incomplete Descriptions and Relevant Entropies, *American Journal of Physics*, **67** (1999), 1078.
[7] R. Balian, Y. Alhassid, and H. Reinhardt, Dissipation in Many-body Theory: A Geometric Approach Based on Information Theory, *Physics Reports*, **131** (1986), 1.
[8] R. Balian and J.-P. Blaizot, Stars and Statistical Physics: a Teaching Experience, *American Journal of Physics*, **67** (1999), 1189.
[9] M. Barber, Finite Size Scaling, in *Phase Transitions and Critical Phenomena Volume 8*, C. Domb and J. Lebowitz, eds., London, Academic Press, 1983.
[10] G. Batrouni, Gauge Invariant Mean-Plaquette Method for Lattice Gauge Theories, *Nuclear Physics B*, **208** (1982), 12.
[11] G. Batrouni, E. Dagotto, and A. Moreo, Mean-Link Analysis of Lattice Spin Systems, *Physics Letters B*, **155** (1984), 263.
[12] G. Batrouni, G. Katz, A. Kronfeld, G. Lepage, B. Svetitsky, and K. Wilson, Langevin Simulations of Lattice Field Theories, *Physical Review D*, **32** (1985), 2736.
[13] G. Batrouni and R. Scalettar, World Line Simulations of the Bosonic Hubbard Model in the Ground State, *Computer Physics Communications*, **97** (1996), 63.
[14] R. Baxter, *Exactly Solved Models in Statistical Mechanics*, London, Academic Press, 1982.
[15] G. Baym and C. Pethick, *Landau-Fermi Liquid Theory*, New York, John Wiley, 1991.
[16] K. Bernardet, G. G. Batrouni, J.-L. Meunier, G. Schmid, M. Troyer, and A. Dorneich, Analytical and Numerical Study of Hardcore Bosons in Two Dimensions, *Physical Review B*, **65** (2002), 104519.
[17] K. Binder and D. Heermann, *Monte Carlo Simulations in Statistical Physics*, Berlin, Springer-Verlag, 1992.
[18] R. Blankenbecler, D. Scalapino, and R. Sugar, Monte Carlo Calculations of Coupled Boson-Fermion Systems, *Physical Review D*, **24** (1981), 2278.
[19] W. Brenig, Statistical Theory of Heat: Nonequilibrium Phenomena, Berlin, Springer-Verlag, 1989.
[20] J. Bricmont, Science of Chaos or Chaos in Science?, *Annals of the NY Academy of Sciences*, **79** (1996), 131.
[21] A. Bruce and D. Wallace, Critical Phenomena: Universality of Physical Laws for Large

Length Scales, in *The New Physics*, Cambridge, Cambridge University Press, 1992.
[22] S. Brush, History of the Lenz-Ising Model, *Reviews of Modern Physics*, **39** (1967), 883.
[23] K. Burnett, M. Edwards, and C. Clark, The Theory of Bose-Einstein Condensation of Dilute Gases, *Physics Today*, **52** (1999), 37.
[24] H. Callen, *Thermodynamics and an Introduction to Thermostatistics*, New York, John Wiley, 1985.
[25] J. Cardy, *Scaling and Renormalization in Statistical Physics*, Cambridge, Cambridge University Press, 1996.
[26] P. Chaikin and T. Lubensky, *Principles of Condensed Matter Physics*, Cambridge, Cambridge University Press, 1995.
[27] M. Challa and D. Landau, Critical Behavior of the Six-state Clock Model in Two Dimensions, *Physical Review B*, **33** (1986), 437.
[28] D. Chandler, *Introduction to Modern Statistical Mechanics*, Oxford, Oxford University Press, 1987.
[29] A. I. Chumakov and W. Sturhahn, Experimental Aspects of Inelastic Nuclear Resonance Scattering, *Hyperfine Interactions*, **123/124** (1999), 781.
[30] C. Cohen-Tannoudji, B. Diu, and F. Laloë, *Quantum Mechanics*, New York, John Wiley, 1977.
[31] M. Creutz and J. Freedman, A Statistical Approach to Quantum-mechanics, *Annals of Physics*, **132** (1981), 427.
[32] F. Dalfovo, S. Giorgini, L. Pitaevskii, and S. Stringari, Theory of Bose-Einstein Condensation in Trapped Gases, *Reviews of Modern Physics*, **71** (1999), 463.
[33] J. Dorfman, *An Introduction to Chaos in Nonequilibrium Statistical Mechanics*, Cambridge, Cambridge University Press, 1999.
[34] B. Doubrovine, S. Novikov, and A. Fomenko, *Géométrie Contemporaine*, Éditions de Moscou, 1985.
[35] J. Drouffe and J. Zuber, Strong Coupling and Mean Field Methods in Lattice Gauge-theories, *Physics Reports*, **102** (1983), 1.
[36] F. Dyson and A. Lenard, Stability of Matter, *Journal of Mathematical Physics*, **8** (1967), 423.
[37] T. E. Faber, *Hydrodynamics for Physicists*, Cambridge, Cambridge University Press, 1995.
[38] P. Fazekas and P. Anderson, On the Ground State Properties of the Anisotropic Triangular Antiferromagnet, *Philosophical Magazine*, **38** (1974), 423.
[39] R. Feynman, *The Character of Physical Law*, Cambridge, MA, MIT Press, 1967.
[40] R. Feynman and A. Hibbs, *Quantum Mechanics and Path Integrals*, New York, McGraw-Hill, 1965.
[41] E. Fick and G. Sauermann, *The Quantum Statistics of Dynamic Processes*, Berlin, Springer-Verlag, 1990.
[42] K. A. Fisher and J. A. Hertz, *Spin Glasses*, Cambridge, Cambridge University Press, 1993.
[43] D. Foerster, *Hydrodynamic Fluctuations, Broken Symmetry, and Correlation Functions*, New York, W. A. Benjamin, 1975.
[44] C. M. Fortuin and P. W. Kasteleyn, Random-cluster Model 1: Introduction and Relation to other Models, *Physica*, **57** (1972), 536.
[45] D. Fried, T. C. Killian, L. Willmann, D. Landhuis, J. C. Moss, D. Kleppner, and T. J. Greytak, Bose-Einstein Condensation of Atomic Hydrogen, *Physical Review Letters*, **81** (1998), 3811.
[46] C. Gardiner, *Handbook of Stochastic Methods: For Physics, Chemistry and the Natural*

Sciences, Berlin, Springer-Verlag, 1996.
[47] P. Gaspard, *Chaos, Scattering and Statistical Mechanics*, Cambridge, Cambridge University Press, 1998.
[48] H. Goldstein, *Classical Mechanics*, Reading, Addison Wesley, 1980.
[49] D. Goodstein, *States of Matter*, Englewood Cliffs, New Jersey, Prentice-Hall, 1975.
[50] H. Gould and J. Tobochnik, *An Introduction to Computer Simulation Methods*, Reading, Addison-Wesly, 1996.
[51] H. Grabert, *Projection Operator Techniques in Nonequilibrium Statistical Mechanics*, Berlin, Springer-Verlag, 1982.
[52] H. Greenside and E. Helfand, Numerical-integration of Stochastic Differential Equations, *Bell Systems Technical Journal*, **60** (1981), 1927.
[53] E. Guyon, J.-P. Hulin, L. Petit, and C. D. Mitescu, *Physical Hydrodynamics*, New York, Oxford University Press, 2001.
[54] J.-P. Hansen and I. Mc Donald, *Theory of Simple Liquids*, New York, Academic Press, 1997.
[55] M. Heiblum and A. Stern, Fractional Quantum Hall Effect, *Physics World*, **13** (2000), 37.
[56] J. Hirsch, R. Sugar, D. Scalapino, and R. Blankenbecler, Monte Carlo Simulations of One-dimensional Fermion Systems, *Physical Review B*, **26** (1982), 5033.
[57] K. Huang, *Statistical Mechanics*, New York, John Wiley, 1963.
[58] C. Itzykson and J. Drouffe, Statistical Field Theory, Cambridge, Cambridge University Press, 1989.
[59] J. K. Jain, The Composite Fermion: A Quantum Particle and its Quantum Fluids, *Physics Today*, **53** (2000), 39.
[60] E. Jaynes, Violation of Boltzmann's H-theorem in Real Gases, *Physical Review A*, **4** (1971), 747.
[61] L. Kadanoff and P. Martin, Hydrodynamic Equations and Correlation Functions, *Annals of Physics*, **24** (1963), 419.
[62] W. Ketterle, Experimental Studies of Bose-Einstein Condensation, *Physics Today*, **52** (1999), 30.
[63] C. Kittel, *Quantum Theory of Solids*, New York, John Wiley, 1987.
[64] C. Kittel, *Introduction to Solid State Physics*, New York, John Wiley, 1996.
[65] D. Knuth, *The Art of Computer Programming: Semi Numerical Algorithms*, vol. II, Reading, Addison-Wesley, 1981.
[66] J. Kogut, An Introduction to Lattice Gauge Theory and Spin Systems, *Reviews of Modern Physics*, **51** (1979), 659.
[67] H. J. Kreuzer, *Non Equilibrium Thermodynamics and its Statistical Foundations*, Oxford, Clarendon Press, 1981.
[68] R. Kubo, *Statistical Mechanics*, Amsterdam, North Holland, 1971.
[69] L. Landau and E. Lifschitz, *Mechanics*, Oxford, Pergamon Press, 1976.
[70] L. Landau and E. Lifschitz, *Statistical Physics*, Oxford, Pergamon Press, 1980.
[71] R. B. Laughlin, Fractional Quantization, *Reviews of Modern Physics*, **71** (1999), 863.
[72] M. Le Bellac, *Quantum and Statistical Field Theory*, Oxford, Clarendon Press, 1991.
[73] M. Le Bellac, *Thermal Field Theory*, Cambridge, Cambridge University Press, 1996.
[74] J. Lebowitz, Boltzmann's Entropy and Time's Arrow, *Physics Today*, **46** (1993), 32.
[75] J. Lebowitz, Microscopic Origins of Irreversible Macroscopic Behavior, *Physica A*, **263** (1999), 516.
[76] J. Lebowitz and P. Résibois, Microscopic Theory of Brownian Motion in an Oscillating Field; Connection with Macroscopic Theory, *Physical Review*, **139** (1963), 1101.
[77] A. Leggett, The Physics of Low Temperatures, Superconductivity and Superfluidity, *in*

The New Physics, Cambridge, Cambridge University Press, 1992.
[78] A. Leggett, Superfluidity, *Reviews of Modern Physics*, **71** (1999), 318.
[79] D. Levesque and L. Verlet, Molecular Dynamics and Time Reversibility, *Journal of Statistical Physics*, **72** (1993), 519.
[80] J.-M. Lévy-Leblond and F. Balibar, *Quantics: Rudiments of Quantum Physics*, New York, North Holland, 1990.
[81] E. Lifschitz and L. Pitaevskii, *Physical Kinetics*, Oxford, Pergamon Press, 1981.
[82] O. V. Lounasmaa, *Experimental Principles and Methods below 1 K*, London, Academic Press, 1974.
[83] O. V. Lounasmaa, Towards the Absolute Zero, *Physics Today*, **32** (1979), 32.
[84] S. Ma, *Modern Theory of Critical Phenomena*, Philadelphia, Benjamin, 1976.
[85] S. Ma, *Statistical Mechanics*, New York, John Wiley, 1985.
[86] L. Mandel and E. Wolf, *Optical Coherence and Quantum Optics*, Cambridge, Cambridge University Press, 1995.
[87] F. Mandl, *Statistical Physics*, New York, John Wiley, 1988.
[88] D. McQuarrie, *Statistical Mechanics*, New York, Harper & Row, 1976.
[89] A. Messiah, *Quantum Mechanics*, Mineola, Dover Publications, 1999.
[90] N. Metropolis, A. Rosenbluth, M. Rosenbluth, A. H. Teller, and E. Teller, Equation of State Calculations by Fast Computing Machines, *Journal of Chemical Physics*, **21** (1953), 1087.
[91] N. Metropolis and S. Ulam, The Monte Carlo Method, *Journal of the American Statistical Association*, **44** (1949), 335.
[92] M.-O. Mewes, M. R. Andrews, N. J. van Druten, D. M. Kurn, D. S. Durfee, and W. Ketterle, Bose-Einstein Condensation in a Tightly Confining dc Magnetic Trap, *Physical Review Letters*, **77** (1996), 416.
[93] F. Mila, Low Energy Sector of the s = 1/2 Kagome Antiferromagnet, *Physical Review Letters*, **81** (1998), 2356.
[94] M. Newman and G. Barkema, *Monte Carlo Methods in Statistical Physics*, Oxford, Oxford University Press, 1999.
[95] M. P. Nightingale and H. W. J. Blöte, Dynamic Exponent of the Two-dimensional Ising Model and Monte Carlo Computation of the Subdominant Eigenvalue of the Stochastic Matrix, *Physical Review Letters*, **76** (1996), 4548.
[96] P. Nozières and D. Pines, *The Theory of Quantum Liquids*, vol. II, New York, Addison-Wesley, 1990.
[97] L. Onsager, Liquid Crystal Statistics I: A Two-dimensional Model with an Order-disorder Transition, *Physical Review*, **65** (1944), 117.
[98] L. Onsager and O. Penrose, Bose-Einstein Condensation and Liquid Helium, *Physical Review*, **104** (1956), 576.
[99] G. Parisi, *Statistical Field Theory*, New York, Addison-Wesley, 1988.
[100] R. Penrose, *The Emperor's New Mind*, Oxford, Oxford University Press, 1989.
[101] P. Pfeuty and G. Toulouse, *Introduction to the Renormalization Group and Critical Phenomena*, New York, John Wiley, 1977.
[102] D. Pines and P. Nozières, *The Theory of Quantum Liquids*, vol. I New York, Addison-Wesley, 1989.
[103] W. Press, S. Teukolsky, W. Vetterling, and B. Flannerry, *Numerical Recipes*, Cambridge, Cambridge University Press, 1992.
[104] I. Prigogine, Laws of Nature, Probability and time Symmetry Breaking, *Physica A*, **263** (1999), 528.
[105] E. Purcell and R. Pound, A Nuclear spin System at Negative Temperature, *Physical Re-

view, **81** (1951), 279.
[106] A. Ramirez, A. Hayashi, R. Cava, R. Siddhartan, and B. Shastry, Zero Point Entropy in "Spin Ice", *Nature*, **399** (1999), 333.
[107] J. Rau and B. Müller, From Reversible Quantum Dynamics to Irreversible Quantum Transport, *Physics Reports*, **272** (1996), 1.
[108] L. E. Reichl, *A Modern Course in Statistical Physics*, New York, John Wiley, 1998.
[109] F. Reif, *Fundamentals of Statistical and Thermal Physics*, New York, McGraw-Hill, 1965.
[110] H. Risken, *The Fokker-Planck Equation: Methods of Solution and Applications*, Berlin, Springer Verlag, 1996.
[111] W. K. Rose, *Advanced Stellar Astrophysics*, Cambridge, Cambridge University Press, 1998.
[112] L. Saminadayar, D. C. Glattli, Y. Jin, and B. Etienne, Observation of the $e/3$ Fractionally Charged Laughlin Quasiparticle, *Physical Review Letters*, **79** (1997), 2526.
[113] R. Savit, Duality in Field Theory and Statistical Systems, *Reviews of Modern Physics*, **52** (1980), 453.
[114] D. Schroeder, *Thermal Physics*, New York, Addison-Wesley, 2000.
[115] F. Schwabl, *Statistical Mechanics*, Berlin, Springer-Verlag, 2002.
[116] H. Stormer, The Fractional Quantum Hall Effect, *Reviews of Modern Physics*, **71** (1999), 875.
[117] R. Streater and A. Wightman, *PCT, Spin and Statistics and All That*, New York, Benjamin, 1964.
[118] D. R. Tilley and J. Tilley, *Superfluidity and Superconductivity*, Bristol, IOP Publishing, 1990.
[119] N. van Kampen, *Stochastic Processes in Physics and Chemistry*, Amsterdam, North-Holland, 2001.
[120] G. Wannier, Antiferromagnetism: The Triangular Ising Net, *Physical Review*, **79** (1950), 357.
[121] N. Wax, *Selected Papers on Noise and Stochastic Processes*, New York, Dover, 1954.
[122] S. Weinberg, *The First Three Minutes: A Modern View of the Origin of the Universe*, New York, Basic Books, 1993.
[123] J. Wilks, *Liquid and Solid Helium*, Oxford, Clarendon Press, 1967.
[124] M. Zemansky, *Heat and Thermodynamics*, New York, McGraw-Hill, 1957.
[125] J. Zinn-Justin, *Quantum Field Theory and Critical Phenomena*, Oxford, Oxford University Press, 2002.
[126] D. Zubarev, V. Morozov, and G. Röpke, *Statistical Mechanics of Nonequilibrium Processes*, Berlin, Akademie Verlag, 1996.

訳者追加文献

a) 鈴木増雄, 統計力学（岩波書店, 現代物理学叢書, 2000）.
b) 鈴木増雄, 特集「物理学とポテンシャル――力学から現代物理学までの拡がり」数理科学, **40** (5), サイエンス社, 20002.
c) 鈴木増雄, 香取眞理, 羽田野直道, 野々村禎彦 訳, 数学ハンドブック（朝倉書店, 2002）.
d) 鈴木増雄, 鈴木 公, 鈴木 彰 訳, 現代物理学ハンドブック（朝倉書店, 2004）.
e) 鈴木増雄, 相転移の数理と展望, 現代物理学の歴史 II（荒船次郎, 江沢洋, 中村孔一, 米沢富美子編, 朝倉書店, 2004）
f) M. Suzuki and H. Suzuki, *J. Phys. Soc. Jpn.* **73** (2004) 3299.
g) M. Suzuki *et al.*, *Coherent Anomaly Method: Mean Field, Fluctuations and Systematics* (World Scientific, 1995).
h) 大貫義郎, 鈴木増雄, 柏 太郎, 経路積分の方法（岩波書店, 現代物理学叢書, 2000）.
i) M. Suzuki, *Prog. Theor. Phys.*, **58** (1977) 1142.
j) M. Suzuki, *Prog. Theor. Phys.*, **37** (1967) 770.
k) 川崎恭治, 非平衡の相転移――メソスケールの統計物理学（朝倉書店, 2000）.
l) 小口武彦, 磁性体の統計理論（裳華房, 1970）.
m) M. Suzuki, *Physica*, **51** (1971) 277.
n) R. Kubo, M. Toda and N. Hashitsume, *Statistical Mechanics*, (Springer-Verlag, 1991).
o) 橋爪夏樹, 統計力学の進歩（久保亮五先生還暦記念会 編, 編集代表鈴木増雄, 裳華房, 1981）.
p) 中野藤生, *Int. J. Mod. Phys.*, **B7** (1993) 2397.
q) 鈴木増雄, 荒船次郎, 和達三樹 編, 物理学大事典（朝倉書店, 2005）.
r) M. Suzuki, *J. Phys., Soc. Jpn.* **55** (1986) 4205.
s) 鈴木増雄, 相転移の超有効場理論とコヒーレント異常法（物理学最前線 29, 共立出版 (1992) 57–121）.
t) M. Suzuki, *Phys. Lett.*, **A146** (1990) 319: *J. Math. Phys.*, **32** (1991) 400.
u) M. Suzuki, *Phys. Rev.*, **B31** (1985) 2957. M. Suzuki and M. Inoue, *Prog. Theor. Phys.*, **78** (1987) 787. M. Inoue and M. Suzuki, *ibid*, **79** (1988) 645.
v) M. Suzuki, *Prog. Theor. Phys.*, **113** (2005) 1391.
w) M. Suzuki, H. Suzuki and S.-C. Chang, *J. Math. Phys.*, **46** (2005) 033301.
x) M. Suzuki and R. Kubo, *J. Phys. Soc. Jpn.*, **24** (1968) 51.
y) M. Fisher, *J. Vac. Sci. and Tech.*, **10** (1973) 665. 動的な場合への拡張は, M. Suzuki, *Prog. Theor. Phys.* **58** (1977) 1142.
z) N. Ito, *Physica* **A192** (1993) 604, *ibid* **196** (1993) 569. N. Ito and Y. Ozeki, *Physica* **A321** (2003) 262 およびその中の参考文献.
α) 豊田 正, 情報の物理学（講談社サイエンティフィック, 1997）.
β) M. E. Fisher, *J. Math. Phys.*, **5** (1964) 944.
γ) T. Toyoda, *Prog. Theor. Phys.*, **114** (2005) 1153.
δ) T. Toyoda, *Annals of Physics* (NY), 141(1) (1982), 154, 147(1) (1983) 244.
ε) M. Suzuki, *Prog. Theor. Phys.* **56** (1976) 1954. M. Suzuki, S. Miyashita and A. Kuroda, *Prog. Theor. Phys.* **58** (1977) 1377.
ζ) N. Hatano, *J. Phys. Soc. Jpn.* **64** (1995) 1529.

■参考図書

1) 和達三樹 編, ゼロからの熱力学と統計力学 (岩波書店, 2005).
2) 小田垣 孝, 統計力学 (裳華房, 2003).
3) 阿部龍蔵, 熱・統計力学入門 (サイエンス社, 2003).
4) 久保亮五, 統計力学〔新装版〕(共立出版, 2003).
5) 蔵本由紀, 統計力学 1 ——ミクロとマクロをつなぐ (岩波講座・物理の世界, 2002).
6) 宮下精二, 統計力学 3 ——相転移・臨界現象 (岩波講座・物理の世界, 2002).
7) 和達三樹, 統計力学 2 ——結び目と統計力学 (岩波講座・物理の世界, 2002).
8) 岡部 豊, 統計力学 (裳華房, 2000).
9) 西森秀稔, スピングラフ理論と情報統計力学 (岩波書店, 2000).
10) グライナー, W. 他著, 熱力学・統計力学 (伊藤伸泰, 青木圭子 訳, シュプリンガー・フェアラーク東京, 1999).
11) 香取眞理, 非平衡統計力学 (裳華房, 1999).
12) 藤坂博一, 非平衡系の統計力学 (産業図書, 1998).
13) 久保亮五 編, 大学演習 熱学・統計力学 (修訂版) (裳華房, 1998).
14) 北原和夫, 非平衡系の統計力学 (岩波書店, 1997).
15) 相澤洋二, キーポイント 熱・統計力学 (岩波書店, 1996).
16) 松原武生 監修, 藤井勝彦 著, 統計力学 (内田老鶴圃, 1996).
17) 阿部龍蔵, 熱統計力学 (裳華房, 1995).
18) 長岡洋介, 統計力学 (岩波書店, 1994).
19) 北原和夫, 非平衡系の科学 II (講談社, 1994).
20) 中村 伝, 統計力学 (岩波書店, 1993).
21) 桂 重俊, 井上 真, 統計力学演習 (東京電機大学出版局, 1993).
22) 都筑卓司, なっとくする統計力学 (講談社, 1993).
23) 宮下精二, 熱・統計力学 (培風館, 1993).
24) 市村 浩, 統計力学 (改訂版) (裳華房, 1992).
25) 阿部龍蔵, 統計力学 (第 2 版) (東京大学出版会, 1992).
26) 碓井恒丸, 熱学・統計力学 (丸善, 1990).
27) 江沢 洋, 新井朝雄, 場の量子論と統計力学 (日本評論社, 1988).
28) アドラー, D. 著, MIT の統計力学および熱力学 (改訂版) (菊池 誠, 飯田昌盛訳, 現代工学社, 1983).
29) 戸田盛和, 熱・統計力学 (岩波書店, 1983).
30) 原島 鮮, 熱力学・統計力学 (改訂版) (培風館, 1978).
31) 広池和夫, 統計力学 (サイエンス社, 1976).
32) A, Ishihara 著, 統計物理学 (和達三樹, 小島 穣, 原 啓明, 豊田 正 訳, 共立出版, 1980).
33) L. E. Reichl 著, 現代統計物理上・下 (鈴木増雄 監訳, 丸善, 1983).
34) 田崎清明, 熱力学——現代的な視点から (培風館, 2000).
35) 西森秀稔, 相転移・臨界現象の統計物理学 (培風館, 2005).

索　　引

f 総和則　495

H 関数　440
H 定理　440

KT 転移　376, 385

ODLRO　304

ST 変換　402, 570

XY 模型　385, 387, 391, 399, 570
X 線散乱　118

ア　行

アインシュタイン関係式　323, 510
アインシュタイン模型　136, 271
アヴォガドロ数　15
圧縮率　300, 471
圧力　11, 13, 70, 88, 120
圧力テンソル　437
アフィニティ　313
アモルファス物質　114
アルゴン　324
アンサンブル　59
安定性条件　25, 28, 136

イオンの二体密度　148
異常次元　215, 224, 231
イジング磁壁　236
イジングスピン　573
イジング模型　96, 158, 175, 187, 198, 204, 208, 233, 244, 345, 351, 374, 378, 379, 400, 573
位相軌道　2
位相空間　49

——における積分測度　50
——における面積の保存則　50
位相空間体積　73, 83
位相の勾配ベクトル　305
1 次元イジング模型　140
1 次元モデル　100
1 次相転移　156
伊藤積分　542
伊藤の解釈　518
ε–展開　223, 229
移流項　325, 437
因果律　482

ウィック回転　364, 407, 515
ウィーナー–ヒンチンの定理　528, 534
ウィーンの変位則　266
渦対　389
宇宙マイクロ波背景輻射　262
裏格子　234, 384
ウルフアルゴリズム　355
運動エネルギー　246
運動方程式　72
運動量に関するマクスウェル分布　105
運動量保存式　330
運動量輸送係数　417
運動量流束密度　437
運動論　410

永久流　393, 396
液体–気体相転移　280
液体–固体相転移　301
液体相　301
液体ヘリウム 3　124, 260
液体ヘリウム 4　32
エコー実験　74
エネルギー演算子　243

エネルギー交換　64
エネルギー散逸　305
エネルギー準位の離散性　110
エネルギー準位密度　47
エネルギー相関関数　575
エネルギーとエントロピーの競合　94, 99
エネルギーに関する連続の方程式　425
エネルギーの凸関数条件　25
エネルギーの微分形式　21
エネルギーフラックス　265
　　黒体輻射の――　264
エネルギー平均値　64
エネルギー保存則　330, 424
エネルギー密度　425
エネルギー輸送係数　416
エネルギー流　334
エネルギー流束密度　425
エネルギー流ベクトル　416
エルゴード性　344, 346, 484
エルミート演算子　42
エルミート行列　79
エーレンフェストの関係式　563
エンタルピー　20, 22
エントロピー　3, 65, 69
　　――の凹関数条件　25
　　――の微分形式　21
　　確率分布の――　54
　　関連する――　77
　　複合系の――　81
　　ボルツマンの――　439
　　理想気体の――　90
エントロピー関数　9
エントロピー最大の原理　1, 9, 24
エントロピー最大の条件　32
エントロピー生成　75, 317
エントロピー増加　71
エントロピー密度　318
　　熱力学的な――　442
エントロピー流　319

オイラーのガンマ関数　556
オイラー方程式　327
オイラー–マクローリン公式　292

凹関数性　24
凹関数的性質　11
応答係数　314, 453
小口近似　566
遅いモード　497
オームの法則　481
オルト水素　144
オルンシュタイン–ウーレンベック過程　508
オルンシュタイン–ゼルニケ型の微分方程式　573
オンサーガーの解　163, 182
オンサーガーの回帰則　480
オンサーガーの相反関係　430
オンサーガーの対称関係　318
温度　11, 65
　　――の計測基準　246
　　――の尺度　65
温度グリーン関数　491

カ　行

回転　434
回転運動　108
回転群　552
回転不変な3階のテンソル　554
回転不変な2階のテンソル　554
回転不変な4階のテンソル　554
外部　87
外部変数　3, 4
界面エネルギー　187
外力　477
ガウス型固定点　219, 242
ガウス型白色雑音　511
ガウス型ハミルトニアン　219, 227
ガウス過程　509
ガウス積分　556
ガウス分布　511
ガウス模型　241
化学ポテンシャル　11, 14, 70, 71, 88, 121, 250–252, 273, 275, 287, 299
化学量論的係数　129
可逆　19
可逆運転　20
可逆過程　15

索　引

可逆断熱膨張　35
可逆的ではない準静的過程　17
可逆変化　16
角運動量　92, 282
拡散　334, 568
拡散係数　315, 419, 453, 510, 568
拡散方程式　73, 315, 568
核磁気共鳴　95
核スピン消磁法　28
核の常磁性　95
核反応　293
確率の保存　52
確率変数　509
確率密度　51
確率流密度　514
過減衰　523
下降演算子　303
カシミール効果　275
カットオフ振動数　274
カノニカル集団　59, 62, 67, 86
カノニカル相関関数　491
下部臨界次元　196
ガリレイ変換　81, 445
カレント密度　310
換算質量　109
完全反対称テンソル　553
完全流体　337
関連する演算子　77
関連する変数　77
関連のある　212, 372
関連のない　212, 243
緩和　443
緩和過程　426
緩和関数　480
緩和時間　7, 349, 351
緩和時間近似　461

記憶関数　498
記憶関数行列　503
記憶効果　77, 498
記憶時間　540
菊池近似　566
希釈溶液　84

基準エントロピー　29
基準振動数　109, 268
基準モード　267–270, 273
期待値　44
気体定数　15
気体の圧縮と膨張　35
ギブス–デュエム関係式　23, 122, 299
ギブスの自由エネルギー　20, 193, 223, 242
ギブスの相律　563
擬ポテンシャル　282
既約クラスターの積分　150
キャレン–鈴木の恒等式　574
吸引域　209
球形極限　240
キュムラント　167, 221, 478
キュリー温度　95
キュリー原理　551, 555
キュリー則　94
キュリー点　564
キュリーの法則　40
キュリー–ワイス則　565
共形不変性　574
強磁性 XXZ 模型　366
強磁性結晶　137
強磁性相　95
強磁性体　277
凝縮状態　304
　——での素励起　283
凝縮相の熱力学　280
凝縮体　28, 237, 281
凝縮体比率　285
凝縮体密度　304
凝縮流体　302
強制調和振動子　522
共役変数（共役力）　70, 87
協力現象　156
行列積の規則　99
行列の非負値条件　26
極限をとる順序　100
局所温度　426
局所化学ポテンシャル　426
局所的オームの法則　322
局所平衡状態　309

局所平衡分布 426
局所保存式 311
局所密度 116
極値条件 12
局所的摂動 571
曲率 27
虚時間 358, 400, 401, 404
虚時間次元 364
巨視的緩和時間 309
巨視的拘束条件 50, 58, 59
巨視的磁化 94
巨視的時間スケール 73
巨視的状態 3, 57
巨視的不可逆性 71
巨視的変数 2, 3, 57
キンク 140
ギンツブルク判定条件 194, 196
ギンツブルク–ランダウ・ハミルトニアン 190, 219, 222, 232, 240, 244

空間反転 434
クォーク 247
クォーク・グルーオン気体 296
クォーク・グルーオンプラズマ 294, 296
クヌーセン領域 416
クーパー対 237, 283
久保（応答）関数 476, 480, 491
久保公式（グリーン–久保公式） 482, 524
クラウジウス–クラペイロンの関係式 563
グラウバーダイナミクス 381
グラショウ–ワインバーグ–サラム模型 190
クラスターアルゴリズム 351, 352, 355
クラスター性 169, 171
クラペイロンの式（クラウジウス–クラペイロンの関係式） 124, 301, 563
クラマース関数 31
クラマース–クローニヒの関係式 483
クラマースの方程式 511, 543
クラマース–ワーニア双対性 402
グランドカノニカル集団 59, 62, 63, 71, 86, 131
グランドポテンシャル 126, 133, 292, 306
繰り込まれた時間 568

繰り込み 200
　　質量の—— 205
　　場の—— 205
繰り込み群 157, 197, 210, 372
　　——の流れ 210
繰り込み群変換 199
グリューナイゼン定数 136
グリーン–久保公式 482, 524
クロック模型 356, 382
群 551

経路積分 359, 403, 404
ゲージ変換 238
結合定数 208, 225, 228
　　——の変数空間 208
結晶群 551
ケットベクトル 446
原子気体 296
原子凝縮（原子気体凝縮） 283, 285

高温極限 274
高温展開とクラマース–ワーニア双対性 233
光学的レーザーポンピング法 301
交換相互作用 95
格子緩和時間 τ_1 142
光子気体 457
光子–電子–陽電子平衡 289
光子の化学ポテンシャル 251
剛芯ボゾン模型 357
構造因子 119
拘束条件 9
剛体芯ボース気体 302
剛体芯ボース粒子の超流動 302
後退速度 530
剛体壁 4
剛体壁境界条件 282
輝度 266
光度（ルミノシティー） 458
固化圧力 261
黒体 264
黒体輻射 261, 264
　　——のエネルギーフラックス 264
誤差 350

索　　引

個数密度　116
コスタリッツ–サウレス（KT）転移　376, 385, 387
固体–液体転移　300
固体–液体平衡状態　298
固体相　301
固定点　202, 207, 241
固定端境界条件　46, 80
古典気体近似　134
古典極限　103, 249
古典理想気体　250
コヒーレンス長　239
コヒーレント異常　565
コヒーレント異常関係式　566
コヒーレント異常指数　566
コヒーレント異常法　196, 565, 566
孤立系　3, 4
ゴールドストンボゾン　189
ゴールドストン・モード　282, 498
混合エントロピー　67, 70
混合状態　172, 571
──の統計的エントロピー　54
混合のエントロピー　84

サ　行

再規格化　200
最小作用の原理　561
最大仕事の定理　18, 19
雑音　508
サハの法則　130
作用　560
散逸　317, 485
三角格子　368
3 重点　124
3 重臨界点　217
散乱振幅　118
散乱断面積　411
散乱半径　282

磁化　164, 202, 216, 242, 292, 347, 381, 383
紫外のカットオフ　190, 220, 228
磁化密度　485
磁化率　94, 168, 181, 201, 347, 351, 565

零磁場での──　94
磁化流束密度　485
時間相関関数　480
時間発展演算子　42, 43, 358, 567
時間反転　71, 434
時間反転演算子　493
時間反転不変性　72
磁気回転比　79, 93, 553
磁気共鳴断層撮影 MRI　95
磁気光学的トラップ　283
磁気的ナイフ　283
磁気トラップ　297
磁気モーメント　92, 290
示強性変数　11
次元解析　263
試行関数　446
自己相関関数　348, 506
仕事　3, 6, 19
自己無撞着条件　176
自己無撞着方程式　240
事象　53
指数演算子　567
指数演算子分解公式　567
指数積分解公式　569
磁性　92
質量作用の法則　130
質量の繰り込み　205
質量の保存則　324
質量密度　324
自発磁化　95, 99, 100, 169, 171, 181, 564
自発的対称性の破れ　169, 282, 564
磁壁　186, 236
射影演算子　44, 500
射影法　497
遮蔽効果　101
シュウァルツの不等式　447
自由エネルギー　20, 88, 90, 251, 292
周期的境界条件　46, 80, 98, 282
重心座標系　412
終端速度　323, 510
集団平均　432
自由度　49, 73
重力　101

縮退　254
縮退度　248
縮約力学系　497
ジュール効果　339
ジュール–トムソン過程　39
ジュール–トムソン係数　40
ジュール–トムソン膨張　123
ジュール膨張　39
シュレーディンガー表示　494
シュレーディンガー描像　43, 51, 52
シュレーディンガー方程式　42, 46
準安定状態　531
準自由電子-モデル　261
純粋状態　44, 79, 171
準正孔　468
準静的　16
準静的かつ断熱的　39
準静的かつ等温　38
準静的過程　10, 15, 16, 63, 66
準静的ではない無限小過程　17
準静的変化　5
準粒子　114, 260, 269, 468
準粒子励起　306
詳細つり合い　342, 344
　　──の条件　362
常磁性　92
常磁性塩　40
常磁性結晶　40, 92, 290
　　──の分配関数　93
常磁性相　95
常磁性帯磁率　292
上昇演算子　303
状態数密度　46, 287
状態方程式　15, 36, 288, 573
衝突継続時間　415
衝突項　421
衝突時間　322
上部臨界次元　196
情報エントロピー　42, 53, 441
情報の損失　75
情報理論　59
消滅演算子　268
初期統計的エントロピー　76

初期熱力学的エントロピー　76
示量性　8, 69, 99
示量性変数　11
自励型（マルコフ）微分方程式　77
自励系　442
浸透圧　84
振動運動　108
浸透性の壁　9, 71
侵入長　239

スカラー積　444
　　森の──　489, 525
スカラーフェルミオン　368
スケーリング解　531
スケーリング関係式　173, 182
スケーリング関数　173, 373
スケーリング形　232, 373, 572
スケーリング則　215, 219, 243, 512, 572
スケーリングプロット　386
スケーリング変数　375, 380
スケール演算子　212, 231, 243
スケール不変　198, 215, 574
スケール変換　23
鈴木–トロッター近似　358, 399
鈴木–トロッター変換　364, 402, 403, 570
鈴木の漸化公式　522
スターリングの近似公式　68, 90
ストラトノヴィッチ解釈　518
ストラトノヴィッチ積分　542
ストレステンソル　325
スピノーダル点　127
スピン　137
スピン演算子　93
スピン角運動量　93
スピン拡散　485
スピン拡散係数　485
スピン緩和時間　142
スピン–格子緩和時間　142
スピン磁気モーメント　291
スピン相関　570
スピン相関関数　572
スピン–統計性定理　247
スピン波　236, 302, 388, 393

索　引

スピンレスフェルミオン　368
スピン1重項　96
スピン1/2　78
スピン3重項　96
スペクトル　519
スペクトル密度　263
ずり流れ　459
ずり粘性係数　327, 417

正準運動方程式　49, 51
正準運動量　50
正準交換関係　269
正準座標　50
正準次元　195, 215, 224, 229
生成演算子　268
生存確率　450
静的な感受率　484
世界線　360
世界線アルゴリズム　360, 368, 370, 403
赤外収束　196
摂動　476
摂動論的繰り込み群　197
ゼーベック係数　338
ゼーベック効果　338
零モード　444
遷移確率　344
漸化式の方法　569
占拠数　247
線形応答　477
線形化　426
線形合同法　377
先験的エントロピー　9
全散乱振幅　119
全散乱断面積　412
全磁化　97
潜熱　29, 282

掃引　347
相関関数　165, 172, 176, 182, 185, 213, 221, 224, 231, 235, 243, 348, 365, 376
相関距離　156, 166, 173, 186, 189, 197, 201, 225, 237, 348, 351, 376, 378, 403
相関時間　349, 403

相関等式　572
双対格子　234
双対変換　384
相対論　250
相対論的エネルギー　251
相対論的質量エネルギー　251
相対論的粒子　80
相対論的量子力学　250
相転移温度　29
相転移曲線　280
相転移現象　13
相転移点　564
総和則　495
測定可能量　43
速度に関するマクスウェル分布　105
速度量子化条件　305, 306
粗視化　421
素励起　269, 465
　　——の分散関係　282
ゾンマーフェルト展開公式　257

タ　行

第1ブリルアンゾーン　267, 273
第一法則　63
第三法則　29
対称　247
対称行列　26
対称性　246, 564
　　——の自発的な破れ　169, 282, 564
　　——の破れ　100, 168, 178
対称分解公式　569
帯磁率　40, 290-292
対数関数の凹関数的性質　56
代数的解　568
対数発散　375, 575
第2音波　468
第二法則　16, 65
第2量子化　132, 270
大分配関数　63, 132, 133, 248, 280, 287
太陽　266, 457
対流項　325, 437
対流成分　122
対流微分　325

多重衝突　412
多相共存　123
多変数確率分布関数　530
短距離相関　115
単原子気体　134
単原子理想気体　47
　——の分配関数 Z_N　67
単純ずり流れ　460
単純立方格子　299
単純流体　324
弾性定数　274
断熱圧縮率　22
断熱かつ不浸透性の壁　63
断熱感受率　484
断熱準静的過程　36
断熱消磁　40
断熱消磁法　40
断熱的　478
断熱分離壁　63, 71
断熱壁　4

チェッカーボード分解　360
遅延グリーン関数　529
遅延交換子　492
地球の年齢　335
秩序パラメータ　277, 304, 305
秩序変数　100
チャップマン–エンスコック近似　426
チャップマン–コルモゴロフ方程式　513
チャンドラセカール　294
チャンドラセカール質量　293
中心極限定理　511
中心電荷　574
中性子星　286
中性子線散乱　118
長距離相関　564
長距離秩序　115, 305
長時間相関の効果　441
超相対論的　48, 49
超相対論的極限　293
超相対論的フェルミ気体　295
超相対論的理想気体　289
超相対論的粒子　80

超伝導相転移　564
超伝導のギンツブルク–ランダウ理論　237
長波長フォノン　272
超流体　33, 247, 285, 392
超流体密度　305
超流体粒子　306
超流動　363, 391, 465
超流動状態　302
超流動性　247
調和磁気トラップ　283

ツェルメロのパラドックス　74

定圧熱膨張係数　22, 30, 37
定圧比熱　22, 32
低温展開　234
定常非平衡状態　310
定積比熱　22, 32
手順の分離　566
デバイ温度　271, 274, 299
デバイ近似　270
デバイ振動数　271, 301
デバイ振動モード密度　272
デバイの法則　37, 274
デバイ–ヒュッケル近似　147
デバイ模型　266
デュフォー係数　453
デュロン–プティの法則　37, 274
転移圧力　300
転移線　299
電荷保存　251
電気移動度　323
電気伝導テンソル　463
電気伝導率　322, 455, 480
電気4重極子　137
電子気体　454
電子数密度　253
電子スピン消磁法　28
電子の静止質量エネルギー　293
電磁輻射　262
転送行列　98, 567
転送行列法　98, 165, 566
テンソル積　55, 550

索　　引

伝導成分　122
伝導電子　114

同一種粒子　435
等エンタルピー曲線　40
等温圧縮　135
等温圧縮率　22, 24, 27
等温過程　24
等温感受率　484
等温曲線　280
等温膨張　34
等価定理　570
透過壁　70
統計的エントロピー　42, 53, 66, 67, 75, 77, 81
　──の時間発展　57
統計的エントロピー最大の要請　59
統計的混合状態　42, 44
統計的量子混合状態　53
凍結した自由度　112
逃散能　275
同種フェルミ粒子系　247
同種ボース粒子系　247
動的感受率　480
動的構造因子　487, 536
動的スケーリング則　575
動的有限サイズスケーリング則　373
動的臨界指数　351, 403
透熱　9
透熱壁　4
等分配則　106, 107, 274
等方性固体　272
凸関数性　24
凸関数不等式　174
ド・ブロイ波長　89
トポロジカル相互作用法　570
トランスバースイジング模型　570
ドリフト項　421
ドリフト効果　568
ドルーデ模型　463
トレース　549
トレース類　550
トロッター軸　570

トンネル時間　531
トンネル脱出時間　532

ナ 行

ナイキストの定理　480
内部エネルギー　6
内部拘束条件　8
内部変数　32
ナヴィエ–ストークス方程式　73, 332, 536

2階のテンソル　554
二原子分子　108
2次元イジング模型　101
2次元クエット流　460
2次元フェルミ気体　286
2次元ボース気体　288
2次座標　107
2次相転移　95, 156, 283, 564
2体相関数　116
ニュートリノ　262
2流体模型　466

熱　4, 6, 63
熱拡散　452
熱拡散係数　453
熱機関　18, 20
熱源　18
熱交換　81
熱効率　19
熱的接触　64
　──の例　75
熱的ド・ブロイ波長　250, 276, 277, 279, 287
熱的波長　89
熱電効果　337
熱伝導係数　314
熱伝導率　416, 453
熱電能係数　338
熱統計力学　1
熱平衡　7, 11
熱平衡化　348, 380, 383, 391, 396, 407
熱方程式　315
熱容量　21
熱浴　19, 63, 64

熱力学エントロピー 55
熱力学極限の存在の証明 103
熱力学第一法則の統計力学的解釈 65
熱力学第二法則 9
熱力学第三法則 28, 300
熱力学的エントロピー 42, 66, 67, 87
熱力学的温度 66
熱力学的極限 29, 74, 100, 101, 158, 163,
　　279, 282, 364, 402, 564
熱力学的総和則 495
熱力学的なエントロピー密度 442
熱力学的平衡 1
熱力学的ポテンシャル 20
熱流 416
熱流ベクトル 416
熱励起 470
ネール温度 96
粘性 334
粘性係数 417, 460
粘性パラメータ 508
粘性力 323

ノジェール–パインズ総和則 495
ノルム 444

ハ 行

パイエルスの議論 160, 170
ハイゼンベルグの不確定性原理 254
ハイゼンベルグ–パウリ原理 254
ハイゼンベルクハミルトニアン 96
ハイゼンベルグ描像（表示）43, 45, 51, 52,
　　494
π 中間子気体 295
パウリ行列 93
パウリ常磁性 290, 468
パウリ帯磁率 292
パウリの排他原理 456
パウリの排他律 254
白色矮星 293
場の繰り込み 205
ハバード模型 409
ハミルトニアン 57
速いモード 497

パラ水素 144
パリティ 434
バルク粘性 332
汎関数 559
汎関数微分 559
反強磁性 XXZ 模型 367
半古典理論 103
反磁性帯磁率 292
反磁性物質 96
反対称 247
半導体 454
半透壁 14
反粒子の化学ポテンシャル 295

比エントロピー 298
非ガウス型固定点 222
非可逆断熱過程 18
光散乱 488
非強磁性金属 274
飛行時間測定 284
微視的可逆性 71–74
微視的緩和時間 309
微視的時間スケール 73
微視的状態 2, 57
微視的配位 2
微視的配置（微視的状態）74, 247
微視的変数 3
非縮退フェルミ気体 287
非準静的過程 63
非相対論的 48
非相対論的極限 293
非相対論的近似 47
非相対論的フェルミ気体 286
非相対論的粒子 80
非対角長距離秩序 304
比体積 90, 287, 298
非弾性光散乱 533
非弾性衝突実験 493
非調和振動子 403
ビッグバン 264
比熱 21, 88, 300
非負条件 430
非負値演算子 45

索　引

非負値（半正値）　26
非普遍的特徴　207
微分散乱断面積　118
非平衡現象　476
非平衡状態　21
比容積　36
標的粒子座標系　412
表面張力　38
ビラソロ代数　574
ビリアル定理　288, 407
ビリアル展開　288
ヒルベルト空間　42, 446

不安定固定点　222
ファン・デル・ワールス気体　36
ファン・デル・ワールス状態方程式　36
フィックの法則　316, 419
フィッシャーの臨界指数　574
フェルミ運動量　253, 259
フェルミ液体　260
フェルミ液体論（ランダウの）　260
フェルミエネルギー　252, 258
フェルミ温度　253, 456
フェルミ海　468
フェルミ気体　260
　　——の圧力　254
フェルミ球　253, 258
フェルミ–ディラック統計　68, 90, 246, 249
フェルミ–ディラック分布　246, 558
フェルミ分布　255
フェルミ分布関数　257
フェルミ面　253
フェルミ面近傍　257, 258
フェルミ粒子　246, 247
フェルミ流体　468
フォーチュン–カステライン変換　353
フォッカー–プランク方程式　513, 568
フォック空間　132, 270
フォノン　114, 269, 273, 283, 288, 465
フォノン気体　467
不可逆　16, 69, 421
不可逆過程　308
不可逆性　71

——のパラドックス　73
フガシティ　133
複合演算子　232
不浸透性の壁　9, 64, 71
物質微分　421
物理的変化曲線　209
負の温度　67, 142
負符号問題　367, 370, 409
部分トレース　55, 81, 551
普遍性　574
普遍性クラス　156, 205
普遍的跳び　393
ブラウン運動　505
ブラウン粒子　568
フラストレーション　368
ブラックホール　293
プラトー（平坦）構造　464
プランク関数　31
プランク定数　103
プランクの黒体輻射則　263
フランツ–ヴィーデマン則　430
ブリユアンピーク　488, 539
ブロックスピン変換　197, 207, 241
ブロッホ磁壁　236
分解公式　569
分極応答　533
分散関係　268, 465
分散式　483
分子間相互作用　36
分子的混沌状態（分子的カオス）　431
分子場近似　174
分子 1 個の平均運動エネルギー　91
分配関数　60, 62
分布関数　333, 432

平均エネルギー　120, 287
平均自由行程　413
平均自由行程近似　416
平均自由時間　412
平均占有数　89
平均場近似　174
平均場近似列　565

平均場理論　157, 174, 182, 195, 230, 235, 564
平均場臨界係数　566
平均分子間距離　89
平衡カレント　314
平衡状態　7, 32, 59, 346
平衡半径　286
平衡分布　86
並進運動　108
平面回転子模型　385
ベーカー–ハウスドルフ恒等式　358
ベクトルポッツ模型　382
ベクトル模型　187, 230, 242, 356
ベータ関数　226
ベッセル関数　542
ベーテ仮説の方法　566, 568
ヘリウム II　465
ヘリウム 3　261, 298, 300, 468
ヘリウム 4　465
ヘルツベクトル　533
ペルティエ係数　339
ペルティエ効果　339
偏光状態　262
変分法　235, 445

ボーア磁子　93, 291
ポアソン括弧　52
ポアンカレ回帰性　74
膨張係数　28
棒の比熱　37
包絡線の理論　566
母関数　97
補射影演算子　500
ボース–アインシュタイン凝縮　28, 262, 275, 276, 279, 281, 285, 288, 296, 302
ボース–アインシュタイン転移点　297
ボース–アインシュタイン統計　68, 90, 246, 249
ボース–アインシュタイン分布　246, 558
ボース凝縮　398
ボース粒子　246, 247, 261
保存則　435
保存方程式　310

保存量　312
ホッピングパラメータ　302
ポメランチェク効果　301
ホール効果　463
ホルシュタイン–プリマコフ変換　302, 366
ボルツマンエントロピー　60, 61, 66, 67, 77, 87
ボルツマン重み　104
ボルツマンのエントロピー　439
ボルツマンのエントロピー増大則　438
ボルツマン分布　42, 57, 60
ボルツマン方程式　435
ボルツマン密度行列　76
ボルツマン–ローレンツ模型　320, 420, 422
ホール抵抗　463
ホール電圧　463
ホール電場　463
ボルン–オッペンハイマー近似　110
ポンプ冷却　28

マ 行

マイクロ波背景輻射　264
マイスナー効果　239
巻きつき数　395
マクスウェル図　129
マクスウェルの関係式　21, 23, 30, 31
マクスウェル分布　105
マクスウェル分布則　106
マクスウェル–ボルツマン統計　249, 250
マクスウェル–ボルツマン分配関数　286
マクスウェル–ボルツマン分布　68
マクスウェル–ボルツマン粒子　250
マグノン　288
マシュー関数　20, 21, 31
マスター方程式　343
マズール–鈴木の不等式　484
マルコフ過程　334, 342, 344, 346, 513
マルコフ微分方程式　77
マルコフ変数　543

ミクロカノニカル　58
ミクロカノニカル集団　58, 73
水–氷転移　124

索　引

密度演算子　42, 44, 50, 58, 59, 62
密度行列　42
　　——の時間発展　45
密度–密度相関関数　487

無限次元ヒルベルト空間　550
無限小回転　552
無限小変換　17

メトロポリスアルゴリズム　345, 351, 355, 379, 381, 383, 406

モード・モード結合　488
モーメント　88
守田近似　566
森のスカラー積　489, 525

ヤ 行

ヤコビアン　50
ヤング率　270, 272
ヤン–バクスター方程式　566, 568

有限サイズスケーリング　346, 372, 378, 385, 386
有限サイズスケーリング則　575
有効質量　260, 470
有効相互作用　260
有効場　564, 565
輸送係数　314, 331, 416, 482
輸送現象　410
輸送断面積　428, 449
輸送特性時間　429
輸送方程式　314
ユニタリー演算子　43
ユニバーサリティ　574
ユニバーサリティクラス　574

溶質　84, 452
揺動応答定理　61, 62, 82, 83, 477, 489
揺動散逸定理　485, 492
揺動力　502, 508
溶媒　84, 452
横型分極　271

横磁場　399
横磁場イジング模型　401
4 階の回転不変テンソル　554

ラ 行

ラグランジュ微分　325, 421
ラグランジュ未定乗数　53, 61, 63, 65, 76, 549
ラムダ転移　285
ラーモア振動数　462
ランジュバン常磁性　103
ランジュバン方程式　508
ランジュバン–森の方程式　503
乱数　376
ランダウ自由エネルギー　184
ランダウ準位　464
ランダウの自由エネルギー　187
ランダウのフェルミ液体論　260
ランダウ反磁性　291
ランダウ理論　157, 183, 192, 195
ランダム位相近似　240
ランダムウォーク　315, 334

リウヴィル演算子　500
リウヴィルの定理　49–52, 80
力学的平衡　13
リー群　553, 568
離散（格子）フーリエ変換　267
離散性　110
理想気体　15, 89
　　——のエントロピー　90
　　——の化学ポテンシャル　91
　　——の分配関数　67
理想気体定数　37
理想フェルミ気体　252, 259, 369, 456
　　——の状態数密度　257
理想ボース気体　275, 394
リー代数　553
リーマンのゼータ関数　558
リー–ヤン定理　162, 170
粒子拡散　316
粒子間平均距離　250
粒子数　14

――に対する連続の方程式 425
――のゆらぎ 135
粒子数に対する連続の方程式 425
粒子数保存則 424
粒子数密度演算子 527
粒子の生成消滅 251
粒子の同一性 103
粒子輸送係数 419
粒子流密度 322, 425
粒子流密度演算子 527
流束 310
流体の状態方程式 34
流体の静止系 326
流体力学的状態 310
流体力学的モード 497
量子久保（応答）関数 490
量子相転移 403
量子的位相空間 45
量子的大きさ 89
量子転送行列法 570
量子統計 246
量子ホール効果 464
量子モンテカルロ 356, 368
履歴効果 442
臨界温度 95, 156, 184, 196, 237, 276, 277, 285, 351, 375
臨界緩和 351
臨界緩和現象 522
臨界現象 157
臨界減衰 523
臨界固定点 212
臨界指数 172, 178, 195, 203, 213, 215, 217, 227, 230, 235, 240, 244, 348, 351, 375, 378, 565
フィッシャーの―― 574
臨界条件 277
臨界速度 391, 397
臨界多様体 207, 210
臨界タンパク光 136
臨界半径 154
臨界領域 216

ルジャンドル多項式 469
ルジャンドル変換 20, 21, 60, 62, 546
ルミノシティー 458
ルンゲ–クッタ法 521

零磁場での磁化率 94
レイリーピーク 488, 539
レーザー冷却 28
劣条件 522
レナード–ジョーンズ・ポテンシャル 111, 152
連結相関関数 167, 189
連続スピン模型 356
連続相転移 156
連続対称性の破れ 187
連続的相転移 283
連続の式 311
連続の方程式 80
　　粒子数に対する―― 425

ロシュミットのパラドックス 74
ロトン 466

ワ

ワイス近似 565

訳者略歴

鈴木増雄（すずきますお）
1937年　茨城県に生まれる
1966年　東京大学数物系大学院博士課程修了
現　在　東京大学名誉教授，東京理科大学教授・理学博士

豊田　正（とよだただし）
1949年　千葉県に生まれる
1978年　ニューヨーク州立大学大学院修了
現　在　東海大学理学部物理学科教授・Ph.D.

香取眞理（かとりまこと）
1961年　埼玉県に生まれる
1988年　東京大学大学院理学系研究科博士課程修了
現　在　中央大学理工学部物理学科教授・理学博士

飯高敏晃（いいたかとしあき）
1962年　神奈川県に生まれる
1990年　早稲田大学大学院理工学研究科博士課程修了
現　在　理化学研究所専任研究員・博士（理学）

羽田野直道（はたのなおみち）
1966年　大阪府に生まれる
1993年　東京大学大学院理学系研究科博士課程修了
現　在　東京大学生産技術研究所准教授・博士（理学）

統計物理学ハンドブック
—熱平衡から非平衡まで—

定価は外函に表示

2007年6月25日　初版第1刷

訳者	鈴木増雄
	豊田　正
	香取眞理
	飯高敏晃
	羽田野直道
発行者	朝倉邦造
発行所	株式会社朝倉書店

東京都新宿区新小川町6-29
郵便番号　162-8707
電話　03(3260)0141
FAX　03(3260)0180
http://www.asakura.co.jp

〈検印省略〉

© 2007〈無断複写・転載を禁ず〉

中央印刷・渡辺製本

ISBN 978-4-254-13098-0　C 3042　　Printed in Japan

駿台予備学校 山本義隆・明大 中村孔一著
朝倉物理学大系 1
解 析 力 学 Ⅰ
13671-5 C3342　　　　A 5 判 328頁 本体5600円

満を持して登場する本格的教科書。豊富な例題を通してリズミカルに説き明かす。本巻では数学的準備から正準変換までを収める。〔内容〕序章—数学的準備／ラグランジュ形式の力学／変分原理／ハミルトン形式の力学／正準変換

駿台予備学校 山本義隆・明大 中村孔一著
朝倉物理学大系 2
解 析 力 学 Ⅱ
13672-2 C3342　　　　A 5 判 296頁 本体5600円

満を持して登場する本格的教科書。豊富な例題を通してリズミカルに説き明かす。本巻にはポアソン力学から相対論的力学までを収める。〔内容〕ポアソン括弧／ハミルトン-ヤコビの理論／可積分系／摂動論／拘束系の正準力学／相対論的力学

前阪大 長島順清著
朝倉物理学大系 3
素粒子物理学の基礎 Ⅰ
13673-9 C3342　　　　A 5 判 288頁 本体5400円

実験物理学者が懇切丁寧に書き下ろした本格的教科書。本書は基礎部分を詳述。とくに第7章は著者の面目が躍如。〔内容〕イントロダクション／粒子と場／ディラック方程式／場の量子化／量子電磁力学／対称性と保存則／加速器と測定器

前阪大 長島順清著
朝倉物理学大系 4
素粒子物理学の基礎 Ⅱ
13674-6 C3342　　　　A 5 判 280頁 本体5300円

実験物理学者が懇切丁寧に書き下ろした本格的教科書。本巻はⅠを引き継ぎ，クォークとレプトンについて詳述。〔内容〕ハドロン・スペクトロスコピィ／クォークモデル／弱い相互作用／中性K中間子とCPの破れ／核子の内部構造／統一理論

前阪大 長島順清著
朝倉物理学大系 5
素粒子標準理論と実験的基礎
13675-3 C3342　　　　A 5 判 416頁 本体7200円

実験物理学者が懇切丁寧に書き下ろした本格的教科書。本巻は高エネルギー物理学の標準理論を扱う。〔内容〕ゲージ理論／中性カレント／QCD／Wボソン／Zボソン／ジェットの性質／高エネルギーハドロン反応

前阪大 長島順清著
朝倉物理学大系 6
高エネルギー物理学の発展
13676-0 C3342　　　　A 5 判 376頁 本体6800円

実験物理学者が懇切丁寧に書き下ろした本格的教科書。本巻は高エネルギー物理学最前線を扱う。〔内容〕小林-益川行列／ヒッグス／ニュートリノ／大統一と超対称性／アクシオン／モノポール／宇宙論

北大 新井朝雄・前学習院大 江沢 洋著
朝倉物理学大系 7
量子力学の数学的構造 Ⅰ
13677-7 C3342　　　　A 5 判 328頁 本体6000円

量子力学のデリケートな部分に数学として光を当てた待望の解説書。本巻は数学的準備として，抽象ヒルベルト空間と線形演算子の理論の基礎を展開。〔内容〕ヒルベルト空間と線形演算子／スペクトル理論／付：測度と積分，フーリエ変換他

北大 新井朝雄・前学習院大 江沢 洋著
朝倉物理学大系 8
量子力学の数学的構造 Ⅱ
13678-4 C3342　　　　A 5 判 320頁 本体5800円

本巻はⅠを引き継ぎ，量子力学の公理論的基礎を詳述。これは，基本的には，ヒルベルト空間に関わる諸々の数学的対象に物理的概念あるいは解釈を付与する手続きである。〔内容〕量子力学の一般原理／多粒子系／付：超関数論要項，等

東大 高田康民著
朝倉物理学大系 9
多 体 問 題
13679-1 C3342　　　　A 5 判 392頁 本体7400円

グリーン関数法に基づいた固体内多電子系の意欲的・体系的解説の書。〔内容〕序／第一原理からの物性理論の出発点／理論手法の基礎／電子ガス／フェルミ流体理論／不均一密度の電子ガス：多体効果とバンド効果の競合／参考文献と注釈

前広島大 西川恭治・首都大 森 弘之著
朝倉物理学大系 10
統 計 物 理 学
13680-7 C3342　　　　A 5 判 376頁 本体6800円

量子力学と統計力学の基礎を学んで，よりグレードアップした世界をめざす人がチャレンジする好個な教科書・解説書。〔内容〕熱平衡の統計力学：準備編／熱平衡の統計力学：応用編／非平衡の統計力学／相転移の統計力学／乱れの統計力学

前東大 髙柳和夫著
朝倉物理学大系11
原 子 分 子 物 理 学
13681-4 C3342　　　　Ａ５判 440頁 本体7800円

原子分子を包括的に叙述した初の成書。〔内容〕水素様原子／ヘリウム様原子／電磁場中の原子／一般の原子／光電離と放射再結合／二原子分子の電子状態／二原子分子の振動・回転／多原子分子／電磁場と分子の相互作用／原子間力，分子間力

北大 新井朝雄著
朝倉物理学大系12
量 子 現 象 の 数 理
13682-1 C3342　　　　Ａ５判 548頁 本体9000円

本大系第7，8巻の続編。〔内容〕物理量の共立性／正準交換関係の表現と物理／量子力学における対称性／物理量の自己共役性／物理量の摂動と固有値の安定性／物理量のスペクトル／散乱理論／虚数時間と汎関数積分の方法／超対称的量子力学

前筑波大 亀淵 迪・慶大表 実著
朝倉物理学大系13
量 子 力 学 特 論
13683-8 C3342　　　　Ａ５判 276頁 本体5000円

物質の二重性（波動性と粒子性）を主題として，場の量子論から出発して粒子の量子論を導出する。〔内容〕場の一元論／場の方程式／場の相互作用／量子化／量子場の性質／波動関数と演算子／作用変数・角変数・位相／相対論的な場と粒子

前東大 髙柳和夫著
朝倉物理学大系14
原 子 衝 突
13684-5 C3342　　　　Ａ５判 480頁〔近 刊〕

本大系第11巻の続編。基本的な考え方を網羅。〔内容〕ポテンシャル散乱／内部自由度をもつ粒子の衝突／高速荷電粒子と原子の衝突／電子-原子衝突／電子と分子の衝突／原子-原子，イオン-原子衝突／分子の関与する衝突／粒子線の偏極

前京大 伊勢典夫・京産大 曽我見郁夫著
朝倉物理学大系16
高 分 子 物 理 学
――巨大イオン系の構造形成――
13686-9 C3342　　　　Ａ５判 400頁 本体7200円

イオン性高分子の新しい教科書。〔内容〕屈曲性イオン性高分子の希薄溶液／コロイド分散系／巨大イオンの有効相互作用／イオン性高分子およびコロイド希薄分散系の粘性／計算機シミュレーションによる相転移／粒子間力についての諸問題

前東大 村田好正著
朝倉物理学大系17
表 面 物 理 学
13687-6 C3342　　　　Ａ５判 320頁 本体6200円

量子力学やエレクトロニクス技術の発展と関連して進歩してきた表面の原子・電子の構造や各種現象の解明を物理としての面白さを意識して解説〔内容〕表面の構造／表面の電子構造／表面の振動現象／表面の相転移／表面の動的現象／他

前九大 高田健次郎・前新潟大 池田清美著
朝倉物理学大系18
原 子 核 構 造 論
13688-3 C3342　　　　Ａ５判 416頁 本体7200円

原子核構造の最も重要な3つの模型（殻模型，集団模型，クラスター模型）の考察から核構造の統一的理解をめざす。〔内容〕原子核構造論への導入／殻模型／核力から有効相互作用へ／集団運動／クラスター模型／付：回転体の理論，他

前九大 河合光路・元東北大 吉田思郎著
朝倉物理学大系19
原 子 核 反 応 論
13689-0 C3342　　　　Ａ５判 400頁 本体7400円

核反応理論を基礎から学ぶために，その起源，骨組み，論理構成，導出の説明に重点を置き，応用よりも確立した主要部分を解説。〔内容〕序論／核反応の記述／光学模型／多重散乱理論／直接過程／複合核過程―共鳴理論・統計理論／非平衡過程

大系編集委員会編
朝倉物理学大系20
現 代 物 理 学 の 歴 史 Ⅰ
――素粒子・原子核・宇宙――
13690-6 C3342　　　　Ａ５判 464頁 本体8800円

湯川秀樹・朝永振一郎・江崎玲於奈・小柴昌俊といったノーベル賞研究者を輩出した日本の物理学の底力と努力，現代物理学への貢献度を，各分野の第一人者が丁寧かつ臨場感をもって俯瞰した大著。本巻は素粒子・原子核・宇宙関連33編を収載

大系編集委員会編
朝倉物理学大系21
現 代 物 理 学 の 歴 史 Ⅱ
――物性・生物・数理物理――
13691-3 C3342　　　　Ａ５判 552頁 本体9500円

湯川秀樹・朝永振一郎・江崎玲於奈・小柴昌俊といったノーベル賞研究者を輩出した日本の物理学の底力と努力，現代物理学への貢献度を，各分野の第一人者が丁寧かつ臨場感をもって俯瞰した大著。本巻は物性・生物・数理物理関連40編を収載

理科大 鈴木増雄・大学評価・学位授与機構 荒船次郎・
東大 和達三樹編

物　理　学　大　事　典

13094-2　C3542　　　　B 5 判　896頁　本体36000円

物理学の基礎から最先端までを視野に，日本の関連研究者の総力をあげて1冊の本として体系的解説をなした金字塔。21世紀における現代物理学の課題と情報・エネルギーなど他領域への関連も含め歴史的展開を追いながら明快に提示。〔内容〕力学／電磁気学／量子力学／熱・統計力学／連続体力学／相対性理論／場の理論／素粒子／原子核／原子・分子／固体／凝縮系／相転移／量子光学／高分子／流体・プラズマ／宇宙／非線形／情報と計算物理／生命／物質／エネルギーと環境

C.P.プール著
理科大 鈴木増雄・理科大 鈴木　公・理科大 鈴木　彰訳

現代物理学ハンドブック

13092-8　C3042　　　　A 5 判　448頁　本体14000円

必要な基本公式を簡潔に解説したJohn Wiley社の"The Physics Handbook"の邦訳。〔内容〕ラグランジアン形式およびハミルトニアン形式／中心力／剛体／振動／正準変換／非線型力学とカオス／相対性理論／熱力学／統計力学と分布関数／静電場と静磁場／多重極子／相対論的電気力学／波の伝播／光学／放射／衝突／角運動量／量子力学／シュレディンガー方程式／1次元量子系／原子／摂動論／流体と固体／固体の電気伝導／原子核／素粒子／物理数学／訳者補章：計算物理の基礎

理科大 鈴木増雄・中大 香取眞理・東大 羽田野直道・
物質材料研究機構 野々村禎彦訳

科学技術者のための 数学ハンドブック

11090-6　C3041　　　　A 5 判　570頁　本体16000円

理工系の学生や大学院生にはもちろん，技術者・研究者として活躍している人々にも，数学の重要事項を一気に学び，また研究中に必要になった事項を手っ取り早く知ることのできる便利で役に立つハンドブック。〔内容〕ベクトル解析とテンソル解析／常微分方程式／行列代数／フーリエ級数とフーリエ積分／線形ベクトル空間／複素関数／特殊関数／変分法／ラプラス変換／偏微分方程式／簡単な線形積分方程式／群論／数値的方法／確率論入門／(付録)基本概念／行列式その他

北大 新井朝雄著

現代物理数学ハンドブック

13093-5　C3042　　　　A 5 判　736頁　本体18000円

辞書的に引いて役立つだけでなく，読み通しても面白いハンドブック。全21章が有機的連関を保ち，数理物理学の具体例を豊富に取り上げたモダンな書物。〔内容〕集合と代数的構造／行列論／複素解析／ベクトル空間／テンソル代数／計量ベクトル空間／ベクトル解析／距離空間／測度と積分／群と環／ヒルベルト空間／バナッハ空間／線形作用素の理論／位相空間／多様体／群の表現／リー群とリー代数／ファイバー束／超関数／確率論と汎関数積分／物理理論の数学的枠組みと基礎原理

日本物理学会編

物　理　デ　ー　タ　事　典

13088-1　C3542　　　　B 5 判　600頁　本体25000円

物理の全領域を網羅したコンパクトで使いやすいデータ集。応用も重視し実験・測定には必携の書。〔内容〕単位・定数・標準／素粒子・宇宙線・宇宙論／原子核・原子・放射線／分子／古典物性(力学量，熱物性量，電磁気・光，燃焼，水，低温の窒素・酸素，高分子，液晶)／量子物性(結晶・格子，電荷と電子，超伝導，磁性，光，ヘリウム)／生物物理／地球物理・天文・プラズマ(地球と太陽系，元素組成，恒星，銀河と銀河団，プラズマ)／デバイス・機器(加速器，測定器，実験技術，光源)他

上記価格（税別）は 2007 年 5 月現在